Otto Föllinger

Regelungstechnik

Otto Föllinger †

Regelungs-technik

Einführung in die Methoden und ihre Anwendung

12., überarbeitete Auflage

Bearbeitet von
Ulrich Konigorski (TU Darmstadt)
Boris Lohmann (TU München)
Günter Roppenecker (Universität Erlangen-Nürnberg)
Ansgar Trächtler (Universität Paderborn)

VDE VERLAG GMBH

Bibliografische Information der Deutschen Nationalbibliothek
Die Deutsche Nationalbibliothek verzeichnet diese Publikation in der Deutschen Nationalbibliografie; detaillierte bibliografische Daten sind im Internet über http://dnb.dnb.de abrufbar.

ISBN 978-3-8007-4201-1 (Buch)
ISBN 978-3-8007-4166-3 (E-Book)

Druck: Hubert & Co. (GmbH und Co. KG), Göttingen
Printed in Germany

2016-06

Vorwort

zur 12. Auflage

Bei der aufgrund der erfreulich guten Nachfrage erforderlich gewordenen 12. Auflage haben wir an einigen Stellen kleinere Erweiterungen vorgenommen. Im Abschnitt 2.4 des 2. Kapitels sind die Voraussetzungen, unter welchen ein Übertragungsglied durch ein Faltungsintegral bzw. eine komplexe Übertragungsfunktion beschreibbar ist, deutlicher dargestellt. Da hierbei insbesondere die Rolle der Kausalität von Übertragungsgliedern stärker hervortritt, ist auch diese Systemeigenschaft ausführlicher beschrieben. Bei der Übertragbarkeit des grundlegenden Stabilitätskriteriums auf Regelkreise mit Totzeit im Abschnitt 3.10 wurde für den Beweis bislang auf eine Quelle verwiesen, in welcher die Stabilität im Sinn der Sprungantwort zugrundegelegt war. Hier haben wir eine weitere Quelle zitiert, die auch die stärkere BIBO-Stabilität berücksichtigt. Die Erläuterungen zum Bode-Theorem im Abschnitt 6.2 wurden für den totzeitbehafteten Fall erweitert und um das Bild 6-14 ergänzt. Im Kapitel 9 ist die dort durchweg getroffene Annahme von Führungs- und Störgrößen mit festen Endwerten jetzt stärker hervorgehoben, und der Vergleich von PI-Zustandsregelung und Zustandsregelung mit Störgrößenaufschaltung am Ende des Kapitels wurde im Hinblich auf neuere Erkenntnisse überarbeitet.

Außerdem haben wir verschiedene Fehler, auf die uns aufmerksame Leserinnen und Leser hingewiesen haben, beseitigt. Allen, die hierzu beigetragen haben, sei herzlich gedankt! Falls weitere Fehler und Unstimmigkeiten entdeckt werden, bitten wir, uns diese wieder über die Internetseite

http://www.hni.uni-paderborn.de/Foellinger-Regelungstechnik

mitzuteilen, wo wir auch eine Errata-Seite pflegen.

Herrn Bernd Schultz vom VDE Verlag danken wir für die stets angenehme Zusammenarbeit und seine Unterstützung.

Frühjahr 2016

Ulrich Konigorski, Boris Lohmann,

Günter Roppenecker und *Ansgar Trächtler*

zur 11. Auflage

Liebe Leserin, lieber Leser, etwa 10 Jahre nach dem Tod Otto Föllingers haben sich vier seiner Schüler entschlossen, sein Buch „Regelungstechnik“ zu überarbeiten und neu aufzulegen. Ein großer Teil des bisherigen Buchs ist unverändert aktuell, allerdings haben wir wesentliche Weiterentwicklungen der letzten Jahre mit aufgenommen.

Als wichtigste Neuerung der vorliegenden Auflage haben wir die Zwei-Freiheitsgrade-Struktur im Frequenzbereich und im Zustandsraum aufgenommen und dementsprechend die Rolle von Vorsteuerung und Rückführung neu herausgearbeitet und separiert. Insbesondere bei der Beschreibung der Zustandsregelung sind wir einer neueren Darstellung von *Günter Roppenecker* gefolgt. Als weitere Themen haben wir den Kompensationsreglerentwurf, das Bode-Theorem, den Begriff der Invarianten Nullstellen und eine Einführung in die Grundlagen der H_∞-Regelung mit aufgenommen. Das frühere eigenständige Kapitel über Modellordnungsreduktion wurde komplett überarbeitet und um einige neuere Verfahren ergänzt. Es findet sich jetzt als Abschnitt 8.6 im Kapitel 8 (Analyse linearer und zeitinvarianter Systeme im Zustandsraum).

Im Gegenzug sind auch einige Teile entfallen, wie z. B. die Kapitel 3, 8 und 10 der bisherigen Auflage, da die dort behandelten Anwendungsbeispiele nicht mehr zeitgemäß sind. Aus dem selben Grund sind in anderen Kapiteln auch einige Passagen über numerische Berechnungen entfallen sowie das Kapitel 14 über Ausgangsrückführungen. Das frühere Kapitel 9 (Mehrfachregelungen) ist nun der Abschnitt 6.11 im Kapitel 6 (Synthese (Entwurf) von Regelkreisen).

Aufgrund dieser Änderungen mussten wir auch das Vorwort zur 6. Auflage anpassen, da es sonst nicht mehr konsistent zur aktuellen Auflage gewesen wäre. Dieses Vorwort zur letzten grundlegenden Überarbeitung von O. Föllinger enthält eine umfassende Charakterisierung des Buchs. Wir geben es daher in einer an die aktuelle Ausgabe angepassten Form auszugsweise wieder.

Mehrere Personen haben uns bei der Überarbeitung dieses Werks tatkräftig unterstützt. Wir danken Frau *Annette Bökamp-Gros* für die Übertragung des bisherigen Textes in ein Textverarbeitungssystem und Frau

Brigitte Hoppe sowie Herrn *Dominik Bieberstein* für die Erstellung zahlreicher Bilder. Herrn *Dr. Rudy Eid* danken wir für seine Mithilfe bei der Neufassung des Abschnitts zur Modellordnungsreduktion. Schließlich danken wir Herrn *Bernd Schultz* vom VDE Verlag für die stets angenehme Zusammenarbeit und das sorgfältige Korrekturlesen.

Trotz größter Mühe können wir nicht ausschließen, den einen oder anderen Fehler übersehen zu haben. Diejenigen Leserinnen und Leser, die hier fündig werden, bitten wir, uns die entdeckten Fehler und Unstimmigkeiten über die Internetseite

http://www.hni.uni-paderborn.de/Foellinger-Regelungstechnik

mitzuteilen. Dort werden wir auch eine Errata-Seite pflegen.

August 2013

Ulrich Konigorski, Boris Lohmann,

Günter Roppenecker und *Ansgar Trächtler*

Vorwort zur 6. Auflage (Auszug)

Die 6. Auflage des Buchs „Regelungstechnik" ist aus der 5. Auflage durch vollständige Überarbeitung und eine Reihe von Erweiterungen hervorgegangen.

Zielsetzung

Die bisherige Zielsetzung des Buchs ist unverändert geblieben: In lesbarer Form die grundlegenden Strukturen, Begriffe und Methoden der Regelungstechnik zu entwickeln und dem Verständnis des Lesers nahezubringen. Hierbei habe ich einen systematischen Aufbau angestrebt und mich bemüht, die Dinge so darzustellen, dass man ihren inneren Zusammenhang erkennt und dass die Motivation für die gebrachten Begriffsbildungen und Verfahren einsichtig wird. Nirgends werden nur Rezepte angegeben, stets werden Herleitungen und Begründungen gebracht. Dabei ist kein Wert auf mathematische Strenge gelegt, wohl aber darauf, dass sich die Schlussweisen ohne große Mühe nachvollziehen lassen und soweit wie möglich anschaulich bleiben. Der Gedankengang wird stets durch Beispiele illustriert und konkretisiert.

Voraussetzungen

Was die Voraussetzungen zum Verständnis des Buchs angeht, so sind die Kenntnis der Differential- und Integralrechnung sowie Grundkenntnisse über Differentialgleichungen, komplexe Funktionen, Laplace-Transformation und Matrizenrechnung erforderlich. Im mathematischen Anhang sind die wichtigsten Tatsachen über die beiden letztgenannten Gebiete zusammengestellt.

Hinsichtlich der Regelungstechnik werden keinerlei Voraussetzungen gemacht. Das Buch stellt also in der Tat eine *Einführung* in die Methoden der Regelungstechnik und deren Anwendung dar.

Zum Inhalt

Der Inhalt des Buchs lässt sich global dadurch umreißen, dass es um die Regelung von deterministischen und kontinuierlichen, linearen und zeitinvarianten Systemen mit konzentrierten Parametern geht.

Nach dem ersten Kapitel, in dem die Grundbegriffe der Regelungstechnik gebracht werden, gliedert sich das Buch in zwei Teile. Im ersten Teil wird die klassische Frequenzbereichsmethodik dargestellt, die durch den Übergang vom Zeitbereich in den Bereich der komplexen Funktionen mittels der Laplace-Transformation charakterisiert ist. Der zweite Teil des Buchs ist dem Zeitbereich gewidmet, wobei die Untersuchungen mittels der Zustandsmethodik durchgeführt werden. Während die Frequenzbereichsmethodik vorwiegend auf Eingrößensysteme angewendet wird (Ausnahme: Abschnitt Mehrfachregelungen), liegt der Schwerpunkt der Zustandsmethodik auf den Mehrgrößensystemen, wobei Eingrößensysteme in die Betrachtung einbezogen sind.

Besonderheiten des Buchs

Wenn man nun nach den Besonderheiten fragt, die das vorliegende Buch von den zahlreichen anderen Einführungen in die Regelungstechnik unterscheiden, so sind in erster Linie die ausgiebige Verwendung des Strukturbilds (Signalflussplans, Wirkplans) sowie die ausführliche Erörterung der Regelungssynthese im Zustandsraum hervorzuheben.

Selbstverständlich wird das Strukturbild in anderen regelungstechnischen Lehrbüchern ebenfalls benutzt, aber wohl nirgends bildet es in so ausgeprägter Weise Fundament und Nerv der Systembeschreibung, -analyse und -synthese, wie dies zumindest im klassischen Teil dieses Buchs der Fall ist. Die suggestive Veranschaulichung abstrakter Vorstellungen, die hierdurch möglich ist, habe ich seit meiner Industrietätigkeit als vortreffliches Hilfsmittel des Ingenieurs bei der Behandlung dynamischer Systeme schätzen gelernt.

Interessentenkreis

Da das Buch keine speziellen Voraussetzungen macht, richtet es sich an alle Anwender, die sich für Regelungstechnik und Systemdynamik interessieren, ganz gleich, aus welchem Fachgebiet sie stammen. Lediglich die oben erwähnten mathematischen Grundkenntnisse müssen vorhanden sein. Was die im Text eingestreuten Beispiele angeht, so setzt entweder die Modellbildung nur elementare physikalische Kenntnisse voraus, oder das mathematische Modell wird ohne Herleitung angegeben, um dann weiter mit ihm zu arbeiten.

Das Buch richtet sich sowohl an den im Beruf stehenden Fachmann als auch an Studenten und Dozenten von Universitäten und Fachhochschulen und ist so abgefasst, dass es vor allem auch zum Selbststudium geeignet ist. Ein Student, der sich in Regelungstechnik nicht intensiver vertiefen will, kann sich das Leben weiter erleichtern, wenn er umfangreichere Herleitungen ignoriert, die häufig in eigenen Unterabschnitten gebracht werden.

Weihnachten 1989 *O. Föllinger*

Inhaltsverzeichnis

1 Grundbegriffe der Regelungstechnik

1.1 Notwendigkeit der Regelung

Betrachten Sie bitte, liebe Leserin, lieber Leser, irgendein technisches System: etwa einen elektrischen Motor, der eine Last antreibt (z. B. einen Personenaufzug), oder ein Schiff oder eine Raumheizung – *es kommt auf die spezielle Natur des Systems nicht an.* Das System soll ein bestimmtes Verhalten aufweisen, das durch seine Aufgabe vorgeschrieben ist: Der Motor hat eine bestimmte Drehzahl einzuhalten, das Schiff einen vorgegebenen Kurs zu steuern, die Raumheizung eine gewünschte Raumtemperatur sicherzustellen. Allgemein kann man sagen, dass in einem technischen System oftmals eine zeitveränderliche Größe auftritt, an deren Verhalten man interessiert ist und der man deshalb einen gewünschten Zeitverlauf aufprägen will. Häufig besteht das Ziel darin, sie auf einen vorgegebenen festen Wert zu bringen und dort zu halten. Diese Größe sei als *Ausgangsgröße* des technischen Systems bezeichnet und durch das Symbol x charakterisiert. Ihre Beeinflussung soll *automatisch,* also selbsttätig, ohne Zutun des Menschen, vorgenommen werden. Diese Forderung kann verschiedene Gründe haben. In vielen Fällen ist der Mensch gar nicht in der Lage, die gewünschte Beeinflussung durchzuführen, z. B. deshalb, weil sie zu schnell erfolgen muss oder unter Bedingungen stattfindet, die der Mensch nicht ertragen kann. In anderen Fällen wäre der Mensch zwar grundsätzlich imstande, die Beeinflussung durchzuführen, aber mit erheblich schlechterem Wirkungsgrad als eine automatische Vorrichtung. In wieder anderen Fällen wird der Mensch durch das Automationssystem von Arbeiten entlastet, die er zwar zu leisten vermag, die aber durch ihre Schwere oder Stupidität ihm eigentlich nicht gemäß sind.

Wie lässt sich nun erreichen, dass die Ausgangsgröße den gewünschten Verlauf annimmt? Zu diesem Zweck schaltet man eine Größe auf das System, die sich beliebig verstellen lässt, zumindest in einem genügend großen Bereich, und welche die Ausgangsgröße kräftig beeinflusst. Diese Größe bezeichnet man als *Stellgröße* und charakterisiert sie durch das Symbol y.

Beim elektrischen Motor – wir wollen annehmen, dass es sich um einen Gleichstrommotor handelt – ist es die Ankerspannung, durch deren Verstellung man die Drehzahl des Motors gezielt beeinflussen kann. Beim Schiff wird der Kurs durch geeignete Einstellung des Ruderwinkels bestimmt. Bei der Raumheizung lässt sich durch Regulierung der Wärmezufuhr die Raumtemperatur gezielt beeinflussen.

Diese gezielte Beeinflussung der Ausgangsgröße durch die Stellgröße wird nun in den meisten Fällen dadurch ganz wesentlich erschwert, dass auf das technische System von der Umgebung her *Störungen* einwirken. Betrachten wir etwa den Gleichstrommotor und nehmen wir an, dass dieser einen Personenaufzug antreibt. Dann schwankt die Belastung des Aufzugs: Mal steigen mehr Personen ein, mal weniger. Trotz dieses unterschiedlichen Lastmoments soll die Geschwindigkeit des Aufzugs, und das heißt die Drehzahl des Motors, nach Möglichkeit einen gewünschten festen Wert haben. Beim Schiff besteht die Störung in unterschiedlichen Wasserströmungen. Bei der Raumheizung ist sie vor allem durch die Außentemperatur gegeben, durch deren Schwankungen die Raumtemperatur beeinflusst wird.

Aus diesen Beispielen gehen die beiden wesentlichen Eigenschaften einer *Störgröße* hervor:

- Sie wirkt darauf hin, die Ausgangsgröße von dem gewünschten Verhalten abzubringen.
- Sie ist nur ungenau bekannt. Vor allem kann man ihr zeitliches Verhalten nicht genau vorhersagen, weil es unerwarteten Änderungen unterliegt.

Dabei stellt die Berücksichtigung nur einer Störgröße bereits eine Idealisierung dar. Oft wird es so sein, dass mehrere Störungen in das System eingreifen, von denen jedoch eine als die wichtigste angesehen wird. So tritt im Beispiel der Raumheizung neben der Außentemperatur das Öffnen von Fenstern und Türen als zusätzliche Störgröße auf. Beim Gleichstromantrieb können z. B. Schwankungen des als konstant vorausgesetzten Motorfelds oder eines anderen Parameters als weitere Störungen in Erscheinung treten. Bei der gezielten Beeinflussung des Systems wird man sich zwar in erster Linie auf die Hauptstörung konzentrieren, darf aber das Vorhandensein etwaiger weiterer Störungen nicht aus dem Auge verlieren.

In Bild 1-1 ist die vorliegende Situation in Blockdarstellung wiedergegeben. Das gezielt zu beeinflussende technische *System* werde auch als technischer Prozess oder kurz als *Prozess* bezeichnet. Wir brauchen zwischen beiden Benennungen hier nicht zu unterscheiden, können sie vielmehr als synonym verwenden. Von alters her heißt das zu beeinflussende technische System auch *Strecke.*

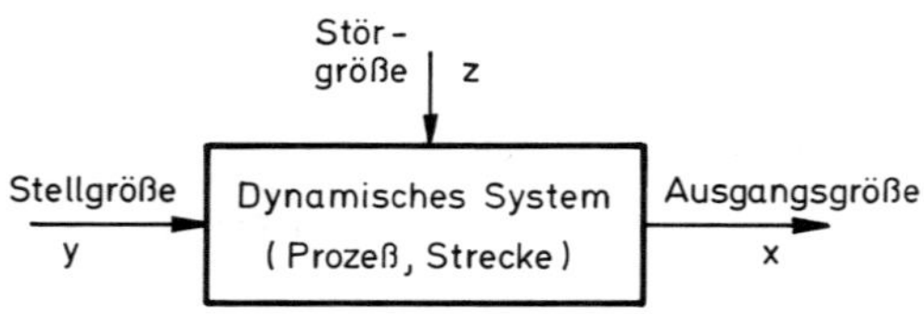

Bild 1-1: Blockbild eines dynamischen Systems

Die vor uns liegende *Aufgabenstellung* können wir nun in der folgenden Weise formulieren:

Der Ausgangsgröße eines technischen Systems soll durch die Stellgröße ein Sollverhalten, d. h. ein gewünschtes Verhalten, aufgeprägt werden, und zwar gegen den Einfluss einer Störgröße, die nur unvollständig bekannt ist. (1.1)

Dazu sind noch drei Anmerkungen zu machen:

Bisher war nur von Systemen mit *einer* Ein- und Ausgangsgröße die Rede. Bei Systemen mit mehreren Ein- und Ausgangsgrößen ist die grundsätzliche Aufgabenstellung aber die gleiche, so dass wir sie an dieser Stelle nicht besonders zu berücksichtigen brauchen.

Wir betrachten hier technische Systeme unter einem ganz bestimmten Aspekt. Wir interessieren uns nämlich dafür, wie bestimmte zeitveränderliche Größen miteinander zusammenhängen und wie man diesen Zusammenhang gezielt beeinflussen kann. Diese Betrachtungsweise ist nicht auf technische Systeme beschränkt, sondern kann auch auf andere Systeme, z. B. biologische oder ökologische, angewendet werden. Es kommt dabei auf das zeitliche Verhalten der Systeme an, während andere Eigenschaften, etwa der konstruktive Aufbau oder die materielle Beschaffenheit der Systeme, nicht von Interesse sind. Wir können deshalb statt von „technischen Systemen" auch allgemein von *„dynamischen Systemen"* sprechen, wie dies in Bild 1-1 bereits geschehen ist. Unter einem *dynamischen System* wird dabei eine Gesamtheit von veränderlichen Größen verstanden, die durch Funktionalbeziehungen wie Differentialgleichungen, Differenzengleichungen und dergleichen miteinander verknüpft sind.

Wie Bild 1-1 anschaulich zeigt, hängt die Ausgangsgröße $x(t)$ von den beiden Eingangsgrößen der Strecke, der Stellgröße $y(t)$ und der Störgröße $z(t)$, ab. Wir wollen annehmen, dass die mathematische Beschreibung dieses Zusammenhangs bekannt ist. Sie ist ganz allgemein von der Form

$$x = S\{y, z\}, \tag{1.2}$$

wobei der *Operator* S die Zuordnungsvorschrift bezeichnet, durch die aus den Zeitverläufen $y(t)$ und $z(t)$ die Ausgangsgröße $x(t)$ entsteht. Im einfachsten Fall ist

$$x = K_1 y + K_2 z$$

mit konstanten Koeffizienten K_1 und K_2. In vielen Fällen bezeichnet S eine Differentialgleichung oder ein System von Differentialgleichungen. Die Beziehung (1.2) stellt das *mathematische Modell* der Strecke dar, das aufgrund der für die Strecke geltenden physikalischen Gesetze erhalten wurde und das als bekannt vorausgesetzt wird.

Mit der Formulierung (1.1) ist die Aufgabenstellung herausgearbeitet. Wie ist sie zu lösen? Was hat man also zu tun, um ein System, das man nicht vollständig kennt, weil sich sein Verhalten in nicht genau vorhersehbarer Weise ändert, dennoch gezielt zu beeinflussen? Schaut man sich das Problem in Ruhe an, so erkennt man bald, dass es offenkundig nur *eine* Lösung gibt:

Die Strecke ist laufend zu beobachten und die so gewonnene Information zur Veränderung der Stellgröße derart zu verwenden, dass diese trotz der Störgrößeneinwirkung die Ausgangsgröße an den gewünschten Verlauf (Sollverlauf) angleicht. Eine Anordnung, die dies leistet, heißt Regelung. (1.3)

Aus dieser verbalen Formulierung lassen sich Aufbau und Wirkungsweise der klassischen Regelung zwanglos herleiten.

1.2 Aufbau und Wirkungsweise einer Regelung

Um die Strecke laufend zu beobachten, erfasst man die Ausgangsgröße x der Strecke, die nun als *Regelgröße*[1] bezeichnet wird, durch eine sogenannte *Messeinrichtung* (Bild 1-2). Unter ihr darf man sich kein Messgerät vorstellen, an dem Skalenablesungen vorgenommen werden; vielmehr wird durch die Messeinrichtung die Regelgröße in eine andere Größe umgeformt, die zur weiteren Verarbeitung besser geeignet ist als die Regelgröße selbst. Meist werden dabei nicht-

1 Was die Symbole und Benennungen betrifft, so sind sie an unseren regelungstechnischen Normen DIN EN 60027-6 [1.1] und DIN IEC 60050-351 [1.2] orientiert.

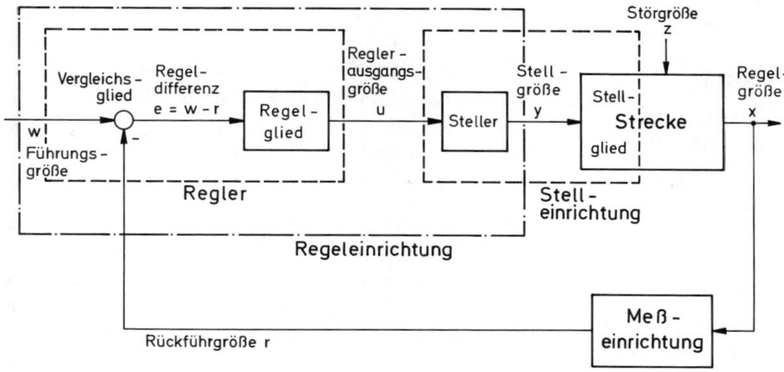

Bild 1-2: Blockschema einer Regelung

elektrische Größen, wie Drehzahl, Temperatur, Druck, Durchfluss, in elektrische Größen umgewandelt, um so z. B. in einem Rechner weiterverarbeitet werden zu können. „Messen" ist hier also im allgemeinen Sinn der Abbildung einer Größe auf eine andere zu verstehen.

Die Ausgangsgröße der Messeinrichtung, als *Rückführgröße r* bezeichnet, enthält Information über das unbekannte Verhalten der Störgröße, da sie über die Regelgröße x von der Störgröße beeinflusst wird. Die Rückführgröße r wird nun mit der *Führungsgröße w* verglichen, die von außen vorgegeben wird und im Allgemeinen zum Sollverlauf proportional ist. Der Vergleich erfolgt im *Vergleichsglied*, in dem die *Regeldifferenz* $e = w - r$ gebildet wird.

Ist die Regeldifferenz $e \neq 0$, stimmen also Führungsgröße und Rückführgröße nicht überein, so muss e auf die Strecke einwirken, um die Regelgröße an den Sollverlauf anzugleichen. Um diese Einwirkung zu ermöglichen, insbesondere auch den niedrigen Leistungspegel der Regeldifferenz auf den Leistungspegel der Strecke anzuheben, wird die *Stelleinrichtung* eingeführt. Nach DIN IEC 60050-351 zerfällt sie in den *Steller* und das *Stellglied*, wobei dieses bereits zur Strecke zu zählen ist.

Das vor die Stelleinrichtung geschaltete *Regelglied*, das sich noch auf dem Leistungspegel der Regeldifferenz befindet, hat die Aufgabe, das dynamische Verhalten der Regelung zu korrigieren. Wie später gezeigt wird, kann nämlich eine Regelung, die ohne diesen Block zusammengeschaltet wird, im Allgemeinen nicht befriedigend arbeiten: Sie ist entweder instabil oder zu ungenau oder zu träge. Deshalb wurde das Regelglied bisher häufig als Korrektureinrichtung oder auch schlichtweg als Regler bezeichnet.

Die Benennung *„Regler"* soll nach der geltenden Norm den Verbund von Vergleichsglied und Regelglied kennzeichnen, während von *„Regeleinrichtung"* gesprochen wird, wenn zum Regler noch der Steller hinzutritt. Im gängigen Sprachgebrauch wird zwischen „Regler" und „Regeleinrichtung" nicht streng unterschieden, vielmehr werden beide Benennungen häufig synonym verwendet. Auch das Regelglied wird oft als „Regler" bezeichnet, ein Sprachgebrauch, dem wir uns später (Kapitel 6), wenn keine Irrtümer mehr zu befürchten sind, aus Bequemlichkeitsgründen anschließen werden.

In Bild 1-2 sind alle diese Benennungen und ihre Symbole aufgeführt. Die Reglerausgangsgröße haben wir jedoch nicht mit m bezeichnet, wie dies in der Norm vorgeschlagen wird, sondern mit u, weil dies der Bezeichnungsweise bei der mathematischen Behandlung dynamischer Systeme besser entspricht und die übliche Benennung in der Regelungstechnikliteratur darstellt.

In der gerätetechnischen Realisierung brauchen die einzelnen Blöcke aus Bild 1-2 nicht unbedingt voneinander getrennt zu sein; vielmehr kann es sein, dass das gleiche Gerät z. B. misst und vergleicht.

Was die Auftrennung der Stelleinrichtung in die beiden Blöcke „Steller" und „Stellglied" angeht, so mag sie aus gerätetechnischen Gründen häufig zweckmäßig sein. Vom methodischen Gesichtspunkt aus erscheint sie als künstlich. Bei den dynamischen Untersuchungen in den späteren Kapiteln wird die Stelleinrichtung als Einheit behandelt und meist zur Strecke hinzugeschlagen.

Die hiermit in Worten beschriebene und in Bild 1-2 dargestellte Anordnung heißt „Regelung". Um es nochmals mit etwas anderen Worten zu sagen:

Unter einer Regelung versteht man eine Anordnung, durch die bei unvollständig bekannter Strecke, insbesondere unvollständiger Kenntnis der Störgröße, die Regelgröße, d. h. die Ausgangsgröße der Strecke, laufend gemessen und mit der Führungsgröße verglichen wird, um mittels der so gebildeten Differenz die Regelgröße an den Sollverlauf anzugleichen. (1.4)

Anhand des Blockschemas in Bild 1-2 können wir uns nun die Wirkungsweise einer Regelung genauer klar machen! Dabei wird vorausgesetzt, dass jeder Block auf eine Anhebung seiner Eingangsgröße auch mit einer Anhebung der Ausgangsgröße reagiert, wie dies bei realen Systemen normalerweise vorausgesetzt werden darf. Der *Sollwert* von x, also der – möglicherweise zeitveränderliche – Wert, den x annehmen soll, sei x_S. Von der Messeinrichtung nehmen wir an, dass sie Proportionalverhalten hat, was man stets anstreben wird, da sie die zu messende Größe möglichst unverzögert und unverzerrt wiedergeben soll:

$$r = K_M\,x, \quad K_M > 0. \tag{1.5}$$

Man wählt dann als Führungsgröße

$$w = K_M\,x_S\,. \tag{1.6}$$

Damit ist die Regeldifferenz

$$e = w - r = K_M(x_S - x). \tag{1.7}$$

Hierin bezeichnet man den tatsächlichen Wert der Regelgröße auch als deren *Istwert.* Deshalb nennt man das *Vergleichsglied,* in dem die Bildung der Regeldifferenz e und damit gemäß (1.7) auch die Bildung der Differenz von Soll- und Istwert der Regelgröße erfolgt, häufig auch *Soll-Istwert-Vergleich.*

Ist $x = x_S$, so ist $e = 0$, und die Regelung bleibt in Ruhe. Es ist auch kein Grund zum Eingreifen der Regeleinrichtung gegeben, da ja nach (1.7) $x = x_S$, die Regelgröße also auf ihrem Sollwert ist.

Durch ein plötzliches Einsetzen der Störgröße werde nun x abgesenkt. Dann sinkt auch r, und damit wird (bei unverändertem w) $e > 0$, wächst also an. Hiermit steigt y, und diese verstärkte Einwirkung der Stellgröße wird eine Wiederanhebung von x zur Folge haben, mit der Tendenz, x wieder an den Sollwert x_S anzugleichen. Wird x durch die Störgröße über den Sollwert x_S erhöht, so ist der Ablauf ganz entsprechend: Zunächst wird auch r erhöht, dadurch wird $e < 0$, wird also abgesenkt, was Absenkung von y und damit schließlich Absenkung von x zur Folge hat – auch jetzt mit der Tendenz, den Sollwert x_S wieder anzunehmen. Man pflegt dieses Verhalten kurz so auszudrücken: *„Die Störgröße wird ausgeregelt“.* Das darf nicht missverstanden werden! An der Störgröße selbst kann die Regelung nichts ändern; lediglich die *Einwirkung* der Störgröße auf die Regelgröße wird durch die Regelung nach Möglichkeit unterdrückt.

Neben dieser ursprünglichen Aufgabe kann die Regelung zusätzlich noch eine weitere Funktion übernehmen: die *„Führungsgröße einzuregeln“,* also dafür zu sorgen, dass die Regelgröße der Führungsgröße und damit dem Sollverlauf möglichst gut folgt. Angenommen nämlich, es werde der Sollwert x_S und damit gemäß (1.6) die Führungsgröße w erhöht. Da die Rückführgröße r zunächst unverändert bleibt, führt das zu einer Erhöhung der Regeldifferenz e und damit der Stellgröße y. Hierdurch wird eine Anhebung von x in Gang gesetzt mit dem Ziel, x an den neuen, erhöhten Sollwert x_S anzugleichen.

Die beschriebenen Wirkungen der Regelung beruhen darauf, dass es sich um einen *Wirkungskreislauf* handelt. Beispielsweise wird ein Absinken der Regelgröße infolge Störungeinwirkung über r zurückgeführt, durch das Vergleichsglied in eine Anhebung der Regeldifferenz umgesetzt und kehrt so letztlich als Wiederanhebung der Regelgröße an den Ausgangspunkt zurück. Man spricht deshalb auch von einem *Regelkreis.* Entscheidend ist dabei die Vorzeichenumkehr der Änderung im Vergleichsglied: Eine Absenkung der Regelgröße wird in eine Erhöhung der Regeldifferenz umgewandelt und umgekehrt eine Erhöhung der Regelgröße in eine Absenkung der Regeldifferenz. Nur durch diese *Umkehr der Wirkungsrichtung* ist eine Angleichung an den Sollwert möglich.

Die vorstehend entwickelten allgemeinen Vorstellungen sollen nun an einigen Beispielen konkretisiert werden.

1.3 Beispiele von Regelungen

Als erstes Beispiel wollen wir die *Drehzahlregelung eines Gleichstromantriebs* betrachten, deren grundsätzliche Anordnung in Bild 1-3 wiedergegeben ist. Der Gleichstrommotor, mit dem rotierenden Anker und dem als konstant angenommenen Feld, wird durch die Ankerspannung u_A angesteuert und erzeugt das Antriebsmoment M_A. Hiermit treibt er ein Objekt an, das allgemein als „Last“ bezeichnet wird und bei dem es sich um eine Pumpe, die Seilscheibe eines Personenaufzugs oder Förderkorbs, um eine Ventilspindel oder dergleichen handeln kann. Die Last erzeugt ein

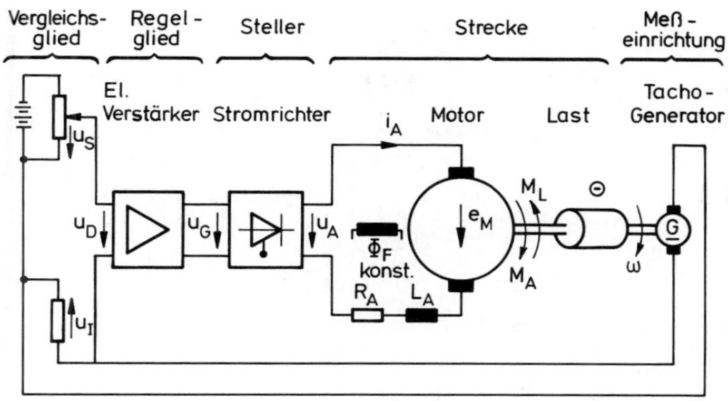

Bild 1-3: Drehzahlregelung eines Gleichstromantriebs

Moment M_L, das als Störgröße wirkt. Die resultierende Winkelgeschwindigkeit der Drehbewegung sei ω.

Damit ist die Strecke, also das zu beeinflussende System, beschrieben. Regelgröße ist die Winkelgeschwindigkeit ω, gemessen in $\sec^{-1}$, proportional zur Drehzahl, die in Umdrehungen/min gemessen wird.[2] Stellgröße ist die Ankerspannung u_A.

Um u_A verändern zu können, ist es erforderlich, eine geeignete Stelleinrichtung vorzuschalten. In unserem Fall sei dies ein Stromrichter, der den Motor aus dem Netz speist und die Ankerspannung u_A liefert. Der Aufbau des Stromrichters braucht uns hier nicht zu beschäftigen. Es genügt festzustellen, dass er verstärkend wirkt und den Übergang vom niedrigen Leistungspegel der Führungsgröße zum hohen Leistungspegel des Motors vermittelt. Die dazu erforderliche Energie entnimmt der Stromrichter dem elektrischen Netz. Dabei wird er durch eine Eingangsspannung u_G gesteuert, die hier ihrerseits von einem elektronischen Verstärker geliefert wird.

Man hat nun die Regelgröße ω durch eine Messeinrichtung zu erfassen. Das klassische Hilfsmittel hierzu ist eine Tachometermaschine, d. h. ein Gleichstromgenerator, der auf der gemeinsamen Welle von Motoranker und Last angebracht ist und eine zur Winkelgeschwindigkeit ω proportionale Klemmenspannung u_I abgibt:

$$u_I = K_I\,\omega\,,$$

wobei K_I eine aus den Daten des Tachogenerators ablesbare Konstante ist.[3] Der Tachogenerator ist also die Messeinrichtung, welche die mechanische Größe ω in ein für die weitere Verarbeitung geeignetes Signal u_I umwandelt.

Die Tacho-Spannung u_I ist die Rückführgröße, die in der Eingangsschaltung des elektronischen Verstärkers gegen die Führungsgröße u_S geschaltet wird, wodurch die Differenzspannung

$$u_D = u_S - u_I$$

entsteht.

Die Führungsgröße u_S kann über ein Potentiometer eingestellt werden. Dabei wird $u_S = K_I\,\omega_S$ gewählt werden, wobei ω_S der vorgegebene Sollwert von ω ist. Die Regeldifferenz

$$u_D = K_I\,(\omega_S - \omega)$$

ist dann proportional zur Differenz von Sollwert und Istwert.

Der elektronische Verstärker ist in Bild 1-3 als Regelglied bezeichnet, weil er bei geeignetem Aufbau die erforderliche Korrektur des dynamischen Verhaltens des Regelkreises bewirkt. Diese Teile des Regelkreises, also die Vorgabe der Führungsgröße, der Soll-Istwert-Vergleich und die dynamische Korrektur, werden heute in der Regel auf einem Mikrocontroller realisiert. Auf die Frage, wie die dynamische Korrektur durchzuführen ist, werden wir später (in Kapitel 6) ausführlich eingehen. Vorläufig hat der elektronische Verstärker einfach Proportionalverhalten:

2 Um einer Verwechslung mit der im Weiteren mit s bezeichneten Laplace-Variablen vorzubeugen, wird im Rahmen dieses Buchs die Einheit Sekunde nicht mit s, sondern mit sec abgekürzt.

3 Da die Tacho-Spannung u_I Oberwellen enthält, muss eine Glättung durchgeführt werden, was aber hier wie alles nicht unbedingt Nötige vernachlässigt wird.

$u_G = K_V\, u_D\,.$

Der Stromrichter bildet den Steller, während ein besonderes Stellglied in diesem Beispiel fehlt.

Der hiermit vollständig beschriebene Geräteaufbau der Drehzahlregelung in Bild 1-3 [4] ist gegenüber den realen Verhältnissen bereits stark abstrahiert. Man kann aber noch einen Schritt weitergehen und nur das übrig behalten, was für die Dynamik der Regelung, also für den Wirkungszusammenhang der zeitveränderlichen Größen, wesentlich ist. Man gelangt so zu dem Blockschema in Bild 1-4, in dem jedes nicht unbedingt nötige Detail weggelassen ist. Der Regelkreis ist hier in möglichst einfache und gegeneinander wohl abgegrenzte Teilsysteme zerlegt, die durch die zeitveränderlichen Größen der Regelung miteinander verknüpft sind. Am Blockschema kann man ihren Wirkungszusammenhang in aller Klarheit erkennen.

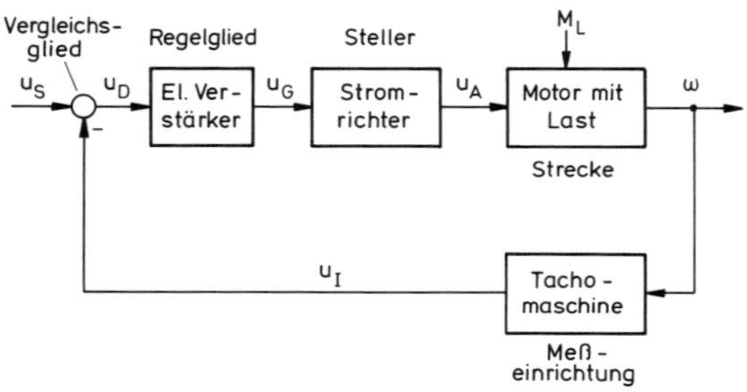

Bild 1-4: Blockschema der Drehzahlregelung

Um zu einer völlig präzisen und dabei anschaulichen Beschreibung der Regelungsdynamik zu gelangen, fehlt nur noch *ein* Schritt: Statt der verbalen Charakterisierung sind in die einzelnen Blöcke die Gleichungen einzutragen, die Eingangs- und Ausgangsgröße des Blocks miteinander verbinden. Dann wird aus dem Blockschema das *Strukturbild* (Signalflussplan, Wirkplan). Dieser Schritt wird im nächsten Kapitel ausgeführt.

Als weiteres Beispiel betrachten wir eine sehr einfache Regelung, nämlich die grundsätzliche Anordnung zur *Regelung eines Füllstands,* bei der sich der Wirkungszusammenhang sehr anschaulich überblicken lässt: Bild 1-5.

Die Flüssigkeitshöhe H soll auf dem Sollwert H_S gehalten werden. Störgröße ist der durch die Pumpe ab-

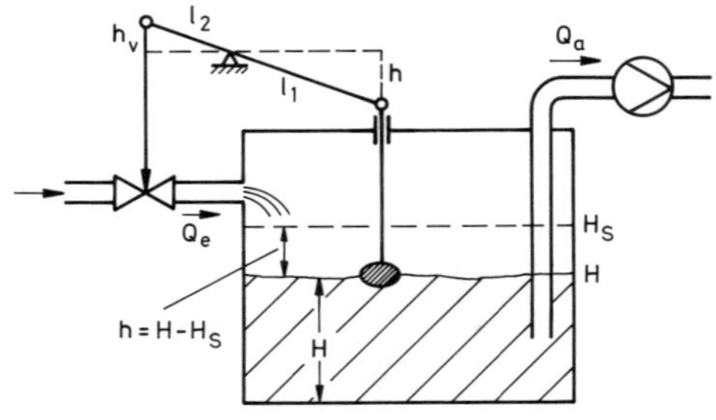

Bild 1-5: Füllstandsregelung

geführte Flüssigkeitsstrom Q_a, der um den Mittelwert $\overline{Q}_a$ schwankt.

Die Wirkungsweise der eingezeichneten Regeleinrichtung ist offensichtlich. Der Schwimmer erfasst den Flüssigkeitsstand H bzw. die Abweichung h vom Sollwert. Er steuert über ein Gestänge das Zuflussventil, wobei das Ventil zugedrückt, also der Zufluss reduziert wird, wenn der Flüssigkeitsstand über dem Sollwert liegt, und umgekehrt. Dem Sollwert H_S selbst entspricht dabei eine mittlere Ventilstellung, bei der $Q_e = \overline{Q}_a$ ist. Der Schwimmer stellt die Messeinrichtung dar. In ihr wird diesmal keine Umwandlung einer Größe in eine andere Größe vorgenommen, sondern lediglich die Füllstandsabweichung an das Hebelgestänge weitergegeben. Weiterhin ist die Führungsgröße $w = h_S = 0$. Bei der in Bild 1-5 skizzierten Situation ist $h = H - H_S$ negativ, da $H < H_S$ ist.

Die Umkehrung des Wirkungssinnes, die für die Regelung so wesentlich ist, findet im Hebelgestänge statt. Ist beispielsweise, wie in Bild 1-5, $h < 0$, also der Füllstand H zu niedrig, so ist $h_v > 0$, d. h. das Ventil wird über seine Mittellage ($h_v = 0$) hinaus aufgedreht, wie dies notwendig ist. Das Hebelgestänge enthält also das Vergleichsglied.

Auch das Regelglied ist in ihm enthalten. Wegen

$$\frac{h_v}{-h} = \frac{l_2}{l_1}\,, \quad \text{also} \quad h_v = -\frac{l_2}{l_1}\,h\,,$$

bildet die Übersetzung $l_2\,/\,l_1$ des Gestänges einen Verstärkungsfaktor, durch dessen Veränderung das dynamische Verhalten der Regelung beeinflusst werden kann.

Schließlich übt das Gestänge auch die Funktion des Stellers aus, da es die Veränderungen der Regeldifferenz auf das Ventil und damit auf die Strecke überträgt. Das Ventil ist hierbei als Stellglied anzusehen.

Für weitere Untersuchungen, etwa die Aufstellung des Strukturbilds, ist es zweckmäßig, zu den Abweichun-

---

4 Bei einer realen Drehzahlregelung wird zusätzlich der Ankerstrom des Gleichstrommotors in einer inneren Schleife zurückgeführt. Um den Grundgedanken der Regelung nicht durch zusätzliche Effekte zu überdecken, wurde hierauf verzichtet. Wir kommen an späterer Stelle auf den Nutzen solcher inneren Schleifen zurück (Abschnitt 6.10).

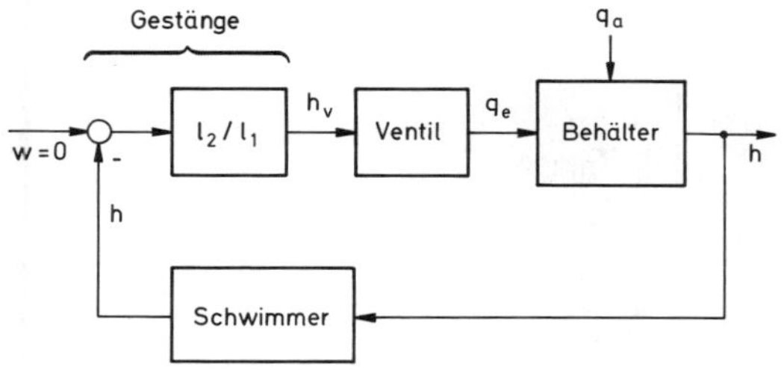

Bild 1-6: Blockschema der Füllstandsregelung

gen vom Sollzustand überzugehen, wie dies bei h bereits geschehen ist. Statt Q_e und Q_a werden dann die Größen

$$q_e = Q_e - \overline{Q}_a, \qquad q_a = Q_a - \overline{Q}_a$$

eingeführt. Mit ihnen ergibt sich das Blockschema der Füllstandsregelung in Bild 1-6.

Das dritte Beispiel sei die in Bild 1-7 dargestellte *Schüttgutregelung*. Auf einem Förderband wird ein Schüttgut mit der konstanten Geschwindigkeit v transportiert. Im gewünschten Betriebszustand sei der Massenstrom $q(t)$, also die pro Zeiteinheit auf das Förderband geschüttete Masse, gleich einem vorgegebenen festen Wert. Der Schieber befinde sich dann in Mittelstellung, und diese Schieberstellung sei durch $h = 0$ gekennzeichnet. Die Größe h gibt also die Abweichung des Schiebers von der Mittelstellung an. Auch hier ist es zweckmäßig, zu den Abweichungen vom gewünschten Betriebszustand überzugehen, da sich dann bei der endgültigen mathematischen Beschreibung des Wirkungszusammenhangs die Gleichungen sehr vereinfachen. In Bild 1-7 sind diese Abweichungen bereits eingetragen. Regelgröße ist der Massenstrom am Bandende. Störgröße ist die Schwankung der Schüttgutzufuhr, die beispielsweise durch schwankenden Feuchtigkeitsgehalt des Schüttgutes verursacht sein kann. Die Regelgröße wird durch eine Bandwaage gemessen. Diese bildet auch zugleich die Differenz mit der Führungsgröße, die an der Bandwaage eingestellt werden kann. Diese Differenz wird in ein elektrisches Signal umgesetzt, das über einen elektronischen Verstärker, einen Stromrichter und einen Gleichstrommotor den Schieber verstellt.

Bild 1-8 zeigt das Blockschema der Schüttgutregelung. Dabei sind die drei Bauelemente Stromrichter, Motor und Getriebe, die hier den Steller für den Schieber als Stellglied bilden, zu *einem* Block zusammengefasst, weil das für die spätere mathematische Beschreibung zweckmäßig ist (Abschnitt 2.2). Auf der anderen Seite musste das Gerät Bandwaage in Form von *zwei* Blöcken dargestellt werden, weil es sowohl als Messeinrichtung als auch als Vergleichsglied wirkt.

1.4 Regelung und Steuerung

Der Begriff „Regelung“, wie wir ihn im vorhergehenden Abschnitt entwickelt und an Beispielen erläutert haben, ist eng verknüpft mit dem Begriff „Steuerung“. Um diesen einzuführen, gehen wir vom Blockbild 1-1 eines dynamischen Systems aus und nehmen an,

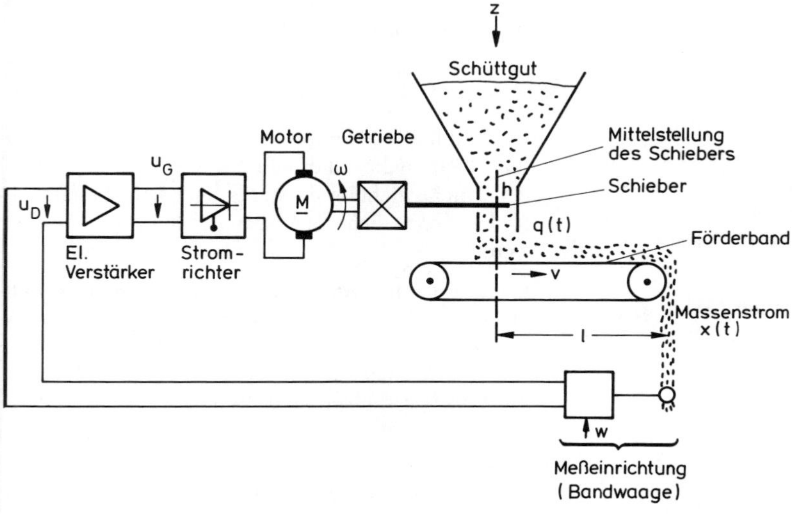

Bild 1-7: Schüttgutregelung

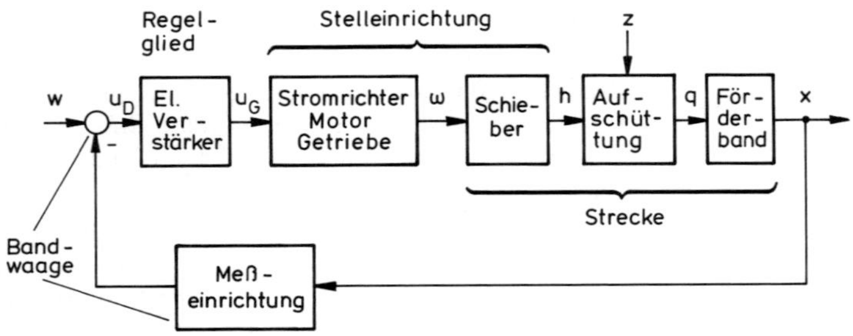

Bild 1-8: Blockschema der Schüttgutregelung

dass keine Störeinwirkung vorhanden sei, also $z = 0$ gesetzt werden darf. Das Ziel besteht nach wie vor darin, durch geeignete Wahl der Stellgröße y die Ausgangsgröße x auf einen gewünschten Wert, den Sollwert x_S, zu bringen, der auch zeitabhängig sein darf. Wie schon bisher vorausgesetzt, sei das mathematische Modell des dynamischen Systems, das auch jetzt als Strecke oder Prozess bezeichnet wird, bekannt. Da nunmehr $z = 0$ ist, geht die Gleichung (1.2) des mathematischen Modells über in

$$x = S\{y\}. \tag{1.8}$$

Da keine Störgröße einwirkt, ist die *Strecke vollständig bekannt.* Um sie gezielt zu beeinflussen, bedarf es daher keiner Rückmeldung über ihr Verhalten. Indem man den Operator S kennt, weiß man alles über die Strecke. Es liegt nahe, mittels des inversen Operators S^{-1} die Stellgröße y in der Form

$$y = S^{-1}\{x_S\} \tag{1.9}$$

aus dem Sollwertverlauf x_S zu bilden. Durch Einsetzen in (1.8) entsteht dann

$$x = S\{\,S^{-1}\{x_S\}\,\} = x_S\,,$$

da der Operator S und der inverse Operator S^{-1} einander aufheben. Damit hat man die gezielte Beeinflussung in vollkommener Weise erreicht: Die tatsächliche Ausgangsgröße $x(t)$ ist identisch mit ihrem Sollverlauf $x_S(t)$.

Konkretisieren wir den allgemeinen Gedankengang an einem einfachen Beispiel! Die Strecke werde durch die nichtlineare Kennlinie

$$x = \sqrt[3]{y}$$

beschrieben. Wählt man dann

$$y = x_S^3,$$

so wird in der Tat

$$x = \sqrt[3]{x_S^3} = x_S\,,$$

ganz gleich, welchen Verlauf $x_S(t)$ man vorschreibt.

Nun, so ideal wie eben beschrieben, werden die Verhältnisse zumeist nicht sein. Denn bislang wurde außer Acht gelassen, dass ein reales Stellglied stets einen begrenzten Aussteuerbereich besitzt und damit die Stellgröße auf einen endlichen Wertebereich beschränkt ist.

Angenommen, im obigen Beispiel sei der verfügbare Wertebereich für y durch

$$|y| \le 1$$

gegeben. Dann muss offensichtlich auch x_S innerhalb dieses Wertebereichs verlaufen, wenn daraus durch Anwendung des inversen Operators entsprechend Gleichung (1.9) – hier Bildung der dritten Potenz – ein im zulässigen Wertebereich verbleibender und somit realisierbarer Stellgrößenverlauf folgen soll. Wird dagegen ein Sollverlauf vorgegeben, der

$$|x_S| \le 1$$

nicht einhält, so können von dem gemäß (1.9) erzeugten y-Verlauf die außerhalb des Wertebereichs liegenden Anteile nicht umgesetzt und folglich auch das geforderte $x_S(t)$ nicht als Ausgangsgrößenverlauf erzielt werden.

Es gilt also, und zwar nicht nur hier, sondern ganz allgemein: *Es lassen sich nur solche Sollverläufe verwirklichen, die über Gleichung (1.9) zu einer im verfügbaren Wertebereich verbleibenden Stellgröße führen.* Es muss also der Sollverlauf passend zur gegebenen Strecke gewählt werden.

Vielfach hat man jedoch $x_S(t)$ nicht selbst in der Hand, sondern es mit einer, z. B. von einem übergeordneten Prozess vorgegebenen *Führungsgröße* w zu tun. Dann wird in aller Regel eine zusätzliche Komponente

$$x_S = S^*\{w\} \tag{1.10}$$

erforderlich, die w so anpasst, dass ein umsetzbarer Sollverlauf x_S entsteht.

Im betrachteten Beispiel könnte dies etwa

$$S^*\{w\} = \frac{w}{|w|_{\max}}$$

sein, sofern $|w|_{\max}$ bekannt ist, oder ein Begrenzer, der w durchlässt, solange $|w| \leq 1$ gilt, und ansonsten den Wert $+1$ bzw. -1 annimmt:

$$S^*\{w\} = \begin{cases} +1 & \text{für} \quad w > +1 \\ w & \text{für} \quad -1 \leq w \leq +1 \\ -1 & \text{für} \quad w < -1 \end{cases} .$$

Ganz gleich, welchen Verlauf w aufweist, beide Mal ergibt sich über Gleichung (1.10) ein realisierbarer Sollverlauf mit $|x_S| \leq 1$.

Wie das Beispiel zeigt, hat man in der Wahl von S^* Gestaltungsspielraum, der sich beim Entwurf zur aufgabenspezifischen Festlegung des Sollverhaltens nutzen lässt. Setzt man dann den gewählten Zusammenhang (1.10) in das Stellgesetz (1.9) ein, so folgt

$$y = S^{-1}\{x_S\} = S^{-1}\{S^*\{w\}\} = \tilde{S}\{w\}, \tag{1.11}$$

und man erhält zur gezielten Beeinflussung einer vollständig bekannten Strecke das Blockschema in Bild 1-9. Die Ausgangsgröße $x(t)$ stimmt dabei mit dem intern über (1.10) gebildeten Sollverlauf $x_S(t)$ überein und folgt damit der Führungsgröße $w(t)$ nur so weit, wie dies technisch machbar ist.

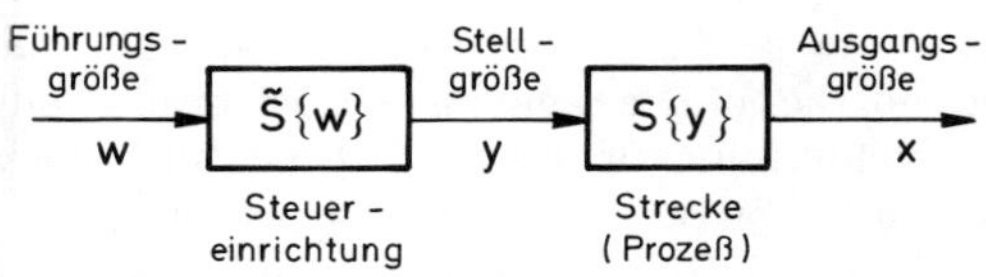

Bild 1-9: Blockschema einer Steuerung

Das Gerät oder Rechnerprogramm, das den Operator $\tilde{S}$ realisiert und die gezielte Beeinflussung der Strecke über einen Steller durchführt, kann man in Analogie zur *Regeleinrichtung* als *Steuereinrichtung* bezeichnen. Die gesamte sich so ergebende Anordnung bezeichnet man als *Steuerung*. Im Gegensatz zur Regelung ist sie *kein Wirkungskreislauf, sondern eine offene Wirkungskette*. Da die Strecke vollständig bekannt ist, bedarf es keiner Rückmeldung über das Streckenverhalten, durch die der Wirkungskreislauf der Regelung zustande kommt.

Eine solche Situation liegt beispielsweise dann vor, wenn ein Prozess aus einem gegebenen Anfangszustand in einen gewünschten Endzustand überführt werden soll und Störungen dabei ignoriert werden können. Die Aufgabe kann dann darin bestehen, diesen Übergang zeitoptimal, d. h. in der mit den gegebenen technischen Bedingungen verträglichen Mindestzeit, oder auch in gegebenener Zeit mit minimalem Energieaufwand durchzuführen. Unter Verwendung des mathematischen Modells des Prozesses sind die erforderlichen Zeitverläufe der Stellgrößen zu berechnen und in einer geeigneten Steuereinrichtung zu erzeugen (siehe z. B. [1.3]).

Falls die Störungen eines dynamischen Systems nicht vernachlässigt werden können, sind sie in aller Regel nur sehr unvollständig bekannt. Es gibt aber Fälle, in denen sich die Störgröße mit vertretbarem technischen Aufwand messen lässt und damit zur gezielten Beeinflussung des Systems zur Verfügung steht. Beispielsweise gilt dies für die Außentemperatur bei einer Raumtemperaturregelung. Die so ermöglichte *Störgrößenaufschaltung* werden wir in Abschnitt 6.10 behandeln. Man könnte daran denken, in einem solchen Fall mit einer Steuerung einschließlich Störgrößenaufschaltung auszukommen, da ja in der Operatorgleichung (1.2) z jetzt als bekannt vorausgesetzt werden darf. Im praktischen Fall wird man jedoch eine Regelung normalerweise nicht entbehren können, weil die Störgrößenaufschaltung den Einfluss der Störgröße zwar reduziert, aber nicht beseitigt und überdies neben der gemessenen Hauptstörgröße noch weitere Nebenstörungen auftreten.

Die so zustande kommende *Kombination aus Steuerung und Regelung* wird als *Zwei-Freiheitsgrade-Regelung* bezeichnet. Sie ist in Bild 1-10 für den Fall einer Strecke mit zwei Störgrößen, eine davon messbar, dargestellt. Der besseren Übersichtlichkeit halber wurden dabei die Messeinrichtungen für x und z^* weggelassen bzw. als proportional, mit Verstärkung 1 wirkend angenommen. Weiterhin wurde der gemäß obiger Begriffsbildung der Steuereinrichtung zuzurechnende Steller hier der Strecke zugeschlagen, die Bezeichnungsweise mit Steuereinrichtung und Strecke aber dem gängigen Sprachgebrauch entsprechend unverändert beibehalten. Streckeneingangsgröße ist nun im Unterschied zu Bild 1-9 die Eingangsgröße u der jetzt vollständig zur Strecke zählenden Stelleinrichtung.

Die Steuereinrichtung gibt das Sollverhalten in Abhängigkeit der Führungsgröße w sowie der gemesse-

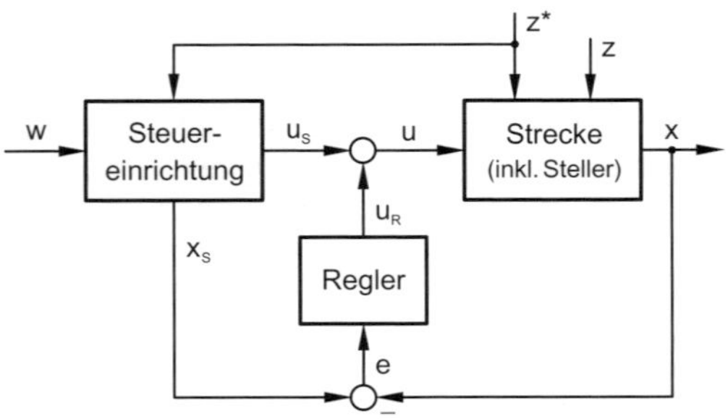

Bild 1-10: Blockschema einer Zwei-Freiheitsgrade-Regelung

nen Störgröße z^* vor. Idealerweise erzeugt sie ein u_S derart, dass dieses bei Aufschaltung auf die Strecke im Falle $z = 0$ gerade den Sollverlauf $x = x_S$ am Ausgang erzeugt. Für die Regeldifferenz gilt dann $e = 0$, d. h. der Regler bleibt in Ruhe und die Strecke wird, solange $z = 0$ gilt, rein gesteuert betrieben. Nur wenn eine Störung $z \neq 0$ auf die Strecke einwirkt, kommt es hier zu einer Abweichung der Regelgröße x vom Sollverlauf x_S und damit zu einer Regeldifferenz $e \neq 0$. Infolgedessen wird jetzt der Regler aktiv und wirkt mit seinem Ausgangssignal u_R, das sich dem Steuerungsanteil u_S additiv überlagert, der Störung z entgegen.

Zusammengefasst heißt dies: Nur die Systemreaktion auf die nicht gemessene Störung z erfolgt geregelt, die Reaktionen auf die Führungsgröße w sowie die durch Messung gegebene Störgröße z^* erfolgen dagegen rein gesteuert. Regler und Steuereinrichtung dienen somit unterschiedlichen Zwecken: der Regler der Bekämpfung unbekannter Einflüsse, die Steuereinrichtung der Einstellung der Sollreaktion auf bekannte Einflüsse. Beide können unabhängig voneinander und damit gezielt auf ihre jeweilige Zweckbestimmung hin entworfen werden. Insofern stellt Bild 1-10 eine Struktur mit *zwei* Freiheitsgraden dar.

Zwei-Freiheitsgrade-Regelungen wurden bereits früh in die Regelungstechnik eingeführt (siehe [1.4]). Jedoch finden sie erst in neuerer Zeit zunehmend Verbreitung, da die Realisierung solcher Strukturen erst mit der Verfügbarkeit leistungsfähiger Digitalrechner ohne allzu großen Aufwand möglich wurde. Wir werden insbesondere im Kapitel 9 auf die Zwei-Freiheitsgrade-Regelung zurückkommen.

Zum Abschluss dieses Abschnitts sei noch darauf eingegangen, dass es neben den durch Bild 1-9 charakterisierten Steuerungen, die eine offene Wirkungskette darstellen, auch *Steuerungen mit Rückführung* gibt. Betrachten wir dazu einen typischen Fall, wie er in dieser oder ähnlicher Form unzählige Male vorkommt.

In einem Behälter finde eine chemische Reaktion statt. Das Ablaufventil des Behälters wird genau dann geöffnet, wenn bestimmte Bedingungen erfüllt sind:

- Bedingung A: Zulaufventil geschlossen.
- Bedingung B: Reaktionsende festgestellt.
- Bedingung C: Rührer, der für die laufende Durchmischung der Reaktion sorgt, abgestellt.

  Usw.

Den Wirkungszusammenhang kann man durch ein Blockschema nach Art von Bild 1-11 beschreiben. Dabei bezeichnen die mit $A, B, C, \ldots$ versehenen Wirkungslinien die Kanäle, auf denen die Rückmeldung erfolgt, ob die jeweilige Bedingung erfüllt ist. Genau dann, wenn alle Bedingungen erfüllt sind, wird durch die Steuereinrichtung die Freigabe des Ablaufventils befohlen. Als Ausgangsgröße der Strecke ist der Zustand des Ablaufventils anzusehen, der nur die beiden Werte „geschlossen" und „geöffnet" annimmt.

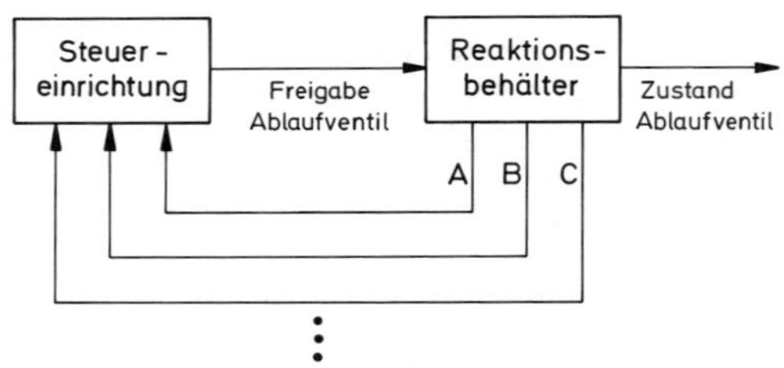

Bild 1-11: Blockschema einer Steuerung mit Rückführung

Zweifellos handelt es sich hier um die gezielte Beeinflussung eines unvollständig bekannten Systems. Allerdings hat die unvollständige Kenntnis in diesem Fall nichts mit dem Auftreten von Störgrößen zu tun, sondern liegt in der Tatsache, dass man nicht sicher ist, ob bestimmte Bedingungen tatsächlich erfüllt sind. Die gezielte Beeinflussung bei unvollständiger Systemkenntnis kann auch hier nur durch Rückführungen erfolgen – eine andere Möglichkeit gibt es einfach nicht. Insofern liegt hier, genau wie bei einer Regelung, eine *Rückführungsstruktur* vor.

Dennoch spricht man von einer Steuerung bzw. einem Steuerungssystem, da es in der Tat erhebliche Unterschiede gegenüber einer Regelung bzw. einem Regelungssystem nach Bild 1-2 gibt:

(I) Ein ganz wesentlicher Unterschied besteht darin, dass die Rückmeldungen von anderer Art sind als bei einer Regelung. Dort wird die Regelgröße *laufend* durch eine Messeinrichtung erfasst und zurückgeführt. Etwas Derartiges findet hier nicht statt. Es wird lediglich bei Beendigung der Reaktion rückgemeldet, ob bestimmte Bedingungen erfüllt sind oder nicht. Die Rückführgrößen sind dabei *binäre Größen,* die also nur zwei Werte annehmen, von denen der eine „Bedingung erfüllt", der andere „Bedingung nicht erfüllt" signalisiert.

(II) Da bei Steuerungen mit Rückführung zumeist mehrere Bedingungen zu überwachen sind, weisen sie typischerweise *viele* Rückführschleifen auf, während bei Regelungen stets nur *wenige* Streckengrößen erfasst und rückgeführt werden, häufig allein nur die Regelgröße.

(III) Ein weiterer Unterschied zwischen der Regelung und der *Steuerung mit Rückführung* besteht darin, dass bei der letztgenannten *kein Soll-Istwert-Vergleich* stattfindet, also keine Differenzbildung zwischen der gezielt zu beeinflussenden Größe und einer Führungsgröße vorgenommen wird. Erstere wird ja auch gar nicht zurückgeführt.

Wir wollen uns hier nicht weiter in das Thema „Steuerungen" vertiefen. Sie bilden ein praktisch überaus wichtiges Kapitel für sich und stellen sogenannte *ereignisdiskrete oder hybride Systeme* dar, die zu ihrer Behandlung gänzlich andere Methoden erfordern als die in diesem Buch betrachteten Steuerungen und Regelungen (siehe etwa [1.5], [1.6], [1.7]). Hier kam es nur darauf an, Gemeinsamkeiten und Unterschiede in den Begriffen „Regelung" und „Steuerung" deutlich zu machen. Zusammenfassend kann man sagen: Beide dienen der gezielten Beeinflussung dynamischer Systeme während des Prozessablaufs. Bei der Regelung findet eine laufende Rückmeldung weniger Systemgrößen und ein Soll-Istwert-Vergleich statt, bei der Steuerung hingegen gibt es keinen Soll-Istwert-Vergleich, eine Rückmeldung fehlt oder findet nur binär statt, dann aber in vielen Schleifen.

1.5 Forderungen an die Regelung und Bearbeitung einer Regelungsaufgabe

Nachdem Begriff und Wirkungsweise der Regelung beschrieben sind, erhebt sich die Frage, wie eine Regelung zu entwerfen ist, wie man also die Regeleinrichtung zu wählen hat. Dazu muss man sich zunächst einmal vor Augen führen, welche Forderungen die Regelung erfüllen soll.

Hierzu ist als Erstes ein Problem herauszuarbeiten, das für die Regelungstechnik eine fundamentale Rolle spielt, weil es untrennbar mit dem Wesen der Regelung verbunden ist: das *Stabilitätsproblem.* Um es begreiflich zu machen, gehen wir von der allgemeinen Struktur der Regelung in Bild 1-2 aus und betrachten erneut deren Wirkungsweise. Die Regelung befinde sich in Ruhe, und die Regelgröße x sei auf ihrem Sollwert x_S. Durch eine Erhöhung der Störgröße werde die Regelgröße x abgesenkt, womit auch die Rückführgröße r sinkt. Dadurch wird der Regler zum Eingreifen veranlasst: Die Regeldifferenz e wächst; hierdurch wird die Stellgröße y angehoben, und dies bewirkt eine Wiederanhebung der Regelgröße x, mit dem Ziel, den Sollwert x_S wieder zu erreichen.

Die Einwirkung der Eingangsgröße eines Blocks auf seine Ausgangsgröße geht aber meist nicht plötzlich vor sich, sondern erfolgt mit einer gewissen Verzögerung. Die Ursachen können verschieden sein, je nach der physikalischen Natur des Blocks. Bei einem mechanischen System kann es sich um die Massenträgheit handeln, bei einem elektrischen System können Umladungsvorgänge oder der Aufbau von Feldern dafür verantwortlich sein. Ein anderes Mal sind es Reibungseffekte oder Transportvorgänge, die Zeit beanspruchen. Das Ergebnis besteht in jedem Fall darin, dass die Einwirkung der zeitveränderlichen Größen aufeinander Zeit benötigt und dass deshalb der Regler Zeit braucht, um die Störgröße auszuregeln (oder auch die Führungsgröße einzuregeln).

Nun liegt es auf der Hand, dass eine Regelung nutzlos ist, wenn sie zu langsam arbeitet. Man wird deshalb den Regler so bemessen, dass die unvermeidlichen Verzögerungen nicht zu groß werden, dass er also bei einer Abweichung der Regelgröße vom Sollwert genügend stark eingreift. Hierdurch wird die nach einer Störgrößenerhöhung zunächst abgesunkene Regelgröße x wieder schnell auf ihren Sollwert x_S gebracht, kann aber auch über x_S hinausschießen. In diesem Fall greift der Regler sogleich wieder ein, nun in entgegengesetztem Sinn. Das wird zur Folge haben, dass x nunmehr unter den Sollwert x_S gedrückt wird, usw. Denkt man sich diesen Verlauf der Regelgröße x über der Zeit aufgetragen, so stellt er eine Schwingung um den Sollwert x_S dar.

Ganz allgemein durchläuft die Regelgröße bei einer Änderung der Führungs- oder Störgröße einen Übergangsvorgang (oder Einschwingvorgang). Er braucht nicht unbedingt eine Schwingung zu sein, sondern kann auch monoton verlaufen. Kommt er mit wachsender Zeit zur Ruhe, so wird man die Regelung als *stabil* bezeichnen. Beruhigt er sich jedoch nicht, führt die Regelgröße vielmehr eine Dauerschwingung oder eine aufklingende Schwingung oder auch einen monoton aufklingenden Zeitvorgang aus, so wird man die Regelung als *instabil* ansehen. Sie ist dann nicht brauchbar.

Diese ganze Betrachtung ist noch rein qualitativ. Wir werden sie später (in Kapitel 3) mathematisch fassen. Aber schon jetzt kann man einige Folgerungen ziehen. Als wichtigste: Das Stabilitätsproblem ist kein beiläufiges Anhängsel der Regelung, sondern zwangsläufig mit dem Aufbau der Regelung als *Wirkungskreis* gegeben. Diese Kreisstruktur wiederum ist notwendig, um trotz unvollständig bekannter Strecke eine gezielte Einwirkung zu ermöglichen. Insofern ist das Stabilitätsproblem *untrennbar* mit der Regelung verbunden.

Bei einer Steuerung, die ja einen *offenen Wirkungsablauf* darstellt, da keine *laufende* Rückmeldung erfolgt, gibt es kein derartiges Problem. Das Stabilitätsproblem ist der Preis, den man dafür bezahlen muss, dass die Regelung mehr vermag als die Steuerung, nämlich ein in nicht genau bekannter Weise veränderliches System gezielt zu beeinflussen.

Eine zweite Feststellung liegt auf der Hand: Der Regelkreis muss stabil gemacht werden, wenn er arbeitsfähig sein soll. Unsere Betrachtung gibt auch einen Hinweis, wie das grundsätzlich geschehen könnte: Indem man den Regler recht langsam einstellt. Von Ausnahmefällen abgesehen, ist ein derartiges Verhalten jedoch unbefriedigend, weil die Regelgröße in möglichst kurzer Zeit auf ihren Sollwert (oder zumindest in dessen Nähe) gebracht werden soll, denn nur dort arbeitet das dynamische System so, wie es erwünscht ist. Man sieht schon an dieser Stelle, dass eine wichtige Aufgabe des Regelungstechnikers[5] beim Entwurf einer Regelung darin besteht, einen tragfähigen Kompromiss zwischen den gegensätzlichen Forderungen nach Stabilität und nach Schnelligkeit zu erzielen.

Damit sind wir bei den ***Anforderungen***, die ***an eine Regelung*** zu stellen sind. Zu den *Grundforderungen,* die auf jeden Fall erfüllt werden müssen, gehört neben der *Stabilität* eine *genügende stationäre Genauigkeit.* Das heißt: Die Regeldifferenz, die sich im stationären Zustand, d. h. nach Abklingen der durch Änderungen der Führungs- und Störgröße verursachten Einschwingvorgänge, einstellt, soll unter einer vorgegebenen Schranke liegen. Nur dann wird die Regelgröße nach einer Störgrößenänderung den Sollwert wieder mit genügender Näherung annehmen und nach einer Führungsgrößenänderung dem neuen Sollwert hinreichend nahe kommen. Die Größe der Schranke hängt dabei von der speziellen Aufgabenstellung ab.

5 Wenn hier und im Folgenden von Regelungstechniker oder Ingenieur die Rede ist, so geschieht dies allein der sprachlichen Einfachheit wegen; selbstverständlich ist stets auch die Regelungstechnikerin oder Ingenieurin mit gemeint.

So notwendig die Erfüllung der Grundforderungen ist – sie allein reicht im Allgemeinen nicht aus; vielmehr müssen zumindest noch *weitergehende qualitative Forderungen* an die Dynamik erfüllt sein. Das kann man sich leicht vorstellen: Wenn ein Regelkreis stabil ist, so klingt nach einer sprungförmigen Führungs- oder Störgrößenänderung der hierdurch hervorgerufene Übergangsvorgang mit wachsender Zeit ab. Wenn er dabei aber zu stark über den stationären Endwert überschwingt und zu lange oszilliert, so ist er dennoch nicht brauchbar. Man muss daher über die pure Stabilität hinaus fordern, dass der *Regelkreis genügend gedämpft* ist, d. h. bei bestimmten Änderungen von Führungs- und Störgröße, z. B. sprungförmigen Verstellungen, die Regelgröße nicht zu stark über- bzw. unterschwingt und nicht zu sehr oszilliert.

Auf der anderen Seite darf der Regelkreis aber auch nicht zu stark gedämpft werden, sonst kann es geschehen, dass die Regelgröße zwar nicht mehr schwingt, aber sich ihrem Endwert nur noch langsam nähert. Man hat daher als weitere Forderung, konträr zur letztgenannten: Der *Regelkreis* muss *hinreichend schnell* sein, d. h. der Übergangsvorgang der Regelgröße aufgrund von Änderungen der Stör- bzw. Führungsgröße soll nach nicht zu langer Zeit abgeschlossen sein.

Diese beiden Forderungen nach genügender Dämpfung und Schnelligkeit der Regelung klingen wenig präzise. Dennoch reicht es für viele Zwecke aus, sie in dieser qualitativen Form zu erfüllen. Man will z. B. haben, dass der Regelkreis nicht zu stark schwingt, interessiert sich aber nicht dafür, ob die Überschwingweite der Regelgröße über den Endwert bei einem Sprung der Führungsgröße nun 5 % oder 10 % beträgt.

Wird jedoch die Einhaltung derartiger Bedingungen verlangt, so handelt es sich um *quantitative Anforderungen* an die Dynamik der Regelung. Sie können von zweierlei Art sein. Wie eben schon angedeutet, kann es darum gehen, dass bestimmte *Kenndaten des dynamischen Verhaltens vorgegebene Schranken nicht überschreiten bzw. bestimmte Werte annehmen.* Beispielsweise kann verlangt sein, dass bei sprungförmiger Änderung der Führungsgröße die Überschwingweite der Regelgröße über den neuen Sollwert ≤ 5 % ist. Oder: Dass die Übergangszeit, d. h. die Zeitspanne, in der die Regelgröße endgültig in einen vorgegebenen Toleranzstreifen um den neuen Sollwert eintritt, ≤ 10 sec ist. Die zu erfüllenden quantitativen Forderungen bestehen hier in Ungleichungen für die interessierenden dynamischen Kenndaten, wobei die Schranken dieser Ungleichungen aus der konkreten Aufgabenstellung stammen. Es kann auch sein, dass den interessierenden Kenndaten feste Werte vorgeschrieben werden, was beispielsweise dann der Fall ist, wenn eine Regelung gewünschte Eigenwerte haben soll.

Ganz anders eine zweite Art quantitativer Forderungen an die Regelung! Bei ihnen ordnet man dem Regelkreis ein *Gütemaß* zu, auch Güte-Index oder Gütekriterium genannt. Darunter versteht man eine Maßzahl für die Qualität des Systemverhaltens. Beispielsweise kann die Energie, die zur Ausregelung einer Störung oder auch zur Einregelung der Führungsgröße aufgewendet wird, eine solche Maßzahl darstellen. Eine andere derartige Maßzahl ist die Zeit, die für den Übergang aus einem gebenenen Anfangszustand in einen gewünschten Endzustand erforderlich ist. Die Aufgabe besteht dann darin, den Regler so zu bestimmen, dass das gewählte Gütemaß zum Minimum (oder Maximum, je nach Art des Gütemaßes) gemacht wird. Gelingt dies, so spricht man von einer *optimalen Regelung.*

Es liegt auf der Hand, dass solche quantitativen Forderungen schwerer zu erfüllen sind und vielfach zu aufwendigeren Reglern führen werden als die zuvor umrissenen Grundforderungen und qualitativen Forderungen. Dafür wird man erwarten, dass die so entworfenen Regelungen auch Besseres leisten.

Allerdings darf man hierbei nicht zu optimistisch sein. Zum Einen ist die Strecke mit ihren Störeinflüssen und Parameterschwankungen häufig nur recht ungenau bekannt. Ein Entwurf der Regelung, der quantitative Forderungen berücksichtigt, geht aber von einem wohlbestimmten mathematischen Modell aus. Weicht das Verhalten der realen Strecke hiervon ab, so kann der Entwurf zu einem enttäuschenden Ergebnis führen. Dies um so mehr, als hochspezifizierte mathematische Entwurfsverfahren recht empfindlich gegen Änderungen der Systemparameter sein können.

Zum Zweiten sollen Regelungen oftmals recht verschiedenartigen Anforderungen genügen. Erfüllt man nun *eine* Forderung in optimaler oder nahezu optimaler Weise, so besteht die Gefahr, dass die anderen nur schlecht berücksichtigt werden können. Vom praktischen Standpunkt aus kann es dann besser sein, einen Kompromiss zwischen den verschiedenen Anforderungen zu finden, anstatt *eine* optimal zu erfüllen.

Aus solchen Gründen begnügt man sich vielfach damit, die Grundforderungen und weitergehenden qualitativen Forderungen zu befriedigen.

Eine wichtige *Nebenbedingung,* die man in irgendeiner Form stets berücksichtigen muss, besteht in der *Beschränkung der Stelleingangsgröße* (oder Reglerausgangsgröße) u. Jede reale Stelleinrichtung enthält nämlich eine Begrenzung, die in ihrer grundsätzlichen Wirkungsweise durch eine Kennlinie entsprechend Bild 1-12 beschreibbar ist. Sie zeigt, dass nur Werte im Bereich $y_{min} \leq y \leq y_{max}$ die Stelleinrichtung passieren können, wie groß der Betrag in u auch werden mag. Es ist daher zwecklos, $|u|$ sehr groß zu machen, um hierdurch besonders kräftige Stellimpulse zu erzeugen. Vielmehr wird man u sinnvollerweise auf einen gewissen Bereich beschränken. Hierin besteht eine zusätzliche Forderung an den Regelkreisentwurf. Die präzise Berücksichtigung einer solchen Beschränkung stellt ein nichtlineares Problem dar und ist deshalb nicht einfach. Man begnügt sich daher häufig mit einer nur mittelbaren Berücksichtigung der Stelleingangsbeschränkung, indem man die Regelung nicht zu schnell macht oder ein geeignet gewähltes Gütemaß optimiert (Kapitel 9).

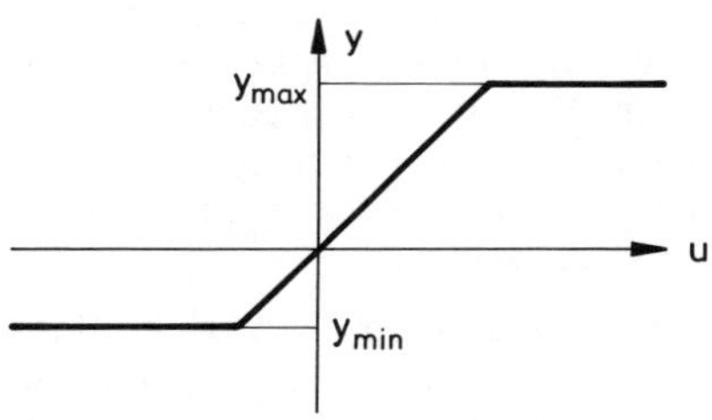

Bild 1-12: Begrenzungskennlinie

Wie kann man nun vorgehen, um den Regelkreis so zu entwerfen, dass er die an ihn gestellten Forderungen erfüllt? Wie hat man also eine Regelungsaufgabe zu bearbeiten? Wir wollen dabei annehmen, dass die Aufgabe *systematisch* angegangen werden soll, was zumindest bei solchen Problemstellungen zu empfehlen ist, die nicht zur Routine gehören. Dann lässt sich die ***Bearbeitung einer Regelungsaufgabe*** in die folgenden Schritte gliedern:

(I) Am Anfang steht die möglichst präzise *Formulierung der Aufgabenstellung.* Sie liegt keineswegs auf der Hand. Regelungsaufgaben sind vielfach keine Einzelprobleme, vielmehr in zunehmendem Maße Teilaufgaben im Rahmen größerer Automatisierungsprojekte. Aus deren übergeordneter Zielsetzung ergeben sich die Bedingungen, unter denen die Regelung arbeiten soll, und die Leistungen, die sie zu erbringen hat. Von hier aus werden also die Forderungen an die Regelung im Einzelnen definiert. Man hat somit die Regelungsaufgabe zunächst aus dem Gesamtprojekt herauszulösen und nach ihrer Bearbeitung die fertiggestellte Regelung in das gesamte Automatisierungssystem einzubetten.

(II) Nach der Formulierung der Aufgabenstellung erfolgt die *Wahl einer geeigneten Stelleinrichtung* zur

Beeinflussung der Strecke und einer *Messeinrichtung* zur Erfassung der Regelgröße. Es ist klar, dass die Wahl der Stell- und Messeinrichtung durch die Art der Strecke und die Anforderungen an die Regelung bestimmt wird. Sie muss daher beispielsweise bei der Drehzahlregelung eines Gleichstromantriebs anders ausfallen als bei der Klimaregelung eines Raums. Hier lässt sich keine allgemeingültige Lösung angeben. Vielmehr gibt es für jede Regelungsaufgabe, die häufiger vorkommt, eine (manchmal auch mehr als eine) charakteristische Lösung, die sich aufgrund der Erfahrung als zweckmäßig erwiesen hat, sich allerdings mit dem Stand der Technik ändern wird. Bei der Vielzahl der Aufgaben und Lösungen ist bei diesem Schritt ein Überblick kaum möglich.

(III) Der dritte Schritt bei der Bearbeitung einer Regelungsaufgabe besteht in der *Bildung eines mathematischen Modells der Regelung.* Dazu stellt man mit Hilfe der physikalischen Gesetze die Gleichungen auf, die das dynamische Verhalten der Regelung beschreiben. Dieser Schritt ist Voraussetzung, um später *gezielt* eine dynamische Korrektur des Systems über den Regler durchführen zu können.

Bei komplizierteren Strecken kann die Modellbildung der schwierigste Teil bei der Behandlung der Regelungsaufgabe sein. Falls die Ermittlung der Gleichungen mittels der physikalischen Gesetze zu schwierig oder zu aufwendig ist, wird man versuchen, diese Gleichungen näherungsweise durch Messung zeitveränderlicher Systemgrößen zu ermitteln. Man spricht dann von *Systemidentifikation oder experimenteller Modellbildung.*

Da das mathematische Modell die Grundlage aller weiteren Untersuchungen ist, muss man sich bemühen, es so einfach und übersichtlich wie nur möglich zu gestalten. Diese *Modellvereinfachung* gehört als ganz wesentlicher Bestandteil zur Modellbildung hinzu. Oftmals wird erst durch sie das mathematische Modell für die weiteren Schritte verwendbar. Man denke etwa an die Linearisierung nichtlinearer Modelle, ohne die oftmals nur mit viel Aufwand Aussagen über das Systemverhalten möglich wären.

Wie stark das Modell vereinfacht werden darf, hängt entscheidend von der technischen Zielsetzung, also von den Anforderungen an die Regelung, ab. Braucht man beispielsweise nur die Grundforderungen und qualitativen Forderungen an die Dynamik einzuhalten, so kann schon ein sehr grobes Modell genügen. Sind hingegen härtere Forderungen zu befriedigen, so wird dies nur auf der Grundlage eines hinreichend detaillierten Modells möglich sein. Dies kann z. B. dazu führen, dass Nichtlinearitäten, die man sonst ignoriert oder nur überschlägig berücksichtigt hätte, genauer nachgebildet werden müssen. Die Modellbildung im Rahmen einer *Ingenieursaufgabe* erschöpft sich daher nicht in einer rein naturwissenschaftlichen Systembeschreibung, sondern *hängt ganz wesentlich von dem gesteckten technischen Ziel* ab.

Was die äußere Form des mathematischen Modells angeht, so sind in der Regelungstechnik zwei Darstellungsweisen gebräuchlich: die sehr anschauliche Darstellung als *Strukturbild (Signalflussplan, Wirkplan)* und die vor allem für Mehrgrößensysteme zweckmäßige *Zustandsbeschreibung.* Beide werden in diesem Buch ausführlich behandelt.

(IV) Liegt das mathematische Modell der Regelung vor, so kann man an die *Systemanalyse* herangehen, d. h. die Untersuchung der Eigenschaften des Regelkreises, wie Stabilitätsverhalten, stationäres Verhalten und dergleichen. Sie ist die Grundlage für den nächstfolgenden Schritt, der in enger Verzahnung mit der Analyse der Regelung durchgeführt wird.

(V) Dieser Schritt besteht darin, das dynamische Verhalten der Regelung so zu gestalten, dass die an sie gestellten Forderungen erfüllt werden. Die dazu erforderlichen Maßnahmen kann man unter der Bezeichnung *„dynamische Korrektur"* zusammenfassen. Oft spricht man auch von *Stabilisierung,* obgleich die Stabilisierung nur ein Teilziel ist, da die Regelung ja auf jeden Fall außerdem stationär genau und genügend schnell gemacht werden soll. Auch die Bezeichnungen *Synthese* oder *Entwurf* der Regelung sind weithin üblich, obwohl hierunter vielleicht besser die gesamte Behandlung der Regelungsaufgabe zu verstehen wäre. Die erwähnten Bezeichnungen für die dynamische Korrektur sind aber so allgemein verbreitet, dass wir sie im Folgenden ebenfalls in diesem Sinne verwenden werden.

Die *Maßnahmen zur Synthese* der Regelung stützen sich allein auf die mathematische Beschreibung des Regelkreises. Sie sind daher *ebenso wie die Analyseverfahren unabhängig von der speziellen physikalischen Natur des Systems und besitzen allgemeingültigen Charakter.* Als Ergebnis der Synthese erhält man die Gleichung des Reglers, der das gewünschte Verhalten der Regelung sichert.

(VI) Spätestens an dieser Stelle ist die *Nachbildung (Simulation)* der Regelung auf dem Rechner erforderlich. Sie ist notwendig, um die endgültige Einstellung des Reglers vorzunehmen und um gegebenenfalls Modifikationen des Reglers durchzuführen.

Die Simulation wird zwar erst an dieser Stelle erwähnt, aber bei jedem nicht ganz einfachen Problem wird sie den gesamten Entwurfsprozess begleiten. So wird man bereits bei der Modellbildung das mathematische Modell der Strecke simulieren und seine Reaktion auf Testfunktionen nach Möglichkeit mit gemessenen Verläufen der realen Strecke vergleichen, um sich von seiner Übereinstimmung mit der Wirklichkeit zu überzeugen und gegebenenfalls Abänderungen vorzunehmen. Bei der Analyse und der Synthese der Regelung ist die Rechnersimulation normalerweise die einzige Möglichkeit, die sich ergebenden Zeitverläufe der Systemgrößen im Einzelnen zu verfolgen.

Die Rechnerbenutzung beschränkt sich nicht auf die Simulation allein. Bei der Analyse und der Synthese wird man den Rechner vielmehr an ganz verschiedenen Stellen einsetzen, etwa beim Ermitteln von Ortskurven, Lösen von Gleichungssystemen, Auswerten von matrixwertigen Formelausdrücken und dergleichen. Für eine rationelle Behandlung solcher Teilaufgaben stehen heutzutage umfangreiche *Programmsysteme* zur Verfügung, etwa MATLAB mit der Control System Toolbox und zugehörig SIMULINK zur Blockbild-orientierten Darstellung und Simulation der Systeme (siehe z. B. [1.8]).

(VII) Den letzten Schritt bildet die Überlegung, wie die *Realisierung des Reglers* erfolgen soll. Die klassische Vorgehensweise bestand darin, hierfür elektronische Schaltungen oder auch pneumatische oder hydraulische Aufbauten zu verwenden. Heute wird der Regler meist als Algorithmus in einem Digitalrechner realisiert. Man spricht dann von *digitaler Regelung.*

Es ist klar, dass der vorstehend beschriebene Weg zur Bearbeitung einer Regelungsaufgabe schematisiert ist. Er muss keineswegs immer eingehalten werden. Aber er gibt die grundsätzliche Vorgehensweise wieder. In den folgenden Kapiteln werden wir zunächst die Modellbildung und die Analyse dynamischer Systeme behandeln und später zur Synthese übergehen. Zuvor seien aber als Abschluss dieser einführenden Betrachtungen noch einige allgemeinere Bemerkungen gemacht, die dazu dienen sollen, den bisher formulierten Begriff der Regelung zu erweitern und im Anschluss daran eine Charakterisierung der Regelungstechnik zu geben.

1.6 Erweiterung des Regelungsbegriffs und Charakterisierung der Regelungstechnik

Die Regelung in Bild 1-2, wie sie im Vorhergehenden eingeführt wurde, bildet einen speziellen Fall allgemeinerer Regelungsstrukturen. Wir wollen sie zum Unterschied von diesen komplizierteren Anordnungen als *klassische Regelschleife* bezeichnen – klassisch, weil diese Art der Regelung am Anfang der Entwicklung stand und verständlicherweise auch zuerst theoretisch behandelt wurde.

Kompliziertere Regelungsstrukturen können vor allem aus drei Gründen notwendig werden.

Zunächst kann es sein, dass die Strecke intensiver beeinflusst werden soll, als das mit der Rückführung nur einer Systemgröße, eben der Regelgröße, möglich ist. Man wird dann mehrere Größen zurückführen, soweit das mit vertretbarem technischen Aufwand durchführbar ist, und gelangt so zu *mehrschleifigen Regelungen.*

Zweitens ist man vielfach gezwungen, mehrere Größen, die durch die physikalische Beschaffenheit der Strecke miteinander verkoppelt sind, simultan zu beeinflussen. Dann liegt bereits von der Strecke her eine kompliziertere Situation vor, insofern ein bereits von Natur aus vermaschtes System zu behandeln ist. Man spricht dann von einer *Mehrgrößenregelung.*

Meist werden die beiden eben genannten Gesichtspunkte einander überlagern. In jedem Fall ist eine komplexere Rückführungsstruktur als die bisher behandelte klassische Regelschleife erforderlich. Mit dieser Problematik werden wir uns ausführlich im zweiten Teil dieses Buchs unter Verwendung der Zustandsbeschreibung befassen (ab Kapitel 7), was uns dann auf *Zustandsregelungen* führen wird.

Noch ein dritter Grund kann komplexere Rückführungsstrukturen notwendig machen, nämlich ein *höherer Unbekanntheitsgrad der Strecke.* Bisher wurde angenommen, dass das mathematische Modell der Strecke samt den darin vorkommenden Parametern bekannt ist. Gewiss wird man – wie oben schon bemerkt – bei einem realen System immer auf kleinere Parameterschwankungen gefasst sein müssen, doch darf man meist annehmen, dass deren Auswirkungen durch den Regler in Schach gehalten werden. Die einzige *wesentliche* Unbekannte in der bisherigen Betrachtung war die Störgröße: Sie ist es, die den Aufbau der klassischen Regelschleife veranlasst.

Nun kann es aber auch anders kommen: Es können Streckenparameter auftreten, die in Abhängigkeit von den äußeren Bedingungen des Systems so großen Schwankungen unterliegen, dass sie durch den Regler nicht mehr in befriedigender Weise abgefangen werden. Dann kann es notwendig sein, zu einer *adaptiven Regelung* überzugehen. Bei dieser wird das durch die schwankenden Systemparameter verursachte veränderliche Systemverhalten zunächst in geeigneter Weise erfasst, z. B. indem man aus der Messung von

Ein- und Ausgangsgröße der Strecke deren aktuelle Parameterwerte ermittelt, was als *Identifikation* bezeichnet wird. Mit Hilfe der so gewonnenen Information erfolgt dann eine Verstellung der Reglerparameter – und zwar so, dass trotz der Streckenparameterschwankungen die Regelgröße an ihren Sollwert angeglichen wird. Zur ursprünglichen Rückführung der Regelgröße kommen so weitere, oft in sich komplizierte Rückführungen hinzu.

Die Unkenntnis der Strecke wird noch größer, wenn nicht nur Streckenparameter unbekannt sind, sondern auch die Strecken*struktur* unsicher wird, z. B. die Ordnung der die Strecke beschreibenden Differentialgleichung oder Differenzengleichung nicht gegeben ist. Es liegt auf der Hand, dass die Erkennungsaufgabe mit wachsendem Unbekanntheitsgrad der Strecke immer schwieriger zu lösen ist. Wir wollen uns in diesem Buch nicht mit adaptiven Regelungen befassen; dafür sei auf [1.9], [1.10] oder [1.11] verwiesen. Es kam hier nur darauf an, dem Leser Beispiele für kompliziertere Regelungsstrukturen vor Augen zu führen.

Worin besteht nun das Gemeinsame der im Vorhergehenden beschriebenen Anordnungen? Wie kann man also den Begriff „Regelung" allgemein definieren? Offenbar in der folgenden Weise:

Ausgangspunkt ist die Forderung nach selbsttätiger gezielter Beeinflussung eines dynamischen Systems, das nur unvollständig bekannt ist und sein Verhalten in nicht genau vorhersagbarer Weise während des Betriebs ändert. Die Erfüllung dieser Forderung erfolgt durch eine Rückführungsstruktur, bestehend aus einer Beobachtungseinrichtung, die laufend Information über das veränderliche Systemverhalten sammelt, und einer Beeinflussungseinrichtung, die diese Information verarbeitet und dadurch so auf das System einwirkt, dass dessen Verhalten an das gewünschte Verhalten angeglichen wird. Eine solche Rückführungsstruktur heißt Regelung. (1.12)

In Bild 1-13 ist diese allgemeine Regelungsstruktur dargestellt. Sie enthält die Struktur in Bild 1-2 als Spezialfall. Neben den Regelgrößen als den gezielt zu beeinflussenden Größen sind meist noch weitere Größen messbar. Sämtliche Messgrößen werden der Beobachtungseinrichtung zugeführt, damit aus ihnen das jeweilige Systemverhalten ermittelt wird. Hierbei ist die Bezeichnung „Beobachtungseinrichtung" ganz allgemein zu verstehen. Im einfachsten Fall ist es die Messeinrichtung der klassischen Regelschleife, wie sie Bild 1-2 zeigt. Bei den später behandelten Zustandsregelungen wird sie durch den Zustandsbeobachter (Luenberger-Beobachter oder Kalman-Filter) repräsentiert. Im Fall der adaptiven Regelung enthält sie auf jeden Fall eine Identifikationseinrichtung.

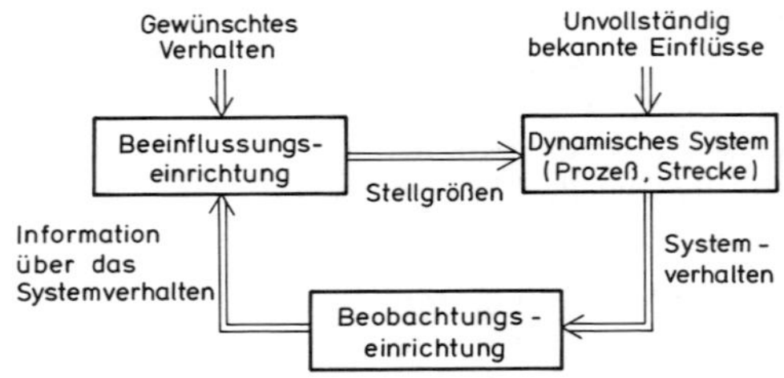

Bild 1-13: Allgemeine Regelungsstruktur

Die Beeinflussungseinrichtung benutzt die von der Beobachtungseinrichtung gelieferte Information, um durch Vergleich mit dem gewünschten Systemverhalten die Stellgrößen zur gezielten Beeinflussung des Systems zu erzeugen. Auch die Beeinflussungseinrichtung kann von recht unterschiedlichem Komplikationsgrad sein. Bei der klassischen Regelschleife besteht sie aus Vergleichsglied, Regelglied und Steller; bei einer adaptiven Regelung kommen weitere Elemente hinzu, so die Verstellung der Reglerparameter.

Wie die Verhältnisse auch im Einzelnen sein mögen – es entsteht eine *Rückführungsstruktur nach Art von Bild 1-13*. Halten wir als wesentlich fest: Sie ist die *notwendige Antwort auf die regelungstechnische Grundsituation, nämlich auf die Forderung nach selbsttätiger gezielter Beeinflussung eines nur unvollständig bekannten und in nicht genau vorhersagbarer Weise veränderlichen Systems.*

Diese Situation tritt keineswegs nur in der Technik auf, sondern überall in der Natur und im menschlichen Leben – einfach deshalb, weil fast niemals eine vollständige Kenntnis aller Umstände vorliegt. Die Natur löst das Problem in der gleichen Weise wie der Ingenieur, nämlich durch eine Regelung gemäß dem obigen Blockschema. Unser Organismus ist von solchen Regelungen erfüllt: Die Einhaltung bestimmter Werte von Blutdruck, Körpertemperatur, Blutzuckergehalt oder das Ergreifen eines Gegenstands, die Gehbewegung usw. – all das ist das Ergebnis von Regelungsvorgängen. Insofern ist die *Regelung ein universelles Prinzip*, das überall und von allem Anfang an in der Natur vorhanden und wirksam war.

Einige Beispiele mögen dies illustrieren. Bild 1-14 zeigt das Blockschema für die Regelung der Hauttemperatur unseres Körpers [1.12]. Es ist stark vereinfacht, insbesondere dadurch, dass die Regelung der Hauttemperatur in Wahrheit nicht unabhängig ist, son-

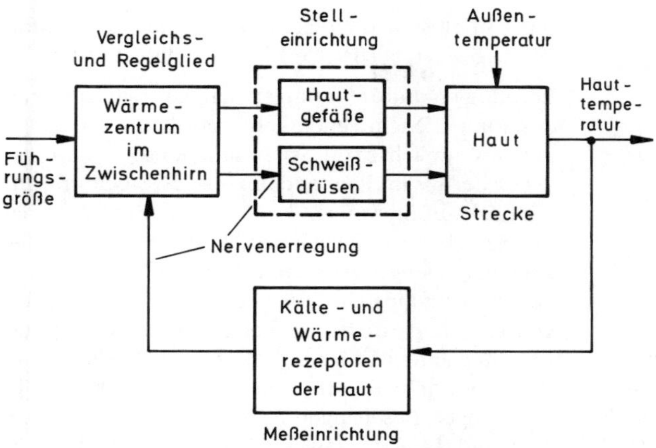

Bild 1-14: Blockschema für die Regelung der Hauttemperatur

dern mit der Regelung der Innentemperatur des Körpers zusammenhängt. Es kommt uns hier aber nur darauf an, die Strukturgleichheit von technischen und nichttechnischen Regelungen an einem Beispiel zu illustrieren.

Regelstrecke ist die Haut, Regelgröße die Hauttemperatur, Störgröße vor allem die Außentemperatur, zu der aber noch andere Störgrößen treten können, so bei Krankheitszuständen, die zu Fieber führen. Der Istwert der Regelgröße wird durch Nervenendorgane aufgenommen, die unter der Oberhaut liegen und über die Körperoberfläche verteilt sind. Diese Kälte- und Wärmerezeptoren wirken als Temperaturfühler und stellen die Messeinrichtung des Regelkreises dar. Sie vermitteln unsere bewussten Sinnesempfindungen „warm" und „kalt". Außerdem geben sie ihre Information über das Nervensystem an ein Zentrum im Zwischenhirn weiter, wo der Vergleich zwischen Soll- und Istwert stattfindet. Der durch die Führungsgröße bestimmte Sollwert stammt aus übergeordneten Zentren. Beispielsweise wird er beim Winterschlaf der Säugetiere im Herbst drastisch herabgesetzt, was ein entsprechendes Absinken des Istwerts der Temperatur und damit der gesamten Körpertätigkeit zur Folge hat. Umgekehrt wird er im Frühjahr wieder erhöht. Auch ein Regelglied hat man sich im Zwischenhirn lokalisiert zu denken, insofern die Stärke der Einwirkung, also die Verstärkung der Regeldifferenz, von dort vorgegeben wird. Wird im Wärmezentrum eine Abweichung zwischen Soll- und Istwert konstatiert, so wirkt diese Regeldifferenz über das Nervensystem auf zweierlei Weise auf die Strecke ein: zum Einen über die Verengung und Erweiterung der Hautgefäße, wodurch die Haut mehr oder weniger stark durchblutet wird und infolgedessen mehr oder weniger Wärme abgibt; zum Anderen über die Schweißabsonderung, die zu einer Abkühlung der Haut führt. Die Stelleinrichtung besteht hier also aus zwei parallel geschalteten Teilsystemen.[6]

Wie man sieht, sind Struktur und Wirkungsweise dieser physiologischen Regelung bei aller materiellen Verschiedenheit der Komponenten grundsätzlich von der gleichen Art wie bei einer technischen Regelung. Ohne Zweifel stellt auch sie eine zielgerichtete Anordnung dar, nur ist die zielsetzende Instanz hier nicht der Mensch, sondern der evolutionäre Prozess, der unter all den zweckmäßigen Einrichtungen, die man bei Lebewesen findet, auch solche Regelungen hervorgebracht hat.

Der menschliche Organismus wie überhaupt der jedes Lebewesens enthält zahlreiche solche Regelkreise. Aber auch als Gesamtperson ist der Mensch in mannigfacher Weise Glied von Regelungen. Ein alltägliches Beispiel ist das Lenken eines Automobils. Bild 1-15 zeigt das (vereinfacht dargestellte) Blockschema dieses Vorgangs, das wohl keiner Erläuterung mehr bedarf. Wenn man sich vorstellt, dass der Fahrer die Augen schließt und hierdurch die Rückführung auftrennt, bekommt man eine drastische Vorstellung vom Unterschied zwischen Regelung und Steuerung.

Ganz allgemein gilt: Regelungen sind für jedes System, das sich mit realen Umweltverhältnissen auseinandersetzen muss, eine Notwendigkeit – ganz gleich, ob es sich um ein Lebewesen oder ein Automatisierungssystem handelt. Das hängt, um es nochmals mit aller Deutlichkeit zu sagen, an dem universellen Auftreten

6 Auf die artifizielle Frage, was bei diesem Beispiel „Steller" und „Stellglied" ist, wollen wir verzichten. Sie ist für das Verständnis der Regelwirkung ohne Bedeutung.

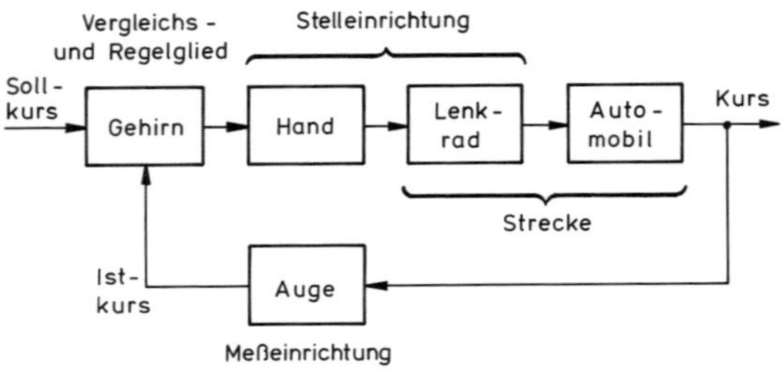

Bild 1-15: Lenkung eines Automobils als Regelung

der *regelungstechnischen Grundsituation: Der Forderung nach gezielter Aktion bei unvollständig bekannten und nicht genau vorhersehbaren Verhältnissen. Als Anordnung bzw. Verhaltensweise zur Bewältigung dieser Aufgabe ergibt sich zwangsläufig eine Regelung.*

Eine Regelung hat also stets die gleiche Struktur, unabhängig von der speziellen Beschaffenheit des geregelten Systems, unabhängig davon also, ob es sich um ein System der Elektrotechnik, des Maschinenbaus, der Verfahrenstechnik oder auch um ein physiologisches, ökologisches oder ökonomisches System handelt. Die vorangegangenen Beispiele belegen dies nachdrücklich: Ob es um die Drehzahlregelung eines Gleichstrommotors, eine Schüttgutregelung, die Regelung der Hauttemperatur oder den Lenkregelkreis eines Automobils geht – stets liegt dieselbe Rückführungsstruktur vor, obgleich die zugrunde liegenden Systeme in ihrer Beschaffenheit durchaus verschieden sind.

Die mathematischen Untersuchungen des nächstfolgenden Kapitels werden diese Einsicht noch vertiefen, indem sie zeigen, dass materiell und konstruktiv ganz verschiedenartige dynamische Systeme aus wenigen, stets gleichartigen Grundbestandteilen aufgebaut werden können.

Aus dieser Strukturgleichheit verschiedenartiger Regelungen ergibt sich eine für ihre Behandlung fundamentale Konsequenz: *Ganz gleich, welche materielle Beschaffenheit Regelungen haben – überall können die gleichen Begriffe zur Beschreibung der Dynamik und die gleichen Verfahren zur Analyse und zur Synthese benutzt werden.* Die speziellen Eigenschaften der Systeme gehen lediglich in Form von Parametern, Kennlinien und dergleichen in diese Untersuchungen ein.

Wenn wir uns nun anschicken, das bisher Gebrachte zusammenzufassen und den Begriff „Regelungstechnik“ zu definieren, so ist zunächst auf den engen Zusammenhang zwischen Regelungen und Steuerungen hinzuweisen. Bei beiden geht es um die selbsttätige gezielte Beeinflussung dynamischer Systeme, nur wird bei den Steuerungen das zu beeinflussende System mit all seinen äußeren Anregungen als bekannt vorausgesetzt, bei den Regelungen hingegen nicht.

Regelungen und Steuerungen hängen auch sonst eng zusammen. Nicht selten geht man beim Regelungsentwurf zunächst von der Lösung eines Steuerungsproblems aus und bettet dann erst die Steuerung, im Hinblick auf Störungen, in eine Regelung ein. So ist es beispielsweise vielfach beim Entwurf optimaler Regelungen (siehe etwa [1.3]) oder auch beim Entwurf auf endliche Einstellzeit (siehe z. B. [1.13]). Überdies gibt es häufig Strukturen, bei denen Steuerung und Regelung miteinander verzahnt sind, wie etwa bei der Zwei-Freiheitsgrade-Regelung entsprechend Bild 1-10. Wegen dieser engen Verbindung zwischen Steuerung und Regelung wollen wir zusammenfassend definieren:

Die Regelungs- und Steuerungstechnik ist die Wissenschaft von der selbsttätigen gezielten Beeinflussung dynamischer Systeme. Sie ist weitgehend unabhängig von der speziellen Natur der Systeme. (1.13)

Statt „Regelungs- und Steuerungstechnik“ werden wir der Kürze halber für den Rest dieses Kapitels meist „Regelungstechnik“ sagen.

Aus dieser Definition und den vorangegangenen Erörterungen ergeben sich sofort zwei Tatsachen.

- *Die Regelungstechnik hat von Natur aus fachübergreifenden Charakter.* Analyse und Synthese von Regelungen erfolgen stets in der gleichen Weise, mag es sich um ein System der Elektrotechnik, des Maschinenbaus oder irgendeines anderen Gebiets handeln.

- Modellbildung und Systemanalyse, häufig unter der Bezeichnung *„Systemdynamik“* zusammengefasst, sind *unabdingbarer Bestandteil der Regelungstechnik.*

Es sei angemerkt, dass die Begriffe und Methoden, die in der Regelungstechnik entwickelt wurden, vielfältige Anwendung auf andere Gebiete gefunden haben. So lassen sich die Verfahren zur Stabilitätsanalyse von Regelungen auch auf Wirkungskreise und überhaupt auf dynamische Systeme anwenden, die keine Regelungen sind, z. B. auf elektrische Schaltungen zur Erzeugung von Schwingungen. Oder, um ein anderes Beispiel zu nennen: Die Begriffe der Steuerbarkeit und Beobachtbarkeit (Kapitel 8), die für den systematischen Entwurf von Zustandsregelungen unentbehrlich sind und auch zu diesem Zweck entwickelt wurden, sind ebenso auf andere dynamische Systeme, wie z. B. elektrische Netzwerke, anwendbar. Umgekehrt hat auch die Regelungstechnik viel von anderen Disziplinen profitiert, in erster Linie von der Nachrichtentechnik und der Mechanik.

Einem Leser, der sich in unserem Fachgebiet noch nicht auskennt, wird bei der obigen Definition der Regelungs- und Steuerungstechnik vermutlich die Frage gekommen sein, ob es denn nicht eine *gemeinsame* Benennung für Regelung und Steuerung gibt. In der angelsächsischen Literatur ist dies der Fall. Dort hat man die gemeinsame Bezeichnung „control", mit „feedforward control" für Steuerung und „feedback control" für Regelung. Im deutschen Sprachgebrauch gibt es leider nichts Entsprechendes, jedenfalls nichts, was allgemein anerkannt wäre. Die unmittelbare Übersetzung aus dem Angelsächsischen ins Deutsche führt zur Benennung „Kontrolltheorie", die in der mathematischen Literatur gelegentlich zu finden ist (z. B. [1.14]). Jedoch ist „kontrollieren" kein Synonym für „gezielt beeinflussen".

Soweit es sich um Regelungen und Steuerungen handelt, die vom Menschen geschaffen wurden, ist heute *Automatisierungstechnik* als Oberbegriff gängig. Er umfasst allerdings noch eine ganze Reihe weiterer Funktionen wie etwa „Messen, Anzeigen und Bedienen" oder „Überwachung und Fehlerdiagnose" (siehe z. B. [1.5] oder [1.6]) und bildet infolgedessen keinen *unmittelbaren* Oberbegriff für „Regeln" und „Steuern"; zudem bleibt dabei der Aspekt nichttechnischer Systeme unberücksichtigt.

Mit diesen terminologischen Bemerkungen wollen wir die Einführung der Grundbegriffe abschließen und uns im folgenden Kapitel der Modellbildung und der Analyse dynamischer Systeme zuwenden.

2 Das Strukturbild (Signalflussplan, Wirkplan) als anschauliches Modell dynamischer Systeme

2.1 Einführung des Strukturbilds

Muss man eine Regelung genauer untersuchen, will man Einsichten in ihr Verhalten gewinnen, z. B. erkennen, ob sie stabil ist oder genügende stationäre Genauigkeit besitzt oder dergleichen mehr, will man sie dann gegebenenfalls verbessern – so genügt die Beschreibung in Worten nicht mehr. Vielmehr muss man dann eine mathematische Beschreibung der Regelung erstellen, ein *mathematisches Modell*, welches das Verhalten der Regelung nicht nur qualitativ, sondern quantitativ wiedergibt.

Im Normalfall erhält man das mathematische Modell einer Regelung dadurch, dass man mittels der physikalischen Gesetze Gleichungen aufstellt, die den Zusammenhang zwischen den zeitveränderlichen Größen der Regelung herstellen. Man bekommt so zunächst ein Gleichungssystem, welches das dynamische Verhalten der Regelung beschreibt. Man kann es in einer anschaulichen und für die Ingenieurarbeit sehr zweckmäßigen Weise darstellen als *Strukturbild* [2.1,2.2], auch *Signalflussplan* oder *Wirkplan* genannt.

Dies ist nicht auf Regelkreise beschränkt, sondern kann zur anschaulichen Beschreibung von beliebigen dynamischen Systemen benutzt werden.[1]

Die Aufstellung des Strukturbilds erfolgt also in zwei Schritten:

1. Aus den physikalischen Gesetzen ermittelt man die Gleichungen zwischen den zeitveränderlichen Größen des Systems.

Jede solche Gleichung wird nach einer der in ihr auftretenden zeitveränderlichen Größen aufgelöst. Diese heißt abhängige Variable oder Ausgangsgröße, während die anderen zeitveränderlichen Größen als unabhängige Variablen oder Eingangsgrößen bezeichnet werden. Die Gleichung werde dann auch *Funktionalbeziehung*[2] genannt.

2. Man veranschaulicht die zeitveränderlichen Größen sowie die Funktionalbeziehungen durch geeignete graphische Symbole und fügt diese zum Strukturbild zusammen.

Wie man im Einzelnen vorgeht, sei zunächst an einem einfachen Beispiel gezeigt, dessen Gleichungen leicht aufzustellen sind. Es handelt sich um das Netzwerk in Bild 2-1, das einen Ohmschen Widerstand und eine Induktivität mit Eisenkern enthält.

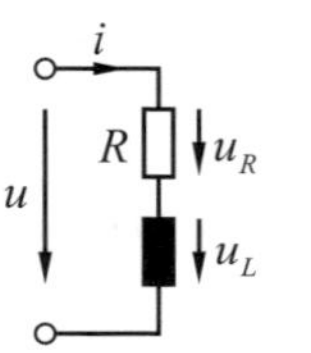

Bild 2-1: Einfaches Netzwerk

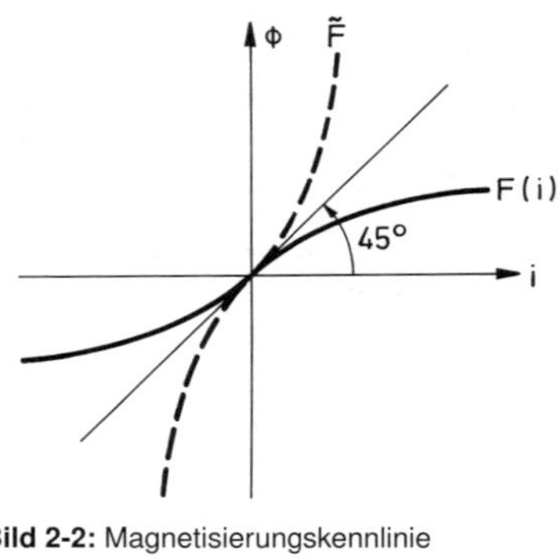

Bild 2-2: Magnetisierungskennlinie

Bezeichnet u die von außen angelegte Spannung, u_L die an der Induktivität und u_R die am Ohmschen Widerstand R liegende Spannung, so gilt die Maschengleichung

$$u = u_R + u_L. \tag{2.1}$$

Nach dem Ohmschen Gesetz ist

$$u_R = R\,i, \tag{2.2}$$

1 Zur Benennung „Strukturbild" ist Folgendes zu sagen: Unter einem *System* versteht man ganz allgemein eine Menge, deren Elemente in bestimmter Beziehung zueinander stehen. Die Gesamtheit der Beziehungen heißt *Struktur* des Systems. Ein *dynamisches System* ist eine Menge von zeitveränderlichen Größen, zwischen denen Funktionalbeziehungen bestehen (z. B. in Form von Differentialgleichungen oder Differenzengleichungen). Die *Gesamtheit dieser Funktionalbeziehungen* macht also *die Struktur des dynamischen Systems* aus. Ihre anschauliche Darstellung kann daher treffend als *Strukturbild* bezeichnet werden.

2 Wenn keine Irrtümer zu befürchten sind, braucht man zwischen den beiden Benennungen nicht zu unterscheiden.

wenn i der im Netzwerk fließende Strom ist. Bezeichnet weiterhin ϕ den mit der Induktivität verketteten Fluss, so gilt nach dem Induktionsgesetz

$$u_L = \dot{\phi}. \tag{2.3}$$

Hier wie auch im Folgenden bezeichnet der Punkt über einer Zeitfunktion die Differentiation nach der Zeit. Der Fluss ϕ ist eine bestimmte Funktion des Stroms i, die durch eine nichtlineare Kennlinie gegeben ist:

$$\phi = F(i). \tag{2.4}$$

Sie hat in etwa die in Bild 2-2 wiedergegebene Gestalt.

Durch die Gleichungen (2.1) bis (2.4) wird das dynamische Verhalten des Netzwerks beschrieben. Um sie graphisch zu veranschaulichen, geht man von derjenigen Größe des Systems aus, deren Verhalten interessiert, hier also dem Strom i. Aus einer der Gleichungen, in denen die Größe vorkommt, drückt man sie in Abhängigkeit von den anderen in dieser Gleichung vorkommenden Größen aus. Im vorliegenden Fall kann man von (2.2) oder (2.4) ausgehen. Nimmt man etwa die letztere Beziehung, so hat man nach i aufzulösen, also zur inversen Funktion

$$i = \widetilde{F}(\phi) \tag{2.5}$$

überzugehen. Sie ergibt sich durch Spiegelung der gegebenen Kennlinie F an der Winkelhalbierenden des 1. und des 3. Quadranten. Nun drückt man die unabhängige Variable (oder Eingangsgröße) ϕ dieser Funktionalbeziehung aus einer anderen Gleichung als abhängige Variable (oder Ausgangsgröße) aus. Das ist aus (2.3) möglich, indem man nach ϕ auflöst:

$$\phi = \int_0^t u_L \, d\tau. \tag{2.6}$$

Dabei ist hier wie im Folgenden angenommen, dass die Anfangswerte Null sind.

Wendet man auf die letzte Gleichung die Laplace-Transformation an, so wird aus ihr

$$\phi = \frac{1}{s} u_L. \tag{2.7}$$

Dabei sind die Bildfunktionen zur Vermeidung von Bezeichnungsumständlichkeiten mit den gleichen Symbolen bezeichnet wie die Zeitfunktionen. An diesen Gebrauch wollen wir uns bei der Laplace-Transformation *konkreter* physikalischer Größen stets halten.

Die Beziehungen (2.6) und (2.7) drücken den gleichen Sachverhalt aus. Dennoch wollen wir die komplexe Darstellung (2.7) vorziehen. Bei ihr ist der Zusammenhang zwischen der Ein- und der Ausgangsgröße unübertrefflich einfach dargestellt. Man hat lediglich die (Laplace-transformierte) Eingangsgröße mit einem komplexen Faktor zu multiplizieren, um die (Laplace-transformierte) Ausgangsgröße zu erhalten. Das ist schon im vorliegenden Fall gegenüber der Integration, wie man sie im Zeitbereich vorzunehmen hat, eine Erleichterung, noch mehr aber bei komplizierteren Funktionalzusammenhängen. Allerdings ist die Laplace-Transformation nicht auf beliebige Funktionalbeziehungen anwendbar. Sie ist aber stets anwendbar auf lineare Differentialgleichungen mit konstanten Koeffizienten, zu denen auch die obige Gleichung $\dot{\phi} = u_L$ als spezieller Fall gehört. Die Laplace-Transformation liefert dann eine Beziehung von der Form

$$Y(s) = G(s)\,U(s),$$

wenn allgemein u die Eingangsgröße (unabhängige Variable) und y die Ausgangsgröße (abhängige Variable) der Beziehung sind. Da es sich hier um eine allgemeine Beziehung handelt, sind die Laplace-Transformierten mit großen Buchstaben bezeichnet. Die komplexe Funktion $G(s)$ heißt die *Übertragungsfunktion* der Beziehung. In allgemeiner Form werden diese Begriffe in den Abschnitten 2.4 und 2.5 erörtert.

Kehren wir nun zur Beschreibung des Netzwerks zurück. Die Eingangsgröße u_L der Funktionalbeziehung (2.7) kann wiederum als Ausgangsgröße der noch nicht benutzten Gleichung (2.1) ausgedrückt werden:

$$u_L = u - u_R.$$

Hierin ist u eine von außen gegebene Größe, während u_R aus der Gleichung (2.2) erhalten wird:

$$u_R = R\,i.$$

Die Eingangsgröße i ist schon aus der Funktionalbeziehung (2.5) als Ausgangsgröße bekannt, steht also bereits zur Verfügung.

Damit hat man alle Gleichungen, die das Netzwerk beschreiben, in eine Folge von Funktionalbeziehungen umgesetzt:

$$i = \widetilde{F}(\phi), \tag{2.8}$$

$$\phi = \frac{1}{s} u_L, \tag{2.9}$$

$$u_L = u - u_R, \tag{2.10}$$

$$u_R = R\,i. \tag{2.11}$$

Nun stellt man jede Funktionalbeziehung durch einen *Block* dar, das heißt, durch ein Rechteck oder einen Kreis, in dem man die Art der Beziehung durch ein charakteristisches Symbol zum Ausdruck bringt. Die unabhängigen Variablen oder Eingangsgrößen werden durch gerichtete Linien dargestellt, die in den Block hineinführen, die abhängige Variable oder Ausgangsgröße durch eine gerichtete Linie, die aus dem Block herausführt.

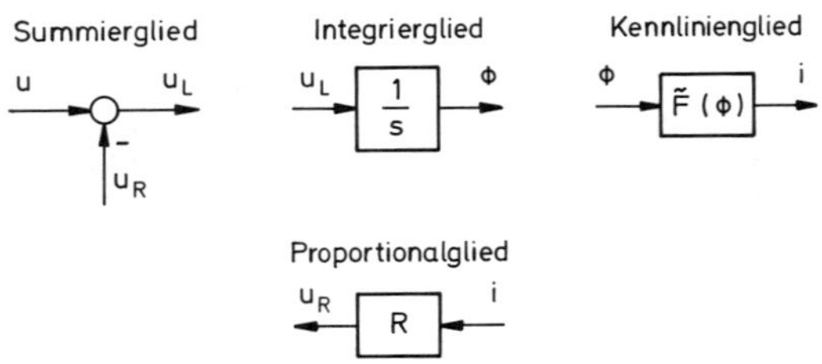

Bild 2-3: Blockdarstellung der Funktionalbeziehungen des Netzwerks aus Bild 2-1

In Bild 2-3 sind die Blöcke für die Funktionalbeziehungen (2.8) bis (2.11) angegeben, zusammen mit den üblichen Benennungen. Nun braucht man nur noch die gerichteten Linien, die zur gleichen Größe gehören, miteinander zu verbinden, um das Strukturbild des Systems zu erhalten. Es ist in Bild 2-4 dargestellt.

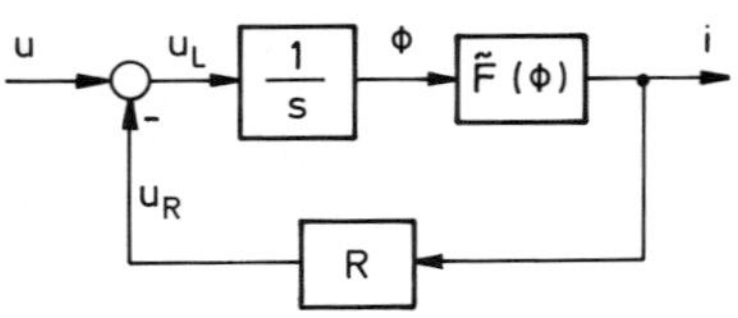

Bild 2-4: Strukturbild des Netzwerks aus Bild 2-1

Drückt man das, was hier am Beispiel ausgeführt wurde, in allgemeiner Form aus, so gelangt man zu der folgenden *Definition des Strukturbilds:*

Ein dynamisches System besteht aus zeitveränderlichen Größen, die durch eindeutige Funktionalbeziehungen miteinander verknüpft werden können. Diese lassen sich auf eine Form bringen, in der zwei verschiedene Beziehungen nicht dieselbe abhängige Größe aufweisen.

Das Strukturbild ist die anschauliche Darstellung der Funktionalbeziehungen. Diese sind durch Blöcke symbolisiert, d. h. durch Rechtecke oder Kreise, die mit einer Kennzeichnung der funktionalen Abhängigkeit versehen sind.

Die Größen einer Funktionalbeziehung werden durch gerichtete Linien charakterisiert. Sie führen in den zugehörigen Block hinein, wenn diese Größen unabhängige Variablen oder Eingangsgrößen der Funktionalbeziehung sind. Sie führen aus ihm heraus, wenn es sich um die abhängige Variable oder Ausgangsgröße der Funktionalbeziehung handelt. Tritt dieselbe Größe in mehreren Funktionalbeziehungen auf, so werden die zugehörigen gerichteten Linien zu einem gemeinsamen gerichteten Linienzug verbunden. Er wird als Wirkungslinie der Größe bezeichnet.

Die Gesamtheit der so erhaltenen Blöcke und Wirkungslinien bildet das Strukturbild des dynamischen Systems.

Sein Vorteil gegenüber dem Gleichungssystem besteht vor allem darin, dass es einen leichten Übergang von dem realen System in die mathematische Beschreibung ermöglicht, insofern eine weitgehende Entsprechung zwischen den physikalischen Vorgängen bzw. Bauelementen der Anlage und den Blöcken des Strukturbilds besteht. Die Verknüpfung und die gegenseitige Beeinflussung der zeitveränderlichen Größen sind wesentlich besser zu übersehen als im Gleichungssystem. Dadurch werden gezielte Eingriffe in das System erleichtert, da ihre Auswirkungen abzuschätzen sind. Wenn man einen Einblick in das dynamische Verhalten eines Systems gewinnen will, ist das Aufstellen eines Strukturbilds unerlässlich. Die Beispiele in diesem und den späteren Kapiteln werden dies zeigen.

Programmsysteme wie Matlab/Simulink bieten die Möglichkeit, das Strukturbild mit einem Graphikeditor direkt in den Rechner einzugeben, und stellen neben einer komfortablen Simulationsumgebung umfangreiche Analyse- und Synthesewerkzeuge bereit. Schließlich lassen sich aus dem Strukturbild ohne Schwierigkeit die Zustandsgleichungen des Systems ablesen. Das wird in Kapitel 7 erörtert werden.

Zunächst noch eine Bemerkung zur Symbolik. Soweit es möglich ist, wird eine Funktionalbeziehung durch ihre komplexe Übertragungsfunktion charakterisiert, weil dies die einfachste Beschreibungsart ist. Das hindert aber nicht, sich Ein- und Ausgangsgröße der Funktionalbeziehung auch als Zeitfunktionen vorzustellen. Darin liegt kein Widerspruch. Die Übertragungsfunktion ist *eine* Möglichkeit, die Funktionalbeziehung zu charakterisieren. Man wird sie als Symbol in den Block eintragen, wenn man dies für günstig hält. Ebenso könnte man grundsätzlich die Funktionalbeziehung selbst eintragen oder ein anderes Symbol. In der Tat werden wir davon später Gebrauch machen und für die einfachsten Übertragungsglieder ihre Sprungantwort als Symbol benutzen, da dies besonders anschaulich ist.

Wenn etwa, wie in Bild 2-4, die Übertragungsfunktion $1/s$ zur Charakterisierung eines Blocks benutzt wird, so hat man dies als Symbol der Integration aufzufassen. Entsprechend steht eine kompliziertere Übertragungsfunktion $G(s)$ als Symbol für die zugehörige Funktionalbeziehung.

Es muss noch darauf hingewiesen werden, dass die Aufstellung des Strukturbilds nicht eindeutig festgelegt ist. Dies liegt daran, dass man die Gleichungen des Systems in verschiedener Weise in Funktionalbeziehungen umformen kann. Löst man im Falle des Netzwerks die Gleichung (2.2) nach i auf, so erhält man nacheinander:

$$\begin{aligned} i &= \frac{1}{R}\, u_R, \\ u_R &= u - u_L, \\ u_L &= \dot{\phi} \qquad \text{bzw.} \qquad u_L = s\,\phi, \\ \phi &= F(i). \end{aligned}$$

Man gelangt so zu dem Strukturbild in Bild 2-5. Es ist dem Bild 2-4 völlig äquivalent, d. h. es liefert auf die gleiche Eingangsgröße u auch die gleiche Ausgangsgröße i. In seinem inneren Aufbau aber ist es anders, vor allem dadurch, dass es statt eines Integrierglieds ein Differenzierglied enthält.

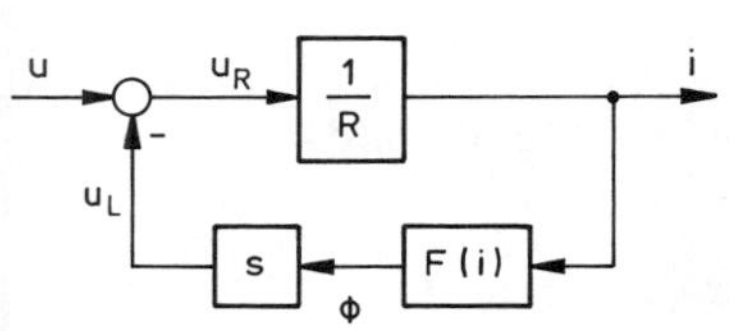

Bild 2-5: Äquivalentes Strukturbild des Netzwerks aus Bild 2-1

Welches der möglichen Strukturbilder man aufstellt, hängt vom Zweck des Strukturbilds ab. Will man z. B. das Netzwerk im Rechner simulieren oder etwa analog nachbilden, so ist die Version 2-4 gewiss vorzuziehen, da man so das Differenzierglied vermeidet, das bei der Realisierung Schwierigkeiten machen kann.

Das allgemeine Prinzip, nach dem das Strukturbild eines Netzwerks aufgestellt wird, kann man kurz so formulieren:

Man stellt die gewünschte Ausgangsgröße als abhängige Veränderliche irgendeiner Funktionalbeziehung dar, in der sie auftritt. Deren unabhängige Variablen sind entweder von außen vorgegebene Größen, oder man erhält sie selbst wieder als abhängige Veränderliche weiterer Funktionalbeziehungen. In dieser Weise geht man rückwärts, bis nur noch solche unabhängigen Veränderlichen auftreten, die bereits vorher als abhängige Variablen vorkamen oder die als äußere Größen gegeben sind. Dabei ist die Verwendung von Differenziergliedern möglichst zu vermeiden.

Die Funktionalbeziehungen sind dann in eine bestimmte Reihenfolge gebracht, wobei jede eine abhängige Veränderliche aufweist, die von den abhängigen Veränderlichen der anderen Funktionalbeziehungen verschieden ist. Die so geordnete Folge der Funktionalbeziehungen kann man unmittelbar in das Strukturbild übersetzen, indem man jeder Beziehung in der oben beschriebenen Weise einen Block zuordnet. Falls eine Funktionalbeziehung von etwas komplizierterer Gestalt ist, kann man den zugehörigen Block schließlich noch in einfachere Blöcke zerlegen, entsprechend den einfacheren Operationen, aus denen sich die Beziehung zusammensetzt, um so das Strukturbild aus möglichst elementaren Bestandteilen aufzubauen.

Um zu zeigen, wie einfach die Anwendung dieses allgemeinen Konstruktionsprinzips im Einzelfall ist, werde das Gleichungssystem

$$\begin{aligned} a_{11}y_1 + a_{12}y_2 + a_{13}y_3 &= u_1, \\ a_{21}y_1 + a_{22}y_2 + a_{23}y_3 &= u_2, \\ a_{31}y_1 + a_{32}y_2 + a_{33}y_3 &= u_3, \end{aligned}$$

betrachtet. Hierbei seien die Größen $y_1, y_2, y_3, u_1, u_2, u_3$ zeitabhängig; u_1, u_2, u_3 seien vorgegeben, also äußere Größen des durch das Gleichungssystem beschriebenen Systems, y_1 sei die gesuchte Ausgangsgröße. Man löst nun etwa die erste Gleichung nach y_1 auf und erhält so die Funktionalbeziehung

$$F_1: \; y_1 = \frac{1}{a_{11}}\, u_1 - \frac{a_{12}}{a_{11}}\, y_2 - \frac{a_{13}}{a_{11}}\, y_3 .$$

In den unabhängigen Variablen von F_1 ist u_1 eine äußere Größe; dagegen kommen y_2 und y_3 in den beiden noch nicht benutzten Gleichungen vor. Löst man diese nach y_2 und y_3 auf, so erhält man:

$$F_2: \; y_2 = \frac{1}{a_{22}}\, u_2 - \frac{a_{21}}{a_{22}}\, y_1 - \frac{a_{23}}{a_{22}}\, y_3 ,$$

$$F_3: \; y_3 = \frac{1}{a_{33}} u_3 - \frac{a_{31}}{a_{33}} y_1 - \frac{a_{32}}{a_{33}} y_2 \, .$$

In F_2 treten als unabhängige Variable neben der äußeren Größe u_2 die abhängige Veränderliche y_1 der vorhergehenden Funktionalbeziehung F_1 auf und außerdem noch die Größe y_3, die sich dann als abhängige Veränderliche der nachfolgenden Funktionalbeziehung F_3 ergibt. In der letzteren treten als unabhängige Variablen neben der äußeren Größe u_3 noch y_1 und y_2 auf, die aber beide bereits abhängige Veränderliche der früheren Funktionalbeziehungen F_1 und F_2 sind. Damit ist der Umformungsprozess der Funktionalbeziehungen abgeschlossen. Ihre Darstellung im Strukturbild gemäß der oben angegebenen Regel liefert Bild 2-6. Zerlegt man die Funktionalbeziehungen F_1, F_2 und F_3 anschließend noch in einfachere Blöcke, so folgt aus Bild 2-6 schließlich Bild 2-7.

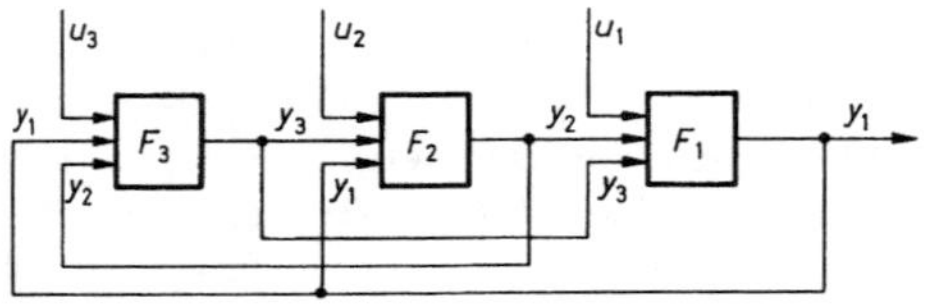

Bild 2-6: Grob-Strukturbild eines Gleichungssystems

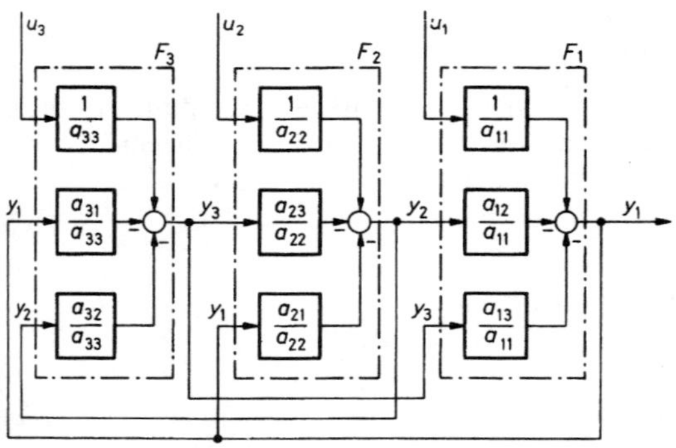

Bild 2-7: Detailliertes Strukturbild eines Gleichungssystems

Fasst man die a_{ik} nicht als Konstanten, sondern allgemein als Übertragungsfunktionen zu linearen Differentialgleichungen mit konstanten Koeffizienten auf, so stellt Bild 2-6 bzw. 2-7 das Strukturbild eines gekoppelten Systems dreier derartiger Differentialgleichungen dar.

Handelt es sich speziell um eine Regelung, so kann man sich im Allgemeinen bei der Aufstellung des Strukturbilds, was die Verknüpfung der einzelnen Blöcke betrifft, an dem gerätetechnischen Aufbau orientieren und braucht das beschriebene Konstruktionsprinzip nicht zu benutzen. Handelt es sich jedoch um ein System anderer Art, etwa ein elektrisches Netzwerk oder ein mechanisches System oder aber um eine sehr vermaschte Regelung, so dass man die Verknüpfung der einzelnen Blöcke von vornherein nicht überblickt, so kann seine Anwendung von Vorteil sein.

Die Frage nach der Aufstellung des Strukturbilds ist damit zurückgeführt auf die Frage nach der Ermittlung der Systemgleichungen. Für die Antwort auf *diese* Frage gibt es keine allgemeine Regel und kann es auch gar nicht geben, da sie von der physikalischen Natur der Bauglieder abhängt, die in verschiedenen Systemen gänzlich verschieden sein kann. In späteren Kapiteln wird an Anwendungsbeispielen gezeigt, wie sich die Systemgleichungen ermitteln lassen. Besonders bei Regelkreisen wird die Aufstellung der Gleichungen und damit des Strukturbilds häufig dadurch erleichtert, dass gewisse Bauglieder, wie etwa Gleichstromantriebe, Verstärker usw., in Regelungen der verschiedensten Art immer wieder auftreten. Ermittelt man die Gleichungen und damit die Strukturbilder dieser Bauglieder, so hat man sie bei der Aufstellung des Strukturbilds einer Regelung stets zur Verfügung und kann dieses weitgehend aus solchen Teilstrukturbildern zusammensetzen, in die man nur die speziellen Werte der Parameter einzutragen hat.

Mit der Aufstellung und der Handhabung des Strukturbilds macht man sich am besten vertraut, indem man Beispiele betrachtet. Im Folgenden wird deshalb das Strukturbild einiger Regelungen aufgestellt, die auch in späteren Kapiteln dieses Buchs immer wieder herangezogen werden, wobei das Strukturbild die Grundlage der Betrachtung bildet.

2.2 Aufstellen des Strukturbilds an Beispielen

2.2.1 Drehzahlregelung eines Gleichstromantriebs

Wir gehen dabei von der prinzipiellen Geräteanordnung dieser Regelung in Bild 1-3 aus und stützen uns außerdem auf das Blockschema in Bild 1-4. Dort ist die Regelung bereits in handliche Teilsysteme zerlegt. Es gilt zunächst, für jedes solche Teilsystem die Gleichungen aufzustellen, die zwischen den zeitveränderlichen Größen des Teilsystems bestehen.

Beginnen wir dabei mit dem Gleichstrommotor in Bild 1-3. Der Motoranker, durch einen Kreis symbolisiert, wird vom Ankerstrom i_A durchflossen, der durch die Ankerspannung u_A hervorgerufen wird. Dieser wirkt die Gegen-EMK e_M entgegen. Nach dem

2. Kirchhoffschen Gesetz ist die Differenzspannung $u_R = u_A - e_M$ gleich der Summe der Spannungen $R_A i_A$ am Ohmschen Widerstand R_A und $L_A \dot{i}_A$ an der Induktivität L_A des Ankerkreises:

$$u_A - e_M = R_A i_A + L_A \dot{i}_A$$

oder

$$\frac{L_A}{R_A} \dot{i}_A + i_A = \frac{1}{R_A} u_R \tag{2.12}$$

mit

$$u_R = u_A - e_M. \tag{2.13}$$

Aus der Theorie der Gleichstrommaschine ist bekannt, dass

$$e_M = c\,\Phi_F\,\omega$$

ist, wobei Φ_F den Feldfluss, ω die Winkelgeschwindigkeit und c eine Motorkonstante darstellt. Da im vorliegenden Fall das Feld konstant ist, kann man

$$e_M = K_F\,\omega \tag{2.14}$$

schreiben, wobei $K_F = c\,\Phi_F$ eine bekannte Konstante ist. Durch die Gleichungen (2.12) bis (2.14) wird das *elektrische Verhalten des Motors* beschrieben.

Die mechanische Bewegung des Motorankers mit der angekuppelten Last genügt nach dem 2. Newtonschen Axiom der Gleichung

$$\Theta\,\dot{\omega} = M_B\,, \tag{2.15}$$

wobei Θ das Trägheitsmoment von Motor und Last bezeichnet und M_B die Differenz zwischen dem Antriebsmoment M_A des Motors und dem Lastmoment M_L ist:

$$M_B = M_A - M_L. \tag{2.16}$$

Während das Lastmoment als Störgröße eine Eingangsgröße der Regelung darstellt, also eine Größe, welche die Regelung beeinflusst, aber nicht von ihr beeinflusst wird, ist das Antriebsmoment M_A des Motors eine innere Größe der Regelung. Es ist bei der Gleichstrommaschine durch die Beziehung

$$M_A = c\,\Phi_F\,i_A$$

gegeben. Wegen der Konstanz des Feldflusses Φ_F kann man kürzer

$$M_A = K_F\,i_A \tag{2.17}$$

schreiben. Mit den Gleichungen (2.15) bis (2.17) hat man die *mechanische Bewegung des Motorankers mit Last* erfasst.

Wenden wir uns nun den anderen Teilen der Drehzahlregelung in Bild 1-3 zu. Was zunächst den *Stromrichter* angeht, so hat er an sich ein recht kompliziertes Zeitverhalten. Man kann aber die Beziehung zwischen seiner Eingangsspannung $u_G(t)$ und seiner Ausgangsspannung $u_A(t)$ mit einer für unsere Zwecke befriedigenden Näherung durch eine einfache Differentialgleichung charakterisieren:

$$T_{St}\,\dot{u}_A + u_A = K_{St}\,u_G\,,\quad K_{St},\,T_{St} > 0 \text{ konstant.} \tag{2.18}$$

Der *elektronische Verstärker* hat proportionales Verhalten:

$$u_G = K_V\,u_D \tag{2.19}$$

mit der positiven Konstante K_V. In seiner *Eingangsschaltung* wird die Differenz von Führungsgröße und Rückführgröße gebildet:

$$u_D = u_S - u_I\,. \tag{2.20}$$

Während die Sollwertspannung u_S als Führungsgröße von außen vorgegeben wird, also eine weitere Eingangsgröße des Regelkreises ist, wird die Istwertspannung u_I durch den *Tacho-Generator* aus der Winkelgeschwindigkeit ω gebildet:

$$u_I = K_I\,\omega,\qquad K_I > 0\quad \text{konstant.} \tag{2.21}$$

Damit haben wir den gesamten Antriebsregelkreis entgegen seiner Wirkungsrichtung durchlaufen und somit alle seine Gleichungen erfasst. Sie zerfallen in zwei Gruppen: Neben gewöhnlichen Gleichungen treten in Gestalt von (2.12), (2.15) und (2.18) Differentialgleichungen auf. Um sie auf eine möglichst einfache Form zu bringen, nämlich ebenfalls in gewöhnliche Gleichungen zu verwandeln, wenden wir, wie schon beim einführenden Beispiel zum Strukturbild, die Laplace-Transformation an. Damit wird außerdem das Ziel erreicht, diese Gleichungen explizit nach einer der beiden in ihnen auftretenden Größen aufzulösen und sie so in Funktionalbeziehungen umzuwandeln. Als erste betrachten wir die Differentialgleichung (2.12) und benutzen die Differentiationsregel der Laplace-Transformation (für die Originalfunktion). Danach ist

$$\mathscr{L}\{\dot{i}_A(t)\} = s\,i_A(s),$$

wenn wir auch hier wieder annehmen, dass die Anfangswerte der zeitveränderlichen Größen bei -0 Null sind.[3] Damit wird aus (2.12)

$$\frac{L_A}{R_A} s\, i_A(s) + i_A(s) = \frac{1}{R_A} u_R(s).$$

Dies ist eine einfache algebraische Gleichung, die sofort nach $i_A(s)$ aufgelöst werden kann:

$$i_A(s) = \frac{\dfrac{1}{R_A}}{1 + \dfrac{L_A}{R_A} s} u_R(s). \tag{2.22}$$

Hiermit haben wir wieder eine Darstellung von der äußerst einfachen Form

$$Y(s) = G(s) \cdot U(s)$$

mit einem komplexen Faktor $G(s)$, der nicht von der Eingangsgröße abhängt, sondern allein durch das System, hier also die Parameter R_A und L_A des Ankerkreises, bestimmt und als Übertragungsfunktion bezeichnet wird. Schon im vorigen Abschnitt war auf diese Darstellung hingewiesen worden. Wir werden ihr im Folgenden immer wieder begegnen und in den Abschnitten 2.4 und 2.5 allgemein auf sie eingehen. Im Folgenden werden wir die Differentialgleichung (2.12) durch die einfachere komplexe Beziehung (2.22) ersetzen.

Ganz entsprechend erhält man aus der Differentialgleichung (2.18) die gewöhnliche komplexe Gleichung

$$u_A(s) = \frac{K_{St}}{1 + T_{St}\, s} u_G(s). \tag{2.23}$$

Bei der Differentialgleichung (2.15) kann man auf zweifache Weise vorgehen. Am Nächstliegenden ist es, die Differentiationsregel der Laplace-Transformation anzuwenden. Dies ergibt

$$\Theta\, s\, \omega(s) = M_B(s),$$

also

$$\omega(s) = \frac{1}{\Theta s} M_B(s). \tag{2.24}$$

Man kann aber auch zunächst die Differentialgleichung (2.15) im Zeitbereich integrieren. Das führt zur Gleichung

$$\omega(t) = \frac{1}{\Theta} \int_0^t M_B(\tau)\, d\tau,^4 \tag{2.25}$$

wieder unter der Voraussetzung, dass der Anfangswert von ω Null ist. Indem man nunmehr auf (2.25) die Integrationsregel der Laplace-Transformation anwendet, gelangt man zu

$$\omega(s) = \frac{1}{\Theta s} M_B(s),$$

also ebenfalls zur Gleichung (2.24). Der zweite Weg ist etwas umständlicher, zeigt dafür aber, dass die Übertragungsfunktion $\frac{1}{s}$ im Zeitbereich Integration von 0 bis t bedeutet.

Damit hat man alle Gleichungen der Drehzahlregelung aufgestellt und mittels der Laplace-Transformation auf eine sehr einfache und übersichtliche Form gebracht. Hierbei wurden sie zugleich, soweit das überhaupt erforderlich war, nach einer der in ihnen vorkommenden veränderlichen Größen aufgelöst und so in Funktionalbeziehungen verwandelt. Diese sind nochmals in Bild 2-8 wiedergegeben, und zwar in einer Reihenfolge, welche die nunmehr folgende Aufstellung des Strukturbilds erleichtert. Dabei ist der besseren Übersicht halber das Argument s bei den veränderlichen Größen weggelassen. Hinter jeder Funktionalbeziehung ist der zugehörige Block eingezeichnet. Hierbei ist zur Charakterisierung des Verhaltens die Übertragungsfunktion eingetragen, auch bei den Proportionalgliedern, bei denen sie einfach aus dem Proportionalitätsfaktor besteht. Nur bei den Summiergliedern ist eine solche Kennzeichnung unnötig.

Um nun das Strukturbild aufzustellen, beginnt man – wie stets bei der Aufstellung des Strukturbilds – mit der Ausgangsgröße des Gesamtsystems, hier also der Winkelgeschwindigkeit ω. Sie ergibt sich aus dem Block (1) in Bild 2-8. Dessen Eingangsgröße M_B wiederum ist Ausgangsgröße des Blocks (2) in Bild 2-8. Dieser, ein Summierglied, hat zwei Eingangsgrößen.

Eine davon, die Störgröße M_L, ist Eingangsgröße der Regelung und stammt daher aus keinem anderen Block. M_A, die andere Eingangsgröße von Block (2), ist Ausgangsgröße von Block (3).

3 Bei der Betrachtung von Zeitvorgängen in realen Systemen sind als Anfangswerte der Laplace-Transformation die Grenzwerte bei -0 zu nehmen. Siehe hierzu [2.3], Abschnitt 2.3.

4 Die Integrationsvariable werden wir hier wie auch im Folgenden mit τ bezeichnen, um sie von der oberen Grenze t des Integrals zu unterscheiden. Andernfalls gäbe es z. B. beim Auftreten von Faltungsintegralen völligen Unsinn.

(1) $\omega = \frac{1}{\Theta s} M_B$

(2) $M_B = M_A - M_L$

(3) $M_A = K_F i_A$

(4) $i_A = \dfrac{\frac{1}{R_A}}{1 + \frac{L_A}{R_A} s} u_R$

(5) $u_R = u_A - e_M$

(6) $e_M = K_F \omega$

(7) $u_A = \dfrac{K_{St}}{1 + T_{St} s} u_G$

(8) $u_G = K_V u_D$

(9) $u_D = u_S - u_I$

(10) $u_I = K_I \omega$

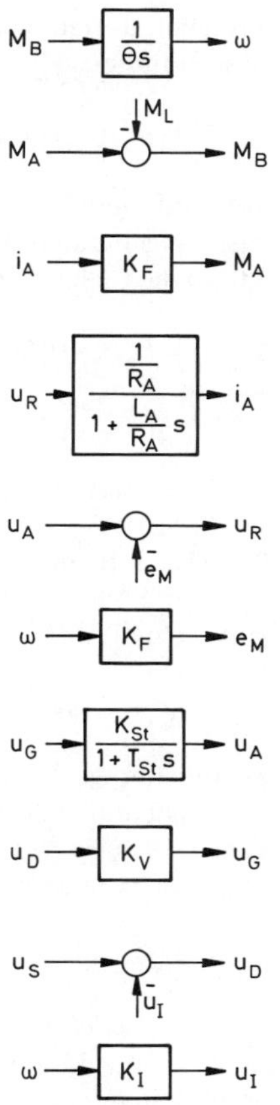

Bild 2-8: Funktionalbeziehungen und Blöcke zur Drehzahlregelung

Fügt man, in dieser Weise rückwärtsschreitend, die Blöcke durch die Wirkungslinien der gleichen Größen aneinander, so erhält man das gesamte Strukturbild der Regelung. Dabei sind noch zwei Dinge zu beachten:

- Die Sollwertspannung u_S, eine der beiden Eingangsgrößen von Block (9), ist als Führungsgröße Eingangsgröße der gesamten Regelung und stammt daher aus keinem anderen Block.
- Die Größe ω, die sowohl in den Block (6) als auch in den Block (10) eingeht, tritt bereits in einem früheren Block, nämlich (1), als Ausgangsgröße auf und ist deshalb von dort zurückzuführen.

Insgesamt erhält man das Strukturbild der Drehzahlregelung in Bild 2-9. Es ist logisch äquivalent zum Gleichungssystem der Drehzahlregelung und ebenso exakt wie dieses, gibt aber die Verknüpfung und gegenseitige Beeinflussung der zeitveränderlichen Größen viel anschaulicher wieder. Überdies erleichtert es den Übergang vom realen System ins mathematische Modell, da – wie schon erwähnt – eine weitgehende Entsprechung zwischen den physikalischen Vorgängen in der Anlage und den Blöcken des Strukturbilds besteht. An Bild 2-9 kann man sich diese Tatsache nochmals verdeutlichen. Betrachten wir etwa die Blöcke des Vorwärtszweigs, vom Soll-Istwert-Vergleich nach rechts weiterschreitend, so stellen sie der Reihe nach die Eingangsschaltung des elektronischen Verstärkers, diesen selbst, das Zeitverhalten des Stromrichters, die Bildung der resultierenden Spannung aus Ankerspannung und Gegen-EMK, das Zeitverhalten des Ankerkreises, die Bildung des Antriebsmoments aus dem Ankerstrom usw. dar. Sehr schön kann man sich an Bild 2-9 auch die grundsätzliche Wirkungsweise der Regelung klarmachen, die hier durch die unterlagerte Gegen-EMK-Schleife noch unterstützt wird.

Allgemein ist noch anzumerken, dass man die einzelnen Blöcke, wie sie in Bild 2-8 dargestellt sind, normalerweise nicht für sich aufzeichnen wird. Dies geschah im vorliegenden Beispiel nur, um die Entstehung des Strukturbilds möglichst einsichtig zu machen. Bei der wirklichen Bearbeitung eines Systems stellt man die Funktionalbeziehungen auf und baut aus ihnen direkt das Gesamtstrukturbild auf.

2.2.2 Schüttgutregelung

Um das Strukturbild der Schüttgutregelung aufzustellen, gehen wir von der prinzipiellen Geräteanordnung in Bild 1-7 und dem Blockschema 1-8 aus, das bereits die zweckmäßige Zerlegung in Teilsysteme wieder-

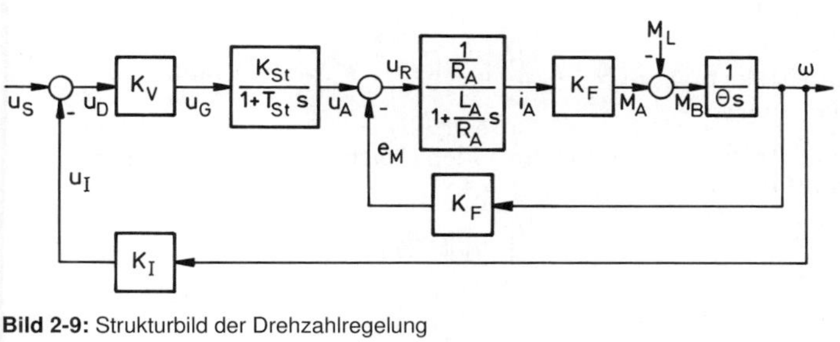

Bild 2-9: Strukturbild der Drehzahlregelung

gibt. Wie schon in Abschnitt 1.3 erwähnt, betrachten wir dabei die Abweichungen von einem gewünschten Betriebszustand, der durch die mittlere Schieberstellung gegeben ist und durch die Regelung aufrechterhalten werden soll. Die im Folgenden auftretenden Größen sind also die Abweichungen von diesem Betriebszustand.

Wenn wir zunächst das Teilsystem *„Förderband"* betrachten, so stellen wir fest, dass seine Ausgangsgröße der Massenstrom am Bandende ist, also die pro Zeiteinheit dort abgeworfene Masse. Er ist die Regelgröße $x(t)$. Eingangsgröße ist der am Bandanfang aufgeschüttete Massenstrom $q(t)$. Das Band hat die Länge l und bewegt sich mit der konstanten Geschwindigkeit v. Ein aufgeschüttetes Teilchen benötigt daher die Zeit $T_t = l/v$, um zum Bandende zu gelangen. Die zur Zeit t dort abgeworfene Masse war T_t Zeiteinheiten früher, d. h. zum Zeitpunkt $t - T_t$, am Bandanfang. Somit ist

$$x(t) = q(t - T_t), \tag{2.26}$$

sofern unterwegs nichts verloren geht.

Diese Beziehung stellt eine Differenzengleichung dar. Um sie zu vereinfachen, wenden wir sogleich die Laplace-Transformation an, diesmal die Verschiebungsregel (nach rechts). Sie liefert

$$x(s) = \mathrm{e}^{-T_t s} q(s), \tag{2.27}$$

also wiederum eine komplexe Gleichung vom Typ

$$Y(s) = G(s)U(s)$$

mit einer nur durch das System bestimmten Übertragungsfunktion $G(s)$. Die Gleichung (2.27) ist typisch für einen Transportvorgang; der Parameter T_t wird als Totzeit (oder auch Laufzeit) bezeichnet.

Zum Block *„Aufschüttung"* übergehend, stellen wir zunächst fest, dass dieser die Ausgangsgröße q und die beiden Eingangsgrößen h und z hat, wobei h die Schieberstellung und z die Störgröße ist. Um uns den Zusammenhang dieser Größen verständlich zu machen, gehen wir ausnahmsweise nicht von den Abweichungen, sondern von den gesamten Größen aus, die mit Großbuchstaben bezeichnet seien. Dann ist doch die pro Zeiteinheit aufgeschüttete Masse proportional zum Produkt aus Querschnitt und Durchflussgeschwindigkeit, wobei ersterer wiederum als proportional zur Schieberstellung angenommen werden darf. Man wird deshalb von der Gleichung

$$Q = k \cdot H \cdot V \tag{2.28}$$

ausgehen dürfen, wobei k eine Konstante und V die Geschwindigkeit bezeichnet. Hierin ist

$$Q = Q_0 + q, \qquad H = H_0 + h, \qquad V = V_0 + v,$$

wenn mit dem Index 0 die im gewünschten Betriebszustand geltenden Werte bezeichnet werden. Man erhält so die Gleichung

$$Q_0 + q = k(H_0 + h)(V_0 + v)$$

oder

$$Q_0 + q = kH_0V_0 + kV_0h + kH_0v + khv.$$

Berücksichtigt man, dass gemäß (2.28) $Q_0 = kH_0V_0$ ist, und vernachlässigt das Produkt $h \cdot v$ dieser beiden relativ kleinen Größen, so verbleibt

$$q = kV_0h + kH_0v,$$

worin v infolge wechselnder Schüttgutbeschaffenheit schwankt und dadurch die Störgröße ist. Setzt man abkürzend $kV_0 = K_S$ und $kH_0v = z$, so erhält man die endgültige Gleichung des Aufschüttungsvorgangs:

$$q = K_S h + z. \tag{2.29}$$

Was die *Stelleinrichtung* angeht, so werden Stromrichter und Motor durch Differentialgleichungen beschrieben, wie aus dem Beispiel des vorigen Abschnitts bekannt ist. Gegenüber den langsameren mechanischen Teilsystemen wird man jedoch ihr Zeitverhalten vernachlässigen dürfen. Das Getriebe, das die Drehzahl des Motors in eine niedrigere Drehzahl umsetzt, hat Proportionalverhalten. Daher wird der Block „Stromrichter/Motor/Getriebe" in Bild 1-8 hinreichend genau durch die Gleichung

$$\omega = K_1 u_G$$

wiedergegeben, wobei K_1 eine positive Konstante ist. Aus der Winkelgeschwindigkeit ω entsteht durch Integration der Drehwinkel φ, zu dem die Schieberstellung h proportional ist:

$$h(t) = K_2 \int_0^t \omega(\tau)\,d\tau, \quad K_2 > 0 \text{ konstant.}$$

Die letzten beiden Gleichungen zusammen ergeben

$$h(t) = K_{St} \int_0^t u_G(\tau)\,d\tau$$

mit $K_{St} = K_1 K_2$. Durch Laplace-Transformation wird daraus

$$h(s) = \frac{K_{St}}{s}\, u_G(s) \tag{2.30}$$

als endgültige Beziehung für die Stelleinrichtung.

Der elektronische Verstärker wird wie schon im letzten Beispiel durch die Proportionalbeziehung

$$u_G = K_V\, u_D \tag{2.31}$$

beschrieben.

Die Differenzspannung u_D wird durch die *Bandwaage* aus der Regelgröße x erzeugt. Die Bandwaage, die sowohl die Operation des Messens als auch die des Vergleichens durchführt, hat bei exakter Beschreibung ein kompliziertes Verhalten. Wir wollen hier vereinfachend annehmen, dass sie durch die Gleichung

$$u_D = w - K_I\, x \tag{2.32}$$

beschrieben wird.

Damit liegen sämtliche Gleichungen der Schüttgutregelung vor, sofort in der Form von Funktionalbeziehungen geschrieben, und wir können nun daran gehen, aus ihnen das Strukturbild aufzustellen. Wie stets gehen wir dabei von der Ausgangsgröße des Systems aus, hier der Regelgröße x. Sie tritt als Ausgangsgröße in der Gleichung (2.27) auf, die als Block 1 in Bild 2-10 dargestellt ist. Die Eingangsgröße dieses Blocks ist q, welche Größe man als Ausgangsgröße der Beziehung (2.29) erhält.

Diese wird veranschaulicht durch das Summierglied, in das die Störgröße z eingreift, und den davor gelegenen Block 2. Die Eingangsgröße h dieses Blocks ist die Ausgangsgröße der Beziehung (2.30), die durch den Block 3 in Bild 2-10 veranschaulicht wird. In dieser Weise fortfahrend, erhält man das Strukturbild der Schüttgutregelung in Bild 2-10.

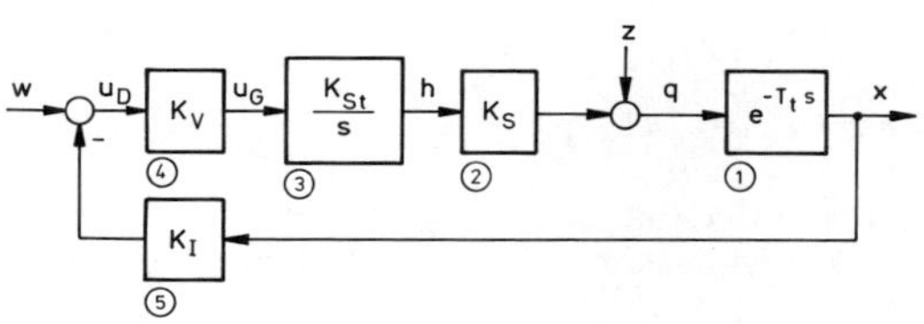

Bild 2-10: Strukturbild der Schüttgutregelung

2.2.3 Abflussregelung

Der Abfluss eines Behälters soll geregelt werden. Die grundsätzliche Anordnung sieht man in Bild 2-11. Die Druckmesszelle misst den zur Füllstandshöhe h proportionalen statischen Druck und setzt ihn in eine proportionale elektrische Spannung u_I um. In der Eingangsschaltung eines Verstärkers wird sie mit der Sollwertspannung u_S verglichen, was zur Differenzspannung u_D führt. Diese wirkt über einen elektrischen Verstärker auf einen Stellmotor ein, der über ein Getriebe ein Ventil im Zufluss des Behälters verstellt. Im Zufluss treten Druckschwankungen auf, die als Störgröße wirken. Eigentliche Regelgröße ist also der Füllstand h, da er gemessen und zurückgeführt wird. Der abfließende Flüssigkeitsstrom q_a wird eindeutig durch ihn bestimmt. Insofern liegt hier eine mittelbare Regelung des abfließenden Flüssigkeitsstroms vor, die wir deshalb zur Unterscheidung von der in Abschnitt 1.3 betrachteten Füllstandsregelung als Abflussregelung bezeichnen wollen.

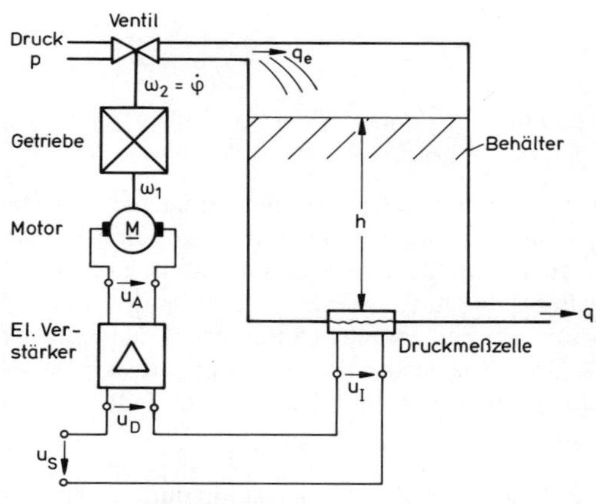

Bild 2-11: Abflussregelung

Bei der Aufstellung der Gleichungen zwischen den Systemgrößen beginnen wir mit dem *Behälter*. Der effektive Zufluss, der die Veränderung des Füllstands h bestimmt, ist gegeben durch

$$q_D = q_e - q_a. \tag{2.33}$$

Um den Zusammenhang zwischen q_D und h herzuleiten, stellen wir eine sogenannte *Bilanzgleichung* auf, wie sie häufig bei der Modellbildung benutzt wird. Allgemein lautet sie: Die Änderung einer Erhaltungsgröße (Masse, Energie, Impuls und dergleichen) in einem bestimmten Kontrollraum ist gleich dem effektiven Zufluss (Zufluss minus Abfluss). Bezeichnet im vorliegenden Fall A den Behälterquerschnitt und ρ

die Dichte der Flüssigkeit, so ist die Massenänderung während der kurzen Zeitspanne dt

$$dm = \rho A\, dh,$$

wenn dh die Füllstandsänderung während dt ist. Andererseits ist

$$dm = \rho\, q_D\, dt,$$

da q_D den effektiven Zufluss/Zeiteinheit darstellt. Somit gilt

$$\rho A\, dh = \rho\, q_D\, dt \quad \text{und damit} \quad \frac{dh}{dt} = \frac{1}{A} q_D.$$

Durch Integration vom Zeitpunkt $t = 0$, in dem die Betrachtung der Zeitvorgänge beginnen soll, bis zum variablen Zeitpunkt t folgt daraus

$$h(t) - h(0) = \frac{1}{A}\int_0^t q_D(\tau)\, d\tau$$

oder

$$h(t) = h(0) + \frac{1}{A}\int_0^t q_D(\tau)\, d\tau. \tag{2.34}$$

Die Anfangswerte haben wir hier einmal nicht zu Null angenommen, um zu zeigen, dass sie ohne Schwierigkeit im Strukturbild erfasst werden können. Eine Unterscheidung zwischen den Anfangswerten bei -0 und $+0$ ist hier nicht erforderlich, da sich der Füllstand (wie späterhin auch der Drehwinkel φ) nicht sprungartig ändern kann und deshalb $h(+0) = h(-0) = h(0)$ gilt.

Bezeichnet a den Abflussquerschnitt und $v_a(t)$ die Abflussgeschwindigkeit, so ist

$$q_a(t) = a \cdot v_a(t)$$

und deshalb nach dem Torricellischen Gesetz

$$q_a(t) = a\sqrt{2gh(t)}, \tag{2.35}$$

wobei g die Erdbeschleunigung ist. Der Zusammenhang

$$q_a = a\sqrt{2gh}$$

stellt eine typische *nichtlineare Kennlinie* dar. Allgemein lautet die Gleichung einer solchen Kennlinie zwischen der Eingangsgröße u und der Ausgangsgröße y

$$y = F(u).$$

Zur Charakterisierung eines solchen Blocks nimmt man entweder den Formelausdruck F oder dessen graphische Darstellung. In unserem Fall ergibt sich so das Bild 2-12.

Bild 2-12: Blockdarstellung einer Wurzelkennlinie

Es wird den Leser vielleicht wundern, dass zur Kennzeichnung dieses Blocks keine Übertragungsfunktion herangezogen wird, wie dies bisher der Fall war. Eine solche fehlt jedoch bei nichtlinearen Gliedern. Zwar kann man zu ihrer Eingangsgröße $u(t)$ und ihrer Ausgangsgröße $y(t)$ die Bildfunktion $U(s)$ bzw. $Y(s)$ bestimmen. Es gibt aber keine Gleichung $Y(s) = G(s)U(s)$ mit einem *festen* komplexen Faktor $G(s)$. Vielmehr ist der Quotient $Y(s)/U(s)$ für jede Eingangsgröße anders. Ein Kennlinienglied besitzt daher keine Übertragungsfunktion und damit auch keine komplexe Übertragungsgleichung. Es gibt also hier keine Gleichung von der Form $y = Faktor \cdot u$. Man muss vielmehr bei der Gleichung $y = F(u)$ der Kennlinie bleiben.

Mit den Gleichungen (2.33), (2.34) und (2.35) ist das dynamische Verhalten des Flüssigkeitsbehälters vollständig beschrieben. Bei den anderen Bauelementen aus Bild 2-11 können wir uns etwas kürzer fassen.

Druckmesszelle: $u_I = K_I h.$ (2.36)

Eingangsschaltung des elektrischen Verstärkers:

$$u_D = u_S - u_I. \tag{2.37}$$

Elektrischer Verstärker: $u_A = K_V u_D.$ (2.38)

Stellmotor: Vernachlässigt man das Zeitverhalten des Motors gegenüber dem langsameren Zeitverhalten der anderen Systemteile, so kann man ihn als proportional wirkend ansehen:

$$\omega_1 = K_M u_A. \tag{2.39}$$

Getriebe: $\omega_2 = K_G \omega_1.$

Dann ist der zugehörige Drehwinkel φ, der zugleich der Drehwinkel der Ventilspindel ist, gegeben durch

$$\dot{\varphi} = \omega_2 = K_G \omega_1.$$

Durch Integration folgt daraus

$$\varphi(t) - \varphi(0) = K_G \int_0^t \omega_1(\tau)\,d\tau \qquad \text{oder}$$

$$\varphi(t) = \varphi(0) + K_G \int_0^t \omega_1(\tau)\,d\tau. \tag{2.40}$$

Ventil: Bezeichnet man den jeweiligen Öffnungsquerschnitt des Ventils mit $f(t)$, so ist

$$q_e(t) = f(t) \cdot v_e(t).$$

Die Zuflussgeschwindigkeit $v_e(t)$ ist die Störgröße, die infolge der Druckschwankungen in der Zuleitung um den Wert v_{e0} schwankt. Man darf

$$f(t) = K_Q \varphi(t)$$

mit einer positiven Konstante K_Q annehmen, sofern man einen mittleren Stellbereich betrachtet oder durch konstruktive Maßnahmen die Proportionalität über den gesamten Stellbereich sichert. Somit ist

$$q_e(t) = K_Q\, v_e(t)\,\varphi(t). \tag{2.41}$$

Da hier die Ausgangsgröße als Produkt zweier zeitveränderlicher Eingangsgrößen entsteht, spricht man von einem *Multiplizierglied* oder multiplikativen Glied *(M-Glied)*. Allgemein lautet dessen Gleichung

$$y(t) = K u_1(t) \cdot u_2(t), \qquad K > 0 \quad \text{konstant.}$$

Wie das Summierglied hat es mehr als eine Eingangsgröße, ist aber im Gegensatz zu diesem nichtlinear. Wir wollen es durch das Symbol in Bild 2-13 wiedergeben.

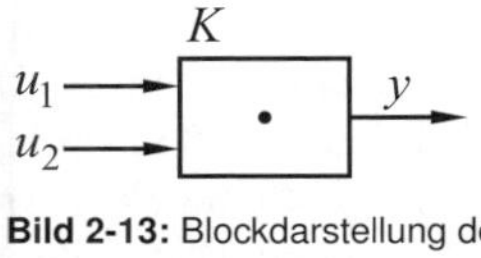

Bild 2-13: Blockdarstellung des Multiplizierglieds (M-Glieds)

Auch beim M-Glied gibt es keine einfache Übersetzung in den komplexen Bereich. Zwar ist mittels der komplexen Faltungsregel (siehe etwa [2.3], Abschnitt 8.2) grundsätzlich eine Beschreibung des Übertragungsverhaltens im komplexen Bereich möglich, doch führt dies im Allgemeinen zu keiner Vereinfachung der Darstellung. Man muss daher beim M-Glied, wie schon beim Kennlinienglied, in der Zeitbereichsdarstellung bleiben.

Aus den Gleichungen (2.33) bis (2.41) kann man nunmehr wie bei den früheren Beispielen das Strukturbild der Abflussregelung herleiten. Man geht dabei von der Ausgangsgröße q_a aus und schreitet in den obigen Gleichungen so lange rückwärts, bis der Wirkungskreis geschlossen ist. Die Integrationsoperation $K\int_0^t \ldots d\tau$ kennzeichnet man dabei zweckmäßigerweise durch die Übertragungsfunktion K/s. Man erhält so Bild 2-14.

Auf einen Punkt soll aber noch ausdrücklich hingewiesen werden, da er erfahrungsgemäß leicht zu Verständnisschwierigkeiten führt. In Bild 2-14 treten Blöcke auf, die durch eine komplexe Übertragungsfunktion $G(s)$ charakterisiert sind, wie z. B. das Integrierglied mit $G(s) = 1/(As)$, und andererseits Blöcke, die nur im Zeitbereich beschrieben werden können, wie das Multiplizierglied oder die Wurzelkennlinie. Das scheint im ersten Augenblick widerspruchsvoll zu sein, ist es aber in Wirklichkeit nicht. Man kann nämlich, wie früher schon bemerkt, jeden Block, der eine komplexe Gleichung

$$Y(s) = G(s) \cdot U(s) \tag{2.42}$$

darstellt (Bild 2-15), auch im Zeitbereich interpretieren. Das geschieht dadurch, dass man auf diese Gleichung die Faltungsregel der Laplace-Transformation anwendet:

$$y(t) = g(t) * u(t) = \int_0^t g(t-\tau)\,u(\tau)\,d\tau. \tag{2.43}$$

Diese Faltungsbeziehung ist völlig äquivalent zur vorangegangenen komplexen Gleichung.

Betrachten wir beispielsweise das Integrierglied! Seine komplexe Gleichung lautet

$$Y(s) = \frac{K}{s}\,U(s). \tag{2.44}$$

Zu $G(s) = K/s$ gehört als Originalfunktion $g(t) = K\sigma(t)$, wobei $\sigma(t)$ den Einheitssprung bezeichnet (Bild 2-16). Nach der Faltungsregel folgt deshalb aus (2.44):

$$y(t) = K\sigma(t) * u(t) = K \int_0^t \sigma(t-\tau)\,u(\tau)\,d\tau.$$

Da im Bereich $0 < \tau < t$ die Differenz $t - \tau$ positiv und somit $\sigma(t-\tau) = 1$ ist, folgt weiter

$$y(t) = K \int_0^t u(\tau)\,d\tau.$$

Dies ist die übliche Zeitbereichsgleichung des Integrierglieds.

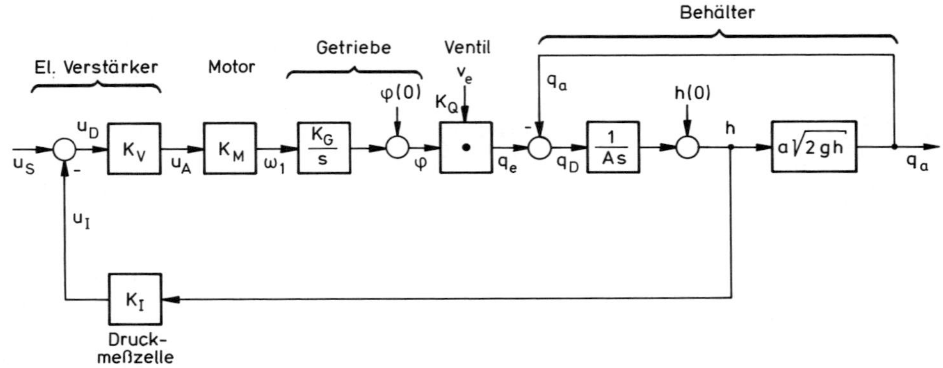

Bild 2-14: Strukturbild der Abflussregelung

Man kann somit das Blocksymbol von Bild 2-15 sowohl im komplexen Bereich als auch im Zeitbereich interpretieren. Tritt ein derartiger Block zusammen mit nichtlinearen Blöcken auf, die nur im Zeitbereich beschrieben werden können, so hat man ihn als Zeitbereichsbeziehung, also als Faltungsgleichung, aufzufassen, auch wenn die komplexe Funktion $G(s)$ eingetragen ist. Diese ist dann eben ein Symbol für die Zeitbereichsgleichung. In dieser Weise ist Bild 2-14 zu lesen.

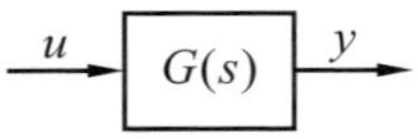

Bild 2-15: Blockdarstellung der komplexen Gleichung $Y(s) = G(s)U(s)$

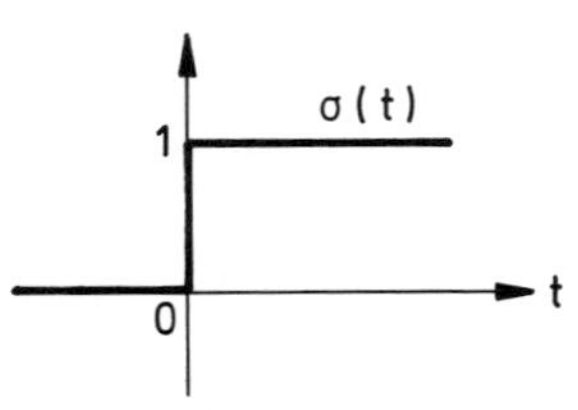

Bild 2-16: Einheitssprung

2.3 Die Blöcke des Strukturbilds

2.3.1 Der Block als Übertragungsglied

Das Strukturbild eines dynamischen Systems ist aus Blöcken aufgebaut, die durch die Wirkungslinien miteinander verbunden sind. Jeder Block ist das anschauliche Bild einer Funktionalbeziehung.

Aus der Betrachtung der vorliegenden Beispiele ergibt sich eine sehr bemerkenswerte und für alle regelungstechnischen Untersuchungen fundamentale Einsicht, die durch die späteren Beispiele noch vertieft wird. Trotz der großen Mannigfaltigkeit technischer Anlagen in gerätetechnischer Hinsicht gehören ihre Blöcke einigen wenigen und überdies sehr einfachen Grundtypen an. Dieses Verschwinden der gerätetechnischen Vielfalt beim Übergang vom realen technischen System zum mathematischen Modell erleichtert die Untersuchung der dynamischen Vorgänge und ermöglicht ganz allgemeine Aussagen über das Verhalten einer Regelung, unabhängig von der gerätetechnischen Natur der Bauglieder. Nur durch diese Tatsache, dass also das dynamische Verhalten eines Regelkreises davon unabhängig ist, ob er aus elektrischen, mechanischen oder irgendwelchen anderen Baugliedern besteht, ist überhaupt die Regelungstechnik als selbstständige Disziplin möglich und nicht nur ein Teilgebiet der anderen technischen Disziplinen wie Elektrotechnik, Mechanik usw.

Diese Tatsache, dass also dynamische Systeme, unabhängig von ihrer physikalischen Beschaffenheit und technischen Zielsetzung, aus wenigen Typen einfacher Blöcke aufgebaut sind, legt den Gedanken nahe, diese grundlegenden Blocktypen zusammenzutragen und ihr Verhalten zu studieren, da man hoffen kann, auf diese Weise die sich aus ihnen aufbauenden dynamischen Systeme besser zu verstehen. Dieses Programm wird im vorliegenden Abschnitt 2.3 und den beiden folgenden Abschnitten 2.4 und 2.5 ausgeführt.

Ein Block ordnet seiner Eingangsgröße u bzw. seinen Eingangsgrößen $u_1, \ldots, u_p$ in eindeutiger Weise eine Ausgangsgröße y zu. Man kann dies durch die Schreibweise

$$y = \varphi\{u\} \quad \text{bzw.} \quad y = \varphi\{u_1, \ldots, u_p\}$$

ausdrücken, wobei φ die Gesamtheit der Operationen bezeichnet, durch die aus u bzw. $u_1, \ldots, u_p$ die Ausgangsgröße y wird. Mathematisch gesehen, handelt es sich um eine eindeutige Abbildung der Eingangsgröße u bzw. der Eingangsgrößen $u_1, \ldots, u_p$ auf die Ausgangsgröße y. Die Abbildungsvorschrift φ bezeichnet man auch als *Operator*. Zu einem mehr technischen Sprachgebrauch gelangt man dadurch, dass man den Block bzw. die Funktionalbeziehung als *Übertragungsglied* bezeichnet. Dadurch wird begrifflich nichts Neues gewonnen. *Funktionalbeziehung, Block, Operator, Übertragungsglied bezeichnen dieselbe Sache*, nur unter etwas verschiedenen Gesichtspunkten.

Betrachtet man beispielsweise den Block 1 in Bild 2-10, so kann man ihn als Übertragungsglied auffassen, das aus dem aufgeschütteten Massenstrom $q(t)$ den abgeworfenen Massenstrom $x(t)$ erzeugt. Die zugehörige Funktionalbeziehung lautet

$$x(t) = q(t - T_t) \quad \text{bzw.} \quad x(s) = \mathrm{e}^{-T_t s} q(s).$$

Der Operator φ besteht hier also aus der Verschiebung der Zeitfunktion $q(t)$ um T_t nach rechts bzw. aus der Multiplikation der komplexen Funktion $q(s)$ mit dem Faktor $\mathrm{e}^{-T_t s}$.

Im Folgenden wird vorzugsweise die Bezeichnung *Übertragungsglied* benutzt. Wenn es sich um allgemeine Betrachtungen handelt, seien seine Eingangsgröße mit u und seine Ausgangsgröße mit y bezeichnet. Das Übertragungsglied wird dann durch das Blocksymbol in Bild 2-17 dargestellt.

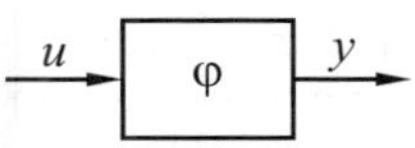

Bild 2-17: Allgemeines Übertragungsglied

Wir wollen nunmehr die Übertragungsglieder aus den vorangegangenen Beispielen zusammentragen, ausführlich betrachten und ergänzen um zwei weitere, die ebenfalls häufig benutzt werden.

Jedes Übertragungsglied ist ursprünglich durch seine *Funktionalbeziehung* charakterisiert. Kann man diese der Laplace-Transformation unterwerfen, so wird sie auf die Form $Y(s) = G(s)U(s)$ gebracht. Dann kann das Übertragungsglied auch durch die Übertragungsfunktion $G(s)$ beschrieben werden. In vielen Fällen kann man das Übertragungsglied aber auch anders charakterisieren, nämlich durch seine Reaktion auf eine Testfunktion, die man als Eingangsgröße aufschaltet. Als solche wird vor allem der *Einheitssprung* $\sigma(t)$ gewählt (Bild 2-16):

$$\sigma(t) = \begin{cases} 0 & \text{für} \quad t \le 0 \\ 1 & \text{für} \quad t > 0 \end{cases} .$$

Die zugehörige Ausgangsgröße wird *Sprungantwort* oder *Übergangsfunktion* des Übertragungsglieds genannt[5] und sei mit $h(t)$ bezeichnet. Trägt man ihr Bild in den Block ein, so hat man ein einfaches und anschauliches Symbol für das betreffende Übertragungsglied. Allerdings lässt es sich nur bei einfachen Übertragungsgliedern verwenden, da bei komplizierteren der Fall eintreten kann, dass Übertragungsglieder mit verschiedenen Gleichungen ähnlich aussehende Sprungantworten haben. Dann bleibt man besser bei der Charakterisierung durch die Übertragungsfunktion $G(s)$.

2.3.2 Proportionalglied (P-Glied)

Die definierende Funktionalbeziehung lautet

$$y = Ku, \quad K > 0.$$

K heißt die Übertragungskonstante, manchmal auch der Verstärkungsfaktor des P-Glieds.

Die Laplace-Transformation der Funktionalbeziehung ergibt

$$Y(s) = K\,U(s).$$

Daher ist die Übertragungsfunktion

$$G(s) = K.$$

Wird der Einheitssprung aufgeschaltet, so ist die Ausgangsgröße

$$h(t) = K\sigma(t) = \begin{cases} 0 & \text{für} \quad t \le 0 \\ K & \text{für} \quad t > 0 \end{cases} .$$

Die Sprungantwort ist also eine Sprungfunktion mit der Sprunghöhe K. Hieraus folgt das Symbol für das P-Glied in Bild 2-18.

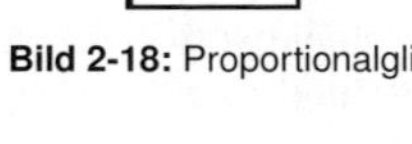

Bild 2-18: Proportionalglied (P-Glied)

Beispiele für das Auftreten des P-Glieds sind der Zusammenhang $u = Ri$ zwischen dem Strom i und der Spannung u an einem Ohmschen Widerstand R und der Zusammenhang $F = ma$ zwischen der Beschleunigung a und der Kraft F an einer beschleunigten Masse m.

5 In DIN EN 60027-6 [2.1] wird „Übergangsfunktion" vorgeschlagen. Wegen der Verwechslungsmöglichkeit mit „Übertragungsfunktion" ziehen wir „Sprungantwort" vor.

2.3.3 Integrierglied (I-Glied)

Seine Funktionalbeziehung lautet

$$y = K\int_0^t u(\tau)\,d\tau, \quad K > 0.$$

Um Verwechslungen mit der oberen Grenze t des Integrals zu vermeiden, ist die Integrationsvariable mit τ bezeichnet. Auch hier wird K als die *Übertragungskonstante* oder der Verstärkungsfaktor des I-Glieds bezeichnet.

Durch Laplace-Transformation erhält man

$$Y(s) = \frac{K}{s}U(s), \quad \text{so dass} \quad G(s) = \frac{K}{s}$$

die Übertragungsfunktion des I-Glieds ist. Für $u = \sigma(t)$ erhält man die Ausgangsgröße

$$h(t) = K\int_0^t 1\cdot d\tau = Kt,$$

sofern $t > 0$ ist. Für $t \leq 0$ ist $h(t)$ Null. Also ist die Sprungantwort

$$h(t) = \begin{cases} 0 & \text{für} \quad t \leq 0 \\ Kt & \text{für} \quad t > 0 \end{cases}.$$

Hierfür kann man auch $h(t) = Kt\sigma(t)$ schreiben.

Das I-Glied reagiert also auf einen konstanten Sprung mit einer unbegrenzt ansteigenden Ausgangsgröße. Daraus ergibt sich seine physikalische Interpretation: Es ist ein Speicher, der unbegrenzt vollläuft.

Die Tatsache, dass für $t \leq 0$ die Sprungfunktion $h(t)$ identisch Null ist, ist für jedes technisch realisierbare Übertragungsglied selbstverständlich, denn für $t \leq 0$ ist der Einheitssprung identisch Null, übt also keine Wirkung auf das Übertragungsglied aus. Dann muss auch dessen Ausgangsgröße Null sein. Indem man diese Tatsache voraussetzt, gibt man $h(t)$ lediglich für $t > 0$ an, ohne dies in jedem Einzelfall explizit zu erwähnen. Man schreibt also beim I-Glied kurz

$$h(t) = Kt.$$

Das Gleiche gilt für die späteren Übertragungsglieder.

Ganz generell sei angemerkt, dass alle Zeitfunktionen, sofern nicht ausdrücklich das Gegenteil gesagt ist, als identisch Null für $t \leq 0$ angenommen werden.

An der Sprungantwort liest man die Übertragungskonstante K ab, indem man gemäß Bild 2-19 den Funktionswert für $t = 1$ aufsucht. Häufig wird anstelle von K der reziproke Wert $T = 1/K$ angegeben, den man als *Zeitkonstante* des I-Glieds bezeichnet. Da nämlich für $t = T$ der Wert der Sprungantwort $h = 1$ ist, charakterisiert der Betrag von T die Schnelligkeit des Ansteigens der Sprungantwort. T hat jedoch im Allgemeinen nicht die Dimension einer Zeit, sondern es ist

$$[T] = \frac{[u]}{[y]}\cdot[t].$$

Das Symbol des I-Glieds ist in Bild 2-20 wiedergegeben.

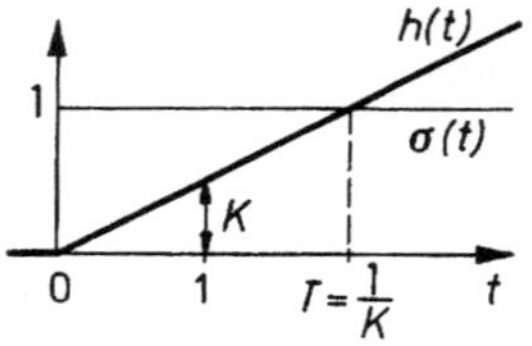

Bild 2-19: Sprungantwort des I-Glieds

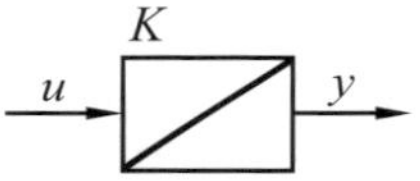

Bild 2-20: Integrierglied (I-Glied)

Beispiele für das Auftreten des I-Glieds: die Abhängigkeit der Winkelgeschwindigkeit ω vom beschleunigenden Moment M gemäß $\omega = \frac{1}{\Theta}\int_0^t M\,d\tau$ und die Abhängigkeit der Spannung an einem Kondensator vom Strom gemäß

$$u = \frac{1}{C}\int_0^t i\,d\tau.$$

Es kann sein, dass ein I-Glied mit einem Anfangswert versehen ist. Betrachten wir etwa einen Kondensator, der zum Zeitpunkt $t = 0$ bereits die Ladung Q_0 hat. Dann ist seine Ladung zu einem späteren Zeitpunkt t

$$Q = \int_0^t i\,d\tau + Q_0,$$

also die an ihm liegende Spannung

$$u = \frac{Q}{C} = \frac{1}{C}\int_0^t i\,d\tau + \frac{Q_0}{C}.$$

Zu dem Integrierglied tritt hier der Anfangswert $u_0 = Q_0/C$ hinzu.

Ein anderes Beispiel: Für die Drehbewegung einer Masse mit dem Trägheitsmoment Θ gilt die Bewegungsgleichung

$$\Theta\,\dot{\omega} = M,$$

wenn ω die Winkelgeschwindigkeit und M das beschleunigende Moment ist. Durch Integration folgt daraus

$$\omega = \frac{1}{\Theta}\int_0^t M\,d\tau + \omega_0,$$

sofern die Masse zum Zeitpunkt $t = 0$ bereits in Rotation war und die Winkelgeschwindigkeit ω_0 hatte.

Ein Integrierglied mit Anfangswert wird durch das Strukturbild in Bild 2-21, oben, beschrieben. Dieses veranschaulicht die Gleichung

$$y = K\int_0^t u(\tau)d\tau + y_0 .$$

Abkürzend kann man auch das Symbol in Bild 2-21, unten, verwenden.

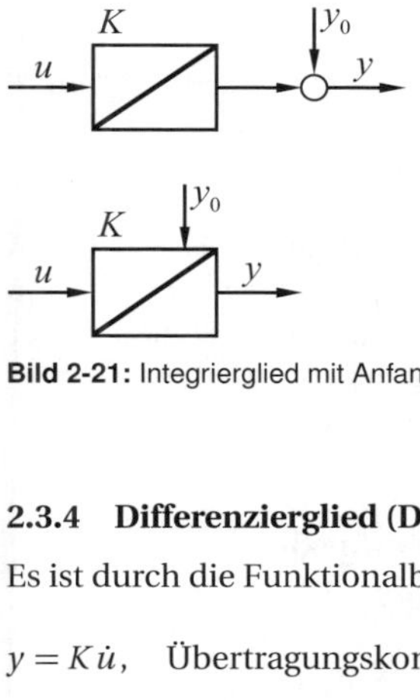

Bild 2-21: Integrierglied mit Anfangswert

2.3.4 Differenzierglied (D-Glied)

Es ist durch die Funktionalbeziehung

$$y = K\dot{u}, \quad \text{Übertragungskonstante } K > 0,$$

gegeben. Durch Laplace-Transformation wird daraus $Y(s) = K\,s\,U(s)$, so dass seine Übertragungsfunktion

$$G(s) = K\,s$$

ist.

Das Differenzierglied trat in den bisherigen Beispielen nicht auf, wie es denn überhaupt in realen Systemen kaum vorkommen wird, da es stets mit einer Verzögerung kombiniert ist. Weil es jedoch bei theoretischen Untersuchungen von Nutzen ist, wird es hier behandelt. Dass es mit einer gewissen Vorsicht zu betrachten ist, zeigt seine Sprungantwort. Im Sinne der klassischen Differentialrechnung kann die Eingangsgröße $u = \sigma(t)$ an der Stelle $t = 0$ überhaupt nicht differenziert werden, da sie dort eine Sprungstelle aufweist. Wie aber reagiert ein reales technisches System? Man darf annehmen, dass der im realen System erzeugte Einheitssprung in $t = 0$ keinen Sprung aufweist, sondern einen kontinuierlichen, allerdings sehr steilen Übergang, etwa so, wie dies in Bild 2-22, links, dargestellt ist. Seine Differentiation liefert dann die in Bild 2-22, rechts, dargestellte Funktion, also einen sehr hohen und schmalen Impuls, wobei es nicht auf die Gestalt im Einzelnen ankommt, sondern auf die Tatsache, dass die Impulsfläche unabhängig von der Breite stets gleich 1 ist. Im Grenzübergang $\epsilon \to 0$ wird der Impuls zur *δ-Funktion* $\delta(t)$, auch als *δ-Impuls* oder *Diracsche δ-Funktion* bezeichnet.

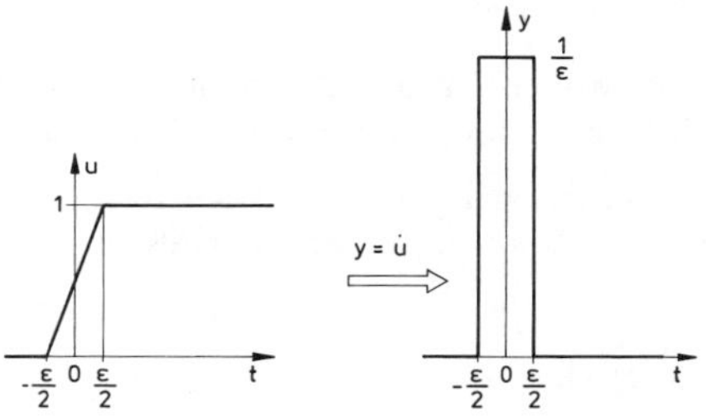

Bild 2-22: Entstehung eines δ-Impulses durch Differentiation

Ihre mathematisch präzise Fassung erfordert eine Verallgemeinerung des klassischen Funktionsbegriffs, jedenfalls dann, wenn man nicht nur mit der δ-Funktion selbst, sondern auch mit verwandten Begriffsbildungen, etwa den Ableitungen der δ-Funktion, arbeiten will. Eine solche Verallgemeinerung ist in verschiedener Weise möglich, in Form der Distributionen, der Operatoren von Mikusinski und dergleichen.[6] Für unsere Zwecke können wir uns mit der naiven Auffassung der δ-Funktion als eines hohen und schmalen Impulses begnügen. Die Dauer ϵ des Impulses muss dabei sehr klein gegen die Zeitkonstanten des Systems sein. In Kapitel 11 sind die wichtigsten Regeln für das Rechnen mit δ-Funktionen zusammengestellt.

Die Sprungantwort des D-Glieds ist also

$$h(t) = K\,\delta(t),$$

woraus sich das Symbol in Bild 2-23 ergibt.

Als Beispiele für das D-Glied seien die Abhängigkeit $F = m\dot{v}$ der Kraft F von der Geschwindigkeit v und die Abhängigkeit $u = L\dot{i}$ der Spannung u an einer Induktivität vom Strom i genannt.

6 Siehe hierzu: [2.4] Abschnitt 2.2: Zeitdistributionen; [2.5] Kapitel V, Abschnitt 1: Verallgemeinerte Funktionen; [2.6] und [2.5] Anhang.

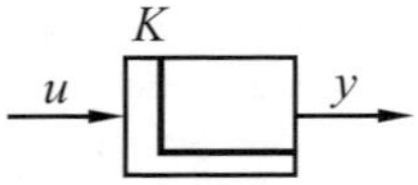

Bild 2-23: Differenzierglied (D-Glied)

2.3.5 Totzeitglied (T_t-Glied, TZ-Glied)

Es tritt im Beispiel der Schüttgutregelung auf (Bild 2-10). So wie dort charakterisiert es auch allgemein einen Transportvorgang, mag es sich nun um Masse, Energie oder Information handeln.

Allgemein ist das Totzeitglied durch die Gleichung

$$y(t) = Ku(t - T_t), \quad K, T_t > 0,$$

charakterisiert, wobei T_t als Totzeit und die Konstante K wieder als Übertragungskonstante bezeichnet sei.

Die Laplace-Transformation dieser nach rechts verschobenen Zeitfunktion ergibt aufgrund des Verschiebungssatzes

$$Y(s) = K\mathrm{e}^{-T_t s}\, U(s).$$

Daher hat das Totzeitglied die Übertragungsfunktion

$$G(s) = K\mathrm{e}^{-T_t s}.$$

Die Wirkung des T_t-Glieds besteht in der Verschiebung der Eingangsgröße um die Totzeit T_t, nebst der Multiplikation mit dem Faktor K. Die durch die Operation erhaltene Sprungantwort ist in Bild 2-24 dargestellt, das Symbol des T_t-Glieds in Bild 2-25. Die Gleichung der Sprungantwort ist

$$h(t) = K\sigma(t - T_t).$$

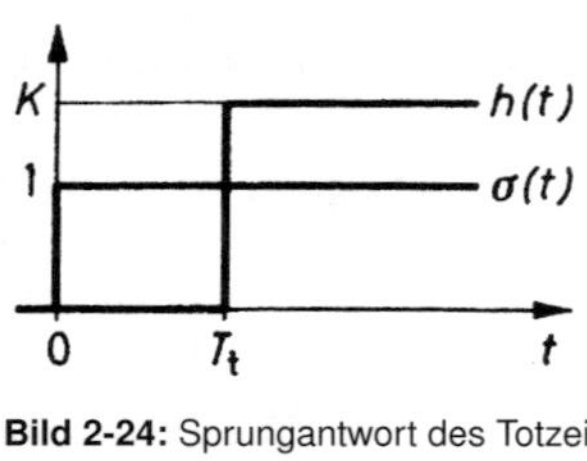

Bild 2-24: Sprungantwort des Totzeitglieds

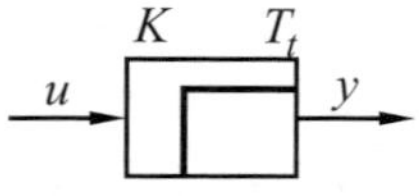

Bild 2-25: Totzeitglied (T_t-Glied, TZ-Glied)

2.3.6 Summierglied (S-Glied)

Das Summierglied, oft auch als Summierungsstelle (S-Stelle) bezeichnet, stellt ein Übertragungsglied mit mehreren Eingangsgrößen dar und ist durch die Funktionalbeziehung

$$y = \pm u_1 \pm u_2 \pm \ldots \pm u_p$$

gegeben, wobei für jede Eingangsgröße selbstverständlich nur eines der beiden Vorzeichen gilt. Bild 2-26 zeigt sein Symbol für die Gleichung

$$y = u_1 + u_2 - u_3.$$

Da die Funktionalbeziehung des S-Glieds mehrere Eingangsgrößen hat, ist die bisherige Charakterisierung durch Übertragungsfunktion und Sprungantwort nicht möglich, wegen der Einfachheit des S-Glieds aber auch unnötig.

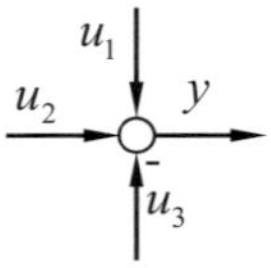

Bild 2-26: Summierglied (S-Glied)

Ein Sonderfall ist noch zu erwähnen. Soll lediglich das Vorzeichen einer Größe geändert werden, so kann man dies graphisch durch ein Summierglied mit einer einzigen Eingangsgröße ausdrücken. Man spricht dann auch von einem *Umpolglied.*

2.3.7 Kennlinienglied (KL-Glied)

Es ist durch die Funktionalbeziehung

$$y(t) = F\big(u(t)\big)$$

definiert. Dabei ist F eine gegebene Funktion, die nicht mit der linearen Funktion Ku identisch sein soll, da sonst ein Proportionalglied vorliegt. In den technischen Anwendungen ist die Funktion F häufig in graphischer Form, als *Kennlinie,* gegeben.

Beispiele solcher Kennlinien bilden die Magnetisierungskennlinie in Bild 2-2 sowie die Wurzelkennlinie $q_a = a\sqrt{2gh}$ in Bild 2-14. Einige andere häufig vorkommende Kennlinien findet man in Bild 2-27. Da ist zunächst die *Begrenzungskennlinie,* die in der Mechanik immer dann auftritt, wenn eine Größe an den Anschlag geht, wie es z. B. bei einem Ventil der Fall ist: Wie stark auch das Ventil angesteuert wird – es kann nie mehr als vollständig auf- und zugedreht werden. Aber auch in elektrischen Systemen tritt sie aufgrund von Sättigungserscheinungen häufig auf, z. B. in elektrischen Verstärkern. Die Begrenzung dürfte wohl die häufigste nichtlineare Kennlinie sein. Nicht selten trifft man auch auf die Zwei- oder Dreipunktkennlinie, die einem Relais ohne bzw. mit mittlerer Ruhelage entspricht. Als Beispiel einer speziellen Kennlinie ist die trockene oder Coulombsche Reibung angeführt: Bei ihr ist der Reibungswiderstand dem Betrage nach konstant, aber der Geschwindigkeit entgegengerichtet.

Im Unterschied zu den bisherigen Übertragungsgliedern handelt es sich beim Kennlinienglied um ein nichtlineares Übertragungsglied. Das bringt tiefgreifende Unterschiede mit sich. Die Laplace-Transformation der Gleichung $y = F(u)$ ist, wie schon erwähnt, zwecklos. Natürlich kann man die beiden Zeitfunktionen $u(t)$ und $y(t)$ einzeln Laplacetransformieren. Der Quotient $Y(s)/U(s)$ liefert dann auch eine bestimmte komplexe Funktion. Diese ist aber für jede Eingangsgröße u eine andere. Daher gibt es keine Übertragungsfunktion $G(s)$, die ja gemäß $Y(s) = G(s)U(s)$ als der gemeinsame Quotient $G(s) = Y(s)/U(s)$ definiert ist, der für beliebige Eingangsgrößen u die gleiche komplexe Funktion darstellt.

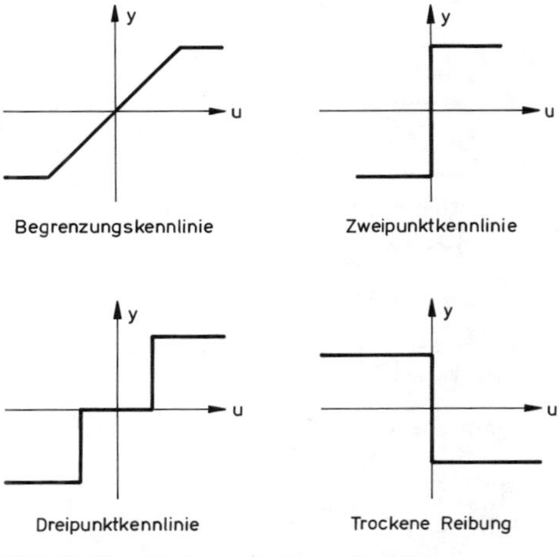

Bild 2-27: Verschiedene nichtlineare Kennlinien

Auch die Sprungantwort ist zur Charakterisierung des KL-Glieds nicht geeignet. Schaltet man nämlich den Einheitssprung auf das KL-Glied, so ist die Ausgangsgröße ebenfalls eine Sprungfunktion, und zwar von der Sprunghöhe $F(1)$. Diese gibt aber keine Auskunft über den Verlauf der Kennlinie, der doch für das Verhalten des KL-Glieds ausschlaggebend ist.

Als Symbol des KL-Glieds wird daher die Kennlinie selbst verwendet. Zur Vermeidung von Verwechslungen mit einer Sprungantwort wird die Kennlinie mit dem Achsenkreuz eingetragen, das in die Mitte des Blocks gesetzt ist. Man erhält so Bild 2-28, links, als Symbol des KL-Glieds. Ebenso kann man aber auch die Funktion $F(u)$ in den Block des KL-Glieds eintragen, wie dies in Bild 2-28, rechts, dargestellt ist.

Bild 2-28: Kennlinienglied (KL-Glied)

2.3.8 Multiplizierglied (M-Glied)

Das M-Glied ist ein nichtlineares Übertragungsglied mit zwei Eingangsgrößen und durch die Funktionalbeziehung

$$y(t) = K\,u_1(t)\,u_2(t), \quad K > 0,$$

definiert. Es liegt auf der Hand, dass eine Charakterisierung durch Übertragungsfunktion und Sprungantwort weder möglich noch nötig ist. Als Symbol werde der Multiplikationspunkt gewählt (Bild 2-29).

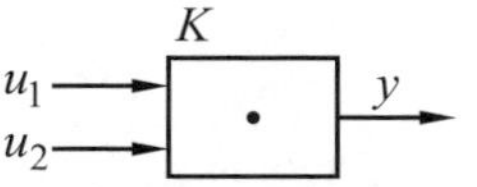

Bild 2-29: Multiplizierglied (M-Glied)

Beispiele für das M-Glied sind die Bildung der EMK e_M einer Gleichstrommaschine aus der Winkelgeschwindigkeit ω und dem Fluss Φ_F gemäß $e_M = c\omega\Phi_F$ sowie die Bildung des Moments M_A eines Gleichstrommotors aus dem Ankerstrom i_A und dem Fluss Φ_F gemäß $M_A = c\,i_A\Phi_F$.

2.3.9 Elementare und zusammengesetzte Übertragungsglieder

Die bisher betrachteten Übertragungsglieder sind sämtlich von sehr einfacher Art. Die Operation, durch die aus den Eingangsgrößen die Ausgangsgröße entsteht, lässt sich bei ihnen nicht in einfachere Operationen zerlegen, wenn man von der eventuell möglichen Abspaltung eines konstanten Faktors absieht. So entsteht z. B. bei einem Differenzierglied mit der Gleichung $y = K\dot{u}$ die Ausgangsgröße y, abgesehen von der Multiplikation mit der Konstante K, durch Differentiation aus der Eingangsgröße u, durch eine Operation also, die nicht in noch einfachere zerlegt werden kann. Man kann die betrachteten

Übertragungsglieder daher als *elementare Übertragungsglieder* bezeichnen. Aus ihnen lassen sich alle anderen bei den folgenden Untersuchungen auftretenden Übertragungsglieder aufbauen. Gewisse feste Kombinationen der elementaren Übertragungsglieder treten nun aber immer wieder auf. Es ist daher zweckmäßig, solche *zusammengesetzten Übertragungsglieder*, die häufig vorkommen, hier mit aufzuführen, um so ihre Eigenschaften ein für alle Mal zur Verfügung zu haben.

2.3.10 Verzögerungsglied 1. Ordnung (P-T$_1$-Glied)

Das P-T$_1$-Glied ist durch die Differentialgleichung

$$T\dot{y} + y = Ku, \quad K, T > 0 \tag{2.45}$$

definiert. Diese Differentialgleichung tritt bei den verschiedenartigsten Anwendungen auf. Betrachtet man beispielsweise das elektrische Netzwerk in Bild 2-30, so ist

$$u = Ri + L\dot{i}$$

oder

$$\frac{L}{R}\dot{i} + i = \frac{1}{R}u.$$

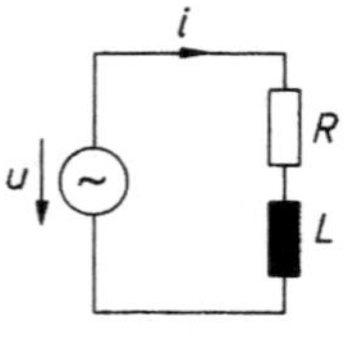

Bild 2-30: Elektrisches Beispiel für ein P-T$_1$-Glied

Bei dem mechanischen System in Bild 2-31 wirken auf die Masse m die äußere Kraft F und die geschwindigkeitsproportionale Flüssigkeitsreibung $-rv$ ein. Daher gilt

$$m\dot{v} = F - rv$$

oder

$$\frac{m}{r}\dot{v} + v = \frac{1}{r}F.$$

Die Laplace-Transformation der Differentialgleichung (2.45) ergibt, wenn man, wie auch im Folgenden, verschwindende Anfangswerte annimmt:

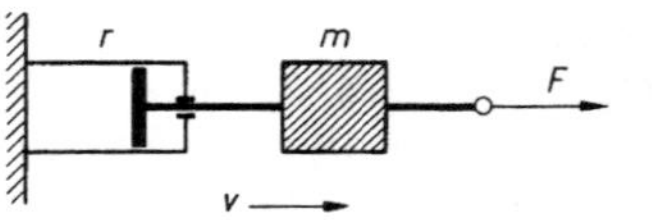

Bild 2-31: Mechanisches Beispiel für ein P-T$_1$-Glied

$$T\,s\,Y(s) + Y(s) = K\,U(s) \tag{2.46}$$

oder

$$Y(s) = \frac{K}{1 + Ts}U(s).$$

Das P-T$_1$-Glied hat also die Übertragungsfunktion

$$G(s) = \frac{K}{1 + Ts}.$$

Dass sich das P-T$_1$-Glied aus elementaren Übertragungsgliedern aufbauen lässt, kann man beispielsweise aus (2.46) erkennen:

$$T\,s\,Y(s) = K\,U(s) - Y(s),$$

$$Y(s) = \frac{K}{Ts}\left[U(s) - \frac{1}{K}Y(s)\right].$$

Diese Gleichung ist in Bild 2-32 dargestellt. Wie man sieht, lässt sich das P-T$_1$-Glied durch Rückkopplung eines I-Glieds über ein P-Glied erzeugen.

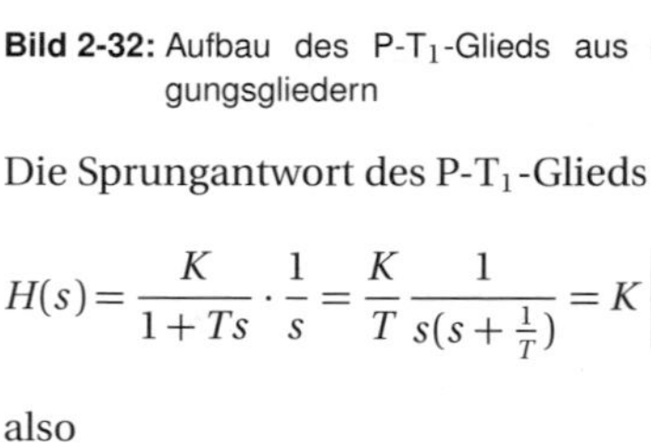

Bild 2-32: Aufbau des P-T$_1$-Glieds aus elementaren Übertragungsgliedern

Die Sprungantwort des P-T$_1$-Glieds erhält man aus

$$H(s) = \frac{K}{1 + Ts}\cdot\frac{1}{s} = \frac{K}{T}\frac{1}{s(s + \frac{1}{T})} = K\left[\frac{1}{s} - \frac{1}{s + \frac{1}{T}}\right],$$

also

$$h(t) = K\left(1 - \mathrm{e}^{-t/T}\right).$$

Diese Funktion ist in Bild 2-33 dargestellt, das aus ihr abgeleitete Symbol des P-T$_1$-Glieds in Bild 2-34.

Der Endwert K wird erst nach einiger Zeit, theoretisch nach unendlich langer Zeit, erreicht. Die dynamische

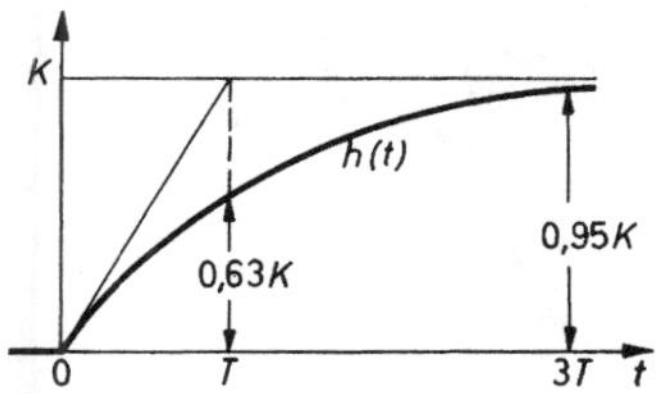

Bild 2-33: Sprungantwort des P-T_1-Glieds

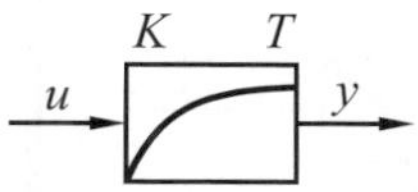

Bild 2-34: P-T_1-Glied

Wirkung des P-T_1-Glieds besteht daher in einer Verzögerung der Wirkung von $u(t)$, worin der Grund für seine Benennung als Verzögerungsglied liegt. Der Zusatz *1. Ordnung* soll es von einem später zu behandelnden Übertragungsglied unterscheiden, das durch eine Differentialgleichung ganz ähnlicher Art, aber von 2. Ordnung charakterisiert ist.

Die Tangente an die Sprungantwort bei $t=+0$ nimmt den Endwert K zum Zeitpunkt $t=T$ an, da

$$\frac{dh}{dt}=\frac{K}{T}\mathrm{e}^{-t/T}, \quad \text{also} \quad \frac{dh}{dt}(+0)=\frac{K}{T} \quad \text{ist.}$$

T bestimmt daher die Schnelligkeit des Anstiegs, weshalb T als *Zeitkonstante* des P-T_1-Glieds bezeichnet wird. Nach der Zeitspanne $t=3T$ ist

$$h(3T)=K(1-\mathrm{e}^{-3})\approx 0,95\,K.$$

Die Sprungantwort ist dann also auf 95 % des Endwerts angestiegen. Man bezeichnet daher $t_{ü}=3T$ auch als *Übergangszeit* des P-T_1-Glieds.

Ist die Sprungantwort eines P-T_1-Glieds durch ein Oszillogramm gegeben, so kann man die Übertragungskonstante K unmittelbar als Endwert des Oszillogramms ablesen. Zur Bestimmung von T geht man nicht von der Anfangstangente aus, die nur ungenau angelegt werden kann, sondern sucht die Stelle der t-Achse auf, an der die Übertragungsfunktion auf 63 % ihres Endwerts gestiegen ist. Dieser Zeitpunkt ist gerade T, da

$$h(T)=K(1-\mathrm{e}^{-1})\approx 0,63\,K.$$

Aus Bild 2-33 ersieht man die physikalische Bedeutung des P-T_1-Glieds: Auf eine konstante Eingangsgröße reagiert es mit einer ansteigenden Ausgangsgröße, die mit wachsender Zeit einem festen Wert zustrebt. Wie das I-Glied stellt also auch das P-T_1-Glied einen *Speicher* dar, aber einen, *der nur begrenzt vollläuft.*

Diesen grundsätzlichen Verlauf der Sprungantwort kann man übrigens ohne jede Rechnung aus der Struktur in Bild 2-32 ablesen. Wird $u=\sigma(t)$ aufgeschaltet und wäre das I-Glied alleine da, so ergäbe sich für y eine Rampenfunktion mit dem Anstieg K/T. Das ist in Bild 2-35 für das Anfangsintervall $[0,\Delta t]$ angedeutet. Nun wird aber diese Rampenfunktion zurückgeführt und nach Multiplikation mit $1/K$ von $u=1$ subtrahiert. Dadurch ergibt sich jetzt am Eingang des I-Glieds ein Wert <1. Dieser liefert für das nächste Zeitintervall $[\Delta t, 2\Delta t]$ eine Rampenfunktion mit niedrigerem Anstieg als im ersten Zeitintervall usw. Man erkennt auf diese Weise ganz anschaulich, wie durch die Rückführung aus der Rampenfunktion eine e-Funktion wird. Das ist ein einfaches Beispiel für die unmittelbare Einsicht in die Systemdynamik, die durch das Strukturbild ermöglicht wird.

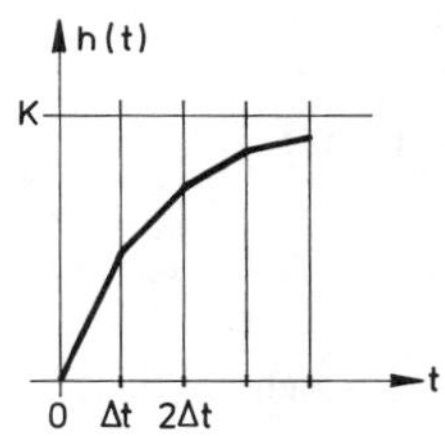

Bild 2-35: Konstruktion der Sprungantwort des P-T_1-Glieds aus dem Strukturbild in 2-32

2.3.11 Verzögerungsglied 2. Ordnung (P-T_2-Glied)

Das P-T_2-Glied wird durch die Differentialgleichung

$$T^2\ddot{y}+2dT\dot{y}+y=Ku, \quad K,T,d>0 \tag{2.47}$$

definiert, die vom gleichen Typ ist wie die Differentialgleichung des P-T_1-Glieds. Die Konstante T mit $[T]=[t]$ nennt man ebenfalls *Zeitkonstante*, die dimensionslose Zahl d die *Dämpfung* und K mit $[K]=[y]/[u]$ die *Übertragungskonstante* des P-T_2-Glieds. Aus der Differentialgleichung folgt durch Laplace-Transformation

$$(T^2s^2+2dTs+1)Y(s)=KU(s), \tag{2.48}$$

also die Übertragungsfunktion

$$G(s)=\frac{K}{1+2dTs+T^2s^2}.$$

Beispiele für das P-T_2-Glied liefern der Zusammenhang zwischen der Spannung u und der Kondensator-

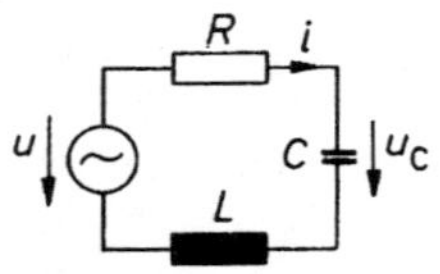

Bild 2-36: Elektrisches Beispiel für das P-T_2-Glied

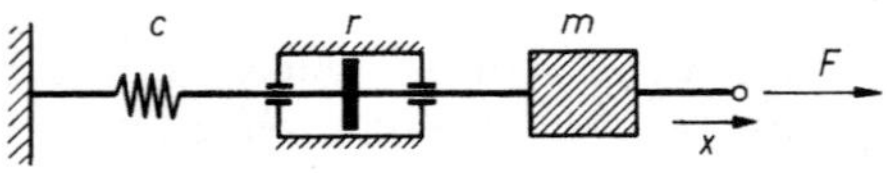

Bild 2-37: Mechanisches Beispiel für das P-T_2-Glied

spannung u_C des Reihenschwingkreises in Bild 2-36 und der Zusammenhang zwischen der eingeprägten Kraft F und der Verschiebung x des mechanischen Systems in Bild 2-37. Aus Bild 2-36 folgt nämlich

$$u = Ri + L\dot{i} + u_C, \quad u_C = \frac{1}{C}\int_0^t i\,d\tau$$

und daraus durch Laplace-Transformation

$$u = Ri + Lsi + u_C, \quad u_C = \frac{1}{Cs}i.$$

Durch Elimination von i ergibt sich hieraus die Gleichung

$$(LCs^2 + RCs + 1)u_C = u,$$

die vom Typ (2.48) ist, mit

$$T^2 = LC, \quad 2dT = RC, \quad K = 1.$$

Hieraus folgt

$$T = \sqrt{LC}, \quad d = \frac{RC}{2T} = \frac{R}{2}\sqrt{\frac{C}{L}}.$$

Im Falle des mechanischen Systems hat man unmittelbar die Gleichung

$$m\ddot{x} = F - r\dot{x} - cx, \quad \text{aus der} \quad \frac{m}{c}\ddot{x} + \frac{r}{c}\dot{x} + x = \frac{1}{c}F$$

folgt, so dass also

$$T = \sqrt{\frac{m}{c}}, \quad d = \frac{r}{2\sqrt{mc}}, \quad K = \frac{1}{c}$$

ist.

Um das P-T_2-Glied aus P- und I-Gliedern aufzubauen, dividiert man (2.48) durch T^2s^2 und erhält so

$$Y = \frac{K}{T^2s^2}(U - \frac{1}{K}Y) - \frac{1}{Ts}2dY$$

oder

$$Y = \frac{K}{Ts}\left[\frac{1}{TS}(U - \frac{1}{K}Y) - \frac{2d}{K}Y\right].$$

Diese Gleichung ist in Bild 2-38 dargestellt.

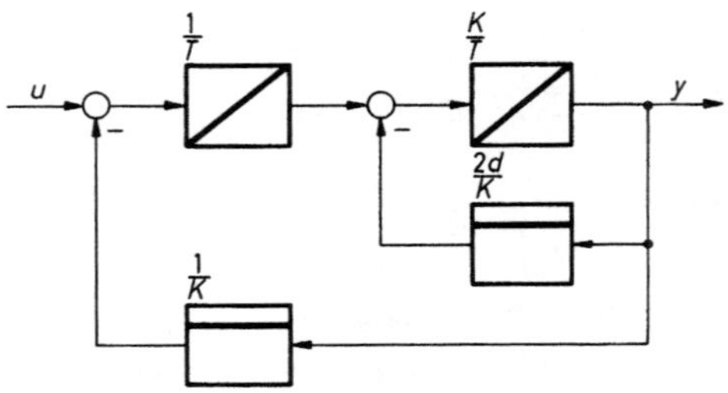

Bild 2-38: Aufbau des P-T_2-Glieds aus elementaren Übertragungsgliedern

Das P-T_2-Glied kann auch durch P-T_1-Glieder dargestellt werden. Hierzu versucht man zunächst, das quadratische Polynom $T^2s^2 + 2dTs + 1$ in zwei Faktoren 1. Grades zu zerlegen, was zu dem Ansatz

$$1 + 2dTs + T^2s^2 = (1 + T_1s)(1 + T_2s)$$

führt. Durch Koeffizientenvergleich folgen hieraus die beiden Gleichungen

$$T_1 + T_2 = 2dT,$$
$$T_1T_2 = T^2$$

zur Bestimmung von T_1 und T_2, die folgende Lösungen ergeben:

$$T_{1,2} = T(d \pm \sqrt{d^2 - 1}).$$

Diese Werte sind reell und positiv, wenn $d \geq 1$ ist, für $d < 1$ hingegen nichtreell. Im letzteren Fall ist die angestrebte Zerlegung unmöglich, da die Werte T_1 und T_2 als Zeitkonstanten von P-T_1-Gliedern reell sein müssen. Für $d \geq 1$ dagegen hat man die Zerlegung

$$\frac{K}{1 + 2dTs + T^2s^2} = \frac{K}{1 + T_1s} \cdot \frac{1}{1 + T_2s},$$

welche die Reihenschaltung zweier P-T_1-Glieder beschreibt.

Ist $d < 1$, so kann das P-T_2-Glied als Gegenkopplung zweier P-T_1-Glieder dargestellt werden. Um dies zu erkennen, addiert man auf beiden Seiten der Gleichung (2.48) d^2Y und erhält so

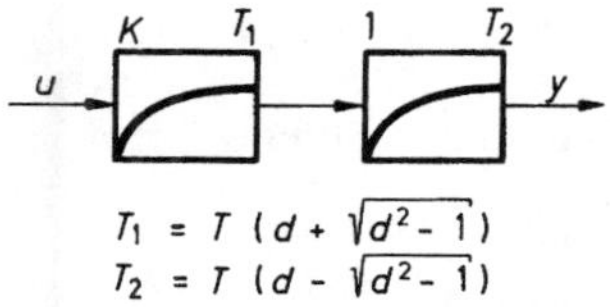

Bild 2-39: P-T_2-Glied als Reihenschaltung zweier P-T_1-Glieder, falls seine Dämpfung $d \geq 1$

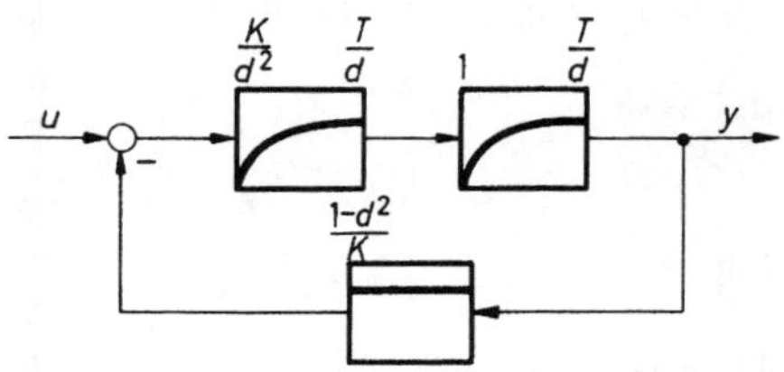

Bild 2-40: P-T_2-Glied als Gegenkopplung zweier P-T_1-Glieder

$$(Ts+d)^2 Y + Y = KU + d^2 Y,$$
$$Y = \frac{1}{(Ts+d)^2}(KU + d^2 Y - Y),$$
$$Y = \frac{\frac{K}{d^2}}{1+\frac{T}{d}s}\;\frac{1}{1+\frac{T}{d}s}\;\left[U - \frac{1-d^2}{K}Y\right].$$

Das Strukturbild dieser Gleichung zeigt Bild 2-40. Aus seiner Herleitung folgt, dass es für jeden Wert von d gilt, auch für $d \geq 1$. Man wird aber in diesem Falle die einfachere Darstellung des P-T_2-Glieds als Reihenschaltung zweier P-T_1-Glieder vorziehen.

Um nun die *Sprungantwort* des P-T_2-Glieds zu berechnen, gehen wir von seiner Übertragungsfunktion aus:

$$G(s) = \frac{K}{1+2dTs+T^2s^2} = K{\omega_0}^2 \frac{1}{s^2+2d\omega_0 s+{\omega_0}^2}$$
$$\text{mit} \quad \omega_0 = \frac{1}{T}.$$

Um sie in Partialbrüche zerlegen zu können, bestimmen wir die Wurzeln der charakteristischen Gleichung

$$s^2 + 2d\omega_0 s + {\omega_0}^2 = 0.$$

Sie sind

$$\alpha_{1,2} = -\omega_0(d \pm \sqrt{d^2-1}). \tag{2.49}$$

Sofern $d \neq 1$ ist, sind beide Wurzeln voneinander verschieden. Dieser Fall soll vorläufig allein betrachtet werden. Aus

$$G(s) = K{\omega_0}^2 \frac{1}{(s-\alpha_1)(s-\alpha_2)}$$

kann man dann unmittelbar die Partialbruchdarstellung ablesen:

$$G(s) = K{\omega_0}^2 \left[\frac{1}{s-\alpha_1} - \frac{1}{s-\alpha_2}\right]\frac{1}{\alpha_1-\alpha_2}.$$

Die Rückübersetzung in den Zeitbereich liefert die Originalfunktion zu $G(s)$:

$$g(t) = \frac{K{\omega_0}^2}{\alpha_1-\alpha_2}\left[e^{\alpha_1 t} - e^{\alpha_2 t}\right].$$

Nun ist $H(s) = G(s)/s$. Im Zeitbereich gilt daher

$$h(t) = \int_0^t g(\tau)\,d\tau.$$

Diese Integration ergibt

$$h(t) = \frac{K{\omega_0}^2}{\alpha_1-\alpha_2}\left[\frac{1}{\alpha_1}e^{\alpha_1 t} - \frac{1}{\alpha_2}e^{\alpha_2 t}\right] - \frac{K{\omega_0}^2}{\alpha_1-\alpha_2}\left[\frac{1}{\alpha_1} - \frac{1}{\alpha_2}\right].$$

Die letzte Konstante ist gleich

$$-\frac{K{\omega_0}^2}{\alpha_1-\alpha_2}\,\frac{\alpha_2-\alpha_1}{\alpha_1\alpha_2} = K,$$

da nach den Vietaschen Wurzelsätzen $\alpha_1\alpha_2 = {\omega_0}^2$ ist. Damit wird

$$h(t) = K + \frac{K{\omega_0}^2}{\alpha_1-\alpha_2}\left[\frac{1}{\alpha_1}e^{\alpha_1 t} - \frac{1}{\alpha_2}e^{\alpha_2 t}\right]. \tag{2.50}$$

Jetzt wird eine Fallunterscheidung erforderlich. Zunächst sei $d > 1$. Dann gilt wegen

$$(d+\sqrt{d^2-1})(d-\sqrt{d^2-1}) = 1:$$
$$-\frac{1}{\alpha_1} = \frac{1}{\omega_0}\,\frac{1}{d-\sqrt{d^2-1}} = T(d+\sqrt{d^2-1}) = T_1,$$
$$-\frac{1}{\alpha_2} = \frac{1}{\omega_0}\,\frac{1}{d+\sqrt{d^2-1}} = T(d-\sqrt{d^2-1}) = T_2.$$

T_1 und T_2 sind also reelle Zahlen. Es sind gerade die Zeitkonstanten der beiden P-T_1-Glieder, durch deren Reihenschaltung das P-T_2-Glied dargestellt werden kann. Da weiterhin

$$\alpha_1 - \alpha_2 = \alpha_1\alpha_2\left[\frac{1}{\alpha_2} - \frac{1}{\alpha_1}\right] = {\omega_0}^2(T_1 - T_2)$$

ist, wird so aus (2.50)

$$h(t)=K-\frac{K}{T_1-T_2}\left[T_1\mathrm{e}^{-t/T_1}-T_2\mathrm{e}^{-t/T_2}\right]. \quad (2.51)$$

Die Sprungantwort hat die in Bild 2-41 angedeutete Gestalt. Es liegt der *aperiodische Fall* vor.

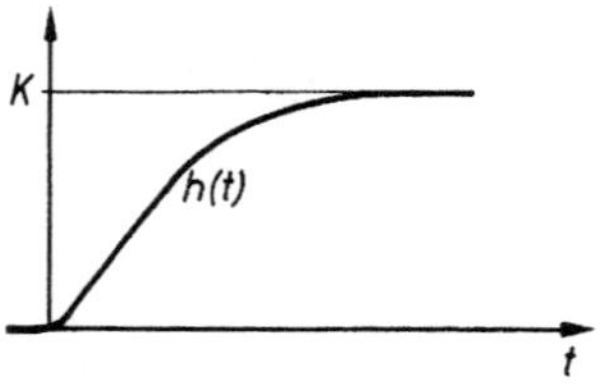

Bild 2-41: Sprungantwort des P-T_2-Glieds für $d > 1$

Nun zum zweiten Fall $d < 1$. Aus (2.49) folgt dann

$$\alpha_1=-\omega_0(d-jW)=-d\omega_0+jW\omega_0,$$
$$\alpha_2=-\omega_0(d+jW)=-d\omega_0-jW\omega_0 \quad \text{mit}$$
$$W=\sqrt{1-d^2}.$$

Daher gilt $\alpha_1-\alpha_2=2jW\omega_0$. Weiterhin ist

$$\frac{1}{\alpha_1}=\frac{\alpha_2}{\alpha_2\alpha_1}=\frac{\alpha_2}{{\omega_0}^2}, \quad \frac{1}{\alpha_2}=\frac{\alpha_1}{\alpha_1\alpha_2}=\frac{\alpha_1}{{\omega_0}^2}.$$

Setzt man diese Ausdrücke in (2.50) ein, so erhält man zunächst

$$h(t)=K+\frac{K}{2jW}\mathrm{e}^{-d\omega_0 t}\left[-(d+jW)\mathrm{e}^{jW\omega_0 t}+ +(d-jW)\mathrm{e}^{-jW\omega_0 t}\right].$$

Fasst man in der eckigen Klammer die Ausdrücke mit den Faktoren d und W zusammen und multipliziert den Faktor $1/(2j)$ hinein, so ergibt sich weiter

$$h(t)=K+\frac{K}{W}\mathrm{e}^{-d\omega_0 t}\left[-\frac{d}{2j}(\mathrm{e}^{jW\omega_0 t}-\mathrm{e}^{-jW\omega_0 t})- -\frac{W}{2}(\mathrm{e}^{jW\omega_0 t}+\mathrm{e}^{-jW\omega_0 t})\right].$$

Nach den Eulerschen Formeln

$$\frac{1}{2j}(\mathrm{e}^{j\alpha}-\mathrm{e}^{-j\alpha})=\sin\alpha, \qquad \frac{1}{2}(\mathrm{e}^{j\alpha}+\mathrm{e}^{-j\alpha})=\cos\alpha$$

wird daraus

$$h(t)=K-\frac{K}{W}\mathrm{e}^{-d\omega_0 t}(d\sin W\omega_0 t+W\cos W\omega_0 t).$$

Die beiden trigonometrischen Funktionen kann man zu einer zusammenfassen, indem man mit unbestimmtem A und ψ ansetzt:

$$A\sin(W\omega_0 t+\psi)=d\sin W\omega_0 t+W\cos W\omega_0 t.$$

Durch Anwenden des Additionstheorems für die Sinusfunktion erhält man zunächst

$$A\cos\psi\sin W\omega_0 t+A\sin\psi\cos W\omega_0 t= =d\sin W\omega_0 t+W\cos W\omega_0 t.$$

Durch Koeffizientenvergleich folgt dann

$$A\cos\psi=d, \quad A\sin\psi=W$$

und daraus durch Quadrieren und Addieren bzw. durch Dividieren:

$$A^2=d^2+W^2=1, \quad \text{also} \quad A=1, \quad \tan\psi=\frac{W}{d}.$$

Man hat so schließlich

$$h(t)=K-\frac{K}{\sqrt{1-d^2}}\mathrm{e}^{-(d/T)t}\sin\left[\frac{\sqrt{1-d^2}}{T}t+\psi\right] \quad \text{mit}$$

$$\tan\psi=\frac{\sqrt{1-d^2}}{d}, \qquad 0<\psi<90°. \quad (2.52)$$

Die in der Sprungantwort auftretenden Parameter lassen sich anschaulich in der komplexen Ebene deuten. Dazu trägt man

$$\alpha_1=-d\omega_0+j\sqrt{1-d^2}\omega_0=-\frac{d}{T}+j\frac{\sqrt{1-d^2}}{T}$$

samt der konjugiert komplexen Zahl α_2 in die komplexe s-Ebene ein (Bild 2-42). Dann erhält man den Abstand der beiden Wurzeln vom Nullpunkt aus

$$|\alpha_1|^2=\alpha_1\alpha_2={\omega_0}^2;$$

er beträgt also ω_0. Für den Winkel ψ zwischen dem Vektor α_1 und der negativen reellen Achse folgt

$$\tan\psi=\frac{\sqrt{1-d^2}\omega_0}{d\omega_0}.$$

Er stimmt daher mit der Phasenkonstante in $h(t)$ überein.

Führt man in $h(t)$ statt ψ den Supplementwinkel

$$\varphi=\pi-\psi$$

ein, so erhält man eine etwas andere Darstellung von $h(t)$. Kürzt man $W\omega_0 t$ vorübergehend mit α ab, so ist

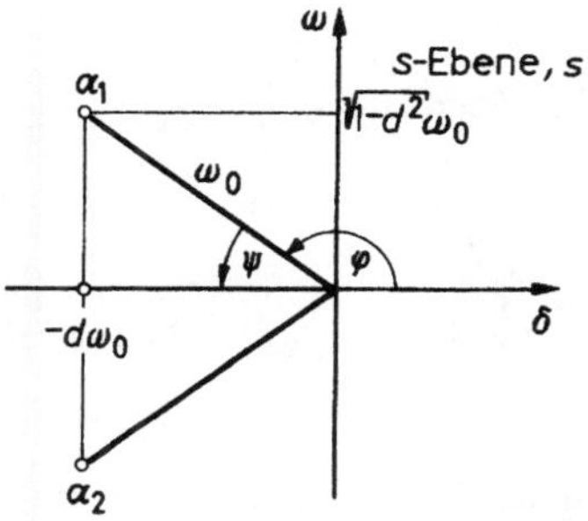

Bild 2-42: Die Wurzeln der charakteristischen Gleichung des P-T_2-Glieds in der komplexen Ebene für $d < 1$ und $\omega_0 = 1/T$

$$\sin(\alpha+\psi) = \sin(\alpha+\pi-\varphi) = \sin[\pi-(\varphi-\alpha)] = \\ = \sin(\varphi-\alpha) = -\sin(\alpha-\varphi).$$

Damit hat man die Darstellung

$$h(t) = K + \frac{K}{\sqrt{1-d^2}} e^{-(d/T)t} \sin\left[\frac{\sqrt{1-d^2}}{T}t - \varphi\right]. \quad (2.53)$$

Dabei ist

$$\tan\varphi = \tan(\pi-\psi) = -\tan\psi = -\frac{\sqrt{1-d^2}}{d},$$

und es gilt

$$90° < \varphi < 180°.$$

Für $d < 1$ führt die Sprungantwort also eine abklingende Schwingung aus. Ihre Frequenz ist

$$\omega_N = \sqrt{1-d^2}\,\omega_0 = \frac{\sqrt{1-d^2}}{T}.$$

Man spricht vom *periodischen Fall* und bezeichnet deshalb das P-T_2-Glied auch als *Schwingungsglied.* Das Aussehen der Sprungantwort ist in Bild 2-43 wiedergegeben. Aus ihm ist das Symbol des P-T_2-Glieds abgeleitet, das für *alle* Fälle gelten soll (Bild 2-44).

Noch eine Bemerkung zur Ermittlung der Parameter K, d und T des periodischen Falles aus einem Oszillogramm. Die Übertragungskonstante K liest man als Endwert der Sprungantwort ab. Um die Dämpfung d zu bestimmen, misst man den Überschuss Δ_1 bzw. Δ_2 des ersten bzw. des zweiten Maximums über den Endwert K und bildet das *logarithmische Dekrement*

$$\vartheta = \ln\frac{\Delta_1}{\Delta_2} = 2{,}303\log_{10}\frac{\Delta_1}{\Delta_2}.$$

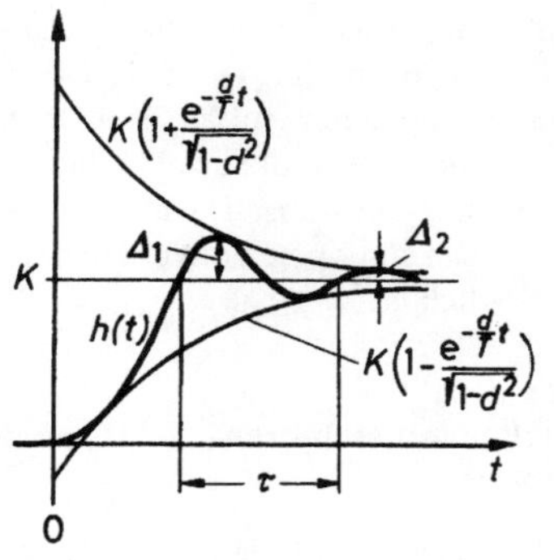

Bild 2-43: Sprungantwort des P-T_2-Glieds für $d < 1$

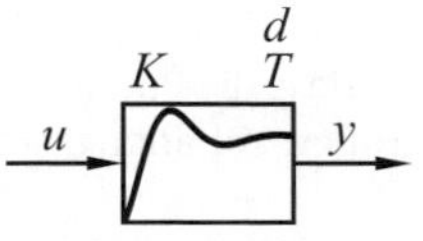

Bild 2-44: P-T_2-Glied

Dann ist

$$d = \frac{\vartheta}{\sqrt{4\pi^2+\vartheta^2}}.$$

Zur Ermittlung von T geht man von der Schwingungsdauer τ aus, die man an der Sprungantwort ablesen kann. Wegen

$$\tau = \frac{2\pi}{\omega_N} = 2\pi\frac{T}{\sqrt{1-d^2}} \quad \text{ist} \quad T = \frac{\tau}{2\pi}\sqrt{1-d^2}.$$

Der Vollständigkeit halber wollen wir schließlich noch den Sonderfall $d = 1$ behandeln. Nach (2.49) ist hier

$$\alpha_1 = \alpha_2 = -\omega_0 = -\frac{1}{T}.$$

Daraus folgt

$$G(s) = K\omega_0{}^2\frac{1}{(s-\alpha_1)^2}, \quad \text{also}$$

$$g(t) = K\omega_0{}^2\, t\, e^{\alpha_1 t} = K\omega_0{}^2\, t\, e^{-\omega_0 t}.$$

Durch Integration zwischen 0 und t erhält man aus $g(t)$ die Sprungantwort

$$h(t) = K - Ke^{-\omega_0 t} - Kt\omega_0 e^{-\omega_0 t} \quad \text{oder}$$

$$h(t) = K - K\left[1+\frac{t}{T}\right]e^{-t/T}.$$

Dies ist der *aperiodische Grenzfall.* Der Verlauf der Sprungantwort entspricht dem in Bild 2-41.

Halten wir abschließend fest, dass der wesentliche Unterschied des P-T_2-Glieds gegenüber dem P-T_1-Glied darin besteht, dass es *zwei* Speicher enthält. Dies sieht man an der Struktur in Bild 2-38, in der zwei I-Glieder enthalten sind. Durch Energieaustausch zwischen diesen Speichern können Oszillationen entstehen, was beim P-T_1-Glied unmöglich ist.

2.3.12 Kennlinienglied mit mehreren Eingangsgrößen

Es wird durch die Funktionalbeziehung

$$y = F(u_1, \dots, u_p)$$

definiert. Dabei wird vorausgesetzt, dass die Funktion F nicht linear von den Eingangsgrößen abhängt, also nicht von der Form

$$y = K_1 u_1 + \dots + K_p u_p$$

mit konstanten Werten $K_1, \dots, K_p$ ist. Dann nämlich kann sie durch ein Summierglied mit Proportionalgliedern beschrieben werden.

Ein einfaches Beispiel zeigt Bild 2-45. Die je Zeiteinheit abfließende Flüssigkeitsmenge q_a ist durch

$$q_a = f \cdot v$$

gegeben, wenn f der Strömungsquerschnitt und v die Strömungsgeschwindigkeit ist. Der Querschnitt f ist proportional der Ventilstellung x, $f = kx$, während v von der Niveauhöhe h gemäß

$$v = \sqrt{2gh}$$

abhängt (g Erdbeschleunigung). Damit ist

$$q_a = k\sqrt{2g} \cdot x \cdot \sqrt{h} = F(x, h).$$

Wie in diesem Fall, so lässt sich auch sonst ein Kennlinienglied mit mehreren Eingangsgrößen meist aus einfacheren Gliedern, nämlich P-, KL-, M-, S-Gliedern, zusammensetzen. Doch braucht dies nicht immer der Fall zu sein. Auf jeden Fall ist es *zweckmäßig*, ein Kennlinienglied mit mehreren Eingangsgrößen als eigenen Block einzuführen.

Das Symbol des Kennlinienglieds ist in Bild 2-46 angeführt. Es bleibt hier nichts weiter übrig, als die Funktionalbeziehung in den Block einzutragen. Eine geometrische Veranschaulichung ist nicht mehr gut möglich, wenn mehrere Eingangsgrößen auftreten. Aus diesem Grund müsste eigentlich auch die Benennung

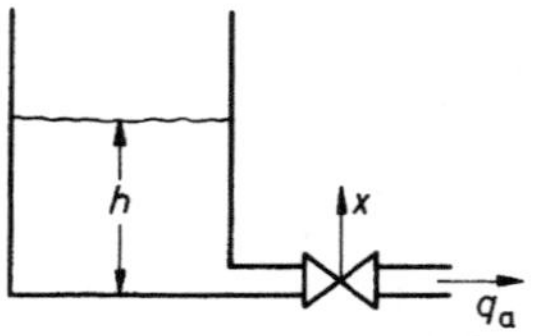

Bild 2-45: Beispiel für ein Kennlinienglied mit zwei Eingangsgrößen

Kennlinienglied geändert werden, etwa in *Funktionsglied* oder dergleichen, doch wollen wir hiervon absehen.

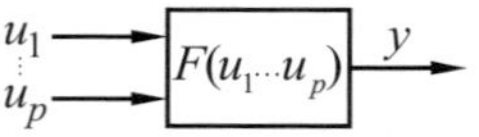

Bild 2-46: Beispiel für ein Kennlinienglied mit mehreren Eingangsgrößen

Im Kennlinienglied mit mehreren Eingangsgrößen sind sowohl das Kennlinienglied mit einer Eingangsgröße als auch das Multiplizierglied als Spezialfälle enthalten. Ein weiterer Spezialfall ist das *Dividierglied*

$$y = K\frac{u_1}{u_2}.$$

Sein Symbol ist in Bild 2-47 wiedergegeben. Es stellt ein zusammengesetztes Übertragungsglied dar, das gemäß $Ku_1 \cdot 1/u_2$ aus der Kennlinie $1/u_2$ und einem Multiplizierglied aufgebaut werden könnte.

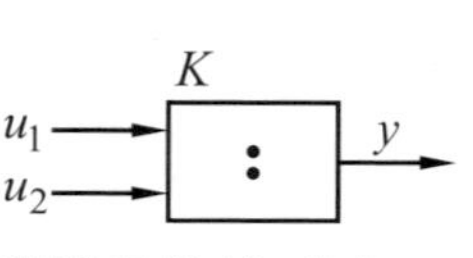

Bild 2-47: Dividierglied

2.3.13 Zusammenfassung

Die wichtigsten Eigenschaften der im Vorhergehenden behandelten Übertragungsglieder sind in der Tabelle 2-1 zusammengestellt. Es ist eine sehr bemerkenswerte und eigentlich erstaunliche Tatsache, dass sich die überwiegende Mehrzahl der dynamischen Systeme aus diesen wenigen Grundelementen aufbauen lässt. Da das D-Glied nicht unbedingt erforderlich ist, P-T_1- und P-T_2-Glied sowie das Kennlinienglied mit mehreren Eingangsgrößen selbst bereits aus einfacheren Gliedern zusammengesetzt sind, reichen also P-, I-, S-, T_t-, KL- und M-Glied bereits aus. Die außerordentliche Vielfalt dynamischer Systeme entsteht durch Verknüpfung dieser sechs Grundbausteine, wobei das unterschiedliche Verhalten der Syste-

Benennung	Funktionalbeziehung	Übertragungsfunktion	Sprungantwort (Null für t < 0)	Verlauf der Sprungantwort	Symbol
P-Glied	$y = Ku$	K	$K\sigma(t)$	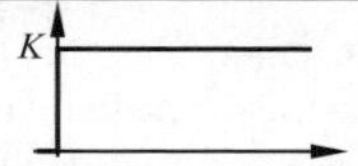	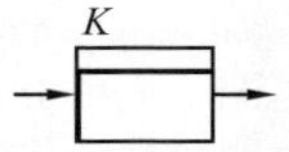
I-Glied	$y = K\int_0^t u(\tau)d\tau$	$\frac{K}{s}$	Kt	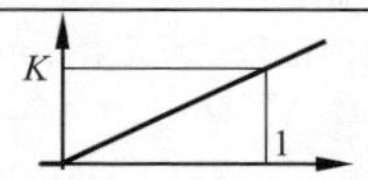	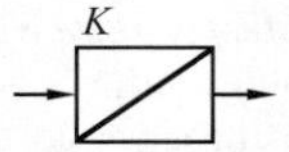
D-Glied	$y = K\dot{u}$	Ks	$K\delta(t)$	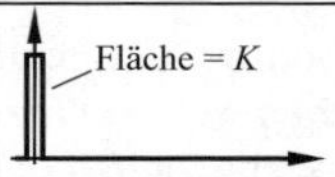	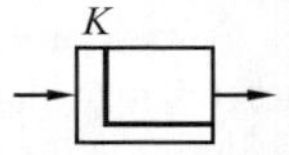
T_t-Glied	$y(t) = Ku(t - T_t)$	$Ke^{-T_t s}$	$K\sigma(t - T_t)$	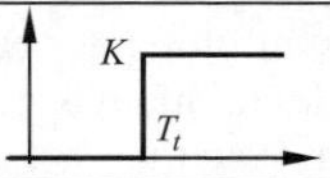	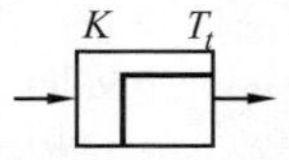
S-Glied	$y = u_1 \pm \ldots \pm u_p$				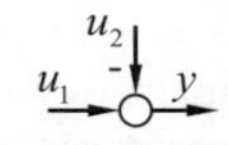
KL-Glied	$y = F(u)$				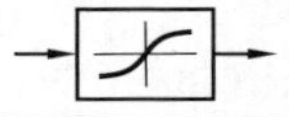
KL-Glied mit mehreren Eingängen	$y = F(u_1, \ldots, u_p)$				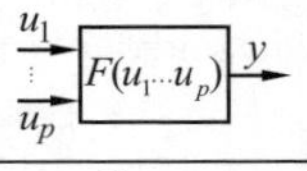
M-Glied	$y = Ku_1u_2$				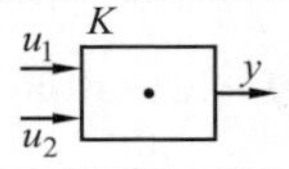
Dividier-Glied	$y = K\frac{u_1}{u_2}$				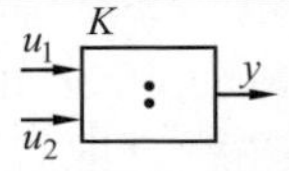
P-T_1-Glied	$T\dot{y} + y = Ku$	$\frac{K}{1 + Ts}$	$K(1 - e^{-t/T})$	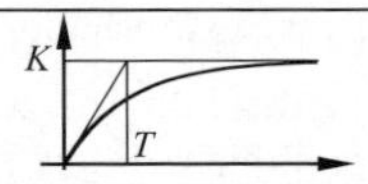	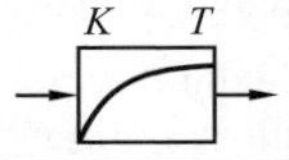
P-T_2-Glied	$T^2\ddot{y} + 2dT\dot{y} + y = Ku$	$\frac{K}{1 + 2dTs + T^2s^2}$	Periodischer Fall: $d < 1$ $K\left[1 + \frac{e^{-(d/T)t}}{\sqrt{1-d^2}} \sin\left(\frac{\sqrt{1-d^2}}{T}t - \varphi\right)\right]$, $\tan\varphi = -\frac{\sqrt{1-d^2}}{d}$, $90° < \varphi < 180°$ Aperiodischer Grenzfall: $d = 1$ $K\left[1 - (1 + \frac{t}{T})e^{-t/T}\right]$ Aperiodischer Fall: $d > 1$ $K\left[1 - \frac{T_1}{T_1 - T_2}e^{-t/T_1} + \frac{T_2}{T_1 - T_2}e^{-t/T_2}\right]$, $T_{1,2} = T(d \pm \sqrt{d^2 - 1})$ 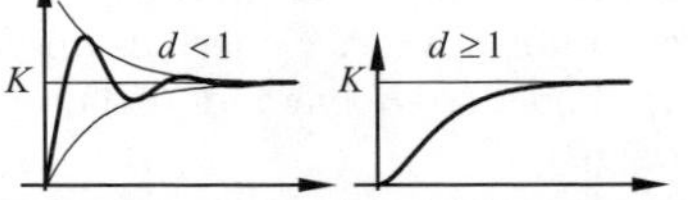		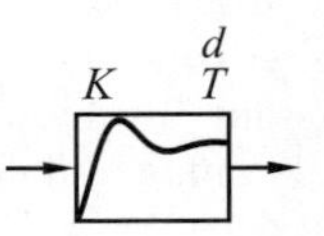

Tabelle 2-1: Zusammenstellung der einfachsten Übertragungsglieder

me durch die Verschiedenartigkeit der Verknüpfung zustande kommt.

Einschränkend ist zu sagen, dass bei komplizierteren Systemen noch einzelne Grundbausteine hinzukommen können, wie z. B. das Abtast-Halte-Glied bei den Abtastsystemen (zeitdiskreten Systemen). Doch ist auch dann die Anzahl dieser Grundbausteine durchaus beschränkt.

Die elementaren Übertragungsglieder gleichen in gewisser Weise den chemischen Elementen: Wie sich aus deren Verbindung die Vielfalt der Stoffe ergibt, so entsteht aus der Verknüpfung der elementaren Übertragungsglieder die Mannigfaltigkeit der verschiedenartigen dynamischen Systeme.

Im folgenden Abschnitt 2.4 werden wir dem Aufbau komplizierterer Systeme aus elementaren Übertragungsgliedern genauer nachgehen, letztlich mit dem Ziel, zu einer Klassifikation der Übertragungsglieder nach ihren Eigenschaften zu gelangen. Dies ist ein wichtiger Schritt zum tieferen Verständnis des Aufbaus und der Wirkungsweise dynamischer Systeme.

2.4 Klassifikation der Übertragungsglieder

2.4.1 Allgemeiner Begriff des Übertragungsglieds

Wir beginnen damit, den allgemeinen Begriff des Übertragungsglieds, wie er bereits in Abschnitt 2.3.1 eingeführt wurde, etwas ausführlicher zu betrachten.

Wie die Beispiele aus Abschnitt 2.2 zeigen, setzt sich eine Regelung aus zahlreichen Teilsystemen zusammen. Betrachtet man diese Systeme als Regelungstechniker, insbesondere im Hinblick auf das dynamische Verhalten des Regelkreises, so ist nur *ein* Aspekt dieser Systeme von Interesse: Wie sie aus den auf sie einwirkenden, zeitveränderlichen Eingangsgrößen ihre Ausgangsgrößen erzeugen. Beispielsweise ist bei einem konstant erregten Gleichstrommotor nur interessant, welcher Zusammenhang zwischen der Ankerspannung und dem Lastmoment auf der einen Seite und der Drehzahl bzw. der Winkelgeschwindigkeit auf der anderen Seite besteht. Man kann das technische System *Gleichstrommotor* unter den verschiedensten Gesichtspunkten betrachten, etwa vom Standpunkt des Elektromaschinenbauers oder des Antriebstechnikers aus. Für den Regelungstechniker jedoch ist in erster Linie nur eine Frage interessant: Welcher Zusammenhang besteht zwischen den zeitveränderlichen Ein- und Ausgangsgrößen?

Wir können diese Betrachtungsweise als *Übertragungsstandpunkt* bezeichnen. Fassen wir dabei doch den Gleichstrommotor als ein Übertragungsglied auf, das aus gewissen Eingangsgrößen in gesetzmäßiger Weise eine bestimmte Ausgangsgröße erzeugt, wobei der Zusammenhang durch eine Differentialgleichung hergestellt wird. Generell besteht der Übertragungsstandpunkt darin, dass man bei einem technischen System sowohl von seiner materiellen Beschaffenheit als auch von seiner inneren Struktur absieht und es lediglich daraufhin betrachtet, dass es gewisse Eingangsgrößen in bestimmte Ausgangsgrößen umsetzt. Man fasst es also lediglich als *Übertragungsglied* auf, das die Wirkung der Eingangsgrößen auf die Ausgangsgrößen überträgt. Es ist dann charakterisiert durch eine mathematische Beziehung zwischen den Ein- und den Ausgangsgrößen, durch eine Differentialgleichung etwa oder auch in anderer Weise. Von der materiellen Beschaffenheit und der inneren Struktur des technischen Systems gehen lediglich gewisse Parameter oder Kennlinien in die mathematische Beziehung ein.

Betrachtet man zunächst ein technisches System mit nur einer Eingangsgröße u und nur einer Ausgangsgröße y, so stellt man fest, dass jeder Eingangsfunktion $u(t)$ in eindeutiger Weise eine Ausgangsgröße $y(t)$ zugeordnet wird. Eine solche Zuordnung bezeichnet man auch als eine *Abbildung*. Diese Abbildung werde durch das Symbol

$$y = \varphi\{u\}$$

bezeichnet. Dabei ist φ ein Symbol für die durch das Übertragungsglied bewirkte Abbildung, anders ausgedrückt: für die Operation, durch die aus der Eingangsfunktion $u(t)$ die Ausgangsfunktion $y(t)$ entsteht. Eine solche Abbildung φ pflegt man auch als *Operator* zu bezeichnen. Diese Benennung wird in der Mathematik allgemein für die Abbildung von beliebigen Mengen benutzt. Bei uns soll sie die Abbildung von Zeitfunktionen auf Zeitfunktionen charakterisieren. Die geschweifte Klammer in $y = \varphi\{u\}$ soll zum Ausdruck bringen, dass es sich bei φ um die Anwendung eines Operators und nicht um eine Funktion handelt.

Eine *Funktion* bildet *Zahlen* auf *Zahlen* ab. Beispielsweise wird durch $y = \mathrm{e}^u$ jeder Zahl u eine eindeutig bestimmte Zahl y zugeordnet.

Ein *Operator* bildet *Funktionen* auf *Funktionen* ab. Betrachten wir etwa die Beziehung

$$y(t) = \int_0^t u(\tau)\,d\tau \ .$$

In diesem Fall bezeichnet das Symbol φ die Integrationsoperation von 0 bis t, die auf die Eingangsgröße $u(t)$ angewendet wird. Die Ausgangsfunktion $y(t)$ ist keine Funktion von $u(t)$, sondern entsteht durch Anwendung eines Operators aus $u(t)$. Beispielsweise ist für $u(t)=\sigma(t)$:

$$y(t)=\left\{\begin{array}{lll} 0 & \text{für} & t\leq 0 \\ t & \text{für} & t>0 \end{array}\right\}=t\sigma(t).$$

Hierfür kann man also auch schreiben, wenn man den obigen Integrationsoperator mit φ bezeichnet:

$$\varphi\{\sigma(t)\}=t\sigma(t).$$

In diesem Beispiel steht bei der Funktion t der Faktor $\sigma(t)$. Durch ihn wird zum Ausdruck gebracht, dass die betreffende Funktion für $t\leq 0$ durch Null zu ersetzen ist. Diese Voraussetzung wird in der Regelungstechnik meist als so selbstverständlich angesehen, dass sie gar nicht mehr erwähnt wird. Man kann daher beim letzten Beispiel auch schreiben:

$$\varphi\{\sigma(t)\}=t.$$

Im Folgenden wollen wir uns stets an diese Vereinbarung halten. *Wenn also nicht ausdrücklich etwas Anderes gesagt ist, soll jede Zeitfunktion für $t\leq 0$ identisch Null sein.*

In dem Beispiel des Integrationsoperators hängt der Wert der Ausgangsgröße $y(t)$ zu jedem Zeitpunkt t nur vom Verlauf der Eingangsgröße bis zur Zeit t ab, aber nicht von zukünftigen Werten. Dies wäre mathematisch zwar denkbar, ist bei technischen Systemen aber auszuschließen, denn Übertragungsglieder beschreiben kausale Beziehungen zwischen der Eingangsgröße als Ursache und der dadurch hervorgerufenen Ausgangsgröße als Wirkung, die nicht zeitlich vor ihrer Ursache auftritt.

Allgemein ist ein *kausales Übertragungsglied* also dadurch gekennzeichnet, dass der Verlauf des Ausgangssignals $y(t)$ zu jedem Zeitpunkt t^* nur vom Verlauf des Eingangssignals $u(t)$ bis diesem Zeitpunkt t^* abhängt. Übertragungsglieder, welche das Kausalitätsprinzip verletzen, heißen *akausal.* Unter ihnen wollen wir noch den Fall unterscheiden, dass sich durch Hinzunahme eines Totzeitglieds mit endlicher Totzeit $T_t>0$ ein kausales Gesamtübertragungsverhalten erreichen lässt. Das ist genau dann der Fall, wenn das Ausgangssignal $y(t)$ auch von zukünftigen Werten des Eingangssignals $u(t+\tau)$, $0<\tau\leq T_t$, abhängt, die also bis um die Zeitspanne T_t in die Zukunft reichen dürfen. Ein solches Übertragungsglied werde *bedingt akausal* genannt; Übertragungsglieder, auf die dies nicht zutrifft, seien als *absolut akausal* bezeichnet. Ein Beispiel für ein bedingt akausales Übertragungsglied wäre ein Totzeitglied mit negativer Totzeit.

Auch wenn akausale Übertragungsglieder nicht realisierbar sind, kann es jedoch gelegentlich zweckmäßig sein, mit ihnen zu rechnen, beispielsweise bei der Off-line Verarbeitung zuvor aufgezeichneter Signale. Wenn nicht ausdrücklich etwas Anderes gesagt wird, sollen im Folgenden alle Übertragungsglieder stets kausal sein.

Hat ein Übertragungsglied mehrere Eingangsgrößen, so gilt Entsprechendes wie bei einer Eingangsgröße. Es ist dann durch eine Beziehung von der Form

$$y=\varphi\{u_1,\ldots,u_p\}$$

gegeben.

Es muss betont werden, dass die Abbildungsvorschrift φ nicht explizit gegeben sein muss, sondern in impliziter Form vorliegen kann, z. B. in Gestalt einer zu lösenden Differentialgleichung.

Es kann auch durchaus sein, dass die Abbildung φ nicht durch eine einzige Gleichung gegeben ist, sondern durch ein Gleichungssystem. Das ist beispielsweise bei dem Gleichstrommotor in Abschnitt 2.2.1 der Fall, wo der Zusammenhang zwischen Ankerspannung und Lastmoment sowie der Winkelgeschwindigkeit durch ein System von Differentialgleichungen hergestellt wird.

2.4.2 Lineare Übertragungsglieder

In der Gesamtheit aller Übertragungsglieder bilden die linearen Übertragungsglieder eine besonders wichtige Klasse, einmal deshalb, weil sie – wenigstens näherungsweise – sehr häufig auftreten, zum anderen dadurch, dass für sie die wirkungsvollsten Behandlungsmethoden entwickelt wurden. Die Untersuchung und die Beeinflussung nichtlinearer Glieder sind in vielen Fällen nur dadurch möglich, dass man sie in der einen oder anderen Weise durch lineare Übertragungsglieder annähert. Die linearen Übertragungsglieder sind durch zwei Eigenschaften charakterisiert. Die erste besteht darin, dass sie das *Überlagerungs-* oder *Superpositionsprinzip* erfüllen:

Erzeugt das Übertragungsglied aus der Eingangsgröße u die Ausgangsgröße y, aus der Eingangsgröße $\tilde{u}$ die Ausgangsgröße $\tilde{y}$, so erzeugt es aus der Summe $u+\tilde{u}$ auch am Ausgang die Summe $y+\tilde{y}$, und zwar für beliebige Eingangsgrößen u und $\tilde{u}$.

Die Überlagerung wird also beim Durchgang durch das Übertragungsglied nicht gestört. Das Überlagerungsprinzip lässt sich ohne Weiteres formelmäßig ausdrücken: Aus $y = \varphi\{u\}$ und $\widetilde{y} = \varphi\{\widetilde{u}\}$ folgt $\varphi\{u + \widetilde{u}\} = y + \widetilde{y}$. Setzt man auf der rechten Seite die beiden vorhergehenden Ausdrücke ein, so erhält man als Ausdruck des Überlagerungsprinzips:

$$\varphi\{u+\widetilde{u}\}=\varphi\{u\}+\varphi\{\widetilde{u}\}. \tag{2.54}$$

Das ist eine Eigenschaft des Operators φ, und zwar eine Vertauschungseigenschaft: Der Operator φ ist mit der Summation vertauschbar. Während nämlich auf der linken Seite zuerst summiert und dann φ angewendet wird, ist es auf der rechten umgekehrt.

Als Zweites erfüllt ein lineares Übertragungsglied das *Verstärkungsprinzip*:

Erzeugt das Übertragungsglied aus einer Eingangsgröße u die Ausgangsgröße y, so erzeugt es aus cu die Ausgangsgröße cy, und zwar für eine beliebige Eingangsgröße u und eine beliebige Konstante c.

In Formeln sieht das so aus: Aus $y = \varphi\{u\}$ folgt $\varphi\{cu\} = cy$, also

$$\varphi\{cu\}=c\varphi\{u\}. \tag{2.55}$$

Auch das Verstärkungsprinzip läuft auf eine Vertauschungseigenschaft des Operators φ hinaus: Der Operator φ ist mit der Multiplikation mit einer Konstante vertauschbar.

Die beiden Beziehungen (2.54) und (2.55) kann man zu einer einzigen Gleichung zusammenfassen, der *Linearitätsrelation*

$$\varphi\{cu+\widetilde{c}\widetilde{u}\}=c\varphi\{u\}+\widetilde{c}\varphi\{\widetilde{u}\}. \tag{2.56}$$

Das Übertragungsglied $y = \varphi\{u\}$ heißt *linear*, wenn es diese Beziehung für beliebige Eingangsgrößen $u, \widetilde{u}$ und beliebige Konstanten $c, \widetilde{c}$ erfüllt.

Betrachten wir als Beispiel wieder das Integrierglied

$$y=K\int_0^t u(\tau)\,d\tau = \varphi\{u\}.$$

Hier ist

$$\begin{aligned}\varphi\{cu+\widetilde{c}\widetilde{u}\} &= K\int_0^t [cu(\tau)+\widetilde{c}\widetilde{u}(\tau)]\,d\tau = \\ &= cK\int_0^t u(\tau)\,d\tau+\widetilde{c}K\int_0^t \widetilde{u}(\tau)\,d\tau = \\ &= c\varphi\{u\}+\widetilde{c}\varphi\{\widetilde{u}\}.\end{aligned}$$

Hier folgt also die Linearität aus den Grundeigenschaften des Integrals.

In ebenso einfacher Weise sieht man, dass auch Proportional-, Differenzier- und Totzeitglied linear sind. Hingegen erfüllt das Kennlinienglied weder das Überlagerungs- noch das Verstärkungsprinzip. Da es durch die Beziehung

$$y(t)=F(u(t))$$

gegeben ist, besteht bei ihm der Operator φ in der Anwendung der Funktion F auf die Eingangsgröße $u(t)$. Wie man unmittelbar aus Bild 2-48 sieht, ist hier im Allgemeinen

$$F(u+\widetilde{u})\neq F(u)+F(\widetilde{u}).$$

Das Kennlinienglied ist daher *nichtlinear*, welche Eigenschaft als eine dem Ingenieur geläufige Tatsache im Vorhergehenden schon benutzt wurde.

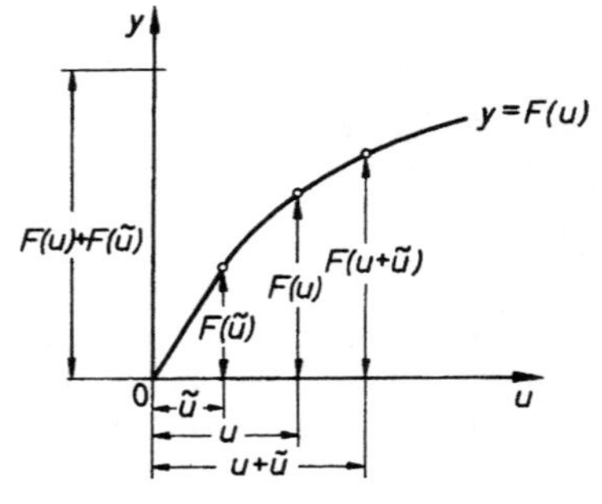

Bild 2-48: Das Kennlinienglied erfüllt das Überlagerungsprinzip nicht

Hat ein Übertragungsglied mehrere Eingangsgrößen, so lautet die Linearitätsdefinition entsprechend wie (2.56). Ist etwa

$$y=\varphi\{u_1,u_2\},$$

so muss

$$\varphi\{cu_1+\widetilde{c}\widetilde{u}_1,\,cu_2+\widetilde{c}\widetilde{u}_2\}=c\varphi\{u_1,u_2\}+\widetilde{c}\varphi\{\widetilde{u}_1,\widetilde{u}_2\}$$

für beliebige Eingangsgrößen $u_1, \widetilde{u}_1, u_2, \widetilde{u}_2$ und beliebige Konstanten $c, \widetilde{c}$ gelten.

Ein Beispiel hierfür ist das Summierglied

$$y=\pm u_1\pm u_2=\varphi\{u_1,u_2\}.$$

Es gilt nämlich

$$\begin{aligned}\varphi\{cu_1{+}\tilde{c}\tilde{u}_1\,,\,cu_2+\tilde{c}\tilde{u}_2\}&=\\ &=\pm(cu_1+\tilde{c}\tilde{u}_1)\pm(cu_2+\tilde{c}\tilde{u}_2)=\\ &=c(\pm u_1\pm u_2)+\tilde{c}(\pm\tilde{u}_1\pm\tilde{u}_2)=\\ &=c\varphi\{u_1,\,u_2\}+\tilde{c}\varphi\{\tilde{u}_1,\,\tilde{u}_2\}.\end{aligned}$$

Hingegen ist das Multiplizierglied

$$y=Ku_1u_2=\varphi\{u_1,u_2\}$$

nichtlinear. Denn es ist

$$\begin{aligned}\varphi\{cu_1{+}\tilde{c}\tilde{u}_1\,,\,cu_2+\tilde{c}\tilde{u}_2\}&=\\ &=K(cu_1+\tilde{c}\tilde{u}_1)(cu_2+\tilde{c}\tilde{u}_2)=\\ &=c^2Ku_1u_2+\tilde{c}^2K\tilde{u}_1\tilde{u}_2+Kc\tilde{c}u_1\tilde{u}_2+Kc\tilde{c}\tilde{u}_1u_2\,,\end{aligned}$$

während bei Linearität dieser Ausdruck gleich

$$c\,K\,u_1u_2+\tilde{c}\,K\,\tilde{u}_1\tilde{u}_2=c\,\varphi\{u_1,u_2\}+\tilde{c}\,\varphi\{\tilde{u}_1,\tilde{u}_2\}$$

sein müsste.

Natürlich kann man auch bei einem Übertragungsglied mit mehreren Eingangsgrößen die Linearitätsrelation in zwei Teile zerlegen:

- Überlagerungsprinzip

$$\varphi\{u_1+\tilde{u}_1,\,u_2+\tilde{u}_2\}=\varphi\{u_1,u_2\}+\varphi\{\tilde{u}_1,\tilde{u}_2\},$$

- Verstärkungsprinzip

$$\varphi\{cu_1,cu_2\}=c\varphi\{u_1,u_2\}.$$

Für manche Untersuchungen kann das zweckmäßig sein.

Eine einfache Eigenschaft der linearen Übertragungsglieder, die alle weiteren Untersuchungen sehr erleichtert, folgt unmittelbar aus der Linearitätsrelation:

Entsteht ein Übertragungsglied durch Verknüpfung linearer Übertragungsglieder, so ist es selbst linear.

Um Weitläufigkeiten zu vermeiden, sei dies an einem typischen Beispiel gezeigt. Mehrere *Übertragungsglieder verknüpfen heißt allgemein, dass die Ausgangsgrößen eines Übertragungsglieds Eingangsgrößen eines anderen sind.* Die Struktur in Bild 2-49 wird durch die Gleichungen

$$y=f\{v\},\quad v=g\{u,y\} \tag{2.57}$$

beschrieben, wobei f und g lineare Operatoren seien. Der Zusammenhang zwischen der Eingangsgröße u und der Ausgangsgröße y wird hier also durch eine Zwischengröße v vermittelt. Der Operator φ, der aus u die Ausgangsgröße y macht, ist hier nicht explizit bekannt, sondern nur implizit durch die beiden Beziehungen (2.57) gegeben. Das ist eine Situation, wie sie in den Anwendungen häufig vorkommt.

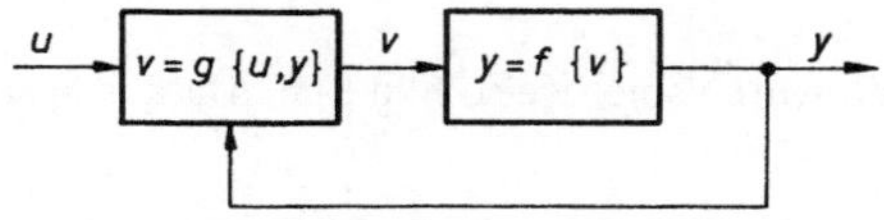

Bild 2-49: Verknüpfung linearer Übertragungsglieder

Aus u entsteht y gemäß (2.57). Entsprechend wird aus einer Eingangsgröße $\tilde{u}$ eine Ausgangsgröße $\tilde{y}$ nach

$$\tilde{y}=f\{\tilde{v}\}\quad \tilde{v}=g\{\tilde{u},\tilde{y}\}. \tag{2.58}$$

Addiert man (2.57) und (2.58), so wird

$$\begin{aligned}y+\tilde{y}&=f\{v\}+f\{\tilde{v}\},\\ v+\tilde{v}&=g\{u,y\}+g\{\tilde{u},\tilde{y}\}.\end{aligned}$$

Berücksichtigt man nun, dass f und g lineare Operatoren sind, so kann man hierfür schreiben:

$$y+\tilde{y}=f\{v+\tilde{v}\},\quad v+\tilde{v}=g\{u+\tilde{u},\,y+\tilde{y}\}.$$

Vergleicht man mit (2.57), so sieht man, dass aus $u+\tilde{u}$ die Ausgangsgröße $y+\tilde{y}$ entsteht. Das heißt: Das Übertragungsglied in Bild 2-49 erfüllt das Überlagerungsprinzip.

Da man entsprechend einsieht, dass auch das Verstärkungsprinzip gilt, ist das Übertragungsglied in Bild 2-49 linear.

2.4.3 Rationale Übertragungsglieder (R-Glieder)

So einfach die hiermit bewiesene Eigenschaft der linearen Übertragungsglieder ist, so weittragende Folgen hat sie. Entsteht ein kompliziertes Übertragungsglied durch Verknüpfung einfacher linearer Übertragungsglieder, so weiß man sofort, dass es ebenfalls linear sein muss.

Beispielsweise haben wir nachgewiesen, dass Integrierglied und Summierglied linear sind, und ebenso liegt auf der Hand, dass auch das Proportionalglied linear ist. Dann muss also jedes Übertragungsglied, das durch Verknüpfung von I-Gliedern, P-Gliedern und S-Gliedern entsteht, ebenfalls linear sein. Da die Übertragungsfunktionen der I-Glieder bzw. P-Glieder von der Form K/s bzw. K sind und infolge der S-Glieder lediglich addiert oder subtrahiert werden, kann der Zusammenhang zwischen der Eingangsgröße u und der Ausgangsgröße y eines derartigen zusammengesetzten Übertragungsglieds auf die Form

$$Y(s) = \frac{b_0 + b_1 s + \ldots + b_m s^m}{a_0 + a_1 s + \ldots + a_n s^n} U(s) \tag{2.59}$$

gebracht werden.

Betrachten wir beispielsweise Bild 2-38. Daraus liest man zunächst ab:

$$Y = \frac{K}{Ts}\Big[-\frac{2d}{K}Y + \frac{1}{Ts}(U - \frac{1}{K}Y)\Big].$$

Daraus folgt durch Ausmultiplizieren

$$Y = -\frac{2d}{Ts}Y + \frac{K}{T^2 s^2}U - \frac{1}{T^2 s^2}Y.$$

Durch Multiplikation dieser Gleichung mit $T^2 s^2$ entsteht

$$T^2 s^2 Y + 2d\,Ts\,Y + Y = KU$$

oder

$$Y(s) = \frac{K}{1 + 2d\,Ts + T^2 s^2}\,U(s).$$

Übertragungsglieder, die durch eine Gleichung vom Typ (2.59) beschrieben werden, treten in den Anwendungen auf Schritt und Tritt auf. P-, I-, P-T_1- und P-T_2-Glied zählen zu ihnen. Jedes elektrische Netzwerk, das aus Ohmschen Widerständen, Induktivitäten und Kapazitäten besteht, ist ein solches Übertragungsglied. Das Gleiche gilt für lineare Feder-Masse-Dämpfungs-Systeme, für die linearisierte Gleichstrommaschine und allgemein für viele linearisierte Systeme.

Wir wollen daher solche Übertragungsglieder durch eine besondere Definition charakterisieren:

Wird ein Übertragungsglied durch die Beziehung

$$Y(s) = G(s)U(s) \tag{2.60}$$

mit einer rationalen Funktion

$$G(s) = \frac{b_0 + b_1 s + \ldots + b_m s^m}{a_0 + a_1 s + \ldots + a_n s^n} \tag{2.61}$$

charakterisiert, wobei die a_ν und b_ν reell sind, $a_n \neq 0$ und $b_m \neq 0$ ist sowie $m \leq n$ gilt, so wollen wir von einem rationalen Übertragungsglied (R-Glied) sprechen.

Durch die zusätzliche Forderung, dass der Zählergrad m höchstens gleich dem Nennergrad n sein soll, werden Übertragungsglieder wie das Differenzierglied ausgeschlossen. Das ist kein Willkürakt. Das Differenzierglied weicht in wesentlichen Punkten von den R-Gliedern ab, z. B. darin, dass seine Sprungantwort keine klassische Funktion, sondern die Pseudofunktion $\delta(t)$ ist. Bei realen Systemen darf man stets $m \leq n$ voraussetzen und bezeichnet das Übertragungsglied dann auch als *proper*, im Fall $m < n$ als *streng proper*. Gelegentlich kann es zur Vermeidung sprachlicher Umständlichkeiten zweckmäßig sein, das D-Glied ebenfalls zu den R-Gliedern zu rechnen.

Aufgrund von (2.61) kann man ohne Schwierigkeit zeigen, dass sich *jedes* R-Glied durch Verknüpfung von I-Gliedern, P-Gliedern und S-Gliedern aufbauen lässt. Dazu schreibt man (2.60) in der Form

$$(a_n s^n + \ldots + a_1 s + a_0)Y = (b_0 + b_1 s + \ldots + b_n s^n)U.$$

Die Koeffizienten b_ν sind hier formal bis b_n aufgeführt, weil dies die folgende Darstellung vereinfacht. Es darf aber durchaus $b_n = 0$ sein. Nur muss mindestens ein $b_\nu \neq 0$ sein; beispielsweise braucht nur $b_0 \neq 0$ zu sein. Dividiert man die letzte Gleichung durch $a_n s^n$, so erhält man

$$\left[1 + \frac{a_{n-1}}{a_n}\frac{1}{s} + \ldots + \frac{a_1}{a_n}\frac{1}{s^{n-1}} + \frac{a_0}{a_n}\frac{1}{s^n}\right]Y =$$
$$= \left[\frac{b_0}{a_n}\frac{1}{s^n} + \frac{b_1}{a_n}\frac{1}{s^{n-1}} + \ldots + \frac{b_{n-1}}{a_n}\frac{1}{s} + \frac{b_n}{a_n}\right]U.$$

Durch Ausmultiplizieren und Ordnen folgt

$$Y = \frac{b_n}{a_n}U + \frac{1}{s}\left[\frac{b_{n-1}}{a_n}U - \frac{a_{n-1}}{a_n}Y\right] +$$
$$+ \frac{1}{s^2}\left[\frac{b_{n-2}}{a_n}U - \frac{a_{n-2}}{a_n}Y\right] + \ldots + \frac{1}{s^n}\left[\frac{b_0}{a_n}U - \frac{a_0}{a_n}Y\right]$$

oder

$$Y = \frac{b_n}{a_n}U + \frac{1}{s}\left[\frac{b_{n-1}}{a_n}U - \frac{a_{n-1}}{a_n}Y + \frac{1}{s}\left[\frac{b_{n-2}}{a_n}U - \right.\right.$$
$$\left.\left. - \frac{a_{n-2}}{a_n}Y + \frac{1}{s}\left[\ldots + \frac{1}{s}\left[\frac{b_0}{a_n}U - \frac{a_0}{a_n}Y\right]\ldots\right]\right]\right].$$

Diese Klammerschachtelung wird in Bild 2-50 dargestellt. Wenn ein $b_\nu = 0$ ist, fällt das betreffende P-Glied und die zugehörige Zuleitung weg.

Da jedes R-Glied sich aus einfachen linearen Übertragungsgliedern zusammensetzt, ist es gewiss linear.

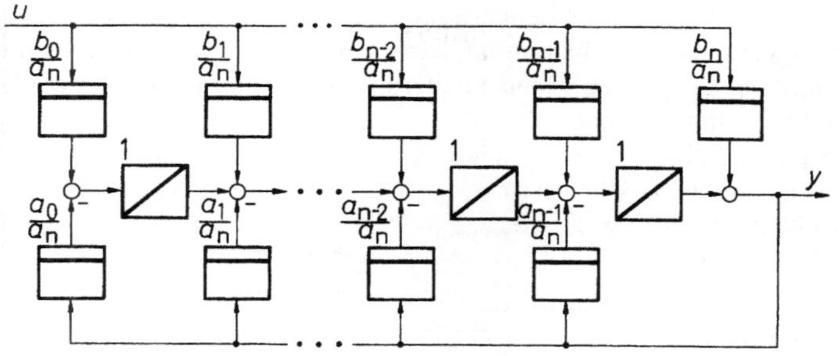

Bild 2-50: Strukturbild eines allgemeinen rationalen Übertragungsglieds (R-Glieds)

Das lässt sich auch direkt aus der definierenden Gleichung (2.60) erkennen. Der Operator φ besteht im Komplexen einfach aus der Multiplikation mit $G(s)$. Es gilt daher

$$\varphi\{cU+\tilde{c}\tilde{U}\}=G(cU+\tilde{c}\tilde{U})=cGU+\tilde{c}G\tilde{U}=$$
$$=c\varphi\{U\}+\tilde{c}\varphi\{\tilde{U}\}.$$

Im Vorhergehenden wurde das rationale Übertragungsglied aufgrund seiner Struktur eingeführt, nämlich als System, das aus I-, P- und S-Gliedern besteht. Daraus ergab sich als einfache Beschreibung des R-Glieds im komplexen Bereich die Gleichung (2.59). Aus ihr folgt unmittelbar die Beziehung

$$a_n s^n Y(s)+\ldots+a_1 s Y(s)+a_0 Y(s)=$$
$$=b_0 U(s)+b_1 s U(s)+\ldots+b_m s^m U(s). \quad (2.62)$$

Aus dieser Gleichung erhält man die Beschreibung des R-Glieds im Zeitbereich durch Laplace-Rücktransformation mittels der Differentiationsregel (für die Originalfunktion). Und zwar ist die bei realen Systemen geltende Regel für die *verallgemeinerte* Differentiation anzuwenden, in der die Anfangswerte bei -0 in Erscheinung treten (siehe Kapitel 11). Wie in Abschnitt 2.4.1 ausdrücklich bemerkt, setzen wir bei den hier durchgeführten Untersuchungen zum Übertragungsverhalten stets voraus, dass die Eingangsgröße $u(t)$ und die Ausgangsgröße $y(t)$ eines Übertragungsglieds $=0$ sind für alle $t<0$. Daher verschwinden die Anfangswerte von $u(t)$ und $y(t)$ sowie sämtliche Ableitungen bei -0. Infolgedessen gilt die Differentiationsregel in der einfachen Form (Kapitel 11):

$$s^\nu Y(s) \bullet\!\!-\!\!\circ \overset{(\nu)}{y}(t), \qquad \nu=1,2,\ldots,$$

und entsprechend für $u(t)$. Aus (2.62) folgt deshalb

$$a_n \overset{(n)}{y}(t)+\ldots+a_1\dot{y}(t)+a_0 y(t)=$$
$$=b_0 u(t)+b_1\dot{u}(t)+\ldots+b_m \overset{(m)}{u}(t). \quad (2.63)$$

R-Glieder werden also *im Zeitbereich* durch *lineare Differentialgleichungen mit konstanten Koeffizienten* beschrieben. So werden sie in der Literatur gewöhnlich eingeführt, ohne dass allerdings das Anfangswertproblem erörtert wird.

Vielleicht wird sich mancher Leser bereits gefragt haben, wieso denn ein Übertragungsglied, das durch eine Differentialgleichung beschrieben wird, eine *eindeutige* Abbildung der Eingangsgrößen auf die Ausgangsgrößen vermitteln kann. Bei gegebenem $u(t)$ hat eine solche Differentialgleichung ja unendlich viele Lösungen! Es liegt dies ganz einfach daran, dass das Übertragungsglied nicht durch die Differentialgleichung allein charakterisiert ist, sondern zusätzlich durch die Tatsache, dass die Anfangswerte bei -0 gleich Null sind. Insofern ist der übliche Sprachgebrauch, dass ein R-Glied durch eine Differentialgleichung gegeben sei, nicht präzise. Eigentlich müsste man sagen, dass ein R-Glied durch eine „Differentialgleichung mit verschwindenden Anfangswerten" definiert ist. Doch wollen wir bei der üblichen Bezeichnungsweise bleiben, die kaum zu Irrtümern führen wird, wenn man sich den Sachverhalt einmal klargemacht hat.

Zur Verdeutlichung dieser vielfach unzutreffend dargestellten Verhältnisse noch eine Anmerkung: Treten von Null verschiedene Anfangswerte bei -0 auf, handelt es sich also um ein „System mit Vorgeschichte", so erscheinen diese Anfangswerte als zusätzliche äußere Einflüsse neben den Eingangsgrößen des Systems. Ein Beispiel hierfür bietet das Strukturbild der Abflussregelung in Bild 2-14. Neben den Eingangsgrößen $u_S(t)$ und $v_e(t)$ hat man als äußere Einflüsse die Anfangswerte $\varphi(0)$ und $h(0)$. Da der Ventildrehwinkel $\varphi(t)$ und der Flüssigkeitsstand $h(t)$ stetige Größen sind, ist in diesem Fall $\varphi(-0)=\varphi(0)$ und $h(-0)=h(0)$.

Die systematische Behandlung des Einflusses von Anfangswerten auf die Systemdynamik wird im Rahmen der Zustandsmethodik erfolgen. Aber schon hier sei gesagt, dass er für die praktische Behandlung dynamischer Systeme im Allgemeinen eine geringere Rolle spielt als der Einfluss von Eingangsgrößen. Darauf ist es wohl auch zurückzuführen, dass Anfangswerteinflüsse in der klassischen Regelungstechnik so gut wie völlig ignoriert werden.

Abschließend noch eine Bemerkung zu den Anfangswerten bei -0 und bei $+0$ (siehe hierzu auch Kapitel 11). Bei der Beschreibung realer physikalischer Systeme spielen nur die Anfangswerte bei -0 eine Rolle, d. h. die Grenzwerte, mit denen die zeitveränderlichen Größen des Systems aus der Vergangenheit in $t = 0$ eintreffen („Vergangenheitswerte"). Da die Eingangsgrößen (oder ihre Ableitungen) sich in $t = 0$ häufig sprungartig ändern, z. B. infolge von Schaltvorgängen, können auch die Ausgangsgrößen (oder ihre Ableitungen) sprungförmige Veränderungen aufweisen. Deshalb können die Anfangswerte bei $+0$, mit denen die zeitveränderlichen Größen in den Bereich $t > 0$ starten, von den Anfangswerten bei -0 verschieden sein. Sie lassen sich aus den Anfangswerten bei -0 berechnen.[7] Man benötigt sie allenfalls bei der Simulation auf dem Digitalrechner, weil dieser nicht wie ein reales physikalisches System mit der verallgemeinerten Differentiation arbeitet, sodern sich der gewöhnlichen Differentiation (in Form der entsprechenden Differenzenquotienten) bedient. Geht man jedoch von der Zustandsdarstellung aus, so ist die Unterscheidung der Anfangswerte bei -0 und $+0$ überhaupt überflüssig (siehe Abschnitt 7.2).

2.4.4 Totzeitsysteme (TZ-Systeme)

Die rationalen Übertragungsglieder bilden nur einen kleinen, allerdings besonders wichtigen Teil der linearen Übertragungsglieder. Eine weitere Klasse linearer Übertragungsglieder ergibt sich, wenn man das Totzeitglied in die Betrachtung einbezieht. Es kommt in Regelungen häufig vor. Betrachten wir beispielsweise überschlägig eine Mischungsregelung, bei der die Temperatur des Gemisches durch Verstellen der Zuflussmenge beeinflusst werden soll (Bild 2-51). Wird eine Verstellung y vorgenommen, so kann sich diese erst nach einer Totzeit T_t am Messort bemerkbar machen. Überdies tritt zu dem Transportvorgang noch ein Durchmischungsvorgang, den man näherungsweise durch ein Verzögerungsglied 1. Ordnung beschreiben kann. Falls die Stelleinrichtung Integrierverhalten hat, kann man das dynamische Verhalten des Systems näherungsweise durch Bild 2-52 wiedergeben.

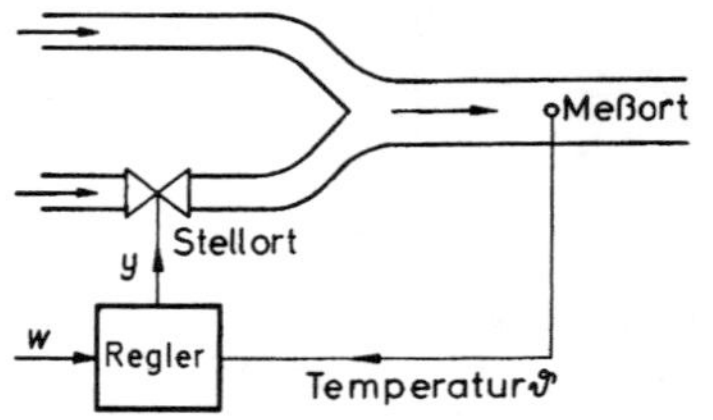

Bild 2-51: Beeinflussung der Temperatur einer Mischung

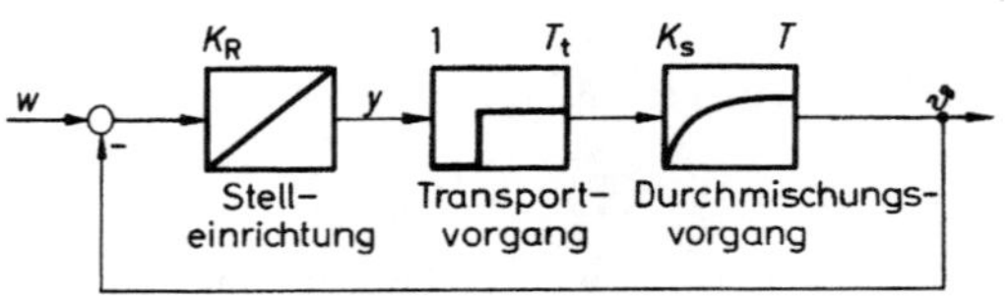

Bild 2-52: Dynamisches Verhalten der Regelung aus Bild 2-51

Eine Struktur dieser Art kann auch dadurch entstehen, dass eine Regelstrecke nur empirisch durch Aufnahme ihrer Sprungantwort $h(t)$ bekannt ist und dann zum Beispiel mittels eines Totzeit- und eines P-T_1-Glieds approximiert wird. Wie das geschehen kann, ist unmittelbar aus Bild 2-53 ersichtlich: Man legt die Tangente im Wendepunkt von $h(t)$ an und erhält so zwei Zahlen T_t und T. Dann erzeugt die Reihenschaltung aus Bild 2-53, rechts, mit einer gewissen Näherung die Sprungantwort $h(t)$. Solche Näherungsmethoden werden im Abschnitt 2.9 beschrieben.

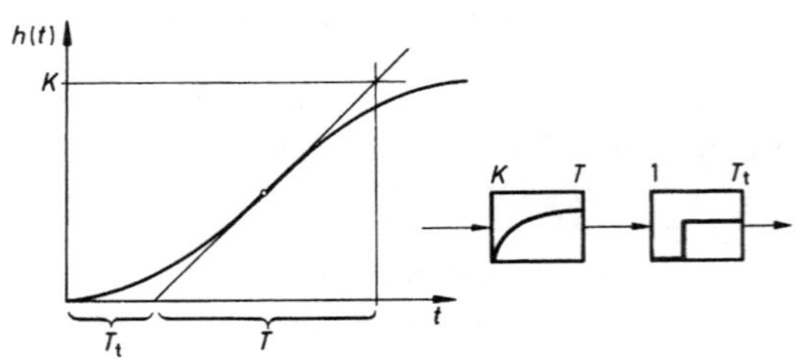

Bild 2-53: Approximation mit Hilfe eines Totzeitglieds

Als Normaltyp einer *Totzeitregelung* erhält man somit die in Bild 2-54 wiedergegebene Struktur, in der die $R_\nu(s)$ R-Glieder bezeichnen. Sie wird durch die Gleichungen

7 Siehe hierzu [2.7]. Die Betrachtungen werden dort ohne Benutzung von δ-Funktionen durchgeführt.

$$X = R_2(s)V,$$
$$V = e^{-T_t s}U,$$
$$U = R_1(s)(W - X_R),$$
$$X_R = R_3(s)X$$

beschrieben. Setzt man jede Gleichung in die vorhergehende ein, so wird

$$X = R_2(s)e^{-T_t s} R_1(s)[W - R_3(s)X].$$

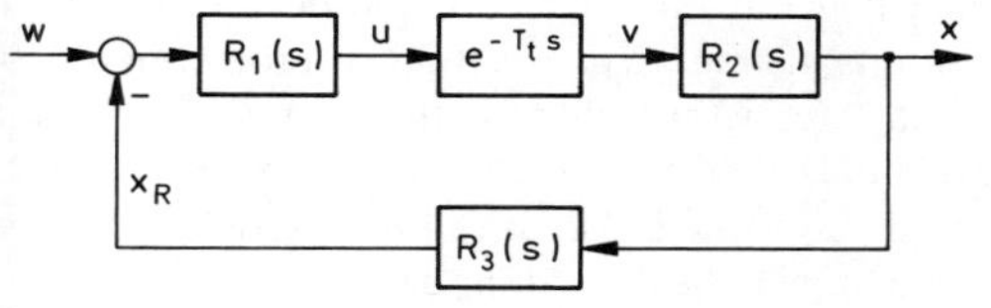

Bild 2-54: Struktur einer Totzeitregelung

Auflösen nach X ergibt

$$X = \left[1 + R_1(s)R_2(s)R_3(s)e^{-T_t s}\right]^{-1} R_1(s)R_2(s)e^{-T_t s} W$$

oder

$$X = \frac{R_1(s)R_2(s)e^{-T_t s}}{1 + R_1(s)R_2(s)R_3(s)e^{-T_t s}} W$$

als Zusammenhang zwischen Ein- und Ausgangsgröße. Ein System dieser Art wollen wir als *Totzeitsystem (TZ-System)* bezeichnen. Allgemein sei es durch die Übertragungsfunktion

$$G(s) = \frac{G_0(s) + G_1(s)e^{-T_{t1}s} + \ldots + G_m(s)e^{-T_{tm}s}}{1 + H_1(s)e^{-\tau_{t1}s} + \ldots + H_n(s)e^{-\tau_{tn}s}} \tag{2.64}$$

charakterisiert, wobei die $G_\nu(s)$ und $H_\nu(s)$ R-Glieder beschreiben und die $T_{t\nu}$ und $\tau_{t\nu}$ Zahlen > 0 sind. Mindestens ein $G_\nu(s)$ oder $H_\nu(s)$ mit $\nu > 0$ sei nicht identisch Null, da andernfalls kein TZ-System, sondern ein R-Glied vorliegt.

Da jedes TZ-System durch Verknüpfung von R-Gliedern, TZ-Gliedern und S-Gliedern aufgebaut werden kann, ist es sicherlich linear.

Nur am Rande sei angemerkt, welche Art von Funktionalgleichungen ein TZ-System im Zeitbereich beschreibt. Betrachten wir dazu einen Spezialfall von (2.64):

$$G(s) = \frac{\frac{K}{s}}{1 + \frac{K}{s}e^{-T_t s}} = \frac{K}{s + Ke^{-T_t s}}.$$

Daraus folgt:

$$Y(s) = \frac{K}{s + Ke^{-T_t s}} U(s)$$

oder

$$sY(s) + KY(s)e^{-T_t s} = KU(s).$$

Rücktransformation liefert

$$\dot{y}(t) + Ky(t - T_t) = Ku(t).$$

Wie man sieht, ist das keine übliche Differentialgleichung, da als Argument nicht nur t, sondern auch die Differenz $t - T_t$ auftritt. Man spricht von einer *Differenzendifferentialgleichung.* Es liegt auf der Hand, dass der Übergang in den Zeitbereich keinen Gewinn bringt.

2.4.5 Differenzengleichungsglieder

Man erhält eine praktisch wichtige Teilklasse der Totzeitsysteme, wenn man zwei spezielle Annahmen macht:

1. Die rationalen Funktionen $G_\nu(s)$ und $H_\nu(s)$ sollen Konstanten sein.

2. Die Konstanten $T_{t\nu}$ und $\tau_{t\nu}$ sollen ganzzahlige Vielfache ein und derselben Totzeit T sein.

Als Übertragungsfunktion eines derartigen Totzeitsystems erhält man

$$G(s) = \frac{b_0 + b_1e^{-Ts} + \ldots + b_m e^{-mTs}}{1 + a_1e^{-Ts} + \ldots + a_n e^{-nTs}} = \frac{Y(s)}{U(s)}. \tag{2.65}$$

Um zu sehen, was das im Zeitbereich bedeutet, multiplizieren wir aus:

$$Y + a_1Ye^{-Ts} + \ldots + a_nYe^{-nTs} =$$
$$= b_0U + b_1Ue^{-Ts} + \ldots + b_mUe^{-mTs}.$$

Die Rücktransformation ergibt die Beziehung

$$y(t) + a_1y(t - T) + \ldots + a_ny(t - nT) =$$
$$= b_0u(t) + b_1u(t - T) + \ldots + b_mu(t - mT). \tag{2.66}$$

Man bezeichnet sie als Differenzengleichung, genauer als *lineare Differenzengleichung mit konstanten Koeffizienten.* Wir wollen die hierdurch charakterisierten Übertragungsglieder deshalb *Differenzengleichungsglieder* nennen.

Die Ausgangsgröße eines Differenzengleichungsglieds lässt sich ohne weiteres rekursiv berechnen. Dazu schreiben wir die Gleichung (2.66) in der Form

$$y(t) = b_0 u(t) + b_1 u(t-T) + \ldots + b_m u(t-mT) - \\ - a_1 y(t-T) - a_2 y(t-2T) - \ldots - a_n y(t-nT). \quad (2.67)$$

Weiterhin bezeichnen wir $y(t)$ im Intervall $kT < t \leq (k+1)T$ mit $y_k(t)$. Dann gilt im Intervall $0 < t \leq T$, da hierfür die Werte $t-T, t-2T, \ldots < 0$ sind und dort $u(t) \equiv 0, y(t) \equiv 0$ ist:

$$y_0(t) = b_0 u(t).$$

Für das nächste Intervall $T < t \leq 2T$ liegt $t-T$ im vorhergehenden Intervall, während $t-2T, t-3T, \ldots < 0$ sind. Daher folgt aus (2.67)

$$y_1(t) = b_0 u(t) + b_1 u(t-T) - a_1 y(t-T) \quad \text{oder}$$
$$y_1(t) = b_0 u(t) + b_1 u(t-T) - a_1 y_0(t).$$

Da $y_0(t)$ aus dem vorherigen Schritt bekannt ist, kann man daraus $y_1(t)$ bestimmen. Für das nächste Intervall $2T < t \leq 3T$ ergibt sich entsprechend

$$y_2(t) = b_0 u(t) + b_1 u(t-T) + b_2 u(t-2T) - a_1 y_1(t) - \\ - a_2 y_0(t).$$

So fortfahrend, erhält man schließlich im Intervall $nT < t \leq (n+1)T$

$$y_n(t) = b_0 u(t) + \ldots + b_m u(t-mT) - a_1 y_{n-1}(t) - \\ - a_2 y_{n-2}(t) - \ldots - a_n y_0(t)$$

und für irgendein späteres Intervall $kT < t \leq (k+1)T$

$$y_k(t) = b_0 u(t) + \ldots + b_m u(t-mT) - a_1 y_{k-1}(t) - \\ - a_2 y_{k-2}(t) - \ldots - a_n y_{k-n}(t).$$

Liegt ein Differenzengleichungsglied mit Vorgeschichte vor, sind also $u(t)$, $y(t)$ im Bereich $t < 0$ nicht identisch Null, so kann die Berechnung ganz entsprechend erfolgen. An die Stelle der Anfangswerte bei -0, wie sie bei Differentialgleichungen die Vorgeschichte repräsentieren, treten bei Differenzengleichungen „Anfangsstücke", d. h. Funktionsverläufe aus den Intervallen $kT < t \leq (k+1)T$ links von $t = 0$.

Ist T klein gegenüber den Zeitkonstanten der anderen Übertragungsglieder, mit denen das Differenzengleichungsglied verknüpft ist, so wird es häufig genügen, die Größen $u(t)$ und $y(t)$ nur zu den Zeitpunkten $t = kT$ zu betrachten. Dann wird aus (2.66), wenn man abkürzend

$$y(kT - \nu T) = y((k-\nu)T) = y_{k-\nu}$$

setzt:

$$y_k + a_1 y_{k-1} + \ldots + a_n y_{k-n} = \\ = b_0 u_k + b_1 u_{k-1} + \ldots + b_m u_{k-m}. \quad (2.68)$$

Damit ist aus der Differenzengleichung für Zeitfunktionen eine *Differenzengleichung für Zahlenfolgen* geworden, nämlich für die Zahlenfolgen

$$(u_k) = (u_0, u_1, u_2, \cdots) \quad \text{und} \quad (y_k) = (y_0, y_1, y_2, \cdots).$$

Solche Differenzengleichungen treten vor allem in digitalen Regelungen auf, bei denen der Regler als Algorithmus in einem Prozess- bzw. Mikrorechner realisiert ist. Nach y_k aufgelöst, stellt (2.68) einen solchen *Algorithmus* dar (Abschnitt 6.13). Auch bei der Systemidentifikation spielen solche Differenzengleichungen eine wichtige Rolle (Abschnitt 2.9).

2.4.6 Abtastsysteme

Rationale Übertragungsglieder und Totzeitsysteme umspannen keineswegs die Gesamtheit der linearen Übertragungsglieder. Ein lineares Übertragungsglied, das nicht zu ihnen gehört, ist das *Abtastglied.*

Es kommt vor, dass die Regelgröße nicht kontinuierlich, sondern nur zu äquidistanten Zeitpunkten erfasst werden kann. Um sie auch in der Zwischenzeit zur Verfügung zu haben, speichert man ihren zuletzt erfassten Messwert so lange, bis der nächste Messwert vorliegt. Die erfasste Regelgröße stellt dann eine Treppenfunktion dar. Dieser Übergang vom kontinuierlichen Verlauf $u(t)$ zur Treppenfunktion $y(t)$ ist in Bild 2-55 dargestellt. Eine Mess- und Speichervorrichtung, die das bewirkt, sei hier als *Abtastglied* bezeichnet.[8] Hat die Eingangsgröße $u(t)$ zu einem Abtastzeitpunkt νT einen Sprung, so ist der rechtsseitige Grenzwert $u(\nu T + 0)$ zu nehmen.

Jede digitale Regelung, bei der also der Regler als Algorithmus in einem Prozess- bzw. Mikrorechner realisiert ist, enthält ein solches Abtastglied. Damit nämlich die Rückführgröße im Rechner verarbeitet werden kann, muss sie zunächst „abgetastet", d. h. letztlich in eine Treppenfunktion nach Bild 2-55 verwandelt werden.

Dass das Abtastglied linear ist, sieht man unmittelbar aus Bild 2-55. Wird die Eingangsgröße u mit dem Fak-

8 In der Theorie der Abtastsysteme (zeitdiskreten Systeme) spricht man meist treffender von einem Abtast-Halte-Glied, worauf wir hier aber der Kürze halber verzichten wollen. Man kann es in einen δ-Abtaster und ein Halteglied zerlegen, wobei das Halteglied ein einfaches Totzeitsystem ist, während das Neue im δ-Abtaster liegt. Wir gehen nicht weiter darauf ein, da wir uns in diesem Buch nicht mit Abtastsystemen befassen (siehe hierfür etwa [2.8].

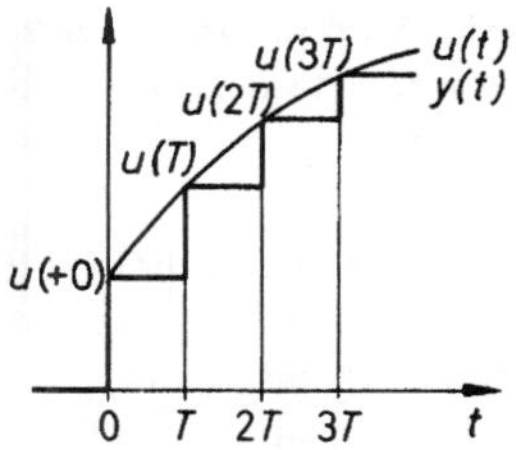

Bild 2-55: Wirkungsweise eines Abtastglieds

tor c multipliziert, so werden speziell die Funktionswerte $u(\nu T)$ mit c multipliziert, wodurch die gesamte Treppenfunktion $y(t)$ den Faktor c annimmt. Mithin gilt das Verstärkungsprinzip, und entsprechend kann man auch die Gültigkeit des Überlagerungsprinzips beweisen.

Das Abtastglied ist aber weder ein R-Glied noch ein TZ-System. Wäre es das, so müsste es durch eine Beziehung von der Form

$$Y(s)=G(s)U(s) \qquad \text{bzw.} \qquad \frac{Y(s)}{U(s)}=G(s)$$

beschrieben werden können, wobei *G(s)* für beliebige Eingangsgrößen u die gleiche komplexe Funktion darstellt. Beim Abtastglied ist das aber nicht der Fall. Betrachten wir zunächst $u = \sigma(t)$, also $U(s) = 1/s$. Man sieht sofort, dass dann auch $y(t)=\sigma(t)$, mithin $Y(s)=1/s$ ist. Hier ist also

$$\frac{Y(s)}{U(s)}=1. \tag{2.69}$$

Nehmen wir jetzt die Rampenfunktion $u = t/T$, also $U(s) = 1/Ts^2$. Bild 2-56 zeigt, dass man die Treppenfunktion y aus verschobenen Einheitssprüngen aufbauen kann:

$$y=\sigma(t-T)+\sigma(t-2T)+\ldots.$$

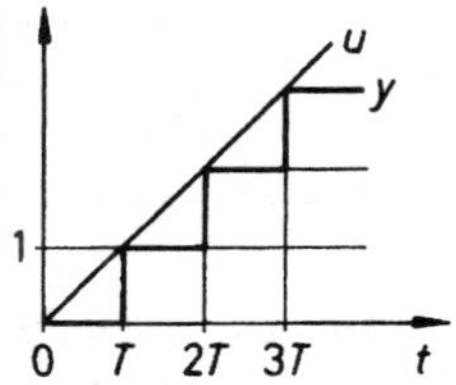

Bild 2-56: Abtastung der Rampenfunktion $u = t/T$

Demnach ist

$$Y(s)=\frac{1}{s}\mathrm{e}^{-Ts}+\frac{1}{s}\mathrm{e}^{-2Ts}+\ldots,$$

$$Y(s)=\frac{1}{s}\mathrm{e}^{-Ts}(1+\mathrm{e}^{-Ts}+\mathrm{e}^{-2Ts}+\ldots).$$

Es handelt sich um eine geometrische Reihe mit dem Quotienten $q=\mathrm{e}^{-Ts}$, dessen Betrag sicherlich kleiner als 1 ist, wenn s in der rechten Halbebene liegt.[9]

Damit ist

$$Y(s)=\frac{1}{s}\frac{\mathrm{e}^{-Ts}}{1-\mathrm{e}^{-Ts}}.$$

Der Quotient ist hier

$$\frac{Y(s)}{U(s)}=Ts\frac{\mathrm{e}^{-Ts}}{1-\mathrm{e}^{-Ts}}.$$

Da er verschieden vom Quotienten (2.69) ist, hat das Abtastglied keine Übertragungsfunktion $G(s)$, ist also weder ein R-Glied noch ein TZ-System.

Zusammen mit R-, TZ- und S-Gliedern bauen Abtastglieder die (linearen) Abtastsysteme (oder zeitdiskreten Systeme) auf. Jede digitale Regelung ist im Prinzip ein Abtastsystem. Sofern jedoch die Abtastzeit T klein gegenüber den wesentlichen Zeitkonstanten der Regelung ist (Genaueres hierüber in Abschnitt 6.13), stimmen die Treppenfunktionen nahezu mit den kontinuierlichen Funktionen überein, und man darf beim Entwurf der Regelung den Abtastcharakter ignorieren, also die digitale Regelung wie eine kontinuierliche Regelung entwerfen.

2.4.7 Lineare Differentialgleichungsglieder mit zeitabhängigen Parametern

Eine weitere Klasse linearer Übertragungsglieder ist durch lineare Differentialgleichungen mit zeitabhängigen Koeffizienten gegeben. Ein Beispiel sieht man in Bild 2-57.

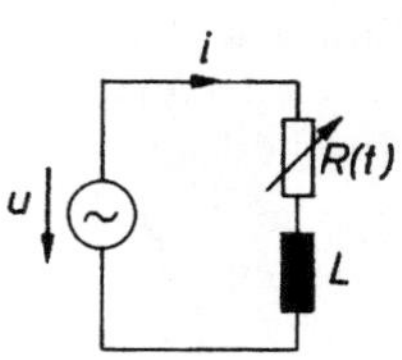

Bild 2-57: Beispiel für eine lineare Differentialgleichung mit zeitabhängigem Parameter

Der Ohmsche Widerstand R werde von außen gesteuert. Damit ist sein Wert eine gegebene Funktion der

9 Unter der *rechten Halbebene* wird der Teil der komplexen s-Ebene verstanden, der rechts von der j-Achse liegt. Allgemeiner wird unter *einer* rechten Halbebene derjenige Teil der komplexen s-Ebene verstanden, der rechts von irgendeiner Parallelen zur j-Achse gelegen ist.

Zeit: $R = R(t)$. Für den Strom i gilt dann die Differentialgleichung

$$L\dot{i} + R(t)i = u\,. \tag{2.70}$$

Der Zusammenhang zwischen u und i wird hier durch eine Differentialgleichung mit einem zeitabhängigen Koeffizienten hergestellt.

Dieser Zusammenhang ist linear. Aus u wird gemäß (2.70) i. Entsprechend wird aus $\tilde{u}$ die Ausgangsgröße $\tilde{i}$:

$$L\dot{\tilde{i}} + R(t)\tilde{i} = \tilde{u}\,. \tag{2.71}$$

Addition von (2.70) und (2.71) führt zu:

$$L(\dot{i} + \dot{\tilde{i}}) + R(t)(i + \tilde{i}) = u + \tilde{u}\,.$$

Aus $u + \tilde{u}$ wird daher $i + \tilde{i}$. Es gilt also das Überlagerungsprinzip. Entsprechend zeigt man die Gültigkeit des Verstärkungsprinzips.

Was hier am Beispiel gezeigt wurde, gilt auch für die allgemeine Beziehung:

$$\sum_{\nu=0}^{n} a_\nu(t) \overset{(\nu)}{y} = \sum_{\nu=0}^{m} b_\nu(t) \overset{(\nu)}{u}\,, \quad m \le n\,. \tag{2.72}$$

Es handelt sich um eine lineare Beziehung zwischen den beiden Variablen u und y, in welche die zeitabhängigen Parameter $a_\nu(t)$ und $b_\nu(t)$ eingehen.

Allerdings ist noch eine andere Auffassung von (2.70) bzw. (2.72) möglich. Sieht man in (2.70) $R(t)$ nicht nur als zeitabhängigen Parameter, sondern als zusätzliche Eingangsgröße an, fasst also (2.70) nicht als ein Übertragungsglied $i = \varphi\{u\}$, sondern vielmehr als ein anderes Übertragungsglied $i = \varphi\{u, R\}$ auf, so ist das letztere nichtlinear, denn in ihm tritt die Multiplikation $R(t) \cdot i(t)$ einer Eingangsgröße mit der Ausgangsgröße auf. Das Bild 2-58 zeigt das zugehörige Strukturbild.

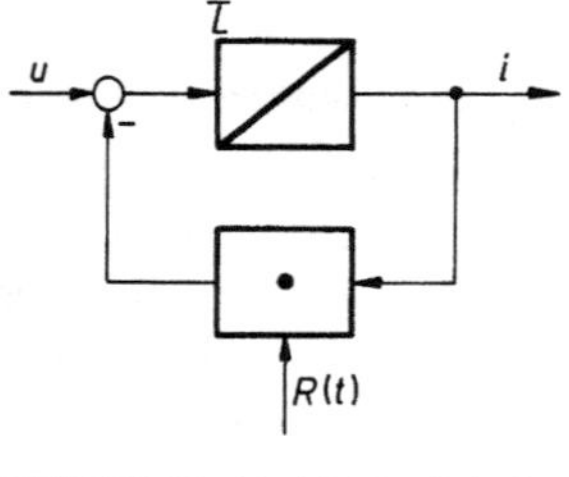

Bild 2-58: Strukturbild der Schaltung aus Bild 2-57

2.4.8 Einteilung der linearen Übertragungsglieder in zeitinvariante und zeitvariante (LZI- und LZV-) Glieder

Die im Vorhergehenden beschriebenen Typen von Übertragungsgliedern machen keineswegs die Gesamtheit der linearen Übertragungsglieder aus. Beispielsweise bei Systemen mit ortsabhängigen Parametern treten noch andere Arten auf. Aber die betrachteten Fälle werden genügen, um dem Leser einen Begriff von der außerordentlichen Mannigfaltigkeit des linearen Bereichs zu geben.

Vielleicht ist ihm dabei aufgefallen, dass lediglich Übertragungsglieder mit einer einzigen Eingangsgröße betrachtet werden. In der Tat bedeutet dies im linearen Fall keine Einschränkung. Nehmen wir etwa an, dass durch

$$y = \varphi\{u_1, \ldots, u_p\}$$

ein lineares Übertragungsglied gegeben ist. Dann kann man wegen des Überlagerungsprinzips schreiben:

$$y = \varphi\{u_1, 0, \ldots, 0\} + \varphi\{u_2, 0, \ldots, 0\} + \ldots + \varphi\{0, \ldots, 0, u_p\}$$

oder abgekürzt

$$y = \varphi_1\{u_1\} + \varphi_2\{u_2\} + \ldots + \varphi_p\{u_p\}\,.$$

Das heißt aber:

Man kann ein beliebiges lineares Übertragungsglied mit p Eingangsgrößen durch die Summation von p linearen Übertragungsgliedern mit jeweils einer einzigen Eingangsgröße erhalten.

Das einzige lineare Übertragungsglied mit mehr als einer Eingangsgröße, das man berücksichtigen muss, ist somit das Summierglied.

Bleiben wir also bei den linearen Übertragungsgliedern mit einer einzigen Eingangsgröße. Wie kann man in ihre Mannigfaltigkeit Ordnung bringen, sie gewissermaßen nach ihren natürlichen Eigenschaften klassifizieren?

Das ist möglich, indem man ihr Verhalten gegenüber einem neuen Prinzip prüft, das wir jetzt zusätzlich zum Linearitätsprinzip einführen. Wir wollen es das *Verschiebungsprinzip* nennen und können es so formulieren:

Ein Übertragungsglied erzeuge aus der Eingangsgröße $u(t)$ die Ausgangsgröße $y(t)$. Wenn es dann aus der nach rechts verschobenen Eingangsgröße $u(t-t_0)$ die nach rechts verschobene Ausgangsgröße $y(t-t_0)$ macht, und zwar für jede Eingangsgröße $u(t)$ und jedes $t_0 > 0$, so erfüllt es das Verschiebungsprinzip.

Die Operatorbeziehung $\varphi\{u(t)\} = y(t)$ hat dann also $\varphi\{u(t-t_0)\} = y(t-t_0)$ zur Folge. Auch hier handelt es sich wie beim Überlagerungs- und Verstärkungsprinzip um eine Vertauschungseigenschaft des Operators φ: Er ist mit jeder Verschiebung nach rechts vertauschbar.

Wir definieren jetzt weiter:

Ein Übertragungsglied heißt zeitinvariant, wenn es das Verschiebungsprinzip erfüllt; andernfalls heißt es zeitvariant.

Man kann sofort sehen, dass R-Glieder und TZ-Systeme zeitinvariant sind. Beide werden durch die komplexe Übertragungsgleichung

$$Y(s) = G(s)\,U(s)$$

beschrieben. Multipliziert man diese Gleichung mit $e^{-t_0 s}$, so erhält man

$$Y(s)e^{-t_0 s} = G(s)\,U(s)e^{-t_0 s}.$$

Das bedeutet aber im Zeitbereich nichts Anderes, als dass zur Eingangsgröße $u(t-t_0)$ die Ausgangsgröße $y(t-t_0)$ gehört.

Das Abtastglied hingegen ist zeitvariant. Das sieht man aus Bild 2-59, wobei man sich vor Augen halten muss, dass der Operator φ die Treppenfunktionsbildung bewirkt. Hier ist $u(t)$ um $t_0 = (3/2)T$ verschoben. Die Abtastung der Funktion $u(t-t_0)$ liefert die gestrichelte Treppenfunktion $\varphi\{u(t-t_0)\}$. Diese stimmt aber keineswegs mit $y(t-t_0)$, also der um $t_0 = (3/2)T$ verschobenen Treppenfunktion $y(t) = \varphi\{u(t)\}$ überein. Die Beziehung $\varphi\{u(t-t_0)\} = y(t-t_0)$ gilt hier nur für spezielle Werte von t_0, nämlich $t_0 = \nu T$, wo ν eine natürliche Zahl ist. Beschränkt man die Betrachtung auf diese Zeitpunkte, wie es in der Abtasttheorie fast ausschließlich der Fall ist, so kann man das Abtastglied als zeitinvariant ansehen.

Dass die Differentialgleichungsglieder mit zeitabhängigen Koeffizienten das Verschiebungsprinzip nicht erfüllen, liegt eben wegen dieser Zeitabhängigkeit auf der Hand. Hat man beispielsweise die Differentialgleichung

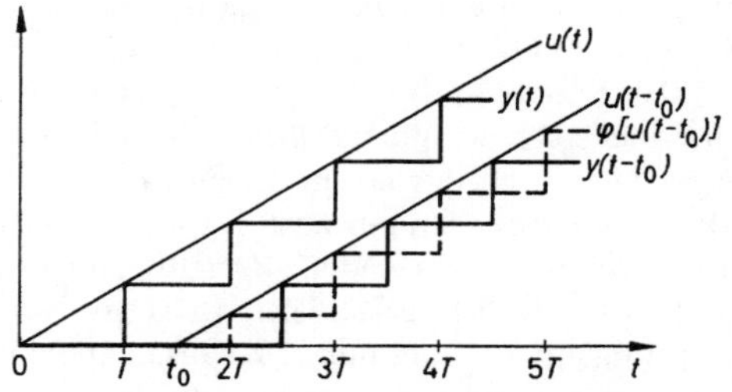

Bild 2-59: Zeitvarianz des Abtastglieds

$$\dot{y} = t\,u, \quad \text{also} \quad y = \int_0^t \tau\,u(\tau)\,d\tau,$$

so folgt für $u = \sigma(t)$

$$y = \int_0^t \tau\,d\tau = \frac{t^2}{2}.$$

Für $u = \sigma(t-t_0)$ ist für $t > t_0$

$$y = \int_{t_0}^t \tau\,d\tau = \frac{1}{2}(t^2 - t_0^2),$$

aber nicht $y = \frac{1}{2}(t-t_0)^2$, wie es bei Gültigkeit des Verschiebungsprinzips sein müsste.

Die linearen Übertragungsglieder zerfallen also in zwei große Klassen: die zeitinvarianten und die zeitvarianten Übertragungsglieder. Die *linearen zeitinvarianten Übertragungsglieder* wollen wir im Folgenden kurz als *LZI-Glieder* bezeichnen.

Zu ihnen zählen die R-Glieder und die TZ-Systeme. Diese werden durch die komplexe Übertragungsgleichung

$$Y(s) = G(s)\,U(s)$$

bzw. im Zeitbereich durch das Faltungsintegral

$$y(t) = g(t) * u(t) = \int_0^t g(t-\tau)u(\tau)\,d\tau$$

beschrieben. Aber auch jedes andere Übertragungsglied, das einer solchen Gleichung mit einer festen komplexen Funktion $G(s)$ bzw. einem Faltungsintegral mit fester Funktion $g(t)$ genügt, erfüllt die Linearitäts- und die Zeitinvarianzrelation. Das folgt sofort daraus, dass es beim Beweis dieser Relation für die R-Glieder und die TZ-Systeme nicht auf die Beschaffenheit der Funktionen $G(s)$ bzw. $g(t)$ ankommt.

Die Vermutung liegt daher nahe, dass umgekehrt jedes LZI-Glied durch eine Gleichung vom Typ $Y(s) = G(s) \cdot U(s)$ oder zumindest $y(t) = g(t) * u(t)$ beschrieben wird. Dies soll hier für den Fall eines *kausalen* LZI-Glieds gezeigt werden, dessen Sprungantwort $h(t)$ für $t > 0$ keine Sprungstellen aufweist. Diese Voraussetzung ist jedoch nicht notwendig; vielmehr genügt es, dass $h(t)$ für $t > 0$ stückweise analytisch ist (für $t < 0$ ist die Sprungantwort aufgrund der Kausalität Null). Die Sprungantwort muss also beliebig oft differenzierbar sein, abgesehen von isolierten Ausnahmestellen τ_λ, die Sprungstellen von $h(t)$ oder seiner Ableitungen sein dürfen. Bild 2-60 zeigt den Typ einer solchen Funktion.

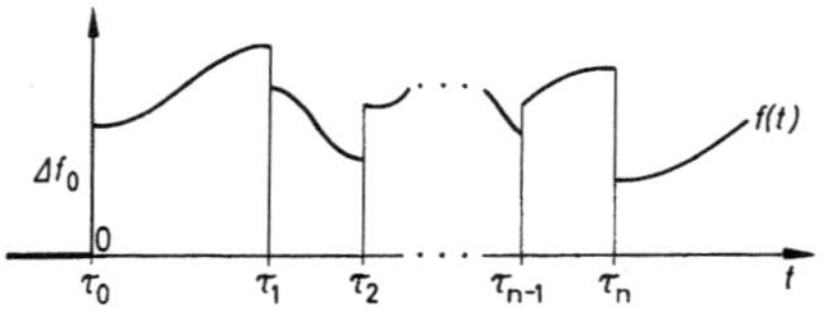

Bild 2-60: Stückweise analytische Funktion

Wir nähern die Eingangsfunktion $u(t)$ durch eine Treppenfunktion $u_n(t)$ an, wie das in Bild 2-61 dargestellt ist. Die Stelle t ist dabei beliebig, aber für die nächstfolgende Betrachtung fest.[10]

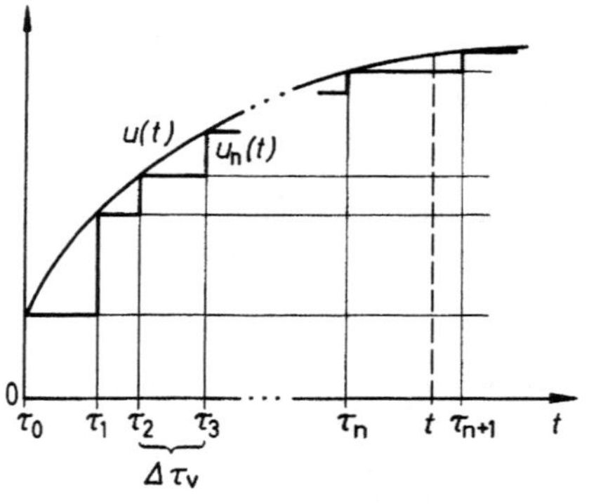

Bild 2-61: Zur Herleitung des Duhamel-Integrals

Denkt man sich die Treppenfunktion aus verschobenen Sprungfunktionen aufgeschichtet, so ist die Näherungsfunktion $u_n(t)$ bis zur interessierenden Stelle t durch

$$u_n(t) = u(+0)\sigma(t) + [u(\tau_1) - u(+0)]\sigma(t - \tau_1) + \ldots + \\ + [u(\tau_n) - u(\tau_{n-1})]\sigma(t - \tau_n)$$

oder

$$u_n(t) = u(+0)\sigma(t) + \sum_{\nu=1}^{n} [u(\tau_\nu) - u(\tau_{\nu-1})]\sigma(t - \tau_\nu)$$

gegeben, wobei $\tau_0 = +0$ zu setzen ist. Geht die maximale Länge der $\Delta\tau_\nu \to 0$, wobei $n \to +\infty$ strebt, so geht $u_n(t) \to u(t)$.

Schaltet man $u_n(t)$ auf das Übertragungsglied, wendet also auf $u_n(t)$ den Operator φ an, so wird aus $\sigma(t)$ die Sprungantwort $h(t)$. Wegen der Zeitinvarianz wird aus dem verschobenen Einheitssprung $\sigma(t - \tau_\nu)$ die verschobene Sprungantwort $h(t - \tau_\nu)$. Wegen der Linearität wird so aus der ganzen Summe $u_n(t)$ die Funktion

$$y_n(t) = u(+0)h(t) + \sum_{\nu=1}^{n} [u(\tau_\nu) - u(\tau_{\nu-1})]\, h(t - \tau_\nu).$$

Hierfür kann man auch schreiben:

$$y_n(t) = u(+0)h(t) + \sum_{\nu=1}^{n} \frac{u(\tau_\nu) - u(\tau_{\nu-1})}{\Delta\tau_\nu}\, h(t - \tau_\nu)\Delta\tau_\nu.$$

Lässt man jetzt $\Delta\tau_\nu \to 0$ gehen, so strebt der Differenzenquotient gegen den Differentialquotienten $\dot{u}(\tau_\nu)$ und die Summe gegen das entsprechende Integral. Man erhält so

$$y(t) = u(+0)h(t) + \int_{+0}^{t} \dot{u}(\tau)h(t - \tau)\, d\tau.$$

Wendet man auf das Integral die partielle Integration an, so wird aus ihm

$$\Big[u(\tau)h(t - \tau)\Big]_{\tau=+0}^{\tau=t} + \int_{+0}^{t} u(\tau)\dot{h}(t - \tau)\, d\tau = \\ = u(t)h(+0) - u(+0)h(t) + \int_{+0}^{t} \dot{h}(t - \tau)u(\tau)\, d\tau\,.$$

10 Wir machen hier Gebrauch von der zu Beginn des Abschnitts 2.4 getroffenen Voraussetzung, wonach Zeitfunktionen grundsätzlich für negative Zeiten verschwinden sollen, d.h. es gilt $u(t) = 0$ für $t < 0$. Aufgrund der Zeitinvarianz des Übertragungsglieds spielt dabei der Zeitnullpunkt keine hervorgehobene Rolle. Entscheidend ist vielmehr, dass wir solche Eingangsgrößen $u(t)$ betrachten, die vor einem beliebigen Zeitpunkt identisch Null sind. Ebenso könnte man die Forderung nach Kausalität dahingehend aufweiten, dass auch bedingt akausale LZI-Glieder zulässig sind, deren Ausgangsgröße $y(t)$ auch von Werten $u(t+\tau)$, $0 < \tau \le T$, die eine endliche Zeitspanne T in die Zukunft reichen, abhängt. Bei beiden Erweiterungen bleibt das Zeitintervall, in dem $u(t)$ durch eine Treppenfunktion $u_n(t)$ angenähert wird, endlich, was für die folgende Schlussweise wesentlich ist.

Damit ist

$$y(t) = \int_{+0}^{t} \dot{h}(t-\tau)u(\tau)\,d\tau + h(+0)u(t).$$

Den zweiten Summanden, der nur auftritt, falls die Sprungantwort bei $t = 0$ unstetig ist, kann man mit zum Integral ziehen, indem man $\dot{h}(t)$ als verallgemeinerte Ableitung aufffasst, die bei $t = 0$ einen Dirac-Impuls $h(+0)\delta(t)$ enthält, und die untere Integrationsgrenze $+0$ durch 0 ersetzt. Man erhält so

$$y(t) = \int_{0}^{t} \dot{h}(t-\tau)u(\tau)\,d\tau.$$

Dieses Integral bezeichnet man als *Duhamel-Integral.* Setzt man hierin $g(t) = \dot{h}(t)$, so erhält man

$$y(t) = \int_{0}^{t} g(t-\tau)u(\tau)\,d\tau = g(t) * u(t),$$

also das Faltungsintegral aus $g(t)$ und $u(t)$.

Wir nehmen nun an, dass die Laplace-Integrale von $g(t)$ und $u(t)$ in einer rechten s-Halbebene absolut konvergent sind. Das ist dann der Fall, wenn die Zeitfunktionen für $t \to \infty$ nicht stärker als exponentiell wachsen, wovon man bei technischen Systemen ausgehen darf. Dann ist die Faltungsregel anwendbar, und man erhält durch Laplace-Transformation

$$Y(s) = G(s)U(s),$$

wobei $G(s) = sH(s)$ und $H(s)$ die Laplace-Transformierte der Sprungantwort ist. Damit hat man die vermutete Beziehung.

Zusammenfassend kann man sagen:

Unter den getroffenen Voraussetzungen, die jedenfalls für technische Systeme zutreffend sind, besitzt ein Übertragungsglied genau dann eine komplexe Übertragungsgleichung

$$Y(s) = G(s)U(s),$$

wenn es ein LZI-Glied ist. Hierin ist $G(s) = s\,H(s)$, wobei $H(s)$ die Laplace-Transformierte der Sprungantwort $h(t)$ des Übertragungsglieds darstellt.

Wir werden im Weiteren die LZI-Glieder mit der Klasse von Übertragungsgliedern identifizieren, die eine Übertragungsfunktion $G(s)$ besitzen. Übertragungsglieder, die nicht linear und zeitinvariant sind, besitzen keine Übertragungsfunktion $G(s)$. Von Einzelfällen abgesehen, ist es dann auch zwecklos, die Laplace-Transformation auf das Übertragungsglied anzuwenden.

2.4.9 Übersichtsschema für die Übertragungsglieder

Das angestrebte Ziel, eine Klassifikation der Übertragungsglieder nach ihren Eigenschaften vorzunehmen, ist nun erreicht. Bild 2-62 zeigt das Ergebnis. Da ist als erste fundamentale Alternative die Zerlegung der Übertragungsglieder in lineare und nichtlineare aufgrund des Linearitätsprinzips (Superpositions- und Verstärkungsprinzips). Sie ist allgemein bekannt. Merkwürdigerweise gilt dies nicht von der zweiten Alternative, nämlich der Zerlegung der linearen Übertragungsglieder in zeitinvariante und zeitvariante (oder zeitvariable) aufgrund des Verschiebungsprinzips. Sie ist genauso fundamental, sondert sie doch alle linearen Übertragungsglieder, die eine komplexe Übertragungsgleichung $Y(s) = G(s)U(s)$ besitzen, von der Restmenge linearer Übertragungsglieder ab, für die es eine solche Gleichung nicht gibt. Für die praktische Behandlung dynamischer Systeme aber ist das Vorhandensein dieser Gleichung von unschätzbarer Bedeutung, wie in Ansätzen wohl schon zu erkennen war und wie die folgenden Ausführungen mit aller Deutlichkeit zeigen werden. Man kann ohne Übertreibung sagen, dass die gesamte klassische lineare Theorie auf dieser Gleichung beruht.

In das so geschaffene Grundschema lassen sich die anderen von uns behandelten Typen von Übertragungsgliedern zwanglos einreihen. Bild 2-62 zeigt dies. Die gestrichelten Linien sollen dabei andeuten, dass es außer den in Bild 2-62 angegebenen Typen von Übertragungsgliedern noch weitere gibt, die nicht angeführt sind.

Nur nebenbei sei angemerkt, dass man auch die nichtlinearen Übertragungsglieder in zeitinvariante und zeitvariante einteilen kann, doch ist das für unsere Untersuchungen ohne besondere Bedeutung.

Mit dem Klassifikationsschema in Bild 2-62 ist Übersicht in die Fülle der Übertragungsglieder gebracht. Die wichtigste Gruppe bilden die LZI-Glieder, weil sie am häufigsten auftreten, zumindest als Näherung schwieriger zu behandelnder Systeme, und weil für sie die leistungsfähigsten Bearbeitungsmethoden vorliegen. Mit ihren Eigenschaften wollen wir uns deshalb im folgenden Abschnitt 2.5 näher befassen.

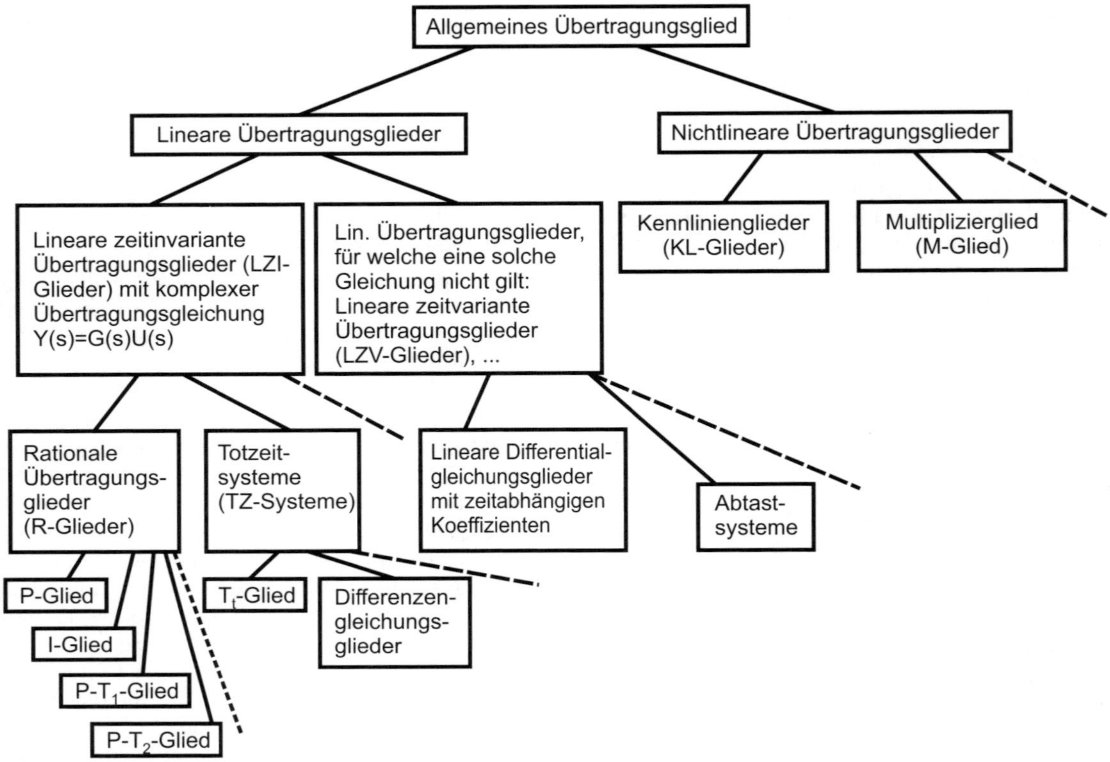

Bild 2-62: Klassifikation der Übertragungsglieder

2.5 Eigenschaften der linearen zeitinvarianten Übertragungsglieder (LZI-Glieder)

2.5.1 Kenngrößen der LZI-Glieder

Die grundlegende Kenngröße eines LZI-Glieds ist seine *Übertragungsfunktion* $G(s)$. Sie wird durch Laplace-Transformation aus der Funktionalbeziehung des Übertragungsglieds, also einer Differentialgleichung, Differenzengleichung oder dergleichen gewonnen, wie schon an Beispielen gezeigt wurde. Dabei wird stets vorausgesetzt, dass die Eingangsgröße $u(t)$ und die Ausgangsgröße $y(t)$ des Übertragungsglieds Null sind für $t < 0$, das System also keine Vorgeschichte besitzt.

Betrachten wir noch ein einfaches Beispiel für die Berechnung der Übertragungsfunktion, und zwar das *Vorhaltglied oder D-T_1-Glied*, das gelegentlich bei der Stabilisierung von Regelungen benutzt wird:

$$T\dot{y} + y = KT\dot{u}, \quad K, T > 0.$$

Die Differentiationsregel der Laplace-Transformation liefert zunächst

$$T[sY(s) - y(-0)] + Y(s) = KT[sU(s) - u(-0)].$$

Da nach obiger Voraussetzung $u(-0) = 0$, $y(-0) = 0$ gilt, folgt

$$Y(s) = \frac{KTs}{1+Ts}U(s),$$

also die Übertragungsfunktion

$$G(s) = \frac{KTs}{1+Ts}. \tag{2.73}$$

Eine zweite, von uns bereits angeführte Kenngröße eines LZI-Glieds ist seine *Sprungantwort h(t)*, also die Reaktion des LZI-Glieds auf $u = \sigma(t)$. Da allgemein

$$Y(s) = G(s) \cdot U(s)$$

gilt und hier speziell *U(s) = 1/s* ist, folgt

$$H(s) = G(s) \cdot \frac{1}{s} \tag{2.74}$$

als Laplace-Transformierte der Sprungantwort $h(t)$.

Aus dieser Beziehung kann man $h(t)$ durch Rücktransformation berechnen.

Im obigen Beispiel ist

$$H(s) = \frac{KTs}{1+Ts} \cdot \frac{1}{s} = \frac{KT}{1+Ts},$$

also

$$h(t) = K e^{-\frac{t}{T}}, \quad t > 0. \tag{2.75}$$

Bild 2-63 zeigt diese Funktion und bringt zum Ausdruck, dass die Sprungantwort eine sehr anschauliche Kenngröße für das Systemverhalten ist.

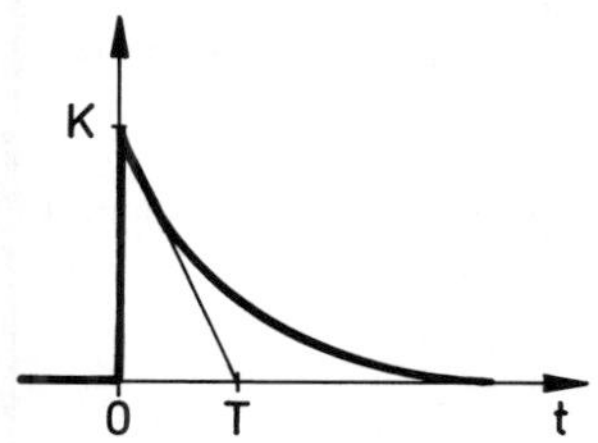

Bild 2-63: Sprungantwort des Vorhaltglieds (D-T_1-Glieds)

Eine dritte Kenngröße der LZI-Glieder wollen wir nun neu einführen, nämlich die Originalfunktion $g(t)$ zur Übertragungsfunktion $G(s)$:

$$g(t) \circ\!\!-\!\!\bullet\, G(s). \tag{2.76}$$

Betrachten wir dazu wieder das obige Beispiel! Aus (2.73) folgt

$$G(s) = K\frac{(Ts+1)-1}{1+Ts} = K - \frac{K}{1+Ts}.$$

Durch Rücktransformation entsteht so

$$g(t) = K\delta(t) - \frac{K}{T} e^{-\frac{t}{T}}. \tag{2.77}$$

g(t) enthält in diesem Beispiel also eine δ-Funktion.

Allgemein folgt aus $Y(s) = G(s)U(s)$ mittels der Faltungsregel

$$y(t) = g(t) * u(t) = \int_0^t g(t-\tau)u(\tau)d\tau$$

oder auch

$$y(t) = \int_0^t g(\tau)u(t-\tau)d\tau.$$

Diesen Sachverhalt kann man so beschreiben: Um den Wert der Ausgangsgröße zum Zeitpunkt t zu erhalten, hat man die vorhergehenden Werte $u(t-\tau)$ der Eingangsgröße zu summieren, nachdem man sie zuvor mit dem Gewichtsfaktor $g(\tau)$ multipliziert hat. Er hängt von der Zeitspanne τ ab, um die der Eingangswert vor dem Ausgangswert liegt. Er repräsentiert somit das Erinnerungsvermögen des LZI-Glieds. In vielen Fällen nimmt die Funktion $g(\tau)$ monoton mit τ ab. Dann werden die weiter zurückliegenden Eingangswerte $u(t-\tau)$ schwächer bewertet: Die Erinnerung an zurückliegende Eingangswerte geht mit fortschreitender Zeit verloren. Dieser Sachverhalt ist in Bild 2-64 veranschaulicht. Wenn man will, kann man diese Interpretation von $g(t)$ als *Gedächtnis* des LZI-Glieds auch auf den Fall ausdehnen, dass $g(t)$ δ-Funktionen enthält: Sie entsprechen schockartigen Einwirkungen in der Vergangenheit, deren Eindruck nicht mehr verblasst. Aus dieser Interpretation von $g(t)$ wird verständlich, warum man $g(t)$ auch als *Gewichtsfunktion* des LZI-Glieds bezeichnet.

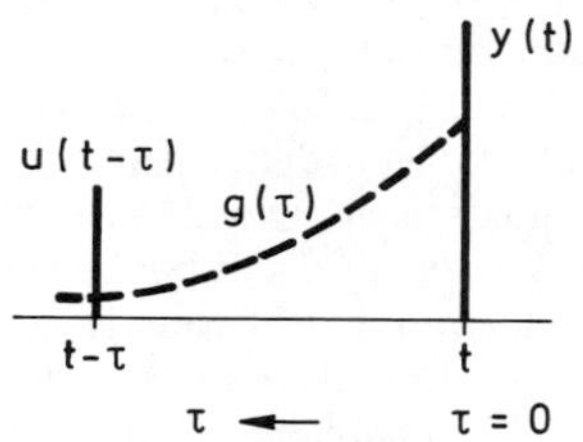

Bild 2-64: Die Gewichtsfunktion als Erinnerungsvermögen des LZI-Glieds

Im obigen Beispiel ist nach (2.77)

$$\begin{aligned} y(t) &= \int_0^t g(\tau)u(t-\tau)d\tau = \\ &= K\int_0^t \delta(\tau)u(t-\tau)d\tau - \frac{K}{T}\int_0^t e^{-\frac{\tau}{T}} u(t-\tau)d\tau = \\ &= K\,u(t) - \frac{K}{T}\int_0^t e^{-\frac{\tau}{T}} u(t-\tau)d\tau, \end{aligned}$$

wobei der erste Term durch die δ-Funktion in *g(t)* hervorgerufen wird.

Nun noch eine weitere allgemeine Eigenschaft von $g(t)$! Schaltet man auf das LZI-Glied den δ-Impuls, also $u = \delta(t)$, so ist $U(s) = 1$ und damit

$$Y(s) = G(s)U(s) = G(s).$$

Dies heißt aber: Es ist $y(t) = g(t)$. Das LZI-Glied antwortet auf die Eingabe des δ-Impulses mit der Ausgabe der Gewichtsfunktion $g(t)$. Man bezeichnet $g(t)$ deshalb auch als *Impulsantwort* des LZI-Glieds.

Der Zusammenhang zwischen Impuls- und Sprungantwort folgt sofort aus (2.74):

$$h(t)=\int_0^t g(\tau)\,d\tau. \tag{2.78}$$

Daraus folgt durch Differentiation nach t

$$g(t)=\dot{h}(t). \tag{2.79}$$

Wenn wir noch einmal auf unser Beispiel zurückgreifen: Aus (2.75) folgt durch (verallgemeinerte) Differentiation, weil $h(t)$ in $t=0$ den Sprung $h(+0)=K$ aufweist,

$$\dot{h}(t)=K\delta(t)-\frac{K}{T}\mathrm{e}^{-\frac{t}{T}}$$

(siehe Kapitel 11). Dies stimmt in der Tat mit (2.77) überein.

Zusammenfassend ist zu sagen: Übertragungsfunktion $G(s)$, Gewichtsfunktion $g(t)$ und Sprungantwort $h(t)$ sind drei Kenngrößen des LZI-Glieds, die zueinander äquivalent sind und von denen jede das LZI-Glied ebensogut charakterisiert wie dessen ursprüngliche Funktionalbeziehung. Gegenüber dieser sind aber $G(s)$ für die Rechnung viel praktischer und $g(t)$ bzw. $h(t)$ für die Charakterisierung des dynamischen Verhaltens anschaulicher. Entscheidend ist dabei, um es nochmals zu sagen, dass Funktionalbeziehungen ganz verschiedener Art, wie Differentialgleichungen, Differenzengleichungen, Differenzendifferentialgleichungen usw., durch Laplace-Transformation auf die gleiche einfache Form $Y(s)=G(s)U(s)$ gebracht werden können.

In den folgenden Unterabschnitten 2.5.2 bis 2.5.4 wird die Sprungantwort der wichtigsten Typen von LZI-Gliedern berechnet, weil diese in den späteren Untersuchungen, z. B. zum Stabilitätsverhalten, eine wichtige Rolle spielt.

2.5.2 Sprungantwort von rationalen Übertragungsgliedern (R-Gliedern)

Die R-Glieder sind durch ihre rationale Übertragungsfunktion

$$G(s)=\frac{b_0+b_1s+\ldots+b_ms^m}{a_0+a_1s+\ldots+a_ns^n}=\frac{Z(s)}{N(s)} \tag{2.80}$$

gegeben, wobei die Koeffizienten a_ν und b_ν reell sind, $a_n\neq 0, b_m\neq 0$ und $m\leq n$ ist. Sind n_μ die Nullstellen des Zählerpolynoms $Z(s)$ und α_ν die Nullstellen des Nennerpolynoms $N(s)$, so kann man $G(s)$ in der Form

$$G(s)=k\frac{\prod_{\mu=1}^{m}(s-n_\mu)}{\prod_{\nu=1}^{n}(s-\alpha_\nu)} \tag{2.81}$$

schreiben. Wir wollen für das Folgende voraussetzen, dass $k>0$ und jedes n_μ von jedem α_ν verschieden ist, Zähler und Nenner also keinen gemeinsamen Faktor haben. Sollte dies zunächst der Fall sein, so denken wir uns diese Faktoren von vornherein herausgekürzt.

Die n_μ sind die *Nullstellen*, die α_ν die *Pole* der Übertragungsfunktion $G(s)$. Für $s=n_\mu$ ist also $G(s)=0$, während für $s\to\alpha_\nu$ $|G(s)|\to+\infty$ strebt. Tritt derselbe Faktor $s-n_\mu$ genau q-mal auf, so ist n_μ eine *Nullstelle q-ter Ordnung* oder eine *q-fache Nullstelle*. Entsprechendes gilt von den Polen.

Hat $G(s)$ nur einfache Pole, kommt also jeder Faktor $s-\alpha_\nu$ nur einmal vor, so kann man $G(s)$ in der Form

$$G(s)=\sum_{\nu=1}^{n}\frac{r_\nu}{s-\alpha_\nu}+r_0 \tag{2.82}$$

mit festen Zahlen $r_0,r_1,\ldots,r_n$ darstellen. Dies ist die *Partialbruchzerlegung* von $G(s)$.

Dabei erhält man r_0, wenn man $s=\infty$ setzt: $r_0=G(\infty)$. Um zu sehen, was $G(\infty)$ ist, schreibt man (2.80) in der Form

$$G(s)=\frac{b_0+b_1s+\ldots+b_ns^n}{a_0+a_1s+\ldots+a_ns^n},$$

wobei die höheren b_ν durchaus Null sein dürfen – eine Schreibweise übrigens, die für viele Untersuchungen zweckmäßig ist. Dividiert man Zähler und Nenner durch s^n, so entsteht

$$G(s)=\frac{\frac{b_0}{s^n}+\ldots+\frac{b_{n-1}}{s}+b_n}{\frac{a_0}{s^n}+\ldots+\frac{a_{n-1}}{s}+a_n}.$$

Daraus liest man ab, dass $G(\infty)=b_n/a_n$ ist. Somit ist

$$r_0=G(\infty)=\frac{b_n}{a_n}. \tag{2.83}$$

Dieser Term wird auch als *Durchgriff* bezeichnet und ist nur dann $\neq 0$, wenn Zähler- und Nennergrad von $G(s)$ gleich sind, das Übertragungsglied also *proper*, aber nicht *streng proper* ist.

Die Bestimmung der anderen r_ν sei etwa an r_1 gezeigt. Man multipliziert (2.82) mit $s-\alpha_1$ und erhält

$$\frac{Z(s)}{N(s)}(s-\alpha_1)=r_1+r_2\frac{s-\alpha_1}{s-\alpha_2}+\ldots+r_n\frac{s-\alpha_1}{s-\alpha_2}+r_0(s-\alpha_1).$$

Für $s \to \alpha_1$ wird daraus

$$\lim_{s\to\alpha_1}\frac{Z(s)}{N(s)}(s-\alpha_1)=r_1\,.$$

Da $N(\alpha_1)=0$, ist der Grenzwert gleich

$$\lim_{s\to\alpha_1}\frac{Z(s)(s-\alpha_1)}{N(s)-N(\alpha_1)}=\lim_{s\to\alpha_1}\frac{Z(s)}{\dfrac{N(s)-N(\alpha_1)}{s-\alpha_1}}=\frac{Z(\alpha_1)}{N'(\alpha_1)}\,.$$

Somit ist

$$r_\nu=\frac{Z(\alpha_\nu)}{N'(\alpha_\nu)},\quad \nu=1,\ldots,n. \tag{2.84}$$

Die genauere Auswertung dieser Formel wird beim Wurzelortsverfahren behandelt (Kapitel 5).

Tritt ein mehrfacher Pol auf, so sieht die Partialbruchzerlegung etwas anders aus. Ist etwa α_1 ein q-facher Pol, so gilt

$$G(s)=\frac{r_1}{s-\alpha_1}+\frac{r_2}{(s-\alpha_1)^2}+\ldots+\frac{r_q}{(s-\alpha_1)^q}+ \\ +\sum_{\nu=q+1}^{n}\frac{r_\nu}{s-\alpha_\nu}+r_0\,,\qquad r_q\neq 0\,. \tag{2.85}$$

Für r_0 und die Koeffizienten der einfachen Pole gelten die früheren Formeln. Für die Koeffizienten des mehrfachen Pols kann man ebenfalls Formelausdrücke angeben [2.3]. Vielfach kann man aber im konkreten Fall die r_ν einfach durch Einsetzen spezieller s-Werte bestimmen – ein Verfahren, das auch bei einfachen Polen funktioniert. Das sei an einem Beispiel gezeigt:

$$\frac{1}{s^3(s-1)}=\frac{r_1}{s}+\frac{r_2}{s^2}+\frac{r_3}{s^3}+\frac{r_4}{s-1}\,.$$

Multipliziert man zunächst mit $s-1$ und setzt dann $s=1$, so bleibt

$$1=r_4\,.$$

Damit ist

$$\frac{1}{s^3(s-1)}=\frac{r_1}{s}+\frac{r_2}{s^2}+\frac{r_3}{s^3}+\frac{1}{s-1}\,.$$

Nunmehr multipliziert man mit s^3 und setzt anschließend $s=0$:

$$-1=r_3\,.$$

Jetzt gilt daher

$$\frac{1}{s^3(s-1)}=\frac{r_1}{s}+\frac{r_2}{s^2}-\frac{1}{s^3}+\frac{1}{s-1}\,.$$

Setzt man schließlich $s=-1$ und $s=2$, so erhält man für die restlichen Unbekannten das Gleichungssystem

$$-r_1+r_2=0\,,$$
$$2r_1+r_2=-3\,.$$

Da aus ihm $r_1=r_2=-1$ folgt, gilt die Partialbruchzerlegung

$$\frac{1}{s^3(s-1)}=-\frac{1}{s}-\frac{1}{s^2}-\frac{1}{s^3}+\frac{1}{s-1}\,. \tag{2.86}$$

Treten mehrere Mehrfachpole auf, so gehört zu jedem eine Summe von Partialbrüchen nach Art der ersten q Glieder auf der rechten Seite von (2.85).

Mittels der Partialbruchzerlegung kann man die *Sprungantwort des R-Glieds leicht berechnen. Hat es nur einfache Pole* $\alpha_\nu \neq 0$, so gilt

$$H(s)=G(s)\frac{1}{s}=\frac{c_0}{s}+\sum_{\nu=1}^{n}\frac{c_\nu}{s-\alpha_\nu}\,. \tag{2.87}$$

Wegen des Faktors $1/s$ tritt hier zu den Polen α_ν von $G(s)$ noch der Pol $s=0$ hinzu. Da wegen dieses Faktors der Zählergrad von $H(s)$ gewiss kleiner als der Nennergrad ist, kommt zu den Partialbrüchen keine Konstante mehr. Wegen des Faktors $1/s$ sind auch die Koeffizienten c_ν von den Koeffizienten r_ν der Partialbruchzerlegung von $G(s)$ verschieden. Im Übrigen werden sie wie dort bestimmt. Aus (2.87) folgt durch Rücktransformieren

$$h(t)=c_0+\sum_{\nu=1}^{n}c_\nu\,\mathrm{e}^{\alpha_\nu t}\,. \tag{2.88}$$

Tritt ein mehrfacher Pol $\alpha \neq 0$ auf, so gehört zu ihm nach (2.85) die Partialbruchsumme

$$\frac{c_1}{s-\alpha}+\frac{c_2}{(s-\alpha)^2}+\ldots+\frac{c_q}{(s-\alpha)^q}\ \text{mit}\ c_q\neq 0\,.$$

Hier liefert die Rücktransformation

$$c_1\mathrm{e}^{\alpha t}+c_2\frac{t}{1!}\mathrm{e}^{\alpha t}+\ldots+c_q\frac{t^{q-1}}{(q-1)!}\mathrm{e}^{\alpha t}=p(t)\mathrm{e}^{\alpha t}\,,$$

wobei $p(t)$ ein Polynom vom Grad $q-1$ bezeichnet. Der Fall eines einfachen Pols $\alpha \neq 0$ ist hierin enthalten. Das Polynom ist dann vom Grad 0, schrumpft also auf eine (von Null verschiedene) Konstante zusammen.

Eine zusätzliche Bemerkung ist noch erforderlich, wenn $\alpha = 0$ als Pol von *G(s)* auftritt. Ist er von der Ordnung q mit $q = 1, 2, \ldots$, so stellt er wegen des Faktors $1/s$ einen $(q+1)$-fachen Pol von $H(s)$ dar, zu dem infolgedessen die Partialbruchsumme $c_0/s + c_1/s^2 + \ldots + c_q/s^{q+1}$ mit $c_q \neq 0$ gehört. Ihr entspricht als Originalfunktion das Polynom $c_0 + c_1 t/1! + \ldots + c_q t^q/q!$, das also vom Grad q ist.

Allgemein ist somit die Sprungantwort des R-Glieds von der Form

$$h(t) = p_0(t) + \sum_{\lambda=1}^{l} p_\lambda(t) \mathrm{e}^{\alpha_\lambda t} . \tag{2.89}$$

Dabei sind α_λ die voneinander und von Null verschiedenen Pole von $G(s)$. $p_\lambda(t)$ ist ein Polynom vom Grad $q_\lambda - 1$, wenn der Pol α_λ die Ordnung q_λ hat. $p_0(t)$ ist eine Konstante, wenn $s = 0$ kein Pol von $G(s)$ ist, hingegen ein Polynom vom Grad q_0, wenn $s = 0$ als q_0-facher Pol von $G(s)$ auftritt.

Aus (2.89) folgt eine sehr wichtige Eigenschaft der Sprungantwort eines R-Glieds: $h(t)$ ist für $t > 0$ stetig und außerdem sogar beliebig oft differenzierbar, also analytisch. Für $t < 0$ ist sie wie jede Sprungantwort identisch Null. Es fragt sich, ob sie in $t = 0$ ebenfalls stetig ist. Da gemäß (2.89) $h(+0)$ gewiss existiert, kann man diese Frage mit dem Anfangswertsatz der Laplace-Transformation beantworten:

$$h(+0) = \lim_{s \to \infty} s H(s) = G(\infty) = \frac{b_n}{a_n} , \tag{2.90}$$

letzteres nach (2.83). Somit ist $h(+0) = 0$ und damit $h(t)$ auch in $t = 0$ stetig, wenn $b_n = 0$ ist, also in $G(s)$ der Zählergrad kleiner als der Nennergrad ist. Nur in dem Ausnahmefall, dass Zähler- und Nennergrad von $G(s)$ gleich sind, weist $h(t)$ in $t = 0$, aber auch nur dort, eine Sprungstelle auf.

Beispiele zur Berechnung der Sprungantwort von R-Gliedern wurden schon früher gebracht, so beim Verzögerungsglied 1. und 2. Ordnung (Abschnitt 2.3).

2.5.3 Sprungantwort von Totzeitsystemen (TZ-Systemen)

Wir wollen die in Bild 2-65 dargestellte Totzeitregelung betrachten. Für allgemeine Totzeitsysteme gilt Entsprechendes.

Die Übertragungsfunktion der Totzeitregelung ist

$$G(s) = \frac{G_0(s)}{1 + G_0(s) \mathrm{e}^{-T_t s}} ,$$

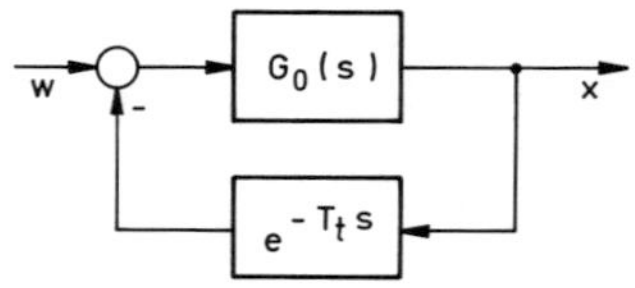

Bild 2-65: Totzeitregelung

wobei $G_0(s)$ die Übertragungsfunktion eines R-Glieds sei. Liegt ein Totzeitglied im Vorwärtszweig, so kann man es über die Verzweigungsstelle verlegen und gelangt so zu Bild 2-65. Dabei tritt noch ein Totzeitglied hinter dem Kreis auf, das aber lediglich eine Verschiebung der Ausgangsgröße des Kreises um T_t nach rechts bewirkt. Tritt ein zusätzliches R-Glied in der Rückführung auf, so kann man es über die Verzweigungsstelle in den Vorwärtszweig verlegen, wodurch das inverse Glied hinter dem Kreis erzeugt wird. Man kann aber auch bei dem unveränderten Kreis bleiben und die folgende Rechnung für ihn durchführen, was ohne Schwierigkeit möglich ist.

Da die Übertragungsfunktion $G(s)$ keine rationale Funktion von s ist, kann $G(s)$ nicht in der Art der rationalen Funktionen in Partialbrüche zerlegt werden. Zwar gibt es für Funktionen dieser Art, die in der Funktionentheorie als *meromorphe Funktionen* bezeichnet werden, eine verallgemeinerte Partialbruchzerlegung. Im Gegensatz zur Partialbruchzerlegung der rationalen Funktionen ist sie aber äußerst schwierig durchzuführen. Man wird daher die Sprungantwort in anderer Weise bestimmen.

Die Sprungantwort ist durch

$$H(s) = \frac{G_0(s)}{1 + G_0(s) \mathrm{e}^{-T_t s}} \frac{1}{s} \tag{2.91}$$

gegeben. Den Bruch kann man in die geometrische Reihe entwickeln:

$$\frac{1}{1 + G_0(s) \mathrm{e}^{-T_t s}} = 1 - G_0(s) \mathrm{e}^{-T_t s} + G_0{}^2(s) \mathrm{e}^{-2T_t s} - + \ldots .$$

Der Quotient der Reihe hat den Betrag

$$\left| G_0(s) \mathrm{e}^{-T_t s} \right| = |G_0(s)| \cdot \left| \mathrm{e}^{-T_t \delta - T_t j\omega} \right| = |G_0(s)| \, \mathrm{e}^{-T_t \delta} ,$$

da der Betrag einer e-Funktion mit rein imaginärem Exponenten stets 1 ist. Da $G_0(s)$ die Übertragungsfunktion eines R-Glieds darstellt, ist der Zählergrad höchstens gleich dem Nennergrad. Daher ist $|G_0(s)|$ beschränkt, wenn $|s|$ genügend groß ist. Wählt man δ hinreichend groß, nimmt also s in einer hinreichend weit rechts gelegenen Halbebene an, so ist der Betrag des Quotienten gewiss < 1, die Reihenentwicklung also konvergent (sogar absolut und gleichmäßig). Für die Laplace-Rücktransformation genügt diese Konvergenz in einer rechten Halbebene. Setzt man die so gewonnene Reihe in (2.91) ein, so wird daraus

$$H(s) = \frac{G_0(s)}{s} - \frac{G_0(s)}{s}\, \mathrm{e}^{-T_t s}\, G_0(s) + \\ + \frac{G_0(s)}{s}\, \mathrm{e}^{-2T_t s} G_0(s) G_0(s) - + \dots .$$

Da $G_0(s)$ eine rationale Funktion ist, kann man die Originalfunktion $h_0(t)$ zu $G_0(s)/s$ durch Partialbruchzerlegung finden. Damit kann man die Reihe gliedweise rücktransformieren und erhält so die *Sprungantwort der Totzeitregelung*:

$$h(t) = h_0(t) - h_0(t - T_t) * g_0(t) + \\ + h_0(t - 2T_t) * g_0(t) * g_0(t) - + \dots . \qquad (2.92)$$

Dabei gilt also:

$$g_0(t) \circ\!\!-\!\!\bullet\, G_0(s),$$

$$h_0(t) \circ\!\!-\!\!\bullet\, \frac{G_0(s)}{s}.$$

Die einzelnen Glieder der Reihe treten erst nach und nach in Erscheinung. Im Einzelnen gilt:

$$0 < t < T_t: \quad h(t) = h_0(t),$$
$$T_t < t < 2T_t: \quad h(t) = h_0(t) - h_0(t - T_t) * g_0(t),$$
$$\vdots$$

Als Beispiel betrachten wir das in Bild 2-65 wiedergegebene Totzeitsystem für $G_0(s) = \frac{K}{s}$. Bei ihm ist

$$H(s) = \frac{\frac{K}{s}}{1 + \frac{K}{s}\mathrm{e}^{-T_t s}} \frac{1}{s} = \\ = \frac{K}{s^2}\left[1 - \frac{K}{s}\mathrm{e}^{-T_t s} + \frac{K^2}{s^2}\mathrm{e}^{-2T_t s} - + \dots\right],$$

$$H(s) = \frac{K}{s^2} - \frac{K^2}{s^3}\mathrm{e}^{-T_t s} + \frac{K^3}{s^4}\mathrm{e}^{-2T_t s} - + \dots$$

und damit

$$h(t) = K\frac{t}{1!}\sigma(t) - K^2\frac{(t - T_t)^2}{2!}\sigma(t - T_t) + \\ + K^3\frac{(t - 2T_t)^3}{3!}\sigma(t - 2T_t) - + \dots . \qquad (2.93)$$

Intervallweise geschrieben:

$$h(t) = Kt \quad \text{in} \quad 0 < t \le T_t,$$
$$h(t) = Kt - K^2\frac{(t - T_t)^2}{2!} \quad \text{in } T_t < t \le 2T_t,$$
$$h(t) = Kt - K^2\frac{(t - T_t)^2}{2!} + K^3\frac{(t - 2T_t)^3}{3!}$$
$$\vdots \qquad \text{in } 2T_t < t \le 3T_t,$$

Bild 2-66 zeigt diese Funktion für $K = 1$ und $T_t = 1$.

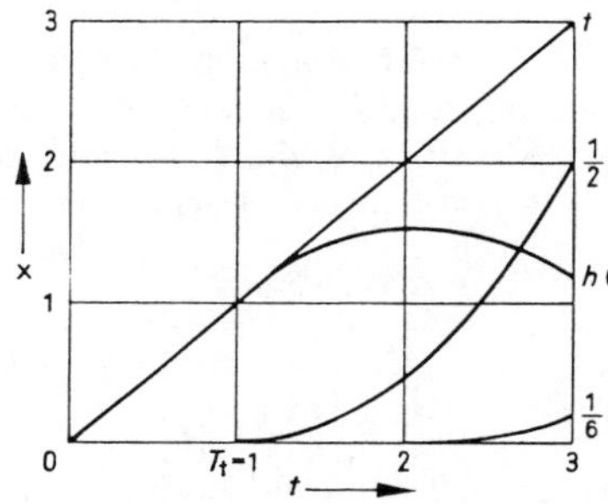

Bild 2-66: Sprungantwort der Totzeitregelung von Bild 2-65 für $G_0(s) = 1/s$ und $T_t = 1$

Man sieht aus dem Beispiel zweierlei. Die Formel (2.92) eignet sich zur Berechnung der Sprungantwort in den ersten Totzeitintervallen. Für große t wird sie zu umständlich, da man dann viele Faltungsoperationen ausführen muss und einen geschlossenen Formelausdruck nicht angeben kann. Bereits bei einem so einfachen System wie dem zuletzt betrachteten Totzeitkreis kann man die Reihe nicht in geschlossener Form darstellen.

Zweitens erkennt man, dass die Sprungantwort des Totzeitsystems gewissermaßen durch Zusammenleimen aus einfachen Funktionsstücken entsteht. Das ist ein tiefgreifender Unterschied gegenüber den R-Gliedern, bei denen *h(t)* für $t > 0$ aus einem Guss ist. Etwas präziser ausgedrückt: Während $h(t)$ bei einem R-Glied für $t > 0$ analytisch ist, hat $h(t)$ bei einem Totzeitsystem unendlich viele Ausnahmestellen, nämlich die Vielfachen der Totzeit, an denen $h(t)$ selbst oder seine Ableitungen Sprünge aufweisen.

2.5.4 Sprungantwort von Differenzengleichungsgliedern

Um die *Sprungantwort eines Differenzengleichungsglieds* zu bestimmen, kann man die in 2.4.5 beschriebene Rekursion benutzen, was für numerische Rechnungen auch am zweckmäßigsten ist. Aber man erhält auf diese Weise keine geschlossene Formel, die wir jetzt anstreben. Dazu geht man von der Tatsache aus, dass $G(s)$ nach (2.65) zwar keine rationale Funktion in s, wohl aber in der Variablen $v = \mathrm{e}^{-Ts}$ ist:

$$\widetilde{G}(v) = \frac{b_0 + b_1 v + \ldots + b_m v^m}{1 + a_1 v + \ldots + a_n v^n} \quad \text{mit} \quad v = \mathrm{e}^{-Ts}.$$

Diese rationale Funktion von v kann man wie jede rationale Funktion in Partialbrüche zerlegen und anschließend durch Rücktransformation der einzelnen Partialbrüche die Originalfunktion bestimmen.

Wir wollen dies, um Weitläufigkeiten zu vermeiden, unter der Voraussetzung durchführen, dass $m \leq n$ ist und der Nenner von $\widetilde{G}(v)$ nur einfache Nullstellen hat, also $\widetilde{G}(v)$ nur einfache Pole aufweist. Bezeichnet man diese mit γ_ν, so ist

$$\widetilde{G}(v) = r_0 + \sum_{\nu=1}^{n} \frac{r_\nu}{v - \gamma_\nu},$$

wobei $r_0, r_1, \ldots, r$ in der üblichen Weise bestimmt werden. Damit ist die Sprungantwort $h(t)$ durch

$$H(s) = \frac{r_0}{s} + \sum_{\nu=1}^{n} \frac{r_\nu}{v - \gamma_\nu} \frac{1}{s} \text{ oder}$$

$$H(s) = \frac{r_0}{s} + \sum_{\nu=1}^{n} \frac{r_\nu}{-\gamma_\nu} \frac{1}{1 - \dfrac{v}{\gamma_\nu}} \frac{1}{s} \text{ mit } v = \mathrm{e}^{-Ts} \qquad (2.94)$$

gegeben. Jeder Partialbruch kann in die geometrische Reihe entwickelt werden:

$$H_\nu(s) = \frac{1}{1 - \dfrac{v}{\gamma_\nu}} \frac{1}{s} = \left[1 + \frac{v}{\gamma_\nu} + \frac{v^2}{{\gamma_\nu}^2} + \ldots\right] \frac{1}{s} =$$
$$= \frac{1}{s} + \frac{1}{\gamma_\nu} \frac{1}{s} \mathrm{e}^{-Ts} + \frac{1}{{\gamma_\nu}^2} \frac{1}{s} \mathrm{e}^{-2Ts} + \ldots.$$

Auch hier konvergiert die Reihe in einer genügend weit rechts gelegenen s-Halbebene. Die gliedweise erfolgende Rücktransformation der Reihe liefert die Originalfunktion zu $H_\nu(s)$:

$$h_\nu(t) = \sigma(t) + \frac{1}{\gamma_\nu} \sigma(t - T) + \frac{1}{{\gamma_\nu}^2} \sigma(t - 2T) + \ldots. \qquad (2.95)$$

Sofern γ_ν eine reelle Zahl ist, ist dies eine Treppenfunktion mit den Sprunghöhen $1, 1/\gamma_\nu, 1/{\gamma_\nu}^2, \ldots$. Ist γ_ν nichtreell, so tritt auch die konjugiert komplexe Zahl $\overline{\gamma}_\nu$ als Pol auf, und man kann dann die zugehörigen Terme in (2.94) zusammenfassen, um zu einem reellen Ausdruck zu gelangen. Aus der Summe der so erhaltenen Treppenfunktionen setzt sich die Sprungantwort $h(t)$ zusammen:

$$h(t) = r_0 \sigma(t) + \sum_{\nu=1}^{n} \frac{r_\nu}{-\gamma_\nu} h_\nu(t). \qquad (2.96)$$

Sie ist ebenfalls eine Treppenfunktion. Die Sprungantwort eines Differenzengleichungsglieds ist somit gänzlich verschieden von der eines R-Glieds.

2.6 Bestimmung des stationären Zustands aus dem Strukturbild

Nachdem in den Abschnitten 2.1 und 2.2 der Begriff des Strukturbilds eingeführt und an Beispielen veranschaulicht wurde, haben wir in den Abschnitten 2.3 bis 2.5 die Blöcke des Strukturbilds genauer untersucht. Wir wollen nunmehr wieder zum Strukturbild als Ganzem zurückkehren, um zu sehen, wie man einige wichtige Eigenschaften dynamischer Systeme aus ihnen erkennen kann.

Eine solche Eigenschaft ist das stationäre Verhalten des dynamischen Systems. Allgemein ist ein *stationärer Zustand, auch Beharrungszustand, Gleichgewichtszustand oder Ruhezustand genannt, dadurch gekennzeichnet, dass die zeitveränderlichen Größen des Systems konstant und daher ihre Ableitungen nach t Null sind.*[11]

Um zu sehen, wie er aus dem Strukturbild zu erkennen ist, gehen wir von der Voraussetzung aus, dass dieses aus Blöcken aufgebaut ist, wie sie in der Tabelle 2-1 enthalten sind. Dann treten Ableitungen nur in R-Gliedern auf (z. B. P-T_1- und P-T_2-Gliedern), die ja im Zeitbereich durch Differentialgleichungen der Form

$$a_n \overset{(n)}{y} + \ldots + a_1 \dot{y} + a_0 y = b_0 u + b_1 \dot{u} + \ldots + b_m \overset{(m)}{u} \qquad (2.97)$$

gegeben sind. Im stationären Zustand schrumpft diese Differentialgleichung auf die gewöhnliche Gleichung

$$a_0 y = b_0 u$$

zusammen, woraus

$$y_\infty = \frac{b_0}{a_0} u_\infty \qquad (2.98)$$

11 Außer dem hier definierten festen stationären Zustand gibt es noch andere stationäre Verhaltensweisen dynamischer Systeme, z. B. stationäre Schwingungszustände, wenn also eine Dauerschwingung, d. h. ein periodischer Vorgang, in einem System umläuft. Da wir auf solche Erscheinungen nicht näher eingehen, wollen wir als „stationär“ nur die oben definierten festen Zustände bezeichnen.

folgt, wenn wir die stationären Werte der zeitveränderlichen Größen durch den Index ∞ kennzeichnen. Hierbei ist vorläufig $a_0 \neq 0$ vorausgesetzt.

Die zur Gleichung (2.97) gehörende Übertragungsfunktion des R-Glieds lautet:

$$G(s) = \frac{b_m s^m + \ldots + b_1 s + b_0}{a_n s^n + \ldots + a_1 s + a_0}.$$

Setzt man in ihr $s = 0$, so ergibt sich

$$G(0) = \frac{b_0}{a_0}.$$

Damit kann man (2.98) in der Form

$$y_\infty = G(0)\, u_\infty \tag{2.99}$$

schreiben. In Worten ausgedrückt: Um die Gleichungen des stationären Zustands zu erhalten, hat man in den Übertragungsfunktionen $s = 0$ zu setzen.

Wie ist es nun, wenn $a_0 = 0$ ist? Dann kann man aus $G(s)$ den Faktor $1/s$ herausziehen. Dieser charakterisiert ein I-Glied. Dessen Gleichung lautet allgemein

$$Y(s) = \frac{K}{s} U(s) \quad \text{oder} \quad s\,Y(s) = K U(s),$$

also im Zeitbereich

$$\dot{y}(t) = K u(t).$$

Im stationären Zustand muss daher gelten:

$$0 = K u_\infty,$$

also wegen $K \neq 0$:

$$u_\infty = 0.$$

Das heißt in Worten: Befindet sich ein dynamisches System im stationären Zustand, so *müssen* die Eingangsgrößen der I-Glieder Null sein. Ist dies aus irgendeinem Grund nicht möglich, so kann kein stationärer Zustand eintreten.

Bleibt noch das Totzeitglied zu betrachten. Da es durch die Gleichung $y(t) = K u(t - T_t)$ gegeben ist, gilt im stationären Zustand $y_\infty = K u_\infty$. Weil bei ihm

$$G(s) = K \mathrm{e}^{-T_t s},$$

also $G(0) = K$ ist, kann man auch hier $y_\infty = G(0)\, u_\infty$ schreiben.

Zusammenfassend haben wir die *Regel*:

Um aus dem Strukturbild den stationären Zustand eines dynamischen Systems zu erhalten, setzt man die Eingangsgrößen der I-Glieder Null und setzt in den Übertragungsfunktionen der restlichen Blöcke $s = 0$. Man erhält so ein gewöhnliches Gleichungssystem zwischen den stationären Werten der zeitveränderlichen Größen, aus dem man diese Werte berechnen kann.

Bisher wurde nicht nach der Entstehung des stationären Zustands gefragt, sondern lediglich angenommen, dass er existiert. Sein Zustandekommen kann man sich in der folgenden Weise vorstellen. Zu irgendeinem Zeitpunkt werden Eingangsverläufe auf das dynamische System geschaltet, die für $t \to +\infty$ gegen feste Werte streben, z. B. sprungförmige Eingangsgrößen. Hierdurch werden die anderen Systemgrößen angeregt. Falls ihre Zeitverläufe für $t \to +\infty$ ebenfalls festen Werten zustreben, stellt sich ein stationärer Zustand ein.

Dies ist in der Tat der Fall, wenn das System stabil ist. Wir werden im Kapitel 3 ausführlich auf das Stabilitätsproblem eingehen. Hier sei die Stabilität im Sinne des oben beschriebenen Verhaltens vorausgesetzt. Von hier ausgehend, kann man den stationären Zustand auch mittels des Endwertsatzes der Laplace-Transformation (Kapitel 11) berechnen.

Dazu betrachten wir ein LZI-Glied, das durch die Gleichung

$$Y(s) = G(s)\, U(s)$$

beschrieben wird. Aus ihr folgt

$$s\,Y(s) = s\,G(s)\, U(s),$$

also

$$\lim_{s \to 0} s\,Y(s) = \lim_{s \to 0} G(s) \cdot \lim_{s \to 0} \left[s\,U(s) \right]. \tag{2.100}$$

Nach dem Endwertsatz ist

$$\lim_{s \to 0} s\,Y(s) = \lim_{t \to +\infty} y(t) = y_\infty,$$

sofern der zeitliche Grenzwert existiert, was nach obiger Voraussetzung sicher der Fall ist. Da Entsprechendes für u gilt, folgt aus (2.100)

$$y_\infty = G(0) u_\infty, \tag{2.101}$$

also die Gleichung (2.99), die hier aber für eine allgemeinere Klasse von Übertragungsgliedern hergeleitet wurde. Dabei ist allerdings vorausgesetzt, dass

$$G(0) = \lim_{s \to 0} G(s)$$

existiert. Wie das Beispiel des I-Glieds zeigt, braucht das nicht unbedingt der Fall zu sein.

Aufgrund der zuletzt durchgeführten Betrachtung könnte der Eindruck entstehen, dass der stationäre Zustand erst nach unabsehbarer Zeit in Erscheinung tritt, da er ja durch den Grenzübergang $t \to +\infty$ zustande kommt. Dies gilt aber nur für das mathematische Modell des Systems. Im realen System ist er nach einiger Zeit dem idealen Endzustand so nahe gekommen, dass er praktisch von ihm nicht mehr zu unterscheiden ist. Überdies sind im realen System Dämpfungs- und Reibungseffekte wirksam, die im mathematischen Modell normalerweise nicht erfasst werden und zusätzlich dafür sorgen, dass der stationäre Zustand – sofern er überhaupt existiert – nach mehr oder weniger langer, jedenfalls aber endlicher Zeit eingestellt wird.

Der stationäre Zustand eines dynamischen Systems, das – wie dies bei uns in aller Regel der Fall ist – Eingangsgrößen besitzt, ist nicht eindeutig bestimmt, sondern hängt vielmehr von den stationären Werten der Eingangsgrößen ab. Betrachten wir beispielsweise ein P-T_1-Glied, so ist bei ihm

$$Y(s) = \frac{K}{1+Ts} U(s),$$

also $y_\infty = K u_\infty$. Zu jedem stationären Eingangswert u_∞ gehört also ein ebensolcher Ausgangswert y_∞.

Eindeutigkeit wird erst dadurch erreicht, dass für die Ausgangsgrößen im stationären Zustand Sollwerte vorgeschrieben werden. Fordert man im obigen Beispiel, dass y_∞ gleich dem gewünschten Wert y_S sein soll, so ist dadurch u_∞ eindeutig bestimmt: $u_\infty = y_S / K$.

Technische Anlagen und überhaupt dynamische Systeme sollen nun häufig in einem stationären Zustand betrieben werden, bei dem die Ausgangsgrößen des Systems auf ihren Sollwerten sind. Diesen gewünschten Betriebszustand bezeichnet man gewöhnlich als Arbeitspunkt. *Der Arbeitspunkt ist somit ein spezieller stationärer Zustand, nämlich ein solcher, bei dem die Ausgangsgrößen ihre Sollwerte annehmen.*

Die Ermittlung des Arbeitspunkts aus dem Strukturbild lässt sich damit in folgenden Schritten durchführen:

- Man setzt die Eingangsgrößen der I-Glieder Null.
- In den anderen Übertragungsgliedern setzt man $s = 0$.
- Dann liest man aus dem Strukturbild ein System von gewöhnlichen Gleichungen ab.
- In dieses setzt man die Sollwerte der Ausgangsgrößen ein.
- Löst man dieses Gleichungssystem auf, so erhält man die stationären Werte der Systemgrößen. Darunter sind insbesondere die stationären Werte der Eingangsgrößen, durch deren Vorgabe der Arbeitspunkt eingehalten wird.

Als erstes Beispiel zur Berechnung des Arbeitspunkts nach diesem Rezept werde die Drehzahlregelung eines Gleichstromantriebs betrachtet, deren Struktur im Bild 2-9 dargestellt ist. Aus diesem liest man die folgenden Gleichungen des stationären Zustands ab, wobei der Index ∞ einfachheitshalber weggelassen ist:

$$M_B = 0, \quad \text{d. h.} \quad M_A = M_L, \tag{2.102}$$

$$M_A = K_F i_A, \tag{2.103}$$

$$i_A = \frac{1}{R_A} u_R, \tag{2.104}$$

$$u_R = u_A - e_M = u_A - K_F \omega, \tag{2.105}$$

$$u_A = K_{St} u_G, \tag{2.106}$$

$$u_G = K_V u_D, \tag{2.107}$$

$$u_D = u_S - u_I = u_S - K_I \omega. \tag{2.108}$$

Was interessiert, ist letztlich die Abhängigkeit der Regelgröße ω von den beiden Eingangsgrößen u_S und M_L im stationären Zustand. Aus (2.102) und (2.103) folgt zunächst

$$i_A = \frac{1}{K_F} M_L .$$

Setzt man dies sowie (2.105) in (2.104) ein, so wird

$$\frac{1}{K_F} M_L = \frac{1}{R_A} u_A - \frac{K_F}{R_A} \omega . \tag{2.109}$$

Andererseits folgt aus (2.106) bis (2.108):

$$u_A = K_{St} K_V u_S - K_{St} K_V K_I \omega .$$

In (2.109) eingesetzt, liefert dies die Gleichung

$$\frac{1}{K_F} M_L = \frac{K_{St} K_V}{R_A} u_S - \frac{K_{St} K_V K_I}{R_A} \omega - \frac{K_F}{R_A} \omega .$$

Nach ω aufgelöst, wird daraus endgültig

$$\omega = \frac{K_{St} K_V}{K_{St} K_V K_I + K_F} u_S - \frac{R_A}{K_F(K_{St} K_V K_I + K_F)} M_L. \quad (2.110)$$

Setzt man hierin für ω den Sollwert ω_S ein und nimmt an, dass der Wert M_L der Störgröße fest und bekannt ist, so liefert die Auflösung von (2.110) nach u_S den konstanten Wert, den man für die Führungsgröße u_S aufzuschalten hat, um im stationären Zustand den gewünschten Sollwert ω_S zu erhalten.[12]

Nun ist allerdings M_L weder bekannt noch fest, sondern ändert sich sprunghaft in unregelmäßiger Weise. Wie man mit diesem Problem fertig wird, gehört aber nicht zur Berechnung des stationären Verhaltens, sondern zur Regelungssynthese und wird erstmals im Abschnitt 3.9 erörtert, bei dem wir an die vorstehende Betrachtung anknüpfen.

Wir wollen jetzt noch ein zweites Beispiel behandeln, an dem man sieht, dass die beschriebene Vorgehensweise zur Berechnung des stationären Verhaltens ohne weiteres auch auf nichtlineare Systeme anwendbar ist: die Abflussregelung aus Bild 2-14.Und zwar soll ermittelt werden, welchen (konstanten) Wert u_S man als Führungsgröße einzustellen hat, um im stationären Zustand den gewünschten Wert q_{aS} der Ausgangsgröße zu erhalten. Einfachheitshalber wird der Index ∞ auch hier weggelassen.

Aus Bild 2-14 folgt zunächst $\omega_1 = 0$, weil ω_1 Eingangsgröße eines I-Glieds ist. Rückwärtsgehend erhält man sukzessive:

$$\omega_1 = K_M u_A,$$
$$u_A = K_V u_D,$$
$$u_D = u_S - u_I = u_S - K_I h,$$

also insgesamt

$$\omega_1 = K_M K_V (u_S - K_I h).$$

Wegen $\omega_1 = 0$ ergibt sich daraus

$$u_S = K_I h.$$

Weiterhin gilt

$$q_a = a\sqrt{2gh}, \quad \text{woraus}$$

$$h = \frac{1}{2g}\left[\frac{q_a}{a}\right]^2$$

folgt. Somit ist

$$u_S = \frac{K_I}{2g}\left[\frac{q_a}{a}\right]^2.$$

Setzt man hierin $q_a = q_{aS}$ ein, so hat man den konstanten Führungswert

$$u_S = \frac{K_I}{2g}\left[\frac{q_{aS}}{a}\right]^2,$$

den man einzustellen hat, um im stationären Zustand den Sollwert q_{aS} zu erhalten (immer vorausgesetzt natürlich, dass der stationäre Zustand existiert).

Bemerkenswerterweise spielt hierbei, im Unterschied zur Drehzahlregelung, der stationäre Wert der Störgröße v_e keine Rolle. Das liegt an dem zweiten I-Glied der Abflussregelung. Wenn überhaupt ein stationärer Zustand angenommen wird, so muss $q_{D\infty} = 0$ sein, also $q_{e\infty} = q_{a\infty} = q_{aS}$ – ganz gleich, welchen stationären Wert v_e aufweist. Der Wert φ_∞ wird sich eben demgemäß einstellen.

2.7 Linearisierung um den Arbeitspunkt

Häufig besteht die Aufgabe einer Regelung darin, eine technische Anlage oder überhaupt ein dynamisches System gegen den Einfluss von Störungen so gut wie möglich auf einem gewünschten Arbeitspunkt zu halten. Sofern die Regelung einigermaßen funktioniert, werden die Abweichungen vom Arbeitspunkt nicht allzu groß sein. Um die Systembehandlung zu vereinfachen, ist es dann zweckmäßig, von den zeitveränderlichen Systemgrößen selbst zu ihren Abweichungen vom Arbeitspunkt überzugehen.

Diese Möglichkeit ist von eminenter praktischer Bedeutung. Die weitaus meisten Systeme sind nämlich von Hause aus nichtlinear und in dieser Form meist nur sehr schwer zu behandeln. Häufig bleibt nur die Rechnersimulation. Durch den Übergang zu den Abweichungen vom Arbeitspunkt kann man jedoch das ursprüngliche System durch ein lineares System, genauer gesagt: durch LZI-Glieder, approximieren, wodurch die Anwendung leistungsfähiger Methoden ermöglicht wird. Man spricht dann von *Linearisierung um den Arbeitspunkt.* Im Folgenden wird beschrieben, wie sie *auf der Grundlage des Strukturbilds* durchzuführen ist.

Es sei angemerkt, dass diese Betrachtung nicht nur für Regelkreise, sondern für beliebige dynamische Systeme gilt und dass statt des Arbeitspunkts ein beliebiger stationärer Zustand genommen werden kann.

12 Dabei ist zu beachten, dass generell für eine *konstante* Größe x der Grenzwert $x_\infty = x$ ist.

Es seien $x(t)$ irgendeine zeitveränderliche Größe des dynamischen Systems, x_0 ihr fester Betriebswert im Arbeitspunkt und $\Delta x(t)$ die Abweichung von diesem Wert, die im Allgemeinen mit der Zeit schwanken wird. Dann ist also

$$x(t) = x_0 + \Delta x(t).$$

Wie verhalten sich nun die verschiedenen Übertragungsglieder eines Systems, wenn man von den Größen x selbst zu ihren Abweichungen übergeht – vorausgesetzt, dass diese Abweichungen klein sind? Betrachten wir als erstes das *Kennlinienglied mit mehreren Eingangsgrößen*:

$$y = F(u_1, \ldots, u_p). \tag{2.111}$$

Der Zusammenhang zwischen den Betriebswerten ist bei ihm durch

$$y_\infty = F(u_{1\infty}, u_{2\infty}, \ldots, u_{p\infty}) \tag{2.112}$$

gegeben. Führt man in (2.111) die Abweichungen von den Betriebswerten ein, so hat man

$$y_\infty + \Delta y = F(u_{1\infty} + \Delta u_1, \ldots, u_{p\infty} + \Delta u_p).$$

Entwickelt man die rechte Seite nach dem Taylorschen Satz, so wird daraus

$$y_\infty + \Delta y = F(u_{1\infty}, \ldots, u_{p\infty}) + \left[\frac{\partial F}{\partial u_1}\right]_\infty \Delta u_1 + \ldots + \left[\frac{\partial F}{\partial u_p}\right]_\infty \Delta u_p + R. \tag{2.113}$$

Die partiellen Differentialquotienten sind dabei für die Betriebswerte $u_{1\infty}, \ldots, u_{p\infty}$ zu bilden. R stellt ein Restglied dar, das nur von den Produkten $\Delta u_\mu \Delta u_\nu$ abhängt. Falls die Abweichungen vom Betriebszustand nicht zu groß sind, kann man es daher vernachlässigen. Da die Absolutglieder in (2.113) nach (2.112) gleich sind, folgt aus (2.113) näherungsweise

$$\Delta y = \sum_{\nu=1}^{p} \left[\frac{\partial F}{\partial u_\nu}\right]_\infty \Delta u_\nu . \tag{2.114}$$

Diese Beziehung ist in Bild 2-67 veranschaulicht. Es handelt sich um ein lineares Übertragungsglied, welches das Kennlinienglied mit mehreren Eingangsgrößen für kleine Abweichungen vom Betriebszustand approximiert. Die nichtlineare Funktion wird hierbei also durch ihr totales Differential angenähert. Die Approximation (2.114) ist nur möglich, wenn der Taylorsche Satz gilt. Das ist sicher der Fall, wenn die partiellen Ableitungen von F nach den u_ν bis zur 2. Ordnung vorhanden und stetig sind. Weist eine Kennlinie Sprung- oder Knickstellen auf, so kann um eine solche Stelle nicht linearisiert werden (wohl aber um eine andere Stelle der Kennlinie).

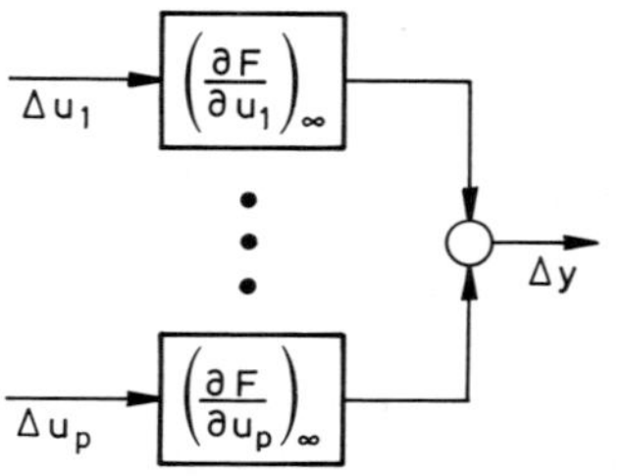

Bild 2-67: Linearisierung des Kennlinienglieds $y = F(u_1, \ldots, u_p)$

In (2.114) sind mehrere wichtige Spezialfälle enthalten. Betrachten wir zunächst das *Kennlinienglied mit einer Eingangsgröße*: $y = F(u)$. Hier lautet die Näherungsgleichung

$$\Delta y = F'(u_\infty)\Delta u . \tag{2.115}$$

Das Kennlinienglied wird also durch ein Proportionalglied ersetzt (Bild 2-68). Geometrisch bedeutet dies, dass man im Arbeitspunkt (u_∞, y_∞) die Tangente an die Kennlinie legt und die Kennlinie durch diese Tangente ersetzt. Das ist zulässig, weil Kennlinie und Tangente in der Umgebung des Arbeitspunktes kaum voneinander abweichen (Bild 2-69).

Beim Multiplizierglied $y = K u_1 u_2$ sind $\partial F/\partial u_1 = K u_2, \partial F/\partial u_2 = K u_1$. Daher lautet die Näherungsgleichung

$$\Delta y = K u_{2\infty} \Delta u_1 + K u_{1\infty} \Delta u_2 . \tag{2.116}$$

Sie ist in Bild 2-70 wiedergegeben.

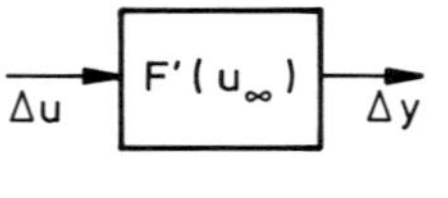

Bild 2-68: Linearisierte Kennlinie *y = F(u)*

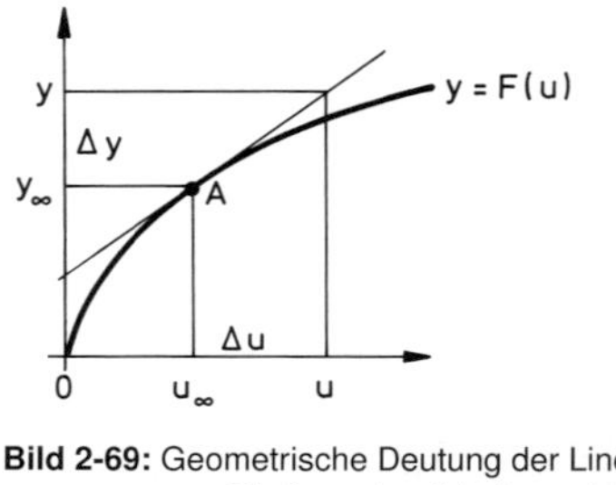

Bild 2-69: Geometrische Deutung der Linearisierung von $y = F(u)$ um den Arbeitspunkt A

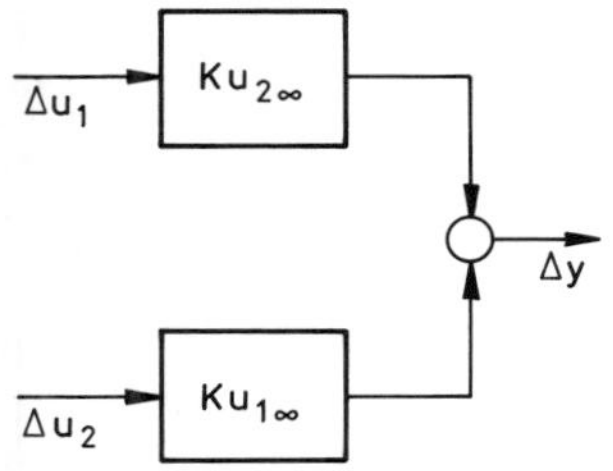

Bild 2-70: Linearisiertes Multiplizierglied $y = K u_1 u_2$

Es fragt sich, was bei der Linearisierung um den Betriebszustand *aus den linearen Übertragungsgliedern* selbst wird. Ist

$$y = \varphi\{u_1, \ldots, u_p\}, \tag{2.117}$$

so ist der Zusammenhang zwischen den Betriebswerten durch

$$y_\infty = \varphi\{u_{1\infty}, \ldots, u_{p\infty}\} \tag{2.118}$$

gegeben. Führt man in (2.117) die Abweichungen vom Betriebszustand ein, so wird daraus

$$y_\infty + \Delta y = \varphi\{u_{1\infty} + \Delta u_1, \ldots, u_{p\infty} + \Delta u_p\}.$$

Wendet man auf die rechte Seite die Linearitätsrelation an, so erhält man die Gleichung

$$y_\infty + \Delta y = \varphi\{u_{1\infty}, \ldots, u_{p\infty}\} + \varphi\{\Delta u_1, \ldots, \Delta u_p\}.$$

Wegen (2.118) gilt daher

$$\Delta y = \varphi\{\Delta u_1, \ldots, \Delta u_p\}. \tag{2.119}$$

In Worten:

Eine lineare Beziehung zwischen $u_1, \ldots, u_p$ und y geht in dieselbe lineare Beziehung zwischen $\Delta u_1, \ldots, \Delta u_p$ und Δy über. Man hat also lediglich die Größen selbst durch ihre Abweichungen zu ersetzen.

Betrachten wir als Beispiel etwa das Verzögerungsglied 1. Ordnung, das durch die Differentialgleichung $T\dot{y} + y = Ku$ gegeben ist. In dem festen Betriebszustand sind die Größen u und y konstant, gleich u_∞ und y_∞, und somit $\dot{y} \equiv 0$. Es muss daher im Betriebszustand die Beziehung $y_\infty = K u_\infty$ gelten. Geht man zu den Abweichungen über, so erhält man

$$T(y_\infty + \Delta y)^\bullet + (y_\infty + \Delta y) = K(u_\infty + \Delta u), \quad \text{also}$$
$$T(\Delta y)^\bullet + \Delta y = K \Delta u\,.$$

Es bleibt noch die Frage, was bei der Linearisierung aus den Anfangswerten wird. Betrachten wir dazu Bild 2-71, das nochmals zeigt, wie Anfangswerte in das Strukturbild eingehen: in S-Glieder unmittelbar hinter I-Gliedern.

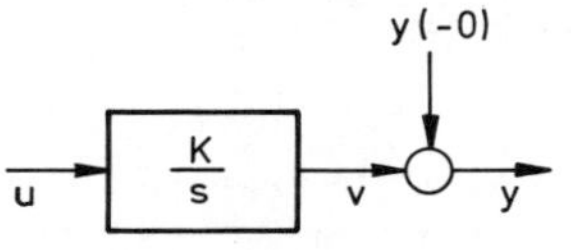

Bild 2-71: Integrierglied mit Anfangswert

Es gilt also

$$y(t) = v(t) + y(-0), \tag{2.120}$$

wobei $y(-0)$ eine Konstante ist. Im stationären Zustand wird $u = 0$, während v auf dem Wert v_∞ stehen bleibt. Es ist dann also

$$y_\infty = v_\infty + y(-0). \tag{2.121}$$

Subtrahiert man (2.121) von (2.120), so folgt

$$\Delta y(t) = \Delta v(t).$$

Das heißt: *Beim Übergang zu den Abweichungen vom stationären Zustand fallen die Anfangswerte weg.*

Als Beispiel zur Anwendung der Linearisierungsregeln wollen wir die Abflussregelung aus Bild 2-14 betrachten. Die Betriebswerte der zeitveränderlichen Größen im Arbeitspunkt wurden im vorigen Abschnitt berechnet und dürfen jetzt als bekannt vorausgesetzt werden. Da man weiß, dass die linearen Blöcke unverändert bleiben und die Anfangswerte wegfallen, braucht man sich nur noch um die Linearisierung des KL- und des M-Glieds zu kümmern und die sich daraus ergebenden Blöcke anstelle der Nichtlinearitäten in das Bild 2-14 einzutragen. Aus

$$q_a = a\sqrt{2gh} \qquad \text{folgt}$$
$$q_a' = \frac{dq_a}{dh} = a\sqrt{\frac{g}{2h}},$$
$$q_{a\infty}' = a\sqrt{\frac{g}{2h_\infty}},$$

wobei also h_∞ der stationäre Wert von h im Arbeitspunkt ist. Die Wurzelkennlinie ist somit durch ein P-Glied mit diesem Verstärkungsfaktor zu ersetzen.

Für das Multiplizierglied in Bild 2-14 liefert die Linearisierung

$$\Delta q_e = K_Q v_{e\infty} \Delta\varphi + K_Q \varphi_\infty \Delta v_e\,.$$

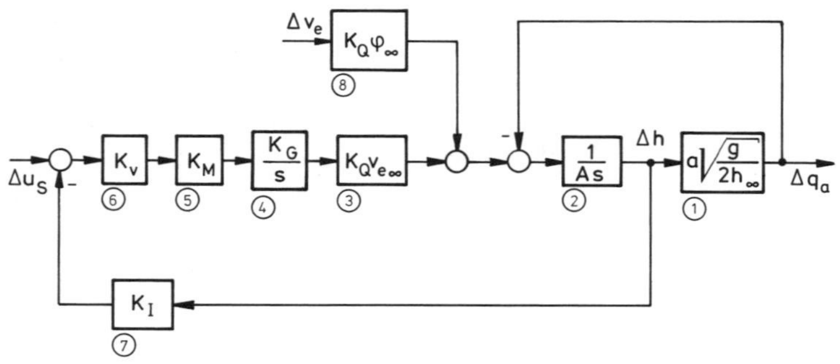

Bild 2-72: Linearisierte Abflussregelung

Hierin ist unter $v_{e\infty}$ der Mittelwert der Störgröße zu verstehen, der bei der Berechnung des Arbeitspunkts als Betriebswert zugrunde gelegt wird.

Insgesamt erhält man so Bild 2-72 als Strukturbild der um den Arbeitspunkt linearisierten Abflussregelung. Es ist nur noch aus I-, P- und S-Gliedern aufgebaut.

2.8 Umformung des Strukturbilds

Betrachtet man das Strukturbild der Abflussregelung in Bild 2-72, so erscheint es einem recht kompliziert und legt die Frage nahe, ob es wohl noch vereinfacht werden könne. Das ist generell so: Hat man ein Strukturbild aus den physikalischen Gesetzen eines Systems hergeleitet, so wird es noch nicht in der für die weitere Bearbeitung günstigsten Form vorliegen. Meist wird man es noch umformen müssen, um zu einer möglichst einfachen und übersichtlichen Darstellung zu gelangen. Das ist ganz wesentlich, weil das Strukturbild die Basis für die gesamte weitere Behandlung des Regelkreises ist.

Wir wollen uns deshalb jetzt mit der Umformung des Strukturbilds befassen und die gängigsten *Umformungsregeln* kennenlernen. Sie liegen fast unmittelbar auf der Hand, ergeben sich nämlich in ganz selbstverständlicher Weise aus der komplexen Übertragungsgleichung

$$Y(s) = G(s)U(s).$$

Da diese nur für lineare zeitinvariante Übertragungsglieder (LZI-Glieder) gilt, gelten auch die Umformungsregeln im Allgemeinen nur für LZI-Glieder. Es wäre also ganz falsch, sie z. B. auf Kennlinienglieder anzuwenden.

Man kann die Umformungsregeln in zwei Gruppen, nämlich *Zusammenfassungs- und Vertauschungsregeln* unterteilen: Die ersteren befassen sich mit der Zusammenfassung mehrerer Blöcke zu einem einzigen, die Vertauschungsregeln mit der Vertauschung von Blöcken untereinander. Sie sind in Bild 2-73 zusammengestellt. Das zwischen zwei Strukturbilder gesetzte Gleichheitszeichen besagt, dass sie *äquivalent* sind, d. h.: Schaltet man auf beide Strukturen die gleiche Eingangsgröße $u(t)$, so antworten beide mit der gleichen Ausgangsgröße $y(t)$. Ihr innerer Aufbau ist durchaus verschieden, aber hinsichtlich ihres Übertragungsverhaltens sind sie gleichwertig, eben „äquivalent". Die unter einer solchen Äquivalenz stehende Gleichung liefert die Begründung für ihre Geltung.

Die beiden Grundoperationen bei der Umformung des Strukturbilds sind die Zusammenfassung zweier parallel bzw. in Reihe gelegener Blöcke zu einem einzigen Block. Es ist klar, dass man diese Zusammenfassung bei beliebigen Übertragungsgliedern durchführen kann. Nur kann man dann über die Gesetze, die bei der Zusammenfassung gelten, nichts sagen, d. h. man kann keine Formel angeben, um das Übertragungsverhalten des aus der Zusammenfassung entstehenden Glieds aus dem Übertragungsverhalten der beiden einzelnen Glieder zu gewinnen. Das ist erst möglich, wenn man zu bestimmten Klassen von Übertragungsgliedern übergeht. Für die LZI-Glieder gilt folgende Regel:

Die Parallelschaltung zweier LZI-Glieder mit den Übertragungsfunktionen $G_1(s)$ und $G_2(s)$ ist wiederum ein LZI-Glied, und zwar mit der Übertragungsfunktion $G_1(s)+G_2(s)$.
Die Reihenschaltung zweier LZI-Glieder mit den Übertragungsfunktionen $G_1(s)$ und $G_2(s)$ ist ein LZI-Glied mit der Übertragungsfunktion $G_1(s)G_2(s)$.

Diese beiden Regeln sind in den ersten beiden Zeilen von Bild 2-73 samt ihrer Begründung darge-

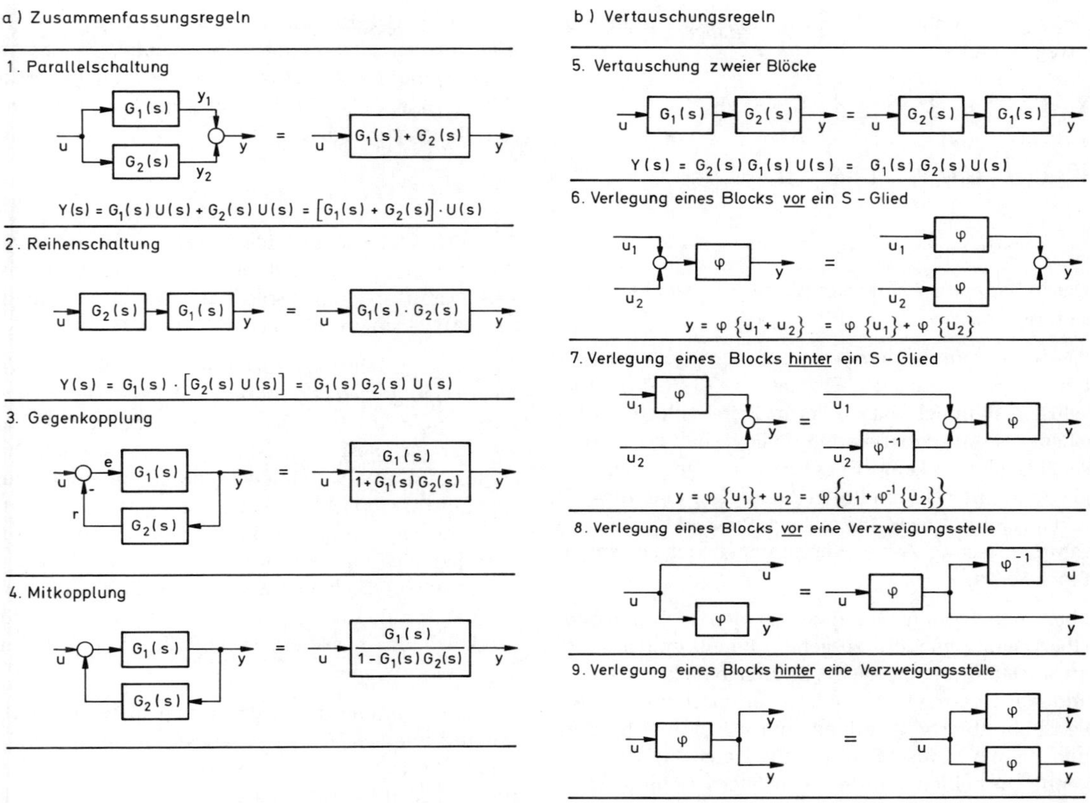

Bild 2-73: Umformungsregeln des Strukturbilds

stellt. Beispielsweise gelten für die Parallelschaltung in der linken Spalte von Bild 2-73 die Gleichungen

$$Y(s) = Y_1(s) + Y_2(s),$$
$$Y_1(s) = G_1(s)\,U(s),$$
$$Y_2(s) = G_2\,U(s), \qquad \text{also}$$
$$Y(s) = G_1(s)\,U(s) + G_2(s)\,U(s).$$

Daraus folgt sofort

$$Y(s) = [G_1(s) + G_2(s)]\;U(s),$$

also die Blockdarstellung in der rechten Spalte von Bild 2-73.

Die beiden Regeln für die Zusammenfassung von Parallel- und Reihenschaltung zu *einem* Block erscheinen als ganz selbstverständlich. Das ist aber nur der Fall, weil die komplexe Übertragungsgleichung $Y(s) = G(s)\,U(s)$ zur Verfügung steht. Man versuche nur einmal, zwei in Reihe gelegene Blöcke, die durch Differentialgleichungen höherer Ordnung charakterisiert sind, durch Rechnen mit den Differentialgleichungen zu einem Block zusammenzufassen! Dann wird man eindringlich erleben, welch große Erleichterung der Übergang in den komplexen Bereich bedeutet.

Um zu zeigen, dass eine Zusammenfassungsregel auch ganz anders als bei den LZI-Gliedern aussehen kann, betrachten wir zwei in Reihe gelegene Kennliniенglieder. Wie aus Bild 2-74 unmittelbar zu sehen, ist auch hier eine formelmäßige Zusammenfassung ohne weiteres möglich. Das Resultat ist jedoch gänzlich anders als bei den LZI-Gliedern: *Man hat nicht etwa das Produkt der beiden Kennlinien zu nehmen, sondern ihre mittelbare Funktion.*

Als weitere Zusammenfassungsregel für LZI-Glieder betrachten wir nun die *Gegenkopplung* zweier Blöcke, eine Struktur, die in der Regelungstechnik auf Schritt und Tritt vorkommt (3. Zeile in Bild 2-73, linke Spalte).

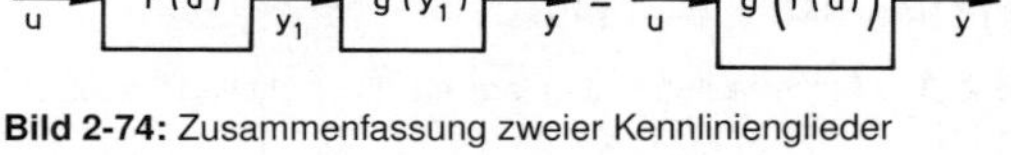

Bild 2-74: Zusammenfassung zweier Kennliniendglieder

Dann gilt, wenn wir einfachheitshalber das Argument s weglassen:

$$Y = G_1 E, \quad E = U - R, \quad R = G_2 Y, \quad \text{also}$$
$$Y = G_1(U - G_2 Y),$$
$$Y = G_1 U - G_1 G_2 Y, \quad (1 + G_1 G_2) Y = G_1 U,$$
$$Y = \frac{G_1}{1 + G_1 G_2} U.$$

Damit hat man die Rückkopplung zu *einem* Block zusammengefasst.

Wenn wir nun zu den Vertauschungsregeln übergehen, so ist es wegen $G_1(s)G_2(s) = G_2(s)G_1(s)$ ganz selbstverständlich, dass zwei in Reihe gelegene LZI-Glieder vertauschbar sind (5. Zeile in Bild 2-73). Dieser Satz gilt aber keineswegs für andere Übertragungsglieder. Für zwei Kennlinienglieder liest man dies direkt aus Bild 2-75 ab, das zugleich Beispiele für die Zusammenfassung zweier Kennlinienglieder zu einem Block liefert.

Aber man braucht gar nicht zu den nichtlinearen Übertragungsgliedern zu gehen. Bereits zeitvariante lineare Übertragungsglieder brauchen nicht mehr mit anderen Übertragungsgliedern vertauschbar zu sein. So ist ein Abtastglied mit einem R-Glied im Allgemeinen nicht vertauschbar, wie man aus Bild 2-76 erkennt. Die beiden Anordnungen liefern für die gleiche Eingangsgröße u im Allgemeinen verschiedene Ausgangsgrößen y.

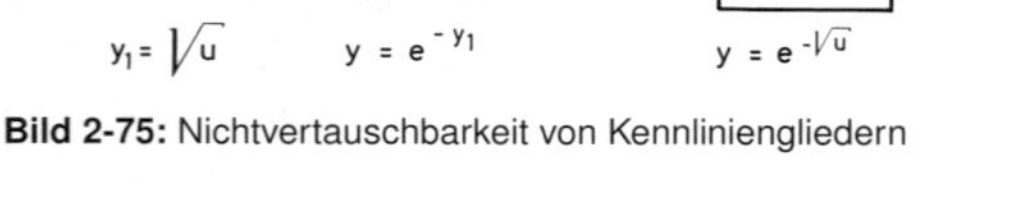

Bild 2-75: Nichtvertauschbarkeit von Kennliniengliedern

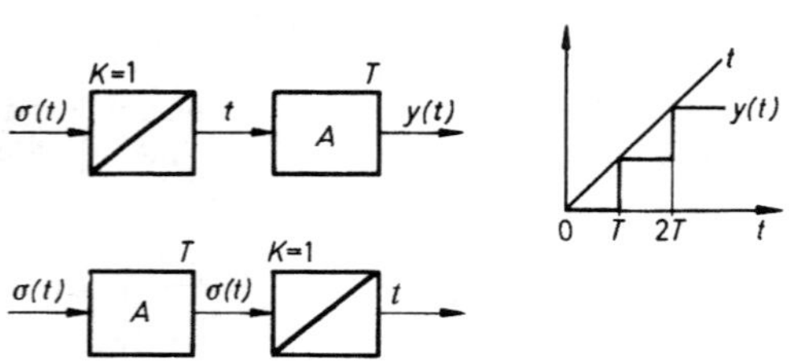

Bild 2-76: Abtastglied und Integrierglied sind nicht vertauschbar

Es gibt aber auch eine Vertauschungsregel, die *für alle linearen Übertragungsglieder* gilt: *Jedes lineare Übertragungsglied kann vor ein S-Glied verlegt werden* (Bild 2-73, 6. Zeile). Denn nach Definition des linearen Übertragungsglieds gilt

$$\varphi\{u_1 + u_2\} = \varphi\{u_1\} + \varphi\{u_2\}.$$

Die obige Vertauschungsregel ist also nichts weiter als die anschauliche Darstellung des Superpositionsprinzips. Daraus folgt auch sofort, dass sie für ein nichtlineares Glied nicht gelten kann.

Es gibt sogar eine Vertauschungsregel, die *für jedes Übertragungsglied* gilt (Bild 2-73, 9. Zeile): *Jedes Übertragungsglied kann hinter eine Verzweigungsstelle verlegt werden.* Dieser Satz ist aus der graphischen Darstellung unmittelbar einleuchtend. Irgendeinen übertragungstheoretischen Hintergrund hat er nicht, da die Verzweigungsstelle kein Übertragungsglied, sondern lediglich ein zeichnerisches Hilfsmittel ist, das man nutzt, um sich die Darstellung mehrerer gleicher Ausgangsgrößen zu sparen. Für die Umformung des Strukturbilds ist es aber zweckmäßig, diese Regel zur Verfügung zu haben.

Für zwei weitere Vertauschungsregeln wird der Begriff des *inversen Übertragungsglieds* benötigt. Das inverse Übertragungsglied zu einem gegebenen Übertragungsglied ist ganz allgemeinn dadurch definiert, dass es die durch das Übertragungsglied bewirkte Abbildung rückgängig macht, also aus der Ausgangsgröße y zu u wiederum u erzeugt. Bezeichnet man den zu φ inversen Operator mit φ^{-1}, so gilt

$$y = \varphi\{u\}, \quad \tilde{y} = \varphi^{-1}\{y\} = \varphi^{-1}\{\varphi\{u\}\} = u,$$

und zwar für jede Eingangsgröße u. Dieser Zusammenhang ist in Bild 2-77 dargestellt, zusammen mit dem einfachen Beispiel eines Kennlinienglieds.

Bei einem LZI-Glied ist $Y(s) = G(s)\,U(s)$. Daher muss das inverse Übertragungsglied durch

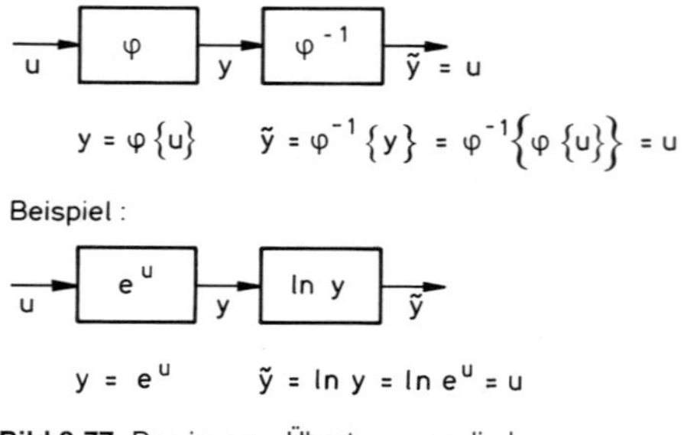

Bild 2-77: Das inverse Übertragungsglied

$$\widetilde{Y}(s) = \frac{1}{G(s)}\, Y(s) = G^{-1}(s)\, Y(s)$$

gegeben sein, denn es ist dann

$$\widetilde{Y}(s) = G^{-1}(s)\, G(s)\, U(s) = U(s)\,.$$

Das Inverse zu einem LZI-Glied ist meist nicht realisierbar. So gehört zu dem Integrierglied mit

$$G(s) = \frac{K}{s}$$

als inverses Übertragungsglied das Differenzierglied mit

$$\frac{1}{G(s)} = \frac{1}{K}\, s\,,$$

das nur approximativ zu verwirklichen ist.

Das Inverse braucht nicht einmal näherungsweise realisierbar zu sein. Dafür liefert das Totzeitglied ein Beispiel. Um die Verschiebung um T_t nach rechts aufzuheben, muss das inverse Übertragungsglied eine Verschiebung um T_t nach links bewirken. Seine Sprungantwort ist daher der um T_t nach links verschobene Einheitssprung $\sigma(t + T_t)$. Ein solches Übertragungsglied ist nicht realisierbar, da bei ihm die Ausgangsgröße vor der Eingangsgröße da sein muss, was dem Kausalitätsgesetz widerspricht.

Ein derartiges Verhalten ist aber sehr wohl als mathematische Operation denkbar. Daher kann man bei den Zwischenrechnungen, die mit der Umformung des Strukturbilds verbunden sind, ohne Weiteres mit inversen Übertragungsgliedern und den zugehörigen Übertragungsfunktionen *rechnen*, auch wenn die ersteren nicht realisierbar und die letzteren keine Übertragungsfunktionen im eigentlichen Sinne sein sollten.

Nunmehr können auch die beiden noch ausstehenden Vertauschungsregeln in den Zeilen 7 und 8 von Bild 2-73 formuliert werden. Die letztgenannte, welche die Verlegung eines Blocks vor eine Verzweigungsstelle betrifft, stellt lediglich eine zeichnerische Umformung dar und gilt deshalb für alle Übertragungsglieder.

Bei der Regel in Zeile 7 wird hingegen das Superpositionsprinzip benötigt, so dass sie ausschließlich für *lineare* Übertragungsglieder gültig ist. Für die Struktur in der linken Spalte gilt nämlich

$$y = \varphi\{u_1\} + u_2\,.$$

Wegen

$$u_2 = \varphi\{\varphi^{-1}\{u_2\}\}$$

kann dafür auch

$$y = \varphi\{u_1\} + \varphi\{\varphi^{-1}\{u_2\}\}\,.$$

geschrieben werden. Sofern das Superpositionsprinzip gilt, folgt daraus

$$y = \varphi\{u_1 + \varphi^{-1}\{u_2\}\}\,.$$

Diese Gleichung wird durch die Struktur in der rechten Spalte von Zeile 7 dargestellt. Selbstverständlich ist hier wie auch bei der vorhergehenden Regel die Existenz des inversen Operators φ^{-1} vorausgesetzt.

Bei der Umformung eines Strukturbilds wird man teils die Umformungen benötigen, teils direkt von der zugrundeliegenden komplexen Übertragungsgleichung $Y(s) = G(s)\, U(s)$ ausgehen, was auf eine implizite Anwendung der Umformungsregeln hinausläuft. Schon in den vorangegangenen Abschnitten haben wir von dieser Möglichkeit Gebrauch gemacht.

Im Folgenden werden immer wieder Strukturbildumformungen vorgenommen, und es ist dann vielfach Gelegenheit, die Umformungsregeln anzuwenden. An dieser Stelle wollen wir sie benutzen, um die Struktur der linearisierten Abflussregelung im Bild 2-72 zu vereinfachen.

Dazu führen wir zunächst die folgenden Schritte aus:

- Verlegung von Block 1 vor die vor ihm liegende Verzweigungsstelle. Er tritt dann invers in der unteren Rückführung auf.
- Verlegung von Block 8 hinter das nachfolgende Summierglied. Dann tritt vor dem Summierglied der inverse Block auf.

Insgesamt gelangt man so zu der Struktur in Bild 2-78.

Hierin fasst man die Reihenschaltung der Blöcke 1 bis 5 zu *einem* Block zusammen. Er hat die Übertragungsfunktion

$$G(s) = \frac{K_1}{s} \quad \text{mit} \quad K_1 = K_V K_M K_G \frac{v_{e\infty}}{\varphi_\infty}\,,$$

bildet also ein I-Glied. Sodann fasst man die Reihenschaltung der Blöcke 9 und 10 zu einem Block zusammen. Es ergibt sich ein P-Glied mit dem Verstärkungsfaktor

$$K_3 = \frac{K_I}{a}\sqrt{\frac{2h_\infty}{g}}\,.$$

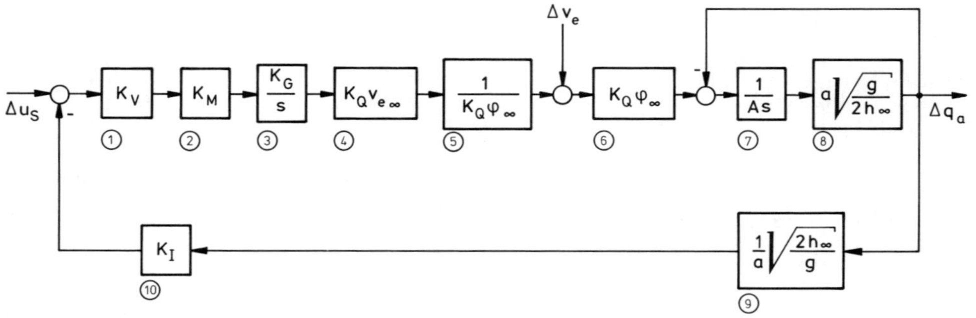

Bild 2-78: Umformung der linearisierten Abflussregelung aus Bild 2-72

Betrachten wir nun die Rückführung der beiden Blöcke 7 und 8 und wenden auf sie die Rückkopplungsformel aus der 3. Zeile von Bild 2-73 an. Im Vorwärtszweig liegt eine Reihenschaltung mit der Übertragungsfunktion

$$G_1(s) = \frac{1}{As} \cdot a\sqrt{\frac{g}{2h_\infty}}.$$

Im Rückwärtszweig liegt kein Block, so dass dessen Übertragungsfunktion $G_2(s) = 1$ zu setzen ist. Damit ergibt sich für die Übertragungsfunktion der geschlossenen Rückkopplung

$$G = \frac{G_1}{1 + G_1 G_2} = \frac{\frac{a}{A}\sqrt{\frac{g}{2h_\infty}} \cdot \frac{1}{s}}{1 + \frac{a}{A}\sqrt{\frac{g}{2h_\infty}} \cdot \frac{1}{s}}.$$

Durch Erweiterung mit dem reziproken Zähler folgt daraus

$$G = \frac{1}{1 + \frac{A}{a}\sqrt{\frac{2h_\infty}{g}}\, s}.$$

Dies ist ein Verzögerungsglied 1. Ordnung mit dem Verstärkungsfaktor 1 und der Zeitkonstante

$$T = \frac{A}{a}\sqrt{\frac{2h_\infty}{g}}.$$

Fasst man schließlich dieses P-T_1-Glied noch mit dem in Reihe davor gelegenen Block 6 zusammen, so erhält man das endgültige Strukturbild der linearisierten Abflussregelung in Bild 2-79. Vergleicht man dieses mit der ursprünglichen Struktur in Bild 2-72, so sieht man, welche Vereinfachung durch die Umformung erreicht werden konnte.

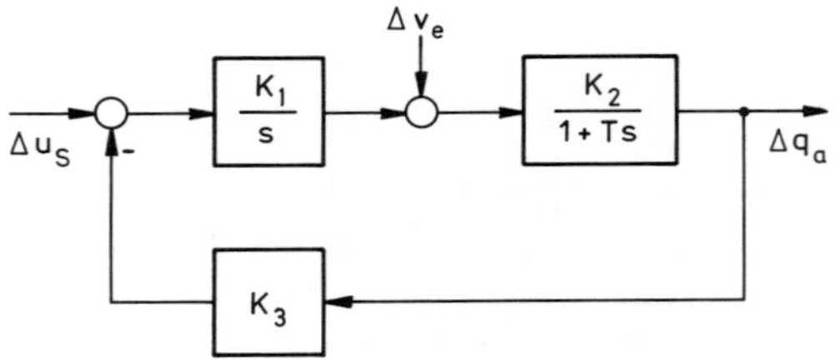

$$K_1 = K_V K_M K_G \frac{v_{e\infty}}{\varphi_\infty}, \quad K_2 = K_Q \varphi_\infty,$$

$$K_3 = \frac{K_I}{a}\sqrt{\frac{2h_\infty}{g}}, \quad T = \frac{A}{a}\sqrt{\frac{2h_\infty}{g}}.$$

Bild 2-79: Vereinfachtes Strukturbild der linearisierten Abflussregelung aus Bild 2-72

Zum Abschluss sei noch auf eine vom Strukturbild verschiedene graphische Veranschaulichung von Gleichungssystemen hingewiesen, das *Signalflussdiagramm* [2.9]. Bei ihm werden die zeitveränderlichen Größen bzw. ihre Laplace-Transformierten durch kleine Kreise symbolisiert. Die Multiplikation einer Größe mit einer Übertragungsfunktion wird durch eine von dem zugehörigen Kreis weggerichtete Linie wiedergegeben. Die Übertragungsfunktion wird neben diese Linie geschrieben. Treffen sich zwei gerichtete Linien in einem Kreis, so bedeutet dies Addition. Wie man im Einzelnen vorgeht, kann man aus Bild 2-80 ablesen, das eine Rückführung im Strukturbild, in Gleichungen und in dem aus diesen Gleichungen abgeleiteten Signalflussdiagramm zeigt.

Es ist klar, dass zwischen Strukturbild und Signalflussdiagramm kein wesentlicher Unterschied besteht. Beide Darstellungsformen veranschaulichen das Gleichungssystem, das die dynamischen Verhältnisse des Systems beschreibt. Die beiden Formen unterscheiden sich lediglich durch die Symbolik. Welche Darstellungsweise man bevorzugt, ist mehr eine Frage der Gewohnheit. Strebt man die anschauliche Darstellung von Funktionalbeziehungen an, wie dies bei unserem Aufbau der Fall ist, so gelangt man zwangsläufig zum Strukturbild. Beim Übergang zum Geräteaufbau der realen Anlage bzw. zur blockorientierten Modellierung im Rechner ist das Strukturbild günstiger. Andererseits ist der Zeichenaufwand beim Signalflussdiagramm geringer als beim Strukturbild. Das ist bei komplizierteren Systemen, wie vermaschten Netzwerken oder Mehrfachregelungen, von Vorteil.

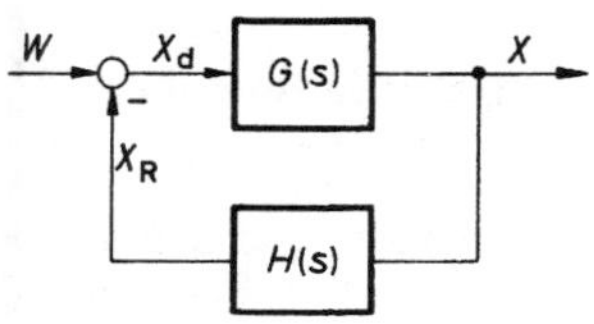

$$X = GX_d \;,\; X_d = W - X_R \;,\; X_R = HX$$

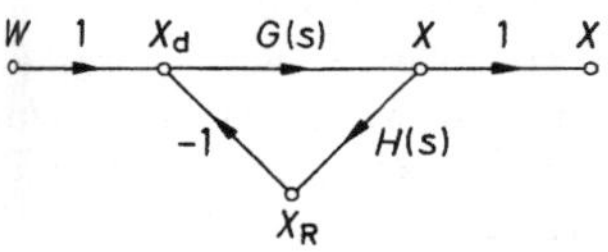

Bild 2-80: Darstellung einer Rückführung im Strukturbild, in Gleichungen und im Signalflussdiagramm

2.9 Experimentelle Bestimmung der Systemparameter

2.9.1 Aufgabenstellung und Verfahrensübersicht

Bei den bisherigen Überlegungen wurde auf die Bestimmung der Parameter, die in den Übertragungsfunktionen auftreten, nicht näher eingegangen. Es wurde vielmehr angenommen, dass sie vorgegeben sind oder aber aus den Daten der Bauelemente des Systems mit hinreichender Genauigkeit berechnet werden können. Das ist auch häufig der Fall, insbesondere bei einfachen elektrischen, mechanischen und elektromechanischen Netzwerken. Beispielsweise wurden in Abschnitt 2.3.11 die Dämpfung d und die Zeitkonstante T des P-T_2-Glieds aus der Induktivität L, der Kapazität C und dem Ohmschen Widerstand R des elektrischen Reihenschwingkreises ermittelt. Bei unbekannten oder auch komplexen Prozessen ist es aber meist nicht möglich, die Systemparameter auf diese einfache Weise zu bestimmen. Häufig ist nicht einmal bekannt, von welcher Ordnung das Zähler- und das Nennerpolynom der Übertragungsfunktion sind und ob ein Totzeitanteil vorhanden ist oder nicht. In diesen Fällen ist man auf experimentelle Methoden zur Bestimmung der Systemparameter angewiesen.

Die experimentelle Analyse dynamischer Systeme und die Systemidentifikation haben sich im Laufe der Zeit zu einem eigenständigen und gut ausgebauten Spezialgebiet der Automatisierungstechnik entwickelt, das für praktisch jeden Anwendungsfall geeignete Verfahren bereitstellt (siehe z. B. [2.10–2.12] oder auch die *System Identification Toolbox* von Matlab/Simulink). Diese Verfahren beruhen meist darauf, dass man den vorgegebenen Prozess mit einer dem System angepassten Eingangszeitfunktion anregt und die Ausgangsgröße mit derjenigen eines geeignet gewählten Prozessmodells vergleicht, auf das die gleiche Eingangsgröße einwirkt. Das Prozessmodell ist ebenfalls ein Übertragungsglied mit zunächst unbekannten Parametern, das vom Experimentator aufgrund seiner – eventuell vagen – Vorkenntnisse über den Prozess mit entsprechenden Modellierungswerkzeugen im Rechner spezifiziert wurde. Der zeitliche Verlauf der Differenz zwischen den Ausgangsgrößen von Prozess und Modell wird in geeigneter Form bewertet und dazu verwendet, die Modellparameter solange zu verstellen, bis die Abweichungen hinreichend klein sind; Bild 2-81 zeigt die Vorgehensweise in Form eines Wirkungsplans.

Nachfolgend sollen einige elementare Verfahren zur experimentellen Parameterbestimmung behandelt werden, die einfach in der Anwendung sind, aber in der Regel dennoch für regelungstechnische Aufgabenstellungen hinreichend genaue Ergebnisse liefern. Diese Verfahren sind naturgemäß in ihrem Anwendungsbereich auf lineare zeitinvariante Übertragungsglieder beschränkt. Als anregende Eingangsgröße wird der Einheitssprung gewählt; die auf den Prozess einwirkenden zufälligen Störungen sollen so klein sein, dass sie die Sprungantwort nicht wesentlich verfälschen.

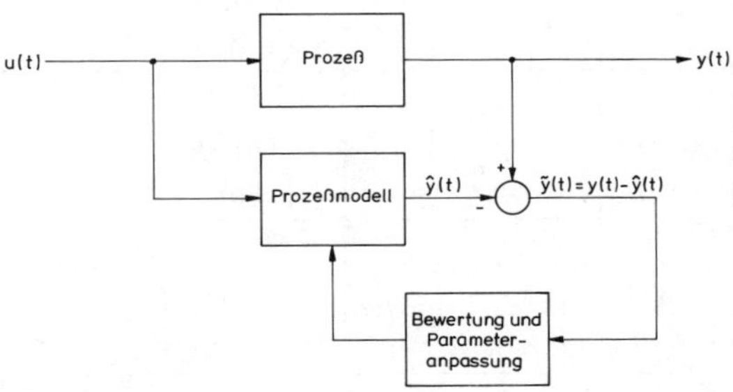

Bild 2-81: Zum Prinzip der experimentellen Parameterschätzung

2.9.2 Bestimmung der Parameter von rationalen Übertragungsgliedern 1. Ordnung

Betrachten wir zunächst ein rationales Übertragungsglied erster Ordnung (R_1-Glied), das nach Abschnitt 2.5.2. (Gl. 2.79) durch die Übertragungsfunktion

$$G(s)=\frac{b_0+b_1 s}{a_0+a_1 s} \tag{2.122}$$

beschrieben wird. In Tabelle 2-2 sind die wichtigsten Sonderfälle dieses Glieds mit ihren Übertragungsfunktionen und Sprungantworten zusammengestellt.

Die Übertragungsfunktionen werden beim P-T_1-Glied und beim D-T_1-Glied durch zwei, beim PD-T_1-Glied durch drei Parameter vollständig beschrieben. Nutzt man die aus der Sprungantwort leicht zu bestimmenden Anfangs- und Endwerte h_0 und h_∞ aus, bleibt nur die Verzögerungszeit T zu bestimmen, wozu im Prinzip ein weiterer Funktionswert ausreicht. Um aber den Einfluss zufälliger Fehler wie Rauschen und Ablesefehler zu reduzieren, wird man meist mehrere Werte verwenden und die Ergebnisse geeignet mitteln.

Eine gemeinsame Behandlung aller drei Sonderfälle wird möglich, wenn man die abgelesenen Werte der Sprungantwort derart umrechnet, dass der gemeinsame Faktor $\mathrm{e}^{-t/T}$ isoliert auftritt. Die Umrechnungsbeziehungen kann man aus der Sprungantwort leicht ableiten; sie sind in der letzten Spalte von Tabelle 2-2 angegeben. Hat man beispielsweise für die Zeitpunkte $t_1, t_2, \dots, t_k$ die zugehörigen Werte $h_1, h_2, \dots, h_k$ der Sprungantwort abgelesen, kann man diese in die transformierten Werte $\eta_1, \eta_2, \dots, \eta_k$ umrechnen. Für den i-ten Messwert gilt dann

$$\eta_i=\mathrm{e}^{-t_i/T_i},$$

wobei T_i den aufgrund der i-ten Messung bestimmten Schätzwert für die Verzögerungszeit T bezeichnet; man erhält ihn zu

$$T_i=-\frac{t_i}{\ln\eta_i}.$$

Einen verbesserten Schätzwert erhält man mit dem über alle k Werte T_i gebildeten arithmetischen Mittel

$$\widehat{T}_k=\frac{1}{k}\sum_{i=1}^{k}T_i=\frac{k-1}{k}\widehat{T}_{k-1}+\frac{1}{k}T_k,$$

wobei die rechts stehende rekursive Form für die numerische Berechnung besser geeignet ist.

Hat man alle k Messwerte verarbeitet, setzt man $\widehat{T}_k=\widehat{T}$ und berechnet mit diesem Wert sowie dem Anfangs- und Endwert von $h(t)$ die verbleibenden Parameter.

Als Beispiel sei die in Bild 2-82 dargestellte Sprungantwort eines PD-T_1-Glieds betrachtet; diese ist durch ein hochfrequentes Rauschen verfälscht, so dass man die Auswertung über mehrere Messwerte erstreckt. Zunächst liest man den Anfangswert zu $h_0=0,36$ und den Endwert zu $h_\infty=1,5$ ab. Zu den äquidistanten Zeitpunkten $t_1=1$ sec, 2 sec, ..., 6 sec ermittelt man die in der 2. Zeile der Tabelle 2-3 angegebenen Werte der Sprungantwort und vervollständigt die Tabelle durch Berechnung der Werte η_i und $\widehat{T}_i$. Als Schätzwert für die Verzögerungszeit erhält man $\widehat{T}_6=1{,}91$ sec und damit nach Tabelle 2-2 die Parameter des PD-T_1-Glieds zu $\widehat{K}=h_\infty=1,5$, $\widehat{T}=\widehat{T}_6=1{,}91$ sec und $\widehat{T}_v=h_0\cdot\widehat{T}/\widehat{K}=0{,}459$ sec. Die zugehörige Sprungantwort ist in Bild 2-82 ebenfalls eingetragen; man erkennt die recht genaue Approximation.

Typ	Übertragungsfunktion	Parameter	Sprungantwort h(t)	h(0)	h(∞)	Transformation
P-T_1	$\frac{K}{1+Ts}$	$K=b_0/a_0$ $T=a_1/a_0$ $(b_1=0)$	$K\left(1-\mathrm{e}^{-t/T}\right)$	0	K	$\eta=1-\frac{h}{h_\infty}$
D-T_1	$\frac{Ks}{1+Ts}$	$K=b_1/a_0$ $T=a_1/a_0$ $(b_0=0)$	$\frac{K}{T}\mathrm{e}^{-t/T}$	$\frac{K}{T}$	0	$\eta=\frac{h}{h_0}$
PD-T_1	$K\frac{1+T_v s}{1+Ts}$	$K=b_0/a_0$ $T=a_1/a_0$ $T_v=b_1/b_0$	$K\left[1-\left(1-\frac{T_v}{T}\right)\mathrm{e}^{-t/T}\right]$	$K\frac{T_v}{T}$	K	$\eta=\frac{h_\infty-h}{h_\infty-h_0}$

Tabelle 2-2: Sonderfälle des R_1-Glieds

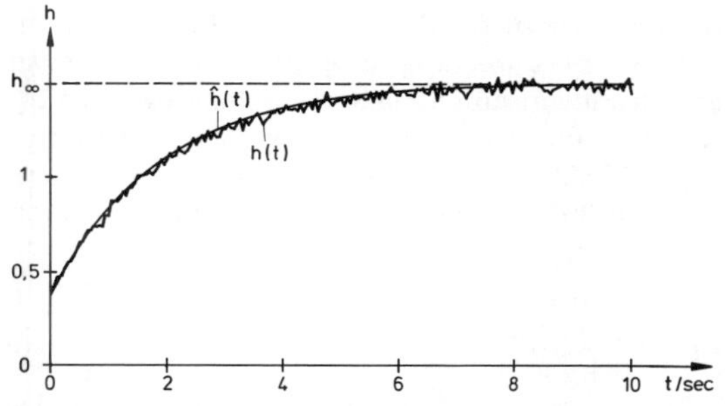

Bild 2-82: Gemessene und approximierte Sprungantwort des R_1-Glieds (Beispiel)

t_i	1	2	3	4	5	6	s
h_i	0.79	1.08	1.26	1.37	1.43	1.46	/
η_i	0.6228	0.3684	0.2105	0.1140	0.0614	0.0351	/
$\widehat{T}_i$	2.112	2.057	2.013	1.971	1.935	**1.911**	s

Tabelle 2-3: Parameterbestimmung eines R_1-Glieds (Beispiel)

2.9.3 Bestimmung der Parameter des aperiodischen Verzögerungsglieds 2. Ordnung

Es sollen nun die Parameter des in den Anwendungen häufig auftretenden Verzögerungsglieds 2. Ordnung (P-T_2-Glied, Abschnitt 2.3.11) bestimmt werden, wobei wir uns auf den aperiodischen Fall ($d > 1$) beschränken wollen. Zu der Übertragungsfunktion

$$G(s) = \frac{K_P}{(1+T_1 s)(1+T_2 s)} \tag{2.123}$$

des P-T_2-Glieds gehört die Sprungantwort

$$h(t) = K_P\left[1 - \frac{T_1}{T_1 - T_2}\mathrm{e}^{-t/T_1} + \frac{T_2}{T_1 - T_2}\mathrm{e}^{-t/T_2}\right], \tag{2.124}$$

die man mit dem Verhältnis der Verzögerungszeiten $q = T_2/T_1$ und der auf die Summe der Verzögerungszeiten bezogenen Zeit $\tau = t/(T_1 + T_2)$ in der Form

$$h(\tau) = K_P\left\{1 - \frac{1}{1-q}\left[\mathrm{e}^{-(1+q)\tau} - q\mathrm{e}^{-\frac{1+q}{q}\tau}\right]\right\}, \tag{2.125}$$

schreiben kann. Gibt man ohne Einschränkung der Allgemeingültigkeit $T_1 \geq T_2$ vor, ist die Sprungantwort $h(\tau)$ für $0 \leq q \leq 1$ auszuwerten. Der Fall $q = 0$ entspricht dem des P-T_1-Glieds, der Fall $q = 1$ dem des aperiodischen Grenzfalls des P-T_2-Glieds; für diese Fälle sind die in den Abschnitten 2.3.10 und 2.3.11 angegebenen Sprungantworten anzusetzen.

Trägt man die Sprungantwort $h(\tau)$ für verschiedene Werte von q über der bezogenen Zeit τ auf (Bild 2-83), erkennt man, dass bei $\tau = \tau^* = 1{,}2$ alle Sprungantworten mit nur geringen Abweichungen durch einen Punkt verlaufen, der etwa 70 % des Endwerts entspricht. In Bild 2-84a ist diese Abweichung über q aufgetragen; sie beträgt im gesamten Wertebereich $0 \leq q \leq 1$ weniger als 1 % des Endwerts. Andererseits ist bei $\tau^*/4 = 0{,}3$ die Abhängigkeit von q vergleichsweise groß, wie man Bild 2-84b entnimmt. Ausgehend von dieser Beobachtung, wurde von *Strejc* [2.13] das folgende Verfahren zur Bestimmung der Parameter des aperiodischen P-T_2-Glieds vorgeschlagen:

- Aus der – eventuell geglätteten – Sprungantwort entnimmt man zunächst den Endwert h_∞ und hiermit den Proportionalbeiwert $\widehat{K}_P = h_\infty$.
- Aus der Sprungantwort bestimmt man den Zeitpunkt t^*, zu dem sie 70 % des Endwerts erreicht. Wegen $\tau^* = t^*/(T_1 + T_2) \approx 1{,}2$ kann man die Summe der Zeitkonstanten näherungsweise zu $\widehat{T}_1 + \widehat{T}_2 = t^*/1{,}2$ ermitteln.
- Bei $t^*/4$ liest man den Wert $h(t^*/4)$ der Sprungantwort ab und bestimmt in Bild 2-84b den zugehörigen Wert q^*.
- Abschließend berechnet man die Verzögerungszeiten zu

$$\widehat{T}_1 = \frac{t^*}{1{,}2(1+q^*)}, \quad \widehat{T}_2 = q^*\widehat{T}_1.$$

Das Verfahren sei nachfolgend an einem Beispiel verdeutlicht: Vorgegeben sei die in Bild 2-85 dargestellte Sprungantwort eines P-T_2-Glieds, aus der man zunächst den Endwert $h_\infty = \widehat{K}_P = 1{,}6$ abliest. Bei $h(t^*) = 0{,}7 \cdot h_\infty = 1{,}1$ ermittelt man $t^* \approx 4$ sec, für $t^*/4 \approx 1$ sec, also $h^*(1) \approx 0{,}28 = 0{,}17\ h_\infty$. Für diesen Wert entnimmt man Bild 2-84b das Verhältnis $q^* = 0{,}21$ und berechnet die Verzögerungszeiten schließlich zu $\widehat{T}_1 = 4{,}1$ sec$/(1{,}2 \cdot 1{,}21) = 2{,}8$ sec und $\widehat{T}_2 = 0{,}21 \cdot 2{,}8$ sec $= 0{,}59$ sec. Insgesamt erhält man also die genäherte Übertragungsfunktion

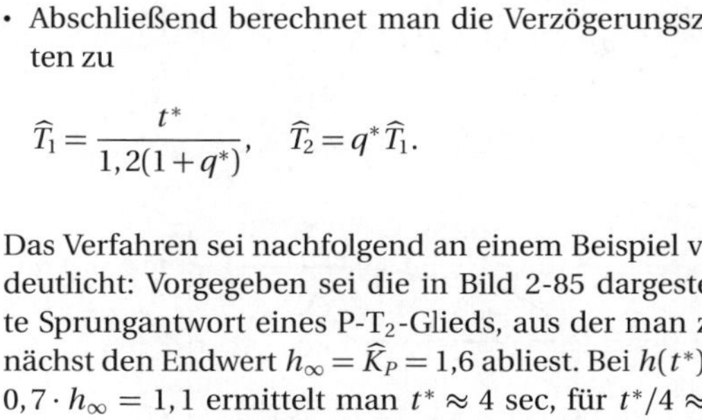

Bild 2-83: Sprungantwort des aperiodischen Übertragungsglieds 2. Ordnung

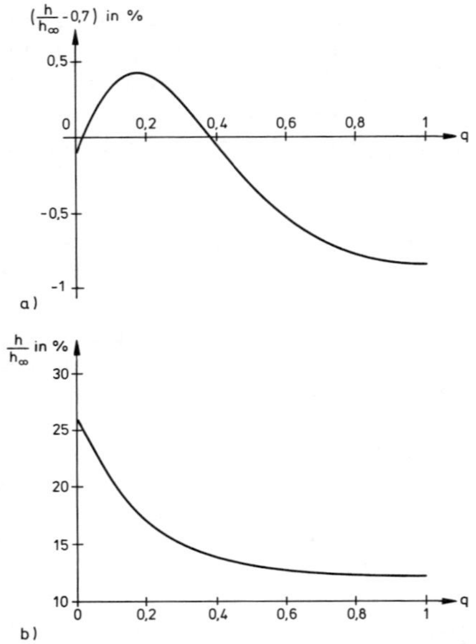

Bild 2-84: Abhängigkeit der bezogenen Sprungantwort des aperiodischen P-T$_2$-Glieds vom Verhältnis der Verzögerungszeiten

a) bei $t^* = 1{,}2(T_1 + T_2)$,

b) bei $t^* = 0{,}3(T_1 + T_2)$.

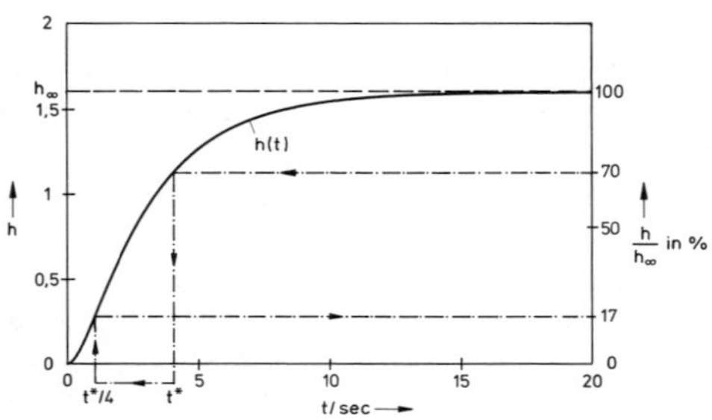

Bild 2-85: Bestimmung der Parameter des aperiodischen P-T$_2$-Glieds (Beispiel)

$$\widehat{G}(s) = \frac{1{,}6}{(1+2{,}8s)(1+0{,}59s)};$$

die zugehörige Sprungantwort unterscheidet sich nur unwesentlich von dem gemessenen Zeitverlauf.

2.9.4 Approximation von Verzögerungsgliedern höherer Ordnung

Für die Approximation nicht schwingungsfähiger Übertragungsglieder höherer Ordnung wurden zahlreiche Verfahren vorgeschlagen, von denen nachfolgend eines exemplarisch vorgestellt werden soll, welches sich in der Praxis bewährt hat: die *Totzeit-Verzögerungs-Näherung.* Die Approximation einer Sprungantwort durch die Reihenschaltung eines Totzeitglieds und eines Verzögerungsglieds 1. Ordnung (P-T$_1$-T$_t$-Näherung) wurde in Abschnitt 2.4.4 bereits kurz erwähnt. Um die Parameter der approximierenden Übertragungsfunktion

$$\widehat{G}(s) = \frac{\widehat{K}}{1+\widehat{T}s}\,\mathrm{e}^{-\widehat{T}_t s} \tag{2.126}$$

aus einer vorgegebenen Sprungantwort zu bestimmen, fixiert man zunächst per Augenmaß den Wendepunkt $h_w = h(t_w)$ der Sprungantwort (Bild 2-86) und zeichnet in diesem Punkt die Tangente. Diese „Wendetangente" schneidet die Zeitachse bei der Verzugszeit T_u und die Parallele durch den Endwert h_∞ im Zeitpunkt $T_u + T_g$, wobei T_g als Ausgleichszeit bezeichnet wird. Den Proportionalbeiwert $\widehat{K}$, die Verzögerungszeit $\widehat{T}$ und die Totzeit $\widehat{T}_t$ der Näherung ermittelt man dann zu $\widehat{K} = h_\infty$, $\widehat{T} = T_g$ und $\widehat{T}_t = T_u$.

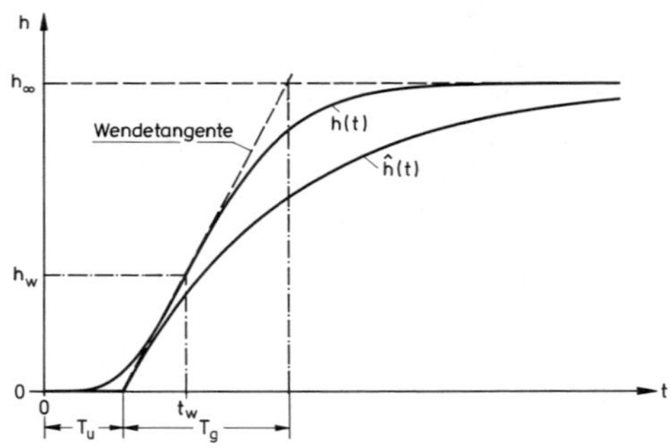

Bild 2-86: Approximation einer Sprungantwort durch ein Totzeit-Verzögerungsglied

Liegen die Werte der Sprungantwort numerisch vor, ermittelt man durch numerische Differentiation die Ableitung $\dot{h}(t)$ und aus deren Maximum den Zeitpunkt t_w sowie die Steigung $\dot{h}_w$ im Wendepunkt. Mit dem Wert $h_w = h(t_w)$ der Sprungantwort erhält man dann Verzugszeit T_u und Ausgleichszeit T_g zu

$$T_u = t_w - \frac{h_w}{\dot{h}_w} \quad \text{und } T_g = \frac{h_\infty}{\dot{h}_w}.$$

Bild 2-86 zeigt, dass die Näherung nicht sonderlich gut ist; sie reicht aber für viele überschlägige Rechnungen aus und wird wegen des nur wenige Hilfsmittel erfordernden Verfahrens in der Praxis häufig verwendet.

3 Analyse von Regelsystemen

Nachdem in Kapitel 1 die Grundbegriffe der Steuerung und Regelung eingeführt worden sind, wurde in Kapitel 2 das Strukturbild als eine anschauliche Form des mathematischen Modells dynamischer Systeme betrachtet. Das Kapitel 2 hat *allgemeinen Charakter*, insofern es sich nicht nur auf Regelkreise bezieht, sondern für beliebige dynamische Systeme verwendbar ist.

Im vorliegenden Kapitel wollen wir uns der Analyse dynamischer Eigenschaften, insbesondere der *Stabilität*, von Systemen zuwenden. Dabei sind die verschiedenen in Kapitel 1 schon eingeführten grundsätzlichen Strukturen nach Bild 3-1 zu berücksichtigen, von denen die ersten beiden rein vorwärts gerichtete Signalpfade aufweisen, also offene Wirkungsketten darstellen, während der Regelkreis nach Bild 3-1c einen geschlossenen Wirkungskreis aufweist, ebenso wie die Zwei-Freiheitsgrade-Regelung nach Bild 3-1d. Die Blöcke sind in allen vier Fällen durch ihre Übertragungsfunktionen charakterisiert. Da es Übertragungsfunktionen nur bei LZI-Gliedern (linearen und zeitinvarianten Übertragungsgliedern) gibt, wird also vorausgesetzt, dass die Anordnung mit genügender Näherung durch LZI-Glieder beschrieben werden kann. Diese Voraussetzung wird im Folgenden stets gemacht, ohne dass sie besonders erwähnt wird. Es sei daran erinnert, dass man einen durch $G(s)$ charakterisierten Block statt durch die komplexe Übertragungsgleichung

$$Y(s) = G(s)\,U(s)$$

auch durch die Faltungsbeziehung

$$y(t) = g(t) * u(t) = \int_0^t g(t-\tau)\,u(\tau)\,d\tau$$
$$= \int_0^t g(\tau)\,u(t-\tau)\,d\tau$$

beschreiben kann. Ebenso sei darauf hingewiesen, dass sich bei einfachen Blöcken auch die Sprungantwort als sehr anschauliche Charakterisierung verwenden lässt.

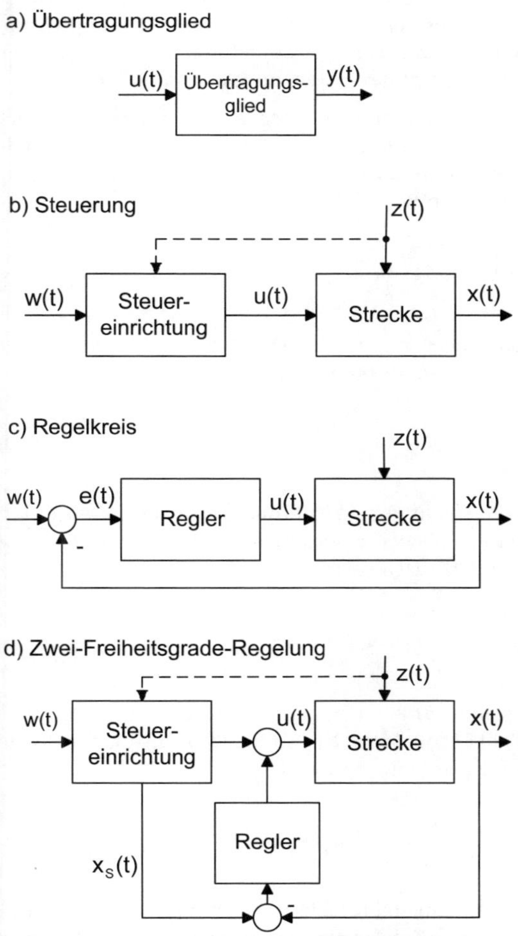

Bild 3-1: Häufig zu analysierende grundsätzliche Strukturen in Regelungssystemen (der Block „Strecke" enthalte dabei jeweils auch das Stellglied)

3.1 Definition der Stabilität

Beim Stabilitätsverhalten geht es ganz allgemein um die Reaktion des dynamischen Systems auf *innere und äußere Einflüsse.* Unter den inneren Einflüssen verstehen wir *Anfangsbedingungen, auch Anfangsauslenkungen oder Anfangsstörungen* genannt, die nur zum Anfangszeitpunkt $t = 0$ auf das System einwirken, während äußere Einflüsse durch *Eingangsgrößen* vermittelt werden, die auch für $t > 0$ wirksam sind (wenngleich sie nicht für alle t von Null verschieden sein müssen). Geht man von den Anfangsbedingungen aus, so gelangt man zum Begriff der inneren oder Ljapunowschen Stabilität, der vor allem bei nichtlinearen Systemen benutzt wird (siehe z. B. [3.1]), aber auch bei der Beschreibung dynamischer Systeme im Zustandsraum (Kapitel 8), und den wir deshalb in diesem Kapitel nur am Rande einbeziehen werden.

Betrachtet man dynamische Systeme als Übertragungsglieder, so liegt es näher, ihre Reaktion auf *Eingangsgrößen* zur Stabilitätsdefinition heranzuziehen. Vom praktischen Standpunkt aus ist es günstig, hierzu eine einfache Testfunktion aufzuschalten, und zwar den Einheitssprung. Man gelangt so zu der folgenden vorläufigen *Stabilitätsdefinition*:

Ein LZI-Glied heißt sprungantwortstabil, wenn seine Sprungantwort $h(t)$ für $t \to +\infty$ einem endlichen Wert zustrebt. Andernfalls heißt es instabil. (3.1)

Dass wir hier den *Einheits*sprung als Testfunktion verwenden, geschieht nur, um eindeutige Verhältnisse zu schaffen. Schaltet man eine Sprungfunktion mit der beliebigen Sprunghöhe H auf, so erhält man wegen der Linearität der betrachteten Systeme $H \cdot h(t)$ als Ausgangsgröße, so dass also der Faktor H für die Existenz des Grenzwerts der Ausgangsgröße keine Rolle spielt.

Was das Erreichen des Grenzwerts im realen System betrifft, so gilt das schon früher in Abschnitt 2.6 Gesagte: Falls er existiert, wird er praktisch bereits nach endlicher Zeit mit genügender Genauigkeit angenommen.

Vom praktischen Standpunkt aus ist die obige Definition dadurch gerechtfertigt, dass die sprungartige Veränderung der Eingangsgröße eine besonders harte Beanspruchung des Systems darstellt. Beruhigt es sich hierbei wieder, so wird man erst recht erwarten dürfen, dass es bei sanfteren Veränderungen der Eingangsgröße zur Ruhe kommt. Überdies hat diese Definition den Vorteil, dass sie sich im konkreten Fall leicht experimentell oder am Rechner überprüfen lässt, indem man auf das reale System bzw. das im Rechner realisierte mathematische Modell des LZI-Glieds den Einheitssprung schaltet.

Geht man die bisher betrachteten speziellen LZI-Glieder durch, so sind also P-, TZ-, P-T_1- und P-T_2-Glieder stabil, während das I-Glied instabil ist, da seine Sprungantwort $h(t) = Kt$ mit wachsendem t keinem endlichen Wert zustrebt.

Wenn man an das schwankende Zeitverhalten einer *Störgröße* denkt, von dem man vielfach nur weiß, dass es innerhalb gewisser Schranken bleibt, wird eine *zweite Stabilitätsdefinition* nahegelegt:

Übertragungsstabilität: *Ein LZI-Glied heißt übertragungsstabil (oder kurz stabil), wenn es auf jede beschränkte Eingangsgröße stets mit einer beschränkten Ausgangsgröße antwortet.* (3.2)

Das heißt also: Aus $|u(t)| \leq M$ für alle t folgt $|y(t)| \leq N$ für alle t, mit zwei positiven Zahlen M und N, die für jede Eingangsgröße $u(t)$ anders ausfallen dürfen. Man spricht dann oft auch von *BIBO-Stabilität (Bounded Input - Bounded Output)*. Ein Nachteil dieser Definition besteht darin, dass sie sich weder an der Anlage noch am Rechner direkt überprüfen lässt. Ihr Vorteil ist es allerdings, *allgemeine* beschränkte Systemanregungen zugrunde zu legen, weshalb sie in der Literatur weitaus häufiger anzutreffen ist (auch unter den Bezeichnungen *Ein-/Ausgangsstabilität* oder *äußere Stabilität*) als die Sprungantwortstabilität. Auch wir wollen die *Übertragungsstabililtät* in den Mittelpunkt der weiteren Betrachtungen stellen und - wenn keine Verwechslungen zu befürchten sind - ein übertragungsstabiles System auch kurz *stabil* nennen.

Der Zusammenhang zwischen den beiden Stabilitätsdefinitionen lässt sich anhand des Faltungsintegrals erkennen. Zunächst gilt wegen $H(s) = G(s)/s$ für die Sprungantwort $h(t)$:

$$h(t) = \int_0^t g(\tau)d\tau .$$

Soll daher $h(t)$ für $t \to +\infty$ einem endlichen Wert zustreben, so muss das Integral

$$\int_0^\infty g(\tau)d\tau \tag{3.3}$$

konvergent sein. Weiterhin gilt für den Zusammenhang zwischen einer Eingangsgröße u und der zugehörigen Ausgangsgröße y

$$y(t) = \int_0^t g(\tau)u(t-\tau)d\tau . \tag{3.4}$$

Ist $u(t)$ für alle t beschränkt, so gibt es eine positive Zahl M, mit der $|u(t)| \leq M$ für alle t gilt. Aus der letzten Gleichung folgt dann

$$|y(t)| \leq \int_0^t |g(\tau)||u(t-\tau)|d\tau \leq M \int_0^t |g(\tau)|d\tau .$$

Ist das Integral für alle t beschränkt, so ist sicherlich auch $y(t)$ beschränkt. Da der Integrand ≥ 0 ist, wächst das Integral mit wachsendem t oder nimmt zumindest nicht ab. Es ist daher gewiss für alle t beschränkt, wenn das Integral

$$\int_0^\infty |g(\tau)|\, d\tau \tag{3.5}$$

konvergent ist. Dafür schreibt man auch

$$\int_0^\infty |g(\tau)|\, d\tau < +\infty \tag{3.6}$$

und sagt, das Integral über $g(\tau)$ *sei absolut konvergent.*

Ein Übertragungsglied ist also übertragungsstabil, wenn die letzte Ungleichung gilt, wenn also $\int_0^\infty g(\tau)d\tau$ absolut konvergent ist. Hiervon gilt auch die Umkehrung: Ist ein Übertragungsglied übertragungsstabil, dann ist $\int_0^\infty g(\tau)d\tau$ absolut konvergent. (3.7)

Für die Richtigkeit der Umkehrung ist zu zeigen, dass, wenn $g(t)$ nicht absolut integrierbar ist, das System nicht übertragungsstabil ist, das heißt dass sich stets mindestens eine beschränkte Eingangsgröße finden lässt, mit der die zugehörige Ausgangsgröße unbeschränkt ist [3.2]. $g(t)$ sei also nun nicht absolut integrabel. Dann lässt sich für jede noch so große Zahl M ein Zeitpunkt t_1 finden, wo $\int_0^{t_1} |g(\tau)| d\tau > M$ gilt. Definiert man nun für $0 \leq t \leq t_1$ als Eingangsgröße

$$u(t) = \operatorname{sign} g(t_1 - t) = \begin{cases} 1 & \text{für } g(t_1 - t) > 0 \\ 0 & \text{für } g(t_1 - t) = 0 \\ -1 & \text{für } g(t_1 - t) < 0 \end{cases}$$

und verlangt für $t > t_1$,dass $|u(t)| \leq 1$ bleibt (der genaue Verlauf ist für das Weitere unerheblich), so gilt

$$y(t_1) = \int_0^{t_1} g(t_1 - \tau) u(\tau) d\tau = \int_0^{t_1} |g(t_1 - \tau)| d\tau > M\,.$$

Das heißt, zu jeder beliebig großen Schranke M lässt sich ein Paar $u(t)$, $y(t)$ von Ein- und Ausgangsgößen und ein Zeitpunkt t_1 finden mit $|u(t)| \leq 1$ und $y(t_1) > M$. Damit ist die Behauptung bewiesen.

Vergleicht man (3.7) mit (3.3), so sieht man, dass der Unterschied zwischen der Sprungantwortstabilität und der Übertragungsstabilität darauf hinausläuft, dass im ersteren Fall $\int_0^\infty g(\tau)d\tau$ nur konvergent zu sein braucht, im letzteren aber absolut konvergent sein muss. Wie bei den unendlichen Reihen folgt auch bei den uneigentlichen Integralen aus der absoluten Konvergenz die gewöhnliche Konvergenz, aber nicht umgekehrt. Die Übertragungsstabilität stellt daher im Allgemeinen eine stärkere Forderung an das Übertragungsglied dar: Ist das Übertragungsglied in diesem Sinne stabil, so strebt gewiss $h(t)$ mit wachsendem t einem endlichen Wert zu; die Umkehrung braucht nicht unbedingt zu gelten.

Aber man sieht schon, dass vom praktischen Standpunkt aus der Unterschied beider Definitionen nicht gravierend sein wird. Tatsächlich stimmen sie für gewisse Typen von LZI-Gliedern vollständig überein, so vor allem für die rationalen Übertragungsglieder (R-Glieder).

Welche Definition man auch verwendet, es wird im konkreten Anwendungsfall mühsam sein, die Stabilität anhand von (3.7) oder (3.3) zu untersuchen. Außerdem reichen Einzelfalluntersuchungen zumeist nicht aus, um *allgemeinere* Einsichten zu erlangen, beispielsweise zu erfahren, nach welchen Gesetzen das Stabilitätsverhalten von Parameteränderungen und Struktureingriffen abhängt. Hierzu muss man über allgemeine Kriterien verfügen, mit denen sich aus bekannten oder leicht feststellbaren Eigenschaften eines Systems auf sein Stabilitätsverhalten schließen lässt. Solche Kriterien sollen nun hergeleitet werden.

3.2 Grundlegendes Stabilitätskriterium

Während die Impulsantwort eines LZI-Glieds zunächst meist unbekannt ist, kennt man die Übertragungsfunktion von vornherein. Entweder liest man sie aus dem Strukturbild des LZI-Glieds ab, oder man erhält sie durch Laplace-Transformation der Funktionalbeziehung zwischen Ein- und Ausgangsgröße des LZI-Glieds. Daher ist es von grundlegender Bedeutung, die Stabilitätsbetrachtung auf die Untersuchung der Übertragungsfunktion zurückführen zu können. Wir wollen diese Betrachtung im Folgenden für R-Glieder (rationale Übertragungsglieder) durchführen. Für sie gilt der Satz:

Ein R-Glied ist genau dann übertragungsstabil, wenn die Pole seiner Übertragungsfunktion, die so genannten Übertragungspole, sämtlich links der imaginären Achse der komplexen Zahlenebene liegen. (3.8)

Wir beschränken uns beim Beweis auf das Prinzipielle und nehmen zunächst an, die Übertragungsfunktion bestehe aus teilerfremden Zähler- und Nennerpolynomen, $G(s) = \frac{Z(s)}{N(s)}$, und ihre n Pole $\alpha_i = \sigma_i + j\omega_i$, $i = 1, ..., n$, seien einfach. Dann lautet die Partialbruchzerlegung von $G(s)$

$$G(s)=\frac{Z(s)}{N(s)}=\sum_{i=1}^{n}\frac{r_i}{s-\alpha_i} \tag{3.9}$$

mit endlichen und von null verschiedenen Residuen r_i. Durch Laplace-Rücktransformation gelangen wir zur Impulsantwort $g(t)$ des Systems,

$$g(t)=\sum_{i=1}^{n}r_i e^{\alpha_i t}=\sum_{i=1}^{n}r_i e^{\sigma_i t}e^{j\omega_i t}, \tag{3.10}$$

und damit ist

$$|g(t)|\le\sum_{i=1}^{n}|r_i|\,|\underbrace{e^{\sigma_i t}}_{\ge 0}|\,\underbrace{|e^{j\omega_i t}|}_{=1}=\sum_{i=1}^{n}|r_i|e^{\sigma_i t}.$$

Mit diesen Vorbereitungen untersuchen wir nun die absolute Konvergenz des Integrals über $g(t)$:

$$\int_0^\infty|g(t)|dt\le\int_0^\infty\sum_{i=1}^{n}|r_i|e^{\sigma_i t}dt=\sum_{i=1}^{n}|r_i|\int_0^\infty e^{\sigma_i t}dt=$$

$$=\begin{cases}\displaystyle\sum_{i=1}^{n}\frac{|r_i|}{-\sigma_i} & \text{falls alle } \sigma_i<0,\\ +\infty & \text{falls mind. ein } \sigma_i\ge 0.\end{cases}$$

Sind die Realteile σ_i aller n Pole α_i kleiner als null, liegen diese Pole also in der linken Hälfte der komplexen Zahlenebene, dann ist das Integral über $g(t)$ absolut konvergent und folglich das System übertragungsstabil. Damit ist der hinreichende Charakter des Kriteriums gezeigt. Um auch die Notwendigkeit zu zeigen, greifen wir auf die Definition der Laplace-Transformierten von $g(t)$ zurück,

$$G(s)=\int_0^\infty e^{-st}g(t)dt=\int_0^\infty e^{-\sigma t}e^{-j\omega t}g(t)dt,$$

woraus

$$|G(s)|\le\int_0^\infty|\underbrace{e^{-\sigma t}}_{\ge 0}|\,\underbrace{|e^{-j\omega t}|}_{=1}\,|g(t)|dt=$$

$$=\int_0^\infty\underbrace{e^{-\sigma t}}_{\substack{\le 1\\ \text{falls }\sigma\ge 0}}|g(t)|dt\overset{\text{falls }\sigma\ge 0}{\le}\int_0^\infty|g(t)|dt$$

folgt. Das bedeutet: Ist das System übertragungsstabil und also $\int_0^\infty|g(t)|dt<\infty$, dann ist für alle Werte s mit nichtnegativem Realteil $\sigma\ge 0$ auch $|G(s)|<\infty$, und das heißt, es liegen keine Unendlichkeitsstellen und somit keine Pole von $G(s)$ auf oder rechts der imaginären Achse. Alle Pole eines übertragungsstabilen Systems müssen folglich in der linken Halbebene liegen, womit die Notwendigkeit des Kriteriums (3.8) gezeigt ist. Weil auf ihm alle weiteren Stabilitätsbetrachtungen aufbauen, sei es als *grundlegendes Stabilitätskriterium* bezeichnet.

Zu ergänzen bleibt, dass das Kriterium auch im Falle *mehrfacher* Pole Gültigkeit hat (für einen k-fachen Pol treten in $g(t)$ dann Summanden

$$r_i\frac{t^{(i-1)}}{(i-1)!}e^{\alpha_i t},\ i=1,\dots,k$$

auf, was die weitere Rechnung nur wenig verändert). Wir lesen aus obiger Beweisführung außerdem ab, dass eine *exponentiell abklingende Impulsantwort* stets auf Stabilität des zugehörigen Systems schließen lässt.

Auch die eingangs getroffene Annahme der Teilerfremdheit von $Z(s)$ und $N(s)$ kann durch folgendes Argument fallengelassen werden: Besitzen Zähler und Nenner den gemeinsamen Faktor $(s-\alpha^*)$, dann wird das zugehörige Residuum r^* in der Partialbruchzerlegung (3.9) zu null und die Lage von α^* in der komplexen Ebene kann die Konvergenzeigenschaft des Integrals über $g(t)$ nicht weiter beeinflussen; da die Nennernullstelle α^* gleichzeitig Zählernullstelle ist, stellt sie keine Unendlichkeitsstelle (und somit keinen Pol) von $G(s)$ dar, so dass auch die weitere Beweisführung unberührt bleibt. Man hat bei der Anwendung des Kriteriums (3.8) also ausdrücklich die *Pole* heranzuziehen, und diese sind nur bei Teilerfremdheit von $Z(s)$ und $N(s)$ identisch mit den Nullstellen des Nennerpolynoms $N(s)$. Das folgende Beispiel illustriert dies.

Beispiel 3-1:

Ein R-Glied sei beschrieben durch

$$\ddot{y}-y=b_1\dot{u}-u \tag{3.11}$$

oder äquivalent durch die Übertragungsfunktion

$$G(s)=\frac{Y(s)}{U(s)}=\frac{b_1 s-1}{\underbrace{s^2-1}_{N(s)}}=\frac{b_1 s-1}{(s-1)(s+1)}. \tag{3.12}$$

Die Nennernullstellen liegen bei +1 und -1, und man wird vielleicht pauschal Instabilität vermuten. Die Partialbruchzerlegung führt jedoch auf

$$G(s) = \underbrace{\frac{1}{2}\frac{b_1-1}{s-1}}_{=0 \text{ für } b_1=1} + \frac{1}{2}\frac{b_1+1}{s+1} \tag{3.13}$$

und zeigt, dass speziell für $b_1 = 1$ Übertragungsstabilität vorliegt, denn die Nennernullstelle $s = +1$ ist dann kein Pol von $G(s)$, weil in (3.13) eine Kürzung des Linearfaktors $(s-1)$ eintritt, mit dem Ergebnis $G(s) = 1/(s+1)$ und der Impulsantwort $g(t) = \mathrm{e}^{-t}$. Für Übertragungsstabilität müssen also nicht notwendigerweise alle Nennernullstellen in der linken komplexen Halbebene liegen, sondern tatsächlich nur die Pole (das heißt die verbleibenden Nennernullstellen nach Durchführen aller Kürzungen von Linearfaktoren). Dennoch hat auch die sich kürzende Nennernullstelle eine dynamische Bedeutung; Denn wenn wir bei der Laplace-Transformation von Gleichung (3.11) die *Anfangswerte* berücksichtigen,

$$s^2Y(s) - sy(0) - \dot{y}(0) - Y(s) = b_1(sU(s) - u(0)) - U(s),$$

so ist

$$Y(s) = \underbrace{\frac{b_1 s - 1}{s^2-1}}_{G(s)} U(s) + \frac{sy(0) + \dot{y}(0) - b_1 u(0)}{\underbrace{s^2-1}_{N(s)}}.$$

Wählt man zum Beispiel $u(t) \equiv 0$, $y(0) = 0$ und $\dot{y}(0) \neq 0$, so folgt durch Laplace-Rücktransformation von $Y(s)$

$$y(t) = \frac{\dot{y}(0)}{2}\mathrm{e}^{t} - \frac{\dot{y}(0)}{2}\mathrm{e}^{-t},$$

worin der erste Summand für ein *aufklingendes* Verhalten von $y(t)$ sorgt. *Beide* Nullstellen von $N(s)$ treten nun also in den Exponenten der e-Funktionen in der Systemantwort auf.

Die gerade angestellten Überlegungen zum Anfangswerteinfluss lassen sich geradlinig auf allgemeine R-Glieder übertragen und wir stellen fest: Bei der Untersuchung von R-Gliedern

$$a_n \overset{(n)}{y} + \ldots + a_1\dot{y} + a_0 y = b_m \overset{(m)}{u} + \ldots + b_1\dot{u} + b_0 u$$

bzw.

$$G(s) = \frac{Z(s)}{N(s)} = \frac{b_0 + b_1 + \ldots + b_m s^m}{a_0 + a_1 s + \ldots + a_n s^n}, \quad \begin{matrix} m \leq n \\ a_n \neq 0 \end{matrix}$$

können bei Berücksichtigung von Anfangswerten *alle Nullstellen* des Nennerpolynoms $N(s)$ als *Pole von* $Y(s)$ auftreten. Man nennt diese Pole deshalb *Systempole*. Sie ergeben sich demnach als Lösungen der so genannten *charakteristischen Gleichung*

$$N(s) = a_0 + a_1 s + \ldots + a_n s^n = 0 \tag{3.14}$$

(und man nennt $N(s)$ das *charakteristische Polynom*). Treten zwischen $Z(s)$ und $N(s)$ keine Kürzungen auf, so sind Systempole und Übertragungspole identisch. Treten Kürzungen auf, so umfasst die Menge der Übertragungspole gerade die Systempole abzüglich der gekürzten Nennernullstellen.

Liegen alle Übertragungspole links der imaginären Achse, so liegt bekanntlich Übertragungsstabilität vor. Liegen sogar alle Systempole links, so spricht man von *innerer* oder *asymptotischer* Stabilität. Sie liegt vor, wenn bezüglich beliebiger Anfangswerte alle Systemgrößen abklingen.[1] Liegt innere Stabilität vor, so sicher auch Übertragungsstabilität; die Umkehrung muss nicht gelten, wie auch das obige Beispiel 3-1 gezeigt hat, bei dem für $b_1 = 1$ Übertragungsstabilität vorliegt, *nicht* aber innere Stabilität (denn das charakteristische Polynom $N(s) = (s-1)(s+1)$ besitzt eine *rechts* gelegene Nullstelle bei $+1$).

Wir können unser grundlegendes Stabilitätskriterium (3.8) also wie folgt *ergänzen*:

Setzt man den Nenner der Übertragungsfunktion eines (ungekürzten) R-Glieds gleich null, so erhält man die charakteristische Gleichung (3.14) *des Übertragungsglieds. Liegen ihre Lösungen, die so genannten Systempole, sämtlich links der j-Achse, so liegt innere Stabilität vor und somit auch Übertragungsstabilität. Umgekehrt folgt aus Übertragungsstabilität nur dann innere Stabilität, wenn zusätzlich eventuelle Nullstellenkürzungen zwischen Zähler- und Nennerpolynom des Übertragungsglieds ausschließlich in der linken komplexen Halbebene stattfinden.* (3.15)

Im Hinblick auf den Entwurf technischer Systeme wird man in aller Regel die stärkere Forderung, also die nach *innerer Stabilität*, erheben, um jegliches Aufklingen von Systemgrößen auszuschließen.

Beispiel 3-2:

Nachdem wir in Beispiel 3-1 ein einfaches Übertragungsglied nach Bild 3-1a analysiert haben, wollen wir nun eine *Steuerung* nach Bild 3-1b untersuchen: Angenommen, jemand schlägt zur Steuerung einer übertragungsstabilen Strecke

---

1 Eine genauere Definition der asymptotischen Stabilität wird in Kapitel 8 angegeben.

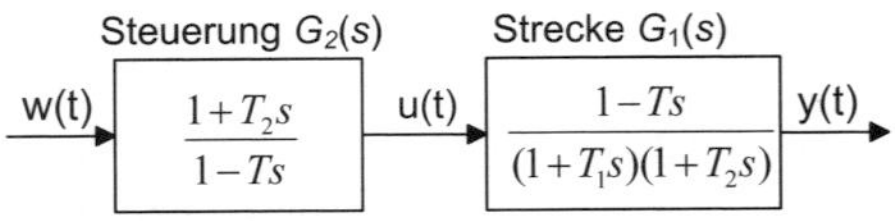

Bild 3-2: Eine unbrauchbare, weil instabile Steuerung

$$G_1(s) = \frac{1-Ts}{(1+T_1s)(1+T_2s)}\,, \quad T, T_1, T_2 > 0 \tag{3.16}$$

die Verwendung des Übertragungsglieds

$$G_2(s) = \frac{1+T_2s}{1-Ts} \tag{3.17}$$

in einer Anordnung nach Bild 3-2 vor. Dann ergibt sich mit $Y(s) = G_1(s)U(s)$ und $U(s) = G_2(s)W(s)$ für das Übertragungsverhalten von w nach y

$$Y(s) = G_1(s)G_2(s)W(s) = \underbrace{\frac{(1-Ts)(1+T_2s)}{(1+T_1s)(1+T_2s)(1-Ts)}}_{G(s)}W(s).$$

Die charakteristische Gleichung $N(s) = (1+T_1s)(1+T_2s)(1-Ts) = 0$ liefert hier als Lösungen die Systempole $-1/T_1, -1/T_2, +1/T$, von denen der letzte in der rechten Halbebene liegt und anzeigt, dass keine innere Stabilität vorliegt. Einziger Übertragungspol von $G(s)$ ist $-1/T_1$, da die beiden anderen Systempole $-1/T_2, +1/T$ auch Nullstellen des Zählers sind und somit keine Unendlichkeitsstellen von $G(s)$. Das dynamische Verhalten von w nach y ist also übertragungsstabil. Das kommt auch in der Sprungantwort

$$H_{wy}(s) = G(s)\frac{1}{s} = \frac{1}{(1+T_1s)s} \;\Rightarrow\; h_{wy}(t) = 1 - \mathrm{e}^{-\frac{t}{T_1}}$$

zum Ausdruck, die für große Zeiten gegen den Wert 1 strebt. Die Sprungantwort von w nach u hingegen,

$$H_{wu}(s) = \frac{G_2(s)}{s} = \frac{1+T_2s}{(1-Ts)s} \;\Rightarrow\; h_{wu}(t) = 1 - \frac{T+T_2}{T}\mathrm{e}^{\frac{t}{T}}$$

wächst wegen des Anteils $\mathrm{e}^{t/T}$ über alle Grenzen. Die Steuerung ist für den praktischen Einsatz *nicht zu gebrauchen*, weil die Stellgröße $u(t)$ instabiles Verhalten aufweist. Ein entsprechendes Problem tritt auf, wenn anstelle der Steuerung die Strecke einen rechts gelegenen Pol aufweist: Schon kleinste Störungen, die sich u überlagern, lösen aufklingendes Verhalten des Ausgangs y aus.

Modifiziert man $G_2(s)$ geeignet, z. B. zu $G_2^*(s) = (1+T_2s)/(1+Ts)$, so wird das Stabilitätsproblem gelöst. $G(s)$ weist dann zwangsläufig die rechts gelegene Nullstelle $1/T$ auf, deren Wirkung wir in Abschnitt 4.7 unter dem Stichwort *Nichtminimalphasigkeit* näher untersuchen werden.

Das Beispiel verdeutlicht, dass man bei zusammengesetzten Übertragungssystemen stets das Stabilitätsverhalten aller beteiligter Systemgrößen im Auge haben muss.

Für hintereinandergeschaltete LZI-Glieder wie in Bild 3-1b können wir festhalten: Das Ausgangssignal sowie das zwischen den beiden Gliedern anliegende Signal bleiben beschränkt (bei beschränkter Anregung am Eingang und zwischen den Gliedern), wenn beide Glieder für sich genommen übertragungsstabil sind. (3.18)

Kürzungen von auf oder rechts der j-Achse gelegenen Polen (oder Nullstellen) des ersten Glieds gegen Nullstellen (oder Pole) des zweiten Glieds führen stets zu instabilem Verhalten zumindest innerer Systemgrößen.

3.3 Stationäres Verhalten offener Wirkungsketten

Wenden wir uns nun noch der Frage zu, welchen stationären Wert y_∞ die Ausgangsgröße $y(t)$ bei Vorliegen einer Steuerung nach Bild 3-1b annimmt, wenn uns der Stationärwert w_∞ der Eingangsgröße bekannt ist. Um sicher zu sein, dass y und auch u endlichen Werten zustreben, setzen wir Übertragungsstabilität beider Übertragungsglieder voraus. Dann können wir auf Abschnitt 2.6 zurückgreifen, wo für das stationäre Verhalten eines einzelnen Übertragungsglieds $G(s)$ in Gleichung (2.99) festgestellt wurde: $y_\infty = G(0)\,u_\infty$. Übertragen auf die Anordnung nach 3-1b mit einer Streckenübertragungsfunktion $G_1(s)$ und einer Steuerungseinrichtung $G_2(s)$, bedeutet dies

$$y_\infty = G_1(0)\,u_\infty\,, \quad u_\infty = G_2(0)\,w_\infty$$

und damit

$$y_\infty = G_1(0)G_2(0)\,w_\infty.$$

Betrachtet man allgemeiner eine offene Wirkungskette, bestehend aus q hintereinandergeschalteten Übertragungsgliedern, so ist

$$y_\infty = G_1(0)\cdot\ldots\cdot G_q(0)\,w_\infty.$$

3.4 Blockiereigenschaft von Nullstellen

Die *Pole* der komplexen Übertragungsfunktion sind - wie wir aus der Analyse der Impulsantwort $g(t)$ in (3.9), (3.10) gefolgert haben - bestimmend für Stabilität und Dynamik des Übertragungsglieds. Welche Rolle spielen die *Nullstellen* von $G(s) = \frac{Z(s)}{N(s)}$, also die Lösungen von $G(s) = 0$? Bei der Partialbruchzerlegung von $G(s)$ nach (3.9) bestimmt das Zählerpolynom $Z(s)$ wesentlich die Residuen r_i der Impulsantwort (3.10), also die Gewichte, mit denen die zu den Polen gehörigen Funktionen $e^{\alpha_i t}$ zur Impulsantwort beitragen. Eine weitere und greifbarere Folge der Nullstellenlage ist die sogenannte *Blockiereigenschaft*, die wir nun beleuchten:

Auf ein R-Glied $G(s)$ werde die spezielle Anregung

$$u(t) = e^{\eta t} \circ\!\!-\!\!\bullet\; U(s) = \frac{1}{s-\eta}$$

aufgeschaltet, wobei η von allen Polen von $G(s)$ verschieden sei. Es folgt (mit verschwindenden Anfangswerten)

$$Y(s) = G(s)U(s) = \frac{b_0 + b_1 + \ldots + b_m s^m}{a_0 + a_1 s + \ldots + a_n s^n} \cdot \frac{1}{s-\eta}.$$

Eine anschließende Partialbruchzerlegung (wobei wir nur der einfacheren Schreibweise halber von einfachen Polen ausgehen wollen) führt auf $n+1$ Summanden,

$$Y(s) = \underbrace{\frac{r_\eta}{s-\eta}}_{\text{Pol } \eta} + \underbrace{\frac{r_1}{s-\alpha_1} + \ldots + \frac{r_n}{s-\alpha_n}}_{\text{Pole von } G(s)},$$

und auf

$$y(t) = r_\eta e^{\eta t} + r_1 e^{\alpha_1 t} + \ldots + r_n e^{\alpha_n t}.$$

Die Anregungsfunktion $u(t) = e^{\eta t}$ tritt also in $y(t)$ in unveränderter Gestalt auf, versehen mit dem Gewicht r_η und überlagert von Summanden, die von den Polen von $G(s)$ herrühren. Das Residuum r_η wird dabei berechnet nach

$$r_\eta = Y(s)(s-\eta)\big|_{s=\eta} = G(s)\frac{1}{s-\eta}(s-\eta)\Big|_{s=\eta} = G(\eta).$$

Ist nun η gleichzeitig eine *Nullstelle* von $G(s)$, so wird $r_\eta = G(\eta) = 0$ und der Anteil $r_\eta e^{\eta t}$ *verschwindet* aus der Systemantwort. Damit haben wir folgendes *Ergebnis*: Besitzt $G(s)$ die Nullstelle η, so hat die spezielle Anregung $u(t) = u_0 e^{\eta t}$ keinen entsprechenden Anteil $r_\eta e^{\eta t}$ in der Systemantwort $y(t)$ zur Folge; man spricht von der *Blockiereigenschaft* der Nullstelle. Lediglich Anteile $r_1 e^{\alpha_1 t} + \ldots + r_n e^{\alpha_n t}$ mit der Dynamik der Übertragungspole werden angeregt.

Durch zusätzliche geeignete Wahl der *Anfangswerte* $y(0), \dot{y}(0), \ldots$ können auch die Residuen $r_1, \ldots, r_n$ zu null gemacht werden und es folgt $y(t) \equiv 0$. Dies sei an folgendem *Beispiel* verdeutlicht:

Das System

$$\dot{y} + y = \dot{u} \tag{3.19}$$

mit der Übertragungsfunktion

$$G(s) = \frac{s}{s+1}$$

besitzt die Nullstelle $\eta = 0$. Folglich wird die Anregung $u(t) = e^{0t} = \sigma(t)$ blockiert; konkret resultiert

$$Y(s) = G(s)U(s) = \frac{s}{s+1} \cdot \frac{1}{s} = \frac{1}{s+1} \;\bullet\!\!-\!\!\circ\; y(t) = e^{-t},$$

die Sprungantwort enthält also tatsächlich keinen Sprunganteil, sondern klingt auf null ab. Lässt man einen von null verschiedenen Anfangswert $y(-0)$ zu und beachtet $u(-0) = 0$, so folgt durch Laplace-Transformation der Differentialgleichung (3.19) mit der Ableitungsregel $\dot{f}(t) \circ\!\!-\!\!\bullet\; sF(s) - f(-0)$

$$Y(s) = \frac{\overbrace{sU(s)}^{1} + y(-0)}{s+1} \;\bullet\!\!-\!\!\circ\; y(t) = (1 + y(-0))e^{-t},$$

und speziell für $y(-0) = -1$ ist $y(t) \equiv 0$.

In einem *weiteren Beispiel* sei

$$G(s) = \frac{s^2+1}{(s+1)^2}$$

mit den Nullstellen $\eta_{1/2} = \pm j$. Anregungen $u_{1/2} = u_0 e^{\pm j \cdot t}$ und Linearkombinationen daraus werden blockiert. Insbesondere folgt für die *harmonische Anregung* $u(t) = (e^{j\cdot t} - e^{-j\cdot t})/2 = \sin(t)$

$$Y(s) = \frac{s^2+1}{(s+1)^2} \cdot \frac{1}{s^2+1} = \frac{1}{(s+1)^2} \;\bullet\!\!-\!\!\circ\; y(t) = te^{-t}.$$

Die Dauerschwingungsanregung wird in $y(t)$ also nicht sichtbar, sie wird blockiert; $y(t)$ klingt mit te^{-t} ab.

Neben der Blockiereigenschaft sind weitere Auswirkungen insbesondere rechts gelegener Nullstellen zu nennen, worauf in Abschnitt 4.7 eingegangen wird. Eine Diskussion von Nullstellen im Zustandsraum befindet sich in Kapitel 8.

3.5 Gleichungen des Regelkreises

Wir wenden uns nun der Untersuchung von *Regelkreisen* zu, deren wesentliches Charakteristikum das Vorliegen eines geschlossen Wirkungskreises ist, wie schon in Kapitel 1 dargelegt wurde und in Bild 3-1c [2] zu sehen ist. Aus dem grundsätzlichen Aufbau einer Regelung wie auch aus den Beispielen der Antriebsregelung (Bild 2-9), der Schüttgutregelung (Bild 2-10) und der linearisierten Abflussregelung (Bild 2-79) ergibt sich das *allgemeine Strukturbild des Regelkreises* in Bild 3-3. Die Blöcke sind hierin durch ihre Übertragungsfunktionen charakterisiert. *Viele lineare zeitinvariante Regelungen mit einer Regelgröße x und einer Störgröße z haben die Struktur nach Bild 3-3* oder lassen sich durch geeignete Strukturumformung darauf zurückführen. Sie unterscheiden sich nur durch die spezielle Gestalt der Übertragungsfunktionen $G_v(s)$.

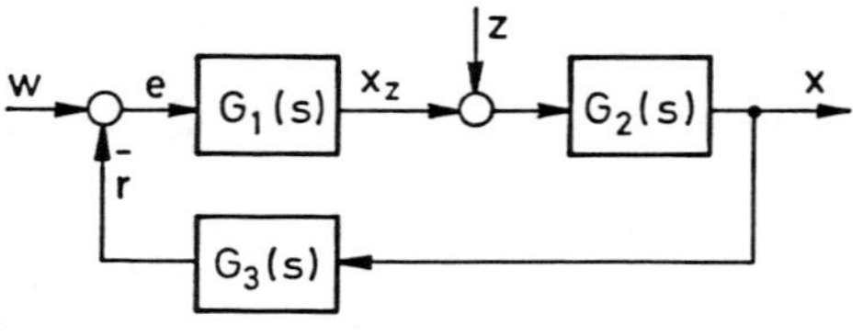

Bild 3-3: Allgemeine Struktur einer linearen zeitinvarianten Regelung

Die Störgröße z wird im Allgemeinen innerhalb der Strecke angreifen, eventuell aber auch am Eingang oder am Ausgang der Strecke. Daher beschreibt $G_2(s)$ im Allgemeinen den hinteren Teil der Strecke, während $G_1(s)$ das Regelglied und die Stelleinrichtung sowie den vorderen Teil der Strecke charakterisiert. Greift z am Streckenausgang an, so ist $G_2(s) = 1$, während $G_1(s)$ Regelglied und Stelleinrichtung sowie die gesamte Strecke beschreibt. $G_3(s)$ ist meist die Übertragungsfunktion der Messeinrichtung. Für die Untersuchung des dynamischen Verhaltens ist es aber belanglos, welche gerätetechnischen Bestandteile des Regelkreises durch G_1, G_2 und G_3 beschrieben werden.

Um nun zu sehen, wie die Regelgröße x von der Führungsgröße w und der Störgröße z abhängt, liest man aus dem Bild 3-3 die Gleichungen der einzelnen Blöcke ab und fasst sie dann zu *einer* Gleichung zusammen:

$$\begin{aligned} X &= G_2(Z + X_Z), \\ X_Z &= G_1 E, \\ E &= W - R, \\ R &= G_3 X, \end{aligned}$$

wobei das Argument s weggelassen ist. Setzt man nun jede Gleichung in die vorhergehende ein, so erhält man

$$X = G_2 Z + G_2 G_1 (W - G_3 X),$$
$$(1 + G_1 G_2 G_3) X = G_1 G_2 W + G_2 Z$$

und damit schließlich

$$X(s) = \frac{G_1(s) G_2(s)}{1 + G_1(s) G_2(s) G_3(s)} W(s) + \\ + \frac{G_2(s)}{1 + G_1(s) G_2(s) G_3(s)} Z(s). \quad (3.20)$$

Diese Gleichung zeigt, wie die Regelgröße x, die Ausgangsgröße des Regelkreises, von den beiden Eingangsgrößen abhängt, der Führungsgröße w und der Störgröße z. Wir wollen sie als *Gleichung des Regelkreises* bezeichnen, da das gesamte dynamische Verhalten der Regelung in ihr enthalten ist.

Da es sich um ein lineares System handelt, überlagern sich die Wirkungen der beiden Eingangsgrößen ungestört. Der erste Term auf der rechten Seite beschreibt das Führungsverhalten, d. h. das Verhalten der Regelung, wenn $z = 0$ ist und nur die Führungsgröße w wirkt:

$$X(s) = F_w(s) W(s)$$

mit der *Führungsübertragungsfunktion*

$$F_w(s) = \frac{G_1(s) G_2(s)}{1 + G_1(s) G_2(s) G_3(s)}. \quad (3.21)$$

Entsprechend wird das Störverhalten der Regelung, das für $w = 0$ bei alleiniger Einwirkung der Störgröße z vorliegt, durch

$$X(s) = F_z(S) Z(s)$$

mit der *Störübertragungsfunktion*

$$F_z(s) = \frac{G_2(s)}{1 + G_1(s) G_2(s) G_3(s)} \quad (3.22)$$

charakterisiert.

Es ist bemerkenswert und für spätere Untersuchungen wichtig, dass beide Übertragungsfunktionen den

2 Die in Bild 3-1d dargestellte *Zwei-Freiheitsgrad-Regelung* entspricht dem Regelkreis nach Bild 3-1c, ergänzt um eine Steuerung. Die Analyse-Methoden für Steuerungen und für Regelkreise können daher separat angewendet werden, und es sind keine speziellen Methoden für die Anordnung nach Bild 3-1d notwendig.

gleichen Nenner $1 + G_1G_2G_3$ haben. Um die Bedeutung des Produkts $G_1G_2G_3$ zu erkennen, setzen wir in Bild 3-3 $z = 0$ und trennen die Rückführung unmittelbar vor dem Soll-Istwert-Vergleich auf. Die so erhaltene Reihenschaltung mit dem Eingang w und dem Ausgang r bezeichnet man als *offenen* (oder *aufgeschnittenen*) *Regelkreis*.[3] Für ihn gilt

$$R(s) = G_1(s)\,G_2(s)\,G_3(s)\,W(s)\,.$$

Somit ist

$$F_o(s) = G_1(s)\,G_2(s)\,G_3(s) \tag{3.23}$$

die Übertragungsfunktion des offenen Regelkreises, womit die Bedeutung des Produkts $G_1G_2G_3$ klargestellt ist. Damit erhält man eine *zweite Form der Gleichung des Regelkreises*:

$$X(s) = \frac{G_1(s)G_2(s)}{1+F_o(s)}W(s) + \frac{G_2(s)}{1+F_o(s)}Z(s)\,. \tag{3.24}$$

Es sei darauf hingewiesen, dass es eine solche Gleichung für das Verhalten des Regelkreises nur im komplexen Bereich gibt, nicht aber im Zeitbereich (jedenfalls dann, wenn man im Rahmen des klassischen Funktionsbegriffs bleibt). Sehr deutlich zeigt sich hier wieder einmal die Zweckmäßigkeit der komplexen Betrachtungsweise.

Vielfach liegt der Fall vor, dass die Führungsgröße fest vorgegeben ist. Man spricht dann von *Festwertregelung*. Durch geeignete Wahl des Nullniveaus kann man dann $w = 0$ setzen. Auf eine zusätzliche Steuereinrichtung, wie wir sie in Abschnitt 1.4 kennengelernt hatten, kann dann verzichtet werden, und die Aufgabe des Regelkreises besteht allein im Ausregeln der Störgröße. Dann ist also nur die Störübertragungsfunktion von Interesse. Auch wenn der geschlossene Regelkreis Bestandteil einer Zwei-Freiheitsgrade-Regelung (Abschnitt 1.4 und Bild 3-1d) ist und das Führungsübertragungsverhalten durch die Steuereinrichtung geprägt wird, liegt das Hauptaugenmerk beim Entwurf des Regelkreises auf dem Störübertragungsverhalten.

Manchmal möchte man vielleicht auf eine separate Steuereinrichtung verzichten und allein durch den Regelkreis nach Bild 3-3 die Regelgröße laufend an die veränderliche Führungsgröße $w(t)$ angleichen. Dann spricht man von *Folgeregelung*. Kann der Einfluss von Störungen vernachlässigt werden, kommt es dann allein auf die Führungsübertragungsfunktion an.

3 Die Bezeichnung „offener Regelkreis“ ist als *ein* Begriff zu nehmen. Wenn von „Regelkreis“ oder „Regelung“ schlechthin die Rede ist, so ist *immer* der geschlossene Kreis gemeint.

3.6 Beispiele

Wir wollen nun einige Beispiele behandeln und nehmen als erstes die *linearisierte Abflussregelung* (Bild 2-79). Hier ist

$$G_1(s) = \frac{K_1}{s}\,, \quad G_2(s) = \frac{K_2}{1+Ts}\,, \quad G_3(s) = K_3\,.$$

Daher ist

$$F_o(s) = \frac{V}{s(1+Ts)} \tag{3.25}$$

mit $V = K_1K_2K_3$. Daraus folgt nach (3.21)

$$F_w(s) = \frac{\dfrac{K_1K_2}{s(1+Ts)}}{1+\dfrac{V}{s(1+Ts)}} = \frac{K_1K_2}{Ts^2+s+V}$$

und nach Kürzen durch V:

$$F_w(s) = \frac{\dfrac{1}{K_3}}{1+\dfrac{1}{V}s+\dfrac{T}{V}s^2}\,. \tag{3.26}$$

Wie man sieht, wird das Führungsverhalten der linearisierten Abflussregelung durch ein P-T_2-Glied beschrieben. Diese Charakterisierung des Führungsverhaltens gilt nicht nur im vorliegenden Beispiel, sondern näherungsweise für zahlreiche Regelungen.

Entsprechend ergibt sich für das Störverhalten aus (3.22)

$$F_z(s) = \frac{\dfrac{K_2}{1+Ts}}{1+\dfrac{V}{s(1+Ts)}} = \frac{K_2 s}{Ts^2+s+V}$$

und daraus wiederum nach Kürzen durch V:

$$F_z(s) = \frac{\dfrac{1}{K_1K_3}s}{1+\dfrac{1}{V}s+\dfrac{T}{V}s^2}\,. \tag{3.27}$$

Dies ist ein D-T_2-Glied (D-Glied im Zähler, von 2. Ordnung im Nenner). Für die Störsprungantwort $h_z(t)$, also die Antwort des Regelkreises auf die Aufschaltung des Einheitssprungs, gilt

$$H_z(s) = F_z(s)\cdot\frac{1}{s}\,.$$

Nach dem Anfangswertsatz der Laplace-Transformation folgt daraus

$$\lim_{t\to+0} h_z(t) = \lim_{s\to\infty} sH_z(s) = \lim_{s\to\infty} F_z(s) = 0,$$

da in (3.27) der Zählergrad kleiner als der Nennergrad ist. Weiter ergibt sich aus dem Endwertsatz der Laplace-Transformation

$$\lim_{t\to\infty} h_z(t) = \lim_{s\to 0} sH_z(s) = \lim_{s\to 0} F_z(s) = 0.$$

Man bekommt so den in Bild 3-4 skizzierten Verlauf der Störsprungantwort $h_z(t)$ der linearisierten Abflussregelung. Der oszillierende Verlauf ergibt sich dann, wenn die Nullstellen des Nenners von $F_z(s)$ konjugiert komplex sind. Näherungsweise beschreibt Bild 3-4 das Störverhalten zahlreicher Regelungen, wobei allerdings der Anfangswert $h_z(+0)$ nicht Null zu sein braucht.

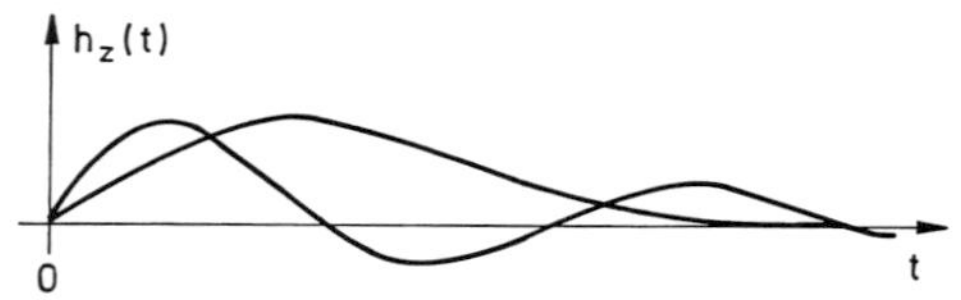

Bild 3-4: Störsprungantwort der linearisierten Abflussregelung

Als nächstes Beispiel betrachten wir das *Störverhalten der Schüttgutregelung* aus Bild 2-10. Hier ist

$$G_1(s) = K_V \cdot \frac{K_{St}}{s} \cdot K_S, \quad G_2(s) = e^{-T_t s}, \quad G_3(s) = K_I$$

und demnach

$$F_o(s) = \frac{V}{s} e^{-T_t s} \tag{3.28}$$

mit $V = K_V K_{St} K_S K_I$. Nach (3.22) hat man so

$$F_z(s) = \frac{e^{-T_t s}}{1 + \frac{V}{s} e^{-T_t s}}.$$

Weitere Umformungen sind zwecklos, da sie keine Vereinfachung bringen. Im Unterschied zum letzten Beispiel, bei dem Führungs- und Störverhalten durch R-Glieder beschrieben werden, liegt jetzt ein Totzeitglied vor. Seine Sprungantwort ist nicht mehr in geschlossener Form zu erhalten, sondern muss als Reihe gemäß Abschnitt 2.5.3 berechnet werden.

Wenden wir uns nun als drittem Beispiel der *Antriebsregelung* (Drehzahlregelung eines Gleichstromantriebs) in Bild 2-9 zu. Auf den ersten Blick liegt dort eine andere Struktur als in Bild 3-3 vor, da wegen der Rückführung der Gegen-EMK e_M eine innere Schleife auftritt. Durch eine Strukturumformung kann man auf einen einschleifigen Kreis kommen und auf diese Weise $F_w(s)$ und $F_z(s)$ berechnen. Es ist aber einfacher, in Bild 2-9 zunächst $M_L = 0$ zu setzen und $F_w(s)$ zu bestimmen, sodann $u_S = 0$ zu setzen und $F_z(s)$ zu ermitteln.

Als erstes soll das *Führungsverhalten* untersucht werden: $M_L = 0$. In der inneren Schleife fällt dann das zu M_L gehörende Summierglied weg, und es ist $M_B = M_A$. Wir können daher die innere Schleife gemäß Bild 2-73, 3. Zeile, zu einem Block zusammenfassen:

$$G_{MOT} = \frac{\omega(s)}{u_A(s)} = \frac{\frac{1}{\Theta s} K_F \frac{\frac{1}{R_A}}{1 + \frac{L_A}{R_A}s}}{1 + K_F \cdot \frac{1}{\Theta s} K_F \frac{\frac{1}{R_A}}{1 + \frac{L_A}{R_A}s}}.$$

Durch Erweitern mit $\Theta s \left[1 + \frac{L_A}{R_A}s\right]$ folgt daraus

$$G_{MOT} = \frac{\frac{K_F}{R_A}}{\Theta s + \frac{\Theta L_A}{R_A}s^2 + \frac{K_F{}^2}{R_A}}.$$

Kürzt man durch $K_F{}^2/R_A$, so wird

$$G_{MOT} = \frac{\frac{1}{K_F}}{1 + \frac{\Theta R_A}{K_F{}^2}s + \frac{\Theta L_A}{K_F{}^2}s^2}. \tag{3.29}$$

Damit wird aus Bild 2-9 die Struktur in Bild 3-5, die nur noch *eine* Rückführung von ω enthält. Dabei ist noch das P-Glied in der Rückführung von Bild 3-5 hinter den Soll-Istwert-Vergleich verlegt worden, wodurch u_S in u_S/K_I übergeht. Aus (3.29) erkennt man, dass die Winkelgeschwindigkeit des Motors über ein Verzögerungsglied 2. Ordnung von der Ankerspannung abhängt. Dabei ist

$$2dT = \frac{\Theta R_A}{K_F{}^2}, \quad T^2 = \frac{\Theta L_A}{K_F{}^2}. \tag{3.30}$$

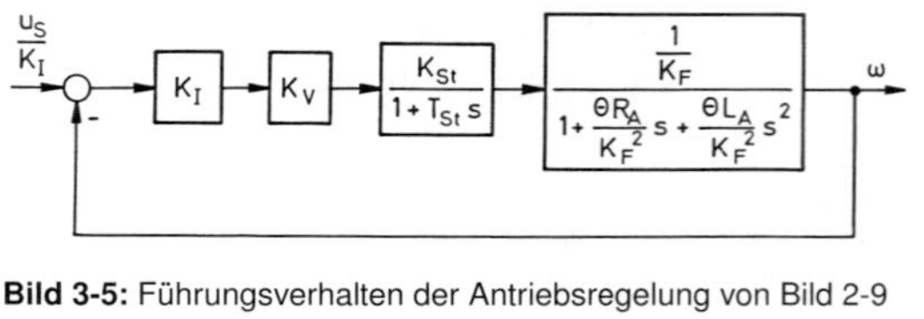

Bild 3-5: Führungsverhalten der Antriebsregelung von Bild 2-9

Für $d < 1$ erhält man gemäß Tabelle 2-1 eine oszillierende Sprungantwort. Die Zeitkonstante der einhüllenden e-Funktion ist nach Tabelle 2-1

$$\frac{T}{d} = 2\frac{T^2}{2dT} = 2\frac{L_A}{R_A}. \tag{3.31}$$

Mit dieser Zeitkonstante klingt also bei sprungartiger Ankerspannungsänderung die Schwingung der Winkelgeschwindigkeit ab. Vernachlässigt man die kleine Zeitkonstante T_{St} der Stromrichterschaltung, so wird die Übertragungsfunktion des offenen Kreises

$$F_o(s) = K_I K_V K_{St} \frac{\frac{1}{K_F}}{1 + \frac{\Theta R_A}{K_F{}^2} s + \frac{\Theta L_A}{K_F{}^2} s^2} =$$

$$= \frac{V}{1 + 2d\,T\,s + T^2 s^2}. \tag{3.32}$$

Hierbei ist

$$V = K_I K_V K_{St} \frac{1}{K_F} \tag{3.33}$$

das Produkt der Verstärkungsfaktoren sämtlicher Blöcke des offenen Kreises und somit der Verstärkungsfaktor des offenen Kreises. V wird deshalb als *Kreisverstärkung* bezeichnet.

Das Führungsverhalten der Drehzahlregelung wird also durch die Gleichung

$$\omega = \frac{F_o(s)}{1 + F_o(s)} \cdot \frac{u_S}{K_I} = \frac{V}{1 + 2d\,T\,s + T^2 s^2 + V} \cdot \frac{u_S}{K_I}$$

oder

$$\omega = \frac{\frac{V}{V+1}}{1 + \frac{2dT}{V+1} s + \frac{T^2}{V+1} s^2} \cdot \frac{u_S}{K_I} \tag{3.34}$$

beschrieben. Es liegt wiederum ein Verzögerungsglied 2. Ordnung vor. Für seine Zeitkonstante T^* und seine Dämpfung d^* folgt aus

$$T^{*2} = \frac{T^2}{V+1}, \qquad 2d^* T^* = \frac{2dT}{V+1}:$$

$$T^* = \frac{T}{\sqrt{V+1}}, \qquad d^* = \frac{d}{\sqrt{V+1}}. \tag{3.35}$$

Mit wachsender Kreisverstärkung V nehmen also Zeitkonstante und Dämpfung ab. Was die Sprungantwort des Führungsverhaltens betrifft, so gilt für die Zeitkonstante der einhüllenden e-Funktion (falls $d^* < 1$) nach Tabelle 2-1

$$\frac{T^*}{d^*} = \frac{T}{d}, \quad \text{also wegen (3.31)}$$

$$\frac{T^*}{d^*} = 2\frac{L_A}{R_A}. \tag{3.36}$$

Das Abklingen der Sprungantwort wird hier durch V nicht beeinflusst.

Um nunmehr das *Störverhalten der Antriebsregelung* zu beschreiben, setzen wir $u_S = 0$, so dass das S-Glied des Soll-Istwert-Vergleichs wegfällt. Infolgedessen bilden die beiden Wirkungslinien von e_M und von u_I, u_D, u_G eine Parallelschaltung. Deren Übertragungsfunktion ist

$$-\left[K_F + K_I K_V \frac{K_{St}}{1 + T_{St}s}\right].$$

Die Struktur des Störverhaltens wird durch den Wirkungskreis in Bild 3-6 wiedergegeben. Darin ist die Eingriffsstelle der Störgröße M_L nach links umgezeichnet. Vernachlässigt man auch hier wieder die

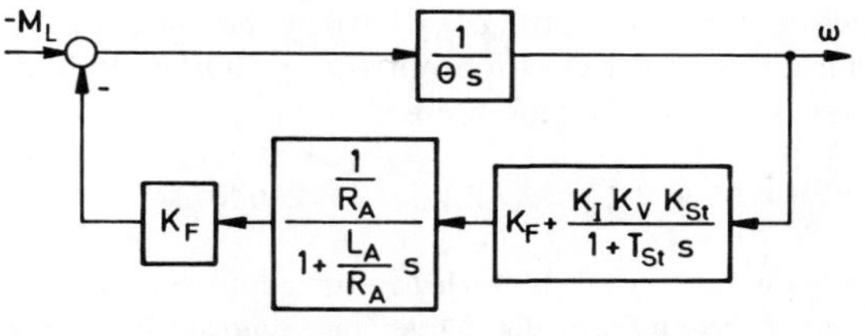

Bild 3-6: Störverhalten der Antriebsregelung von Bild 2-9

kleine Zeitkonstante T_{St} der Stromrichterschaltung, so erhält man aufgrund der Rückkopplungsformel

$$\omega = \frac{\frac{1}{\Theta s}}{1 + \frac{1}{\Theta s} \cdot K_F \frac{\frac{1}{R_A}}{1 + \frac{L_A}{R_A} s}(K_F + K_I K_V K_{St})}(-M_L).$$

Mit den Abkürzungen

$$V_z = \frac{K_F}{R_A}(K_F + K_I K_V K_{St}), \tag{3.37}$$

$$T_A = \frac{L_A}{R_A}$$

folgt daraus

$$\omega = \frac{\frac{1}{\Theta s}}{1 + \frac{V_z}{\Theta s(1 + T_A s)}}(-M_L) = \frac{1 + T_A s}{\Theta s(1 + T_A s) + V_z}(-M_L)$$

oder

$$\omega = \frac{1}{V_z} \frac{1 + T_A s}{1 + \frac{\Theta}{V_z} s + \frac{\Theta T_A}{V_z} s^2} (-M_L) . \qquad (3.38)$$

Durch geeignete Wahl von K_V kann V_z und damit das Störverhalten beeinflusst werden.

Wie man sieht, ist die Störübertragungsfunktion der Antriebsregelung von ähnlicher Gestalt wie bei der linearisierten Abflussregelung. Die Störsprungantwort zeigt daher grundsätzlich das gleiche Verhalten wie in Bild 3-4, nur mit von Null verschiedenem Endwert.

Bislang wurden alle Untersuchungen mit allgemeinen Parametern durchgeführt. Im Anschluss an die *Antriebsregelung* (Bild 1-3, Struktur in Bild 2-9) soll jetzt ein *Zahlenbeispiel* gebracht werden, das auch später herangezogen wird. Die durch den Index N gekennzeichneten Nennwerte des Motors seien:

$$u_{AN} = 300\,\mathrm{V} , \quad i_{AN} = 820\,\mathrm{A} ,$$

was einer Nennleistung $P_N = 246$ kW entspricht. Weiterhin sei die Nenndrehzahl $n_N = 600$ Umdrehungen/min. Weitere Motordaten:

$$R_A = 0,05\,\Omega , \quad L_A = 2,5\,\mathrm{mH} , \quad \Theta = 200\,\mathrm{Nmsec}^2 .$$

Aus der in Umdrehungen je Minute gemessenen Drehzahl n erhält man die Winkelgeschwindigkeit ω als den in der Sekunde überstrichenen Drehwinkel zu

$$\omega = \frac{n}{60} 2\pi , \quad \text{hier also} \quad \omega_N = 62,8\,\mathrm{sec}^{-1} .$$

Um nun die Parameterwerte des Motors in die Struktur in Bild 2-9 eintragen zu können, hat man noch K_F zu bestimmen. Nach Bild 2-9 gilt $e_M = K_F \omega$, also im Nennzustand

$$K_F = \frac{e_{MN}}{\omega_N} . \qquad (3.39)$$

Hierin ist e_{MN} noch unbekannt. Aus Bild 2-9 folgt weiter

$$i_A = \frac{\frac{1}{R_A}}{1 + \frac{L_A}{R_A} s} (u_A - e_M) .$$

Da der Nennzustand ein stationärer Zustand ist, verschwinden in ihm die zeitlichen Ableitungen, was $s = 0$ entspricht:

$$i_{AN} = \frac{1}{R_A} (u_{AN} - e_{MN}) , \quad \text{also}$$

$$e_{MN} = u_{AN} - R_A i_{AN} , \quad \text{hier} \quad e_{MN} = 259\,\mathrm{V} .$$

Aus (3.39) folgt jetzt

$$K_F = \frac{259}{62,8} \frac{\mathrm{V}}{\mathrm{sec}^{-1}} = 4,13\,\mathrm{Vsec} .$$

Hieraus ergibt sich weiter (was im Strukturbild nicht benötigt wird) der Nennwert M_{AN} des Antriebsmoments:

$$M_{AN} = K_F i_{AN} = 4,13 \cdot 820\,\mathrm{Wsec} = 3380\,\mathrm{Nm} .$$

Der Motor muss so gewählt sein, dass dieser Wert gleich der Nennlast ist, also gleich dem (im Mittel) zu erwartenden Wert des Lastmoments M_L, denn im normalen Betriebszustand soll das Antriebsmoment des Motors gleich dem Lastmoment sein. Um den Motor richtig auszulasten, wird man sein Nennmoment deshalb gleich der zu erwartenden Nennlast wählen.

Weiterhin erhält man

$$K_A = \frac{1}{R_A} = \frac{1}{0,05\,\Omega} = 20\,\Omega^{-1} ,$$
$$T_A = \frac{L_A}{R_A} = \frac{2,5 \cdot 10^{-3}}{5 \cdot 10^{-2}} \mathrm{sec} = 50 \cdot 10^{-3}\,\mathrm{sec} .$$

Was die weiteren Parameter in Bild 2-9 betrifft, so bekommt man die Übertragungskonstante K_{St} der Stromrichterschaltung aus der im stationären Zustand geltenden Gleichung

$$u_{AN} = K_{St} u_{GN} .$$

Ist die Ausgangsspannung u_G des Regelverstärkers im Nennzustand 10 V, so ist

$$K_{St} = \frac{300\,\mathrm{V}}{10\,\mathrm{V}} = 30 .$$

Die Zeitkonstante der Stromrichterschaltung sei zu $T_{St} = 0{,}005$ sec angenommen. Schließlich erhält man die Übertragungskonstante K_I der Tachometermaschine aus der Angabe, dass sie bei der Drehzahl 1000 U/min eine Spannung von 25 V erzeugt. Damit folgt wegen $u_I = K_I \omega$:

$$K_I = \frac{u_I}{\omega} = \frac{25}{\frac{1000}{60} 2\pi} \frac{\mathrm{V}}{\mathrm{sec}^{-1}} = 0,24\,\mathrm{Vsec} .$$

Bild 3-7 zeigt die so erhaltene Struktur mit den berechneten Parameterwerten, wobei die Übertragungskonstante K_V des Regelverstärkers als frei verfügbarer Parameter offengelassen ist.

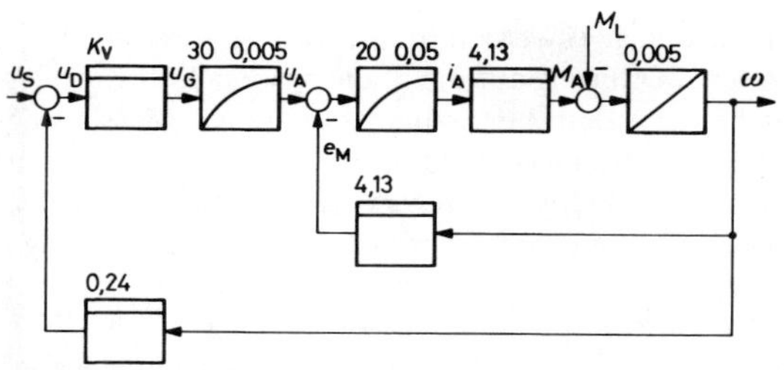

Bild 3-7: Zahlenbeispiel zur Antriebsregelung

Um etwa das Führungsverhalten weiter zu untersuchen, setzen wir $M_L = 0$ und haben dann gemäß Bild 3-5 zu bilden:

$$\frac{1}{K_F} = 0,242\,\mathrm{V}^{-1}\mathrm{sec}^{-1},$$

$$2d\,T = \frac{\Theta R_A}{{K_F}^2} = \frac{200 \cdot 0,05}{4,13^2}\,\mathrm{sec} = 0,59\,\mathrm{sec},$$

$$T^2 = \frac{\Theta L_A}{{K_F}^2} = \frac{200 \cdot 2,5 \cdot 10^{-3}}{4,13^2}\,\mathrm{sec}^2 = 0,0294\,\mathrm{sec}^2.$$

Es wird so aus Bild 3-7 das Bild 3-8 für das Führungsverhalten der Antriebsregelung. Der Motor wird dabei durch ein Verzögerungsglied 2. Ordnung dargestellt. Für dessen Dämpfung ergibt sich

$$d = \frac{1}{2T}\,\frac{\Theta R_A}{{K_F}^2}, \quad \text{also wegen} \quad T = \frac{\sqrt{\Theta L_A}}{K_F}:$$

$$d = \frac{R_A}{2K_F}\sqrt{\frac{\Theta}{L_A}}. \tag{3.40}$$

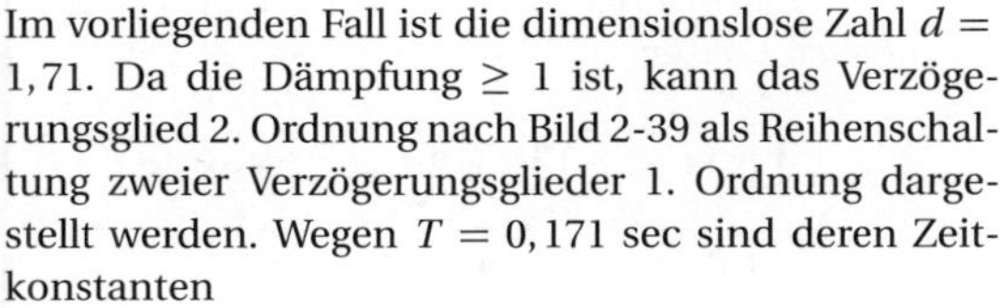

Bild 3-8: Führungsverhalten der Antriebsregelung von Bild 3-7

Im vorliegenden Fall ist die dimensionslose Zahl $d = 1,71$. Da die Dämpfung ≥ 1 ist, kann das Verzögerungsglied 2. Ordnung nach Bild 2-39 als Reihenschaltung zweier Verzögerungsglieder 1. Ordnung dargestellt werden. Wegen $T = 0,171$ sec sind deren Zeitkonstanten

$$T_1 = 0,53\,\mathrm{sec}; \quad T_2 = 0,055\,\mathrm{sec}.$$

Aus Bild 3-8 wird so Bild 3-9 als endgültige Struktur des Führungsverhaltens der Antriebsregelung. Die Übertragungsfunktion des offenen Kreises ist

$$F_o(s) = \frac{V}{(1+0,53s)(1+0,055s)(1+0,005s)} \tag{3.41}$$

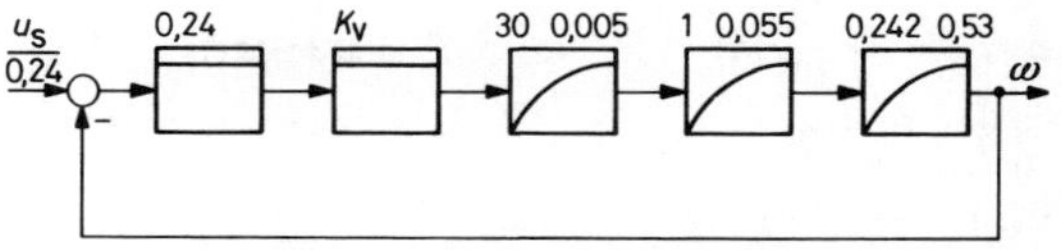

Bild 3-9: Umformung von Bild 3-8: Antriebsregelung bei genügend großem Trägheitsmoment von Anker und Last

mit der Kreisverstärkung

$$V = 0,24 \cdot 30 \cdot 0,242 \cdot K_V = 1,74\,K_V. \tag{3.42}$$

3.7 Standardregelkreis

Die allgemeine Struktur von Bild 3-3 kann in vielen Fällen noch vereinfacht werden. Die Messeinrichtung wird man nach Möglichkeit so aufbauen, dass sie keine Zeitverzögerungen aufweist, vielmehr der Messwert der zu messenden Größe proportional ist. Dann darf man $G_3(s) = K_3$ setzen. Verlegt man dieses Proportionalglied hinter den Soll-Istwert-Vergleich, so erhält man eine *direkte Rückführung*, die durch $G_3(s) = 1$ gekennzeichnet ist. Dafür tritt an die Stelle von w die Eingangsgröße w/K_3. Die Störgröße z in Bild 3-3 kann man an den Ausgang der Strecke verlegen, also hinter den Block mit der Übertragungsfunktion $G_2(s)$. Dieser tritt dann auch in die Wirkungslinie von z, wodurch die in den Regelkreis eingreifende Störgröße geändert wird, was aber, da man ohnehin meist nicht viel von ihr weiß, nicht schwer ins Gewicht fällt. Bezeichnet man nachträglich die veränderte Führungs- und Störgröße wiederum mit w und z, so erhält man die vereinfachte Struktur in Bild 3-10. Wir wollen sie als *Standardregelkreis* bezeichnen.

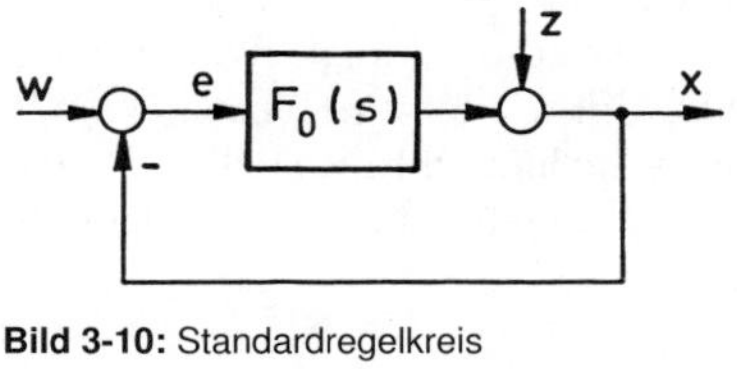

Bild 3-10: Standardregelkreis

Aus Bild 3-10 liest man

$$X = Z + F_o(W - X),$$

also

$$X(s) = \frac{F_o(s)}{1 + F_o(s)}\,W(S) + \frac{1}{1 + F_o(s)}\,Z(s) \tag{3.43}$$

als Gleichung der Regelung ab. Oft interessiert man sich auch für die Abhängigkeit der Regeldifferenz e von w und z. Aus Bild 3-10 erkennt man, dass

$$E = W - [Z + F_o E],$$

also

$$E(s) = \frac{1}{1 + F_o(s)} [W(s) - Z(s)] \tag{3.44}$$

gilt.

Bei allgemeinen Untersuchungen ist es häufig zweckmäßig, den Standardregelkreis nach Bild 3-10 zugrunde zu legen, um sich Fallunterscheidungen zu ersparen.

3.8 Eigenschaften des offenen Kreises

In den Gleichungen (3.20) bzw. (3.24) ist das gesamte dynamische Verhalten des Regelkreises enthalten. Die Aufgabe besteht darin, durch eine geeignete mathematische Behandlung dieser Gleichung Information hierüber zu erlangen. Bevor wir an diese Aufgabe herangehen, ist es zweckmäßig, die Eigenschaften des offenen Kreises zusammenzustellen, da sie im Folgenden auf Schritt und Tritt benutzt werden und daher ständig parat sein sollten.

Wie die vorangegangenen Beispiele zeigen, ist *der offene Kreis* eine *Reihenschaltung einfacher Übertragungsglieder.* Da treten zunächst häufig I-Glieder auf. Wie an den Beispielen der Abfluss- und der Schüttgutregelung zu sehen war, werden sie oftmals durch die Stelleinrichtung verursacht. In Bild 3-11 kann man sich dies nochmals allgemein vergegenwärtigen. Den Stellmotor kann man bei nicht zu schnellen Strecken mit genügender Näherung als Proportionalglied ansehen. Auch das Getriebe ist ein P-Glied, da es lediglich die Motordrehzahl bzw. -winkelgeschwindigkeit in einen anderen Wert übersetzt. Das Ventil schließlich integriert die Winkelgeschwindigkeit und erzeugt aus ihr einen Drehwinkel oder eine Verschiebungsstrecke. Die gesamte Stelleinrichtung stellt so als Reihenschaltung zweier P-Glieder und eines I-Glieds ein Integrierglied dar.

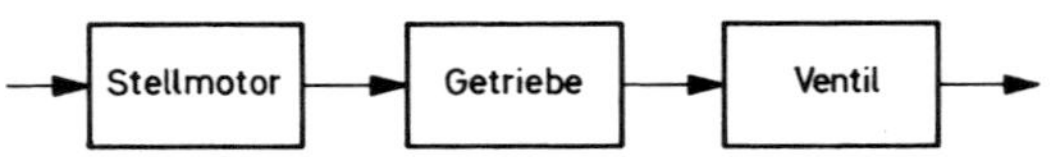

Bild 3-11: Blockschema einer Stelleinrichtung

Ein weiteres I-Glied kann z. B. bei einer *Lageregelung,* d. h. der Regelung eines Drehwinkels oder einer Verschiebungsstrecke, durch den Übergang von der Geschwindigkeit zum Weg bzw. von der Winkelgeschwindigkeit zum Drehwinkel entstehen. Mehr als zwei I-Glieder in Reihe werden im offenen Kreis wohl nur sehr selten vorkommen.

Fast stets aber werden in ihm Verzögerungsglieder 1. oder 2. Ordnung auftreten, die physikalisch ganz verschiedene Ursachen haben können, wie Massenträgheit, elektrische Umladungserscheinungen, Durchmischung von Flüssigkeiten und dergleichen, auf jeden Fall aber eine nicht vernachlässigbare Zeitverzögerung bewirken. Nicht selten treten auch Totzeitglieder als Ausdruck von Transportvorgängen in Erscheinung. Überflüssig zu sagen, dass auch Proportionalglieder an der Tagesordnung sind, wenn nämlich der Übergang zwischen zwei Größen so schnell erfolgt, dass die in Wahrheit stets vorhandenen Verzögerungen vernachlässigbar sind.

Die Reihenschaltung solcher Glieder, d. h. die Multiplikation ihrer Übertragungsfunktionen, liefert die Übertragungsfunktion $F_o(s)$ des offenen Kreises in der Form, wie sie in den Beispielen auftrat:

$$F_o(s) = \frac{V}{s} \frac{1}{1 + Ts}$$ bei der Abflussregelung,

$$F_o(s) = \frac{V}{s} e^{-T_t s}$$ bei der Schüttgutregelung,

$$F_o(s) = V \frac{1}{(1 + T_{St} s)(1 + 2d\,Ts + T^2 s^2)}$$ bei der Antriebsregelung, sofern man die Stromrichterzeitkonstante T_{St} nicht vernachlässigt.

Sieht man vom Totzeitfaktor ab, so handelt es sich um ein R-Glied mit konstantem Zähler. Letzteres ist in der Tat häufig der Fall, muss aber nicht unbedingt sein; vielmehr können auch im Zähler Faktoren der Form $1 + T_z s$ bzw. $1 + 2d_z T_z s + T_z^2 s^2$ auftreten, wobei der Index z auf „Zähler" hinweisen soll. Man erhält so die folgende *allgemeine Form der Übertragungsfunktion des offenen Kreises*:

$$F_o(s) = \frac{V}{s^q} \frac{\prod_i (1 + T_{zi} s) \prod_k (1 + 2d_{zk} \tau_{zk} s + \tau_{zk}^2 s^2)}{\prod_\nu (1 + T_\nu s) \prod_\mu (1 + 2d_\mu \tau_\mu s + \tau_\mu^2 s^2)} e^{-T_t s}, \tag{3.45a}$$

woraus durch Ausmultiplizieren folgt:

$$F_o(s) = \frac{V}{s^q} \frac{1 + b_1 s + \ldots}{1 + a_1 s + \ldots} e^{-T_t s} = \frac{Z_o(s)}{N_o(s)} e^{-T_t s}. \tag{3.45b}$$

Dabei gilt, von Ausnahmefällen abgesehen:

$$\left.\begin{array}{l}\bullet\ \text{Jeder Zählerfaktor ist von jedem Nennerfaktor verschieden.}\\ \bullet\ \text{Die Kreisverstärkung } V \text{ sowie alle Zeitkonstanten und Dämpfungen sind positiv.}\\ \bullet\ T_t \geq 0\\ \bullet\ \text{Grad } Z_o(s) < \text{Grad } N_o(s)\\ \bullet\ q = 0 \text{ oder } 1 \text{ oder } 2\end{array}\right\} \quad (3.45c)$$

Falls nichts Anderes gesagt, wird im Folgenden stets die Voraussetzung (3.45) gemacht.

Da der Faktor $1/s$ ein I-Glied charakterisiert, gibt q die Anzahl der I-Glieder im offenen Kreis an. Ist $q = 0$, so enthält der offene Kreis kein I-Glied. Da alsdann $s^q = 1$, wird $F_o(0) = V$. Da $s = 0$ bei Abwesenheit von I-Gliedern den stationären Zustand kennzeichnet, heißt das: *Für $q = 0$ verhält sich der offene Kreis im stationären Zustand wie ein P-Glied.* Man sagt deshalb, er habe für $q = 0$ *P-Verhalten.*

Ist hingegen $q = 1$ *oder 2*, so enthält er ein I-Glied bzw. zwei I-Glieder: Er hat *I- bzw. Doppel-I-Verhalten (II-Verhalten).* Man kann dann $F_o(0) = \infty$ setzen.

Setzt man die Nennerfaktoren Null, so erhält man die *Pole des offenen Kreises,* d. h. diejenigen Stellen der komplexen Ebene, in denen $|F_o(s)| = \infty$ wird. So folgen aus

$$1 + T_\nu s = 0$$

die *reellen Pole*

$$p_\nu = -\frac{1}{T_\nu}\,.$$

Sie sind also die *negativen reziproken Zeitkonstanten.* Aus

$$1 + 2d_\mu \tau_\mu s + \tau_\mu^2 s^2 = 0$$

folgt

$$s^2 + 2\frac{d_\mu}{\tau_\mu} s + \frac{1}{\tau_\mu^2} = 0\,,$$

also

$$p_{\mu 1,2} = -\frac{d_\mu}{\tau_\mu} \pm \frac{1}{\tau_\mu}\sqrt{d_\mu^2 - 1}$$

und daraus

$$p_{\mu 1,2} = -\frac{d_\mu}{\tau_\mu} \pm j\frac{\sqrt{1-d_\mu^2}}{\tau_\mu}\,, \quad \text{sofern } d_\mu < 1\,. \tag{3.46}$$

Letzteres darf man voraussetzen, da nach Abschnitt 2.3.11 für $d_\mu \geq 1$ der quadratische Faktor $1+2d_\mu\tau_\mu s + \tau_\mu^2 s^2$ in zwei Faktoren 1. Grades zerlegt werden kann,

$$1 + 2d_\mu \tau_\mu s + \tau_\mu^2 s^2 = (1 + \tau_{\mu 1} s)(1 + \tau_{\mu 2} s)\,,$$

die man zum ersten Nennerprodukt in (3.45a) schlagen wird. Man darf deshalb annehmen, dass die quadratischen Nennerfaktoren in (3.45a) die konjugiert komplexen Polpaare von $F_o(s)$ erzeugen.

Da sämtliche Parameter in $F_o(s)$ als positiv vorausgesetzt sind, sind $-1/T_\nu$ sowie $-d_\mu/\tau_\mu$ negativ, d. h. alle bisher betrachteten Pole von $F_o(s)$ liegen links von der j-Achse (imaginären Achse) der komplexen s-Ebene. Enthält der offene Kreis I-Glieder, so tritt in $F_o(s)$ der Faktor $1/s$ bzw. $1/s^2$ auf. Dann gibt es zusätzlich einen einfachen bzw. doppelten Pol von $F_o(s)$ in $s = 0$.

Setzt man die Zählerfaktoren in $F_o(s)$ Null, so ergeben sich die *Nullstellen des offenen Kreises.* Für sie gilt Entsprechendes wie für die Pole. Eine Nullstelle in $s = 0$ jedoch gibt es nicht.

Nun soll noch die Bedingung Grad $Z_o(s) <$ Grad $N_o(s)$ in (3.45c) näher betrachtet werden, wobei wir hier einfachheitshalber von einem totzeitfreien Regelkreis ausgehen. Für die einzelnen Übertragungsfunktionen $G_i(s)$ nach Bild 3-3 muss Grad $Z_i(s) \leq$ Grad $N_i(s)$, $i = 1, 2, 3$, sein, da sie andernfalls nicht realisierbar wären. Damit aber in $F_o(s) = G_1(s)G_2(s)G_3(s)$ der Zählergrad kleiner als der Nennergrad ist, muss darüberhinaus für mindestens eine der Teilübertragungsfunktionen Grad $Z_i(s) <$ Grad $N_i(s)$ gelten. Vom praktischen Standpunkt aus stellt dies keine Einschränkung dar, denn zumindest die Regelstrecke wird bei einer realistischen Beschreibung stets Verzögerungsverhalten aufweisen.

3.9 Stationäres Verhalten des Regelkreises

Wenn wir nun darangehen, die Eigenschaften des Regelkreises zu untersuchen, so geht es dabei in erster Linie um die beiden für die praktische Anwendung wichtigsten Eigenschaften: Stabilität und stationäres Verhalten. Da es leichter zu erledigen ist, wollen wir uns zunächst dem stationären Verhalten zuwenden, wobei wir uns auf die allgemeinen Untersuchungen in Abschnitt 2.6 stützen können.

Wir betrachten hierzu die Regeldifferenz e in Bild 3-3. Für sie gilt, wenn wir einfachheitshalber das Argument s zunächst weglassen:

$$E = W - G_3G_2(Z + G_1E),$$
$$E = W - G_2G_3Z - G_1G_2G_3E,$$

also

$$E(s) = \frac{1}{1+G_1(s)G_2(s)G_3(s)}W(s) + \\ - \frac{G_2(s)G_3(s)}{1+G_1(s)G_2(s)G_3(s)}Z(s)$$

oder kürzer

$$E(s) = G_w(s)W(s) - G_z(s)Z(s). \tag{3.47}$$

Multipliziert man diese Gleichung mit s und lässt dann $s \to 0$ gehen, so entsteht

$$\lim_{s\to 0} sE(s) = \lim_{s\to 0} G_w(s) \cdot \lim_{s\to 0} sW(s) - \lim_{s\to 0} G_z(s) \cdot \lim_{s\to 0} sZ(s).$$

Nach dem Endwertsatz der Laplace-Transformation ist

$$\lim_{s\to 0} sW(s) = \lim_{t\to+\infty} w(t) = w_\infty,$$

wenn der zeitliche Grenzwert existiert, was wir voraussetzen, da es sonst gar keinen stationären Zustand gibt.

Da für die zu $E(s)$ und $Z(s)$ gehörenden Grenzwerte Entsprechendes gilt, folgt aus (3.47)

$$e_\infty = \lim_{s\to 0} G_w(s) \cdot w_\infty - \lim_{s\to 0} G_z(s) \cdot z_\infty. \tag{3.48}$$

Was die verbliebenen Grenzwerte in (3.48) betrifft, so sind zwei Fälle zu unterscheiden.

Fall I: $G_1(s)$ enthält ein I-Glied, d. h. zwischen dem Soll-Istwert-Vergleich und der Eingriffsstelle der Störgröße liegt ein I-Glied.

Dann ist $G_1(s)$ von der Form $\frac{1}{s}\tilde{G}_1(s)$, strebt also $\to \infty$ für $s \to 0$. Daraus folgt, dass sowohl $G_w(s)$ als auch $G_z(s) \to 0$ streben für $s \to 0$. Somit gilt in diesem Fall: $e_\infty = 0$. Das bedeutet: *Es gibt keine bleibende Regeldifferenz.*

Fall II: $G_1(s)$ enthält kein I-Glied.

Es ist dann sehr wohl noch möglich, dass $G_2(s)$ ein I-Glied enthält, während man von der Übertragungsfunktion $G_3(s)$, welche ja die Messeinrichtung beschreibt, annehmen darf, dass in ihr kein I-Glied enthalten ist. Dann stellt

$$G_1(0) = K_1$$

einen festen endlichen Wert dar. *Enthält $G_2(s)$ ein I-Glied,* strebt also $\to \infty$ für $s \to 0$, so gilt

$$G_w(s) \to 0 \quad \text{für} \quad s \to 0,$$
$$G_z(s) = \frac{1}{\frac{1}{G_2(s)G_3(s)} + G_1(s)} \to \frac{1}{K_1} \quad \text{für} \quad s \to 0.$$

Es ist dann also

$$e_\infty = 0 \cdot w_\infty - \frac{1}{K_1} \cdot z_\infty.$$

Das heißt: Es gibt eine bleibende Regeldifferenz, sofern eine bleibende Störgröße vorhanden ist.

Enthält auch $G_2(s)$ kein I-Glied, so folgt mit $G_2(0) = K_2$, $G_3(0) = K_3$ aus (3.48):

$$e_\infty = \frac{1}{1+K_1K_2K_3}w_\infty - \frac{K_2K_3}{1+K_1K_2K_3}z_\infty$$

oder mit $V = K_1K_2K_3$

$$e_\infty = \frac{1}{V+1}w_\infty - \frac{1}{K_1} \cdot \frac{V}{V+1}z_\infty. \tag{3.49}$$

Hier bleibt also auch bei stationär verschwindender Störgröße eine Regeldifferenz.

Insgesamt gilt für den *Fall II: Es bleibt in jedem Fall eine stationäre Regeldifferenz, die man aber klein machen kann, indem der Verstärkungsfaktor $K_1 = G_1(0)$ groß gemacht wird.* Dies ist durchaus möglich, da in $G_1(s)$ das Regelglied enthalten ist, das man weitgehend frei wählen kann, also auch so, dass der Verstärkungsfaktor K_1 genügend groß wird.

Halten wir für die späteren Synthesebetrachtungen fest: *Um genügende stationäre Genauigkeit zu erzielen, hat man entweder ein I-Glied im Regelglied unterzubringen oder den Verstärkungsfaktor des Regelglieds und damit die Kreisverstärkung genügend aufzudrehen.*

Das stationäre Verhalten der Standardregelung gemäß Bild 3-10 ist als Spezialfall in den vorangegangenen Resultaten enthalten. Man hat lediglich $G_1(s) = F_o(s)$, $G_2(s) = 1$, $G_3(s) = 1$ und demgemäß $K_1 = V$ zu setzen. Dann ist

$$e_\infty = \begin{cases} 0, & \text{falls } F_o(s) \text{ ein I-Glied enthält,} \\ \frac{1}{V+1}(w_\infty - z_\infty), & \text{wenn das nicht der Fall ist.} \end{cases} \tag{3.50}$$

Die letzte Beziehung ergibt sich aus (3.49). Der Fall, dass $G_2(s)$ ein I-Glied enthält, kann hier nicht eintreten.

Betrachten wir abschließend die bisherigen Beispiele von Regelungen, so haben die Abflussregelung (Bild 2-79) und die Schüttgutregelung (Bild 2-10) jeweils ein I-Glied zwischen Soll-Istwert-Vergleich und Eingriffsstelle der Störgröße. Daher gibt es bei ihnen keine bleibende Regeldifferenz. Im stationären Zustand ist also die Regelgröße genau auf ihrem Sollwert, während die Störgröße völlig ausgeregelt wird.

Anders bei der Antriebsregelung (Bild 2-9), deren Struktur durch die zusätzliche innere Schleife überdies komplizierter ist. Wir können uns aber weitere Rechnungen sparen, wenn wir von der Gleichung (2.110) ausgehen, die ω in Abhängigkeit von u_S und M_L im stationären Zustand angibt, wobei der Index ∞ weggelassen wurde. Nun ist die Regeldifferenz e im vorliegenden Fall gleich

$$u_D = u_S - u_I = K_I\omega_S - K_I\omega\,.$$

Im stationären Zustand ist $\omega_{S\infty} = \omega_S$, sofern der Sollwert ω_S konstant vorgegeben wird, und daher gilt:

$$u_{D\infty} = K_I\omega_S - K_I\omega_\infty\,. \tag{3.51}$$

Wegen (2.110) folgt daraus

$$\begin{aligned} u_{D\infty} = K_I \Bigg[\omega_S - \frac{K_I K_V K_{St}}{K_F + K_I K_V K_{St}}\,\omega_S + \\ + \frac{R_A}{K_F(K_F + K_V K_{St} K_I)} M_{L\infty} \Bigg]\,. \end{aligned} \tag{3.52}$$

Nach (3.33) ist die Kreisverstärkung

$$V = K_I K_V K_{St}\,\frac{1}{K_F}\,.$$

Damit wird aus (3.52), wenn man den ersten Bruch mit K_F und den zweiten mit K_F^2 kürzt:

$$u_{D\infty} = K_I \left[\omega_S - \frac{V}{1+V}\omega_S + \frac{R_A/K_F^2}{1+V} M_{L\infty} \right],$$

$$u_{D\infty} = \frac{K_I}{V+1}\left[\omega_S + \frac{R_A}{K_F^2} M_{L\infty} \right]. \tag{3.53}$$

Im realen Betrieb wird sich das Lastmoment von Zeit zu Zeit sprungartig ändern. Nach einer solchen Änderung tritt ein Einschwingvorgang auf, der theoretisch zwar erst für $t \to +\infty$ zur Ruhe kommt, praktisch aber – wie schon erwähnt – nach endlicher Zeit. Dann liegt der stationäre Zustand vor, bis die nächste Änderung von M_L erfolgt. Wir dürfen deshalb für die Untersuchung des stationären Verhaltens M_L als konstant ansehen und $M_{L\infty}$ einfach mit M_L bezeichnen. Aus (3.53) wird so endgültig

$$u_{D\infty} = \frac{K_I}{V+1}\left[\omega_S + \frac{R_A}{K_F^2} M_L \right]. \tag{3.54}$$

Wie man sieht, bleibt eine stationäre Regeldifferenz. Man kann sie aber klein machen, indem man V genügend groß wählt. Dies ist möglich, indem der Verstärkungsfaktor K_V des elektronischen Verstärkers entsprechend gewählt wird.

Nun ist der Wert M_L der Störgröße allerdings nicht im Einzelnen bekannt, ändert sich vielmehr von Zeit zu Zeit in unregelmäßiger Weise. Bekannt sind jedoch die Grenzen, zwischen denen er schwankt. Gilt $0 \le M_L \le M_{\text{Lmax}}$, so ist $|M_L| \le M_{\text{Lmax}}$ und damit

$$|u| \le \frac{K_I}{V+1}\left[|\omega_S| + \frac{R_A}{K_F^2} M_{\text{Lmax}} \right].$$

Soll diese Abweichung höchstens gleich einer vorgegebenen Schranke εu_S sein, etwa $\varepsilon = 0{,}01$, wenn eine stationäre Genauigkeit von 1 % verlangt wird, so muss gelten:

$$\frac{K_I}{V+1}\left[|\omega_S| + \frac{R_A}{K_F^2} M_{\text{Lmax}} \right] \le \varepsilon u_S,$$

woraus durch Multiplikation mit $\dfrac{V+1}{\varepsilon u_S}$ folgt:

$$V+1 \ge \frac{K_I}{\varepsilon u_S}\left[|\omega_S| + \frac{R_A}{K_F^2} M_{\text{Lmax}} \right]. \tag{3.55}$$

Wählt man V in dieser Weise, so bleibt im stationären Zustand die Regeldifferenz unter der vorgegebenen Schranke, ganz gleich, welchen Wert die Störgröße M_L im Einzelnen annimmt.

Die Störgrößenausregelung, die in Kapitel 1 als Vorzug der Regelung gegenüber der Steuerung in Worten beschrieben wurde, erfasst man hier *quantitativ*. Um einen genauen Vergleich zwischen Regelung und Steuerung zu ermöglichen, berechnen wir zunächst den stationären Wert von ω für die *Regelung* aus (3.54), indem wir dort $u_{D\infty}$ gemäß (3.51) einsetzen:

$$\omega_\infty = \left[1 - \frac{1}{V+1}\right]\omega_S - \frac{1}{V+1}\,\frac{R_A}{K_F^2} M_L\,. \tag{3.56}$$

Wählt man V genügend groß, so weicht ω_∞ beliebig wenig von ω_S ab, ganz gleich, welchen Wert die Störgröße M_L hat.

Das stationäre Verhalten der Antriebs*steuerung* erhält man ebenfalls aus Bild 2-9, wenn man dort $K_I = 0$ setzt, wodurch ja die Regelung in die Steuerung übergeht. Aus der Gleichung (2.110), die das stationäre Verhalten der Struktur in Bild 2-9 beschreibt, wird dadurch

$$\omega_\infty = \frac{K_{St} K_V}{K_F} u_S - \frac{R_A}{K_F^2} M_L , \tag{3.57}$$

wobei jetzt ω_∞ für den stationären Wert ω geschrieben wurde. Man sieht hieraus *quantitativ*, was in Kapitel 1 in Worten gesagt wurde. Ist $M_L = 0$, also noch keine Last aufgeschaltet (Leerlaufzustand), so kann man u_S so wählen, dass $\omega_\infty = \omega_S$ wird:

$$u_S = \frac{K_F}{K_{St} K_V} \omega_S .$$

Dann kann man für (3.57) auch schreiben:

$$\omega_\infty = \omega_S - \frac{R_A}{K_F^2} M_L . \tag{3.58}$$

Hieraus ersieht man, dass bei Lastaufschaltung eine Absenkung der Winkelgeschwindigkeit um den Betrag

$$\frac{R_A}{K_F^2} M_L$$

erfolgt. Bei unbekannter und veränderlicher Last hat man keine Möglichkeit, diese Drehzahlabsenkung unter eine gewünschte Schranke zu drücken.

Abschließend sei daran erinnert, dass alle diese Betrachtungen über das stationäre Verhalten des Regelkreises nur dann gelten, wenn der stationäre Zustand existiert. Das heißt, konkret gesprochen: wenn nach sprungartigen Änderungen in Führungs- und Störgröße die entstehenden Übergangsvorgänge abklingen und alle zeitveränderlichen Größen festen Werten zustreben. Es erhebt sich sogleich die Frage nach der Stabilität von Regelkreisen, der wir uns nun zuwenden.

3.10 Stabilität von Regelkreisen

Die Betrachtungen zur Stabilität aus den Abschnitten 3.1 und 3.2 wollen wir nun auf Regelkreise übertragen, wobei vorläufig angenommen wird, dass diese nur aus R-Gliedern bestehen. Der Regelkreis nach Bild 3-3 wird gemäß (3.20) bzw. (3.24) durch *zwei* Übertragungsfunktionen charakterisiert: die Führungsübertragungsfunktion $F_w(s)$ und die Störübertragungsfunktion $F_z(s)$. Insofern entspricht er *zwei* R-Gliedern. Er ist deshalb übertragungsstabil, wenn Führungs- *und* Störverhalten übertragungsstabil sind.

Nun ist mit

$$\begin{aligned}
G_\nu &= \frac{Z_\nu}{N_\nu}, \quad \nu = 1,2,3 : \\
F_o &= G_1 G_2 G_3 = \frac{Z_1 Z_2 Z_3}{N_1 N_2 N_3} = \frac{Z_o}{N_o}, \\
F_w &= \frac{G_1 G_2}{1+F_o} = \frac{Z_1 Z_2 N_3}{Z_o + N_o}, \\
F_z &= \frac{G_2}{1+F_o} = \frac{N_1 Z_2 N_3}{Z_o + N_o}.
\end{aligned}$$

Ein Pol des Regelkreises, d. h. ein Pol von F_w und F_z, kann nur durch eine Nullstelle des Nenners $1 + F_o(s)$ bzw. $Z_o(s) + N_o(s)$ zustandekommen.[4] Aus (3.15) folgt daher sofort: Liegen alle Lösungen der charakteristischen Gleichung

$$F_o(s) + 1 = 0 \quad \text{bzw.} \quad Z_o(s) + N_o(s) = 0 \tag{3.59}$$

links der j-Achse, so ist der Regelkreis stabil.

Um zu untersuchen, ob auch die Umkehrung gilt, ob also der Regelkreis instabil wird, wenn mindestens eine Nullstelle der charakteristischen Gleichung auf oder rechts der j-Achse liegt, erinnern wir uns an eine Voraussetzung über den offenen Kreis (Abschnitt 3.8): In

$$F_o(s) = \frac{Z_o(s)}{N_o(s)} = \frac{Z_1(s) Z_2(s) Z_3(s)}{N_1(s) N_2(s) N_3(s)}$$

haben Zähler und Nenner keine gemeinsame Nullstelle. Angenommen nun, eine Nullstelle der charakteristischen Gleichung sei zugleich Nullstelle des Zählers von $F_z(s)$ (für F_w entsprechend), dann gilt für die Nullstelle

$$Z_o + N_o = 0 \qquad \text{und} \tag{3.60}$$

$$N_1 Z_2 N_3 = 0 . \tag{3.61}$$

Ist in (3.61) $Z_2 = 0$, so folgt daraus $Z_o = 0$ und somit wegen (3.60) $N_o = 0$. Das ist ein Widerspruch, da Z_o und N_o keine gemeinsame Nullstelle haben. Ist andererseits in (3.61) N_1 oder $N_3 = 0$, so muss auch $N_o = 0$ sein und somit nach (3.60) auch $Z_o = 0$ gelten, womit wir den gleichen Widerspruch wie eben erhalten haben. Das heißt also: (3.60) und (3.61) können nicht

4 Ein Pol (nämlich in $s = \infty$) ist grundsätzlich auch dadurch möglich, dass der Zählergrad größer als der Nennergrad ist. Wegen Grad $Z_o <$ Grad N_o ist dies jedoch ausgeschlossen.

zugleich gelten, eine Nullstelle der charakteristischen Gleichung (3.59) kann mithin keine Nullstelle des Zählers von F_z (und F_w) sein.

Anders ausgedrückt: *Jede* Lösung der charakteristischen Gleichung ist Pol des Regelkreises. Liegt daher eine Lösung der charakteristischen Gleichung auf oder rechts der j-Achse, so ist diese auch Pol des Regelkreises und dieser somit instabil. Man hat so das Zwischenresultat:

Sind in der Übertragungsfunktion $F_o(s) = Z_o(s)/N_o(s)$ des offenen Kreises $Z_o(s)$ und $N_o(s)$ ohne gemeinsame Nullstelle, so ist der Regelkreis genau dann übertragungs- und intern stabil, wenn die Lösungen der charakteristischen Gleichung

$$F_o(s)+1=0 \quad \text{bzw.} \quad Z_o(s)+N_o(s)=0 \tag{3.62}$$

links der j-Achse liegen.

Mit der getroffenen Annahme der Teilerfremdheit von $Z_o(s)$ und $N_o(s)$ sind beide in (3.62) genannten Varianten der charakteristischen Gleichung äquivalent, und mit dem charakteristischen Polynom $Z_o(s)+N_o(s)$ werden die für innere Stabilität nach (3.15) relevanten Systempole erfasst. Wir können mittels (3.15) und ohne die Annahme der Teilerfremdheit von $Z_o(s)$ und $N_o(s)$ folglich auch formulieren:

Der Regelkreis weist innere Stabililtät genau dann auf, wenn die Lösungen der Gleichung

$$Z_o(s)+N_o(s)=0$$

links der j-Achse liegen. Eventuelle gemeinsame Nullstellen von $Z_o(s)$ und $N_o(s)$ seien nicht gegeneinander gekürzt, das heißt mit $N_o = N_1N_2N_3$ sei die gesamte Dynamik des Regelsystems erfasst. Aus innerer Stabilität folgt stets Übertragungsstabilität; die Umkehrung gilt nicht. (3.63)

Im Unterschied zum Zwischenresultat (3.62) deckt dieses Kriterium den Fall möglicher gemeinsamer Nullstellen von $Z_o(s)$ und $N_o(s)$ mit ab.

Die Bedeutung dieses Unterschiedes zwischen beiden Kriterien machen wir uns an einem *Beispiel* klar: Im Regelkreis nach Abbildung 3-3 seien $G_3(s) = 1$, das Messglied also ideal angenommen, und $G_2(s)=1$, die Störung also am Ausgang angreifend. $G_1(s)$ setze sich aus der instabilen Strecke $G(s) = \frac{1}{1-s}$ und einem vorgeschlagenen Regler $R(s)=\frac{1-s}{1+s}$ zusammen,

$$G_1(s)=\underbrace{\frac{1}{1-s}}_{G(s)}\cdot\underbrace{\frac{1-s}{1+s}}_{R(s)} = F_o(s).$$

Ohne die mögliche Kürzung von $(1-s)$ vorzunehmen, erhält man $Z_o(s)=1-s$ und $N_o(s)=(1-s)(1+s)$. Nach dem grundlegenden Kriterium (3.63) für innere Stabilität ist die charakteristische Gleichung

$$\begin{aligned} Z_o(s)+N_o(s) &= (1-s)+(1-s)(1+s)= \\ &= (1-s)(2+s)=0 \end{aligned}$$

auszuwerten, mit den Lösungen (Systempolen) $s_1 = 1$ und $s_2 = -2$. Der Regelkreis weist demnach *keine* innere Stabilität auf, das heißt von null verschiedene Anfangswerte werden zu aufklingenden Systemgrößen führen – der Regelkreis ist unbrauchbar. Zum Vergleich werten wir – obwohl $Z_o(s)$ und $N_o(s)$ hier nicht teilerfremd sind – die Bedingung $F_o(s)+1 = 0$ aus Kriterium (3.62) aus:

$$\begin{aligned} \frac{1-s}{(1-s)(1+s)}+1 &= \frac{(1-s)+(1-s)(1+s)}{(1-s)(1+s)} = \\ &= \frac{(1-s)(2+s)}{(1-s)(1+s)} = 0, \end{aligned}$$

mit der einzigen, links gelegenen Lösung $s = -2$. Die Übertragungsfunktionen $F_w(s)$ und $F_z(s)$,

$$F_w(s)=\frac{G_1}{1+G_1}=\frac{1-s}{(1-s)(2+s)},$$

$$F_z(s)=\frac{1}{1+G_1}=\frac{(1-s)(1+s)}{(1-s)(2+s)},$$

sind *übertragungsstabil*, da sie keinen auf oder rechts der j-Achse gelegenen Pol aufweisen. Weil $Z_o(s)$ und $N_o(s)$ hier den *gemeinsamen* Linearfaktor $(1-s)$ aufweisen, hebt er sich in den beiden Übertragungsfunktionen heraus und der instabile Systempol bei $+1$ ist kein Übertragungspol.

Wie schon in Abschnitt 3.2, so stellen wir also auch bei Regelkreisen fest, dass Übertragungsstabilität allein nicht ausreichen muss, um aufklingende Systemgrößen auszuschließen. Vielmehr ist von jeder praxistauglichen Regelung *innere* Stabilität zu fordern. Da damit auch Übertragungsstabilität gegeben ist, wollen wir im Weiteren kurz von „Stabilität" sprechen und können mit unseren zuletzt anhand des Beispiels angestellten Überlegungen zu Pol-Nullstellenkürzungen in $F_o(s)$ das Kriterium (3.63) auch sehr prägnant wie folgt formulieren:

Ein Regelkreis ist genau dann stabil, wenn die Lösungen der Gleichung

$$F_o(s) + 1 = 0 \tag{3.64}$$

links der j-Achse liegen und alle eventuellen Pol-Nullstellenkürzungen innerhalb und zwischen Übertragungsgliedern ausschließlich in der linken komplexen Halbebene stattfinden.

Dieses Kriterium stellt das *grundlegende Stabilitätskriterium für Regelkreise* dar, und unter der *charakteristischen Gleichung des Regelkreises* verstehen wir im Folgenden stets die in (3.64) auszuwertende Beziehung $F_o(s) + 1 = 0$.

Für den Reglerentwurf folgt aus dem grundlegenden Stabilitätskriterium unmittelbar:

Rechts oder auf der j-Achse gelegene Pole und Nullstellen der Regelstrecke dürfen durch den Regler nicht „wegkompensiert" werden. (3.65)

Das grundlegende Stabilitätskriterium (3.64) gilt auch dann, wenn der Regelkreis nicht nur aus R-Gliedern besteht, sondern auch *Totzeiten enthält,* etwa die Struktur in Bild 3-12 hat, wobei $G_o(s)$ mit $G_o(0) > 0$ und $G_o(\infty) = 0$ ein R-Glied charakterisiert. Dass hierbei das Totzeitglied in der Rückführung liegt, ist unwesentlich, da man es, falls im Vorwärtszweig gelegen, über die Abzweigung der Regelgröße verschieben kann. Der Beweis des Stabilitätskriteriums wird bei Auftreten von Totzeit allerdings erheblich schwieriger. In [3.3] ist der Beweis für die Sprungantwortstabilität geführt, in [3.4] wurde dies auf die BIBO-Stabilität erweitert.

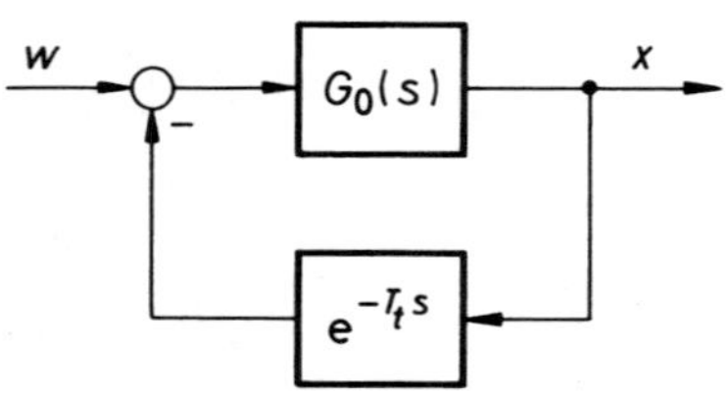

Bild 3-12: Totzeitregelung

Wir wenden uns nun nochmals der Lösung der charakteristischen Gleichung $F_o(s)+1 = 0$ zu und betrachten als erstes Beispiel die *linearisierte Abflussregelung* (Bild 2-79). Wegen

$$F_o(s) = \frac{V}{s}\,\frac{1}{1+Ts}, \quad V, T > 0,$$

lautet ihre charakteristische Gleichung

$$\frac{V}{s}\,\frac{1}{1+Ts} + 1 = 0 \quad \text{oder}$$

$$Ts^2 + s + V = 0.$$

Diese quadratische Gleichung hat die Nullstellen

$$\alpha_{1,2} = -\frac{1}{2T} \pm \frac{1}{2T}\sqrt{1-4VT}.$$

Um zu sehen, wie diese Nullstellen zur j-Achse liegen, nimmt man eine Fallunterscheidung vor.

Fall I: $4VT \le 1$. Dann sind die beiden Nullstellen reell und wegen $\sqrt{1-4VT} < 1$ beide negativ.

Fall II: $4VT > 1$. Dann ist

$$\alpha_{1,2} = -\frac{1}{2T} \pm j\frac{1}{2T}\sqrt{4VT-1}$$

ein konjugiert komplexes Nullstellenpaar, dessen Realteil $-1/2T$ negativ ist.

In jedem Fall liegen also die Nullstellen der Abflussregelung links der j-Achse. Das bedeutet: Die Abflussregelung ist für beliebige positive Werte von V und T stabil.

Es sei angemerkt, dass sich dieses Resultat ohne weiteres verallgemeinern lässt:

Ein R-Glied, dessen Übertragungsfunktion ein Nennerpolynom zweiten Grades mit positiven Koeffizienten hat, ist stets stabil. (3.66)

Betrachten wir als zweites Beispiel die *Antriebsregelung* von Bild 2-9. Nach Abschnitt 3.8 ist bei ihr

$$F_o(s) = V\frac{1}{(1+T_{St}s)(1+2dTs+T^2s^2)}.$$

Man braucht die charakteristische Gleichung nicht hinzuschreiben, um zu sehen, dass sie eine kubische Gleichung darstellt, also drei Nullstellen hat. Ihre numerische Lösung bereitet keine Schwierigkeiten. Aber *allgemein* die Abhängigkeit der Nullstellen und damit der Stabilität von den Parametern zu erkennen, ist zwar noch grundsätzlich möglich, führt aber zu ganz unübersichtlichen Formelausdrücken. Bei Gleichungen höheren als 4. Grades ist diese Möglichkeit völlig ausgeschlossen, da die Nullstellen – von Sonderfällen abgesehen – nicht mehr durch elementare Funktionen der Gleichungskoeffizienten darstellbar sind. Eine *allgemeine* Aussage über das Stabilitätsverhalten der Antriebsregelung lässt sich also nicht machen.

Wenden wir uns nun zum Schluss der *Schüttgutregelung* (Bild 2-10) zu. Ihre charakteristische Gleichung ist

$$\frac{V}{s}\,\mathrm{e}^{-T_t s}+1=0\,. \qquad (3.67)$$

Während die charakteristische Gleichung eines R-Glieds dadurch entsteht, dass ein Polynom gleich Null gesetzt wird, und daher eine *algebraische Gleichung* darstellt, stellt (3.67) eine *transzendente Gleichung* dar. So einfach sie auch ausschaut – eine formelmäßige Lösung, die ihre Nullstellen in Abhängigkeit von den Parametern V und T_t darstellt, ist nicht vorhanden.

Aber selbst die *numerische* Lösung stößt bei transzendenten Gleichungen auf Schwierigkeiten, weil diese nämlich im Gegensatz zu algebraischen Gleichungen unendlich viele Lösungen haben können und gerade bei Totzeitsystemen auch tatsächlich haben. An einem ganz einfachen Beispiel, das noch formelmäßig lösbar ist, können wir uns davon überzeugen:

$$K\mathrm{e}^{-T_t s}+1=0\,.$$

Daraus folgt

$$\mathrm{e}^{-T_t s}=-\frac{1}{K} \qquad \text{oder} \qquad -T_t s=\ln(-1)-\ln K\,.$$

Nun ist allgemein der natürliche Logarithmus einer komplexen Zahl $z=r e^{j(\varphi+2\nu\pi)}$:

$$\ln z=\ln r+j(\varphi+2\nu\pi)\,, \quad \nu \text{ beliebig ganz.}$$

Für $z=-1$ ist $r=1$ und $\varphi=-\pi$ und somit

$$-T_t s=\ln 1+j(-\pi+2\nu\pi)-\ln K \qquad \text{oder}$$

$$\alpha_\nu=\frac{1}{T_t}\ln K+j\frac{\pi}{T_t}(1+2\nu)\,, \quad \nu=0,\pm1,\pm2,\ldots\,.$$

Bild 3-13 zeigt diese Nullstellen in der komplexen Ebene. Ist $K<1$, so liegen sie links der j-Achse, für $K=1$ auf ihr und für $K>1$ rechts davon.

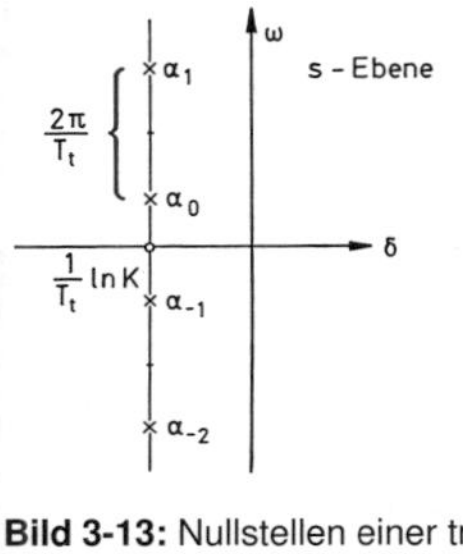

Bild 3-13: Nullstellen einer transzendenten Gleichung

Wenn wir an dieser Stelle einhalten und uns die Situation vergegenwärtigen, so können wir sagen, dass das grundlegende Stabilitätskriterium zwar einen Fortschritt in der Stabilitätsuntersuchung bringt, sie aber noch nicht genügend vereinfacht. Sein Nutzen besteht darin, die Untersuchung des Stabilitätsverhaltens zu ermöglichen, ohne dass man dazu die Sprungantwort berechnen und ihr Verhalten für $t \to +\infty$ ermitteln muss. Dadurch, dass man von der sowieso vorliegenden Übertragungsfunktion ausgehen kann, bringt es eine erhebliche Vereinfachung. Für die praktische Stabilitätsuntersuchung ist sie aber noch nicht groß genug. Man muss die Nullstellen einer algebraischen oder transzendenten Gleichung finden, um zu sehen, ob sie alle links der j-Achse liegen. Das ist im ersteren Fall für $n>2$ nicht in *allgemeiner* Form möglich, im letzteren Fall aber sogar *numerisch* ausgeschlossen, wenn es unendlich viele Nullstellen gibt.

Andererseits ist man bei der Stabilitätsuntersuchung an den Nullstellen im Einzelnen nicht interessiert. Man möchte nur wissen, ob sie alle links der j-Achse liegen oder nicht. Man darf hoffen, diese Information durch geringeren Aufwand als die Berechnung der Nullstellen zu erlangen.

Was man also sucht, sind Kriterien, mit denen man in einfacher Weise entscheiden kann, ob die Nullstellen der charakteristischen Gleichung links der j-Achse liegen. Solcher Kriterien gibt es eine ganze Menge: von ***Routh, Hurwitz, Nyquist, Cremer/Leonhard und Michailow*** sowie anderen. Sie werden gewöhnlich als *Stabilitätskriterien* bezeichnet. Unmittelbar haben sie aber mit Stabilität nichts zu tun, sondern sagen nur etwas über die Lage der Nullstellen von Polynomen oder anderen Funktionen aus. Erst durch die Vermittlung des grundlegenden Stabilitätskriteriums gewinnt man aus ihnen Aussagen über das Stabilitätsverhalten dynamischer Systeme.

Für den Regelungstechniker am wichtigsten ist das *Kriterium von* ***Nyquist*** [3.5], und zwar aus mehreren Gründen:

1. Es ist auf die Behandlung von Regelkreisen zugeschnitten, indem es ermöglicht, aus dem bekannten Verhalten des offenen Regelkreises auf das unbekannte Stabilitätsverhalten des geschlossenen Regelkreises zu schließen.

2. Es ist auch dann anwendbar, wenn das Übertragungsverhalten einzelner Regelkreisglieder theoretisch nicht erfasst werden kann, sondern nur der Messung zugänglich ist.

3. Der Einfluss, den die Änderung von Parametern und die Einführung neuer Blöcke auf das Stabilitätsverhalten des Regelkreises haben, ist mittels des Nyquist-Kriteriums leicht zu überblicken. Das gilt allerdings erst für die Frequenzkennlinienform (Kapitel 4) des Kriteriums.

4. Das Nyquist-Kriterium ist das einzige der genannten Stabilitätskriterien, das auch für Totzeit-Regelkreise gültig ist.

Man kann allerdings $e^{-T_t s}$ in eine Potenzreihe entwickeln, nach endlich vielen Gliedern abbrechen und hierdurch – oder auch auf irgendeine andere Weise – die Übertragungsfunktion des Regelkreises in eine rationale Funktion verwandeln. Deren Stabilität kann man dann mit einem der anderen Kriterien untersuchen. Aber man tappt dabei im Dunkeln, ob die Approximation für die Stabilitätsuntersuchung wirklich gut genug ist. Solche Unsicherheit besteht beim Nyquist-Kriterium nicht.

Aus diesen Gründen soll im Folgenden das Nyquist-Kriterium ausführlich behandelt werden, während auf die anderen Kriterien nur kurz eingegangen wird. Um aber das Nyquist-Kriterium überhaupt formulieren zu können, muss zuvor der Begriff des *Frequenzgangs* eingeführt werden. Seiner Herkunft nach hat er mit Stabilität zunächst nichts zu tun. Erst durch das Nyquist-Kriterium wird er mit dem Stabilitätsverhalten von Regelkreisen verknüpft.

3.11 Frequenzgang

Unter dem *Frequenzgang* eines linearen zeitinvarianten Übertragungsglieds (LZI-Glieds) versteht man in der Regelungstechnik die Übertragungsfunktion des LZI-Glieds auf der imaginären Achse.

Da $G(s)$ die Übertragungsfunktion bezeichnet, ist der Frequenzgang durch $G(j\omega)$ zu charakterisieren. Er ist also auch für instabile Übertragungsglieder durchaus erklärt. Beispielsweise ist für das Übertragungsglied mit

$$G(s) = \frac{1}{1+s^2}$$

der Frequenzgang

$$G(j\omega) = \frac{1}{1+(j\omega)^2} = \frac{1}{1-\omega^2}\,.$$

Der Frequenzgang stellt also nur einen Ausschnitt aus der Übertragungsfunktion dar, nämlich die Gesamtheit von deren Funktionswerten auf der imaginären Achse. Wozu hat man dann überhaupt eine besondere Begriffsbildung eingeführt? Der ursprüngliche Grund liegt in der großen messtechnischen Bedeutung des Frequenzgangs. Schaltet man auf ein LZI-Glied eine harmonische Schwingung, so antwortet es unter gewissen Voraussetzungen wiederum mit einer harmonischen Schwingung gleicher Frequenz. Deren Amplitude und Phasenlage werden durch den Frequenzgang bestimmt. Daraus kann man den Frequenzgang ermitteln und so das Übertragungsverhalten auch solcher Glieder erfassen, deren Funktionalbeziehung theoretisch nicht oder nur schwierig bestimmt werden kann. Mit den harmonischen Schwingungen hat man einen zweiten Typ von Testfunktionen neben den Sprungfunktionen. Der Frequenzgang steht so in Analogie zur Sprungantwort, indem er die Sinusantwort des LZI-Glieds charakterisiert.

Dies sei hier für die R-Glieder gezeigt. Da

$$u = E\sin(\omega t) = \frac{E}{2j}(e^{j\omega t} - e^{-j\omega t}) \tag{3.68}$$

ist, werde zunächst

$$u_1 = e^{j\omega t}, \quad \omega > 0,$$

aufgeschaltet. Die zugehörige Ausgangsgröße ist

$$Y_1(s) = G(s)\,U_1(s) = G(s)\frac{1}{s-j\omega}\,.$$

Nehmen wir vorerst an, dass $G(s)$ nur einfache Pole α_ν hat, die zudem von $j\omega$ verschieden sind, so erhält man weiter

$$Y_1(s) = \left[\sum_{\nu=1}^{n}\frac{r_\nu}{s-\alpha_\nu} + r_0\right]\frac{1}{s-j\omega}\,,$$

$$Y_1(s) = \sum_{\nu=1}^{n} r_\nu \frac{1}{(s-\alpha_\nu)(s-j\omega)} + r_0\frac{1}{s-j\omega}\,,$$

$$Y_1(s) = \sum_{\nu=1}^{n} r_\nu \left[\frac{1}{s-j\omega} - \frac{1}{s-\alpha_\nu}\right]\frac{1}{j\omega-\alpha_\nu} + r_0\frac{1}{s-j\omega}\,,$$

$$Y_1(s) = \frac{1}{s-j\omega}\left[\sum_{\nu=1}^{n}\frac{r_\nu}{j\omega-\alpha_\nu} + r_0\right] + \sum_{\nu=1}^{n}\frac{r_\nu}{\alpha_\nu-j\omega}\,\frac{1}{s-\alpha_\nu}\,.$$

Der letzte Klammerausdruck ist aber nichts anderes als $G(j\omega)$. Die Rücktransformation ergibt daher

$$y_1(t) = G(j\omega)e^{j\omega t} + \sum_{\nu=1}^{n}\frac{r_\nu}{\alpha_\nu - j\omega}e^{\alpha_\nu t}$$

oder

$$y_1(t) = G(j\omega)e^{j\omega t} + r_1(t)\,. \tag{3.69}$$

Die Restfunktion $r_1(t)$ strebt für $t \to +\infty$ gegen Null, wenn die Pole α_ν von $G(s)$ links der j-Achse liegen. Andernfalls aber treten Zusatzterme zu $G(j\omega)e^{j\omega t}$ hinzu.

Das Gleiche gilt auch beim Auftreten mehrfacher Pole. Ist α ein mehrfacher Pol, so kommen in $Y_1(s)$ Summanden der Form

$$\frac{r_k}{(s-\alpha)^k}\,\frac{1}{s-j\omega}$$

vor. Diese kann man selbst wieder in Partialbrüche zerlegen:

$$\frac{r_k}{(s-\alpha)^k(s-j\omega)}=\frac{c_1}{s-\alpha}+\ldots+\frac{c_k}{(s-\alpha)^k}+\frac{c_{k+1}}{s-j\omega}.$$

Multipliziert man diese Gleichung mit $s-j\omega$ und setzt dann $s=j\omega$, so sieht man, dass

$$c_{k+1}=\frac{r_k}{(j\omega-\alpha)^k}$$

ist. Daher gilt auch bei mehrfachen Polen die Darstellung

$$Y_1(s)=G(j\omega)\frac{1}{s-j\omega}+R(s),$$

wobei $R(s)$ aus Summanden vom Typ $c/(s-\alpha)^k$ besteht. Im Zeitbereich gilt somit ebenfalls (3.69).

Um die Antwort des R-Glieds auf

$$u_2=\mathrm{e}^{-j\omega t}$$

zu finden, braucht man in y_1 nur ω durch $-\omega$ zu ersetzen:

$$y_2=G(-j\omega)\mathrm{e}^{-j\omega t}+r_2(t),$$

wobei $r_2(t)$ mit wachsendem t gegen 0 geht, sofern die Pole von $G(s)$ links der j-Achse liegen. Wegen der Linearität des R-Glieds ist die Antwort auf $u(t)$

$$\begin{aligned} y&=\frac{E}{2j}(y_1-y_2)=\\ &=\frac{E}{2j}\left[G(j\omega)\mathrm{e}^{j\omega t}-G(-j\omega)\mathrm{e}^{-j\omega t}+r_3(t)\right]. \end{aligned}\tag{3.70}$$

Hierin ist $-j\omega$ konjugiert komplex zu $j\omega$. Da $G(s)$ eine rationale Funktion mit reellen Koeffizienten ist, sich also aus den Grundoperationen aufbaut, und diese mit der Bildung der konjugiert komplexen Zahl vertauschbar sind, ist $G(-j\omega)$ konjugiert komplex zu $G(j\omega)$: $G(-j\omega)=G(\overline{j\omega})=\overline{G(j\omega)}$. Wie jede komplexe Zahl kann man auch $G(j\omega)$ durch Betrag und Phase ausdrücken:

$$G(j\omega)=|G(j\omega)|\mathrm{e}^{j\underline{/G(j\omega)}}.$$

Dann ist

$$\overline{G(j\omega)}=|G(j\omega)|\mathrm{e}^{-j\underline{/G(j\omega)}}.$$

Setzt man diese Ausdrücke in (3.70) ein, so wird

$$y(t)=\frac{E}{2j}\left[|G|\mathrm{e}^{j\left(\omega t+\underline{/G}\right)}-|G|\mathrm{e}^{-j\left(\omega t+\underline{/G}\right)}+r_3(t)\right]$$

oder

$$y(t)=|G(j\omega)|\,E\sin\left[\omega t+\underline{/G(j\omega)}\right]+r(t).\tag{3.71}$$

Die Antwort eines R-Glieds auf die Aufschaltung einer harmonischen Schwingung

$$u=E\sin(\omega t)$$

setzt sich also aus zwei Bestandteilen zusammen: Einer harmonischen Schwingung mit der gleichen Frequenz ω wie die Eingangsschwingung, der Amplitude $A=E|G(j\omega)|$ und der Phasenkonstante $\varphi=\underline{/G(j\omega)}$, sowie einer zusätzlichen Zeitfunktion $r(t)$, die mit wachsendem t gegen Null strebt, wenn das R-Glied stabil ist, sonst aber bleibende Zusatzterme liefert. (3.72)

Von letzterer Tatsache kann man sich in einfachen Fällen leicht überzeugen. Betrachten wir etwa ein I-Glied, so ist

$$\begin{aligned} y(t)&=K\int_0^t u(\tau)d\tau=KE\int_0^t\sin(\omega\tau)d\tau=\\ &=-\frac{KE}{\omega}\cos(\omega t)+\frac{KE}{\omega}=\\ &=E\frac{K}{\omega}\sin(\omega t-\frac{\pi}{2})+\frac{KE}{\omega}. \end{aligned}$$

Da beim I-Glied $G(j\omega)=\dfrac{K}{j\omega}=-\dfrac{K}{\omega}j$, sind

$$|G(j\omega)|=K/\omega\quad\text{und}\quad\underline{/G(j\omega)}=-\pi/2,$$

da ja $\omega>0$ vorausgesetzt werden darf. Es ist daher in der Tat

$$y(t)=E|G(j\omega)|\sin(\omega t+\underline{/G(j\omega)})+\frac{KE}{\omega}.$$

Hier tritt also nur ein konstanter Zusatzterm auf, der durch den Pol $s=0$ hervorgerufen wird. Bei komplizierteren Polverteilungen auf und rechts der j-Achse werden die Zusatzterme entsprechend komplizierter, wie aus der Herleitung von (3.72) hervorgeht.

Liegen aber alle Pole von $G(s)$ links der j-Achse, so klingt der Zusatzterm $r(t)$ mit wachsendem t ab, und man behält im *stationären Zustand* allein die harmonische Schwingung übrig. Hierdurch ist die Möglichkeit gegeben, den Frequenzgang zu messen. Man schaltet eine Sinusschwingung der Amplitude E und der Frequenz ω auf das R-Glied, wartet, bis der Einschwingvorgang von y abgeklungen ist, sich also eine reine Sinusschwingung eingestellt hat, und misst deren Amplitude A und Phasenverschiebung φ gegen die Eingangsschwingung. Dann sind $A = E|G(j\omega)|$ und $\varphi = \underline{/G(j\omega)}$, womit man den Betrag und das Argument des Frequenzgangs für die jeweilige Frequenz ω der Eingangsschwingung kennt. Führt man diese Messung nacheinander für verschiedene ω durch, so erhält man eine Wertetabelle für $|G(j\omega)|$ und $\underline{/G(j\omega)}$, wodurch $G(j\omega)$ numerisch bekannt ist. Wenn gewünscht, kann man hieraus $G(j\omega)$ auch formelmäßig darstellen. Für die Anwendung des Nyquist-Kriteriums ist dies aber nicht erforderlich; vielmehr kann man direkt die gemessene Wertetabelle benutzen.

In dieser leichten Messbarkeit liegt eine wesentliche Bedeutung des Frequenzgangs. Vielfach ist es unmöglich oder mit zu großen Schwierigkeiten verbunden, die Gleichung zwischen der Eingangs- und der Ausgangsgröße eines Übertragungsglieds zu ermitteln. Dann bietet die Messung des Frequenzgangs eine Möglichkeit, das Übertragungsverhalten des Glieds quantitativ zu erfassen.

Bisher wurden nur R-Glieder betrachtet. Der Frequenzgang charakterisiert aber auch für andere LZI-Glieder die Sinusantwort des Systems. Ausgehend vom Duhamel-Integral kann man ohne Schwierigkeit zeigen, dass die Formel (3.71) mit $\lim\limits_{t\to+\infty} r(t) = 0$ sicher dann gilt, wenn

$$\int_0^\infty |g(t)|\,dt < +\infty \tag{3.73}$$

ist ([3.6], Abschnitt 6.5). Wie kann man aber aus $G(s)$ erkennen, ob diese Bedingung erfüllt ist? Es ist naheliegend, so zu schließen: Liegen alle Pole von $G(s)$ links der j-Achse, so ist das Laplace-Integral auf der j-Achse absolut konvergent. Dann gilt

$$\int_0^\infty |g(t)\mathrm{e}^{-j\omega t}|\,dt = \int_0^\infty |g(t)|\,dt < +\infty,$$

also die obige Bedingung. Leider ist dieser Schluss aber nicht richtig. Auch wenn alle Pole von $G(s)$ links der j-Achse liegen, $G(s)$ auf und rechts der j-Achse also holomorph ist, braucht es nicht als Laplace-Transformierte darstellbar zu sein. Dazu muss $G(s)$ noch zusätzliche Voraussetzungen erfüllen. Hinreichend dafür ist beispielsweise, dass sich $G(s)$ in einer die j-Achse im Inneren enthaltenden rechten Halbebene in der Form

$$G(s) = \frac{m(s)}{s^2}$$

darstellen lässt, wo $m(s)$ in dieser Halbebene beschränkt ist ([3.7], § 28). Hieraus lässt sich z. B. folgern, dass bei dem Totzeitregelkreis nach Bild 3-12 die Ungleichung (3.73) sicher dann erfüllt ist, wenn seine Pole links der j-Achse liegen und der Zählergrad von $G_o(s)$ um mindestens 2 niedriger ist als der Nennergrad. Dann gilt (3.71) mit $r(t) \to 0$ für $t \to +\infty$.

Kehren wir wieder zu den R-Gliedern zurück und nehmen wir an, dass die Sprungantwort $h(t)$ stetig ist, also $g(t)$ keine δ-Funktion enthält. Dies ist der Fall, wenn $G(\infty) = 0$. Da $G(s)$ die Laplace-Transformierte von $g(t)$ ist, gilt

$$\int_0^\infty g(t)\mathrm{e}^{-st}\,dt\,. \tag{3.74}$$

Das gilt aber nur, wenn s innerhalb der Konvergenzhalbebene des Laplace-Integrals liegt. Bei einer rationalen Funktion geht deren linker Rand durch den am weitesten rechts gelegenen Pol. Soll daher die Gleichung (3.74) auf der j-Achse gelten, so müssen die *Pole von G(s) links der j-Achse* liegen. Genau dann gilt

$$G(j\omega) = \int_0^\infty g(t)\mathrm{e}^{-j\omega t}\,dt\,,$$

ist also der *Frequenzgang das Fourier-Integral der Gewichtsfunktion.* Liegen Pole des R-Glieds auf oder rechts der j-Achse, so kann der Frequenzgang nicht mehr in dieser Weise dargestellt werden.

Es ist noch auf eine Konsequenz aus (3.71) hinzuweisen, die in der Praxis vielfach benutzt wird. Bei realen Systemen nimmt $|G(j\omega)|$ ab einem gewissen ω_0 gewöhnlich ab und strebt $\to 0$ für $\omega \to +\infty$. Beispielsweise ist beim P-T_1-Glied

$$|G(j\omega)| = \frac{K}{\sqrt{1 + T^2\omega^2}}\,.$$

Schaltet man auf ein solches Übertragungsglied eine Sinusschwingung hoher Frequenz ω, so ist im eingeschwungenen Zustand die Amplitude der Ausgangsschwingung klein gegen die Amplitude der Eingangsschwingung, weil $|G(j\omega)|$ für diesen ω-Wert klein ist. Die Schwingung wird daher von dem Übertragungsglied praktisch nicht durchgelassen. Lediglich Schwingungen niedriger Frequenz können passieren. Man bezeichnet ein solches Übertragungsglied deshalb als *Tiefpass.*

Abschließend sei betont, dass der Frequenzgang als Übertragungsfunktion auf der j-Achse definiert ist und wir mit dieser Definition weiterarbeiten. Die Darstellung als Fourier-Transformierte der Gewichtsfunktion und die messtechnische Interpretation als Sinus-Antwort sind spezielle Eigenschaften des Frequenzgangs. Sie kommen ihm nur unter gewissen zusätzlichen Voraussetzungen zu, von denen die wichtigste die Stabilität des LZI-Glieds ist. Definiert ist er aber auch dann, wenn diese Voraussetzungen nicht erfüllt sind, eben als Übertragungsfunktion auf der j-Achse.

3.12 Ortskurve des offenen Kreises

Das Nyquist-Kriterium beruht auf der anschaulichen Darstellung des Frequenzgangs $F_o(j\omega)$ des offenen Kreises. Wir gehen dabei von den in Abschnitt 3.8 formulierten Eigenschaften des offenen Kreises aus. Zusätzlich benötigen wir noch eine Darstellung der Übertragungsfunktion des offenen Kreises, die bislang noch nicht eingeführt wurde, aber nunmehr benötigt wird und auch später beim Wurzelortsverfahren (Kapitel 5) eine wichtige Rolle spielt.

Dazu ziehen wir in (3.45a) sämtliche Zeitkonstanten heraus:

$$F_o(s) = V\frac{\prod_i T_{zi}\cdot\prod_k {\tau_{zk}}^2}{\prod_\nu T_\nu\cdot\prod_\mu {\tau_\mu}^2}\cdot\frac{1}{s^q}\cdot$$

$$\cdot\frac{\prod_i(s+\frac{1}{T_{zi}})\prod_k\left[s^2+2\frac{d_{zk}}{\tau_{zk}}s+\frac{1}{{\tau_{zk}}^2}\right]}{\prod_\nu(s+\frac{1}{T_\nu})\prod_\mu\left[s^2+2\frac{d_\mu}{\tau_\mu}s+\frac{1}{{\tau_\mu}^2}\right]}\,\mathrm{e}^{-T_t s}. \tag{3.75}$$

Darin sind

$$n_i = -\frac{1}{T_{zi}}$$

die reellen Nullstellen und

$$p_\nu = -\frac{1}{T_\nu}$$

die reellen Pole von $F_o(s)$. Bestimmt man auch die Nullstellen der quadratischen Faktoren im Zähler und im Nenner von (3.75), wobei man die Dämpfungen d_{zk} und d_μ betragsmäßig als < 1 annehmen darf, so erhält man die konjugiert komplexen Nullstellen- und Polpaare von $F_o(s)$. Insgesamt folgt so aus (3.75) die Darstellung

$$F_o(s) = \frac{k}{s^q}\frac{\prod\limits_{\mu=1}^{m}(s-n_\mu)}{\prod\limits_{\substack{\nu=1\\ p_\nu\neq 0}}^{n}(s-p_\nu)}\,\mathrm{e}^{-T_t s} \tag{3.76}$$

mit

$$k = V\frac{\prod_i T_{zi}\prod_k {\tau_{zk}}^2}{\prod_\nu T_\nu\prod_\mu {\tau_\mu}^2}, \tag{3.77}$$

$m =$ Grad Z_o und $n =$ Grad N_o. Die n_μ sind nunmehr sämtliche Nullstellen von $F_o(s)$, während mit p_μ alle Pole von $F_o(s)$ bezeichnet werden, die $\neq 0$ sind, worauf der Zusatz am Produktzeichen hinweist. Die Pole $s = 0$ von $F_o(s)$ sind im Faktor $1/s^q$ enthalten.

Wir betrachten nun den Frequenzgang

$$z = F_o(j\omega) \tag{3.78}$$

des offenen Kreises. Hierdurch wird jedem Punkt $j\omega$ der imaginären Achse eine komplexe Zahl z zugeordnet. Diese kann man als Punkt einer zweiten komplexen Ebene neben der s-Ebene auffassen. Durchläuft ω die imaginäre Achse von $\omega = -\infty$ bis $\omega = +\infty$, so durchläuft der Bildpunkt $z = F_o(j\omega)$ eine Kurve der z-Ebene. Sie heißt die *Ortskurve des offenen Kreises.*

Sie ist symmetrisch zur reellen Achse. Betrachtet man nämlich irgendeinen Punkt mit $\omega > 0$ und geht zu dem negativen Parameter $-\omega$ über, so bedeutet dies einen Übergang von $j\omega$ zu der konjugiert komplexen Zahl $-j\omega$. Dann ist aber auch der Funktionswert $F_o(-j\omega)$ konjugiert komplex zu $F_o(j\omega)$. Für eine rationale Funktion mit reellen Koeffizienten wurde dies bereits in Abschnitt 3.11 erläutert, und für die Funktion $\mathrm{e}^{-T_t j\omega}$ liegt es auf der Hand. $F_o(j\omega)$ und $F_o(-j\omega)$ sind also konjugiert komplex und gehen daher durch Spiegelung an der reellen Achse auseinander hervor. *Man kann sich daher bei den meisten Untersuchungen auf die Ortskurvenhälfte mit $\omega \geq 0$ beschränken.*

Geht $s \to \infty$, so strebt der rationale Teil $G_o(s)$ von $F_o(s)$ gegen 0, weil nach (3.45) der Zählergrad kleiner ist als der Nennergrad. Also geht für $\omega \to +\infty$ $G_o(j\omega) \to 0$.

Da $e^{-T_t j\omega}$ für alle ω den konstanten Betrag 1 hat, geht daher auch $F_o(j\omega) \to 0$ für $\omega \to +\infty$. *Die Ortskurve endet daher im Ursprung der z-Ebene.*

Für kleine ω ist näherungsweise nach (3.45b)

$$F_o(j\omega) = \frac{V}{(j\omega)^q} \cdot \frac{1+b_1 j\omega}{1+a_1 j\omega},$$

also nach Erweiterung mit $1 - a_1 j\omega$:

$$F_o(j\omega) = \frac{V}{(j\omega)^q} \frac{1+(b_1-a_1)j\omega + a_1 b_1 \omega^2}{1+a_1{}^2\omega^2}.$$

Durch Vernachlässigung der quadratischen Terme wird daraus

$$F_o(j\omega) = \frac{V}{(j\omega)^q}\,[1+(b_1-a_1)j\omega]. \tag{3.79}$$

Fall I: $q = 0$.

Dann ist $F_o(j\omega) = V + V(b_1-a_1)j\omega$, so dass für $\omega \to 0$

$$\operatorname{Re} F_o(j\omega) \to V, \quad \operatorname{Im} F_o(j\omega) \to 0$$

strebt. Die Ortskurve beginnt daher im Punkt V der reellen Achse.

Fall II: $q = 1$.

Dann ist $F_o(j\omega) = -\frac{V}{\omega} j[1+(b_1-a_1)j\omega$, also

$$F_o(j\omega) = V(b_1-a_1) - \frac{V}{\omega} j.$$

Für $\omega \to +0$ [5] strebt also

$$\operatorname{Re} F_o \to V(b_1-a_1), \text{ meist} < 0, \quad \operatorname{Im} F_o \to -\infty.$$

Dies bedeutet: Die Ortskurve kommt aus der Richtung der negativen j-Achse und hat als Asymptote eine Parallele zur j-Achse im Abstand $V(b_1-a_1)$.

Fall III: $q = 2$.

Dann ist $F_o(j\omega) = -\frac{V}{\omega^2}[1+(b_1-a_1)j\omega]$, also

$$F_o(j\omega) = -\frac{V}{\omega^2} + \frac{V(a_1-b_1)}{\omega} j.$$

Für $\omega \to +0$ strebt somit

$$\operatorname{Re} F_o \to -\infty \quad \text{und} \quad \operatorname{Im} F_o \to +\infty \text{ für } a_1 > b_1,$$

wobei der Betrag des Realteils schneller anwächst.

5 Man muss hier $\omega \to +0$ schreiben, weil der Grenzübergang $\omega \to -0$ ein anderes Resultat liefert, wie sofort aus der Symmetrie der Ortskurve zur reellen Achse folgt.

Fassen wir das Wesentliche zusammen:

Die Ortskurve des offenen Kreises beginnt für $\omega = +0$ bei P-Verhalten des offenen Kreises auf der positiven reellen Achse, bei I- bzw. Doppel-I-Verhalten kommt sie aus dem Unendlichen, und zwar aus der Richtung der negativen j-Achse bzw. der negativen reellen Achse.

Nachdem der Ortskurvenverlauf für $\omega \to +0$ und $\omega \to +\infty$ geklärt ist, hätte man noch gern eine Auskunft über den Zwischenverlauf. Hierzu machen wir eine zusätzliche Voraussetzung, die sehr häufig erfüllt ist:

Der offene Kreis sei ein Verzögerungssystem, d. h. er sei totzeitfrei, besitze keine Nullstellen (Zähler von F_o konstant), und seine Pole seien mit etwaiger Ausnahme eines 1- oder 2-fachen Pols in $s = 0$ links der j-Achse gelegen. (3.80)

Dann ist

$$F_o(s) = \frac{k}{(s-p_1)(s-p_2)\ldots(s-p_n)},$$

wenn wir auch den eventuellen Pol $s = 0$ mit unter den p_ν aufführen. Daher ist

$$\underline{/F_o(j\omega)} = \underline{/k} - \underline{/j\omega - p_1} - \ldots - \underline{/j\omega - p_n}. \tag{3.81}$$

Wegen $k > 0$ ist $\underline{/k} = 0$. Ist $p = 0$, so ist $\underline{/j\omega - p} = \underline{/j\omega} = \pi/2$. Der Pol $p = 0$ liefert also den Beitrag $q\pi/2$, $q = 0, 1, 2$. Ist p ein reeller Pol $\neq 0$, so liest man aus Bild 3-14 ab, dass $\underline{/j\omega - p}$ für $\omega = 0$ mit Null beginnt und mit wachsendem ω monoton wächst, bis für $\omega = +\infty$ der Wert $+\pi/2$ erreicht wird.

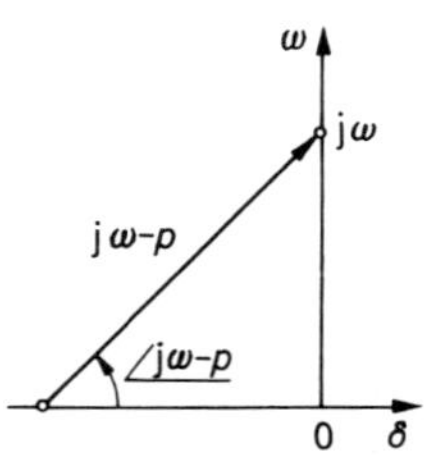

Bild 3-14: Beitrag eines reellen Pols zum Argument des Frequenzgangs

Für ein komplexes Polpaar $p, \overline{p}$ ist die Argumentänderung etwas umständlicher zu bestimmen. Aus Bild 3-15 erkennt man, dass

$$\tan \underline{/j\omega - p} = \frac{\omega - b}{a} \quad \text{und demgemäß}$$

$$\tan \underline{/j\omega - \overline{p}} = \frac{\omega + b}{a} \quad \text{ist. Daraus folgt}$$

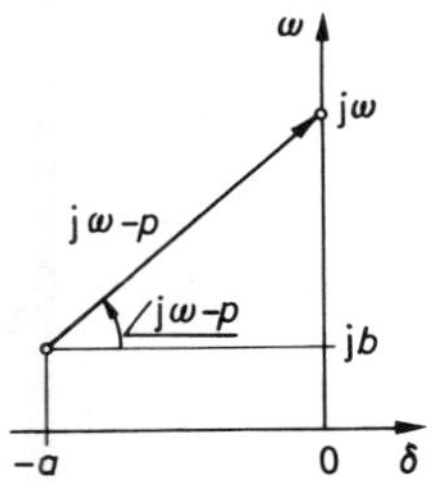

Bild 3-15: Beitrag eines konjugiert komplexen Polpaars zum Argument des Frequenzgangs

$$\underline{/j\omega - p} + \underline{/j\omega - \overline{p}} = \arctan\frac{\omega - b}{a} + \arctan\frac{\omega + b}{a}.$$

Die Ableitung nach ω ist

$$\frac{1}{a}\,\frac{1}{1+\left(\dfrac{\omega-b}{a}\right)^2} + \frac{1}{a}\,\frac{1}{1+\left(\dfrac{\omega+b}{a}\right)^2} > 0.$$

Die zu dem Polpaar gehörige Argumentsumme nimmt also ebenfalls monoton zu. Für $\omega = 0$ beginnt sie mit 0, für $\omega = +\infty$ endet sie mit π. Somit erkennt man aus (3.81):

Bei einem Verzögerungssystem nimmt $\underline{/F_o(j\omega)}$ monoton ab (wird „immer negativer"), und zwar vom Wert $-q\pi/2$ bei $\omega = 0$ bis zum Wert $-n\pi/2$ bei $\omega = +\infty$. Der Fahrstrahl vom Nullpunkt zum laufenden Punkt der Ortskurve dreht sich dabei monoton aus der Anfangslage $-q\pi/2$ in die Endlage $-n\pi/2$. (3.82)

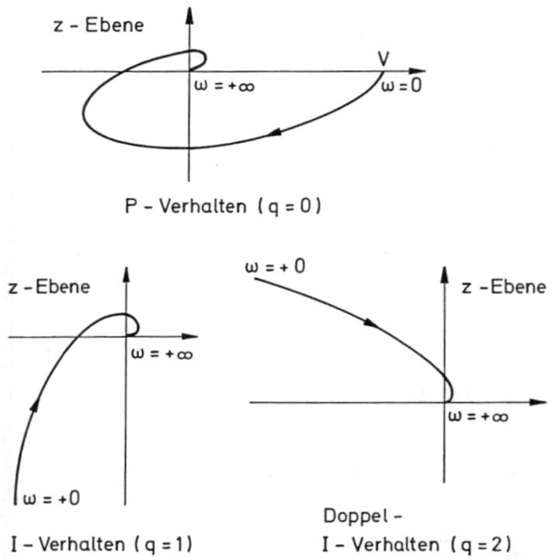

Bild 3-16: Ortskurve $z = F_o(j\omega), \omega \geq 0$, des offenen Kreises, wenn dieser ein Verzögerungssystem 4. Ordnung ist

Ist beispielsweise der offene Kreis ein Verzögerungssystem 4. Ordnung, so hat seine Ortskurve für P-, I- und II-Verhalten die in Bild 3-16 wiedergegebene typische Gestalt.

Treten in $F_o(s)$ Zählerzeitkonstanten auf, so kann dieser regelmäßige Verlauf verbeult werden, und der Fahrstrahl des laufenden Punkts der Ortskurve braucht sich nicht mehr monoton zu ändern. Es kann z. B. ein Verlauf wie in Bild 3-17 entstehen.

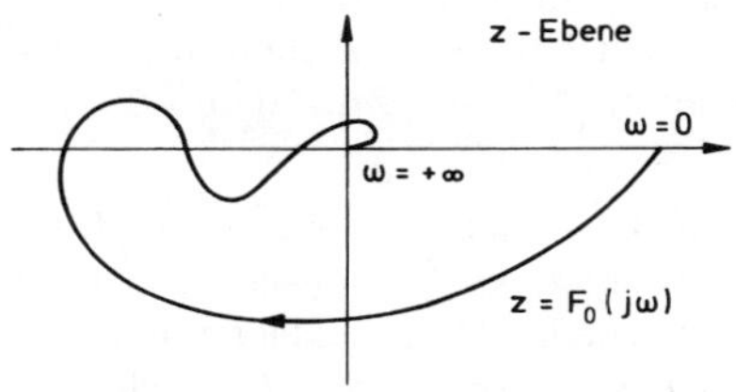

Bild 3-17: Möglicher Verlauf der Ortskurve des offenen Kreises bei Vorhandensein von Zählerzeitkonstanten

Ist $T_t > 0$, enthält der offene Kreis also ein Totzeitglied, so liefert der Faktor $e^{-T_t j\omega}$ wegen $|e^{-T_t j\omega}| = 1$ keinen Beitrag zum absoluten Betrag von $F_o(j\omega)$. Wohl aber kommt zur Phase des rationalen Anteils noch die Phase $-T_t\omega$ hinzu. Die Phase des rationalen Anteils ist begrenzt, da jeder Faktor $s - n_\mu$ bzw. $s - p_\nu$ nur einen Beitrag zwischen 0 und $\pi/2$ bzw. 0 und $-\pi/2$ liefert; dagegen nimmt $-T_t\omega$ mit wachsendem ω unbegrenzt ab (geht beliebig weit ins Negative). Der Fahrstrahl des laufenden Punkts der Ortskurve umkreist daher den Nullpunkt unendlich oft, wobei seine Länge $\to 0$ geht (Bild 3-18).

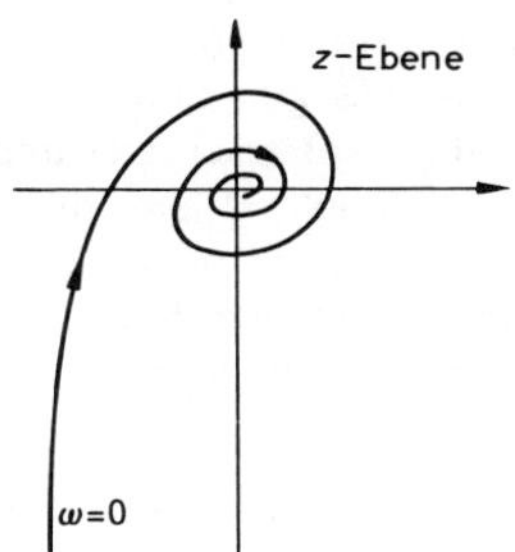

Bild 3-18: Typische Ortskurve eines offenen Kreises mit Totzeit

Nachdem wir uns eine Vorstellung von der Gestalt der Ortskurve des offenen Kreises verschafft haben, können wir zur Behandlung des Nyquist-Kriteriums übergehen.

3.13 Nyquist-Kriterium

3.13.1 Herleitung des Nyquist-Kriteriums

Wir wollen uns auf den Fall beschränken, dass der offene Kreis nur aus R-Gliedern aufgebaut ist. Zur Herleitung genügt dann der Fundamentalsatz der Algebra. Enthält der offene Kreis Totzeiten oder noch allgemeinere transzendente Übertragungsfunktionen, so muss man stärkere Geschütze aus der Funktionentheorie auffahren, z. B. eine Folgerung aus dem Residuensatz [3.3] oder das Argumentprinzip von Cauchy [3.4], oder auf funktionalanalytische Methoden zurückgreifen. Hierfür sei auf [3.8], Abschnitte 4.6 und 4.7, verwiesen.

Bevor die eigentliche Herleitung gebracht wird, sei eine heuristische Betrachtung vorausgeschickt, um verständlich zu machen, welche Aussage überhaupt angestrebt werden kann. Durch $z = F_o(s)$ wird die s-Ebene in die z-Ebene abgebildet. Dabei geht die j-Achse, also der laufende Punkt $s = j\omega$, in die Ortskurve $z = F_o(j\omega)$ über. Aus der linken Seite der j-Achse wird hierbei die linke Seite der Ortskurve, und umgekehrt stammt das, was auf der rechten Seite der Ortskurve liegt, von der rechten Seite der j-Achse. Die Pole α_ν des geschlossenen Kreises erfüllen die charakteristische Gleichung

$$F_o(\alpha_\nu)+1=0 \quad \text{bzw.} \quad F_o(\alpha_\nu)=-1,$$

d. h. sie werden in den Punkt -1 der z-Ebene abgebildet. Man darf daher erwarten: Genau dann, wenn dieser Punkt links der Ortskurve liegt, liegen die Pole α_ν links der j-Achse der s-Ebene. Genau dann wird also der Regelkreis stabil sein.

In der Tat ist dies die einfachste Form des Nyquist-Kriteriums, zu der man unter bestimmten Voraussetzungen über $F_o(s)$ gelangt. Wie gesagt, ist dieser Gedankengang nur eine heuristische Betrachtung und kein Beweis – dazu ist die Abbildung $z = F_o(s)$ viel zu kompliziert, insbesondere ihre Umkehrung in keiner Weise eindeutig, so dass man mit den Begriffen „links" und „rechts" nicht so freizügig umgehen darf, wie wir es eben getan haben.

Nun zur exakten Herleitung! Wir gehen dabei von der Funktion

$$F_o(s)+1=\frac{Z_o(s)}{N_o(s)}+1=\frac{Z_o(s)+N_o(s)}{N_o(s)}$$

aus, wobei $Z_o(s)$ und $N_o(s)$ Polynome sind, die vorerst keine gemeinsamen Nullstellen haben mögen. Da nach wie vor m = Grad Z_o < Grad $N_o = n$ ist, hat $Z_o(s)+N_o(s)$ den Grad n. Sind $\alpha_1,\dots,\alpha_n$ *die Pole des geschlossenen Kreises,* also die Lösungen von

$$F_o(s)+1=0 \quad \text{bzw.} \quad Z_o(s)+N_o(s)=0,$$

so ist

$$Z_o(s)+N_o(s)=k\prod_{\mu=1}^{n}(s-\alpha_\mu).$$

Nach wie vor ist $N_o(s)=\prod_{\nu=1}^{n}(s-p_\nu)$, wobei also p_ν die *Pole das offenen Kreises sind.* Es gilt daher

$$F_o(s)+1=k\frac{\prod_{\mu=1}^{n}(s-\alpha_\mu)}{\prod_{\nu=1}^{n}(s-p_\nu)}, \tag{3.83}$$

$\alpha_1,\dots\alpha_n$: Pole des geschlossenen Kreises;
$p_1,\dots p_n$: Pole des offenen Kreises.

Aus (3.83) folgt

$$\underline{/F_o(s)+1}=\underline{/k}+\sum_{\mu=1}^{n}\underline{/s-\alpha_\mu}-\sum_{\nu=1}^{n}\underline{/s-p_\nu}.$$

Es sei nun C eine Kurve, die abgesehen von den Stellen, wo $F_o(s)+1$ Pole oder Nullstellen auf der j-Achse hat, mit der j-Achse der s-Ebene zusammenfällt. Pole oder Nullstellen auf der j-Achse werden durch kleine Kreise links umgangen (Bild 3-19). Wandert s von $-j\infty$ bis $+j\infty$, so ist die zugehörige Änderung des Arguments $\underline{/F_o(s)+1}$ gemäß (3.83), da $\underline{/k}$ konstant ist:

$$\underset{C}{\Delta}\,\underline{/F_o(s)+1}=\sum_{\mu=1}^{n}\underset{C}{\Delta}\,\underline{/s-\alpha_\mu}-\sum_{\nu=1}^{n}\underset{C}{\Delta}\,\underline{/s-p_\nu}.$$

Wie man aus Bild 3-19 abliest, ist

$$\underset{C}{\Delta}\,\underline{/s-\alpha_\mu}=\begin{cases} +\pi, & \text{wenn } \alpha_\mu \text{ links,} \\ -\pi, & \text{wenn } \alpha_\mu \text{ rechts oder auf der} \end{cases}$$

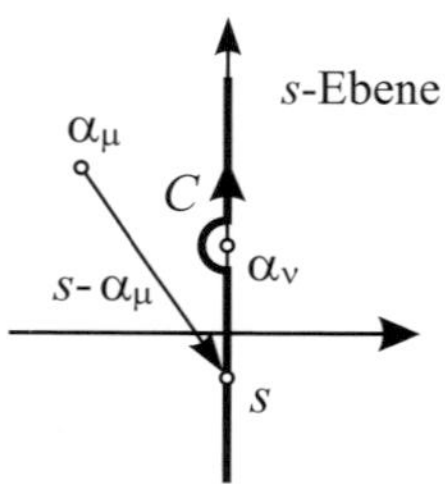

Bild 3-19: Zur Herleitung des Nyquist-Kriteriums

der j-Achse liegt.[6] Denn im ersten Fall überstreicht der Fahrstrahl $s-\alpha_\mu$ den Winkel π im Gegenzeigersinn, im letzteren Fall hingegen im Uhrzeigersinn. Da das Gleiche für $s-p_\nu$ gilt, hat man

$$\underset{C}{\Delta}\,\underline{/F_o(s)+1}=(l-r-a)\pi-(l_o-r_o-a_o)\pi\,.$$

Darin ist l, r bzw. a die Anzahl der Pole des geschlossenen Kreises links, rechts bzw. auf der j-Achse, und entsprechend ist l_o, r_o bzw. a_o die Anzahl der Pole des offenen Kreises links, rechts bzw. auf der j-Achse. Jeder Pol wird dabei so oft gezählt, wie seine Ordnung angibt. Das gilt generell auch für alle folgenden Betrachtungen. Da $l=n-r-a$ und $l_o=n-r_o-a_o$ gilt, ist

$$\underset{C}{\Delta}\,\underline{/F_o(s)+1}=(n-2r-2a)\pi-(n-2r_o-2a_o)\pi \quad \text{oder}$$

$$\underset{C}{\Delta}\,\underline{/F_o(s)+1}=(r_o-r+a_o-a)2\pi\,. \tag{3.84}$$

Liegt kein Pol des offenen sowie des geschlossenen Kreises auf der j-Achse ($a_o=a=0$), so ist $\underline{/F_o(s)+1}$ auf der ganzen j-Achse erklärt, und man darf C mit der j-Achse identifizieren. Dann ist $s=j\omega$, und

$$\overset{+\infty}{\underset{\omega=-\infty}{\Delta}}\,\underline{/F_o(j\omega)+1}=(r_o-r)2\pi\,.$$

Geometrisch gesprochen: Zieht man den Fahrstrahl vom Punkt -1 zum laufenden Punkt $z=F_o(j\omega)$, $-\infty<\omega<+\infty$, der Ortskurve des offenen Kreises (Bild 3-20), so ist seine Winkeländerung $W=(r_o-r)2\pi$. Damit ist die Verbindung zwischen dem Frequenzgang $F_o(j\omega)$ und den rechts der j-Achse gelegenen Polen des geschlossenen Kreises (Nullstellen der charakteristischen Gleichung) hergestellt. Die Herleitung des Nyquist-Kriteriums erfordert jetzt nur noch einen Schritt. Zuvor soll aber

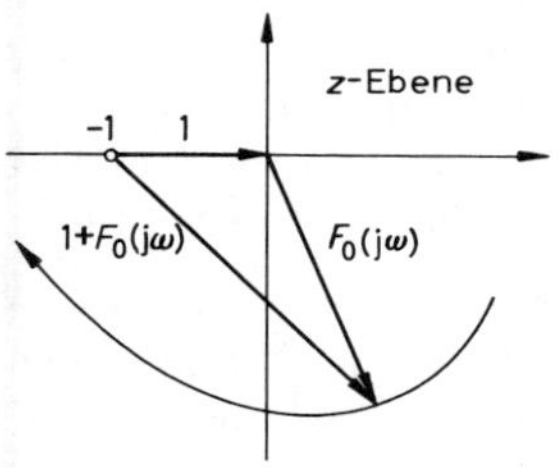

Bild 3-20: Fahrstrahl vom Punkt -1 zur Ortskurve des offenen Kreises

6 Die Halbkreise im Bild 3-19 müssen dabei so klein gewählt werden, dass sie keine weiteren Pole umschließen. Genau dann liegen alle Pole mit $Re\{\alpha_\mu\}<0$ links von C und alle Pole mit $Re\{\alpha_\mu\}\geq 0$ rechts von C.

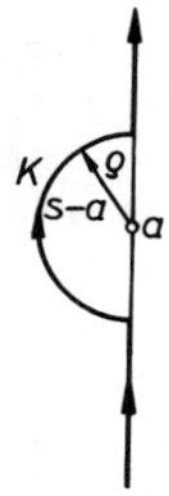

Bild 3-21: Haken um einen Pol des offenen bzw. des geschlossenen Kreises

noch der Fall berücksichtigt werden, dass Pole des offenen oder des geschlossenen Kreises auf der j-Achse liegen. Die Kurve C umgeht diese Pole durch kleine Halbkreise links (Bild 3-21). Dann ist

$$\underset{C}{\Delta}\,\underline{/F_o(s)+1}=\underset{K}{\Delta}\,\underline{/F_o(s)+1}+\underset{j}{\Delta}\,\underline{/F_o(s)+1}\,, \tag{3.85}$$

wobei der letzte Term die Argumentänderung längs der restlichen j-Achse darstellt. Geht der Halbkreisradius $\rho\to 0$, so entsteht daraus wieder die gesamte j-Achse mit Ausnahme der Pole. Ist α ein Pol des geschlossenen Kreises, also eine Nullstelle von $F_o(s)+1$, und zwar von der Ordnung k, so gilt in seiner Umgebung

$$F_o(s)+1=C_k(s-\alpha)^k[1+R(s-\alpha)]$$

mit $R(s-\alpha)\to 0$ für $\rho\to 0$. Damit ist auf K

$$\underline{/F_o(s)+1}=\underline{/C_k}+k\,\underline{/s-\alpha}+\underline{/1+R(s-\alpha)}\,,$$

also

$$\underset{K}{\Delta}\,\underline{/F_o(s)+1}=0+k(-\pi)+\underset{K}{\Delta}\,\underline{/1+R(s-\alpha)}\,.$$

Für $\rho\to 0$ geht der letzte Term $\to 0$, da $1+R(s-\alpha)\to 1$ strebt. Im Grenzfall ist also

$$\underset{K}{\Delta}\,\underline{/F_o(s)+1}=-k\pi\,.$$

Entsprechend ergibt sich für einen k-fachen Pol p des offenen Kreises, der ja zugleich Pol von $F_o(s)+1$ ist, aus

$$F_o(s)+1=\frac{C_k}{(s-p)^k}[1+R(s-p)]$$

die Beziehung

$$\underset{K}{\Delta}\,\underline{/F_o(s)+1}=+k\pi\,.$$

Insgesamt wird so aus der linken Seite von (3.84)

$$\underset{C}{\Delta}\,\underline{/F_o(s)+1}=\overset{+\infty}{\underset{\omega=-\infty}{\Delta^{\bullet}}}\,\underline{/F_o(j\omega)+1}+(a_o-a)\pi\,.$$

Dabei ist der erste Term die Winkeländerung längs der *punktierten* j-Achse, aus der die Pole des offenen und des geschlossenen Kreises herausgenommen sind. Insgesamt erhält man so aus (3.84) die Gleichung

$$\overset{+\infty}{\underset{\omega=-\infty}{\Delta^\bullet}} \angle 1+F_o(j\omega) + (a_o - a)\pi = (r_o - r + a_o - a)2\pi$$

oder

$$W = \overset{+\infty}{\underset{\omega=-\infty}{\Delta^\bullet}} \angle 1+F_o(j\omega) = (r_o - r)2\pi + (a_o - a)\pi\,. \tag{3.86}$$

Dies ist die Winkeländerung des Fahrstrahls vom Punkt -1 zum laufenden Punkt $z = F_o(j\omega)$ der Ortskurve des offenen Kreises, wenn ω von $-\infty$ bis $+\infty$ läuft. Dabei ist r_o bzw. r die Anzahl der Pole des offenen bzw. des geschlossenen Kreises rechts der j-Achse, a_o bzw. a die Anzahl der Pole des offenen bzw. geschlossenen Kreises auf der j-Achse. Jeder Pol wird dabei so oft gezählt, wie seine Ordnung beträgt. (3.87)

Nach dem grundlegenden Stabilitätskriterium ist der geschlossene Kreis stabil, wenn seine sämtlichen Pole links von der j-Achse liegen, wenn also a und r Null sind. Daraus folgt $W = r_o 2\pi + a_o\pi$. Ist umgekehrt $W = r_o 2\pi + a_o\pi$, so folgt aus (3.86) $r2\pi + a\pi = 0$. Da r und a nichtnegative ganze Zahlen sind, ist diese Gleichung nur für $r = 0$ und $a = 0$ erfüllt. Der Kreis ist also dann stabil. Aus (3.86) folgt also sofort das Resultat, dass der geschlossene Kreis genau dann stabil ist, wenn $W = r_o 2\pi + a_o\pi$ ist. Der offene Kreis darf dabei beliebig instabil sein.

Man erhält so die folgende *allgemeine Fassung des Nyquist-Kriteriums*:

Der offene Regelkreis habe die Übertragungsfunktion

$$F_o(s) = \frac{Z_o(s)}{N_o(s)}\,,$$

worin $Z_o(s)$ und $N_o(s)$ teilerfremde Polynome sind mit m = Grad Z_o < Grad $N_o = n$. Die Anzahl der Pole von $F_o(s)$ auf bzw. rechts der j-Achse wird mit a_o bzw. r_o bezeichnet. Damit ist der geschlossene Regelkreis genau dann stabil, wenn für die Winkeländerung W des Fahrstrahls vom Punkt -1 zum laufenden Punkt $z = F_o(j\omega)$ der Ortskurve mit $-\infty < \omega < \infty$ gilt:

$$W = r_o 2\pi + a_o\pi\,. \tag{3.88}$$

Nimmt man nur die positive Hälfte der Ortskurve, also den zu $0 \le \omega < +\infty$ gehörigen Teil, so muss deren Winkeländerung bezüglich des Punkts -1 der z-Ebene

$$W_+ = r_o\pi + a_o\pi/2 \tag{3.89}$$

sein.

Es sei ausdrücklich angemerkt, dass *diese Formulierung des Nyquist-Kriteriums auch bei Totzeit im offenen Kreis erhalten bleibt. Dasselbe gilt von den speziellen Formen des Nyquist-Kriteriums,* die wir im folgenden Abschnitt betrachten werden. Was sich beim Auftreten eines Totzeitglieds ändert, ist lediglich die Herleitung des Kriteriums, die dann nicht mehr in der bisherigen Weise möglich ist.

Nun soll der bislang ausgeschlossene Fall, dass Zähler- und Nennerpolynom von $F_o(s)$ gemeinsame Nullstellen besitzen, betrachtet werden. Für den Verlauf der Ortskurve und die Bestimmung der Winkeländerung des Fahrstrahls bezüglich des Punkts -1 ist es ohne Belang, ob man gemeinsame Nullstellen kürzt oder nicht, denn diese verursachen keine Pole, sondern hebbare Singularitäten, wo $F_o(s)$ stetig ist. Liegen alle gemeinsamen Nullstellen *links* der j-Achse, so lassen sich die obigen Kriterien unmittelbar anwenden (und liefern eine Aussage sowohl zur Übertragungs- als auch zur inneren Stabilität der Regelung). Haben Zähler und Nenner des offenen Kreises gemeinsame Nullstellen *auf* oder *rechts* der j-Achse, so ist nach Kriterium (3.64) innere Stabilität der Regelung ausgeschlossen (und die obigen Kriterien liefern nur noch eine Aussage zur Übertragungsstabilität).

Es ist noch eine Bemerkung über die Bestimmung der Winkeländerung W nachzutragen, falls der offene bzw. der geschlossene Kreis Pole auf der j-Achse hat. Im ersten Fall geht die Ortskurve durch das Unendliche, im zweiten durch den Punkt -1 und zerfällt dadurch in mehrere Stücke. Dann bestimmt man die Winkeländerung längs jedes einzelnen Stücks und addiert die erhaltenen Werte (siehe hierzu auch [3.9]).

Statt der Winkeländerung von $\angle 1+F_o(j\omega)$ entlang der punktierten j-Achse kann man alternativ auch die Winkeländerung von $\angle 1+F_o(s)$ längs der Kurve C betrachten und zur Stabilitätsprüfung die Gleichung (3.84) heranziehen, was manchmal leichter durchführbar ist. Setzt man darin entsprechend wie zuvor $r = a = 0$, erhält man als Stabilitätsbedingung

$$\underset{C}{\Delta} \angle F_o(s)+1 = (r_o + a_o)2\pi\,; \tag{3.90}$$

betrachtet man nur die Argumentänderung für den

„positiven", das heißt in der oberen s-Halbebene verlaufenden Teil von C, so ergibt sich

$$\underset{C}{\Delta^+} \underline{/F_o(s)+1} = (r_o + a_o)\pi . \tag{3.91}$$

Dieses Vorgehen sei beispielhaft für

$$F_o(s) = \frac{s+2}{s^2+1}, \quad \text{also} \quad F_o(j\omega) = \frac{2}{1-\omega^2} + j\frac{\omega}{1-\omega^2}$$

erläutert. Der offene Kreis hat $a_o = 2$ imaginäre Pole ($s = \pm j$), während die Pole des geschlossenen Kreises als Nullstellen von s^2+s+3 beide links der j-Achse liegen. Das Bild 3-22 zeigt die zugehörige positive Hälfte der Ortskurve, welche aus zwei Stücken für $0 < \omega < 1$ und $1 < \omega < \infty$ besteht.

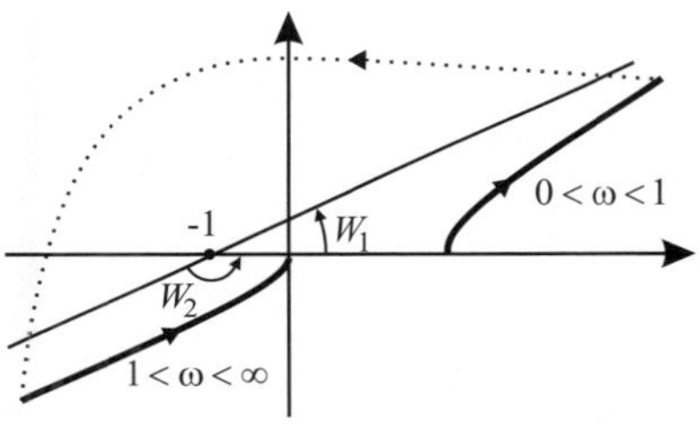

Bild 3-22: Bestimmung der Winkeländerung, wenn der offene Kreis Pole auf der j-Achse hat

Für die Winkeländerung des ersten Stücks ergibt sich

$$W_1 = \lim_{\omega \to 1_-} \underline{/1 + F_o(j\omega)} = \lim_{\omega \to 1_-} \arctan \frac{\frac{\omega}{1-\omega^2}}{1 + \frac{2}{1-\omega^2}}$$
$$= \arctan \frac{1}{2},$$

und entsprechend erhält man $W_2 = \pi - \arctan \frac{1}{2}$, so dass sich als gesamte Winkeländerung $W_+ = W_1 + W_2 = \pi$ ergibt. Wegen $r_o = 0$ und $a_o = 2$ ist die Stabilitätsbedingung $W_+ = r_o\pi + a_o\pi/2$ folglich erfüllt.

Beim Abbild von $F_o(s)$ entlang der Kurve C sind die beiden Ortskurvenstücke durch das Abbild des kleinen Halbkreises, im Bild 3-22 durch die gestrichelte Kurve angedeutet, miteinander verbunden. Die Winkeländerung liest man ohne weitere Rechnung ab zu $\underset{C}{\Delta^+} \underline{/F_o(s)+1} = 2\pi = a_o\pi$, woraus sich auch hier wie zuvor die Stabilität des geschlossenen Kreises ergibt.

3.13.2 Spezielle Formen des Nyquist-Kriteriums

Das Nyquist-Kriterium nimmt eine einfachere und einprägsamere Form an, wenn wir nun zu den in den Anwendungen am häufigsten auftretenden Spezialfällen übergehen.

Liegt kein Pol des offenen Kreises auf der j-Achse, so ist $a_o = 0$. Dann folgt aus (3.88)

$$W = r_o 2\pi .$$

Eine Winkeländerung von $+2\pi$ bedeutet, dass die Ortskurve des offenen Kreises den Punkt -1 einmal im Gegenzeigersinn umkreist. Man hat so als einen ersten Spezialfall:

Ist der offene Kreis instabil und liegen r_o Pole rechts der j-Achse, aber keiner auf ihr, so ist der geschlossene Kreis genau dann stabil, wenn die Ortskurve des offenen Kreises den Punkt -1 r_o-mal im Gegenzeigersinn umkreist. (3.92)

Ein Beispiel zeigt Bild 3-23. Da die Ortskurven schon recht kompliziert sind, ist nur die positive Ortskurvenhälfte gezeichnet. Sowohl links als auch rechts umkreist sie den Punkt -1 einmal, so dass die gesamte Ortskurve ihn zweimal umkreist. Aber nur im linken Teil findet die Umkreisung im Gegenzeigersinn statt. Daher ist im Fall 3-23, links, der geschlossene Kreis stabil, wenn zwei Pole des offenen Kreises rechts der j-Achse liegen. Im Fall 3-23, rechts, ist der geschlossene Kreis auf jeden Fall instabil.

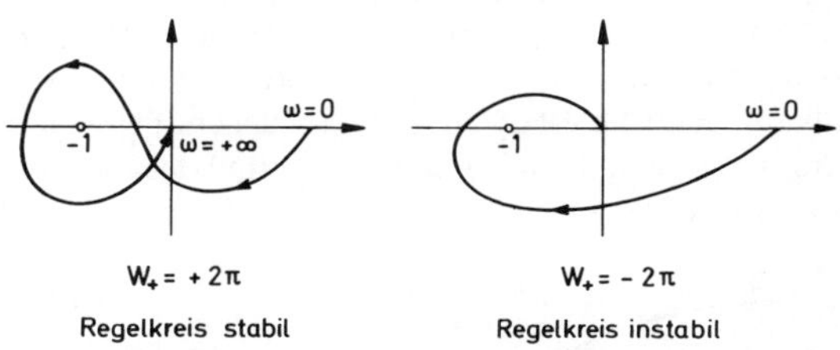

Bild 3-23: Anwendung des Nyquist-Kriteriums, wenn der offene Kreis zwei Pole rechts der j-Achse hat, aber keinen Pol auf ihr

Aus (3.92) ergibt sich eine weitere Spezialisierung, wenn der offene Kreis stabil, also auch $r_o = 0$ ist:

Ist der offene Kreis stabil, so ist der geschlossene Kreis genau dann stabil, wenn die Ortskurve des offenen Kreises den Punkt -1 weder umkreist noch durchdringt. (3.93)

Der letzte Zusatz liegt auf der Hand. Geht die Ortskurve $z = F_o(j\omega)$ durch den Punkt -1, so gibt es ein $j\omega$ mit $F_o(j\omega) = -1$ oder $F_o(j\omega) + 1 = 0$. Das heißt aber: Dieser Punkt $j\omega$ ist Pol des geschlossenen Kreises, der damit instabil ist, da er einen Pol auf der j-Achse hat.

Bild 3-24 illustriert den letzten Satz in einem einfachen und einem komplizierteren Fall. Auch hier findet keine Umkreisung statt. Vielmehr ist $W_+ = 0$ und damit auch $W = 0$.

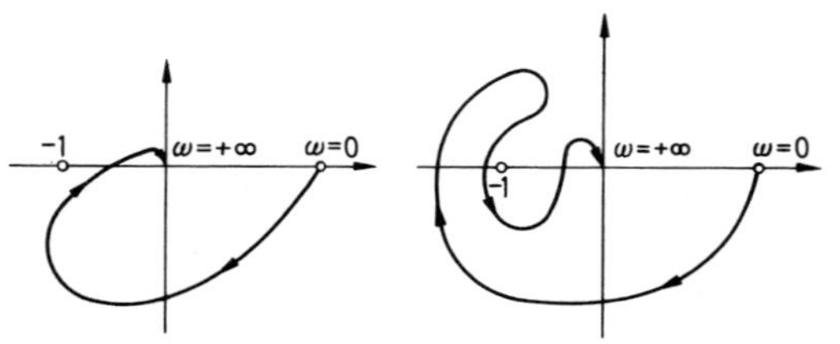

Bild 3-24: Anwendung des Nyquist-Kriteriums auf einen stabilen offenen Kreis. Der geschlossene Kreis ist in beiden Fällen stabil

Das Nyquist-Kriterium in der *Umkreisungsform* (3.92) und (3.93) lässt sich nicht mehr ohne Weiteres anwenden, wenn Pole des offenen Kreises auf der j-Achse liegen. Ein einfaches Beispiel liefert

$$F_o(j\omega) = \frac{1 + j\omega}{(j\omega)^2} = -\frac{1}{\omega^2} - \frac{1}{\omega} j\,.$$

Die Ortskurve hat die in Bild 3-25 wiedergegebene Gestalt. Der Punkt -1 wird einmal im Gegenzeigersinn umkreist. Da aber kein Pol rechts der j-Achse liegt, könnte man versucht sein, den geschlossenen Kreis für instabil zu halten. Das wäre aber falsch, denn da $a_o = 2, r_o = 0$ sind, ist das System nach (3.88) stabil, wenn $W = 2\pi$ gilt. Diese Winkeländerung liegt in der Tat vor. Bei komplizierteren Polverteilungen, vor allem, wenn Pole auf der j-Achse liegen, geht man am besten von der allgemeinen Fassung des Nyquist-Kriteriums aus.

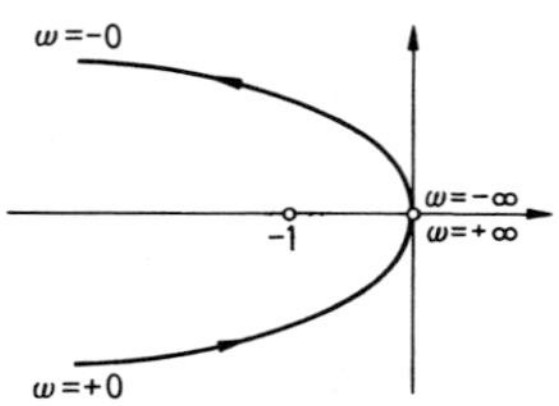

Bild 3-25: Anwendung des Nyquist-Kriteriums bei offenem Kreis mit II-Verhalten

Wir wollen uns aber jetzt dem Normalfall zuwenden, dass die Pole des offenen Kreises links der j-Achse liegen, außer eventuell einem 1- oder 2-fachen Pol in $s = 0$. Außerdem wollen wir von jetzt an nur noch die positive Ortskurvenhälfte berücksichtigen. Nach (3.89) ist der geschlossene Kreis genau dann stabil, wenn

$$W_+ = \frac{q\pi}{2} = \begin{cases} 0 & \text{bei P-Verhalten (offener Kreis stabil),} \\ \frac{\pi}{2} & \text{bei I-Verhalten,} \\ \pi & \text{bei II-Verhalten.} \end{cases}$$

In Bild 3-26 sind für jeden dieser drei Fälle zwei typische Situationen dargestellt, die Stabilität bzw. Instabilität des geschlossenen Kreises zur Folge haben. Betrachtet man diese verschiedenen Möglichkeiten, so erhält man die folgende *spezielle Form des Nyquist-Kriteriums*, die sehr anschaulich ist und in der überwiegenden Mehrzahl der Fälle ausreicht:

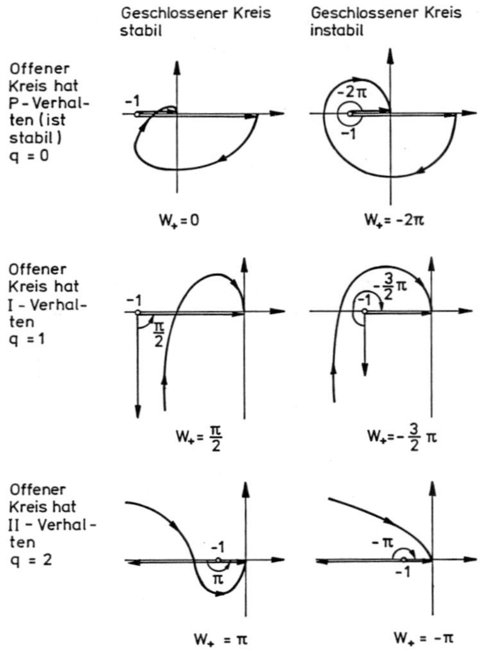

Bild 3-26: Das Nyquist-Kriterium für die Normaltypen des offenen Kreises

Liegen die Pole des offenen Kreises links der j-Achse, wobei nur ein 1- oder 2-facher Pol in $s = 0$ eine Ausnahme machen darf, hat der offene Kreis also P-, I- oder II-Verhalten, so ist der geschlossene Kreis genau dann stabil, wenn die Ortskurve $z = F_o(j\omega)$, $0 \le \omega < +\infty$, des offenen Kreises den Punkt -1 der z-Ebene weder umschließt noch durchdringt. Bei nicht zu komplizierter Gestalt der Ortskurve kann man auch sagen: wenn sie den Punkt -1 links liegen lässt. (3.94)

Bei der letzten Aussage kommt es auf denjenigen Teil der Ortskurve an, der dem Punkt -1 am nächsten liegt. In Bild 3-27, dessen Ortskurve in praktischen Fällen durchaus auftreten kann, nämlich bei der Stabilisierung zunächst instabiler Kreise, ist dies das mit Schraffur versehene Ortskurvenstück. Im Übrigen hat man in Zweifelsfällen stets das allgemeine Kriterium (3.89).

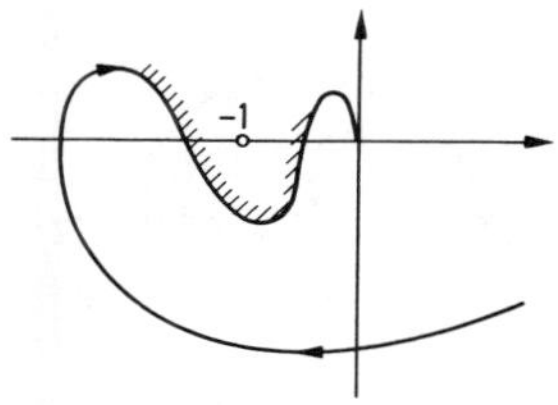

Bild 3-27: Zur Ausdrucksweise "-1 links von der Ortskurve"

3.13.3 Beispiele zum Nyquist-Kriterium

Wie das Nyquist-Kriterium im konkreten Fall anzuwenden ist, liegt auf der Hand: Man zeichnet mit dem Digitalrechner die Ortskurve des offenen Kreises auf und stellt fest, ob sie den Punkt -1 der Ortskurvenebene links liegen lässt, oder liest in komplizierteren Fällen die Winkeländerung W_+ ab. Hierzu braucht, wie schon früher erwähnt, $F_o(j\omega)$ nicht einmal formelmäßig gegeben zu sein – es genügt, wenn $F_o(j\omega)$ in Form einer Wertetabelle vorliegt.

In einfacheren Fällen kann man aber auch *allgemeine* Schlüsse aus dem Nyquist-Kriterium ziehen, nämlich Formelausdrücke für die Abhängigkeit des Stabilitätsverhaltens von den Parametern angeben. Das sei nun an den Beispielen der Antriebs- und der Schüttgutregelung gezeigt, bei denen die Lösung des Stabilitätsproblems ja noch aussteht.

Bei der Antriebsregelung (Bild 2-9) ist nach Abschnitt 3.8

$$F_o(s) = \frac{V}{(1+T_{St}s)(1+2dTs+T^2s^2)} = \tag{3.95}$$
$$= \frac{V}{1+(2dT+T_{St})s+(T^2+2dTT_{St})s^2+T^2T_{St}s^3},$$

wobei T_{St} die Stromrichterzeitkonstante und

$$2dT = \frac{\Theta R_A}{{K_F}^2}, \quad T^2 = \frac{\Theta L_A}{{K_F}^2}, \quad V = K_V K_{St}\frac{1}{K_F}K_I$$

sind. Die Kreisverstärkung V kann mittels des Verstärkungsfaktors K_V des elektronischen Verstärkers verändert werden.

Da der offene Kreis P-Verhalten hat, beginnt seine Ortskurve im Punkt V der reellen Achse. Weil es sich beim offenen Kreis um ein Verzögerungssystem handelt, dreht der Fahrstrahl vom Ursprung zum laufenden Punkt der Ortskurve im Uhrzeigersinn monoton weiter. Da der Nennergrad $n=3$ beträgt, endet er mit dem Argument $-270°$, überstreicht also 3 Quadranten. Man erhält so das Bild 3-28 für die Ortskurve des offenen Kreises der Antriebsregelung. Da der Betrag jedes Fahrstrahls mit V multipliziert ist, liegt die gesamte Ortskurve für kleine V in einer engen Umgebung des Ursprungs. Der Punkt -1 liegt dann gewiss links von ihr. Vergrößert man V, so dehnt sich die gesamte Ortskurve aus. Bei einem bestimmten Wert von V geht sie gerade durch den Punkt -1. Dieser Wert sei als *Stabilitätsgrenze* V_G des Regelkreises bezeichnet, denn von diesem Wert an ist der Regelkreis instabil. Wächst V weiter, so liegt -1 rechts von der Ortskurve und der Regelkreis bleibt instabil.

Um V_G und den zugehörigen Parameter ω_G zu berechnen, betrachtet man also den Fall, dass die Ortskurve durch den Punkt -1 geht, d. h.

$$F_o(j\omega) = -1$$

ist. Wegen (3.95) heißt das

$$V+1+T^2T_{St}(j\omega)^3+(T^2+2dTT_{St})(j\omega)^2+(T_{St}+2dT)j\omega$$
$$= V+1-(T^2+2dTT_{St})\omega^2+j\omega(T_{St}+2dT-T^2T_{St}\omega^2)$$
$$= 0.$$

Soll eine komplexe Zahl 0 sein, so müssen Real- und Imaginärteil 0 sein:

$$V+1-(T^2+2dTT_{St})\omega^2 = 0, \tag{3.96}$$
$$T_{St}+2dT-T^2T_{St}\omega^2 = 0. \tag{3.97}$$

Aus (3.97) folgt

$${\omega_G}^2 = \frac{T_{St}+2dT}{T^2T_{St}}.$$

Das gibt, in (3.96) eingesetzt:

$$V_G = (T^2+2dTT_{St})\cdot\frac{T_{St}+2dT}{T^2T_{St}}-1,$$
$$V_G = (1+2d\frac{T_{St}}{T})(2d\frac{T}{T_{St}}+1)-1,$$
$$V_G = 2d\frac{T}{T_{St}}+2d\frac{T_{St}}{T}+4d^2,$$
$$V_G = 2d\frac{T}{T_{St}}\left[1+2d\frac{T_{St}}{T}+(\frac{T_{St}}{T})^2\right] \approx 2d\frac{T}{T_{St}}. \tag{3.98}$$

Die Antriebsregelung wird also von einem bestimm-

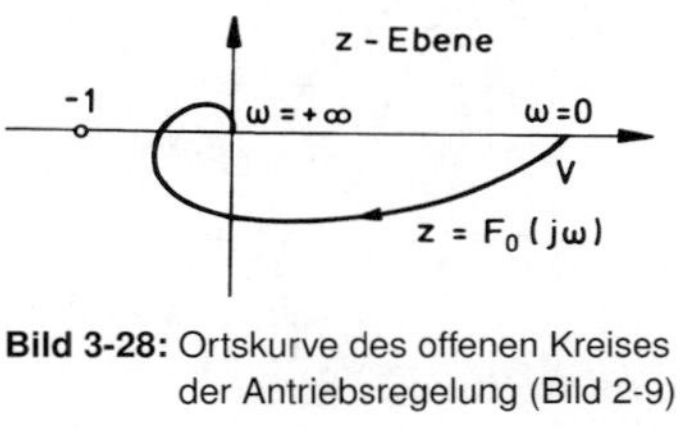

Bild 3-28: Ortskurve des offenen Kreises der Antriebsregelung (Bild 2-9)

ten V-Wert an instabil. Das ist auf den Einfluss von T_{St} zurückzuführen. In der Tat: Setzt man in V_G die Stromrichterzeitkonstante $T_{St} = 0$, so erhält man $V_G = +\infty$, d. h. V darf beliebig groß werden. Für das reale System trifft dies jedoch nicht zu. T_{St} ist zwar klein, aber nicht Null, und diese Tatsache macht sich bemerkbar, wenn man die Kreisverstärkung V zu sehr aufdreht. *Allgemein gilt, dass bei Erhöhung der Kreisverstärkung auch kleine Zeitkonstanten zur Instabilität führen können.*

Dieses Verhalten sei abschließend am Zahlenbeispiel aus Abschnitt 3.6 illustriert. In Bild 3-29 sind nochmals Struktur und Daten dieses Beispiels zusammengestellt. Im unteren Teil des Bilds sieht man die Führungssprungantwort in Abhängigkeit von der Kreisverstärkung V. Bei kleinem V verläuft der Vorgang monoton („aperiodisch"). Mit wachsendem V beginnt er zu oszillieren. Bei $V = 100$ klingt die Schwingung bereits recht langsam ab. Für die Stabilitätsgrenze $V_G = 129$ wird sie in eine Dauerschwingung übergehen, für $V_G > 129$ in eine aufklingende Schwingung. Man sieht auch, dass die stationäre Genauigkeit mit wachsendem V besser wird, also ω_∞ dann näher bei ω_S liegt, wie es nach Abschnitt 3.9 der Fall sein muss.

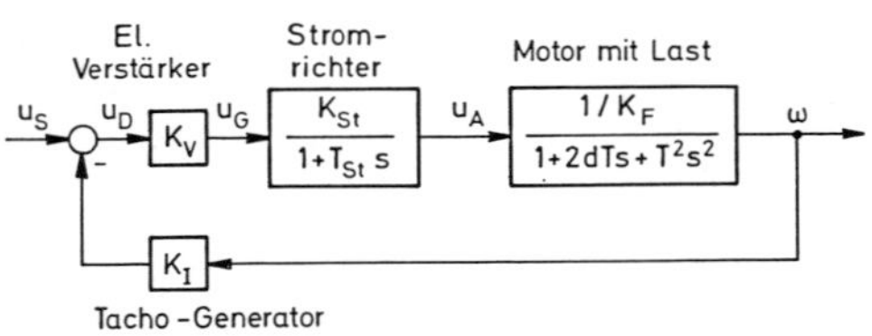

K_V	variabel
K_{St}	30
T_{St}	0,005 sec
$1/K_F$	0,242 (V sec)$^{-1}$
d	1,71
T	0,171 sec
K_I	0,24 V sec

Also:

$V = K_V K_{St} \frac{1}{K_F} K_I = 1{,}74\, K_V$;

$V_G \approx 129$.

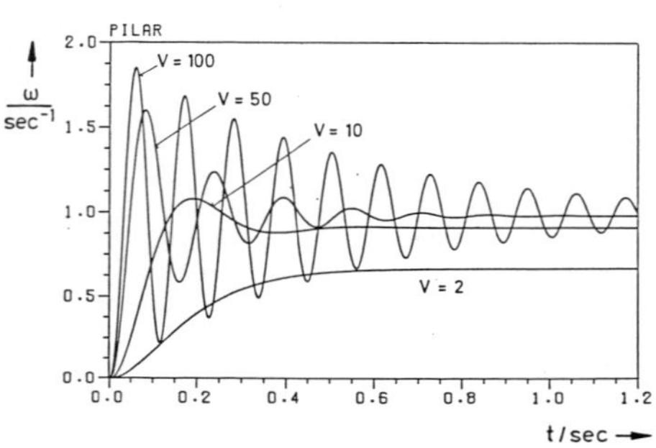

Bild 3-29: Zahlenbeispiel zur Antriebsregelung

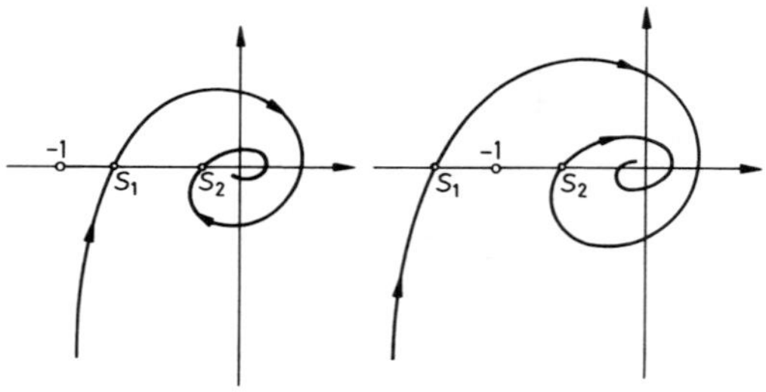

Bild 3-30: Ortskurven der Schüttgutregelung (Bild 2/10)

Als weiteres Beispiel zur Anwendung des Nyquist-Kriteriums wird nun die *Schüttgutregelung* (Bild 2-10) untersucht. Nach Abschnitt 3.8 ist

$$F_o(s) = \frac{V}{s} e^{-T_t s} .$$

Da der offene Kreis ein I-Glied und eine Totzeit enthält, hat seine Ortskurve die im Bild 3-30 skizzierte Gestalt. Nach der speziellen Form (3.94) des Nyquist-Kriteriums zeigt die linke Ortskurve Stabilität, die rechte Instabilität des Regelkreises an, da der Punkt -1 im ersten Fall von der Ortskurve weder umschlossen noch durchdrungen wird, während sie ihn im letzten Fall umschließt. Für kleine V liegt die links dargestellte Situation vor. Mit wachsendem V wird die Ortskurve ausgedehnt. Instabilität tritt genau dann ein, wenn der am weitesten links gelegene Schnittpunkt S_1 der Ortskurve mit der reellen Achse mit dem Punkt -1 zusammenfällt. Soll der Punkt -1 auf der Ortskurve liegen, so muss

$$\frac{V}{j\omega} e^{-T_t j\omega} = -1 \quad \text{sein. Wegen}$$

$$\frac{1}{j} = -j = e^{-j\pi/2} \quad \text{folgt daraus}$$

$$\frac{V}{\omega} e^{-j(T_t\omega + \pi/2)} = -1 .$$

Da beide Seiten in Betrag und Phase übereinstimmen müssen, gilt

$$\frac{V}{\omega} = 1, \quad -(T_t\omega + \frac{\pi}{2}) = \pi + \nu 2\pi, \quad \nu \text{ beliebig ganz.}$$

Setzt man $\omega = V$ in die zweite dieser Gleichungen ein, so erhält man

$$V T_t = -(3/2)\pi - \nu 2\pi .$$

Da $V T_t$ positiv sein muss, kommt nur $\nu = -1, -2, \ldots$ in Frage. Für $\nu = -1$ ist $V T_t = \pi/2$, für $\nu = -2$ ist $V T_t = (5/2)\pi$ usw.

Zu jeder Parameterkombination VT_t gehört eine bestimmte Ortskurve. Für die Ortskurve mit $VT_t = \pi/2$ fällt S_1 mit dem Punkt -1 zusammen. Für die Ortskurve mit $VT_t = (5/2)\pi$ ist es der Punkt S_2, der mit -1 zusammenfällt; der Punkt S_1 liegt dann links von -1, usw. Hieraus ersieht man, dass der Regelkreis stabil ist für $VT_t < \pi/2$, instabil für $VT_t \geq \pi/2$.

Je größer also die Totzeit ist, um so kleiner muss die Kreisverstärkung V gehalten werden, damit die Regelung stabil bleibt. Ganz allgemein wird das Stabilitätsverhalten durch Totzeitglieder verschlechtert. Wie das Beispiel zeigt, kann bereits ein Regelkreis 1. Ordnung instabil werden, wenn er eine Totzeit enthält, was ohne Totzeit nicht der Fall wäre.

3.14 Weitere Stabilitätskriterien

Mit dem Nyquist-Kriterium ist ein wirksames Hilfsmittel zur Stabilitätsanalyse geschaffen, das sich auch zur Synthese verwenden lässt, wie in Kapitel 6 gezeigt wird. Bei den anderen gegen Ende von Abschnitt 3.10 erwähnten Stabilitätskriterien ist dies nicht der Fall; sie sind auf die Analyse beschränkt. Aus diesem Grund und wegen der weiteren, schon früher erwähnten Nachteile gegenüber dem Nyquist-Kriterium werden wir sie nur summarisch behandeln, wobei es uns letztlich nur um die Kriterien von Hurwitz und Routh geht, die man gelegentlich zur Stabilitätsanalyse verwenden kann. Dabei verwendet man das Hurwitz-Kriterium, wenn die Koeffizienten der Gleichung als Funktion von Parametern gegeben sind, hingegen das Routh-Kriterium, wenn sie numerisch vorliegen. Allerdings kommt dem Routh-Kriterium heutzutage keine große Bedeutung mehr zu, da es bei numerisch gegebenen Koeffizienten problemlos ist, die Nullstellen der Gleichung mit dem Rechner direkt zu bestimmen.

Bei beiden handelt es sich um *algebraische Kriterien*, bei denen man durch Rechenoperationen mit den Koeffizienten der charakteristischen Gleichung auf das Stabilitätsverhalten schließt. Sie scheinen auf den ersten Blick mit einem *graphischen Kriterium*, wie es das Nyquist-Kriterium darstellt, gar nichts zu tun zu haben. Dennoch besteht ein Zusammenhang. Um ihn aufzuzeigen, wird zunächst ein Satz über die Winkeländerung eines Polynoms angegeben, der in der Herleitung des Nyquist-Kriteriums bereits enthalten ist, ohne dass er dort explizit formuliert wurde. Aus ihm folgt sofort das Kriterium von ***Cremer/Leonhard***. Aus diesem lässt sich dann das Hurwitz-Kriterium geometrisch verständlich machen. Das Routh-Kriterium schließlich ist nur eine Umformulierung des Hurwitz-Kriteriums, die für die numerische Rechnung besonders geeignet ist.

3.14.1 Argumentänderung von Polynomen und Kriterium von Cremer/Leonhard

Es werde ein beliebiges Polynom

$$N(s) = a_0 s^n + a_1 s^{n-1} + \ldots + a_{n-1} s + a_n \tag{3.99}$$

betrachtet, dessen Koeffizienten reelle Zahlen sind und für das $a_0 \neq 0$ ist. Man kann sich darunter die linke Seite der charakteristischen Gleichung eines R-Glieds vorstellen. Um Umständlichkeiten zu vermeiden, sind in diesem Abschnitt die Koeffizienten von Polynomen umgekehrt nummeriert wie sonst. C sei eine Kurve in der s-Ebene, die sich nicht selbst überschneidet und für große Beträge von ω mit der j-Achse zusammenfällt (Bild 3-31, linke Hälfte). Keine der Nullstellen (oder Wurzeln) von $N(s)$ liege auf C. Durch die komplexe Funktion $z = N(s)$ wird C auf die Kurve C^* der z-Ebene abgebildet. Durchläuft der Punkt s die Kurve C, so durchläuft der Bildpunkt $z = N(s)$ die Kurve C^*. Aus dem Verlauf von C^* kann man erkennen, wieviele der Nullstellen von N links bzw. rechts von C liegen. Es gilt nämlich der Satz:

Während der Punkt s die Kurve C durchläuft, und zwar von $s = -j\infty$ aus, ändert sich das Argument des Bildpunkts $z = N(s)$ um den Winkel

$$W = (n - 2r)\pi, \tag{3.100}$$

worin r die Anzahl der rechts von C gelegenen Nullstellen des Polynoms $N(s)$ ist.

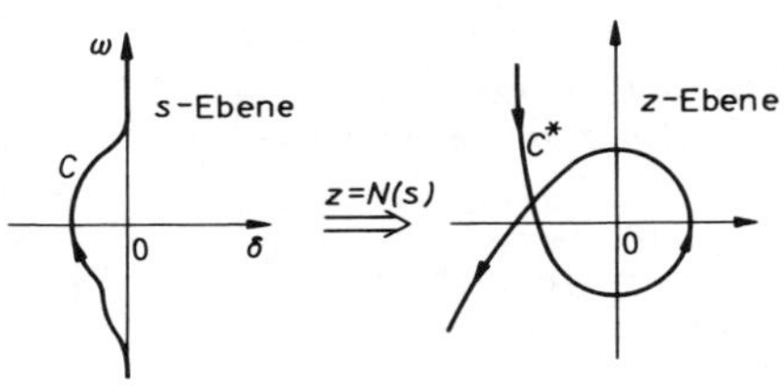

Bild 3-31: Argumentänderung eines Polynoms

Trägt man also die Kurve $z = N(s)$ punktweise in die z-Ebene ein und liest an ihr den Winkel W als gesamte Argumentänderung ihres laufenden Punkts ab, so erhält man r gemäß (3.100) zu

$$r = \frac{n}{2} - \frac{W}{2\pi}. \tag{3.101}$$

Wie gesagt, ist dieser Satz bereits implizit in der Herleitung des Nyquist-Kriteriums für R-Glieder enthalten, und zwar in den Überlegungen, die zur Gleichung (3.84) führen. Er sei noch an einem Beispiel veranschaulicht. Es werde das Polynom $N(s) = s^2 + 3s + 2$ betrachtet, als Kurve C die j-Achse genommen. Dann ist $s = j\omega$, also

$$N(s) = N(j\omega) = (j\omega)^2 + 3(j\omega) + 2 = 2 - \omega^2 + j3\omega .$$

Das durch $N(s)$ gelieferte Bild der j-Achse ist die Kurve $C^* : z = 2 - \omega^2 + j3\omega$. Dies ist eine Parabel (Bild 3-32). Man sieht unmittelbar, dass die Argumentänderung des laufenden Punkts der Parabel $W = +2\pi$ ist. Da $n = 2$ ist, folgt aus (3.101) $r = 0$, so dass keine Wurzel von $N(s)$ rechts von der j-Achse liegt. In der Tat hat das Polynom $s^2 + 3s + 2$ die Wurzeln $\alpha_1 = -1$ und $\alpha_2 = -2$.

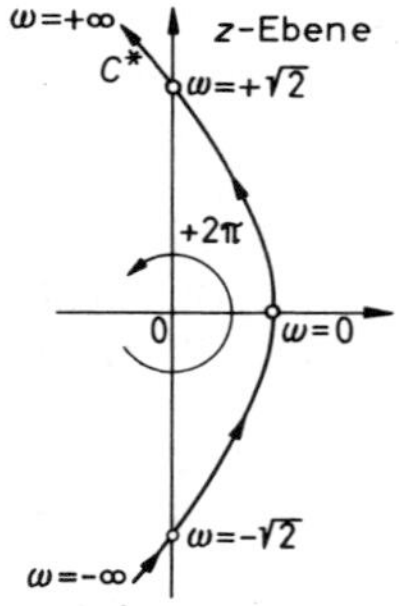

Bild 3-32: Beispiel zur Argumentänderung eines Polynoms

Aus dem Satz (3.100) über die Argumentänderung eines Polynoms folgt sofort das Kriterium von ***Cremer und Leonhard*** [3.10], [3.11], das in der russischen Literatur als Kriterium von ***Michailow*** bezeichnet wird [3.12]:[7]

Hat ein R-Glied die Übertragungsfunktion $G(s) = Z(s)/N(s)$, so ist es genau dann stabil, wenn die folgenden beiden Bedingungen erfüllt sind:

1. *Die Kurve $z = N(j\omega)$ geht nicht durch den Ursprung der z-Ebene.* (3.102)
2. *Die Argumentänderung W ihres laufenden Punkts von $\omega = -\infty$ bis $\omega = +\infty$ beträgt $n\pi$, wo n der Grad von $N(s)$ ist.*

Sind nämlich die beiden Voraussetzungen erfüllt, so liegt zunächst keine Nullstelle von $N(s)$ auf der j-Achse, da sonst $N(j\omega) = 0$ wäre, die Kurve also durch den Nullpunkt ginge. Nimmt man weiter als Kurve C die j-Achse, so folgt aus (3.101) wegen $W = n\pi$, dass $r = 0$ ist, d. h. keine Nullstellen rechts der j-Achse liegen. Das R-Glied ist somit stabil. Setzt man umgekehrt seine Stabilität voraus, so sind alle Nullstellen der Gleichung $N(s) = 0$ links der j-Achse gelegen. Daher ist $N(j\omega) \neq 0$, die Kurve $z = N(s)$ geht also nicht durch den Ursprung. Außerdem ist $r = 0$ und daher wegen (3.100) $W = n\pi$.

Um ein R-Glied mit der Übertragungsfunktion $G(s) = Z(s)/N(s)$ nach dem Kriterium von Cremer/Leonhard auf Stabilität zu untersuchen, hat man also die Kurve $z = N(j\omega)$ in die z-Ebene einzuzeichnen und die gesamte Argumentänderung ihres laufenden Punkts festzustellen.

3.14.2 Vorzeichen der Koeffizienten der charakteristischen Gleichung und Lage der Nullstellen

Als Vorbereitung auf die eigentlichen algebraischen Stabilitätskriterien, die notwendige und hinreichende Bedingungen der Stabilität darstellen, seien einige einfache Regeln angegeben, die entweder nur notwendig oder nur hinreichend sind, aber immerhin in manchen Fällen Schlüsse auf die Lage der Nullstellen der charakteristischen Gleichung $N(s) = 0$ und damit auf das Stabilitätsverhalten zulassen.

Zunächst eine notwendige Bedingung:

Ist in der Gleichung $N(s) = a_0 s^n + \ldots + a_{n-1}s + a_n = 0$ mit $a_0 > 0$ mindestens einer der Koeffizienten Null (d. h. fehlt eine Potenz) oder negativ, so liegt wenigstens eine Nullstelle auf oder rechts der j-Achse. (3.103)

Zum Beweis zeigt man, dass dann, wenn die Nullstellen links von der j-Achse liegen, sämtliche Koeffizienten positiv sein müssen. Dazu geht man von der Darstellung $N(s) = a_0(s - \alpha_1)(s - \alpha_2)\ldots(s - \alpha_n)$ aus. Da alle Nullstellen links von der j-Achse liegen, ist $\alpha_\nu = -a_\nu + jb_\nu$ mit $a_\nu > 0$. Ist α_ν reell, so ist $b_\nu = 0$, und der zugehörige Faktor lautet $s - \alpha_\nu = s + a_\nu$. Ist α_ν nicht reell, so ist auch die konjugiert komplexe Zahl $-a_\nu - jb_\nu$ Nullstelle von $N(s)$. Das Produkt der zugehörigen Faktoren ist

$$[s - (-a_\nu + jb_\nu)][s - (-a_\nu - jb_\nu)] =$$
$$= [s + a_\nu - jb_\nu][s + a_\nu + jb_\nu] = (s + a_\nu)^2 + {b_\nu}^2 .$$

$N(s)$ setzt sich daher aus Faktoren zusammen, die nur positive Koeffizienten enthalten. Das Produkt die-

7 Der Polynomwurzelsatz, also implizit auch das Kriterium von ***Cremer und Leonhard***, ist jedoch bereits in der bekannten Arbeit [3.13] von ***A. Hurwitz*** enthalten. Dieser Satz ist dort ausgesprochen in Gleichung (7), sein Beweis in der darauffolgenden Bemerkung enthalten.

ser Faktoren liefert das Polynom $N(s) = a_0 s^n + \ldots + a_{n-1}s + a_n$, dessen Koeffizienten daher ebenfalls positiv sein müssen.

Es wäre schön, wenn auch die Umkehrung gälte: Sind alle Koeffizienten positiv, so liegen alle Nullstellen des Polynoms links der j-Achse. In der Tat trifft das für ein Polynom 2. Grades zu. Aus (3.66) folgt nämlich:

Ist $N(s) = 0$ eine Gleichung 2. Grades, deren Koeffizienten sämtlich positiv sind, so liegen ihre Nullstellen links von der j-Achse. (3.104)

Dieser Satz lässt sich aber nicht auf Polynome höheren Grades ausdehnen. Ein Beispiel liefert die Gleichung

$$s^3 + s^2 + s + 1 = 0 .$$

Aus ihr folgt

$$s^2(s+1) + (s+1) = 0 \quad \text{oder} \quad (s^2+1)(s+1) = 0 .$$

Daher sind ihre Nullstellen $\alpha_1 = j, \alpha_2 = -j$ und $\alpha_3 = -1$. Obwohl sämtliche Koeffizienten positiv sind, liegen zwei ihrer Nullstellen auf der j-Achse.

Für ein Polynom beliebigen Grades reicht also die einfache Bedingung $a_\nu > 0$ nicht aus, um die Lage aller Nullstellen in der linken Halbebene zu sichern. Dazu sind kompliziertere Bedingungen erforderlich. Sie werden durch das Kriterium von Hurwitz geliefert.

3.14.3 Kriterium von Hurwitz

Zunächst seien das Kriterium formuliert, anschließend seine Anwendung an einem Beispiel gezeigt und schließlich der Zusammenhang mit dem Kriterium von Cremer/Leonhard hergestellt.

Es wird also die Gleichung

$$a_0 s^n + a_1 s^{n-1} + \ldots + a_{n-1}s + a_n = 0$$

mit reellen a_ν und $a_0 > 0$ betrachtet. Aus ihren Koeffizienten wird eine Determinante mit n Zeilen und Spalten gebildet. Die erste Zeile besteht aus den Koeffizienten mit ungeradem Index:

$$a_1, a_3, a_5, \ldots .$$

Falls keine n Koeffizienten a_ν dieser Art auftreten, wird die erste Zeile durch Nullen vervollständigt. Die zweite Zeile besteht aus den Koeffizienten mit geradem Index:

$$a_0, a_2, a_4, \ldots .$$

Falls es keine n Koeffizienten mit geradem Index gibt, wird auch diese Zeile durch Nullen vervollständigt. Aus diesem Zeilenpaar erhält man die 3. und die 4. Zeile, die 5. und die 6. Zeile, ..., indem man es eine Spalte, zwei Spalten, ... nach rechts verschiebt und die davor freiwerdenden Stellen mit Nullen ausfüllt. Man erhält so die folgende Determinante mit n Zeilen und n Spalten:

$$H = \begin{vmatrix} a_1 & a_3 & a_5 & a_7 & \ldots \\ a_0 & a_2 & a_4 & a_6 & \ldots \\ 0 & a_1 & a_3 & a_5 & \ldots \\ 0 & a_0 & a_2 & a_4 & \ldots \\ 0 & 0 & a_1 & a_3 & \ldots \\ 0 & 0 & a_0 & a_2 & \ldots \\ . & . & . & . & \ldots \end{vmatrix}$$

Man bildet nun alle „nordwestlichen“ Unterdeterminanten von H, d. h. alle Unterdeterminanten, deren linke obere Ecke mit der linken oberen Ecke von H zusammenfällt. Das sind

$$H_1 = a_1 ,$$

$$H_2 = \begin{vmatrix} a_1 & a_3 \\ a_0 & a_2 \end{vmatrix}$$

$$H_3 = \begin{vmatrix} a_1 & a_3 & a_5 \\ a_0 & a_2 & a_4 \\ 0 & a_1 & a_3 \end{vmatrix}, \quad \text{usw.}$$

Das Hurwitz-Kriterium [3.13] lautet dann:

$N(s) = a_0 s^n + a_1 s^{n-1} + \ldots + a_{n-1}s + a_n = 0$ *sei eine Gleichung mit reellen Koeffizienten und* $a_0 > 0$*. Man bilde zu ihr die Determinante H und von dieser die Unterdeterminanten* $H_1, H_2, \ldots, H_n$*. Sind* $H_1, \ldots, H_n$ *sämtlich positiv, so liegen alle Nullstellen der Gleichung links der j-Achse, während andernfalls mindestens eine Nullstelle auf oder rechts der j-Achse gelegen ist. Ein R-Glied mit der Übertragungsfunktion* $G(s) = Z(s)/N(s)$ *ist also genau dann stabil, wenn alle* $H_\nu, \nu = 1, \ldots, n$*, positiv sind.* (3.105)

Als Anwendungsbeispiel werde die Gegenkopplung dreier P-T$_1$-Glieder über ein P-Glied betrachtet, wie sie Bild 3-33 zeigt. Von dieser Art ist z. B. die Drehzahlregelung des Gleichstrommotors in Bild 3-9. Zur Stabilitätsuntersuchung hat man die charakteristische Gleichung $F_o(s) + 1 = 0$ zu bilden, die hier durch

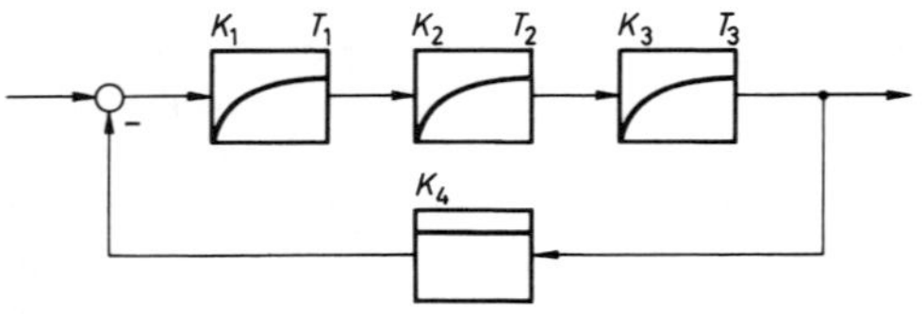

Bild 3-33: Beispiel für die Anwendung des Hurwitz-Kriteriums

$$\frac{K_1}{1+T_1 s}\frac{K_2}{1+T_2 s}\frac{K_3}{1+T_3 s}K_4+1=0$$

gegeben ist. Aus der charakteristischen Gleichung folgt mit $K_1K_2K_3K_4=V$ die Gleichung

$$T_1T_2T_3s^3+(T_1T_2+T_2T_3+T_3T_1)s^2+(T_1+T_2+T_3)s+ \\ +V+1=0.$$

Dies ist eine Gleichung 3. Grades mit

$$a_0=T_1T_2T_3, \qquad a_1=T_1T_2+T_2T_3+T_3T_1,$$
$$a_2=T_1+T_2+T_3, \quad a_3=V+1.$$

Für die allgemeine Gleichung 3. Grades lautet die Hurwitz-Determinante

$$H=\begin{vmatrix} a_1 & a_3 & 0 \\ a_0 & a_2 & 0 \\ 0 & a_1 & a_3 \end{vmatrix}.$$

Sie hat die „nordwestlichen" Unterdeterminanten

$$H_1=a_1,$$
$$H_2=\begin{vmatrix} a_1 & a_3 \\ a_0 & a_2 \end{vmatrix}=a_1a_2-a_0a_3,$$
$$H_3=H=a_3H_2.$$

Da a_1 und a_3 im vorliegenden Fall >0 sind, ist H_1 auf jeden Fall >0 und H_3 dann positiv, wenn dies für H_2 gilt. Nun ist

$$H_2=(T_1T_2+T_2T_3+T_3T_1)(T_1+T_2+T_3)-T_1T_2T_3(V+1).$$

H_2 ist daher positiv, wenn

$$V+1<\frac{(T_1T_2+T_2T_3+T_3T_1)(T_1+T_2+T_3)}{T_1T_2T_3} \quad \text{oder}$$

$$V<(T_1+T_2+T_3)(\frac{1}{T_1}+\frac{1}{T_2}+\frac{1}{T_3})-1 \tag{3.106}$$

ist. Genau dann, wenn diese Ungleichung erfüllt ist, liegen die Nullstellen der charakteristischen Gleichung $F_o(s)+1=0$ links von der j-Achse. Da Zähler und Nenner von $F_o(s)$ hier gewiss keine gemeinsame Nullstelle haben, ist der Regelkreis nach dem grundlegenden Stabilitätskriterium stabil, wenn (3.106) gilt, und instabil, wenn das nicht der Fall ist.

Für die Drehzahlregelung in Bild 3-9 lautet (3.106):

$$V<(0,005+0,055+0,53)\left[\frac{1}{0,005}+\frac{1}{0,055}+\frac{1}{0,53}\right]-1=$$
$$=128,9,$$

in Übereinstimmung mit dem Ergebnis des Nyquist-Kriteriums (Unterabschnitt 3.13.3).

Nunmehr soll der Zusammenhang zwischen dem Hurwitz-Kriterium und dem Kriterium von *Cremer/Leonhard* in einem einfachen Fall gezeigt werden. Dazu wollen wir das Polynom $N(s)=a_0s^3+a_1s^2+a_2s+a_3$ mit $a_0>0$ betrachten. Seine Nullstellen mögen links von der j-Achse liegen. Dann sind nach (3.103) alle $a_\nu>0$. Die Kurve $C^*: z=N(j\omega)$ des Cremer/Leonhard-Kriteriums, die in Bild 3-34 dargestellt ist, hat die Gleichung

$$z=a_0(j\omega)^3+a_1(j\omega)^2+a_2(j\omega)+a_3=$$
$$=a_3-a_1\omega^2+j(a_2\omega-a_0\omega^3) \quad \text{oder}$$
$$u=a_3-a_1\omega^2, \quad v=\omega(a_2-a_0\omega^2).$$

Für $\omega\to-\infty$ geht $u\to-\infty$, $v\to+\infty$. In $-\infty<\omega\leq 0$ nimmt u ununterbrochen zu bis $u_1=a_3>0$. v ist zunächst positiv bis $\omega^2=a_2/a_0$, also bis

$$u_2=a_3-a_1\frac{a_2}{a_0}=-\frac{1}{a_0}(a_1a_2-a_0a_3),$$

dann negativ bis $\omega=0$. Man erhält so die durchgezogene Hälfte von C^* in Bild 3-34. Durch Spiegelung an der u-Achse ergibt sich die zweite, gestrichelte Hälfte von C^*. Da alle Nullstellen von $N(s)$ links von der j-Achse liegen, ist nach dem Kriterium von *Cremer/Leonhard* die Winkeländerung von C^* gleich 3π, C^* muss also den Punkt 0 umkreisen. Daher gilt wegen $u_1=a_3>0$ die Ungleichung $u_2<0$, wie dies bereits eingezeichnet ist. Infolgedessen ist $a_1a_2-a_0a_3>0$, also $H_2>0$. Dann ist aber auch $H_3=a_3H_2>0$. Sämtliche Determinanten H_ν sind also positiv.

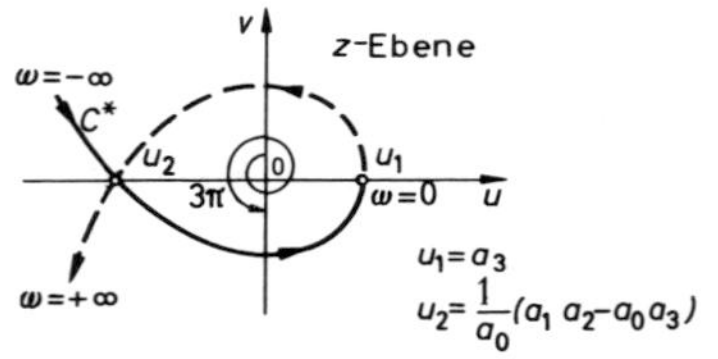

Bild 3-34: Zusammenhang zwischen dem Kriterium von *Cremer/Leonhard* und dem Hurwitz-Kriterium

Ebenso gilt die Umkehrung: Sind H_1, H_2 und $H_3 > 0$, also auch $a_3 = H_3/H_2 > 0$, so sind $u_1 = a_3 > 0$ und $u_2 = -(1/a_0)H_2 < 0$ (a_0 ist ja stets > 0 vorausgesetzt). C^* umkreist also 0 und beginnt wegen $a_1 = H_1 > 0$ im zweiten Quadranten. Folglich ist die Argumentänderung des laufenden Punkts von C^* $+3\pi$. Damit liegen nach *Cremer/Leonhard* alle Nullstellen links von der j-Achse, womit das Hurwitz-Kriterium aus dem von *Cremer/Leonhard* hergeleitet ist, allerdings nur für ein System 3. Ordnung. Einen allgemeinen Beweis des Hurwitz-Kriteriums mittels der Direkten Methode von Ljapunow findet man in [3.2], Abschnitt II.6.5.

3.14.4 Kriterium von Routh

Die Ausrechnung der Hurwitz-Determinanten wird vermieden beim Kriterium von Routh [3.14]. Es sei zunächst formuliert, dann auf Beispiele angewendet und schließlich in einem einfachen Fall aus dem Hurwitz-Kriterium abgeleitet, um den Zusammenhang der beiden algebraischen Stabilitätskriterien zu zeigen. Die Koeffizienten des Polynoms

$$N(s) = a_0 s^n + a_1 s^{n-1} + \ldots + a_{n-1} s + a_n$$

mit $a_0 > 0$ werden auch hier in zwei Zeilen angeordnet, nur dass im Gegensatz zum Hurwitz-Kriterium die obere Zeile aus den Koeffizienten mit geradem Index und die untere Zeile aus den Koeffizienten mit ungeradem Index bestehen:

$$\begin{array}{ccccc} a_0 & a_2 & a_4 & a_6 & \ldots \\ a_1 & a_3 & a_5 & a_7 & \ldots \; . \end{array} \tag{3.107}$$

Die beiden Zeilen werden so weit fortgesetzt, bis in beiden nur noch Nullen auftreten können. Sie lauten z. B. für das Polynom 3. Grades

$$\begin{array}{cc} a_0 & a_2 \\ a_1 & a_3 \end{array} ,$$

für das Polynom 4. Grades

$$\begin{array}{ccc} a_0 & a_2 & a_4 \\ a_1 & a_3 & 0 \end{array} ,$$

für das Polynom 5. Grades

$$\begin{array}{ccc} a_0 & a_2 & a_4 \\ a_1 & a_3 & a_5 \end{array} \quad \text{usw.}$$

Nunmehr multipliziert man in (3.107) die untere Zeile mit $-a_0/a_1$ und addiert sie zur ersten Zeile. Damit erhält man eine 3. Zeile, deren erstes Element 0 ist:

$$a_0 - \frac{a_0}{a_1} a_1 , \; a_2 - \frac{a_0}{a_1} a_3 , \; a_4 - \frac{a_0}{a_1} a_5 , \; a_6 - \frac{a_0}{a_1} a_7 , \ldots .$$

Bezeichnet man die so erhaltenen Zahlen mit b_0, b_1, $b_2, \ldots$, so ist $b_0 = 0$, und man kann das Schema (3.107) zu dem folgenden Schema erweitern:

$$\begin{array}{ccccc} a_0 & a_2 & a_4 & a_6 & \ldots \\ a_1 & a_3 & a_5 & a_7 & \ldots \\ 0 & b_1 & b_2 & b_3 & \ldots \; . \end{array}$$

Dieses Schema ändert man, indem man die 0 weglässt und die b_ν sämtlich um eine Stelle nach links verschiebt:

$$\begin{array}{ccccc} a_0 & a_2 & a_4 & a_6 & \ldots \\ a_1 & a_3 & a_5 & a_7 & \ldots \\ b_1 & b_2 & b_3 & b_4 & \ldots \; . \end{array} \tag{3.108}$$

Nunmehr verfährt man mit der 2. und der 3. Zeile des Schemas (3.108) wie mit der 1. und der 2. Zeile des ursprünglichen Schemas: Man multipliziert die 3. Zeile mit $-a_1/b_1$ und addiert sie zur 2. Zeile. Hierdurch erhält man eine neue Zeile, deren erstes Element wieder 0 ist:

$$c_0 = a_1 - \frac{a_1}{b_1} b_1 , \; c_1 = a_3 - \frac{a_1}{b_1} b_2 , \; c_2 = a_5 - \frac{a_1}{b_1} b_3 , \ldots .$$

Damit erweitert sich (3.108) zum folgenden Schema, sofern man $c_0 = 0$ weglässt und die restlichen c_ν wieder nach links verschiebt:

$$\begin{array}{ccccc} a_0 & a_2 & a_4 & a_6 & \ldots \\ a_1 & a_3 & a_5 & a_7 & \ldots \\ b_1 & b_2 & b_3 & b_4 & \ldots \\ c_1 & c_2 & c_3 & c_4 & \ldots \; . \end{array}$$

Dieses Verfahren setzt man bis zur $(n+1)$-ten Zeile fort. Es liefert also ein Zahlenschema folgender Art:

$$\begin{array}{c|c|cccc}
 & a_0 & a_2 & a_4 & a_6 & \ldots \\
-\dfrac{a_0}{a_1} & a_1 & a_3 & a_5 & a_7 & \ldots \\
-\dfrac{a_1}{b_1} & b_1 & b_2 & b_3 & b_4 & \ldots \\
-\dfrac{b_1}{c_1} & c_1 & c_2 & c_3 & c_4 & \ldots \\
-\dfrac{c_1}{d_1} & d_1 & d_2 & d_3 & d_4 & \ldots \\
\cdot & \underbrace{\cdot}_{R} & \cdot & \cdot & \cdot &
\end{array} \quad n+1 \text{ Zeilen}$$

Dieses Schema sei als *Routh-Schema* bezeichnet, die Zahlen in der mit R bezeichneten Spalte als *Routh-Koeffizienten*. Das Kriterium von Routh lautet dann:

$$N(s) = a_0 s^n + a_1 s^{n-1} + \ldots + a_{n-1} s + a_n = 0$$

sei eine Gleichung mit reellen Koeffizienten und $a_0 > 0$. Ihre Nullstellen liegen links von der j-Achse, wenn die Routh-Koeffizienten sämtlich positiv sind. Ist dies nicht der Fall, so liegt mindestens eine Nullstelle auf oder rechts der j-Achse. Ein R-Glied mit der Übertragungsfunktion $G(s) = Z(s)/N(s)$ ist also genau dann stabil, wenn alle Routh-Koeffizienten positiv sind.

Als erstes Beispiel werde das Polynom $N(s) = s^4 + 7s^3 + 17s^2 + 17s + 6$ betrachtet. Hier ist das Routh-Schema:

$$\begin{array}{rcr|rrr}
 & & & 1 & 17 & 6 \\
-0,143 & = & -\dfrac{1}{7} & 7 & 17 & 0 \\
-0,481 & = & -\dfrac{7}{14,57} & 14,57 & 6 & 0 \\
-1,03 & = & -\dfrac{14,57}{14,11} & 14,11 & 0 & 0 \\
-2,36 & = & -\dfrac{14,11}{6} & 6 & 0 & 0
\end{array}.$$

Die Routh-Koeffizienten sind hier:

$1;\quad 7;\quad 14,57;\quad 14,1;\quad 6.$

Da sie sämtlich positiv sind, liegen alle Nullstellen des Polynoms in der linken Halbebene. Tatsächlich sind seine Nullstellen $\alpha_{1,2} = -1$, $\alpha_3 = -2$, $\alpha_4 = -3$.

Als weiteres Beispiel sei das Polynom $N(s) = s^3 + s^2 + 4s + 30$ angeführt. Das Routh-Schema ist:

$$\begin{array}{r|rr}
 & 1 & 4 \\
-1 & 1 & 30 \\
+\dfrac{1}{26} & -26 & 0 \\
+\dfrac{26}{30} & 30 & 0
\end{array}$$

Hier tritt also ein negativer Routh-Koeffizient auf. Demzufolge können nicht alle Nullstellen des Polynoms in der linken Halbebene liegen. Tatsächlich sind die Nullstellen $\alpha_1 = -3$, $\alpha_2 = 1 + 3j$, $\alpha_3 = 1 - 3j$. Zwei Nullstellen liegen also rechts von der j-Achse.

Nunmehr soll der Zusammenhang zwischen Hurwitz- und Routh-Kriterium am Polynom 4. Grades gezeigt werden. Für $N(s) = a_0 s^4 + a_1 s^3 + a_2 s^2 + a_3 s + a_4$ ist

$$H = \begin{vmatrix} a_1 & a_3 & 0 & 0 \\ a_0 & a_2 & a_4 & 0 \\ 0 & a_1 & a_3 & 0 \\ 0 & a_0 & a_2 & a_4 \end{vmatrix}, \quad \text{also}$$

$$H_1 = a_1, \qquad H_2 = \begin{vmatrix} a_1 & a_3 \\ a_0 & a_2 \end{vmatrix} = a_1 a_2 - a_0 a_3,$$

$$H_3 = \begin{vmatrix} a_1 & a_3 & 0 \\ a_0 & a_2 & a_4 \\ 0 & a_1 & a_3 \end{vmatrix} = a_1 a_2 a_3 - a_1{}^2 a_4 - a_0 a_3{}^2,$$

$$H_4 = a_4 H_3.$$

Im Routh-Schema von $N(s)$ werden die Koeffizienten diesmal nicht durch $b, c, \ldots$ abgekürzt, sondern tatsächlich ausgerechnet. Dann erkennt man sofort ihren Zusammenhang mit den H_ν:

$$\begin{array}{c|lrr}
 & a_0 & a_2 & a_4 \\
-\dfrac{a_0}{a_1} & a_1 = H_1 & a_3 & 0 \\
-\dfrac{H_1^2}{H_2} & a_2 - \dfrac{a_0}{a_1} a_3 = \dfrac{a_1 a_2 - a_0 a_3}{a_1} = \dfrac{H_2}{H_1} & a_4 & 0 \\
-\dfrac{H_2^2}{H_1 H_3} & a_3 - a_4 \dfrac{H_1^2}{H_2} = \dfrac{a_1 a_2 a_3 - a_0 a_3^2 - a_4 a_1^2}{H_2} = \dfrac{H_3}{H_2} & 0 & 0 \\
-\dfrac{H_3}{a_4 H_2} & a_4 & 0 & 0
\end{array}$$

Die Routh-Koeffizienten sind also a_0, H_1, H_2/H_1, H_3/H_2 und $a_4 = H_4/H_3$.

Abgesehen von den beiden ersten, sind sie die Quotienten der aufeinanderfolgenden Hurwitz-Determinanten. Daraus folgt unmittelbar, dass die Routh-Koeffizienten sämtlich positiv sind, wenn dies für die Hurwitz-Determinanten gilt, und umgekehrt.

4 Frequenzkennlinien

Im vorigen Kapitel haben wir uns mit der Analyse von Regelkreisen befasst und dabei, aufbauend auf der mathematischen Beschreibung des Regelkreises, das stationäre Verhalten und das Stabilitätsverhalten untersucht, weil dies die beiden wichtigsten Eigenschaften eines Regelkreises sind. Im Anschluss hieran sollen nun in diesem und im nächsten Kapitel die beiden großen Verfahren zur Behandlung linearer Regelkreise vorgestellt werden: das Frequenzkennlinien- und das Wurzelortsverfahren. Sie sind sowohl für die Analyse als auch für den Systementwurf geeignet und stellen so die Verbindung zu Kapitel 6 her, das ganz dem Regelungsentwurf gewidmet ist. In den Kapiteln 4 und 5 werden die beiden Verfahren eingeführt und zur Analyse von Regelungen benutzt, während ihre Anwendung auf die Synthese im Kapitel 6 gebracht wird.

4.1 Charakterisierung des Frequenzkennlinienverfahrens

Die Aufgabe des Regelungstechnikers besteht darin, einen Regelkreis so zu entwerfen, dass er stabil ist und darüber hinaus gewisse zusätzliche Forderungen erfüllt. Auf jeden Fall soll er eine bestimmte stationäre Genauigkeit haben. Weiterhin soll im Allgemeinen das Einschwingverhalten, charakterisiert durch die Sprungantwort, hinreichend gedämpft, aber auch nicht zu langsam sein.

Bekannt ist dabei das Verhalten des offenen Kreises, der als Reihenschaltung relativ einfacher Übertragungsglieder mit seinen Polen und Nullstellen vorliegt. Durch Hinzufügung geeigneter Übertragungsglieder und günstige Wahl der Parameter im Bereich der Regeleinrichtung soll er so modifiziert werden, dass der geschlossene Kreis das gewünschte Verhalten hat.

Was der Regelungstechniker braucht, ist daher ein Kriterium, das vor allem zwei Eigenschaften aufweist:

1. Man muss mit ihm aus den bekannten Eigenschaften des offenen Regelkreises auf das unbekannte Stabilitätsverhalten des geschlossenen Regelkreises schließen können. Dabei soll es über die Feststellung der Stabilität hinaus wenigstens qualitative Aussagen über das Einschwingverhalten ermöglichen.
2. Mit Hilfe des Kriteriums muss sich leicht erkennen lassen, welchen Einfluss Parameteränderungen und die Einfügung zusätzlicher Übertragungsglieder auf das Stabilitätsverhalten des geschlossenen Kreises haben. Auch hierbei sollen qualitative Schlüsse auf das Einschwingverhalten möglich sein.

Die Forderung 1 wird unter allen Stabilitätskriterien allein durch das Nyquist-Kriterium erfüllt, weil es auf diese Fragestellung gerade zugeschnitten ist. Dass dies nicht nur für die Stabilität, sondern auch für das Einschwingverhalten gilt, wird sich später zeigen (Kapitel 6). Der Forderung 2 hingegen genügt die bis jetzt vorliegende Form des Nyquist-Kriteriums noch nicht. Die Einflüsse von Parameteränderungen oder gar Strukturänderungen durch Einfügung zusätzlicher Übertragungsglieder kommen in der Ortskurve nicht in prägnanter und leicht handhabbarer Weise zum Ausdruck.

Das ist erst der Fall, wenn man von der Ortskurve des offenen Kreises zu seinen Frequenzkennlinien übergeht, was – überschlägig gesagt – dadurch geschieht, dass man den Frequenzgang des offenen Kreises in Betrag und Phase (Argument) zerlegt und diese beiden Funktionen von ω als Kurven über der ω-Achse aufträgt. Für die Frequenzkennlinien gibt es einfache mathematische Näherungskonstruktionen, die einen Vorzug der Frequenzkennlinien gegenüber der Ortskurve darstellen.Die Parameter des offenen Kreises, also Kreisverstärkung, Zeitkonstanten und Dämpfungen, sind – mit einziger Ausnahme der Kreisverstärkung bei P-Verhalten des offenen Kreises – an der geometrischen Gestalt der Ortskurve nicht zu erkennen, gehen vielmehr in einer gewissermaßen diffusen, geometrisch nicht signifikanten Weise in die Ortskurve ein. Ganz anders bei den Frequenzkennlinien, wo die Parameter des offenen Kreises als markante geometrische Eigenschaften in Erscheinung treten. Hierdurch lässt sich das dynamische Verhalten der Regelung anschaulich überblicken, und es wird vor allem ermöglicht, gezielte Maßnahmen zur Verbesserung der Dynamik vorzunehmen.

Hierzu ist es allerdings erforderlich, die graphische Näherung der Frequenzkennlinien kennenzulernen. Sie wird in den Abschnitten 4.3 bis 4.5 behandelt, nachdem in Abschnitt 4.2 die Definition der Frequenzkennlinien eingeführt ist. In Abschnitt 4.6 erfolgt dann die Übertragung des Nyquist-Kriteriums in die Frequenzkennliniendarstellung. Wie man von hier aus qualitative Aussagen über das Einschwingverhalten des Regelkreises machen kann, soll aber erst in Kapitel 6 behandelt werden, das die Anwendung des Nyquist-Kriteriums in Frequenzkennlinienform auf den Entwurf von Regelkreisen bringt.

Abschnitt 4.7 beleuchtet einen Zusammenhang zwischen den beiden Frequenzkennlinien, der bei einer großen Klasse von R-Gliedern besteht und den man beim Arbeiten mit Frequenzkennlinien ständig benutzt.

Die Bestimmung der Frequenzkennlinien mit dem Rechner wird in Abschnitt 4.8 erörtert.

4.2 Definition der Frequenzkennlinien

Ausgangspunkt des Frequenzkennlinienverfahrens ist wie beim Ortskurvenverfahren der Frequenzgang. Während aber beim Ortskurvenverfahren der Frequenzgang $G(j\omega)$ als Ganzes durch die Ortskurve dargestellt wird, zerspaltet man ihn beim Frequenzkennlinienverfahren in zwei Bestandteile, nämlich den Betrag $|G(j\omega)|$ und die Phase $\underline{/G(j\omega)}$. Stellt man diese beiden Funktionen in geeigneter Weise über der ω-Achse als Kurven dar, so erhält man die *Betragskennlinie* und die *Phasenkennlinie*, die gemeinsam als *Frequenzkennlinien* bezeichnet seien. Sie werden auch *Bode-Diagramme*, Amplituden-Phasen-Diagramme oder Frequenzcharakteristiken genannt [4.1, 4.2]. Wegen der Symmetrie des Frequenzgangs kann man sich hierbei auf den Bereich der positiven ω beschränken, was im Folgenden stets vorausgesetzt sei. Wie die Definition der Frequenzkennlinien im Einzelnen erfolgt, sei am Beispiel des I-Glieds ausgeführt. Für das I-Glied ist der Frequenzgang

$$G(j\omega) = \frac{K}{j\omega} = -\frac{K}{\omega}j\,,$$

also

$$|G(j\omega)| = \frac{K}{\omega}\,, \quad \underline{/G(j\omega)} = -90^\circ\,,$$

letzteres wegen $\omega > 0$. Statt nun die Funktion $|G|$ selbst über der ω-Achse aufzutragen, geht man zum dekadischen Logarithmus von $|G|$ über. Es wird sich zeigen, dass dieser Kunstgriff zu außerordentlich einfachen und leicht zu handhabenden Betragskennlinien führt und damit einen wesentlichen Vorzug des Frequenzkennlinienverfahrens begründet. Man erhält so für das I-Glied [1]

$$\log|G(j\omega)| = \log K - \log\omega\,.$$

Es ist üblich, $\log|G|$ noch mit dem Maßstabsfaktor 20 zu versehen, wodurch man die Gleichung

$$20\log|G| = 20\log K - 20\log\omega$$

erhält. Führt man hier, wie auch bei allen weiteren Untersuchungen, für die Funktion $20\log|G(j\omega)|$ die Abkürzung $|G|_{\text{dB}}$ ein, so erhält man

$$|G|_{\text{dB}} = 20\log K - 20\log\omega\,. \tag{4.1}$$

Statt diese Funktion über der mit dem üblichen linearen Maßstab versehenen ω-Achse aufzutragen, wird man sie über der logarithmisch geteilten ω-Achse darstellen. Bei dieser ist $\log\omega$ abgetragen, aber ω angeschrieben, wie in Bild 4-1 zu sehen ist. Man beginnt dabei mit einer Potenz von 10, die der speziellen Aufgabe angepasst ist, in Bild 4-1 z. B. mit 10^{-2}. Der Punkt 10^{-1} hat wegen des logarithmischen Maßstabs von 10^{-2} den Abstand

$$E = \log 10^{-1} - \log 10^{-2} = -1 + 2 = +1\,.$$

E ist also die Einheit der ω-Achse. Sie wird als eine *Dekade* bezeichnet, da sie den Abstand zweier aufeinanderfolgender Zehnerpotenzen angibt. Trägt man die Funktion $|G|_{\text{dB}}$ gemäß (4.1) über der ω-Achse auf, so erhält man eine Gerade, da auf der ω-Achse $\log\omega$ abgetragen ist. Für $\omega = 1$ ist $|G|_{\text{dB}} = 20\log K$, für $\omega = 10$ ist $|G|_{\text{dB}} = 20\log K - 20$, durch welche beiden Punkte die Gerade festgelegt ist. Sie ist in Bild 4-1 dargestellt. Häufig wird statt $|G|_{\text{dB}}$ der Einfachheit halber $|G|$ an die Betragskennlinie geschrieben und entsprechend K anstelle von $K_{\text{dB}} = 20\log K$.

Es ist noch eine allgemein übliche Bezeichnungsweise nachzutragen. Geht man vom Betrag $|G|$ zu der Funktion $|G|_{\text{dB}} = 20\log|G|$ über, so sagt man, $|G|$ werde in *Dezibel* gemessen. Man verhält sich also so, als ob dieser Übergang von $|G|$ zu $20\log|G|$ lediglich der Übergang zu einer neuen Einheit wäre, die man mit Dezibel, abgekürzt dB, bezeichnet. So bedeutet die

1 Das Argument des Logarithmus muss dimensionslos sein. Die dort auftretenden Größen hat man sich deshalb normiert zu denken. Man hat also z. B. ω durch $\frac{\omega}{\omega_N}$ mit $\omega_N = 1\,\text{sec}^{-1}$ zu ersetzen. Anders ausgedrückt: Statt mit den physikalischen Größen rechnet man mit ihren Zahlenwerten. Um Umständlichkeiten zu vermeiden, werden jedoch keine besonderen Bezeichnungen eingeführt. Irrtümer sind nicht zu befürchten.

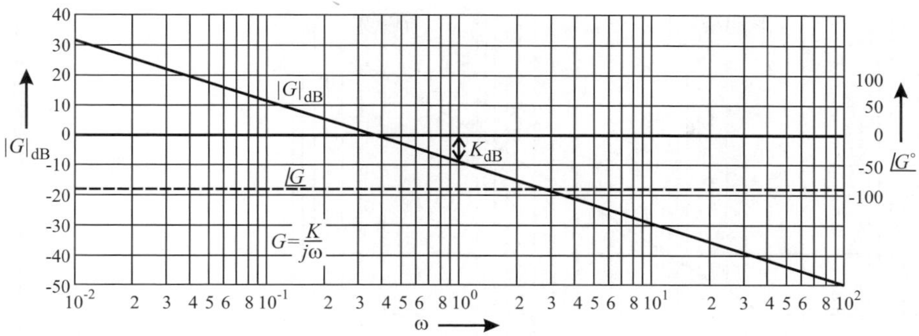

Bild 4-1: Frequenzkennlinien des I-Glieds

Gleichung $|G| = 20$ dB, dass $|G|_{\mathrm{dB}} = 20\log|G| = 20$, also $|G| = 10$ ist. Oder ist umgekehrt $|G| = 2$, so ist $|G|_{\mathrm{dB}} = 20\log 2 = 6,02$, was man auch durch $|G| = 6,02$ dB ausdrückt. Die Umrechnung von $|G|$ in $|G|_{\mathrm{dB}}$ und umgekehrt kann man sich durch eine graphische Darstellung nach Art von Bild 4-2 erleichtern. Dort ist auf der Abszissenachse $|G|$ abgetragen, auf der Ordinatenachse $|G|_{\mathrm{dB}}$ oder, was dasselbe besagt, $|G|$ in dB. In das Koordinatensystem ist die Gerade $|G|_{\mathrm{dB}} = 20\log|G|$ eingezeichnet. Für irgendeinen Wert $|G|$ auf der Abszissenachse liefert der zugehörige Funktionswert der Geraden den Wert $|G|$ in dB und umgekehrt.

In Bild 4-1 kann man neben der Betragskennlinie des I-Glieds auch seine Phasenkennlinie einzeichnen, wenn man auf dem rechten Rand des Bilds die Skala für $\underline{/G}$ anbringt. Die Phase wird im Gegensatz zum Betrag unverändert über der ω-Achse aufgetragen und liefert beim I-Glied eine Gerade parallel zur ω-Achse im Abstand $-90°$.

Was hier für das I-Glied ausgeführt wurde, lässt sich auf alle Übertragungsglieder ausdehnen, für die überhaupt ein Frequenzgang erklärt ist. Man gelangt so zu der folgenden allgemeinen Definition der Frequenzkennlinien:

Man erhält die Frequenzkennlinien eines Übertragungsglieds mit dem Frequenzgang $G(j\omega)$, indem man $G(j\omega)$ in den Betrag $|G(j\omega)|$ und die Phase $\underline{/G(j\omega)}$ zerspaltet und $|G|_{dB} = 20\log|G(j\omega)|$ sowie $\underline{/G(j\omega)}$ über der mit einem logarithmischen Maßstab versehenen ω-Achse aufträgt. (4.2)

Es ist zunächst zweierlei zu machen: Erstens sind die Frequenzkennlinien der einfachsten Übertragungsglieder zusammenzustellen, und zweitens sind Regeln anzugeben, nach denen Frequenzkennlinien miteinander verknüpft werden können. Ist diese Aufgabe gelöst, so kann man die Frequenzkennlinien des offenen Regelkreises ermitteln und das Nyquist-Kriterium auf sie anwenden. Zuvor sei noch eine allgemeine Bemerkung eingefügt. Mit den nachstehend beschriebenen graphischen Verfahren und Hilfsmitteln lassen sich ohne Weiteres der Betrag auf 1 dB und die Phase auf mindestens 3° genau ablesen. Dies ist für die Untersuchung der Stabilität und die Korrektur des dynamischen Verhaltens meist ausreichend.

4.3 Frequenzkennlinien einfacher Glieder

4.3.1 Proportionalglied (P-Glied)

Beim P-Glied ist $G(j\omega) = K$ mit $K > 0$, also auch

$$|G(j\omega)| = K \quad \text{und damit}$$

$$|G|_{\mathrm{dB}} = 20\log K.$$

Für die Phase gilt

$$\underline{/G} = 0°.$$

Die Betragskennlinie ist demnach eine Gerade parallel zur 0-dB-Linie im Abstand K_{dB}, während die Phasenkennlinie mit der 0°-Linie zusammenfällt.

4.3.2 Differenzierglied (D-Glied)

Wie früher bemerkt (Kapitel 2), weicht das D-Glied in wesentlichen Eigenschaften von den rationalen Übertragungsgliedern ab. Beispielsweise ist seine Sprungantwort keine gewöhnliche Funktion, sondern eine δ-Funktion. Das ist aber hier, wo es allein auf das Rechnen mit Funktionen von $j\omega$ ankommt, ganz gleichgültig, denn die Rechenoperationen, die man mit komplexen Funktionen ausführen kann, werden durch die

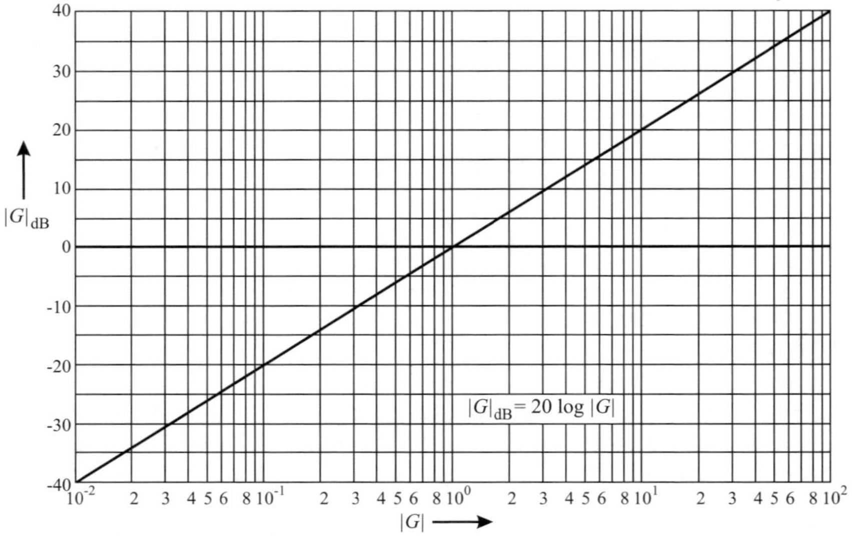

Bild 4-2: Beziehung zwischen linearem und logarithmischem Maßstab

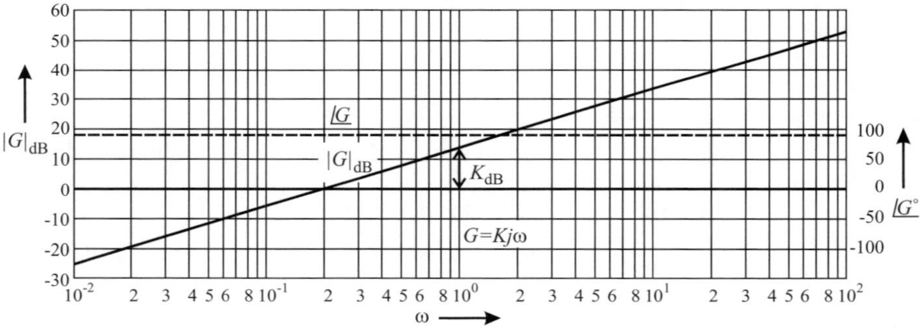

Bild 4-3: Frequenzkennlinien des D-Glieds

technische Bedeutung, welche die Funktionen haben können, nicht berührt.

Für das D-Glied ist

$$G(j\omega) = Kj\omega \quad \text{mit} \quad K > 0 .$$

Daher ist

$$|G(j\omega)| = K\omega , \quad \text{also}$$

$$|G|_{dB} = 20 \log K + 20 \log \omega .$$

Wegen $\omega > 0$ ist die Phase durch

$$\angle G = +90°$$

gegeben. Die Betragskennlinie ist also eine Gerade, die bei $\omega = 1$ die Ordinate K_{dB} hat und mit 20 dB/Dekade steigt, die Phasenkennlinie eine Gerade parallel zur 0°-Linie im Abstand von + 90°. Beide Frequenzkennlinien sind in Bild 4-3 dargestellt.

4.3.3 Verzögerungsglied 1. Ordnung (P-T_1-Glied)

Das P-T_1-Glied hat den Frequenzgang

$$G(j\omega) = \frac{K}{1 + j\frac{\omega}{\omega_0}} ,$$

wenn man $1/T = \omega_0$ setzt. Somit ist annähernd

$$G(j\omega) = \begin{cases} K & \text{für } \omega \ll \omega_0 , \\ \dfrac{K}{j\frac{\omega}{\omega_0}} & \text{für } \omega \gg \omega_0 , \end{cases} \quad \text{also}$$

$$|G|_{dB} = \begin{cases} 20\log K & \text{für } \omega \ll \omega_0\,, \\ 20\log K - 20\log(\omega/\omega_0) & \text{für } \omega \gg \omega_0\,. \end{cases}$$

Die erste Hälfte dieser Gleichung stellt eine Parallele zur 0-dB-Linie im Abstand K_{dB} dar, die zweite eine Gerade, die in $\omega = \omega_0$ die Ordinate K_{dB} hat und mit 20 dB/Dekade fällt. Die erste Gerade ist die Asymptote der Betragskennlinie für $\omega \ll \omega_0$, die zweite deren Asymptote für $\omega \gg \omega_0$. Beide Asymptoten schneiden sich in $\omega = \omega_0$. Fasst man das zu $\omega \le \omega_0$ gehörige Stück der ersten mit dem zu $\omega \ge \omega_0$ gehörigen der zweiten zu einer *Knickgeraden* zusammen, so bildet diese eine gute Approximation der wirklichen Betragskennlinie, wie aus Bild 4-4 zu ersehen ist. $\omega_0 = 1/T$ heißt die Knickfrequenz oder *Eckfrequenz* des P-T_1-Glieds. Die größte Abweichung der Betragskennlinie von ihren Asymptoten liegt bei ω_0 vor und beträgt 3 dB. Bei $\omega = \omega_0/2$ und $2\omega_0$ ist diese Abweichung bereits auf etwa 1 dB gesunken. In Bild 4-5 ist der Betrag Δ_{dB} dieser Abweichung in Abhängigkeit von ω/ω_0 aufgetragen. Man erhält also die Betragskennlinie des P-T_1-Glieds, indem man zunächst die aus den beiden Asymptoten bestehende Knickgerade zeichnet, dann die 3-dB- bzw. 1-dB-Korrektur bei ω_0 bzw. $\omega_0/2$ und $2\omega_0$ anbringt und durch diese drei Punkte eine Kurve legt, welche die beiden Teile der Knickgeraden zu Asymptoten hat. Für viele Zwecke reicht die Annäherung der Betragskennlinie durch die Knickgerade bereits völlig aus. Diese einfache Konstruktion ist nur möglich, weil anstelle von $|G|$ der Logarithmus von $|G|$ genommen und außerdem auf der ω-Achse ein logarithmischer Maßstab verwendet wird. Gleiches gilt für die Betragskennlinien der folgenden R-Glieder.

Aus der Darstellung der Betragskennlinie in Bild 4-4 erkennt man erstmals den entscheidenden Vorzug der Frequenzkennlinien gegenüber der Ortskurve. Die Zeitkonstante T, die bei der Ortskurvendarstellung „untergeht", wird hier in prägnanter Weise durch die *Knickfrequenz oder Eckfrequenz* $\omega_0 = \frac{1}{T}$ zum Ausdruck gebracht. Die Übertragungskonstante K ergibt sich als Anfangswert der Betragskennlinie.

Die Phasenkennlinie des P-T_1-Glieds ist wegen

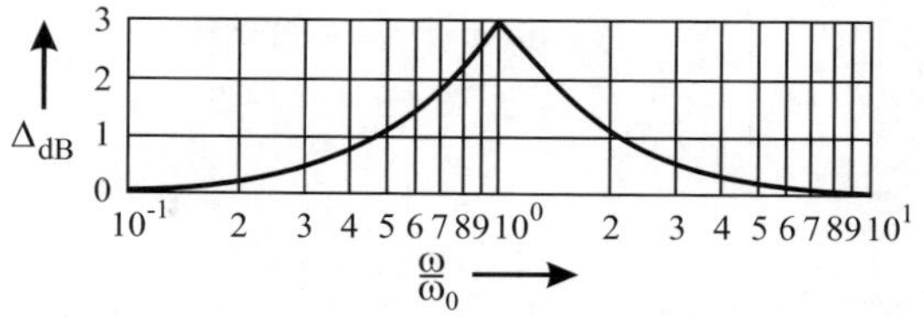

Bild 4-5: Abweichung zwischen der exakten Betragskennlinie und der Knickgeraden beim P-T_1-Glied

$$G(j\omega) = \frac{K}{1+j\dfrac{\omega}{\omega_0}} = \frac{K\left[1-j\dfrac{\omega}{\omega_0}\right]}{1+\left[\dfrac{\omega}{\omega_0}\right]^2} = $$

$$= \frac{K}{1+\left[\dfrac{\omega}{\omega_0}\right]^2} + j\frac{-K\dfrac{\omega}{\omega_0}}{1+\left[\dfrac{\omega}{\omega_0}\right]^2} \quad \text{durch}$$

$$\tan \underline{/G(j\omega)} = -\omega/\omega_0$$

gegeben. Sie ist ebenfalls in Bild 4-4 dargestellt. Man sieht, dass bei ihr eine Annäherung durch wenige Geradenstücke grobe Abweichungen ergibt, z. B. bei drei Geradenstücken bis zu 10°. Eine Konstruktion von genügender Genauigkeit ist daher nicht in derselben einfachen Weise wie bei der Betragskennlinie möglich.

4.3.4 Verzögerungsglied 2. Ordnung (P-T_2-Glied)

Der Frequenzgang des P-T_2-Glieds ist

$$G(j\omega) = \frac{K}{1+2dj\dfrac{\omega}{\omega_0}+\left[j\dfrac{\omega}{\omega_0}\right]^2},$$

wenn auch hier $1/T = \omega_0$ gesetzt wird. Im Folgenden wird $K = 1$ angenommen, da eine Änderung von K für die Phasenkennlinie ohne Bedeutung ist und hinsichtlich der Betragskennlinie lediglich eine Verschiebung in der Ordinatenrichtung bewirkt, ohne ihre Gestalt zu beeinflussen. Dann ist

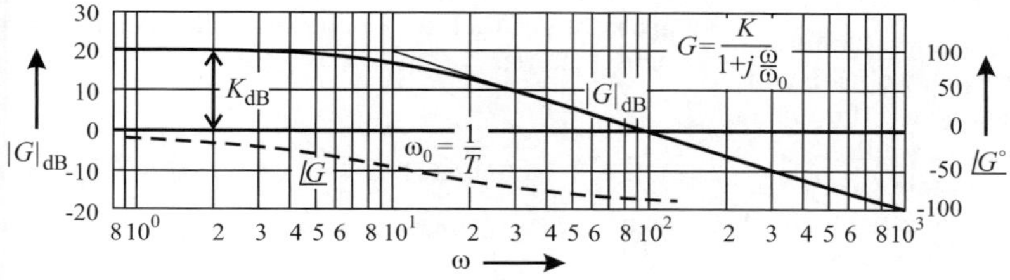

Bild 4-4: Frequenzkennlinien des P-T_1-Glieds für $\omega_0 = 10$

$$G(j\omega) \approx \begin{cases} 1 & \text{für } \omega \ll \omega_0\,, \\ \dfrac{1}{[j\frac{\omega}{\omega_0}]^2} & \text{für } \omega \gg \omega_0\,, \end{cases} \quad \text{also}$$

$$|G|_{\text{dB}} \approx \begin{cases} 0 & \text{für } \omega \ll \omega_0\,, \\ -40\log(\omega/\omega_0) & \text{für } \omega \gg \omega_0\,. \end{cases}$$

Die Betragskennlinie des P-T_2-Glieds nähert sich also für kleine und große ω ebenfalls einer Knickgeraden. Während diese für $\omega \le \omega_0$ wie beim P-T_1-Glied (mit $K = 1$) mit der 0-dB-Linie identisch ist, fällt sie im Bereich $\omega \ge \omega_0$ mit 40 dB/Dekade ab, also doppelt so steil wie die Betragskennlinie des P-T_1-Glieds.

Ein weiterer Unterschied gegenüber der letzteren, wie überhaupt gegenüber den Betragskennlinien aller R-Glieder 1. Ordnung, besteht darin, dass die Abweichung der wirklichen Betragskennlinie von der Knickgeraden nicht unter einer festen Schranke bleibt, sondern beliebig große Werte annehmen kann. Die Größe und die Ausdehnung dieser Abweichung hängen von der Dämpfung d ab. Für kleine Dämpfung, nämlich für $d < \frac{1}{2}\sqrt{2}$, steigt die Betragskennlinie mit wachsendem ω zunächst bis zu einem Maximalwert, der für $\omega_{\max} = \omega_0\sqrt{1-2d^2}$ erreicht wird und durch den Wert

$$|G|_{\max} = \frac{1}{2d\sqrt{1-d^2}}$$

charakterisiert ist. Dann fällt die Betragskennlinie wieder und schneidet in $\omega_S = \omega_0\sqrt{2(1-2d^2)}$ die 0-dB-Linie. Für verschwindende Dämpfung wird $|G|_{\max}$ unendlich groß. Diese Unendlichkeitsstelle liegt bei $\omega_{\max} = \omega_0$. Mit zunehmender Dämpfung wird das Maximum flacher und verlagert sich bei gegebenem ω_0 in Richtung kleinerer ω-Werte. Ist $d \ge \frac{1}{2}\sqrt{2}$, so weist die Betragskennlinie kein Maximum mehr auf und liegt nirgends über der 0-dB-Linie. Für $\omega = \omega_0$ ist $|G| = 1/2d$. Die Betragskennlinie des P-T_2-Glieds ist mit ihren charakteristischen Daten in Bild 4-6 skizziert. Deutlich erkennt man wieder die Überlegenheit der Frequenzkennlinien- über die Ortskurvendarstellung: Zeitkonstante T und Dämpfung d treten in Gestalt der Knickfrequenz und der Überhöhung bzw. Knickordinate geometrisch prägnant in Erscheinung.

Die Betragskennlinien für verschiedene Dämpfungswerte sind in Bild 4-7 wiedergegeben, wobei die Abszisse nicht $\log\omega$, sondern $\log(\omega/\omega_0)$ ist. Um die Betragskennlinie für eine bestimmte Dämpfung d zu konstruieren, zeichnet man zunächst die Knickgerade mit dem Knick bei $\omega_0 = 1/T$ ein und bringt dann für einige benachbarte ω-Werte die Knickkorrektur nach Bild 4-7 an.

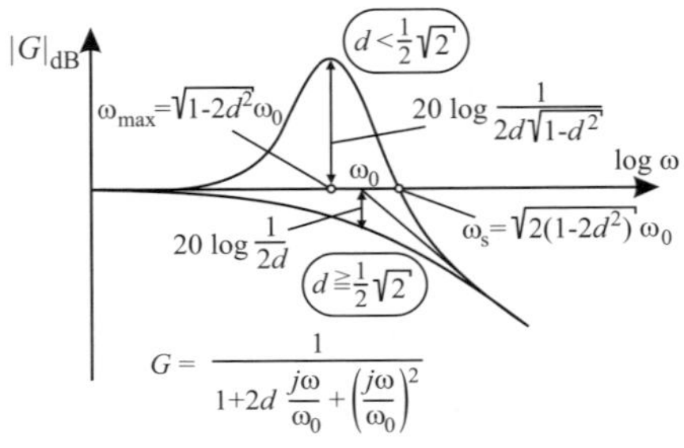

Bild 4-6: Typische Gestalt der Betragskennlinie des P-T_2-Glieds

Die Phasenwerte des P-T_2-Glieds ergeben sich aus

$$\tan\underline{/G} = -\frac{2d\,\dfrac{\omega}{\omega_0}}{1-\left[\dfrac{\omega}{\omega_0}\right]^2}\,.$$

In Bild 4-8 sind die Phasenkennlinien des P-T_2-Glieds für verschiedene Werte von d dargestellt. Sie beginnen für kleine ω sämtlich bei 0° und enden für große ω alle bei $-180°$. Im Grenzfall $d = 0$ besteht die Phasenkennlinie für $\omega/\omega_0 < 1$ aus der 0°-Linie, für $\omega/\omega_0 > 1$ aus der Parallelen zur 0°-Linie im Abstand $-180°$. Diese Phasenkennlinie weist also in $\omega/\omega_0 = 1$ einen Sprung auf. Ist $d > 0$, so nehmen alle Phasenkennlinien bei $\omega/\omega_0 = 1$ den Wert $-90°$ an. Ihr Abfall ist um so steiler, je kleiner die Dämpfung ist.

Um die Phasenkennlinie eines P-T_2-Glieds zu konstruieren, geht man davon aus, dass für kleine ω-Werte $\underline{/G} = 0°$, für große ω-Werte $\underline{/G} = -180°$ und im Knickpunkt $\omega_0 = 1/T\underline{/G} = -90°$ sind. Die wenigen Zwischenwerte, die noch zur Bestimmung der Phasenkennlinie nötig sind, liest man aus Bild 4-8 ab.

Die Bilder 4-7 und 4-8 erfassen den Dämpfungsbereich $0{,}05 \le d \le 2$. Sollte ein kleinerer d-Wert auftreten, so sind mit hinreichender Genauigkeit $\omega_{\max} = \omega_0$ und der zugehörige Betragswert gleich $1/2d$.

Die Bestimmung der Frequenzkennlinien des P-T_2-Glieds für $d > 2$ erfolgt dadurch, dass man es als Reihenschaltung zweier P-T_1-Glieder darstellt, was bereits ab $d = 1$ möglich ist (Bild 2-39). Seine Frequenzkennlinien erhält man dann nach der im Abschnitt 4.4 gebrachten Regel als Frequenzkennlinien einer Reihenschaltung.

4.3.5 Totzeitglied (T_t-Glied, TZ-Glied)

Sein Frequenzgang ist

$$G(j\omega) = K\mathrm{e}^{-T_t j\omega} \quad \text{mit } K, T_t > 0\,.$$

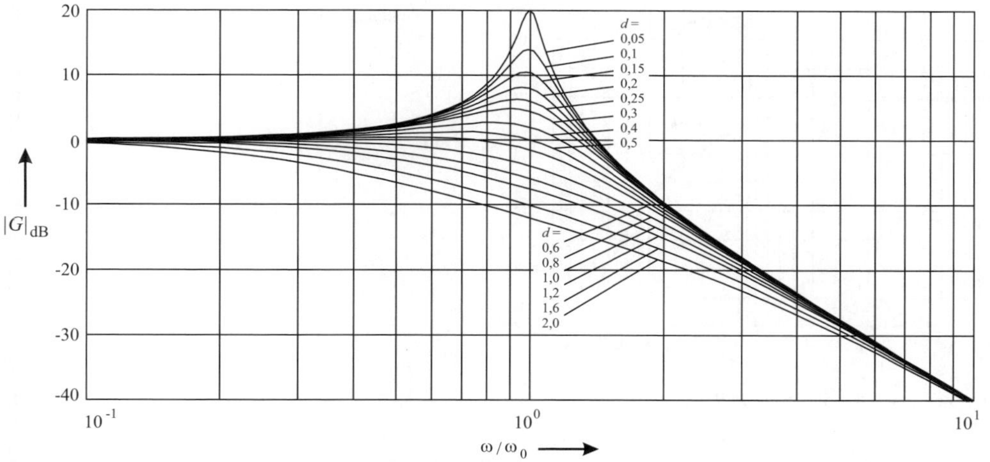

Bild 4-7: Betragskennlinien des P-T_2-Glieds in Abhängigkeit von der Dämpfung d

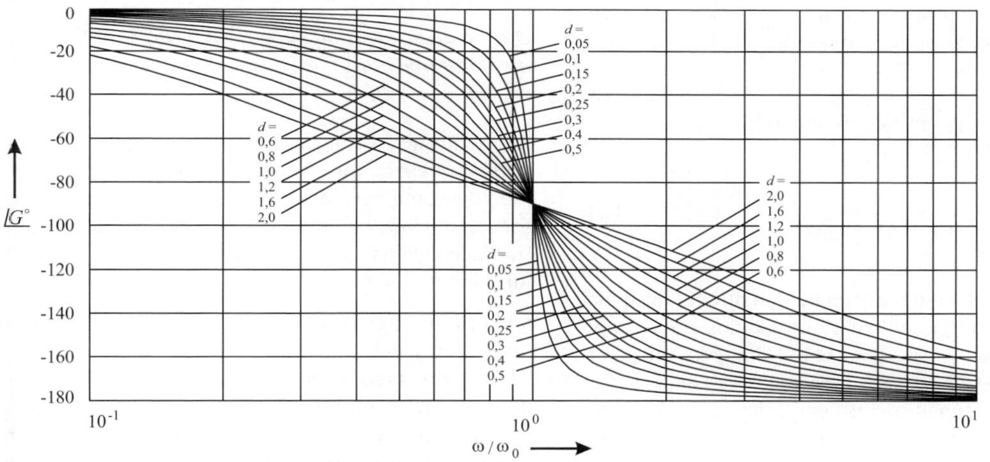

Bild 4-8: Phasenkennlinien des P-T_2-Glieds in Abhängigkeit von der Dämpfung d

Daher ist sein Betrag

$$|G(j\omega)| = K, \quad \text{also} \quad |G|_{\text{dB}} = 20 \log K .$$

Die Phase ist durch

$$\angle G = -T_t\,\omega = -\omega/\omega_0 \quad \text{mit} \quad \omega_0 = 1/T_t$$

in Radiant gegeben. Bild 4-9 zeigt die Frequenzkennlinien des Totzeitglieds.

4.4 Frequenzkennlinien des offenen Kreises

Die Aufgabe besteht nun darin, aus den Frequenzkennlinien der im vorhergehenden Abschnitt betrachteten einfachen Übertragungsglieder die Frequenzkennlinien komplizierterer Systeme zu erhalten. Da es uns letzten Endes um die Anwendung des Nyquist-Kriteriums zur Stabilitätsuntersuchung und zur Reglersynthese geht, kommt es vor allem darauf an, die Frequenzkennlinien des offenen Regelkreises zu erhalten.

Gemäß (3.45a) kann man den *Frequenzgang des offenen Kreises* in der folgenden Form schreiben:

$$F_o(j\omega) = \frac{V}{(j\omega)^q} \cdot \frac{\prod\limits_i (1 + T_{zi}\,j\omega)}{\prod\limits_\nu (1 + T_\nu\,j\omega)} \cdot$$

$$\cdot \frac{\prod\limits_k \left[1 + 2d_{zk}\tau_{zk}\,j\omega + \tau_{zk}^2 (j\omega)^2\right]}{\prod\limits_\mu \left[1 + 2d_\mu \tau_\mu\,j\omega + \tau_\mu^2 (j\omega)^2\right]} e^{-T_t j\omega}, \qquad (4.3)$$

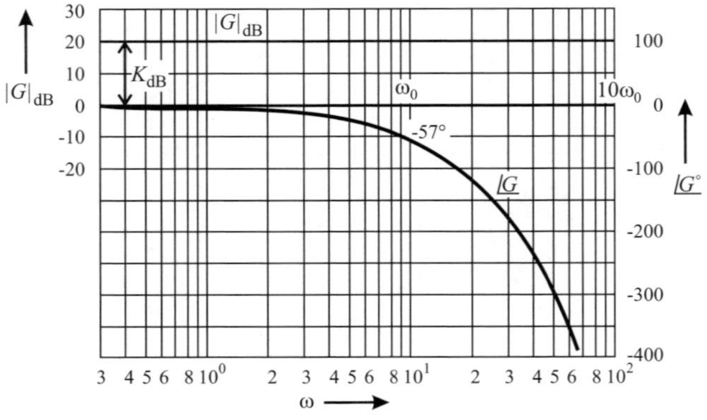

Bild 4-9: Frequenzkennlinien des Totzeitglieds für $\omega_0 = 10$

wobei nach den dort gemachten *Voraussetzungen* die *Kreisverstärkung V und die Zeitkonstanten positiv* sind, die *Dämpfungen d_{zk} und d_μ zwischen 0 und 1* liegen, die *Totzeit* $T_t \geq 0$ ist und q *die Werte 0 oder 1 oder 2 annimmt.*

Der Frequenzgang $F_o(j\omega)$ entsteht somit aus Frequenzgängen vom Typ

$$\frac{1}{1+Tj\omega},\ \frac{1}{1+2dTj\omega+T^2(j\omega)^2},\ \frac{1}{j\omega},\ \mathrm{e}^{-T_t j\omega} \tag{4.4}$$

und den Inversen der ersten beiden durch Multiplikation, wozu dann noch die Multiplikation mit dem positiven Faktor V tritt. Da in (4.4) die Frequenzgänge des P-T_1-, des P-T_2-, des I- und des T_t-Glieds auftreten, sind die zugehörigen Kennlinien nach dem vorigen Abschnitt bekannt. Es bleibt somit nur die Frage zu beantworten, wie man die Frequenzkennlinien des inversen Frequenzgangs und des Produkts von Frequenzgängen erhält.

Wenden wir uns zunächst der ersten Frage zu. Aus

$$G = |G|\mathrm{e}^{j\underline{/G}}$$

folgt für den inversen Frequenzgang G^{-1}:

$$G^{-1} = \frac{1}{G} = \frac{1}{|G|}\mathrm{e}^{-j\underline{/G}}.$$

Somit ist

$$|G^{-1}| = \frac{1}{|G|} \quad \text{und} \quad \underline{/G^{-1}} = -\underline{/G}. \tag{4.5}$$

Aus der Betragsgleichung folgt durch Logarithmieren:

$$|G^{-1}|_{\mathrm{dB}} = 20\log|G^{-1}| = -20\log|G| = -|G|_{\mathrm{dB}}. \tag{4.6}$$

Die Beziehungen (4.5) und (4.6) kann man in der folgenden *Inversionsregel* zusammenfassen:

Die Frequenzkennlinien von $G^{-1}(j\omega)$ erhält man dadurch, dass man die Frequenzkennlinien von $G(j\omega)$ an der 0-Linie spiegelt. (4.7)

Bei derartigen Umformungen von Frequenzgängen und Frequenzkennlinien ist es ohne Belang, ob dem Frequenzgang bzw. den Frequenzkennlinien ein realistisches Übertragungsglied entspricht. Es handelt sich ja lediglich um Rechenoperationen mit Frequenzfunktionen.

Als Anwendungsbeispiel zur Inversionsregel betrachten wir das P-T_1-Glied mit dem Verstärkungsfaktor $K = 1$. Seine Frequenzkennlinien sind in Bild 4-4 wiedergegeben, wenn man darin $K_{\mathrm{dB}} = 0$ setzt. Spiegelt man die Betragskennlinie an der 0-dB-Linie, so erhält man eine Knickgerade, die für $\omega \leq \omega_0$ mit der 0-dB-Linie zusammenfällt und für $\omega > \omega_0$ mit 20 dB/Dekade steigt.

Durch Spiegelung der Phasenkennlinie an der 0°-Linie ergibt sich eine Kurve, die von 0° für kleine ω auf +90° für große ω wächst. Auf diese Weise erhält man also die Frequenzkennlinien zu

$$G(j\omega) = 1 + j\frac{\omega}{\omega_0}.$$

Sie sind in Bild 4-10 dargestellt.

Gehen wir nun zum Produkt von Frequenzgängen über:

$$G = G_1 \cdot G_2 \cdot \ldots \cdot G_n,$$

$$G = |G_1|\mathrm{e}^{j\underline{/G_1}} \cdot \ldots \cdot |G_n|\mathrm{e}^{j\underline{/G_n}},$$

$$G = |G_1| \cdot \ldots \cdot |G_n|\mathrm{e}^{j\left[\underline{/G_1}+\ldots+\underline{/G_n}\right]}.$$

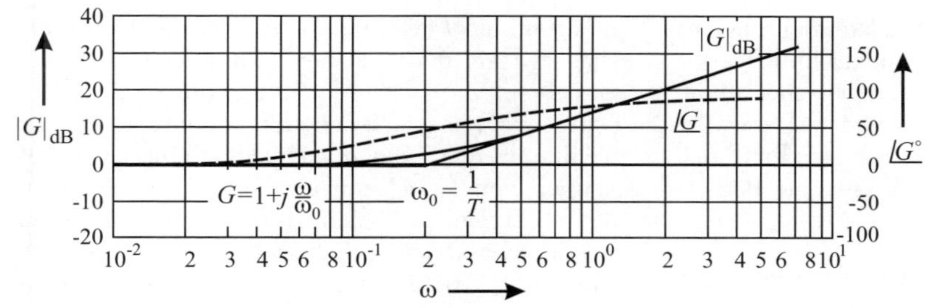

Bild 4-10: Frequenzkennlinien von $G(j\omega)=1+\dfrac{\omega}{\omega_0}$ für $\omega_0=0.2$

Also ist

$$|G|=|G_1|\cdot\ldots\cdot|G_n|$$

und

$$\underline{/G}=\underline{/G_1}+\ldots+\underline{/G_n}\,. \tag{4.8}$$

Durch Logarithmieren folgt aus dem Produkt der Beträge

$$|G|_{\text{dB}}=|G_1|_{\text{dB}}+\ldots+|G_n|_{\text{dB}}\,. \tag{4.9}$$

Die Beziehungen (4.8) und (4.9) sind in der folgenden *Multiplikationsregel* zusammengefasst:

Man erhält die Frequenzkennlinien eines Produkts, indem man die Frequenzkennlinien der Faktoren addiert. (4.10)

Inversions- und Multiplikationsregel in dieser einfach zu handhabenden Form werden dadurch ermöglicht, dass man vom Betrag selbst zu seinem Logarithmus übergeht. Die Wahl eines logarithmischen ω-Maßstabs spielt hierfür keine Rolle. Diese war jedoch unerlässlich für die einfache, näherungsweise erfolgende Beschreibung der Betragskennlinien der Faktoren von $F_o(j\omega)$ durch Geraden oder Knickgeraden.

Die Frequenzkennlinien des offenen Regelkreises lassen sich nun ohne Mühe bestimmen. Wie das geschieht, sei am Beispiel

$$F_o(j\omega)=\frac{10}{j\omega}\,\frac{1}{1+3j\omega}\,\frac{1}{1+j\omega}\,\frac{1}{1+0{,}24j\omega+0{,}16(j\omega)^2} \tag{4.11}$$

gezeigt.

Zunächst wird die Übertragungskonstante V, die hier 10 ist, zu 1 angenommen. Die Knickfrequenzen sind

$$\omega_1=\frac{1}{3}\,,\ \omega_2=1 \text{ und } \omega_3=\frac{1}{\sqrt{0{,}16}}=2{,}5\,.$$

Sie werden auf der ω-Achse markiert. Links von ω_1 liefern die drei Verzögerungsglieder keinen Beitrag zur Knickgeraden des Betrags. Hier hat man daher die Betragskennlinie von $1/j\omega$ einzutragen, also eine Gerade, die mit 20 dB/Dekade fällt und die 0-dB-Linie in $\omega=1$ schneidet. Hierzu ist als Nächstes die Knickgerade des P-T_1-Glieds mit $\omega_1=1/3$ zu addieren. Da diese links von ω_1 Null ist, rechts aber mit 20 dB/Dekade fällt, bedeutet dies, dass man die bereits vorhandene Gerade ab ω_1 um 20 dB/Dekade mehr umknickt, also zu einer Geraden von -40 dB/Dekade Steigung übergeht. Entsprechendes gilt für die weiteren Knickfrequenzen. Man braucht also die Knickgeraden der einzelnen Faktoren nicht wirklich einzutragen und zu addieren, sondern lediglich die Knickfrequenzen einzuzeichnen und in jeder von ihnen die links davon bereits vorhandene Knickgerade um ein Vielfaches von 20 dB/Dekade umzuknicken, d. h. die Steigung des vorhergehenden Geradenstücks um dieses Vielfache zu ändern.

Anschließend kann man dann die Knickkorrekturen eintragen, was aber für viele Anwendungszwecke, beispielsweise die meisten Stabilitätsuntersuchungen, entbehrlich ist. Die Knickkorrekturen für das P-T_1-Glied mit der Knickfrequenz $\omega_1=1$ und das P-T_2-Glied sind am unteren Rand von Bild 4-11 an den entsprechenden Abszissen eingetragen. Die P-T_2-Korrektur ist mit Bild 4-7 durchgeführt, wobei der zugehörige Dämpfungswert durch $2dT=0{,}24$, also wegen $T=0{,}4$ durch $d=0{,}24/0{,}8=0{,}3$ gegeben ist. Es ist dabei zu beachten, dass die Bezugslinie, von der aus die Korrekturwerte abgetragen werden, hier die mit 60 bzw. nach dem Knick mit 100 dB/Dekade fallende Gerade ist. Wie man sieht, weicht die endgültige Betragskennlinie – trotz der geringen Dämpfung – nur unwesentlich von der approximierenden Knickgeraden ab.

Bisher wurde $V=1$ gesetzt. Um V zu berücksichtigen, müsste man zu der schon vorhandenen Betragskennlinie überall V_{dB} addieren, also die gesamte Betragskennlinie um V_{dB} in der Ordinatenrichtung verschieben, was ihre nochmalige Aufzeichnung erfordern würde. Um dies zu vermeiden, verschiebt man die 0-dB-Linie um $-V_{dB}$, wie es in Bild 4-11 angedeutet ist. Die bereits gezeichnete Betragskennlinie stellt über dieser neuen 0-dB-Linie die gesuchte Betragskennlinie von $F_o(j\omega)$ dar.

Zusammenfassend erhält man die folgende Regel:

Um die Betragskennlinie des durch (4.3) gegebenen Frequenzgangs $F_o(j\omega)$ zu konstruieren, trägt man die Knickfrequenzen, d. h. die reziproken Zeitkonstanten $\omega_{z1}, \omega_{z2}, \ldots$, und $\omega_1, \omega_2, \ldots$, auf der ω-Achse ein. Um die Knickgerade zu erhalten, welche die Betragskennlinie approximiert, zeichnet man links von der ersten Knickfrequenz die Gerade ein, welche die 0-dB-Linie in $\omega = 1$ schneidet und eine Steigung von $-q \cdot 20$ dB je Dekade aufweist. Den weiteren Verlauf der Knickgeraden erhält man dadurch, dass man in jeder Knickfrequenz ω_0 die links von ω_0 vorhandene Knickgerade um 20, -20, 40 oder -40 dB/Dekade umknickt, je nachdem, ob ω_0 zum Faktor

$$1+j\frac{\omega}{\omega_0}, \quad \frac{1}{1+j\dfrac{\omega}{\omega_0}}, \tag{4.12}$$

$$1+2dj\frac{\omega}{\omega_0}+\left[j\frac{\omega}{\omega_0}\right]^2 \quad \textit{oder}$$

$$\frac{1}{1+2dj\dfrac{\omega}{\omega_0}+\left[j\dfrac{\omega}{\omega_0}\right]^2}$$

gehört. Tritt dieselbe Knickfrequenz ω_0 ν-mal auf, so hat man dieses Abknicken ν-mal durchzuführen. An der so erhaltenen Approximation von $|G|_{dB}$ hat man die Knickpunktkorrekturen vorzunehmen und schließlich den Faktor V durch Verschiebung auf der 0-dB-Linie um $-V_{dB}$ zu berücksichtigen.

Ein wesentlicher Vorteil der Frequenzkennlinien gegenüber der Ortskurve, der schon bei den einfachen Übertragungsgliedern hervorgehoben wurde, lässt sich auch hier deutlich erkennen: Die Parameter V und T_ν lassen sich direkt aus der Betragskennlinie ablesen, nämlich als Ordinate des Anfangsstücks bei $\omega = 1$ und in Form der Knickfrequenzen $\omega_\nu = \frac{1}{T_\nu}$.

Um die Phasenkennlinie von $F_o(j\omega)$ zu erhalten, muss man nach Regel (4.10) die Phasenkennlinien der einzelnen Faktoren aufsummieren. Für gewisse, genügend dicht gelegene ω-Werte ermittelt man die Phasenwinkel der einzelnen Faktoren und schreibt sie bei diesen Abszissen ω an den oberen Rand des Blatts, auf dem die Frequenzkennlinien von F_o gezeichnet werden. Jedem Faktor des Zählers und des Nenners von $F_o(j\omega)$ entspricht so eine Zeile, deren Werte bei einem Zählerfaktor mit positivem, bei einem Nennerfaktor mit negativem Vorzeichen versehen sind. Vor den Anfang jeder Zeile setzt man zweckmäßigerweise die zugehörige Knickfrequenz. Addiert man nun die zum gleichen ω-Wert gehörenden Phasenwerte und fügt noch $-q \cdot 90°$ hinzu, so hat man damit den Phasenwinkel von $F_o(j\omega)$ an dieser Stelle ω.

Bei $\omega = 0$ sind die Phasenwinkel aller P-T$_1$- und P-T$_2$-Glieder, ihrer inversen Glieder und des T$_t$-Glieds Null. Daher beginnt $\angle F_o$ mit $-q \cdot 90°$.

Ist $T_t = 0$, so ist für große ω

$$F_o(j\omega) \approx \frac{b_m(j\omega)^m}{a_n(j\omega)^n},$$

wo m bzw. n der Zähler- bzw. der Nennergrad von F_o ist. Daher ist für große ω

$$\angle F_o \approx \angle \frac{b_m}{a_n} + (m-n)\cdot \angle j\omega \quad \text{oder}$$

$$\angle F_o \approx \angle \frac{b_m}{a_n} - (n-m)\cdot 90°.$$

Für ein R-Glied, bei dem wie üblich b_m und a_n positiv sind, gilt also

$$\angle F_o \approx \begin{cases} -q\cdot 90° & \text{für kleine } \omega, \\ -(n-m)\cdot 90° & \text{für große } \omega. \end{cases} \tag{4.13}$$

Im obigen Beispiel ist $q = 1, m = 0$ und $n = 5$, so dass die Phasenkennlinie bei $-90°$ beginnt und bei $-450°$ endet, was in der Tat aus Bild 4-11 zu erkennen ist.

Weitere Beispiele zur Konstruktion der Frequenzkennlinien des offenen Kreises findet man in den Bildern 4-12 und 4-13.

Um die Frequenzkennlinien des offenen Kreises mit dem Rechner zu bestimmen, geht man ebenfalls von der Darstellung (4.3) aus. Aus ihr folgt zunächst:

$$|F_o(j\omega)| = \frac{V}{\omega^q} \cdot \frac{\prod_i |1+T_{zi}j\omega| \cdot \prod_k |1+2d_{zk}\tau_{zk}j\omega+\tau_{zk}{}^2(j\omega)^2|}{\prod_\nu |1+T_\nu j\omega| \cdot \prod_\mu |1+2d_\mu\tau_\mu j\omega+\tau_\mu{}^2(j\omega)^2|}.$$

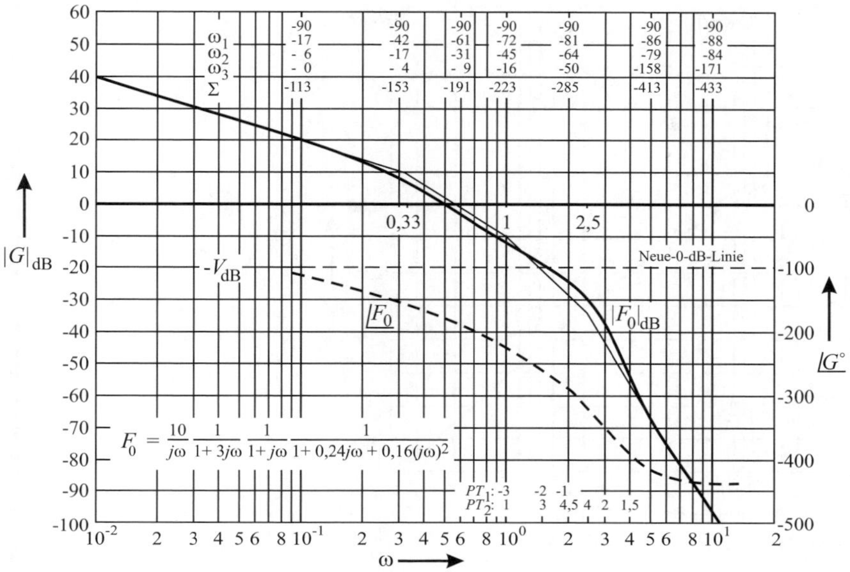

Bild 4-11: Konstruktion der Frequenzkennlinien des offenen Kreises

Wegen

$$|1+Tj\omega| = \sqrt{1+T^2\omega^2}\,,$$

$$|1+2Tj\omega+T^2(j\omega)^2| = |(1-T^2\omega^2)+2dTj\omega| =$$
$$= \sqrt{(1-T^2\omega^2)^2+(2dT)^2\omega^2}$$

wird daraus

$$|F_o|_{\text{dB}} = 10\log\cdot$$

$$\cdot\frac{V^2\prod_i(1+T_{zi}^2\omega^2)\prod_k\left[(1-\tau_{zk}^2\omega^2)^2+(2d_{zk}\tau_{zk})^2\omega^2\right]}{\omega^{2q}\prod_\nu(1+T_\nu^2\omega^2)\prod_\mu\left[(1-\tau_\mu^2\omega^2)^2+(2d_\mu\tau_\mu)^2\omega^2\right]}\,.$$

Was die Phase angeht, so ist für einen Faktor 1. Grades $1+Tj\omega$

$$\tan\varphi = T\omega\,,$$

für einen Faktor 2. Grades $1+2dTj\omega+T^2(j\omega)^2$

$$\tan\varphi = \frac{2dT\omega}{1-T^2\omega^2}\,.$$

Somit wird

$$\angle F_o = -q\cdot 90°+$$
$$+\sum_i \arctan T_{zi}\omega + \sum_k \arctan\frac{2d_{zk}\tau_{zk}\omega}{1-\tau_{zk}{}^2\omega^2} -$$
$$-\sum_\nu \arctan T_\nu\omega - \sum_\mu \arctan\frac{2d_\mu\tau_\mu\omega}{1-\tau_\mu{}^2\omega^2}\,.$$

Dabei ist zweierlei zu beachten. Bei einem quadratischen Faktor wird in der Knickfrequenz $\varphi = \pm 90°$, also $\tan\varphi = \pm\infty$, so dass der Rechner den zugehörigen Wert des arctan nicht bilden kann. Da er weiterhin den Hauptwert des arctan berechnet, also den zwischen $-90°$ und $+90°$ gelegenen Wert dieser Funktion, ist für ω-Werte, die auf die Knickfrequenz eines quadratischen Faktors folgen, zur Phase des Faktors $-180°$ bzw. $+180°$ zu addieren, je nachdem, ob der Faktor im Nenner oder im Zähler von F_o steht.

Wenn man die Frequenzkennlinien berechnet, sollte man auf jeden Fall die Knickgerade zeichnen, welche die Betragskennlinie approximiert, denn sie vermittelt den deutlichsten Eindruck vom Einfluss der Zeitkonstanten des Systems.

4.5 Frequenzkennlinien von geschlossenen Wirkungskreisen

Aufgrund der bisherigen Untersuchungen ist man in der Lage, für die Mehrzahl der Fälle die Frequenzkennlinien des offenen Kreises zu zeichnen und somit, wie im nächsten Abschnitt gezeigt wird, das Nyquist-

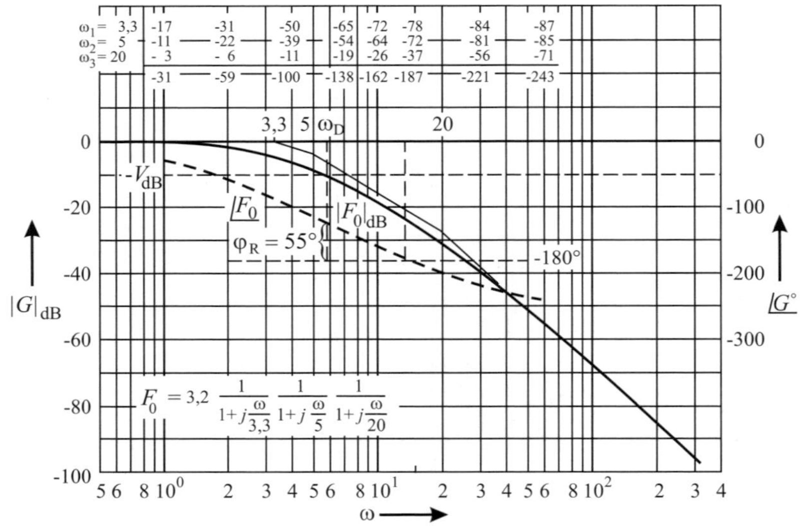

Bild 4-12: Frequenzkennlinien eines offenen Kreises mit P-Verhalten

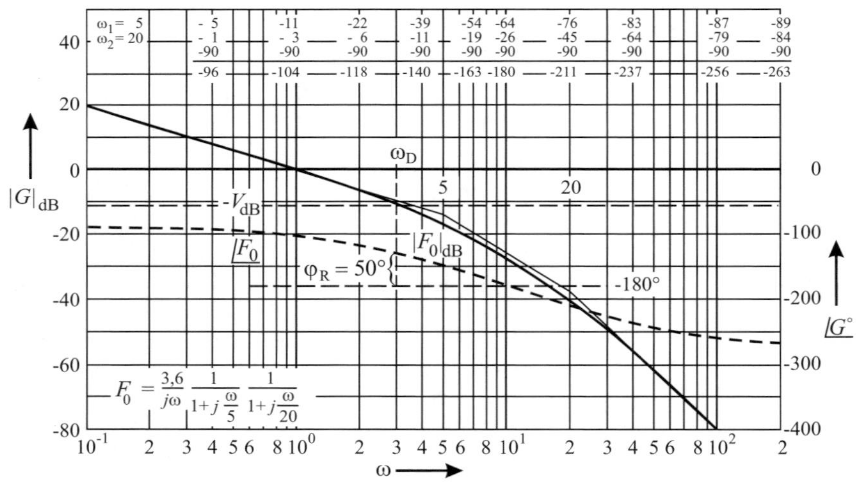

Bild 4-13: Frequenzkennlinien eines offenen Kreises mit I-Verhalten

Kriterium anzuwenden. Es kann jedoch eine Situation auftreten, die bisher noch nicht berücksichtigt wurde: Der Regelkreis kann innere Schleifen (unterlagerte Wirkungskreise) besitzen. Um dann die Frequenzkennlinien des gesamten offenen Kreises zu zeichnen, muss man zuvor jede innere Schleife zu einem Block zusammenfassen. Dessen Frequenzkennlinien gehen dann in der bisher beschriebenen Weise in die Frequenzkennlinien des offenen Kreises ein.

Sofern die offene innere Schleife keine Totzeit enthält und die Ordnung 1 oder 2 hat, d. h. ihr Frequenzgang den Nennergrad 1 oder 2 aufweist, liegt noch kein neues Problem vor. Die geschlossene innere Schleife ist dann nämlich ein rationales Übertragungsglied, dessen Ordnung ebenfalls 1 oder 2 ist. Seine Frequenzkennlinien können gemäß Abschnitt 4.3 und 4.4 gezeichnet werden.

Als Beispiel betrachten wir den Wirkungskreis in Bild 4-14.

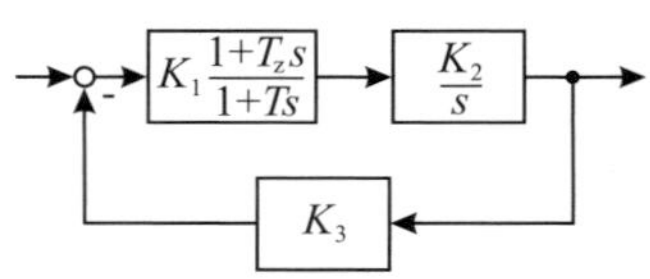

Bild 4-14: Wirkungskreis mit einem offenen Kreis der Ordnung 2

Die Übertragungsfunktion des geschlossenen Kreises ist

$$G^*(s) = \frac{K_1 \dfrac{1+T_z s}{1+Ts} \cdot \dfrac{K_2}{s}}{1+K_1 \dfrac{1+T_z s}{1+Ts} \cdot \dfrac{K_2}{s} \cdot K_3} = $$

$$= \frac{K_1 K_2 (1+T_z s)}{Ts^2 + s + K_1 K_2 K_3 (1+T_z s)} =$$

$$= \frac{1}{K_3} \frac{1+T_z s}{1 + \dfrac{1+K_1 K_2 K_3 T_z}{K_1 K_2 K_3} s + \dfrac{T}{K_1 K_2 K_3} s^2}.$$

Demgemäß lassen sich die Frequenzkennlinien dieses Wirkungskreises erhalten als Summe der Frequenzkennlinien zu den Frequenzfunktionen

$1 + T_z j\omega$ (inverses P-T_1-Glied) und

$$\frac{1/K_3}{1 + \dfrac{1+K_1 K_2 K_3 T_z}{K_1 K_2 K_3}(j\omega) + \dfrac{T}{K_1 K_2 K_3}(j\omega)^2} \quad \text{(P-T}_2\text{-Glied).}$$

Anders liegen die Dinge, wenn die offene innere Schleife eine Totzeit enthält oder ihre Ordnung > 2 ist. Sei etwa

$$G_I(s) = \frac{V}{(1+T_1 s)(1+T_2 s)(1+T_3 s)}$$

und somit

$$G_I{}^* = \frac{G_I}{1+G_I} = \frac{V}{(1+T_1 s)(1+T_2 s)(1+T_3 s)+V}.$$

Der Nenner ist jetzt ein *Polynom 3. Grades, das nicht in Faktoren 1. und 2. Grades aufgespalten ist.* Damit ist die Methodik von Abschnitt 4.3 und 4.4 nicht anwendbar, denn sie beruht ja darauf, dass die betrachtete Frequenzfunktion als Produkt und Quotient von Faktoren 1. und 2. Grades dargestellt werden kann. Zwar könnte man das Polynom 3. Grades in Faktoren zerlegen, indem man seine Nullstellen berechnet. Aber das wäre im Rahmen des Frequenzkennlinienverfahrens zu umständlich.

Die Aufgabe besteht also allgemein darin, die Frequenzkennlinien eines geschlossenen Wirkungskreises aus den Frequenzkennlinien des offenen Wirkungskreises zu ermitteln. Ob es sich bei dem betrachteten Wirkungskreis um eine innere Schleife handelt oder nicht, ist für das Verfahren ohne Belang. Es gilt für beliebige Wirkungskreise nach Bild 4-15.

Der Frequenzgang des geschlossenen Kreises ist

$$F_w = \frac{G_1}{1+G_1 G_2} = \frac{G_1 G_2}{1+G_1 G_2} \cdot G_2{}^{-1},$$

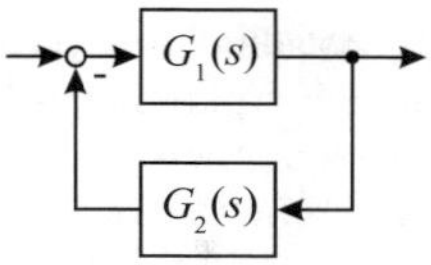

Bild 4-15: Wirkungskreis

also mit $G = G_1 G_2$:

$$F_w = \frac{G}{1+G} \cdot G_2{}^{-1}.$$

Es genügt daher, die Frequenzkennlinien von

$$G^*(j\omega) = \frac{G(j\omega)}{1+G(j\omega)} \tag{4.14}$$

zu konstruieren, da die Multiplikation mit $G_2{}^{-1}(j\omega)$ lediglich die Addition der Frequenzkennlinien von $G_2{}^{-1}(j\omega)$, also der negativen Frequenzkennlinien von $G_2(j\omega)$, bedeutet. Aus (4.14) folgt

$$G^*(j\omega) \approx \begin{cases} 1, & \text{falls } |G(j\omega)| \gg 1, \\ G(j\omega), & \text{falls } |G(j\omega)| \ll 1. \end{cases} \tag{4.15}$$

Für den Frequenzgang $G(j\omega)$ des offenen Wirkungskreises machen wir nun allgemein die für den Frequenzgang des offenen Regelkreises eingeführten Voraussetzungen (3.45):

$$G(j\omega) = \frac{V}{(j\omega)^q} \frac{1+\ldots}{1+\ldots} \mathrm{e}^{-T_t j\omega} = \frac{Z_o(j\omega)}{N_o(j\omega)} \mathrm{e}^{-T_t j\omega} \tag{4.16}$$

mit Grad Z_o < Grad N_o.

Für kleine ω wird $|G(j\omega)|$ durch den Faktor

$$\left| \frac{V}{(j\omega)^q} \right| = \frac{V}{\omega^q}$$

bestimmt. Ist $q = 1$ oder 2, so ist also für kleine ω $|G(j\omega)| \gg 1$. Für $q = 0$ gilt dies allerdings nur, sofern $V \gg 1$ ist. Für große ω ist wegen Grad Z_o < Grad N_o auf jeden Fall $|G(j\omega)| \ll 1$. Man kann deshalb (4.15) auch so formulieren:

$G^*(j\omega) \approx 1$ für kleine ω, sofern der offene Kreis ein I-Glied enthält oder $V \gg 1$; $G^*(j\omega) \approx G(j\omega)$ für große ω. (4.17)

Enthält der offene Kreis kein I-Glied und ist V nicht groß gegenüber 1, so folgt aus (4.14) *für kleine ω*

$$G^*(j\omega) \approx \frac{V}{1+V}. \tag{4.18}$$

Was speziell die Betragskennlinie angeht, so liefert (4.17) bzw. (4.18) eine Regel für die Konstruktion einer Knickgeraden, durch die man – ganz ähnlich wie im Fall des offenen Kreises – den wahren Betragsverlauf annähern kann:

Enthält der offene Kreis ein I-Glied oder ist $V \gg 1$, so erhält man eine Näherung für die Betragskennlinie des geschlossenen Wirkungskreises, indem man die Betragskennlinie des offenen Kreises durch die 0-dB-Linie abschneidet. Andernfalls hat man die 0-dB-Linie durch die Parallele im Abstand $V/(V+1)$ dB zu ersetzen. (4.19)

In Bild 4-16 sind beide Situationen skizziert.

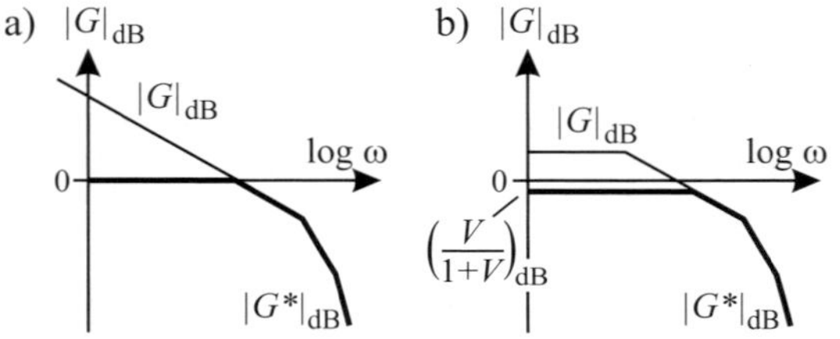

Bild 4-16: Näherungskonstruktion für die Betragskennlinie von $G^* = \frac{G}{1+G}$ aus der Betragskennlinie von G.

a) G enthält I-Glied oder $V \gg 1$

b) G enthält kein I-Glied und V nicht groß gegen 1

Was die Phasenkennlinie von G^* angeht, so kann man aufgrund von (4.17) und (4.18) sagen, dass

$$\underline{/G^*} \approx \begin{cases} 0° & \text{für kleine } \omega, \\ \underline{/G(j\omega)} & \text{für große } \omega. \end{cases} \tag{4.20}$$

Die beschriebene Approximation wird gemäß (4.15) dann gut sein, wenn $|G|_{dB}$ erheblich über oder unter der 0-dB-Linie liegt. Im Bereich der Durchtrittsfrequenz ω_D, bei der die Betragskennlinie durch die 0-dB-Linie geht, also in einem mittleren ω-Bereich, wird die Approximation schlechter sein. Hier kann deshalb eine Korrektur der Näherung erforderlich werden. Das entspricht der Tatsache, dass schon bei einfachen Übertragungsgliedern in der Umgebung der Knickfrequenz eine Korrektur der Knickgeraden erforderlich sein kann.

Um im vorliegenden Fall den genauen Verlauf der Frequenzkennlinien im mittleren ω-Bereich zu erhalten, geht man von der Beziehung (4.14) aus und zerlegt nach Betrag und Phase:

$$|G^*|\,e^{j\underline{/G^*}} = \frac{|G|\,e^{j\underline{/G}}}{1+|G|\,e^{j\underline{/G}}} \quad \text{oder}$$

$$|G^*|\cos\underline{/G^*} + j|G^*|\sin\underline{/G^*} = $$

$$= \frac{|G|\cos\underline{/G} + j|G|\sin\underline{/G}}{1+|G|\cos\underline{/G} + j|G|\sin\underline{/G}}\,.$$

Durch Zerspaltung in Real- und Imaginärteil folgen hieraus die Gleichungen

$$|G^*|\cos\underline{/G^*} = \frac{|G|\left[|G| + \cos\underline{/G}\right]}{1+2|G|\cos\underline{/G} + |G|^2}\,.$$

$$|G^*|\sin\underline{/G^*} = \frac{|G|\sin\underline{/G}}{1+2|G|\cos\underline{/G} + |G|^2}\,.$$

Löst man diese Gleichungen nach $|G^*|$ und $\underline{/G^*}$ auf, so wird schließlich

$$|G^*| = \frac{|G|}{\sqrt{1+2|G|\cos\underline{/G} + |G|^2}} \tag{4.21}$$

$$\underline{/G^*} = \arctan\frac{\sin\underline{/G}}{|G| + \cos\underline{/G}}\,. \tag{4.22}$$

Man liest nun für einige Werte des mittleren ω-Bereichs $|G|_{dB}$ und $\underline{/G}$ ab bzw. berechnet diese Werte und erhält dann aus ihnen mittels (4.21) und (4.22) die Werte $|G^*|_{dB}$ und $\underline{/G^*}$. Hierzu wurde früher eine graphische Darstellung, das *Nichols-Diagramm*, benutzt, während man heute die Rechnerbenutzung vorziehen wird. Man hat dabei nur zu beachten, dass mittels (4.22) vom Rechner der Hauptwert des arctan geliefert wird, also dessen Wert zwischen −90° und +90°. Gegebenenfalls ist deshalb ein ganzzahliges Vielfaches von 180° zu dem vom Rechner ausgegebenen Wert hinzuzufügen, und zwar derart, dass ein kontinuierlicher Verlauf der Phasenkennlinie zustande kommt, d. h. die Rechnerwerte sich stetig an die aus der asymptotischen Untersuchung bekannten Werte für kleine und große ω anschließen.

Bild 4-17 zeigt ein Beispiel. Die Frequenzkennlinien des zugehörigen offenen Kreises sind in Bild 4-12 dargestellt. Unter einer „direkten" Gegenkopplung ist dabei eine Gegenkopplung verstanden, bei der im Rückführzweig kein Block liegt, die also die Übertragungsfunktion

$$G^* = \frac{F_o}{1+F_o} \quad \text{hat.}$$

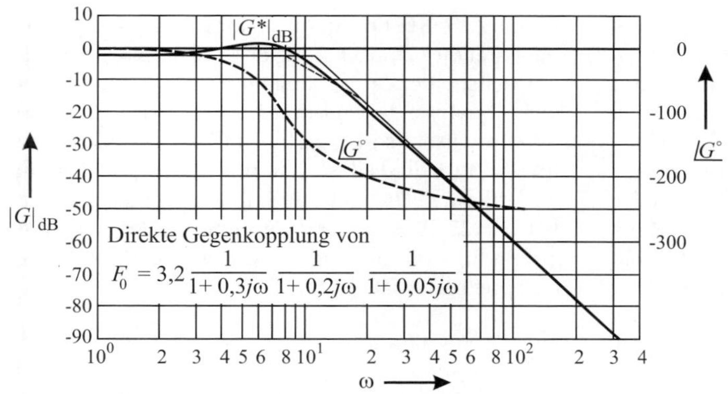

Bild 4-17: Frequenzkennlinien eines geschlossenen Kreises

Bild 4-17 zeigt deutlich das oben beschriebene asymptotische Verhalten der Frequenzkennlinien des geschlossenen Kreises: Für $\omega \to 0$ streben $\underline{/G^*} \to 0$ und $|G^*|_{\text{dB}} \to \left[\frac{V}{V+1}\right]_{\text{dB}}$, während für $\omega \to +\infty$ die Frequenzkennlinien des geschlossenen Kreises in diejenigen des offenen Kreises übergehen. In der Umgebung der Durchtrittsfrequenz ω_D, d. h. der Stelle, an der die Betragskennlinie $|F_o|_{\text{dB}}$ des offenen Kreises durch die 0-dB-Linie geht, zeigt $|G^*|_{\text{dB}}$ eine Überhöhung. Sie erinnert an die Betragskennlinie eines P-T$_2$-Glieds mit $d < 1$ und lässt dadurch ein ähnliches Verhalten des hier betrachteten geschlossenen Wirkungskreises vermuten.

4.6 Nyquist-Kriterium in Frequenzkennliniendarstellung

4.6.1 Formulierung und Beispiele

Es soll zunächst für den weitaus häufigsten Fall betrachtet werden, dass der offene Kreis stabil ist oder allenfalls einen ein- oder zweifachen Pol in Null hat. Um seine Formulierung weiter zu vereinfachen, seien zwei zusätzliche Voraussetzungen über die Frequenzkennlinien gemacht, wie sie in den Anwendungen meist erfüllt sind.

Betrachtet man die Bilder 4-11, 4-12 und 4-13, so sieht man, dass die Betragskennlinie des offenen Kreises die 0-dB-Linie nur einmal schneidet – ein Verhalten, das die Regel darstellt. Die Schnittstelle sei, wie oben schon erwähnt, als *Durchtrittsfrequenz* ω_D bezeichnet. Ist $|G|_{\text{dB}} = 20\log|G| = 0$, so ist $|G| = 1$. Für die Ortskurve des offenen Kreises bedeutet die Voraussetzung über die Betragskennlinie somit, dass sie den Einheitskreis nur einmal schneidet, und zwar bei der Frequenz ω_D.

Weiterhin sieht man aus den Bildern 4-11, 4-12 und 4-13, dass die Phasenkennlinie sehr tiefe Werte erst für große ω annimmt. Man wird daher stets annehmen dürfen, dass sie im Bereich $\omega \leq \omega_D$, also für $|F_o|_{\text{dB}} \geq 0$, zwischen $+180°$ und $-540°$ liegt. Die Ortskurve des offenen Kreises kann daher vor ihrem Eintauchen in den Einheitskreis den Nullpunkt höchstens einmal umkreisen. Nach den obigen Bildern könnte die Annahme naheliegen, dass Betrags- und Phasenkennlinie mit wachsendem ω monoton fallen. Eine solche Voraussetzung wäre aber, vor allem für die Phasenkennlinie, zu eng. Bei Stabilisierungsmaßnahmen kommt es häufig vor, dass die Phase zwischendurch angehoben wird.

Man kann nunmehr das *Nyquist-Kriterium in Frequenzkennliniendarstellung* in der folgenden Weise formulieren, wobei nochmals die Voraussetzungen zusammengestellt seien:

$$F_o(s) = \frac{V}{s^q}\,\frac{1+\ldots}{1+\ldots}\,\mathrm{e}^{-T_t s} = \frac{Z_o(s)}{N_o(s)}\,\mathrm{e}^{-T_t s}$$

sei die Übertragungsfunktion des offenen Kreises mit $V > 0$, $T_t \geq 0$, $q = 0, 1, 2$ und Grad $Z_o <$ Grad N_o, wobei $Z_o(s)$ und $N_o(s)$ keine gemeinsame Nullstelle haben. Sämtliche Pole von $F_o(s)$ mit eventueller Ausnahme eines ein- oder zweifachen Pols im Ursprung seien links von der j-Achse gelegen. Die Betragskennlinie $|F_o|_{\text{dB}}$ gehe genau einmal durch die 0-dB-Linie, und der zugehörige ω-Wert sei als Durchtrittsfrequenz ω_D bezeichnet. Im Bereich $|F_o|_{\text{dB}} \geq 0$ gelte $-540° < \underline{/F_o} < 180°$. Unter diesen Voraussetzungen ist die geschlossene Gegenkopplung stabil, wenn die Phasenkennlinie bei der Durchtrittsfrequenz ω_D oberhalb $-180°$ liegt, und instabil, wenn dies nicht der Fall ist. (4.23)

In Bild 4-18 ist das Kriterium veranschaulicht. Der Vergleich von Ortskurven- und Frequenzkennliniendarstellung zeigt auch sofort, dass die Formulierung (4.23) plausibel ist, da sie nichts Anderes macht, als das Ortskurven-Kriterium durch Betrag und Phase auszudrücken. Im linken Bildteil ist der geschlossene Kreis stabil, da die Ortskurve des offenen Kreises den Punkt -1 links liegen lässt. Dann ist bei ω_D die Phase noch nicht auf $-180°$ abgesunken. Im rechten Bildteil ist der geschlossene Kreis instabil, da die Ortskurve den Punkt -1 zur Rechten hat. Aus der letzten Tatsache folgt, dass bei ω_D die Phase bereits unter $-180°$ liegt.

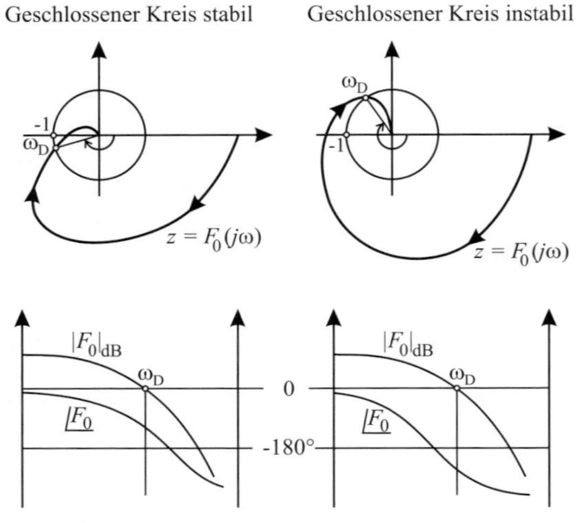

Bild 4-18: Nyquist-Kriterium in Frequenzkennliniendarstellung

Eine exakte Herleitung des Nyquist-Kriteriums in Frequenzkennlinienform ist damit natürlich noch nicht gegeben, da weder die verschiedenen Fälle von q noch die verschiedenartige Gestalt der Ortskurve berücksichtigt wurden. Sie soll im nächsten Unterabschnitt gebracht werden, wobei auch der Fall mit erfasst wird, dass Pole des offenen Kreises rechts der j-Achse liegen.

Hier seien noch einige Beispiele zur Anwendung des Nyquist-Kriteriums angefügt. Im Übrigen wird es in Kapitel 6 ausgiebig benutzt.

Als erstes Beispiel werde die Gegenkopplung dreier P-T_1-Glieder betrachtet, für welche die Frequenzkennlinien des offenen Kreises in Bild 4-12 dargestellt sind. Wählt man $V = 3,2 = 10$ dB, so verläuft die neue 0-dB-Linie im Abstand -10 dB von der ursprünglichen, die für $V = 1$ gilt. Die Durchtrittsfrequenz der Betragskennlinie liegt dann bei $\omega_D = 5,8$. Die Phasenkennlinie verläuft an dieser Stelle oberhalb von $-180°$, so dass der geschlossene Kreis stabil ist. Der Phasenabstand von der $(-180°)$-Linie, die *Phasenreserve* φ_R, beträgt 55°. Vergrößert man die Kreisverstärkung V, so bedeutet dies eine Senkung der 0-dB-Linie, damit ein Anwachsen der Durchtrittsfrequenz ω_D und dadurch eine Abnahme der Phasenreserve φ_R. Ist V bis auf 23 dB gewachsen, so ist φ_R bis auf Null gesunken, was für $\omega = 13,5$ der Fall ist. Damit wird der geschlossene Wirkungskreis instabil. Die Stabilitätsgrenze liegt also bei $V_G = 23 \text{ dB} \approx 14$. Für die Auffindung der Stabilitätsgrenze V_G kann man also folgende allgemeine Regel aussprechen:

Um die Stabilitätsgrenze V_G für den geschlossenen Kreis aus den Frequenzkennlinien des offenen Kreises für $V = 1$ zu erhalten, bestimmt man den Wert der Betragskennlinie $|F_o|_{dB}$ des offenen Kreises an der Stelle, wo die Phasenkennlinie des offenen Kreises die $(-180°)$-Linie schneidet. Dann ist V_G gleich dem Negativen dieses Werts. (4.24)

Als zweites Beispiel werde die Gegenkopplung zweier P-T_1-Glieder und eines I-Glieds betrachtet, für welche die Frequenzkennlinien des offenen Kreises in Bild 4-13 wiedergegeben sind. Für $V = 3,6 = 11$ dB liegt die Durchtrittsfrequenz bei $\omega_D = 3$. Der geschlossene Kreis ist stabil, und φ_R beträgt 50°. Der Schnittpunkt der Phasenkennlinie $\underline{/F_o}$ mit der $(-180°)$-Linie liegt bei $\omega = 10$. Die Betragskennlinie hat für $V = 1$ an dieser Stelle den Wert $|F_o| = -28$ dB. Gemäß Regel (4.24) ist also die Stabilitätsgrenze $V_G = 28 \text{ dB} \approx 25$.

Was schließlich den Kreis in Bild 4-11 betrifft, so ist die Durchtrittsfrequenz $\omega_D = 1,5$. Dort hat die Phase den Wert $-260°$, so dass der geschlossene Kreis instabil ist. Die Phasenkennlinie schneidet die $(-180°)$-Linie bei $\omega = 0,5$. Da dort $|F_o|_{\text{dB}} = 0$, ist $V_G = 0$ dB, also $V_G = 1$.

4.6.2 Herleitung des Nyquist-Kriteriums in Frequenzkennliniendarstellung

Der Frequenzgang des offenen Kreises ist

$$F_o(j\omega) = \frac{V}{(j\omega)^q} \frac{1+\ldots}{1+\ldots} e^{-T_t j\omega} = \frac{Z_o(j\omega)}{N_o(j\omega)} e^{-T_t j\omega}$$

mit $V > 0$, $q = 0, 1, 2$, $T_t \geq 0$ und Grad $Z_o <$ Grad N_o. Zusätzlich werde vorausgesetzt, dass der offene Kreis auf der j-Achse höchstens einen Doppelpol in Null hat, während rechts der j-Achse r_o Pole liegen mögen, wobei auch $r_o = 0$ sein darf. Betrachtet man die Ortskurve

$$z = F_o(j\omega), \quad 0 \leq \omega < +\infty$$

des offenen Kreises, so herrscht nach dem Nyquist-Kriterium in Ortskurvenform (3.89) Stabilität des geschlossenen Kreises genau dann, wenn die Winkeländerung ihres Fahrstrahls bezüglich des Punkts -1

$$W_+ = r_o\pi + q\frac{\pi}{2} \quad \text{ist}.$$

Es ist anschaulich klar, dass die Anzahl der Umläufe um den Punkt -1 mit der Anzahl der Schnittpunkte zwischen der Ortskurve und der reellen Achse links vom Punkt -1 zusammenhängen muss. Aufgrund dieses Zusammenhangs ist es möglich, das Nyquist-Kriterium mittels dieser Schnittpunkte statt mit Hilfe der Winkeländerung W_+ zu formulieren. In dieser Form lässt es sich dann leicht in die Frequenzkennliniendarstellung übertragen.

Die Ortskurve des offenen Kreises schneidet die reelle Achse links vom Punkt -1 in höchstens endlich vielen Punkten.[2] Sie seien in der Reihenfolge, in der sie mit wachsendem ω auf der Ortskurve liegen, mit $S_1, \ldots, S_n$ bezeichnet. Punkte, in denen die Ortskurve die reelle Achse lediglich berührt, ohne sie zu durchstoßen, seien nicht zu ihnen gezählt. Die Ortskurve beginnt in einem Punkt S_0, der für $q = 2$ als Punkt $-\infty$ der reellen Achse und für $q = 1$ als Punkt $-j\infty$ der imaginären Achse aufgefasst werden kann, für $q = 0$ ein Punkt der positiven reellen Achse ist. Sie endet in jedem Fall im Punkt 0. S_ν, $\nu = 1, \ldots, n$, werde als *positiver bzw. negativer Schnittpunkt* bezeichnet, wenn die Ortskurve in S_ν von der oberen in die untere bzw. von der unteren in die obere Halbebene gelangt. Jeder Schnittpunkt S_ν erhält eine Kennziffer ε_ν, die im ersteren Fall $+1$, im letzteren -1 ist. Für $q = 2$ erhält der Anfangspunkt $S_0 = -\infty$ die Kennziffer $+1/2$ bzw. $-1/2$, je nachdem, ob die Ortskurve für kleine ω unterhalb oder oberhalb der reellen Achse liegt. S_0 stellt für $q = 2$ gewissermaßen einen halben Schnittpunkt dar, der im ersten Fall positiv, im zweiten negativ ist.

Die Winkeländerung W_+ des laufenden Punkts der Ortskurve bezüglich des Punkts -1 ist

$$W_+ = W(S_0S_1) + W(S_1S_2) + \ldots + W(S_{n-1}S_n) + W(S_n0),$$

wobei $W(S_0S_1)$ die Winkeländerung längs des Ortskurvenstücks von S_0 bis S_1 darstellt und die restlichen Summanden entsprechend erklärt sind. Im Folgenden wird vorausgesetzt, dass die Ortskurve nicht durch den Punkt -1 geht, da der geschlossene Kreis dann ohnehin instabil ist.

2 Es sei denn, dass sie in die reelle Achse fällt. Dieser Fall tritt bei einem realen Regelkreis nicht auf. Man kann aber unter den obigen Voraussetzungen zeigen, dass dann der geschlossene Kreis instabil sein muss. Dieser Fall ist daher in dem nachstehenden Ergebnis (4.25) mit enthalten.

Es werde nun das Ortskurvenstück von S_ν bis $S_{\nu+1}$, $\nu = 1, 2, \ldots, n-1$, betrachtet. Wie man aus Bild 4-19 abliest, ist die zugehörige Winkeländerung bezüglich -1

$$W(S_\nu S_{\nu+1}) = \begin{cases} 0 & \text{für } \varepsilon_\nu = -1,\ \varepsilon_{\nu+1} = +1 \\ 0 & \text{für } \varepsilon_\nu = +1,\ \varepsilon_{\nu+1} = -1 \\ -2\pi & \text{für } \varepsilon_\nu = -1,\ \varepsilon_{\nu+1} = -1 \\ +2\pi & \text{für } \varepsilon_\nu = +1,\ \varepsilon_{\nu+1} = +1 \end{cases}.$$

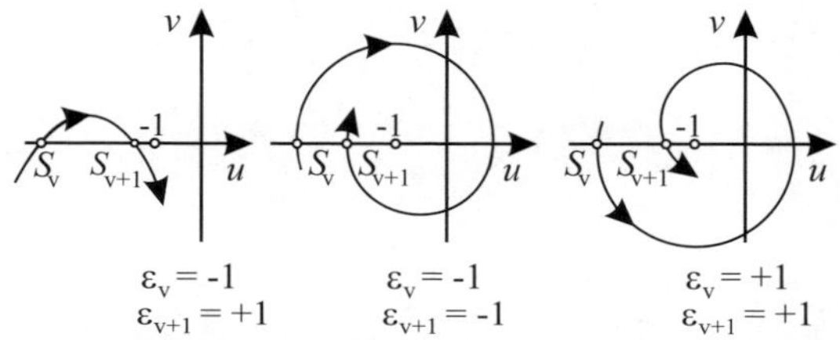

Bild 4-19: Zusammenhang zwischen den Schnittpunkten der Ortskurve mit der reellen Achse und ihrer Winkeländerung bezüglich -1: Mittelstück der Ortskurve

Also ist stets

$$W(S_\nu S_{\nu+1}) = (\varepsilon_\nu + \varepsilon_{\nu+1})\pi, \quad \nu = 1, \ldots, n-1.$$

Nunmehr werde das Ortskurvenstück von S_n bis 0 betrachtet. Man erkennt aus Bild 4-20, dass

$$W(S_n0) = \begin{cases} +\pi & \text{für } \varepsilon_n = +1 \\ -\pi & \text{für } \varepsilon_n = -1 \end{cases}, \quad \text{also stets}$$

$$W(S_n0) = \varepsilon_n\pi \quad \text{ist}.$$

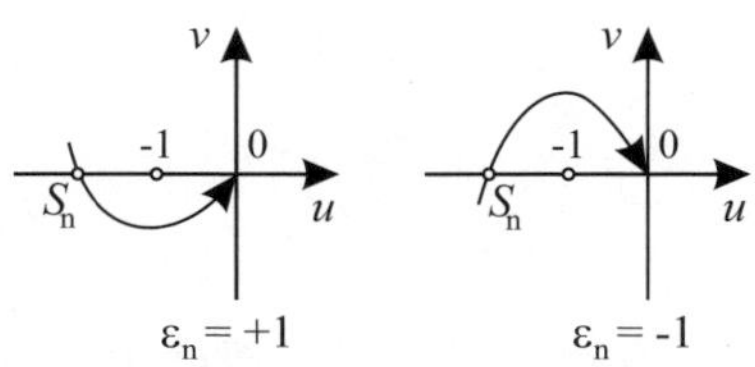

Bild 4-20: Zusammenhang zwischen den Schnittpunkten der Ortskurve mit der reellen Achse und ihrer Winkeländerung bezüglich -1: Endstück der Ortskurve

Bei der Betrachtung des Anfangsstücks S_0S_1 der Ortskurve sind die drei Fälle $q = 0$, $q = 1$, $q = 2$ zu unterscheiden. Aus Bild 4-21 erhält man das Resultat

$$W(S_0S_1) = \begin{cases} \varepsilon_1\pi & \text{für } q = 0 \\ \varepsilon_1\pi + \pi/2 & \text{für } q = 1 \\ \varepsilon_1\pi + \varepsilon_0 2\pi & \text{für } q = 2 \end{cases}.$$

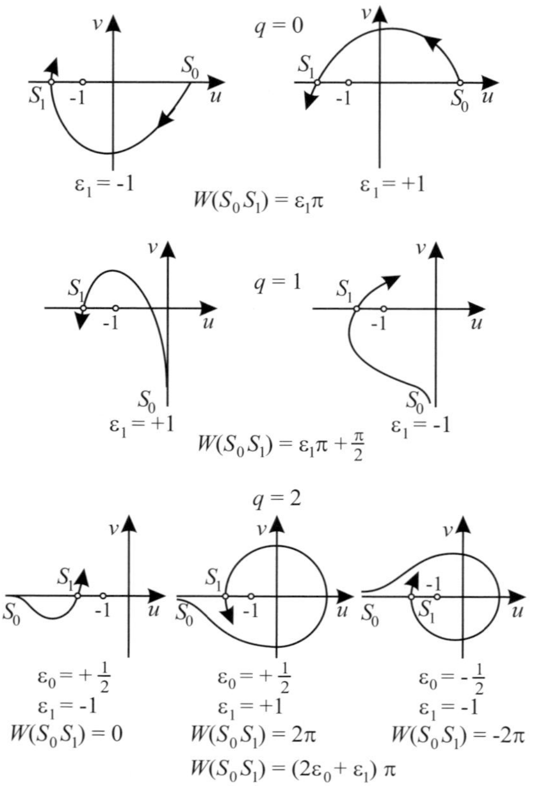

Bild 4-21: Zusammenhang zwischen den Schnittpunkten der Ortskurve mit der reellen Achse und ihrer Winkeländerung bezüglich -1: Anfangsstück der Ortskurve

Somit erhält man für die gesamte Winkeländerung

$$W_+ = \left\{ \begin{matrix} 0 \\ \pi/2 \\ \varepsilon_0 2\pi \end{matrix} \right\} + \varepsilon_1\pi + (\varepsilon_1+\varepsilon_2)\pi + \ldots + \varepsilon_n\pi ,$$

also

$$W_+ = \begin{cases} 2\pi \sum\limits_{\nu=1}^{n} \varepsilon_\nu , & q=0, \\ 2\pi \sum\limits_{\nu=1}^{n} \varepsilon_\nu + \pi/2, & q=1, \\ 2\pi \sum\limits_{\nu=0}^{n} \varepsilon_\nu , & q=2. \end{cases}$$ [3]

Nun ist der geschlossene Kreis genau dann stabil, wenn

$$W_+ = \begin{cases} 0 + r_o\pi & \text{für } q=0 \\ \pi/2 + r_o\pi & \text{für } q=1 \\ \pi + r_o\pi & \text{für } q=2 \end{cases}$$

ist. Dies bedeutet, dass

$$\sum_{\nu=1}^{n} \varepsilon_\nu = \frac{r_o}{2} \qquad \text{für } q=0,$$

$$\sum_{\nu=1}^{n} \varepsilon_\nu = \frac{r_o}{2} \qquad \text{für } q=1,$$

$$\sum_{\nu=0}^{n} \varepsilon_\nu = \frac{r_o+1}{2} \qquad \text{für } q=2$$

sein müssen. Hierin stellt die Zahl $\sum_{\nu=1}^{n} \varepsilon_\nu$ bzw. $\sum_{\nu=0}^{n} \varepsilon_\nu$ die Differenz dar, die man erhält, wenn man die Anzahl der negativen Schnittpunkte S_ν von der Anzahl der positiven Schnittpunkte S_ν subtrahiert, wobei im Falle $q = 2$ der Anfangspunkt der Ortskurve als halber Schnittpunkt gezählt wird. Aufgrund dieser drei Gleichungen ist es möglich, das Nyquist-Kriterium in der folgenden Form auszusprechen:

Es sei

$$F_o(s) = \frac{V}{s^q}\,\frac{1+\ldots}{1+\ldots}\,\mathrm{e}^{-T_t s} = \frac{Z_o(s)}{N_o(s)}\,\mathrm{e}^{-T_t s}$$

die Übertragungsfunktion des offenen Kreises mit $V > 0, q = 0,1,2, T_t \geq 0$ und Grad Z_o < Grad N_o, wobei $Z_o(s)$ und $N_o(s)$ keine gemeinsame Nullstelle haben. Außer möglicherweise einem Pol im Ursprung mögen keine weiteren Pole von $F_o(s)$ auf der j-Achse liegen, während die Anzahl der rechts von der j-Achse gelegenen Pole von $F_o(s)$ r_o sei. Unter diesen Voraussetzungen ist der Regelkreis stabil, wenn die Ortskurve $z = F_o(j\omega)$, $0 \leq \omega < +\infty$, nicht durch den Punkt -1 geht und die Differenz aus der Anzahl ihrer positiven und negativen Schnittpunkte (mit der reellen Achse links vom Punkt -1) im Falle $q = 0$ oder 1 $\frac{r_o}{2}$ und im Falle $q = 2$ $\frac{r_o+1}{2}$ beträgt. Sind diese Bedingungen nicht erfüllt, so ist die geschlossene Gegenkopplung instabil. Im Falle $q = 2$ ist dabei der Anfangspunkt der Ortskurve als halber Schnittpunkt gezählt. (4.25)

Aus diesem Kriterium ergibt sich noch eine interessante Konsequenz. Da die Differenz aus der Anzahl der positiven und negativen Schnittpunkte für $q = 0$ oder

3 Schneidet die positive Ortskurvenhälfte die reelle Achse links von -1 nicht, gibt es also keinen Schnittpunkt $S_\nu, \nu = 1,2,\ldots,n$, so bleibt diese Formel richtig, wenn man $\sum_{\nu=1}^{n} \varepsilon_\nu = 0$ setzt.

1 eine ganze Zahl, für $q = 2$ aber keine ganze Zahl ist, kann der Kreis nur stabil sein, wenn im ersten Fall $r_o/2$ eine ganze Zahl, also r_o gerade, im letzteren Fall hingegen $(r_o+1)/2$ keine ganze Zahl und daher r_o+1 ungerade, also r_o ebenfalls gerade ist. Es gilt daher folgender Satz:

Gelten die Voraussetzungen von (4.25), so ist der Regelkreis mit Sicherheit instabil, wenn rechts von der j-Achse eine ungerade Anzahl von Polen der offenen Kreises liegt. (4.26)

Um das Nyquist-Kriterium in der Form (4.25) in die Frequenzkennliniendarstellung zu übertragen, braucht man nur die Begriffe des positiven und negativen Schnittpunkts mittels der Frequenzkennlinien auszusprechen. Schneidet die Ortskurve die reelle Achse links von -1, so ist $|F_o(j\omega)| > 1$ und

$$\underline{/F_o(j\omega)} = -180°, +180°, -540°, \ldots, \quad \text{d. h. allgemein}$$

ein ungerades Vielfaches von 180°. Somit sind diese Schnittpunkte durch

$$|F_o|_{\mathrm{dB}} > 0\,, \quad \underline{/F_o} = (2\nu+1)\cdot 180°\,, \quad \nu \text{ ganz},$$

definiert. Ein solcher Schnittpunkt ist positiv, wenn die Ortskurve von oben nach unten durch die reelle Achse geht, also die Phasenkennlinie ansteigt, hingegen negativ im umgekehrten Fall, wenn also die Phasenkennlinie fällt. Man erhält damit aus (4.25) folgende *allgemeine Form des Nyquist-Kriteriums in Frequenzkennliniendarstellung:*

Unter den Voraussetzungen von (4.25) ist der Regelkreis stabil, wenn

1. *für* $|F_o|_{dB} = 0$ *niemals* $\underline{/F_o} = (2\nu+1)\cdot 180°$ *ist, wo* ν *eine beliebige ganze Zahl darstellt.*
2. *die Differenz D aus der Anzahl der positiven und negativen Schnittpunkte* $r_o/2$ *für* $q \le 1$ *und* $(r_o+1)/2$ *für* $q = 2$ *ist.*

(4.27)

Ist mindestens eine dieser beiden Bedingungen nicht erfüllt, so ist der Kreis instabil. Dabei ist unter einem positiven bzw. negativen Schnittpunkt eine solche Stelle ω *verstanden, für die* $|F_o|_{dB} > 0$, $\underline{/F_o} = (2\nu+1)\cdot 180°$ *ist und die Phasenkennlinie steigt bzw. fällt. Im Falle* $q = 2$ *ist der Anfangspunkt als halber Schnittpunkt mitzuzählen.*

Bild 4-22 veranschaulicht die Anwendung dieses Kriteriums. Es handelt sich dabei um die Frequenzkennlinien eines offenen Kreises mit $q = 2$. Der offene Kreis hat also einen Doppelpol im Nullpunkt; er möge aber keine Pole rechts von der j-Achse haben, so dass also $r_o = 0$ ist. Die ω-Intervalle, in denen $|F_o|_{\mathrm{dB}} > 0$ ist, sind schraffiert. Nur diejenigen Schnittpunkte der Phasenkennlinie mit der $-180°$-Linie, der $-540°$-Linie usw. werden gezählt, die in diesen Intervallen liegen. Solche Schnittpunkte sind hier der Anfangspunkt ω_0 sowie ω_1, aber nicht ω_2. Der zu ω_0 gehörige Schnittpunkt ist negativ, da die Phasenkennlinie bei ω_0 fällt, der zu ω_1 gehörige Schnittpunkt hingegen positiv. Also ist die Differenz der Anzahl der positiven und negativen Schnittpunkte $D = +1/2$. Wegen $r_o = 0$ ist daher $D = (r_o+1)/2$ und somit nach (4.27) der geschlossene Kreis stabil.

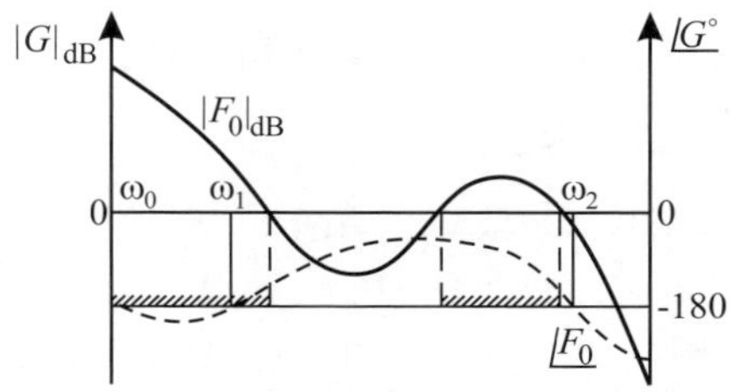

Bild 4-22: Allgemeine Form des Nyquist-Kriteriums in Frequenzkennliniendarstellung

Aus (4.27) kann man nun ohne Schwierigkeit jene speziellere Fassung (4.23) des Nyquist-Kriteriums herleiten, die wir oben schlichtweg als *Nyquist-Kriterium* bezeichnet hatten. Bei diesem Sprachgebrauch wollen wir auch bleiben, da diese Fassung vorwiegend benutzt wird. Ihr Beweis ergibt sich ganz anschaulich aus (4.27), wenn man die zusätzlichen Voraussetzungen von (4.23) berücksichtigt und die beiden Fälle $q = 2$ und $q = 0, 1$ unterscheidet. Die zugehörigen Frequenzkennlinien sind in Bild 4-23 bzw. 4-24 dargestellt.[4]

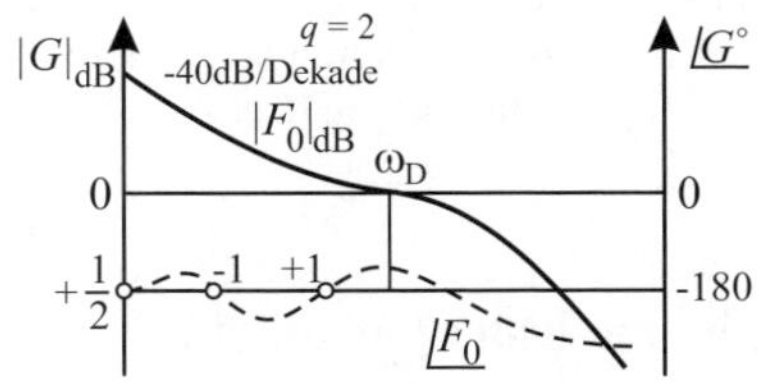

Bild 4-23: Herleitung des Nyquist-Kriteriums in Frequenzkennliniendarstellung, wenn der offene Kreis II-Verhalten hat

4 Was die Gestalt der Phasenkennlinie in diesen Bildern betrifft, so sei darauf hingewiesen, dass diese Ausführungen wie auch die vorhergehenden nicht nur für Minimalphasenglieder (s. Abschnitt 4.7) gelten. Daher ist der in den Bildern 4-23 und 4-24 skizzierte Verlauf der Phasenkennlinie grundsätzlich durchaus möglich.

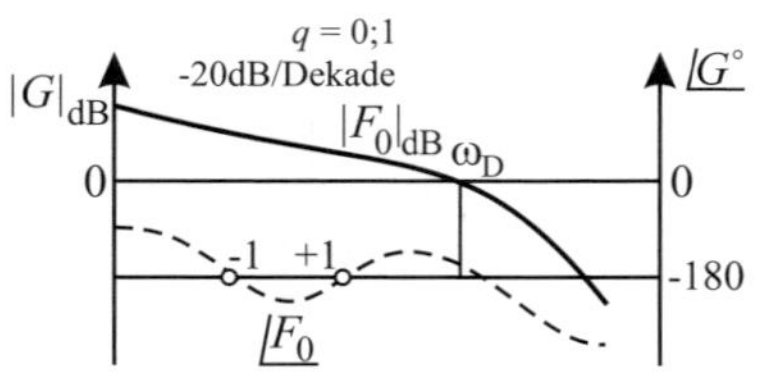

Bild 4-24: Herleitung des Nyquist-Kriteriums in Frequenzkennliniendarstellung, wenn der offene Kreis P- oder I-Verhalten hat

Im Fall $q = 2$ ist $F_o(j\omega) = -\dfrac{1}{\omega^2}\,\dfrac{1+\ldots}{1+\ldots}\,e^{-T_t j\omega}$, so dass die Phasenkennlinie bei $-180°$ beginnt. Aus Bild 4-23 liest man unmittelbar ab, dass die Differenz D der positiven und der negativen Schnittpunkte der Phasenkennlinie mit der $(-180°)$-Linie (im Bereich $|F_o|_{dB} > 0$) nur die beiden Werte $+1/2$ oder $-1/2$ annehmen kann. In dem in Bild 4-23 dargestellten Fall ist speziell $D = +1/2 + (-1) + 1 = +1/2$. Aus diesem Bild liest man weiter ab, dass im Falle $D = 1/2$ die Phasenkennlinie bei ω_D oberhalb von $-180°$ liegt, für $D = -1/2$ aber unterhalb von $-180°$. Andererseits folgt aus (4.27) wegen $r_o = 0$, dass der geschlossene Kreis stabil ist für $D = +1/2$, aber instabil für $D = -1/2$. Man hat somit das Ergebnis, dass Stabilität herrscht, wenn bei ω_D $\underline{/F_o} > -180°$ ist, aber Instabilität, wenn dort $\underline{/F_o} < -180°$ ist. Nimmt die Phasenkennlinie bei ω_D den Wert $-180°$ selbst an, so liegt nach (4.27) ebenfalls Instabilität vor.

Im Fall $q = 0$ oder 1 verläuft der Beweis ganz entsprechend. Ist etwa $q = 1$, so beginnt $\underline{/F_o}$ gemäß $F_o(j\omega) = -\dfrac{V}{\omega}\,j\,\dfrac{1+\ldots}{1+\ldots}\,e^{-T_t j\omega}$ bei $-90°$, liegt also zunächst oberhalb der $(-180°)$-Linie. Infolgedessen ist D entweder gleich 0 oder -1, wie aus Bild 4-24 unmittelbar abzulesen ist. In diesem Bild ist z. B. $D = 0$. Man liest weiter aus Bild 4-24 ab, dass $\underline{/F_o} > -180°$ oder $< -180°$ ist, je nachdem, ob $D = 0$ oder $D = -1$ gilt. $D = 0$ bzw. $D = -1$ bedeutet aber nach (4.27) Stabilität bzw. Instabilität des geschlossenen Kreises.

4.7 Minimalphasenglieder und Allpässe

In diesem Abschnitt sollen einige Begriffsbildungen erörtert werden, die neben der Regelungstechnik in der Nachrichtentechnik von Bedeutung sind. Alle vorhergehenden Betrachtungen, insbesondere die Anwendung des Nyquist-Kriteriums auf Regelkreise, werden durch sie nicht berührt.

Wir wollen uns in diesem Abschnitt auf R-Glieder beschränken, also auf Übertragungsglieder mit rationalem Frequenzgang. Dabei braucht der Zählergrad nicht notwendigerweise niedriger zu sein als der Nennergrad. Hier, wo es nicht um die Realisierung der Übertragungsglieder, sondern um die Eigenschaften ihres Frequenzgangs geht, können wir das ohne Weiteres zulassen.

Wenn wir von der Produktdarstellung des Frequenzgangs ausgehen und die Betragskennlinie durch ihre Knickgerade annähern, so entspricht jedem Zählerfaktor $1 + j\omega/\omega_0$ ein Aufwärtsknick um 20 dB/Dekade bei ω_0, jedem Nennerfaktor $1 + j\omega/\omega_0$ ein Abwärtsknick um 20 dB/Dekade bei ω_0, dem Nennerfaktor $(j\omega)^q$ eine Anfangssteigung von $-q \cdot 20$ dB/Dekade, und entsprechend für die quadratischen Faktoren.

Man stelle sich nun vor, dass die *asymptotische Näherung* der Betragskennlinie durch die Knickgerade vorliegt. Man weiß, dass es sich um ein R-Glied handelt. Kann man dann umgekehrt schließen, dass jedem Aufwärtsknick um 20 dB/Dekade bei ω_0 ein Zählerfaktor $1 + j\omega/\omega_0$, jedem Abwärtsknick um 20 dB/Dekade bei ω_0 ein Nennerfaktor $1 + j\omega/\omega_0$ usw. entspricht? Wer mit Frequenzkennlinien arbeitet, benutzt diese Schlussweise sehr häufig, eben um von der Betragskennlinie, die er aus irgendwelchen Frequenzkennlinienoperationen erhalten hat, auf den Frequenzgang des Systems zu schließen. Beispiele dafür werden in den folgenden Kapiteln öfter auftreten. Diese Schlussweise ist aber nicht selbstverständlich, wenngleich sie in den regelungstechnischen Anwendungen in der überwiegenden Mehrzahl der Fälle zulässig ist. Daher soll sie etwas genauer analysiert werden.

Dass sie nicht generell richtig sein kann, zeigt schon ein einfaches Beispiel. Betrachten wir etwa das R-Glied mit

$$G(j\omega) = \frac{1}{1 - Tj\omega}, \quad T > 0. \quad \text{Dann ist}$$

$$|G(j\omega)| = \frac{1}{\sqrt{1 + T^2\omega^2}}.$$

Genau die gleiche Betragsfunktion erhält man aber auch für das P-T_1-Glied. Beide R-Glieder haben daher bei $\omega_0 = 1/T$ einen 20-dB-Abwärtsknick. Aus dem Auftreten eines solchen Knicks kann man somit nicht eindeutig auf den Nennerfaktor $1 + Tj\omega$ schließen. Zumindest ist auch der Nennerfaktor $1 - Tj\omega$ möglich. Allerdings ist dieses Übertragungsglied instabil. Aber auch das stabile R-Glied mit

$$G(j\omega) = K\,\frac{1 - Tj\omega}{(1 + Tj\omega)^2}$$

hat den gleichen Betrag

$$|G(j\omega)| = K\frac{\sqrt{1+T^2\omega^2}}{1+T^2\omega^2} = \frac{K}{\sqrt{1+T^2\omega^2}}$$

wie das P-T_1-Glied. Bei ihm liegt lediglich eine *Nullstelle* rechts der j-Achse.

Um die Frage allgemein in Angriff zu nehmen, gehen wir von zwei R-Gliedern mit den Frequenzgängen $G_1(j\omega)$ und $G_2(j\omega)$ aus, welche die gleiche Betragskennlinie haben, aber sonst beliebig sind. Dann gilt für sie $|G_1|_{\text{dB}} = |G_2|_{\text{dB}}$ im gesamten ω-Bereich, woraus $|G_1/G_2|_{\text{dB}} = 0$, also $|G_1/G_2| = 1$ folgt. Der Quotient G_1/G_2 der beiden Frequenzgänge liefert also einen Frequenzgang $G_A(j\omega)$, dessen Betrag für alle ω den konstanten Wert 1 hat. Ein solches Übertragungsglied, bei dem der Betrag des Frequenzgangs von der Frequenz unabhängig ist, bezeichnet man ganz allgemein als einen *Allpass*, da es alle aufgeschalteten Sinusschwingungen, ganz gleich welcher Frequenz, mit derselben Amplitude passieren lässt. Man hat so als erstes Resultat:

Sämtliche R-Glieder, die dieselbe Betragskennlinie aufweisen, unterscheiden sich um Allpässe, die R-Glieder sind und deren Betragskennlinie identisch 0 dB ist. Sind G_1 und G_2 die Frequenzgänge zweier solcher R-Glieder, so ist also $G_2 = G_A G_1$, wo G_A der Frequenzgang des Allpasses ist. (4.28)

Da im Folgenden nur Allpässe betrachtet werden, die R-Glieder sind und deren Betrag 1 ist, wird diese Tatsache nicht mehr besonders erwähnt. Aus der Definition des Allpasses folgt unmittelbar, dass das inverse Glied ebenfalls ein Allpass ist und die Reihenschaltung beliebig vieler Allpässe wiederum einen Allpass liefert.

Ein Beispiel für einen Allpass ist etwa das R-Glied mit dem Frequenzgang

$$G_A = \frac{j\omega-\beta_1}{j\omega-\alpha_1}\,\frac{j\omega-\beta_2}{j\omega-\alpha_2}\,\frac{j\omega-\beta_3}{j\omega-\alpha_3},$$

dessen Pole und Nullstellen so liegen, wie dies in Bild 4-25 dargestellt ist, nämlich spiegelbildlich zur j-Achse, und zwar so, dass jedem Pol auf der einen Seite eine Nullstelle auf der anderen Seite entspricht und umgekehrt. Wegen dieser Symmetrie zur j-Achse ist für jeden Punkt $j\omega$

$$|j\omega-\beta_\nu| = |j\omega-\alpha_\nu|, \quad \nu = 1, 2, 3,$$

woraus $|G_A| = 1$ folgt. Es ist klar, dass jedes R-Glied mit einer solchen zur j-Achse symmetrischen Pol-Nullstellen-Verteilung einen Allpass bildet. Um zu zeigen, dass auch umgekehrt jeder Allpass durch eine solche Pol-Nullstellen-Verteilung charakterisiert wird, geht man von der Darstellung

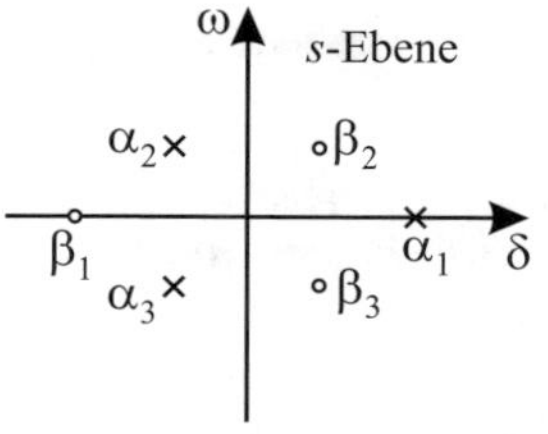

Bild 4-25: Pol-Nullstellen-Verteilung eines Allpasses

$$G(j\omega) = K\frac{(j\omega-\beta_1)(j\omega-\beta_2)\ldots}{(j\omega-\alpha_1)(j\omega-\alpha_2)\ldots}$$

des Frequenzgangs aus, die für jedes R-Glied möglich ist. Soll G einen Allpass darstellen, so dürfen keine Nullstelle β_ν und kein Pol α_ν des R-Glieds auf der j-Achse liegen, da andernfalls an dieser Stelle $|G| = 0$ bzw. ∞ wäre. Aus der Forderung $|G(j\omega)| = 1$, also auch $|G(j\omega)|^2 = 1$, folgt weiter

$$K^2\prod_\nu |j\omega-\beta_\nu|^2 = \prod_\nu |j\omega-\alpha_\nu|^2 .$$

Sind $\beta_\nu = a_{Z\nu} + j b_{Z\nu}$ und $\alpha_\nu = a_{N\nu} + j b_{N\nu}$, so folgt aus dieser Gleichung

$$K^2\prod_\nu \left[(\omega-b_{Z\nu})^2 + a_{Z\nu}{}^2\right] = \prod_\nu \left[(\omega-b_{N\nu})^2 + a_{N\nu}{}^2\right].$$

Die beiden Seiten dieser Gleichung werden von zwei Polynomen der reellen Veränderlichen ω gebildet, die für alle ω identisch sein sollen. Damit müssen diese Polynome aber auch für alle komplexen Werte der Veränderlichen übereinstimmen, was wiederum nur möglich ist, wenn sie dieselben Wurzeln[5] haben. Die Wurzeln des auf der linken Seite stehenden Polynoms sind aber durch $b_{Z\nu} \pm j a_{Z\nu}$, diejenigen des auf der rechten Seite befindlichen Polynoms durch $b_{N\nu} \pm j a_{N\nu}$ gegeben. Sollen sie gleich sein, so muss bei gleicher Nummerierung der Wurzeln $b_{Z\nu} = b_{N\nu}$ und $a_{Z\nu} = \pm a_{N\nu}$ gelten. Gilt das positive Vorzeichen, so ist für alle ν $\alpha_\nu = \beta_\nu$. Daraus folgt zunächst $K^2 = 1$ und sofort weiter $G(j\omega) = \pm 1$. Im anderen Fall muss $b_{Z\nu} = b_{N\nu}$ und $a_{Z\nu} = -a_{N\nu}$ gelten, d. h. die Nullstellen und die Pole gehen durch Spiegelung an der j-Achse ineinander über. Damit sind die Produkte in der letzten Gleichung identisch, so dass $K^2 = 1$, also $K = \pm 1$ sein muss.

5 Es sei daran erinnert, dass die Bezeichnung „Wurzel eines Polynoms“ gleichbedeutend mit „Nullstelle“ ist.

Hiermit hat man die folgende Charakterisierung des Allpasses:

Ein R-Glied ist genau dann ein Allpass mit dem Betrag 1, wenn sein Frequenzgang von der Form $G_A(j\omega) = \pm 1$ *oder*

$$G_A = \pm \frac{(j\omega - \beta_1)(j\omega - \beta_2)\ldots}{(j\omega - \alpha_1)(j\omega - \alpha_2)\ldots} \qquad (4.29)$$

ist, wobei die Nullstellen und die Pole symmetrisch zur j-Achse liegen, und zwar so, dass jeder Nullstelle ein Pol entspricht und umgekehrt.

Die Sätze (4.28) und (4.29) ermöglichen es, die eingangs dieses Abschnitts formulierte Frage zu beantworten, wann man aus der Betragskennlinie eindeutig auf den Frequenzgang schließen kann. Dazu ist es erforderlich, aus der Gesamtheit der R-Glieder eine spezielle Klasse herauszuheben, deren besondere Betrachtung bisher noch nicht notwendig war, die *Minimalphasenglieder:*

Unter einem Minimalphasenglied (Mindestphasensystem) werde ein R-Glied verstanden, das keine Pole und Nullstellen rechts von der j-Achse hat und dessen Frequenzgang in der Darstellung (4.30)

$$G(j\omega) = \frac{K}{(j\omega)^q} \frac{1+\ldots}{1+\ldots}$$

einen positiven Faktor K aufweist.

Ihren Namen verdanken sie einer Eigenschaft ihrer Phasenkennlinie, die für regelungstechnische Belange weniger interessant ist und auf die wir daher nicht einzugehen brauchen (siehe etwa [4.3], Kapitel 7).

Wir betrachten nun zwei Minimalphasenglieder G_1 und G_2, welche die gleiche Betragskennlinie haben. Der Allpass $G_A = G_1/G_2$ kann dann rechts von der j-Achse weder Pole noch Nullstellen haben. Nach (4.29) muss dann $G_A(j\omega) = \pm 1$ sein. Da G_1 und G_2 gleiches Vorzeichen haben, gilt somit $G_1 = G_2$. Das heißt:

Zu einer gegebenen Betragskennlinie kann es nur ein Minimalphasenglied geben, das diese Betragskennlinie hat. Seinen Frequenzgang kann man daher eindeutig aus der Betragskennlinie ablesen. (4.31)

Im Bereich der Minimalphasenglieder kann man also eindeutig von der Betragskennlinie auf den Frequenzgang schließen. Das hat eine weitere Konsequenz: Da die Phasenkennlinie durch den Frequenzgang eindeutig bestimmt ist (wenn wir von der trivialen Vieldeutigkeit um $\nu 2\pi$ absehen), muss die Phasenkennlinie sich eindeutig aus der Betragskennlinie berechnen lassen. Der exakte Zusammenhang ist nicht einfach. Er wird durch das *1. Theorem von Bode* vermittelt ([4.3], Kapitel 7, oder [4.4], Abschnitt 10.3). Er ist für die regelungstechnischen Anwendungen aber auch uninteressant. Was man dort benötigt, ist lediglich eine Folgerung aus ihm, die eine sehr grobe approximative Aussage über die Abhängigkeit der Phase vom Betrag macht und die man etwa so formulieren kann:

Steigt bei einem Minimalphasenglied, das mit eventueller Ausnahme des Nullpunkts keine Pole und Nullstellen auf der j-Achse aufweist, die Betragskennlinie über ein genügend großes ω*-Intervall mit annähernd* $k \cdot 20$ *dB/Dekade an, so tendiert die Phase in der Intervallmitte gegen* $k \cdot 90°$. (4.32)

Die Betrachtung der einfachsten R-Glieder erläutert diese Regel im Einzelnen. Beim D-Glied ist die Betragskennlinie eine Gerade mit der Steigung 20 dB/Dekade und die Phasenkennlinie eine Gerade parallel zur 0°-Linie im Abstand +90°. Beim P-Glied ist die Steigung der Betragskennlinie 0 dB/Dekade, und die Phasenkennlinie hat den Wert 0°. Das I-Glied weist als Betragskennlinie eine Gerade mit der Steigung −20 dB/Dekade auf, während seine Phasenkennlinie eine horizontale Gerade im Abstand −90° von der 0°-Linie ist. Geht man weiter zum P-T_1-Glied, so setzt sich die Betragskennlinie näherungsweise aus zwei Geradenstücken zusammen, von denen das erste mit 0 dB/Dekade und das zweite mit −20 dB/Dekade ansteigt; die Phasenkennlinie hat für kleine ω den Wert 0° und für große ω den Wert −90°. Wie man hieraus ersieht, ist die Phase für alle ω genau $k \cdot 90°$, wenn die Steigung der Betragskennlinie für alle ω $k \cdot 20$ dB/Dekade beträgt. Strebt für kleine bzw. große ω die Steigung gegen $k \cdot 20$ dB/Dekade, so strebt die Phase gegen $k \cdot 90°$. Unter der *Intervallmitte* ist hier der Bereich kleiner bzw. großer ω zu verstehen. Ist das Intervall mit der nahezu konstanten Steigung der Betragskennlinie relativ kurz, so kann die Tendenz der Phasenkennlinie auch nur unvollkommen zum Ausdruck kommen. So grob die Regel (4.32) aber auch ist, so wertvoll ist sie für die praktische Behandlung von Regelkreisen. Das wird sich z. B. bei der Stabilisierung in Kapitel 6 zeigen.

Die Regel (4.32) lässt sich ohne Schwierigkeit auch ohne Zuhilfenahme des 1. Bode-Theorems einsehen. Dazu betrachten wir ein ω-Intervall zwischen zwei aufeinanderfolgenden Knickfrequenzen. Es sei so groß, dass sich die Einflüsse der rechts von ihm gelegenen Knickfrequenzen in der Intervallmitte noch nicht bemerkbar machen, während die Einflüsse der links von ihm gelegenen Knickfrequenzen in der Intervallmitte bereits ihren stationären Zustand erreicht haben. Sind dann m_1 bzw. n_1 die Anzahl der links der Intervallmitte gelegenen Zähler- bzw. Nenner-Knickfrequenzen, so ist die Steigung der Betragskennlinie im Intervall annähernd $(m_1 - n_1)\cdot 20$ dB/Dekade, wenn man die Knickfrequenzen quadratischer Faktoren doppelt zählt. Zugleich muss die Phase in der Intervallmitte nahezu den Wert $(m_1 - n_1)\cdot 90°$ aufweisen.

Damit ist die zu Beginn dieses Abschnitts gestellte Frage beantwortet: Durch die Betragskennlinie eines R-Glieds ist der gesamte Frequenzgang und damit auch die Phasenkennlinie genau dann eindeutig bestimmt, wenn es sich um ein Minimalphasenglied gemäß Definition (4.30) handelt.

Wie sieht man nun einem R-Glied an, ob es ein Minimalphasenglied ist? Ist der Frequenzgang des R-Glieds in Produktdarstellung gegeben, also

$$G(j\omega) = \frac{K}{(j\omega)^q} \cdot \frac{(1+T_{Z1}j\omega)\ldots[1+2d_{Z1}\tau_{Z1}j\omega+\tau_{Z1}{}^2(j\omega)^2]\ldots}{(1+T_1 j\omega)\ldots[1+2d_1\tau_1 j\omega+\tau_1{}^2(j\omega)^2]\ldots},$$

so kann man ein Minimalphasenglied sofort daran erkennen, dass keine *negativen* Parameter auftreten, da andernfalls Nullstellen oder Pole rechts der j-Achse lägen.

Wie ist es aber beim geschlossenen Regelkreis, dessen Führungs- bzw. Störübertragungsfunktion ja nicht in Produktform vorliegt? Wenn wir zur Vermeidung von Weitläufigkeiten von der Standardregelung ausgehen, ist mit

$$F_o = \frac{Z_o}{N_o}:$$

$$F_w = \frac{F_o}{1+F_o} = \frac{Z_o}{N_o+Z_o}, \quad F_z = \frac{1}{1+F_o} = \frac{N_o}{N_o+Z_o}.$$

Daraus sieht man, dass die Nullstellen von F_w mit den Nullstellen von F_o und die Nullstellen von F_z mit den Polen von F_o übereinstimmen (wobei wir wie stets voraussetzen, dass Z_o und N_o keine gemeinsamen Nullstellen haben). Beschreibt also F_o ein Minimalphasenglied, so liegt auch vom Regelkreis keine Nullstelle rechts der j-Achse. Was die *Pole* des Regelkreises angeht, so liegen sie gewiss links der j-Achse, wenn er stabil ist. Man hat so die hinreichende Bedingung:

Ein Regelkreis ist ein Minimalphasenglied, wenn dies für den offenen Kreis gilt und wenn er überdies stabil ist. (4.33)

Zum Abschluss werde noch ein konkretes Beispiel für ein *nichtminimalphasiges System* gebracht: die *Steuerung eines Gleichstrommotors über sein Feld.* Es liege die Situation von Bild 1-3 vor, nur dass der Feldfluss ϕ_F nicht, wie bisher angenommen, konstant, sondern zeitveränderlich sei. u_A und M_L mögen die festen Werte u_{A0} und M_{L0} haben. Dann gelten die Gleichungen

$$M_A = c\,\phi_F\, i_A\,, \quad \Theta\dot{\omega} = M_A - M_{L0}\,;$$

$$\frac{L_A}{R_A}\dot{i}_A + i_A = \frac{1}{R_A}(u_{A0} - e_M), \quad e_M = c\,\phi_F\,\omega\,.$$

Fasst man die beiden letzten Gleichungspaare zusammen, so gilt:

$$\Theta\dot{\omega} = c\,\phi_F\, i_A - M_{L0}\,,$$

$$T_A\,\dot{i}_A + i_A = \frac{1}{R_A}u_{A0} - \frac{c}{R_A}\phi_F\omega \quad \text{mit} \quad T_A = \frac{L_A}{R_A}\,.$$

Die Anlage möge um einen festen Betriebszustand arbeiten, wobei die Änderungen von ϕ_F relativ gering sind. Dann kann man zu den Abweichungen um diesen Betriebszustand übergehen und dabei linearisieren:

$$\Theta(\Delta\omega)^{\cdot} = c\,\phi_{F0}\Delta i_A + c\, i_{A0}\Delta\phi_F\,,$$

$$T_A(\Delta i_A)^{\cdot} + \Delta i_A = -\frac{c\phi_{F0}}{R_A}\Delta\omega - \frac{c\omega_0}{R_A}\Delta\phi_F\,.$$

Laplace-Transformation der beiden Gleichungen und anschließendes Einsetzen der zweiten Gleichung in die erste liefern:

$$\Delta\omega = \frac{\frac{c}{R_A}(c\,\phi_{F0}\omega_0 - R_A i_{A0} - R_A i_{A0} T_A s)}{\Theta T_A s^2 + \Theta s + c^2\phi_{F0}^2/R_A}(-\Delta\phi_F)\,.$$

Für den durch den Index 0 charakterisierten Betriebszustand gilt aber nach dem ursprünglichen Gleichungssystem:

$$R_A i_{A0} = u_{A0} - e_{M0}\,, \quad e_{M0} = c\,\phi_{F0}\omega_0\,.$$

Demgemäß ist

$$c\,\phi_{F0}\omega_0 - R_A i_{A0} = e_{M0} - R_A i_{A0} = 2e_{M0} - u_{A0} > 0\,,$$

da die Motor-EMK nur wenig kleiner als die Ankerspannung angenommen werden darf. Damit erhält man

$$\Delta\omega = \frac{2e_{M0} - u_{A0}}{c\phi_{F0}^2} \cdot \frac{1 - \dfrac{L_A i_{A0}}{2e_{M0} - u_{A0}} s}{1 + \dfrac{\Theta R_A}{c^2\phi_{F0}^2} s + \dfrac{\Theta L_A}{c^2\phi_{F0}^2} s^2}(-\Delta\phi_F)$$

oder

$$\Delta\omega(s) = -K\frac{1 - T_z s}{1 + a_1 s + a_2 s^2}\Delta\phi_F(s)$$
$$\text{mit } K, T_z, a_1, a_2 > 0.$$

Das negative Vorzeichen des Bruchs besagt, dass Feldstärkung Drehzahlabfall und Feldschwächung Drehzahlanstieg zur Folge haben. Der negative Parameter $-T_z$ macht das Übertragungsglied zum Nichtminimalphasenglied.

Das negative Vorzeichen bei T_z verursacht ein eigentümliches Anfangsverhalten der Sprungantwort. Wegen $\Delta\phi_F(s) = \dfrac{1}{s}$ ist

$$\Delta\omega(+0) = \lim_{s\to\infty}[s\Delta\omega(s)] = 0.$$

Daraus folgt weiter

$$\mathscr{L}\{\Delta\dot\omega(t)\} = s\mathscr{L}\{\Delta\omega(t)\} - \Delta\omega(+0) = s\Delta\omega(s),$$

also

$$\Delta\dot\omega(+0) = \lim_{s\to\infty} s\mathscr{L}\{\Delta\dot\omega(t)\} = \lim_{s\to\infty} s^2\Delta\omega(s) =$$
$$= \lim_{s\to\infty} s^2 \cdot K\frac{T_z s - 1}{1 + a_1 s + a_2 s^2} \cdot \frac{1}{s} = K\frac{T_z}{a_2} > 0.$$

Die Sprungantwort schlägt also zunächst in der ihrem endgültigen Verlauf entgegengesetzten Richtung aus (Bild 4-26). Das gilt nicht nur für das hier betrachtete Beispiel, sondern ist *typisch für nichtminimalphasige Systeme.*

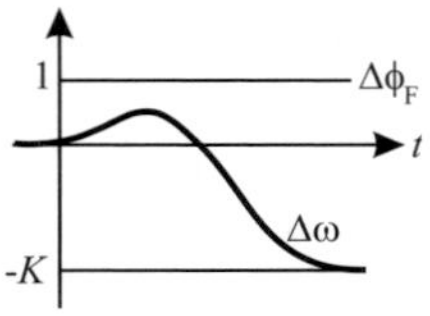

Bild 4-26: Sprungantwort eines Nichtminimalphasenglieds

4.8 Numerische Berechnung der Frequenzkennlinien

Wenn auch die in den Abschnitten 4.3- 4.5 vorgestellten Näherungsregeln zur Konstruktion der Frequenzkennlinien einfacher Übertragungsglieder sehr hilfreich sind, wird deren Anwendung auf komplexere Systeme recht umständlich und fehlerbehaftet. Versucht man beispielsweise, die Kennlinien des Führungsfrequenzgangs einer mehrschleifigen Regelung, wie sie in den praktischen Anwendungen häufig vorkommt, mit den in Abschnitt 4.5 angegebenen Näherungsbeziehungen zu bestimmen, erhält man in der Regel trotz erheblichen Arbeitsaufwands nur unzureichend genaue Ergebnisse. Abhilfe schaffen hier regelungstechnische Rechnerprogramme, die neben der Ermittlung der Frequenzkennlinien eine Vielzahl weiterer Verfahren zur Analyse und Synthese von Regelkreisen anbieten, mit denen der entwickelnde Ingenieur mit geringer Mühe z. B. auch Stabilitätsgrenzen bestimmen, die Systemantwort auf vorgegebene Eingangsgrößen berechnen oder auch Reglerparameter optimieren kann. Solche Rechnerprogramme unterstützen darüber hinaus eine interaktive Arbeitsweise, die dem Denken des Ingenieurs sehr entgegenkommt.

Ein heute in Hochschulen und der Industrie weit verbreitetes Programmpaket zur Lösung regelungstechnischer Aufgabenstellungen ist das von der Firma *The MathWorks Inc.* kommerziell vertriebene *MATLAB* in Verbindung mit der Simulationsumgebung *Simulink* und der *Control System Toolbox* [4.5, 4.6].

MATLAB wurde ursprünglich von Cleve Moler an der Universität New Mexico zur vereinfachten interaktiven Durchführung von Matrizenrechnungen im Bereich der linearen Algebra entwickelt, woher auch der Name *MAT*rix *LAB*oratory stammt. Als Alternative zu MATLAB gibt es im Bereich der Open-Source-Software u. a. die Projekte *GNU Octave* [4.7] und *Scilab* [4.8]. Diese frei verfügbaren Softwarepakte bilden die Funktionalität von MATLAB in mehr oder weniger großem Umfang nach, eine vollständige Kompatibilität ist jedoch nicht gegeben. Wir werden uns daher an den entsprechenden Stellen in diesem Buch auf die MATLAB-Syntax beziehen, da diese am geläufigsten ist.

So ist beispielsweise

```
bode(sys)
```

der MATLAB-Befehl zur Berechnung und graphischen Darstellung der Frequenzkennlinien eines LZI-Glieds, dessen mathematische Beschreibung in der Variablen `sys` abgelegt ist. Betrachten wir dazu nochmals das Beispiel (4.11) des offenen Regelkreises

$$F_o(s) = \frac{10}{s}\,\frac{1}{1+3s}\,\frac{1}{1+s}\,\frac{1}{1+0,24s+0,16s^2}. \tag{4.34}$$

Mittels der Befehlssequenz

```
s=tf('s');
Fo=10/(s*(1+3*s)*(1+s)*(1+0.24*s+0.16*s*s));
```

wird zunächst s als Laplace-Variable symbolisch definiert und damit $F_o(s)$ gemäß (4.34) berechnet. Der Befehl

```
bode(Fo);
```

erzeugt schließlich ohne weiteres Zutun des Anwenders die Darstellung in Bild 4-27 (vergleiche Bild 4-11).

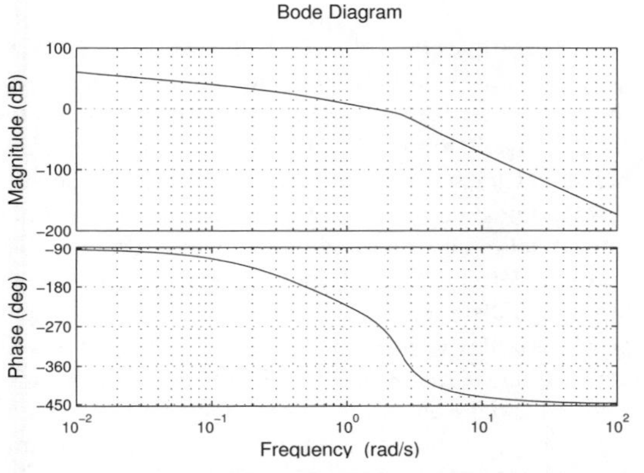

Bild 4-27: Mittels MATLAB berechnete Frequenzkennlinien des offenen Regelkreises (4.34)

Eine für den interaktiven Entwurf von Regelkreisen noch günstigere Alternative bietet das `sisotool`, eine von der *Control System Toolbox* zur Verfügung gestellte leistungsfähige graphische Umgebung, die neben der interaktiven Veränderung von Reglerparametern bzw. sämtlicher Komponenten des offenen Regelkreises auch die parallele Berechnung weiterer Systemkenngrößen wie beispielsweise die Nyquist-Ortskurve, die Impuls- und Sprungantwort des geschlossenen Regelkreises oder die Wurzelortskurve (siehe Kapitel 5) ermöglicht.

5 Die Wurzelortskurve

5.1 Allgemeine Charakterisierung des Verfahrens

Eine wichtige Aufgabe des Regelungstechnikers besteht darin, aus dem bekannten Verhalten des offenen Kreises auf das zunächst unbekannte Verhalten des geschlossenen Regelkreises zu schließen.

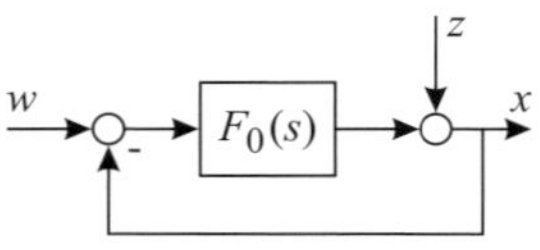

Bild 5-1: Standardregelkreis

Betrachten wir dazu den Standardregelkreis in Bild 5-1. Sein Führungsverhalten ist durch

$$F_w(s) = \frac{F_o(s)}{1+F_o(s)}, \tag{5.1}$$

sein Störverhalten durch

$$F_z(s) = \frac{1}{1+F_o(s)} \tag{5.2}$$

gegeben. Da der offene Kreis im Normalfall eine Reihenschaltung einfacher Übertragungsglieder darstellt, liegen Zähler- und Nennerpolynom der Übertragungsfunktion

$$F_o(s) = \frac{Z_o(s)}{N_o(s)}$$

als Produkt von Faktoren 1. und 2. Grades vor, wenn wir annehmen, dass der offene Kreis totzeitfrei ist. Weiterhin werde zur Vermeidung von Weitläufigkeiten vorausgesetzt, dass $Z_o(s)$ und $N_o(s)$ keine gemeinsamen Nullstellen haben. Pole und Nullstellen des offenen Kreises sind somit von vornherein gegeben, und damit ist sein Verhalten vollständig bekannt. Was den geschlossenen Kreis angeht, so folgt aus (5.1) und (5.2)

$$F_w(s) = \frac{Z_o(s)}{N_o(s)+Z_o(s)}, \quad F_z(s) = \frac{N_o(s)}{N_o(s)+Z_o(s)}.$$

Das heißt aber: Die Nullstellen von $F_w(s)$ und $F_z(s)$ sind gleichfalls sofort bekannt, nämlich als Nullstellen des Zählers bzw. des Nenners des offenen Kreises. Die *Pole* von $F_w(s)$ und $F_z(s)$ jedoch sind zunächst unbekannt. Um sie zu erhalten, hat man die Gleichung

$$Z_o(s)+N_o(s) = 0 \tag{5.3}$$

bzw.

$$F_o(s)+1 = 0 \tag{5.4}$$

zu lösen.

Das ist im konkreten Fall, sofern alle Daten numerisch gegeben sind, kein Problem – jedenfalls dann, wenn der offene Kreis keine Totzeit enthält und die charakteristische Gleichung (5.3) bzw. (5.4) deshalb eine algebraische Gleichung ist. Was man sucht, ist jedoch etwas Anderes: nämlich möglichst einfach verwendbare und dabei allgemeingültige Hinweise, um vom bekannten Verhalten des offenen Kreises, also dessen Polen und Nullstellen, zum dynamischen Verhalten des geschlossenen Kreises, d. h. seinen Polen, zu gelangen. Dabei ist insbesondere die Tatsache zu berücksichtigen, dass der offene Kreis noch nicht vollständig festliegt, vielmehr Parameter- und darüber hinaus Strukturveränderungen durch Einfügung des Regelglieds eintreten werden. In der geeigneten Wahl eines solchen Regelglieds liegt ja gerade eine Hauptaufgabe des Regelungstechnikers. Das Problem besteht somit darin, *allgemeine Einsichten* in den Zusammenhang zwischen der Lage der Pole und Nullstellen des offenen Kreises und der Lage der Pole des geschlossenen Kreises in der komplexen Ebene zu erlangen.

Beim Frequenzkennlinienverfahren, das wir im vorigen Kapitel behandelten, wird die Problemstellung nicht direkt in Angriff genommen. Es geht ja auch gar nicht von der gesamten komplexen Übertragungsfunktion $F_o(s)$ aus, sondern lediglich vom Frequenzgang $F_o(j\omega)$, also der Übertragungsfunktion auf der j-Achse. Mit Hilfe des Nyquist-Kriteriums, letzten Endes also mittels funktionentheoretischer Sätze, ist es von hier aus möglich, Aussagen über die Lage der Pole des geschlossenen Kreises zu machen. Streng genommen gelingt damit allerdings nur eine Stabilitätsaussage: Man kann entscheiden, ob alle Pole des geschlossenen Kreises links der j-Achse liegen oder nicht. Weitergehende Aussagen über das dynamische Verhalten, die also über die bloße Feststellung der Stabilität hinausgehen, etwa über Dämpfung und Schnelligkeit der Übergangsvorgänge, haben nur noch qualitativen Charakter. Genauere Angaben über die Pollage des geschlossenen Regelkreises können eben nicht gemacht werden.

Das nun zu beschreibende Wurzelortsverfahren (*root locus method, **W. R. Evans 1948*** [5.1]), neben dem Frequenzkennlinienverfahren die zweite allgemeine Methode zur Bearbeitung linearer Regelungen, geht ganz anders vor. Es greift die obige Problemstellung direkt an. Mittels des zentralen Begriffs der *Wurzelortskurve* wird in sehr anschaulicher Weise der Zusammenhang zwischen den Nullstellen und Polen des offenen Kreises und den Polen des geschlossenen Kreises hergestellt. Das gelingt dadurch, dass hier nicht nur der Frequenzgang $F_o(j\omega)$, sondern die gesamte komplexe Übertragungsfunktion $F_o(s)$ herangezogen wird. Auf diese Weise sind tiefere Einsichten in das dynamische Verhalten der Regelung möglich als mit dem Frequenzkennlinienverfahren. Das wird sich bei der Synthese (Kapitel 6) vor allem dann zeigen, wenn man unübliche Strecken, nämlich instabile oder nichtminimalphasige Strecken, zu regeln hat, oder auch dann, wenn man die Stabilisierung nicht durch Wegkürzen von Streckenzeitkonstanten vornehmen will.

Die Wurzelortskurve ist nicht so einfach zu zeichnen wie die Frequenzkennlinien, jedoch hat man Regeln, um ihre Gestalt sehr schnell *überschlägig* festzustellen. Das genügt, um qualitative Betrachtungen über das Verhalten und den Entwurf des Regelkreises durchzuführen, etwa festzustellen, welche grundsätzlichen Verbesserungsmöglichkeiten überhaupt bestehen. Solche Einsichten zu ermöglichen, ist ein wesentlicher Vorzug des Wurzelortsverfahrens.

Will man darüber hinaus quantitative Feststellungen treffen, so hat man die Wurzelortskurve auf dem Rechner zu bestimmen, wozu es innerhalb der heute verbreiteten regelungstechnischen Programmsysteme entsprechende Funktionen gibt.

Ein Nachteil des Wurzelortsverfahrens gegenüber dem Frequenzkennlinienverfahren liegt darin, dass es bei Strecken mit Totzeit sehr schwerfällig wird. Man wird es dann kaum anwenden. Deshalb beschränken wir uns im Folgenden auf rationale $F_o(s)$.

Was die Synthese des Regelkreises angeht, so ist sowohl vom Frequenzkennlinien- als auch vom Wurzelortsverfahren zu sagen, dass es sich um kein streng systematisches Verfahren, sondern – wie viele Ingenieurverfahren – um „gerichtete Probierverfahren" handelt. Der Anwender muss sich daher eine gewisse Erfahrung im Umgang mit beiden Methoden aneignen.

Im vorliegenden Kapitel werden die Eigenschaften der Wurzelortskurve und ihre Anwendung zur Analyse des Regelkreises behandelt, während der Synthese ein Abschnitt des folgenden Kapitels gewidmet ist.

5.2 Definition der Wurzelortskurve

Ausgangspunkt ist die charakteristische Gleichung

$$F_o(s) = -1 \tag{5.5}$$

des Regelkreises. Dabei sei

$$F_o(s) = k\,\frac{\prod_{\mu=1}^{m}(s-n_\mu)}{\prod_{\nu=1}^{n}(s-p_\nu)} = k\,\frac{P_o(s)}{Q_o(s)} \tag{5.6}$$

mit $k > 0,\ m < n,\ n_\mu \neq p_\nu$.

Die n_μ sind also die Nullstellen, die p_ν die Pole des offenen Kreises. Diese Darstellung ist von dem Formelausdruck (3.45a) für $F_o(s)$, den wir bei der Ortskurven- und der Frequenzkennliniendarstellung benutzt haben, etwas verschieden. Man erhält ihn aus (5.6), indem man dort $-n_\mu$ und $-p_\nu$ vor die Produkte zieht. Falls $p_\nu = 0$ als (q-facher) Pol auftritt, liefern die zugehörigen Faktoren $s - p_\nu = s$ dabei keinen Beitrag. Man erhält so aus (5.6)

$$F_o(s) = k\,\frac{\prod_{\mu=1}^{m}(-n_\mu)}{\prod_{\substack{\nu=1\\ p_\nu\neq 0}}^{n}(-p_\nu)}\cdot\frac{1}{s^q}\cdot\frac{\prod_{\mu=1}^{m}\left(1+\frac{s}{-n_\mu}\right)}{\prod_{\substack{\nu=1\\ p_\nu\neq 0}}^{n}\left(1+\frac{s}{-p_\nu}\right)}\,.$$

Das ist der Formelausdruck (3.45a) (für $T_t = 0$), wobei

$$V = k\,\frac{\prod_{\mu=1}^{m}(-n_\mu)}{\prod_{\substack{\nu=1\\ p_\nu\neq 0}}^{n}(-p_\nu)} \tag{5.7}$$

den Zusammenhang zwischen k und der Kreisverstärkung V beschreibt und $\dfrac{1}{-n_\mu}, \dfrac{1}{-p_\nu}$ die Zähler- und die Nennerzeitkonstanten des offenen Kreises darstellen. Dabei hat man sich die quadratischen Faktoren in (3.45a) ebenfalls in Faktoren 1. Grades zerlegt zu denken. Die dadurch erhaltenen „Zeitkonstanten" sind dann konjugiert komplex.

Für die charakteristische Gleichung (5.5) des Regelkreises kann man nun schreiben:

$$k\,P_o(s) = -Q_o(s) \tag{5.8}$$

mit

$$P_o(s) = \prod_{\mu=1}^{m}(s - n_\mu) = s^m + \ldots + b_1 s + b_0\,, \tag{5.9}$$

$$Q_o(s) = \prod_{\nu=1}^{n}(s - p_\nu) = s^n + \ldots + a_1 s + a_0\,. \tag{5.10}$$

Für jedes $k \neq 0$ ist (5.8) eine Gleichung n-ten Grades. Nach dem Fundamentalsatz der Algebra hat sie genau n Nullstellen oder Wurzeln $\alpha_1, \ldots, \alpha_n$. Variiert man k, so verändern sie ihre Lage in der komplexen Ebene. Die Gesamtheit der Punkte der s-Ebene, die für beliebiges $k > 0$ angenommen werden, bezeichnet man als *Wurzelortskurve* oder kurz *Wurzelort* des durch $F_o(s)$ bestimmten Regelkreises. In der Tat ist sie der geometrische Ort für die Wurzeln der charakteristischen Gleichung des Regelkreises, ganz gleich, wie $k > 0$ gewählt ist. Man hat so die *Definition:*

Fasst man in der charakteristischen Gleichung

$$F_o(s) = -1 \quad \textit{bzw.} \quad k\frac{P_o(s)}{Q_o(s)} = -1 \tag{5.11}$$

$k > 0$ *als Parameter auf, so beschreiben die n Wurzeln dieser Gleichung, die zugleich die Pole des geschlossenen Regelkreises sind, Bahnen* $\alpha_1 = \alpha_1(k), \ldots, \alpha_n = \alpha_n(k)$ *in der s-Ebene. Ihre Gesamtheit heißt Wurzelortskurve oder Wurzelort des Regelkreises.*

Die Wurzelortskurve besteht somit aus der Gesamtheit aller Punkte s der komplexen Ebene, welche die Gleichung (5.5) oder (5.8) für $k > 0$ erfüllen. Nun ist die komplexe Gleichung (5.5) äquivalent zu dem reellen Gleichungspaar

$$|F_o(s)| = 1\,,$$

$$\underline{/F_o(s)} = (2i+1)\pi \qquad i \text{ beliebig ganz}.$$

Wegen (5.6) kann man dafür auch schreiben:

$$k\,\frac{\prod_{\mu=1}^{m}|s - n_\mu|}{\prod_{\nu=1}^{n}|s - p_\nu|} = 1\,, \tag{5.12}$$

$$\sum_{\mu=1}^{m}\underline{/s - n_\mu} - \sum_{\nu=1}^{n}\underline{/s - p_\nu} = (2i+1)\pi\,, \tag{5.13}$$

i beliebig ganz, letzteres deshalb, weil $\underline{/k} = 0$ ist. Die Wurzelortskurve besteht somit aus allen Punkten der s-Ebene, die diese Betrags- und Argumentengleichung für beliebiges positives k befriedigen. Da in der Argumentengleichung k gar nicht mehr vorkommt, heißt das: *Die Wurzelortskurve ist die Gesamtheit aller Punkte s, die allein der Gleichung (5.13) genügen. Ist s ein derartiger Punkt, so ist der zugehörige k-Wert* durch (5.12) gegeben:

$$k = \frac{\prod_{\nu=1}^{n}|s - p_\nu|}{\prod_{\mu=1}^{m}|s - n_\mu|}\,. \tag{5.14}$$

Die Wurzelortskurve, ursprünglich durch die gesamte komplexe Gleichung $F_o(s) = -1$ definiert, ergibt sich somit allein aus der Argumentenbeziehung. Dieses Resultat ist grundlegend. Man kann etwas über die Lage der Wurzeln der charakteristischen Gleichung aussagen, ohne die charakteristische Gleichung zu lösen, nur aus dem Argument von $F_o(s)$. Hinzu kommt, dass die Wurzelortskurve sehr prägnante geometrische Eigenschaften hat, aufgrund derer man sie leicht skizzieren kann. Auf diesen beiden Tatsachen beruht das Wurzelortsverfahren.

Die Gleichung (5.14) liefert den Parameterwert k, der zum Punkt s der Wurzelortskurve gehört. Aus dieser Gleichung liest man ab: $k = 0$ gilt genau dann, wenn $s = p_\nu$ ist, $k = +\infty$ genau dann, wenn $s = n_\mu$ bzw. $s = \infty$ ist. Der unendlich ferne Punkt $s = \infty$ der komplexen Ebene ist zu den Nullstellen des offenen Kreises zu rechnen, denn wegen $m < n$ stellt er eine $(n-m)$-fache Nullstelle von $F_o(s)$ dar.

Eine weitere Eigenschaft der Wurzelortskurve liegt gleichfalls sofort auf der Hand. Da die nichtreellen Nullstellen der charakteristischen Gleichung konjugiert komplex sind, liegen sie symmetrisch zur reellen Achse.

Halten wir so als erste Eigenschaften fest:

Die Wurzelortskurve liegt symmetrisch zur reellen Achse. Sie beginnt für $k = 0$ *in den Polen des offenen Kreises und endet für* $k = +\infty$ *in seinen Nullstellen, wobei* $s = \infty$ *als* $(n-m)$*-fache Nullstelle mitzuzählen ist.* (5.15)

Betrachten wir zur Erläuterung der allgemeinen Begriffe ein einfaches Beispiel mit reellen Polen p_1, p_2:

$$F_o(s) = \frac{k}{(s - p_1)(s - p_2)}\,.$$

In Bild 5-2 wie auch im Folgenden sind die Pole des offenen Kreises durch Kreuze, die Nullstellen durch kleine Kreise gekennzeichnet. Nach (5.13) ist die Wurzelortskurve hier durch die Gleichung

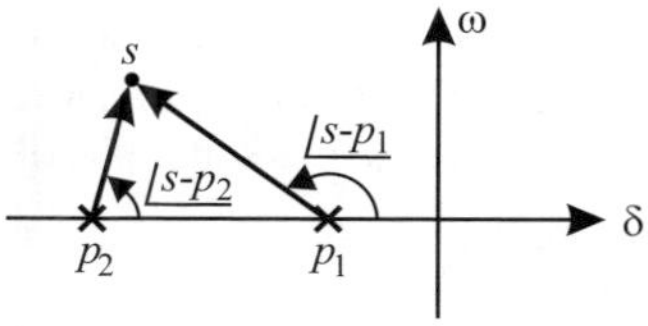

Bild 5-2: Konstruktion der Wurzelortskurve zu

$$F_o(s) = \frac{k}{(s-p_1)(s-p_2)}$$

$$-\underline{/s-p_1} - \underline{/s-p_2} = (2i+1)\pi$$

oder

$$\underline{/s-p_1} + \underline{/s-p_2} = (2i+1)\pi\,, \quad i \text{ beliebig ganz},$$

gegeben. Man sieht unmittelbar, dass diese Gleichung zunächst für das Stück der reellen Achse zwischen p_1 und p_2 erfüllt ist, da für die dortigen s $\underline{/s-p_1} = \pi$ und $\underline{/s-p_2} = 0$ gilt. Weiter liest man aus Bild 5-2 ab, dass für die Mittelsenkrechte auf der Strecke von p_1 nach p_2 ebenfalls

$$\underline{/s-p_1} + \underline{/s-p_2} = \pi$$

ist, jedoch für kein anderes s. Man erhält so die in Bild 5-3 dargestellte Wurzelortskurve.

Für kleine k sind somit die beiden Wurzeln $\alpha_{1,2}$ der charakteristischen Gleichung reell. Mit wachsendem k streben sie gegen den Punkt δ_v der reellen Achse. Dort ist wegen (5.14)

$$k = |\frac{1}{2}(p_1+p_2) - p_1| \cdot |\frac{1}{2}(p_1+p_2) - p_2| = \frac{1}{4}(p_1-p_2)^2\,.$$

Für $k > \frac{1}{4}(p_1-p_2)^2$ sind die Wurzeln $\alpha_{1,2}$ konjugiert komplex.

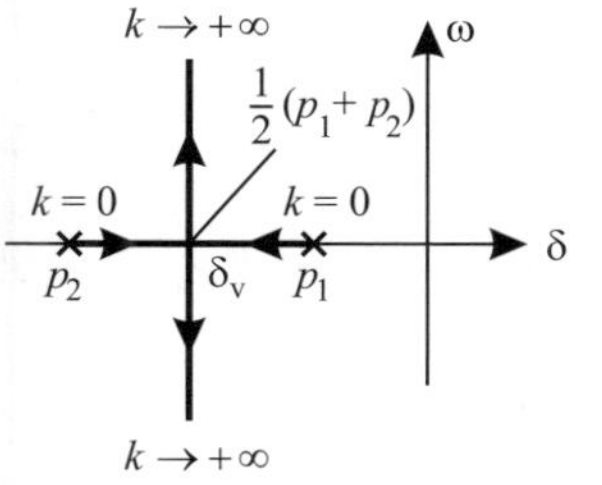

Bild 5-3: Wurzelortskurve zu $F_o(s) = \frac{k}{(s-p_1)(s-p_2)}$

In einem so einfachen Fall wie dem vorliegenden kann man die Wurzeln $\alpha_{1,2}$ auch formelmäßig durch den Parameter k ausdrücken. Aus $F_o(s)+1=0$, also

$$\frac{k}{(s-p_1)(s-p_2)} + 1 = 0\,, \quad p_1 > p_2\,,$$

folgt nämlich

$$\alpha_{1,2} = \frac{p_1+p_2}{2} \pm \sqrt{\left[\frac{p_1-p_2}{2}\right]^2 - k}\,.$$

Daraus erkennt man:

- Für $k = 0$ ist in der Tat $\alpha_{1,2} = p_{1,2}$.
- Für $0 < k < \frac{1}{4}(p_1-p_2)^2$ sind $\alpha_{1,2}$ reell. Eine Wurzel, etwa α_1, liegt zwischen p_1 und $\frac{1}{2}(p_1+p_2)$, die andere zwischen $\frac{1}{2}(p_1+p_2)$ und p_2.
- Für $k = \frac{1}{4}(p_1-p_2)^2$ liegt eine reelle Doppelwurzel vor.
- Für $k > \frac{1}{4}(p_1-p_2)^2$ sind die Wurzeln $\alpha_{1,2}$ konjugiert komplex mit dem von k unabhängigen Realteil $\frac{1}{2}(p_1+p_2)$. Für $k \to \infty$ geht der Imaginärteil gegen $\pm\infty$.

Das vorher mittels der Wurzelortskurve erhaltene Ergebnis wird so bestätigt.

5.3 Geometrische Eigenschaften der Wurzelortskurve

In diesem Abschnitt werden die wichtigsten geometrischen Eigenschaften der Wurzelortskurve zusammengestellt, deren Anwendung einen schnellen Überblick über den Verlauf der Wurzelortskurve ermöglicht. Die Eigenschaften sind deshalb als *Regeln* formuliert. Um den Fluss der Darstellung nicht aufzuhalten, wird ihre Herleitung im folgenden Abschnitt gebracht.

Die Regeln werden am Beispiel des Regelkreises in Bild 5-4 erläutert. Für ihn ist

$$F_o(s) = \frac{k}{s(s+2{,}5)(s+20)} \tag{5.16}$$

mit $k = 50\,\text{V}$.

Er kann als repräsentativ für alle Regelkreise gelten, bei denen der offene Kreis drei reelle Pole ≤ 0 aufweist. Lediglich zur Vermeidung von Umständlichkeiten wurden für die Pole spezielle Zahlenwerte gewählt. Hier wie auch in den folgenden Beispielen wird nur die Wurzelortskurve auf und oberhalb der reellen Achse gezeichnet. Da sie symmetrisch zur reellen Achse ist, genügt das.

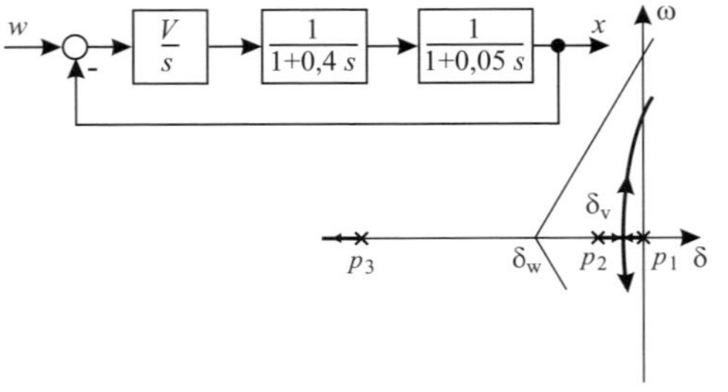

Bild 5-4: Wurzelortskurve eines Verzögerungssystems 3. Ordnung

Zunächst wollen wir zwei Eigenschaften der Wurzelortskurve, die bereits im vorigen Abschnitt hergeleitet und in (5.15) zusammengestellt wurden, als Regeln formulieren:

Regel 1

Die n Äste der Wurzelortskurve beginnen für $k = 0$ in den Polen des offenen Kreises. Sie enden für $k = +\infty$ in den Nullstellen des offenen Kreises, wobei $s = \infty$ als $(n-m)$-fache Nullstelle von $F_o(s)$ aufzufassen ist. $(n-m)$ Äste der Wurzelortskurve streben also ins Unendliche.

Regel 2

Die Wurzelortskurve ist symmetrisch zur reellen Achse.

In unserem Beispiel ist $n = 3, m = 0$, so dass $n - m = 3$ Äste der Wurzelortskurve ins Unendliche streben. Sie starten in den drei Polen $p_1 = 0, p_2 = -2,5$ und $p_3 = -20$ des offenen Kreises.

Um die folgende Regel zu formulieren, ist es zweckmäßig, eine neue Bezeichnung einzuführen: Pole und Nullstellen des offenen Kreises seien gemeinsam als *kritische Stellen* von $F_o(s)$ bezeichnet und durch $s_1, s_2, \ldots, s_{m+n}$ symbolisiert. Dann gilt die

Regel 3

Ein Punkt der reellen Achse gehört genau dann zur Wurzelortskurve, wenn rechts von ihm auf der reellen Achse eine ungerade Zahl kritischer Stellen des offenen Kreises liegt. Jede kritische Stelle wird dabei so oft gezählt, wie ihre Ordnung beträgt. Liegen insbesondere nur einfache kritische Stellen $s_1 > s_2 > \ldots$ auf der reellen Achse, so gehört das Achsenstück rechts von s_1 nicht zur Wurzelortskurve, das Achsenstück zwischen s_1 und s_2 gehört zur Wurzelortskurve und so abwechselnd weiter.

Es sei ausdrücklich darauf hingewiesen, dass die kritischen Stellen des offenen Kreises, die nicht auf der reellen Achse liegen, für diese Regel keine Rolle spielen.

Im obigen Beispiel sind die Pole einfach. Daher gehört das Stück der reellen Achse zwischen $p_1 = 0$ und $p_2 = -2,5$ zur Wurzelortskurve ebenso wie das Stück links von $p_3 = -20$. In Bild 5-4 ist dies dargestellt.

Nachdem man die Konstruktion der Wurzelortskurve auf der reellen Achse begonnen hat, geht man zweckmäßigerweise zu ihrem Verhalten im Unendlichen über. Aus Regel 1 folgt, dass $(n-m)$ Äste ins Unendliche streben. Da bei einer realen Regelstrecke der Nennergrad n erheblich höher ist als der Zählergrad m, der häufig genug, nämlich bei jedem Verzögerungssystem, Null ist, streben die meisten oder sogar alle Wurzelortsäste ins Unendliche. Für sie gilt ein bemerkenswerter Satz:

Regel 4

Die Asymptoten der ins Unendliche strebenden Wurzelortsäste schneiden sich sämtlich in einem Punkt der reellen Achse, dem Wurzelschwerpunkt. Seine Abszisse ist

$$\delta_w = \frac{1}{m-n}\left(\sum_{\mu=1}^{m} \mathrm{Re}\, n_\mu - \sum_{\nu=1}^{n} \mathrm{Re}\, p_\nu\right)$$

bzw.

$$\delta_w = \frac{1}{m-n}\sum_{\lambda=1}^{m+n} \varepsilon_\lambda \mathrm{Re} s_\lambda\,, \tag{5.17}$$

wobei $\varepsilon_\lambda = +1$ oder -1, je nachdem, ob s_λ eine Nullstelle n_μ oder einen Pol p_ν darstellt.

Die Asymptoten der Wurzelortskurve sind damit vollständig bekannt, wenn man noch ihre Anstiegswinkel kennt. Für diese gilt

Regel 5

Die Anstiegswinkel der Asymptoten der Wurzelortskurve sind

$$\varphi_i = (2i+1)\frac{\pi}{n-m}\,, \quad i = 0, 1, \ldots, n-m-1\,. \tag{5.18}$$

Man darf sich auf die angegebenen i-Werte beschränken, da alle anderen i lediglich Winkel liefern, die sich um ganzzahlige Vielfache von 2π von den Werten (5.18) unterscheiden und deshalb nur die bereits erhaltenen Asymptoten liefern.

Im Beispiel ist

$$\delta_w = \frac{(0-2{,}5-20)-0}{3-0} = -7{,}5\,,$$

$$\varphi_i = (2i+1)\frac{\pi}{3}\,, \quad i = 0,1,2,$$

also

$$\varphi_i = \begin{cases} 60° \\ 180° \\ 300° \quad \text{bzw.} \quad -60°\,. \end{cases}$$

Der zweite Wert entspricht der negativen reellen Achse, die ja in der Tat ab p_3 ein ins Unendliche strebender Wurzelortsast ist.

Die beiden anderen Asymptoten werden von Wurzelortsästen angestrebt, die nicht mit der reellen Achse zusammenfallen. Da es sich um Bahnen von Wurzeln handelt, die für $k = 0$ in p_1 und p_2 beginnen, müssen sie für einen bestimmten k-Wert von dem Wurzelortsstück zwischen p_1 und p_2 ausgehen. Dort liegt ein *Verzweigungspunkt* δ_V der Wurzelortskurve vor.

Zeichnet man die Stücke der Wurzelortskurve auf der reellen Achse und die Asymptoten, so kann man den Verlauf der Wurzelortskurve bereits skizzieren, was für einen ersten Überblick über das dynamische Verhalten des Regelkreises schon ausreicht. Für kleine k hat der vorliegende Kreis drei verschiedene reelle Pole. Mit wachsendem k wird der Verzweigungspunkt δ_V erreicht. Dann liegt ein reeller Doppelpol vor, zu dem noch ein weiterer reeller Pol weit links auf der reellen Achse kommt. Steigt k weiter, so geht der reelle Doppelpol in ein Paar konjugiert komplexer Pole über, und es entsteht ein Schwingungsvorgang in der Sprungantwort. Bei noch weiter steigendem k muss das konjugiert komplexe Polpaar die j-Achse überschreiten, und der Regelkreis wird instabil.

Man hat jetzt bereits einen guten qualitativen Überblick über das Zeitverhalten des Regelkreises. Um zu quantitativen Aussagen zu gelangen, muss man offensichtlich vor allem noch zwei Dinge wissen: Die *Verzweigungspunkte*, in denen die Wurzelortskurve die reelle Achse verlässt, und ihre *Schnittpunkte mit der imaginären Achse*. Die ersteren charakterisieren den Grenzzustand, in dem ein reeller Doppelpol in ein konjugiert komplexes Polpaar übergeht, kennzeichnen also das Auftreten schwingender Komponenten in der Sprungantwort. Die letzteren zeigen die beginnende Instabilität des Regelkreises an.

Über die Verzweigungspunkte wollen wir drei Regeln formulieren. Zunächst die allgemeine

Regel 6

Die (von den Nullen und Polstellen des offenen Kreises verschiedenen) Verzweigungspunkte der Wurzelortskurve erhält man aus der Gleichung

$$\sum_{\mu=1}^{m} \frac{1}{s-n_\mu} - \sum_{\nu=1}^{n} \frac{1}{s-p_\nu} = 0 \quad \textit{bzw.}$$

$$\sum_{\lambda=1}^{m+n} \frac{\varepsilon_\lambda}{s-s_\lambda} = 0\,. \tag{5.19}$$

Interessanterweise erhält man die Verzweigungspunkte als Nullstellen einer in Partialbrüche zerlegten rationalen Funktion.

Ist s eine reelle Verzweigungsstelle, so kann man $s = \delta$ setzen. Ist s_λ eine reelle kritische Stelle, so ist $s_\lambda = \delta_\lambda$, und der zugehörige Partialbruch lautet

$$\frac{\varepsilon_\lambda}{\delta-\delta_\lambda}\,. \tag{5.20}$$

Ist $s_\lambda = \delta_\lambda + j\omega_\lambda$ nicht reell, so ist auch die konjugiert komplexe Zahl $s_\lambda = \delta_\lambda - j\omega_\lambda$ eine kritische Stelle. Die zugehörigen Partialbrüche sind dann

$$\frac{\varepsilon_\lambda}{s-s_\lambda} + \frac{\varepsilon_\lambda}{s-\overline{s}_\lambda} = 2\frac{\varepsilon_\lambda(\delta-\delta_\lambda)}{(\delta-\delta_\lambda)^2+\omega_\lambda{}^2}\,.$$

Der gleiche Bruch tritt also zweimal auf, entsprechend der Tatsache, dass man zwei kritische Stellen erfasst hat. Für $\omega_\lambda = 0$ geht er in den Ausdruck (5.20) über. Damit erhält man aus der allgemeinen Regel 6 die spezielle

Regel 7

Die (von den Nullstellen und Polen des offenen Kreises verschiedenen) Verzweigungspunkte der Wurzelortskurve auf der reellen Achse erhält man aus der Gleichung

$$\sum_{\lambda=1}^{m+n} \varepsilon_\lambda \frac{\delta-\delta_\lambda}{(\delta-\delta_\lambda)^2+\omega_\lambda{}^2} = 0 \tag{5.21}$$

durch Auflösen nach δ. Dabei sind $s_\lambda = \delta_\lambda + j\omega_\lambda$ die kritischen Stellen des offenen Kreises. Sind insbesondere alle kritischen Stellen reell, so hat man die einfachere Gleichung

$$\sum_{\lambda=1}^{m+n} \frac{\varepsilon_\lambda}{\delta-\delta_\lambda} = 0\,. \tag{5.22}$$

Bei der praktischen Lösung von (5.21) oder (5.22) hat man aufgrund der bekannten Lage der auf der reellen Achse gelegenen Stücke der Wurzelortskurve sowie der Asymptotenlage von vornherein einen Anhalt, wo die Verzweigungspunkte etwa liegen. Man kann dann die ferner gelegenen kritischen Stellen häufig vernachlässigen und die Gleichung näherungsweise lösen.

Im Beispiel sind alle kritischen Stellen reell. Die Gleichung (5.22) lautet hier

$$-\frac{1}{\delta-0}-\frac{1}{\delta+2,5}-\frac{1}{\delta+20}=0\,.$$

Durch Multiplikation mit $\delta(\delta+2,5)(\delta+20)$ folgt daraus die quadratische Gleichung

$$(\delta)^2+15\delta+\frac{50}{3}=0\,.$$

Sie hat die Wurzeln

$$\delta_1=-1,21 \quad \text{und} \quad \delta_2=-13,79\,.$$

Da die letztere nicht auf der Wurzelortskurve liegt, kann nur die erstere ein Verzweigungspunkt sein:

$$\delta_V=-1,21\,.$$

Nach (5.14) gehört zu ihm der Parameterwert

$$k_V=|-1,21-0|\cdot|-1,21+2,5|\cdot|-1,21+20|=29,329\,.$$

Da nach (5.7) $V=k/50$ ist, gehört hierzu

$$V=0.587\,.$$

Für $k\leq k_V$ sind die drei Wurzeln der charakteristischen Gleichung des Regelkreises reell, während für $k>k_V$ ein konjugiert komplexes Wurzelpaar auftritt.

In komplizierteren Fällen können mehr als zwei Äste der Wurzelortskurve durch einen Verzweigungspunkt gehen. Für die Schnittwinkel gilt:

Regel 8

Schneiden sich in einem (von den Nullstellen und Polen des offenen Kreises verschiedenen) Verzweigungspunkt der Wurzelortskurve r Äste, gehen also $z=2r$ Kurvenstücke von ihm aus, so ist der Betrag des Schnittwinkels benachbarter Kurvenstücke

$$\Delta\psi=\frac{\pi}{r}=\frac{2\pi}{z}\,. \qquad (5.23)$$

Ein wichtiger Spezialfall, der im Beispiel vorliegt, besteht darin, dass es sich um einen einfachen Verzweigungspunkt auf der reellen Achse handelt, dass also *ein* Kurvenbogen die reelle Achse schneidet. Dann ist $r=2$ und damit $\Delta\psi=\pi/2$. In diesem Fall steht also die Wurzelortskurve senkrecht auf der reellen Achse. Handelt es sich aber um einen mehrfachen Verzweigungspunkt ($r>2$), so ist dies nicht mehr der Fall.

Schneidet die Wurzelortskurve die imaginäre Achse in einem Punkt $j\omega$, so stellt dieser eine Wurzel der charakteristischen Gleichung dar. Für ihn und den zugehörigen Parameterwert k besteht also die Beziehung

$$F_o(j\omega)+1=0 \quad \text{oder} \quad k\frac{P_o(j\omega)}{Q_o(j\omega)}+1=0 \quad \text{bzw.}$$

$$k\,P_o(j\omega)+Q_o(j\omega)=0\,.$$

Man erhält so

Regel 9

Die Schnittpunkte $j\omega$ der Wurzelortskurve mit der imaginären Achse und die zu ihnen gehörigen Parameterwerte k erhält man aus der Gleichung

$$k\,P_o(j\omega)+Q_o(j\omega)=0 \qquad (5.24)$$

durch Auflösen nach ω und k.

In unserem Beispiel erhält man für (5.24) die Gleichung

$$k+j\omega(j\omega+2,5)(j\omega+20)=0 \quad \text{oder}$$

$$k-22,5\omega^2+j\omega(-\omega^2+50)=0\,.$$

Aus der letzten Gleichung folgt, da ω an der Stabilitätsgrenze gewiss $\neq 0$ ist,

$$\omega^2=50\,, \quad \text{also} \quad \omega_G=7,07\,.$$

Damit wird

$$k_G=22,5\cdot 50=1125$$

und wegen $V=\dfrac{k}{50}$:

$$V_G=22,5\,.$$

Bei diesem Wert der Kreisverstärkung wird also der geschlossene Kreis gerade instabil.

Insgesamt hat man folgendes Verhalten der Wurzeln $\alpha_{1,2,3}$ der charakteristischen Gleichung, also der Pole des Regelkreises:

- $k=0$: $\alpha_{1,2,3}$ starten in den Polen $p_1=0, p_2=-2,5$ und $p_3=-20$ des offenen Kreises.
- $0<k<29,329$: $\alpha_{1,2,3}$ reell, wobei $\alpha_{1,2}$ zwischen 0 und $-2,5$ liegen, während a_3 links von -20 gelegen ist.
- $k=29,329\,(V=0,587)$: $\alpha_1=\alpha_2=\delta_V=-1,21$, während α_3 reell und <-20 ist.
- $k>29,329$: $\alpha_{1,2}$ konjugiert komplex, α_3 reell und <-20.
- $k=k_G=1125\,(V_G=22,5)$: $\alpha_{1,2}=\pm j\,7,07, \alpha_3$ reell und <-20: Regelkreis wird instabil.
- $k>1125$: Regelkreis bleibt instabil.
- $k\to+\infty$: $\alpha_{1,2,3}\to\infty$.

Man sieht, welche Einsicht in das dynamische Verhalten der Regelung durch die Wurzelortskurve vermittelt wird. Um den Zusammenhang zwischen Wurzelortskurve und Zeitverhalten weiter zu verdeutlichen, sind in Bild 5-5 die Führungssprungantworten für verschiedene Werte des Parameters k dargestellt und die zugehörigen Pole der Regelung durch die Angabe dieser Werte an der Wurzelortskurve kenntlich gemacht.

Nun sollen noch zwei Regeln angegeben werden, die im obigen Beispiel nicht gebraucht wurden, aber häufig von Nutzen sind. Bei der ersten geht es um einen offenen Kreis, der kritische Stellen außerhalb der reellen Achse oder mehrfache kritische Stellen auf der reellen Achse hat. Von ihnen gehen Wurzelortsäste aus, wenn es sich um Pole des offenen Kreises handelt; in ihnen enden Wurzelortsäste, sofern es Nullstellen des offenen Kreises sind. Über die Tangentenwinkel in den kritischen Stellen kann man eine allgemeine Aussage machen:

Regel 10

Ist s_ρ eine kritische Stelle des offenen Kreises von der Ordnung r_ρ, so sind die Anstiegswinkel der r_ρ Wurzelortsäste, die dort beginnen bzw. enden:

$$\varphi_{\rho i}=-\frac{1}{\varepsilon_\rho r_\rho}\sum_{\substack{\lambda=1\\ s_\lambda\neq s_\rho}}^{m+n}\varepsilon_\lambda\underline{/s_\rho-s_\lambda}+(2i+1)\frac{\pi}{\varepsilon_\rho r_\rho}\,,$$
$$i=0,1,\ldots,r_\rho-1\,. \tag{5.25}$$

Dabei ist der Einfachheit halber angenommen, dass die Wurzelortskurvenäste von der kritischen Stelle weggerichtet sind. Durchläuft man die Wurzelortskurve im Sinne wachsender k, so muss man in den Nullstellen die Richtungen (5.25) um $+\pi$ oder $-\pi$ ändern. Für die *Lage* der Anfangstangente, auf die es allein ankommt, ist das aber belanglos.

Schließlich noch eine Eigenschaft, die eine Aussage über die k-Skala auf der Wurzelortskurve erlaubt:

Regel 11

Ist Grad $Z_o(s)\leq$ Grad $N_o(s)-2$ und sind α_ν die Wurzeln der charakteristischen Gleichung $F_o(s)+1=0$ für irgendeinen Wert von k, so gilt

$$\sum_{\nu=1}^{n}\mathrm{Re}\,\alpha_\nu=\sum_{\nu=1}^{n}\mathrm{Re}\,p_\nu\,. \tag{5.26}$$

$\sum_{\nu=1}^{n}\mathrm{Re}\,\alpha_\nu$ hängt also von k nicht ab, hat vielmehr für jeden Punkt der Wurzelortskurve den gleichen Wert, eben $\sum_{\nu=1}^{n}\mathrm{Re}\,p_\nu$.

Hat man daher zu einem Wert von k sämtliche Punkte auf der Wurzelortskurve gefunden bis auf eine reelle Wurzel oder ein Paar konjugiert komplexer Wurzeln, so erhält man aus (5.26) den gesuchten Realteil und damit die Wurzel bzw. das Wurzelpaar selbst, das noch zu diesem k-Wert gehört.

Ein weiteres Beispiel soll nochmals die Anwendung der Regeln, besonders auch der Regel 10, erläutern. Der offene Kreis sei durch

$$F_o(s)=k\frac{s}{(s+1-j)(s+1+j)(s+4)}$$

gegeben, habe also eine Nullstelle und ein konjugiert komplexes Polpaar sowie einen reellen Pol. Die Konstruktion der Wurzelortskurve wird in mehreren Schritten durchgeführt. Das Ergebnis findet man in Bild 5-6.

Schritt 1

Einzeichnen der Nullstellen und der Pole des offenen Kreises.

Schritt 2

Anwendung von Regel 3: Die Wurzelortskurve auf der reellen Achse besteht aus dem Stück zwischen -4 und 0.

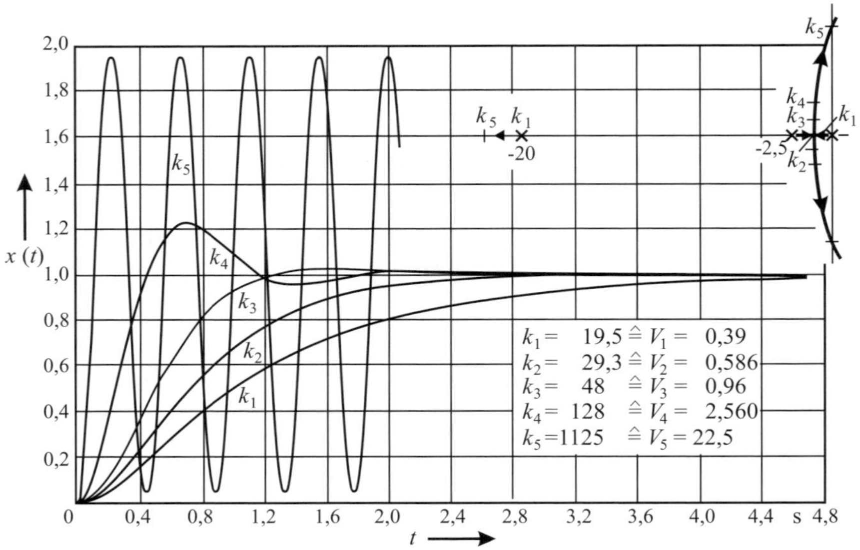

Bild 5-5: Führungssprungantworten und Wurzelortskurve für den Regelkreis aus Bild 5-4

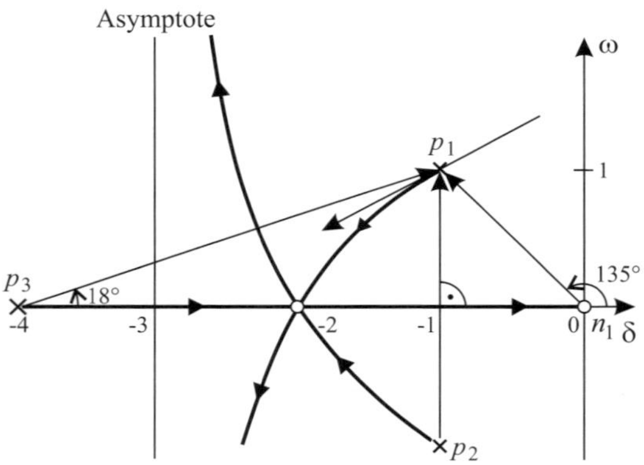

Bild 5-6: Wurzelortskurve eines Systems mit nichtreellen Polen: $F_o(s) = k\frac{s}{[(s+1)^2+1](s+4)}$

Schritt 3

Anwendung von Regel 1: Da es nur *eine* endliche Nullstelle ($s = 0$) gibt, müssen zwei Wurzelortskurvenäste nach $s = \infty$ verlaufen.

Schritt 4

Anwendung von Regel 10: Wegen Regel 2 (Symmetrie) genügt es, sich auf den komplexen Pol p_1 zu beschränken.

Er ist einfach, sendet also nur *einen* Kurvenast der Wurzelortskurve aus. Der Tangentenwinkel ist nach (5.25), da $r_\rho = 1$ und $\varepsilon_\rho = -1$:

$$\varphi_1 = \underline{/p_1 - n_1} - \underline{/p_1 - p_2} - \underline{/p_1 - p_3} + \frac{\pi}{-1},$$

also $\varphi_1 = 135° - 90° - 18° - 180° = -153°$, wobei der dritte Winkel durch Messung in Bild 5-6 bestimmt ist. Nun zeichnet man die Anfangstangente ein.

Schritt 5

Anwendung der Regeln 4 und 5 zur Bestimmung der Asymptoten:

$$\delta_w = \frac{(-1-1-4)-0}{3-1} = -3,$$

$$\varphi_i = (2i+1)\frac{\pi}{2}, \quad i = 0,1.$$

Somit ist $\varphi_0 = \frac{\pi}{2}$, $\varphi_1 = \frac{3}{2}\pi$ bzw. $\varphi_1 = -\frac{\pi}{2}$.

Die Wurzelortskurve besitzt also eine Asymptote, die in $\delta = -3$ auf der reellen Achse senkrecht steht.

Schritt 6

Anwendung von Regel 7 zur Bestimmung der Verzweigungspunkte auf der reellen Achse.

Aus der bisherigen Untersuchung geht bereits hervor, dass höchstens ein Verzweigungspunkt vorliegen kann, nämlich dann, wenn der von p_1 ausgehende Wurzelortskurvenast nach unten verläuft und gegen die untere Asymptotenhälfte strebt. Aus Symmetriegründen (Regel 2) muss es sich dann um einen

Schnittpunkt von $r = 3$ Wurzelortskurvenästen handeln: des von p_1 ausgehenden Wurzelortskurvenastes, des von p_2 ausgehenden Wurzelortskurvenastes und der reellen Achse.

Falls ein solcher Schnittpunkt existiert, muss er der Anfangstangente und der Asymptote nach etwa bei $\delta = -2$ liegen.

Aus Regel 7 folgt als Gleichung für diesen δ-Wert:

$$\frac{1}{\delta} - 2\frac{\delta+1}{(\delta+1)^2+1} - \frac{1}{\delta+4} = 0\,.$$

In der Tat erfüllt $\delta = -2$ diese Gleichung genau. Wegen $r = 3$ ist der Winkel zwischen zwei benachbarten Zweigen dem Betrage nach

$$\Delta\psi = \frac{\pi}{3} = 60°\,.$$

Die Bestimmung der Schnittpunkte mit der imaginären Achse ist hier überflüssig. Man sieht aus der bisherigen Skizze, dass die Wurzelortskurve die j-Achse nicht überschreitet. Der geschlossene Kreis ist also für alle positiven V stabil. Dazu muss gesagt werden, dass es sich bei $F_o(s)$ um eine Übertragungsfunktion handelt, die als realer offener Regelkreis nicht auftreten wird, wie man schon aus der Tatsache erkennt, dass $F_o(0) = 0$ ist.

Will man den Kurvenverlauf noch etwas genauer festlegen, so kann man die Gleichung der Wurzelortskurve gemäß Abschnitt 5.5 aufstellen. Man erhält

$$\omega^2 = -\frac{\delta^3 + 3\delta^2 - 4}{\delta + 3}\,.$$

Mit ihr wurden die Zwischenwerte für $\delta = -1{,}2$; $-1{,}5$; $-2{,}5$ in Bild 5-6 berechnet.

Abschließend sei darauf hingewiesen, dass man eine umfangreiche Sammlung typischer Wurzelortskurvenverläufe in [5.2], Abschnitt 4.4, findet.

5.4 Herleitung der geometrischen Eigenschaften der Wurzelortskurve

Wir wollen dabei von der Formulierung und Bezeichnungsweise der Regeln 1 bis 11 in Abschnitt 5.3 ausgehen.

Regel 1 wurde schon in Abschnitt 5.2 hergeleitet. *Regel 2* folgt aus ihr unmittelbar: Da die Wurzelortskurve aus den Bahnen der Wurzeln $\alpha_\nu(k)$ der charakteristischen Gleichung besteht, diese aber, sofern nichtreell, konjugiert komplex sind, ist die Wurzelortskurve symmetrisch zur reellen Achse.

Für die Herleitung der weiteren Regeln ist es zweckmäßig, die Gleichung (5.13) der Wurzelortskurve noch etwas umzuformen, indem man statt der Nullstellen und Pole auch hier die kritischen Stellen s_λ verwendet. Damit wird aus (5.13)

$$\sum_{\lambda=1}^{m+n} \varepsilon_\lambda \underline{/s - s_\lambda} = (2i+1)\pi\,, \quad i \text{ beliebig ganz.} \tag{5.27}$$

Wir wollen jetzt den Begriff der Wurzelortskurve verallgemeinern, indem wir zunächst die *komplementäre Wurzelortskurve* einführen. Dazu betrachten wir wieder die Gleichung (5.5), also

$$F_o(s) = -1\,,$$

nehmen aber in $F_o(s)$ k negativ an. Dann bildet die Gesamtheit der Wurzeln von (5.5) die *komplementäre Wurzelortskurve*, deren Parameter also wiederum k ist, nur dass k jetzt von $-\infty$ bis 0 läuft. Für $k = -\infty$ startet sie in den Nullstellen des offenen Kreises und endet für $k = 0$ in diesen Polen. Aus (5.5) folgt, ganz entsprechend wie bisher,

$$\underline{/k} + \sum_{\lambda=1}^{m+n} \varepsilon_\lambda \underline{/s - s_\lambda} = \underline{/-1}\,.$$

Da k jetzt negativ ist, stellt $\underline{/-1} - \underline{/k}$ die Differenz zweier ungerader Vielfacher von 2π dar und ist deshalb ein gerades Vielfaches von 2π:

$$\sum_{\lambda=1}^{m+n} \varepsilon_\lambda \underline{/s - s_\lambda} = 2i\pi\,, \quad i \text{ beliebig ganz.} \tag{5.28}$$

Dies ist somit die *Gleichung der komplementären Wurzelortskurve.*

Wurzelortskurve und komplementäre Wurzelortskurve zusammen bilden die *erweiterte Wurzelortskurve.* Gemäß (5.27) und (5.28) ist sie durch die Gleichung

$$\sum_{\lambda=1}^{m+n} \varepsilon_\lambda \underline{/s - s_\lambda} = \nu\pi\,, \quad \nu \text{ beliebig ganz,} \tag{5.29}$$

gegeben. Ihr Kurvenparameter ist wieder k, wobei k jetzt von $-\infty$ bis $+\infty$ läuft.

Im Folgenden werden wir uns in erster Linie mit der Wurzelortskurve befassen, aber gelegentlich auch die komplementäre und die erweiterte Wurzelortskurve heranziehen, um die Betrachtung abzurunden.

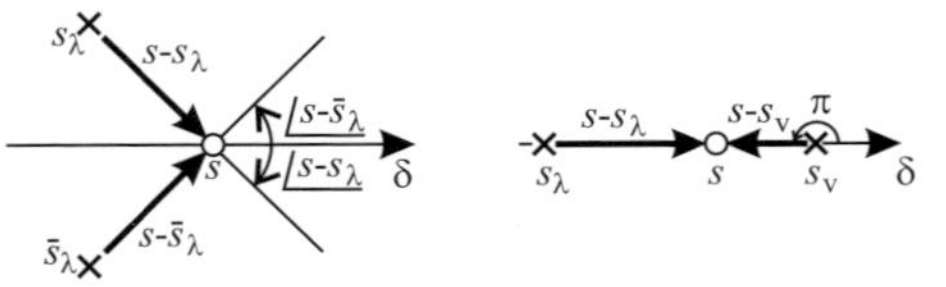

Bild 5-7: Die Wurzelortskurve auf der reellen Achse (Herleitung von Regel 3)

Die *Regel 3 über die Äste der Wurzelortskurve auf der reellen Achse* kann man aus Bild 5-7 ablesen. Dabei geht man von der Gleichung (5.27) der Wurzelortskurve aus. Liegt s auf der reellen Achse, so ist für irgendein Paar nichtreeller kritischer Stellen nach Bild 5-7, links, $\underline{/s-s_\lambda} + \underline{/s-\bar{s}_\lambda} = 0$. Liegt eine kritische Stelle auf der reellen Achse links von s, so ist $s-s_\lambda$ mit der reellen Achse gleichgerichtet, also $\underline{/s-s_\lambda} = 0$. Wenn dagegen s_λ rechts von s liegt, wird $\underline{/s-s_\lambda} = \pi$. Somit ist für einen Punkt s auf der reellen Achse $\underline{/F_o(s)} = (2i+1)\pi$, wenn rechts von ihm eine ungerade Zahl kritischer Stellen liegen. Genau dann liegt er auf der Wurzelortskurve.

Die Herleitung der *Regel 4 über den Wurzelschwerpunkt* ist etwas mühsamer. Der Gedankengang ist folgender: Wir stellen die Gleichung der Tangente an die Wurzelortskurve auf und bestimmen ihren Schnittpunkt mit der reellen Achse. Dann lassen wir den Berührungspunkt der Tangente ins Unendliche gehen, so dass die Tangente in die Asymptote und ihr Schnittpunkt mit der reellen Achse in den Wurzelschwerpunkt übergeht.

Um dieses Programm durchzuführen, gehen wir von der Gleichung (5.29) der erweiterten Wurzelortskurve aus. Wegen

$$s - s_\lambda = (\delta + j\omega) - (\delta_\lambda + j\omega_\lambda) = (\delta - \delta_\lambda) + j(\omega - \omega_\lambda)$$

ist

$$\tan \underline{/s-s_\lambda} = \frac{\omega - \omega_\lambda}{\delta - \delta_\lambda}\,.$$

Man kann daher (5.29) in der Form

$$F(\delta,\omega) = \sum_{\lambda=1}^{m+n} \varepsilon_\lambda \arctan \frac{\omega-\omega_\lambda}{\delta-\delta_\lambda} = \nu\pi \tag{5.30}$$

schreiben.

Nun stellt man die Gleichung der Tangente an die Wurzelortskurve in irgendeinem Punkt (δ,ω) auf:

$$v - \omega = \omega'(\delta)(u-\delta)\,,$$

wo (u,v) der laufende Punkt der Tangente und $\omega = \omega(\delta)$ die Gleichung der erweiterten Wurzelortskurve ist, die durch (5.30) implizit gegeben wird. Den Schnittpunkt der Tangente mit der reellen Achse erhält man für $v=0$:

$$u = \delta - \frac{\omega}{\omega'}\,.$$

Denkt man sich (5.30) nach ω aufgelöst, so erhält man die Gleichung $\omega = \omega(\delta)$. Setzt man sie wiederum in (5.30) ein, so ergibt sich die Identität

$$F(\delta,\omega(\delta)) = \nu\pi\,.$$

Durch Differentiation nach δ folgt aus ihr

$$F_\delta + F_\omega\omega' = 0\,,$$

wobei F_δ und F_ω die partiellen Differentialquotienten der Funktion $F(\delta,\omega)$ sind. Aus der letzten Gleichung folgt $\omega' = -F_\delta/F_\omega$. Damit wird

$$u = \frac{\delta F_\delta + \omega F_\omega}{F_\delta}\,. \tag{5.31}$$

Der laufende Punkt $s = \delta + j\omega$ der Wurzelortskurve strebt genau dann ins Unendliche, wenn

$$r = |s| = \sqrt{\delta^2+\omega^2} \to +\infty$$

geht. Somit erhält man die gesuchte Abszisse δ_w des Wurzelschwerpunkts aus dem Grenzübergang

$$\delta_w = \lim_{s\to+\infty} \frac{\delta F_\delta + \omega F_\omega}{F_\delta}\,. \tag{5.32}$$

Aus (5.30) folgt

$$F_\delta = -\sum_{\lambda=1}^{m+n} \varepsilon_\lambda \frac{\omega-\omega_\lambda}{{r_\lambda}^2}\,, \quad F_\omega = \sum_{\lambda=1}^{m+n} \varepsilon_\lambda \frac{\delta-\delta_\lambda}{{r_\lambda}^2}$$

mit

$${r_\lambda}^2 = (\delta-\delta_\lambda)^2 + (\omega-\omega_\lambda)^2\,.$$

Setzt man diese Ausdrücke in (5.31) ein und erweitert den Bruch mit r^2/ω, so erhält man

$$\frac{\delta F_\delta + \omega F_\omega}{F_\delta} = \frac{\frac{\delta}{\omega}\sum\limits_{\lambda=1}^{m+n} \varepsilon_\lambda\omega_\lambda \left[\frac{r}{r_\lambda}\right]^2 - \sum\limits_{\lambda=1}^{m+n} \varepsilon_\lambda\delta_\lambda \left[\frac{r}{r_\lambda}\right]^2}{\frac{1}{\omega}\sum\limits_{\lambda=1}^{m+n} \varepsilon_\lambda\omega_\lambda \left[\frac{r}{r_\lambda}\right]^2 - \sum\limits_{\lambda=1}^{m+n} \varepsilon_\lambda \left[\frac{r}{r_\lambda}\right]^2}\,. \tag{5.33}$$

Wandert der laufende Wurzelortspunkt auf einem Ast ins Unendliche, so geht $|s| \to +\infty$ und damit

$$\frac{r}{r_\lambda}=\frac{|s|}{|s-s_\lambda|}=\frac{1}{|1-\frac{s_\lambda}{s}|}\to 1\,.$$

Weiterhin geht $\delta/\omega \to \cot\varphi$, wo φ der Asymptotenwinkel des Wurzelortsastes ist. Da für die Bestimmung des Wurzelschwerpunkts nur die Wurzelortsäste interessieren, die eine von der reellen Achse verschiedene Asymptote haben, ist $\varphi \neq \nu\pi$ und daher $\cot\varphi$ endlich. Aus dem gleichen Grund wird die Ordinate ω des Berührungspunkts für $|s|\to\infty$ nicht beliebig klein, und $1/\omega$ bleibt daher endlich. Der Grenzwert von $\frac{1}{\omega}$ sei γ. Aus (5.33) folgt somit

$$\delta_w=\frac{\cot\varphi\sum\limits_{\lambda=1}^{m+n}\varepsilon_\lambda\omega_\lambda-\sum\limits_{\lambda=1}^{m+n}\varepsilon_\lambda\delta_\lambda}{\gamma\sum\limits_{\lambda=1}^{m+n}\varepsilon_\lambda\omega_\lambda-\sum\limits_{\lambda=1}^{m+n}\varepsilon_\lambda}\,.$$

Da die kritischen Stellen des offenen Kreises symmetrisch zur reellen Achse liegen, ist

$$\sum_{\lambda=1}^{m+n}\varepsilon_\lambda\omega_\lambda=0\,,$$

womit man die Beziehung

$$\delta_w=\frac{\sum\limits_{\lambda=1}^{m+n}\varepsilon_\lambda\delta_\lambda}{\sum\limits_{\lambda=1}^{m+n}\varepsilon_\lambda}$$

erhält. Das ist die Formel (5.17), wenn man berücksichtigt, dass

$$\sum_{\lambda=1}^{m}\varepsilon_\lambda=m \quad \text{und} \quad \sum_{\lambda=m+1}^{m+n}\varepsilon_\lambda=-n \quad \text{ist.}$$

Die Regel 5 für die Asymptotenwinkel ist wieder sehr leicht zu erhalten. Wie man aus Bild 5-8 sieht, werden die Fahrstrahlen $s-s_\lambda$ parallel, wenn $s\to\infty$ geht. Dann werden alle Winkel $\underline{/s-s_\lambda}$ gleich, und zwar gleich dem Asymptotenwinkel φ des Astes, auf dem s ins Unendliche strebt. Damit folgt aus (5.27)

$$\sum_{\lambda=1}^{m+n}\varepsilon_\lambda\varphi=(2i+1)\pi\,,\quad i \text{ beliebig ganz},$$

oder

$$(m-n)\varphi=(2i+1)\pi\,.$$

Da i beliebig ganz sein darf, ergeben sich im Allgemeinen mehrere Asymptotenwinkel:

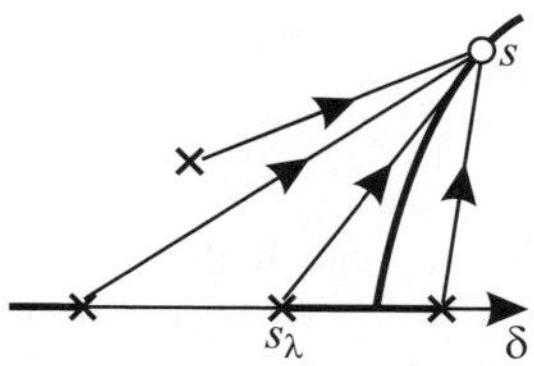

Bild 5-8: Herleitung der Formel für die Asymptotenwinkel der Wurzelortskurve

$$\varphi_i=(2i+1)\cdot\frac{\pi}{n-m}\,,\quad i \text{ beliebig ganz}.$$

Statt $m-n$ kann man $n-m$ schreiben, da man wegen des beliebig ganzzahligen i dadurch die gleichen Winkelwerte erhält. Es gibt also unendlich viele Winkel, aber nur wegen der grundsätzlichen Vieldeutigkeit des Winkels mit 2π. Da es nur $(n-m)$ Wurzelortsäste gibt, die ins Unendliche streben, kann es auch nur $n-m$ verschiedene Asymptotenrichtungen geben. Man erhält sie alle, wenn man i die Werte 0, 1, $\ldots, n-m-1$ durchlaufen lässt.

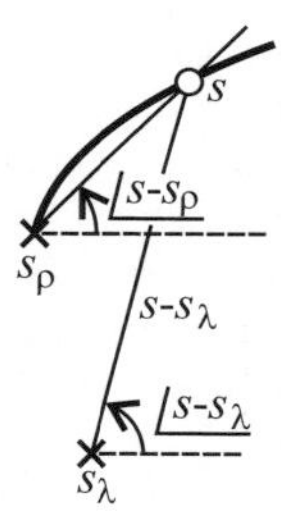

Bild 5-9: Anfangsverlauf der Wurzelortskurve in kritischen Punkten des offenen Kreises

Ehe wir zu den Verzweigungspunkten übergehen, ist es zweckmäßig, die *Regel 10 über die Anstiegswinkel der Wurzelortsäste in kritischen Stellen* herzuleiten. Sie ergibt sich fast unmittelbar aus Bild 5-9. Darin ist s ein Punkt der Wurzelortskurve, welcher der kritischen Stelle s_ρ des offenen Kreises benachbart ist. Dann folgt aus der Gleichung (5.27) der Wurzelortskurve

$$r_\rho\varepsilon_\rho\underline{/s-s_\rho}+\sum_{\substack{\lambda=1\\ s_\lambda\neq s_\rho}}^{m+n}\varepsilon_\lambda\underline{/s-s_\lambda}=(2i+1)\pi\,.$$

Dabei ist angenommen, dass s_ρ die Ordnung r_ρ hat, so dass der Summand $\varepsilon_\rho\underline{/s-s_\rho}$ r_ρ-mal auftritt. Strebt nun $s\to s_\rho$, so geht $\underline{/s-s_\rho}$ in den Tangentenwinkel φ_ρ über, da die Sekante $s-s_\rho$ dann zur Tangente wird. Aus $\underline{/s-s_\lambda}$ wird $\underline{/s_\rho-s_\lambda}$. Damit erhält man

$$r_\rho \varepsilon_\rho \varphi_\rho + \sum_{\substack{\lambda=1 \\ s_\lambda \neq s_\rho}}^{m+n} \varepsilon_\lambda \underline{/s_\rho - s_\lambda} = (2i+1)\pi \,.$$

Aus ihr folgt sofort (5.25). Für die Vielfachheit des Winkels φ_ρ gilt Entsprechendes wie für den Asymptotenwinkel.

Es sei an dieser Stelle ausdrücklich bemerkt, dass die bisher abgeleiteten Regeln sinngemäß auch für die komplementäre Wurzelortskurve gelten. Regel 1 ist dahingehend zu modifizieren, dass die komplementäre Wurzelortskurve für $k = -\infty$ in den Nullstellen des offenen Kreises beginnt und für $k = 0$ in seinen Polen endet. Die erweiterte Wurzelortskurve beginnt also für $k = -\infty$ in den Nullstellen des offenen Kreises und endet auch dort für $k = +\infty$, nachdem sie für $k = 0$ seine Pole durchlaufen hat. Regel 2 gilt unverändert. Was Regel 3 betrifft, so nimmt die komplementäre Wurzelortskurve gerade die restlichen Stücke der reellen Achse ein. Sie hat denselben Wurzelschwerpunkt wie die Wurzelortskurve. Die Winkelregeln 5 und 10 gelten auch für die komplementäre Wurzelortskurve, wenn man nur $(2i+1)\pi$ durch $2i\pi$ ersetzt.

Betrachtet man die *erweiterte* Wurzelortskurve, so strahlen von einer kritischen Stelle der Ordnung r_ρ insgesamt r_ρ Äste der Wurzelortskurve und r_ρ Äste der komplementären Wurzelortskurve aus, also $z = 2r_\rho$ Kurvenstücke. Nimmt man (5.25) und die entsprechende Formel für die komplementäre Wurzelortskurve zusammen, so ergibt sich für die Anstiegswinkel dieser Kurvenstücke

$$\varphi_{\rho i} = \tilde{\varphi}_\rho + i\frac{\pi}{\varepsilon_\rho r_\rho}, \quad i \text{ beliebig ganz}.$$

Dabei ist $\tilde{\varphi}_\rho$ ein Winkel, der für die betrachtete Stelle s_ρ fest ist. Infolgedessen ist der Winkel zwischen zwei benachbarten Stücken der *erweiterten* Wurzelortskurve, wenn man vom Vorzeichen absieht:

$$\Delta\varphi_\rho = \frac{\pi}{r_\rho} = \frac{2\pi}{z}\,. \tag{5.34}$$

Wenn wir uns nun den *Verzweigungspunkten* zuwenden, so wollen wir sogleich die erweiterte Wurzelortskurve ins Auge fassen, wobei also $-\infty < k < +\infty$ zugelassen ist. Ein Verzweigungspunkt stellt eine *mehrfache* Wurzel der charakteristischen Gleichung dar. Daher muss für ihn simultan gelten:

$$F_o(s) + 1 = 0\,, \quad F_o'(s) = 0\,. \tag{5.35}$$

Nun folgt aus

$$F_o(s) = k\,\frac{\prod_{\mu=1}^{m}(s - n_\mu)}{\prod_{\nu=1}^{n}(s - p_\nu)}$$

durch Logarithmieren (sofern s weder Nullstelle noch Pol von $F_o(s)$ ist)

$$\ln F_o(s) = \ln k + \sum_{\mu=1}^{m} \ln(s - n_\mu) - \sum_{\nu=1}^{n} \ln(s - p_\nu)$$

und hieraus durch Differentiation

$$\frac{F_o'(s)}{F_o(s)} = \sum_{\mu=1}^{m} \frac{1}{s - n_\mu} - \sum_{\nu=1}^{n} \frac{1}{s - p_\nu} = \sum_{\lambda=1}^{m+n} \frac{\varepsilon_\lambda}{s - s_\lambda}\,. \tag{5.36}$$

Da nach (5.35) $F_o(s) = -1$ gilt, geht (5.36) in

$$F_o'(s) = -\sum_{\lambda=1}^{m+n} \frac{\varepsilon_\lambda}{s - s_\lambda}$$

über. Wiederum wegen (5.35) folgt daraus für die Verzweigungspunkte der erweiterten Wurzelortskurve

$$\sum_{\lambda=1}^{m+n} \frac{\varepsilon_\lambda}{s - s_\lambda} = 0\,.$$

Das ist Regel 6. Aus ihr wurde bereits Regel 7 für die Verzweigungspunkte auf der reellen Achse hergeleitet.

Wieviele Äste der Wurzelortskurve sich in einem Verzweigungspunkt schneiden, lässt sich im Allgemeinen aus der Gestalt der Wurzelortskurve erkennen. Man kann aber auch eine analytische Bedingung angeben. Es sind genau dann r Äste, wenn

$$F_o'(s) = 0, \ldots, F_o^{(r-1)}(s) = 0\,, F_o^{(r)}(s) \neq 0$$

ist. Nach (5.36) gilt für beliebige s (nicht nur auf der Wurzelortskurve)

$$F_o'(s) = \varphi(s) F_o(s) \,\text{mit}\quad \varphi(s) = \sum_{\lambda=1}^{m+n} \frac{\varepsilon_\lambda}{s - s_\lambda}\,.$$

Daher folgt durch Differentiation

$$\begin{aligned} F_o'' &= \varphi'(s)F_o(s) + \varphi(s)F_o'(s)\,, \\ F_o^{(3)}(s) &= \varphi''(s)F_o(s) + 2\varphi'(s)F_o'(s) + \varphi(s)F_o''(s) \end{aligned}$$

usw. Da im Verzweigungspunkt $F_o(s) = -1$, sieht man daraus, dass genau dann $F_o', \ldots, F_o^{(r-1)} = 0$ und $F_o^{(r)} \neq 0$, wenn $\varphi, \ldots, \varphi^{(r-2)} = 0$, aber $\varphi^{(r-1)} \neq 0$. Dabei ist

$$\varphi'(s) = -\sum_{\lambda=1}^{m+n} \frac{\varepsilon_\lambda}{(s-s_\lambda)^2},$$

$$\varphi''(s) = +1\cdot 2\cdot \sum_{\lambda=1}^{m+n} \frac{\varepsilon_\lambda}{(s-s_\lambda)^3}, \ldots .$$

Damit hat man als Ergänzung zur Regel 6 den Satz:

In einem (von den Nullstellen und den Polen des offenen Kreises verschiedenen) Verzweigungspunkt treffen sich genau dann r Äste der erweiterten Wurzelortskurve, von diesem Punkt gehen also genau dann $2r$ Kurvenstücke aus (ohne Berücksichtigung der Orientierung), wenn für diesen Punkt s die Gleichungen

$$\sum_{\lambda=1}^{m+n} \frac{\varepsilon_\lambda}{(s-s_\lambda)^\rho} = 0, \quad \rho = 1,\ldots,r-1, \tag{5.37}$$

erfüllt sind, aber

$$\sum_{\lambda=1}^{m+n} \frac{\varepsilon_\lambda}{(s-s_\lambda)^r} \neq 0 \quad \textit{ist}. \tag{5.38}$$

Es ist noch die Frage zu beantworten, unter welchen Winkeln sich die $2r$ von einem Verzweigungspunkt ausgehenden Kurvenstücke schneiden. Sie kann ohne große Rechnung dadurch beantwortet werden, dass man den Anfangspunkt der k-Skala auf der erweiterten Wurzelortskurve aus den Polen in den betrachteten Verzweigungspunkt verschiebt. Es werde zunächst irgendein Parameterwert $k = K$ betrachtet. Zu ihm gehören auf der erweiterten Wurzelortskurve n Wurzeln, die wegen $F_o(s)+1=0$ der Gleichung

$$K\prod_{\mu=1}^{m}(s-n_\mu) + \prod_{\nu=1}^{n}(s-p_\nu) = 0$$

genügen. Diese Wurzeln seien mit $P_\lambda, \lambda = 1,\ldots,n$, bezeichnet. Dann gilt

$$K\prod_{\mu=1}^{m}(s-n_\mu) + \prod_{\nu=1}^{n}(s-p_\nu) = \prod_{\lambda=1}^{n}(s-P_\lambda). \tag{5.39}$$

Nunmehr führt man anstelle des Parameters k den Parameter k^* durch $k^* = k - K$ ein. Damit wird aus der ursprünglichen Gleichung

$$k\prod_{\mu=1}^{m}(s-n_\mu) + \prod_{\nu=1}^{n}(s-p_\nu) = 0 \tag{5.40}$$

die Beziehung

$$(k^*+K)\prod_{\mu=1}^{m}(s-n_\mu) + \prod_{\nu=1}^{n}(s-p_\nu) = 0$$

oder mit Rücksicht auf (5.39)

$$k^*\prod_{\mu=1}^{m}(s-n_\mu) + \prod_{\lambda=1}^{n}(s-P_\lambda) = 0. \tag{5.41}$$

Diese Gleichung tritt jetzt an die Stelle von (5.40). Jeder Punkt s der erweiterten Wurzelortskurve erfüllt diese Gleichung für einen bestimmten Wert von k^*, und umgekehrt gehört zu jedem k^*-Wert ein Satz von n Wurzeln, die auf der erweiterten Wurzelortskurve liegen. Wie man aus (5.41) ersieht, gehören zu $k^* = 0$ (dies entspricht $k = K$) nicht mehr die Pole des offenen Kreises, sondern die Punkte P_λ, welche die Wurzeln von (5.39) sind. Zu $k^* = \infty$ aber gehören nach wie vor die Nullstellen des offenen Kreises. Durch diese Parametertransformation treten somit an die Stelle der Pole als neue Anfangspunkte der Parameterzählung die Punkte P_λ.

Man kann diesen Sachverhalt auch so ausdrücken: Die Gleichung $F_o(s)+1 = 0$ bzw. $k\,\dfrac{P_o(s)}{Q_o(s)} = 1$ wird durch die Gleichung (5.41) bzw. die Gleichung

$$k^*\frac{\prod_{\mu=1}^{m}(s-n_\mu)}{\prod_{\lambda=1}^{n}(s-P_\lambda)} = 1$$

ersetzt. Für $k^* = k - K$ hat sie die gleichen Lösungen wie die vorangegangene Gleichung für k. Die erweiterte Wurzelortskurve kann man nunmehr durch die Gleichung

$$\sum_{\mu=1}^{m}\underline{/s-n_\mu} - \sum_{\lambda=1}^{n}\underline{/s-P_\lambda} = \nu\pi, \quad \nu \text{ beliebig ganz},$$

beschreiben.

Auf die Punkte P_λ kann man jetzt Regel 10 anwenden, wobei die P_λ die Stelle der Pole einnehmen. Nach (5.34) erhält man so für den Winkel zwischen zwei benachbarten Kurvenstücken der erweiterten Wurzelortskurve, die von dem Pol P_λ ausgehen,

$$\Delta\varphi_\rho = \frac{2\pi}{z}.$$

Dabei ist vom Vorzeichen des Winkels abgesehen. z ist die Zahl der Kurvenstücke.

Diese Betrachtung kann man auf jeden Punkt der erweiterten Wurzelortskurve anwenden. Nimmt man speziell einen Verzweigungspunkt, so erhält man Regel 8.

Die Regel über die Schnittpunkte der Wurzelortskurve mit der j-Achse wurde bereits im vorigen Abschnitt hergeleitet. Es bleibt noch Regel 11, dass für irgendein k gilt

$$\sum_{\nu=1}^{n} \operatorname{Re} \alpha_\nu = \sum_{\nu=1}^{n} \operatorname{Re} p_\nu \,. \tag{5.42}$$

Nun ist

$$F_o(s) = k \frac{b_n s^n + b_{n-1} s^{n-1} + \ldots + b_1 s + b_0}{s^n + a_{n-1} s^{n-1} + \ldots + a_1 s + a_0} \,.$$

Nach der Voraussetzung zu Regel 11 ist auf jeden Fall $b_n = 0$ und $b_{n-1} = 0$. Für die Gleichung $F_o(s) + 1 = 0$ kann man daher schreiben

$$s^n + a_{n-1} s^{n-1} + (a_{n-2} + k b_{n-2}) s^{n-2} + \ldots + a_0 + k b_0 = 0 \,.$$

Aufgrund der Vietaschen Wurzelsätze gilt somit

$$\sum_{\nu=1}^{n} \alpha_\nu = -a_{n-1} \,,$$

und zwar für jedes k. Für $k = 0$ ist $\alpha_\nu = p_\nu$, so dass

$$\sum_{\nu=1}^{n} p_\nu = -a_{n-1} \,.$$

Gleichsetzen der beiden letzten Gleichungen führt zu

$$\sum_{\nu=1}^{n} \alpha_\nu = \sum_{\nu=1}^{n} p_\nu \,.$$

Wegen der symmetrischen Lage der α_ν und p_ν zur reellen Achse folgt hieraus (5.42).

5.5 Analytische Darstellung der Wurzelortskurve

Wenn die Anzahl der kritischen Stellen des offenen Kreises nicht zu groß ist, macht es keine Mühe, für die Wurzelortskurve eine Gleichung von der Form

$$\omega = f(\delta)$$

aufzustellen, wobei $s = \delta + j\omega$ der laufende Punkt der Wurzelortskurve ist [5.3]. Dazu gehen wir von der Gleichung

$$\underline{/F_o(s)} = (2i+1)\pi \,, \quad i \text{ beliebig ganz,} \tag{5.43}$$

der Wurzelortskurve aus. Aus ihr folgt

$$\tan \underline{/F_o(s)} = 0 \,, \tag{5.44}$$

also wegen

$$\tan \underline{/F_o} = \frac{\operatorname{Im} F_o}{\operatorname{Re} F_o} \;:$$

$$\operatorname{Im} F_o(s) = 0 \,. \tag{5.45}$$

Nach (5.6) ist

$$F_o(s) = k \frac{P_o(s)}{Q_o(s)} \,.$$

Damit folgt aus (5.45)

$$\operatorname{Re} P_o(s) \cdot \operatorname{Im} Q_o(s) - \operatorname{Im} P_o(s) \cdot \operatorname{Re} Q_o(s) = 0 \,. \tag{5.46}$$

Setzt man hierin $s = \delta + j\omega$ ein, so ergibt sich eine reelle Gleichung zwischen ω und δ, aus der man ω in Abhängigkeit von δ bestimmen kann.

Allerdings ist dabei Folgendes zu beachten: Die Gleichungen (5.44) und damit auch (5.46) gelten nicht nur für die Punkte s, für die $\underline{/F_o(s)}$ ein *ungerades* Vielfaches von π ist, sondern für alle s mit

$$\underline{/F_o(s)} = \nu\pi \,, \quad \nu \text{ beliebig ganz,}$$

da $\tan\varphi$ für *beliebige* ganzzahlige Vielfache von π Null wird. Das heißt: Die Gleichung (5.46) charakterisiert die *erweiterte* Wurzelortskurve. Man muss dann noch klären, welche Teile von ihr zur eigentlichen Wurzelortskurve gehören. Ausgehend vom Verlauf auf der reellen Achse, der ja unabhängig von der Rechnung aus Regel 3 bekannt ist, lässt sich dies ohne Schwierigkeiten entscheiden.

Die Gleichung (5.46) nimmt eine besonders einfache Form an, wenn *der offene Kreis ein Verzögerungssystem* ist. Dann ist in der Darstellung (6.6) $P_o(s) = 1$ und demgemäß $\operatorname{Re} P_o(s) = 1$, $\operatorname{Im} P_o(s) = 0$. Aus (5.46) wird so

$$\operatorname{Im} Q_o(s) = 0 \,. \tag{5.47}$$

Als Beispiel betrachten wir die Wurzelortskurve zum Regelkreis in Bild 5-10. Hier ist

$$F_o(s) = k \frac{1}{s(s+0{,}25)(s+0{,}5)(s+4)} = \\ = k \frac{1}{s^4 + a_3 s^3 + a_2 s^2 + a_1 s + a_0}$$

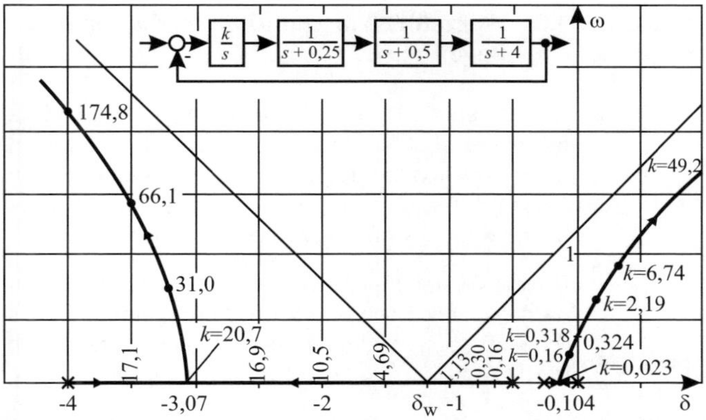

Bild 5-10: Beispiel zur Berechnung der Wurzelortskurve aus der analytischen Darstellung

mit

$$a_3 = 4{,}75\,;\; a_2 = 3{,}125\,;\; a_1 = 0{,}5\,;\; a_0 = 0\,.$$

Man bestimmt zunächst nach den Regeln 3, 4 und 5 die Stücke der Wurzelortskurve auf der reellen Achse und die Asymptoten. Dabei ergibt sich

$$\delta_W = -1{,}1875 \qquad \text{und}$$
$$\varphi_i = \pm 45^\circ\,,\; \pm 135^\circ\,.$$

Hiermit kann man die Wurzelortskurve bereits skizzieren.

Um nun (5.47) anzuwenden, setzt man in

$$Q_o(s) = s^4 + a_3 s^3 + a_2 s^2 + a_1 s + a_0$$

$s = \delta + j\omega$ ein:

$$Q_o(s) = \operatorname{Re} Q_o(s) + \\ + j\omega\left[4\delta^3 + 3a_3\delta^2 + 2a_2\delta + a_1 - 4\delta\omega^2 - a_3\omega^2\right].$$

Da die Wurzelortskurve auf der reellen Achse schon bekannt ist, darf man hierin $\omega > 0$ voraussetzen. Deshalb wird aus (5.47)

$$4\delta^3 + 3a_3\delta^2 + 2a_2\delta + a_1 - (4\delta + a_3)\omega^2 = 0$$

oder

$$\omega^2 = \frac{\delta^3 + \frac{3}{4}a_3\delta^2 + \frac{a_2}{2}\delta + \frac{a_1}{4}}{\delta + \frac{1}{4}a_3}\,. \tag{5.48}$$

Mittels dieser Formel wurde die Wurzelortskurve in Bild 5-10 berechnet.

Um zusätzlich die k-Skala auf der Wurzelortskurve zu erhalten, muss man von (5.14) ausgehen. Ist $p_v = \delta_v + j\omega_v$, so gilt

$$|s - p_v| = |\delta - \delta_v + j(\omega - \omega_v)| = \\ = \sqrt{(\delta - \delta_v)^2 + (\omega - \omega_v)^2} = r_v\,,$$

und entsprechend für die Nullstellen n_μ. In unserem Beispiel ist demgemäß

$$k = \sqrt{\delta^2 + \omega^2} \cdot \sqrt{(\delta - \delta_1)^2 + \omega^2} \cdot \sqrt{(\delta - \delta_2)^2 + \omega^2} \cdot \\ \cdot \sqrt{(\delta - \delta_3)^2 + \omega^2} \tag{5.49}$$

mit

$$\delta_1 = -0{,}25\,;\; \delta_2 = -0{,}5\,;\; \delta_3 = -4\,.$$

Aus (5.48) folgen für $\delta = 0$ die Schnittpunkte mit der imaginären Achse:

$$\omega_G = \pm\sqrt{\frac{a_1}{a_3}} = \pm 0{,}324\,.$$

Dazu gehört

$$k_G = 0{,}318\,.$$

Die Verzweigungspunkte ergeben sich aus (5.48) für $\omega = 0$, also aus der Gleichung

$$\delta^3 + \frac{3}{4}a_3\delta^2 + \frac{a_2}{2}\delta + \frac{a_1}{4} = 0\,.$$

Aufgrund des bereits ermittelten qualitativen Verlaufs der Wurzelortskurve ist klar, dass genau zwei Lösungen dieser Gleichung in Frage kommen, eine zwischen 0 und $-0{,}25$, die andere zwischen -4 und δ_w.

Durch Einsetzen einiger Zwischenwerte erhält man schnell mit der hier erforderlichen Genauigkeit

$$\delta_{V1} = -0,104$$
$$\delta_{V2} = -3,07\,.$$

Die zugehörigen k-Werte gemäß (5.49) sind

$$k_{V1} = 0,023$$
$$k_{V2} = 20,7\,.$$

Halten wir uns zum Abschluss dieses Beispiels nochmals die Veränderung der Wurzeln der charakteristischen Gleichung, also der Pole des (geschlossenen) Regelkreises, vor Augen:

- Für $k \le 0,023$ hat der Regelkreis vier reelle Pole.
- Für $0,023 < k \le 20,7$ besitzt er ein konjugiert komplexes Polpaar und zwei reelle Pole. Ab $k = 0,318$ wird er instabil, weil das konjugiert komplexe Polpaar die j-Achse überschreitet.
- Für $k > 20,7$ liegen zwei konjugiert komplexe Polpaare vor.

Im allgemeinen Fall folgt aus (5.46) bzw. (5.47) für die Gleichung der erweiterten Wurzelortskurve (außerhalb der reellen Achse)

$$f_0(\delta) + f_1(\delta)\omega^2 + f_2(\delta)\omega^4 + \ldots + f_r(\delta)(\omega^2)^r = 0\,. \quad (5.50)$$

Es handelt sich also um eine Gleichung in ω^2, wobei die $f_\nu(\delta)$ Polynome in δ sind. Dabei ist

$$r = 1 \quad \text{für} \quad m + n = 3, 4\,,$$
$$r = 2 \quad \text{für} \quad m + n = 5, 6\,,$$
$$r > 2 \quad \text{für} \quad m + n > 6\,.$$

Bis zu sechs kritischen Stellen des offenen Kreises hat man also lediglich eine lineare oder quadratische Gleichung in ω^2 zu lösen. Man kann daher für diese Fälle die Wurzelortskurve ohne Schwierigkeit durch eine explizite Formel $\omega = F(\delta)$ darstellen. Aber auch für mehr als sechs kritische Stellen ist das Problem immerhin darauf reduziert, die reellen positiven Lösungen einer Gleichung niedrigeren Grades aufzusuchen.

Die Berechnung und graphische Ausgabe der Wurzelortskurve komplizierterer Systeme erfolgt jedoch zweckmäßiger numerisch in einem regelungstechnischen Programmsystem.

5.6 Wurzelortskurve und Zeitverhalten des Regelkreises

Kennt man die Pole des Regelkreises, so hat man damit einen direkten Zugang zu seinem Zeitverhalten. Die Beispiele dieses Kapitels belegen das eindringlich. Diesen Zusammenhang zwischen Polen und Zeitverhalten wollen wir nun etwas genauer untersuchen.

Um die Vorstellungen zu fixieren, gehen wir vom Standardregelkreis nach Bild 5-1 aus und betrachten dessen Führungsverhalten. Dabei setzen wir voraus, dass in

$$F_o(s) = k\,\frac{P_o(s)}{Q_o(s)} = \frac{Z_o(s)}{N_o(s)}$$

Zähler und Nenner keine gemeinsame Nullstelle haben und Grad $P_o <$ Grad Q_o ist. *Für den positiven Parameter k sei ein fester Wert gewählt.* Aufgrund der Wurzelortskurve sind dann die zugehörigen Wurzeln $\alpha_1, \ldots \alpha_n$ der charakteristischen Gleichung

$$1 + F_o(s) = 0 \quad \text{bzw.} \quad Q_o(s) + k\,P_o(s) = 0 \quad (5.51)$$

bekannt. Sie stellen die Pole des geschlossenen Regelkreises dar. Dessen Führungs-Übertragungsfunktion ist somit

$$F_w(s) = \frac{F_o(s)}{1 + F_o(s)} = \frac{k\,P_o(s)}{Q_o(s) + k\,P_o(s)}$$

oder

$$F_w(s) = k\,\frac{\prod_{\mu=1}^{m}(s - n_\mu)}{\prod_{\nu=1}^{n}(s - \alpha_\nu)}\,. \quad (5.52)$$

Wie schon früher erwähnt, sind also die Nullstellen n_μ des offenen Kreises auch Nullstellen des geschlossenen Regelkreises – genauer gesagt: des Führungsverhaltens, das wir im Folgenden betrachten wollen. Wegen

$$F_z(s) = \frac{1}{1 + F_o(s)} = \frac{Q_o(s)}{Q_o(s) + k\,P_o(s)}$$

ist es beim Störverhalten anders: Hier sind die Nullstellen durch die *Pole* des offenen Kreises gegeben. Während also Führungs- und Störverhalten des Regelkreises gleiche Pole aufweisen, sind ihre Nullstellen verschieden. Handelt es sich nicht um die Standardregelung, sondern enthält die Rückführung des Regelkreises einen Block, der kein P-Glied ist, so setzen sich die Nullstellen von Führungs- und Störverhalten des Regelkreises ebenfalls aus den Nullstellen und den Polen des offenen Kreises zusammen, wobei diese aber gemischt auftreten. Wie dies geschieht, kann man sich sofort an den Übertragungsfunktionen $F_w(s)$ und $F_z(s)$ gemäß (3.21) und (3.22) klarmachen. Aber welcher Fall auch vorliegen mag: Man erhält die Nullstellen von Führungs- und Störverhalten des Regelkreises[1] direkt aus den Nullstellen und den Polen des offenen Kreises. Besondere Anstrengungen wie bei den Polen des Regelkreises sind nicht erforderlich.

Kehren wir wieder zur Beziehung (5.52) zurück! Die Pole $\alpha_1,\dots\alpha_n$ liegen links der j-Achse, da der Regelkreis sonst instabil wäre. Außerdem wird man annehmen dürfen, dass sie *einfach* (voneinander verschieden) sind. Auch wenn der *offene* Kreis mehrfache Pole aufweist, werden diese durch die Rückführung auseinandergezogen, wie man sehr schön an der Wurzelortskurve sehen kann: Von einem q-fachen Pol des offenen Kreises strahlen q Wurzelortsäste aus, die voneinander verschieden sind. Was die Nullstellen n_μ angeht, so werden sie normalerweise ebenfalls links der j-Achse liegen.

Wir wollen nun die Führungssprungantwort $h_w(t)$ des Regelkreises bestimmen, also den Verlauf der Regelgröße, wenn $w=\sigma(t)$ aufgeschaltet wird. Dieser Verlauf ist charakteristisch für das Zeitverhalten des Regelkreises.

Allgemein gilt

$$X(s)=F_w(s)\,W(s),$$

hier also

$$H_w(s)=F_w(s)\frac{1}{s}\,. \tag{5.53}$$

Um die Zeitfunktion $h_w(t)$ zu berechnen, zerlegt man $F_w(s)/s$ in Partialbrüche. Da die Pole α_ν einfach und links der j-Achse gelegen sind, wird so

$$H_w(s)=\frac{r_0}{s}+\frac{r_1}{s-\alpha_1}+\dots+\frac{r_n}{s-\alpha_n}=\frac{r_0}{s}+\sum_{\nu=1}^{n}\frac{r_\nu}{s-\alpha_\nu}\,. \tag{5.54}$$

Durch Rücktransformation in den Zeitbereich folgt daraus

$$h_w(t)=r_0+\sum_{\nu=1}^{n}r_\nu\,\mathrm{e}^{\alpha_\nu t}\,. \tag{5.55}$$

[1] Es sei daran erinnert, dass mit „Regelkreis" stets der *geschlossene* Kreis gemeint ist.

Ist α_ν reell, so gilt dies auch für r_ν. Ist α_ν nichtreell, so ist auch die konjugiert komplexe Zahl $\overline{\alpha}_\nu$ Pol des Regelkreises. Zu diesem konjugiert komplexen Polpaar $\alpha_\nu\,\overline{\alpha}_\nu$ gehört der Zeitvorgang $r_\nu\,\mathrm{e}^{\alpha_\nu t}+\overline{r}_\nu\,\mathrm{e}^{\overline{\alpha}_\nu t}$, wobei $\overline{r}_\nu$ ebenfalls konjugiert komplex zu r_ν ist. Damit wird

$$\begin{aligned}
&r_\nu\,\mathrm{e}^{\alpha_\nu t}+\overline{r}_\nu\,\mathrm{e}^{\overline{\alpha}_\nu t}=\\
&=|r_\nu|\mathrm{e}^{j\underline{/r_\nu}}\cdot\mathrm{e}^{t(\mathrm{Re}\,\alpha_\nu+j\,\mathrm{Im}\,\alpha_\nu)}+|r_\nu|\mathrm{e}^{-j\underline{/r_\nu}}\cdot\mathrm{e}^{t(\mathrm{Re}\,\alpha_\nu-j\,\mathrm{Im}\,\alpha_\nu)}=\\
&=|r_\nu|\mathrm{e}^{t\,\mathrm{Re}\,\alpha_\nu}\left[\mathrm{e}^{j\left(t\,\mathrm{Im}\,\alpha_\nu+\underline{/r_\nu}\right)}+\mathrm{e}^{-j\left(t\,\mathrm{Im}\,\alpha_\nu+\underline{/r_\nu}\right)}\right]=\\
&=2|r_\nu|\mathrm{e}^{t\,\mathrm{Re}\,\alpha_\nu}\cos\left(t\,\mathrm{Im}\,\alpha_\nu+\underline{/r_\nu}\right).
\end{aligned}$$

Zu einem konjugiert komplexen Polpaar $\alpha_\nu,\overline{\alpha}_\nu$ des Regelkreises gehört also eine gedämpfte Schwingung mit dem Abklingfaktor $\delta_\nu=\mathrm{Re}\,\alpha_\nu$ und der Frequenz $\omega_\nu=\mathrm{Im}\,\alpha_\nu$.

Damit wird aus (5.55)

$$\begin{aligned}
h_w(t)=r_0+&\sum_{Im\,\alpha_\nu=0}r_\nu\,\mathrm{e}^{\alpha_\nu t}+\\
&+2\sum_{\mathrm{Im}\,\alpha_\nu>0}|r_\nu|\,\mathrm{e}^{t\,\mathrm{Re}\,\alpha_\nu}\cos\left(t\,\mathrm{Im}\,\alpha_\nu+\underline{/r_\nu}\right).
\end{aligned} \tag{5.56}$$

Die Anmerkung am ersten Summenzeichen soll andeuten, dass über alle reellen Pole α_ν des Regelkreises summiert wird, während der Hinweis am zweiten Summenzeichen anzeigt, dass bei ihm die Paare konjugiert komplexer Pole erfasst werden, wobei die Summation nur über die Partner mit positivem Imaginärteil zu erstrecken ist.

Für $t\to+\infty$ wird aus dieser Beziehung

$$h_w(+\infty)=\lim_{s\to0}s\,H_w(s),$$

also wegen (5.53)

$$h_w(+\infty)=\lim_{s\to0}F_w(s)=F_w(0).$$

Somit ist

$$r_0=F_w(0). \tag{5.57}$$

Um $r_\rho,\ \rho=1,2,\dots,n$ zu bestimmen, kann man von (5.54) ausgehen, nachdem man dort $H_w(s)$ gemäß (5.53) und (5.52) eingesetzt hat:

$$k\,\frac{\prod\limits_{\mu=1}^{m}(s-n_\mu)}{\prod\limits_{\nu=1}^{n}(s-\alpha_\nu)}\cdot\frac{1}{s}=\frac{r_0}{s}+\dots+\frac{r_\rho}{s-\alpha_\rho}+\dots\,.$$

Diese Gleichung multipliziert man mit $s - \alpha_\rho$. Dann kürzt sich auf der linken Seite gerade der Nennerfaktor $s - \alpha_\rho$ heraus:

$$k \frac{\prod_{\mu=1}^{m}(s - n_\mu)}{s \prod_{\substack{\nu=1 \\ \nu \neq \rho}}^{n}(s - \alpha_\nu)} = r_0 \frac{s - \alpha_\rho}{s} + \ldots + r_\rho + \ldots .$$

Für $s = \alpha_\rho$ bleibt auf der rechten Seite nur r_ρ:

$$r_\rho = k \frac{\prod_{\mu=1}^{m}(\alpha_\rho - n_\mu)}{\alpha_\rho \cdot \prod_{\substack{\nu=1 \\ \nu \neq \rho}}^{n}(\alpha_\rho - \alpha_\nu)}, \quad \rho = 1, \ldots, n. \tag{5.58}$$

Zerlegt man in Betrag und Phase, liest die einzelnen Werte $|\alpha_\rho - \alpha_\nu|$, $\underline{/\alpha_\rho - \alpha_\nu}$ usw. an der Wurzelortsdarstellung ab und berechnet hiermit die r_ρ, so kann man $h_w(t)$ gemäß (5.56) formelmäßig bestimmen. Allerdings ist man weniger an dem Formelausdruck selbst interessiert als vielmehr am geometrischen Verlauf von $h_w(t)$, um aus diesem z. B. die Größe der Überschwingung, das Abklingen der Oszillation oder andere für das technische System wichtige Daten ablesen zu können. Zum geometrischen Verlauf von $h_w(t)$ gelangt man jedoch erst dadurch, dass man für eine Anzahl genügend dicht gelegener t-Werte den Formelausdruck für $h_w(t)$ berechnet. Da wird man sich leichter tun, wenn man den Regelkreis auf einem Rechner nachbildet und sich dort die Zeitverläufe anschaut – besonders dann, wenn man den Einfluss von Parameteränderungen untersuchen will.

Die Gleichung (5.58) ist jedoch in anderer Hinsicht von Interesse, nämlich als Ausgangspunkt allgemeiner Betrachtungen über den Einfluss der Pole und der Nullstellen des geschlossenen Kreises auf dessen Zeitverhalten. Wie man aus (5.55) und (5.56) erkennt, sind die Pole für die Dynamik erheblich wichtiger als die Nullstellen. Sie allein entscheiden über das Stabilitätsverhalten des Regelkreises, sie bestimmen, ob oszillatorisches Verhalten vorliegt oder nicht, sie sind ausschlaggebend für die Gesamtdauer des Einschwingvorgangs. Die Nullstellen beeinflussen selbstverständlich das dynamische Verhalten, aber doch in schwächerer Weise. So können sie, auch wenn nur reelle Pole vorhanden sind, gelegentlich Überschwingungen bewirken, jedoch keine dauerhafte Oszillation. Auch verursachen sie die anfängliche Gegenläufigkeit der Sprungantwort bei nichtminimalphasigen Systemen, wie das am Ende von Abschnitt 4.7 beschrieben wurde, oder können bestimmte Anregungen blockieren (Abschnitt 3.4). In erster Linie jedoch sind die *Pole* für das Zeitverhalten des Regelkreises verantwortlich.

Aber auch diese sind nicht alle von gleicher Wichtigkeit. Einige von ihnen, die man als *dominant* bezeichnet, sind für die Dynamik ausschlaggebend, während andere demgegenüber von geringerer Bedeutung sind. Die Frage ist, wann man einen Pol als dominant anzusehen hat – eine Frage, die für die Behandlung konkreter Systeme von erheblicher Bedeutung ist, da man sich für viele Untersuchungen auf die dominanten Pole beschränken und so die Betrachtung vereinfachen kann. In Anlehnung an die Arbeiten von *Litz* [5.4], [5.5] wollen wir einen sachgerechten Dominanzbegriff einführen. Später (Kapitel 8) werden wir sehen, dass er auch die komplizierteren Verhältnisse bei Mehrgrößensystemen erfasst.

Jetzt gehen wir von der Sprungantwort $h_w(t)$ gemäß (5.55) aus. Es ist naheliegend, den Betrag des Koeffizienten r_ρ von $e^{\alpha_\rho t}$ als Maß für den Einfluss des Pols α_ρ auf die Dynamik anzusehen: Je größer $|r_\rho|$, desto kräftiger macht sich der zu α_ρ gehörende Exponentialterm in der Sprungantwort bemerkbar. Wegen (5.58) erhält man so als *Dominanzmaß des Pols* α_ρ:

$$D_\rho = |r_\rho| = \frac{k}{|\alpha_\rho|} \cdot \frac{\prod_{\mu=1}^{m}|\alpha_\rho - n_\mu|}{\prod_{\substack{\nu=1 \\ \nu \neq \rho}}^{n}|\alpha_\rho - \alpha_\nu|}. \tag{5.59}$$

Da es bei der Dominanzbetrachtung nur auf die Verhältnisse der D_ρ untereinander ankommt, ist der Wert von k ohne Belang, da er für sämtliche Pole der Gleiche ist. Man könnte daher k aus dem Dominanzmaß streichen.

Geht man von der Partialbruchzerlegung von $F_w(s)$ aus,

$$F_w(s) = \sum_{\rho=1}^{n} \frac{q_\rho}{s - \alpha_\rho}, \tag{5.60}$$

so sieht man in ganz entsprechender Weise wie bei der Herleitung von (5.58), dass

$$q_\rho = k \frac{\prod_{\mu=1}^{m}(\alpha_\rho - n_\mu)}{\prod_{\substack{\nu=1 \\ \nu \neq \rho}}^{n}(\alpha_\rho - \alpha_\nu)}, \quad \rho = 1, \ldots, n,$$

ist. Damit folgt aus (5.59)

$$D_\rho = \frac{|q_\rho|}{|\alpha_\rho|}, \ \rho = 1, \ldots, n,. \tag{5.61}$$

wobei also q_ρ den Zähler des ρ-ten Partialbruchs von $F_w(s)$ darstellt, der auch als Residuum von $F_w(s)$ zum Pol α_ρ bezeichnet wird. In (5.61) haben wir einen *zweiten Ausdruck für das Dominanzmaß des Pols* α_ρ, der – wie die Untersuchung im Zustandsraum zeigen wird – noch eine ganz andere Deutung ermöglicht.

Um zu einer anschaulichen Darstellung des Dominanzmaßes zu gelangen, bildet man den Endwert der Sprungantwort $h_w(t)$. Nach dem Endwertsatz der Laplace-Transformation ist

$$h_w(+\infty) = \lim_{s\to 0} s\, H_w(s) = \lim_{s\to 0} F_w(s),$$

also wegen (5.60)

$$h_w(+\infty) = \sum_{\rho=1}^{n} \frac{q_\rho}{-\alpha_\rho}.$$

Durch Vergleich mit (5.61) folgt: *Das Dominanzmaß D_ρ des Pols α_ρ ist der Absolutbetrag vom Beitrag dieses Pols zum Endwert der Sprungantwort.*

Da $|\alpha_\rho|$ im Nenner von D_ρ auftritt, liegt es nahe, die Pole α_ρ mit kleinem $|\alpha_\rho|$, die also nahe dem Ursprung der komplexen Ebene liegen, im Vergleich zu den „fernen Polen“, also den weit vom Ursprung entfernten Polen des Regelkreises, als dominant anzusehen. Allerdings hängt D_ρ zusätzlich noch von q_ρ ab. Doch wird man normalerweise annehmen dürfen, dass $|q_\rho|$ für die verschiedenen Pole α_ρ keine so großen Schwankungen aufweist, dass die Aussage des Faktors $1/|\alpha_\rho|$ stark verändert wird.

Jedoch können Ausnahmen auftreten. Zunächst einmal dadurch, dass sehr nahe bei dem Pol α_ρ eine Nullstelle n_μ liegt. Dann kann $|\alpha_\rho - n_\mu|$ und damit $|q_\rho|$ so klein werden, dass D_ρ trotz der Nähe des Pols zum Ursprung, also trotz eines kleinen Betrags $|\alpha_\rho|$, dennoch klein, der Pol also nicht dominant ist. Das ist auch unmittelbar einleuchtend, wenn man sich den Grenzfall $\alpha_\rho = n_\mu$ vorstellt, in dem der Einfluss des Pols völlig kompensiert wird ($q_\rho = 0$).

Es kann weiterhin sein, dass zwei Pole sehr dicht beisammen liegen und dadurch ein sehr kleiner Betrag $|\alpha_\rho - \alpha_\nu|$ entsteht. Hierdurch kann auch bei fern dem Ursprung gelegenen Polen, also großem $|\alpha_\rho|$, dennoch D_ρ groß werden und damit Dominanz solcher Pole zum Ausdruck bringen. Solche Fälle sind kompliziert und erfordern subtilere Betrachtungen, weil hier Kopplungen und Kompensationen zwischen den zu den Polen gehörigen Dynamiktermen auftreten können. Das obige Dominanzmaß kann dann versagen und muss durch kompliziertere Maßzahlen ersetzt werden ([5.6] sowie [5.7], Kapitel 2 und 5). Glücklicherweise ist dieser Fall bei realen Systemen selten, unter anderem deshalb, weil – wie schon oben erwähnt – die Pole durch Rückführung auseinandergezogen werden.

Insgesamt darf man eine zwar nur recht überschlägige, für praktische Untersuchungen aber dennoch sehr nützliche *Faustregel* formulieren:

Sofern unter den Polen des Regelkreises keine zu dicht beieinander gelegenen („Fast-Mehrfach-“)Pole auftreten, kann man die nahe beim Ursprung der komplexen Ebene gelegene Pol-Nullstellen-Konfiguration als maßgebend für die Dynamik des Regelkreises ansehen. Liegen darin ein Pol und eine Nullstelle dicht beisammen, ist also ihr Abstand klein im Vergleich zu den Abständen von den anderen Polen und Nullstellen, so kann man sie streichen. (5.62)

Ausdrücklich sei bemerkt, dass diese Faustregel nur für Eingrößensysteme verwendbar ist. Bei Mehrgrößensystemen, also Systemen mit mehreren Ein- und Ausgangsgrößen, sind die Verhältnisse komplizierter, und man kann aus der Nähe eines Pols zum Ursprung keineswegs auf seine Dominanz schließen.

Die Entstehung dominanter Konfigurationen kann man an der Wurzelortskurve sehr anschaulich beobachten. Betrachten wir als Beispiel einen offenen Kreis mit Verzögerungsverhalten (der also keine Nullstellen aufweist) und ausschließlich reellen Polen. Der dynamisch korrigierte offene Kreis wird im Normalfall einen Pol in $s = 0$ besitzen, während die anderen Pole relativ kleinen Zeitkonstanten entsprechen und daher gemäß $p_\nu = -\frac{1}{T_\nu}$ relativ weit links vom Ursprung liegen (siehe Kapitel 6). Für den korrigierten offenen Kreis 3., 4. oder 5. Ordnung erhält man daher die in Bild 5-11 dargestellten Polkonfigurationen und daraus den skizzierten Verlauf der Wurzelortskurve. Denkt man sich einen mittleren Wert von k, also auch der Kreisverstärkung V, gewählt, so entsteht die eingezeichnete Polverteilung des geschlossenen Kreises, deren Pole α_ν durch kleine Kreisscheiben dargestellt sind. Wie man sieht, bildet sich in allen Fällen ein dominantes konjugiert komplexes Polpaar heraus. Für Verzögerungssysteme höherer Ordnung mit reellen Polen gilt das Gleiche. Aber auch dann, wenn der offene Kreis Nullstellen enthält, kann ein dominantes konjugiert komplexes Polpaar auftreten.

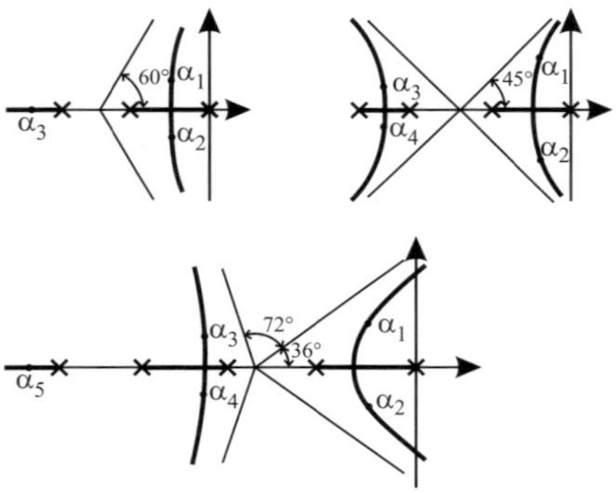

Bild 5-11: Wurzelortskurve für das Verzögerungssystem 3., 4. und 5. Ordnung mit reellen Polen: $\alpha_{1,2}$ ist ein dominantes Polpaar

Das bedeutet: *Man kann das Führungsverhalten des Regelkreises in vielen Fällen überschlägig durch ein konjugiert komplexes Polpaar approximieren.* Es ist also annähernd

$$F_w(s) = \frac{k}{(s-\alpha_1)(s-\alpha_2)} = \\ = \frac{k}{(-\alpha_1)(-\alpha_2)} \cdot \frac{1}{(1+\frac{s}{-\alpha_1})(s+\frac{s}{-\alpha_2})}$$

oder

$$F_w(s) = F_w(0)\frac{1}{(1+\frac{s}{-\alpha_1})(s+\frac{s}{-\alpha_2})} = \\ = \frac{F_w(0)}{1-\frac{\alpha_1+\alpha_2}{\alpha_1\alpha_2}s+\frac{1}{\alpha_1\alpha_2}s^2},$$

wobei $\alpha_{1,2}$ das dominante Polpaar ist. Mit

$$K = F_w(0), \quad T = \frac{1}{\sqrt{\alpha_1\alpha_2}}, \quad d = -\frac{\alpha_1+\alpha_2}{2\sqrt{\alpha_1\alpha_2}} \tag{5.63}$$

wird daraus

$$F_w(s) = \frac{K}{1+2dTs+T^2s^2}. \tag{5.64}$$

So überschlägig diese Charakterisierung des Führungsverhaltens durch ein P-T_2-Glied auch ist, so vermittelt sie doch einen Eindruck vom Zeitverhalten des Regelkreises, der beim Entwurf sehr nützlich sein kann. Insbesondere wird die Führungssprungantwort $h_w(t)$ durch die Sprungantwort des P-T_2-Glieds (5.63), (5.64) angenähert. Diese kann man entweder direkt berechnen (Abschnitt 2.3.11) oder als Spezialfall aus (5.56) gewinnen. Um im letzteren Fall auf die übliche Darstellung zu kommen, muss man den Zusammenhang zwischen α_1, α_2 und den Parametern d und T bzw. $\omega_0 = 1/T$ kennen. Er wurde bereits in Abschnitt 2.3.11 angegeben und ist in Bild 2-42 dargestellt. Wie man daraus abliest, gibt $\omega_0 = 1/T$ den Abstand des dominanten Polpaars vom Nullpunkt an, während $d = \cos\psi$ gilt, wobei ψ den Winkelabstand des Polpaars von der negativen reellen Achse kennzeichnet. Die Sprungantwort $h_w(t)$ ist nach (2.52) bzw. (2.53) entweder durch

$$h_w(t) = F_w(0) - \frac{F_w(0)}{\sqrt{1-d^2}}\,\mathrm{e}^{-d\omega_0 t}\cdot\sin\left[\sqrt{1-d^2}\,\omega_0 t+\psi\right] \tag{5.65}$$

oder durch

$$h_w(t) = F_w(0) + \frac{F_w(0)}{\sqrt{1-d^2}}\,\mathrm{e}^{-d\omega_0 t}\cdot \\ \cdot\sin\left[\sqrt{1-d^2}\,\omega_0 t - \underline{/\alpha_1}\right] \tag{5.66}$$

gegeben, denn wie man aus Bild 2-42 sieht, ist der dort mit φ bezeichnete Winkel gleich $\underline{/\alpha_1}$. Um sich die häufigere Berechnung von $h_w(t)$ zu ersparen, kann man ein normiertes Diagramm benutzen, wie es Bild 5-12 zeigt. Dort ist die Sprungantwort des P-T_2-Glieds in Abhängigkeit von dessen drei Parametern K, d und T gezeigt, wobei K bzw. T durch die Normierung der Ordinate bzw. der Abszisse berücksichtigt sind. Man erhält dadurch eine nur einparametrige Kurvenschar mit dem Parameter d.

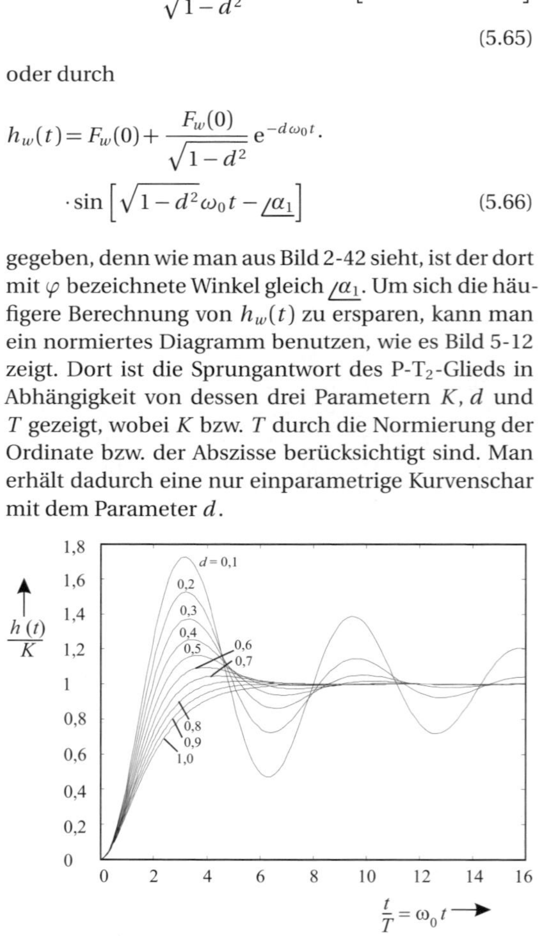

Bild 5-12: Sprungantwort des Verzögerungsglieds 2. Ordnung $G(s) = \frac{K}{1+2dTs+T^2s^2}$ in Abhängigkeit von den Parametern d, T und K

Als Beispiel betrachten wir den Regelkreis in Bild 5-10. Für den Parameterwert $k = 0,16$ hat er die Pole

$\alpha_{1,2} = -0{,}04 \pm j0{,}24\,; \quad \alpha_3 = -0{,}67\,; \quad \alpha_4 = -4\,.$

Da man $\alpha_{1,2}$ als dominant annehmen darf, wird er nach (5.63), (5.64) durch das P-T_2-Glied mit der Übertragungsfunktion

$$F_w(s) = \frac{1}{1 + 1{,}35s + 16{,}89s^2} \tag{5.67}$$

approximiert. Da nämlich unmittelbar hinter dem Soll-Istwert-Vergleich ein I-Glied liegt, ist $F_w(0) = 1$. Aus (5.67) folgt für Zeitkonstante und Dämpfung dieses P-T_2-Glieds

$$T = 4{,}11 \text{ bzw. } \omega_0 = \frac{1}{T} = 0{,}24 \text{ und } d = 0{,}16\,.$$

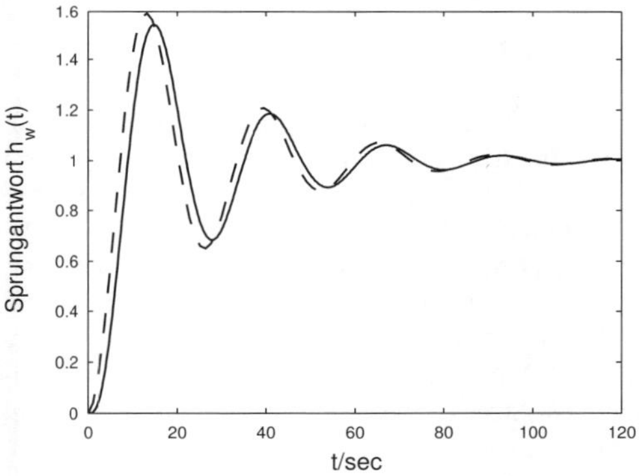

Bild 5-13: Approximation der Führungssprungantwort des Regelkreises in Bild 5-10 für $k = 0{,}16$ (durchgezogen) durch ein Verzögerungsglied 2. Ordnung (gestrichelt)

Bild 5-13 zeigt einen Rechnerschrieb der Sprungantwort des Regelkreises aus Bild 5-10 für $k = 0{,}16$ und der zugehörigen Approximation (5.67). Wie man sieht, ist die Annäherung gut. Dass der Zeitvorgang so langsam abläuft, liegt daran, dass der Regelkreis lediglich die Kreisverstärkung $V = 0{,}32$ aufweist. Eine wesentliche Erhöhung der Kreisverstärkung ist nicht möglich, da der Regelkreis beim doppelten Wert instabil wird. Um ein besseres Übergangsverhalten zu erzielen, müsste der Regelkreis dynamisch korrigiert werden.

Abschließend sei erwähnt, dass es neben einem konjugiert komplexen Polpaar auch andere Dominanzkonfigurationen geben kann, wenngleich seltener. So kann ein einzelner reeller Pol oder eine Gruppe, bestehend aus einem reellen Pol und einem konjugiert komplexen Polpaar, dominant sein.

6 Synthese (Entwurf) von Regelkreisen

6.1 Problemstellung

Wir knüpfen hier an den Abschnitt 1.5 über die Forderungen an eine Regelung und die Bearbeitung einer Regelungsaufgabe an. Gegeben ist die gerätetechnische Anordnung der Regelung gemäß Bild 1-2 mit Strecke, Steller, Messeinrichtung und Regler. Das mathematische Modell von Strecke, Steller und Messeinrichtung liege vor. Was den Regler angeht, so ist das Vergleichsglied (oder der Soll-Istwert-Vergleich) ohnehin bekannt, da in ihm ja lediglich die Differenz von Führungs- und Rückführgröße gebildet wird. Frei ist bislang noch der zweite Bestandteil des Reglers neben der Vergleichseinrichtung, das *Regelglied.*

Seine Aufgabe besteht darin, das gewünschte dynamische Verhalten des Regelkreises herzustellen. Würde man nämlich die anderen Teile des Regelkreises ohne Regelglied zusammenschalten, so würde er den an ihn zu stellenden Anforderungen im Allgemeinen in keiner Weise genügen, könnte vielmehr instabil oder stationär zu ungenau oder zu langsam sein, von kleineren Schwächen ganz zu schweigen. Das geht schon aus dem in Abschnitt 1.5 Gesagten sowie dem Zahlenbeispiel in Abschnitt 3.13 hervor und wird durch die nachfolgenden Erörterungen eindringlich belegt. Das Regelglied hat also die Aufgabe, das dynamische Verhalten der Regelung zu korrigieren, weshalb es auch als *Korrektureinrichtung* bezeichnet wird.

Bestimmt man das Regelglied (oder die Korrektureinrichtung) so, dass ein gewünschtes dynamisches Verhalten des Regelkreises erzeugt wird, so sprechen wir von *Synthese, Entwurf, dynamischer Korrektur oder Stabilisierung*. Wir wollen zwischen diesen Benennungen keinen Unterschied machen, weil das im deutschen Sprachgebrauch nicht üblich ist, obgleich z. B. die Bezeichnung „Stabilisierung“ das Syntheseziel nicht genau trifft, da man ja neben der Stabilität zumindest noch genügende stationäre Genauigkeit sichern will. Da wir gerade bei terminologischen Fragen sind: Es ist unüblich und auch zu schwerfällig, von Regel*glied*synthese zu sprechen; stattdessen werden wir von *Reglersynthese* oder auch von *Regelungssynthese* reden. Missverständnisse sind nicht zu befürchten, denn wenn das Vergleichsglied festliegt, kann mit „Reglersynthese“ nur die Bestimmung des Regelglieds gemeint sein.

Ausgangspunkt der Betrachtungen ist der Standardregelkreis in Bild 3-10. Nur wollen wir jetzt, da es auf die Berechnung des Regelglieds ankommt, dieses aus dem offenen Kreis herausnehmen und als eigenen Block einzeichnen. Man gelangt so zur Struktur auf der linken Seite von Bild 6-1. Hierin ist $G_K(s)$ die Übertragungsfunktion des Regelglieds, wobei der Index K an die Korrekturaufgabe dieses Blocks erinnern soll. Der restliche offene Kreis, also die Reihenschaltung des Stellers, der Strecke und der in den Vorwärtszweig verlegten Messeinrichtung, die man sich ja im Allgemeinen als P-Glied vorstellen darf, sei nach wie vor mit dem Symbol $F_o(s)$ versehen und als *unkorrigierter offener Kreis* bezeichnet.

Die Übertragungsfunktion

$$F_K(s) = G_K(s)F_o(s) \tag{6.1}$$

kennzeichnet dann den korrigierten offenen Kreis (Bild 6-1 rechts). Die Übertragungsfunktion $F_K(s)$ möge die gleichen Voraussetzungen wie $F_o(s)$ gemäß (3.45) erfüllen, sofern nicht ausdrücklich etwas Anderes gesagt wird. Man kann sich stets vorstellen, dass der unkorrigierte offene Kreis als Spezialfall im korrigierten offenen Kreis enthalten ist, nämlich für $G_K(s) \equiv 1$. Häufig wird der unkorrigierte offene Kreis einfach als „Strecke“ bezeichnet, wobei man sich Steller und (verlegte) Messeinrichtung zur eigentlichen Strecke hinzugeschlagen zu denken hat.

Man kann die folgenden Betrachtungen ohne wesentliche Schwierigkeit vom Standardregelkreis auf die allgemeine Regelkreisstruktur nach Bild 3-3 übertragen. Nur werden sie dann umständlicher und sind mit Fallunterscheidungen befrachtet.

Wenn man Synthese treiben will, sind zunächst die Forderungen an den Regelkreis klarzustellen. Sie wurden bereits in Abschnitt 1.5 verbal formuliert und sollen im nächsten Abschnitt schärfer gefasst werden.

6.2 Forderungen an die Regelung

Bei den beiden Grundforderungen nach Stabilität und genügender stationärer Genauigkeit können wir uns kurz fassen, da die mit ihnen zusammenhängenden Fragen bereits durch die früheren Untersuchungen in den Abschnitten 3.1, 3.9, 3.10 und 3.13 geklärt sind.

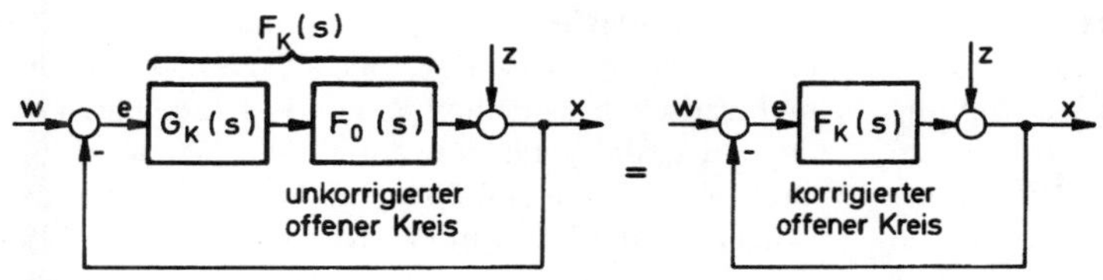

Bild 6-1: Standardregelkreis

Forderung I: Der Regelkreis muss stabil sein, d. h. seine Führungs- und Störsprungantwort müssen für t $\to +\infty$ gegen feste Werte streben. (6.2)

Im Lichte des Nyquist-Kriteriums heißt das: Die Ortskurve $z = F_K(j\omega)$, $\omega \geq 0$, des offenen Kreises muss den Punkt $z = -1$ der Ortskurvenebene links liegen lassen.

Forderung II: Der Regelkreis muss genügende stationäre Genauigkeit aufweisen. Das heißt: Bei Sprungaufschaltung $w = W_0\sigma(t), W_0 > 0$ konstant, muss gelten $\frac{|e_\infty|}{W_0} \leq \varepsilon$, $\varepsilon \geq 0$ gegeben (für Störverhalten entsprechend). (6.3)

Hierin kennzeichnet der Index ∞, wie schon früher, den stationären Zustand. Gemäß (3.50) gilt, wenn man berücksichtigt, dass jetzt nur die Führungsgröße w, diese aber nicht als *Einheits*sprung, sondern mit der Sprunghöhe W_0 aufgeschaltet wird:

$$\frac{e_\infty}{W_0} = 0, \quad \text{falls } F_K(s) \text{ ein I-Glied enthält,}$$
$$\frac{e_\infty}{W_0} = \frac{1}{V+1}, \quad \text{wenn das nicht der Fall ist.} \tag{6.4}$$

Daraus folgt: Um genügende stationäre Genauigkeit zu erzielen, muss man entweder V genügend groß machen oder in den offenen Kreis ein I-Glied einfügen.

Ein Grundproblem der Regelkreissynthese besteht nun darin, dass die Forderungen I und II gegensätzlich sind. Erhöhung von V oder Einführung eines I-Glieds bringt die Tendenz zur Instabilität mit sich. Das ist unmittelbar aus Bild 6-2 zu ersehen. Dort ist der typische Verlauf der Ortskurve und der Frequenzkennlinien für den offenen Kreis dargestellt, den man sich etwa unkorrigiert vorstellen mag. Dabei ist P-Verhalten zugrunde gelegt. Da die Ortskurve den Punkt -1 nicht umschließt bzw. die Phasenkennlinie bei der Durchtrittsfrequenz ω_D oberhalb von $-180°$ liegt, ist der Regelkreis stabil. Erhöht man nun V, so bedeutet dies für die Ortskurve eine Streckung vom Ursprung des Koordinatensystems aus. Dadurch kann der Punkt -1 umschlossen, der Regelkreis also instabil werden. Fügt man in Reihe zum offenen Kreis ein I-Glied hinzu, so ist dessen Phase von $-90°$ zur Phase des offenen Kreises zu addieren. Das heißt aber: Der Fahrstrahl zu jedem Ortskurvenpunkt wird um 90° vorgedreht. Dadurch kann die gestrichelte Ortskurve in Bild 6-2 entstehen, die den Punkt -1 umschließt.

In der Frequenzkennliniendarstellung ergibt sich folgendes Bild: Erhöht man V, so bedeutet dies eine Senkung der 0-dB-Linie. Damit rückt die Durchtrittsfrequenz ω_D nach rechts. Wegen der fallenden Phasenkennlinie gelangt man so in einen ω-Bereich, in dem die Phase unterhalb von $-180°$ liegt, der Kreis also instabil ist. Führt man ein I-Glied mit

$$G(j\omega) = \frac{K}{j\omega}$$

ein, wobei wir $K = 1$ annehmen wollen, so wird die Phase für alle ω um 90° gesenkt. Wenn zuvor bei ω_D die Phase oberhalb $-180°$ lag, kann sie nunmehr unter diesem Wert liegen.

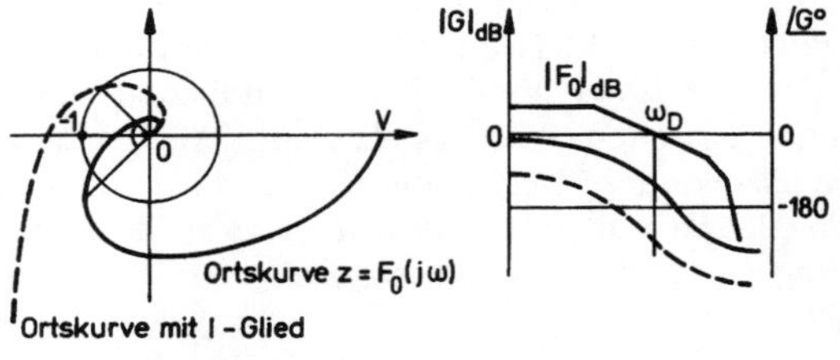

Bild 6-2: Einfügung eines I-Glieds in den offenen Kreis

Eine *Grundaufgabe des Regelungstechnikers* besteht nun darin, den Regler so zu wählen, *dass die Forderungen (I) und (II), also die Forderungen nach Stabilität und genügender stationärer Genauigkeit, trotz ihrer Gegensätzlichkeit beide erfüllt werden.* Damit hat es aber im Allgemeinen nicht sein Bewenden. Dass der Regelkreis stabil ist, muss unbedingt der Fall sein, damit er überhaupt wirken kann. Die pure Stabilität genügt jedoch nicht. Wenn beispielsweise auf einen Führungssprung die Regelabweichung zwar abklingt, aber nur sehr langsam, so dass eine lang anhaltende Schwingung entsteht, so ist der Regelkreis zwar theoretisch stabil, praktisch aber fast ebenso unbrauchbar, als wenn er instabil wäre. Er muss also nicht nur stabil sein, sondern außerdem eine gewisse Dämpfung aufweisen. Andererseits aber darf er auch nicht zu langsam sein. Daher ist es gut, wenn der Regelungstechniker von vornherein auch die in Abschnitt 1.5 schon umrissenen qualitativen Anforderungen ins Auge fasst:

Forderung III: Die Antwort auf einen Führungs- bzw. Störgrößensprung soll hinreichend gedämpft sein, d. h. keine zu starken Oszillationen aufweisen. Man drückt dies kurz so aus: „Der Regelkreis soll hinreichend gedämpft sein". (6.5)

Forderung IV: Der Regelkreis soll genügend schnell sein, d. h. die Antwort auf einen Führungs- bzw. Störgrößensprung soll in hinreichend kurzer Zeit dem stationären Wert genügend nahekommen. (6.6)

Es liegt auf der Hand, dass auch diese beiden Forderungen kontrovers sind: Je besser ein Regelkreis gedämpft wird, desto langsamer wird er werden, und umgekehrt.

Es erhebt sich nun die Frage, wie man möglichst einfach wenigstens qualitativ auf Dämpfung und Schnelligkeit des Regelkreises schließen kann, wobei wir uns zunächst der Dämpfung zuwenden wollen. Die entsprechende Frage war bei den Forderungen I und II sofort zu beantworten. Die stationäre Genauigkeit ergibt sich aus dem Vorhandensein eines I-Glieds bzw. aus der Kreisverstärkung V. Das Stabilitätsverhalten wird aufgrund des Nyquist-Kriteriums bestimmt und ist sofort aus der Ortskurve oder den Frequenzkennlinien des offenen Kreises abzulesen. Man steht also jetzt vor der Aufgabe, aus der Ortskurve oder den Frequenzkennlinien des *offenen Kreises* auf die Dämpfung der Sprungantwort des *geschlossenen Kreises* zu schließen.

Der Einschwingvorgang eines geschlossenen Wirkungskreises, der sich bei Aufschaltung einer sprungartigen Eingangsgröße einstellt, wird durch die Wurzeln der charakteristischen Gleichung $F_K(s) + 1 = 0$ bestimmt, wo $F_K(s)$ die Übertragungsfunktion des offenen Kreises ist. Es werde vorausgesetzt, dass der geschlossene Kreis stabil ist, also diese Wurzeln links von der j-Achse liegen. Je weiter sie von der j-Achse entfernt sind, desto gedämpfter verläuft der Einschwingvorgang, denn die (negativen) Realteile dieser Wurzeln bestimmen die Exponenten der e-Funktionen, die als dämpfende Faktoren in den Teilschwingungen auftreten, aus denen sich der gesamte Einschwingvorgang zusammensetzt. Durch die Abbildung $z = F_K(s)$ werden alle Wurzeln der charakteristischen Gleichung $F_K(s) = -1$ in den Punkt -1 der z-Ebene abgebildet, während die j-Achse in die Ortskurve $z = F_K(j\omega)$ übergeht. Wenn man von der Umgebung der Pole von $F_K(s)$ absieht, ist diese Abbildung stetig, und daher wird der Einschwingvorgang des geschlossenen Kreises hinreichend gedämpft verlaufen, wenn die Ortskurve nur weit genug von dem kritischen Punkt -1 entfernt ist. Nimmt man an, dass die Voraussetzungen des Nyquist-Kriteriums erfüllt sind, so darf die *Phasenreserve* φ_R (auch *Phasenrand* genannt) als ein geeignetes Maß für den Abstand der Ortskurve vom Punkt -1 angesehen werden. Wie in Bild 6-3 für die drei Fälle $q = 0$, 1 und 2 veranschaulicht, stellt φ_R den Winkel dar, den die negative reelle Achse mit dem Radiusvektor des Punkts bildet, in dem die Ortskurve in den Einheitskreis eintritt. Dieser Punkt ist durch die Durchtrittsfrequenz ω_D charakterisiert. Die Benennung *Phasenreserve* wurde gewählt, weil man den Absolutbetrag der Phase $\angle F_K$ um φ_R vergrößern kann, ehe die Ortskurve durch -1 geht, ehe also Instabilität eintritt.

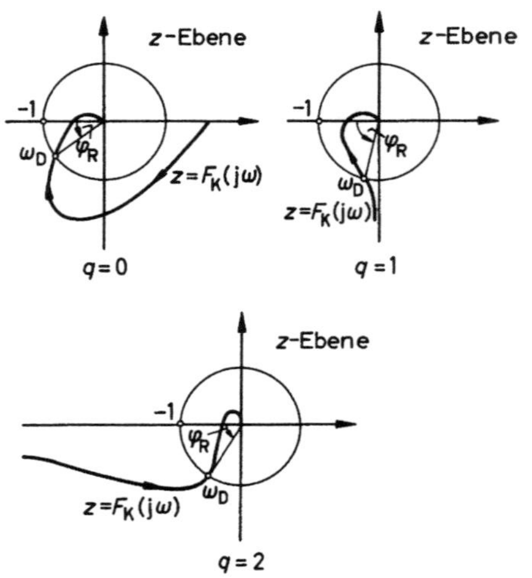

Bild 6-3: Die Phasenreserve φ_R als qualitatives Maß für die Dämpfung des Regelkreises

Durch Wahl eines hinreichend großen φ_R-Werts ist man sicher, dass die Ortskurve auf dem Umfang des Einheitskreises weit genug von -1 entfernt ist. Es besteht aber noch die Möglichkeit, dass sie außerhalb oder innerhalb des Einheitskreises sehr nahe an den Punkt -1 heranrückt, und es ist die Frage, durch welche zusätzlichen Voraussetzungen dies verhindert werden kann. Damit trotz eines genügend großen φ_R-

Werts die Ortskurve dem Punkt -1 nicht zu nahe kommt, ist es naheliegend, zu verlangen, dass der Betrag $|F_K(j\omega)|$ bis zur Durchtrittsfrequenz ω_D und noch darüber hinaus möglichst rasch abnimmt. Indessen hat eine solche Forderung Rückwirkungen auf die Phasendrehung, da Betrag und Phase einer holomorphen Funktion nicht voneinander unabhängig sind. Ist der offene Kreis insbesondere ein Minimalphasenglied (Abschnitt 4.7), wie dies meist der Fall ist, so hat eine starke Abnahme des Betrags über einen größeren ω-Bereich eine stark negative Phase zur Folge. Eine mäßige Abnahme von $|F_K(j\omega)|$ hingegen, wie sie etwa einem Gefälle der Betragskennlinie von -20 dB/Dekade entspricht, zieht die Tendenz zu einem Phasenwert von $-90°$ nach sich, wodurch die Stabilität nicht gefährdet wird. Die Forderung, dass die Betragskennlinie in einer möglichst großen Umgebung von ω_D mit 20 dB/Dekade abnimmt, hat also den gewünschten Effekt, dass die Ortskurve dem Punkt -1 nicht zu nahe kommt, und zwar nicht nur außerhalb des Einheitskreises, sondern auch in seinem Inneren, soweit es sich um ω-Werte in der Umgebung von ω_D handelt. Für $\omega >> \omega_D$ aber ist $|F_K(j\omega)|$ ohnehin erheblich kleiner als 1, da der Grad des F_K-Zählers kleiner als der Grad des F_K-Nenners ist. Macht man die zusätzliche Voraussetzung, dass die Betragskennlinie in einer nicht zu kleinen Umgebung von ω_D ein Gefälle von -20 dB/Dekade hat, so ist die Phasenreserve φ_R ein brauchbares Maß für den Abstand der Ortskurve des offenen Kreises vom Punkt -1 und damit für die Dämpfung des Einschwingvorgangs.

Zwar kann man die Daten des Einschwingvorgangs, wie Überschwingweite und Einschwingdauer, nicht ohne weiteres zahlenmäßig in Abhängigkeit von φ_R angeben, man kann aber qualitative Aussagen über die Abhängigkeit des Einschwingvorgangs von der Phasenreserve machen, die für den Entwurf und die Verbesserung des Regelkreises von Nutzen sind. Eine geringe Phasenreserve φ_R bedeutet einen lebhaften Einschwingvorgang, also starkes Überschwingen und lange Einschwingdauer. Bei zunehmender Phasenreserve wird der Einschwingvorgang gedämpfter werden. Überschwingweite und Einschwingdauer werden abnehmen. Bei großer Phasenreserve schließlich wird der Einschwingvorgang aperiodisch verlaufen, dabei aber langsamer sein. Die Erfahrung hat gezeigt, dass die Phasenreserve ein sehr brauchbares qualitatives Maß für die Dämpfung des Regelkreises ist. Aus ihr kann man auch gewisse Richtwerte für φ_R angeben. Man gelangt so zu der folgenden Regel:

Es mögen die Voraussetzungen des Nyquist-Kriteriums in Frequenzkennliniendarstellung, Satz (4.23)*, gelten, nur mit F_K anstelle von F_o. Außerdem möge die Betragskennlinie von F_K in einer nicht zu kleinen Umgebung der Durchtrittsfrequenz ω_D ein Gefälle von 20 dB/Dekade haben. Dann darf die Phasenreserve φ_R als ein geeignetes qualitatives Maß für die Dämpfung der Führungssprungantwort des Regelkreises angesehen werden. φ_R sollte nicht unter* $40°$ *sinken. Einen normalen Einschwingvorgang mit nicht zu starkem Überschwingen und nicht zu großer Einschwingdauer darf man für $\varphi_R = 50°$ bis $70°$ erwarten. Soll der Einschwingvorgang aperiodisch verlaufen, so muss φ_R etwa größer als* $80°$ *bis* $90°$ *sein. Für das Störverhalten reicht im Allgemeinen bereits eine Phasenreserve von mindestens* $30°$ *aus.* (6.7)

Dass die Phasenreserve für das Störverhalten kleiner sein darf als für das Führungsverhalten, hat vor allem zwei Gründe. Zunächst greift die Störgröße im realen System kaum jemals am Ausgang der Regelstrecke an, sondern in deren Innerem. Die Verlegung des Angriffspunkts an den Streckenausgang, wie sie zur Erzeugung des Standardregelkreises durchgeführt wird, hat zur Folge, dass bei sprungartiger Aufschaltung der ursprünglichen Störgröße dort nur eine verzögerte Größe angreift. Diese regt den Kreis aber erheblich weniger zum Schwingen an als eine Sprungaufschaltung.

Noch aus einem weiteren Grund darf das Störverhalten ungedämpfter ausgelegt werden als das Führungsverhalten. Um die Vorstellungen zu fixieren, werde P-Verhalten der Strecke angenommen. Man gehe von irgendeinem stationären Betriebszustand des Systems aus. Erhöht man die Störgröße um Δz, so ist die zugehörige stationäre Änderung von x:

$$\Delta x_\infty = \frac{1}{1+V}\,\Delta z\,.$$

Dabei ist V so gewählt zu denken, dass bei den überhaupt auftretenden Beträgen von Δz die Änderung $|\Delta x_\infty|$ genügend klein ist, etwa $< 1\,\%$ von x_∞, wo x_∞ der einzuhaltende Betriebswert ist. Ist nun die Phasenreserve klein, so kann, sagen wir, eine Überschwingung von 100 % über die stationäre Änderung Δx_∞ eintreten. Dann ist die höchste dynamische Abweichung Δx vom Betriebswert x_∞ dennoch geringfügig:

$$\max|\Delta x| < 2\,\Delta x_\infty < 2\,\%\,x_\infty\,.$$

Allgemein gilt:

$$\max|\Delta x(t)| \le \varepsilon\frac{1}{1+V}\,|\Delta z| \quad \text{mit} \quad \varepsilon = \frac{\max|\Delta x(t)|}{|\Delta x_\infty|}\,.$$

Bild 6-4 veranschaulicht dieses Verhalten.

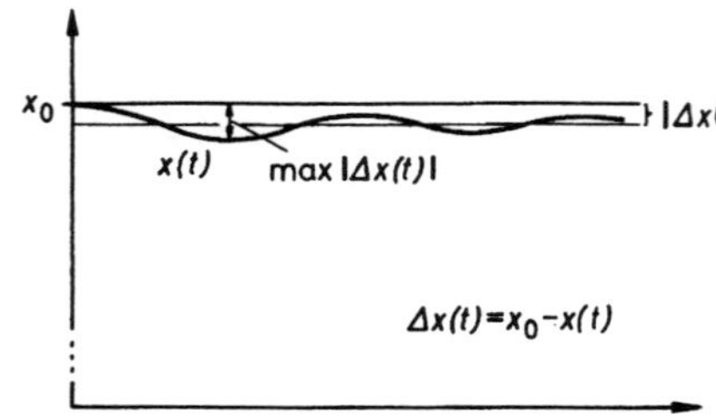

Bild 6-4: Störverhalten des Regelkreises bei sprungartiger Änderung der Störgröße

Hingegen ist eine derartige Überschwingweite ε beim Führungsverhalten im Allgemeinen unzumutbar. Hier ist nämlich

$$\Delta x_\infty = \frac{V}{1+V}\Delta w \approx \Delta w\,, \quad \text{also}$$

$$\max|\Delta x(t)| \approx \varepsilon|\Delta w|\,.$$

Man hätte also für $\varepsilon = 100\,\%$ eine Amplitude vom Doppelten des Führungssprungs! Aus dieser Betrachtung ergibt sich eine praktische Konsequenz:

Ist das Führungsverhalten hinreichend stabilisiert, d. h. hat es eine genügende Dämpfung, so darf man auch das Störverhalten als genügend gut stabilisiert ansehen. (6.8)

Man braucht sich dann also um das Störverhalten nicht besonders zu kümmern. Ist aber das Störverhalten allein von Interesse, so kann man es wesentlich ungedämpfter und damit schneller machen, als dies beim Führungsverhalten möglich ist.

In Bild 6-5 wird durch einen Rechnerschrieb illustriert, dass die Phasenreserve in der Tat ein gutes qualitatives Maß für die Dämpfung des Regelkreises ist. Dort ist die Führungssprungantwort eines Regelkreises in Abhängigkeit von der Phasenreserve aufgezeichnet. Diese wird durch Änderung der Kreisverstärkung V verändert, worauf in den folgenden Abschnitten näher eingegangen wird.

Um φ_R aus den Frequenzkennlinien zu erhalten, betrachtet man die Phasenkennlinie des offenen Kreises bei der Durchtrittsfrequenz ω_D. Wenn der geschlossene Kreis stabil ist, liegt sie hier oberhalb $-180°$. Der Betrag des Winkels, den man zu dem Phasenwert noch hinzufügen muss, um auf $-180°$ zu kommen, stellt die Phasenreserve φ_R dar, wie dies in Bild 6-6 skizziert ist.

Es ist möglich, die Forderungen I bis III in einfacher Weise zu erfüllen: Man legt in den Vorwärtszweig des Regelkreises ein I-Glied mit einer genügend kleinen Übertragungskonstante K_R. Um dies einzusehen, betrachte man Bild 6-7. Wenn K_R sehr klein ist, liegt die Durchtrittsfrequenz des I-Glieds, die sich aus $|G(j\omega)| = |K_R/j\omega| = 1$ zu $\omega_D = K_R$ ergibt, weit links von den Knickfrequenzen von F_o. Die Addition seiner Betragskennlinie zu $|F_o|_{\text{dB}}$ senkt die letztere Betragskennlinie infolgedessen erheblich. Man gelangt so zu $|F_K|_{\text{dB}}$ in Bild 6-7. Hierdurch wird deren Durchtrittsfrequenz ω_D weit nach links verlegt. Infolgedessen steigt die Phasenreserve bis nahezu 90°. Die Dämpfung ist also sehr gut, die Sprungantwort des Führungsverhaltens wird aperiodisch verlaufen. Hiermit sind die Forderungen I und III erfüllt. Die Forderung II ist durch die Einführung eines I-Glieds ebenfalls erfüllt.

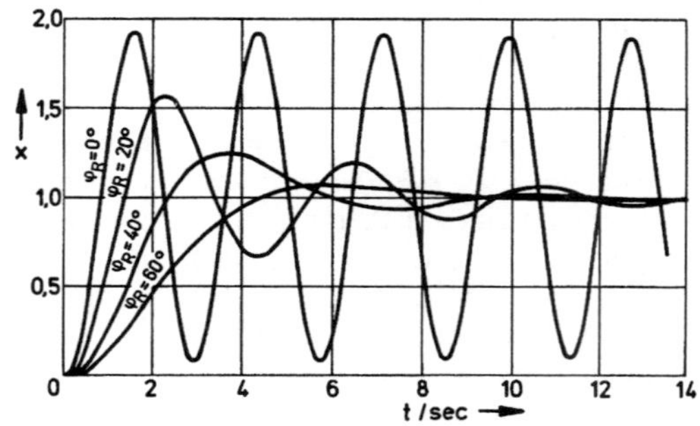

Bild 6-5: Führungssprungantwort in Abhängigkeit von der Phasenreserve bei $F_K(s) = \dfrac{V}{s(1+s)(1+0{,}2s)}$

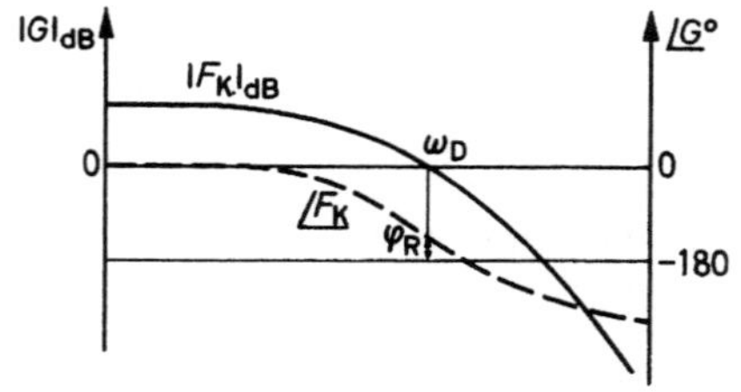

Bild 6-6: Die Phasenreserve φ_R in der Frequenzkennliniendarstellung

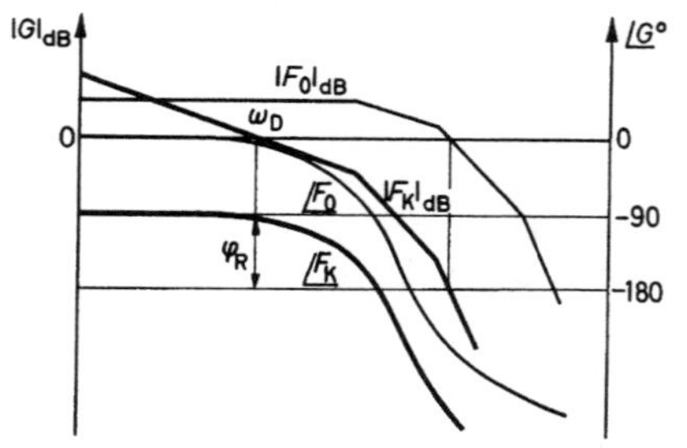

Bild 6-7: Stabilisierung durch Einführung eines I-Glieds

Ist damit das Stabilisierungsproblem erledigt? Für die Mehrzahl der Fälle nicht, denn die obige Lösung hat einen schweren Nachteil: Das Verhalten des Regelkreises ist äußerst langsam geworden. Die gewünschten Endwerte, etwa der neue Führungswert, werden nur ganz langsam angestrebt. Damit ist das Verhalten nicht viel günstiger, als wenn die Dämpfung zu gering ist. Man hat den Kreis *totstabilisiert.*

Um das einzusehen, hat man die Frage zu beantworten, wie man aus den Frequenzkennlinien des offenen Kreises auf die Schnelligkeit des geschlossenen Kreises schließen kann. Zunächst werde das Führungsverhalten betrachtet. Nach der Regel (4.19) erhält man in grober Näherung die Betragskennlinie $|F_w|_{\text{dB}}$ des Führungsverhaltens, indem man die Betragskennlinie $|F_K|_{\text{dB}}$ des offenen Kreises durch die 0-dB-Linie abschneidet. Bild 6-8 zeigt dies. Da der geschlossene Kreis im Allgemeinen ein Minimalphasenglied ist, kann man aus der Betragskennlinie eindeutig auf den Frequenzgang schließen. Dann sieht man, dass $|F_w|_{\text{dB}}$ näherungsweise als Betragskennlinie eines P-T_1-Glieds angesehen werden kann, und zwar eines P-T_1-Glieds mit $K = 1$ und $T = 1/\omega_D$. Die Führungssprungantwort des Regelkreises wird daher in erster Näherung durch eine ansteigende e-Funktion nach Bild 6-9 charakterisiert.

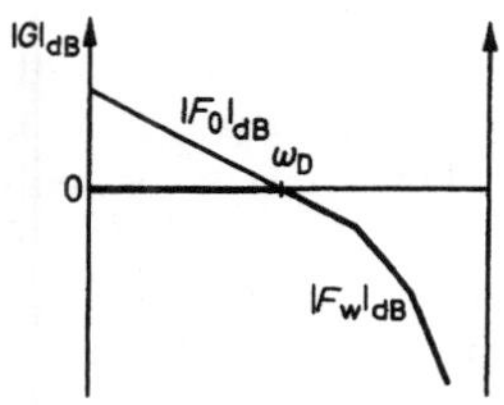

Bild 6-8: Grobe Annäherung für das Führungsverhalten des Regelkreises

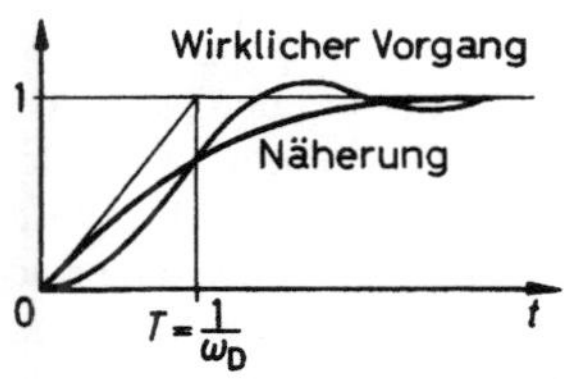

Bild 6-9: Grobe Annäherung für die Führungssprungantwort des Regelkreises

Diese Betrachtung stellt zwar nur einen ganz groben Überschlag dar, da die Überhöhung von $|F_w|_{\text{dB}}$ in der Umgebung der Durchtrittsfrequenz ω_D, die für das Schwingungsverhalten bestimmend ist, nicht berücksichtigt wird. Sie genügt aber zur qualitativen Charakterisierung der Schnelligkeit des Führungsverhaltens durch den Parameter ω_D.

Für das Störverhalten gilt Entsprechendes. Wegen

$$F_z = \frac{1}{1+F_K}$$

ist

$$|F_z| \approx \begin{cases} 1 & \text{für } |F_K| << 1\text{, also für große } \omega\,, \\ |F_K|^{-1} & \text{für } |F_K| >> 1\text{, d. h. für kleine } \omega\,. \end{cases}$$

Man erhält so Bild 6-10. Das Störverhalten wird also – wiederum ganz überschlägig – durch ein D-T_1-Glied mit $K = 1$ und $T = 1/\omega_D$ charakterisiert. Je größer daher ω_D, desto schneller ist der Zeitvorgang (Bild 6-11).

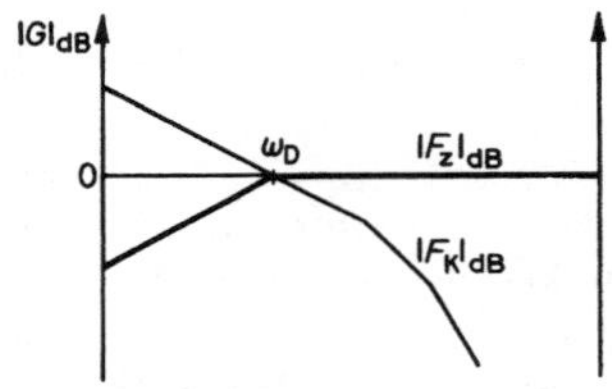

Bild 6-10: Grobe Annäherung für das Störverhalten des Regelkreises

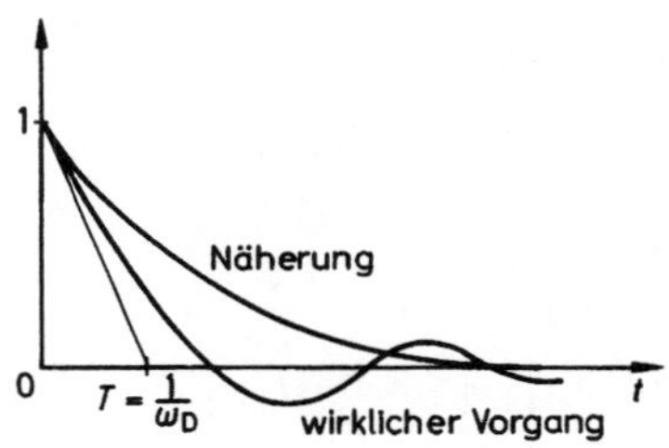

Bild 6-11: Grobe Annäherung für die Störsprungantwort des Regelkreises

Insgesamt hat man das Resultat:

Die Durchtrittsfrequenz ω_D ist ein qualitatives Maß für die Schnelligkeit sowohl des Führungs- als auch des Störverhaltens: Je größer ω_D, desto schneller der Zeitvorgang, und umgekehrt. (6.9)

Verlegt man daher, wie oben durch die Einführung eines I-Glieds, die Durchtrittsfrequenz weit nach links in Bezug auf die Zeitkonstanten des offenen Kreises, so wird der geschlossene Kreis viel langsamer, als dies aufgrund dieser Zeitkonstanten sein muss. Nur in Ausnahmefällen ist eine solche Stabilisierung zulässig.

Eine genauere Aussage zum Störverhalten als Bild 6-10 sie macht, ist durch das so genannte *Bode-*

Theorem gegeben, das wir zunächst anhand der Nyquist-Ortskurve nach Bild 6-12 motivieren.

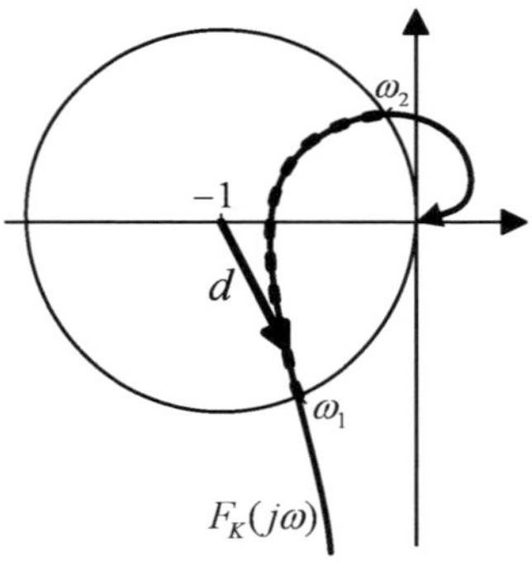

Bild 6-12: Nyquist-Ortskurve und Fahrstrahl d (der Bereich mit $|d| < 1$ ist fett strichliert)

Dort, wo die Nyquist-Ortskurve innerhalb des Einheitskreises um den Punkt -1 verläuft, hat offensichtlich der Fahrstrahl $d(j\omega) = 1 + F_K(j\omega)$ einen Betrag von kleiner als eins, außerhalb des Einheitskreises ist hingegen $|d| > 1$. Da d gerade der Nenner der Störübertragungsfunktion ist,

$$F_z(j\omega) = \frac{1}{1 + F_K(j\omega)} = \frac{1}{d(j\omega)}, \tag{6.10}$$

können wir den Betrag $|F_z|$ abschätzen:

$$|F_z(j\omega)| \begin{cases} < 1 & \text{für } |d(j\omega)| > 1 \\ = 1 & \text{für } |d(j\omega)| = 1 \\ > 1 & \text{für } |d(j\omega)| < 1. \end{cases} \tag{6.11}$$

Gegenüber der Störübertragungsfunktion $F_z(j\omega) = 1$ des *ungeregelten* Systems bringt also der Einsatz einer *Regelung* nur bei solchen Frequenzen ω eine Verbesserung, bei denen $d(j\omega) > 1$ ist, also nur dort, wo die Nyquist-Ortskurve außerhalb des Einheitskreises um -1 verläuft. Da die Nyquist-Ortskurve den Punkt -1 zur Erlangung von Stabilität „links liegen lässt" und spiralförmig in den Koordinatenursprung einläuft, wird es mindestens ein Frequenzintervall (ω_1, ω_2) geben, in dem $|d| < 1$ gilt und sich das Störübertragungsverhalten gegenüber dem ungeregelten Fall verschlechtert. In Bild 6-13 ist dies angedeutet: Für niedrige Frequenzen $\omega < \omega_1$ ist $|d| > 1$ und folglich $|F_z| < 1$, und Störungen werden deutlich gemindert; für $\omega_1 < \omega < \omega_2$ ist $|d| < 1$ und Störungen werden verstärkt; für hohe Frequenzen, d. h. $\omega > \omega_2$, ist $|F_z|$ geringfügig kleiner als eins.

Eine quantitative Formulierung dieser Beobachtung liefert das *Bode-Theorem*, auch „Wasserbett-Regel" genannt [6.1–6.5]: *Ist der Zählergrad von $F_K(s)$ um mindestens zwei kleiner als der Nennergrad und ist der geschlossene Kreis stabil, so gilt*

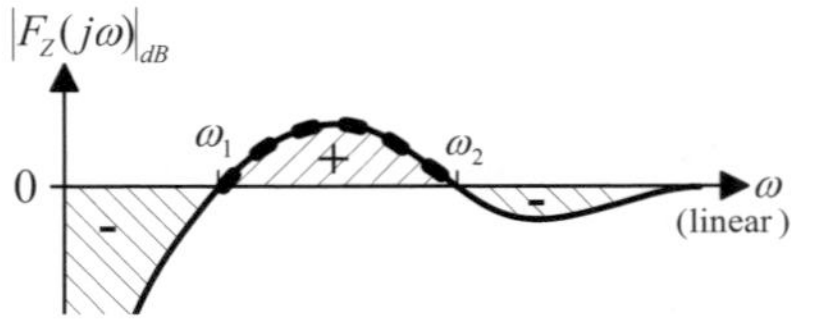

Bild 6-13: Wasserbett-Regel: In der Betragskennlinie $|F_z(j\omega)|$ sind – bei stabilem offenen Kreis – die Flächenanteile unter- und oberhalb der 0-dB-Linie gleich groß (der Bereich mit $|d| < 1$ ist fett strichliert)

$$\int_0^\infty \ln|F_z(j\omega)|d\omega = \begin{cases} 0 & \text{sofern } F_K(s) \text{ keine Pole rechts hat,} \\ \pi \sum_i \mathrm{Re}(s_i^{(+)}) & \text{worin } s_i^{(+)} \text{ die rechts gelegenen Pole von } F_K(s) \text{ sind.} \end{cases} \tag{6.12}$$

Für stabiles $F_K(s)$ besagt das Theorem also, dass sich in der Betragskennlinie von $F_z(s)$ (bei linearer ω-Skala) die Summe der Flächen oberhalb der 0-dB-Linie (in Bild 6-13 mit „+" gekennzeichnet) und die Summe unterhalb der 0-dB-Linie (mit „–" gekennzeichnet) gleichen. Jede Verbesserung des Störverhaltens in einem gewissen Frequenzbereich muss mit einer Verschlechterung in einem anderen Frequenzbereich bezahlt werden (Wasserbett-Effekt). Besitzt $F_K(s)$ rechts gelegene Pole, so muss die Stabilisierung des Systems sogar mit einer Verschlechterung des Störverhaltens insgesamt „bezahlt" werden, denn die Summe der Teilflächen wird größer als null.

Das Bode-Theorem lässt sich auch auf den Fall erweitern, dass der Zählergrad von $F_K(s)$ nur um eins kleiner ist als der Nennergrad. Dies wurde z. B. in [6.3] für eine rationale Übertragungsfunktion nachgewiesen, gilt aber auch, wenn der offene Kreis ein Totzeitglied enthält, wie im Folgenden gezeigt wird.

Für die Übertragungsfunktion des korrigierten offenen Kreises gelte

$$F_K(s) = \frac{Z_o(s)}{N_o(s)} \cdot \mathrm{e}^{-T_t s} \qquad \text{mit} \quad T_t \geq 0 \tag{6.13}$$

und

$$N_o(s) = s^n + a_{n-1}s^{n-1} + \cdots + a_1 s + a_0, \tag{6.14}$$

$$Z_o(s) = b_{n-1}s^{n-1} + \cdots + b_1 s + b_0, \tag{6.15}$$

wobei Zähler- und Nennerpolynom keine gemeinsamen Nullstellen haben mögen.

Weiter sei der geschlossene Regelkreis stabil, d. h. alle Pole von

$$F_z(s) = \frac{1}{1+F_K(s)} = \frac{N_o(s)}{N_o(s)+Z_o(s)\cdot e^{-T_t s}} \tag{6.16}$$

haben einen negativen Realteil. Die Nullstellen von $F_z(s)$ stimmen mit den Polen des offenen Kreises überein, von denen die rechts der j-Achse gelegenen wie in (6.12) mit $s_i^{(+)}$ und die auf oder links der j-Achse gelegenen mit $s_i^{(-)}$ bezeichnet werden, so dass man für $N_o(s)$ auch

$$N_o(s) = \prod_i \left(s - s_i^{(+)}\right) \cdot \prod_i \left(s - s_i^{(-)}\right) \tag{6.17}$$

schreiben kann.

Unter diesen Voraussetzungen lautet das *Bode-Theorem*:

$$\int_0^\infty \ln|F_z(j\omega)|d\omega = \begin{cases} \pi \sum_i \mathrm{Re}(s_i^{(+)}) - \frac{\pi}{2} b_{n-1} & \text{falls } T_t = 0, \\ \pi \sum_i \mathrm{Re}(s_i^{(+)}) & \text{falls } T_t > 0. \end{cases} \tag{6.18}$$

Die Gleichung (6.12) ist in (6.18) für $b_{n-1} = 0$ (und damit unabhängig vom Vorhandensein eines Totzeitglieds) als Spezialfall enthalten. Im Fall $b_{n-1} > 0$ wird also bei stabilem und totzeitfreiem $F_K(s)$ durch die Regelung das Störverhalten im Sinn des logarithmischen Integrals um den Wert $\frac{\pi}{2} b_{n-1}$ verbessert. Dies ist interessanterweise der einzige Fall, wo die Verstärkung des Reglers, die ja multiplikativ in b_{n-1} eingeht, einen Einfluss auf die Verbesserung des Störverhaltens im Sinn des Bode-Integrals hat: je größer die Reglerverstärkung, desto besser das Störverhalten – solange jedenfalls die Stabilität des geschlossenen Kreises erhalten bleibt. In allen anderen Fällen ($b_{n-1} = 0$ oder $T_t > 0$) hängt der Wert des Bode-Integrals nicht von der Reglerverstärkung ab.

Auf den ersten Blick mag es überraschen, dass sich im Fall $b_{n-1} \neq 0$ der Integralwert (6.18) beim Grenzübergang $T_t \to 0$ nicht stetig verhält, was man vielleicht erwarten würde. Diesen Sachverhalt betrachten wir am Beispiel

$$F_z(s) = \frac{1}{1+F_K(s)} \quad \text{mit}$$
$$F_K(s) = \frac{6(s+2)(s+3)}{(s-1)(s+4)(s+8)} \cdot e^{-T_t s}$$

näher, bei welchem $b_{n-1} = 6$ und $\sum_i \mathrm{Re}(s_i^{(+)}) = 1$ gilt. Das Bild 6-14 zeigt den Wert des Integrals

$$I(\Omega) = \int_0^\Omega \ln|F_z(j\omega)|d\omega$$

in Abhängigkeit von der oberen Integrationsgrenze Ω für verschiedene Totzeiten. Lässt man bei festem *endlichen* $\Omega < \infty$ die Totzeit $T_t \to 0$ streben, verhalten sich die Integralwerte zwar stetig, der Wert des Bode-Integrals ergibt sich jedoch bei *fester* Totzeit als Grenzübergang $\Omega \to \infty$. Hier streben alle Integrale $I(\Omega)$ mit $T_t > 0$ gegen den Wert π, während für $T_t = 0$ der Wert -2π resultiert. Dies ist ein Beispiel für ein uneigentliches Integral, wo sich Grenzwertbildung und Integration im allgemeinen nicht vertauschen lassen.

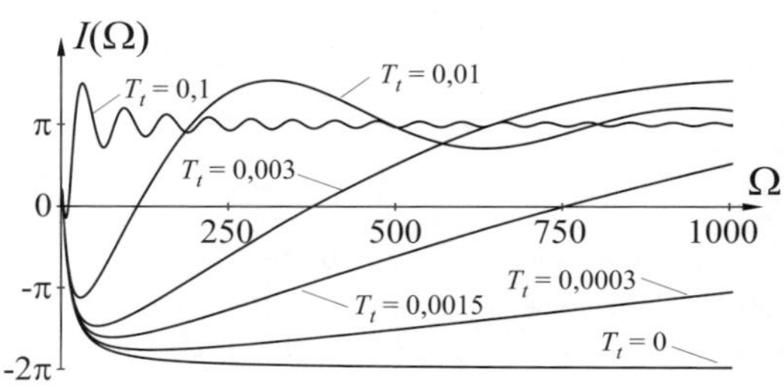

Bild 6-14: Verlauf von $I(\Omega)$ in Abhängigkeit von der oberen Integrationsgrenze Ω für verschiedene Totzeiten

Das erweiterte Bode-Theorem (6.18) soll nun bewiesen werden, und zwar mittels Integration längs der im Bild 6-15 gezeigten Kontur C. Dazu wird die Störübertragungsfunktion $F_z(s)$ wie folgt modifiziert:

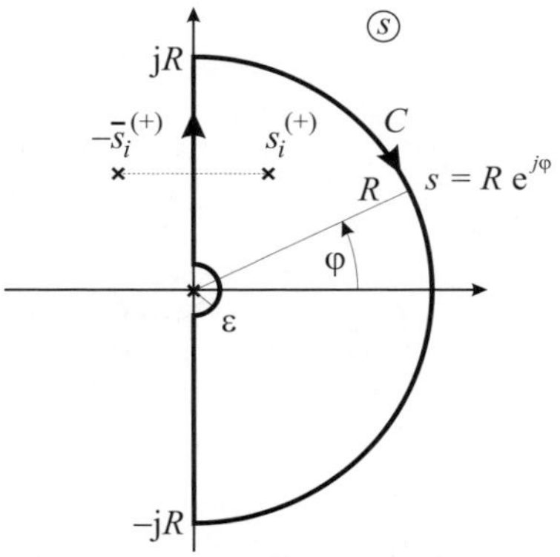

Bild 6-15: Kontur zur Berechnung des Bode-Integrals

$$\widetilde{F}_z(s) = F_z(s) \cdot \prod_i \frac{s + \bar{s}_i^{(+)}}{s - s_i^{(+)}} = \frac{\widetilde{N}_o(s)}{N_o(s)+Z_o(s)\cdot e^{-T_t s}} \tag{6.19}$$

mit

$$\widetilde{N}_o(s) = \prod_i \left(s+\bar{s}_i^{(+)}\right)\cdot\prod_i\left(s-s_i^{(-)}\right) \tag{6.20}$$

$$= s^n+\tilde{a}_{n-1}s^{n-1}+\cdots+\tilde{a}_1 s+\tilde{a}_0\,. \tag{6.21}$$

$\widetilde{F}_z(s)$ geht aus $F_z(s)$ hervor, indem die rechts der j-Achse gelegenen Nullstellen $s_i^{(+)}$ von $F_z(s)$ an der j-Achse an die Stellen $-\bar{s}_i^{(+)}$ in der linken s-Halbebene gespiegelt werden. Damit ist $\widetilde{F}_z(s)$ in der rechten Halbebene frei von Nullstellen und Polen; etwaige auf der j-Achse gelegenen Nullstellen von $\widetilde{F}_z(s)$ (Pole auf der j-Achse sind wegen der vorausgesetzten Stabilität der Regelung ausgeschlossen) werden durch kleine Kreise, wie im Bild 6-15 angedeutet, umgangen. Daraus folgt unmittelbar, dass die Funktion $\ln\widetilde{F}_z(s)$ auf der Kontur und in ihrem Inneren frei von Singularitäten, also holomorph ist. Folglich liefert das Umlaufintegral entlang C den Wert 0:

$$\oint_C \ln\widetilde{F}_z(s)ds = 0\,. \tag{6.22}$$

Da, wie man leicht zeigt, die Teilintegrale längs der kleinen Halbkreise für $\epsilon\to 0$ verschwinden und auf dem großen Halbkreis $s=R\,e^{j\varphi}$, $ds=j\,s\,d\varphi$ gilt, wird

$$\begin{aligned} 0 &= \oint_C \ln\widetilde{F}_z(s)ds = \\ &= j\int_{\omega=-R}^{R}\ln\widetilde{F}_z(j\omega)d\omega + j\int_{\varphi=\pi/2}^{-\pi/2}\ln\widetilde{F}_z(s)\,s\,d\varphi \end{aligned}$$

beziehungsweise

$$\int_{\omega=-R}^{R}\ln\widetilde{F}_z(j\omega)d\omega = \int_{\substack{\varphi=-\pi/2\\(s=Re^{j\varphi})}}^{\pi/2}\ln\widetilde{F}_z(s)\,s\,d\varphi\,. \tag{6.23}$$

Da $|\widetilde{F}_z(j\omega)|$ eine gerade, $\underline{/\widetilde{F}_z(j\omega)}$ eine ungerade Funktion von ω ist und für den komplexen Logarithmus $\ln\widetilde{F}_z(j\omega)=\ln|\widetilde{F}_z(j\omega)|+j\underline{/\widetilde{F}_z(j\omega)}$ gilt, lässt sich das linke Integral zu

$$\int_{-R}^{R}\ln\widetilde{F}_z(j\omega)d\omega = 2\int_0^R \ln|\widetilde{F}_z(j\omega)|\,d\omega$$

vereinfachen. Beachtet man, dass wegen $|j\omega-s_i^{(+)}|=|j\omega+\bar{s}_i^{(+)}|$ auf der j-Achse $|\widetilde{F}_z(j\omega)|=|F_z(j\omega)|$ gilt, wird damit insgesamt aus (6.23):

$$2\int_0^R \ln|F_z(j\omega)|\,d\omega = \int_{\substack{\varphi=-\pi/2\\(s=Re^{j\varphi})}}^{\pi/2}\ln\widetilde{F}_z(s)\,s\,d\varphi\,. \tag{6.24}$$

Um darin das rechts stehende Integral für große R zu berechnen, wird der Integrand umgeformt:

$$\begin{aligned} \ln\widetilde{F}_z(s) &= \ln\frac{s^n+\tilde{a}_{n-1}s^{n-1}+\cdots}{s^n+\left(a_{n-1}+b_{n-1}e^{-T_t s}\right)s^{n-1}+\cdots} \\ &= \ln\frac{1+\tilde{a}_{n-1}s^{-1}+\cdots}{1+\left(a_{n-1}+b_{n-1}e^{-T_t s}\right)s^{-1}+\cdots}\,. \end{aligned}$$

Mit der Potenzreihenentwicklung $\log(1+z)=z-z^2/2+\cdots$ für $|z|<1$ wird daraus für betragsmäßig hinreichend große s:

$$\ln\widetilde{F}_z(s)=\left(\tilde{a}_{n-1}-a_{n-1}-b_{n-1}e^{-T_t s}\right)s^{-1}+O(s^{-2}), \tag{6.25}$$

wobei für $s\to\infty,\mathrm{Re}\{s\}\geq 0$, der Rest $O(s^{-2})$ mindestens wie s^{-2} gegen null strebt und $|e^{-T_t s}|\leq 1$ bleibt. Setzt man dies in (6.24) ein und führt den Grenzübergang $R\to\infty$ durch, so wird

$$\begin{aligned} 2\int_0^\infty \ln|F_z(j\omega)|\,d\omega &= \lim_{R\to\infty}\int_{\substack{\varphi=-\pi/2\\(s=Re^{j\varphi})}}^{\pi/2}\ln\widetilde{F}_z(s)\,s\,d\varphi = \\ &= \lim_{R\to\infty}\int_{\varphi=-\pi/2}^{\pi/2}\left(\tilde{a}_{n-1}-a_{n-1}-b_{n-1}e^{-T_t s}\right)d\varphi = \\ &= \pi(\tilde{a}_{n-1}-a_{n-1})-b_{n-1}\lim_{R\to\infty}\int_{\varphi=-\pi/2}^{\pi/2}e^{-T_t s}\,d\varphi\,. \end{aligned} \tag{6.26}$$

Aufgrund der Vietaschen Wurzelsätze gilt

$$\begin{aligned} a_{n-1} &= -\sum_i s_i^{(+)}-\sum_i s_i^{(-)} = -\sum_i \mathrm{Re}\,s_i^{(+)}-\sum_i\mathrm{Re}\,s_i^{(-)}, \\ \tilde{a}_{n-1} &= +\sum_i \bar{s}_i^{(+)}-\sum_i s_i^{(-)} = +\sum_i \mathrm{Re}\,s_i^{(+)}-\sum_i\mathrm{Re}\,s_i^{(-)}, \end{aligned}$$

so dass als Differenz

$$\tilde{a}_{n-1}-a_{n-1}=2\sum_i \mathrm{Re}\,s_i^{(+)} \tag{6.27}$$

resultiert. In (6.26) ist noch das Integral $\int_{\varphi=-\pi/2}^{\pi/2}e^{-T_t s}\,d\varphi$ im Grenzfall $R\to\infty$ zu berechnen, wobei $s=Re^{j\varphi}$ ist. Für $T_t=0$ hat es unabhängig von R den Wert π. Im Fall $T_t>0$ strebt der Integrand mit wachsendem R für $|\varphi| < \frac{\pi}{2}$ gegen null, so dass das φ-Integral verschwindet:

$$\lim_{R\to\infty} \int\limits_{\varphi=-\pi/2}^{\pi/2} \mathrm{e}^{-T_t s}\, d\varphi = \begin{cases} \pi & \text{falls } T_t = 0, \\ 0 & \text{falls } T_t > 0. \end{cases} \qquad (6.28)$$

Setzt man (6.27) und (6.28) in (6.26) ein und dividiert durch 2, so resultiert das Bode-Theorem nach (6.18).

Für den konkreten Entwurf kann man folgende Regeln ableiten: (1) Für *gut gedämpftes Verhalten* sollte die Nyquist-Ortskurve nicht zu tief in den Einheitskreis um -1 eindringen, weil sich sonst erhebliche Überhöhungen in $|F_z(j\omega)|$ und übrigens auch in $|F_w(j\omega)|$ einstellen. Ein genügend großer Abstand der Nyquist-Ortskurve vom Punkt -1 verbessert außerdem die *Robustheit der Stabilität* der Regelung. (2) Da eine signifikante Störminderung nur für $\omega < \omega_1$ stattfindet, sollte ω_1 zur Erlangung *hoher Schnelligkeit* möglichst groß gemacht werden, was durch geeignete Gestaltung des Reglers geschehen kann. Allerdings stehen einer maßlosen Erhöhung von ω_1 Stellgrößenbegrenzungen, Messrauschen und Modellungenauigkeiten entgegen.

Nachdem die Grundforderungen I und II sowie die weitergehenden qualitativen Forderungen III und IV abgehandelt sind, wollen wir *nunmehr* in der Reihenfolge von Abschnitt 1.5 zu *quantitativen Forderungen an das dynamische Verhalten des Regelkreises* übergehen.

Für die Dynamik des Regelkreises wird meist die Führungssprungantwort $h_w(t)$ als repräsentativ angesehen, also die Antwort des Regelkreises auf $w = \sigma(t)$. Dabei interessiert in den regelungstechnischen Anwendungen weniger der Verlauf im Einzelnen; vielmehr sind nur gewisse charakteristische Daten der Führungssprungantwort von Bedeutung. In Bild 6-16 sind zwei typische Verläufe von $h_w(t)$ aufgezeichnet, ein oszillatorischer Verlauf, gewöhnlich als *periodisch*[1] bezeichnet, und ein monotoner Verlauf, meist *aperiodisch* genannt. Für viele regelungstechnische Belange ist der oszillatorische Vorgang durch zwei Kenndaten hinlänglich gekennzeichnet:

1. Die *Überschwingweite*, bezogen auf den Endwert:

$$\Delta_m = \frac{h_{wm} - h_{w\infty}}{h_{w\infty}}. \qquad (6.29)$$

1 Diese Bezeichnung ist falsch, denn „periodisch" ist definitionsgemäß eine Funktion mit $f(t+p) = f(t)$ für alle t und festes p, was hier nicht zutrifft. Demgegenüber ist die Benennung „aperiodisch" zwar nichtssagend, aber wenigstens nicht falsch.

2. Die Übergangszeit $t_ü$.

Darunter kann man zweierlei verstehen: einmal den Zeitpunkt, zu dem $h_w(t)$ endgültig in die 5 %-Zone um den Endwert $h_{w\infty}$ eintritt, von dem an also die Ungleichung $0{,}95\, h_{w\infty} \le h_w(t) \le 1{,}05\, h_{w\infty}$ für alle t gilt, oder man nimmt statt der Funktion $h_w(t)$ die sie begrenzende e-Funktion, sofern eine solche vorhanden ist, und stellt deren Eintritt in den 5 %-Streifen um $h_{w\infty}$ fest, was rechnerisch bequemer sein kann. Beide Zahlenwerte werden etwas voneinander abweichen. In Bild 6-16 ist die zweite Möglichkeit eingezeichnet.

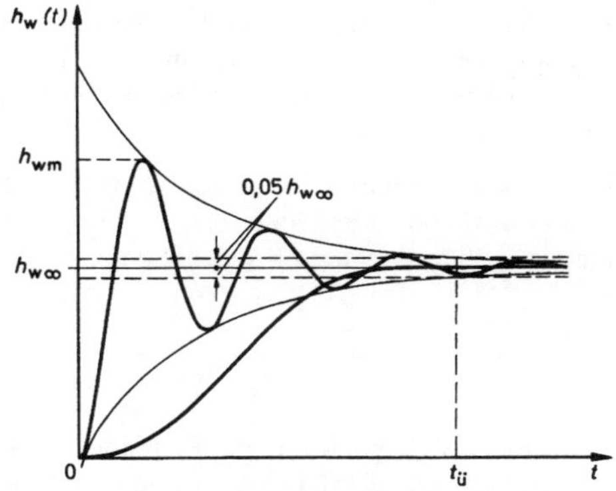

Bild 6-16: Kenndaten für das Zeitverhalten des Regelkreises (h_w Führungssprungantwort)

Liegt ein *aperiodischer Zeitverlauf* vor, so ist als einziges Kenndatum die *Übergangszeit* $t_ü$ von Bedeutung, die hier eindeutig definiert ist. Sie ist zugleich ein Maß für die Anstiegszeit.

Bei einem P-T$_2$-Glied ist die *Abhängigkeit der Kenndaten von den Systemparametern* gut zu überblicken. Das ist in zweierlei Weise möglich: zunächst durch eine *graphische Darstellung* (Rechnerschrieb) nach Art von Bild 5-12, in dem die Sprungantwort $h_w(t)$ in Abhängigkeit von drei Systemparametern K, T und d dargestellt ist. Zum Zweiten lässt sich diese Abhängigkeit formelmäßig aus dem Ausdruck für die Sprungantwort in Tabelle 2-1 herleiten. Für $d < 1$ erhält man

$$\log \Delta_m = -1{,}363 \frac{d}{\sqrt{1-d^2}}, \qquad (6.30)$$

$$t_ü = \frac{3 - 1{,}15 \log(1-d^2)}{d} \cdot \frac{1}{\omega_0} = \frac{f(d)}{\omega_0}, \qquad (6.31)$$

wobei $\omega_0 = \frac{1}{T}$ ist. Hier ist unter $t_ü$ der Zeitpunkt des Eintauchens der einhüllenden e-Funktion in die 5 %-Zone um den Endwert gemeint. Dieser Formelwert ist somit etwas größer als der entsprechende Wert aus Bild 5-12. Liegt d nicht zu nahe bei 1, etwa $d < 0{,}9$, so kann

$$t_{ü} = \frac{1}{d}(3+\frac{1}{2}d^2)\cdot\frac{1}{\omega_0} \quad (6.32)$$

als genügende Näherung angesehen werden. Für kleine d ist mit guter Näherung

$$t_{ü} = \frac{3}{d}\cdot\frac{1}{\omega_0} = 3\frac{T}{d}. \quad (6.33)$$

Diese einfachen Zusammenhänge zwischen den Parametern eines Systems und den Kenndaten des Zeitverhaltens lassen sich für die Synthese nutzbar machen, wenn man die *Voraussetzung* macht, *dass der geschlossene Regelkreis ein dominantes konjugiert komplexes Polpaar besitzt.* Dann hängen nämlich die Kenndaten seiner Sprungantwort von den Parametern dieses Polpaars näherungsweise in der eben beschriebenen Weise ab.[2]

Die quantitativen Forderungen an das Zeitverhalten werden meist darin bestehen, dass Überschwingweite und Übergangszeit nicht zu groß sein sollen:

$$\Delta_m \le \Delta_{m0}, \quad (6.34)$$

$$t_{ü} \le t_{ü0}, \quad (6.35)$$

wobei Δ_{m0} und $t_{ü0}$ gegebene Schranken sind. Es ist festzustellen, *was diese Forderungen für die Lage des dominanten Polpaars bedeuten.*

Da die Überschwingweite Δ_m allein von d abhängt und mit abnehmendem d wächst, folgt aus $\Delta_m \le \Delta_{m0}$, dass $d \ge d_0$ sein muss. Dabei ist d_0 die zu Δ_{m0} gehörende Dämpfung. Man kann sie entweder aus Bild 5-12 ablesen oder aus (6.30) erhalten. Im letzteren Fall ergibt sie sich zu

$$d_0 = \frac{L}{\sqrt{1+L^2}} \quad \text{mit} \quad L = -\frac{\log\Delta_{m0}}{1{,}363}. \quad (6.36)$$

Nun gilt gemäß Bild 2-42 die Beziehung $d = \cos\psi$, $0 \le \psi \le 90°$. Da die Cosinusfunktion für diese ψ fällt, folgt aus $d \ge d_0$, dass $\psi \le \psi_0$ sein muss, wobei ψ_0 aus

$$\cos\psi_0 = d_0 \quad (6.37)$$

zu bestimmen ist. Die Forderung (6.34) verlangt somit, dass das dominante Polpaar im Sektor $|\psi| \le \psi_0$ um die negative reelle Achse liegt (Bild 6-17).

Unter allen zulässigen d-Werten wird man einen möglichst kleinen Wert wählen, damit der Regelkreis möglichst schnell wird. Im äußersten Fall kann man also $d = d_0$ nehmen. Das wird man dann machen, wenn die Charakterisierung des geschlossenen Kreises durch ein dominantes Polpaar eine sehr gute Annäherung ist. Andernfalls wird man lieber $d > d_0$ wählen. Der gewählte d-Wert sei mit d_w bezeichnet. Zu ihm gehört wegen

$$\cos\psi_w = d_w, \quad 0 \le \psi_w \le 90°,$$

ein eindeutig bestimmter Wert ψ_w. Das komplexe Polpaar muss jetzt auf zwei vom Nullpunkt ausgehenden Strahlen liegen, die mit der negativen reellen Achse die Winkel $\pm\psi_w$ bilden (Bild 6-17).

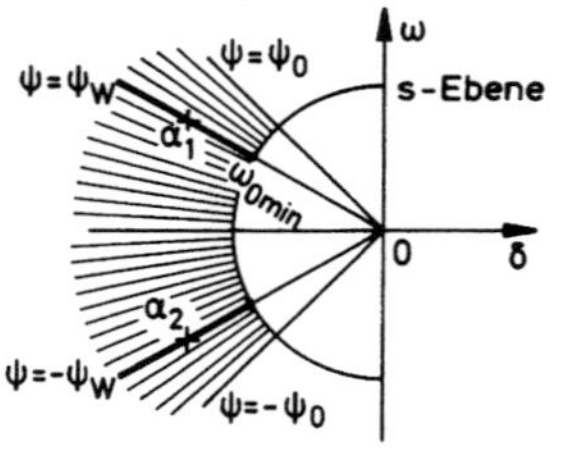

Bild 6-17: Lage des dominanten Polpaars $\alpha_{1,2}$ bei vorgegebenen Beschränkungen der Überschwingweite und der Übergangszeit

Die zweite Bedingung $t_{ü} \le t_{ü0}$ kann man jetzt entweder mittels Bild 5-12 oder mit Hilfe der Formel (6.31) berücksichtigen. Im ersteren Fall liest man für die Kurve mit dem Parameter d_w den endgültigen Eintrittszeitpunkt in den 5 %-Streifen um 1 ab. Er möge gleich $\omega_0 t_{ü} = \tau_0$ sein, wobei τ_0 der abgelesene Zahlenwert ist. Dann muss

$$t_{ü} = \frac{\tau_0}{\omega_0} \le t_{ü0} \quad \text{gelten, also} \quad \omega_0 \ge \frac{\tau_0}{t_{ü0}} \quad \text{sein.}$$

Entsprechend muss nach (6.31) die Ungleichung

$$\frac{f(d_w)}{\omega_0} \le t_{ü0} \quad \text{gelten, woraus}$$

$$\omega_0 \ge \frac{f(d_w)}{t_{ü0}} = \omega_{0\,\min} \quad (6.38)$$

folgt. Da nach Bild 2-42 ω_0 den Abstand des dominanten Polpaars vom Ursprung darstellt, wird man dieses auf den Strahlen $\psi = \pm\psi_w$ so wählen, dass es vom Ursprung mindestens den Abstand $\omega_{0\,\min}$ hat. Sehr viel weiter nach links wird man es nicht verlegen, da sonst die Dominanz gefährdet ist. Es ergeben sich somit für die Lage des dominanten Polpaars, das die Bedingungen (6.34) und (6.35) erfüllt, die dick ausgezogenen Geradenstücke in Bild 6-17.

2 Ein monotoner Verlauf der Sprungantwort ist dann nicht möglich, da dieser einen dominanten reellen Pol voraussetzt. Auf einen derartigen Entwurf kommen wir in Abschnitt 6.9 zurück.

Auf jeden Fall muss das dominante Polpaar, das die quantitativen Forderungen

$$\Delta_m \leq \Delta_{m0}\,, \quad t_ü \leq t_{ü0}$$

erfüllt, in dem schraffierten Sektor in Bild 6-17 liegen. Hierdurch sind die *Anforderungen an die Sprungantwort des Regelkreises in eine Lagebedingung für das dominante Polpaar umgesetzt. Aufgabe der Synthese ist es, ein dominantes Polpaar zu erzeugen und in den gewünschten Bereich zu verlegen.*

Häufig wird als gewünschter Polbereich anstelle des kreisringförmigen Sektors in Bild 6-17 ein trapezförmiger Sektor gewählt, wie ihn Bild 6-18 zeigt. Bei ihm gilt für das konjugiert komplexe Polpaar die Beschränkung $\delta \leq \delta_0$. Da δ der Abklingfaktor im Exponenten der e-Funktion ist, welche die Sprungantwort des zum Polpaar gehörenden P-T_2-Glieds einhüllt, wird auch hier mittelbar dafür gesorgt, dass $h_w(t)$ genügend schnell abklingt.

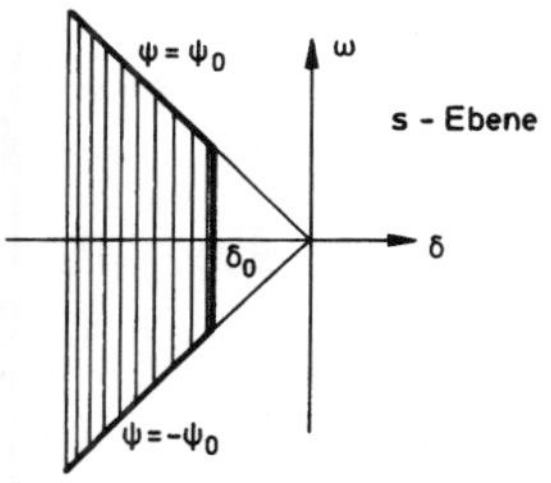

Bild 6-18: Weiterer Typ eines gewünschten Polbereichs

Wie schon in Abschnitt 1.5 erwähnt, gibt es neben den vorstehend erläuterten quantitativen Forderungen in Form von Ungleichungen für Kenndaten der Sprungantwort noch eine ganz andere Art solcher Forderungen, die darin besteht, dass ein dem Regelkreis zugeordnetes *Gütemaß (Güte-Index, Gütekriterium) zum Minimum oder zum Maximum* gemacht wird. Hierauf wollen wir aber erst beim Entwurf der zugehörigen „optimalen Regelungen" in Unterabschnitt 6.8.1 eingehen.

Quantitative Forderungen der eben besprochenen Art werden in Abschnitt 6.7 beim Entwurf mittels des Wurzelortsverfahrens und in Abschnitt 6.9 (Kompensationsregler) betrachtet. Im Übrigen werden der Synthese die Forderungen I bis IV zugrunde gelegt, wie dies bei konkreten Entwurfsproblemen meist der Fall ist, wobei dann die Erfüllung zusätzlicher quantitativer Anforderungen an die Dynamik in einer anschließenden Rechnersimulation vorgenommen wird (siehe hierzu auch die Bemerkungen in Abschnitt 1.5 zur Bearbeitung einer Regelungsaufgabe).

6.3 Grundsätzliche Struktur des Reglers

Es soll jetzt ein Regler entwickelt werden, der die Grundforderungen I und II nach Stabilität und stationärer Genauigkeit zu erfüllen vermag und darüber hinaus die Forderungen III und IV nach genügender Dämpfung und Schnelligkeit mitberücksichtigt. Um als Erstes hinreichende stationäre Genauigkeit zu sichern, liegt es nahe, den Regler auf jeden Fall mit einem I-Glied zu versehen. Das Problem besteht dann darin, trotz der entstabilisierenden Wirkung des I-Glieds die Stabilität des Regelkreises zu sichern und darüber hinaus ein genügend gedämpftes Verhalten zu erzielen, ohne dass der Regelkreis zu langsam wird.

Dazu muss man sich klarmachen, dass die *Tendenz zur Instabilität von den Nennerzeitkonstanten der Strecke* herrührt, die man meist schlichtweg *„Streckenzeitkonstanten"* nennt. Zu einer solchen Zeitkonstante gehört der Faktor

$$\frac{1}{1+Tj\omega} = \frac{1-Tj\omega}{(1+Tj\omega)(1-Tj\omega)} = \frac{1}{1+T^2\omega^2} - \frac{T\omega}{1+T^2\omega^2}\,j.$$

Sein Argument oder sein Phasenwinkel φ, der auch kurz als „Phase" bezeichnet sei, ist also durch

$$\tan\varphi = -T\omega$$

gegeben. Es sinkt von 0° auf −90°, wenn ω von 0 bis $+\infty$ wächst. Für die Ortskurve des offenen Kreises bedeutet die Hinzufügung eines solchen Faktors also, dass ihr Fahrstrahl im Uhrzeigersinn gedreht wird, und zwar desto mehr, je größer ω ist. Es ist die gleiche Erscheinung wie bei einem I-Glied (Bild 6-2), nur dass die zusätzliche Drehung des Fahrstrahls nicht konstant, sondern von ω abhängig ist. Man spricht bei einer derartigen Drehung des Fahrstrahls im Uhrzeigersinn (mathematisch negativen Sinn) von *Phasenvordrehung*, hingegen bei einer Drehung entgegen dem Uhrzeigersinn (im mathematisch positiven Sinn) von *Phasenrückdrehung*. Jede Nennerzeitkonstante der Strecke bewirkt also eine Phasenvordrehung, die von 0° bei $\omega = 0$ bis 90° für $\omega = +\infty$ anwächst. Für die Ortskurve des offenen Kreises bedeutet dies entsprechend Bild 6-2 die Gefahr, dass sie den Punkt −1 umschließt und der Regelkreis somit nach dem Nyquist-Kriterium instabil wird. Diese Gefahr ist desto größer, je größer die Nennerzeitkonstante T ist, da dann bei gleichem ω das Produkt ωT und damit die Phasenvordrehung größer wird.

Handelt es sich um einen quadratischen Nennerfaktor von $F_o(j\omega)$ mit $d < 1$, so ist seine Wirkung ganz entsprechend. Er bewirkt eine Phasenvordrehung, die von 0° bei $\omega = 0$ bis 180° für $\omega = +\infty$ anwächst.

Welches *Gegenmittel* hat man gegen eine solche Phasenvordrehung? Geometrisch liegt es auf der Hand: eine *Phasenrückdrehung*, welche die gefährdete Ortskurve vom Punkt -1 zurückzieht. Wie lässt sie sich verwirklichen? Auch das liegt jetzt nahe: *durch Einfügen von Zählerfaktoren* in den Frequenzgang des offenen Kreises. Für einen solchen Zählerfaktor $1 + T_Z j\omega$ gilt nämlich

$$\tan\varphi = T_Z\omega\,, \quad 0 \leq \omega < +\infty\,.$$

Daher wächst φ von 0° bis + 90°. Das bedeutet für den Fahrstrahl der Ortskurve des offenen Kreises Drehung im mathematisch *positiven* Sinn, also Phasenrückdrehung.

Ein Spezialfall besteht darin, dass man die hinzugefügte Zählerzeitkonstante T_Z gleich einer Nennerzeitkonstante T der Strecke wählt. Im Frequenzgang $F_K(j\omega)$ des korrigierten Kreises wird dann der Nennerfaktor $1+Tj\omega$ durch den Zählerfaktor $1+T_Z j\omega$ aufgehoben. Anders ausgedrückt: Die durch den Nennerfaktor verursachte Phasenvordrehung wird durch die Phasenrückdrehung des Zählerfaktors genau kompensiert.

Damit liegt die *grundsätzliche Struktur des Reglers* fest:

$$G_K(j\omega) = \frac{K_R}{j\omega}(1+T_{R1}j\omega)\ldots(1+T_{Rm}j\omega)\,, \quad 1 \leq m \leq n\,, \tag{6.39}$$

wobei n die Ordnung des unkorrigierten Regelkreises ist, d. h. der Grad des Nennerpolynoms von $F_o(s)$. Rechnet man das Produkt im Zähler von $G_K(j\omega)$ aus und dividiert dann durch $j\omega$, so entsteht die Darstellung

$$G_K(j\omega) = \frac{a_{-1}}{j\omega} + a_0 + a_1(j\omega) + a_2(j\omega)^2 + \ldots + a_{m-1}(j\omega)^{m-1}\,. \tag{6.40}$$

Der Regler[3] kann somit als Parallelschaltung eines I-Glieds, P-Glieds, D-Glieds, D_2-Glieds, ... aufgefasst werden. Weil er in Reihe zur Strecke liegt, spricht man von *Reihenstabilisierung*.

Betrachten wir als Beispiel einen Regelkreis mit

$$F_o(j\omega) = \frac{K_S}{(1+T_1 j\omega)\ldots(1+T_n j\omega)}\,. \tag{6.41}$$

3 Eigentlich handelt es sich um das Regel*glied*. Aber wir wollen, wie schon zu Anfang dieses Kapitels gesagt, kurzerhand von „Regler" sprechen, da dessen spezifische Wirkungsweise durch das Regelglied bestimmt wird.

Es liegt nahe, für den Regler

$$G_K(j\omega) = \frac{K_R}{j\omega}(1+T_{R1}j\omega)\ldots(1+T_{Rn}j\omega) \tag{6.42}$$

mit

$$T_{R1} = T_1, \ldots, T_{Rn} = T_n$$

zu wählen. Dann ist

$$F_K(j\omega) = G_K(j\omega)F_o(j\omega) = \frac{V}{j\omega} \quad \text{mit} \quad V = K_R\,K_S\,.$$

Aus dem Führungsfrequenzgang des Regelkreises wird so

$$F_w(j\omega) = \frac{F_K(j\omega)}{1+F_K(j\omega)} = \frac{1}{1+\frac{1}{V}j\omega}\,.$$

Das Führungsverhalten des Regelkreises wird somit durch ein Verzögerungsglied 1. Ordnung beschrieben, dessen Zeitkonstante

$$T = \frac{1}{V} = \frac{1}{K_R\,K_S}$$

mittels K_R beliebig klein gemacht werden kann. Die Führungssprungantwort nimmt daher gemäß Bild 2-33 ihren Endwert ohne Oszillationen in beliebig kurzer Zeit an. Ebenso ideal ist das Störverhalten.

Leider handelt es sich aber bei dem eben geschilderten Entwurf des Reglers (6.42) um ein technisches Märchen. Zwar ist die Betrachtung mathematisch einwandfrei – würde man aber den Regler in der Form (6.42) realisieren, so hätte er keineswegs die nach der Theorie zu erwartende ideale Wirkung. Das liegt an zwei Effekten, die in der Realität hinzutreten und zur Modifikation der grundsätzlichen Reglerstruktur (6.39) zwingen.

6.4 Realisierungsprobleme und realistische Reglerstruktur: PI-, PID- und PD-Regler

Der erste (und wichtigste) Effekt besteht im Auftreten der *Störwelligkeit*, auch *Rauschen* genannt. Es handelt sich dabei um statistisch schwankende Zeitvorgänge, die den eigentlichen Zeitvorgängen der Anlage überlagert sind und in jedem realen System, mehr oder weniger stark, vorkommen. Für unsere Zwecke genügt es, sie ganz grob durch eine Sinusschwingung mit der kleinen Amplitude A_r und der großen Frequenz ω_r zu charakterisieren. Da es sich um eine harmonische

Schwingung handelt, wird das Verhalten beim Durchgang durch ein LZI-Glied mittels dessen Frequenzgangs $G(j\omega)$ beschrieben (Abschnitt 3.11). Die Amplitude der durch die Störwelligkeit verursachten Ausgangsgröße ist daher

$$A_r|G(j\omega_r)|.$$

Liegt nun speziell ein D-Glied mit

$$G(j\omega) = j\omega$$

vor, wie es gemäß (6.40) in der Korrektureinrichtung vorkommt (der Faktor a_1 ist für das Folgende unwesentlich), so ist die Ausgangsamplitude

$$A = A_r\omega_r >> A_r,$$

da ja ω_r groß ist (Bild 6-19). Während vor dem D-Glied die Störwelligkeit vernachlässigbar klein ist, wird sie durch das D-Glied in unzulässiger Weise verstärkt. Es liegt auf der Hand, dass dies noch weitaus stärker für mehrfach differenzierende Glieder wie das D_2-Glied zutrifft.

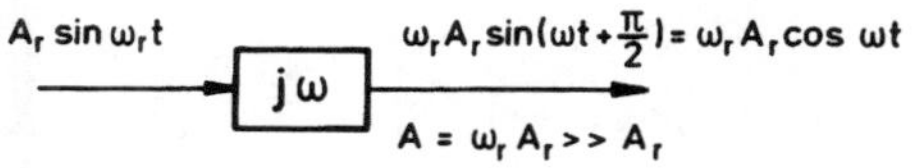

Bild 6-19: Verstärkung der Störwelligkeit (Rauschen) durch ein D-Glied

Diese Verstärkung der Störwelligkeit lässt sich reduzieren, wenn man dafür eine Verwässerung der Differentiation in Kauf nimmt: Man ersetzt das D-Glied durch ein Übertragungsglied mit

$$G(j\omega) = \frac{j\omega}{1+\tau j\omega}$$

mit der (im Vergleich zu den anderen Zeitkonstanten des offenen Kreises) kleinen Zeitkonstante τ. Das ist in Bild 6-20 skizziert. Darin ist

$$|G(j\omega_r)| = \frac{\omega_r}{\sqrt{1+\tau^2\omega_r{}^2}} = \frac{1}{\sqrt{\frac{1}{\omega_r{}^2}+\tau^2}} \approx \frac{1}{\tau},$$

so dass die von der Störwelligkeit herrührende Amplitude

$$A = A_r|G(j\omega_r)| \approx \frac{A_r}{\tau}$$

ist. Indem man τ nicht zu klein wählt, kann man sie in gewünschten Grenzen halten.

Die *zweite Realisierungsschwierigkeit* neben dem Auftreten der Störwelligkeit besteht darin, dass *jede reale*

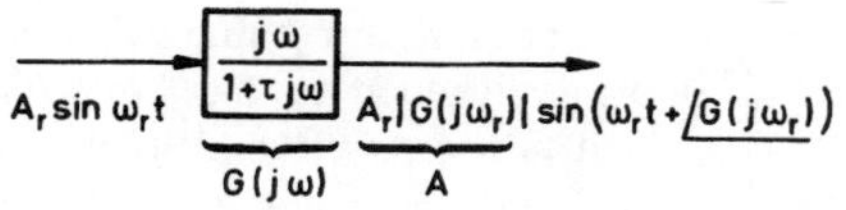

Bild 6-20: Approximation eines D-Glieds zur Reduktion der Störwelligkeitsübertragung

Stelleinrichtung eine Begrenzung enthält. Das ist eine nichtlineare Kennlinie, deren grundsätzlicher Verlauf in Bild 6-21 wiedergegeben ist, wobei aber z. B. die Ecken verschliffen sein können. Im mittleren Bereich von u besteht ein proportionaler oder annähernd proportionaler Zusammenhang zwischen u und y, während für größere $|u|$ die Ausgangsgröße y der Kennlinie praktisch einen festen Wert $y_{\min}$ bzw. $y_{\max}$ annimmt. Ein typisches Beispiel ist eine Ventilkennlinie. Wie groß auch die Kraft sein mag, die auf die Ventilspindel einwirkt – das Ventil kann nicht mehr als vollständig zu- oder vollständig aufgedreht werden. Derartige *mechanische Anschläge* treten z. B. auch bei der Rudereinrichtung von Schiffen oder Flugzeugen auf. Auf physikalisch andere Art kommt die Begrenzung bei elektrotechnischen Stellgliedern zustande. Hier handelt es sich meist um *elektrische oder magnetische Sättigungserscheinungen,* wie z. B. bei der Kennlinie in Bild 2-2. Die prinzipielle Gestalt der Kennlinie ist aber die gleiche.

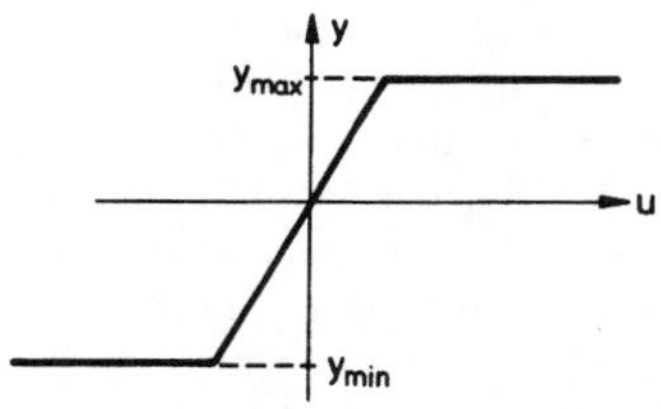

Bild 6-21: Grundsätzliche Gestalt der Begrenzungskennlinie in der Stelleinrichtung

Eine derartige Kennlinie folgt also auf den Regler. Bild 6-22 zeigt dies, wobei angenommen ist, dass der Regler von den differenzierenden Gliedern nur das D-Glied enthält, da dies völlig genügt, um den unerwünschten Einfluss der Kennlinie zu zeigen. Wird $e(t)$ sprungförmig verändert, etwa

$$e(t) = \sigma(t),$$

so ist für $t > 0$

$$u = a_{-1}t + a_0 + a_1\delta(t).$$

Die durchgezogene Kurve in Bild 6-23 zeigt den Verlauf von $u(t)$. Als Eingangsgröße der Kennlinie tritt also unter Anderem ein sehr hoher Impuls auf. Er wird jedoch durch das Kennlinienglied nicht weitergegeben, da dessen Ausgangsgröße y ja nur zwischen den Werten $y_{\min}$ und $y_{\max}$ liegen kann. Der hohe *Impuls des D-Glieds wird* also *abgeschnitten.* Auf ihm beruht aber zum großen Teil die Wirkung des in Bild 6-22 gewählten Reglers, da das System durch den von ihm vermittelten kräftigen Anstoß schnell in den gewünschten Zustand gebracht werden kann.

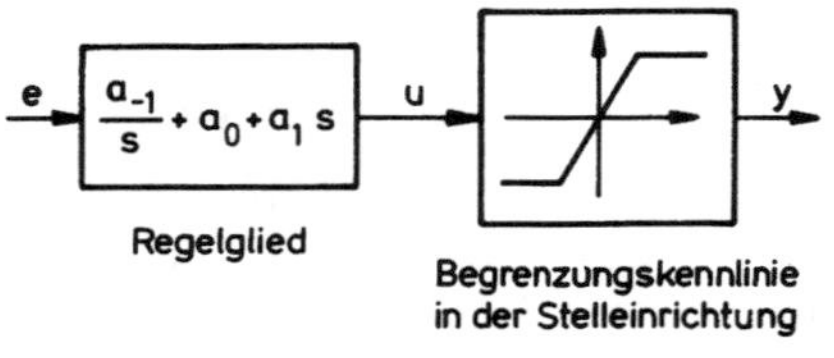

Bild 6-22: Zur Begrenzungswirkung einer realen Stelleinrichtung

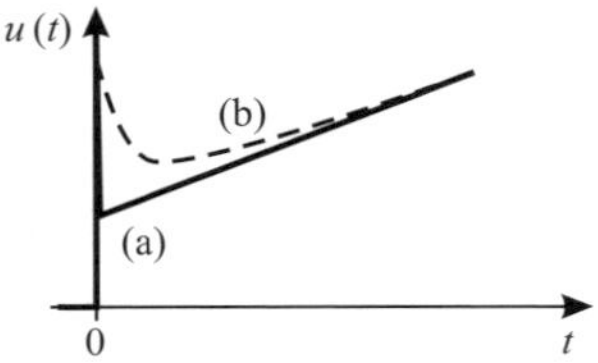

Bild 6-23: Sprungantwort des Reglers aus Bild 6-22
a) bei exakter Differentiation
b) bei verzögerter Differentiation

Es ist also zwecklos, im Regler beliebig hohe Impulse zu erzeugen, weil sie durch die Stelleinrichtung nicht weitergegeben werden und deshalb gar nicht auf die Strecke einwirken. Soll das, was man in der linearen Theorie ausrechnet, in der Realität zutreffen, so muss man im mittleren, wenigstens annähernd linearen Teil der Begrenzungskennlinie bleiben. Das ist der Fall, wenn man auch hier die Differentiation durch Hinzufügen einer kleinen Nennerzeitkonstante verzögert. Dann hat nämlich $u(t)$ etwa den gestrichelten Verlauf in Bild 6-23.

Im Gegensatz zur Störwelligkeit, die bei hinreichender Stärke ein geordnetes Funktionieren der Regelung unmöglich macht, handelt es sich bei der Einwirkung der Begrenzung im Allgemeinen nur um einen Effekt, der das von der linearen Theorie vorausgesagte günstige Verhalten verschlechtert und überdies nur bei sprungartigen Änderungen der Regeldifferenz in Erscheinung tritt.

Was kann nach all dem von der grundsätzlichen Reglerstruktur (6.39) nun tatsächlich verwirklicht werden? Auf jeden Fall der Frequenzgang

$$G_K(j\omega) = \frac{K_R}{j\omega}(1 + T_R j\omega) = \frac{K_R}{j\omega} + K_R T_R . \tag{6.43}$$

Den so erhaltenen Regler bezeichnet man als *PI-Regler* (manchmal auch als IP-Regler), weil er eine Parallelschaltung von P- und I-Glied darstellt.

Falls die Strecke nicht zu sehr verrauscht (und die Begrenzungskennlinie in der Stelleinrichtung in einem nicht zu engen Bereich linear) ist, kann man mit einer für praktische Zwecke genügenden Näherung auch noch

$$\begin{aligned} G_K(j\omega) &= \frac{K_R}{j\omega}(1 + T_{R1} j\omega)(1 + T_{R2} j\omega) = \\ &= \frac{K_R}{j\omega} + K_R(T_{R1} + T_{R2}) + K_R T_{R1} T_{R2} j\omega \end{aligned} \tag{6.44}$$

als realistisch ansehen. Dies ist der *PID-Regler* (manchmal auch IPD-Regler), den wir mit dem schmückenden Zusatz *„ideal"* versehen wollen, da er in vollem Umfang die Wirkungsweise zeigt, die man von PID-Reglern erwartet. Demgegenüber wollen wir den Regler mit

$$G_K(j\omega) = K_R \frac{1 + T_{R1} j\omega}{j\omega} \frac{1 + T_{R2} j\omega}{1 + T_N j\omega}, \quad T_{R1} \ge T_{R2} > T_N , \tag{6.45}$$

der also aus dem idealen PID-Regler durch Hinzufügen der kleinen Nennerzeitkonstante T_N hervorgeht, als *realen PID-Regler* bezeichnen. Auch wenn man bei einem konkreten Problem nur einen *realen* PID-Regler einsetzen kann, ist es doch nützlich, beim Entwurf die Wirkung des idealen PID-Reglers zu studieren, da sie zeigt, was sich günstigstenfalls erreichen lässt, und überdies bei genügend kleinem T_N die Verwendung des realen PID-Reglers approximiert. Überschlägig lässt sich sagen, dass man bei der praktischen Verwendung des idealen PID-Reglers nicht allzu ängstlich zu sein braucht. Auch wenn er eine gewisse Verstärkung der Störwelligkeit bringt und nicht alle von ihm erzeugten Stellimpulse durchkommen, wird er dennoch eine günstige dynamische Wirkung ausüben.

Es sollen nun einige Varianten des PI- und des PID-Konzepts betrachtet werden. Liegt ein Frequenzgang

$$G_K(j\omega) = K_R \frac{1 + T_R j\omega}{1 + T_N j\omega} \quad \text{mit} \quad T_N >> T_R \tag{6.46}$$

vor, so kann man für ihn schreiben:

$$G_K(j\omega) = \frac{K_R}{T_N} \frac{1 + T_R j\omega}{\frac{1}{T_N} + j\omega} \approx \tilde{K}_R \frac{1 + T_R j\omega}{j\omega} .$$

Außer für sehr kleine ω ist $1/T_N << \omega$ und kann deshalb für alle anderen ω vernachlässigt werden. Für das dynamische Verhalten ist der Bereich sehr kleiner ω-Werte ohne Belang; vielmehr ist hierfür der mittlere ω-Bereich maßgebend, in dem die Ortskurve des offenen Kreises in den Einheitskreis tritt. Der Regler mit dem Frequenzgang (6.46) beeinflusst deshalb das dynamische Verhalten wie ein PI-Regler mit $\widetilde{K}_R = K_R/T_N$. Absolute stationäre Genauigkeit vermag er allerdings nicht zu erzeugen, da $|G_K(j\,0)|$ nicht ∞, sondern nur K_R ist. Daher ist gemäß (6.4)

$$\frac{e_\infty}{W_0} = \frac{1}{1 + K_R K_S}\,.$$

Der Frequenzgang (6.46) kann z. B. bei einem mit RC-Netzwerken beschalteten elektronischen Verstärker auftreten.

Bei dieser Variante des PI-Reglers wird also der Nenner $j\omega$ durch einen Faktor $1 + Tj\omega$ ersetzt, wobei T im Vergleich zur Zählerzeitkonstante sehr groß gewählt wird. Nimmt man einen derartigen Ersatz im Frequenzgang (6.45) vor, so gelangt man zu einer Modifikation des realen PID-Reglers:

$$G_K(j\omega) = K_R \frac{(1 + T_{R1} j\omega)(1 + T_{R2} j\omega)}{(1 + T_{N1} j\omega)(1 + T_{N2} j\omega)}\,, \tag{6.47}$$

wobei jetzt

$$K_R > 0\,,\; T_{R1} \geq T_{R2}\,,\; T_{N1} >> T_{R1}\,,\; T_{N2} < T_{R2} \tag{6.48}$$

gilt. Wegen der Kleinheit von $1/T_{N1}$ übt dieser Regler im entscheidenden mittleren ω-Bereich nahezu die gleiche Wirkung aus wie der durch (6.45) gegebene reale PID-Regler.

Man kann den durch (6.47) bzw. (6.45) charakterisierten Regler verallgemeinern, indem man darauf verzichtet, dass die durch Ausmultiplikation entstehenden Zähler- und Nennerpolynome unbedingt reelle Wurzeln haben müssen. Man gelangt so zu einem *verallgemeinerten PID-Regler* mit

$$G_K(j\omega) = K_R \frac{1 + 2 d_Z T_Z j\omega + T_Z{}^2 (j\omega)^2}{1 + 2 d_N T_N j\omega + T_N{}^2 (j\omega)^2} \quad \text{bzw.} \tag{6.49}$$

$$G_K(j\omega) = K_R \frac{1 + 2 d_Z T_Z j\omega + T_Z{}^2 (j\omega)^2}{j\omega(1 + T_N j\omega)}\,, \quad T_N < T_Z\,. \tag{6.50}$$

Einen solchen Regler kann man beispielsweise dann verwenden, wenn die Strecke ein konjugiert komplexes Polpaar hat und ihr Frequenzgang demzufolge einen quadratischen Nennerfaktor $1 + 2d\tau(j\omega) + \tau^2(j\omega)^2$ mit $d < 1$ enthält, der sich nicht in Faktoren 1. Grades mit reellen Koeffizienten zerspalten lässt. Mit dem Regler-Frequenzgang (6.49) oder (6.50) kann man einen derartigen Faktor herauskürzen.

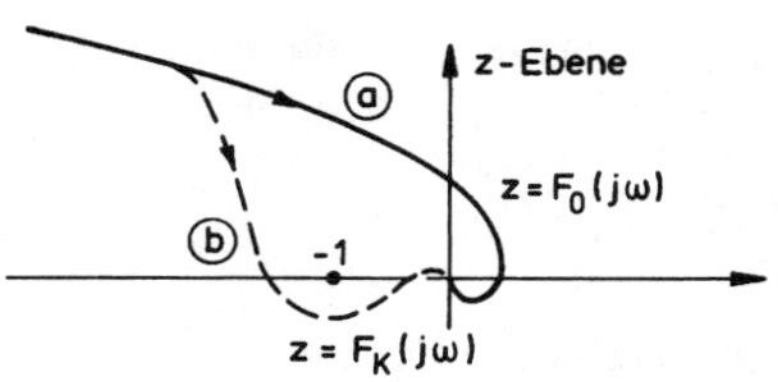

Bild 6-24: Ortskurve des offenen Kreises, wenn zwei in Reihe gelegene I-Glieder vorhanden sind
a) Regelkreis instabil
b) Regelkreis stabil

In der industriellen Anwendung sind PI- und PID-Regler die verbreitetsten Reglertypen. Am häufigsten wird der PI-Regler eingesetzt, bei höheren Anforderungen an die Dynamik und wenn die Störwelligkeit es zulässt, der PID-Regler. Enthält $F_o(s)$ aber bereits ein I-Glied, z. B. durch das Verhalten der Stelleinrichtung oder durch den Übergang von einer Geschwindigkeit zum Weg, so wird man ohne besondere Gründe keinen PI-Regler oder PID-Regler verwenden. Dann lägen nämlich zwei I-Glieder in Reihe im offenen Kreis, was eine Anfangsphase der Ortskurve von $-180°$ bedeutet. Durch die Nennerzeitkonstanten der Strecke wird eine weitere Phasenvordrehung erzeugt, wodurch die Ortskurve die in Bild 6-24 skizzierte Lage zum Punkt -1 der Ortskurvenebene annehmen wird (durchgezogene Kurve). Nach dem Nyquist-Kriterium ist der Regelkreis dann instabil. Zwar wird es möglich sein, ihn durch Einführung von Zählerzeitkonstanten zu stabilisieren, indem man etwa die gestrichelte Ortskurve in Bild 6-24 erzeugt, doch könnte es problematisch werden, die Forderungen III und IV in befriedigender Weise zu erfüllen.

In einem derartigen Fall, wenn also der offene Kreis bereits ein I-Glied enthält, pflegt man einen *PD-Regler* einzusetzen, der in seiner idealen Form die Übertragungsfunktion

$$G_K(s) = K_R(1 + T_R s) \tag{6.51}$$

hat, also durch die Parallelschaltung von P- und D-Glied dargestellt werden kann. Sein Effekt besteht darin, dass er eine Phasenrückdrehung bewirkt, die von 0° bei $\omega = 0$ auf 90° für $\omega = +\infty$ anwächst. Auch hier wird man vielfach von dem durch (6.51) gegebenen *idealen PD-Regler* zum *realen PD-Regler* übergehen, indem man eine (möglichst klein gewählte) Nennerzeitkonstante einführt:

$$G_K(s) = K_R \frac{1+T_R s}{1+T_N s}, \quad T_N < T_R. \tag{6.52}$$

Man wird den PD-Regler *nur* dann einsetzen, wenn der offene Kreis bereits ein I-Glied enthält, das die stationäre Genauigkeit sichert. Andernfalls müsste sie durch eine hohe Kreisverstärkung V erzeugt werden. Die Phasenrückdrehung des PD-Reglers wird aber im Allgemeinen nicht ausreichen, um den Regelkreis bei großem V stabil zu machen, von genügender Dämpfung ganz zu schweigen.

In Tabelle 6-1 sind die im Vorhergehenden beschriebenen Reglertypen zusammengestellt.

Es kann sein, dass man in komplizierten Fällen mit einem solchen Regler nicht auskommt. Dann kann es nützlich sein, *zwei solche Regler in Reihe* zu schalten, wofür Beispiele im folgenden Kapitel gebracht werden. Dies entspricht einer konsequenten Fortsetzung des Synthesegedankens, der zur Formel (6.39) führte. Wenn es wegen der Differentiationen auch zwecklos ist, das Korrekturglied in der Form (6.39) zu verwirklichen, so kann man doch versuchen, jede der durch den Faktor $1 + T_{R\nu} j\omega$ verursachten Differentiationen durch einen Nennerfaktor abzuschwächen und so verwendbar zu machen. Man gelangt so zu einem Regler vom Typ

$$G_K(j\omega) = \prod_{\nu} \frac{1+T_{R\nu} j\omega}{1+T_{N\nu} j\omega} \quad \text{mit} \quad T_{N\nu} < T_{R\nu}. \tag{6.53}$$

Man kann allerdings auch jetzt nicht beliebig viele Faktoren hintereinanderreihen, da auch mehrere abgeschwächte Differentiationen die Störwelligkeit schließlich zu sehr verstärken.

Abschließend sei bemerkt, dass es in Einzelfällen ausreichen kann, einen ganz einfachen Regler in Form eines *P-Reglers* bzw. *I-Reglers* zu verwenden, für den also

$$G_K(s) = K_R \quad \text{bzw.} \quad G_K(s) = \frac{K_R}{s} \tag{6.54}$$

gilt. Ersteres kann genügen, wenn man einen Regler in die innere Schleife einer Kaskadenregelung einfügt (Abschnitt 6.10). Mit letzterem kommt man aus, wenn die Regelung sehr langsam sein darf. Man sichert dann Stabilität und darüber hinaus genügende Dämpfung in trivialer Weise dadurch, dass man K_R und damit V außerordentlich klein macht.

Durch die bisherigen Untersuchungen wurde die Struktur der gängigen Regler verständlich gemacht.

Benennung des Reglers	**Frequenzgang $G_K(j\omega)$ Alle Parameter seien > 0**
PI-Regler	$K_R \frac{1+T_R j\omega}{j\omega}$
Modifizierter PI-Regler	$K_R \frac{1+T_R j\omega}{1+T_N j\omega}, \; T_N >> T_R$
Idealer PID-Regler	$K_R \frac{(1+T_{R1} j\omega)(1+T_{R2} j\omega)}{j\omega}$ $T_{R1} \geq T_{R2}$
Realer PID-Regler	$K_R \frac{(1+T_{R1} j\omega)(1+T_{R2} j\omega)}{j\omega(1+T_N j\omega)}$ $T_{R1} \geq T_{R2}, \; T_N < T_{R2}$
Modifizierter PID-Regler	$K_R \frac{(1+T_{R1} j\omega)(1+T_{R2} j\omega)}{(1+T_{N1} j\omega)(1+T_{N2} j\omega)}$ $T_{R1} \geq T_{R2}, \; T_{N1} >> T_{R1},$ $T_{N2} < T_{R2}$
Verallgemeinerter PID-Regler	$K_R \frac{(1+2d_Z T_Z j\omega + T_Z^2 (j\omega)^2}{1+2d_N T_N j\omega + T_N^2 (j\omega)^2}$
Idealer PD-Regler	$K_R(1+T_R j\omega)$
Realer PD-Regler	$K_R \frac{1+T_R j\omega}{1+T_N j\omega}, \; T_N < T_R$

Tabelle 6-1: Die häufigsten Reglertypen

Es stellt sich die Frage, wie die Reglerparameter zweckmäßig zu wählen sind, um die Forderungen I bis IV an den Regelkreis möglichst gut zu erfüllen. Diese Frage ist erheblich schwieriger zu beantworten als die Frage nach der zweckmäßigen Reglerstruktur und hängt stark von der jeweiligen Strecke und Problemstellung ab. In komplizierteren Fällen muss man das vorgelegte Problem mit dem Frequenzkennlinien- oder dem Wurzelortsverfahren bearbeiten. Anleitungen hierzu findet man in Abschnitt 6.6 bzw. 6.7. Bei einfacheren Regelkreisen kann man Einstellregeln für die Reglerparameter angeben. Die gängigsten werden in Abschnitt 6.8 behandelt. Im folgenden Abschnitt sollen einige allgemeine Bemerkungen zur Wahl der Reglerparameter gemacht werden, die aber lediglich als Grobrichtlinien anzusehen sind.

6.5 Faustregeln für die Wahl der Reglerparameter und Beispiele

Beginnen wir mit dem *PI-Regler*. Bei ihm sind die beiden Parameter T_R und K_R zu wählen. Ist der unkorrigierte Kreis durch

$$F_o(j\omega) = K_S \frac{(1+T_{Z1}j\omega)\ldots}{(1+T_1 j\omega)(1+T_2 j\omega)\ldots} \quad \text{mit } T_1 > T_2 > \ldots$$

gegeben, wobei im Nenner kein quadratischer Faktor auftreten möge, so liegt es nahe, T_R *gleich der größten Streckenzeitkonstante* T_1 zu nehmen[4]. Dann ist

$$\begin{aligned} F_K(j\omega) &= G_K(j\omega) \cdot F_o(j\omega) = \\ &= K_R \frac{1+T_1 j\omega}{j\omega} \cdot K_S \frac{(1+T_{Z1}j\omega)\ldots}{(1+T_1 j\omega)(1+T_2 j\omega)\ldots}, \end{aligned}$$

so dass die Streckenzeitkonstante T_1 durch die Zeitkonstante $T_R = T_1$ des Reglers kompensiert wird. Selbstverständlich bleibt die Zeitkonstante in der Strecke erhalten, da an der Strecke nichts geändert wird. Die Auswirkung der Zeitkonstante auf die Regelgröße aber wird beseitigt.

Je mehr T_1 die anderen Streckenzeitkonstanten überwiegt, desto treffender wird die Wahl $T_R = T_1$ sein. Falls aber $T_2, T_3, \ldots$ annähernd ebenso groß sind wie T_1, ist $T_R = T_1$ zwar sicherlich noch vernünftig, aber es ist nicht anzunehmen, dass dies der günstigste Wert von T_R ist. Dann kann es besser sein,

$$T_R = T_\Sigma = \sum_\nu T_\nu \tag{6.55}$$

zu nehmen, wobei also T_Σ die Summe der Streckenzeitkonstanten ist. Für den Nenner von $F_o(j\omega)$ gilt nämlich

$$\begin{aligned} N_o(j\omega) &= (1+T_1 j\omega)(1+T_2 j\omega)\ldots(1+T_n j\omega) = \\ &= 1 + (T_1+T_2+\ldots+T_n)j\omega + \\ &\quad + (T_1T_2 + T_1T_3 + \ldots + T_{n-1}T_n)(j\omega)^2 + \ldots + \\ &\quad + T_1T_2\ldots T_n(j\omega)^n . \end{aligned}$$

Er kann daher in grober Näherung für nicht zu große ω durch

$$1 + (T_1+T_2+\ldots+T_n)j\omega = 1 + T_\Sigma j\omega$$

approximiert werden.

Hat man sich für einen Wert von T_R entschieden, so bleibt noch die Wahl des zweiten Reglerparameters K_R. Wegen $V = K_R K_S$, also

$$K_R = \frac{V}{K_S}, \tag{6.56}$$

wobei K_S der *gegebene* Verstärkungsfaktor des unkorrigierten offenen Kreises ist, ist die Wahl von K_R gleichbedeutend mit der Wahl der Kreisverstärkung V. Da alle anderen Parameter des offenen Kreises festgelegt sind, bestimmt man V über das Stabilitätsverhalten des Regelkreises. Wie in Abschnitt 3.13 ausgeführt wurde, ist der Regelkreis für kleines V stabil, da der Punkt -1 dann links von der Ortskurve des offenen Kreises liegt. Wächst V, so wird die Ortskurve aufgeblasen. Bei einem bestimmten Wert V_G geht sie durch den Punkt -1. Er stellt die *Stabilitätsgrenze* dar, bei der gerade Instabilität eintritt. Für $V > V_G$ liegt der Punkt -1 rechts der Ortskurve, und der Regelkreis bleibt instabil.[5] Auf jeden Fall muss also K_R so gewählt werden, dass $V < V_G$ gilt.

Um aber über die bloße Stabilität hinaus ein genügend gedämpftes Verhalten des Regelkreises entsprechend Forderung III zu sichern, liegt es auf der Hand, dass er genügend weit von der Stabilitätsgrenze entfernt sein muss. Aufgrund der Erfahrung lässt sich ganz überschlägig sagen, dass V *erheblich unterhalb der Stabilitätsgrenze* V_G liegen muss. Als *Grobrichtlinie* für genügend gedämpftes, aber doch nicht zu langsames Verhalten kann man etwa den Wertebereich

$$V = 0{,}05\, V_G \quad \text{bis} \quad 0{,}1\, V_G \tag{6.57}$$

angeben.

4 Statt „Nennerzeitkonstanten von $F_o(s)$" wird kurz „Streckenzeitkonstanten" gesagt, da die ersteren in den meisten Fällen nur in der Strecke liegen (nicht in Stell- und Messeinrichtung) und die Nennerzeitkonstanten der Strecke wie schon bisher kurz als „Streckenzeitkonstanten" bezeichnet werden.

5 Das hier zugrunde gelegte Verhalten des offenen Kreises entspricht dem Normalfall und gilt unter den Voraussetzungen (3.45) über $F_o(s)$. Liegen aber beispielsweise Pole von $F_o(s)$ auf der j-Achse außerhalb $s = 0$ oder rechts von der j-Achse, so ist auch ein anderes Verhalten möglich (siehe Abschnitt 6.7).

Als *Anwendung* betrachten wir eine *3-Zeitkonstanten-Strecke* mit der Übertragungsfunktion

$$F_o(s) = \frac{K_S}{(1+T_1 s)(1+T_2 s)(1+T_3 s)}, \; T_1 > T_2 > T_3 . \quad (6.58)$$

Verwenden wir einen PI-Regler mit $T_R = T_1$, so wird

$$F_K(s) = K_R \frac{1+T_R s}{s} \cdot \frac{K_S}{(1+T_1 s)(1+T_2 s)(1+T_3 s)},$$

$$F_K(s) = \frac{V}{s(1+T_2 s)(1+T_3 s)} \quad \text{mit} \quad V = K_R K_S$$

oder

$$F_K(s) = \frac{1}{a_0 s^3 + a_1 s^2 + a_2 s + a_3} \quad \text{mit}$$

$$a_0 = \frac{T_2 T_3}{V}, \quad a_1 = \frac{T_2 + T_3}{V}, \quad a_2 = \frac{1}{V}, \quad a_3 = 0 .$$

Etwa mittels des Hurwitz-Kriteriums erhält man hieraus die Stabilitätsbedingung

$$V < \frac{1}{T_2} + \frac{1}{T_3} = V_G . \quad (6.59)$$

Also muss K_R so gewählt werden, dass

$$V << \frac{1}{T_2} + \frac{1}{T_3} = V_G \quad (6.60)$$

ist.

Bei der *Drehzahlregelung des Gleichstromantriebs* in Bild 3-9 ist der offene Kreis vom Typ (6.58). Dabei sei $K_V = 1$ gesetzt, da dieses P-Glied jetzt durch den PI-Regler ersetzt wird. Da $T_1 = 0,53$ sec die überwiegende Zeitkonstante ist, wird $T_R = 0,53$ sec eine gute Wahl für die Zählerzeitkonstante des Reglers sein. Dessen Übertragungsfunktion lautet somit

$$G_K(s) = K_R \frac{1+0,53s}{s} . \quad \text{Damit ist}$$

$$F_K(s) = G_K(s) F_o(s) = \\ = \frac{K_R}{s} \cdot 0,24 \cdot \frac{30}{1+0,005s} \cdot 0,242 \cdot \frac{1}{1+0,055s},$$

also

$$F_K(s) = \frac{V}{s(1+0,005s)(1+0,055s)}, \quad V = 1,74\, K_R .$$

Hier ist also

$$T_2 = 0,055 \text{ sec}, \quad T_3 = 0,005 \text{ sec}.$$

Nach (6.59) ist daher die Stabilitätsgrenze

$$V_G = \frac{1}{0,055} + \frac{1}{0,005} = 218,2 \text{ sec}^{-1}. \text{[6]}$$

Entsprechend (6.57) wählen wir etwa

$V = 10 \text{ sec}^{-1}$ und damit

$$K_R = \frac{V}{K_S} = \frac{10}{1,74} = 5,75 \text{ sec}^{-1}. \text{[7]}$$

Somit lautet der PI-Regler für die Drehzahlregelung in Bild 3-9

$$G_K(s) = 5,75 \frac{1+0,53s}{s} . \quad (6.61)$$

Der damit ausgerüstete Regelkreis ist in Bild 6-25 wiedergegeben.

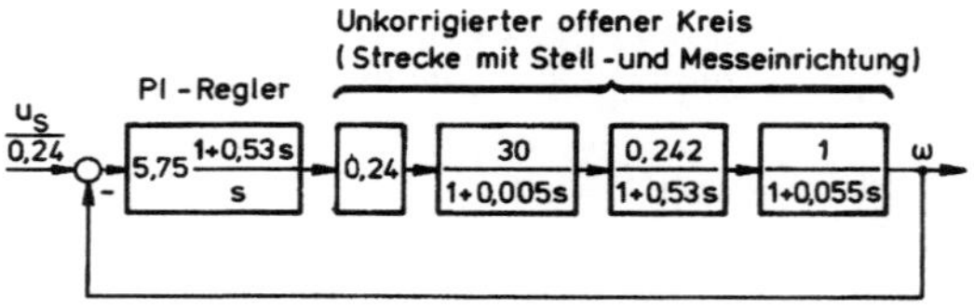

Bild 6-25: Drehzahlregelung mit PI-Regler ($V = 10$)

Durch die Einfügung des PI-Reglers wurde mit Sicherheit erreicht, dass der Regelkreis stabil und stationär absolut genau ist. Die Grundforderungen an einen Regelkreis sind also gewiss erfüllt. Die Frage ist, ob durch die vorgenommene Bemessung des Reglers auch die weitergehenden Forderungen III und IV nach einem hinreichend gedämpften, aber nicht zu langsamen Verhalten erfüllt werden. Qualitativ wurden sie berücksichtigt, insofern V erheblich kleiner als die Stabilitätsgrenze V_G gewählt wurde, um so ein hinreichend gedämpftes Verhalten zu erreichen, aber andererseits nicht so klein, dass man ein zu schleppendes Verhalten der Regelung befürchten muss. Um zu sehen, ob dieses Ziel durch die eingestellte Kreisverstärkung V (bzw. den Verstärkungsfaktor K_R des PI-Reglers) erreicht wurde, und um eine etwa erforderliche Änderung dieses Parameters gezielt vornehmen zu können, bildet man den Regelkreis aus Bild 6-25 auf einem

6 Da $F_o(s)$ dimensionslos ist, folgt aus

$$F_o(s) = \frac{V}{s^q} \cdot \frac{1+\ldots}{1+\ldots} : [V] = [s^q] = [s]^q = \text{sec}^{-q} .$$

7 Der PI-Regler hat als Eingangsgröße die Differenzspannung u_D, als Ausgangsgröße die Steuerspannung u_G des Stromrichters. Daher ist $[K_R] = [s] = \text{sec}^{-1}$.

Rechner nach. Bild 6-26 zeigt die so erhaltene Führungssprungantwort, also den Verlauf der Regelgröße ω bei Aufschaltung von $w = \sigma(t)$, und zwar in Abhängigkeit von V.

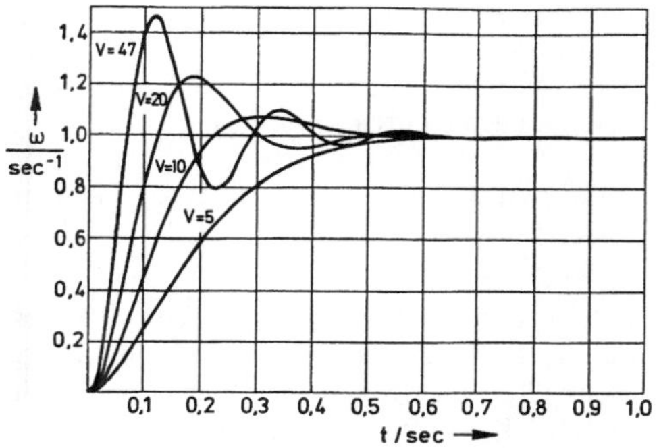

Bild 6-26: Sprungantwort zu Bild 6-25 in Abhängigkeit von der Kreisverstärkung V

Wie wir schon durch die Betrachtung der Ortskurve des offenen Kreises festgestellt hatten, ist der Regelkreis in der Tat desto weniger gedämpft, je größer V ist. Die Ortskurve kommt dann eben dem kritischen Punkt $z = -1$ näher. Der beim obigen Entwurf eingestellte Wert $V = 10$ sichert ein gutes Verhalten der Regelung. Es tritt nur *eine* Überschwingung über den Endwert auf. Sie liegt unter 10 % des Endwerts und ist damit bei den meisten Problemstellungen durchaus zulässig. Nach etwa 0,4 sec tritt $\omega(t)$ endgültig in den 5 %-Streifen um den Endwert ein. Wenn man berücksichtigt, dass die Summe der Streckenzeitkonstanten etwa bei 0,6 sec liegt und ein Verzögerungsglied 1. Ordnung mit einer solchen Zeitkonstante 1,8 sec bis zum Eintritt in den 5 %-Streifen um den Endwert benötigt (Bild 2-33), so hat der Regelkreis ein annehmbares Zeitverhalten. Insgesamt darf man sagen, dass er hinreichend gedämpft, dabei aber nicht zu langsam ist, die Forderungen III und IV also erfüllt sind. Hätte man V zunächst zu hoch gewählt, so wäre die Abänderung aufgrund der Rechnersimulation kein Problem.

Nunmehr wollen wir zur *Parameterwahl beim PID-Regler* übergehen, wobei der reale PID-Regler mit der Übertragungsfunktion

$$G_K(s) = K_R \frac{(1+T_{R1}s)(1+T_{R2}s)}{s(1+T_N s)}, \quad T_{R1} \geq T_{R2} > T_N,$$

zugrunde gelegt sei. Hier kann man einen ganz entsprechenden Vorschlag wie beim PI-Regler machen:

- T_{R1} gleich der größten Streckenzeitkonstante.
- T_{R2} gleich der zweitgrößten Streckenzeitkonstante.
- T_N möglichst klein gegenüber T_{R2}, nach Maßgabe der Störwelligkeit. Vielfach wird man etwa mit einem Verhältnis $T_{R2} : T_N$ von 10 bis 50 arbeiten können, wodurch die Verhältnisse gegenüber dem idealen PID-Regler nicht wesentlich verschlechtert werden. Ist die Strecke jedoch so gestört, dass man T_N nur wenig kleiner als T_{R2} wählen darf, so muss man beim PI-Regler bleiben, da der zusätzliche Effekt des PID-Reglers zu unbedeutend ist.
- K_R so, dass $V << V_G$.

Um die stärkere Wirkung des PID-Reglers gegenüber dem PI-Regler am konkreten Fall zu sehen, betrachten wir die *Anwendung des idealen PID-Reglers auf eine 3-Zeitkonstanten-Strecke* nach (6.58). Wählt man dabei

$$T_{R1} = T_1 \quad \text{und} \quad T_{R2} = T_2, \quad \text{so wird}$$

$$F_K(s) = G_K(s)F_o(s) = \frac{V}{s(1+T_3 s)}, \quad V = K_R K_S. \tag{6.62}$$

Das Führungsverhalten hat daher die Übertragungsfunktion

$$F_w(s) = \frac{F_K(s)}{1+F_K(s)} = \frac{1}{1+\frac{1}{V}s+\frac{T_3}{V}s^2}. \tag{6.63}$$

Es wird somit durch ein P-T$_2$-Glied mit

$$d = \frac{1}{2\sqrt{VT_3}} \tag{6.64}$$

und der Zeitkonstante

$$T = \sqrt{\frac{T_3}{V}} \tag{6.65}$$

beschrieben. Als P-T$_2$-Glied ist der Regelkreis für beliebige positive Parameterwerte und damit für beliebig hohe V-Werte stabil. Daher ist $V_G = +\infty$, ein Ausnahmefall, der durch die niedrige Ordnung der Strecke bedingt ist. Die Vorschrift $V << V_G$ führt hier zu nichts.

Man kann aber wegen der Einfachheit des Systems in anderer Weise vorgehen. Man gibt eine bestimmte Überschwingweite x_{max}/x_∞ vor und liest aus der Tafel der Sprungantworten des P-T$_2$-Glieds in Bild 5-12 den Wert ab, den die Dämpfung d dann mindestens haben muss. Soll beispielsweise die Überschwingweite höchstens 5 % betragen, so muss d mindestens den Wert 0,7 haben. Mittels (6.64) erhält man den zu d gehörigen Wert von V:

$$V = \frac{1}{4d^2 T_3}. \tag{6.66}$$

Für die Drehzahlregelung aus Bild 3-9 wird so mit $d^2 = \frac{1}{2}$, also $d = \frac{1}{2}\sqrt{2} \approx 0,707$, welchen Wert man üblicherweise verwendet:

$$V = \frac{1}{4 \cdot 0,5 \cdot 0,005} = 100\,\text{sec}^{-1}, \quad \text{also}$$

$$K_R = \frac{V}{K_S} = \frac{100}{1,74} = 57,5\,\text{sec}^{-1}.$$

Damit wird

$$G_K(s) = 57,5\,\frac{(1+0,53s)(1+0,055s)}{s}.$$

Bild 6-27 zeigt die Führungssprungantwort der so entworfenen Regelung im Vergleich mit der PI-Regelung, die den Regler (6.61) benutzt. Klar tritt hervor, dass der PID-Regler bei etwa gleicher Dämpfung, gekennzeichnet durch die Überschwingweite der Sprungantwort, ein erheblich schnelleres Verhalten erzeugt als der PI-Regler. Entsprechend könnte man den PID-Regler so bemessen, dass er bei etwa gleicher Schnelligkeit eine bessere Dämpfung der Regelung erzielt als der PI-Regler, z. B. einen monotonen („aperiodischen“) Verlauf der Sprungantwort.

Auf die Parameterwahl beim PD-Regler brauchen wir nicht mehr gesondert einzugehen. Sie erfolgt völlig entsprechend wie beim PI- und dem PID-Regler.

Die im Vorhergehenden gebrachten Faustregeln zur Wahl der Reglerparameter sind zweifellos nützlich, um erste Anhaltspunkte zu gewinnen. Sie reichen jedoch im Allgemeinen nicht aus. Dazu lassen sie zu viele Fragen offen oder beantworten sie zu unbestimmt. Um nur einige Punkte zu nennen:

- Der Vorschlag, $V \ll V_G$ zu wählen, ist nicht nur recht vage, sondern erfordert auch die Berechnung der Stabilitätsgrenze V_G. Das ist für größere Systeme zu mühsam.
- Was macht man, wenn die Strecke ein konjugiert komplexes Polpaar, $F_o(s)$ also einen quadratischen Nennerfaktor mit $d < 1$, enthält?
- Was ist zu tun, wenn Streckenpole auf oder rechts der j-Achse liegen (außer $s = 0$)?
- Wie kann man bei Auftreten von Totzeit stabilisieren?

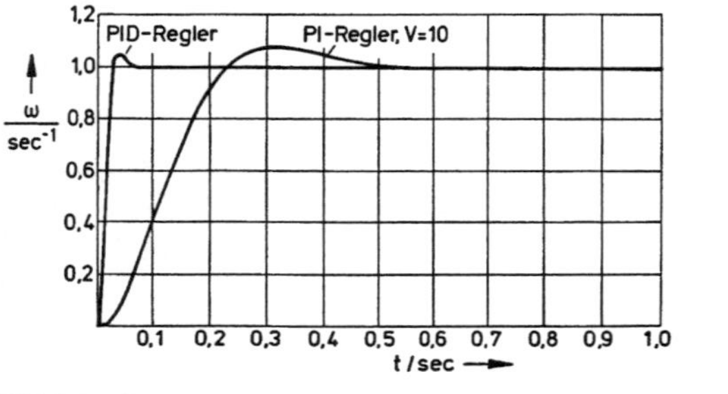

Bild 6-27: Sprungantworten des Regelkreises aus Bild 3-9 bei Verwendung eines PI- und eines PID-Reglers

Um diese und andere Fragen beantworten zu können, muss man zu leistungsfähigeren Hilfsmitteln übergehen, als sie die Faustformeln für die Parameterwahl darstellen. Solche Hilfsmittel zum Reglerentwurf werden in den folgenden Abschnitten gebracht.

6.6 Anwendung des Frequenzkennlinienverfahrens

Geht man vom Nyquist-Kriterium in Frequenzkennliniendarstellung aus, wie es in Abschnitt 5.6 formuliert wurde, so gibt es grundsätzlich drei Möglichkeiten der Stabilisierung:

a) *Senken der Betragskennlinie (Bild 6-28)*

Hierdurch wird die Durchtrittsfrequenz nach links verlegt, also in den Bereich höherer Phasenlage, und damit Stabilität und genügende Phasenreserve erzeugt. Nur muss man darauf achten, dass die Durchtrittsfrequenz nicht zu weit nach links gerät, damit das System nicht zu langsam wird.

b) *Anheben der Phasenkennlinie (Bild 6-29)*

Dadurch erhält man bei annähernd fester Durchtrittsfrequenz eine Anhebung der Phase und damit Stabilität und Phasenreserve.

c) *Vereinigung beider Maßnahmen: Senken der Betragskennlinie und Heben der Phasenkennlinie in zwei verschiedenen ω-Bereichen*

Der Effekt a) wird durch den PI-Regler bewirkt, der Effekt b) durch den PD-Regler und der kombinierte Effekt c) durch den PID-Regler. Dies ist sofort einzusehen, wenn man sich die Frequenzkennlinien dieser Regler in den Bildern 6-30, 6-31 und 6-32 betrachtet und berücksichtigt, dass sie zu den Frequenzkennlinien in $F_o(j\omega)$ addiert werden.

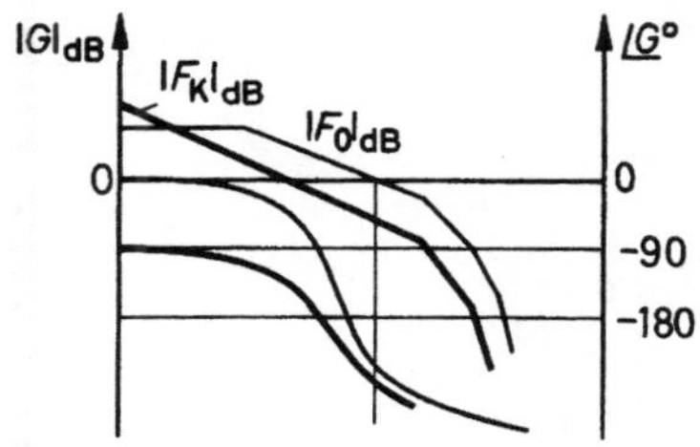

Bild 6-28: Stabilisierung durch Senken der Betragskennlinie

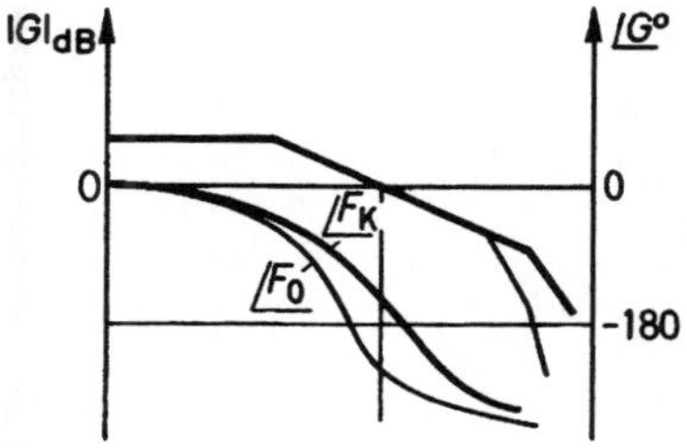

Bild 6-29: Stabilisierung durch Anheben der Phasenkennlinie

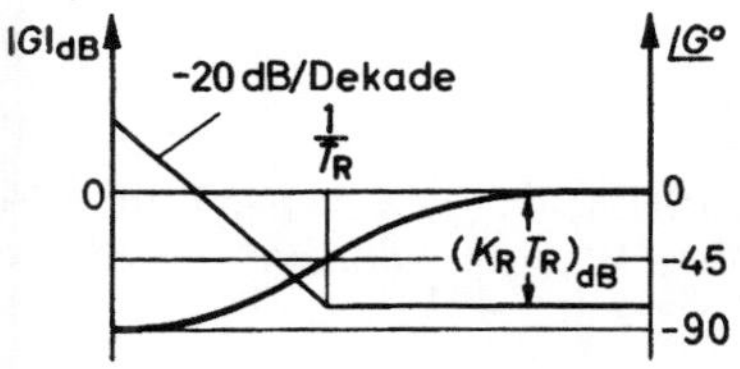

Bild 6-30: Frequenzkennlinien des PI-Reglers

$$G_K = K_R \frac{1+T_R s}{s}$$

Um zu sehen, wie das *Frequenzkennlinienverfahren angewendet* wird, betrachten wir den *Regelkreis in Bild 6-33,* bei dem also ein PI-Regler eingesetzt werden soll. Hier ist

$$F_o(s) = \frac{2}{(1+2s)(1+s)e^s} =$$

$$= \frac{2}{(1+2s)(1+s)(1+\frac{s}{1!}+\frac{s^2}{2!}+\ldots)} =$$

$$= \frac{2}{1+4s+\frac{11}{2}s^2+\ldots}.$$

Setzt man ganz überschlägig

$$F_o(s) \approx \frac{2}{1+4s},$$

so liegt es nahe, $T_R = 4$ zu wählen. Dann wird

$$F_K(s) = G_K(s)\cdot F_o(s) = V\,\frac{1+4s}{s}\cdot\frac{e^{-s}}{(1+2s)(1+s)} \qquad (6.67)$$

mit $V = 2\,K_R$.

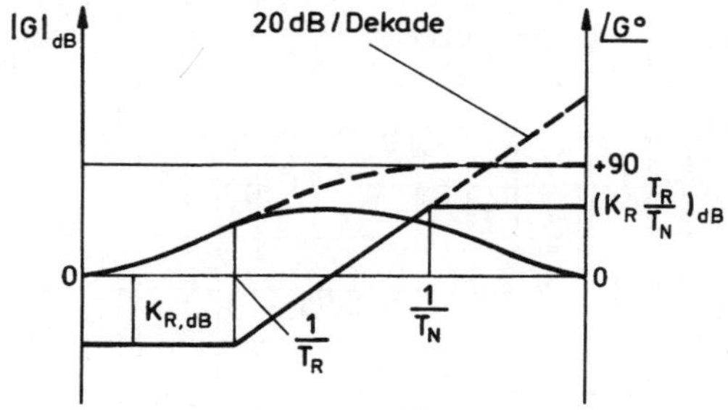

Bild 6-31: Frequenzkennlinien des PD-Reglers

$$G_K = K_R \frac{1+T_R s}{1+T_N s}$$

— Realer PD-Regler
- - - Idealer PD-Regler ($T_N = 0$)

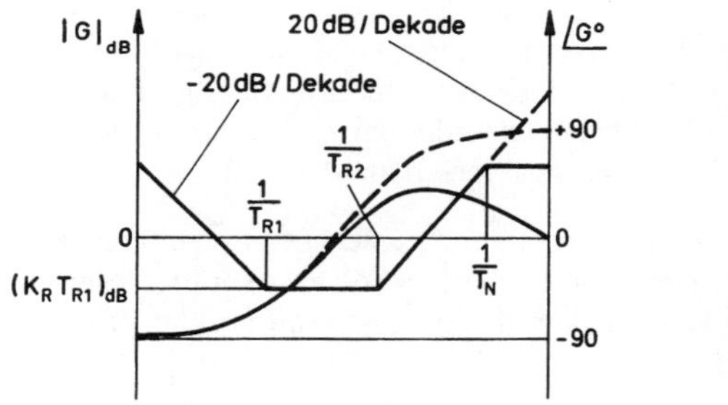

Bild 6-32: Frequenzkennlinien des PID-Reglers

$$G_K = K_R \frac{(1+T_{R1}s)(1+T_{R2}s)}{s(1+T_N s)}$$

— Realer PID-Regler
- - - Idealer PID-Regler ($T_N = 0$)

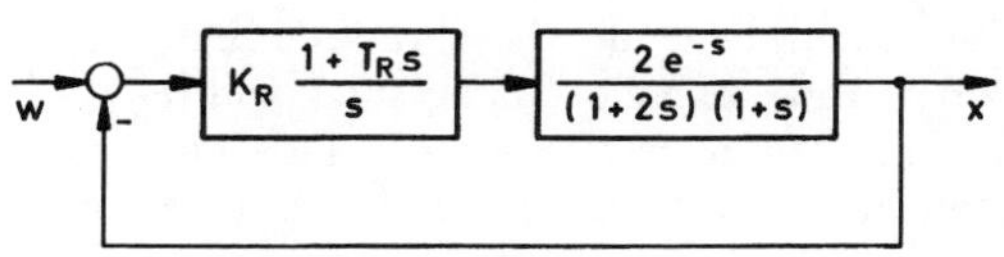

Bild 6-33: Beispiel zur Anwendung des Frequenzkennlinienverfahrens

Die zugehörigen Frequenzkennlinien zeigt Bild 6-34. Die Knickfrequenzen sind

$$\omega_R = \frac{1}{T_R} = 0{,}25\,\mathrm{sec}^{-1},$$

$$\omega_1 = 0{,}5\,\mathrm{sec}^{-1},$$

$$\omega_2 = 1\,\mathrm{sec}^{-1},$$

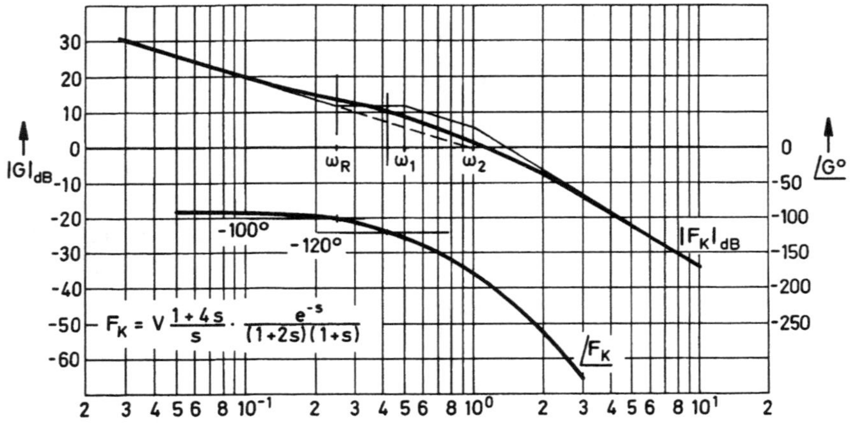

Bild 6-34: Frequenzkennlinien zum Regelkreis in Bild 6-33 für $T_R = 4$ sec

während die reziproke Totzeit

$$\omega_S = \frac{1}{T_t} = 1\,\text{sec}^{-1}$$

ist. Die Kreisverstärkung V ist zunächst zu 1 angenommen, so dass die zum I-Anteil gehörende, mit 20 dB/Dekade fallende Betragskennlinie die 0-dB-Linie in $\omega = 1$ trifft (gestrichelt).

Um nun V und damit K_R zu bestimmen, geben wir eine gewünschte Phasenreserve φ_R vor und lesen aus der Frequenzkennliniendarstellung ab, für welchen ω-Wert

$$\underline{/F_K} = -180° + \varphi_R$$

ist. Dieser ω-Wert liefert die Durchtrittsfrequenz ω_D, die aus der vorgegebenen Phasenreserve folgt. Bild 6-35 zeigt dies in allgemeiner Form. Man verschiebt nun die 0-dB-Linie so, dass sie $|F_K|_{dB}$ an dieser Stelle ω_D schneidet. Damit hat man eine neue 0-dB-Linie, auf die sich die folgende Betrachtung bezieht. Das mit 20 dB/Dekade fallende Anfangsstück von $|F_K|_{dB}$ betrachtet man nun an der Stelle $\omega = 1$, eventuell nach entsprechender Verlängerung. Es hat dort die Höhe

$$\left|\frac{V}{j\omega}\right|_{dB} = V_{dB}\,.$$

Damit hat man den Wert der Kreisverstärkung V, der zur gewünschten Phasenreserve φ_R gehört.

Gibt man im vorliegenden Fall etwa $\varphi_R = 60°$ vor, so muss in Bild 6-34 für $\underline{/F_K} = -120°$ die Durchtrittsfrequenz ω_D vorliegen. Dies führt auf $\omega_D = 0{,}42\,\text{sec}^{-1}$. An dieser Stelle ist $|F_K|_{dB} = 10{,}5$. So hoch muss also die neue 0-dB-Linie über der bisherigen liegen. Das mit 20 dB/Dekade fallende Anfangsstück von $|F_K|_{dB}$ hat bezüglich der neuen 0-dB-Linie bei $\omega = 1$ den Wert $-10{,}5$. Daher sind $V_{dB} = -10{,}5$ und damit $V = 0{,}29\,\text{sec}^{-1}$. Also ist

$$K_R = V/2 = 0{,}15\,\text{sec}^{-1}\,.$$

Entsprechend erhält man für $\varphi_R = 80°$ den Wert $\omega_D = 0{,}25\,\text{sec}^{-1}$. Dort ist $|F_K|_{dB} = 14$, woraus $V_{dB} = -14$ bzw. $V = 0{,}2\,\text{sec}^{-1}$ folgt.

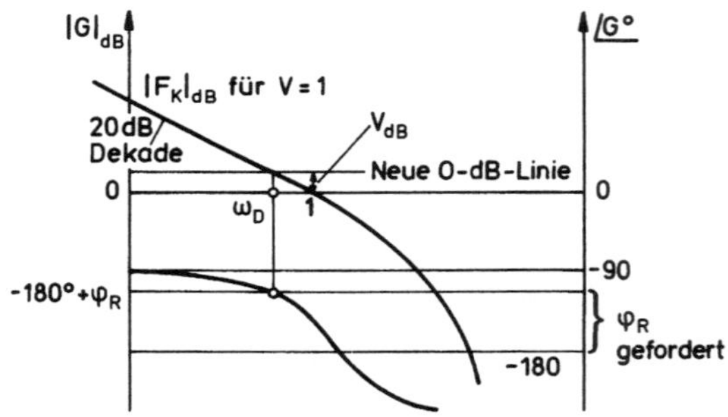

Bild 6-35: Bestimmung der Kreisverstärkung V bei gewünschter Phasenreserve φ_R

In Bild 6-36 sieht man Führungssprungantworten der Totzeitregelung aus Bild 6-33, wenn dort $T_R = 4$ sec gesetzt ist und V variiert wird.

Als *weiteres Beispiel* werde eine *Füllstandsregelung* mit pneumatischen Mess-, Regel- und Stellelementen betrachtet. Bild 6-37a zeigt die grundsätzliche Anordnung. Wird der Füllstand h konstant gehalten, so kann die Flüssigkeitsentnahme als proportional zum Ventildrehwinkel φ angesehen werden. Für die Regelung ist φ die Störgröße, während h_S die Führungsgröße darstellt. Stellt man das Strukturbild dieser Rege-

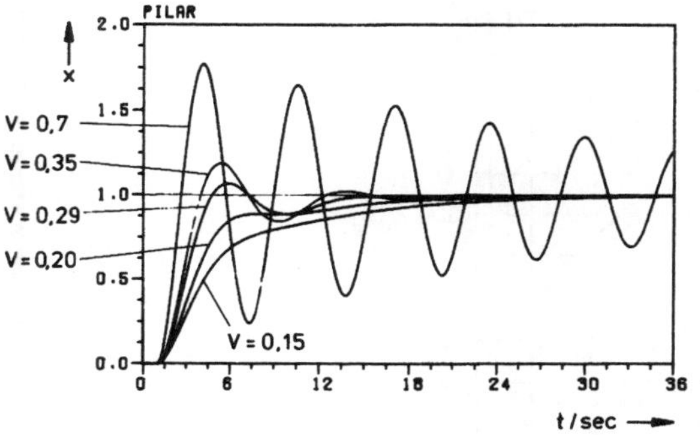

Bild 6-36: Führungssprungantwort des Regelkreises aus Bild 6-33 für $T_R = 4$ sec und variables V

lung auf und linearisiert es um einen Arbeitspunkt, so erhält man Bild 6-37b. Es ergibt sich

$$F_o(s) = \frac{4,57}{(1+0,47s)^2(1+s)(1+175,4s)}.$$

In Bild 6-38 sieht man die Frequenzkennlinien $|F_o|_{\text{dB}}$ und $\underline{/F_o}$. Die Betragskennlinie verläuft links von

$$\omega_1 = \frac{1}{175,4} = 0,0057\,\text{sec}^{-1}$$

im Abstand 4,57 = 13,2 dB parallel zur 0-dB-Linie. Sie fällt zwischen ω_1 und $\omega_2 = 1\,\text{sec}^{-1}$ mit 20 dB/Dekade, zwischen ω_2 und $\omega_3 = \dfrac{1}{0,47} = 2,128\,\text{sec}^{-1}$ mit 40 dB/Dekade und jenseits von ω_3 mit 80 dB/Dekade. Die Phasenkennlinie beginnt bei 0° und endet bei −360°.

Zur Regelung werde ein PID-Regler eingesetzt, der in Gestalt eines Kreuzbalgreglers realisiert ist:

$$G_K(s) = K_R \frac{(1+T_{R1}s)(1+T_{R2}s)}{s}.$$

Die durch den D-Anteil erzeugte Störwelligkeit wird durch den Tiefpasscharakter der nachfolgenden Stelleinrichtung unterdrückt. Es liegt nahe,

$$T_{R1} = 175,4\,\text{sec}, \quad T_{R2} = 1\,\text{sec}$$

zu wählen. Dann wird

$$F_K(s) = G_K(s)F_o(s) = \frac{V}{s(1+0,47s)^2}$$

mit $V = 4,57\,K_R$. Wir setzen zunächst $V = 1$ und zeichnen die Frequenzkennlinien $|F_K|_{\text{dB}}$ und $\underline{/F_K}$ (Bild 6-38).

Es bleibt die *Kreisverstärkung V* zu dimensionieren, was wiederum durch *Vorgabe einer gewünschten Phasenreserve* geschehen soll. Für $\varphi_R = 20°$ liest man am Schnittpunkt der Phasenkennlinie von F_K mit der −160°-Linie die Durchtrittsfrequenz $\omega_D = 1,46\,\text{sec}^{-1}$ ab. An dieser Stelle hat F_K den Betrag −7 dB. Soll ω_D in der Tat Durchtrittsfrequenz sein, so muss die Betragskennlinie um 7 dB angehoben werden, was einer Kreisverstärkung $V_{\text{dB}} = 7$ bzw. $V = 2,24\,\text{sec}^{-1}$ entspricht.

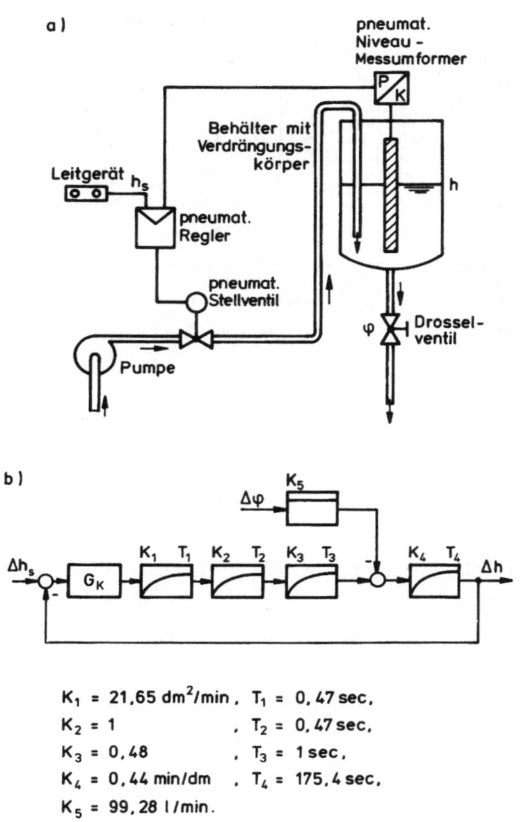

Bild 6-37: Füllstandsregelung

Entsprechend erhält man für $\varphi_R = 60°$ $\omega_D = 0,58$ und damit $V_{\text{dB}} = -3,8$ bzw. $V = 0,64\,\text{sec}^{-1}$ sowie für $\varphi_R = 80°$ $\omega_D = 0,2$ und damit $V_{\text{dB}} = -13,8$ bzw. $V = 0,2\,\text{sec}^{-1}$.

In Bild 6-39 sieht man die mit diesen Reglereinstellungen erzielten Verläufe der *Sprungantwort der realen Anlage*. Als Eingangsgröße wurde ein Sprung der Sollhöhe $\Delta h_S = 5$ cm aufgeschaltet. Während die Regelung mit 20° Phasenreserve noch recht stark überschwingt und etwa 12 sec benötigt, um auf den stationären Wert einzuschwingen, braucht die Regelung mit 60° Phasenreserve nur noch etwa 8 sec und ist erheblich besser gedämpft.

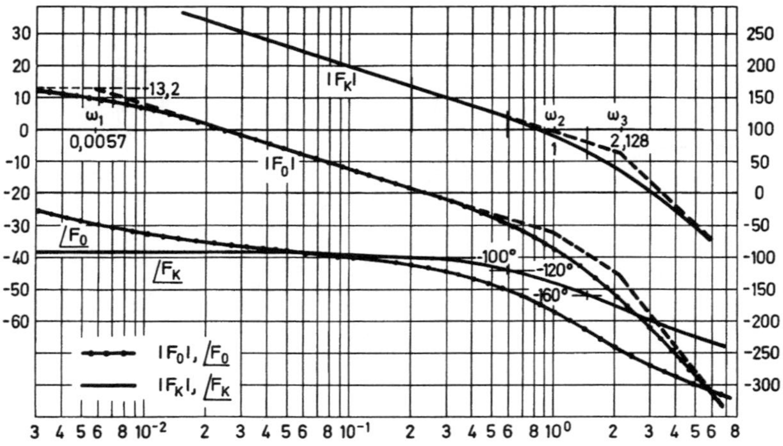

Bild 6-38: Frequenzkennlinien zur Füllstandsregelung von Bild 6-37

Bei 80° Phasenreserve verläuft der Einschwingvorgang aperiodisch und braucht bis zum Erreichen des stationären Werts etwa 30 sec. Um *gutes Führungsverhalten* zu erzielen, wird man daher den *PID-Regler mit 60° Phasenreserve* einsetzen. Der im Kleinen unregelmäßige Verlauf der Übergangsvorgänge von Bild 6-39 wird durch Nichtlinearitäten und Störungen in der realen Anlage verursacht.

6.7 Anwendung des Wurzelortsverfahrens

Das Wurzelortsverfahren ist in zweifacher Hinsicht zur Synthese geeignet:

(I) Man kann sich mit ihm in ganz anschaulicher Weise und ohne größere Rechnungen einen Einblick verschaffen, welche *grundsätzlichen Synthesemöglichkeiten* bei einer gegebenen Strecke überhaupt bestehen. Darin ist es allen anderen Entwurfsverfahren überlegen. Hierzu genügt es gewöhnlich, die Abschnitte der Wurzelortskurve auf der reellen Achse und ihre Asymptoten zu skizzieren.

(II) Man kann mit ihm *quantitative Anforderungen* an den Regelkreis erfüllen, sofern diese in Form von Ungleichungen für gewisse Systemdaten gegeben sind (siehe Abschnitt 6.2). Allerdings ist dazu vorauszusetzen, dass sich der Regelkreis durch ein dominantes konjugiert komplexes Polpaar (oder eine entsprechend einfache dominante Pol-Nullstellen-Konfiguration) beschreiben lässt.

Wir befassen uns zunächst mit der Möglichkeit (I). Bisher hatten wir den offenen Kreis häufig dadurch korrigiert, dass ein Regler eingeführt wurde, dessen Zählerzeitkonstanten die größten Nennerzeitkonstanten der Strecke wegkürzen. Was bedeutet dies im Lichte des Wurzelortsverfahrens? Da die Zählerzeitkonstanten den Nullstellen und die Nennerzeitkonstanten den Polen entsprechen, läuft diese Korrektur darauf hinaus, auf die am Weitesten rechts gelegenen Streckenpole Nullstellen des Reglers zu legen und ihre Wirkung so aufzuheben. Betrachten wir beispielsweise die Strecke

$$F_o(s) = \frac{K_S}{(1+T_1 s)(1+T_2 s)(1+T_3 s)} = \\ = \frac{K_S}{T_1 T_2 T_3} \frac{1}{(s-p_1)(s-p_2)(s-p_3)},$$

wobei also

$$p_\nu = -\frac{1}{T_\nu}, \quad \nu = 1,2,3,$$

gilt. Dabei sei $T_1 > T_2 > T_3$, so dass also der Pol p_1 am Weitesten rechts auf der reellen Achse der s-Ebene liegt. Hierzu werde der ideale PID-Regler

$$G_K(s) = K_R \frac{(1+T_{R1} s)(1+T_{R2} s)}{s} = \\ = K_R T_{R1} T_{R2} \frac{(s-n_{R1})(s-n_{R2})}{s}$$

gewählt, wobei jetzt

$$n_{R1} = -\frac{1}{T_{R1}}, \quad n_{R2} = -\frac{1}{T_{R2}}$$

sind. Nimmt man $T_{R1} = T_1$, $T_{R2} = T_2$, so sind $n_{R1} = p_1$ und $n_{R2} = p_2$, so dass die beiden Streckenpole p_1 und p_2 durch die Reglernullstellen n_{R1} und n_{R2} aufgeho-

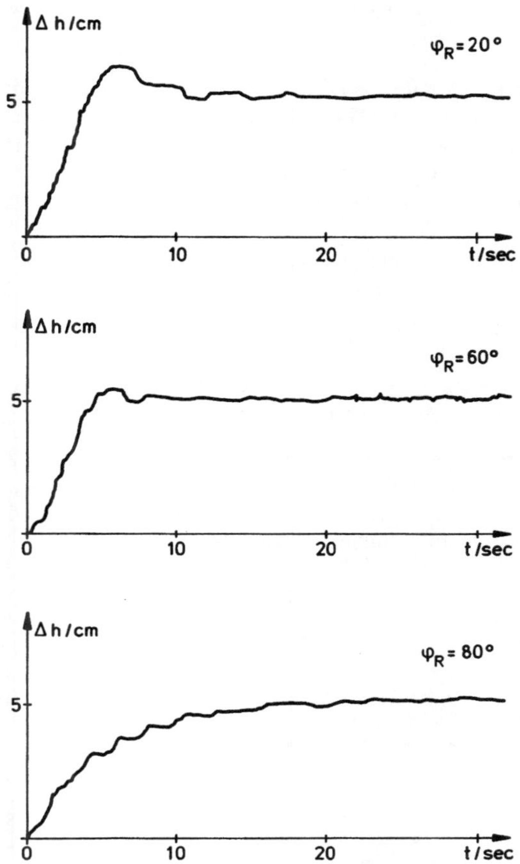

Bild 6-39: Führungssprungantwort der realen Anlage nach Bild 6-37

ben werden. Bild 6-40 zeigt die so bewirkte Änderung der Wurzelortskurve: Der kritische Ast der Wurzelortskurve wird nach links verlegt und zurückgebogen, so dass das Polpaar des geschlossenen Kreises auf jeden Fall in der linken Halbebene liegt. Geht man zum realen PID-Regler über, führt also einen weit links gelegenen Pol $-1/T_N$ ein, so wird dadurch der vertikale Wurzelortsast zwar wieder nach rechts gekrümmt, jedoch so schwach, dass das zu den in Frage kommenden k-Werten gehörige dominante Polpaar noch weit links der j-Achse liegt.

Interessanter als das Wegheben von Streckenpolen ist die Einführung von Reglernullstellen mit anderer Zielsetzung. Gerade dies lässt sich an der Wurzelortskurve sehr schön überblicken. Als Beispiel nehmen wir wieder die Strecke in Bild 6-40a, wobei aber jetzt $p_1 = 0$ sein möge. Darauf werde der ideale PD-Regler

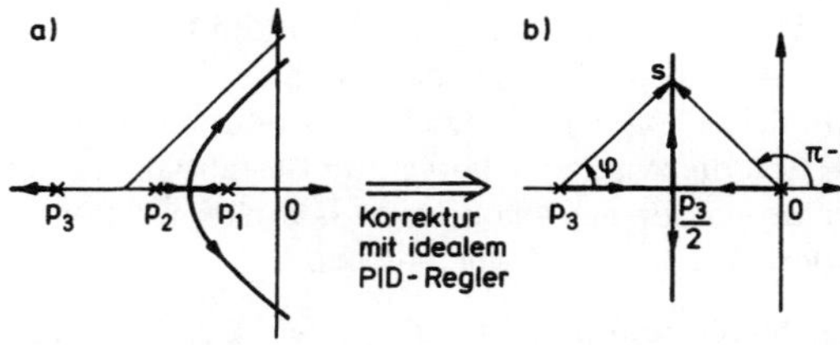

Bild 6-40: Dynamische Korrektur durch Wegheben von Streckenpolen mittels

$$G_K = k_R \frac{(s-p_1)(s-p_2)}{s}$$

$$G_K(s) = k_R(s - n_R)$$

angewendet. Die kleine Nennerzeitkonstante, also der ferne Pol, durch den er sich vom realen PD-Regler unterscheidet, kann für eine grundsätzliche Betrachtung unberücksichtigt bleiben. Legt man n_R zwischen p_1 und p_2, so erhält man die Wurzelortskurve in Bild 6-41a. Da jetzt nur noch $n - m = 2$ ist, gibt es nur eine Asymptote der Wurzelortskurve. Die steht senkrecht auf der reellen Achse. Damit liegt der grundsätzliche Verlauf der Wurzelortskurve bereits fest.[8] Die kleinen Vollkreise auf der Wurzelortskurve halten eine mögliche Lage der Pole des geschlossenen Kreises für mittlere k-Werte fest. Man sieht, dass hier ein *dominanter reeller Pol* auftritt, wie er erwünscht ist, wenn man eine monotone (aperiodische) Sprungantwort benötigt.

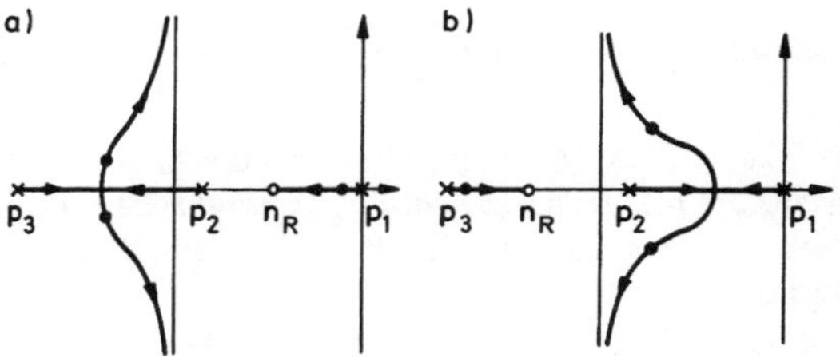

Bild 6-41: Dynamische Korrektur ohne Wegheben von Streckenpolen
a) Dominanter reeller Pol des geschlossenen Kreises
b) Dominantes konjugiert komplexes Polpaar des geschlossenen Kreises

Legt man die Reglernullstelle n_R zwischen p_2 und p_3, so wird sich ein Wurzelortsverlauf nach Bild 6-41b ergeben: Das nicht mit der reellen Achse zusammenfallende Wurzelortsstück muss jetzt zwischen p_1 und p_2 beginnen, da die in p_1 und p_2 startenden Pole des geschlossenen Kreises sonst nicht zur Nullstelle ∞ ge-

8 Diese Wurzelortsskizzen sind nicht maßstäblich richtig, sondern sollen nur den grundsätzlichen Verlauf zeigen. So wird etwa p_3 normalerweise weiter links liegen.

langen können. Im Unterschied zur Konfiguration in Bild 6-41a stellt sich hier ein dominantes konjugiert komplexes Polpaar ein. Rückt n_R weiter nach rechts, so kann die Wurzelortskurve ihre Gestalt ändern; an der Dominanz eines konjugiert komplexen Polpaars ändert sich dadurch jedoch nichts.

Eine Stabilisierung, die nicht auf dem Wegheben von Streckenpolen beruht, ist insbesondere dann erforderlich, wenn die *Strecke selbst instabil* ist. Liegt nämlich ein Streckenpol auf oder rechts der j-Achse, so darf man ihn gemäß (3.65) nicht durch eine Reglernullstelle kompensieren.

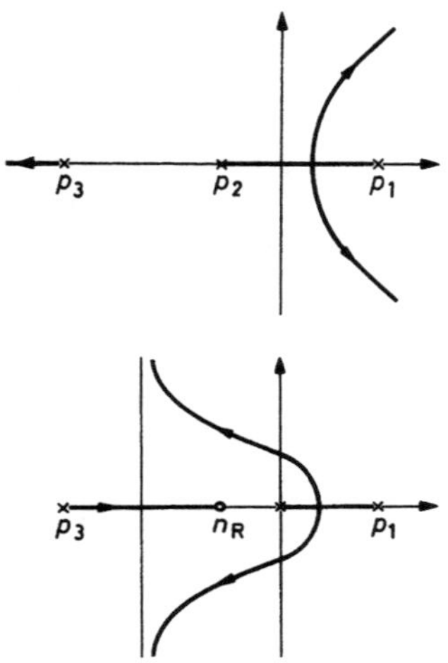

Bild 6-42: Stabilisierung bei instabiler Strecke

Wie kann man nun vorgehen, um eine *Strecke mit rechts der j-Achse gelegenem Pol zu stabilisieren?* Bild 6-42, oben, zeigt eine solche Situation. Man wählt hier als Regler

$$G_K(s) = k_R \frac{(s - p_2)^2}{s},$$

also einen idealen PID-Regler. Dadurch wird der links von der j-Achse gelegene Pol p_2 kompensiert. Entscheidend ist aber, dass durch das zweimalige Auftreten des Faktors $s - p_2$ an seiner Stelle überdies eine Nullstelle des korrigierten offenen Kreises geschaffen wird. Die resultierende Wurzelortskurve ist daher von dem in Bild 6-42, unten, skizzierten Typ. Wählt man k bzw. V genügend groß, so liegen die Pole des geschlossenen Kreises links der j-Achse, so dass der geschlossene Kreis stabil ist, obgleich die Strecke Instabilität zeigt.

Als weiteres Beispiel wollen wir die *Regelung eines ungedämpften Schwingers* betrachten. Hier ist

$$F_o(s) = \frac{k_S}{s^2 + \omega_0^2}$$

mit dem Polpaar $p_{1,2} = \pm j\omega_0$. Der Gedanke besteht darin, eine doppelte Nullstelle auf die reelle Achse zu legen und so die von p_1 und p_2 ausgehenden Wurzelortsäste in die linke Halbebene zu ziehen. Dazu wird der ideale PID-Regler

$$G_K(s) = k_R \frac{(s + \delta_0)^2}{s}, \quad \delta_0 > 0,$$

eingeführt. Damit wird

$$F_K(s) = k \frac{(s + \delta_0)^2}{s(s^2 + \omega_0^2)}, \quad k = k_S k_R.$$

Die zugehörige Wurzelortskurve ist in Bild 6-43 skizziert. Für genügend großes k ist ein hinreichend stabilisiertes Verhalten zu erwarten. Dies soll im Folgenden genauer untersucht werden.

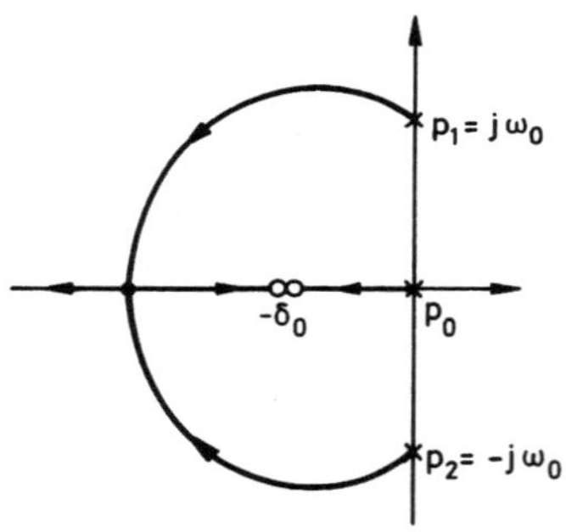

Bild 6-43: Stabilisierung eines ungedämpften Schwingers

Da die negative reelle Achse der einzige Wurzelortsast ist, der nach ∞ strebt, erübrigt sich die Asymptotenbestimmung. Für die Schnittpunkte mit der j-Achse erhält man die Gleichung

$$k(j\omega + \delta_0)^2 + j\omega\left[(j\omega)^2 + \omega_0^2\right] = 0.$$

Daraus folgt entweder $k = 0, \omega = \pm\omega_0$, was den Polen $p_{1,2}$ entspricht, oder

$$\omega = \pm\delta_0 \quad \text{und} \quad k = \frac{\delta_0^2 - \omega_0^2}{2\delta_0}.$$

Da k positiv sein muss, ist dies nur möglich für $\delta_0 > \omega_0$. Bei dieser Wahl des Parameters δ_0 hat das Anfangsstück der Wurzelortskurve die in Bild 6-44 skizzierte Gestalt.

Für kleine k ist der geschlossene Regelkreis also zunächst instabil und wird erst für $k > \dfrac{\delta_0^2 - \omega_0^2}{2\delta_0}$ stabil. Von diesem unorthodoxen Verhalten der Wurzelortskurve kann man sich auch dadurch überzeugen, dass man mit Hilfe der Regel 10 die Anfangstangente in $p_1 = j\omega_0$ feststellt.

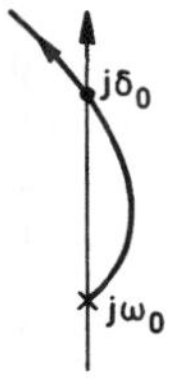

Bild 6-44: Unorthodoxes Verhalten der Wurzelortskurve

Zur Vermeidung von Weitläufigkeiten seien nun $\omega_0 = 1$ und $\delta_0 = 0,5$ angenommen. Dann kann man zunächst den Verzweigungspunkt aus der Gleichung

$$\frac{2}{\delta+\delta_0} - \frac{1}{\delta} - \frac{2\delta}{\delta^2+{\omega_0}^2} = 0$$

berechnen. Er ergibt sich zu $\delta_V = -2,09$. Man kann aber auch sogleich zur punktweise vorzunehmenden Berechnung der Wurzelortskurve übergehen und zusätzlich die k-Skala bestimmen. Das Ergebnis sieht man in Bild 6-45.

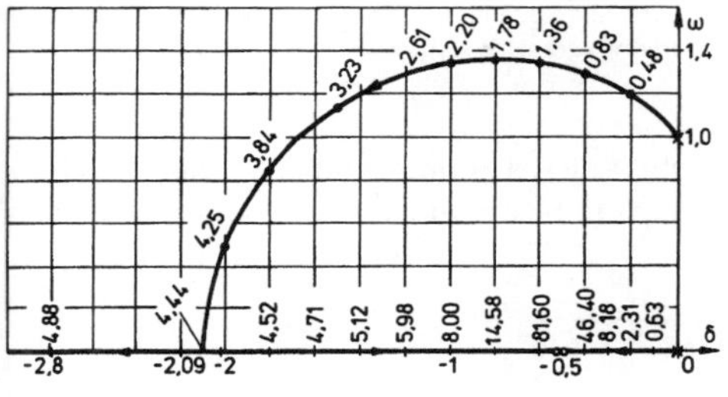

Bild 6-45: Wurzelortskurve zu $F_K(s) = k\dfrac{(s+0,5)^2}{s(s^2+1)}$ mit k-Skala (oberhalb der Wurzelortskurve)

Die Sprungantwort des Regelkreises zu Bild 6-45 für verschiedene k-Werte zeigt Bild 6-46. Für kleine k-Werte erhält man einen stark oszillierenden Vorgang – aber anders als bei einem P-T$_2$-Glied, insofern nicht sofort eine Überschwingung über den Endwert 1 auftritt, die Schwingung vielmehr erst im Laufe der Zeit auf den Endwert hochklettert. Darin kommt die Tatsache zum Ausdruck, dass stets ein weit rechts gelegener reeller Pol α_1 auftritt, dessen Einfluss denjenigen des konjugiert komplexen Polpaars $\alpha_{2,3}$ überlagert. Mit wachsendem k dominiert er mehr und mehr, bis ab $k = 4,44$ alle drei Pole reell sind. Mit weiter wachsendem k strebt einer dieser Pole $\to -\infty$ und kann deshalb vernachlässigt werden, während die beiden anderen Pole gegen $-0,5$ gehen. Daher erhält man mit wachsendem k eine Sprungantwort mit nur noch einer Überschwingung, die durch die doppelte Zählernullstelle $-0,5$ bedingt ist. Für $k \to +\infty$ geht die Sprungantwort gegen den Einheitssprung, entsprechend der Tatsache, dass dann die Übertragungsfunktion des geschlossenen Kreises gegen 1 strebt.

Nunmehr wollen wir zur *Erfüllung quantitativer dynamischer Forderungen mittels des Wurzelortsverfahrens* übergehen. Dabei sehen wir, wie dies häufig geschieht, die Führungssprungantwort als repräsentativ für das Zeitverhalten des Regelkreises an und bemühen uns gemäß Abschnitt 6.2, deren Überschwingweite Δ_m und Übergangszeit $t_ü$ in vorgegebenen Grenzen zu halten:

$$\Delta_m \le \Delta_{m0}\,, \quad t_ü \le t_{ü0}\,, \tag{6.68}$$

entsprechend den Ungleichungen (6.34) und (6.35). Um diese Ungleichungen erfüllen zu können, geht man von der Voraussetzung aus, dass der Regelkreis durch ein dominantes konjugiert komplexes Polpaar charakterisiert wird. Dann ist es möglich, mittels der Formeln (6.36) bis (6.38) die Lage dieses konjugiert komplexen Polpaars so zu bestimmen, dass die Ungleichungen (6.68) erfüllt werden (siehe hierzu Bild 6-17). Es verbleibt sodann die Aufgabe, den Regler so zu wählen, dass die gewünschte Lage des dominanten konjugiert komplexen Polpaars eingestellt wird.

Dieser grundsätzliche Gedankengang sei am Beispiel des Regelkreises aus Bild 5-10 im Einzelnen durchgeführt, wobei der dort freigelassene Parameter k den Wert 3,2 habe. Dabei wird verlangt, dass die Überschwingweite höchstens 5 % betrage und die Übergangszeit nicht größer als 3 sec sei:

$$\Delta_{m0} = 0,05\,, \quad t_{ü0} = 3\,\text{sec}\,.$$

Aus (6.36) folgt zunächst

$$d_0 = 0,6904$$

als kleinstmögliche Dämpfung, die diese Überschwingweite sichert. Wir wählen daher etwa

$$d_w = \frac{1}{2}\sqrt{2} = 0,7071\,.$$

Da entsprechend (6.37) $\cos\psi_w = d_w$ gilt, folgt weiter

$$\psi_w = 45°\,.$$

Das konjugiert komplexe Polpaar, das eine Überschwingweite von höchstens 5 % verursacht, liegt also auf zwei vom Ursprung ausgehenden Strahlen, die mit der negativen reellen Achse die Winkel $\pm\psi_w$ bilden (Bild 6-17).

Um die zweite Forderung $t_ü \leq t_{ü0}$ zu erfüllen, muss nach (6.38) und (6.31) gelten:

$$\omega_0 \geq \frac{1}{t_{ü0}} \cdot \frac{3 - 1,15\log(1 - d_w{}^2)}{d_w} = \omega_{0\,\min}\,.$$

Im vorliegenden Fall ist

$$\omega_{0\,\min} = \frac{1}{3} \cdot \frac{3 + 1,15\log 2}{\frac{1}{2}\sqrt{2}} = 1,58\,\text{sec}^{-1}\,.$$

Das heißt also: Der Regelkreis erfüllt die an ihn gestellten quantitativen Forderungen, wenn er ein dominantes konjugiert komplexes Polpaar besitzt, das auf den Winkelhalbierenden des 2. und des 3. Quadranten liegt und dessen Abstand vom Ursprung $\geq 1,58$ ist. Man sieht aus Bild 5-10 sofort, dass davon bei dem vorliegenden Regelkreis keine Rede sein kann.

Um zu erreichen, dass die Wurzelortskurve die beiden Geradenstücke $\psi = \pm\psi_w = \pm 45°$, $\omega_{0\,\min} \geq 1,58$ schneidet, muss man ihren rechten Ast nach links verschieben und überdies durch Wegheben rechts gelegener Pole des offenen Kreises dafür sorgen, dass der geschlossene Kreis ein dominantes konjugiert komplexes Polpaar besitzt. Dazu wird der Regler

$$G_K(s) = k_R\,\frac{(s + 0,25)(s + 0,5)}{s + 5} \tag{6.69}$$

eingeführt. Zusammen mit dem bereits vorhandenen I-Glied stellt er einen realen PID-Regler dar.

Der so entstandene korrigierte offene Kreis mit

$$F_K(s) = k\,\frac{1}{s(s+4)(s+5)}\,, \quad k = 3,2\,k_R\,, \tag{6.70}$$

hat eine Wurzelortskurve, die in Bild 6-47 mittels der Konstruktionsregeln skizziert wurde. Man sieht, dass die Wurzelortskurve nunmehr die Winkelhalbierende g des 2. Quadranten im Abstand $> \omega_{0\,\min} = 1,58$ vom Ursprung schneidet.

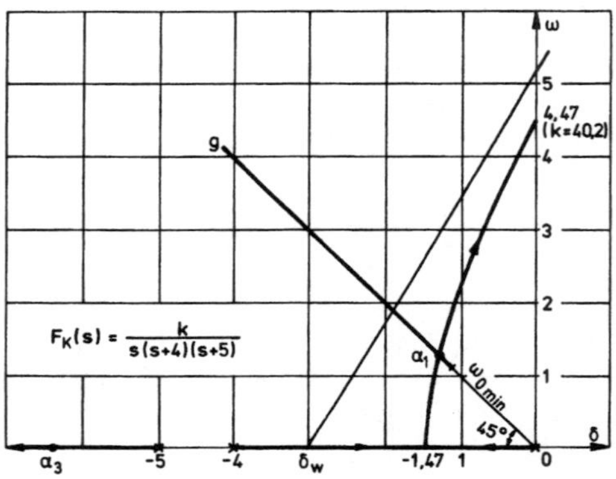

Bild 6-47: Erfüllung quantitativer dynamischer Forderungen mit dem Wurzelortsverfahren

Den Realteil dieses Schnittpunkts α_1, der das dominante Polpaar bestimmt, erhält man aus der Gleichung

$$\omega = \pm\sqrt{3\,\delta^2 + 18\,\delta + 20}$$

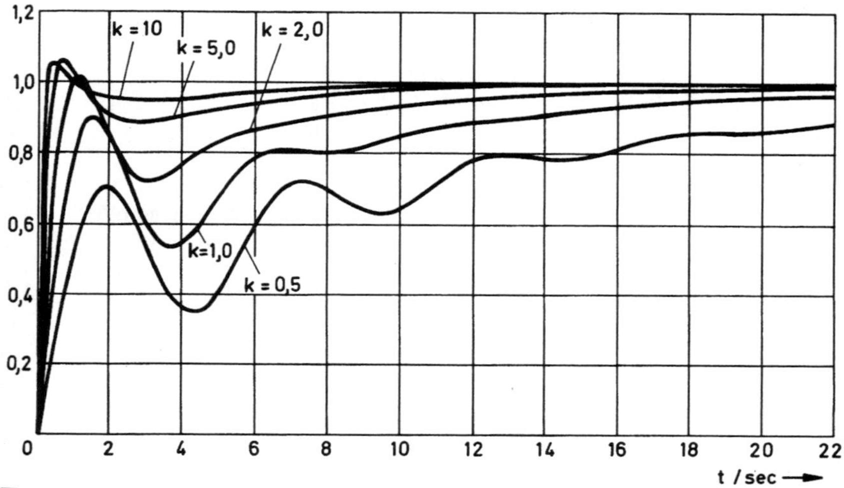

Bild 6-46: Führungssprungantwort des Regelkreises zu Bild 6-45

der Wurzelortskurve und der Gleichung

$$\omega = -\delta$$

von g durch Gleichsetzen zu $\delta = -1,3$. Somit ist

$$\alpha_{1,2} = -1,3 \pm j1,3\,.$$

Für den zugehörigen k-Wert ergibt sich entsprechend (5.14) aus

$$k = \sqrt{\delta^2 + \omega^2} \cdot \sqrt{(\delta+4)^2 + \omega^2} \cdot \sqrt{(\delta+5)^2 + \omega^2}$$

der Wert

$$k_0 = 21,6\,. \qquad (6.71)$$

Bestimmt man die k-Skala für das reelle Wurzelortsstück unmittelbar links von -5, was mit $k = |\delta| \cdot |\delta + 4| \cdot |\delta + 5|$ leicht zu machen ist, so sieht man, dass zu k_0 als dritter Pol des korrigierten Regelkreises

$$\alpha_3 \approx -6,4$$

gehört. Aus (6.71) folgt wegen $k_0 = 3,2\;k_R$ der Wert $k_R = 6,75$, womit das Korrekturglied vollständig bekannt ist:

$$G_K(s) = 6,75\,\frac{(s+0,25)(s+0,5)}{s+5} = 0,17\,\frac{(1+4s)(1+2s)}{1+0,2s}\,.$$

Die Sprungantwort des so entworfenen Regelkreises zeigt das Bild 6-48. Man sieht, dass in der Tat für $k_0 = 21,6$ die Anforderungen an Überschwingweite und Übergangszeit der Sprungantwort erfüllt sind.

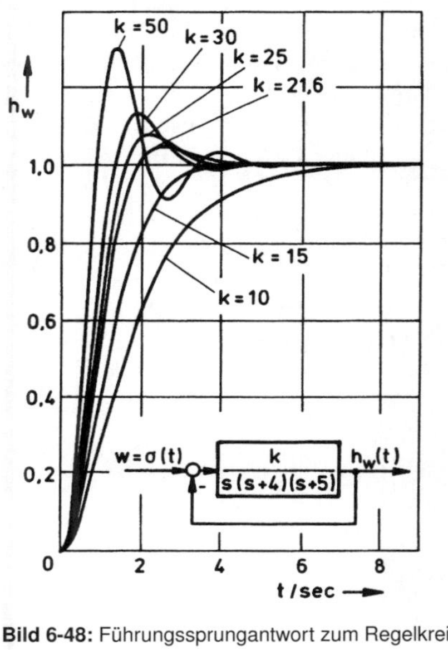

Bild 6-48: Führungssprungantwort zum Regelkreis von Bild 6-47

6.8 Einstellregeln für die Reglerparameter

Mit dem Frequenzkennlinien- und dem Wurzelortsverfahren stehen leistungsfähige Methoden für den Reglerentwurf, insbesondere auch für die Wahl der Reglerparameter, zur Verfügung. Allerdings ist es dazu erforderlich, die Frequenzkennlinien oder die Wurzelortskurve zu berechnen und, daran anknüpfend, individuelle Überlegungen anzustellen. Insofern sind diese Vorgehensweisen nicht streng systematisch, sondern stellen „gerichtete Probierverfahren“ dar, die in komplizierteren Fällen einige Erfahrung im Umgang mit dem benutzten Hilfsmittel voraussetzen. Wer beispielsweise schon viel mit Wurzelortskurven zu tun hatte, wird die bei Einführung eines neuen Blocks in den offenen Kreis auftretenden Möglichkeiten ganz anders überschauen können als ein Ungeübter.

Bequemer wäre es, auf solche individuellen Überlegungen verzichten zu können und stattdessen aufgrund fertiger Formelausdrücke aus den gegebenen Streckenparametern die gesuchten Reglerparameter zu berechnen. In der Tat gibt es Verfahren, die dies erlauben, sofern die Strecke nicht zu kompliziert ist und man sich auf die gängigen Reglertypen beschränkt. Den Vorteil der schematischen Anwendbarkeit erkauft man allerdings dadurch, dass diese Verfahren keine Einsicht in das physikalische Verhalten des Systems erlauben, wie das beim Frequenzkennlinien- oder dem Wurzelortsverfahren der Fall ist. Da die Lösung sich zwangsläufig ergibt, hat man auch keine Freiheit mehr, sie an eine besondere Problemsituation in zweckmäßiger Weise anzupassen. Liegt aber eine nicht zu komplizierte Strecke vor und sind die Forderungen an die Regelung nicht zu spezieller Natur, so können derartige Einstellregeln sehr nützlich sein. Im Folgenden sollen deshalb einige der gängigsten Einstellregeln behandelt werden.

6.8.1 Parameteroptimierung mittels eines Gütemaßes

Der Grundgedanke der Parameteroptimierung besteht darin, ein Gütemaß (Güte-Index, Gütekriterium) zu wählen, d. h. eine Maßzahl für die Qualität des Systemverhaltens, und dann die Reglerparameter so zu bestimmen, dass das Gütemaß ein Maximum bzw. ein Minimum annimmt. Dieses allgemeine Vorgehen soll nun anhand eines speziellen Gütemaßes im Einzelnen ausgeführt werden.

Man kann sich vorstellen, dass es für die mannigfachen Problemstellungen und verschiedenen Streckentypen kaum ein allgemein verwendbares Gütemaß geben wird. Ein Gütemaß, das erfahrungsgemäß für viele Fälle brauchbar ist, ist die *quadratische Regelfläche*. Wir betrachten den Regelkreis in Bild 6-49 und wollen voraussetzen, dass der korrigierte offene Kreis ein I-Glied enthält und seine Übertragungsfunktion $F_K(s)$ rational ist. Der Regelkreis sei stabil. Als Testfunktion denken wir uns für die Führungsgröße den Einheitssprung $\sigma(t)$ aufgeschaltet. Da der offene Kreis ein I-Glied enthält, geht $e(t)$ gegen 0 für t gegen $+\infty$. Gutes Zeitverhalten ist dadurch gekennzeichnet, dass $e(t)$ möglichst schnell gegen Null strebt. Ein einzelner Wert von $e(t)$ ist für die Qualität der Regelung nicht ausschlaggebend; vielmehr kommt es darauf an, dass der gesamte Zeitverlauf günstig ist. Es liegt daher nahe, das zeitliche Integral über $e(t)$ als Maßzahl für die Qualität des Systemverhaltens zu nehmen und das Systemverhalten als desto besser anzusehen, je kleiner das Integral ist. Jedoch ist das Integral

$$\int_0^\infty e(t)\,dt$$

im Allgemeinen nicht brauchbar, da es im Fall einer lang anhaltenden Dauerschwingung, also für einen miserablen Zeitvorgang, einen sehr kleinen Wert liefern kann, wenn nämlich die positiven und die negativen Anteile einander annähernd kompensieren. Deshalb muss man zum Integral über $|e(t)|$ oder zu $e^2(t)$ übergehen. Beide Gütemaße werden benutzt. Das letztere ist aber besser zu handhaben und deshalb gebräuchlicher:

$$J = \int_0^\infty e^2(t)\,dt\,. \tag{6.72}$$

Man bezeichnet es als *quadratische Regelfläche*.

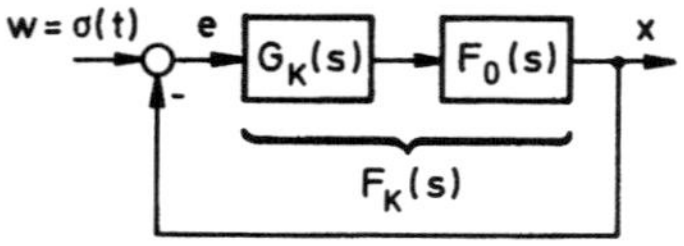

Bild 6-49: Regelkreis zur Parameteroptimierung. $F_K(s)$ rational, mit I-Verhalten

Für eine bestimmte Reglereinstellung, also bestimmte Werte der Reglerparameter, hat $e(t)$ (bei Aufschaltung des Einheitssprungs) einen eindeutig bestimmten Verlauf und damit J einen eindeutig bestimmten Wert. Ändert man die Werte der Reglerparameter, so erhält man im Allgemeinen einen anderen Verlauf von $e(t)$ und damit einen anderen Wert von J. Das Gütemaß ist also eine Funktion der Reglerparameter $r_1, \ldots, r_q : J = J(r_1, \ldots, r_q)$.

Die Optimierung besteht nun darin, $r_1, \ldots, r_q$ aus der Forderung

$$J(r_1, \ldots, r_q) \overset{!}{=} \min \tag{6.73}$$

zu bestimmen. Die Reglerparameter sind nicht beliebig verstellbar, sondern nur innerhalb eines gewissen Bereichs $m_i \le r_i \le M_i$, $i = 1, \ldots, q$. Sofern die Funktion $J(r_1, \ldots, r_q)$ im Inneren dieses Bereichs ein Minimum hat (und differenzierbar ist), können die optimalen Parameterwerte aus den q Gleichungen

$$\frac{\vartheta J}{\vartheta r_1} = 0, \ldots, \frac{\vartheta J}{\vartheta r_q} = 0 \tag{6.74}$$

berechnet werden.

Um die Forderung (6.73) bzw. die Gleichungen (6.74) im Fall der quadratischen Regelfläche formelmäßig auswerten zu können, hat man das Integral (6.72) als Funktion der Regler- und der Streckenparameter darzustellen. Hierfür ist es zweckmäßig, das Integral aus dem Zeitbereich in den komplexen Bereich zu transformieren, weil dort seine Abhängigkeit von den Koeffizienten des Regler- und des Streckenfrequenzgangs viel leichter zu erkennen ist. Die Übersetzung des Integrals in den komplexen Bereich wird mittels der *Parsevalschen Gleichung* vorgenommen (Kapitel 11):

$$J = \int_0^\infty e^2(t)\,dt = \frac{1}{2\pi}\int_{-\infty}^{+\infty} |E(j\omega)|^2\,d\omega\,. \tag{6.75}$$

Das gilt, sofern $\int_0^\infty e^2(t)\,dt < +\infty$. Diese Voraussetzung ist erfüllt, weil der Regelkreis als stabil angenommen ist. Die Beziehung (6.75) kann noch in eine für die folgende Rechnung günstigere Form gebracht werden. Für jede komplexe Zahl z gilt $|z|^2 = z\overline{z}$, wobei $\overline{z}$ konjugiert komplex zu z ist. Konjugiert komplex zu $E(j\omega)$ ist $E(-j\omega)$. Daher kann man für (6.75) schreiben:

$$J = \frac{1}{2\pi}\int_{-\infty}^{+\infty} E(j\omega)E(-j\omega)\,d\omega\,. \tag{6.76}$$

Nun ist nach Bild 6-49 allgemein

$$E(s) = \frac{1}{1+F_K(s)}\,W(s)\,,$$

also wegen $w = \sigma(t)$ hier

$$E(s) = \frac{1}{1+F_K(s)}\,\frac{1}{s}$$

und somit

$$E(j\omega) = \frac{1}{1+F_K(j\omega)}\,\frac{1}{j\omega}. \tag{6.77}$$

Weil $F_K(s)$ als rational angenommen ist, stellt auch $E(j\omega)$ eine rationale Funktion, also den Quotienten zweier Polynome, dar:

$$E(j\omega) = \frac{C(j\omega)}{D(j\omega)} = \\ = \frac{c_0 + c_1(j\omega)+\ldots+c_{n-1}(j\omega)^{n-1}}{d_0+d_1(j\omega)+\ldots+d_n(j\omega)^n}, \quad d_n \neq 0. \tag{6.78}$$

Hierin ist der Zählergrad kleiner als der Nennergrad vorausgesetzt. Das ist zulässig, weil man annehmen darf, dass der Zählergrad von F_K niedriger als der Nennergrad ist und demgemäß in

$$\frac{1}{1+F_K} = \frac{1}{1+Z_K/N_K} = \frac{N_K}{N_K+Z_K}$$

Zähler und Nenner gleichen Grad aufweisen. Nach (6.76) hat man damit das Integral

$$J = \frac{1}{2\pi}\int_{-\infty}^{+\infty} \frac{C(j\omega)C(-j\omega)}{D(j\omega)D(-j\omega)}\,d\omega \tag{6.79}$$

als Funktion der Koeffizienten c_ν und d_ν auszudrücken. Da diese Koeffizienten von den Reglerparametern $r_1,\ldots,r_q$ abhängen, nämlich über die Koeffizienten von $F_K = G_K F_o$, hat man dann J auch als Funktion der Reglerparameter $r_1,\ldots,r_q$ ausgedrückt.

Das Integral (6.79) kann mit dem Residuensatz (Kapitel 11) berechnet werden, wie hier für den Fall $n=2$ skizziert sei. Führen wir in (6.79) statt der reellen Variablen ω die imaginäre Variable $j\omega$ ein, so können wir schreiben:

$$J = \frac{1}{2\pi j}\int_{-j\infty}^{+j\infty} \frac{C(j\omega)C(-j\omega)}{D(j\omega)D(-j\omega)}\,d(j\omega).$$

Setzen wir abkürzend $j\omega = s$, so lautet das Integral für $n=2$ ausführlich:

$$J = \frac{1}{2\pi j}\int_{-j\infty}^{+j\infty} \frac{(c_0+c_1 s)(c_0-c_1 s)}{(d_0+d_1 s+d_2 s^2)(d_0-d_1 s+d_2 s^2)}\,ds \\ = \frac{1}{2\pi j}\int_{-j\infty}^{+j\infty} \frac{Z(s)}{N(s)}\,ds.$$

Hat $D(s)$ die Nullstellen α_1 und α_2 (links der j-Achse), so hat $D(-s)$ die Nullstellen $-\alpha_1, -\alpha_2$ (rechts der j-Achse, Bild 6-50).

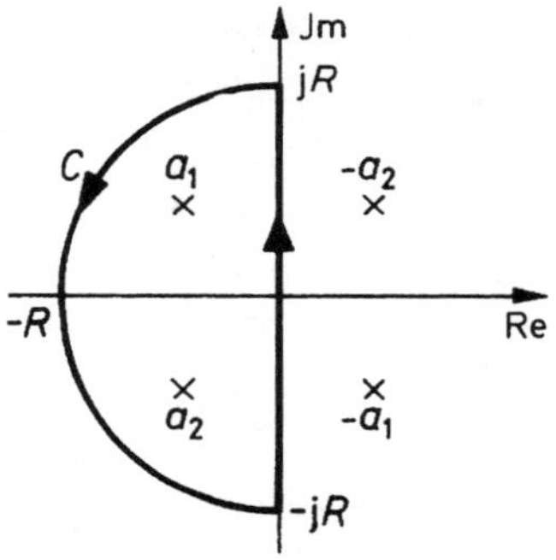

Bild 6-50: Anwendung des Residuensatzes zur Berechnung der quadratischen Regelfläche

Man beschreibt nun um den Nullpunkt der s-Ebene einen linken Halbkreis mit dem Radius R, der die beiden Pole α_1, α_2 einschließt. C sei die geschlossene Kurve, die aus diesem Halbkreis und dessen auf der j-Achse gelegenen Durchmesser besteht. Dann ist nach dem Residuensatz (Kapitel 11):

$$\frac{1}{2\pi j}\int_c \frac{Z(s)}{N(s)}\,ds = \operatorname{res}_{\alpha_1}\frac{Z(s)}{N(s)} + \operatorname{res}_{\alpha_2}\frac{Z(s)}{N(s)}.$$

Für $R \to +\infty$ wird das Integral längs des Halbkreises Null, und es bleibt nur das Integral längs der j-Achse, also J:

$$J = \operatorname{res}_{\alpha_1}\frac{Z(s)}{N(s)} + \operatorname{res}_{\alpha_2}\frac{Z(s)}{N(s)} = \frac{Z(\alpha_1)}{N'(\alpha_1)} + \frac{Z(\alpha_2)}{N'(\alpha_2)},$$

letzteres wegen der allgemeinen Formel für das Residuum eines einfachen Pols.

Darin sind

$$Z(s) = c_0{}^2 - c_1{}^2 s^2, \\ N(s) = d_2(s-\alpha_1)(s-\alpha_2)d_2(s+\alpha_1)(s+\alpha_2) = \\ = d_2{}^2(s^2-\alpha_1{}^2)(s^2-\alpha_2{}^2),$$

also

$$N'(s) = 2d_2{}^2 s(s^2-\alpha_2{}^2) + 2d_2{}^2 s(s^2-\alpha_1{}^2).$$

Daraus folgt nach kurzer Rechnung

$$J = -\frac{c_0{}^2 + c_1{}^2\alpha_1\alpha_2}{2d_2{}^2\alpha_1\alpha_2(\alpha_1+\alpha_2)}. \tag{6.80}$$

Jetzt hat man noch die Nullstellenkombinationen $\alpha_1\alpha_2$ und $\alpha_1+\alpha_2$ von $N(s)$ durch die Koeffizienten d_ν auszudrücken. Aus

$$d_2 s^2 + d_1 s + d_0 = d_2(s-\alpha_1)(s-\alpha_2) = \\ = d_2 s^2 - d_2(\alpha_1+\alpha_2)s + d_2\alpha_1\alpha_2$$

folgt

$$\alpha_1+\alpha_2 = -\frac{d_1}{d_2}\,,\ \alpha_1\alpha_2 = \frac{d_0}{d_2}\,.$$

Damit wird aus (6.80)

$$J = \frac{{c_1}^2 d_0 + {c_0}^2 d_2}{2\,d_0\,d_1\,d_2}\,. \tag{6.81}$$

Für höheres n wird die Berechnung des Integrals (6.79) mühsamer, und man muss die Berechnungsmethode abwandeln, wofür auf [6.6] und [6.7] verwiesen sei. Man hat auf diese Weise $J(c_\nu, d_\nu)$ bis $n=10$ explizit berechnet. Doch werden diese Formeln mit wachsendem n äußerst langwierig. In Tabelle 6-2 sind sie bis $n=4$ angegeben.

Als Beispiel zur Anwendung der quadratischen Regelfläche wollen wir den Regelkreis in Bild 6-51 betrachten. Die Zählerzeitkonstante des PI-Reglers ist gleich der größten Streckenzeitkonstante T_3 gewählt. Daher ist

$$F_K(s) = \frac{V}{s(1+T_1 s)(1+T_2 s)}\,, \qquad V = K_R K_S\,.$$

Der noch verfügbare Parameter V soll so gewählt werden, dass

$$J = \int_0^\infty \mathrm{e}^2(t)\,\mathrm{d}t \overset{!}{=} \min$$

wird. Hier ist

$$F_K(j\omega) = \frac{V}{j\omega + (T_1+T_2)(j\omega)^2 + T_1 T_2 (j\omega)^3}\,,$$

also

$$E(j\omega) = \frac{1}{1+F_K(j\omega)}\,\frac{1}{j\omega} = \\ = \frac{(j\omega)+(T_1+T_2)(j\omega)^2+T_1T_2(j\omega)^3}{(j\omega)+(T_1+T_2)(j\omega)^2+T_1T_2(j\omega)^3+V}\cdot\frac{1}{j\omega} = \\ = \frac{1+(T_1+T_2)(j\omega)+T_1T_2(j\omega)^2}{V+j\omega+(T_1+T_2)(j\omega)^2+T_1T_2(j\omega)^3}\,.$$

Man hat somit $n=3$ und

$$c_0 = 1\,,\quad c_1 = T_1+T_2\,,\quad c_2 = T_1T_2\,,$$

$$d_0 = V\,,\quad d_1 = 1\,,\quad d_2 = T_1+T_2\,,\quad d_3 = T_1T_2\,.$$

$$J_n = \int_0^\infty \mathrm{e}^2(t)\,dt = \frac{1}{2\pi}\int_{-\infty}^\infty E(j\omega)\,d\omega \quad \text{mit}$$

$$E(j\omega) = \frac{1}{1+F_K(j\omega)}\,\frac{1}{j\omega} = \\ = \frac{c_0 + c_1(j\omega)+\ldots+c_{n-1}(j\omega)^{n-1}}{d_0+d_1(j\omega)+\ldots+d_n(j\omega)^n}\,,\quad d_n \neq 0$$

$$J_1 = \frac{c_0^2}{2d_0d_1}$$

$$J_2 = \frac{c_1^2 d_0 + c_0^2 d_2}{2d_0d_1d_2}$$

$$J_3 = \frac{c_2^2 d_0 d_1 + (c_1^2 - 2c_0c_2)d_0d_3 + c_0^2 d_2 d_3}{2d_0d_3(d_1d_2-d_0d_3)}$$

$$J_4 = \frac{c_3^2(d_0d_1d_2 - d_0^2d_3) + (c_2^2-2c_1c_3)d_0d_1d_4 + \\ + (c_1^2-2c_0c_2)d_0d_3d_4 + c_0^2(d_2d_3d_4 - d_1d_4^2)}{2d_0d_4(d_1d_2d_3 - d_0d_3^2 - d_1^2d_4)}$$

Tabelle 6-2: Formeln für die quadratische Regelfläche zum Regelkreis in Bild 6-49

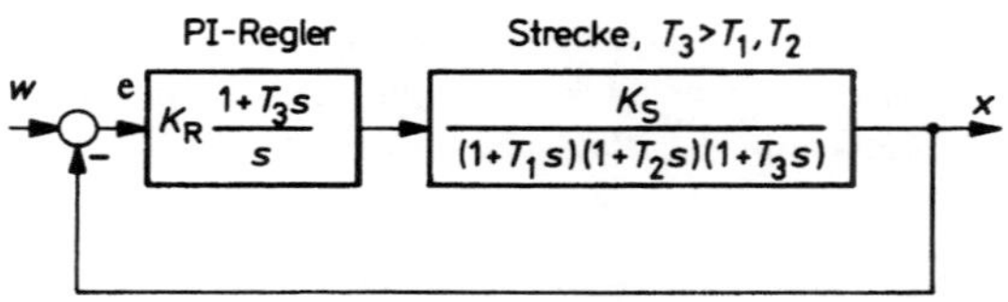

Bild 6-51: Beispiel zur quadratischen Regelfläche

Setzt man diese Ausdrücke in die Formel für J_3 in Tabelle 6-2 ein, so wird

$$J_3 = \frac{1}{2}\,\frac{aV+b}{bV-cV^2} = \frac{a}{2cV}\,\frac{V+\dfrac{b}{a}}{\dfrac{b}{c}-V}$$

mit den positiven Koeffizienten

$$a = {T_1}^2 + T_1T_2 + {T_2}^2 = (T_1+T_2)^2 - T_1T_2\,,$$

$$b = T_1 + T_2\,,$$

$$c = T_1T_2\,.$$

Bild 6-52 zeigt die graphische Darstellung der Funktion $J_3(V)$. Es genügt, positive V-Werte zu betrachten, da die Kreisverstärkung einer Regelung gewiss nicht

Null oder negativ ist. Wie man sieht, gibt es ein eindeutig bestimmtes Minimum. Den Wert V^*, für den es angenommen wird, erhält man aus

$$\frac{dJ_3}{dV} = \frac{1}{2}\,\frac{acV^2 + 2bcV - b^2}{(bV - cV^2)^2} = 0:$$

$$V^2 + 2\frac{b}{a}V - \frac{b^2}{ac} = 0,$$

$$V_{1,2} = -\frac{b}{a} \pm \sqrt{\frac{b^2}{a^2} + \frac{b^2}{ac}}.$$

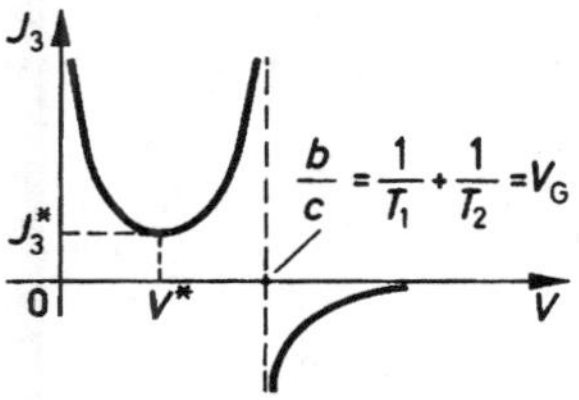

Bild 6-52: Die quadratische Regelfläche zum Regelkreis in 6-51 als Funktion der Kreisverstärkung V

Da $V > 0$ sein muss, kann nur das positive Wurzelvorzeichen gelten, und man erhält

$$V^* = \frac{b}{a}\left[\sqrt{1 + \frac{a}{c}} - 1\right] = \frac{T_1 + T_2}{(T_1 + T_2)\sqrt{T_1 T_2} + T_1 T_2}. \quad (6.82)$$

Vergrößert man V über V^* hinaus, so muss der Regelkreis schließlich instabil werden. Das wird dann der Fall sein, wenn die quadratische Regelfläche unendlich groß wird. Man erhält so aus Bild 6-52

$$V_G = \frac{1}{T_1} + \frac{1}{T_2}.$$

Das ist in der Tat die Stabilitätsgrenze, die man für Regelkreise des behandelten Typs mit dem Hurwitz-Kriterium (Unterabschnitt 3.14.3) erhält. Für $V > V_G$ stellt die Funktion $J_3(V)$ nicht mehr die quadratische Regelfläche dar.

Bemerkenswert ist, dass auch für V gegen $+0$ J gegen $+\infty$ geht. Das ist physikalisch plausibel. Für kleines V wird der Übergangsvorgang sehr langsam. Es dauert daher lange, bis $e(t)$ von seinem Anfangswert $e(+0) = 1$ auf seinen Endwert Null abgebaut ist. Praktisch wird $e(t)$ über eine große Zeitspanne nahezu gleich 1 sein, und zwar desto länger, je kleiner V ist. Daraus folgt unmittelbar $J \to +\infty$ für $V \to +0$.

Betrachten wir noch ein Zahlenbeispiel, und zwar die Drehzahlregelstrecke in Bild 6-25. Wählen wir einen PI-Regler mit

$$G_K(s) = K_R\frac{1 + 0,53s}{s},$$

so wird

$$F_K(s) = \frac{V}{s(1 + 0,055s)(1 + 0,005s)}, \quad V = 1,74\,K_R,$$

so dass hier $T_1 = 0,055$ sec, $T_2 = 0,005$ sec sind. Damit folgt aus (6.82) als optimaler Wert der Kreisverstärkung $V^* = 47\ \text{sec}^{-1}$ und somit als optimaler Parameterwert

$$K_R{}^* = \frac{47}{1,74} = 27\,\text{sec}^{-1}.$$

In Bild 6-26 ist die sich für diesen V-Wert ergebende Sprungantwort aufgezeichnet. Es ergibt sich ein schneller, aber recht kräftig schwingender Übergangsvorgang. Dies darf als typisch angesehen werden: Bei der Optimierung nach der quadratischen Regelfläche ergeben sich Übergangsvorgänge, die im Vergleich zu anderen Entwurfsverfahren relativ wenig gedämpft sind.

Abschließend noch einige allgemeine Bemerkungen zur Parameteroptimierung. Das Optimum der Funktion $J(r_1, \ldots, r_q)$ zu suchen, ist meist nicht so einfach wie in unserem Beispiel, vor allem deshalb, weil die Gleichungen (6.74) ein nichtlineares System bilden. Es ist dann besser, bei der Funktion $J(r_1, \ldots, r_q)$ zu bleiben und das Minimum durch ein numerisches Optimierungsverfahren, wie z. B. ein Gradientenverfahren, zu berechnen.

Statt der quadratischen Regelfläche kann man als Gütemaß auch andere, verwandte Integralausdrücke benutzen. Will man beispielsweise starke Ausschläge zu späteren Zeitpunkten unterdrücken, dann kann man $e(t)$ mit dem Gewichtsfaktor t versehen und gelangt so zum Gütemaß

$$J = \int_0^\infty t\,e^2(t)\,dt,$$

das man als *zeitbeschwerte quadratische Regelfläche* bezeichnet. Die Berechnungsformeln für sie sind komplizierter als für die quadratische Regelfläche. Noch schwieriger wird die Berechnung bei der *betragslinearen Regelfläche*

$$J = \int_0^\infty |e(t)|\,dt$$

sowie der *zeitbeschwerten betragslinearen Regelfläche*

$$J = \int_0^\infty t\,|e(t)|\,dt\,,$$

auch *ITAE-Kriterium (integral of time-multiplied absolute value of error)* genannt. Von Ausnahmefällen abgesehen, muss man hier von vornherein numerische Methoden benutzen. Für eine eingehende Behandlung dieser Gütemaße sei etwa auf [6.7] verwiesen.

Zur Bewertung der Parameteroptimierung ist zu sagen, dass es sich um ein begrifflich naheliegendes und grundsätzlich geradlinig durchführbares Verhalten handelt. Es ist aber recht formaler Natur und geht in keiner Weise auf besondere physikalische Eigenschaften des Systems ein. Es handelt sich um ein Gewand, das man (nahezu) jedem System überwerfen kann, das aber keinem so recht passt. Es liefert ein Optimum in dem angestrebten Sinn, aber man ist nicht sicher, ob die sich ergebenden Zeitvorgänge wirklich den Entwurfswünschen entsprechen. Immerhin kann man mit einem derartigen Entwurf kein großes Unglück anrichten, da er – im Unterschied zu manchen bestechenderen Synthesevorschlägen – parameterunempfindlich und wenig störanfällig ist. Das heißt: Wenn unvorhergesehene Störungen in den Regelkreis eingreifen oder wenn die Parameter der Strecke andere Werte haben, als beim Entwurf angenommen, bzw. im Laufe der Zeit schwanken, so wird sich das tatsächliche Verhalten des Regelkreises gegenüber dem berechneten nicht erheblich verschlechtern.

6.8.2 Das Betragsoptimum

Die Parameteroptimierung, wie sie im vorigen Abschnitt beschrieben wurde, ist zwar grundsätzlich schematisch anwendbar, führt aber im konkreten Fall normalerweise auf größere numerische Rechnungen. Was man sich wünscht, sind jedoch einfache mathematische Einstellvorschriften für die Reglerparameter, bei denen man mit wenig Rechenarbeit auskommt. Solche liefert das *Betragsoptimum* ([6.8], [6.9], [6.10]), das besonders im Bereich der elektrischen Regelung oft benutzt wird. Das Verfahren liefert eine günstige Einstellung der Reglerparameter, stellt jedoch seiner ursprünglichen Herleitung nach keine Optimierung im Sinne des vorigen Abschnitts dar. Von ***G. Papiernik*** wurde jedoch später gezeigt, dass sich das Verfahren in der Tat als eine Optimierung auffassen lässt [6.11], worauf wir hier jedoch nicht eingehen wollen.

Wir gehen wieder von dem Regelkreis in Bild 6-49 aus, wobei aber jetzt die Art der Führungsgröße keine Rolle spielt. Die Strecke (einschließlich Stelleinrichtung) sei ein reines Verzögerungssystem.[9] Ihre Übertragungsfunktion kann dann in der Form

$$F_o(s) = \frac{1}{a_0 + a_1 s + a_2 s^2 + \ldots} = \frac{1}{A(s)} \tag{6.83}$$

geschrieben werden, wenn man sich den Verstärkungsfaktor zum Regler geschlagen denkt. Dieser sei als PI- oder idealer PID-Regler angesetzt:

$$G_K(s) = \frac{r_0 + r_1 s + r_2 s^2}{2s} = \frac{R(s)}{2s}\,, \quad r_0 \neq 0\,, \tag{6.84}$$

wobei der Nennerfaktor 2 unwesentlich, aber für die Rechnung günstig ist. Der Führungsfrequenzgang ist dann durch

$$F_w = \frac{G_K F_o}{1 + G_K F_o} \quad \text{gegeben.}$$

Der Idealfall wird durch $F_w(j\omega) \equiv 1$ gekennzeichnet, da alsdann $X(j\omega) \equiv W(j\omega)$ und damit $s(t) \equiv w(t)$ sind. Aus $F_w(\omega) \equiv 1$ folgt $|F_w(j\omega)| \equiv 1$. Die Umkehrung gilt ebenfalls, wenn der Regelkreis ein Minimalphasensystem (Abschnitt 4.7) ist. Das ist sicher der Fall, wenn die Pole und die Nullstellen des geschlossenen Kreises links der j-Achse liegen, was wir voraussetzen dürfen. Der durch geeignete Wahl der Reglerparameter anzustrebende Idealzustand besteht also darin, nach Möglichkeit für alle ω die Identität

$$|F_w(j\omega)| = 1 \quad \text{zu erfüllen. Da}$$

$$F_w(j\omega) = \frac{G_K F_o}{1 + G_K F_o} = \frac{1}{1 + \dfrac{1}{G_K F_o}} = \frac{1}{1 + \dfrac{2j\omega A(j\omega)}{R(j\omega)}}\,, \text{ ist}$$

$$|F_w(j\omega)|^2 = F_w(j\omega) F_w(-j\omega) = \frac{1}{1 + 4\dfrac{Z(j\omega)}{R(j\omega)R(-j\omega)}}$$

mit

$$Z(j\omega) = \omega^2 A(j\omega)A(-j\omega) + \frac{1}{2} j\omega A(j\omega)R(-j\omega) - \\ - \frac{1}{2} j\omega A(-j\omega)R(j\omega)\,.$$

Soll $|F_w(j\omega)|^2$ identisch 1 sein, muss offensichtlich $Z(j\omega)$ identisch Null werden. Es muss also gelten:

9 In der Arbeit [6.11] wird das Verfahren auch auf den Fall ausgedehnt, dass die Strecke Zählerzeitkonstanten enthält.

$$\omega^2 A(j\omega)A(-j\omega)+\frac{1}{2}j\omega A(j\omega)R(-j\omega)-$$
$$-\frac{1}{2}j\omega A(-j\omega)R(j\omega)\equiv 0\,.$$

Mit

$$A(j\omega)=a_0+a_1(j\omega)+a_2(j\omega)^2+\ldots,$$
$$R(j\omega)=r_0+r_1(j\omega)+r_2(j\omega)^2$$

folgt daraus die Forderung

$$\begin{aligned}&(a_o{}^2-r_0a_1+r_1a_0)\omega^2+\\&+(-2a_0a_2+a_1{}^2+r_0a_3-r_1a_2+r_2a_1)\omega^4+\\&+(2a_0a_4-2a_1a_3+a_2{}^2-r_0a_5+r_1a_4-r_2a_3)\omega^6+\\&+(\ldots)\omega^8+\ldots=0\end{aligned} \tag{6.85}$$

für alle ω.

Es ist offensichtlich nicht möglich, diese Forderung streng zu erfüllen. Man befriedigt sie näherungsweise, indem man durch geeignete Wahl der Reglerparameter so viele Anfangsglieder wie möglich zu Null macht. Damit erreicht man immerhin, dass $|F_w(j\omega)|\approx 1$ in einer möglichst großen Umgebung von $\omega=0$, der Idealzustand also so gut wie möglich approximiert wird.

Wie viele Glieder des Polynoms (6.85) man zu Null machen kann, hängt von der Zahl der Reglerparameter ab. Beim PI-Regler verfügt man über die beiden Parameter r_0 und r_1 und kann demgemäß die Koeffizienten der Potenzen ω^2 und ω^4 zum Verschwinden bringen:

$$a_0{}^2-r_0a_1+r_1a_0=0\,,$$
$$-2a_0a_2+a_1{}^2+r_0a_3-r_1a_2+r_2a_1=0\,.$$

Mit $r_2=0$ erhält man daraus

$$\begin{aligned}r_0&=\frac{a_0(a_1{}^2-a_0a_2)}{a_1a_2-a_0a_3}\,,\\r_1&=\frac{a_1{}^3+a_0{}^2a_3-2a_0a_1a_2}{a_1a_2-a_0a_3}=\frac{a_1(a_1{}^2-a_0a_2)}{a_1a_2-a_0a_3}-a_0\,.\end{aligned} \tag{6.86}$$

Entsprechend erhält man durch Nullsetzen der drei ersten Koeffizienten in (6.85) die Parameter r_0, r_1 und r_2 des PID-Reglers. Das Ergebnis findet man in Tabelle 6-3.

Wir wollen nun das Verfahren des Betragsoptimums für eine Strecke mit einer überwiegenden Zeitkonstanten T_1 verwenden, was hier heißen soll, dass

$$T_1>>T_\Sigma=\sum_{\nu=2}^{n}T_\nu\,.$$

Aber auch dann, wenn diese Ungleichung nicht in der geforderten extremen Form erfüllt ist, wird man die nun herzuleitenden Formeln oft verwenden können. Es soll ein PI-Regler gewählt werden. Wegen $T_1>>T_\Sigma$ darf man

$$F_o(s)=\frac{K_S}{(1+T_1s)(1+T_2s)\ldots(1+T_ns)}$$

näherungsweise durch

$$F_o(s)=\frac{K_S}{(1+T_1s)(1+T_\Sigma s)}\,,\qquad T_\Sigma=\sum_{\nu=2}^{n}T_\nu\,,$$

ersetzen (siehe Abschnitt 6.5). Dann ist

$$F_o(s)=\frac{1}{\frac{1}{K_S}+\frac{1}{K_S}(T_1+T_\Sigma)s+\frac{1}{K_S}T_1T_\Sigma s^2}\,.$$

Vernachlässigt man T_Σ gegenüber T_1, so sind

$$a_0=\frac{1}{K_S}\,,\quad a_1=\frac{T_1}{K_S}\,,\quad a_2=\frac{T_1T_\Sigma}{K_S}\,,$$

also gemäß (6.86)

$$a_0(a_1{}^2-a_0a_2)=\frac{T_1}{K_S{}^3}(T_1-T_\Sigma)\approx\frac{T_1{}^2}{K_S{}^3}\,,$$

$$a_1{}^3+a_0{}^2a_3-2a_0a_1a_2=\frac{T_1{}^2}{K_S{}^3}(T_1-2T_\Sigma)\approx\frac{T_1{}^3}{K_S{}^3}\,,$$

$$a_1a_2-a_0a_3=\frac{T_1{}^2}{K_S{}^2}T_\Sigma$$

und damit

$$r_0=\frac{1}{K_ST_\Sigma}\,,\quad r_1=\frac{T_1}{K_ST_\Sigma}\,.$$

Die Übertragungsfunktion des PI-Reglers aufgrund des Betragsoptimums ist somit

$$G_K(s)=\frac{r_0+r_1s}{2s}=\frac{1}{2K_ST_\Sigma}\frac{1+T_1s}{s}\,. \tag{6.87}$$

Was die Zählerzeitkonstante T_R des Reglers betrifft, so gelangt man zu dem früheren Vorschlag, T_R gleich der überwiegenden Streckenzeitkonstante zu wählen – ein Vorschlag, der aufgrund einfacherer Erwägungen naheliegt. Neu ist jedoch die Einstellregel für V:

$$V=K_RK_S=\frac{1}{2T_\Sigma}\,. \tag{6.88}$$

Um dieses Resultat an einem konkreten Beispiel zu überprüfen, betrachten wir wieder die Regelstrecke aus 6-25. Für sie ist

$$T_1 = 0{,}53\,\text{sec}\,, \quad T_\Sigma = T_2 + T_3 = 0{,}06\,\text{sec}\,.$$

Wir dürfen deshalb die Ungleichung $T_1 >> T_\Sigma$ als genügend erfüllt ansehen. Wegen (6.88) ist

$$V = \frac{1}{0{,}12} = 8{,}33\,\text{sec}^{-1}\,.$$

Man erhält somit – und das darf als typisch gelten – bei der Verwendung des Betragsoptimums eine erheblich besser gedämpfte Sprungantwort als bei der Benutzung der quadratischen Regelfläche. Der Zeitverlauf für $V = 10$ in Bild 6-26 gibt das Verhalten nahezu wieder. Es liegt ein sehr gutes Übergangsverhalten vor. In Tabelle 6-3 sind die sich aus dem Verfahren des Betragsoptimums ergebenden Einstellregeln für die häufigsten Anwendungsfälle zusammengestellt. Wie man sieht, ist es ein sehr handliches Verfahren. In der vorliegenden Form ist es auf Verzögerungssysteme beschränkt. Bei nichtreellen Streckenpolen können Stabilitätsschwierigkeiten auftreten. Das zeigt schon ein einfaches Beispiel:

$$F_o(s) = \frac{1}{1 + 2d\,Ts + T^2 s^2}\,, \quad G_K(s) = \frac{r_0 + r_1 s}{2s}\,.$$

Gemäß (6.86) ist

$$r_0 = \frac{(2d\,T)^2 - T^2}{2d\,T \cdot T^2 - 1 \cdot 0} = \frac{4d^2 - 1}{2d}\,\frac{1}{T}\,.$$

Daher ist $r_0 < 0$ für $d < \frac{1}{2}$. Die charakteristische Gleichung $F_o(s)G_K(s) + 1 = 0$ des Regelkreises lautet hier:

$$r_0 + r_1 s + 2s(1 + 2d\,Ts + T^2 s^2) = 0\,.$$

Da der Koeffizient $r_0 < 0$, ist der Regelkreis gemäß (3.103) instabil.

Zusammenfassend darf man sagen, dass die Anwendung des Betragsoptimums ein gutes Zeitverhalten des Regelkreises liefert, sofern die Strecke Verzögerungsverhalten aufweist und die Pole reell oder, wenn konjugiert komplex, hinreichend gedämpft sind. Aufgrund seiner vom Führungsfrequenzgang ausgehenden Herleitung zielt das Betragsoptimum primär auf gutes Führungsverhalten.

6.8.3 Das symmetrische Optimum

Mit der Methode des Betragsoptimums ist ein weiteres Verfahren zur Gewinnung von Einstellregeln für die Reglerparameter nahe verwandt, das unter der Bezeichnung *symmetrisches Optimum* läuft. Es wurde von ***C. Kessler*** 1958 angegeben und ist in der Praxis, vor allem der Antriebstechnik, recht verbreitet, da die aus ihm resultierenden Formeln noch einfacher sind als die aus dem Betragsoptimum folgenden ([6.12], [6.13], [6.14]). Ihre Herleitung ist weniger zwangsläufig und an mehr Annahmen gebunden als beim Betragsoptimum, doch haben sich die Formeln in der Praxis bewährt.

Die Strecke wird als ein Verzögerungssystem mit reellen Polen vorausgesetzt. Die wesentliche zusätzliche Annahme gegenüber dem Betragsoptimum besteht darin, dass die Zeitkonstanten in eine Gruppe *großer Zeitkonstanten* $T_1, \ldots, T_n$ und eine Gruppe *kleiner Zeitkonstanten* $\tau_1, \ldots \tau_m$ zerfallen, wobei

$$T_1, \ldots, T_n >> \sum_{\mu=1}^{m} \tau_\mu \tag{6.89}$$

gelten soll. Es ist also

$$F_o(j\omega) = \frac{K_S}{\prod_{\nu=1}^{n}(1 + T_\nu j\omega)\prod_{\mu=1}^{m}(1 + \tau_\mu j\omega)}\,. \tag{6.90}$$

Der Regler wird in der Form

$$G_K(j\omega) = \frac{K_R}{j\omega}(1 + T_R j\omega)^n \tag{6.91}$$

angesetzt. Dabei ist also der Zählergrad n gleich der Zahl der größten Zeitkonstanten. In dieser idealen Form wird man vielfach nur den Fall $n = 1$ (PI-Regler) verwirklichen können. Für $n > 1$ muss man Nennerfaktoren der Art $1 + \tau_\mu j\omega$ hinzufügen, wobei man die τ_μ dann zu den kleinen Zeitkonstanten zu schlagen hat. Falls sie wirklich klein sind, wird man jedoch $n = 2$ oder allenfalls $n = 3$ im Hinblick auf die Störwelligkeit im Allgemeinen kaum überschreiten können.

Man geht nun davon aus, dass die Betragskennlinie des korrigierten offenen Kreises bei geeigneter Wahl des Reglers eine Durchtrittsfrequenz ω_D hat, die eine Mittellage zwischen den niedrigen Knickfrequenzen $1/T_\nu$ der großen Zeitkonstanten und den hohen Knickfrequenzen $1/\tau_\mu$ der kleinen Zeitkonstanten einnimmt – sicherlich eine vernünftige Annahme zur Synthese des Regelkreises. Der Frequenzgang $F_K(j\omega)$ weist dann eine gewisse Symmetrie zur Durchtrittsfrequenz auf, was dem Verfahren den Namen verliehen hat. Für das dynamische Verhalten des Regelkreises ist die Gestalt der Frequenzkennlinien in der Umgebung der Durchtrittsfrequenz ω_D maßgebend. Da die Knickfrequenzen $1/T_\nu$ der großen Zeitkonstanten erheblich links von ω_D liegen, kann man die zu ihnen

Strecke $F_o(s)$	**Regler $G_K(s)$**	**Einstellregeln**
$\dfrac{1}{a_0+a_1s+a_2s^2+\ldots}$	PI $\dfrac{r_0+r_1s}{2s}$	$r_0=a_0\dfrac{a_1^2-a_0a_2}{a_1a_2-a_0a_3}, \quad r_1=a_1\dfrac{a_1^2-a_0a_2}{a_1a_2-a_0a_3}-a_0$
$\dfrac{1}{a_0+a_1s+a_2s^2+\ldots}$	PID $\dfrac{r_0+r_1s+r_2s^2}{2s}$	$r_0=\dfrac{1}{D}\begin{vmatrix} a_0^2 & -a_0 & 0 \\ -a_1^2+2a_0a_2 & -a_2 & a_1 \\ a_2^2+2a_0a_4-2a_1a_3 & -a_4 & a_3 \end{vmatrix}$ $r_1=\dfrac{1}{D}\begin{vmatrix} a_1 & a_0^2 & 0 \\ a_3 & -a_1^2+2a_0a_2 & a_1 \\ a_5 & a_2^2+2a_0a_4-2a_1a_3 & a_3 \end{vmatrix}$ $r_2=\dfrac{1}{D}\begin{vmatrix} a_1 & -a_0 & a_0^2 \\ a_3 & -a_2 & -a_1^2+2a_0a_2 \\ a_5 & -a_4 & a_2^2+2a_0a_4-2a_1a_3 \end{vmatrix}$ $D=\begin{vmatrix} a_1 & -a_0 & 0 \\ a_3 & -a_2 & a_1 \\ a_5 & -a_4 & a_3 \end{vmatrix}$
$\dfrac{K_S}{\prod\limits_{\nu=1}^{n}(1+T_\nu s)}$ $T_1 >> T_\Sigma=\sum\limits_{\nu=2}^{n} T_\nu$	PI $K_R\dfrac{1+T_Rs}{s}$	$K_R=\dfrac{1}{2K_ST_\Sigma}, \quad T_R=T_1$
$\dfrac{K_S}{\prod\limits_{\nu=1}^{n}(1+T_\nu s)}$ $T_1,\, T_2 >> T_\Sigma=\sum\limits_{\nu=3}^{n} T_\nu$ 2 große Zeitkonstanten	PI $K_R\dfrac{1+T_Rs}{s}$	$K_R=\dfrac{1}{2K_S}\,\dfrac{T_1^2+T_1T_2+T_2^2}{(T_1+T_2)T_1T_2}$ $T_R=\dfrac{(T_1^2+T_2^2)(T_1+T_2)}{T_1^2+T_1T_2+T_2^2}$
	PID $K_R\dfrac{(1+T_{R1}s)(1+T_{R2}s)}{s}$	$K_R=\dfrac{1}{2K_ST_\Sigma}, \quad T_{R1}=T_1, \quad T_{R2}=T_2$

Tabelle 6-3: Einstellregeln zum Betragsoptimum

gehörenden einzelnen Betragskennlinien in der Umgebung von ω_D durch die mit 20 dB/Dekade fallenden Geradenstücke annähern. Der Faktor

$$\frac{1}{1+T_v j\omega} \quad \text{wird also durch den Faktor} \quad \frac{1}{T_v j\omega}$$

ersetzt. Was die kleinen Zeitkonstanten betrifft, die rechts von ω_D gelegen sind, so wird man ihren Einfluss in der Umgebung von ω_D genügend berücksichtigen, wenn man sie durch die Summenzeitkonstante

$$T_\Sigma = \sum_{\mu=1}^{m} \tau_\mu$$

ersetzt. Damit folgt aus (6.90), dass im mittleren ω-Bereich näherungsweise

$$F_o(j\omega) = \frac{K_S}{\prod_{v=1}^{n} T_v (j\omega)^n (1+T_\Sigma j\omega)} \tag{6.92}$$

ist.

Zur Vereinfachung der Schreibweise wollen wir nun vorübergehend $j\omega$ mit s bezeichnen. Dann ist unter obigen Voraussetzungen

$$F_K(s) = G_K(s) F_o(s) = \frac{K_R K_S}{T_1 T_2 \cdots T_n} \frac{1}{s} \left[\frac{1+T_R s}{s}\right]^n \cdot \frac{1}{1+T_\Sigma s}.$$

Durch Erweitern mit T_R^n wird

$$F_K(s) = \frac{K_R K_S T_R^n}{T_1 T_2 \cdots T_n} \frac{1}{s} \left[\frac{1+T_R s}{T_R s}\right]^n \frac{1}{1+T_\Sigma s}. \tag{6.93}$$

Da $(1+x)^n \approx 1+nx$ für genügend kleine x, darf man näherungsweise

$$\left[\frac{1+T_R s}{T_R s}\right]^n = \left[1+\frac{1}{T_R s}\right]^n = 1+n\frac{1}{T_R s} = \frac{1+\frac{T_R}{n}s}{\frac{T_R}{n}s}$$

setzen. Dadurch wird aus (6.93)

$$F_K(s) = \frac{1+\frac{T_R}{n}s}{T_P s \cdot \frac{T_R}{n} s \cdot (1+T_\Sigma s)} = \frac{1+\frac{T_R}{n}s}{\frac{T_P T_R}{n}s^2 + \frac{T_P T_R T_\Sigma}{n}s^3}, \tag{6.94}$$

wobei abkürzend

$$T_P = \frac{T_1 T_2 \cdots T_n}{K_R K_S T_R^n} \tag{6.95}$$

gesetzt ist. Ersetzt man nun wieder s durch $j\omega$, so erhält man aus (6.94) für den Führungsfrequenzgang:

$$F_w(j\omega) = \frac{F_K(j\omega)}{1+F_K(j\omega)} = \frac{1+\frac{T_R}{n}j\omega}{1+\frac{T_R}{n}j\omega + \frac{T_P T_R}{n}(j\omega)^2 + \frac{T_P T_R T_\Sigma}{n}(j\omega)^3} = \frac{1+\frac{T_R}{n}j\omega}{N(j\omega)}. \tag{6.96}$$

Die weitere Betrachtung verläuft ähnlich wie beim Betragsoptimum. Durch geeignete Wahl der Reglerparameter sollen in einer möglichst großen Umgebung von $\omega = 0$ $F_w(j\omega) = 1$ bzw. die Betragskennlinie $|F_w|_{\text{dB}}$ konstant bei Null gehalten werden. Dem wirkt vor allem die absenkende Tendenz der Nennerzeitkonstanten entgegen. Man wird deshalb versuchen, in einer möglichst großen Umgebung von $\omega = 0$ $|N(j\omega)| = 1$ zu machen. Wegen (6.96) führt dies zu der Forderung

$$N(j\omega)N(-j\omega) = 1+\frac{T_R}{n}\left[\frac{T_R}{n} - 2T_P\right]\omega^2 + \frac{{T_R}^2 T_P}{n^2}(-2T_\Sigma + T_P)\omega^4 + \ldots \overset{!}{=} 1.$$

Sie wird so gut wie möglich dadurch erfüllt, dass die Koeffizienten der ersten ω-Potenzen durch geeignete Wahl der Reglerparameter zu Null gemacht werden:

$$\frac{T_R}{n} - 2T_P = 0, \tag{6.97}$$

$$-2T_\Sigma + T_P = 0. \tag{6.98}$$

Aus (6.98) folgt

$$T_P = 2T_\Sigma \tag{6.99}$$

und damit aus (6.97)

$$T_R = 2n T_P = 4n T_\Sigma. \tag{6.100}$$

Den zweiten Reglerparameter K_R bestimmt man nun aus (6.95):

$$K_R = \frac{1}{K_S} \frac{T_1 T_2 \cdots T_n}{{T_R}^n} \frac{1}{T_P},$$

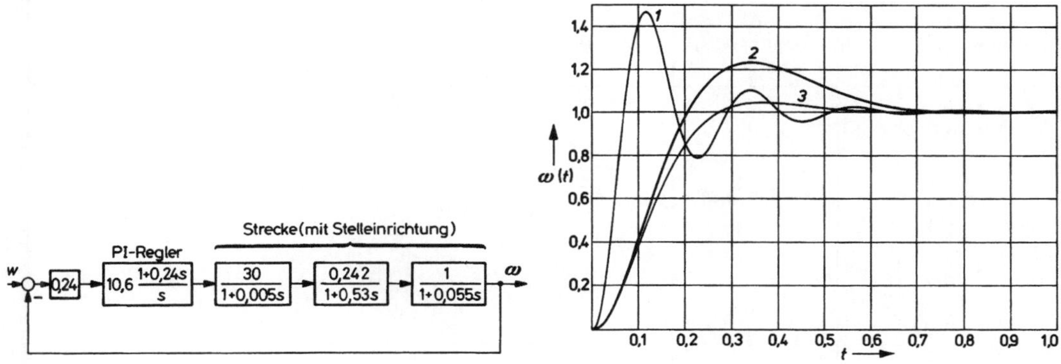

Bild 6-53: Beispiel zum symmetrischen Optimum: Regelkreis und Sprungantwort (Kurve 2) sowie Vergleich der verschiedenen Korrekturergebnisse:
1 quadratische Regelfläche
2 symmetrisches Optimum
3 Betragsoptimum

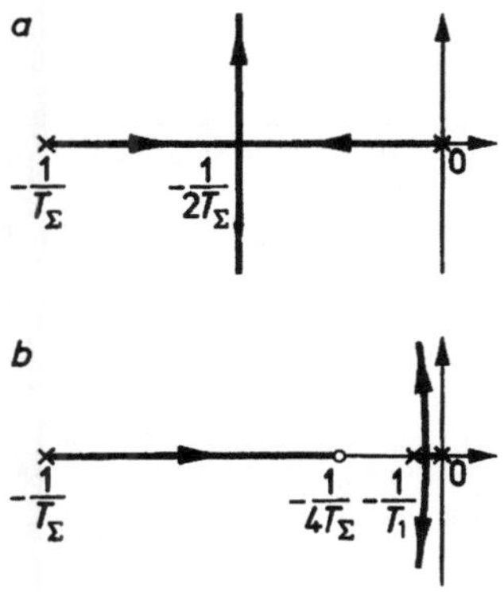

Bild 6-54: Wurzelortskurve des korrigierten Kreises
a nach dem Betragsoptimum
b nach dem symmetrischen Optimum
(Bild ist nicht maßstäblich richtig)

also wegen (6.99) und (6.100)

$$K_R = \frac{1}{2K_S T_\Sigma} \frac{T_1 T_2 \cdots T_n}{(4n T_\Sigma)^n} . \qquad (6.101)$$

Dieses Ergebnis samt den beiden wichtigsten Sonderfällen ist in Tabelle 6-4 festgehalten. Bei dem so entworfenen Regler werden also keine Streckenzeitkonstanten kompensiert.

Wendet man das Verfahren des symmetrischen Optimums auf die Drehzahlregelstrecke in Bild 6-25 an, so darf man die Zeitkonstante $T_1 = 0,53$ sec als große Zeitkonstante gegenüber $T_2 = 0,055$ sec und $T_3 = 0,005$ sec ansehen. Gemäß Tabelle 6-4 erhält man wegen $K_S = 1,74$ für die Parameter des PI-Reglers

$$K_R = \frac{0,53}{8 \cdot 1,74 \cdot 0,06^2} = 10,6\,\text{sec}^{-1},$$

$$T_R = 4 \cdot 0,06 = 0,24\,\text{sec}.$$

Den so erhaltenen Regelkreis samt der zugehörigen Sprungantwort zeigt Bild 6-53. Zum Vergleich sind im selben Bild die Einschwingvorgänge der Regelkreise aufgezeichnet, die nach der quadratischen Regelfläche (Kurve 1) und nach dem Betragsoptimum (Kurve 3) entworfen wurden.

Wie man sieht, ist der Einschwingvorgang beim symmetrischen Optimum schwächer gedämpft als beim Betragsoptimum. Das ist kein Zufall; vielmehr ist allgemein bei der Reglerauslegung nach dem symmetrischen Optimum eine geringere Dämpfung zu erwarten als bei der Benutzung des Betragsoptimums. Davon kann man sich bereits durch eine überschlägige Betrachtung mittels des Wurzelortsverfahrens überzeugen.

Betrachten wir eine typische Konfiguration:

$$F_o(s) = \frac{K_S}{(1+T_1 s)(1+T_\Sigma s)}, \qquad T_1 >> T_\Sigma,$$

$$G_K(s) = \frac{1}{2K_S T_\Sigma} \frac{1+T_1 s}{s} \quad \text{beim Betragsoptimum},$$

$$G_K(s) = \frac{T_1}{8K_S T_\Sigma^2} \frac{1+4T_\Sigma s}{s}$$

beim symmetrischen Optimum.

Infolgedessen ist die Übertragungsfunktion des korrigierten offenen Kreises

Strecke $F_o(s)$	Regler $G_K(s)$	Einstellregeln
Allgemeiner Fall $\frac{K_S}{\prod_{\nu=1}^{n}(1+T_\nu s)\prod_{\mu=1}^{m}(1+\tau_\mu s)}$ $T_1,\ldots,T_n >> T_\Sigma = \sum_{\mu=1}^{m}\tau_\mu$	$\frac{K_R}{s}(1+T_R s)^n$	$K_R = \frac{1}{2K_S T_\Sigma}\,\frac{T_1 T_2 \cdots T_n}{(4n T_\Sigma)^n}, \quad T_R = 4n T_\Sigma$
1 große Zeitkonstante $\frac{K_S}{(1+T_1 s)\prod_{\mu=1}^{m}(1+\tau_\mu s)}$ $T_1 >> T_\Sigma = \sum_{\mu=1}^{m}\tau_\mu$	PI-Regler $\frac{K_R}{s}(1+T_R s)$	$K_R = \frac{T_1}{8K_S T_\Sigma^2}, \quad T_R = 4T_\Sigma$
2 große Zeitkonstanten $\frac{K_S}{\prod_{\nu=1}^{2}(1+T_\nu s)\prod_{\mu=1}^{m}(1+\tau_\mu s)}$ $T_1,\, T_2 >> T_\Sigma = \sum_{\mu=1}^{m}\tau_\mu$	PID-Regler $\frac{K_R}{s}(1+T_R s)^2$	$K_R = \frac{T_1 T_2}{128 K_S T_\Sigma^3}, \quad T_R = 8T_\Sigma$

Tabelle 6-4: Einstellregeln zum symmetrischen Optimum

$$F_K(s) = \frac{1}{2T_\Sigma}\,\frac{1}{s(1+T_\Sigma s)} \quad \text{beim Betragsoptimum,}$$

$$F_K(s) = \frac{T_1}{8{T_\Sigma}^2}\,\frac{1+4T_\Sigma s}{s(1+T_1 s)(1+T_\Sigma s)}$$

beim symmetrischen Optimum.

Im Falle des Betragsoptimums erhält man die Wurzelortskurve in Bild 6-54a, wobei $-1/T_\Sigma$ in Wirklichkeit sehr weit links von der j-Achse liegt. Um zur Wurzelortskurve im Fall des symmetrischen Optimums zu gelangen, hat man den nahe bei Null gelegenen Pol $-1/T_1$ und die weit links gelegene Nullstelle $-1/(4T_\Sigma)$ einzufügen (Bild 6-54b). Man sieht, wie der senkrecht auf der reellen Achse stehende Wurzelortsast durch diese Einfügung kräftig nach rechts verschoben (und etwas zurückgekrümmt) wird. Das wird zu einer Rechtsverlagerung des dominanten Polpaars des geschlossenen Kreises und damit zu einem weniger gedämpften, aber schnelleren Einschwingvorgang führen.

Deshalb wird man die Einstellung nach dem symmetrischen Optimum der Einstellung nach dem Betragsoptimum vorziehen, wenn es nur um die Ausregelung der Störgröße geht, da man hierbei häufig geringere Dämpfung in Kauf nehmen kann (Abschnitt 6.2). Im Rahmen einer Zwei-Freiheitsgrade-Regelung, bei der das Störverhalten im Wesentlichen durch den Regler und das Führungsverhalten durch die Steuereinrichtung festgelegt wird (Abschnitt 1.4), empfiehlt sich daher zur Reglerauslegung das symmetrische Optimum, während das Betragsoptimum eher zur Auslegung der Steuereinrichtung geeignet ist (sofern diese ähnlich zu Bild 9-5 als geregeltes Streckenmodell realisiert wird).

6.8.4 Einstellregeln nach Ziegler und Nichols

Verfahrenstechnische Regelstrecken (Druck-, Durchfluss-, Füllstand-, Temperaturregelstrecken) werden in vielen Fällen mit guter Näherung durch eine Reihenschaltung von Verzögerungsgliedern bzw. eines Verzögerungsglieds 1. Ordnung und eines Totzeitglieds beschrieben (Bild 2-53). Für Strecken dieser Art wurden auf empirischer Grundlage, zum Teil durch Nachbildung der Systeme am Analogrechner oder an Modellregelkreisen, viele Einstellregeln für die Reglerparameter entwickelt. Eine Zusammenstellung solcher Untersuchungen findet man in [6.15], S. 467-471. Die ersten derartigen Einstellregeln stammen von ***J. G. Ziegler*** und ***N. B. Nichols*** und werden bis heute in der verfahrenstechnischen Praxis benutzt [6.16].

Um sie zu formulieren, muss man zunächst eine bisher noch nicht benötigte *Darstellung des idealen PID-Reglers* einführen, die in Verfahrenstechnik und Maschinenbau vielfach benutzt wird. Dazu gehen wir von (6.44) aus, schreiben aber statt des Frequenzgangs die Übertragungsfunktion:

$$G_K(s) = \frac{K_R}{s} + K_R(T_{R1} + T_{R2}) + K_R T_{R1} T_{R2} s\,.$$

Daraus folgt

$$G_K(s) = k_R \left[1 + \frac{1}{T_n s} + T_v s\right] \qquad (6.102)$$

mit

$$k_R = K_R(T_{R1} + T_{R2}), \qquad T_n = T_{R1} + T_{R2}\,,$$
$$T_v = \frac{T_{R1} T_{R2}}{T_{R1} + T_{R2}}\,. \qquad (6.103)$$

k_R heißt *Übertragungsbeiwert*, T_n *Nachstellzeit* und T_v *Vorhaltzeit* des Reglers.

Im Zeitbereich wird aus der Reglergleichung

$$U(s) = G_K(s)E(s) \quad \text{bzw.}$$
$$U(s) = k_R E(s) + \frac{k_R}{T_n}\frac{1}{s}E(s) + k_R T_v s E(s)$$

die Beziehung

$$u(t) = k_R\, e(t) + \frac{k_R}{T_n}\int_0^t e(\tau)\,d\tau + k_R T_v\, \dot{e}(t)\,. \qquad (6.104)$$

Für das Folgende seien diese drei Summanden als P-Anteil $u_P(t)$, I-Anteil $u_I(t)$ und D-Anteil $u_D(t)$ bezeichnet. Schaltet man

$$e = \sigma(t)$$

auf, so wird der I-Anteil

$$u_I(t) = \frac{k_R}{T_n}\,t\,.$$

Für $t = T_n$ nimmt er den Wert k_R an – einen Wert, auf den der P-Anteil $u_P = k_R\sigma(t)$ sofort springt. Daher rührt die Benennung „Nachstellzeit“ (Bild 6-55a).

Schaltet man zum Zeitpunkt $t = 0$ die Rampenfunktion $e = t$ auf, so wird der D-Anteil $u_D(t) = k_R T_v$, hat also sofort den Wert $k_R T_v$, den der P-Anteil $u_P(t) = k_R t$ erst zum Zeitpunkt $t = T_v$ erreicht. Deshalb wurde die Benennung „Vorhaltzeit“ gewählt (Bild 6-55b).

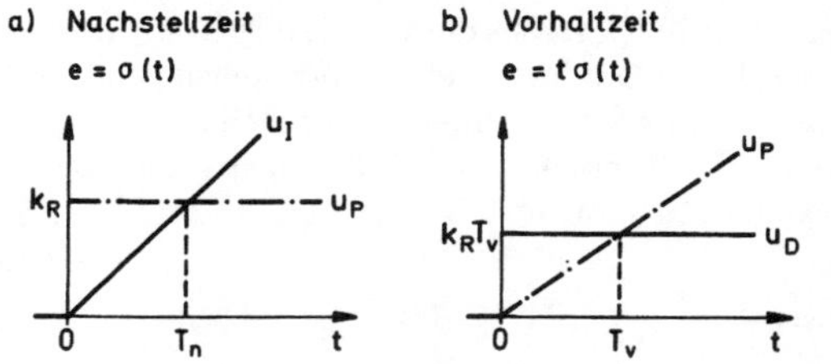

Bild 6-55: Veranschaulichung der Begriffe „Nachstellzeit“ und „Vorhaltzeit“

Nun zurück zu den Einstellregeln von Ziegler und Nichols! Bei ihnen braucht man den genaueren Aufbau der Strecke nicht zu kennen. Man geht davon aus, dass man mit dem realen System experimentieren kann, und nimmt dann folgende Schritte vor:

1. Man schaltet den Regler in Reihe zur Strecke und stellt ihn zunächst lediglich als P-Regler ein:

   $$G_K(s) = k_R\,.$$

2. Man vergrößert k_R so weit, bis der geschlossene Kreis eine Dauerschwingung ausführt, also an der Stabilitätsgrenze angekommen ist. Der zugehörige Wert von k_R sei k_{Rk}.

3. Man misst die Schwingungsdauer T_k dieser Dauerschwingung.

4. Man wählt für den PI-Regler mit der Übertragungsfunktion

   $$G_K(s) = k_R\left[1 + \frac{1}{T_n s}\right]$$

   die Parameterwerte

   $$k_R = 0{,}45\, k_{Rk}\,; \quad T_n = 0{,}85\, T_k\,. \qquad (6.105)$$

   Für den PID-Regler mit der Übertragungsfunktion

   $$G_K(s) = k_R\left[1 + \frac{1}{T_n s} + T_v s\right]$$

   lauten die empfohlenen Parameterwerte:

   $$k_R = 0{,}6\, k_{Rk}\,; \quad T_n = 0{,}5\, T_k\,; \quad T_v = 0{,}12\, T_k\,. \qquad (6.106)$$

Diese Einstellregeln sind aber nur für den genannten verhältnismäßig langsamen Streckentyp zu empfehlen; sie gelten für das Störverhalten und lassen einen mäßig gedämpften, nicht allzu langsam abklingenden Einschwingvorgang des Regelkreises erwarten.

Es wird häufig nicht möglich sein, die Reglerverstärkung k_R in der realen Anlage so weit zu erhöhen, dass der geschlossene Kreis eine Dauerschwingung ausführt, da dies zu aufwendig ist und die Anlage zu sehr beansprucht wird. Falls die Strecke durch ein Verzögerungsglied 1. Ordnung und ein Totzeitglied genügend angenähert wird, kann man die für die Einstellung erforderlichen Werte k_{Rk} und T_k aber auch ohne Schwierigkeit berechnen. Aus

$$F_o(s) = \frac{K_S}{1+Ts}\,\mathrm{e}^{-T_t s}, \quad G_K(s) = k_R \quad \text{folgt}$$
$$F_K(s) = \frac{V}{1+Ts}\,\mathrm{e}^{-T_t s}, \quad V = k_R K_S\,.$$

Der Zustand der Dauerschwingung ist dadurch gekennzeichnet, dass die charakteristische Gleichung $F_K(s)+1=0$ ein Nullstellenpaar auf der j-Achse hat, also ein ω mit $F_K(j\omega)+1=0$ existiert. Im vorliegenden Fall führt dies auf die Gleichung

$$V\mathrm{e}^{-T_t j\omega} + 1 + Tj\omega = 0 \quad \text{oder}$$
$$V[\cos(T_t\omega) - j\sin(T_t\omega)] + 1 + Tj\omega = 0\,.$$

Da Real- und Imaginärteil einzeln Null sein müssen, folgt daraus weiter

$$V\cos(T_t\omega) = -1\,, \tag{6.107a}$$
$$V\sin(T_t\omega) = T\omega\,. \tag{6.107b}$$

Dies sind zwei Gleichungen zur Bestimmung von ω und V, wobei V derjenige Wert der Kreisverstärkung ist, für den $\pm j\omega$ eine Lösung der charakteristischen Gleichung darstellt. Aus (6.107) folgt einerseits durch Dividieren

$$\tan(T_t\omega) = -T\omega\,, \tag{6.108}$$

andererseits durch Quadrieren und Addieren

$$V^2 = 1 + T^2\omega^2\,. \tag{6.109}$$

Setzt man in (6.108) $T_t\omega = \Omega$, also $\omega = \dfrac{\Omega}{T_t}$, ein, so entsteht die Gleichung

$$\tan\Omega = -\frac{T}{T_t}\Omega\,. \tag{6.110}$$

Diese transzendente Gleichung kann man zwar nicht formelmäßig, aber für jeden festen Wert T/T_t leicht numerisch oder graphisch lösen (Bild 6-56). Von den unendlich vielen positiven Lösungen ist nur die kleinste Lösung Ω_k von Interesse, da sie gemäß (6.109) den V-Wert liefert, durch den die Stabilitätsgrenze bestimmt ist:

$$V_k = \sqrt{1 + \left[\frac{T}{T_t}\Omega_k\right]^2}\,. \tag{6.111}$$

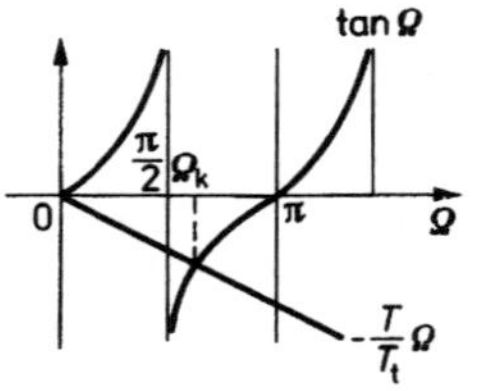

Bild 6-56: Zur Lösung der Gleichung $\tan\Omega = -\dfrac{T}{T_t}\Omega$

Dann ist schließlich

$$k_{Rk} = \frac{V_k}{K_S}\,. \tag{6.112}$$

Weiterhin ist

$$T_k = \frac{2\pi}{\omega_k} = 2\pi\frac{T_t}{\Omega_k}\,.$$

Zwei Grenzfälle kann man allgemein erledigen. Ist $T_t >> T$, so liest man aus Bild 6-56 ab, dass $\Omega_k \approx \pi$ ist.

Damit ergibt sich für die Periode der Dauerschwingung

$$T_k = \frac{2\pi}{\omega_k} = 2\pi\frac{T_t}{\Omega_k} \approx 2\,T_t\,. \tag{6.113}$$

Da $\sqrt{1+x^2} \approx 1 + \dfrac{1}{2}x^2$ für kleines x, erhält man aus (6.111)

$$V_k \approx 1 + \frac{1}{2}\left[\frac{T}{T_t}\Omega_k\right]^2 = 1 + 2\pi^2\left[\frac{T}{T_t}\right]^2\,. \tag{6.114}$$

Ist umgekehrt $T_t << T$, so folgt aus Bild 6-56 $\Omega_k \approx \dfrac{\pi}{2}$ und damit

$$T_k = 2\pi\frac{T_t}{\Omega_k} = 4\,T_t\,. \tag{6.115}$$

Da jetzt $x = \dfrac{T}{T_t}\Omega_k \approx \dfrac{T}{T_t}\dfrac{\pi}{2} >> 1$, sind näherungsweise $\sqrt{1+x^2} = x$ und somit

$$V_k \approx \frac{\pi}{2}\frac{T}{T_t}\,. \tag{6.116}$$

6.9 Kompensationsregler

Die Erfüllung *quantitativer* dynamischer Forderungen in Gestalt von Ungleichungen für bestimmte Kenndaten der Führungssprungantwort ist verständlicherweise komplizierter als die Erfüllung der Grundforderungen und der qualitativen Forderungen I bis IV und auch schwieriger als die in Abschnitt 6.8 beschriebene Parameterwahl, die auf die Erfüllung dieser Forderung abzielt. Mit dem Wurzelortsverfahren ist, wie in Abschnitt 6.7 gezeigt, die Erfüllung solcher quantitativen Forderungen möglich, wird aber recht aufwendig, wenn es um Strecken höherer Ordnung geht. Von ***W. Weber*** ([6.17, 6.18]) wurde ein einfach zu handhabendes Verfahren angegeben, um solche Forderungen zu erfüllen. Es beruht auf einer realisierbaren Kompensation des Streckenverhaltens und zielt darauf ab, vorgegebene Ungleichungen für die Kenndaten der Führungssprungantwort $h_w(t)$ einzuhalten.

Das Verfahren gilt für eine Regelstrecke mit rationaler Übertragungsfunktion und läuft in zwei Schritten ab:

Schritt 1: Aus den vorgegebenen Ungleichungen für die Kenndaten von $h_w(t)$ wird die erforderliche Führungsübertragungsfunktion $F_w(s)$ hergeleitet.

Schritt 2: Aus $F_w(s)$ und der gegebenen Strecke $F_o(s)$ (zu der die Stell- und die Messeinrichtung hinzuzurechnen sind) wird der Regler $G_K(s)$ bestimmt.

Wie die beiden Schritte durchzuführen sind, sei an einer typischen Problemstellung gezeigt: Es ist verlangt, dass $h_w(t)$ aperiodisch verlaufe und die Zeit $t_ü$ bis zum endgültigen Eintritt in den 5 %-Streifen um den Endwert 1 höchstens gleich einer vorgegebenen Zahl $t_{ü0}$ sei.

Zunächst erhebt sich also die Frage: Wie kann man $F_w(s)$ wählen, damit $h_w(t)$ aperiodisch verläuft? Eine solche Sprungantwort entsteht gewiss, wenn

$$F_w(s) = \frac{1}{N_w(s)} = \frac{1}{\left[1+\dfrac{s}{D}\right]^r}, \; r = 1,2,\ldots, \text{ und } D > 0 \tag{6.117}$$

ist, wobei im Übrigen r und D nicht festgelegt sind. $F_w(s)$ hat dann in $s = -D$ einen r-fachen reellen Pol. Diese Situation ist in Bild 6-57, links, skizziert. Für $r = 1$ handelt es sich um ein P-T_1-Glied, so dass

$$h_w(t) = 1 - e^{-Dt}.$$

Für $r > 1$ ist entsprechend

$$h_w(t) = 1 - e^{-Dt} p_{r-1}(Dt), \tag{6.118}$$

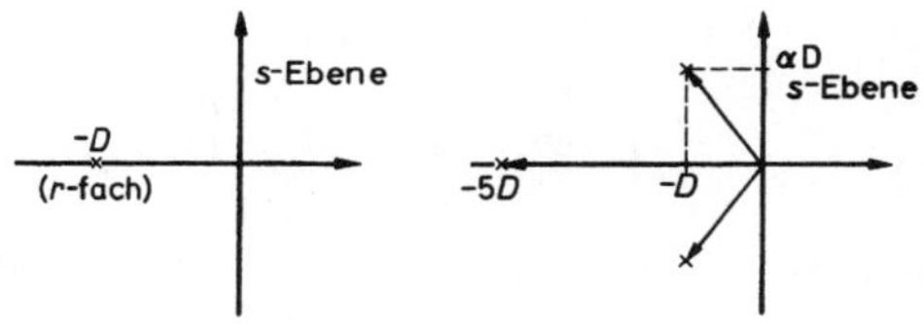

Bild 6-57: Polkonfiguration zu den Zeitfunktionen in den Bildern 6-58 und 6-59

$$\text{links: } F_w(s) = \frac{1}{\left[1+\dfrac{s}{D}\right]^r}, \; r = 1,2,\ldots$$

$$\text{rechts: } F_w(s) = \frac{(1+\alpha^2)D^2}{\left[1+\dfrac{s}{5D}\right]^k [(s+D)^2 + \alpha^2 D^2]},$$

$k = 0,1,\ldots;\ \alpha > 0.$

wobei $p_{r-1}(Dt)$ ein Polynom vom Grad $r-1$ in Dt ist. Stellt man die Sprungantworten (6.118) über der normierten Zeit Dt dar, so erhält man Bild 6-58.

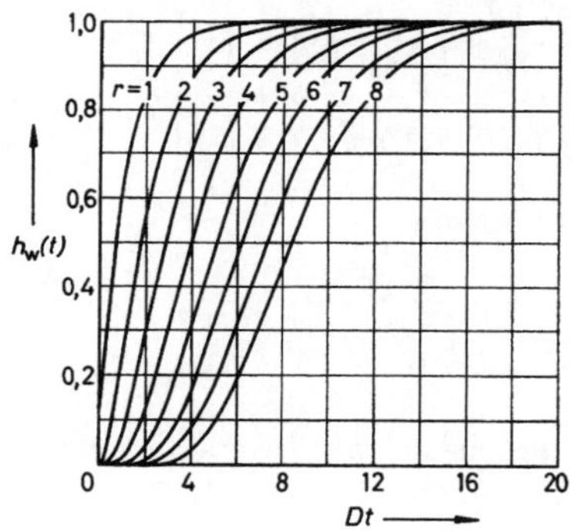

Bild 6-58: Sprungantworten zu $F_w(s) = \dfrac{1}{\left[1+\dfrac{s}{D}\right]^r}$

Jetzt kann man auch die Forderung $t_ü \le t_{ü0}$ erfüllen, und zwar *bei beliebig anderweitig vorgegebenem* $r = \text{Grad}\, N_w$. Es sei etwa $r = 3$, und es soll $t_ü \le 10$ sein. Aus Bild 6-58 liest man für $r = 3$ $Dt_ü = 7$, also $t_ü = 7/D$ ab. Damit $t_ü = 7/D \le 10$ ist, muss $D \ge 7/10 = 0,7$ sein. Es genügt also, $D = 0,7$ zu wählen, damit die zugehörige Übertragungsfunktion $F_w(s)$ eine Sprungantwort erzeugt, für die gewiss $t_ü \le 10$ ist.

Sind Überschwingungen der Sprungantwort zugelassen und will man dafür einen schnelleren Verlauf, so kann man entsprechend vorgehen. Man nimmt eine Übertragungsfunktion $F_w(s)$, die ein konjugiert komplexes Polpaar und daneben einen reellen Mehrfachpol hat (Bild 6-57, rechts):

$$F_w(s) = \frac{(1+\alpha^2)D^2}{\left[1+\frac{s}{5D}\right]^k [s-(-D+j\alpha D)][s-(-D-j\alpha D)]}$$
$$= \frac{1}{\frac{1}{(1+\alpha^2)D^2}\left[1+\frac{s}{5D}\right]^k [s^2+2Ds+(1+\alpha^2)D^2]}$$
$$= \frac{1}{N_w(s)}, \quad k=0,1,2,\ldots. \tag{6.119}$$

Die zugehörigen Sprungantworten sind in Bild 6-59 wiedergegeben. Sie hängen von den drei Parametern D, α und k ab. Auch hier kann man bei gegebenem k, also gegebenem Grad $N_w = r = k+2$, durch geeignete Wahl der Parameter α und D vorgegebene Anforderungen an Überschwingweite und Übergangszeit erfüllen.

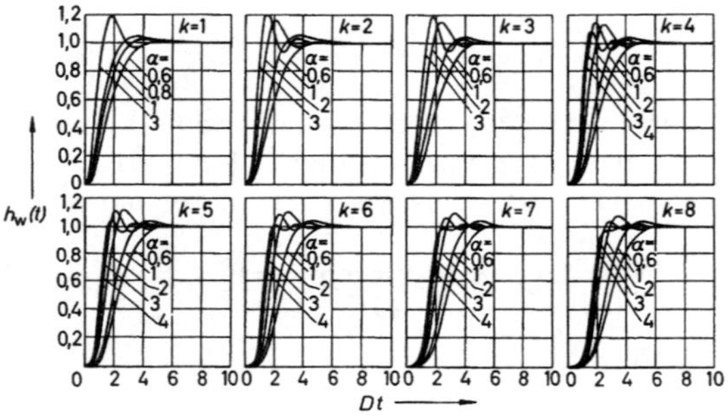

Bild 6-59: Sprungantworten zu

$$F_w(s) = \frac{(1+\alpha^2)D^2}{\left[1+\frac{s}{5D}\right]^k \left[(s+D)^2+\alpha^2 D^2\right]}$$

Beim zweiten Schritt des Entwurfsverfahrens lautet die Frage: Wie gelangt man von $F_w(s) = 1/N_w(s)$ zu einem Regler $G_K(s)$, der bei gegebenem

$$F_o(s) = \frac{Z_o(s)}{N_o(s)}, \quad \text{Grad}\, Z_o(s) = m < \text{Grad}\, N_o(s) = n \tag{6.120}$$

gerade die Übertragungsfunktion $F_w(s)$ liefert? Um dies zu sehen, braucht man nur zu beachten, dass einerseits

$$F_w(s) = \frac{G_K(s)F_o(s)}{1+G_K(s)F_o(s)}$$

ist und andererseits

$$F_w(s) = \frac{1}{N_w(s)}$$

gelten soll, wobei $N_w(s)$ durch den ersten Schritt bis auf den Parameter r festliegt. Es muss also

$$\frac{G_K(s)F_o(s)}{1+G_K(s)F_o(s)} = \frac{1}{N_w(s)}$$

gelten. Unter Beachtung von (6.120) folgt daraus für den Regler

$$G_K(s) = \frac{F_o^{-1}(s)}{N_w(s)-1} = \frac{N_o(s)}{Z_o(s)[N_w(s)-1]} = \frac{Z_K(s)}{N_K(s)}. \tag{6.121}$$

Die Streckenübertragungsfunktion $F_o(s)$ wird also durch den reziproken Faktor $1/F_o(s)$ im Regler weggekürzt, weshalb die Bezeichnung *„Kompensationsregler"* gewählt wurde.

Soweit liegt der letzte Gedankengang auf der Hand. Der entscheidende Punkt besteht aber in Folgendem: Damit G_K in einem realen Regelkreis verwendet werden kann, muss

$$\text{Grad}\, Z_K \leq \text{Grad}\, N_K \tag{6.122}$$

sein. Nach (6.121) sind Grad Z_K = Grad N_o, Grad N_K = Grad Z_o + Grad N_w. Die letzte Ungleichung ist daher erfüllt, wenn

$$\text{Grad}\, N_o \leq \text{Grad}\, Z_o + \text{Grad}\, N_w \quad \text{oder}$$
$$\text{Grad}\, N_w \geq \text{Grad}\, N_o - \text{Grad}\, Z_o \tag{6.123}$$

sind. Um unnötigen Aufwand zu vermeiden, wird man den Grad von N_w so niedrig wie möglich wählen und setzt daher

$$r = \text{Grad}\, N_w = \text{Grad}\, N_o - \text{Grad}\, Z_o\,. \tag{6.124}$$

Der springende Punkt besteht nun darin, dass – wie oben gezeigt – bei jeder Wahl von r die Forderungen an das Zeitverhalten erfüllt werden können, indem man den freien Parameter D bzw. die freien Parameter D und α geeignet wählt.

Ein Beispiel mag die Einfachheit dieses Entwurfsverfahrens beleuchten. Es sei

$$F_o(s) = \frac{2}{s(s^2+4s+5)}.$$

Es ist verlangt, dass $h_w(t)$ aperiodisch sei und spätestens nach 7 sec in den 5 %-Streifen um 1 eintauche. Nach (6.121) ist

$$G_K(s) = \frac{s(s^2+4s+5)}{2(N_w-1)}, \tag{6.125}$$

nach (6.124) $r = 3 - 0 = 3$, was man auch sofort aus (6.121) ablesen kann. Für $r = 3$ folgt aus Bild 6-58

$Dt_{ü} = 7$, also $t_{ü} = 7/D$. Die Forderung $t_{ü} = 7/D \leq 7$ führt zu $D \geq 1$. Wählt man $D = 1$, so wird

$$F_w(s) = \frac{1}{(1+s)^3},$$

also $N_w(s) = (s+1)^3$. Damit wird aus (6.125) der folgende Regler erhalten:

$$G_K(s) = \frac{s^2+4s+5}{2(s^2+3s+3)}.$$

Die Vorzüge dieses Entwurfsverfahrens liegen darin, dass es quantitative Forderungen an das Zeitverhalten des Regelkreises garantiert, dass die Bestimmung des Reglers überaus einfach verläuft und dass es sich um ein streng systematisches Verfahren handelt, während das Frequenzkennlinien- und auch das Wurzelortsverfahren den Charakter *gerichteten Probierens* haben.

Nachteile des Verfahrens bestehen darin, dass es bei Vorhandensein von Totzeit nicht anwendbar ist und relativ aufwendige Regler liefert. Wesentlicher ist jedoch der Nachteil, dass das Störverhalten bzw. allgemein die Sicherstellung der inneren Stabilität (siehe Abschnitt 3.10) des Regelkreises, Schwierigkeiten machen kann. Um dies zu sehen, betrachten wir Bild 6-1, in dem jedoch die Störgröße am Strecken*ein*gang angreifen möge. Falls sie im Inneren der Strecke angreift, gilt ganz Entsprechendes. Aus Bild 6-1 liest man dann für die Störübertragungsfunktion

$$F_z(s) = \frac{F_o(s)}{1+G_K(s)F_o(s)}$$

ab. Daraus folgt wegen (6.121)

$$F_z(s) = \frac{Z_o(s)}{N_o(s)} \cdot \frac{N_w(s)-1}{N_w(s)}.$$

Das heißt: Die Pole der Strecke sind – von Ausnahmefällen abgesehen – auch Pole von $F_z(s)$. Hat die Strecke daher Pole nahe links der j-Achse oder ist sie gar instabil, so ist das Störverhalten der Regelung schlecht oder sogar instabil. Ein Kompensationsregler gemäß (6.121) ist dann nicht verwendbar.

Es mag zunächst überraschen, dass in dem eben betrachteten Fall der Verwendung eines Kompensationsreglers bei instabiler Strecke die übliche Regel, nach der Führungs- und Störverhalten einer Regelung das gleiche Stabilitätsverhalten zeigen (Abschnitt 3.10), offensichtlich nicht gilt, da das Führungsverhalten stabil, das Störverhalten aber instabil ist. Aber die im Stabilitätskriterium (3.62) gemachte Voraussetzung, dass Zähler und Nenner der Übertragungsfunktion des offenen Kreises, hier also von $F_K(s)$, keine gemeinsame Nullstelle haben, wird im vorliegenden Fall durch die Kompensation gröblich missachtet! Daher rührt das unübliche Verhalten des Regelkreises, denn unter Berücksichtigung von (6.120) und (6.121) folgt aus dem grundlegenden Stabilitätskriteriums (3.63)[10] die charakteristische Gleichung

$$Z_o(s)N_o(s)N_w(s) = 0,$$

d. h. durch die vollständige Kompensation sind sämtliche Pole *und* Nullstellen der Strecke gleichzeitig auch Systempole des gechlossenen Regelkreises. Besitzt die Strecke also Pole oder Nullstellen in der abgeschlossenen rechten s-Halbebene, so ist der geschlossene Regelkreis nicht intern stabil. Aber auch nahe links der j-Achse gelegene Pole oder Nullstellen führen bereits zu einer schlechten Dynamik des Regelkreises.

Für den Entwurf eines universell einsetzbaren Kompensationsreglers muss man also neben der Realisierbarkeitsbedingung (6.122) die für jede Reihenschaltung von Regler und Strecke zentrale Entwurfsforderung (3.65) beachten. Dazu wird zunächst der Ansatz (6.117) bzw. (6.119) für die gewünschte Führungsübertragungsfunktion mit einem zusätzlichen Zählerpolynom $Z_w(s)$ zu

$$F_w(s) = \frac{Z_w(s)}{N_w(s)} \tag{6.126}$$

verallgemeinert. An Stelle von (6.121) folgt damit für den *modifizierten Kompensationsregler*

$$G_K(s) = \frac{F_o^{-1}(s)Z_w(s)}{N_w(s)-Z_w(s)} = \frac{N_o(s)Z_w(s)}{Z_o(s)[N_w(s)-Z_w(s)]} = \frac{Z_K(s)}{N_K(s)} \tag{6.127}$$

und aus (6.123) wird

$$\text{Grad}\, N_w - \text{Grad}\, Z_w \geq \text{Grad}\, N_o - \text{Grad}\, Z_o. \tag{6.128}$$

Nun werden Zähler und Nenner der Strecke in jeweils zwei Faktoren

$$Z_o(s) = Z_{ou}(s)Z_{ok}(s) = \left\{\prod_{\mu=1}^{r_1}(s-n_{u,\mu})\right\}Z_{ok}(s) \tag{6.129}$$

$$N_o(s) = N_{ou}(s)N_{ok}(s) = \left\{\prod_{\nu=1}^{r_2}(s-p_{u,\nu})\right\}N_{ok}(s) \tag{6.130}$$

10 Es sei an dieser Stelle nochmals ausdrücklich an die dabei getroffene Voraussetzung erinnert, dass gemeinsame Nullstellen von Zähler und Nenner des offenen Regelkreises nicht gegeneinander gekürzt sind.

zerlegt, wobei $Z_{ou}(s)$ und $N_{ou}(s)$ die r_1 Nullstellen $n_{u,\mu}$ und r_2 Pole $p_{u,\nu}$ der Strecke enthalten, die durch den Regler nicht kompensiert werden sollen, damit sie im geschlossenen Regelkreis nicht als Systempole in Erscheinung treten.[11]

Damit der Regler (6.127) die Pole und Nullstellen der Strecke in $N_{ou}(s)$ und $Z_{ou}(s)$ nicht kompensiert, muss offensichtlich

$$Z_w(s) = Z_{ou}(s)\tilde{Z}(s) = \\ = Z_{ou}(s)(\tilde{b}_{\tilde{m}}s^{\tilde{m}} + \ldots + \tilde{b}_1 s + \tilde{b}_0) \quad (6.131)$$

und

$$N_w(s) - Z_w(s) = N_{ou}(s)\tilde{N}(s) = \\ = N_{ou}(s)(\tilde{a}_{\tilde{n}}s^{\tilde{n}} + \ldots + \tilde{a}_1 s + \tilde{a}_0) \quad (6.132)$$

gelten. Damit folgt dann aus (6.127) für den gesuchten Regler

$$G_K(s) = \frac{N_{ok}(s)\tilde{Z}(s)}{Z_{ok}(s)\tilde{N}(s)} = \frac{Z_K(s)}{N_K(s)} \quad (6.133)$$

und Einsetzen von (6.131) in (6.132) liefert die Identität

$$N_w(s) = Z_{ou}(s)\tilde{Z}(s) + N_{ou}(s)\tilde{N}(s), \quad (6.134)$$

die nach Festlegung des gewünschten Nennerpolynoms

$$N_w(s) = c_{n_w}s^{n_w} + \ldots + c_1 s + c_0 \quad (6.135)$$

durch geeignete Wahl von $\tilde{Z}(s)$ und $\tilde{N}(s)$ zu erfüllen ist. Bei Teilerfremdheit von $Z_o(s)$ und $N_o(s)$, die wir wie üblich voraussetzen wollen, sind gemäß (6.129) und (6.130) auch $Z_{ou}(s)$ und $N_{ou}(s)$ teilerfremd und (6.134) besitzt stets eine Lösung [6.19], sofern

$$n_w \leq \tilde{n} + \tilde{m} + 1 \quad (6.136)$$

gilt. Die gesuchten Koeffizienten $\tilde{a}_i, i = 0, \ldots \tilde{n}$ und $\tilde{b}_i, i = 0, \ldots \tilde{m}$ der beiden Polynome $\tilde{N}(s)$ und $\tilde{Z}(s)$ lassen sich dann nämlich bei beliebiger Wahl von $N_w(s)$ durch Koeffizientenvergleich in (6.134) anhand eines stets lösbaren linearen Gleichungssystems der Ordnung $n_w + 1$ ermitteln [6.20].

Wählt man nun den Grad von $N_w(s)$ wieder so gering wie möglich, so gilt in (6.128) das Gleichheitszeichen und unter Beachtung von (6.129) und (6.131) folgt

$$n_w = r_1 + \tilde{m} + n - m \quad (6.137)$$

sowie nach Einsetzen in (6.136)

$$\tilde{n} \geq r_1 + n - m - 1\,. \quad (6.138)$$

Wegen $\text{Grad}\,N_w > \text{Grad}\,Z_w$ lässt sich andererseits aus (6.132) unmittelbar der Zusammenhang

$$n_w = r_2 + \tilde{n} \quad (6.139)$$

ablesen und damit erhalten wir schließlich aus (6.138) die Forderung

$$n_w \geq r_1 + r_2 + n - m - 1 \quad (6.140)$$

an den minimal zu wählenden Grad des vorzugebenden Nennerpolynoms der Wunschübertragungsfunktion $F_w(s)$. Ist dieser bestimmt, so sind mit (6.137) und (6.139) auch die Ordnungen $\tilde{m}$ und $\tilde{n}$ der beiden Polynome $\tilde{Z}(s)$ und $\tilde{N}(s)$ und somit die Anzahl der zur Lösung von (6.134) insgesamt zur Verfügung stehenden Freiheitsgrade festgelegt.

Wählt man n_w minimal, d. h. $n_w = r_1 + r_2 + n - m - 1$, so existiert unter den gemachten Voraussetzungen stets ein eindeutig bestimmter Regler (6.133), der der Führungsübertragungsfunktion (6.126) das gewünschte Nennerpolynom $N_w(s)$ verleiht. Auf den Zähler $Z_w(s)$ kann in diesem Fall allerdings kein Einfluss mehr genommen werden, denn dieser ist über (6.131) bei bekanntem $\tilde{Z}(s)$ dann ebenfalls bereits eindeutig festgelegt. Somit lässt sich im Allgemeinen noch nicht einmal die in der Regel gewünschte stationäre Genauigkeit des Führungsverhaltens sicherstellen. Dazu muss bekanntlich

$$F_w(0) = \frac{Z_w(0)}{N_w(0)} = 1\,, \text{ d. h. } Z_w(0) = N_w(0)$$

sein. Einsetzen dieser Beziehung in (6.132) liefert die Bedingung

$$N_{ou}(0)\tilde{N}(0) = 0\,,$$

welche offensichtlich

$$\tilde{N}(0) = 0 \quad (6.141)$$

oder

$$N_{ou}(0) = 0$$

11 Zur Sicherstellung der inneren Stabilität des Regelkreises müssen $N_{ou}(s)$ und $Z_{ou}(s)$ zumindest die auf oder rechts der j-Achse gelegenen Pole und Nullstellen der Strecke enthalten. Hierzu können dann unter Berücksichtigung dynamischer Gesichtspunkte noch weitere Pole und Nullstellen hinzutreten, beispielsweise solche, die nahe links der j-Achse gelegen sind.

impliziert. Die letzte Bedingung bedeutet anschaulich aber nichts anderes, als dass unter den vom Regler nicht kompensierten Polen der Strecke mindestens einer in $s=0$ liegt, die Regelstrecke somit einen I-Anteil besitzt. Dieses Ergebnis ist letztlich also nicht überraschend, wir hatten es vielmehr bereits in Abschnitt 3.9 anhand grundsätzlicher Überlegungen zum stationären Verhalten eines Regelkreises kennen gelernt. Besitzt die Regelstrecke jedoch kein I-Glied, so muss die stationäre Genauigkeit mittels der neben (6.134) zusätzlich zu erfüllenden Bedingung (6.141) sichergestellt werden. Dafür ist allerdings ein weiterer Freiheitsgrad nötig, der aus (6.140) durch die Wahl

$$n_w = r_1 + r_2 + n - m$$

gewonnen werden kann. Durch diesen gegenüber dem Minimum von (6.140) um 1 erhöhten Wert von n_w erhöhen sich dann aber wegen (6.137) und (6.139) auch $\tilde{m}$ und $\tilde{n}$ jeweils um 1, so dass zunächst insgesamt 2 weitere Freiheitsgrade zur Verfügung stehen. Allerdings steigt mit n_w auch die Anzahl der aus (6.134) resultierenden Gleichungen um 1, so dass letztlich nur noch genau ein Freiheitsgrad zur Berücksichtung von (6.141) verbleibt, insgesamt also wieder ein eindeutig bestimmtes lineares Gleichungssystem zu lösen ist.

Diese grundlegenden Betrachtungen zum Entwurf eines stationär genauen modifizierten Kompensationsreglers sollen im Folgenden anhand zweier einfacher Beispiele veranschaulicht werden. Im ersten Beispiel sei die Strecke durch

$$F_o(s) = \frac{s+2}{s(s-1)}$$

gegeben und besitzt offensichtlich I-Verhalten. Insgesamt liegen beide Pole $p_{u,1} = 0$ und $p_{u,2} = 1$ des ungeregelten Systems in der abgeschlossenen rechten s-Halbebene und somit ist $N_{ou}(s) = s(s-1)$ sowie $N_{ok}(s) = 1$. Da die Nullstelle bei $s = -2$ kompensiert werden darf ist $Z_{ou}(s) = 1$ und $Z_{ok}(s) = s+2$. Mit $n = 2$, $m = 1$, $r_1 = 0$ $r_2 = 2$ folgt dann aus (6.140) die minimale Ordnung des vorzugebenden Nennerpolynoms $N_w(s)$ zu $n_w = r_1 + r_2 + n - m - 1 = 2$. Wegen $N_{ou}(0) = 0$, d. h. die Strecke besitzt I-Verhalten, ist zur Sicherstellung der stationären Genauigkeit keine Erhöhung von n_w erforderlich und mit $\tilde{m} = 1$ aus (6.137) und $\tilde{n} = 0$ aus (6.139) folgt schließlich aus (6.134) die zu erfüllende Identität

$$s^2 + 6s + 9 = 1 \cdot (\tilde{b}_1 s + \tilde{b}_0) + (s^2 - s) \cdot \tilde{a}_0 ,$$

wenn der geschlossene Regelkreis bzw. die Führungsübertragungsfunktion (6.126) einen doppelten Pol bei -3 besitzen soll.[12] Hieraus kann durch Koeffizientenvergleich sofort

$$\tilde{a}_0 = 1, \quad \tilde{b}_0 = 9, \quad \tilde{b}_1 = 7$$

abgelesen werden. Nach (6.133) ergibt sich der gesuchte Regler damit zu

$$G_K(s) = \frac{7s+9}{s+2} ,$$

und für die Führungsübertragungsfunktion gilt

$$F_w(s) = \frac{7s+9}{(s+3)^2} ,$$

d. h. wie erwartet ist $F_w(0) = 1$ und somit der Regelkreis bezüglich des Führungsverhaltens stationär genau.

Als zweites Beispiel werde abschließend noch die Strecke

$$F_o(s) = \frac{s-1}{(s+4)(s-2)}$$

betrachtet, die eine 'instabile' Nullstelle bei $n_{u,1} = 1$ sowie einen instabilen Pol bei $p_{u,1} = 2$ besitzt. Damit ist $N_{ou}(s) = s-2$, $N_{ok}(s) = s+4$, $Z_{ou}(s) = s-1$ sowie $Z_{ok}(s) = 1$ und mit $r_1 = 1$, $r_2 = 1$, $n = 2$, $m = 1$ folgt zunächst aus (6.140) $n_w = 2$ als minimale Ordnung von $N_w(s)$. Auf Grund des nicht vorhandenen I-Anteils ist jedoch $N_{ou}(0) = -2 \neq 0$, so dass für stationäre Genauigkeit des geschlossenen Regelkreises zusätzlich zu (6.134) die Bedingung

$$\tilde{N}(0) = 0$$

erfüllt sein muss, was eine Erhöhung der Polynomordnung von $N_w(s)$ um 1 auf $n_w = 3$ bedingt. Damit folgt dann aus (6.137) und (6.139) $\tilde{m} = 1$, $\tilde{n} = 2$ und mit der Vorgabe

$$N_w(s) = (s+2)(s+3)(s+5) = s^3 + 10s^2 + 31s + 30$$

erhält man aus (6.134) die Identität

$$s^3 + 10s^2 + 31s + 30 = (s-1) \cdot (\tilde{b}_1 s + \tilde{b}_0) + \\ + (s-2) \cdot (\tilde{a}_2 s^2 + \tilde{a}_1 s + \tilde{a}_0) ,$$

zu der gemäß (6.141) noch die zusätzliche Bedingung

$$\tilde{N}(0) = \tilde{a}_0 = 0$$

12 Als weiterer, dritter Systempol kommt hier dann noch der durch die Streckennullstelle gekürzte Pol des Reglers bei -2 hinzu.

für stationäre Genauigkeit hinzukommt. Die Auflösung der beiden letzten Beziehungen nach den Koeffizienten $\tilde{a}_i, i = 0, \ldots, 2$ und $\tilde{b}_j, j = 0, \ldots, 1$ liefert schließlich das Ergebnis

$$\tilde{a}_0 = 0, \quad \tilde{a}_1 = -73, \quad \tilde{a}_2 = 1 \quad \tilde{b}_0 = -30, \quad \tilde{b}_1 = 85,$$

aus dem sich mittels (6.133) der modifizierte Kompensationsregler

$$G_K(s) = \frac{(s+4)(85s-30)}{s(s-73)}$$

und damit die Führungsübertragungsfunktion

$$F_w(s) = \frac{(s-1)(85s-30)}{(s+2)(s+3)(s+5)}$$

ergibt. Wie gewünscht, besitzt der Regler einen I-Anteil und folglich ist der geschlossene Regelkreis stationär genau, was sich durch $F_w(0) = 1$ leicht verifizieren lässt.

Abschließend soll nicht unerwähnt bleiben, dass man Kompensationsregler – beispielsweise im Zusammenhang mit einer Zwei-Freiheitsgrade-Regelung – in ganz entsprechender Weise auch im Hinblick auf das Störverhalten entwerfen kann. Dazu ist in (6.126) an Stelle von $F_w(s)$ lediglich eine geeignete *Wunsch-Störübertragungsfunktion* $F_z(s)$ als Ausgangspunkt der Betrachtungen zu wählen.

Insgesamt bleibt somit festzuhalten, dass der Entwurf eines modifizierten Kompensationsreglers auch für instabile und nichtminimalphasige Systeme keinerlei Schwierigkeiten bereitet und im Wesentlichen auf die Lösung eines linearen Gleichungssystems zurückgeführt werden kann. Dreh- und Angelpunkt ist dabei die Polynomgleichung (6.134), durch deren Lösung das gewünschte Nennerpolynom $N_w(s)$ der Führungsübertragungsfunktion beliebig festgelegt werden kann, sofern Zähler und Nenner der Strecke teilerfremd sind. Die Systempole des geschlossenen Regelkreises umfassen dabei allerdings neben den explizit vorgegebenen Nullstellen von $N_w(s)$ auch stets sämtliche Nullstellen und Pole der ungeregelten Strecke, die nicht in $Z_{ou}(s)$ und $N_{ou}(s)$ übernommen wurden. Will man dies vermeiden, so sind in (6.134)

$$Z_{ou}(s) = Z_o(s) \text{ und } N_{ou}(s) = N_o(s)$$

zu wählen, woraus

$$n_w = 2n - 1$$

sowie

$$\tilde{n} = \tilde{m} = n - 1$$

folgt. Wegen $Z_{ok}(s) = N_{ok}(s) = 1$ ist der Regler (6.133) dann ein dynamisches System der Ordnung $\tilde{n} = n - 1$, mit dem sich *sämtliche* $2n - 1$ Systempole der Regelung gezielt vorgeben lassen. Im Lichte dieser Betrachtungen handelt es sich daher in diesem Fall um einen vollständigen *Polvorgabeentwurf*, den wir in Kapitel 9 nochmals unter anderen Gesichtspunkten detailliert aufgreifen werden. Dort wird sich im Abschnitt 9.6 dann auch zeigen, dass $G_K(s)$ einer beobachterbasierten Zustandsregelung mit einem reduzierten Beobachter der Ordnung $n - 1$ entspricht. Weist die zu regelnde Strecke kein I-Verhalten auf, so ist gemäß den vorangegangenen Betrachtungen die Reglerordnung auf n zu erhöhen und neben (6.134) noch die Bedingung (6.141) zu berücksichtigen, sofern stationäre Genauigkeit der Regelung gewünscht wird. Auch dieser Fall findet sich später beim Reglerentwurf im Zustandsraum wieder, wo die Zustandsrückführung zu einer PI-Zustandsregelung erweitert wird (siehe Abschnitt 9.7.3).

Der Kompensationsregler nach (6.121) bzw. (6.127) lässt noch eine andere Interpretation zu, nämlich als eine explizite Darstellung (Parametrierung) der Klasse aller stabilisierenden Regler, die sogenannte *Youla-Parametrierung* [6.20–6.23]. Ersetzt man in (6.121) bzw. (6.127) $F_w(s)$ durch

$$F_w(s) = K(s)F_o(s), \tag{6.142}$$

so lautet der (einfache oder modifizierte) Kompensationsregler

$$G_K(s) = \frac{K(s)}{1 - K(s)F_o(s)}, \tag{6.143}$$

und die mit ihm resultierende Führungsübertragungsfunktion ist durch (6.142) gegeben. Bei einer stabilen Regelstrecke $F_o(s)$ führt also der durch (6.143) gebildete Regler, sofern die Übertragungsfunktion $K(s)$ ebenfalls stabil ist, auf einen stabilen geschlossenen Kreis, und zwar sogar im Sinn der inneren Stabilität. $K(s)$ parametriert somit in diesem Fall die Klasse aller stabilisierender Regler und ist, abgesehen von den Forderungen nach Stabilität und Realisierbarkeit (d. h. der Zählergrad von K darf nicht höher als der Nennergrad sein), frei wählbar.

Etwas komplizierter wird die Youla-Parametrierung im allgemeinen Fall, wo die Regelstrecke auch instabil sein darf. Zunächst ist eine Zerlegung von $F_o(s) = Z_o(s)/N_o(s)$ in zwei koprime, stabile Übertragungsfunktionen $G_Z(s)$, $G_N(s)$ gemäß

$$F_o(s) = \frac{G_Z(s)}{G_N(s)}$$

vorzunehmen, wobei *koprim* bedeutet, dass $G_Z(s)$ und $G_N(s)$ keine gemeinsamen Nullstellen in der geschlossenen rechten Halbebene einschließlich $s = \infty$ haben dürfen. Letzteres ist dann erfüllt, wenn in einem der beiden Faktoren Zähler- und Nennergrad gleich sind. Dies kann beispielsweise geschehen, indem man

$$G_Z(s) = \frac{Z_o(s)}{N(s)}, \qquad G_N(s) = \frac{N_o(s)}{N(s)}$$

wählt, wobei $N(s)$ ein Polynom vom selben Grad wie $N_o(s)$ ist und ausschließlich links der j-Achse gelegene Nullstellen hat. Unter dieser Voraussetzung lassen sich stabile Übertragungsfunktionen $A(s)$, $B(s)$ finden, welche die *Bézout-Identität*

$$G_Z(s)A(s) + G_N(s)B(s) = 1 \tag{6.144}$$

erfüllen. Damit wird der Regler wie folgt gebildet:

$$G_K(s) = \frac{A(s) + K(s)G_N(s)}{B(s) - K(s)G_Z(s)}, \tag{6.145}$$

worin $K(s)$ eine stabile und realisierbare, aber ansonsten frei wählbare Übertragungsfunktion ist. Mit diesem Regler resultiert unter Beachtung von (6.144) als Führungsübertragungsfunktion

$$\begin{aligned} F_w(s) &= \frac{G_K(s)F_o(s)}{1 + G_K(s)F_o(s)} \\ &= \frac{(A + KG_N)G_Z}{(B - KG_Z)G_N + (A + KG_N)G_Z} \\ &= \big(A(s) + K(s)G_N(s)\big)G_Z(s), \end{aligned}$$

die aufgrund der Stabilität aller beteiligten Einzelübertragungsfunktionen selbst auch stabil ist. Umgekehrt lässt sich zeigen [6.24], dass sich jeder stabilisierende Regler in der Form (6.145) darstellen lässt.

Oben wurde erwähnt, dass das beschriebene Kompensationsverfahren nicht auf Totzeitstrecken angewendet werden kann. Das liegt daran, dass eine *Totzeit grundsätzlich nicht kompensierbar* ist, wie schon in Abschnitt 2.8 bei der Umformung des Strukturbilds begründet wurde. Die Verschiebung durch ein Totzeitglied lässt sich also nicht aufheben. Was man bestenfalls erreichen kann, ist lediglich, dass das im Regelkreis befindliche Totzeitglied nichts Schlimmeres als diese Verschiebung bewirkt. Eine grundsätzliche Möglichkeit hierzu bietet der nach seinem Erfinder benannte ***Smith-Prädiktor*** [6.25, 6.26]. Man geht dabei von der Struktur in Bild 6-60a aus und versucht, $G_P(s)$ so zu wählen, dass diese Regelung äquivalent zur Struktur in Bild 6-60b ist, bei der die Totzeit aus dem geschlossenen Kreis verschwunden und ihm lediglich nachgeschaltet ist. Dabei bezeichnet $R(s)$ eine noch freie Reglerübertragungsfunktion.

Sollen diese beiden Strukturen äquivalent sein, so muss gelten:

$$\frac{G_P G\, e^{-T_t s}}{1 + G_P G\, e^{-T_t s}} = \frac{RG}{1 + RG}\, e^{-T_t s},$$

also

$$G_P(1 + RG) = R + R\, G_P\, G\, e^{-T_t s},$$

$$G_P(s) = \frac{R(s)}{1 + R(s)G(s)\left[1 - e^{-T_t s}\right]}. \tag{6.146}$$

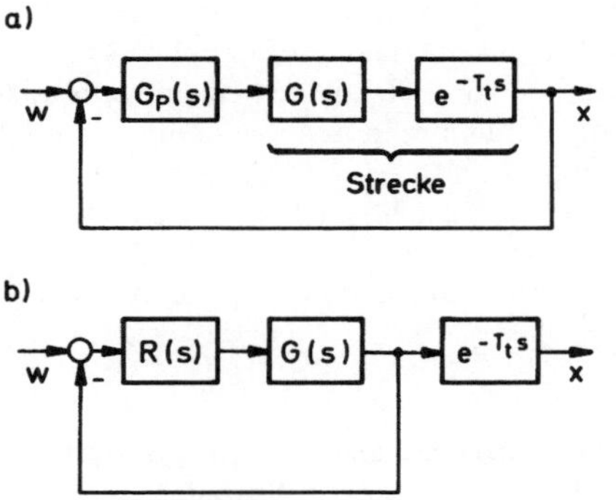

Bild 6-60: Zur Herleitung des Smith-Prädiktors

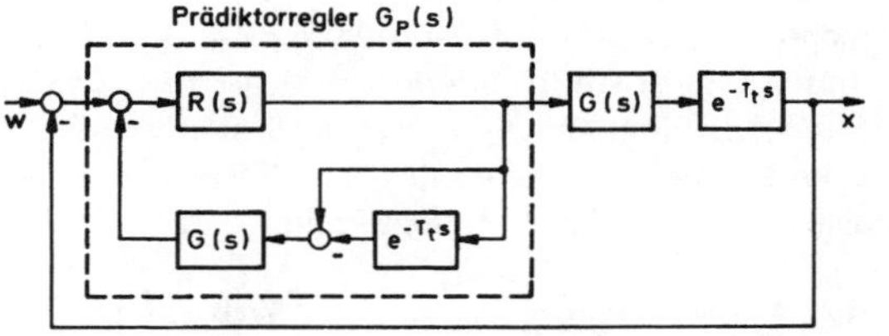

Bild 6-61: Prädiktorregelung

Man erhält so die in Bild 6-61 aufgezeichnete Struktur, die somit äquivalent zur Struktur in Bild 6-60b ist.

Man entwirft $R(s)$ gemäß Bild 6-60b, ohne sich um die Totzeit zu kümmern, z. B. als Kompensationsregler. Man hat nur zu beachten, dass die so erhaltenen Übertragungsvorgänge durch die nachgeschaltete Totzeit noch um T_t verschoben werden.

Diese bestechend einfache Idee hat bei der Realisierung leider die gravierende Schwäche, dass die Regelung nach Bild 6-61 überaus empfindlich reagiert, wenn das im Prädiktorregler enthaltene Streckenmodell, hier vor allem die Totzeit, nicht mit den wirklichen Verhältnissen übereinstimmt.

6.10 Synthese durch Veränderung der Regelungsstruktur

Die bisher beschriebenen Synthesemaßnahmen zielen sämtlich auf eine Reihenstabilisierung ab, d. h. auf die Einführung eines Regelglieds im Vorwärtszweig der Regelung, also in Reihe zur Strecke. Es ist dies die gebräuchlichste Art der Stabilisierung, denn sie verlangt wenig Aufwand, erzielt einen guten regelungstechnischen Erfolg und ist leicht zu berechnen. Es gibt aber Fälle, in denen man mit der Reihenstabilisierung nicht mehr auskommt. Beispielsweise kann es sein, dass man ein gut gedämpftes und dabei schnelles Einschwingverhalten wünscht, wegen der hohen Störwelligkeit aber keinen PID-Regler mit wirksamem D-Anteil nehmen kann. In solchen Fällen kann man sich oft helfen, indem man neue Verknüpfungen im Regelkreis einführt, also seine Struktur gezielt verändert, z. B. durch zusätzliche Rückführungen oder Aufschaltungen. Drei derartige Strukturmaßnahmen, die sehr oft benutzt werden, sind im Folgenden beschrieben.

6.10.1 Kaskadenregelung: Einführung unterlagerter Regelkreise (innerer Schleifen)

Eine Kaskadenregelung entsteht dadurch, dass man außer der Regelgröße weitere Systemgrößen messtechnisch erfasst, sie als *Hilfsregelgrößen* zurückführt und auf diese Weise *unterlagerte Regelkreise (innere Schleifen)* bildet. Bild 6-62 zeigt die Struktur einer solchen Kaskadenregelung mit *einer* Hilfsregelgröße x_1, also *einem* unterlagerten Regelkreis.

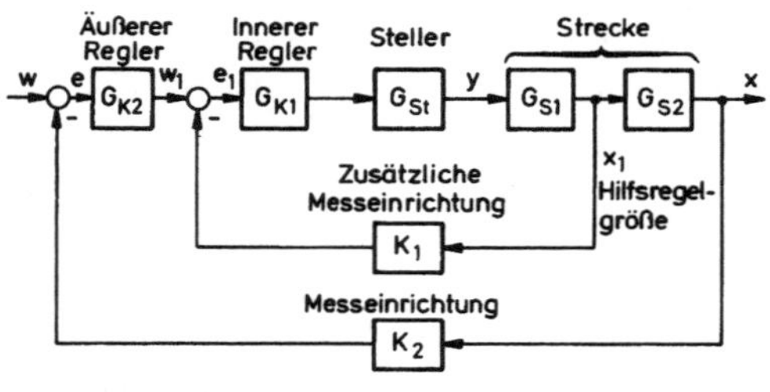

Bild 6-62: Kaskadenregelung

Worin kann nun der *Nutzen* einer solchen Anordnung bestehen? Man wird den inneren Regler so wählen, dass der innere Kreis eine günstige Dynamik erhält. Das kann z. B. dadurch geschehen, dass Zeitkonstanten des inneren Streckenteils kompensiert werden, aber auch auf andere Weise. Der äußere Regler braucht dann nur noch die Wirkung der äußeren Streckenzeitkonstanten und die Restdynamik der zu einem Block zusammengefassten inneren Schleife zu berücksichtigen. Man darf deshalb erwarten, dass ein günstigeres dynamisches Verhalten erreicht wird, als wenn nur der äußere Regler ohne innere Rückführung eingesetzt würde.

Falls im inneren Streckenteil eine Störgröße angreift, ist als weiterer Korrektureffekt zu erwarten, dass die Störgröße besser ausgeregelt wird als im einschleifigen Kreis. Ohne innere Rückführung muss die Störung erst die – möglicherweise großen – Zeitkonstanten im äußeren Streckenteil passieren, ehe sie vom Regler bemerkt wird. Sie kann dann bis zum Eingreifen des Reglers bereits sehr unangenehme Auswirkungen, etwa tiefe Einbrüche der Regelgröße, hervorgerufen haben. Durch die Rückführung der Hilfsregelgröße ist der innere Regler in der Lage, ohne solchen Zeitverlust einzugreifen. Möglicherweise kann dann die Störgröße ausgeregelt werden, ohne dass sie sich im äußeren Kreis allzusehr bemerkbar macht.

Die *Durchführung des Entwurfs* erfolgt in drei Schritten:

I) *Wahl des inneren Reglers,* und zwar so, dass er gewünschtes Verhalten der inneren Schleife liefert.

   Die Anforderungen können hier anders sein als beim gesamten Regelkreis. Beispielsweise braucht man keinen Wert auf die stationäre Genauigkeit zu legen.

II) *Zusammenfassung der geregelten inneren Schleife zu einem Block.*

   Bei der Wahl des äußeren Reglers liegt dann wieder ein einschleifiger Kreis vor.

III) *Wahl des äußeren Reglers:* Anforderungen und Vorgehensweise wie früher.

Der Entwurf beruht also auf der *zweimaligen Anwendung der Reihenstabilisierung.* Zunächst wird diese auf die innere Schleife angewendet und dann, nachdem die innere Schleife zu einem Block zusammengezogen ist, auf die äußere Schleife.

Als *Beispiel* betrachten wir die Regelung in Bild 6-63. Wir wollen annehmen, dass aufgrund der Beschaffenheit der realen Strecke Regler mit D-Anteil oder andere komplizierter aufgebaute Regler nicht eingesetzt werden können. Wir versuchen es bei dem inneren Regler einmal mit einem P-Regler:

$$G_{K1}(s) = K_{R1}\,.$$

In einem einschleifigen Kreis scheidet ein so primitiver Regler von vornherein aus, da er die erforderliche stationäre Genauigkeit nicht sichern kann. Bei dem unterlagerten Regelkreis kommt es aber hierauf nicht an. Es ist jedoch zu erwarten, dass der P-Regler die innere Schleife schnell macht. Man erhält dann für die geschlossene innere Schleife

$$F_{w1}(s) = \frac{\dfrac{V_J}{V_J+1}}{1+\dfrac{1,05}{V_J+1}s+\dfrac{0,2}{V_J+1}s^2} = \\ = \frac{1}{\dfrac{V_J+1}{V_J}+\dfrac{1,05}{V_J}s+\dfrac{0,2}{V_J}s^2}\,, \tag{6.147}$$

wobei

$$V_J = 2\,K_{R1} \tag{6.148}$$

die Kreisverstärkung der inneren Schleife ist. Es handelt sich bei dieser also um ein P-T_2-Glied mit

$$2\,d\,T = \frac{1,05}{V_J+1}\,,\quad T^2 = \frac{0,2}{V_J+1}\,. \tag{6.149}$$

Es liegt nahe, die Dämpfung d vorzugeben und daraus V_J, also auch K_{R1}, zu bestimmen. Aus (6.149) folgt zunächst durch Elimination von T

$$V_J + 1 = \frac{1,05^2}{0,8\,d^2}\,.$$

Wir wählen etwa $d^2 = \frac{1}{2}$, also $d = \frac{1}{2}\sqrt{2} \approx 0,7$, da sich hierfür gemäß Bild 5-12 ein günstiges Einschwingverhalten der inneren Schleife ergibt. Damit wird

$V_J = 1,7563\,,$ also nach (6.148)

$$G_{K1}(s) = K_{R1} = 0,8782\,. \tag{6.150}$$

Aus (6.147) wird so

$$F_{w1}(s) = \frac{1}{1,5694+0,5978\,s+0,1139\,s^2}\,.$$

Dies ist die Übertragungsfunktion des zu einem Block zusammengefassten unterlagerten Regelkreises. Die so umgeformte Regelung ist in Bild 6-64 dargestellt.

Den äußeren Regler setzen wir nun als PI-Regler an und entwerfen ihn nach dem Betragsoptimum. Dann sind

$$G_{K2}(s) = \frac{r_0 + r_1 s}{2\,s}\,,$$

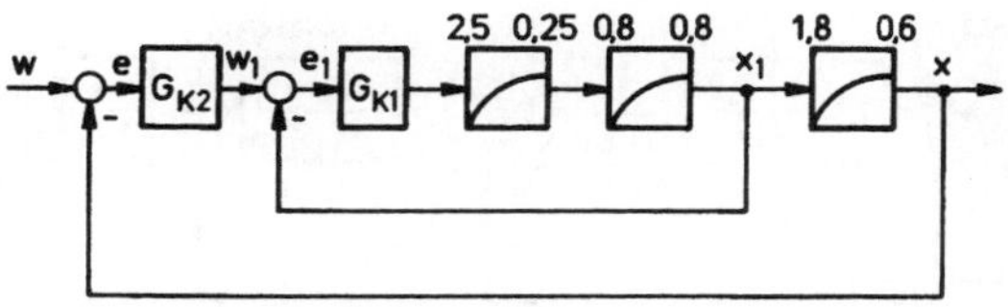

Bild 6-63: Beispiel zur Kaskadenregelung

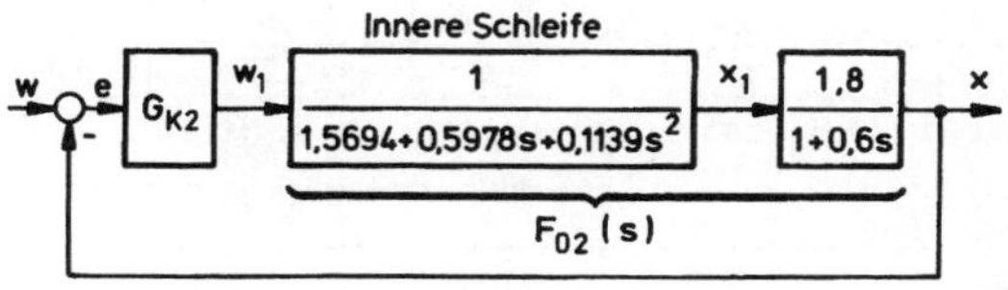

Bild 6-64: Umformung der Regelung aus Bild 6-63 für $G_{K1}(s) = 0,88$

$$F_{o2}(s) = F_{w1}(s)\cdot\frac{1,8}{1+0,6s} = \\ = \frac{1}{0,8719+0,8552\,s+0,2626\,s^2+0,0379\,s^3}\,.$$

Daraus folgt nach Tabelle 6-3, erste Zeile:

$r_0 = 2,2862\,,\quad r_1 = 1,3705\,.$

Damit wird

$$G_{K2}(s) = 1,14\,\frac{1+0,6\,s}{s}\,.$$

Die insgesamt erhaltene Kaskadenregelung ist in Bild 6-65a dargestellt.

Zum Vergleich wird die Kaskadenregelung noch auf eine zweite Weise entworfen, nämlich mit PI-Reglern in der inneren und der äußeren Schleife. Der innere PI-Regler wird so gewählt, dass er die größte innere Zeitkonstante kompensiert:

$$G_{K1}(s) = K_{R1}\,\frac{1+0,8\,s}{s}\,.$$

Damit wird die geschlossene innere Schleife in Bild 6-63 wiederum ein P-T_2-Glied. Auch für dieses wird

$$d^2 = \frac{1}{2}\,,\quad \text{also } d \approx 0,7\,,$$

vorgegeben. Daraus folgt hier $K_{R1} = 1$, so dass

$$G_{K1} = \frac{1+0,8\,s}{s}$$

ist. Man erhält so

$$F_{w1}(s) = \frac{1}{1+\frac{1}{2}s+\frac{1}{8}s^2}$$

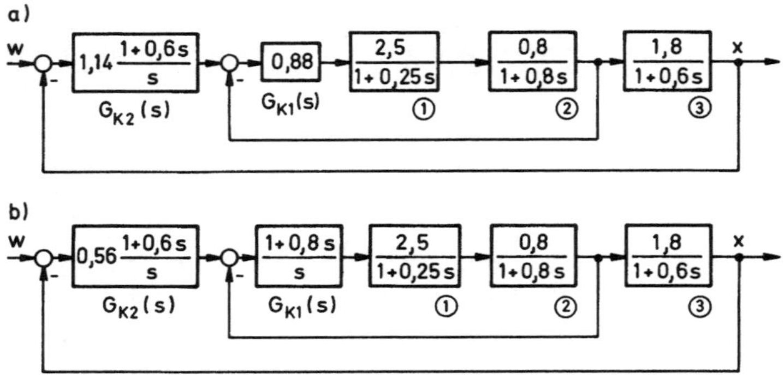

Bild 6-65: Ausgeführte Kaskadenregelung zu Bild 6-63
a) P-Regler innen, PI-Regler außen
b) Innen und außen PI-Regler

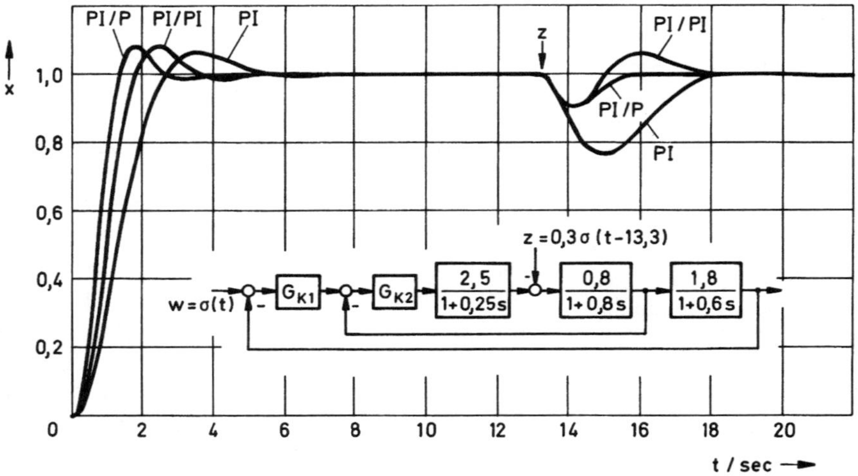

Bild 6-66: Vergleich verschiedener Reglerentwürfe zur Strecke aus Bild 6-63:
- Strecke mit PI-Regler nach dem Betragsoptimum
- Kaskadenregelung nach Bild 6-65a (PI/P)
- Kaskadenregelung nach Bild 6-65b (PI/PI)

und damit

$$F_{o2}(s) = \frac{1}{0,5556 + 0,6111\,s + 0,2361\,s^2 + 0,0417\,s^3}\,.$$

Der äußere Regler wird nun wieder mit Hilfe des Betragsoptimums entworfen:

$$G_{K2}(s) = 0,56\,\frac{1+0,6\,s}{s}\,.$$

Die so entworfene Kaskadenregelung sieht man in Bild 6-65b.

Bild 6-66 vermittelt einen Eindruck von der Wirksamkeit der Kaskadenregelung. Zum Zeitpunkt $t = 0$ wird ein Führungssprung von der Höhe 1 aufgeschaltet, nach Abklingen dieses Einschwingvorgangs ein Störsprung der Höhe 0,3.

Der Vergleich mit der Reihenstabilisierung durch einen PI-Regler ohne Kaskadierung zeigt, dass die Kaskadenregelung erheblich schneller arbeitet und vor allem bei der Ausregelung der Störgröße klar überlegen ist. Es tritt hier das ein, was zu Beginn dieses Unterabschnitts allgemein gesagt wurde: Bis der PI-Regler den Eingriff der Störgröße, deren Wirkung über die großen Zeitkonstanten im hinteren Teil der Strecke läuft, überhaupt bemerkt und darauf reagiert, hat die Störgröße bereits einen tiefen Einbruch der Regelgröße hervorgerufen. Die Kaskadenregelungen hingegen reagieren erheblich schneller.

Es ist bemerkenswert, dass dabei die PI/P-Kaskadenregelung besser abschneidet als die PI/PI-Kaskadenregelung, insbesondere hinsichtlich des Störverhaltens. Das dürfte zum Teil daran liegen, dass die innere Schleife, die in beiden Fällen ein P-T_2-Glied mit der Dämpfung $d = \frac{1}{2}\sqrt{2}$ ist, bei Verwendung des P-Reglers eine kleinere Zeitkonstante hat als bei Benutzung des PI-Reglers und daher schneller arbeitet. Vor allem aber ist im Falle der PI/P-Kombination der P-Anteil des äußeren Reglers doppelt so groß wie bei der PI/PI-Kombination und dementsprechend wirksamer.

Die Einführung unterlagerter Regelkreise ist eines der stärksten Hilfsmittel zur Beeinflussung des dynamischen Verhaltens. Sie wird vielfach angewendet. Ein typisches Beispiel ist die Lageregelung mittels eines Gleichstromantriebs, bei der neben der Lage, welche die Regelgröße darstellt, z. B. einem Drehwinkel φ, zwei Hilfsregelgrößen zurückgeführt werden: die Drehzahl n oder Winkelgeschwindigkeit ω und der Ankerstrom i_A des Gleichstrommotors (Bild 6-67). Die von uns behandelte Drehzahlregelung eines Gleichstrommotors (Abschnitte 1.3 und 3.6) wird hierbei also von einer Ankerstromregelung unterlagert und ist selbst innere Schleife einer Lageregelung.

Die größere Leistungsfähigkeit einer Kaskadenregelung gegenüber der Reihenstabilisierung muss man mit höherem Aufwand bezahlen. Dabei fällt weniger der Einsatz mehrerer Regler ins Gewicht als vielmehr die Tatsache, dass neben der Regelgröße weitere zeitveränderliche Systemgrößen erfasst werden müssen, also zusätzliche Messeinrichtungen erforderlich sind. Voraussetzung ist dabei, dass man überhaupt in der Lage ist, außer der Regelgröße weitere zeitveränderliche Größen der Strecke zu messen. Grundsätzlich ist das zwar immer möglich, da es sich ja um wohldefinierte physikalische Größen handelt. Die Frage ist nur, ob der erforderliche Aufwand vertretbar ist. Hierdurch wird die praktische Verwendung der so überaus leistungsfähigen Methode der Kaskadenregelung begrenzt.

6.10.2 Störgrößenaufschaltung

Eine ganz andere Möglichkeit, das dynamische Verhalten einer Regelung zu verbessern, liegt in der *Störgrößenaufschaltung* vor. Darunter versteht man die Rückführung einer Störgröße in den Bereich des Reglers, mit dem Ziel, die Einwirkung der Störgröße auf den Regelkreis nach Möglichkeit zu kompensieren.

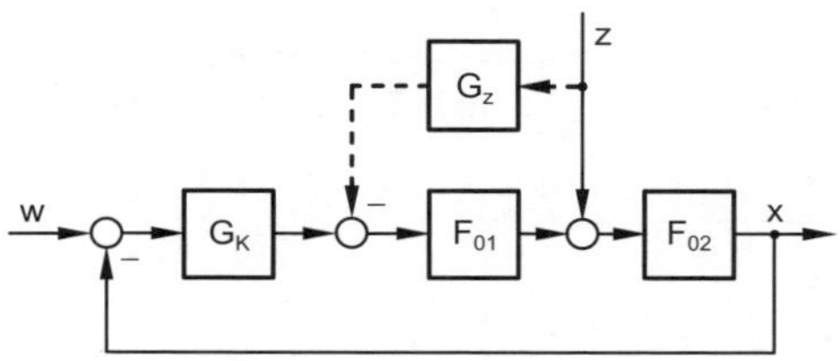

Bild 6-68: Störgrößenaufschaltung

Bild 6-68 zeigt die grundsätzliche Struktur einer solchen Anordnung. Voraussetzung ist dabei, dass die Störgröße mit erträglichem Aufwand messtechnisch zu erfassen ist. Das wird nur in Einzelfällen möglich sein, so dass die Anwendung der Störgrößenaufschaltung auf spezielle Fälle beschränkt ist. Besonders angebracht ist sie dann, wenn die Störgröße im Anfangs-

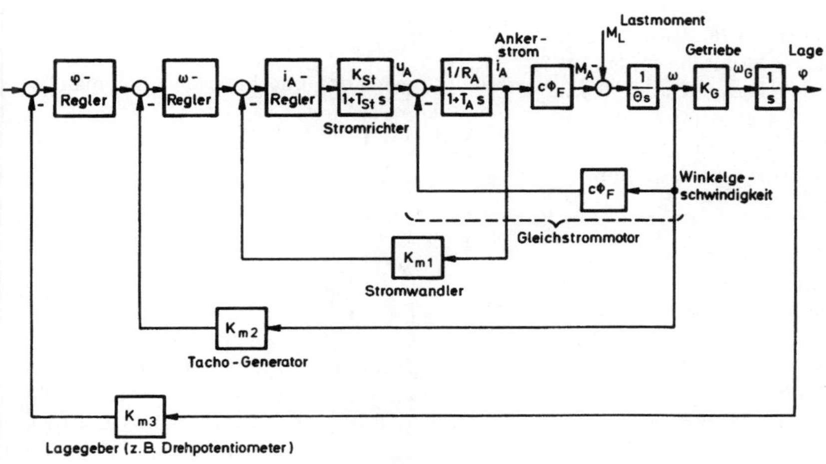

Bild 6-67: Lageregelung mit unterlagerter Drehzahl- und Ankerstromregelung

stück der Strecke angreift, da es beim Verzögerungsverhalten einer realen Strecke dann lange dauert, bis der Regler von Störgrößenänderungen Notiz nimmt und sich darauf einstellt.

Wie in Bild 6-68 dargestellt, wird die erfasste Störgröße über einen Block mit der noch festzulegenden Übertragungsfunktion $G_z(s)$ auf den Ausgang des Reglers (oder auch eine andere Stelle im Bereich des Reglers) aufgeschaltet. Wie man aus dem Bild ersieht, wird der Einfluss der Störgröße vollkommen kompensiert, wenn

$$Z(s) + F_{o1}(s)\big(-G_z(s)Z(s)\big) = 0,$$

also

$$G_z(s) = \frac{1}{F_{o1}(s)} \tag{6.151}$$

ist. Wird etwa das Anfangsstück der Strecke mit genügender Näherung durch ein P-T_1-Glied beschrieben,

$$F_{o1}(s) = \frac{K_{o1}}{1+T_{o1}s},$$

so kann man $G_z(s)$ in der Form

$$G_z(s) = \frac{1}{K_{o1}}\,\frac{1+T_{o1}s}{1+\tau s}$$

realisieren, als realen PD-Regler also, wobei τ möglichst klein gegenüber T_{o1} gewählt wird. Vielfach begnügt man sich schon mit

$$G_z(s) = \frac{1}{K_{o1}}, \tag{6.152}$$

wobei also K_{o1} das Übertragungsverhalten des ersten Streckenteils im stationären Zustand wiedergibt. Dann wird die Einwirkung der Störgröße zwar nur im stationären Zustand kompensiert, doch darf man annehmen, dass sich diese Tatsache auch günstig auf den vorangehenden Übergangsvorgang auswirkt und dadurch eine Reduktion der gesamten Störeinwirkung stattfindet.

Die Störgrößenaufschaltung ist ein sehr wirksames Verfahren. Wie schon erwähnt, wird ihre Verwendung dadurch begrenzt, dass in vielen Fällen die messtechnische Erfassung der Störgröße zu aufwendig ist. Falls eine Störgrößenaufschaltung möglich ist, könnte man auf den Gedanken kommen, die Regelung überhaupt unter den Tisch fallen zu lassen. Das wird normalerweise jedoch nicht möglich sein. Zum Einen wird nur ausnahmsweise eine vollständige Kompensation der Störgröße möglich sein und die verbleibende Störeinwirkung dann doch durch die Regelung beseitigt werden müssen, zum Anderen gibt es neben der Hauptstörgröße, die gegebenenfalls durch eine Störgrößenaufschaltung kompensiert werden kann, im Allgemeinen weitere Störeinflüsse, die nicht erfassbar sind. Eine Störgrößenaufschaltung unterstützt daher die Regelung, macht sie aber – von etwaigen Ausnahmefällen abgesehen – nicht überflüssig. Regelung und Störgrößenaufschaltung bilden dann zusammen eine Zwei-Freiheitsgrade-Struktur, in der die Reaktion auf die Hauptstörgröße durch die Aufschaltung und die Bekämpfung der restlichen Störeinflüsse durch die Regelung weitestgehend unabhängig voneinander eingestellt werden können.

6.10.3 Führungsgrößenaufschaltung und Zwei-Freiheitsgrade-Regelung

Während die Störgröße nur in Einzelfällen messtechnisch gegeben ist, hat man die Führungsgröße stets als Vorgabewert zur Verfügung, so dass eine Übertragung des Prinzips der Aufschaltung unter Verwendung der Führungsgröße naheliegt. Die so resultierende Anordnung einer *Führungsgrößenaufschaltung* zeigt Bild 6-69.

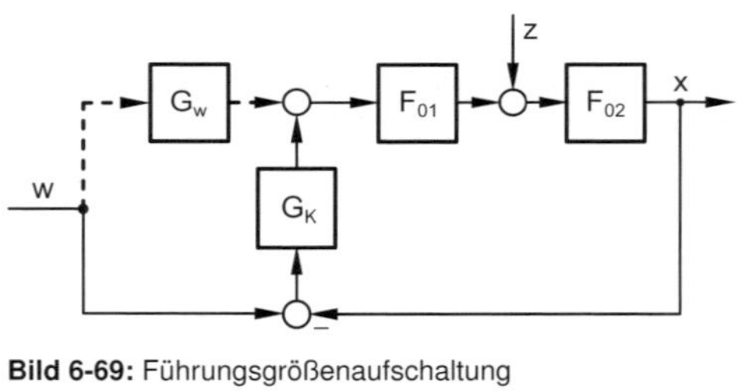

Bild 6-69: Führungsgrößenaufschaltung

Als Führungsübertragungsfunktion erhält man

$$F_w(s) = \frac{G_w(s)\,F_o(s) + G_K(s)\,F_o(s)}{1+G_K(s)\,F_o(s)},$$

woraus für ideales Führungsverhalten mit $F_w(s) \equiv 1$ sofort

$$G_w(s) = \frac{1}{F_o(s)} \tag{6.153}$$

als Aufschaltübertragungsfunktion folgt. In der Mehrzahl der Fälle ist jedoch dieses $G_w(s)$ nicht realisierbar, da der Zählergrad m von $F_o(s)$ meist kleiner als der Nennergrad n ist und somit $G_w(s)$ differenzierendes Verhalten aufweisen würde. Eine einfache Möglichkeit, dies zu beheben, ist,[13] ähnlich zur Störgrößenaufschaltung Nennerfaktoren $1+\tau_i s$ hinzuzufügen – und zwar hier mindestens $n-m$ Stück, also überzugehen zu

$$G_w(s) = \frac{1}{F_o(s)}\,G_{wx}(s) \tag{6.154}$$

mit

$$G_{wx}(s) = \frac{1}{\prod\limits_{i=1}^{r}(1+\tau_i s)}\,, \quad r \geq n-m\,. \tag{6.155}$$

Die Führungsgröße w wirkt dann über die Aufschaltung mit

$$G_w(s)\cdot F_o(s) = G_{wx}(s)$$

auf die Regelgröße x und erzeugt folglich keine Regeldifferenz, wenn der Soll-Istwert-Vergleich nicht direkt mit w, sondern mit dem über $G_{wx}(s)$ verzögerten Führungssignal vorgenommen wird. Bild 6-70 zeigt den Aufbau der so modifizierten Führungsgrößenaufschaltung, mit der dann

$$F_w(s) = G_{wx}(s) \tag{6.156}$$

gilt, also das Führungsverhalten unabhängig vom Regler, rein gesteuert über $G_{wx}(s)$ und $G_w(s) = G_{wx}(s)/F_o(s)$ einstellbar ist. Entsprechend wird hier der Regler nur aktiv, wenn es durch Störungen zu Soll/Ist-Abweichungen kommt, d. h. der Regler $G_K(s)$ braucht hier nur auf gutes Störverhalten hin entworfen zu werden und ist allein dafür maßgebend.

Bild 6-70 stellt also eine *Zwei-Freiheitsgrade-Regelung* in dem in Abschnitt 1.4 beschriebenen Sinne dar. Sie kann um eine Störgrößenaufschaltung ergänzt werden, sofern einzelne Störeinflüsse messbar sind, und entspricht dann in ihrem Aufbau vollständig dem in Bild 1-10 angegebenen Blockschema einer Zwei-Freiheitsgrade-Regelung.

An dieser Stelle sei angemerkt, dass auch die einzelnen Schleifen einer Kaskadenregelung in Zwei-Freiheitsgrade-Form ausgeführt werden können (siehe z. B. [6.29]). Gegenüber der klassischen Kaskadenregelung aus Abschnitt 6.10.1 erhöht dies zwar

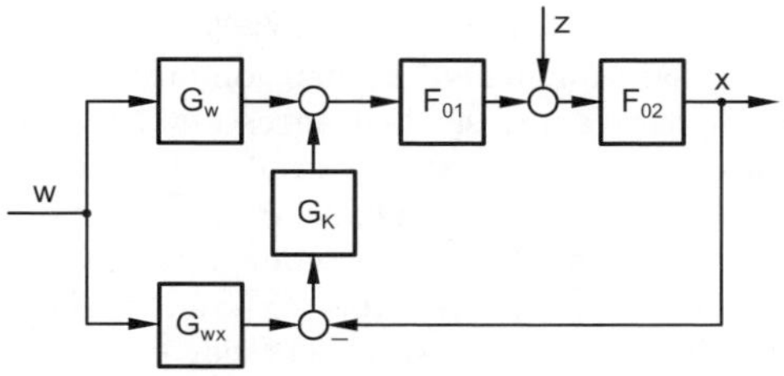

Bild 6-70: Zwei-Freiheitsgrade-Regelung zur voneinander unabhängigen Einstellung des Führungs- und des Störverhaltens

den Realisierungsaufwand, bringt jedoch den Vorteil mit sich, dass dann die Regler unabhängig voneinander und in beliebiger Reihenfolge – also auch von außen nach innen – entworfen sowie implementiert werden können.

6.11 Mehrfachregelungen

6.11.1 Struktur gekoppelter Systeme

Bisher haben wir Systeme betrachtet, bei denen nur *eine* zeitveränderliche Größe zu beeinflussen war. Es entstanden so Regelungen mit *einer* Regelgröße. Häufig treten aber Anlagen auf, in denen mehrere zeitveränderliche Größen simultan beeinflusst werden sollen. Die so entstehenden Regelungen bezeichnet man als *Mehrfachregelungen*. Als Beispiele seien aufgezählt:

1. Netz-Verbundregelung mit der Frequenz und Übergabeleistung als Regelgrößen.
2. Regelung eines Fahrzeugs, bei dem Geschwindigkeit und Kurs einzustellen sind.
3. Regelung einer Destillationskolonne. Dabei sind letztlich bestimmte Stoffkonzentrationen zu regeln.
4. Klimaregelung, bei der Temperatur und Luftfeuchtigkeit eines Raums auf vorgegebenen Werten zu halten sind.
5. Druckregelung in einem Gasnetz, bei dem die Drücke an den Verbraucheranschlüssen zu regeln sind.

Jede dieser Regelungsaufgaben kennzeichnet einen umfangreichen Problemkreis. In den Kapiteln 7 bis 10 findet man weitere Beispiele von Mehrfachregelungen.

13 Dabei wird vorausgesetzt, dass $F_o(s)$ ausschließlich Nullstellen mit negativem Realteil aufweist, da diese ansonsten Instabilität der Aufschaltübertragungsfunktion $G_w(s)$ in der hier betrachteten Form zur Folge hätten. Wie der Entwurf im allgemeinen Fall erfolgen kann, ist z. B. in [6.27], [6.28] dargestellt.

Auf den ersten Blick könnte man vielleicht der Meinung sein, dass durch das Auftreten von mehr als einer Regelgröße kein wesentlich neues Problem entsteht, dass man lediglich statt eines Regelkreises deren mehrere nebeneinander betrachten muss. Im Allgemeinen liegen die Dinge aber anders. Stellen wir uns vor, dass n zu regelnde Größen $x_1, ..., x_n$ vorhanden sind. Zu ihrer Beeinflussung sieht man n Stelleinrichtungen mit den zugehörigen Stellgrößen $y_1, ..., y_n$ vor. Dabei ist die Stellgröße y_i so gewählt, dass sie die Regelgröße x_i in der gewünschten Weise zu beeinflussen sucht. Auf Grund der vorgegebenen Natur der Strecke wird eine Änderung von y_i im Allgemeinen aber auch nicht erwünschte Änderungen an den anderen Regelgrößen zur Folge haben, weil eben durch die Verbindungen innerhalb der Strecke die Wirkung der Stellgröße y_i mehr oder weniger stark auf alle Regelgrößen übertragen wird und nicht nur auf die y_i zugeordnete Regelgröße x_i. Die Strecke ist dann ein *gekoppeltes System.*

Dazu ein einfaches Beispiel: Es werde die in Bild 6-71 skizzierte Mischung zweier Flüssigkeiten betrachtet.

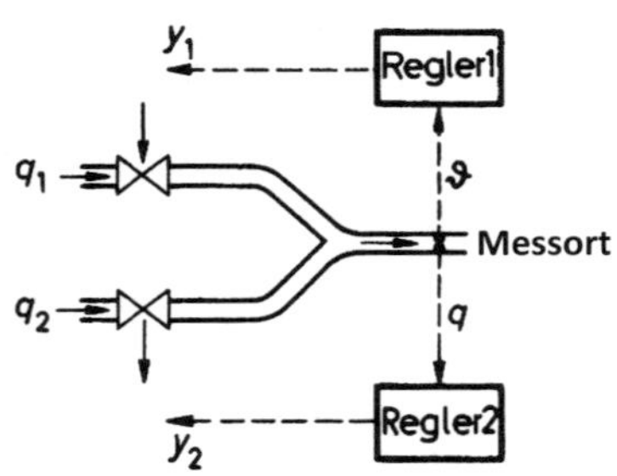

Bild 6-71: Mischung zweier Flüssigkeiten

Ihre Temperaturen ϑ_1 und ϑ_2 seien fest, wobei etwa $\vartheta_1 < \vartheta_2$ sei. Die Zuströme je Zeiteinheit können durch die Ventilstellungen y_1 und y_2 beeinflusst werden. Die zu regelnden Größen, die auf konstanten Werten gehalten werden sollen, sind die je Zeiteinheit abströmende Menge q der Mischung und deren Temperatur ϑ. Sie sollen durch die Ventilstellungen y_1 und y_2 gesteuert werden. Dabei möge y_1 (Ventilstellung im kühleren Zustrom) so gewählt sein, dass die Zunahme von y_1 dem Zudrehen des Ventils entspricht, was ein Steigen von ϑ zur Folge hat. Hingegen ist y_2 so gewählt, dass eine Vergrößerung von y_2 einem Aufdrehen des zugehörigen Ventils entspricht.

Geht man zu den Abweichungen vom gewünschten Betriebszustand über und vernachlässigt zunächst das Zeitverhalten, so hat man die Gleichungen

$$\Delta\vartheta = K_{11}\,\Delta y_1 + K_{12}\,\Delta y_2,$$
$$\Delta q = -K_{21}\,\Delta y_1 + K_{22}\,\Delta y_2,$$

wobei die K_{ik} feste positive Zahlen sind. Macht man nämlich $\Delta y_1 > 0$, verkleinert also den ersten Zustrom, so wird $\Delta q < 0$, da auch der Abstrom zurückgeht, wogegen $\Delta\vartheta > 0$ ist, da ja der kühlere Zustrom vermindert wurde. Entsprechendes gilt für $\Delta y_2 > 0$.

Was nun das Zeitverhalten des Systems angeht, so wirken sich die Ventilverstellungen auf die Temperatur erst nach einer gewissen Totzeit aus. Sind l_1 bzw. l_2 der Abstand von Stellort und Messort sowie v_1 bzw. v_2 die Geschwindigkeit der ersten bzw. zweiten Flüssigkeit, so beträgt die Totzeit infolge des Transportvorgangs $T_{t1} = l_1/v_1$ bzw. $T_{t2} = l_2/v_2$. Es kommt noch ein P-T_1-Glied hinzu, durch das man den Durchmischungsvorgang beider Flüssigkeiten näherungsweise beschreiben kann. Auf den Abfluss Δq hingegen wirken sich die Ventilverstellungen ohne Verzögerung und Totzeit aus, sofern man voraussetzt, dass die Flüssigkeiten inkompressibel sind, also z. B. keine Dampfblasen enthalten.

Insgesamt erhält man so die Beziehungen

$$\begin{aligned}\Delta\vartheta &= K_{11}\frac{e^{-T_{t1}s}}{1+T_1 s}\Delta y_1 + K_{12}\frac{e^{-T_{t2}s}}{1+T_2 s}\Delta y_2,\\ \Delta q &= -K_{21}\,\Delta y_1 + K_{22}\,\Delta y_2,\end{aligned} \tag{6.157}$$

wobei die $K_{ik} > 0$ sind. Die Parameter kann man grundsätzlich dadurch bestimmen, dass man Δy_1 bzw. Δy_2 als Sprung aufschaltet und beide Male das entstehende Übergangsverhalten von $\Delta\vartheta$ und Δq misst.

Die Gleichungen (6.157) sind von der allgemeinen Form

$$\begin{aligned}X_1(s) &= G_{11}(s)\,Y_1(s) + G_{12}(s)\,Y_2(s),\\ X_2(s) &= G_{21}(s)\,Y_1(s) + G_{22}(s)\,Y_2(s).\end{aligned} \tag{6.158}$$

Wesentlich ist die Tatsache, dass jede der beiden Stellgrößen auf jede der beiden Regelgrößen wirkt. Darin prägt sich die Kopplung des Systems aus. Stellt man diesen Zusammenhang in Form eines Strukturbilds dar, so erhält man Bild 6-72. Dabei kennzeichnet also der erste Index die Nummer der Ausgangsgröße, der zweite die Nummer der Eingangsgröße.

Die *allgemeine Struktur eines gekoppelten linearen Systems* mit jeweils n Ein- und Ausgangsgrößen – wie sie bei der Flüssigkeitsmischung vorliegt und auch in den oben erwähnten Anwendungsproblemen zumindest grundsätzlich zu finden ist – wird durch die Gleichungen

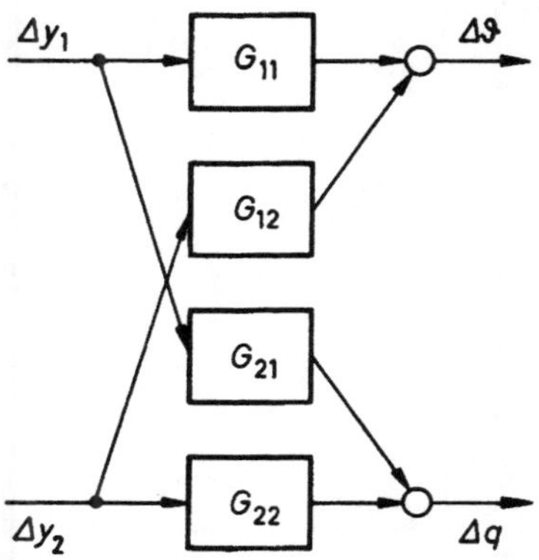

Bild 6-72: Strukturbild der Flüssigkeitsmischung

$$\begin{aligned} X_1 &= G_{11}Y_1 + G_{12}Y_2 + \ \ldots \ + G_{1n}Y_n, \\ X_2 &= G_{21}Y_1 + G_{22}Y_2 + \ \ldots \ + G_{2n}Y_n, \\ &\vdots \qquad\qquad\qquad\quad \vdots \\ X_n &= G_{n1}Y_1 + G_{n2}Y_2 + \ \ldots \ + G_{nn}Y_n \end{aligned} \tag{6.159}$$

beschrieben. Dabei sind die Funktionen $Y_k = Y_k(s)$ die Laplace-Transformierten der Stellgrößen, $X_i = X_i(s)$ die Laplace-Transformierten der Regelgrößen, und $G_{ik} = G_{ik}(s)$ ist die Übertragungsfunktion, welche die Wirkung von y_k auf x_i überträgt. Im Folgenden wird stets vorausgesetzt, dass sie vom Typ

$$G_{ik}(s) = \frac{V}{s^q}\frac{1+b_1 s+\ldots}{1+a_1 s+\ldots}\,e^{-T_t s} = V\,\frac{Z(s)}{N(s)}\,e^{-T_t s}$$

ist. Dabei wird wie immer angenommen, dass $T_t \geq 0$ und Grad $Z \leq$ Grad N ist sowie $Z(s)$ und $N(s)$ ohne gemeinsame Nullstelle sind. V darf man für $i = k$ als positiv voraussetzen. Denn man wird die Stellgröße y_i so wählen, dass ihre Erhöhung eine Erhöhung der zugehörigen Regelgröße x_i zur Folge hat. Daraus folgt insbesondere, dass $G_{ii}(s)$ nicht identisch Null ist. Für $i \neq k$ darf jedoch V negativ oder Null sein. Im letzteren Fall wirkt y_k nicht auf x_i ein.

Es liegt auf der Hand, dass die rationellste Darstellung eines gekoppelten Systems die Matrizenschreibweise ist:

$$\underline{X}(s) = \underline{G}(s)\,\underline{Y}(s) \tag{6.160}$$

oder

$$(X_i) = (G_{ik})(Y_k). \tag{6.161}$$

Dabei bezeichnet

$$\underline{X}(s) = \begin{bmatrix} X_1(s) \\ \vdots \\ X_n(s) \end{bmatrix} \quad \text{bzw.} \quad \underline{Y}(s) = \begin{bmatrix} Y_1(s) \\ \vdots \\ Y_n(s) \end{bmatrix}$$

den Vektor der Laplace-transformierten Regelgrößen bzw. Stellgrößen und

$$\underline{G}(s) = (G_{ik}(s)) = \begin{bmatrix} G_{11}(s) & G_{12}(s) & \cdots & G_{1n}(s) \\ G_{21}(s) & G_{22}(s) & \cdots & G_{2n}(s) \\ \vdots & \vdots & & \vdots \\ G_{n1}(s) & G_{n2}(s) & \cdots & G_{nn}(s) \end{bmatrix} \tag{6.162}$$

die Matrix der Übertragungsfunktionen. Die Elemente dieser Matrizen sind keine reellen oder komplexen Zahlen, sondern komplexe Funktionen, und zwar rationale Funktionen, eventuell kombiniert mit komplexen e-Funktionen, sofern nämlich Totzeitglieder auftreten. Dies bringt für die Matrizenoperationen jedoch keine Änderung mit sich, da man mit den Elementen auch jetzt die vier Grundrechenarten ausführen kann.[14] Nur auf einen Punkt muss man achten. Die Matrixelemente sind als Funktionen von s in der komplexen s-Ebene erklärt. Eine bestimmte Eigenschaft der Matrix, z. B. dass es eine inverse Matrix gibt, also $\det \underline{G}(s) \neq 0$ ist, braucht nicht in der ganzen s-Ebene zu gelten. Im Hinblick auf die Laplace-Transformation genügt es im Allgemeinen, wenn die Matrix $\underline{G}(s)$ die interessierende Eigenschaft in einer rechten Halbebene hat.

Wenn über das gekoppelte System nichts weiter bekannt ist, als dass es die Struktur (6.159) hat, kann man die $G_{ik}(s)$ durch Messung bestimmen. Dazu schaltet man eine bestimmte Eingangsgröße y_k in Form einer geeignet gewählten Testfunktion auf, z. B. als Einheitssprung, während man alle anderen Eingangsgrößen Null setzt. Dann misst man die durch y_k erzeugten Ausgangsgrößen. Mit ihnen ist die k-te Spalte der Matrix $\underline{G}(s)$ bekannt. Entsprechend bestimmt man die anderen Spalten.

Es soll nicht unerwähnt bleiben, dass es neben den bisher betrachteten linearen und zeitinvarianten Systemen, wie sie in der Anlagen- und Verfahrenstechnik häufig auftreten (jedenfalls dann, wenn man die Systeme um einen bestimmten Betriebszustand betreibt), auch anders gekoppelte Systeme gibt. Sie treten vor allem bei der Steuerung und Regelung beweglicher Objekte auf und sind dadurch gekennzeichnet,

14 In mathematischer Formulierung: Man betrachtet die Matrizen statt über dem reellen oder komplexen Zahlkörper über dem Körper der meromorphen Funktionen.

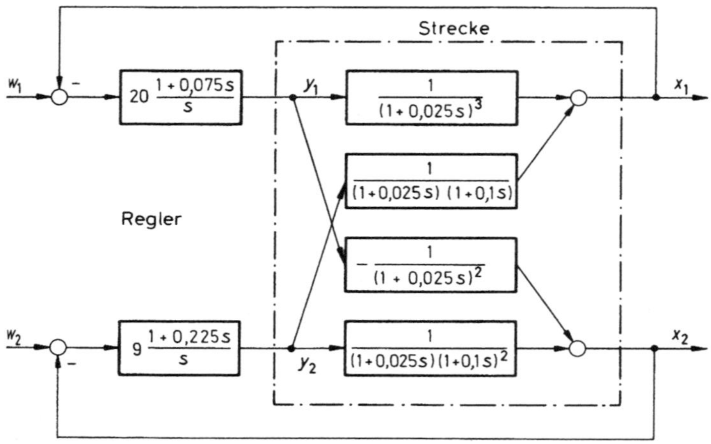

Bild 6-73: Struktur einer Zweifachregelung mit Reglern, welche die Kopplung ignorieren

dass sie stark nichtlinear sind und eine vernünftige Beschreibung des Systemverhaltens durch Linearisierung nicht zu erzielen ist. Die im Folgenden beschriebene Reihenentkopplung ist auf lineare Systeme beschränkt. Die Entkopplung nichtlinearer Systeme bedarf der Zustandsbeschreibung der Strecke und stellt die Verallgemeinerung der in Abschnitt 9.5 für den linearen Fall beschriebenen Entkopplung durch Zustandsrückführung dar [6.30, 6.31].

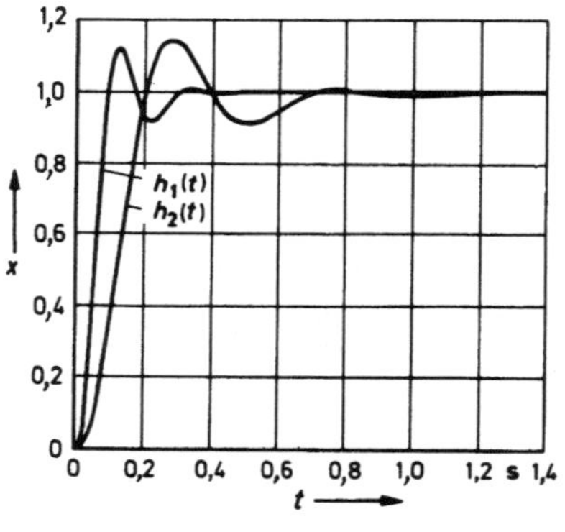

Bild 6-74: Sprungantworten der beiden getrennten Regelkreise aus Bild 6-73

6.11.2 Synthese von Mehrfachregelungen durch Entkopplung

Sollen die Ausgangsgrößen eines gekoppelten Systems geregelt werden, so tritt ein charakteristisches Problem auf, das es bei Einzelregelungen nicht gibt, da es durch die Kopplung bedingt ist. Würde man jede einzelne Größe ohne Rücksicht auf die anderen regeln, jeden einzelnen Regelkreis also so auslegen, dass er für sich allein ein gutes dynamisches Verhalten zeigt, würde dennoch das Gesamtsystem dynamisch schlecht sein, zum Schwingen neigen und möglicherweise sogar instabil werden. Denn es handelt sich um mehrere schwingungsfähige Gebilde, die zwar einzeln gut stabilisiert sein mögen, aber miteinander verbunden Koppelschwingungen ausführen können.

Die Bilder 6-73 bis 6-75 illustrieren dies an einem Beispiel, wobei die Strecke der Literatur entnommen ist [6.32]. Die Kopplung wurde ignoriert, und zwei PI-Regler für die beiden Einzelregelkreise wurden in üblicher Weise nach dem Frequenzkennlinienverfahren entworfen (Phasenreserve 60°). Die Zählerzeitkonstanten der PI-Regler sind dabei gleich den Summen der Strecken-Nennerzeitkonstanten gewählt, weil in der Strecke mehrfache Pole auftreten.

Bild 6-74 zeigt die Sprungantworten der beiden Einzelregelkreise bei aufgetrennter Kopplung, die also durchaus passabel sind. Wie man aus Bild 6-75 sieht, treten jedoch im gekoppelten Zustand, der ja in Wirklichkeit vorliegt, Schwingungen auf, die das System in dieser Form unbrauchbar machen.

Was ist zu tun? Die Kopplungen innerhalb der Regelstrecke lassen sich nicht beseitigen, da sie durch die physikalischen Gesetzmäßigkeiten aufgezwungen sind. Von den beiden Amerikanern ***Boksenbom*** und ***Hood*** wurde 1950 ein Lösungsvorschlag gemacht [6.33], der seitdem in verschiedenen Richtungen ausgearbeitet wurde [6.34] und bis jetzt eine wichtige Methode zur Behandlung von Mehrfachregelungen geblieben ist. Er besteht darin, die *Strecke*

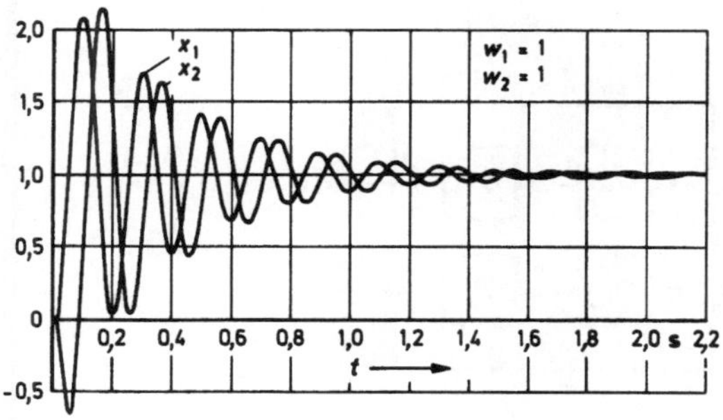

Bild 6-75: Ausgangsgrößen der Zweifachregelung aus Bild 6-73 für $w_1 = 1$, $w_2 = 1$

zu entkoppeln, d. h. außer den üblichen Reglern weitere Regelelemente einzuführen, die zusätzliche Kopplungen hervorrufen und hierdurch die gegebenen Kopplungen innerhalb der Strecke kompensieren, so dass das entstehende Gesamtsystem sich so verhält, als ob es aus getrennten Einzelkreisen bestände.

Es gibt verschiedene Möglichkeiten, diesen Grundgedanken in die Tat umzusetzen. Wir wollen davon die *Reihen- oder Serienentkopplung* betrachten, mit der man sich, wenigstens grundsätzlich, immer helfen kann und die auch am häufigsten angewendet wird.

Bei der *Reihenentkopplung* geht man von der Matrizengleichung

$$\underline{X} = \underline{G}\,\underline{Y} \tag{6.163}$$

aus. Dabei seien die Stelleinrichtungen mit zur Strecke gerechnet. Die Y_i sind also jetzt die *Eingangsgrößen* der Stelleinrichtungen. Nun werde als Regeleinrichtung ein System gleichen Typs davor geschaltet:

$$\underline{Y} = \underline{R}\,\underline{E}\,. \tag{6.164}$$

Dabei ist

$$\underline{E} = \begin{bmatrix} E_1 \\ \vdots \\ E_n \end{bmatrix}$$

der Vektor der Laplace-transformierten Regeldifferenzen und

$$\underline{R} = (R_{ik}(s)) = \begin{bmatrix} R_{11}(s) & R_{12}(s) & \cdots & R_{1n}(s) \\ R_{21}(s) & R_{22}(s) & \cdots & R_{2n}(s) \\ \vdots & \vdots & & \vdots \\ R_{n1}(s) & R_{n2}(s) & \cdots & R_{nn}(s) \end{bmatrix}$$

die Matrix der Korrektureinrichtung, wobei die $R_{ik}(s)$ noch geeignet zu wählen sind. Die Korrekturglieder mit den Übertragungsfunktionen $R_{ii}(s)$, die in der Hauptdiagonale von $\underline{R}$ stehen, bezeichnet man auch als *Hauptregler*, die anderen Korrekturglieder, die also eine Übertragungsfunktion $R_{ik}(s)$ mit $i \neq k$ haben, als *Entkopplungsregler*. Entsprechend nennt man übrigens die Teilstrecken mit $G_{ii}(s)$ *Hauptstrecken*, die anderen *Koppelstrecken*. Die Struktur der Regeleinrichtung für $n = 2$ ist in Bild 6-76, links, zu sehen.

Die offene Mehrfachregelung wird durch die beiden Matrizengleichungen (6.163) und (6.164) beschrieben, die man zu einer Matrizengleichung zusammenfassen kann:

$$\underline{X} = \underline{G}\,\underline{R}\,\underline{E}\,. \tag{6.165}$$

Dieses System soll sich so verhalten, als ob keine Kopplung bestände. Das heißt: Jede Regeldifferenz e_ν soll nur auf ihre Regelgröße x_ν wirken. Das ist aber nur möglich, wenn für jedes ν von 1 bis n die Gleichung

$$X_\nu = G_{\nu\nu}\,G_{K\nu}\,E_\nu \tag{6.166}$$

gilt. Dabei ist also $G_{\nu\nu}(s)$ die Übertragungsfunktion der ν-ten Hauptstrecke, die von vornherein zwischen e_ν und x_ν liegt. Hingegen ist $G_{K\nu}(s)$ die Übertragungsfunktion eines Korrekturglieds, das in die als entkoppelt gedachte Einzelregelung einzufügen ist, um ihr ein gewünschtes dynamisches Verhalten zu geben.

Das Entkopplungsziel ist in Bild 6-76 veranschaulicht. Im linken Teil ist die Entkopplungsstruktur dargestellt, wie sie verwirklicht werden soll. Darin sollen die $R_{ik}(s)$ so gewählt werden, dass sich die Gesamtstruktur links genauso wie die Struktur rechts verhält. Das heißt: Bei Aufschaltung der gleichen Eingangsgrößen w_1, w_2 soll sie mit denselben Ausgangsgrößen x_1, x_2 wie die Struktur rechts reagieren. Das Gleichheitszeichen im Bild 6-76 soll diese Äquivalenz der beiden Strukturen ausdrücken. Um dieses Ziel zu erreichen, wird die Gleichung (6.166) als nächstes in Matrizenform gebracht. Dazu führt man die beiden Diagonalmatrizen

$$\underline{G}_D = \begin{bmatrix} G_{11} & 0 & \cdots & 0 \\ 0 & G_{22} & \cdots & 0 \\ \vdots & \vdots & \ddots & \vdots \\ 0 & 0 & \cdots & G_{nn} \end{bmatrix} \quad \text{und}$$

$$\underline{G}_K = \begin{bmatrix} G_{K1} & 0 & \cdots & 0 \\ 0 & G_{K2} & \cdots & 0 \\ \vdots & \vdots & \ddots & \vdots \\ 0 & 0 & \cdots & G_{Kn} \end{bmatrix}$$

ein. Dann wird aus (6.166)

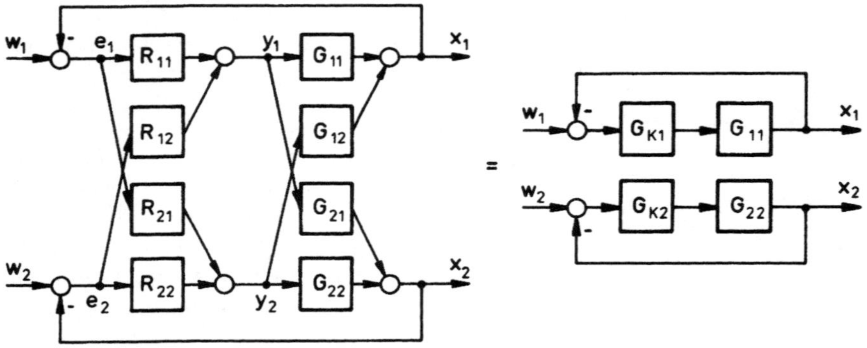

Bild 6-76: Reihenentkopplung einer Zweifachregelung. Die R_{ik} sind durch (6.172) und (6.173) gegeben, G_{K1} und G_{K2} sind frei wählbar

$$\underline{X} = \underline{G}_D\, \underline{G}_K\, \underline{E}. \tag{6.167}$$

Sollen (6.165) und (6.167) übereinstimmen, und zwar für beliebige Eingangsvektoren $\underline{E}$, so muss

$$\underline{G}\,\underline{R} = \underline{G}_D\, \underline{G}_K \tag{6.168}$$

gelten. Sofern $\det \underline{G}(s)$ nicht identisch Null ist, was man im Allgemeinen voraussetzen darf, existiert die inverse Matrix $\underline{G}^{-1}(s)$. Aus (6.168) folgt dann

$$\underline{R}(s) = \underline{G}^{-1}(s)\, \underline{G}_D(s)\, \underline{G}_K(s)\,. \tag{6.169}$$

Wählt man die Reglermatrix $\underline{R} = (R_{ik})$ in dieser Weise und schaltet sie vor die Strecke, so erhält man ein offenes Gesamtsystem, das den Gleichungen (6.166) genügt und somit n einzelnen Regelkreisen entspricht. In (6.168) bzw. (6.169) sind $\underline{G}$ und $\underline{G}_D$ gegebene Matrizen, während $\underline{G}_K$ eine Diagonalmatrix ist, deren Diagonalelemente noch frei wählbar sind. Damit ist das Entkopplungsproblem im Prinzip gelöst.

Anzumerken bleibt, dass es sich bei $\underline{R}(s)$ in Gleichung (6.169) aufgrund der invertierten Streckenübertragungsmatrix um einen Kompensationsregler handelt und daher im Hinblick auf die innere Stabilität grundsätzlich das Gleiche wie im Eingrößenfall (siehe Abschnitt 6.9) zu beachten ist, wenngleich es hier schwieriger zu überblicken ist.

Um eine Vorstellung von den zur Entkopplung erforderlichen Reglerelementen zu bekommen, fassen wir die *Zweifachregelung* etwas genauer ins Auge. Aus der Matrizengleichung (6.168) erhält man hier im Einzelnen:

$$\begin{aligned} G_{11} R_{11} + G_{12} R_{21} &= G_{11} G_{K1}\,, \\ G_{21} R_{11} + G_{22} R_{21} &= 0 \end{aligned} \tag{6.170}$$

und

$$\begin{aligned} G_{11} R_{12} + G_{12} R_{22} &= 0\,, \\ G_{21} R_{12} + G_{22} R_{22} &= G_{22} G_{K2}\,. \end{aligned} \tag{6.171}$$

Das sind zwei Gleichungssysteme, das erste für R_{11} und R_{21}, das zweite für R_{12} und R_{22}. Die Lösungen kann man in der folgenden zweckmäßigen Form schreiben:

$$\begin{aligned} R_{11}(s) &= F(s)\, G_{K1}(s)\,, \\ R_{12}(s) &= -\frac{G_{12}(s)}{G_{11}(s)}\, R_{22}(s)\,, \\ R_{21}(s) &= -\frac{G_{21}(s)}{G_{22}(s)}\, R_{11}(s)\,, \\ R_{22}(s) &= F(s)\, G_{K2}(s) \end{aligned} \tag{6.172}$$

mit

$$F(s) = \frac{1}{1 - \dfrac{G_{12}(s)\, G_{21}(s)}{G_{11}(s)\, G_{22}(s)}}\,. \tag{6.173}$$

Die Entkopplungsformeln (6.172) und (6.173) für eine Zweifachregelung kann man auch in anschaulicher Weise aus dem Strukturbild erhalten. Betrachtet man zunächst die durchgezogenen Wirkungslinien in Bild 6-77, oben, so sieht man, dass zu der in der Strecke vorhandenen Einwirkung des Kreises 1 auf den Kreis 2 über G_{21} jetzt die künstlich geschaffene Einwirkung über R_{21} hinzukommt. Durch die letztere Einwirkung ist es möglich, die erstere aufzuheben. Die von E_1 auf X_2 einwirkende Größe ist nämlich durch

$$G_{22} R_{21} E_1 + G_{21} R_{11} E_1$$

gegeben. Wählt man daher R_{21} und R_{11} so, dass

$$G_{22} R_{21} + G_{21} R_{11} = 0$$

ist, so ist sie identisch Null. Daraus folgt

$$R_{21} = -\frac{G_{21}}{G_{22}} R_{11} \,. \tag{6.174}$$

Entsprechend folgt aus der Betrachtung der gestrichelten Wirkungslinien in Bild 6-77, oben, dass

$$G_{11} R_{12} + G_{12} R_{22} = 0$$

sein muss, woraus folgt:

$$R_{12} = -\frac{G_{12}}{G_{11}} R_{22} \,. \tag{6.175}$$

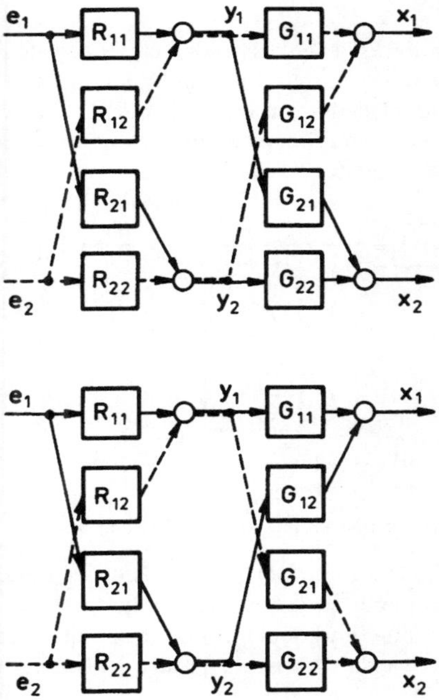

Bild 6-77: Zur Reihenentkopplung einer Zweifachregelung

Wählt man die R_{ik} so, dass die Bedingungen (6.174) und (6.175) erfüllt sind, so sind die beiden Kreise 1 und 2 entkoppelt. X_1 hängt nur von E_1 ab, X_2 nur von E_2. Die Art der Abhängigkeit kann man aus Bild 6-77, unten, ablesen:

$$X_1 = (G_{11} R_{11} + G_{12} R_{21}) E_1 \quad \text{(durchgezogene Linien)},$$
$$X_2 = (G_{22} R_{22} + G_{21} R_{12}) E_2 \quad \text{(gestrichelte Linien)}.$$

Setzt man hierin (6.174) und (6.175) ein, so folgt weiter

$$X_1 = \frac{G_{11} G_{22} - G_{12} G_{21}}{G_{22}} R_{11} E_1 \,,$$

$$X_2 = \frac{G_{11} G_{22} - G_{12} G_{21}}{G_{11}} R_{22} E_2 \,.$$

Nun soll $X_1 = G_{11} G_{K1} E_1$, $X_2 = G_{22} G_{K2} E_2$ sein. Der Vergleich mit den beiden vorhergehenden Gleichungen liefert

$$R_{11} = \frac{G_{11} G_{22}}{G_{11} G_{22} - G_{12} G_{21}} G_{K1} \,,$$
$$R_{22} = \frac{G_{11} G_{22}}{G_{11} G_{22} - G_{12} G_{21}} G_{K2} \,.$$

Kürzt man durch $G_{11} G_{22}$, so hat man die Formeln (6.172) und (6.173).

Bild 6-78 zeigt die Struktur der Entkopplungseinrichtung für eine Zweifachregelung, wie sie sich aus (6.172) ergibt.

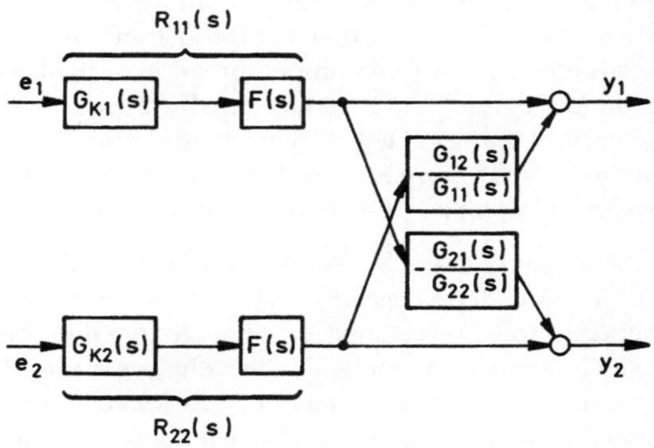

Bild 6-78: Struktur der Entkopplungseinrichtung bei einer Zweifachregelung

Nachdem das Entkopplungsproblem rechnerisch gelöst ist, erhebt sich die Frage, wie sich die allgemein durch (6.169) und im Fall $n = 2$ durch (6.172), (6.173) gegebenen Reglerelemente realisieren lassen. Um hiervon eine Vorstellung zu bekommen, betrachten wir das Beispiel der Flüssigkeitsmischung. Nach (6.157) ist

$$G_{11} = K_{11} \frac{e^{-T_{t1} s}}{1 + T_1 s} \,, \quad G_{12} = K_{12} \frac{e^{-T_{t2} s}}{1 + T_2 s} \,,$$
$$G_{21} = -K_{21} \,, \quad G_{22} = K_{22} \,,$$

wobei die K_{ik} sämtlich > 0 sind. Damit folgt

$$F(s) = \frac{1}{1 + \dfrac{K_{12} K_{21}}{K_{11} K_{22}} \dfrac{1 + T_1 s}{1 + T_2 s} e^{-(T_{t2} - T_{t1}) s}} \,,$$

wenn etwa $T_{t1} \le T_{t2}$. Weiterhin ist

$$\frac{G_{12}}{G_{11}} = \frac{K_{12}}{K_{11}} \frac{1+T_1 s}{1+T_2 s} e^{-(T_{t2}-T_{t1})s},$$
$$\frac{G_{21}}{G_{22}} = -\frac{K_{21}}{K_{22}}.$$

Wir können zwei Fälle unterscheiden. Ist $T_{t1} = T_{t2}$, so sind lediglich einfache rationale Übertragungsglieder zu realisieren, deren Zählergrad gleich dem Nennergrad ist. Das macht keine Schwierigkeiten; in diesem Fall ist die Entkopplung ohne weiteres durchführbar. Schlechter sieht es im Fall $T_{t1} < T_{t2}$ aus. Denn die Realisierung einer Totzeit, die dann in beiden Hauptreglern und einem Entkopplungsregler durchgeführt werden muss, kann bei ungenauer Nachbildung das dynamische Verhalten erheblich beeinträchtigen.

In anderen Fällen können Realisierungsschwierigkeiten dadurch eintreten, dass in den zur Entkopplung notwendigen Übertragungsfunktionen der Zählergrad größer ist als der Nennergrad. Mit Rücksicht auf die Störwelligkeit und Begrenzungen ist eine solche Realisierung nicht exakt durchführbar. Aus den Formeln (6.169) und (6.172), (6.173) geht hervor, dass die Regeleinrichtung auf jeden Fall recht aufwendig wird, wenn die Strecke von höherer Ordnung ist oder mehr als jeweils zwei Ein- und Ausgangsgrößen aufweist.

Hat man entkoppelt, so ist das Syntheseproblem auf den Fall der Einzelregelung zurückgeführt. Für den weiteren Entwurf hat man es mit n getrennten Einzelkreisen nach Art von Bild 6-76, rechts, zu tun. Diese kann man nach den früher beschriebenen Methoden, z. B. dem Frequenzkennlinienverfahren, behandeln und so geeignete Regler $G_{K\nu}(s)$ bestimmen.

Treten Schwierigkeiten bei der Realisierung der Regler auf oder erscheint der Realisierungsaufwand als zu groß, so liegt es nahe, auf die exakte Entkopplung zu verzichten und stattdessen nur eine *unvollständige Entkopplung* vorzunehmen.

Der einfachste Fall besteht darin, dass man *stationär entkoppelt*, das heißt, den Regler so wählt, dass im stationären Zustand, also für $t \to +\infty$ bzw. $s \to 0$, die Entkopplungsbedingung (6.168) erfüllt ist. Das ist gewiss der Fall für

$$\underline{R}(s) = \underline{G}^{-1}(0)\,\underline{G}_D(0)\,\underline{G}_K(s)\,. \tag{6.176}$$

Dann gilt nämlich für $s \to 0$

$$\underline{R}(0) = \underline{G}^{-1}(0)\,\underline{G}_D(0)\,\underline{G}_K(0) \quad \text{oder}$$
$$\underline{G}(0)\,\underline{R}(0) = \underline{G}_D(0)\,\underline{G}_K(0)\,.$$

Für eine Zweifachregelung erhält man die Reglerelemente aus (6.172), (6.173), wenn man dort außer in den $G_{K\nu}(s)$ für s den Wert 0 einsetzt:

$$R_{11}(s) = F_o\, G_{K1}(s)\,,$$
$$R_{21}(s) = -\frac{G_{21}(0)}{G_{22}(0)} R_{11}(s)\,,$$
$$R_{22}(s) = F_o\, G_{K2}(s)\,,$$
$$R_{12}(s) = -\frac{G_{12}(0)}{G_{11}(0)} R_{22}(s) \tag{6.177}$$

mit

$$F_o = \frac{1}{1 - \dfrac{G_{12}(0)\,G_{21}(0)}{G_{11}(0)\,G_{22}(0)}}\,. \tag{6.178}$$

Die Struktur dieses Reglers ist in Bild 6-79 dargestellt. Wie man sieht, schrumpfen die Entkopplungsregler auf Proportionalglieder zusammen, und die Regler $G_{K\nu}(s)$ sind lediglich mit konstanten Faktoren zu versehen. Das gilt auch für $n > 2$.

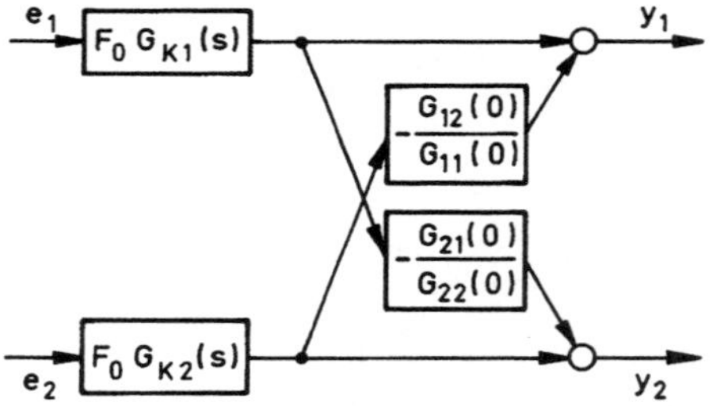

Bild 6-79: Stationäre Entkopplung bei einer Zweifachregelung

Um einen Eindruck von der Wirksamkeit der stationären Entkopplung zu geben, wurde die Strecke in Bild 6-73 stationär entkoppelt und mit den gleichen Hauptreglern wie dort versehen, die also unter der Annahme völliger Entkopplung entworfen wurden. Das Ergebnis sieht man in Bild 6-80. Ein Vergleich mit Bild 6-75 zeigt die überraschend günstige Wirkung der stationären Entkopplung. Bei praktischen Aufgaben wird sie vielfach genügen.

Zusammenfassend kann man Folgendes sagen. Ist es möglich, die Mehrfachstrecke vollständig zu entkoppeln, so ist das Syntheseproblem auf das bei Einzelregelungen zurückgeführt. Wird aus irgendwelchen Gründen nur eine unvollständige Entkopplung durchgeführt (oder ist die Strecke ohnehin nur schwach gekoppelt), so kann man versuchen, in gleicher Weise vorzugehen. Das heißt: Man ignoriert beim Entwurf der Korrekturglieder $G_{K\nu}(s)$ die Kopplungen und geht auch hier wie bei der Synthese von Einzelregelungen vor. Da aber die unvollständige Entkopplung keine exakte Trennung der Einzelkreise bewirkt, ist das erhal-

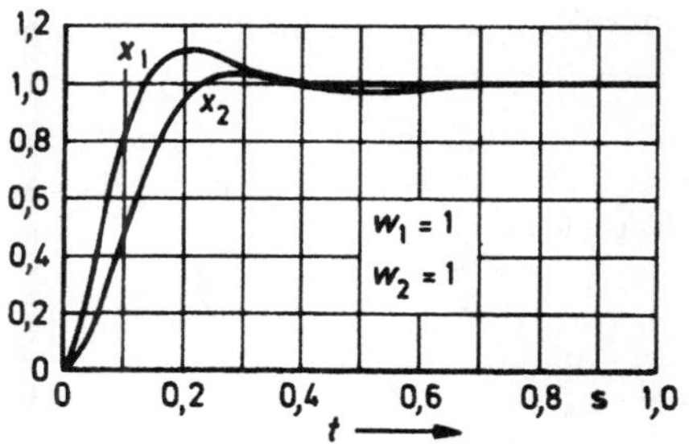

Bild 6-80: Ausgangsgrößen der Zweifachregelung aus Bild 6-73 bei stationärer Entkopplung

tene Resultat nicht von der gleichen Sicherheit wie bei der vollständigen Entkopplung. Die Stabilität des Gesamtsystems kann man dann mit den im folgenden Abschnitt beschriebenen Verfahren prüfen. Hinsichtlich des Zeitverhaltens sollte man die Regelung auf jeden Fall auf einem Rechner nachbilden.

Liegt die Strecke in Zustandsdarstellung vor, so bietet sich alternativ zu der hier beschriebenen Reihenentkopplung die im Abschnitt 9.5 beschriebene Entkopplung durch Zustandsrückführung an.

6.11.3 Stabilität von Mehrfachregelungen

Das für alle regelungstechnischen Untersuchungen so wichtige Problem der Stabilität wurde bisher noch nicht berührt. Der Grund liegt darin, dass gegenüber den Einzelregelungen – bis auf das im Mehrgrößenfall schwieriger zu überblickende Kompensationsverhalten (siehe Abschnitt 8.5) – keine *wesentlich* neuen Erscheinungen auftreten. Aus diesem Grund kann die Stabilitätsfrage auch summarischer behandelt werden als die mit der Entkopplung zusammenhängenden Fragen.

Solange man allein die gekoppelte Regelstrecke und deren Entkopplung durch Reihenschaltung betrachtet, spielt das Stabilitätsproblem keine Rolle. Das ändert sich, wenn der gesamte Regelkreis in Betracht gezogen wird. Dann gilt

$$\underline{X} = \underline{S}\,\underline{E}\,, \quad \underline{E} = \underline{W} - \underline{X}\,. \tag{6.179}$$

Dabei ist $\underline{S}$ diejenige Matrix, die den Zusammenhang zwischen den Regeldifferenzen und Regelgrößen zum Ausdruck bringt, wobei das System entkoppelt, nur näherungsweise entkoppelt oder gekoppelt sein darf, jedoch keine die (innere) Stabilität gefährdende Kompensationen in $\underline{S}$ auftreten sollen.

Aus (6.179) folgt

$$\underline{X} = \underline{S}(\underline{W} - \underline{X})\,,$$

$$(\underline{I} + \underline{S})\underline{X} = \underline{S}\,\underline{W}\,, \tag{6.180}$$

$$\underline{X} = (\underline{I} + \underline{S})^{-1}\underline{S}\,\underline{W}\,. \tag{6.181}$$

Die letzte Gleichung gilt, sofern die inverse Matrix zu $\underline{I} + \underline{S}$ existiert, also

$$\det(\underline{I} + \underline{S}) \not\equiv 0 \tag{6.182}$$

ist. Man darf annehmen, dass diese Determinante bei einem realen System nicht identisch Null wird. Hier geht nämlich normalerweise $S_{ik}(s) \to 0$, wenn die komplexe Variable s in der rechten Halbebene $\to \infty$ strebt. Daraus folgt, dass für genügend weit rechts gelegene s gilt:

$$\det(\underline{I} + \underline{S}) \approx \det \underline{I} = 1\,.$$

Gleichung (6.181) stellt die genaue Verallgemeinerung des Verhaltens einer Einzelregelung dar. Dort ist nämlich

$$X = \frac{S}{1+S} W = (1+S)^{-1} S\, W\,,$$

wenn $S(s)$ die Übertragungsfunktion des Vorwärtszweigs ist und Einheitsrückführung vorliegt.

Schreibt man die Matrizengleichung (6.180) elementweise, so erhält man das Gleichungssystem

$$\begin{aligned}
(1+S_{11})X_1 + S_{12}X_2 + \ldots + S_{1n}X_n &= \sum_{\nu=1}^{n} S_{1\nu} W_\nu\,,\\
S_{21}X_1 + (1+S_{22})X_2 + \ldots + S_{2n}X_n &= \sum_{\nu=1}^{n} S_{2\nu} W_\nu\,,\\
\vdots \qquad \ddots \qquad \vdots \qquad & \qquad \vdots\\
S_{n1}X_1 + S_{n2}X_2 + \ldots + (1+S_{nn})X_n &= \sum_{\nu=1}^{n} S_{n\nu} W_\nu\,.
\end{aligned}$$

Löst man nach den X_i auf, so erhält man eine Beziehung von der Form

$$X_i(s) = \frac{A_{i1}(s)\,W_1(s) + \ldots + A_{in}(s)\,W_n(s)}{\det(\underline{I} + \underline{S})}\,, \quad i = 1, \ldots, n\,,$$

mit gewissen komplexen Funktionen $A_{ik}(s)$. Denkt man sich weiter für die Führungsgrößen Sprungfunktionen aufgeschaltet und nimmt den Übergang in den Zeitbereich vor, so werden die Zeitfunktionen $x_i(t)$ mit wachsendem t sicher dann festen endlichen Werten zustreben, wenn die Pole von $X_i(s)$ links der imaginären Achse der s-Ebene liegen.

Das heißt aber: *Die Mehrfachregelung ist stabil, wenn die Nullstellen der Gleichung*

$$\det\left(\underline{I}+\underline{S}(s)\right)=0 \qquad (6.183)$$

links der imaginären Achse der s-Ebene gelegen sind. (6.183) ist die charakteristische Gleichung der Mehrfachregelung. Dieses Stabilitätskriterium gilt aber nur dann, wenn alle Teilsysteme $S_{ij}(s)$ der offenen Mehrfachregelung stabil sind oder (falls instabil) zu der charakteristischen Gleichung beitragen.

Andernfalls kann diese erfüllt und die Mehrfachregelung trotzdem instabil sein. Sei beispielsweise

$$\underline{S}=\begin{bmatrix} S_{11} & S_{12} \\ 0 & S_{22} \end{bmatrix}.$$

Dann lautet (6.183)

$$\begin{vmatrix} 1+S_{11} & S_{12} \\ 0 & 1+S_{22} \end{vmatrix}=0\,, \quad \text{also}$$

$$(1+S_{11})(1+S_{22})=0\,.$$

Die Übertragungsfunktion $S_{12}(s)$ kommt in der charakteristischen Gleichung nicht vor. Falls S_{12} ein instabiles Teilsystem charakterisiert, wird $x_1(t)$ instabiles Verhalten zeigen, auch dann, wenn die Nullstellen der charakteristischen Gleichung sämtlich links der j-Achse liegen.

Denkt man sich die Determinante in (6.183) ausgerechnet, so erhält man

$$1+F_o(s)=0\,,$$

wobei $F_o(s)$ eine rationale Funktion ist, wenn die Funktionen $S_{ik}(s)$ rational sind.

Bei einer Zweifachregelung hat man z. B.

$$\begin{vmatrix} 1+S_{11} & S_{12} \\ S_{21} & 1+S_{22} \end{vmatrix}=0 \quad \text{oder}$$

$$1+S_{11}(s)+S_{22}(s)+S_{11}(s)S_{22}(s)-S_{12}(s)S_{21}(s)=0\,.$$

Da die charakteristische Gleichung einer Mehrfachregelung von der gleichen Form ist wie bei einer Einzelregelung, kann man die von dort bereits bekannten Methoden verwenden, um zu prüfen, ob ihre Nullstellen links von der imaginären Achse der s-Ebene liegen.

Die Verwendung des Nyquist-Kriteriums ist hier gegenüber der Einzelregelung erschwert, weil die Funktion $F_o(s)$ nicht in faktorisierter Form, sondern als Summe gegeben ist. Gleiches gilt für die Anwendung des Wurzelortsverfahrens.

Hat man vollständig entkoppelt, so sind die S_{ik} mit $i \neq k$ identisch Null. Infolgedessen lautet hier die charakteristische Gleichung

$$\det(\underline{I}+\underline{S})=\begin{vmatrix} 1+S_{11}(s) & 0 & \dots & 0 \\ 0 & 1+S_{22}(s) & \dots & 0 \\ \vdots & \vdots & \ddots & \vdots \\ 0 & 0 & \dots & 1+S_{nn}(s) \end{vmatrix}=$$

$$=\left(1+S_{11}(s)\right)\cdots\left(1+S_{nn}(s)\right)=0\,.$$

Sie zerfällt daher in die charakteristischen Gleichungen der Einzelregelungen:

$$1+S_{ii}(s)=0\,, \quad i=1,\dots,n\,.$$

Das Gesamtsystem ist somit stabil, wenn sämtliche Einzelregelungen stabil sind, wie es ja der Fall sein muss.

Ist $S(s)$ nur mäßig gekoppelt, so kann die Stabilitätsprüfung unter zusätzlichen Bedingungen, die die Stärke der Kopplungen erfassen, ebenfalls anhand der Einzelregelkreise – etwa mit dem Nyquist-Kriterium – durchgeführt werden. Der darauf basierende Entwurf von Mehrfachregelungen stammt von ***Rosenbrock*** und ist z. B. in [6.35] beschrieben.

6.12 Analoge Realisierung des Reglers

In den vorangegangenen Abschnitten wurde gezeigt, wie man aus den Anforderungen an die Regelung die Übertragungsfunktion bzw. die Gleichung des Reglers bestimmen kann. Es erhebt sich nun die Frage, wie diese abstrakte Darstellung des Reglers in der realen technischen Anlage verwirklicht werden kann.

Hierfür gibt es zwei grundsätzlich verschiedene Wege. Der klassische Weg besteht darin, aus analogen Bausteinen, etwa elektronischen Bauelementen, ein spezielles Gerät zu erstellen, das so wirkt, wie die Übertragungsfunktion des Reglers es angibt. Man spricht dann von *analoger Realisierung des Reglers.*

Beim zweiten Weg stellt der Regler kein eigenes Gerät mehr dar. Vielmehr wird die komplexe Übertragungsgleichung des Reglers bzw. die zugehörige Zeitbereichsgleichung in einen Algorithmus umgesetzt, und dieser wird in einem Digitalrechner bzw. Mikrocontroller programmiert. Hierin besteht die *digitale Realisierung des Reglers,* und eine Regelung mit derart realisiertem Regler heißt *digitale Regelung.*

Was zunächst die analoge Reglerrealisierung angeht, so kann sie mittels verschiedenartiger Bauelemente durchgeführt werden – hydraulische, pneumatische und elektronische Geräte sind hier gängig. Wir wollen uns im Folgenden auf die elektronische Reglerrealisierung beschränken.

Die elektronische Reglerrealisierung kann auf zwei Arten erfolgen. Eine Möglichkeit besteht darin, *einen* elektronischen Verstärker mit geeignet gewählten RC-Netzwerken zu beschalten. Damit kann man zwar in kompakter Weise die gängigen Reglertypen erzeugen, bei komplizierterer Reglerübertragungsfunktion kann diese Vorgehensweise jedoch zu Schwierigkeiten führen, z. B. dadurch, dass die einzelnen Reglerparameter nicht mehr getrennt einstellbar sind. Dann kann man besser zu *Schaltungen mit mehreren Verstärkern* übergehen und diese nach Art von Analogrechenschaltungen entwerfen. Hierauf werden wir im Folgenden am Beispiel des PID-Reglers eingehen.

Die elektronische *Reglerrealisierung erfolgt durch einen Operationsverstärker mit vor- und übergeschaltetem RC-Netzwerk.* Hierzu sei zunächst eine Vorbemerkung gemacht. Liegt an einem RC-Netzwerk die Spannung $u(t)$ und wird es vom Strom $i(t)$ durchflossen, so bezeichnet man den Quotienten

$$\frac{U(s)}{I(s)} = \frac{\mathscr{L}\{u(t)\}}{\mathscr{L}\{i(t)\}} = Z(s) \qquad (6.184)$$

als Impedanz des Netzwerks. Beispielsweise gilt für das einfache Netzwerk in Bild 6-81:

$$u(t) = R\,i(t) + \frac{1}{C}\int_0^t i(\tau)\,d\tau\,,$$

also im Bildbereich der Laplace-Transformation

$$U(s) = RI(s) + \frac{1}{Cs}I(s) \quad \text{oder}$$

$$U(s) = (R + \frac{1}{Cs})I(s)\,.$$

Dieses Netzwerk hat also die Impedanz

$$Z = R + \frac{1}{Cs} = \frac{1+RCs}{Cs}\,.$$

In Bild 6-82 ist nun ein elektronischer Verstärker dargestellt, der mit zwei RC-Netzwerken beschaltet ist, welche die Impedanzen Z_u und Z_v haben. Der unbeschaltete Verstärker kann für unsere Zwecke durch die einfache Ersatzschaltung beschrieben werden, die in Bild 6-82 angegeben ist. Er ist durch drei Parameter charakterisiert:

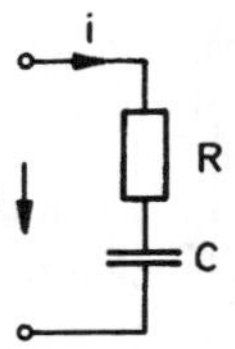

Bild 6-81: Einfaches RC-Netzwerk

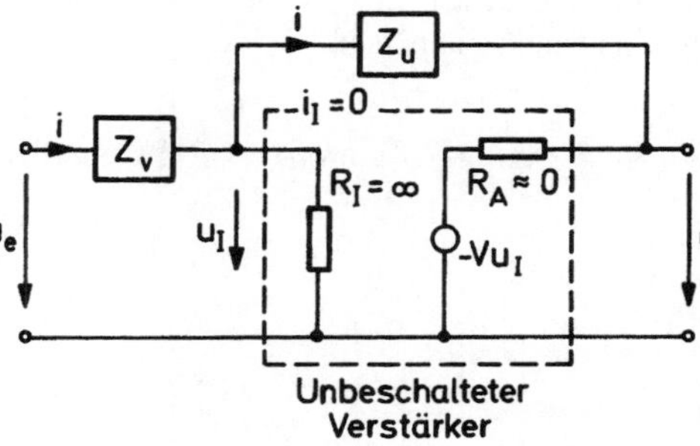

Bild 6-82: Beschalteter elektronischer Verstärker

- den Eingangswiderstand R_I, den wir gegenüber den Beschaltungswiderständen als unendlich groß ansehen dürfen (Größenordnung: 1 MΩ);
- den Ausgangswiderstand R_A, den wir gegen die Beschaltungswiderstände vernachlässigen können (Größenordnung: 100 Ω);
- die Spannungsverstärkung V (hat nichts mit der Kreisverstärkung zu tun!), die $\gg 1$ angenommen werden darf (Größenordnung: 50 000).

Dann gelten nach den Kirchhoffschen Gesetzen und (6.184) die folgenden Gleichungen:

$$U_e(s) = Z_v I(s) + U_I(s)\,, \qquad (6.185)$$

$$U_I(s) = U_a(s) + Z_u I(s)\,, \qquad (6.186)$$

$$U_a(s) = -V\,U_I(s)\,. \qquad (6.187)$$

Wegen $U_I = -\dfrac{U_a}{V}$ und $V >> 1$ darf man in (6.185) und (6.186) U_I vernachlässigen und erhält so

$$U_e(s) = Z_v I(s)\,, \quad U_a(s) = -Z_u I(s)$$

und daraus durch Elimination von $I(s)$:

$$U_a = \frac{Z_u}{Z_v}(-U_e)\,. \qquad (6.188)$$

Das ist ein sehr übersichtlicher *Zusammenhang zwischen der Eingangsspannung u_e und der Ausgangsspannung u_a des beschalteten Verstärkers.* Gibt man Z_u und Z_v in geeigneter Weise vor, so kann man offensichtlich gewünschte rationale Funktionen $Z_u(s)/Z_v(s)$ erzeugen.[15] Anders ausgedrückt: Durch geeignete Beschaltung des Verstärkers in Bild 6-82 kann man gewünschte Differentialgleichungen zwischen u_e und u_a verwirklichen.

Wenden wir dies sogleich auf den I-Anteil eines PID-Reglers an, wobei wir von der Parallelschaltung (6.102) ausgehen wollen, d. h.

$$G_K(s) = k_R\left[1 + \frac{1}{T_n s} + T_v s\right] = k_R[1 + G_I(s) + G_D(s)]\,. \qquad (6.189)$$

Hier ist

$$G_I(s) = \frac{1}{T_n s} \qquad (6.190)$$

zu verwirklichen. Es liegt nahe,

$$Z_u = \frac{1}{Cs} \quad \text{und} \quad Z_v = R_v \qquad (6.191)$$

zu wählen. Dann ist nämlich

$$\frac{Z_u}{Z_v} = \frac{1}{R_v C s}\,. \qquad (6.192)$$

Soll diese Funktion mit (6.190) identisch sein, so muss für die Nachstellzeit

$$R_v C = T_n$$

gelten. Das ist eine Gleichung für die zwei Schaltungsparameter R_v und C. Man kann daher einen von ihnen, etwa C, frei wählen. R_v ist dann eindeutig bestimmt. Die zugehörige Schaltung zeigt Bild 6-83.

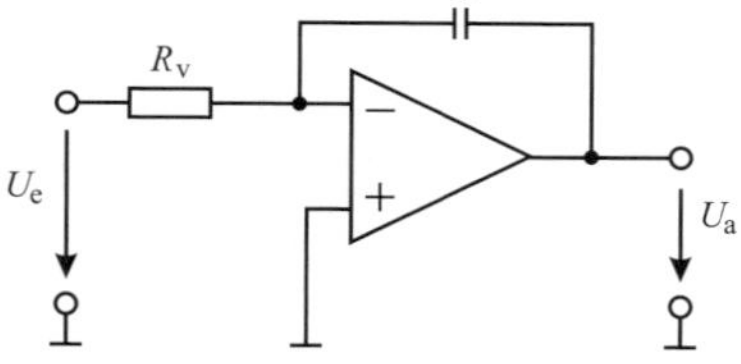

Bild 6-83: Realisierung eines I-Anteils mit der Nachstellzeit

$$T_n = R_v C$$

Da beim D-Glied $G_D(s)$ sowie der Realisierung eines P-Glieds mit der Verstärkung K_P die Betrachtungen entsprechend verlaufen, genügt es, das Resultat anzugeben. Man findet es in den Bildern 6-84 und 6-85. Außerdem findet man dort die Gleichungen, welche die Schaltungsparameter mit den Reglerdaten verknüpfen und aus denen man die Ersteren ausrechnen kann. Sie sind nicht eindeutig festgelegt; vielmehr kann man stets *einen* frei wählen, ähnlich, wie dies im obigen Beispiel geschehen ist.

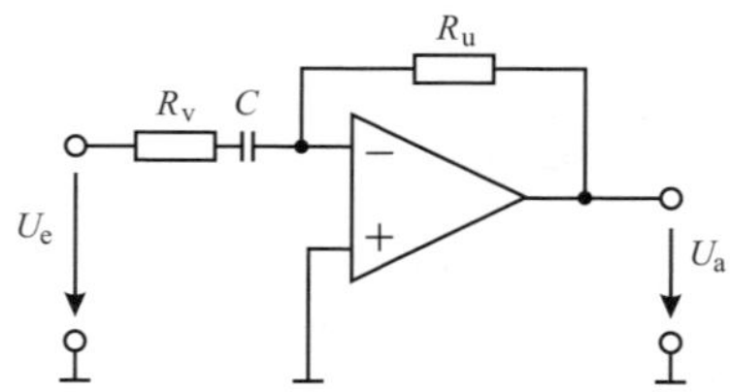

Bild 6-84: Realisierung des idealen ($T_N = 0$) und realen D-Glieds

$$G_D(s) = \frac{T_v s}{1 + T_N s}\,, \quad T_v = R_u C\,, \quad T_N = R_v C$$

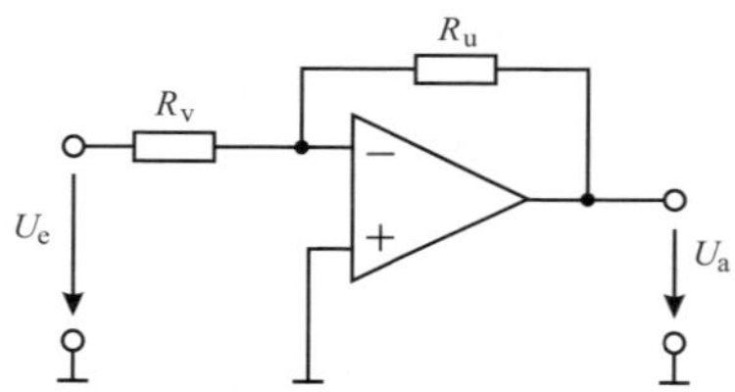

Bild 6-85: Realisierung eines P-Glieds mit der Verstärkung

$$K_P = \frac{R_u}{R_v}$$

Die durch (6.189) vorgegebene Addition der drei Regleranteile sowie deren anschließende Multiplikation mit k_R führt schließlich zu der in Bild 6-86 dargestellten Schaltung eines PID-Reglers.[16] Diese besitzt gegenüber anderen Realisierungsvarianten den Vorteil, dass sämtliche drei Reglerparameter k_R, T_n und T_v voneinander unabhängig einstellbar und P-, I- und D-Anteil einzeln zu- und abschaltbar sind. Darüber hinaus wird durch die Reihenschaltung von jeweils zwei invertierenden Verstärkerstufen die in der Regel unerwünschte Invertierung in (6.188) zwischen Ein- und Ausgang eliminiert.

Betrachten wir als Zahlenbeispiel den PI-Regler (6.61) zur Drehzahlregelung. Hier muss gelten:

15 Dabei ist allerdings zu beachten, dass in (6.188) die Ausgangsspannung U_a invertiert ist, d. h. zusätzlich noch mit dem Faktor -1 multipliziert wird.

16 Zur Anpassung an hochohmige Signalquellen kann am Eingang eventuell noch ein Impedanzwandler vorgesehen werden.

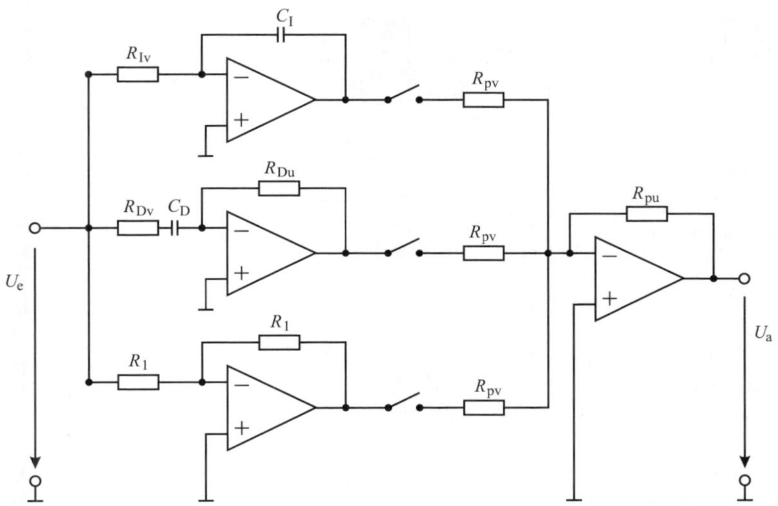

Bild 6-86: Realisierung des idealen ($T_N = 0$) und realen PID-Reglers nach (6.189)

$$k_R = \frac{R_{Pu}}{R_{Pv}}, \quad T_n = R_{Iv} C_I, \quad T_v = R_{Du} C_D, \quad T_N = R_{Dv} C_D$$

$$k_R = \frac{R_{Pu}}{R_{Pv}} = 5,75 \cdot 0,53 = 3,0475$$

$$T_n = R_{Iv} C_I = \frac{1}{5,75} = 0,174$$

Wählt man etwa aus der IEC Normreihe $C_I = 17,4\,\mu\text{F}$, und $R_{Pu} = 60,4\,\text{k}\Omega$ so ergeben sich $R_{Iv} = 10\,\text{k}\Omega$ und $R_{Pv} = 19,8\,\text{k}\Omega$.

6.13 Digitale Realisierung des Reglers

Mit den Fortschritten der Digitalelektronik sind neben die analogen Ausführungen des Reglers (Abschnitt 6.12) die digitalen Realisierungen mittels Mikrocontrollern oder auch spezieller digitaler Reglerbausteine getreten. Der zeitliche Verlauf der Stellgröße wird bei diesen Geräten nicht mehr durch Summation analoger Spannungsverläufe, sondern durch eine numerische Rechenvorschrift, also einen – meist rekursiven – Algorithmus, erzeugt. Die digitale Realisierung der Reglerfunktionen hat eine Reihe wesentlicher Vorzüge; sie ermöglicht

- durch die Verwendung von hochintegrierten Bauelementen einen platzsparenden und kostengünstigen Regleraufbau,
- eine sichere Übertragung von Messsignalen und Stellgrößen mittels Bussystemen auch über große Entfernungen,
- die gleichzeitige Beeinflussung mehrerer Regelkreise durch Einsatz von Zeitmultiplex-Verfahren,
- die genaue und langzeitstabile Einstellung der Reglerparameter oder ihre gezielte Anpassung (Adaption) an geänderte Prozesseigenschaften,
- die Realisierung (fast) beliebig komplexer Regelalgorithmen,
- einen sicheren Betrieb durch den Einsatz von redundanten Rechnersystemen sowie die Möglichkeit zur Selbstüberwachung und Systemdiagnose und
- eine einfache Einbindung der Regelung in übergeordnete Aufgaben der Prozessautomatisierung wie Grenzwertüberwachung, Protokollierung und Prozessoptimierung.

Die digitalen Regler haben daher heute die analogen Ausführungen weitgehend verdrängt, ähnlich wie in der Nachrichtentechnik die analoge Übertragungstechnik fast vollständig durch digitale Signalverarbeitungsverfahren ersetzt wurde.

Digitale Regler arbeiten im Gegensatz zu ihren analogen Verwandten prinzipiell mit zeit- und wertdiskreten Größen. Da die Prozessgrößen, insbesondere die Regelgrößen, in der Regel als zeit- und wertkontinuierliche Signale vorliegen, müssen sie zunächst in eine für den Regler geeignete Form umgesetzt werden. Zunächst werden hierfür die kontinuierlichen

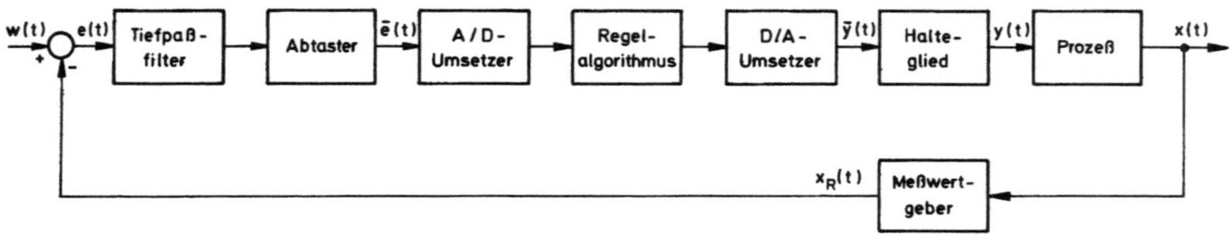

Bild 6-87: Blockschaltbild des Regelkreises mit Digitalregler

Prozessgrößen durch Analog-Digital-Wandler zu diskreten, meist äquidistanten Zeitpunkten abgetastet und in Zahlenfolgen umgewandelt. Der digitale Regler rechnet diese Zahlenfolgen nach den in ihm implementierten Algorithmen in andere Zahlenfolgen um, die dann durch Digital-Analog-Wandler in analoge Größen und durch eine Halteoperation bzw. die Speicherung über eine Abtastperiode in zeitkontinuierliche, meist treppenförmige Stellgrößen überführt werden. Das Blockschaltbild des Regelkreises mit Digitalregler (Bild 6-87) und die zeitlichen Verläufe der Prozessgrößen (Bild 6-88) verdeutlichen diese Teilfunktionen; das zur Bandbegrenzung der Regeldifferenz eingezeichnete Tiefpassfilter (Antialiasing-Filter) ist erforderlich, um Signalverzerrungen durch höherfrequente Signalanteile zu verhindern [6.36]. Gemäß dem Abtasttheorem muss dazu dessen Bandbreite bzw. Grenzkreisfrequenz ω_B kleiner als die halbe Abtastkreisfrequenz $1/2 \cdot \omega_A = \pi/T$ gewählt werden, wobei T die konstante Abtastzeit ist.

Die Analyse der Regelung und die Auslegung des Digitalrechners werden durch die folgenden Annahmen wesentlich vereinfacht:

- Die eingesetzten Analog-Digital- und Digital-Analog-Wandler haben ein so großes Auflösungsvermögen, dass alle Prozessgrößen praktisch wertkontinuierlich sind. Die verbleibende Amplitudenquantisierung kann näherungsweise durch ein überlagertes stochastisches Signal (Rauschen) beschrieben werden.
- Die Regelabweichung $e(t)$ wird mit einer konstanten Abtastzeit T abgetastet, die wesentlich kleiner ist als die Zeitkonstanten des Prozesses. Die zeitdiskreten Prozessgrößen können daher als quasikontinuierlich aufgefasst werden. Die Grenzkreisfrequenz ω_B des Antialiasing-Filters ist dann so groß, dass das Filter in dem für die Regelung interessierenden Frequenzbereich als Proportionalglied mit dem Beiwert 1 angesehen werden kann.
- Der Regelalgorithmus benötigt zur Berechnung der Stellgröße eine gegenüber der Abtastperiode vernachlässigbare Zeit.

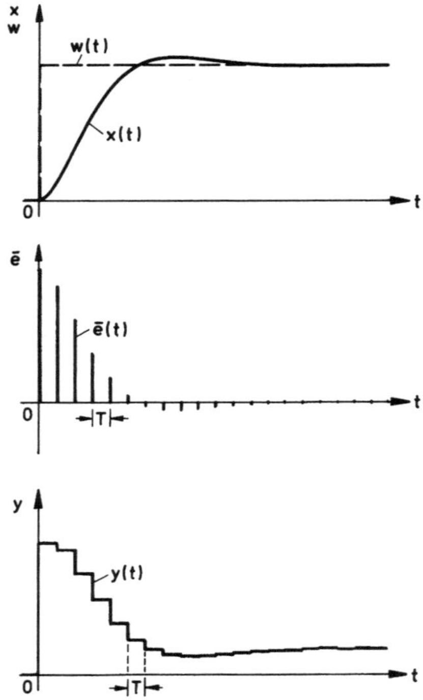

Bild 6-88: Zeitliche Verläufe der Prozessgrößen zu Bild 6-87

Während die erste Annahme mit den heute verfügbaren hochgenauen A/D-Wandlern praktisch immer erfüllt ist, können die beiden anderen Voraussetzungen durchaus verletzt sein. Wird z. B. die Regelgröße durch ein aus physikalischen Gründen zeitdiskret arbeitendes Messgerät erfasst, können die auftretenden Abtastzeiten auch größer sein als die Zeitkonstanten des Prozesses. Beispiele hierfür treten insbesondere bei Ortungsvorgängen auf, z. B. in der Luftraumüberwachung mittels Rundsuchradar oder bei der Unterwasserortung mittels Aktivsonar. Auch die vom Regelalgorithmus benötigten Rechenzeiten können im Vergleich zur Abtastzeit nicht mehr zu vernachlässigende Werte annehmen, z. B. wenn die Abtastzeit aufgrund der Prozessdynamik sehr klein gewählt werden muss und gleichzeitig stochastische Störungen das Fehlersignal überlagern und eine rekursive Glättung notwendig machen [6.37] oder generell ein entsprechend komplexer Regelalgorithmus abzuarbeiten ist. In diesen Fällen sind die nachfolgenden Überlegungen natürlich nicht zutreffend.

Bei Gültigkeit der obigen Annahmen kann man das Tiefpassfilter und die Umsetzer für die regelungstechnische Analyse vernachlässigen. Außerdem kann man das Halteglied formal über den digitalen Regler nach vorn verschieben, mit dem Abtaster zum Abtast-Halte-Glied (AH-Glied, siehe Abschnitt 2.4.6) vereinen und erhält die in Bild 6-89 dargestellte vereinfachte Blockstruktur, die den nachfolgenden Überlegungen zugrunde liegt. Wie die in Bild 6-90 gezeigten Zeitverläufe der Prozessgrößen zeigen, erzeugt der Digitalregler aus einem treppenförmigen Verlauf der Regeldifferenz einen ebenfalls treppenförmigen Stellgrößenverlauf. Da die digitale Arbeitsweise des Reglers nun für regelungstechnische Aufgabenstellungen ohne Bedeutung ist, können der digitale Regler als Abtastregler und der digitale Regelkreis als Abtastregelkreis aufgefasst und analysiert werden [6.38].

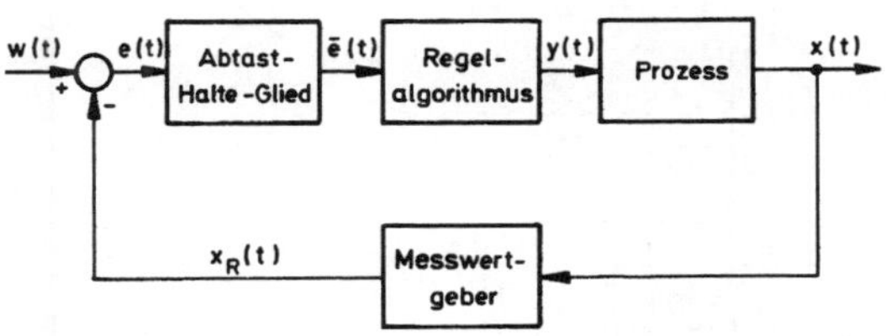

Bild 6-89: Vereinfachtes Blockschaltbild des Regelkreises mit Digitalregler

Da infolge der hohen Abtastrate alle Zeitvorgänge quasikontinuierlich verlaufen, liegt der Gedanke nahe, die in Abschnitt 6.4 angegebenen analogen Regler in eine zeitdiskrete Form zu bringen. Die realisierbaren Regler bestehen aus einer Zusammenschaltung von Proportional- und Integriergliedern, so dass man für eine direkte Umsetzung insbesondere das zeitdiskrete Äquivalent eines zeitkontinuierlichen Integrierers benötigt. Ein derartiger Integrierer mit der Eingangsgröße $u(t)$ und der Ausgangsgröße $y(t)$ wird nach Abschnitt 2.3.3 durch die Differentialgleichung

$$\dot{y}(t) = K u(t) \tag{6.193}$$

beschrieben, wobei K den konstanten Verstärkungsfaktor bezeichnet. Integriert man diese vom Zeitpunkt t_{k-1} bis zum aktuellen Zeitpunkt $t_k = t_{k-1} + T$, also über ein Abtastintervall, erhält man die Beziehung

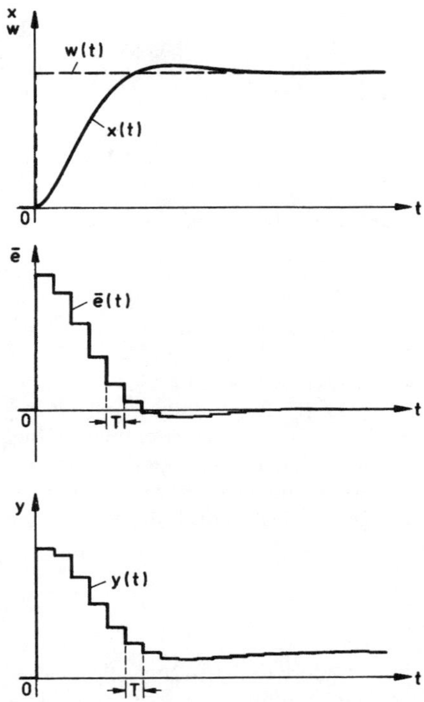

Bild 6-90: Zeitliche Verläufe der Prozessgrößen zu Bild 6-89

$$y_k = y_{k-1} + K \int_{t_{k-1}}^{t_k} u(t)\,dt\,, \tag{6.194}$$

wobei abkürzend $y_k = y(t_k)$ und $y_{k-1} = y(t_{k-1})$ gesetzt wurde. Das Integral auf der rechten Seite kann je nach der geforderten Genauigkeit auf verschiedene Weise ausgewertet werden. Für kleine Abtastintervalle reicht meist die Rechteckregel (Bild 6-91) aus, mit der man aus (6.194) die rekursive Beziehung

$$y_k = y_{k-1} + K\, u_k\, T \tag{6.195}$$

mit $u_k = u(t_k)$ erhält. Nach dem Verschiebungssatz der Laplace-Transformation (Abschnitte 2.3.5 und 11.1.4) kann aber die um eine Abtastperiode T verzögerte Zeitfolge $y_{k-1} = y(t_k - T)$ im Bildbereich durch $y_k\, e^{-Ts}$ beschrieben werden. Führt man abkürzend den Verschiebungsoperator $z = e^{Ts}$ ein, kann man für (6.195) auch

$$y_k = y_k z^{-1} + K\, u_k\, T$$

schreiben. Berechnet man hieraus das Verhältnis y_k/u_k, erhält man die zeitdiskrete Übertragungsfunktion des digitalen Integrierers nach der (Rückwärts-) Rechteckregel zu

$$G(z) = \frac{y_k}{u_k} = K\frac{T}{1-z^{-1}}. \qquad (6.196)$$

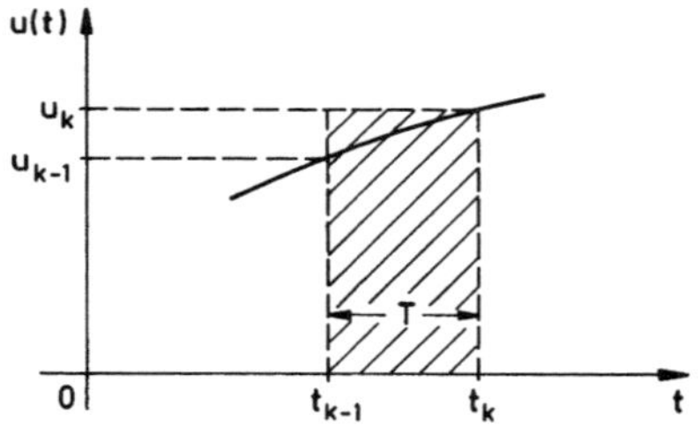

Bild 6-91: Integration mit der Rechteckregel

Man kann also den analogen Integrierer mit der Übertragungsfunktion K/s für nicht zu große Abtastperioden näherungsweise durch den digitalen Integrierer mit der Übertragungsfunktion nach (6.196) ersetzen, d. h. es gilt die Beziehung

$$\frac{1}{s} \approx \frac{T}{1-z^{-1}}. \qquad (6.197)$$

Lässt man die Abtastperiode gegen Null gehen, erhält man für die rechte Seite mit $z^{-1} = \mathrm{e}^{-Ts} = 1 - Ts + \frac{1}{2!}(Ts)^2 - + \ldots$

$$\lim_{T\to 0}\frac{T}{1-z^{-1}} = \lim_{T\to 0}\frac{T}{1-1+Ts-\frac{1}{2}(Ts)^2 + - \ldots} = \frac{1}{s},$$

so dass für $T \to 0$ (6.197) exakt erfüllt ist.

Zu einer etwas genaueren Approximation des analogen Integrierers gelangt man durch Auswerten des Integrals in (6.194) mit der Trapezregel (Bild 6-92).

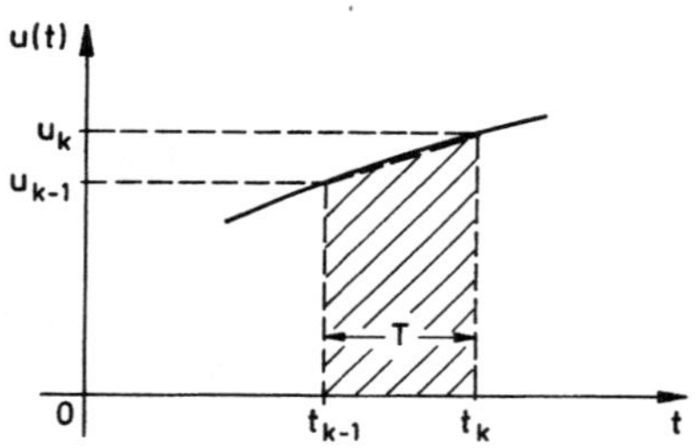

Bild 6-92: Integration mit der Trapezregel

Man erhält die rekursive Beziehung

$$y_k = y_{k-1} + K\frac{u_k + u_{k-1}}{2}T,$$

die man mit dem Verschiebungsoperator z^{-1} in

$$(1-z^{-1})y_k = K\frac{T}{2}(1+z^{-1})u_k$$

umformen kann. Die diskrete Übertragungsfunktion des digitalen Integrierers nach der Trapezregel ist also

$$G(z) = \frac{y_k}{u_k} = K\frac{T}{2}\frac{1+z^{-1}}{1-z^{-1}}, \qquad (6.198)$$

es gilt daher die Näherungsbeziehung

$$\frac{1}{s} \approx \frac{T}{2}\frac{1+z^{-1}}{1-z^{-1}}; \qquad (6.199)$$

auch hier stimmen für $T \to 0$ die beiden Seiten der Gleichung exakt überein. Diese bilineare Umrechnungsbeziehung, die gegenüber der Beziehung (6.197) einige Vorteile besitzt, wird in der Literatur als „Tustin-Transformation" bezeichnet [6.39]. Die Sprungantworten der digitalen Integrierer nach (6.197) und (6.199) sind in Bild 6-93 aufgetragen.

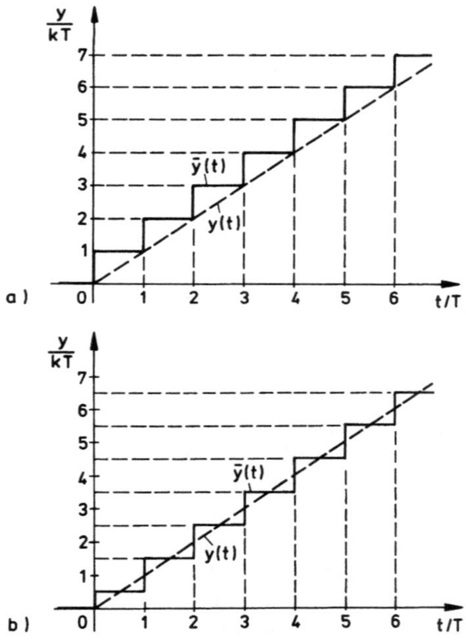

Bild 6-93: Sprungantworten des digitalen Integrierers
a) Integration mit der Rechteckregel
b) Integration mit der Trapezregel

Die Berechnung des digitalen Reglers soll nun für den realen PID-Regler (Abschnitt 6.4, Tabelle 6-1) gezeigt werden, wobei als Integrationsverfahren die Rechteckregel verwendet werden soll. Ersetzt man in der Übertragungsfunktion

$$G_K(s) = K_R\frac{(1+T_{R1}s)(1+T_{R2}s)}{s(1+T_N s)}$$

des Reglers die Bildvariable durch

$$s = \frac{1-z^{-1}}{T}$$

nach (6.197), erhält man zunächst

$$G_{KZ}(z) = K_R T \frac{\left[1+\frac{T_{R1}}{T}(1-z^{-1})\right]\left[1+\frac{T_{R2}}{T}(1-z^{-1})\right]}{(1-z^{-1})\left[1+\frac{T_N}{T}(1-z^{-1})\right]}.$$

Durch Umstellen und Ausmultiplizieren gewinnt man die diskrete Übertragungsfunktion

$$G_{KZ}(z) = \frac{b_0 + b_1 z^{-1} + b_2 z^{-2}}{1 - a_1 z^{-1} - a_2 z^{-2}} \qquad (6.200)$$

mit den Parametern

$$\left.\begin{aligned} a_1 &= \frac{1+2\,T_N/T}{1+T_N/T}, \\ a_2 &= -\frac{T_N/T}{1+T_N/T}, \\ b_0 &= \frac{K_R T}{1+T_N/T}(1+\frac{T_{R1}}{T})(1+\frac{T_{R2}}{T}), \\ b_1 &= -\frac{K_R T}{1+T_N/T}\left[\frac{T_{R1}}{T}+\frac{T_{R2}}{T}+2\,\frac{T_{R1}T_{R2}}{T^2}\right], \\ b_2 &= \frac{K_R T}{1+T_N/T}\,\frac{T_{R1}T_{R2}}{T^2}. \end{aligned}\right\} \qquad (6.201)$$

Ähnliche Umrechnungsbeziehungen erhält man auch für den digitalen Integrierer nach der Trapezregel [6.40].

Die Realisierung des digitalen Reglers kann durch einen rekursiven Algorithmus im Mikrocontroller oder – bei besonderen Anforderungen an die Schnelligkeit der Regelung – auch durch einen speziellen Signalprozessor ([6.41–6.43]) oder ein FPGA erfolgen. Für den digitalen Regler 2. Ordnung gemäß (6.200) erhält man die rekursive Beziehung zur Berechnung der Stellgröße zu

$$y_k = a_1 y_{k-1} + a_2 y_{k-2} + b_0 e_k + b_1 e_{k-1} + b_2 e_{k-2}, \qquad (6.202)$$

wobei die Koeffizienten a_i und b_i aus (6.201) durch Nullsetzen der Zeitkonstanten T_N und T_{R2} entnommen werden können. Diese rekursive Differenzengleichung ist für $k = 0,1,2,\ldots$ mit den Anfangswerten $e_{-2} = e_{-1} = y_{-2} = y_{-1} = 0$ auszuwerten. Schaltet man beispielsweise eine sprungförmige Regeldifferenz

$$e_k = \begin{cases} 0 & \text{für} \quad k<0 \\ 1 & \text{für} \quad k \geq 0 \end{cases}$$

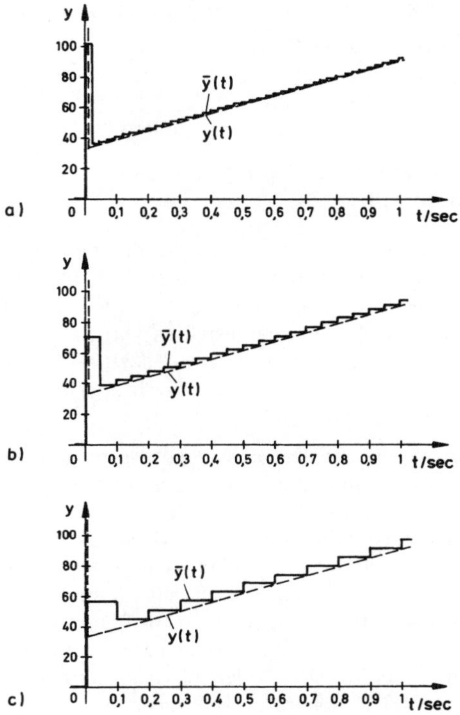

Bild 6-94: Sprungantworten des PID-Reglers
a) Abtastperiode $T = 0,025\,\text{sec}$
b) Abtastperiode $T = 0,05\,\text{sec}$
c) Abtastperiode $T = 0,1\,\text{sec}$

auf, erhält man die ersten Stellgrößen nacheinander zu

$$y_0 = b_0,$$
$$y_1 = a_1 y_0 + b_0 + b_1,$$
$$y_2 = a_1 y_1 + a_2 y_0 + b_0 + b_1 + b_2, \text{ usw.}$$

Bild 6-94 zeigt die Sprungantworten des digitalen PID-Reglers, der dem analogen PID-Regler mit der Übertragungsfunktion

$$G_K(s) = 57,5\,\frac{(1+0,53s)(1+0,05s)}{s}$$

(vgl. Abschnitt 6.5) entspricht, für die drei Abtastperioden $T = 0,025$ sec, $T = 0,05$ sec und $T = 0,1$ sec; man erkennt die mit der kleiner werdenden Abtastperiode verbesserte Approximation der stetigen Sprungantwort.

7 Beschreibung dynamischer Systeme mit Hilfe von Zustandsvariablen (Zustandsgrößen)

7.1 Frequenzbereichs- und Zustandsmethodik

Im zweiten Teil unseres Buchs wollen wir eine Methodik zur Behandlung von dynamischen Systemen, insbesondere Regelungen, beschreiben, die von der in den bisherigen Kapiteln dargestellten Vorgehensweise recht verschieden ist. Werfen wir dazu noch einmal einen Blick zurück und vergegenwärtigen uns die Grundidee der bisherigen Methodik!

Wenn man sich bemüht, eine Regelung oder auch ein anderes dynamisches System aufgrund der physikalischen Gesetzmäßigkeiten möglichst exakt zu beschreiben, so erhält man eine Gesamtheit von Funktionalbeziehungen zwischen den zeitveränderlichen Größen des Systems, meist ein Gemisch aus gewöhnlichen Gleichungen und Differentialgleichungen. In vielen Fällen sind diese Beziehungen linear und zeitinvariant oder können zumindest mit genügender Näherung als linear und zeitinvariant angesehen werden. Dann kann man die Laplace-Transformation anwenden und so von dem Gleichungs-Differentialgleichungssystem des Zeitbereichs zu einem gewöhnlichen Gleichungssystem im Bereich der komplexen Zahlen übergehen, den man meist als Frequenzbereich bezeichnet.

Man übersetzt auf diese Weise die Problemstellung aus dem *Zeitbereich*, in dem sich alles physikalische Geschehen abspielt, in den *Frequenzbereich*. Dort wird sie mit den Methoden der komplexen Rechnung bearbeitet und – so wollen wir annehmen – einer Lösung zugeführt. Um sie in eine gerätetechnische Realisierung umzusetzen, muss man aber zum Schluss wieder in den Zeitbereich zurückkehren, was grundsätzlich mit der inversen Laplace-Transformation geschieht.

Die hiermit umrissene Vorgehensweise ist in Bild 7-1 als gestrichelter Polygonzug veranschaulicht. Im konkreten Fall können Übersetzung und Rückübersetzung statt mit der Laplace-Transformation auch mit der Fourier-Transformation oder der z-Transformation erfolgen. Darauf kommt es hier nicht an – wesentlich ist allein der Übergang aus dem Zeitbereich in den Frequenzbereich und die hier vorgenommene Problemlösung. Diese Vorgehensweise, die etwa seit Anfang der 1940er Jahre in der Regelungstechnik praktiziert wird [7.1], also seit die Regelungstechnik als eigene Disziplin existiert, hat sich als sehr wirkungsvoll erwiesen. Ich hoffe, dass die vorangegangenen Kapitel dieses Buchs hiervon einen Eindruck vermittelt haben.

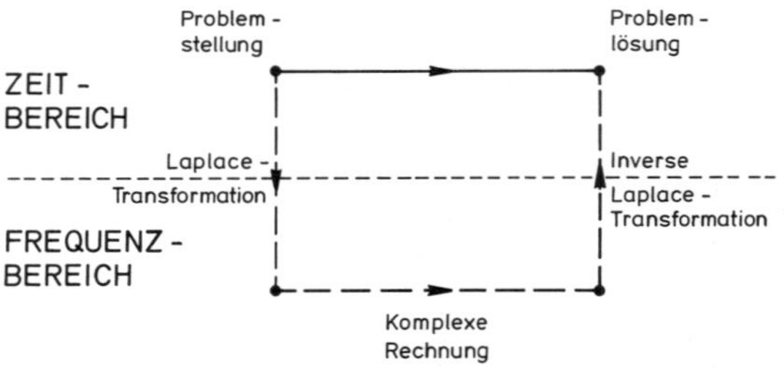

Bild 7-1: Frequenzbereichsmethodik (– – –) und Zustandsmethodik (——)

Dennoch lässt sich nicht leugnen, dass diese *„Frequenzbereichsmethodik"* begrifflich einen Umweg darstellt: Man geht aus dem Zeitbereich über den Frequenzbereich wieder in den Zeitbereich zurück. Geradliniger wäre es doch, unmittelbar im Zeitbereich von der Problemstellung zur Problemlösung zu gelangen, wie es die durchgezogene Linie in Bild 7-1 andeutet. Das ist in der Tat in rationeller Weise mittels der *„Zustandsmethodik"* möglich.

Dies ist eine zweite Vorgehensweise zur Behandlung von Steuerungs- und Regelungsproblemen, die vor allem auf ***Kalman*** zurückgeht [7.2] und seit Anfang der 1960er Jahre neben die Frequenzbereichsmethodik getreten ist. Bei ihr bleibt man im Zeitbereich, also bei dem Gleichungs-Differentialgleichungssystem, das sich unmittelbar aus der Modellbildung ergibt. Man bringt dieses Gleichungssystem lediglich auf eine bestimmte Form, die für seine weitere Behandlung besonders zweckmäßig ist. Sie besteht – überschlägig gesagt – darin, dass man Variablen einführt, die zwischen den Ein- und den Ausgangsgrößen der Strecke vermitteln und den Zustand der Strecke charakterisieren. Deshalb werden sie als *Zustandsvariablen oder Zustandsgrößen* bezeichnet. Hierdurch wird zum einen eine komprimierte Beschreibung dynamischer Systeme gegeben, deren Kern eine Vektordifferentialgleichung bildet, zum anderen ist eine relativ anschauliche Behandlung dieser Systeme in einem n-dimensionalen Vektorraum, dem *Zustandsraum*, möglich.

Worin liegen nun die *Vorzüge der Zustandsbeschreibung* gegenüber der Frequenzbereichsmethodik? Man kann sie vor allem in folgenden Punkten sehen:

(I) Die Frequenzbereichsmethodik ist im Wesentlichen auf die Behandlung linearer und zeitinvarianter Systeme beschränkt. Die *Zustandsraumbeschreibung ist auch auf nichtlineare und zeitvariante Systeme anwendbar.* Sie hat dort zu schönen Analyse- und Synthesemethoden geführt, die im Frequenzbereich nicht erhalten werden konnten.

(II) Aber auch dann, wenn wir bei linearen und zeitinvarianten Systemen bleiben, wie es in diesem Buch der Fall ist, ermöglicht die Zustandsbeschreibung *neue Einsichten in das Systemverhalten,* die in der Frequenzbereichsmethodik nicht möglich waren.

Grob gesagt, kümmert sich diese nur um das Übertragungsverhalten, also um die Beziehung zwischen Ein- und Ausgangsgrößen, macht sich jedoch keine Gedanken um die inneren Zustände der Systeme. Man kann sich vorstellen, dass die Zustandsbeschreibung, die gerade hierauf abzielt, zu neuen Einsichten in das Systemverhalten führen kann. Das fundamentale Begriffspaar „Steuerbarkeit – Beobachtbarkeit“ (Abschnitt 8.3) bietet ein eindrucksvolles Beispiel.

(III) Die klassische Betrachtungsweise ist im Wesentlichen auf Eingrößensysteme beschränkt, d. h. auf Systeme mit nur einer Ein- und einer Ausgangsgröße. Sie erlaubt die Behandlung von Mehrgrößensystemen in lediglich eingeschränkter Weise dadurch, dass diese entkoppelt und somit auf Eingrößensysteme zurückgeführt werden – es sei denn, man greift auf theoretisch aufwendigere Frequenzbereichsmethoden für den Mehrgrößenfall zurück (siehe etwa [7.3], [7.4]).

Demgegenüber sind die Zustandsverfahren gerade auf Mehrgrößensysteme zugeschnitten. Insbesondere sind *effiziente Entwurfsverfahren für Mehrgrößensysteme* entwickelt worden. Da die Komplexität der zu behandelnden Systeme ständig im Wachsen ist, sind solche Verfahren von zunehmender Bedeutung.

(IV) Reale Systeme sind häufig von sehr hoher Ordnung und verwickelter Struktur. Dann liefert die Beschreibung durch Vektordifferentialgleichungen meist einen besseren Überblick als die Benutzung von Übertragungsfunktionen. Insbesondere stellt sie eine günstigere Basis für die Berechnung des Systems dar. Die Zeitvorgänge eines realen Systems werden in jedem Fall auf dem Rechner bestimmt. Die Beschreibung durch Vektordifferentialgleichungen gestattet eine sehr *rationelle numerische Berechnung auf dem Digitalrechner.*

Ausdrücklich sei betont, dass Frequenzbereichs- und Zustandsmethodik einander keineswegs als Konkurrenten gegenüberstehen. Jede der beiden Vorgehensweisen hat ihre Berechtigung. Es hängt von der Beschaffenheit des betrachteten Systems und der Aufgabenstellung ab, welche Behandlungsweise vorzuziehen ist. Vielfach wird eine Kombination beider Vorgehensweisen am günstigsten sein.

7.2 Einführung von Zustandsvariablen (Zustandsgrößen)

Wir wollen die Zustandsvariablen am *Beispiel eines Gleichstrommotors* einführen, der aber nicht nur über den Anker gesteuert wird, was z. B. bei der Drehzahlregelung in Abschnitt 1.3 der Fall war, sondern über Anker *und* Feld beeinflusst werden soll. Den grundsätzlichen Aufbau zeigt Bild 7-2.

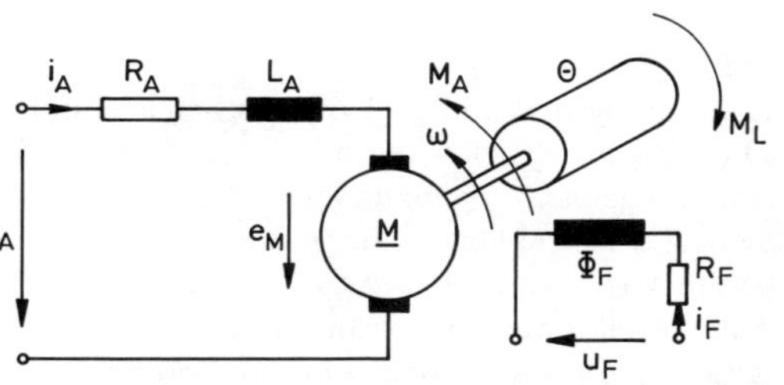

Bild 7-2: Gleichstrommotor, über Feld und Anker gesteuert

Um die Gleichungen des Motors anzugeben, gehen wir vom *Feldkreis* aus, dessen Größen durch den Index F gekennzeichnet sind. Der Feldkreis entspricht genau dem Netzwerk in Bild 2-1. Wir können deshalb seine Gleichungen von dort übernehmen. Aus (2.1) bis (2.3) wird hier

$$u_F = R_F i_F + \dot{\Phi}_F, \tag{7.1}$$

aus (2.4) wird

$$\Phi_F = F(i_F),$$

wobei also i_F der Feldstrom, Φ_F der Feldfluss und F eine nichtlineare Kennlinie nach Art von Bild 2-2 ist. Bezeichnet $\widetilde{F}$ die inverse Kennlinie, so gilt

$$i_F = \widetilde{F}(\Phi_F). \tag{7.2}$$

Der Ankerkreis des Motors (Index A) und die mechanische Bewegung des Motorankers mit Last werden so beschrieben, wie dies in Abschnitt 1.3 angegeben wurde, nur dass der Feldfluss Φ_F jetzt nicht fest, sondern zeitveränderlich ist. Man erhält so für den *Ankerkreis* die Gleichungen

$$u_A - e_M = R_A i_A + L_A \dot{i}_A\,, \tag{7.3}$$

$$e_M = c\Phi_F \omega\,. \tag{7.4}$$

Für die *mechanische Bewegung* ergibt sich

$$\Theta\dot{\omega} = M_A - M_L\,, \tag{7.5}$$

$$M_A = c\Phi_F i_A\,. \tag{7.6}$$

Setzt man nun die gewöhnlichen Gleichungen (7.2), (7.4) und (7.6) in die zugehörigen Differentialgleichungen (7.1), (7.3) und (7.5) ein und löst nach den Ableitungen auf, so bekommt man

$$\dot{\Phi}_F = -R_F \widetilde{F}(\Phi_F) + u_F\,, \tag{7.7}$$

$$\dot{i}_A = -\frac{c}{L_A}\Phi_F\omega - \frac{R_A}{L_A} i_A + \frac{1}{L_A} u_A\,, \tag{7.8}$$

$$\dot{\omega} = \frac{c}{\Theta}\Phi_F i_A - \frac{1}{\Theta} M_L\,. \tag{7.9}$$

Das ist ein System von drei Differentialgleichungen 1. Ordnung in expliziter Form, d. h. nach den Ableitungen aufgelöst. *Eingangsgrößen* sind die Feldspannung $u_F(t)$, die Ankerspannung $u_A(t)$ und das Lastmoment $M_L(t)$. Was *Ausgangsgröße* ist, hängt von der Aufgabenstellung ab. Beim Motor ist es meist die Winkelgeschwindigkeit ω (bzw. die dazu proportionale Drehzahl, gemessen in Umdrehungen pro Minute). Es könnte aber auch das Antriebsmoment

$$M_A = c\Phi_F i_A \tag{7.10}$$

sein, z. B. dann, wenn eine Momentenregelung aufgebaut werden soll. Dies wollen wir hier annehmen. Die zeitveränderlichen Größen $\Phi_F(t), i_A(t)$ und $\omega(t)$ spielen die Rolle von *Zwischengrößen*, welche die Verbindung von Ein- und Ausgangsgrößen herstellen.

Wir betrachten nun dieses durch die Gleichungen (7.7) bis (7.10) beschriebene dynamische System „Gleichstrommotor" von irgendeinem Zeitpunkt t_0 ab und denken uns die Eingangsgrößen von diesem Zeitpunkt ab als Zeitverläufe vorgegeben – wie, ist grundsätzlich ohne Belang. Auf den ersten Blick könnte man nun vielleicht meinen, dass hierdurch die Zwischengrößen $\Phi_F(t)$, $i_A(t)$ und $\omega(t)$ und mit ihnen die Ausgangsgröße $M_A(t)$ eindeutig bestimmt werden. Auf den zweiten Blick sieht man jedoch, dass dem nicht so ist: Für verschiedene Anfangswerte $\Phi_F(t_0)$, $i_A(t_0)$ und $\omega(t_0)$ ergeben sich bei gleichen Eingangsgrößen verschiedene Verläufe der Zwischengrößen. Das liegt von der Physik her auf der Hand. Mathematisch drückt sich diese Tatsache darin aus, dass ein Differentialgleichungssystem unendlich viele Lösungen hat. Eine eindeutig bestimmte Lösung erhält man erst dadurch, dass man Anfangswerte vorgibt, von denen die Lösung ausgehen soll. Sind zu einem beliebigen Zeitpunkt t_0 die Eingangsgrößen für alle $t > t_0$ vorgegeben, so sind die Zwischengrößen $\Phi_F(t)$, $i_A(t)$ und $\omega(t)$ und mit ihnen die Ausgangsgröße $M_A(t)$ für alle $t > t_0$ eindeutig bestimmt, sofern die Anfangswerte $\Phi_F(t_0)$, $i_A(t_0)$ und $\omega(t_0)$ ebenfalls vorgegeben sind. Die Zwischengrößen Φ_F, i_A und ω heißen dann *Zustandsvariablen oder Zustandsgrößen* des Systems „Gleichstrommotor". Da der Zeitpunkt t_0 beliebig ist, kann man sagen: Die Werte der Zustandsvariablen zu irgendeinem Zeitpunkt bestimmen eindeutig das gesamte weitere Systemverhalten, sofern der Verlauf der Eingangsgrößen ab diesem Zeitpunkt gegeben ist.

Die Differentialgleichungen (7.7) bis (7.9), welche die Zustandsvariablen in Abhängigkeit von den Eingangsgrößen darstellen, heißen *Zustandsdifferentialgleichungen des Gleichstrommotors.* Die gewöhnliche Gleichung (7.10), welche die Ausgangsgröße in Abhängigkeit von den Zustandsvariablen wiedergibt, wollen wir als *Ausgangsgleichung* bezeichnen.

Der hiermit am Beispiel eingeführte Begriff der Zustandsvariablen kann in geradliniger Weise verallgemeinert werden. Ein dynamisches System (dynamischer Prozess) besitze die Eingangsgrößen $u_1(t),\ldots,u_p(t)$. Dabei darf es sich grundsätzlich sowohl um Stellgrößen als auch um Störgrößen handeln. Späterhin werden wir darunter, sofern nicht ausdrücklich etwas anderes gesagt ist, Stellgrößen verstehen. Weiterhin seien $y_1(t),\ldots,y_q(t)$ die Ausgangsgrößen des dynamischen Systems, also diejenigen Systemgrößen, für deren Zeitverlauf man sich aufgrund der Aufgabenstellung vor allem interessiert, meist deshalb, weil sie in einem übergeordneten System eine Rolle spielen.

Aus den physikalischen Gesetzen, die für das dynamische System gelten, kann man den Zusammenhang zwischen den Eingangsgrößen $u_1(t),\ldots,u_p(t)$ und den Ausgangsgrößen $y_1(t),\ldots,y_q(t)$ herstellen. Wie im Falle des Gleichstrommotors erhält man ihn häufig, vermittelt durch Zwischengrößen $x_1(t),\ldots,x_n(t)$, in Form eines Gleichungssystems, das aus Differentialgleichungen und gewöhnlichen Gleichungen besteht:

$$\left.\begin{aligned} \dot{x}_1 &= f_1(x_1,\ldots,x_n;u_1,\ldots,u_p;t),\\ &\;\vdots\\ \dot{x}_n &= f_n(x_1,\ldots,x_n;u_1,\ldots,u_p;t); \end{aligned}\right\} \tag{7.11}$$

$$\left.\begin{aligned} y_1 &= g_1(x_1,\dots,x_n;u_1,\dots,u_p;t), \\ &\vdots \\ y_q &= g_q(x_1,\dots,x_n;u_1,\dots,u_p;t). \end{aligned}\right\} \qquad (7.12)$$

Dann gilt unter sehr allgemeinen Voraussetzungen, die wir bei technischen Systemen normalerweise als gegeben ansehen dürfen, der folgende Satz:[1]

Ist t_0 ein beliebiger Zeitpunkt und sind die Eingangsgrößen $u_1(t),\dots,u_p(t)$ für $t > t_0$ gegeben, so sind die Zwischengrößen $x_1(t),\dots,x_n(t)$ für alle $t > t_0$ eindeutig bestimmt, sofern die Anfangswerte $x_1(t_0),\dots,x_n(t_0)$ vorgegeben sind. Man nennt dann $x_1,\dots,x_n$ Zustandsvariablen oder Zustandsgrößen des dynamischen Systems; die Wertegesamtheit $x_1(t),\dots,x_n(t)$ zu irgendeinem Zeitpunkt t heißt Zustand des Systems. (7.13)

Das Wesen der Zustandsvariablen besteht also darin, dass durch ihren Wert zu irgendeinem Zeitpunkt t_0 der Ablauf des Systems für $t > t_0$ eindeutig bestimmt ist, sofern die Eingangsgrößen für $t > t_0$ gegeben sind. Das Systemverhalten für $t < t_0$ spielt hierfür keine Rolle; es ist also ohne Belang, durch welche Vorgänge in der Vergangenheit die Anfangswerte $x_1(t_0),\dots,x_n(t_0)$ zustande gekommen sind.

Was die Differentialgleichungen (7.11) angeht, so ist es wichtig festzuhalten, dass in ihnen nur die Eingangsgrößen $u_1,\dots,u_p$ selbst auftreten, nicht aber deren Ableitungen. Das ist von praktischer Bedeutung. Vielfach weisen die Eingangsgrößen ja Sprünge auf, z. B. durch Schaltvorgänge. Ihre Ableitungen enthalten an solchen Stellen δ-Impulse, was die Behandlung der Gleichungen, z. B. bei einer Rechnersimulation, erschwert. Solche Schwierigkeiten sind bei der Zustandsdarstellung nicht zu befürchten.

Die Tatsache, dass die rechten Seiten der Zustandsdifferentialgleichungen (7.11) nur von den u_ν selbst, aber nicht von deren Ableitungen abhängen, hat weiterhin zur Folge, dass die Zustandsvariablen $x_1(t),\dots,x_n(t)$ stetig sind, also insbesondere

$$x_i(t_0+0) = x_i(t_0-0) = x_i(t_0)\,,\; i = 1,\dots,n\,,$$

ist. Das bedeutet eine Vereinfachung gegenüber der Betrachtungsweise im Frequenzbereich, wo man bei der Differentiationsregel der Laplace-Transformation zwischen den Anfangswerten bei $t = +0$ und $t = -0$ unterscheiden muss. Etwas Derartiges ist bei Zustandsvariablen nicht erforderlich.

Noch ein Wort zur Bezeichnungsweise! Ich habe mich an die im regelungstechnischen Schrifttum über die Zustandsmethodik fast durchgängig übliche Symbolik gehalten, nach der die Zustandsvariablen mit x_1, $x_2,\dots$ und die Ausgangsgrößen mit y_1, $y_2,\dots$ bezeichnet werden. Leider liegt hier eine Überschneidung zur Frequenzbereichsmethodik und unseren Normen [7.8, 7.9] vor. Denn dort wird mit x die Regelgröße und mit y die Stellgröße bezeichnet, während für die Ausgangsgrößen in den Normen die Bezeichnung v_1, $v_2,\dots$ verwendet wird. Ich denke aber, dass trotzdem keine ernsthaften Missverständnisse zu befürchten sind.

Betrachtet man die Gleichungssysteme (7.11) und (7.12), so liegt es nahe, zur Vereinfachung der Schreibweise Vektoren einzuführen:

$$\underline{x}(t) = \begin{bmatrix} x_1(t) \\ \vdots \\ x_n(t) \end{bmatrix}, \; \underline{u}(t) = \begin{bmatrix} u_1(t) \\ \vdots \\ u_p(t) \end{bmatrix}, \; \underline{y}(t) = \begin{bmatrix} y_1(t) \\ \vdots \\ y_q(t) \end{bmatrix};$$

$$\underline{f} = \begin{bmatrix} f_1 \\ \vdots \\ f_n \end{bmatrix}, \; \underline{g} = \begin{bmatrix} g_1 \\ \vdots \\ g_q \end{bmatrix}.$$

Hier wie auch im Folgenden sind Vektoren und Matrizen durch Unterstreichung gekennzeichnet. Dabei werden Vektoren im Allgemeinen mit Kleinbuchstaben, Matrizen mit Großbuchstaben bezeichnet. Berücksichtigt man, dass ein Vektor, dessen Elemente Zeitfunktionen sind, elementweise differenziert wird, so gilt

$$\dot{\underline{x}}(t) = \begin{bmatrix} \dot{x}_1(t) \\ \vdots \\ \dot{x}_n(t) \end{bmatrix}.$$

Damit kann man das Differentialgleichungssystem (7.11) zu *einer Vektordifferentialgleichung* zusammenfassen:

$$\dot{\underline{x}} = \underline{f}(\underline{x}, \underline{u}, t). \qquad (7.14)$$

Entsprechend wird aus dem Gleichungssystem (7.12) *eine Vektorgleichung*:

$$\underline{y} = \underline{g}(\underline{x}, \underline{u}, t). \qquad (7.15)$$

1 Es handelt sich hierbei um den *Existenz- und Eindeutigkeitssatz für Differentialgleichungen* (siehe etwa [7.5–7.7]). Er gilt zunächst nur für stetige Eingangsfunktionen $u_1(t),\dots,u_p(t)$, lässt sich aber auf stückweise stetige Funktionen erweitern.

Die Vektordifferentialgleichung (7.14) sei als *Zustandsdifferentialgleichung* bezeichnet, die Vektorgleichung (7.15) als *Ausgangsgleichung*, beide Beziehungen zusammen als *Zustandsgleichungen*. In Bild 7-3 sind die verschiedenen Beziehungen zusammengestellt, wobei hier wie im Folgenden vektorielle Zeitgrößen durch doppelte Wirkungslinien gekennzeichnet sind.

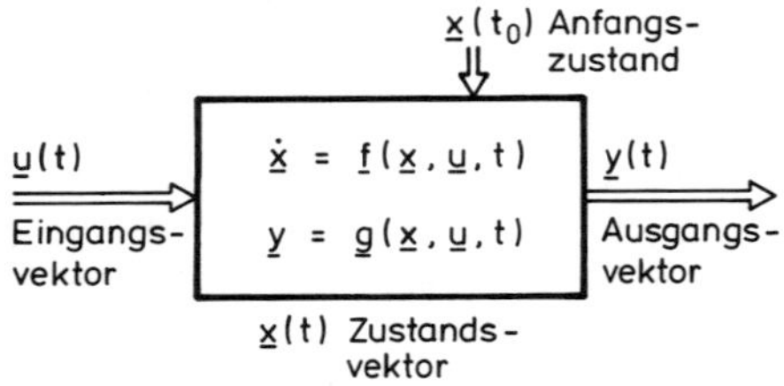

Bild 7-3: Zustandsbeschreibung eines dynamischen Systems

Die Komponenten des Zustandsvektors $\underline{x}$ kann man als Koordinaten eines Punkts im n-dimensionalen euklidischen Raum auffassen. Diesen bezeichnet man als *Zustandsraum* des Systems. Für irgendeinen Zeitpunkt t stellt $\underline{x}(t)$ einen bestimmten Punkt dieses Raums dar. Er ist das geometrische Bild für den dynamischen Zustand des Systems. Man spricht daher vom *Zustandspunkt des Systems*. Mit fortschreitender Zeit t ändert der Zustandspunkt seine Lage im Raum. Er beschreibt dort eine Kurve, die *Zustandskurve* oder *Trajektorie* des Systems. Sie geht für $t = t_0$ vom Punkt $\underline{x}(t_0) = \underline{x}_0$ aus. Dabei ist der Eingangsvektor $\underline{u}(t)$ als eine fest gegebene Zeitfunktion angenommen. Von Ausnahmepunkten abgesehen, geht durch jeden Punkt des Zustandsraums oder eines Teilbereichs genau eine Trajektorie.

Häufig wird die Zustandsbeschreibung wie überhaupt das mathematische Modell eines dynamischen Systems durch Aufstellen von *Bilanzgleichungen* erhalten. Diese sind von der Form

$$dM = m_z dt - m_a dt \quad \text{bzw.} \quad \dot{M} = m_z - m_a\,. \qquad (7.16)$$

Dabei ist $M(t)$ eine Erhaltungsgröße, etwa Masse, Energie oder Impuls, und dM ihre Änderung während dt innerhalb eines bestimmten Bereichs; m_z bezeichnet den Zufluss und m_a den Abfluss der Erhaltungsgröße pro Zeiteinheit.

Als Beispiel zur Anwendung von Bilanzgleichungen betrachten wir das *3-Tank-System* in Bild 7-4. Eingangsgrößen sind die beiden Zuflüsse q_1 und q_2, Zustandsvariablen offensichtlich die Füllstände h_1, h_2 und h_3 in den drei Behältern. Sind sie nämlich zu einem Zeitpunkt t_0 gegeben, so ist der weitere Ablauf des Prozesses eindeutig bestimmt, sofern man noch die Zuflüsse für $t > t_0$ kennt. Letztlich soll für dieses System eine Regelung entworfen werden, die einen festen Betriebszustand aufrechterhält, in dem sich das System im Gleichgewicht befindet. Wir gehen deshalb sogleich zu den Abweichungen von diesem festen Betriebszustand über:

$$\Delta q_\nu = u_\nu\,, \quad \nu = 1, 2\,,$$
$$\Delta h_i = x_i\,, \quad i = 1, 2, 3\,.$$

Für die folgenden Betrachtungen sind also u_1 und u_2 die Eingangsgrößen, x_1, x_2 und x_3 die Zustandsvariablen des Systems.

Wir nehmen die Aufstellung der Bilanzgleichung am ersten Behälter vor, wobei wir uns auf eine überschlägige Betrachtung beschränken wollen. Ist ρ die Dichte der Flüssigkeit, so ist die Massenänderung im ersten Behälter während dt durch

$$dm = \rho A_1 dx_1$$

gegeben, wenn A_1 der Behälterquerschnitt ist. Der Massenzufluss pro Zeiteinheit ist

$$m_z = \rho u_1\,,$$

wenn u_1 den Volumenstrom pro Zeiteinheit bezeichnet. Beim Massenabfluss ist plausibel, dass er proportional zur Differenz der Füllstände im ersten und im zweiten Behälter ist:

$$m_a = \rho A_1 k_1 (x_1 - x_2)\,.$$

Gemäß (7.16) wird so

$$\rho A_1 dx_1 = \rho u_1 dt - \rho A_1 k_1 (x_1 - x_2) dt$$

oder kürzer

$$\dot{x}_1 = -a_{11} x_1 + a_{12} x_2 + b_{11} u_1$$

mit positiven Koeffizienten a_{11}, a_{12} und b_{11}.

Ganz entsprechend stellt man die Bilanzgleichungen für den zweiten und den dritten Behälter auf und er-

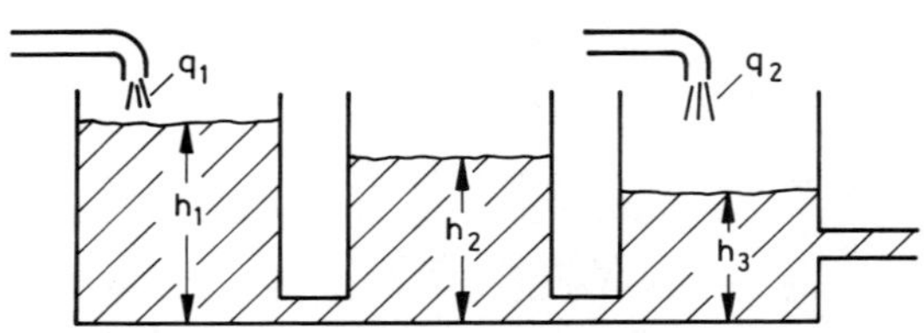

Bild 7-4: 3-Tank-System

hält als System der Zustandsdifferentialgleichungen

$$\left.\begin{aligned} \dot{x}_1 &= -a_{11}x_1 + a_{12}x_2 + b_{11}u_1\,, \\ \dot{x}_2 &= \quad a_{21}x_1 - a_{22}x_2 + a_{23}x_3\,, \\ \dot{x}_3 &= \quad a_{32}x_2 - a_{33}x_3 + b_{32}u_2\,, \end{aligned}\right\} \tag{7.17}$$

wobei die Koeffizienten a_{ik} und $b_{\mu\nu}$ positiv sind. Ausgangsgrößen dieses Systems sind die Füllstände, so dass hier die Ausgangsgrößen mit den Zustandsvariablen zusammenfallen, was ohne Weiteres möglich ist:

$$y_1 = x_1\,, \quad y_2 = x_2\,, \quad y_3 = x_3\,. \tag{7.18}$$

Übergang zur vektoriellen Darstellung liefert die Zustandsdifferentialgleichung

$$\underline{\dot{x}} = \underline{A}\,\underline{x} + \underline{B}\,\underline{u} \tag{7.19}$$

mit

$$\underline{A} = \begin{bmatrix} -a_{11} & a_{12} & 0 \\ a_{21} & -a_{22} & a_{23} \\ 0 & a_{32} & -a_{33} \end{bmatrix}, \quad \underline{B} = \begin{bmatrix} b_{11} & 0 \\ 0 & 0 \\ 0 & b_{32} \end{bmatrix}.$$

Es sei angemerkt, dass hier die Matrix $\underline{A}$ symmetrisch ist, wenn die Behälterquerschnitte gleich sind und ebenso die Rohrquerschnitte. Für die Ausgangsgleichung folgt aus (7.18)

$$\underline{y} = \underline{C}\,\underline{x}\,, \tag{7.20}$$

wobei $\underline{C}$ die (3, 3)-Einheitsmatrix $\underline{I}$ ist.

Welche Größen als Zustandsvariablen eingeführt werden können, hängt von der Art des Systems ab. Bei *mechanischen Starrkörpersystemen* wird man meist Lagen und Geschwindigkeiten als Zustandsvariablen nehmen. Sind nämlich Lagen und Geschwindigkeiten eines Systems von Starrkörpern und Massenpunkten zu einem bestimmenten Zeitpunkt gegeben, so ist der weitere Ablauf der Systembewegung vollständig determiniert, sofern etwaige äußere Kräfte zusätzlich vorgegeben werden. Im nächsten Abschnitt werden wir das Beispiel eines solchen mechanischen Systems betrachten.

Handelt es sich um *elektrische Netzwerke,* die aus Ohmschen Widerständen, Kapazitäten und Induktivitäten bestehen, so führt man als Zustandsvariablen die Ströme durch die Induktivitäten und die Spannungen an den Kapazitäten ein. Bild 7-5 zeigt ein einfaches Beispiel. Hierbei stellt die Spannung u die Eingangsgröße dar, während der Strom i und die Spannung u_C die Zustandsvariablen sind. Dann gelten die Gleichungen

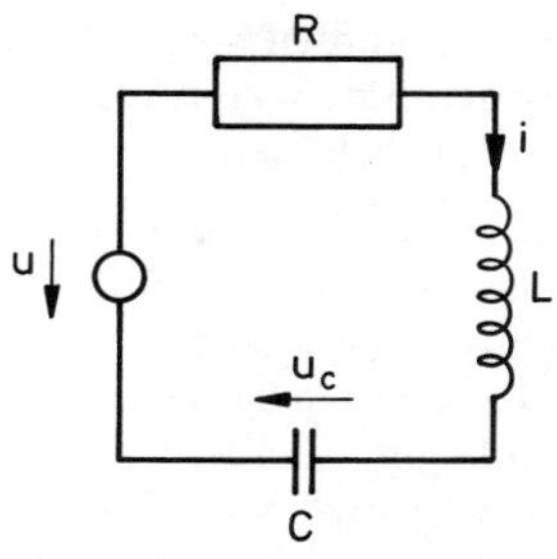

Bild 7-5: Elektrisches Netzwerk

$$u = R\,i + L\,\dot{i} + u_C\,, \qquad u_C = \frac{1}{C}\int_0^t i\,d\tau\,,$$

wenn sich zum Zeitpunkt $t = 0$ keine Ladung auf dem Kondensator befindet. Aus diesen Gleichungen folgt

$$\dot{i} = -\frac{R}{L}\,i - \frac{1}{L}\,u_C + \frac{1}{L}\,u\,,$$

$$\dot{u}_C = \frac{1}{C}\,i\,.$$

Mit $x_1 = i$, $x_2 = u_C$ wird daraus die Vektordifferentialgleichung

$$\underline{\dot{x}} = \underline{A}\,\underline{x} + \underline{b}\,u \tag{7.21}$$

mit

$$\underline{A} = \begin{bmatrix} -\frac{R}{L} & -\frac{1}{L} \\ \frac{1}{C} & 0 \end{bmatrix}, \quad \underline{b} = \begin{bmatrix} \frac{1}{L} \\ 0 \end{bmatrix}.$$

Ist der Strom $x_1 = i$ die interessierende Ausgangsgröße, so gehört dazu die Ausgangsgleichung

$$y = x_1 = [1 \quad 0] \cdot \begin{bmatrix} x_1 \\ x_2 \end{bmatrix}$$

oder

$$y = \underline{c}^T\,\underline{x}\,. \tag{7.22}$$

Dabei ist $\underline{c}^T = [1 \quad 0]$ ein Zeilenvektor, was hier wie im Folgenden durch das Transpositionszeichen T angedeutet werden soll.

Bei komplizierteren elektrischen Netzwerken kann es sein, dass Kapazitätsspannungen linear von anderen abhängen, und Gleiches kann für Induktivitätsströme gelten. Dann dürfen solche linear abhängigen Größen nicht als Zustandsvariablen genommen werden.[2] Wie in diesem Fall bei elektrischen Netzwerken vorzugehen ist, kann man z. B. in [7.11] nachlesen.

Im Vorhergehenden wurden die Zustandsgleichungen dadurch ermittelt, dass mittels der physikalischen Gesetze die Beziehungen zwischen den zeitveränderlichen Größen des dynamischen Systems aufgestellt wurden. Gelegentlich kommt es aber auch vor, dass bereits ein *anders geartetes mathematisches Modell des dynamischen Systems* vorliegt. Die Aufgabe besteht dann darin, dieses *in die Zustandsdarstellung zu verwandeln*. Das Systemmodell kann vor allem in einer der drei folgenden Gestalten gegeben sein:

(I) Als *gewöhnliche Differentialgleichung oder System von gewöhnlichen Differentialgleichungen* höherer als 1. Ordnung.

(II) Als *komplexe Übertragungsgleichung* von der Form $Y(s) = G(s)U(s)$ mit einer rationalen Funktion $G(s)$.

(III) Als *Strukturbild*.

In den folgenden Abschnitten werden diese drei Fälle näher betrachtet.

7.3 Aufstellen der Zustandsgleichungen aus Differentialgleichungen höherer Ordnung

Wir gehen von der *Differentialgleichung n-ter Ordnung*

$$\overset{(n)}{y} = h(y, \dot{y}, \ldots, \overset{(n-1)}{y}; u; t) \tag{7.23}$$

aus, deren rechte Seite nur von der Eingangsgröße u selbst, aber nicht von ihren Ableitungen abhängen soll. h ist eine durch die Modellbildung gegebene Form, die auch nichtlinear sein darf.

Dann führt man als Zustandsvariablen die Ableitungen der Ausgangsgröße y einschließlich y selbst ein:

$$x_1 = y\,,\ x_2 = \dot{y}\,,\ x_3 = \ddot{y}\ \ldots,\ x_{n-1} = \overset{(n-2)}{y}\,,\ x_n = \overset{(n-1)}{y}\,.$$

2 Werden über algebraische Gleichungen verknüpfte Größen zur Systembeschreibung mitverwendet, so spricht man von Deskriptorvariablen anstelle von Zustandsvariablen. Die algebraischen Gleichungen bilden dann zusammen mit den Differentialgleichungen die Systembeschreibung, weswegen hier die Bezeichnung als *differential-algebraisches System oder auch Deskriptorsystem* üblich ist. Näheres zu dieser Systemklasse findet sich beispielsweise in [7.10] sowie der dort angegebenen Literatur.

Aus dieser Definition folgt sofort:

$$\left.\begin{aligned} \dot{x}_1 &= x_2\,,\\ \dot{x}_2 &= x_3\,,\\ &\vdots\\ \dot{x}_{n-1} &= x_n\,. \end{aligned}\right\} \tag{7.24}$$

Damit hat man bereits $n-1$ Zustandsdifferentialgleichungen. Die letzte noch erforderliche Zustandsdifferentialgleichung ergibt sich aus der gegebenen Differentialgleichung (7.23), indem man dort die Definition der Zustandsvariablen einsetzt. Wegen

$$\overset{(n)}{y} = \frac{d}{dt}\overset{(n-1)}{y} = \frac{d}{dt}x_n$$

wird so

$$\dot{x}_n = h(x_1, x_2, \ldots, x_n; u; t)\,. \tag{7.25}$$

Die Beziehungen (7.24) und (7.25) bilden das System der Zustandsdifferentialgleichungen, das äquivalent zur Differentialgleichung (7.23) ist.

Bei einem *System von mehreren Differentialgleichungen höherer Ordnung* geht man ganz entsprechend vor. Zur Vermeidung von Umständlichkeiten betrachten wir zwei gekoppelte Differentialgleichungen 2. Ordnung:

$$\left.\begin{aligned} \ddot{y}_1 &= h_1(y_1, \dot{y}_1, y_2, \dot{y}_2; u; t)\,,\\ \ddot{y}_2 &= h_2(y_1, \dot{y}_1, y_2, \dot{y}_2; u; t)\,. \end{aligned}\right\} \tag{7.26}$$

Mit

$$x_1 = y_1\,,\ x_2 = \dot{y}_1\,,\ x_3 = y_2\,,\ x_4 = \dot{y}_2$$

wird daraus

$$\left.\begin{aligned} \dot{x}_1 &= x_2\,,\\ \dot{x}_2 &= h_1(x_1, x_2, x_3, x_4; u; t)\,,\\ \dot{x}_3 &= x_4\,,\\ \dot{x}_4 &= h_2(x_1, x_2, x_3, x_4; u; t)\,. \end{aligned}\right\} \tag{7.27}$$

Als Beispiel betrachten wir die in Bild 7-6 dargestellte *Verladebrücke* (Brückenkran). Die Laufkatze fährt aus einer bestimmten Anfangsposition, in welcher der Greifer eine Last aufnimmt, in eine gegebene Endposition, in der er die Last absetzt. Durch die Fahrbewegung der Katze wird der Greifer zu Schwingungen angeregt, die wegen der erheblichen Masse des mit der Last beschwerten Greifers auf das Katzfahrzeug zurückwirken. Diese Schwingungen sind praktisch ungedämpft. Die Aufgabe besteht letztlich darin, eine Regelung zu entwerfen, die diese Schwingungen in hinreichend kurzer Zeit zur Ruhe bringt.

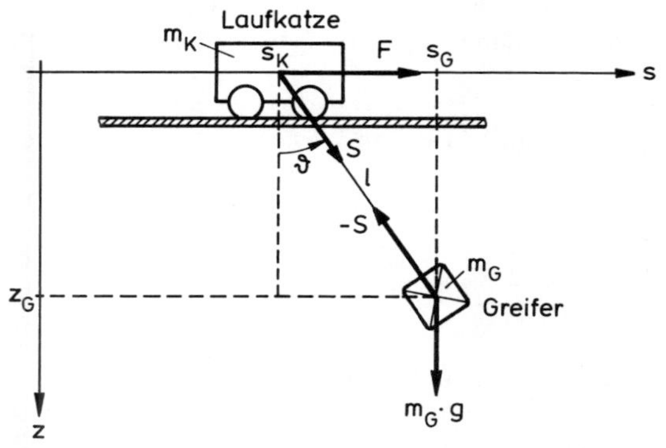

Bild 7-6: Verladebrücke

Während des Fahrvorgangs sei die Greiferlänge ℓ konstant. Nimmt man an, dass sie nach einem bestimmten Zeitprogramm verändert wird, so kann man die Zustandsgleichungen ganz entsprechend herleiten, hat aber dann ein zeit*variantes* System zu behandeln.

Auf die Laufkatze wirken die Vortriebskraft F des Katzmotors, welche die Eingangsgröße des Systems ist, und die Rückwirkung S des Greifers auf die Katze. Nach dem 2. Newtonschen Axiom gilt daher für die Bewegung des Katzfahrzeugs

$$m_K \ddot{s}_K = F + S \sin\vartheta\,, \tag{7.28}$$

wobei s_K die Katzposition, m_K die Katzmasse und ϑ den Greiferwinkel bezeichnet. Auch auf den Greifer wirken zwei Kräfte ein: die von der Katze ausgeübte Reaktionskraft $-S$ und die Schwerkraft $m_G\, g$ (m_G Masse des Greifers einschließlich Last, g Erdbeschleunigung). Daher gelten, wiederum nach dem 2. Newtonschen Axiom, für die Horizontal- und die Vertikalbewegung des Greifers die Gleichungen

$$m_G \ddot{s}_G = -S \sin\vartheta\,, \tag{7.29}$$

$$m_G \ddot{z}_G = m_G\, g - S \cos\vartheta\,. \tag{7.30}$$

Damit hat man die *Bewegungsgleichungen* des Systems aufgestellt. Zu ihnen treten noch *die geometrischen Beziehungen* zwischen Greifer und Katze hinzu:

$$s_G = s_K + \ell \sin\vartheta\,, \tag{7.31}$$

$$z_G = \ell \cos\vartheta\,. \tag{7.32}$$

Das Ziel besteht darin, der Greiferposition s_G ein gewünschtes Verhalten aufzuprägen. Sie hängt von der Katzposition s_K und dem Greiferwinkel ϑ ab. Man wird sich daher bemühen, aus (7.28) bis (7.32) möglichst einfache Beziehungen für s_K und ϑ in Abhängigkeit von der Vortriebskraft F herzuleiten.

Dazu eliminiert man zunächst aus den Bewegungsgleichungen die Kraft S, indem man als erstes (7.28) und (7.29) addiert, sodann (7.29) mit $\cos\vartheta$ und (7.30) mit $-\sin\vartheta$ multipliziert und ebenfalls addiert:

$$m_K \ddot{s}_K + m_G \ddot{s}_G = F\,, \tag{7.33}$$

$$m_G \ddot{s}_G \cos\vartheta - m_G \ddot{z}_G \sin\vartheta = -m_G\, g \sin\vartheta\,. \tag{7.34}$$

Im nächsten Schritt eliminiert man s_G und z_G, indem man aus den geometrischen Beziehungen (7.31) und (7.32) $\ddot{s}_G$ und $\ddot{z}_G$ bildet und dies in die letzten beiden Gleichungen einsetzt:

$$(m_K + m_G)\ddot{s}_K + m_G \ell \ddot{\vartheta} \cos\vartheta - m_G \ell \dot{\vartheta}^2 \sin\vartheta = F\,, \tag{7.35}$$

$$\ddot{s}_K \cos\vartheta + \ell \ddot{\vartheta} + g \sin\vartheta = 0\,. \tag{7.36}$$

Damit hat man in der Tat ein nichtlineares Differentialgleichungssystem erhalten, das s_K und ϑ in Abhängigkeit von F wiedergibt.

Aber was für ein System ist das! Um sich dies zu verdeutlichen, setze man einmal $s_K = 0$ und betrachte dann die zweite Differentialgleichung allein:

$$\ell \ddot{\vartheta} + g \sin\vartheta = 0\,.$$

Wie man sieht, gelangt man so zur Gleichung des mathematischen Pendels für beliebig große Auslenkungen. Diese ist nicht mehr mit elementaren Funktionen lösbar, führt vielmehr auf elliptische Integrale. Danach kann man sich vorstellen, von welchem Komplikationsgrad die Lösung des gekoppelten Gesamtsystems (7.35), (7.36) sein wird. Eine theoretische Untersuchung erscheint hoffnungslos; man muss sich mit Rechnersimulation begnügen.

Aber es geht uns ja letztlich gar nicht um die Ermittlung der Systemeigenschaften (sie wäre allenfalls ein Mittel zum Zweck), sondern um den Entwurf einer Regelung. Wir stehen also vor dem Problem nicht als Naturwissenschaftler, deren Aufgabe in der möglichst eingehenden Bestimmung der Systemeigenschaften besteht, sondern als Ingenieure, die dem System ein gewünschtes Verhalten aufprägen wollen. Hierdurch aber wird die Sachlage grundlegend verändert. Seien wir nämlich optimistisch genug anzunehmen, dass es uns gelingen wird, eine funktionierende Regelung zu entwerfen. Dann wird diese die Greiferschwingung genügend dämpfen, so dass man $|\vartheta|$ und $|\dot{\vartheta}|$ als klein annehmen und deshalb mit hinreichender Näherung setzen darf:

$$\sin\vartheta = \vartheta\,, \quad \cos\vartheta = 1\,, \quad \dot{\vartheta}^2 \sin\vartheta = 0\,.$$

Damit wird aus dem nichtlinearen Differentialgleichungssystem (7.35), (7.36)

$$(m_K + m_G)\ddot{s}_K + m_G\,\ell\ddot{\vartheta} = F\,, \tag{7.37}$$

$$\ddot{s}_K + \ell\ddot{\vartheta} + g\vartheta = 0\,, \tag{7.38}$$

also ein *lineares Differentialgleichungssystem mit konstanten Koeffizienten*, dessen methodische Bearbeitung ohne Weiteres möglich ist.

Die eben geschilderte Situation ist keineswegs vereinzelt, sondern kommt sogar sehr häufig vor. Durch die Annahme, dass es gelingen wird, eine Regelung mit gewünschtem Verhalten zu entwerfen, kann man in vielen Fällen das Problem linearisieren oder auch in anderer Weise vereinfachen und hierdurch zu einer methodischen Lösung gelangen. Man hat dann lediglich zu verifizieren, dass die Annahme zutreffend war, was durch Rechnersimulation ohne Schwierigkeit möglich ist. Die Synthese kann also manchmal einfacher sein als die Analyse – eine auf den ersten Blick sicherlich überraschende Tatsache.

Noch eine andere, ganz wesentliche allgemeine Feststellung, auf die schon in Abschnitt 1.5 hingewiesen wurde, wird durch das Beispiel verdeutlicht: Bei einem Ingenieurproblem ist die Bildung des mathematischen Modells keine rein physikalische Aufgabe, sondern wird entscheidend von der technischen Zielsetzung mitgeprägt. Insofern ist Modellbildung unabdingbarer Bestandteil der Regelungstechnik.

Kehren wir nun wieder zur konkreten Aufgabe zurück! Die Gleichungen (7.37), (7.38) werden jetzt nach den höchsten Ableitungen aufgelöst:

$$\ddot{s}_K = \frac{m_G\,g}{m_K}\,\vartheta + \frac{1}{m_K}\,F\,, \tag{7.39}$$

$$\ddot{\vartheta} = -\frac{(m_K + m_G)g}{m_K\,\ell}\,\vartheta - \frac{1}{m_K\,\ell}\,F\,. \tag{7.40}$$

Dieses Gleichungssystem ist vom allgemeinen Typ (7.26), wobei $y_1 = s_K$ und $y_2 = \vartheta$ zu setzen ist. Wir führen daher diese Größen und ihre ersten Ableitungen als Zustandsvariablen ein:

$$\begin{aligned} x_1 &= s_K && \text{(Katzposition)}\,,\\ x_2 &= \dot{s}_K && \text{(Katzgeschwindigkeit)}\,,\\ x_3 &= \vartheta && \text{(Greiferwinkel)}\,,\\ x_4 &= \dot{\vartheta} && \text{(Greiferwinkelgeschwindigkeit)}\,. \end{aligned}$$

Wie man sieht, sind dies gerade die *Lage- und Geschwindigkeitskoordinaten des mechanischen Systems „Verladebrücke“.*

In Analogie zu (7.27) erhält man aus dieser Definition und den Gleichungen (7.39) und (7.40) die (skalaren) Zustandsdifferentialgleichungen der Verladebrücke:

$$\begin{aligned} \dot{x}_1 &= x_2\,,\\ \dot{x}_2 &= \frac{m_G g}{m_K}\,x_3 + \frac{1}{m_K}\,F\,,\\ \dot{x}_3 &= x_4\,,\\ \dot{x}_4 &= -\frac{(m_K + m_G)g}{m_K\ell}\,x_3 - \frac{1}{m_K\ell}\,F\,. \end{aligned}$$

Ausgangsgröße ist die Greiferposition s_G. Für sie gilt nach (7.31), wenn man berücksichtigt, dass aufgrund der Linearisierung $\sin\vartheta$ durch ϑ zu ersetzen ist:

$$s_G = s_K + \ell\vartheta = x_1 + \ell x_3\,.$$

Führt man schließlich die Bezeichnungen

$$u = F\,, \quad y = s_G \tag{7.41}$$

sowie die Abkürzungen

$$\left.\begin{aligned} a_{23} &= \frac{m_G\,g}{m_K}\,, & b_2 &= \frac{1}{m_K}\,,\\ a_{43} &= \frac{(m_K + m_G)g}{m_K\,\ell}\,, & b_4 &= \frac{1}{m_K\,\ell} \end{aligned}\right\} \tag{7.42}$$

ein und geht zur vektoriellen Schreibweise über, so ergeben sich die folgenden *Zustandsgleichungen der Verladebrücke:*

$$\underline{\dot{x}} = \underline{A}\,\underline{x} + \underline{b}\,u\,, \tag{7.43}$$

$$y = \underline{c}^T\,\underline{x} \tag{7.44}$$

mit

$$\underline{A} = \begin{bmatrix} 0 & 1 & 0 & 0\\ 0 & 0 & a_{23} & 0\\ 0 & 0 & 0 & 1\\ 0 & 0 & -a_{43} & 0 \end{bmatrix}, \quad \underline{b} = \begin{bmatrix} 0\\ b_2\\ 0\\ -b_4 \end{bmatrix}, \tag{7.45}$$

$$\underline{c}^T = [1 \quad 0 \quad \ell \quad 0]\,.$$

Vielleicht ist dem Leser zu Beginn dieses Abschnitts die Voraussetzung aufgefallen, dass die rechte Seite der Differentialgleichung oder des Differentialgleichungssystems höherer Ordnung nur von der Eingangsgröße u selbst, nicht aber von ihren Ableitungen abhängen darf. Ist das doch der Fall, so lässt sich eine solche Differentialgleichung im Allgemeinen nicht in die Zustandsdarstellung (7.11), (7.12) überführen. Dies ist jedoch stets möglich, wenn es sich um eine *lineare* Differentialgleichung handelt. Bei linearen *zeitinvarianten* Systemen, wie wir sie in diesem Buch betrachten, ist es am Besten, von der linearen Differentialgleichung

$$a_n \overset{(n)}{y} + \ldots + a_1 \dot{y} + a_0 y = b_0 u + b_1 \dot{u} + \ldots + b_m \overset{(m)}{u}$$

mit den konstanten Koeffizienten a_μ, b_ν durch Laplace-Transformation zur komplexen Übertragungsgleichung

$$Y(s) = \frac{b_0 + b_1 s + \ldots + b_m s^m}{a_0 + a_1 s + \ldots + a_n s^n} U(s)$$

überzugehen und dann die im nächsten Abschnitt beschriebenen Verfahren zur Herleitung der Zustandsdarstellung anzuwenden.[3]

7.4 Aufstellen der Zustandsgleichungen aus der komplexen Übertragungsgleichung

7.4.1 Regelungsnormalform der Zustandsgleichungen

Wir gehen jetzt von der komplexen Übertragungsgleichung

$$Y(s) = G(s)U(s) \tag{7.46}$$

aus, wobei $G(s)$ eine rationale Funktion sei:

$$G(s) = \frac{Z(s)}{N(s)} = \frac{b_0 + b_1 s + \ldots + b_n s^n}{a_0 + a_1 s + \ldots + a_n s^n} . \tag{7.47}$$

Dabei sei $a_n \neq 0$ und mindestens ein $b_\nu \neq 0$, das aber keineswegs gleich b_n zu sein braucht. Zähler und Nenner seien wie stets ohne gemeinsame Nullstelle. Die zugehörige Differentialgleichung lautet

$$a_n \overset{(n)}{y} + \ldots + a_1 \dot{y} + a_0 y = b_0 u + b_1 \dot{u} + \ldots + b_n \overset{(n)}{u} . \tag{7.48}$$

Falls $b_1 = \ldots = b_n = 0$ ist, kann man einfach durch

$$x_1 = y\,,\ x_2 = \dot{y}\,,\ \ldots\,,\ x_n = \overset{(n-1)}{y}$$

Zustandsvariablen einführen, wie das im vorigen Abschnitt beschrieben wurde. Ist aber einer dieser Koeffizienten $\neq 0$, so erhält man statt (7.25) die Differentialgleichung

$$\dot{x}_n = -\frac{a_0}{a_n} x_1 - \ldots - \frac{a_{n-1}}{a_n} x_n + \sum_{\nu=0}^{n} \frac{b_\nu}{a_n} \overset{(\nu)}{u} .$$

In ihr tritt mindestens eine Ableitung von u auf. Das ist jedoch nicht zulässig, da in den Zustandsgleichungen nur die Eingangsgrößen selbst, nicht ihre Ableitungen vorkommen dürfen.

Die letztere Forderung ist wesentlich. In vielen Anwendungsfällen sind die Eingangsgrößen unstetig, stellen z. B. Treppenfunktionen dar. Dann sind die Ableitungen erster oder gar höherer Ordnung im üblichen Sinn nicht vorhanden. Bei der Simulation im Rechner lassen sie sich bestenfalls näherungsweise erzeugen. Es ist daher besser, sie überhaupt zu vermeiden. Zum guten Teil beruht die Einfachheit der Systembeschreibung durch Zustandsvariablen auf dieser Tatsache.

Um dieses Ziel im Falle der Differentialgleichung (7.48) bzw. der Übertragungsfunktion (7.47) zu erreichen, schreibt man die komplexe Übertragungsgleichung (7.46) in der Form

$$Y = \frac{b_0 + b_1 s + \ldots + b_{n-1} s^{n-1} + b_n s^n}{N(s)} U \qquad \text{oder}$$

$$Y = b_0 \frac{1}{N(s)} U + b_1 \frac{s}{N(s)} U + \ldots + b_n \frac{s^n}{N(s)} U . \tag{7.49}$$

Nun definiert man die Zustandsvariablen im Bildbereich durch die Gleichungen

$$X_1 = \frac{1}{N(s)} U\,,\ X_2 = \frac{s}{N(s)} U\,,\ X_3 = \frac{s^2}{N(s)} U\,,$$

$$\ldots\,,\ X_{n-1} = \frac{s^{n-2}}{N(s)} U\,,\ X_n = \frac{s^{n-1}}{N(s)} U . \tag{7.50}$$

Aus der Definition folgen einfache Beziehungen zwischen den Zustandsvariablen

$$sX_1 = X_2\,,\ sX_2 = X_3\,,\ \ldots\,,\ sX_{n-1} = X_n .$$

Daraus folgt im Zeitbereich

$$\dot{x}_1 = x_2\,,\ \dot{x}_2 = x_3\,,\ \ldots\,,\ \dot{x}_{n-1} = x_n . \tag{7.51}$$

Dabei sind die Anfangswerte zu Null angenommen, da ja die Übertragungsfunktion und damit die komplexe Übertragungsgleichung nur die Reaktion auf die Eingangsgröße, nicht aber das Anfangswertverhalten eines Systems erfasst. Für x_1 gilt daher:

3 Für lineare zeitvariante Systeme siehe [7.12], Ende von Abschnitt 6.3.

$$\dot{x}_1 = x_2\,,\ \ddot{x}_1 = x_3\,,\ \ldots\,,\ \overset{(n-1)}{x_1} = x_n\,. \tag{7.52}$$

Weiterhin folgt aus

$$X_1 = \frac{1}{N(s)}\,U = \frac{1}{a_n s^n + \ldots + a_1 s + a_0}\,U$$

die Beziehung

$$a_n s^n X_1 + a_{n-1} s^{n-1} X_1 + \ldots + a_1 s X_1 + a_0 X_1 = U$$

oder

$$a_n \overset{(n)}{x_1} + a_{n-1} \overset{(n-1)}{x_1} + \ldots + a_1 \dot{x}_1 + a_0 x_1 = u\,.$$

Setzt man (7.52) ein, so wird daraus

$$a_n \dot{x}_n + a_{n-1} x_n + \ldots + a_1 x_2 + a_0 x_1 = u\,. \tag{7.53}$$

Mit (7.51) und (7.53) hat man die gewünschten Zustandsdifferentialgleichungen

$$\left.\begin{aligned} \dot{x}_1 &= x_2\,, \\ \dot{x}_2 &= x_3\,, \\ &\ \vdots \\ \dot{x}_{n-1} &= x_n\,, \\ \dot{x}_n &= -\frac{a_0}{a_n}\,x_1 - \frac{a_1}{a_n}\,x_2 - \ldots - \frac{a_{n-1}}{a_n}\,x_n + \frac{1}{a_n}\,u\,. \end{aligned}\right\} \tag{7.54}$$

Die Ausgangsgleichung erhält man aus (7.49), indem man die Definitionsgleichungen (7.50) einsetzt:

$$Y = b_0 X_1 + b_1 X_2 + \ldots + b_{n-1} X_n + b_n s X_n$$

oder

$$y = b_0 x_1 + b_1 x_2 + \ldots + b_{n-1} x_n + b_n \dot{x}_n\,.$$

Ersetzt man hierin $\dot{x}_n$ gemäß der letzten Differentialgleichung von (7.54), so wird endgültig

$$y = \left(b_0 - a_0 \frac{b_n}{a_n}\right) x_1 + \ldots + \left(b_{n-1} - a_{n-1} \frac{b_n}{a_n}\right) x_n + \frac{b_n}{a_n}\,u\,. \tag{7.55}$$

Die Zustandsgleichungen (7.54) und (7.55) sind der ursprünglichen Differentialgleichung äquivalent. Die für die Herleitung mittels der Übertragungsfunktion gemachte Annahme verschwindender Anfangswerte kann man nunmehr fallen lassen.

Sehr übersichtlich werden die Verhältnisse, wenn man zur Matrizenschreibweise übergeht. Dann wird aus dem Differentialgleichungssystem (7.54) die *eine Vektordifferentialgleichung*

$$\underline{\dot{x}} = \begin{bmatrix} 0 & 1 & 0 & \cdots & 0 \\ 0 & 0 & 1 & \cdots & 0 \\ \vdots & \vdots & \vdots & \ddots & \vdots \\ 0 & 0 & 0 & \cdots & 1 \\ -\frac{a_0}{a_n} & -\frac{a_1}{a_n} & -\frac{a_2}{a_n} & \cdots & -\frac{a_{n-1}}{a_n} \end{bmatrix} \underline{x} + \begin{bmatrix} 0 \\ 0 \\ \vdots \\ 0 \\ \frac{1}{a_n} \end{bmatrix} u\,. \tag{7.56}$$

Die hier auftretende (n, n)-Matrix wird auch die *Frobenius-Matrix* oder *Begleitmatrix* des Polynoms $N(s)$ genannt. Auch die Ausgangsgleichung kann man in Vektorform schreiben:

$$y = \left[b_0 - a_0 \frac{b_n}{a_n}\,,\ \ldots\,,\ b_{n-1} - a_{n-1} \frac{b_n}{a_n}\right] \underline{x} + \frac{b_n}{a_n}\,u\,. \tag{7.57}$$

Liegt die Zustandsbeschreibung eines Systems in Form von (7.56) und (7.57) vor, so wollen wir im Anschluss an ***Ackermann*** [7.13] von der *Regelungsnormalform der Zustandsgleichungen* sprechen. Wie sich in Kapitel 9 herausstellen wird, spielt nämlich diese Darstellung bei der Regelungssynthese im Zustandsraum eine wichtige Rolle. Das beruht letztlich darauf, dass die Eingangsgröße u nur noch in eine einzige der skalaren Zustandsdifferentialgleichungen (7.54) direkt eingreift.

Bei der Behandlung des Beobachtungsproblems, d. h. der Aufgabe, aus den Eingangs- und den Ausgangsgrößen des Systems auf den Zustandsvektor zu schließen, wird noch eine andere Zustandsbeschreibung benötigt. Sie sei als *Beobachtungsnormalform* bezeichnet und soll nun hergeleitet werden.

7.4.2 Beobachtungsnormalform der Zustandsgleichungen

Wir gehen wieder von der komplexen Übertragungsgleichung (7.46) eines rationalen Übertragungsglieds aus und nehmen zusätzlich an, dass in der Übertragungsfunktion $G(s)$ gemäß (7.47) $a_n = 1$ und $b_n = 0$ sind. Erstere Voraussetzung lässt sich stets erfüllen, indem man durch a_n kürzt. Letztere Voraussetzung wird bei einer realen Strecke in der Regel erfüllt sein, da bei ihr der Zählergrad der Übertragungsfunktion kleiner als der Nennergrad ist. Beide Annahmen sind unwesentlich, vereinfachen aber die Zustandsgleichungen ein wenig. (7.46) lautet dann:

$$Y(s) = \frac{b_0 + b_1 s + \ldots + b_{n-1} s^{n-1}}{a_0 + a_1 s + \ldots + a_{n-1} s^{n-1} + s^n} \, U(s)$$

oder

$$\begin{aligned} s^n Y + a_{n-1} s^{n-1} Y + \ldots + a_1 s Y + a_0 Y = \\ = b_0 U + b_1 s U + \ldots + b_{n-1} s^{n-1} U. \end{aligned}$$

Division durch s^n liefert

$$\begin{aligned} Y + \frac{a_{n-1}}{s} Y + \ldots + \frac{a_1}{s^{n-1}} Y + \frac{a_0}{s^n} Y = \\ = \frac{b_{n-1}}{s} U + \ldots + \frac{b_1}{s^{n-1}} U + \frac{b_0}{s^n} U \qquad \text{oder} \end{aligned}$$

$$\begin{aligned} Y = \frac{1}{s} \Big\{ b_{n-1} U - a_{n-1} Y + \frac{1}{s} \Big\langle \ldots + \\ + \frac{1}{s} \Big[b_1 U - a_1 Y + \frac{1}{s} (b_0 U - a_0 Y) \Big] \ldots \Big\rangle \Big\}. \end{aligned}$$

Nunmehr definiert man als Zustandsvariablen die mit $1/s$ multiplizierten Klammerausdrücke, wobei man mit der innersten Klammer beginnt und $Y = X_n$ setzt:

$$\begin{aligned} X_1 &= \frac{1}{s} (b_0 U - a_0 X_n), \\ X_2 &= \frac{1}{s} (b_1 U - a_1 X_n + X_1), \\ &\vdots \\ X_n &= \frac{1}{s} (b_{n-1} U - a_{n-1} X_n + X_{n-1}). \end{aligned}$$

Durch Multiplikation mit s und Übergang in den Zeitbereich folgt

$$\begin{aligned} \dot{x}_1 &= -a_0 x_n + b_0 u, \\ \dot{x}_2 &= -a_1 x_n + x_1 + b_1 u, \\ &\vdots \\ \dot{x}_n &= -a_{n-1} x_n + x_{n-1} + b_{n-1} u. \end{aligned}$$

In Matrizenschreibweise wird daraus

$$\underline{\dot{x}} = \begin{bmatrix} 0 & 0 & \cdots & 0 & -a_0 \\ 1 & 0 & \cdots & 0 & -a_1 \\ 0 & 1 & \cdots & 0 & -a_2 \\ \vdots & \vdots & \ddots & \vdots & \vdots \\ 0 & 0 & \cdots & 1 & -a_{n-1} \end{bmatrix} \underline{x} + \begin{bmatrix} b_0 \\ b_1 \\ b_2 \\ \vdots \\ b_{n-1} \end{bmatrix} u. \tag{7.58}$$

Die Ausgangsgleichung ergibt sich zu $y = x_n$ und lautet damit in Vektorform:

$$y = [0, \ldots, 0, 1] \, \underline{x}. \tag{7.59}$$

Die Zustandsgleichungen (7.58) und (7.59) wollen wir als *Beobachtungsnormalform* bezeichnen.

Der Vergleich mit der Regelungsnormalform zeigt eine weitgehende Symmetrie beider Normalformen. Sie tritt besonders deutlich hervor, wenn man auch bei der *Regelungsnormalform* die Voraussetzung $a_n = 1$ und $b_n = 0$ macht. Eingesetzt in (7.56) und (7.57) ergeben sich dann ihre Zustandsgleichungen zu

$$\underline{\dot{x}} = \begin{bmatrix} 0 & 1 & 0 & \cdots & 0 \\ 0 & 0 & 1 & \cdots & 0 \\ \vdots & \vdots & \vdots & \ddots & \vdots \\ 0 & 0 & 0 & \cdots & 1 \\ -a_0 & -a_1 & -a_2 & \cdots & -a_{n-1} \end{bmatrix} \underline{x} + \begin{bmatrix} 0 \\ 0 \\ \vdots \\ 0 \\ 1 \end{bmatrix} u, \tag{7.60}$$

$$y = [b_0, b_1, \ldots, b_{n-1}] \, \underline{x}. \tag{7.61}$$

Wie man sieht, gehen die beiden (n, n)-Matrizen durch Spiegelung an der Hauptdiagonale ineinander über, während die Koeffizientenvektoren der Ein- und der Ausgangsgröße vertauscht sind.[4]

7.4.3 Jordansche Normalform der Zustandsgleichungen

Um die Regelungs- und die Beobachtungsnormalform aufzustellen, braucht man die Pole der Übertragungsfunktion $G(s)$, d. h. die Nullstellen ihres Nennerpolynoms, nicht zu kennen; vielmehr benötigt man nur die Koeffizienten des Nennerpolynoms. Häufig sind die Pole aber bekannt, so bei Regelstrecken, die als Reihenschaltung einfacher Übertragungsglieder vorliegen. Dann kann man ohne Mühe eine dritte Darstellung der Zustandsgleichungen gewinnen. Das geschieht durch die Partialbruchzerlegung der Übertragungsfunktion $G(s)$. Sie sei zunächst für einfache Pole $\lambda_1, \lambda_2, \ldots \lambda_n$ durchgeführt. Dann gilt für die komplexe Übertragungsgleichung

$$Y(s) = \left(\sum_{i=1}^{n} \frac{r_i}{s - \lambda_i} + r_0 \right) U(s), \tag{7.62}$$

4 Regelungs- und Beobachtungsnormalform wurden im Vorangehenden nur für Eingrößensysteme, also für Systeme mit einer Ein- und einer Ausgangsgröße, eingeführt, da wir späterhin nur diesen Fall benötigen. Man kann entsprechende Normalformen auch für Mehrgrößensysteme definieren. Darüber kann man sich z. B. in [7.13], Anhang A.4; [7.14], Abschnitt 5.10 oder [7.15], Band II, Abschnitt III.1 informieren.

wobei r_0 nur dann $\neq 0$ ist, wenn Zähler und Nenner von $G(s)$ den gleichen Grad haben. Man definiert jetzt die Zustandsvariablen durch

$$X_i(s) = \frac{1}{s - \lambda_i} U(s), \quad i = 1, \ldots, n. \tag{7.63}$$

Dann wird aus (7.62)

$$Y(s) = \sum_{i=1}^{n} r_i X_i(s) + r_0 U(s). \tag{7.64}$$

Um in den Zeitbereich überzugehen, multipliziert man (7.63) mit $s - \lambda_i$:

$$s X_i(s) = \lambda_i X_i(s) + U(s).$$

Daraus wird

$$\dot{x}_i = \lambda_i x_i + u, \quad i = 1, \ldots, n. \tag{7.65}$$

Wie man sieht, ist das so erhaltene System der Zustandsdifferentialgleichungen von besonders einfacher Struktur. In jeder Differentialgleichung tritt nur eine einzige Zustandsvariable auf: Das Differentialgleichungssystem ist *entkoppelt*.

Ein Blick auf die früheren Beispiele sowie auf die Regelungs- und Beobachtungsnormalform zeigt, dass dies im Allgemeinen nicht der Fall ist. Ein entkoppeltes Differentialgleichungssystem hat vor anderen Darstellungen einen entscheidenden Vorzug: Jede Differentialgleichung kann für sich gelöst werden, ohne dass man die anderen Differentialgleichungen berücksichtigten muss. Für theoretische Untersuchungen ist diese Wahl der Zustandsvariablen oft die günstigste.

Die Ausgangsgleichung lautet nach (7.64) im Zeitbereich

$$y = \sum_{i=1}^{n} r_i x_i + r_0 u. \tag{7.66}$$

Geht man zur Matrizenschreibweise über, so erhält man die Vektordifferentialgleichung

$$\dot{\underline{x}} = \begin{bmatrix} \lambda_1 & 0 & \cdots & 0 \\ 0 & \lambda_2 & \cdots & 0 \\ \vdots & \vdots & \ddots & \vdots \\ 0 & 0 & \cdots & \lambda_n \end{bmatrix} \underline{x} + \begin{bmatrix} 1 \\ 1 \\ \vdots \\ 1 \end{bmatrix} u \tag{7.67}$$

und die gewöhnliche Gleichung

$$y = [r_1, r_2, \ldots, r_n]\, \underline{x} + r_0 u. \tag{7.68}$$

Die Tatsache, dass es sich um ein *entkoppeltes System* handelt, drückt sich jetzt darin aus, dass die quadratische Matrix, die mit dem Zustandsvektor multipliziert wird, eine *Diagonalmatrix* ist.

Bisher wurde vorausgesetzt, dass die Pole von $G(s)$ einfach sind. Nun möge λ_1 ein m-facher Pol sein, während die restlichen Pole einfach sind. Dann führt die Partialbruchzerlegung von $G(s)$ auf

$$Y(s) = \Big(\frac{r_1}{s - \lambda_1} + \ldots + \frac{r_m}{(s - \lambda_1)^m} + \\ + \sum_{i=m+1}^{n} \frac{r_i}{s - \lambda_i} + r_0 \Big) U(s). \tag{7.69}$$

Man definiert die Zustandsvariablen in der gleichen Weise wie bei einfachen Polen:

$$X_1 = \frac{1}{s-\lambda_1} U, \; X_2 = \frac{1}{(s-\lambda_1)^2} U, \; \ldots, \\ X_m = \frac{1}{(s-\lambda_1)^m} U, \tag{7.70}$$

$$X_i = \frac{1}{s - \lambda_i} U, \quad i = m+1, \ldots, n.$$

Die Zustandsdifferentialgleichungen kann man aber jetzt nicht in derselben Weise wie dort herleiten. Sonst würde beispielsweise aus der zweiten Gleichung von (7.70):

$$(s^2 - 2\lambda_1 s + {\lambda_1}^2) X_2 = U$$

oder

$$\ddot{x}_2 - 2\lambda_1 \dot{x}_2 + {\lambda_1}^2 x_2 = u.$$

Es würden also Differentialgleichungen höherer als erster Ordnung in den Zustandsdifferentialgleichungen auftreten, was nicht zulässig ist. Um dies zu vermeiden, formt man die Ausdrücke (7.70), soweit sie sich auf den Pol λ_1 beziehen, etwas um:

$$X_1 = \frac{1}{s - \lambda_1} U \qquad \text{bleibt unverändert},$$

$$X_2 = \frac{1}{s - \lambda_1} \cdot \frac{1}{s - \lambda_1} U = \frac{1}{s - \lambda_1} X_1,$$

$$X_3 = \frac{1}{s - \lambda_1} \cdot \frac{1}{(s - \lambda_1)^2} U = \frac{1}{s - \lambda_1} X_2,$$

$$\vdots$$

$$X_m = \frac{1}{s - \lambda_1} \cdot \frac{1}{(s - \lambda_1)^{m-1}} U = \frac{1}{s - \lambda_1} X_{m-1}.$$

So erhält man die Zustandsdifferentialgleichungen

$$\left.\begin{aligned} \dot{x}_1 &= \lambda_1 x_1 + u\,, \\ \dot{x}_2 &= \lambda_1 x_2 + x_1\,, \\ \dot{x}_3 &= \lambda_1 x_3 + x_2\,, \\ &\;\vdots \\ \dot{x}_m &= \lambda_1 x_m + x_{m-1} \quad \text{und dazu wie bisher} \\ \dot{x}_i &= \lambda_i x_i + u\,, \quad i = m+1,\dots,n\,. \end{aligned}\right\} \tag{7.71}$$

Die Zustandsdifferentialgleichungen sind jetzt sämtlich erster Ordnung, wie es erforderlich ist. Allerdings ist das System nicht mehr entkoppelt. Doch ist die Kopplung sehr einfach: x_1 kommt nur in der zweiten Differentialgleichung vor, x_2 nur in der dritten usw. Es liegt also nur eine *einseitige* Kopplung vor. Man kann daher das Differentialgleichungssystem sukzessive ohne Schwierigkeit lösen: Aus der ersten Differentialgleichung von (7.71) wird x_1 in Abhängigkeit von der gegebenen Eingangsgröße u ermittelt. Die so erhaltene Zeitfunktion wird in die zweite Differentialgleichung von (7.71) eingesetzt, die damit nur noch die unbekannte Funktion x_2 enthält, und so fort.

In Matrizenform ist die Zustandsdifferentialgleichung durch (7.72) gegeben (wobei alle nicht eingetragenen Elemente der quadratischen Matrix gleich Null sind):

$$\dot{\underline{x}} = \left[\begin{array}{cccc|ccc} \lambda_1 & & & & & & \\ 1 & \lambda_1 & & & & & \\ & \ddots & \ddots & & & & \\ & & 1 & \lambda_1 & & & \\ \hline & & & & \lambda_{m+1} & & \\ & & & & & \ddots & \\ & & & & & & \lambda_n \end{array}\right] \left[\begin{array}{c} x_1 \\ x_2 \\ \vdots \\ x_m \\ \hline x_{m+1} \\ \vdots \\ x_n \end{array}\right] + \left[\begin{array}{c} 1 \\ 0 \\ \vdots \\ 0 \\ \hline 1 \\ \vdots \\ 1 \end{array}\right] u\,. \tag{7.72}$$

Die Ausgangsgleichung lautet:

$$y = [r_1, \dots, r_m, r_{m+1}, \dots, r_n]\, \underline{x} + r_0 u\,. \tag{7.73}$$

Während sich die Ausgangsgleichung von derjenigen bei einfachen Polen nicht unterscheidet, sind die Matrizen der Vektordifferentialgleichung anders aufgebaut. Zu dem m-fachen Pol λ_1 gehört ein Block der quadratischen Matrix, der in der Hauptdiagonale mit dem gleichen Wert λ_1 besetzt ist, entsprechend der Tatsache, dass $\lambda_2 = \lambda_3 = \ldots = \lambda_m = \lambda_1$ gilt. Die übrigen Elemente des Blocks sind aber nicht sämtlich Null; vielmehr ist die unter der Hauptdiagonale gelegene Paralleldiagonale mit 1 besetzt. Darin drückt sich die Tatsache der einseitigen Kopplung aus.

Es wird jetzt ohne weitere Rechnung klar sein, wie die Vektordifferentialgleichung aussieht, wenn mehrere mehrfache Pole auftreten: Zu einem mehrfachen Pol der Ordnung m gehört ein Block der eben beschriebenen Art von der Seitenlänge m, und diese Blöcke sind längs der Hauptdiagonale aufgereiht. Die einfachen Pole können als Spezialfall aufgefasst werden, wobei der zugehörige Block nur ein Element enthält, so dass eine 1 nicht vorkommen kann.

Wir wollen die durch (7.72) und (7.73) bestimmte Zustandsdarstellung als *Jordansche Normalform* der Zustandsgleichungen bezeichnen. Die Benennung ist aus der Matrizentheorie übernommen, wo gezeigt wird, dass jede quadratische Matrix durch geeignete Transformation auf die eben beschriebene *Blockdiagonalform* gebracht werden kann, die dann als Jordansche Normalform der Matrix bezeichnet wird. Die Diagonalform ist als Spezialfall darin enthalten, der mit Sicherheit dann vorliegt, wenn die Eigenwerte der Matrix einfach sind.[5]

Wir verfügen jetzt über mehrere Möglichkeiten, Zustandsvariablen bei einem rationalen Übertragungsglied einzuführen. Welche Darstellung man vorzieht, hängt von dem Zweck ab, den man mit der Beschreibung verfolgt. Es wurde schon gesagt, dass für theoretische Untersuchungen die Jordansche Normalform der Zustandsgleichungen oft am angenehmsten ist. Es können jedoch noch andere Gesichtspunkte maßgebend sein. Kennt man die Pole des Übertragungsglieds nicht und will man sie nicht ausrechnen, so sind die Regelungs- und Beobachtungsnormalform bequemer, da man sie sofort hinschreiben kann. Weiterhin sind bei bestimmten Syntheseproblemen die Regelungs- und Beobachtungsnormalform allen anderen Darstellungen vorzuziehen.

Selbstverständlich gibt es noch andere Zustandsdarstellungen eines Eingrößensystems als die drei hier behandelten Normalformen. So kann es manchmal hilfreich sein, sämtliche Messgrößen eines Systems als Zustandsvariablen einzuführen, was im Allgemeinen zu einer von den Normalformen verschiedenen Zustandsbeschreibung führen wird.

Ein Punkt sei noch erwähnt. Pole der Übertragungsfunktion $G(s)$ können konjugiert komplex sein. Führt man die Jordansche Normalform ein, so treten in den Zustandsdifferentialgleichungen konjugiert komplexe Koeffizienten auf, was zur Folge hat, dass auch die zugehörigen Zustandsvariablen konjugiert komplex sind. Es sei betont, dass hierdurch weder die bisheri-

5 Für die allgemeine Theorie der Jordanschen Normalform sei etwa auf [7.13], Anhang A.2, und auf [7.16], Teil 1, § 14 und § 19, sowie [7.17], Abschnitt 7.7, verwiesen. Ob die Einsen oberhalb oder unterhalb der Hauptdiagonalen liegen, hängt nur von der Nummerierung der Zustandsvariablen ab.

gen Überlegungen über die Aufstellung der Zustandsgleichungen noch die späteren Angaben über ihre Lösung beeinträchtigt werden. Jedoch sind Fälle denkbar, in denen man ausschließlich reelle Zustandsvariablen haben möchte, z. B. bei der Nachbildung eines Systems auf dem Rechner. Dann kann man entweder auf die Jordansche Normalform verzichten oder von ihr wieder zu einer reellen Darstellung übergehen. Wie das möglich ist, sei am Beispiel eines einfachen konjugiert komplexen Polpaars gezeigt. Die zugehörigen Zustandsdifferentialgleichungen seien

$$\left.\begin{aligned} \dot{x}_1 &= \lambda_1 x_1 + u\,, \\ \dot{x}_2 &= \lambda_2 x_2 + u\,, \end{aligned}\right\} \qquad (7.74)$$

wobei also

$$\lambda_1 = a + jb\,, \quad \lambda_2 = a - jb$$

und demgemäß

$$x_1 = \xi + j\eta\,, \quad x_2 = \xi - j\eta$$

sind. Einsetzen in die erste Differentialgleichung (7.74) liefert

$$\dot{\xi} + j\dot{\eta} = (a\xi - b\eta) + j(b\xi + a\eta) + u\,.$$

Durch Vergleich der Real- und der Imaginärteile bekommt man statt der beiden konjugiert komplexen Differentialgleichungen (7.74) die beiden reellen Differentialgleichungen

$$\dot{\xi} = a\xi - b\eta + u\,,$$
$$\dot{\eta} = b\xi + a\eta\,,$$

die zu dem System (7.74) äquivalent sind. Die beiden Differentialgleichungen sind allerdings gekoppelt; das ist der Preis, den man für die Reellwertigkeit zu zahlen hat.

7.5 Aufstellen der Zustandsgleichungen aus dem Strukturbild

Der Übergang vom Strukturbild zu den Zustandsgleichungen ist denkbar einfach, *wenn im Strukturbild als einzige dynamische Glieder I- und P-T_1-Glieder* vorkommen. Dann gilt nämlich die Grundregel:

Man erhält die zum Strukturbild gehörenden Zustandsgleichungen, wenn man die Ausgangsgrößen der I- und der P-T_1-Glieder als Zustandsvariablen einführt.

Auf diese Weise ist gesichert, dass man ausschließlich Differentialgleichungen 1. Ordnung erhält, in die nur die Eingangsgrößen selbst eingehen.

Betrachten wir als Beispiel den *nichtlinearen Regelkreis* in Bild 7-7. Gemäß der Grundregel sind die Ausgangsgrößen der beiden P-T_1-Glieder und des I-Glieds als Zustandsvariablen eingeführt. v, h und e sind lediglich Hilfsgrößen, die zur bequemeren Herleitung der Zustandsgleichungen benutzt, aber sodann eliminiert werden. Aus Bild 7-7 liest man die folgenden Gleichungen ab:

$$X_1(s) = \frac{K_1}{1 + T_1 s} X_2(s)\,, \qquad (7.75)$$

$$X_2(s) = \frac{K_2}{1 + T_2 s} V(s)\,, \qquad (7.76)$$

$$v(t) = F(h(t))\,, \qquad (7.77)$$

$$h(t) = K_P\, e(t) + x_3(t)\,, \qquad (7.78)$$

$$X_3(s) = \frac{K_I}{s} E(s)\,, \qquad (7.79)$$

$$e(t) = w(t) - K_R x_1(t)\,. \qquad (7.80)$$

Hierbei werden also die dynamischen Glieder zunächst durch ihre komplexen Übertragungsgleichungen beschrieben. Um auch bei ihnen in den Zeitbereich überzugehen, multipliziert man diese komplexen Übertragungsgleichungen mit dem jeweiligen Nenner:

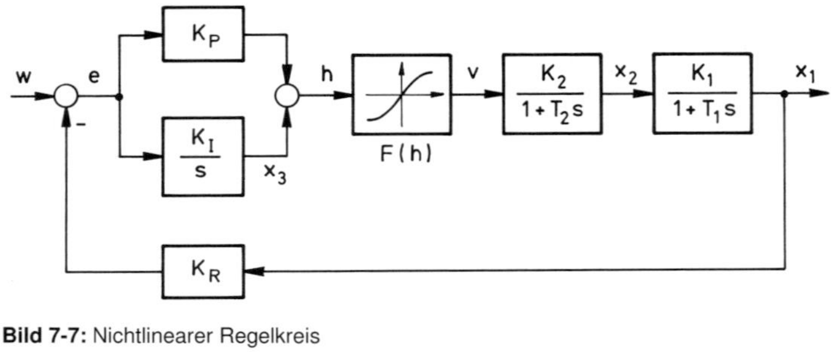

Bild 7-7: Nichtlinearer Regelkreis

$$T_1 s X_1(s) + X_1(s) = K_1 X_2(s),$$
$$T_2 s X_2(s) + X_2(s) = K_2 V(s),$$
$$s X_3(s) = K_I E(s).$$

Mittels der Differentiationsregel der Laplace-Transformation geht man nun in den Zeitbereich über:

$$T_1 \dot{x}_1(t) + x_1(t) = K_1 x_2(t), \tag{7.81}$$
$$T_2 \dot{x}_2(t) + x_2(t) = K_2 v(t), \tag{7.82}$$
$$\dot{x}_3(t) = K_I e(t). \tag{7.83}$$

In diesen Gleichungen hat man nun die Hilfsgrößen v und e zu eliminieren. Dabei wird e gemäß (7.80) eingesetzt, während sich v aus (7.77), (7.78) und (7.80) ergibt:

$$v = F\Big\{K_P(w - K_R x_1) + x_3\Big\},$$

wobei hier wie im Folgenden das Argument t weggelassen ist, da *alle* Gleichungen jetzt im Zeitbereich angegeben sind. Aus (7.81) bis (7.83) wird damit:

$$\dot{x}_1 = -\frac{1}{T_1} x_1 + \frac{K_1}{T_1} x_2, \tag{7.84}$$
$$\dot{x}_2 = -\frac{1}{T_2} x_2 + \frac{K_2}{T_2} F(K_P w - K_P K_R x_1 + x_3), \tag{7.85}$$
$$\dot{x}_3 = -K_I K_R x_1 + K_I w. \tag{7.86}$$

Dies sind die Zustandsdifferentialgleichungen des nichtlinearen Regelkreises aus Bild 7-7. Ausgangsgröße ist die Regelgröße x_1. Daher lautet die Ausgangsgleichung

$$y = x_1. \tag{7.87}$$

Eingangsgröße des Systems ist die Führungsgröße w. Wie man sieht, sind die so erhaltenen Gleichungen in der Tat vom Typ der Zustandsgleichungen (7.11), (7.12).

Durch das Auftreten der nichtlinearen Funktion F sind die Zustandsdifferentialgleichungen recht unübersichtlich. Es kann dann günstiger sein, zusätzlich zu den Zustandsdifferentialgleichungen noch eine Hilfsgleichung zuzulassen:

$$\dot{x}_1 = -\frac{1}{T_1} x_1 + \frac{K_1}{T_1} x_2,$$
$$\dot{x}_2 = -\frac{1}{T_2} x_2 + \frac{K_2}{T_2} F(h),$$
$$\dot{x}_3 = -K_I K_R x_1 + K_I w;$$
$$h = -K_P K_R x_1 + x_3 + K_P w.$$

Eingangs sind wir davon ausgegangen, dass im Strukturbild nur I- und P-T_1-Glieder als dynamische Übertragungsglieder vorkommen. Ist dies nicht der Fall, so verfährt man folgendermaßen:

Treten in einem Strukturbild als dynamische Glieder nicht nur I- und P-T_1-Glieder, sondern kompliziertere R-Glieder (rationale Übertragungsglieder) auf, so zerlegt man diese in I- und P-T_1-Glieder (sowie P- und S-Glieder) und verfährt dann nach der Grundregel.

Als Beispiel hierzu betrachten wir den Wirkungskreis in Bild 7-8a. Man kann die Übertragungsfunktion des P-T_2-Glieds in Partialbrüche zerlegen und gelangt so zu komplexen Zustandsgleichungen. Möchte man die Zustandsgleichungen jedoch in reeller Form haben, so ist es besser, das P-T_2-Glied durch die Rückführung zweier P-T_1-Glieder gemäß Bild 2-40 zu beschreiben.

Das PD-T_1-Glied im Rückführzweig von Bild 7-8a kann man als Parallelschaltung eines P-Glieds und eines P-T_1-Glieds darstellen. Dividiert man nämlich $T_3 s + 1$ durch $T_4 s + 1$, so ergibt sich

$$\frac{T_3 s + 1}{T_4 s + 1} = \frac{T_3}{T_4} + \frac{1 - \dfrac{T_3}{T_4}}{1 + T_4 s},$$

was man leicht durch Ausmultiplizieren verifizieren kann.

Insgesamt erhält man so die Struktur in Bild 7-8b, die als einzige dynamische Glieder I- und P-T_1-Glieder enthält. Aus ihr liest man die folgenden Beziehungen ab:

$$X_1 = \frac{K_2}{s} X_2,$$
$$X_2 = \frac{1}{1 + \dfrac{T_1}{d} s} X_3,$$
$$X_3 = \frac{K_1}{d^2} \frac{1}{1 + \dfrac{T_1}{d} s} \left(U - \frac{1 - d^2}{K_1} X_2 - K_3 \frac{T_3}{T_4} X_1 - X_4\right),$$
$$X_4 = K_3 \left(1 - \frac{T_3}{T_4}\right) \frac{1}{1 + T_4 s} X_1.$$

Multipliziert man mit den Nennern und geht dann in den Zeitbereich über, so erhält man die folgenden Zustandsdifferentialgleichungen:

$$\dot{x}_1 = K_2 x_2,$$
$$\dot{x}_2 = -\frac{d}{T_1} x_2 + \frac{d}{T_1} x_3,$$
$$\dot{x}_3 = -\frac{K_1 K_3 T_3}{d\, T_1 T_4} x_1 - \frac{1 - d^2}{d\, T_1} x_2 - \frac{d}{T_1} x_3 - \frac{K_1}{d\, T_1} x_4 + \frac{K_1}{d\, T_1} u,$$

$$\dot{x}_4 = \frac{K_3(T_4 - T_3)}{T_4^2} x_1 - \frac{1}{T_4} x_4 .$$

Dazu kommt noch die Ausgangsgleichung $y = x_1$.

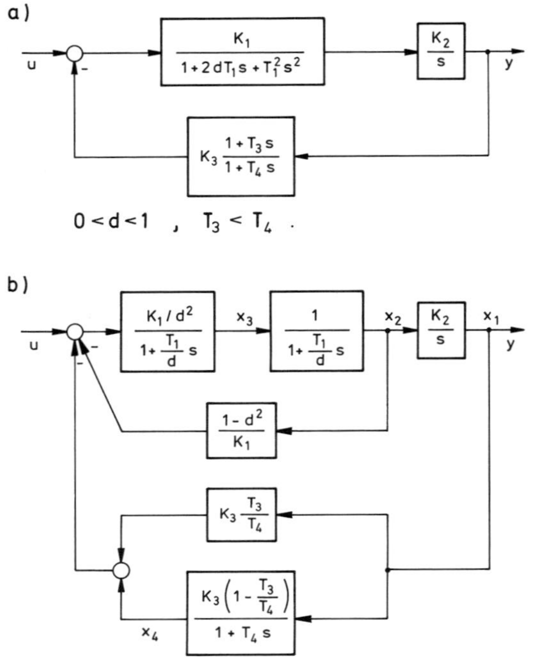

Bild 7-8: Umformung eines Strukturbilds zur Herleitung der Zustandsgleichungen

7.6 Allgemeine Form der Zustandsgleichungen eines linearen Systems

Wir gehen von der allgemeinen Vektordarstellung (7.14), (7.15) der Zustandsgleichungen aus und nehmen an, dass es sich um *lineare* Gleichungen handelt:

$$\underline{\dot{x}} = \underline{A}\,\underline{x} + \underline{B}\,\underline{u}\,, \tag{7.88}$$

$$\underline{y} = \underline{C}\,\underline{x} + \underline{D}\,\underline{u}\,, \tag{7.89}$$

wobei die Matrizen $\underline{A}$, $\underline{B}$, $\underline{C}$ und $\underline{D}$ von der Zeit t abhängen dürfen. Ein durch solche Zustandsgleichungen beschriebenes *dynamisches System* ist zweifellos *linear,* da für sein Übertragungsverhalten das Überlagerungs- und das Verstärkungsprinzip erfüllt sind (Unterabschnitt 2.4.2). Sind die *Matrizen* $\underline{A}$, $\underline{B}$, $\underline{C}$, $\underline{D}$ *konstant,* so ist es *linear und zeitinvariant,* da zusätzlich das Verschiebungsprinzip erfüllt ist (Unterabschnitt 2.4.8).

Gegenüber dem früher (Abschnitt 2.4) eingeführten Begriff des linearen sowie des linearen und zeitinvarianten Übertragungsglieds sind diese Begriffe jedoch dahingehend eingeschränkt, dass jetzt nur Systeme betrachtet werden, die sich durch (endlich viele) Differentialgleichungen beschreiben lassen. Es gibt aber durchaus praktisch wichtige Übertragungsglieder, bei denen das nicht der Fall ist. Ein einfaches Beispiel ist das *Totzeitglied*, das durch die Gleichung

$$Y(s) = \mathrm{e}^{-T_t s}\, U(s) \quad \text{bzw.} \quad y(t) = u(t - T_t)$$

charakterisiert ist. Da es nicht durch Differentialgleichungen beschrieben wird, kann es nicht auf die Zustandsform (7.88), (7.89) gebracht werden.

Das ist auch vom Zustandsbegriff her verständlich. Betrachten wir das Totzeitglied etwa ab dem Zeitpunkt $t = 0$ und setzen die Eingangsgröße $u(t)$ für $t > 0$ als bekannt voraus. Dann dauert es bis zum Zeitpunkt $t = T_t$, bis sich dieser Verlauf von u auf y auszuwirken beginnt. Das Verhalten des Systems im Zeitintervall von 0 bis T_t wird durch die Vergangenheit bestimmt, und zwar durch den Verlauf von $u(t)$ im Intervall von $-T_t$ bis 0. Das heißt aber: Es genügt nicht, einen Anfangswert oder eine endliche Gesamtheit von Anfangswerten zu kennen, sondern es muss der gesamte Funktionsverlauf von $u(t)$ im Intervall von $-T_t$ bis 0 vorgegeben sein, um das Systemverhalten für $t > 0$ eindeutig bestimmen zu können. Es ist somit die Kenntnis einer *unendlichen* Wertegesamtheit zum Zeitpunkt $t = 0$ erforderlich.[6] Das Totzeitglied ist daher ein System, das erst durch unendlich viele Zustandsvariablen in der Form (7.88), (7.89) beschrieben werden kann.

Enthält ein Strukturbild Totzeitglieder, so kann also das System als Ganzes nicht durch Zustandsgleichungen der betrachteten Art charakterisiert werden. Aber auch dann kann es zweckmäßig sein, die totzeitfreien Systemteile durch Zustandsvariablen zu beschreiben, weil dadurch möglicherweise doch interessante Aussagen über das Gesamtsystem möglich sind. Beispielsweise ist das der Fall bei nichtlinearen Regelkreisen 2. Ordnung mit Totzeit ([7.18], Abschnitt 2.5).

Ist es notwendig, ein Totzeitglied in die Zustandsbeschreibung einzubeziehen, so kann man es gemäß Abschnitt 7.9 durch R-Glieder approximieren (oder man geht zu einem erweiterten Zustandsbegriff über, bei dem anstelle des hier zugrunde gelegten

6 Sofern $u(t)$ stückweise stetig ist, genügen *abzählbar* unendlich viele Werte. Eine derartige Funktion liegt nämlich eindeutig fest, wenn ihre Werte auf den rationalen Stellen des Definitionsintervalls gegeben sind. Diese bilden aber eine abzählbare Menge.

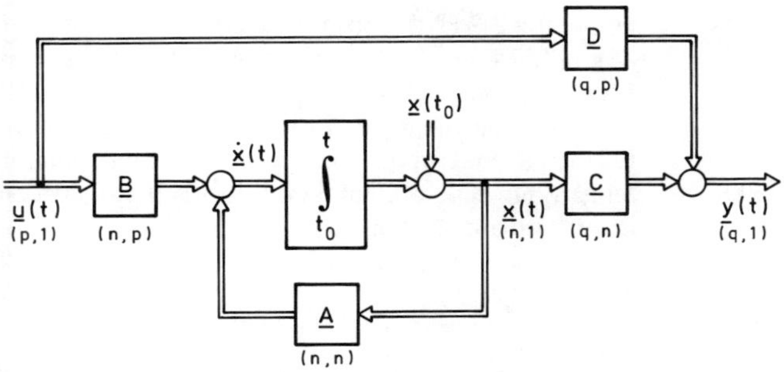

Bild 7-9: Strukturbild zur Zustandsbeschreibung eines linearen Systems

endlich-dimensionalen ein unendlich-dimensionaler Zustandsraum verwendet wird; siehe z. B. [7.19]).

Kehren wir nun zur Betrachtung der Zustandsgleichungen (7.88), (7.89) zurück! Um sie durch ein Strukturbild darzustellen, integrieren wir $\dot{\underline{x}}(t)$, wobei daran erinnert sei, dass für Vektoren und Matrizen die gleichen Differentiations- und Integrationsregeln gelten wie für skalare Funktionen. Deshalb ist

$$\int_{t_0}^{t} \dot{\underline{x}}(\tau)d\tau = \underline{x}(t) - \underline{x}(t_0), \qquad \text{also}$$

$$\underline{x}(t) = \int_{t_0}^{t} \dot{\underline{x}}(\tau)d\tau + \underline{x}(t_0).$$

Damit ergibt sich die Struktur in Bild 7-9. Der Typ jeder Matrix, also ihre Zeilen- und Spaltenzahl, ist unter die Matrix gesetzt. Die Vektoren kann man in diesem Zusammenhang als spezielle Matrizen ansehen.

Im *Spezialfall des Eingrößensystems*, d. h. eines Systems mit nur einer Eingangsgröße u und nur einer Ausgangsgröße y, sind $p = 1$ und $q = 1$. Daher wird aus der (n, p)-Matrix $\underline{B}$ ein Spaltenvektor $\underline{b}$, aus der (q, n)-Matrix $\underline{C}$ ein Zeilenvektor $\underline{c}^T$ und aus der (q, p)-Matrix $\underline{D}$ ein Skalar d. Die Zustandsgleichungen (7.88) und (7.89) lauten daher im Eingrößenfall:

$$\dot{\underline{x}} = \underline{A}\,\underline{x} + \underline{b}\,u\,, \tag{7.90}$$

$$y = \underline{c}^T \underline{x} + d\,u\,. \tag{7.91}$$

Die n-reihige quadratische Matrix $\underline{A}$ heißt *Dynamik- oder Systemmatrix*, wobei die Bezeichnung „Dynamikmatrix" vorzuziehen ist, weil „Systemmatrix" auch noch in anderem Sinn gebraucht wird. Die (n, p)-Matrix $\underline{B}$ heißt *Eingangsmatrix*, die (q, n)-Matrix $\underline{C}$ *Ausgangsmatrix* des dynamischen Systems. Dabei ist in aller Regel $p \leq n$ und meist erheblich kleiner als n. Häufig ist $q = p$, also die Anzahl der Ausgangsgrößen gleich der Anzahl der Eingangsgrößen, wobei man dann manchmal auch von einem „quadratischen" System spricht.

$\underline{D}$ heißt *Durchgangs- oder Durchgriffsmatrix*. Wie man nämlich aus Bild 7-9 sieht, wird der Eingangsvektor $\underline{u}$ durchgeschaltet, wenn $\underline{D} \neq \underline{0}$ ist. *Bei realen Systemen ist im Allgemeinen $\underline{D} = \underline{0}$*, da $\underline{u}$ meist nicht unmittelbar auf den Ausgangsvektor $\underline{y}$ wirkt, sondern nur durch Vermittlung des Zustandsvektors $\underline{x}$. So ist es beispielsweise beim 3-Tank-System (Abschnitt 7.2) und der Verladebrücke (Abschnitt 7.3). Bei der Regelungsnormalform ist nach (7.57) $d = b_n/a_n$, bei der Jordanschen Normalform nach (7.68) bzw. (7.73) $d = r_0$. Beide Male ist also $d = 0$, wenn der Zählergrad der Übertragungsfunktion kleiner als der Nennergrad ist, wenn also das Übertragungsglied Tiefpasscharakter hat, was normalerweise der Fall ist.

In den späteren Kapiteln werden wir ausschließlich lineare und zeitinvariante Systeme betrachten, also dynamische Systeme, die durch die Zustandsgleichungen (7.88) und (7.89) mit konstanten Matrizen $\underline{A}$, $\underline{B}$, $\underline{C}$, $\underline{D}$ beschrieben werden. Der Spezialfall (7.90), (7.91) des Eingrößensystems ist hierin eingeschlossen. Es handelt sich dabei also um Systeme aus rationalen Übertragungsgliedern und Summiergliedern, mithin um Systeme, die durch lineare Gleichungen und Differentialgleichungen mit konstanten Koeffizienten beschrieben werden. Für sie gibt es leistungsfähige und relativ einfache Analyse- und Syntheseverfahren.

Es ist daher von großer praktischer Bedeutung, dass man in vielen Fällen kompliziertere Systeme durch lineare und zeitinvariante Zustandsgleichungen zumindest näherungsweise beschreiben kann. Das soll im Folgenden für drei Systemtypen wenigstens grundsätzlich gezeigt werden:

- nichtlineare Systeme,
- Systeme mit örtlich verteilten Parametern,
- Totzeitsysteme.

7.7 Linearisierung nichtlinearer Systeme um einen stationären Zustand

Da die Untersuchung ähnlich abläuft wie die Linearisierung anhand des Strukturbilds (Abschnitt 2.6 und 2.7), können wir uns kurz fassen. Wir betrachten die allgemeinen Zustandsgleichungen

$$\underline{\dot{x}} = \underline{f}(\underline{x}, \underline{u}), \tag{7.92}$$

$$\underline{y} = \underline{g}(\underline{x}, \underline{u}), \tag{7.93}$$

setzen dabei also voraus, dass die Funktionen $\underline{f}$ und $\underline{g}$ nicht von t abhängen. Das System sei somit nichtlinear, aber zeitinvariant.

Wir denken uns nun zum Zeitpunkt t_0 einen *konstanten* Eingangsvektor $\underline{u}$ aufgeschaltet, der mit $\underline{u}_\infty$ bezeichnet sei. Hierdurch wird das dynamische System in Bewegung versetzt. Diese Bewegung möge mit wachsendem t, theoretisch also für $t \to +\infty$, zur Ruhe kommen, d. h. $\underline{\dot{x}}(t) \to \underline{0}$ und $\underline{x}(t)$ gegen einen festen Wert $\underline{x}_\infty$ streben. Ein solcher Zustand $\underline{x}_\infty$ werde als *stationärer Zustand (Beharrungszustand, Ruhezustand, Gleichgewichtszustand)* bezeichnet. Für ihn gilt nach (7.92):

$$\underline{f}(\underline{x}_\infty, \underline{u}_\infty) = \underline{0}.^7 \tag{7.94}$$

Diese Vektorgleichung stellt ein System von n skalaren Gleichungen für die n Komponenten des stationären Zustands $\underline{x}_\infty$ dar, den man daraus in Abhängigkeit vom konstanten Eingangsvektor $\underline{u}_\infty$ berechnen kann. Da es sich um ein nichtlineares Gleichungssystem handelt, lässt sich über die Lösung nichts Allgemeines sagen: Es kann genau eine oder auch mehrere, eventuell unendlich viele Lösungen geben, möglicherweise aber auch gar keine. Beispielsweise gilt im *linearen* Fall

$$\underline{0} = \underline{A}\,\underline{x}_\infty + \underline{B}\,\underline{u}_\infty,$$

woraus die eindeutige Lösung

$$\underline{x}_\infty = -\underline{A}^{-1}\,\underline{B}\,\underline{u}_\infty \tag{7.95}$$

folgt, sofern $\underline{A}^{-1}$ existiert. Ist dies nicht der Fall, so gibt es entweder gar keine oder unendlich viele Lösungen.

Als *nichtlineares* Beispiel zur Ermittlung des stationären Zustands werde der *Gleichstrommotor* betrachtet, dessen Zustandsdifferentialgleichungen durch (7.7) bis (7.9) gegeben sind. Es werde vom *Leerlaufzustand*, also vom unbelasteten Zustand des Motors, ausgegangen, der durch $M_{L\infty} = 0$ charakterisiert ist. Die Werte $u_{F\infty}$ und $u_{A\infty}$ der beiden anderen Eingangsgrößen sind konstant und $\neq 0$ vorgegeben. Dann wird aus (7.7) bis (7.9)

$$0 = -R_F\,\widetilde{F}(\Phi_{F\infty}) + u_{F\infty}, \tag{7.96}$$

$$0 = -\frac{c}{L_A}\,\Phi_{F\infty}\,\omega_\infty - \frac{R_A}{L_A}\,i_{A\infty} + \frac{1}{L_A}\,u_{A\infty}, \tag{7.97}$$

$$0 = \frac{c}{\Theta}\,\Phi_{F\infty}\,i_{A\infty}. \tag{7.98}$$

Aufgrund der letzten Gleichung muss entweder $\Phi_{F\infty} = 0$ oder $i_{A\infty} = 0$ sein. Die erste Möglichkeit scheidet jedoch aus, da sonst $i_{F\infty} = \widetilde{F}(\Phi_{F\infty}) = 0$ wäre und damit schließlich auch $u_{F\infty}$, was der Voraussetzung widerspricht. Also ist

$$i_{A\infty} = 0. \tag{7.99}$$

Damit folgt aus (7.97)

$$\omega_\infty = \frac{u_{A\infty}}{c\,\Phi_{F\infty}}. \tag{7.100}$$

Aus (7.96) erhält man schließlich

$$\widetilde{F}(\Phi_{F\infty}) = \frac{u_{F\infty}}{R_F}.$$

Indem man von $\widetilde{F}$ zur inversen Kennlinie F übergeht, wird daraus

$$\Phi_{F\infty} = F\left(\frac{u_{F\infty}}{R_F}\right). \tag{7.101}$$

Mit den Gleichungen (7.99) bis (7.101) hat man die stationären Werte der Zustandsvariablen Φ_F, i_A und ω im Leerlaufzustand, und zwar in Abhängigkeit von den konstant vorgegebenen Werten der Eingangsgrößen u_F und u_A. Die Vektorgleichung (7.94) hat also im vorliegenden Fall eine eindeutige Lösung, und zwar für beliebige Werte $u_{F\infty}, u_{A\infty} \neq 0$.

Wir kehren nun zur allgemeinen Aufgabenstellung zurück und führen in der Zustandsdifferentialgleichung (7.92) anstelle von $\underline{x}$ und $\underline{u}$ die Abweichungen von den stationären Werten ein:

$$\Delta\underline{x} = \underline{x} - \underline{x}_\infty, \quad \Delta\underline{u} = \underline{u} - \underline{u}_\infty. \tag{7.102}$$

Dann wird aus (7.92) wegen $(\Delta\underline{x})^{\cdot} = \underline{\dot{x}}$:

$$(\Delta\underline{x})^{\cdot} = \underline{f}(\underline{x}_\infty + \Delta\underline{x}, \underline{u}_\infty + \Delta\underline{u}).$$

7 Hierbei wird strenggenommen eine Grenzwertvertauschung durchgeführt:

$$\underline{0} = \lim_{t\to\infty} \underline{f}(\underline{x}(t), \underline{u}_\infty) = \underline{f}(\lim_{t\to\infty} \underline{x}(t), \underline{u}_\infty).$$

Man wird bei technischen Systemen annehmen dürfen, dass sie zulässig ist.

Nun wird die Vektorfunktion $\underline{f}$ nach dem Taylorschen Satz um die Stelle $(\underline{x}_\infty, \underline{u}_\infty)$ entwickelt, was völlig entsprechend wie bei einer skalaren Funktion geschieht:

$$(\Delta \underline{x})^{\cdot} = \underline{f}(\underline{x}_\infty, \underline{u}_\infty) + \left.\frac{\partial \underline{f}}{\partial \underline{x}}\right|_\infty \Delta \underline{x} + \left.\frac{\partial \underline{f}}{\partial \underline{u}}\right|_\infty \Delta \underline{u} + + \underline{r}(\Delta \underline{x}, \Delta \underline{u}). \tag{7.103}$$

Hierin ist

$$\left.\frac{\partial \underline{f}}{\partial \underline{x}}\right|_\infty = \begin{bmatrix} \dfrac{\partial f_1}{\partial x_1} & \dots & \dfrac{\partial f_1}{\partial x_n} \\ \vdots & \ddots & \vdots \\ \dfrac{\partial f_n}{\partial x_1} & \dots & \dfrac{\partial f_n}{\partial x_n} \end{bmatrix}_\infty = \underline{A}, \tag{7.104}$$

wobei der Index ∞ andeuten soll, dass als Argument der partiellen Ableitungen die stationären Werte $\underline{x}_\infty, \underline{u}_\infty$ zu nehmen sind. Entsprechend ist

$$\left.\frac{\partial \underline{f}}{\partial \underline{u}}\right|_\infty = \begin{bmatrix} \dfrac{\partial f_1}{\partial u_1} & \dots & \dfrac{\partial f_1}{\partial u_p} \\ \vdots & \ddots & \vdots \\ \dfrac{\partial f_n}{\partial u_1} & \dots & \dfrac{\partial f_n}{\partial u_p} \end{bmatrix}_\infty = \underline{B}. \tag{7.105}$$

$\underline{A}$ und $\underline{B}$ sind also konstante Matrizen. Der Vektor $\underline{r}(\Delta \underline{x}, \Delta \underline{u})$ stellt das Restglied 2. Ordnung dar, das gegenüber den Gliedern 1. Ordnung vernachlässigt werden darf, sofern $\Delta \underline{x}$ und $\Delta \underline{u}$ betragsmäßig hinreichend klein sind, sofern also $\underline{x}$ und $\underline{u}$ in einer genügend engen Umgebung der stationären Werte $\underline{x}_\infty$ und $\underline{u}_\infty$ bleiben.

Berücksichtigt man noch die Gleichung (7.94), so wird aus (7.103):

$$(\Delta \underline{x})^{\cdot} = \underline{A}\,\Delta \underline{x} + \underline{B}\,\Delta \underline{u}, \tag{7.106}$$

wobei $\underline{A}$ und $\underline{B}$ durch (7.104) und (7.105) gegeben sind. *Durch diese lineare Zustandsdifferentialgleichung wird die ursprüngliche nichtlineare Zustandsdifferentialgleichung in einer genügend engen Umgebung der stationären Werte $\underline{x}_\infty$, $\underline{u}_\infty$ approximiert. Darin besteht die Linearisierung um einen stationären Zustand.*

Ganz entsprechend wird aus der Ausgangsgleichung (7.93)

$$\Delta \underline{y} = \underline{C}\,\Delta \underline{x} + \underline{D}\,\Delta \underline{u} \qquad \text{mit} \tag{7.107}$$

$$\underline{C} = \left.\frac{\partial \underline{g}}{\partial \underline{x}}\right|_\infty, \quad \underline{D} = \left.\frac{\partial \underline{g}}{\partial \underline{u}}\right|_\infty. \tag{7.108}$$

Damit der Taylorsche Satz angewendet werden kann, müssen die *Vektorfunktionen $\underline{f}(\underline{x}, \underline{u})$ und $\underline{g}(\underline{x}, \underline{u})$ in der Umgebung von $(\underline{x}_\infty, \underline{u}_\infty)$ als zweimal stetig differenzierbar vorausgesetzt* werden. Insbesondere darf also keine Sprung- oder Knickstelle einer Kennlinie mit $(\underline{x}_\infty, \underline{u}_\infty)$ zusammenfallen. Ist dies doch der Fall, so ist eine Linearisierung um diese Stelle nicht möglich.

Als Beispiel wollen wir nun die *Linearisierung des Gleichstrommotors um den Leerlaufzustand* behandeln.

Die Zustandsdifferentialgleichungen des Motors sind durch (7.7) bis (7.9) gegeben, der stationäre Zustand durch (7.99) bis (7.101), wobei insbesondere $i_{A\infty} = 0$ ist. Mit

$$x_1 = \Phi_F, \; x_2 = i_A, \; x_3 = \omega$$

und

$$u_1 = u_F, \; u_2 = u_A, \; u_3 = M_L$$

erhält man mittels der Formeln (7.104), (7.105) und (7.106) die folgende linearisierte Differentialgleichung:

$$\begin{bmatrix} \Delta\Phi_F \\ \Delta i_A \\ \Delta\omega \end{bmatrix}^{\cdot} = \begin{bmatrix} -R_F \widetilde{F}'(\Phi_{F\infty}) & 0 & 0 \\ -\dfrac{c}{L_A}\omega_\infty & -\dfrac{R_A}{L_A} & -\dfrac{c}{L_A}\Phi_{F\infty} \\ 0 & \dfrac{c}{\Theta}\Phi_{F\infty} & 0 \end{bmatrix} \begin{bmatrix} \Delta\Phi_F \\ \Delta i_A \\ \Delta\omega \end{bmatrix} + + \begin{bmatrix} 1 & 0 & 0 \\ 0 & \dfrac{1}{L_A} & 0 \\ 0 & 0 & -\dfrac{1}{\Theta} \end{bmatrix} \begin{bmatrix} \Delta u_F \\ \Delta u_A \\ \Delta M_L \end{bmatrix}. \tag{7.109}$$

Wenn man will, kann man hierin den Feldfluss Φ_F durch den Feldstrom i_F ersetzen. Wegen

$$\Phi_F = F(i_F)$$

ist nach der Linearisierung

$$\Delta\Phi_F = F'(i_{F\infty})\Delta i_F$$

oder mit $L_F = F'(i_{F\infty})$:

$$\Delta\Phi_F = L_F\,\Delta i_F.$$

Da weiterhin $\widetilde{F}$ die inverse Funktion zu F ist, gilt

$$\widetilde{F}'(\Phi_{F\infty}) = \frac{1}{F'(i_{F\infty})} = \frac{1}{L_F}.$$

Damit wird aus (7.109):

$$(\Delta i_F)^{\cdot} = -\frac{R_F}{L_F}\Delta i_F + \frac{1}{L_F}\Delta u_F, \qquad (7.110)$$

$$(\Delta i_A)^{\cdot} = -\frac{c\omega_\infty L_F}{L_A}\Delta i_F - \frac{R_A}{L_A}\Delta i_A - \frac{c\Phi_{F\infty}}{L_A}\Delta\omega + \frac{1}{L_A}\Delta u_A, \qquad (7.111)$$

$$(\Delta\omega)^{\cdot} = \frac{c\Phi_{F\infty}}{\Theta}\Delta i_A - \frac{1}{\Theta}\Delta M_L. \qquad (7.112)$$

Die Linearisierung der Ausgangsgleichung des Motors erfolgt ganz entsprechend.

Die Linearisierung um einen stationären Zustand wird man immer dann vornehmen, wenn das betrachtete System durch eine Regelung entgegen dem Einfluss von Störungen in einem gewünschten Betriebszustand gehalten werden soll. Dieser stellt dann den stationären Zustand dar, um den linearisiert wird.

Geht es um das Führungsverhalten eines Systems, so liegt eine andere Situation vor. Dann ist ein gewünschter Sollverlauf $\underline{x}_\infty(t)$, $\underline{u}_\infty(t)$ einzuhalten. Um Abweichungen von ihm auszuregeln, ist es zweckmäßig, in den Zustandsgleichungen von den Größen $\underline{x}(t)$ und $\underline{u}(t)$ zu deren Abweichungen von $\underline{x}_\infty(t)$ bzw. $\underline{u}_\infty(t)$ überzugehen. Das geschieht in der bisherigen Weise und führt wieder zu den Gleichungen (7.104) bis (7.108). Da aber $\underline{x}_\infty$ und $\underline{u}_\infty$ jetzt von t abhängen, gilt dies auch für die Matrizen $\underline{A}$, $\underline{B}$, $\underline{C}$, $\underline{D}$. Das linearisierte System ist daher *zeitvariant*. Man spricht hier von der *Linearisierung um eine Referenztrajektorie* (siehe etwa [7.20] und [7.21], Abschnitt 2.3).

Hängen die Zustandsgleichungen des nichtlinearen Systems explizit von der Zeit t ab, so wird es keinen stationären Zustand geben. Dann ist nur die Linearisierung um eine Referenztrajektorie möglich. Sie geschieht in der bisherigen Weise und führt wiederum auf ein zeitvariantes System.

7.8 Ortsdiskretisierung partieller Differentialgleichungen

Partielle Differentialgleichungen treten bei der Modellbildung dynamischer Systeme dann auf, wenn die zeitveränderlichen Größen des Systems nicht nur von der Zeit t, sondern auch noch vom Ort abhängen. Man spricht dann von *Systemen mit örtlich verteilten Parametern* oder kurz von örtlich verteilten Systemen. Im Unterschied dazu bezeichnet man Systeme, die durch gewöhnliche Differentialgleichungen mit der Zeit als der einzigen unabhängigen Variablen beschrieben werden, als *Systeme mit konzentrierten Parametern* oder auch kurz als konzentrierte Systeme.

In diesem Buch befassen wir uns nicht mit örtlich verteilten Systemen.[8] Wir wollen jetzt lediglich einen Abstecher in ihr Reich machen, um zu zeigen, dass man sie mittels der Methode der Ortsdiskretisierung durch konzentrierte Systeme approximieren kann. Das ist deshalb von großer praktischer Bedeutung, weil örtlich verteilte Systeme erheblich schwieriger zu behandeln sind als konzentrierte Systeme. Die Ortsdiskretisierung ist eine sehr nahe liegende Methode, um von der einen Systemklasse zur anderen überzugehen. Anhand eines Beispiels soll der Grundgedanke dargestellt werden.

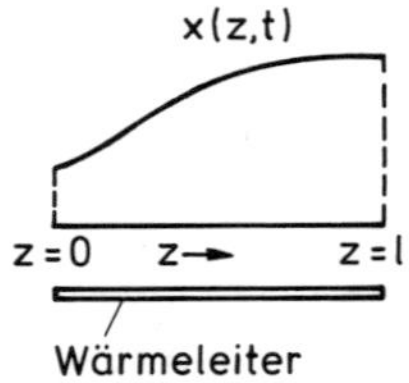

Bild 7-10: Linearer Wärmeleiter

Klassisches Beispiel eines örtlich verteilten Systems ist der lineare (d. h. eindimensionale) Wärmeleiter. Bild 7-10 zeigt die Situation. Ein Stab der Länge ℓ, dessen Querausdehnung gegen seine Längsausdehnung vernachlässigt werden kann, wird erwärmt, entweder durch Wärmequellen im Inneren, beispielsweise in einem Induktionsofen durch Wirbelströme, oder von außen, etwa durch Bestrahlung. Dann wird die Stabtemperatur zu einem bestimmten Zeitpunkt t an verschiedenen Stellen des Stabs verschieden sein. Andererseits wird sie sich an einer bestimmten Stelle z im Laufe der Zeit ändern. Die Stabtemperatur x hängt also sowohl von der Zeit t als auch vom Ort z ab:

$$x = x(z,t).$$

In Bild 7-10 ist ein *Temperaturprofil* gezeichnet, d. h. der Verlauf der Temperatur zu einem bestimmten Zeitpunkt t über dem Ort. Die Stabtemperatur hängt von der Einwirkung der Wärmequellen ab, die den Erwärmungsvorgang des Stabs verursachen. Auch diese Einwirkung ist im Allgemeinen von Zeit und Ort abhängig:

$$u = u(z,t).$$

Im speziellen Fall, wenn sich der Stab beispielsweise in einem gleichmäßig beheizten Raum befindet, kann u in eine reine Zeitfunktion übergehen. Der

8 Für die Theorie der Systeme mit örtlich verteilten Parametern sei auf die Bücher von *Gilles* [7.22], *Franke* [7.23] und *Deutscher* [7.19] hingewiesen.

Zusammenhang zwischen der Stabtemperatur $x(z,t)$ und der Eingangsgröße $u(z,t)$ wird durch eine partielle Differentialgleichung, die *Wärmeleitungsgleichung*, beschrieben:

$$\frac{\partial x}{\partial t} - \frac{\partial^2 x}{\partial z^2} + x = u\,, \quad 0 < z < \ell\,,\ t > 0\,. \tag{7.113}$$

Ihre Koeffizienten sind durch geeignete Wahl der Maßstäbe zu 1 normiert worden.[9]

Damit das Problem vollständig beschrieben ist, müssen noch *die Rand- und die Anfangsbedingungen* gegeben sein. Der Rand ist in unserem Beispiel durch die Stabenden $z = 0$ und $z = \ell$ gegeben. Nimmt man etwa an, dass die Temperatur an den Stabenden von außen vorgegeben wird, so gilt:

$$x(0,t) = x_0(t),\ x(\ell,t) = x_\ell(t) \text{ für } t > 0.^{10} \tag{7.114}$$

Darin sind $x_0(t)$ und $x_\ell(t)$ vorgeschriebene Zeitfunktionen, eben die vorgegebenen Temperaturverläufe an den Stabenden. Insbesondere können sie natürlich konstant sein. Andere Randbedingungen ergeben sich, wenn die Stabenden isoliert sind und daher kein Wärmeabfluss an ihnen stattfindet:

$$\frac{\partial x}{\partial z}(0,t) = 0\,, \quad \frac{\partial x}{\partial z}(\ell,t) = 0\,.$$

Wir wollen aber im Folgenden bei den Randbedingungen (7.114) bleiben.

Die Anfangsbedingung besteht darin, dass zur Zeit $t = 0$ ein bestimmter örtlicher Temperaturverlauf, also ein Anfangsprofil, vorliegt:

$$x(z,0) = a(z)\,. \tag{7.115}$$

Während die Randbedingungen durch die räumliche Umgebung des Systems bestimmt sind, ist die Anfangsbedingung durch seine Vorgeschichte gegeben.

Der Gedanke liegt nahe, die Behandlung des dynamischen Verhaltens eines solchen Systems mit örtlich verteilten Parametern dadurch zu vereinfachen, dass man die partielle Differentialgleichung durch ein System von gewöhnlichen Differentialgleichungen approximiert. Das ist zwar bei der Wärmeleitungsgleichung, die eine relativ einfache partielle Differentialgleichung darstellt, nicht unbedingt nötig, kann sich aber in schwierigeren Fällen, z. B. bei nichtlinearen partiellen Differentialgleichungen, als unumgänglich erweisen. Das Verfahren ist auch in solchen Fällen grundsätzlich das gleiche wie bei der Wärmeleitungsgleichung, an der es nun erläutert wird.

Man betrachtet den Wärmeleiter an den Stellen

$$z_0,\, z_1,\, \ldots,\, z_n,\, z_{n+1}\,,$$

wobei

$$z_0 = 0 \quad \text{und} \quad z_{n+1} = \ell$$

sei. Wir wollen annehmen, dass die *Stellen z_ν äquidistant* sind, was jedoch nicht unbedingt der Fall sein muss. *Ihr Abstand sei Δ*. An der Stelle z_ν ist $x(z,t)$ eine reine Zeitfunktion:

$$x(z_\nu,t) = x_\nu(t)\,.$$

Man ersetzt auf diese Weise die zeit- und ortsabhängige Funktion $x(z,t)$ durch eine Anzahl von reinen Zeitfunktionen an den diskreten Orten $z_0, z_1, \ldots, z_{n+1}$ (Bild 7-11).

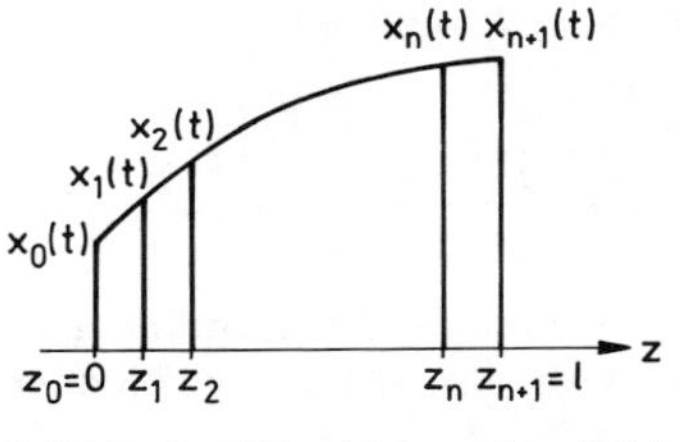

Bild 7-11: Ortsdiskretisierung eines örtlich verteilten Systems

Man spricht deshalb von *Ortsdiskretisierung der partiellen Differentialgleichung.* Ganz entsprechend ist

$$u(z_\nu,t) = u_\nu(t)\,.$$

Für die Ableitung von $x(z,t)$ nach der Zeit kann man dann an der Stelle z_ν schreiben:

$$\frac{\partial}{\partial t}x(z_\nu,t) = \frac{d}{dt}x_\nu(t) = \dot{x}_\nu(t)\,. \tag{7.116}$$

Die Ableitungen von $x(z,t)$ nach der Ortsvariablen z approximiert man an der Stelle z_ν durch den zugehörigen Differenzenquotienten. Dafür gibt es verschiedene Möglichkeiten:

- den Rückwärts-Differenzenquotienten

$$\frac{\partial x}{\partial z}(z_\nu,t) \approx \frac{x(z_\nu,t) - x(z_{\nu-1},t)}{\Delta} = \frac{x_\nu(t) - x_{\nu-1}(t)}{\Delta}\,, \tag{7.117}$$

9 Zur Herleitung der Wärmeleitungsgleichung siehe z. B. [7.24], Band II, 13. Kapitel, § 4, 7. Abschnitt.

10 Strenggenommen muss man hier, wie auch bei der Anfangsbedingung, die Grenzwerte nehmen: $x(+0,t) = x_0(t)$, $x(\ell-0,t) = x_\ell(t)$.

- den Vorwärts-Differenzenquotienten

$$\frac{\partial x}{\partial z}(z_\nu,t)\approx\frac{x(z_{\nu+1},t)-x(z_\nu,t)}{\Delta}=\frac{x_{\nu+1}(t)-x_\nu(t)}{\Delta}, \tag{7.118}$$

- den zentralen Differenzenquotienten

$$\frac{\partial x}{\partial z}(z_\nu,t)\approx\frac{x(z_{\nu+1},t)-x(z_{\nu-1},t)}{2\Delta}=\frac{x_{\nu+1}(t)-x_{\nu-1}(t)}{2\Delta}. \tag{7.119}$$

Meist wird der zentrale Differenzenquotient die beste Approximation liefern. Am linken Rand z_0 ist nur der Vorwärts-Differenzenquotient brauchbar, weil z_{-1} nicht im Intervall $[0,\ell]$ liegt und deshalb $x_{-1}(t)$ nicht existiert. Entsprechend lässt sich am rechten Rand $z_{n+1}=\ell$ nur der Rückwärts-Differenzenquotient verwenden.

In analoger Weise werden höhere Differenzenquotienten gebildet. Wir können uns hier auf den zentralen Differenzenquotienten 2. Ordnung beschränken, da wir nur ihn benötigen. Zunächst bildet man mittels des Rückwärts-Differenzenquotienten

$$\frac{\partial^2 x}{\partial z^2}(z_\nu,t)\approx\frac{\dfrac{\partial x}{\partial z}(z_\nu,t)-\dfrac{\partial x}{\partial z}(z_{\nu-1},t)}{\Delta}.$$

Die partiellen Differentialquotienten 1. Ordnung verwandelt man nun in Vorwärts-Differenzenquotienten:

$$\frac{\partial^2 x}{\partial z^2}(z_\nu,t)\approx\frac{\dfrac{x_{\nu+1}(t)-x_\nu(t)}{\Delta}-\dfrac{x_\nu(t)-x_{\nu-1}(t)}{\Delta}}{\Delta}$$

oder

$$\frac{\partial^2 x}{\partial z^2}(z_\nu,t)\approx\frac{x_{\nu+1}(t)-2x_\nu(t)+x_{\nu-1}(t)}{\Delta^2},\quad \nu=1,2,\dots,n. \tag{7.120}$$

Diesen partiellen Differenzenquotienten zu bilden, ist nur sinnvoll für solche ν, bei denen die Werte $x_{\nu-1}(t)$, $x_\nu(t)$ und $x_{\nu+1}(t)$ zu Stellen z_ν aus dem Intervall $0\le z\le\ell$ gehören, denn für Stellen außerhalb dieses Intervalls ist $x(z,t)$ nicht erklärt. Also muss $\nu=1,2,\dots,n$ sein, denn zu $\nu=0$ gehören der nicht definierte Wert $x_{-1}(t)$ und zu $\nu=n+1$ der gleichfalls nicht erklärte Wert $x_{n+2}(t)$.[11]

Man ersetzt nun in der Wärmeleitungsgleichung die über z kontinuierlichen Funktionen $x(z,t)$ und $u(z,t)$ durch ihre Werte $x_\nu(t)$ und $u_\nu(t)$ an den Stützstellen z_ν sowie die partiellen Ableitungen $\partial x/\partial t$ und $\partial^2x/\partial z^2$ durch den Differentialquotienten (7.116) und den Differenzenquotienten (7.120). Dann erhält man anstelle der partiellen Differentialgleichung (7.113) die Beziehungen

$$\dot{x}_\nu(t)-\frac{x_{\nu+1}(t)-2x_\nu(t)+x_{\nu-1}(t)}{\Delta^2}+x_\nu(t)=u_\nu(t),\quad \nu=1,\dots,n,$$

oder

$$\dot{x}_\nu=\frac{1}{\Delta^2}x_{\nu-1}-\left(1+\frac{2}{\Delta^2}\right)x_\nu+\frac{1}{\Delta^2}x_{\nu+1}+u_\nu,\quad \nu=1,\dots,n, \tag{7.121}$$

wobei das Argument t der Kürze halber weggelassen ist.

Das sind n gewöhnliche Differentialgleichungen, in denen die $n+2$ Zeitfunktionen $x_0(t)$, $x_1(t)$, …, $x_{n+1}(t)$ auftreten. Von ihnen sind

$$x_0(t)=x(0,t)\quad\text{und}$$

$$x_{n+1}(t)=x(z_{n+1},t)=x(\ell,t)=x_\ell(t)$$

durch die Randbedingungen (7.114) gegeben. Sie spielen im Differentialgleichungssystem (7.121) die Rolle zusätzlicher Eingangsgrößen. Für dieses können wir deshalb schreiben, wenn wir abkürzend

$$D=-(\Delta^2+2)$$

setzen:

$$\left.\begin{aligned}
\dot{x}_1&=\frac{D}{\Delta^2}x_1+\frac{1}{\Delta^2}x_2+\frac{1}{\Delta^2}x_0+u_1,\\
\dot{x}_2&=\frac{1}{\Delta^2}x_1+\frac{D}{\Delta^2}x_2+\frac{1}{\Delta^2}x_3+u_2,\\
\dot{x}_3&=\frac{1}{\Delta^2}x_2+\frac{D}{\Delta^2}x_3+\frac{1}{\Delta^2}x_4+u_3,\\
&\vdots\\
\dot{x}_n&=\frac{1}{\Delta^2}x_{n-1}+\frac{D}{\Delta^2}x_n+\frac{1}{\Delta^2}x_\ell+u_n.
\end{aligned}\right\} \tag{7.122}$$

11 Allgemein bildet man den Rückwärts-Differenzenquotienten $(k+1)$-ter Ordnung durch Anwendung des Rückwärts-Differenzenquotienten 1. Ordnung auf die Rückwärts-Differenzenquotienten k-ter Ordnung, $k=1,2,\dots$. Ganz entsprechend wird der Vorwärts-Differenzenquotient $(k+1)$-ter Ordnung bestimmt. Schließlich bildet man den zentralen Differenzenquotienten $(k+1)$-ter Ordnung durch Anwendung des zentralen Differenzenquotienten 2. Ordnung auf die zentralen Differenzenquotienten $(k-1)$-ter Ordnung, $k=2,3,\dots$.

Damit haben wir die partielle Wärmeleitungsdifferentialgleichung durch ein System von n gewöhnlichen Differentialgleichungen approximiert. Die Größen $x_\nu(t)$ sind die Zustandsvariablen des so angenäherten Prozesses. Durch sie werden die exakten Werte $x(z_\nu, t)$ approximiert.

Einschließlich der Randwertfunktionen gibt es hier $n+2$ Eingansgrößen. Das gilt allerdings nur so lange, wie man an jeder Stützstelle tatsächlich eingreift. Beschränkt man sich, wie das bei praktischen Problemen oft der Fall sein wird, auf nur wenige Eingriffsstellen für die Stelleinwirkung, so werden auch nur wenige u_ν vorhanden sein. Ist bei einem speziellen Problem die Einflussfunktion $u(z,t)$, die sogenannte *Quellenfunktion*, aufgrund der Aufgabenstellung identisch Null, so kann man nur über den Rand einwirken:

$$u_1^\star = \frac{1}{\Delta^2} x_0(t), \quad u_n^\star = \frac{1}{\Delta^2} x_\ell(t).$$

Falls man die Quellenfunktion als Stellgröße benutzt, können die Randwertfunktionen die Rolle von Störgrößen spielen.

Als Ausgangsgrößen sind alle x_ν, $\nu = 1, \ldots, n$ anzusehen, wenn das gesamte Ausgangsprofil $x(z,t)$ (in seiner Abhängigkeit von t) interessiert, denn dieses wird in jedem Zeitpunkt t durch die Gesamtheit der Werte $x_\nu(t) \approx x(z_\nu, t)$ näherungsweise dargestellt (Bild 7-11). Interessiert man sich aber nur für das Verhalten von x an einigen Stützstellen, so stellen lediglich die zugehörigen Größen $x_\nu(t) \approx x(z_\nu, t)$ die Ausgangsgrößen des Prozesses dar.

Zur eindeutigen Lösung der Zustandsdifferentialgleichungen (7.121) bzw. (7.122) sind die *Anfangswerte* der $x_\nu(t)$ erforderlich. Man erhält sie ohne Schwierigkeit aus der Anfangsbedingung (7.115) der partiellen Differentialgleichung:

$$x(z_\nu, 0) = a(z_\nu),$$

wobei $a(z)$ das gegebene Anfangsprofil, also der gegebene Anfangsverlauf der Temperatur ist. Wegen $x_\nu(t) \approx x(z_\nu, t)$ setzt man:

$$x_\nu(0) = x(z_\nu, 0) = a(z_\nu), \quad \nu = 1, \ldots, n. \tag{7.123}$$

Das sind die erforderlichen Anfangswerte der Zustandsvariablen $x_\nu(t)$.

Schreiben wir zum Schluss die Zustandsdifferentialgleichungen (7.122) wieder in Vektorform. Fasst man dazu x_0 und x_ℓ als letzte der insgesamt $n+2$ Eingangsgrößen auf, so erhält man

$$\underline{\dot{x}} = \frac{1}{\Delta^2} \begin{bmatrix} D & 1 & 0 & 0 & \cdots & 0 \\ 1 & D & 1 & 0 & \cdots & 0 \\ 0 & 1 & D & 1 & \cdots & 0 \\ \vdots & \ddots & \ddots & \ddots & \ddots & \vdots \\ 0 & \cdots & 0 & 1 & D & 1 \\ 0 & \cdots & 0 & 0 & 1 & D \end{bmatrix} \underline{x} + \begin{bmatrix} 1 & 0 & \cdots & 0 & \frac{1}{\Delta^2} & 0 \\ 0 & 1 & \cdots & 0 & 0 & 0 \\ \vdots & \vdots & \ddots & \vdots & \vdots & \vdots \\ 0 & 0 & \cdots & 1 & 0 & \frac{1}{\Delta^2} \end{bmatrix} \begin{bmatrix} u_1 \\ u_2 \\ \vdots \\ u_n \\ x_0 \\ x_\ell \end{bmatrix}. \tag{7.124}$$

Wie man sieht, ist diese Vektordifferentialgleichung wiederum von der Form

$$\underline{\dot{x}} = \underline{A}\,\underline{x} + \underline{B}\,\underline{u}.$$

Es ist bemerkenswert, dass in der Matrix $\underline{A}$ nur die Hauptdiagonale und die beiden Paralleldiagonalen besetzt sind, alle anderen Matrixelemente aber den Wert Null haben. Solche *Matrizen mit Bandstruktur* oder doch annähernder Bandstruktur kommen in den Anwendungen häufig vor. In umfangreichen Systemen sind nämlich die Teilsysteme vielfach so miteinander verknüpft, dass ein Teilsystem nur von dem unmittelbar vorhergehenden und dem unmittelbar nachfolgenden beeinflusst wird, nicht aber von weiter entfernten Teilsystemen. Das führt, wie auch im vorliegenden Fall, zu einer Bandmatrix. Rechentechnisch ist sie, wegen ihrer Verwandtschaft mit einer Diagonalmatrix, angenehmer zu handhaben als eine vollbesetzte Matrix.

Löst man die Zustandsdifferentialgleichungen (7.124) unter Berücksichtigung der Anfangsbedingungen (7.123), so erhält man die Funktionen

$$x_\nu(t) \approx x(z_\nu, t), \quad \nu = 1, \ldots, n.$$

Trägt man ihre Werte für irgendeinen Zeitpunkt t_1 über den Stützstellen z_ν auf, so erhält man approximativ das Ortsprofil $x(z, t_1)$. Das ist in Bild 7-12 skizziert. In $z_0 = 0$ und $z_{n+1} = \ell$ sind hierbei die gegebenen Randwerte $x_0(t_1)$ und $x_\ell(t_1)$ aufzutragen. Nimmt man diese Aufzeichnung für eine Reihe aufeinanderfolgender Zeitpunkte $t_1, t_2, \ldots$ vor, so ist damit näherungsweise die zeitliche Bewegung des Ortsprofils erfasst.

Bild 7-13 zeigt die Veränderung des Ortsprofils mit wachsender Zeit für drei verschiedene Situationen. In allen drei Fällen ist die Quellenfunktion $u(z,t) \equiv 1$ für

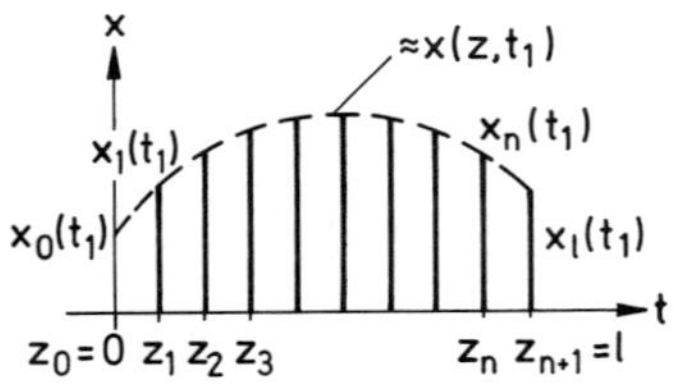

Bild 7-12: Annäherung des Ortsprofils durch die Lösung der Zustandsdifferentialgleichungen

alle z und t sowie die Anfangsbedingung $x(z,0) \equiv 0$. Verschieden sind die Randbedingungen:

a) $x(0,t) = x(\ell,t) = 1$ für alle t;

b) $x(0,t) = x(\ell,t) = 0$ für alle t;

c) $x(0,t) = 0,\ x(\ell,t) = 1$ für alle t.

Die Ortsdiskretisierung wurde mit der beschriebenen Methode durchgeführt, wobei zur Erzielung glatter Profile 160 äquidistante Diskretisierungspunkte gewählt wurden. Sofern das Zeitverhalten von $x(z,t)$ nur an wenigen Stellen z_ν interessiert, kommt man mit erheblich weniger Diskretisierungspunkten aus.

Es sei angemerkt, dass man das *stationäre Profil*, das sich für $t \to +\infty$ ergibt, auch ohne große Mühe analytisch berechnen kann. Da nämlich im stationären Zustand $\partial x/\partial t \equiv 0$ ist, geht die partielle Differentialgleichung in eine gewöhnliche Differentialgleichung über. Man hat dann für diese ein Randwertproblem zu lösen, was im vorliegenden Fall ohne Schwierigkeit möglich ist.

Die hiermit beschriebene Ortsdiskretisierung kann auch bei anderen partiellen Differentialgleichungen durchgeführt werden, wobei die Stützpunkte – wie schon bemerkt – keineswegs äquidistant zu sein brauchen. Sind partielle Ableitungen 2. oder höherer Ordnung nach der Zeit vorhanden, so erhält man zunächst ein System gewöhnlicher Differentialgleichungen, in dem zweite oder höhere Ableitungen vorkommen. Dort führt man Zustandsvariablen gemäß Abschnitt 7.3 ein und gelangt so zu den Zustandsgleichungen, welche die ursprüngliche partielle Differentialgleichung approximieren.

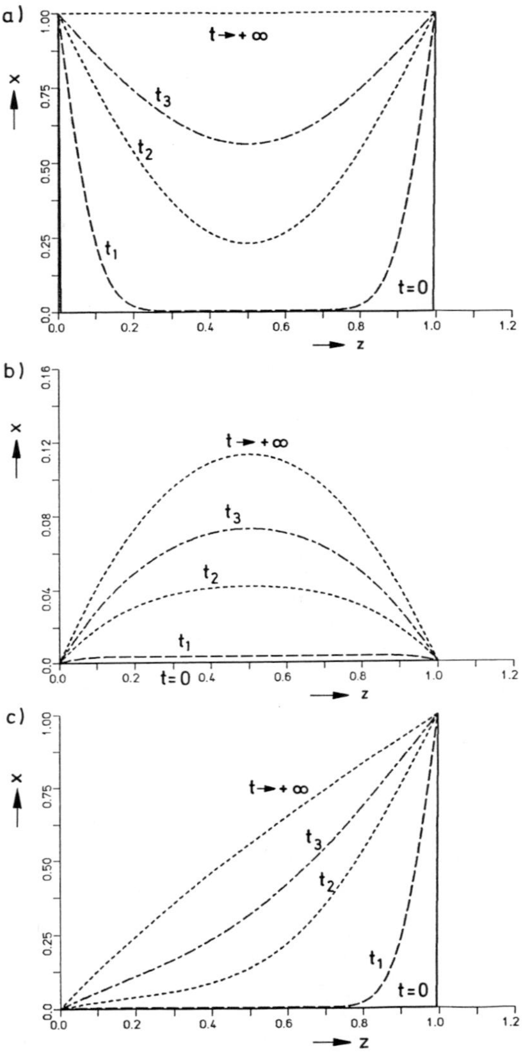

Bild 7-13: Ortsprofile des linearen Wärmeleiters für $u \equiv 1$, $x(z,0) \equiv 0$ und 3 Randbedingungen:

$a)\ x_0 \equiv x_\ell \equiv 1 \quad b)\ x_0 \equiv x_\ell \equiv 0 \quad c)\ x_0 \equiv 0,\ x_\ell \equiv 1$

7.9 Berücksichtigung von Totzeit

In Abschnitt 7.6 wurde begründet, dass das Totzeitglied, gebeben durch die komplexe Übertragungsgleichung

$$Y(s) = \mathrm{e}^{-T_t s} U(s) \tag{7.125}$$

bzw. die Zeitbereichsgleichung

$$y(t) = u(t - T_t), \tag{7.126}$$

nicht durch endlich viele Zustandsvariablen beschreibbar ist. Daher kann das Totzeitglied durch ein System von endlich vielen Zustandsgleichungen nur *approximiert* werden. Zwei solcher Möglichkeiten werden im Folgenden behandelt.

Die erste liegt sehr nahe. Man geht dazu von der Darstellung

$$e^z = \lim_{n\to\infty}\left(1+\frac{z}{n}\right)^n$$

der e-Funktion aus ([7.25], Nr. 236). Damit wird die Übertragungsfunktion des Totzeitglieds:

$$G_T(s) = \frac{1}{e^{T_t s}} = \frac{1}{\lim\limits_{n\to\infty}\left(1+\frac{T_t}{n}s\right)^n}\,. \tag{7.127}$$

Bricht man bei einem bestimmten n ab, so erhält man als Totzeitapproximation die Übertragungsfunktion

$$G_T^*(s) = \frac{1}{\left(1+\frac{T_t}{n}s\right)^n}\,. \tag{7.128}$$

In Bild 7-14 sieht man die zugehörige Reihenschaltung von P-T_1-Gliedern, die sämtlich die gleiche Zeitkonstante $T = T_t/n$ aufweisen. In dieses Bild sind zugleich die Zustandsvariablen eingetragen, aus denen man nun gemäß Abschnitt 7.5 die Zustandsgleichungen erhält, durch die das Totzeitglied näherungsweise beschrieben wird.

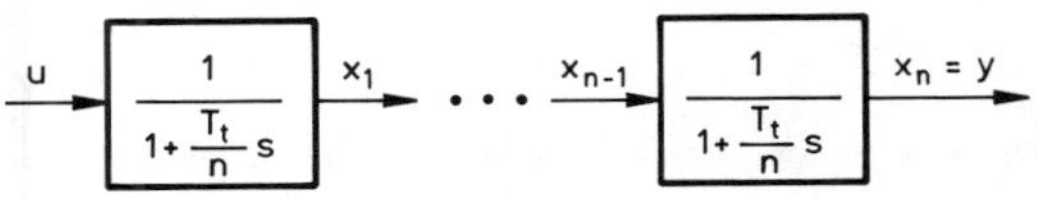

Bild 7-14: Totzeitapproximation durch ein Verzögerungssystem n-ter Ordnung (P-T_n-Glied)

Unbefriedigend an dieser Approximation ist die Tatsache, dass die Sprungantwort der Näherung an der Stelle $t = T_t$ nicht nur keinen Sprung aufweist, wie dies bei der Sprungantwort des Totzeitglieds der Fall ist, sondern sogar einen relativ sanften Anstieg besitzt (gepunktete Kurve in Bild 7-15, für $n = 4$ und $n = 6$). Um eine bessere Annäherung dieses Sprungübergangs zu erzielen, geht man zu der nach ihrem Erfinder benannten *Padé-Approximation* [7.26] über. Sie verwendet eine rationale Funktion

$$G_{n,m}(z) = \frac{\sum\limits_{i=0}^{m} b_i z^i}{\sum\limits_{i=0}^{n} a_i z^i}\,,\quad m \le n\,, \tag{7.129}$$

wobei m und n vorgegebene Zahlen sind und abkürzend $T_t s = z$ gesetzt ist. Die a_i und b_i werden nun so gewählt, dass die Taylorentwicklung von $G_{n,m}(z)$ um die Stelle $z = 0$ mit der Reihenentwicklung von e^{-z} um diese Stelle bis zur $(n+m)$-ten Potenz einschließlich übereinstimmt:

$$\frac{\sum\limits_{i=0}^{m} b_i z^i}{\sum\limits_{i=0}^{n} a_i z^i} \stackrel{!}{=} 1 - \frac{z}{1!} + \frac{z^2}{2!} - + \ldots + (-1)^{n+m}\frac{z^{n+m}}{(n+m)!}\,. \tag{7.130}$$

Damit $G_{n,m}(z)$ um $z = 0$ in eine Potenzreihe entwickelbar ist, darf $z = 0$ kein Pol sein, so dass $a_0 \neq 0$ sein muss. Man darf deshalb ohne Beschränkung der Allgemeinheit $a_0 = 1$ annehmen. Dann folgt aus (7.130) für $z = 0$ sofort, dass auch $b_0 = 1$ sein muss. Aus (7.130) bekommt man nun $a_1, \ldots, a_n$, $b_1, \ldots, b_m$ durch Koeffizientenvergleich.

Zuvor hat man noch n und m zu wählen. Dazu kann man von der Tatsache ausgehen, dass das Totzeitglied einen Allpass darstellt, da

$$|e^{-T_t j\omega}| = 1 \quad \text{für alle } \omega\,.$$

Es liegt deshalb nahe, auch $G_{n,m}(z)$ als Allpass (siehe Abschnitt 4.7) anzusetzen. Dazu müssen Zähler- und Nennerpolynom gleichen Grad haben, es muss also $m = n$ sein. Wie nun weiterhin der gemeinsame Grad n von Zähler und Nenner zu bestimmen ist, lässt sich nicht allgemein sagen. Je größer n, desto genauer wird die Approximation sein, desto größer aber auch der Realisierungsaufwand für $G_{n,n}(z)$ bzw. die zugehörigen Zustandsdifferentialgleichungen.

Die Berechnung der a_i und b_i sei am Fall $n = m = 2$ durchgeführt. Hier lautet (7.130):

$$\frac{1+b_1 z + b_2 z^2}{1 + a_1 z + a_2 z^2} \stackrel{!}{=} 1 - z + \frac{z^2}{2} - \frac{z^3}{6} + \frac{z^4}{24}\,.$$

Durch Multiplikation dieser Gleichung mit dem Nenner folgt

$$\begin{aligned}1 + b_1 z + b_2 z^2 \stackrel{!}{=} {} & 1 - z + \frac{z^2}{2} - \frac{z^3}{6} + \frac{z^4}{24} + \\ & + a_1 z - a_1 z^2 + \frac{a_1}{2} z^3 - \frac{a_1}{6} z^4 + \ldots \\ & + a_2 z^2 - a_2 z^3 + \frac{a_2}{2} z^4 - + \ldots\end{aligned}$$

und hieraus durch Ordnen der rechten Seite:

$$\begin{aligned}1 + b_1 z + b_2 z^2 \stackrel{!}{=} {} & 1 + (-1 + a_1) z + \left(\frac{1}{2} - a_1 + a_2\right) z^2 + \\ & + \left(-\frac{1}{6} + \frac{a_1}{2} - a_2\right) z^3 + \left(\frac{1}{24} - \frac{a_1}{6} + \frac{a_2}{2}\right) z^4 + \ldots\,.\end{aligned}$$

Sollen die beiden Seiten bis zur 4. Potenz einschließlich übereinstimmen, so muss gelten

$$-1+a_1=b_1\,,\qquad \frac{1}{2}-a_1+a_2=b_2\,,$$

$$-\frac{1}{6}+\frac{a_1}{2}-a_2=0\,,\qquad \frac{1}{24}-\frac{a_1}{6}+\frac{a_2}{2}=0\,.$$

Aus den letzten beiden Gleichungen erhält man a_1 und a_2, sodann aus den ersten beiden Gleichungen b_1 und b_2. Insgesamt folgt so als *Padé-Allpass-Approximation 2. Ordnung für* $\mathrm{e}^{-T_t s}$:

$$G_{2,2}(T_t s)=\frac{1-\frac{1}{2}T_t s+\frac{1}{12}T_t^{\,2}s^2}{1+\frac{1}{2}T_t s+\frac{1}{12}T_t^{\,2}s^2}\,. \tag{7.131}$$

Die allgemeine Form der *Padé-Allpass-Approximation n-ter Ordnung für* $\mathrm{e}^{-T_t s}$ lautet [7.26]:

$$G_{n,n}(T_t s)=\frac{1+\sum_{i=1}^{n}(-1)^i\,a_i\,T_t^{\,i}s^i}{1+\sum_{i=1}^{n}a_i\,T_t^{\,i}s^i} \quad \text{mit} \tag{7.132}$$

$$a_i=\binom{n}{i}\frac{1}{2n(2n-1)\cdots(2n-i+1)}\,,\ i=1,\ldots,n\,.^{12} \tag{7.133}$$

Wie man aus Bild 7-15 für $n = 4$ und $n = 6$ erkennt, ist diese Approximation des Totzeitverhaltens (strichlierte Kurve) in der Umgebung der Sprungstelle $t = T_t$ in der Tat erheblich besser als die Approximation durch das P-T_n-Glied. Jedoch ist eine andere Eigenschaft sehr unangenehm: Der *Anfangswert des Padé-Allpasses* ist abhängig von der Ordnung gleich $+1$ oder -1, also völlig verschieden vom Totzeitverhalten bei $t = 0$. Dies folgt sofort aus dem Anfangswertsatz der Laplace-Transformation. Nach diesem ist der Anfangswert der Sprungantwort bei $t = +0$ gleich

$$\lim_{s\to\infty}G_{n,n}(T_t s)=\frac{(-1)^n a_n T_t^{\,n}}{a_n T_t^{\,n}}=(-1)^n\,.$$

Da der falsche Anfangswert abgebaut werden muss, ergeben sich kräftige Oszillationen der Sprungantwort um die t-Achse.

12 Der Padé-Allpass kann auch hergeleitet werden, indem man einen rationalen Allpass konstruiert, der die Phase $-T_t\,\omega$ des Totzeitglieds in der Umgebung von $\omega = 0$ möglichst gut approximiert ([7.27], Abschnitt 25.2, [7.28]).

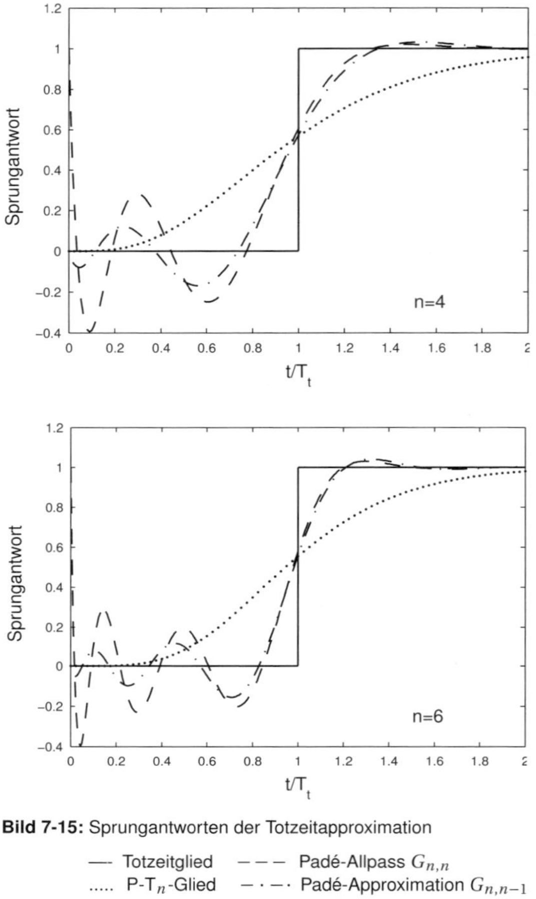

Bild 7-15: Sprungantworten der Totzeitapproximation

Um dieses Fehlverhalten abzumildern, liegt es nahe, den Allpasscharakter abzuschwächen und zu einer allgemeineren Padé-Approximation überzugehen, also eine rationale Näherungsfunktion mit $m < n$ heranzuziehen. Die allgemeine Lösung der Forderung (7.130) lautet

$$a_i=\binom{n}{i}\frac{1}{(n+m)(n+m-1)\cdots(n+m-i+1)}\,,\quad i=1,\ldots,n\,, \tag{7.134a}$$

$$b_i=(-1)^i\binom{m}{i}\frac{1}{(n+m)(n+m-1)\cdots(n+m-i+1)}\,,\quad i=1,\ldots,m\,. \tag{7.134b}$$

Speziell für $m = n-1$ folgt daraus

$$a_i=\binom{n}{i}\frac{1}{(2n-1)(2n-2)\cdots(2n-i)}\,,\ i=1,\ldots,n\,, \tag{7.135a}$$

$$b_i = (-1)^i \binom{n-1}{i} \frac{1}{(2n-1)(2n-2)\cdots(2n-i)}, \quad i = 1,\ldots,n-1. \tag{7.135b}$$

Mit diesen Koeffizienten bildet man die rationale Näherungsfunktion

$$G_{n,n-1}(T_t s) = \frac{1 + \sum_{i=1}^{n-1} b_i T_t{}^i s^i}{1 + \sum_{i=1}^{n} a_i T_t{}^i s^i}. \tag{7.136}$$

Die zugehörige Sprungantwort für $n = 4$ und $n = 6$ sieht man als strichpunktierte Kurve in Bild 7-15. Man erkennt, dass sie in der Umgebung der Stelle $t = T_t$ eine fast ebenso gute Approximation der Totzeitsprungantwort liefert wie der entsprechende Padé-Allpass, aber für kleinere t einen günstigeren Verlauf aufweist als dieser.

Es ist anzumerken, dass eine so harte Beanspruchung wie die Sprunganregung Schwächen der Approximation unbarmherzig aufzeigt. Im Realfall wird die Totzeit im Inneren oder nahe dem Ausgang des dynamischen Systems liegen und daher im Allgemeinen nicht mit Sprüngen beaufschlagt werden. Die behandelten Approximationen werden dann ihr Verhalten besser beschreiben als bei der Sprunganregung in Bild 7-15.

Hat man die Übertragungsfunktion (7.136) bestimmt, so kann man aus ihr ohne weitere Rechnung die Regelungs- oder die Beobachtungsnormalform der Zustandsgleichungen ablesen (Abschnitt 7.4). Damit ist das Totzeitglied näherungsweise in Zustandsdarstellung gegeben.

8 Analyse linearer und zeitinvarianter Systeme im Zustandsraum

8.1 Transformation auf Normalform

Die in Abschnitt 7.4 eingeführten Normalformen der Zustandsgleichungen sind besonders geeignet, um tiefere Einsichten in das Systemverhalten zu gewinnen. Wenn man die Zustandsgleichungen eines dynamischen Systems aufstellt, wird man sie aber meist nicht in Normalform erhalten, sondern in der allgemeinen Form

$$\left.\begin{aligned} \dot{\underline{x}} &= \underline{A}\,\underline{x} + \underline{B}\,\underline{u}\,, \\ \underline{y} &= \underline{C}\,\underline{x} + \underline{D}\,\underline{u}\,, \end{aligned}\right\} \tag{8.1}$$

wobei die Matrizen $\underline{A}$, $\underline{B}$, $\underline{C}$, $\underline{D}$ hier wie auch im Folgenden konstant sein sollen. Es erhebt sich die Frage, ob sich diese Darstellung durch eine jeweils geeignet zu wählende Transformation

$$\underline{z} = \underline{T}\,\underline{x}$$

in jede der Normalformen umwandeln lässt, wobei anstelle des Zustandsvektors $\underline{x}$ ein neuer Zustandsvektor $\underline{z}$ eingeführt wird. Dabei ist $\underline{T} = (t_{ik})$ eine konstante (n,n)-Matrix, die regulär ist, d. h. deren Inverse $\underline{T}^{-1}$ existiert. Diese Forderung ist notwendig, um mit $\underline{x} = \underline{T}^{-1}\,\underline{z}$ aus $\underline{z}$ den ursprünglichen Vektor $\underline{x}$ eindeutig zurückzuerhalten. Das Symbol $\underline{T}$ für die Transformationsmatrix ist in der Literatur vielfach üblich und soll deshalb auch hier benutzt werden. Verwechslungen mit einer Zeitkonstante T sind wohl kaum zu befürchten. Manchmal schreibt man eine derartige Transformation auch in der Form

$$\underline{x} = \underline{V}\,\underline{z} \quad \text{mit regulärem } \underline{V}\,.$$

Davon werden wir bei der Transformation auf Jordansche Normalform Gebrauch machen.

8.1.1 Transformation auf Jordansche Normalform

Die Jordansche Normalform der Zustandsgleichungen (Unterabschnitt 7.4.3) ist für viele, vor allem theoretische, Untersuchungen am angenehmsten, weil die Rechnungen mit ihr besonders übersichtlich verlaufen. Es ist deshalb wichtig, eine Transformation zu finden, welche die allgemeine Darstellung (8.1) in die Jordansche Normalform verwandelt. Hierzu setzen wir die Transformation

$$\underline{x} = \underline{V}\,\underline{z} \quad \text{mit}$$

$$\underline{V} = \begin{bmatrix} v_{11} & v_{12} & \dots & v_{1n} \\ v_{21} & v_{22} & \dots & v_{2n} \\ \vdots & & & \vdots \\ v_{n1} & v_{n2} & \dots & v_{nn} \end{bmatrix} = \left[\underline{v}_1, \underline{v}_2, \dots, \underline{v}_n\right] \tag{8.2}$$

an. Wegen $\underline{x} = \underline{V}\,\underline{z}$ wird dann aus der Zustandsdifferentialgleichung (8.1)

$$\dot{\underline{z}} = \underline{V}^{-1}\,\underline{A}\,\underline{V}\,\underline{z} + \underline{V}^{-1}\,\underline{B}\,\underline{u}\,. \tag{8.3}$$

$\underline{V}$ soll nun so gewählt werden, dass

$$\underline{V}^{-1}\,\underline{A}\,\underline{V} = \begin{bmatrix} \lambda_1 & \cdots & & 0 \\ \vdots & \lambda_2 & & \vdots \\ & & \ddots & \\ 0 & \cdots & & \lambda_n \end{bmatrix} = \underline{\Lambda} \quad \text{oder}$$

$$\underline{A}\,\underline{V} = \underline{V} \begin{bmatrix} \lambda_1 & \cdots & & 0 \\ \vdots & \lambda_2 & & \vdots \\ & & \ddots & \\ 0 & \cdots & & \lambda_n \end{bmatrix} \tag{8.4}$$

wird, wobei die λ_i zunächst beliebige Zahlen sind. Hierin ist

$$\underline{A}\left[\underline{v}_1, \dots, \underline{v}_n\right] = \left[\underline{A}\,\underline{v}_1, \dots, \underline{A}\,\underline{v}_n\right]$$

und weiterhin

$$\underline{V} \begin{bmatrix} \lambda_1 & \cdots & & 0 \\ \vdots & \lambda_2 & & \vdots \\ & & \ddots & \\ 0 & \cdots & & \lambda_n \end{bmatrix} = \begin{bmatrix} \lambda_1 v_{11} & \lambda_2 v_{12} & \cdots & \lambda_n v_{1n} \\ \cdot & & & \cdot \\ \cdot & & & \cdot \\ \cdot & & & \cdot \\ \lambda_1 v_{n1} & \lambda_2 v_{n2} & \cdots & \lambda_n v_{nn} \end{bmatrix} =$$

$$= \left[\lambda_1 \underline{v}_1, \lambda_2 \underline{v}_2, \dots, \lambda_n \underline{v}_n\right].$$

Damit wird aus (8.4)

$$\left[\underline{A}\,\underline{v}_1, \dots, \underline{A}\,\underline{v}_n\right] = \left[\lambda_1\,\underline{v}_1, \dots, \lambda_n\,\underline{v}_n\right].$$

Durch Vergleich folgt

$$\underline{A}\,\underline{v}_k = \lambda_k\,\underline{v}_k \quad \text{oder} \tag{8.5}$$

$$(\lambda_k \underline{I} - \underline{A})\underline{v}_k = \underline{0}\,, \quad k = 1, \dots, n\,. \tag{8.6}$$

Für jedes k ist dies ein System von n homogenen Gleichungen für die Unbekannten v_{ik}, $i = 1, \ldots, n$. Zusammen bilden diese den Spaltenvektor $\underline{v}_k$ der gesuchten Transformationsmatrix $\underline{V}$. Da sie regulär sein muss, darf $\underline{v}_k$ keinesfalls der Nullvektor sein. Es sind daher nur Lösungen $\neq \underline{0}$ der Gleichung (8.6) von Interesse. Sie existieren genau dann, wenn

$$\det(\lambda_k \underline{I} - \underline{A}) = 0 \tag{8.7}$$

ist. Die Beziehung $\det(\lambda \underline{I} - \underline{A}) = 0$ heißt *charakteristische Gleichung der Matrix $\underline{A}$*, ihre Nullstellen heißen *Eigenwerte von $\underline{A}$*. Zu jedem Eigenwert λ_k gehört somit ein vom Nullvektor verschiedener Lösungsvektor $\underline{v}_k$ der Gleichung (8.6). Man bezeichnet ihn als einen *Eigenvektor* von $\underline{A}$. Bestimmt man zu jedem k einen derartigen Vektor $\underline{v}_k$, so sollen diese Vektoren zusammen die Transformationsmatrix

$$\underline{V} = \left[\underline{v}_1, \ldots, \underline{v}_n\right]$$

bilden. Sie ist genau dann regulär, wenn ihre Spaltenvektoren $\underline{v}_1, \ldots, \underline{v}_n$ linear unabhängig sind. Ist dies der Fall, *besitzt also die Matrix $\underline{A}$ n linear unabhängige Eigenvektoren, so heißt sie diagonalähnlich,* weil man sie dann auf die Diagonalform $\underline{\Lambda}$ bringen kann. Die transformierten Zustandsgleichungen lauten dann nach (8.3)

$$\dot{\underline{z}} = \underline{\Lambda}\,\underline{z} + \widehat{\underline{B}}\,\underline{u} \quad \text{mit} \quad \underline{\Lambda} = \begin{bmatrix} \lambda_1 & \cdots & & 0 \\ \vdots & \lambda_2 & & \vdots \\ & & \ddots & \\ 0 & \cdots & & \lambda_n \end{bmatrix}, \tag{8.8}$$

$$\widehat{\underline{B}} = \underline{V}^{-1}\,\underline{B},$$

$$\underline{y} = \widehat{\underline{C}}\,\underline{z} + \underline{D}\,\underline{u} \quad \text{mit} \quad \widehat{\underline{C}} = \underline{C}\,\underline{V}. \tag{8.9}$$

Ausgeschrieben hat man

$$\dot{z}_i = \lambda_i z_i + \sum_{\nu=1}^{p} \widehat{b}_{i\nu}\, u_\nu\,, \; i = 1, \ldots, n, \tag{8.10}$$

$$y_k = \sum_{\nu=1}^{n} \widehat{c}_{k\nu}\, z_\nu + \sum_{\nu=1}^{p} d_{k\nu}\, u_\nu\,, \; k = 1, \ldots, q. \tag{8.11}$$

Betrachten wir als Beispiel die Reihenschaltung in Bild 8-1. Die Zustandsgleichungen in den Variablen x_1, x_2, x_3 lauten:

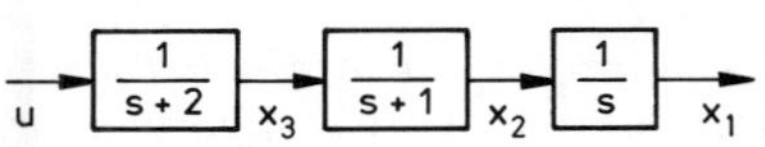

Bild 8-1: Strukturbild einer Reihenschaltung

$$\dot{\underline{x}} = \begin{bmatrix} 0 & 1 & 0 \\ 0 & -1 & 1 \\ 0 & 0 & -2 \end{bmatrix} \underline{x} + \begin{bmatrix} 0 \\ 0 \\ 1 \end{bmatrix} u\,, \quad y = [1, 0, 0]\,\underline{x}\,.$$

Die Eigenwerte der Systemmatrix $\underline{A}$ ergeben sich aus der Gleichung

$$\det(\lambda\,\underline{I} - \underline{A}) = \begin{vmatrix} \lambda & -1 & 0 \\ 0 & \lambda + 1 & -1 \\ 0 & 0 & \lambda + 2 \end{vmatrix} = 0 \quad \text{zu}$$

$$\lambda_1 = 0\,, \quad \lambda_2 = -1\,, \quad \lambda_3 = -2\,.$$

Die Eigenvektoren

$$\underline{v}_k = \begin{bmatrix} v_{1k} \\ v_{2k} \\ v_{3k} \end{bmatrix}, \quad k = 1, 2, 3,$$

werden gemäß (8.6) aus den Gleichungssystemen

$$\begin{aligned} \lambda_k v_{1k} - v_{2k} &= 0\,, \\ (\lambda_k + 1) v_{2k} - v_{3k} &= 0\,, \\ (\lambda_k + 2) v_{3k} &= 0\,, \quad k = 1, 2, 3, \end{aligned}$$

ermittelt. Man erhält für

$\lambda_1 = 0$: v_{11} beliebig, $v_{21} = 0$, $v_{31} = 0$;

$\lambda_2 = -1$: $v_{32} = 0$, $v_{22} = -v_{12}$;

$\lambda_3 = -2$: $v_{33} = -v_{23}$, $v_{23} = -2v_{13}$.

Da es sich um ein homogenes Gleichungssystem handelt, sind die Unbekannten nur bis auf einen konstanten Faktor bestimmt, den man beliebig $\neq 0$ wählen kann. Setzt man etwa

$v_{11} = 1$, $v_{12} = 1$, $v_{13} = 1$, so erhält man

$$\underline{V} = \left[\underline{v}_1, \underline{v}_2, \underline{v}_3\right] = \begin{bmatrix} 1 & 1 & 1 \\ 0 & -1 & -2 \\ 0 & 0 & 2 \end{bmatrix}.$$

Die inverse Matrix berechnet sich daraus zu

$$\underline{V}^{-1} = \begin{bmatrix} 1 & 1 & 1/2 \\ 0 & -1 & -1 \\ 0 & 0 & 1/2 \end{bmatrix}.$$

Für die transformierten Zustandsmatrizen ergibt sich so

$$\widehat{\underline{B}} = \underline{V}^{-1}\underline{B} = \begin{bmatrix} 1/2 \\ -1 \\ 1/2 \end{bmatrix}, \quad \widehat{\underline{C}} = \underline{C}\,\underline{V} = [1 \quad 1 \quad 1]\,.$$

Die Zustandsgleichungen in Jordanscher Normalform lauten daher

$$\underline{\dot{z}} = \begin{bmatrix} 0 & 0 & 0 \\ 0 & -1 & 0 \\ 0 & 0 & -2 \end{bmatrix} \underline{z} + \begin{bmatrix} 1/2 \\ -1 \\ 1/2 \end{bmatrix} u ,$$

$$y = [1 \quad 1 \quad 1]\,\underline{z} \quad \text{oder}$$

$$\dot{z}_1 = \frac{1}{2} u ,$$
$$\dot{z}_2 = -z_2 - u ,$$
$$\dot{z}_3 = -2z_3 + \frac{1}{2} u ;$$
$$y = z_1 + z_2 + z_3 .$$

Um die Vieldeutigkeit der Eigenvektoren zu beseitigen, wird bei diesem Beispiel in jedem Eigenvektor eines der von Null verschiedenen Elemente gleich 1 gesetzt. Man kann aber auch den freien Faktor jedes Eigenvektors so wählen, dass $|\underline{v}_k| = 1$ ist, der Eigenvektor also einen Einheitsvektor darstellt.

Es bleibt die Frage, wann die *Matrix $\underline{A}$ diagonalähnlich* ist. Das ist sicher der Fall, *wenn ihre Eigenwerte $\lambda_1, \ldots, \lambda_n$ einfach,* d. h. voneinander verschieden, sind (siehe z. B. [8.1], Teil 1, § 14).

Matrizen können aber auch diagonalähnlich sein, wenn mehrfache Eigenwerte auftreten. So sind *symmetrische Matrizen immer diagonalähnlich* ([8.1], § 15). Allerdings wird die Dynamikmatrix $\underline{A}$ nur in Ausnahmefällen symmetrisch sein.

Häufiger kann die in Bild 8-2 an einem Beispiel dargestellte Situation auftreten. Die Zustandsdifferentialgleichung dieses dynamischen Systems lautet

$$\underline{\dot{x}} = \begin{bmatrix} 0 & 1 & 0 & 0 \\ 0 & -1 & 0 & 0 \\ 0 & 0 & 0 & 1 \\ 0 & 0 & 0 & -2 \end{bmatrix} \underline{x} + \begin{bmatrix} 0 & 0 \\ 1 & 0 \\ 0 & 0 \\ 0 & 1 \end{bmatrix} \underline{u} .$$

Seine charakteristische Gleichung ist

$$\det(\lambda \underline{I} - \underline{A}) = \begin{vmatrix} \lambda & -1 & 0 & 0 \\ 0 & \lambda+1 & 0 & 0 \\ 0 & 0 & \lambda & -1 \\ 0 & 0 & 0 & \lambda+2 \end{vmatrix} = 0 ,$$

so dass es den zweifachen Eigenwert $\lambda_{1,2} = 0$ und die beiden einfachen Eigenwerte $\lambda_3 = -1$ und $\lambda_4 = -2$ besitzt. Die Gleichung $(\lambda \underline{I} - \underline{A})\,\underline{v} = \underline{0}$ zur Berechnung der Eigenvektoren lautet daher

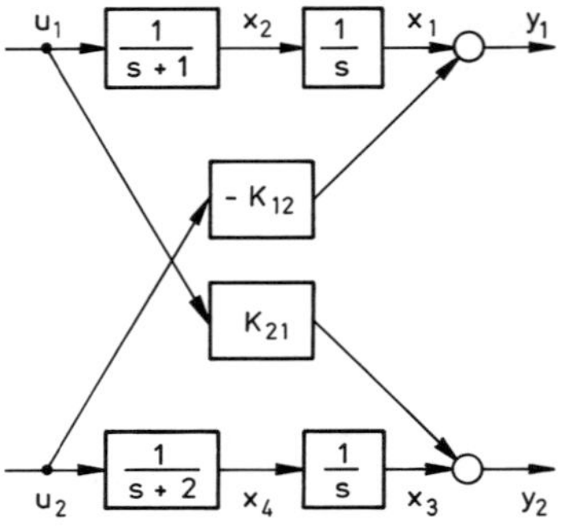

Bild 8-2: System mit mehrfachem Eigenwert und diagonalähnlicher Dynamikmatrix

$$\lambda v_1 - v_2 = 0 ,$$
$$(\lambda + 1)\, v_2 = 0 ,$$
$$\lambda v_3 - v_4 = 0 ,$$
$$(\lambda + 2)\, v_4 = 0 .$$

Speziell für den zweifachen Eigenwert $\lambda = 0$ folgt daraus:

$$-v_2 = 0 ,$$
$$v_2 = 0 ,$$
$$-v_4 = 0 ,$$
$$2\, v_4 = 0 .$$

Somit sind $v_2 = 0$ und $v_4 = 0$, während v_1 und v_3 beliebig sind. Zu $\lambda_{1,2} = 0$ gibt es daher zwei linear unabhängige Eigenvektoren:

$$\underline{v}_1 = \begin{bmatrix} 1 \\ 0 \\ 0 \\ 0 \end{bmatrix} , \quad \underline{v}_2 = \begin{bmatrix} 0 \\ 0 \\ 1 \\ 0 \end{bmatrix} .$$

Da zu $\lambda_3 = -1$ und $\lambda_4 = -2$ die Eigenvektoren

$$\underline{v}_3 = \begin{bmatrix} -1 \\ 1 \\ 0 \\ 0 \end{bmatrix} , \quad \underline{v}_4 = \begin{bmatrix} 0 \\ 0 \\ 1 \\ -2 \end{bmatrix}$$

gehören, besitzt die 4-reihige Matrix $\underline{A}$ vier linear unabhängige Eigenvektoren und ist daher diagonalähnlich.

Treten in einem Strukturbild gleiche Blöcke auf, so darf man also dennoch eine diagonalähnliche Dynamikmatrix erwarten, wenn diese Blöcke nicht in Reihe liegen. In Reihe gelegene gleiche Blöcke werden bei der Beschreibung realer Systeme selten sein, mit Ausnahme zweier in Reihe gelegener I-Glieder, die eine ungedämpfte Bewegung vom Typ $m\ddot{x} = F$ charakterisieren.

Ist die Dynamikmatrix $\underline{A}$ nicht diagonalähnlich, so ist die Jordansche Normalform von der Diagonalform verschieden. Sie hat dann *Blockdiagonalform*, d. h. die transformierte Dynamikmatrix besteht aus Nullen, mit Ausnahme von Blöcken, die längs der Hauptdiagonale aufgereiht sind und neben den Eigenwerten Einsen und Nullen enthalten. Einen speziellen Fall hiervon haben wir bei der Zustandsbeschreibung einer komplexen Übertragungsgleichung mittels Partialbruchzerlegung beim Auftreten mehrfacher Pole kennengelernt (Unterabschnitt 7.4.3). Für die Behandlung der Transformation auf Jordansche Normalform bei nicht diagonalähnlicher Dynamikmatrix $\underline{A}$ sei etwa verwiesen auf [8.1], Teil 1, § 19; [8.2], Abschnitt 2-6; [8.3], Kapitel 3; [8.4], Band I, Anhang A.2.

Im Folgenden seien die Koordinaten $z_1, \ldots, z_n$ auch als *Modalkoordinaten* bezeichnet, die Transformation $\underline{x} = \underline{V}\,\underline{z}$ als *Modaltransformation.*

8.1.2 Transformation auf Regelungsnormalform

Die Regelungsnormalform ist dadurch ausgezeichnet, dass sich aus ihrer Zustandsdifferentialgleichung die charakteristische Gleichung ohne weitere Rechnung ablesen lässt. Gemäß (7.60) und (7.61) ist sie gegeben durch

$$\dot{\underline{z}} = \underline{A}_R \underline{z} + \underline{b}_R u \quad \text{mit} \tag{8.12}$$

$$\underline{A}_R = \begin{bmatrix} 0 & 1 & 0 & \cdots & 0 \\ 0 & 0 & 1 & & \vdots \\ \vdots & & \ddots & 1 & 0 \\ \vdots & & & \ddots & 1 \\ -a_0 & -a_1 & \cdots & \cdots & -a_{n-1} \end{bmatrix}, \; \underline{b}_R = \begin{bmatrix} 0 \\ \cdot \\ \cdot \\ \cdot \\ 0 \\ 1 \end{bmatrix}. \tag{8.13}$$

Die charakteristische Gleichung lautet daher

$$\det(s\,\underline{I} - \underline{A}_R) = \begin{vmatrix} s & -1 & 0 & \cdots & 0 \\ 0 & s & -1 & & \vdots \\ \vdots & & \ddots & \ddots & \\ \vdots & & & \ddots & -1 \\ a_0 & a_1 & \cdots & \cdots & s + a_{n-1} \end{vmatrix} = 0.$$

Durch Entwicklung nach der letzten Zeile entsteht

$$a_0(-1)^{n+1} \begin{vmatrix} -1 & 0 & \cdots & 0 \\ s & -1 & & \vdots \\ \vdots & & \ddots & \\ 0 & \cdots & \cdots & -1 \end{vmatrix} +$$

$$+ a_1(-1)^{n+2} \begin{vmatrix} s & 0 & \cdots & 0 \\ 0 & -1 & & \vdots \\ \vdots & & \ddots & \\ 0 & \cdots & \cdots & -1 \end{vmatrix} +$$

$$+ a_2(-1)^{n+3} \begin{vmatrix} s & -1 & 0 & \cdots & 0 \\ 0 & s & 0 & & \vdots \\ \vdots & & -1 & & \\ \vdots & & & \ddots & \vdots \\ 0 & \cdots & \cdots & & -1 \end{vmatrix} + \ldots +$$

$$+ (s + a_{n-1}) \begin{vmatrix} s & -1 & \cdots & 0 \\ 0 & s & & \vdots \\ \vdots & & \ddots & \\ 0 & \cdots & \cdots & s \end{vmatrix} = 0.$$

Entwickelt man die erste dieser Determinanten sukzessive nach der ersten Zeile, die weiteren Determinanten sukzessive nach der ersten Spalte, so wird

$$a_0(-1)^{n+1}(-1)^{n-1} + a_1(-1)^{n+2} s(-1)^{n-2} + \\ + a_2(-1)^{n+3} s^2 (-1)^{n-3} + \ldots + (s + a_{n-1}) s^{n-1} = 0$$

oder wegen $(-1)^{2n} = 1$:

$$a_0 + a_1 s + a_2 s^2 + \ldots + a_{n-1} s^{n-1} + s^n = 0.$$

Wir stellen fest:

In der Regelungsnormalform besteht die letzte Zeile der Systemmatrix aus den negativen Koeffizienten des charakteristischen Polynoms (abgesehen von dem zu 1 normierten Koeffizienten der höchsten Potenz). (8.14)

Wir gehen nun von der Zustandsdifferentialgleichung

$$\dot{\underline{x}} = \underline{A}\,\underline{x} + \underline{b}\,u \tag{8.15}$$

aus, wobei $\underline{A}$ eine konstante (n,n)-Matrix und $\underline{b}$ ein konstanter $(n,1)$-Vektor sind. Die Zustandsdifferentialgleichung soll durch eine geeignete Transformation

$$\underline{z} = \underline{T}\,\underline{x} \tag{8.16}$$

auf die Regelungsnormalform (8.12), (8.13) gebracht werden.[1] Setzt man $\underline{x} = \underline{T}^{-1}\,\underline{z}$ in die Zustandsdifferentialgleichung (8.15) ein, so entsteht

$$\underline{T}^{-1}\,\underline{\dot{z}} = \underline{A}\,\underline{T}^{-1}\underline{z} + \underline{b}\,u\,.$$

Multipliziert man von links mit $\underline{T}$, so wird daraus

$$\underline{\dot{z}} = \underline{T}\,\underline{A}\,\underline{T}^{-1}\underline{z} + \underline{T}\,\underline{b}\,u\,.$$

Der Vergleich mit der gewünschten Zustandsdifferentialgleichung (8.12) liefert die Beziehungen

$$\underline{T}\,\underline{A}\,\underline{T}^{-1} = \underline{A}_R \quad \text{bzw.}$$

$$\underline{T}\,\underline{A} = \underline{A}_R\,\underline{T} \tag{8.17}$$

sowie

$$\underline{T}\,\underline{b} = \underline{b}_R\,. \tag{8.18}$$

Hieraus hat man die gesuchte Transformation $\underline{T}$ zu berechnen. Um dieses Ziel in möglichst einfacher Weise zu erreichen, schreiben wir $\underline{T}$ in der Form

$$\underline{T} = \begin{bmatrix} \underline{t}_1^T \\ \vdots \\ \underline{t}_n^T \end{bmatrix}, \quad \text{wobei}$$

$$\underline{t}_i^T = [t_{i1}\; t_{i2}\; \ldots, t_{in}], \quad i = 1, \ldots, n\,,$$

die Zeilenvektoren von $\underline{T}$ sind. Es ist dann

$$\underline{T}\,\underline{A} = \begin{bmatrix} \underline{t}_1^T \\ \vdots \\ \underline{t}_n^T \end{bmatrix} \underline{A} = \begin{bmatrix} \underline{t}_1^T \underline{A} \\ \vdots \\ \underline{t}_n^T \underline{A} \end{bmatrix}. \tag{8.19}$$

Weiterhin ist nach (8.13)

$$\underline{A}_R\underline{T} = \begin{bmatrix} 0 & 1 & \cdots & 0 \\ 0 & 0 & 1 & \vdots \\ \vdots & \vdots & \vdots & 1 \\ -a_0 & -a_1 & \cdots & -a_{n-1} \end{bmatrix} \cdot \begin{bmatrix} t_{11} & t_{12} & \cdots & t_{1n} \\ t_{21} & t_{22} & \cdots & t_{2n} \\ \vdots & & & \vdots \\ t_{n1} & t_{n2} & \cdots & t_{nn} \end{bmatrix} =$$

$$= \begin{bmatrix} t_{21} & t_{22} & \cdots & t_{2n} \\ t_{31} & t_{32} & \cdots & t_{3n} \\ \vdots & \vdots & \cdots & \vdots \\ t_{n1} & t_{n2} & \cdots & t_{nn} \\ -a_0 t_{11} - a_1 t_{21} - \ldots - a_{n-1} t_{n1} & -a_0 t_{12} - \ldots - a_{n-1} t_{n2} & \cdots & -a_0 t_{1n} - \ldots - a_{n-1} t_{nn} \end{bmatrix} =$$

$$= \begin{bmatrix} \underline{t}_2^T \\ \underline{t}_3^T \\ \vdots \\ \underline{t}_n^T \\ -a_0 \underline{t}_1^T - a_1 \underline{t}_2^T - \ldots - a_{n-1} \underline{t}_n^T \end{bmatrix}. \tag{8.20}$$

Denkt man sich nun (8.19) und (8.20) in die Bestimmungsgleichung $\underline{T}\,\underline{A} = \underline{A}_R\,\underline{T}$ eingesetzt und vergleicht die entsprechenden Zeilen auf beiden Seiten, so hat man zunächst die Gleichungen

$$\left.\begin{aligned} \underline{t}_1^T \underline{A} &= \underline{t}_2^T, \\ \underline{t}_2^T \underline{A} &= \underline{t}_3^T, \\ &\vdots \\ \underline{t}_{n-1}^T \underline{A} &= \underline{t}_n^T \end{aligned}\right\} \tag{8.21}$$

sowie als letzte Gleichung

$$\underline{t}_n^T\,\underline{A} = -a_0 \underline{t}_1^T - a_1 \underline{t}_2^T - \ldots - a_{n-1} \underline{t}_n^T\,. \tag{8.22}$$

Setzt man in (8.21) jede Gleichung in die nachfolgende ein, so erhält man sukzessive

$$\left.\begin{aligned} \underline{t}_2^T &= \underline{t}_1^T \underline{A}, \\ \underline{t}_3^T &= \underline{t}_2^T \underline{A} = \underline{t}_1^T \underline{A} \cdot \underline{A} = \underline{t}_1^T \underline{A}^2, \\ &\vdots \\ \underline{t}_n^T &= \underline{t}_{n-1}^T \underline{A} = \underline{t}_1^T \underline{A}^{n-1}. \end{aligned}\right\} \tag{8.23}$$

Damit hat man das Zwischenergebnis

$$\underline{T} = \begin{bmatrix} \underline{t}_1^T \\ \underline{t}_1^T \underline{A} \\ \vdots \\ \underline{t}_1^T \underline{A}^{n-1} \end{bmatrix}. \tag{8.24}$$

Es bleibt $\underline{t}_1^T$ zu berechnen. Das geschieht mittels der bislang noch nicht benutzten Gleichung (8.18). Sie lautet komponentenweise

$$\underline{t}_1^T\,\underline{b} = 0,\; \ldots,\; \underline{t}_{n-1}^T\,\underline{b} = 0,\; \underline{t}_n^T\,\underline{b} = 1,$$

also wegen (8.23):

$$\underline{t}_1^T\underline{b} = 0,\; \underline{t}_1^T\underline{A}\,\underline{b} = 0,\; \ldots,\; \underline{t}_1^T\underline{A}^{n-2}\underline{b} = 0,\; \underline{t}_1^T\underline{A}^{n-1}\underline{b} = 1\,. \tag{8.25}$$

1 Über die Transformation auf Regelungsnormalform bei Mehrgrößensystemen siehe etwa [8.2], Abschnitt 7-2.

Das ist ein lineares inhomogenes System von n Gleichungen für die n gesuchten Komponenten von $\underline{t}_1^T$. Die Systemmatrix ist

$$Q_S = [\underline{b}, \underline{A}\,\underline{b}, \ldots, \underline{A}^{n-1}\underline{b}]. \tag{8.26}$$

Mit ihr kann man (8.25) als Matrizengleichung schreiben:

$$[\underline{t}_1^T\underline{b}, \ldots, \underline{t}_1^T\underline{A}^{n-1}\underline{b}] = [0, \ldots, 0, 1]$$

oder

$$\underline{t}_1^T Q_S = [0, \ldots, 0, 1].$$

Ist Q_S *regulär*, so folgt daraus

$$\underline{t}_1^T = [0, \ldots, 0, 1] \cdot Q_S^{-1}. \tag{8.27}$$

Das rechts stehende Matrizenprodukt stellt die *letzte Zeile von* Q_S^{-1} dar. Damit ist der Zeilenvektor $\underline{t}_1^T$ bekannt und mit ihm die Transformationsmatrix $\underline{T}$.

Es bleibt zu zeigen, dass $\underline{T}$ *regulär* ist. Dazu überprüft man, ob die Zeilenvektoren in (8.24) linear unabhängig sind. Zu diesem Zweck setzt man die Gleichung

$$c_1\underline{t}_1^T + c_2\underline{t}_1^T\underline{A} + \ldots + c_n\underline{t}_1^T\underline{A}^{n-1} = \underline{0}^T \tag{8.28}$$

an. Multipliziert man von rechts mit $\underline{b}$, so entsteht die skalare Gleichung

$$c_1\underline{t}_1^T\underline{b} + c_2\underline{t}_1^T\underline{A}\,\underline{b} + \ldots + c_n\underline{t}_1^T\underline{A}^{n-1}\underline{b} = 0.$$

Wegen (8.25) folgt daraus $c_n = 0$. Die so verbleibende Gleichung (8.28) multipliziert man nun von rechts mit $\underline{A}\,\underline{b}$, was zu $c_{n-1} = 0$ führt. So fortfahrend, sieht man, dass alle $c_\nu = 0$ sind. Daher sind die Zeilenvektoren von $\underline{T}$ linear unabhängig, so dass $\underline{T}$ eine reguläre Matrix darstellt.

Vielleicht wird dem Leser aufgefallen sein, dass die Gleichung (8.22) zur Berechnung von $\underline{T}$ nicht benötigt wurde. Das ist auch gut so, da die Koeffizienten $a_0, a_1, \ldots, a_{n-1}$ der charakteristischen Gleichung nicht von vornherein bekannt sind, sondern erst durch Berechnung von $\det(s\,\underline{I} - \underline{A})$ aus $\underline{A}$ bestimmt werden müssten. Nunmehr, nachdem $\underline{t}_1^T, \ldots, \underline{t}_n^T$ bekannt sind, kann man aber $a_0, a_1, \ldots, a_{n-1}$ aus (8.22) bestimmen. Man kann diese Gleichung in folgender Form schreiben:

$$-[a_0, a_1, \ldots, a_{n-1}] \cdot \begin{bmatrix} \underline{t}_1^T \\ \vdots \\ \underline{t}_n^T \end{bmatrix} = \underline{t}_n^T\underline{A},$$

so dass

$$[a_0, a_1, \ldots, a_{n-1}] = -\underline{t}_n^T\underline{A}\,\underline{T}^{-1} \tag{8.29}$$

ist.[2]

Wir können nun die Ergebnisse dieses Abschnitts im folgenden Satz zusammenfassen:

Ein System mit der Zustandsdifferentialgleichung

$$\dot{\underline{x}} = \underline{A}\,\underline{x} + \underline{b}\,u$$

kann durch die Transformation $\underline{z} = \underline{T}\,\underline{x}$ *auf die Regelungsnormalform (8.12), (8.13) gebracht werden, wenn die Matrix*

$$Q_S = [\underline{b}, \underline{A}\,\underline{b}, \ldots, \underline{A}^{n-1}\underline{b}] \tag{8.30}$$

regulär ist. Dabei ist

$$\underline{T} = \begin{bmatrix} \underline{t}_1^T \\ \underline{t}_1^T\underline{A} \\ \vdots \\ \underline{t}_1^T\underline{A}^{n-1} \end{bmatrix}$$

zu wählen, wobei $\underline{t}_1^T$ *die letzte Zeile von* Q_S^{-1} *ist. Man erhält sie aus den Gleichungen*

$$\underline{t}_1^T\underline{b} = 0,\ \underline{t}_1^T\underline{A}\,\underline{b} = 0,\ \ldots,\ \underline{t}_1^T\underline{A}^{n-2}\underline{b} = 0,$$
$$\underline{t}_1^T\underline{A}^{n-1}\underline{b} = 1.$$

Wie einfach der so gefundene Rechengang zur Ermittlung der Transformationsmatrix $\underline{T}$ ist, sei noch an einem Zahlenbeispiel illustriert. Wir nehmen etwa das System in Bild 8-1, das durch die Zustandsdifferentialgleichungen

$$\dot{x}_1 = x_2,$$
$$\dot{x}_2 = -x_2 + x_3,$$
$$\dot{x}_3 = -2x_3 + u$$

beschrieben wird, also die Matrizen

$$\underline{A} = \begin{bmatrix} 0 & 1 & 0 \\ 0 & -1 & 1 \\ 0 & 0 & -2 \end{bmatrix}, \quad \underline{b} = \begin{bmatrix} 0 \\ 0 \\ 1 \end{bmatrix}$$

aufweist. Daher ist

2 Üblicherweise bestimmt man jedoch die a_ν aus dem *Leverrier-* oder dem *Faddejew-Algorithmus*: [8.5], Abschnitt 4.4.

$$\underline{A}\,\underline{b} = \begin{bmatrix} 0 \\ 1 \\ -2 \end{bmatrix}, \quad \underline{A}^2\underline{b} = \underline{A}\cdot\underline{A}\,\underline{b} = \begin{bmatrix} 1 \\ -3 \\ 4 \end{bmatrix}.$$

Nach (8.30) lautet das Gleichungssystem zur Ermittlung von $\underline{t}_1^T = [t_1, t_2, t_3]$:

$$\begin{aligned} t_3 &= 0, \\ t_2 - 2\,t_3 &= 0, \\ t_1 - 3\,t_2 + 4\,t_3 &= 1, \end{aligned}$$

woraus

$$\underline{t}_1^T = [1 \quad 0 \quad 0]$$

folgt. Damit wird

$$\underline{t}_1^T\,\underline{A} = [1 \quad 0 \quad 0]\begin{bmatrix} 0 & 1 & 0 \\ 0 & -1 & 1 \\ 0 & 0 & -2 \end{bmatrix} = [0 \quad 1 \quad 0],$$

$$\underline{t}_1^T\,\underline{A}^2 = \underline{t}_1^T\,\underline{A}\cdot\underline{A} = [0 \quad -1 \quad 1].$$

Wiederum nach (8.30) ist daher

$$\underline{T} = \begin{bmatrix} 1 & 0 & 0 \\ 0 & 1 & 0 \\ 0 & -1 & 1 \end{bmatrix}.$$

Zweifellos kann man bei einem so einfachen System wie dem hier vorliegenden die Regelungsnormalform leichter durch Bilden der charakteristischen Gleichung erhalten als durch die Transformation $\underline{T}$. Es gibt aber Aufgaben, bei denen das Problem nicht in der Herstellung der Regelungsnormalform besteht, vielmehr gerade die Transformationsmatrix $\underline{T}$ gefragt ist. Dies ist insbesondere bei der Regelungssynthese durch Polvorgabe der Fall (Kapitel 9).

8.1.3 Transformation auf Beobachtungsnormalform

Da hier entsprechende Beziehungen gelten wie bei der Transformation auf Regelungsnormalform, können wir uns kürzer fassen. Nach (7.58) und (7.59) sind die Zustandsgleichungen in Beobachtungsnormalform

$$\dot{\underline{z}} = \underline{A}_B\,\underline{z} + \underline{b}_B\,u, \tag{8.31}$$

$$y = \underline{c}_B^T\,\underline{z} \tag{8.32}$$

mit

$$\underline{A}_B = \begin{bmatrix} 0 & \dots & & -a_0 \\ 1 & 0 & & \vdots \\ \vdots & 1 & \ddots & \vdots \\ \vdots & & \ddots\; 0 & -a_{n-2} \\ 0 & \dots & 1 & -a_{n-1} \end{bmatrix}, \quad \underline{b}_B = \begin{bmatrix} b_0 \\ \cdot \\ \cdot \\ \cdot \\ b_{n-1} \end{bmatrix}, \tag{8.33}$$

$$\underline{c}_B^T = [0, \dots, 0, 1]. \tag{8.34}$$

Da $\det[s\underline{I} - \underline{A}_B]$ offensichtlich durch Spiegelung an der Hauptdiagonale in $\det[s\underline{I} - \underline{A}_R]$ übergeht, folgt sofort:

In der Beobachtungsnormalform besteht die letzte Spalte der Systemmatrix aus den negativen Koeffizienten des charakteristischen Polynoms (abgesehen von dem zu 1 normierten Koeffizienten der höchsten Potenz). (8.35)

Sei nun das System

$$\dot{\underline{x}} = \underline{A}\,\underline{x} + \underline{b}\,u, \tag{8.36}$$

$$y = \underline{c}^T\,\underline{x} \tag{8.37}$$

gegeben. Es soll durch die Transformation

$$\underline{z} = \underline{T}\,\underline{x}$$

auf die Beobachtungsnormalform gebracht werden. Hier wird die Berechnung der Transformation besonders einfach, wenn man von der Umkehrung

$$\underline{x} = \underline{T}^{-1}\underline{z} = \underline{S}\,\underline{z} \tag{8.38}$$

ausgeht, wobei also

$$\underline{T}^{-1} = \underline{S}$$

gesetzt ist. Mit (8.38) wird aus den Zustandsgleichungen des Systems

$$\begin{aligned} \dot{\underline{z}} &= \underline{S}^{-1}\underline{A}\,\underline{S}\,\underline{z} + \underline{S}^{-1}\underline{b}\,u, \\ y &= \underline{c}^T\,\underline{S}\,\underline{z}. \end{aligned}$$

Sollen sie mit der Beobachtungsnormalform übereinstimmen, so muss

$$\underline{S}^{-1}\underline{A}\,\underline{S} = \underline{A}_B \quad \text{bzw.} \quad \underline{A}\,\underline{S} = \underline{S}\,\underline{A}_B \quad \text{und} \tag{8.39}$$

$$\underline{c}^T\underline{S} = \underline{c}_B^T = [0, \dots, 0, 1] \tag{8.40}$$

gelten. Stellt man nunmehr die Matrix $\underline{S}$ durch ihre Spaltenvektoren dar,

$$\underline{S} = [\,\underline{s}_1, \underline{s}_2, \dots, \underline{s}_n\,],$$

so folgt entsprechend wie im vorigen Abschnitt:

$$\left.\begin{array}{rcl} \underline{s}_2 & = & \underline{A}\,\underline{s}_1 \\ \underline{s}_3 & = & \underline{A}\,\underline{s}_2 = \underline{A}^2\,\underline{s}_1 \\ & \vdots & \\ \underline{s}_n & = & \underline{A}\,\underline{s}_{n-1} = \underline{A}^{n-1}\,\underline{s}_1 \end{array}\right\} \tag{8.41}$$

und

$$\left.\begin{array}{rcl} \underline{c}^T\underline{s}_1 & = & 0\,, \\ \underline{c}^T\underline{A}\underline{s}_1 & = & 0\,, \\ & \vdots & \\ \underline{c}^T\underline{A}^{n-1}\underline{s}_1 & = & 1\,, \end{array}\right\} \tag{8.42}$$

wozu noch die Gleichung

$$\underline{A}\underline{s}_n = -a_0\underline{s}_1 - a_1\underline{s}_2 - \ldots - a_{n-1}\underline{s}_n \tag{8.43}$$

tritt, die aber zur Berechnung von $\underline{S}$ nicht benötigt wird.

Die Gleichungssysteme (8.41) und (8.42) kann man entsprechend wie im vorigen Abschnitt auswerten und erhält so ein zu (8.30) analoges Resultat:

Das System

$$\dot{\underline{x}} = \underline{A}\,\underline{x} + \underline{b}\,u\,, \quad y = \underline{c}^T\underline{z}$$

kann durch die Transformation $\underline{z} = \underline{T}\,\underline{x}$ auf die Beobachtungsnormalform (8.31) bis (8.34) gebracht werden, wenn die Matrix

$$Q_B = \begin{bmatrix} \underline{c}^T \\ \underline{c}^T\underline{A} \\ \vdots \\ \underline{c}^T\underline{A}^{n-1} \end{bmatrix} \tag{8.44}$$

regulär ist. Dabei ist

$$\underline{S} = \underline{T}^{-1} = [\underline{s}_1, \underline{A}\,\underline{s}_1, \ldots, \underline{A}^{n-1}\,\underline{s}_1]$$

zu wählen, wobei $\underline{s}_1$ die letzte Spalte von Q_B^{-1} ist. Man erhält sie aus den Gleichungen

$$\underline{c}^T\underline{s}_1 = 0\,,\ \underline{c}^T\underline{A}\,\underline{s}_1 = 0\,,\ \ldots,\ \underline{c}^T\underline{A}^{n-1}\,\underline{s}_1 = 1\,.$$ [3]

3 Zur Transformation eines Mehrgrößensystems auf Beobachtungsnormalform siehe etwa [8.2], Abschnitt 7-4.

8.2 Lösung der Zustandsgleichungen

Die Aufgabe besteht darin, einen Formelzusammenhang zwischen dem Eingangsvektor $\underline{u}(t)$ und dem Ausgangsvektor $\underline{y}(t)$ des linearen zeitinvarianten Systems

$$\dot{\underline{x}} = \underline{A}\,\underline{x} + \underline{B}\,\underline{u}\,, \tag{8.45}$$

$$\underline{y} = \underline{C}\,\underline{x} + \underline{D}\,\underline{u} \tag{8.46}$$

mit konstanten Matrizen $\underline{A}, \underline{B}, \underline{C}, \underline{D}$ herzustellen. Diese Aufgabe ist gelöst, wenn man aus der Zustandsdifferentialgleichung (8.45) den Zustandsvektor $\underline{x}(t)$ in Abhängigkeit von $\underline{u}(t)$ bestimmt. Man braucht dann $\underline{x}(t)$ nur noch in die Ausgangsgleichung (8.46) einzusetzen.

Um die Vektordifferentialgleichung (8.45) zu lösen, könnte man sie in ein System von n skalaren Differentialgleichungen für die n Zustandsvariablen $x_1(t), \ldots, x_n(t)$ umwandeln und dieses dann in herkömmlicher Weise angehen. Um jedoch eine übersichtliche Lösung zu erhalten und neue Einsichten in das Systemverhalten zu gewinnen, wollen wir bei der Vektorform der Zustandsdifferentialgleichung bleiben und aus ihr direkt eine vektorielle Lösung herleiten.

Um eine Vorstellung davon zu bekommen, wie man die Vektordifferentialgleichung eventuell lösen kann, betrachten wir die entsprechende skalare Differentialgleichung

$$\dot{x} = ax + bu\,.$$

Man kann sie auf verschiedene Weise lösen. Ein einfacher Weg besteht darin, dass man mit e^{-at} multipliziert:

$$\mathrm{e}^{-at}\dot{x} = \mathrm{e}^{-at}ax + \mathrm{e}^{-at}bu\,,$$
$$\mathrm{e}^{-at}\dot{x} - a\,\mathrm{e}^{-at}x = \mathrm{e}^{-at}bu\,.$$

Die linke Seite ist jetzt gerade der Differentialquotient

$$\frac{d}{dt}(\mathrm{e}^{-at}x(t)).$$

Demzufolge gilt

$$\frac{d}{dt}(\mathrm{e}^{-at}x(t)) = \mathrm{e}^{-at}\,b\,u(t)\,.$$

Integriert man vom Anfangszeitpunkt t_0 bis zum Zeitpunkt t, so wird daraus

$$\int_{t_0}^{t} \frac{d}{d\tau}(\mathrm{e}^{-a\tau} x(\tau))\, d\tau = \int_{t_0}^{t} \mathrm{e}^{-a\tau}\, b\, u(\tau)\, d\tau . \qquad (8.47)$$

Nach dem Hauptsatz der Differential- und Integralrechnung wird aus dem Ausdruck auf der linken Seite

$$\mathrm{e}^{-at} x(t) - \mathrm{e}^{-at_0} x(t_0).$$

Damit erhält man aus (8.47), wenn man die Gleichung noch mit e^{at} multipliziert:

$$x(t) - \mathrm{e}^{a(t-t_0)} x(t_0) = \mathrm{e}^{at} \int_{t_0}^{t} \mathrm{e}^{-a\tau}\, b\, u(\tau)\, d\tau .$$

Da nach τ integriert wird, kann man den Faktor e^{at} in den Integranden schreiben und bekommt endgültig:

$$x(t) = \int_{t_0}^{t} \mathrm{e}^{a(t-\tau)}\, b\, u(\tau)\, d\tau + \mathrm{e}^{a(t-t_0)} x(t_0). \qquad (8.48)$$

Man darf vermuten, dass die Lösung der entsprechenden Vektordifferentialgleichung den gleichen Aufbau zeigen wird, nur dass eben die Skalare durch die entsprechenden Vektoren und Matrizen ersetzt sind. Trifft das zu, so müssen Matrizenfunktionen vom Typ $\mathrm{e}^{\underline{A}z}$ auftreten, wo z eine Variable ist. Zunächst ist ein derartiges Symbol aber gar nicht definiert. Es muss daher vorerst geklärt werden, was darunter zu verstehen ist.

8.2.1 Matrizen-e-Funktion

Es liegt nahe, $\mathrm{e}^{\underline{A}z}$ mittels der Potenzreihe für die e-Funktion zu definieren:

$$\mathrm{e}^{\underline{A}z} = \sum_{\nu=0}^{\infty} \frac{(\underline{A}z)^{\nu}}{\nu!} = \underline{I} + \underline{A}\frac{z}{1!} + \underline{A}^2 \frac{z^2}{2!} + \ldots, \qquad (8.49)$$

wobei $\underline{I}$ die n-reihige quadratische Einheitsmatrix ist. Die einzelnen Glieder der Reihe sind wohldefinierte Matrizenpotenzen $\underline{A}^{\nu} = \underline{A} \cdot \underline{A} \cdot \ldots \cdot \underline{A}$, die noch mit dem Skalar $z^{\nu}/\nu!$ multipliziert werden. Es handelt sich daher bei jedem einzelnen Glied der Reihe um eine $(n,\, n)$-Matrix, wobei n die Zahl der Zustandsvariablen des Systems ist.

Ist $\underline{A} = (a_{ik})$, so ist

$$\underline{A}^2 = \left[\sum_{\lambda=1}^{n} a_{i\lambda}\, a_{\lambda k}\right], \quad \underline{A}^3 = \left[\sum_{\lambda,\mu=1}^{n} a_{i\lambda}\, a_{\lambda\mu} a_{\mu k}\right], \quad \ldots .$$

Die Addition der Reihenglieder in (8.49) ist ebenfalls erklärt. Da man Matrizen addiert, indem man die entsprechenden Elemente addiert, erhält man

$$\mathrm{e}^{\underline{A}z} = \left[e_{ik} + \frac{z}{1!} a_{ik} + \frac{z^2}{2!} \sum_{\lambda=1}^{n} a_{i\lambda}\, a_{\lambda k} + \frac{z^3}{3!} \sum_{\lambda,\mu=1}^{n} a_{i\lambda}\, a_{\lambda\mu} a_{\mu k} + \ldots\right],$$

wobei

$$e_{ik} = \begin{cases} 1 & \text{für} \quad i = k \\ 0 & \text{für} \quad i \neq k \end{cases} .$$

Jedes Element der (n, n)-Matrix $\mathrm{e}^{\underline{A}z}$ stellt somit eine unendliche Reihe dar. Die Definition (8.49) ist daher sinnvoll, wenn sich die Konvergenz dieser Reihen zeigen lässt. Das ist in der Tat nicht schwierig. Die Elemente a_{ik} sind feste Zahlen und daher dem Betrag nach sämtlich $\leq M$, wobei M eine feste positive Zahl ist. Im m-ten Term der unendlichen Reihe treten Produkte der a_{ik} zu m Faktoren auf. Diese Produkte sind somit dem Betrag nach $\leq M^m$. Die Anzahl dieser Produkte im m-ten Term ist n^{m-1}. Also ist der m-te Summand der Reihe dem Betrag nach

$$\leq \frac{|z|^m}{m!} n^{m-1} M^m = \frac{1}{n} \frac{(|z| n M)^m}{m!}, \; m = 1, 2, \ldots$$

Dieser Term ist aber das m-te Glied der Reihenentwicklung von $(1/n)\mathrm{e}^{|z|nM}$ (n ist hierbei eine feste Zahl!). Die e-Reihe ist somit absolute Majorante der von uns betrachteten Reihe. Daher ist diese absolut konvergent und außerdem sogar gleichmäßig konvergent in jedem endlichen z-Intervall. Die Definition (8.49) ist damit als sinnvoll erwiesen.

Aus der Definition (8.49) lässt sich leicht folgern, dass man mit der Matrizen-e-Funktion genau so rechnen kann wie mit der gewöhnlichen e-Funktion. Vor allem gilt das *Additionstheorem der e-Funktion:*

$$\mathrm{e}^{\underline{A}z_1}\, \mathrm{e}^{\underline{A}z_2} = \mathrm{e}^{\underline{A}(z_1+z_2)}. \qquad (8.50)$$

Zunächst sieht man nämlich durch Ausmultiplizieren der Reihen, dass

$$\mathrm{e}^{\underline{A}z_1}\, \mathrm{e}^{\underline{A}z_2} = \sum_{n=0}^{\infty} \left[\sum_{\nu=0}^{n} \underline{A}^n \frac{z_1^{\nu}}{\nu!} \frac{z_2^{n-\nu}}{(n-\nu)!}\right].$$

Zieht man in der ν-Summe, die das n-te Glied der Produktreihe bildet, $\underline{A}^n$ vor und erweitert mit $n!$, so erhält man den Ausdruck

$$\frac{\underline{A}^n}{n!} \sum_{\nu=0}^{n} \frac{n!}{\nu!(n-\nu)!} z_1^{\nu} z_2^{n-\nu} = \frac{\underline{A}^n}{n!} \sum_{\nu=0}^{n} \binom{n}{\nu} z_1^{\nu} z_2^{n-\nu}.$$

Nach dem binomischen Satz ist dieser Term gleich

$\frac{\underline{A}^n}{n!}(z_1+z_2)^n$. Damit wird

$$e^{\underline{A}z_1}\, e^{\underline{A}z_2} = \sum_{n=0}^{\infty} \underline{A}^n \frac{(z_1+z_2)^n}{n!}\,.$$

Die rechtsstehende Reihe ist aber nach (8.49) gerade die Matrizenfunktion $e^{\underline{A}(z_1+z_2)}$.

Aus dem Additionstheorem folgt unmittelbar, dass die Matrix $e^{-\underline{A}t}$ invers zur Matrix $e^{\underline{A}t}$ ist, dass also

$$e^{\underline{A}t}\, e^{-\underline{A}t} = \underline{I}$$

gilt. Es ist nämlich

$$e^{\underline{A}t}\, e^{-\underline{A}t} = e^{\underline{A}(t-t)} = e^{\underline{A}0} = \underline{I} + \underline{A}\,\frac{0}{1!} + \underline{A}^2\,\frac{0^2}{2!} + \ldots = \underline{I}\,.$$

Eine weitere Rechenregel, die wir im Folgenden benötigen, ist die Differentiationseigenschaft der e-Funktion:

$$\frac{d}{dz} e^{\underline{A}z} = \underline{A}\, e^{\underline{A}z} = e^{\underline{A}z}\, \underline{A}\,. \tag{8.51}$$

Das beweisen wir durch gliedweise vorgenommene Differentiation der Reihe (8.49) nach z, eine Operation, die gewiss zulässig ist, da es sich um die Differentiation von Potenzreihen im Inneren ihres Konvergenzbereichs handelt. Gliedweise erfolgende Differentiation von (8.49) liefert

$$\frac{d}{dz}\, e^{\underline{A}z} = \underline{A} + \underline{A}^2\,\frac{z}{1!} + \underline{A}^3\,\frac{z^2}{2!} + \ldots\,.$$

Diese Reihe ist einerseits gleich

$$\underline{A}\left[\underline{I} + \underline{A}\,\frac{z}{1!} + \underline{A}^2\,\frac{z^2}{2!} + \ldots\right] = \underline{A}\, e^{\underline{A}z}\,,$$

andererseits gleich

$$\left[\underline{I} + \underline{A}\,\frac{z}{1!} + \underline{A}^2\,\frac{z^2}{2!} + \ldots\right]\underline{A} = e^{\underline{A}z}\,\underline{A}\,.$$

Nebenbei wird in (8.51) die Tatsache ausgedrückt, dass die beiden Matrizen $\underline{A}$ *und* $e^{\underline{A}z}$ *miteinander vertauschbar* sind.

8.2.2 Lösung der Zustandsgleichungen mittels der Transitionsmatrix

Die Vektordifferentialgleichung

$$\dot{\underline{x}} = \underline{A}\,\underline{x} + \underline{B}\,\underline{u} \tag{8.52}$$

kann nunmehr entsprechend der Lösung der skalaren Differentialgleichung gelöst werden.

Als einziges weiteres Hilfsmittel wird die Tatsache benutzt, dass auch für ein Matrizenprodukt die übliche Produktregel der Differentiation gilt, wobei man nur auf die Reihenfolge der Faktoren zu achten hat. Sind also $\underline{X}$ und $\underline{Y}$ Matrizen mit zeitabhängigen Elementen, so gilt

$$\frac{d}{dt}(\underline{X}\,\underline{Y}) = \underline{X}\,\dot{\underline{Y}} + \dot{\underline{X}}\,\underline{Y}\,. \tag{8.53}$$

Multipliziert man die Gleichung (8.52) von links mit $e^{-\underline{A}t}$, so erhält man

$$e^{-\underline{A}t}\,\dot{\underline{x}} = e^{-\underline{A}t}\,\underline{A}\,\underline{x} + e^{-\underline{A}t}\,\underline{B}\,\underline{u}\,.$$

Wegen der Vertauschbarkeit der Matrizen $e^{-\underline{A}t}$ und $\underline{A}$ kann man hierfür auch schreiben:

$$e^{-\underline{A}t}\,\dot{\underline{x}} - \underline{A}\,e^{-\underline{A}t}\,\underline{x} = e^{-\underline{A}t}\,\underline{B}\,\underline{u}\,. \tag{8.54}$$

Nach der Produktregel (8.53) ist aber

$$\frac{d}{dt}(e^{-\underline{A}t}\,\underline{x}) = e^{-\underline{A}t}\,\dot{\underline{x}} - \underline{A}\,e^{-\underline{A}t}\,\underline{x}\,.$$

Damit wird aus (8.54)

$$\frac{d}{dt}(e^{-\underline{A}t}\,\underline{x}) = e^{-\underline{A}t}\,\underline{B}\,\underline{u}\,.$$

Integriert man diese Vektorgleichung vom Zeitpunkt t_0, in dem die Betrachtung des Systems begonnen wird, bis zu einem anderen Zeitpunkt t, so erhält man

$$\int_{t_0}^{t} \frac{d}{d\tau}(e^{-\underline{A}\tau}\,\underline{x}(\tau))\,d\tau = \int_{t_0}^{t} e^{-\underline{A}\tau}\,\underline{B}\,\underline{u}(\tau)\,d\tau\,.$$

Wendet man auf das linke Integral den Hauptsatz der Differential- und Integralrechnung an, der auch für die Integration von Matrizen gilt, so entsteht

$$e^{-\underline{A}t}\,\underline{x}(t) - e^{-\underline{A}t_0}\,\underline{x}(t_0) = \int_{t_0}^{t} e^{-\underline{A}\tau}\,\underline{B}\,\underline{u}(\tau)\,d\tau\,. \tag{8.55}$$

Multipliziert man (8.55) von links mit $e^{\underline{A}t}$, so wird daraus

$$\underline{x}(t) - e^{\underline{A}(t-t_0)}\,\underline{x}(t_0) = e^{\underline{A}t}\int_{t_0}^{t} e^{-\underline{A}\tau}\,\underline{B}\,\underline{u}(\tau)\,d\tau\,.$$

Da nach τ integriert wird, kann man $e^{\underline{A}t}$ unter das Integral schreiben und erhält so

$$\underline{x}(t) = \int_{t_0}^{t} e^{\underline{A}(t-\tau)}\,\underline{B}\,\underline{u}(\tau)\,d\tau + e^{\underline{A}(t-t_0)}\,\underline{x}(t_0)\,. \tag{8.56}$$

Damit hat man die allgemeine Lösung der Zustandsdifferentialgleichung in Vektorform erhalten. Sie setzt sich aus zwei Termen additiv zusammen. Der erste Term gibt die Abhängigkeit von dem Eingangsvektor $\underline{u}(t)$ an, der zweite Term die Abhängigkeit vom Anfangszustand $\underline{x}(t_0)$. Die Formel ist außerordentlich übersichtlich, was auf die Vektor- und Matrizenschreibweise zurückzuführen ist. Man überschaut mit einem Blick die gesamten auf das System einwirkenden äußeren Einflüsse. Hierin zeigt sich eine deutliche Überlegenheit gegenüber der Beschreibung durch Strukturbild und Übertragungsfunktion. Das gilt besonders bezüglich des Anfangszustands. Zwar kann er durch das Strukturbild und durch komplexe Zusatzterme zur Übertragungsfunktion erfasst werden, aber in nicht annähernd so durchsichtiger Weise wie in (8.56).

Denkt man sich $\underline{u}(t)$ zu $\underline{0}$ angenommen, so wird das System allein durch den Anfangszustand bestimmt. Dann gilt

$$\underline{x}(t) = e^{\underline{A}(t-t_0)}\underline{x}(t_0). \tag{8.57}$$

Das heißt: Der Anfangszustand $\underline{x}(t_0)$ wird in den momentanen Systemzustand $\underline{x}(t)$ durch Multiplikation mit der Matrix

$$\underline{\Phi}(t, t_0) = e^{\underline{A}(t-t_0)} \tag{8.58}$$

überführt. Das ist ein Zusammenhang von unübertrefflicher Einfachheit. Die Matrix $\underline{\Phi}(t, t_0)$ wird deshalb als *Überführungs- oder Transitionsmatrix* des Systems bezeichnet. Hat man es nur mit zeitinvarianten Systemen zu tun, so bezeichnet man die Transitionsmatrix auch häufig mit $\underline{\Phi}(t-t_0)$, da die beiden Variablen t und t_0 nach (8.58) nur als Differenz $t-t_0$ auftreten.

Wie man aus (8.56) ersieht, bestimmt die Transitionsmatrix die Lösung der Zustandsdifferentialgleichung. Das gilt nicht nur für die hier betrachteten zeitinvarianten Systeme, sondern ebenso für zeitvariante. *Für lineare Systeme* (die durch Differentialgleichungen beschrieben werden) *gilt allgemein* ([8.2], Abschnitt 4-2; [8.3], Abschnitt 6-2)

$$\underline{x}(t) = \int_{t_0}^{t} \underline{\Phi}(t,\tau)\underline{B}\,\underline{u}(\tau)\,d\tau + \underline{\Phi}(t, t_0)\underline{x}(t_0). \tag{8.59}$$

Nur lässt sich bei zeitvarianten Systemen die Transitionsmatrix $\underline{\Phi}(t, t_0)$ im Allgemeinen nicht formelmäßig nach Art von (8.58) angeben. Das ist nicht verwunderlich, wenn man bedenkt, dass zu den linearen zeitvarianten Differentialgleichungen so verschiedenartige Beziehungen wie die Besselsche, die Legendresche oder die Mathieusche Differentialgleichung gehören, von denen jede einen eigenen, nichtelementaren Funktionstyp als Lösung besitzt.

Im zeitvarianten Fall wird man $\underline{\Phi}(t, t_0)$ im Allgemeinen aus einer Differentialgleichung bestimmen. Aus (8.59) folgt nämlich für $\underline{u} = \underline{0}$:

$$\underline{x}(t) = \underline{\Phi}(t, t_0)\underline{x}(t_0). \tag{8.60}$$

Dies ist gemäß (8.52) die Lösung der homogenen Differentialgleichung

$$\underline{\dot{x}}(t) = \underline{A}(t)\underline{x}(t).$$

Infolgedessen muss gelten:

$$\underline{\dot{\Phi}}(t, t_0)\underline{x}(t_0) = \underline{A}(t)\underline{\Phi}(t, t_0)\underline{x}(t_0).$$

Da $\underline{x}(t_0)$ hierin beliebig ist, folgt

$$\underline{\dot{\Phi}}(t, t_0) = \underline{A}(t)\underline{\Phi}(t, t_0). \tag{8.61}$$

Dies ist eine Differentialgleichung für die Matrix $\underline{\Phi}(t, t_0)$. Elementweise geschrieben, lautet sie:

$$\dot{\Phi}_{ik}(t, t_0) = \sum_{\nu=1}^{n} a_{i\nu}(t)\Phi_{\nu k}(t, t_0), \quad i, k = 1, \dots, n.$$

Es handelt sich also um ein System von n^2 skalaren Differentialgleichungen für die n^2 Matrixelemente $\Phi_{ik}(t, t_0)$.

Die zugehörige Anfangsbedingung ergibt sich aus (8.60) für $t = t_0$, wenn man wieder berücksichtigt, dass $\underline{x}(t_0)$ beliebig ist:

$$\underline{\Phi}(t_0, t_0) = \underline{I}. \tag{8.62}$$

Noch eine weitere allgemeine, das heißt für zeitinvariante und zeitvariante Systeme gültige, Eigenschaft der Transitionsmatrix sei hergeleitet. Sind t_0, t_1, t_2 irgendwelche Punkte der t-Achse und verfolgt man die Bahn des Systems im Zustandsraum zunächst von t_0 bis t_1 und dann von t_1 bis t_2, so gilt

$$\underline{x}(t_2) = \underline{\Phi}(t_2, t_1)\underline{x}(t_1), \quad \underline{x}(t_1) = \underline{\Phi}(t_1, t_0)\underline{x}(t_0),$$

also insgesamt

$$\underline{x}(t_2) = \underline{\Phi}(t_2, t_1)\underline{\Phi}(t_1, t_0)\underline{x}(t_0).$$

Andererseits gilt direkt

$$\underline{x}(t_2) = \underline{\Phi}(t_2, t_0)\underline{x}(t_0).$$

Da die beiden letzten Beziehungen für einen beliebigen Anfangszustand $\underline{x}(t_0)$ gelten, folgt aus ihnen

$$\underline{\Phi}(t_2,t_1)\underline{\Phi}(t_1,t_0)=\underline{\Phi}(t_2,t_0). \tag{8.63}$$

In Worten kann man dies etwa so ausdrücken: Einem Bahnstück im Zustandsraum von einem bestimmten Anfangszeitpunkt t_0 bis zu einem bestimmten Endzeitpunkt t_1 entspricht eindeutig eine Transitionsmatrix $\underline{\Phi}(t_1,t_0)$. Durchläuft das System nacheinander zwei Bahnstücke, so gehört zu der Gesamtbahn das Produkt der beiden Transitionsmatrizen. Dabei ist stets $\underline{u}=\underline{0}$ vorausgesetzt.

Setzt man in (8.63) $t_2=t_0$, so erhält man

$$\underline{\Phi}(t_0,t_1)\underline{\Phi}(t_1,t_0)=\underline{\Phi}(t_0,t_0),$$

also wegen (8.62)

$$\underline{\Phi}(t_0,t_1)\underline{\Phi}(t_1,t_0)=\underline{I}.$$

Das heißt aber: Die Transitionsmatrix $\underline{\Phi}(t_1,t_0)$ hat die inverse Matrix $\underline{\Phi}(t_0,t_1)$, die also aus ihr einfach durch Vertauschung der Variablen hervorgeht. Es gilt somit, wenn wir nun den beliebigen Punkt t_1 mit t bezeichnen:

$$\underline{\Phi}^{-1}(t,t_0)=\underline{\Phi}(t_0,t). \tag{8.64}$$

Auch diese Beziehung gilt sowohl für zeitinvariante als auch für zeitvariante Systeme. Für die zeitinvarianten Systeme ist speziell

$$\underline{\Phi}^{-1}(t,t_0)=\mathrm{e}^{\underline{A}(t_0-t)}=\mathrm{e}^{-\underline{A}(t-t_0)}. \tag{8.65}$$

Die Transitionsmatrix $\underline{\Phi}(t,t_0)$ besitzt also für jedes t eine Inverse. Daher sind ihre Spaltenvektoren linear unabhängig. Jede Lösung der homogenen Zustandsdifferentialgleichung kann deshalb in eindeutiger Weise aus ihnen linear kombiniert werden. Ein solches Vektorsystem bezeichnet man als Fundamentalsystem der Vektordifferentialgleichung. Aus diesem Grund wird $\underline{\Phi}(t,t_0)$ auch eine *Fundamentalmatrix* genannt.

Wir wollen jetzt zur Lösung der Zustandsgleichungen im zeitinvarianten Fall zurückkehren. Der Ausgangsvektor $\underline{y}(t)$ ist nun sofort gefunden. Man braucht nur (8.56) in die Ausgangsgleichung

$$\underline{y}=\underline{C}\,\underline{x}+\underline{D}\,\underline{u}$$

einzusetzen. Da $\underline{C}$ konstant ist, kann man $\underline{C}$ unter das Integral setzen und erhält so

$$\underline{y}(t)=\int_{t_0}^{t}\underline{C}\,\mathrm{e}^{\underline{A}(t-\tau)}\underline{B}\,\underline{u}(\tau)\,d\tau+\underline{D}\,\underline{u}(t)+ \\ +\underline{C}\,\mathrm{e}^{\underline{A}(t-t_0)}\underline{x}(t_0). \tag{8.66}$$

Bei einem zeitinvarianten System ist es gleichgültig, wohin man den Zeitnullpunkt legt. Wir wollen von jetzt an der Einfachheit halber $t_0=0$ setzen. Dann ist

$$\underline{y}(t)=\int_{0}^{t}\underline{C}\,\mathrm{e}^{\underline{A}(t-\tau)}\underline{B}\,\underline{u}(\tau)\,d\tau+\underline{D}\,\underline{u}(t)+\underline{C}\,\mathrm{e}^{\underline{A}t}\underline{x}_0 \tag{8.67}$$

mit $\underline{x}_0=\underline{x}(0)$.

Die von $\underline{u}$ abhängenden Terme kann man noch übersichtlicher schreiben. Betrachten wir zunächst das Integral. Führt man die Matrix

$$\underline{F}(t)=\underline{C}\,\mathrm{e}^{\underline{A}t}\,\underline{B}=\left[F_{km}(t)\right]$$

ein, so ist es gleich

$$\int_0^t\underline{F}(t-\tau)\,\underline{u}(\tau)\,d\tau=\int_0^t\left[\sum_{\nu=1}^{p}F_{k\nu}(t-\tau)\,u_\nu(\tau)\,d\tau\right]= \\ =\left[\sum_{\nu=1}^{p}\int_0^t F_{k\nu}(t-\tau)\,u_\nu(\tau)\,d\tau\right].$$

Die einzelnen Integrale sind Faltungsintegrale. Daher kann man für die letzte Summe auch

$$\left[\sum_{\nu=1}^{p}F_{k\nu}(t)*u_\nu(t)\right]$$

schreiben. Das ist aber nichts anderes als das Matrizenprodukt von $\underline{F}(t)$ und $\underline{u}(t)$, nur dass es sich nicht um die gewöhnliche Multiplikation, sondern um die Faltungsmultiplikation handelt. Man darf daher für den letzten Ausdruck auch $\underline{F}(t)*\underline{u}(t)$ schreiben, so dass also

$$\int_0^t\underline{C}\,\mathrm{e}^{\underline{A}(t-\tau)}\underline{B}\,\underline{u}(\tau)\,d\tau=\underline{F}(t)*\underline{u}(t)\quad\text{gilt.}$$

Auch den Term $\underline{D}\,\underline{u}(t)$ in (8.66) kann man auf die Faltungsform bringen. Man muss nur beachten, dass sich eine Zeitfunktion $f(t)$ auch als Faltungsprodukt $f(t)*\delta(t)$ schreiben lässt (Kapitel 11). Dann wird

$$\underline{D}\,\underline{u}(t)=\left[\sum_{\nu=1}^{p}d_{k\nu}u_\nu(t)\right]=\left[\sum_{\nu=1}^{p}d_{k\nu}(\delta(t)*u_\nu(t))\right]= \\ =\left[\sum_{\nu=1}^{p}(d_{k\nu}\delta(t))*u_\nu(t)\right]=\underline{D}\,\delta(t)*\underline{u}(t).$$

Insgesamt wird so aus (8.66)

$$\underline{y}(t) = \underline{F}(t) * \underline{u}(t) + \underline{D}\,\delta(t) * \underline{u}(t) + \underline{C}\mathrm{e}^{\underline{A}t}\,\underline{x}_0 .$$

Führt man nun die Matrix

$$\underline{G}(t) = \underline{F}(t) + \underline{D}\,\delta(t) = \underline{C}\,\mathrm{e}^{\underline{A}t}\,\underline{B} + \underline{D}\,\delta(t) \tag{8.68}$$

ein, so wird endgültig

$$\underline{y}(t) = \underline{G}(t) * \underline{u}(t) + \underline{C}\,\mathrm{e}^{\underline{A}t}\,\underline{x}_0 . \tag{8.69}$$

Diese Beziehung bringt in prägnanter Form zum Ausdruck, wie sich die äußeren Einflüsse, also Eingangsgrößen und Anfangsbedingungen, auf den Ausgangsvektor auswirken. Was die Wirkung der Anfangsbedingungen betrifft, so gilt das Gleiche, was bereits oben beim Zustandsvektor gesagt wurde. Denken wir uns jetzt den Anfangszustand zu Null angenommen, so dass das System nur durch die Eingangsgrößen beeinflusst wird.

Die Beeinflussung wird durch das Faltungsintegral

$$\underline{y}(t) = \underline{G}(t) * \underline{u}(t) = \int_0^t \underline{G}(t-\tau)\,\underline{u}(\tau)\,d\tau \tag{8.70}$$

ausgedrückt. Das ist die geradlinige *Erweiterung des Duhamel-Integrals*, das bei einem System mit einer einzigen Ein- und Ausgangsgröße gilt (Unterabschnitt 2.4.8):

$$y(t) = \int_0^t g(t-\tau)\,u(\tau)\,d\tau .$$

Da die Matrix $\underline{G}(t)$ die Verallgemeinerung der Gewichtsfunktion $g(t)$ darstellt, bezeichnet man sie als *Gewichtsmatrix*.

Die Beziehung (8.69) zeigt wieder den Vorzug der Beschreibung durch Zustandsvariablen. Der Zusammenhang zwischen Ein- und Ausgangsgrößen wird ebenso einfach wiedergegeben wie in der klassischen Theorie, die Abhängigkeit von den Anfangsbedingungen aber erheblich übersichtlicher.

Löst man die Matrizengleichung (8.70) in ihre Elementgleichungen auf, so erhält man

$$y_k(t) = \sum_{\nu=1}^{p} g_{k\nu}(t) * u_\nu(t) . \tag{8.71}$$

Schaltet man allein

$$u_m(t) = \delta(t)$$

auf, während man die übrigen $u_\nu(t) \equiv 0$ setzt, so wird

$$y_k(t) = g_{km}(t) * \delta(t) = g_{km}(t) .$$

Das heißt: Dasjenige Element der Gewichtsmatrix, das in der k-ten Zeile und der m-ten Spalte steht, ist gleich der k-ten Ausgangsgröße, wenn man als m-te Eingangsgröße einen δ-Impuls aufschaltet. Die Gewichtsmatrix stellt somit wie schon die Gewichtsfunktion die *Impulsantwort* des Systems dar.

Hieraus ist auch zu ersehen, wie man die Gewichtsmatrix grundsätzlich messen kann. Man gibt die Anfangsbedingungen Null vor. Dann schaltet man als erste Eingangsgröße etwa den Einheitssprung $\sigma(t)$ auf, während man alle anderen Eingangsgrößen Null setzt. Es ergibt sich nach (8.71)

$$y_k(t) = g_{k1}(t) * \sigma(t) = \int_0^t g_{k1}(\tau)\,d\tau = h_{k1}(t) , \qquad k = 1, \ldots, q .$$

Wenn man diese Ausgangsgrößen aufzeichnet, so hat man die Sprungantworten des Systems, die zur ersten Spalte der Gewichtsmatrix gehören. Führt man diese Beobachtung nacheinander für die zweite, dritte, …, p-te Eingangsgröße durch, so erhält man die Matrix $[h_{km}(t)]$ aller Sprungantworten. Aus ihnen kann man durch Differentiation auf die Gewichtsmatrix schließen oder zu den zugehörigen Übertragungsfunktionen übergehen.

Der Nutzen der allgemeinen Formeln (8.56), (8.66) und (8.69) ist ein zweifacher. Einmal sind sie wegen ihrer Übersichtlichkeit ein guter Ausgangspunkt für tiefere Einsichten in das Systemverhalten. Das wird sich später z. B. bei den Untersuchungen über die Steuerbarkeit und die Beobachtbarkeit eines Systems zeigen. Zum Anderen sind sie sehr gut geeignet zur numerischen Berechnung des Zustands- und des Ausgangsvektors mittels des Digitalrechners. Den Kernpunkt bildet die Berechnung der Matrizenfunktion $\mathrm{e}^{\underline{A}t}$, die mit Hilfe eines Anfangsstücks der Potenzreihe (8.49) vorgenommen wird.

Hier sollen noch zwei einfache Beispiele gerechnet werden. Es ist klar, dass die allgemeine Lösungstheorie bei so einfachen Systemen keinen Vorteil bringt. Darauf soll es aber jetzt nicht ankommen. Es geht nur darum, die allgemeinen Begriffsbildungen an konkreten Fällen zu erläutern.

Als erstes betrachten wir das in Bild 8-3 wiedergegebene gekoppelte System. Führt man die Ausgangsgrößen der beiden P-T_1-Glieder als Zustandsvariablen ein, so hat man zunächst die komplexen Gleichungen

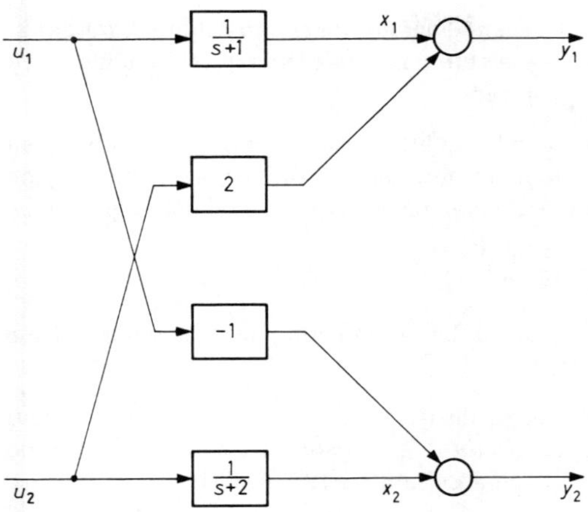

Bild 8-3: Gekoppeltes System

$$X_1 = \frac{1}{s+1}U_1\,, \quad X_2 = \frac{1}{s+2}U_2\,,$$

$$Y_1 = X_1 + 2U_2\,, \quad Y_2 = X_2 - U_1\,.$$

Aus ihnen folgt im Zeitbereich

$$\dot{x}_1 = -x_1 + u_1\,,$$
$$\dot{x}_2 = -2x_2 + u_2\,,$$
$$y_1 = x_1 + 2u_2\,,$$
$$y_2 = x_2 - u_1\,.$$

In Matrizenschreibweise lauten diese Gleichungen

$$\underline{\dot{x}} = \begin{bmatrix} -1 & 0 \\ 0 & -2 \end{bmatrix} \underline{x} + \begin{bmatrix} 1 & 0 \\ 0 & 1 \end{bmatrix} \underline{u}\,,$$

$$\underline{y} = \begin{bmatrix} 1 & 0 \\ 0 & 1 \end{bmatrix} \underline{x} + \begin{bmatrix} 0 & 2 \\ -1 & 0 \end{bmatrix} \underline{u}\,.$$

Somit ist $\underline{A}$ eine Diagonalmatrix. Für sie lassen sich die Matrizenpotenzen sehr einfach bilden, denn es ist

$$\begin{bmatrix} \lambda_1 & \dots & \dots & 0 \\ \vdots & \lambda_2 & & \vdots \\ \vdots & & \ddots & \vdots \\ 0 & \dots & \dots & \lambda_n \end{bmatrix}^m = \begin{bmatrix} \lambda_1^m & \dots & \dots & 0 \\ \vdots & \lambda_2^m & & \vdots \\ \vdots & & \ddots & \vdots \\ 0 & \dots & \dots & \lambda_n^m \end{bmatrix}.$$

Daher wird

$$e^{\underline{A}t} = \begin{bmatrix} 1 & 0 \\ 0 & 1 \end{bmatrix} + \begin{bmatrix} -1 & 0 \\ 0 & -2 \end{bmatrix} \frac{t}{1!} + \begin{bmatrix} 1 & 0 \\ 0 & 2^2 \end{bmatrix} \frac{t^2}{2!} + \\ + \begin{bmatrix} -1 & 0 \\ 0 & -2^3 \end{bmatrix} \frac{t^3}{3!} + \dots\,,$$

$$e^{\underline{A}t} = \begin{bmatrix} 1 - \frac{t}{1!} + \frac{t^2}{2!} - \frac{t^3}{3!} + - \dots & 0 \\ 0 & 1 - \frac{2t}{1!} + \frac{(2t)^2}{2!} - \frac{(2t)^3}{3!} + - \dots \end{bmatrix}.$$

In einem so einfachen Fall wie dem vorliegenden lassen sich die unendlichen Reihen, aus denen die Elemente von $e^{\underline{A}t}$ bestehen, sofort in geschlossener Form angeben:

$$e^{\underline{A}t} = \begin{bmatrix} e^{-t} & 0 \\ 0 & e^{-2t} \end{bmatrix}.$$

Das ist bei komplizierteren Systemen nicht mehr in so einfacher Weise möglich und wird für die Berechnung der Matrizenfunktion auf dem Digitalrechner auch nicht benötigt.

Im vorliegenden Fall erhält man weiter aufgrund von (8.66)

$$\underline{y}(t) = \int_0^t \underline{I} \begin{bmatrix} e^{-(t-\tau)} & 0 \\ 0 & e^{-2(t-\tau)} \end{bmatrix} \underline{I}\,\underline{u}(\tau)\,d\tau + \\ + \begin{bmatrix} 0 & 2 \\ -1 & 0 \end{bmatrix} \underline{u}(t) + \underline{I} \begin{bmatrix} e^{-t} & 0 \\ 0 & e^{-2t} \end{bmatrix} \underline{x}_0\,,$$

$$\underline{y}(t) = \int_0^t \begin{bmatrix} e^{-(t-\tau)}u_1(\tau) \\ e^{-2(t-\tau)}u_2(\tau) \end{bmatrix} d\tau + \begin{bmatrix} 2u_2(t) \\ -u_1(t) \end{bmatrix} + \begin{bmatrix} e^{-t}x_{10} \\ e^{-2t}x_{20} \end{bmatrix},$$

also schließlich

$$y_1(t) = \int_0^t e^{-(t-\tau)}u_1(\tau)\,d\tau + 2u_2(t) + e^{-t}x_{10}\,,$$

$$y_2(t) = \int_0^t e^{-2(t-\tau)}u_2(\tau)\,d\tau - u_1(t) + e^{-2t}x_{20}\,.$$

Als zweites Beispiel betrachten wir die Reihenschaltung in Bild 8-4. Da $y = x_1$ ist, braucht man nur die Zustandsdifferentialgleichung zu untersuchen. Zunächst sind

$$X_1 = \frac{1}{s+2}X_2\,, \quad X_2 = \frac{1}{s+1}U\,, \quad \text{woraus}$$

$$\dot{x}_1 = -2x_1 + x_2\,,$$
$$\dot{x}_2 = -x_2 + u$$

oder

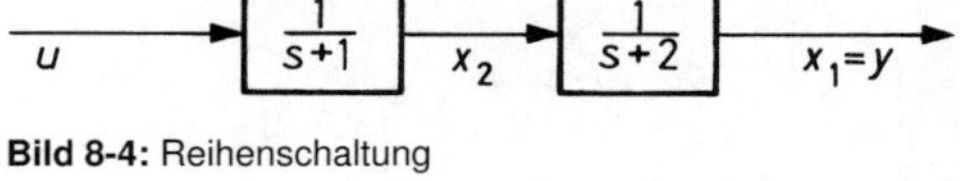

Bild 8-4: Reihenschaltung

$$\underline{\dot{x}} = \begin{bmatrix} -2 & 1 \\ 0 & -1 \end{bmatrix} \underline{x} + \begin{bmatrix} 0 \\ 1 \end{bmatrix} u$$

folgt. Hier ist also

$$\underline{A}^2 = \begin{bmatrix} -2 & 1 \\ 0 & -1 \end{bmatrix} \begin{bmatrix} -2 & 1 \\ 0 & -1 \end{bmatrix} = \begin{bmatrix} 4 & -3 \\ 0 & 1 \end{bmatrix},$$

$$\underline{A}^3 = \underline{A} \cdot \underline{A}^2 = \begin{bmatrix} -2 & 1 \\ 0 & -1 \end{bmatrix} \begin{bmatrix} 4 & -3 \\ 0 & 1 \end{bmatrix} = \begin{bmatrix} -8 & 7 \\ 0 & -1 \end{bmatrix}$$

usw. Daher wird

$$\mathrm{e}^{\underline{A}t} = \begin{bmatrix} 1 - 2\dfrac{t}{1!} + 4\dfrac{t^2}{2!} - 8\dfrac{t^3}{3!} + - \ldots & 0 + \dfrac{t}{1!} - 3\dfrac{t^2}{2!} + 7\dfrac{t^3}{3!} - + \ldots \\ 0 & 1 - \dfrac{t}{1!} + \dfrac{t^2}{2!} - \dfrac{t^3}{3!} + - \ldots \end{bmatrix}$$

Auch hier ist es nicht schwierig, die Reihen zu summieren. Die an der Stelle (1, 1) stehende Reihe hat die Summe e^{-2t}, die an der Stelle (2, 2) stehende die Summe e^{-t}. Die an der Stelle (1, 2) stehende Reihe setzt man als Linearkombination $C_1\,\mathrm{e}^{-2t} + C_2\,\mathrm{e}^{-t}$ an. Der Koeffizientenvergleich der beiden ersten Glieder liefert $C_1 = -1, C_2 = 1$. Damit ist

$$\mathrm{e}^{\underline{A}t} = \begin{bmatrix} \mathrm{e}^{-2t} & \mathrm{e}^{-t} - \mathrm{e}^{-2t} \\ 0 & \mathrm{e}^{-t} \end{bmatrix}.$$

Nach (8.56) ist daher (mit $t_0 = 0$):

$$\underline{x}(t) = \int_0^t \begin{bmatrix} \mathrm{e}^{-2(t-\tau)} & \mathrm{e}^{-(t-\tau)} - \mathrm{e}^{-2(t-\tau)} \\ 0 & \mathrm{e}^{-(t-\tau)} \end{bmatrix} \begin{bmatrix} 0 \\ 1 \end{bmatrix} u(\tau)\,d\tau + \\ + \begin{bmatrix} \mathrm{e}^{-2t} & \mathrm{e}^{-t} - \mathrm{e}^{-2t} \\ 0 & \mathrm{e}^{-t} \end{bmatrix} \begin{bmatrix} x_{10} \\ x_{20} \end{bmatrix},$$

$$\underline{x}(t) = \int_0^t \begin{bmatrix} \mathrm{e}^{-(t-\tau)} - \mathrm{e}^{-2(t-\tau)} \\ \mathrm{e}^{-(t-\tau)} \end{bmatrix} u(\tau)\,d\tau + \ldots,$$

also

$$x_1(t) = \int_0^t \left[\mathrm{e}^{-(t-\tau)} - \mathrm{e}^{-2(t-\tau)}\right] u(\tau)\,d\tau + \mathrm{e}^{-2t} x_{10} + \\ + (\mathrm{e}^{-t} - \mathrm{e}^{-2t}) x_{20},$$

$$x_2(t) = \int_0^t \mathrm{e}^{-(t-\tau)}\, u(\tau)\,d\tau + \mathrm{e}^{-t} x_{20}.$$

8.2.3 Lösung der homogenen Zustandsdifferentialgleichung mittels Eigenwerten und Eigenvektoren

Aus der allgemeinen Lösung der Zustandsdifferentialgleichung mittels der Transitionsmatrix soll nun speziell für die *homogene* Zustandsdifferentialgleichung

$$\underline{\dot{x}} = \underline{A}\,\underline{x} \tag{8.72}$$

eine ganz andere Darstellung der Lösung hergeleitet werden.

Wir wollen dazu voraussetzen, dass $\underline{A}$ diagonalähnlich ist, also n linear unabhängige Eigenvektoren besitzt (Unterabschnitt 8.1.1). Dann ist

$$\underline{A} = \underline{V}\,\underline{\Lambda}\,\underline{V}^{-1} \tag{8.73}$$

mit

$$\underline{\Lambda} = \begin{bmatrix} \lambda_1 & \ldots & 0 \\ \vdots & \ddots & \vdots \\ 0 & \ldots & \lambda_n \end{bmatrix}, \quad \underline{V} = \left[\underline{v}_1, \ldots, \underline{v}_n\right],$$

wobei λ_ν die Eigenwerte und $\underline{v}_\nu$ die Eigenvektoren von $\underline{A}$ sind.

Daraus folgt

$$\underline{\Phi}(t) = \mathrm{e}^{\underline{A}t} = \sum_{\nu=0}^{\infty} \underline{A}^\nu \frac{t^\nu}{\nu!} = \sum_{\nu=0}^{\infty} (\underline{V}\,\underline{\Lambda}\,\underline{V}^{-1})^\nu \frac{t^\nu}{\nu!}. \tag{8.74}$$

Darin ist

$$(\underline{V}\,\underline{\Lambda}\,\underline{V}^{-1})^\nu = \underline{V}\,\underline{\Lambda}\,\underline{V}^{-1} \cdot \underline{V}\,\underline{\Lambda}\,\underline{V}^{-1} \cdot \ldots \cdot \underline{V}\,\underline{\Lambda}\,\underline{V}^{-1} = \underline{V}\,\underline{\Lambda}^\nu\,\underline{V}^{-1}.$$

Mithin wird aus (8.74)

$$\underline{\Phi}(t) = \underline{V} \sum_{\nu=0}^{\infty} \underline{\Lambda}^\nu \frac{t^\nu}{\nu!} \underline{V}^{-1},$$

also

$$\underline{\Phi}(t) = \mathrm{e}^{\underline{A}t} = \underline{V}\,\mathrm{e}^{\underline{\Lambda}t}\,\underline{V}^{-1}. \tag{8.75}$$

Hierin ist

$$\mathrm{e}^{\underline{\Lambda}t} = \sum_{\nu=0}^{\infty} \underline{\Lambda}^\nu \frac{t^\nu}{\nu!} = \sum_{\nu=0}^{\infty} \begin{bmatrix} \lambda_1 & \ldots & 0 \\ \vdots & \ddots & \vdots \\ 0 & \ldots & \lambda_n \end{bmatrix}^\nu \frac{t^\nu}{\nu!} = \\ = \sum_{\nu=0}^{\infty} \begin{bmatrix} \lambda_1^\nu & \ldots & 0 \\ \vdots & \ddots & \vdots \\ 0 & \ldots & \lambda_n^\nu \end{bmatrix} \frac{t^\nu}{\nu!} =$$

$$= \begin{bmatrix} \sum_{\nu=0}^{\infty} \lambda_1^\nu \frac{t^\nu}{\nu!} & \dots & 0 \\ \vdots & \ddots & \vdots \\ 0 & \dots & \sum_{\nu=0}^{\infty} \lambda_n^\nu \frac{t^\nu}{\nu!} \end{bmatrix}, \quad \text{also}$$

$$\mathrm{e}^{\underline{\Lambda} t} = \begin{bmatrix} \mathrm{e}^{\lambda_1 t} & \dots & 0 \\ \vdots & \ddots & \vdots \\ 0 & \dots & \mathrm{e}^{\lambda_n t} \end{bmatrix}. \tag{8.76}$$

Bezeichnen wir nun die Zeilenvektoren der inversen Transformationsmatrix $\underline{V}^{-1}$ mit $\underline{w}_i^T$, $i = 1,\dots,n$, so wird aus (8.75)

$$\underline{\Phi}(t) = \mathrm{e}^{\underline{A} t} = \left[\underline{v}_1,\dots,\underline{v}_n \right] \begin{bmatrix} \mathrm{e}^{\lambda_1 t} & \dots & 0 \\ \vdots & \ddots & \vdots \\ 0 & \dots & \mathrm{e}^{\lambda_n t} \end{bmatrix} \begin{bmatrix} \underline{w}_1^T \\ \vdots \\ \underline{w}_n^T \end{bmatrix} =$$

$$= \left[\mathrm{e}^{\lambda_1 t} \underline{v}_1,\dots,\mathrm{e}^{\lambda_n t} \underline{v}_n \right] \begin{bmatrix} \underline{w}_1^T \\ \vdots \\ \underline{w}_n^T \end{bmatrix},$$

$$\underline{\Phi}(t) = \mathrm{e}^{\underline{A} t} = \sum_{i=1}^{n} \mathrm{e}^{\lambda_i t} \underline{v}_i \underline{w}_i^T, \tag{8.77}$$

wobei also $\underline{v}_i \underline{w}_i^T$ das dyadische Produkt der beiden Vektoren $\underline{v}_i$ und $\underline{w}_i$ ist.

Nun ist die Lösung der homogenen Zustandsgleichung $\dot{\underline{x}} = \underline{A}\,\underline{x}$ gemäß (8.75) durch

$$\underline{x}(t) = \mathrm{e}^{\underline{A}(t-t_0)} \underline{x}(t_0) \tag{8.78}$$

gegeben. Mit (8.77) wird daraus

$$\underline{x}(t) = \sum_{i=1}^{n} \mathrm{e}^{\lambda_i (t-t_0)} \underline{v}_i \underline{w}_i^T \underline{x}(t_0).$$

Hierin ist $\underline{w}_i^T \underline{x}(t_0) = c_i$ ein Skalar, den man deshalb vor jeden Summanden ziehen darf:

$$\underline{x}(t) = \sum_{i=1}^{n} \left[\underline{w}_i^T \underline{x}(t_0) \right] \mathrm{e}^{\lambda_i (t-t_0)} \underline{v}_i . \tag{8.79}$$

Damit hat man eine *zweite Darstellung für die Lösung der homogenen Zustandsdifferentialgleichung*, die eine von der Darstellung (8.78) recht verschiedene Gestalt hat. Bei ihr wird der *Zustandsvektor* $\underline{x}(t)$ als *Linearkombination der Eigenvektoren* von $\underline{A}$ dargestellt, wobei die *Koeffizienten zeitveränderlich sind und von den Eigenwerten* $\lambda_1,\dots,\lambda_n$ der Dynamikmatrix $\underline{A}$ *abhängen*. In der angelsächsischen Literatur bezeichnet man die Terme $\mathrm{e}^{\lambda_i (t-t_0)} \underline{v}_i$ manchmal als „modes“ des dynamischen Systems. Wir wollen einen solchen Term als *Eigenmodus* bezeichnen und die skalare Funktion $\mathrm{e}^{\lambda_i t}$ als *Eigenbewegung*.

Vielleicht wird mancher Leser bei der Formel (8.79) nachträglich stutzen, da $\underline{v}_i$ doch nicht eindeutig festgelegt ist, wohl aber $\underline{x}(t)$ bei gegebenem $\underline{x}(t_0)$ eindeutig bestimmt sein muss! Jedoch wird diese Mehrdeutigkeit von $\underline{v}_i$ durch $\underline{w}_i^T$ wieder herausgehoben. Machen wir uns dies am Fall einfacher Eigenwerte klar. Aus

$$\underline{V}^{-1} \underline{V} = \begin{bmatrix} \underline{w}_1^T \\ \vdots \\ \underline{w}_n^T \end{bmatrix} \left[\underline{v}_1,\dots,\underline{v}_n \right] = \underline{I}$$

folgt etwa für $\underline{w}_1^T$ das Gleichungssystem

$$\underline{w}_1^T \underline{v}_1 = 1\,, \; \underline{w}_1^T \underline{v}_2 = 0\,, \; \dots, \; \underline{w}_1^T \underline{v}_n = 0\,.$$

Geht man nun von den Vektoren $\underline{v}_i$ zu $c_i\,\underline{v}_i$ über, wo c_i beliebige Faktoren $\neq 0$ sind, so bleiben alle Gleichungen bis auf die erste unverändert. Aus dieser wird

$$\underline{w}_1^T c_1 \underline{v}_1 = 1\,.$$

Anstelle der vorherigen Lösung $\underline{w}_1^T$ erhält man jetzt $\frac{1}{c_1} \underline{w}_1^T$. Daher bleibt der erste Term in (8.79) unverändert, und Gleiches gilt auch für die restlichen Summanden.

Die Vektoren $\underline{w}_1,\dots,\underline{w}_n$, die bisher rein rechnerisch als transponierte Zeilenvektoren der inversen Transformationsmatrix $\underline{V}^{-1}$ eingeführt wurden, lassen noch eine andere Deutung zu. Multipliziert man (8.4) von links und rechts mit $\underline{V}^{-1}$, so erhält man die Gleichung

$$\underline{V}^{-1} \underline{A} = \underline{\Lambda}\, \underline{V}^{-1}\,.$$

Mit

$$\underline{V}^{-1} = \begin{bmatrix} \underline{w}_1^T \\ \vdots \\ \underline{w}_n^T \end{bmatrix}$$

folgt daraus

$$\underline{w}_i^T \underline{A} = \lambda_i \underline{w}_i^T \tag{8.80}$$

oder

$$\underline{w}_i^T (\lambda_i \underline{I} - \underline{A}) = \underline{0}^T, \quad i = 1,\dots,n, \tag{8.81}$$

wobei auf der rechten Seite der *transponierte* Nullvektor stehen muss, weil auf der linken Seite ein Zeilenvektor steht. Die Beziehung (8.81) ist von der gleichen Art wie die Definitionsgleichung

$$(\lambda_i \underline{I} - \underline{A})\underline{v}_i = \underline{0}, \quad i = 1,\dots,n,$$

der Eigenvektoren, nur dass $\underline{w}_i$ auf der *linken* Seite der Matrix $\lambda_i \underline{I} - \underline{A}$ steht. Deshalb heißen die Lösungen $\neq \underline{0}$ von (8.81) *Linkseigenvektoren* der Matrix $\underline{A}$. Auch sie sind linear unabhängig, wenn $\underline{A}$ diagonalähnlich ist. Dann existieren ja $\underline{V}^{-1}$ und deren Inverse $\underline{V}$, was nur möglich ist, wenn die Zeilenvektoren von $\underline{V}^{-1}$ linear unabhängig sind.

Die Zeilenvektoren von $\underline{V}^{-1}$ sind also gleich den transponierten Linkseigenvektoren von $\underline{A}$. Die Umkehrung gilt jedoch im Allgemeinen nicht. Betrachten wir etwa den Fall einfacher Eigenwerte und bilden mit den Linkseigenvektoren $\underline{w}_1,\dots,\underline{w}_n$ die Matrix

$$\underline{W} = \begin{bmatrix} \underline{w}_1^T \\ \vdots \\ \underline{w}_n^T \end{bmatrix}.$$

Dann ist

$$\underline{W} \cdot \underline{V} = (\underline{w}_i^T \underline{v}_k). \tag{8.82}$$

Nun folgt aus der Definitionsgleichung (8.80) des i-ten Linkseigenvektors durch Rechtsmultiplikation mit dem k-ten Eigenvektor $\underline{v}_k$

$$\underline{w}_i^T \underline{A}\,\underline{v}_k = \lambda_i \underline{w}_i^T \underline{v}_k. \tag{8.83}$$

Andererseits folgt aus der Definitionsgleichung

$$\underline{A}\,\underline{v}_k = \lambda_k \underline{v}_k$$

des k-ten Eigenvektors durch Linksmultiplikation mit dem transponierten i-ten Linkseigenvektor

$$\underline{w}_i^T \underline{A}\,\underline{v}_k = \lambda_k \underline{w}_i^T \underline{v}_k. \tag{8.84}$$

Subtraktion dieser Gleichung von (8.83) liefert

$$0 = (\lambda_i - \lambda_k)\underline{w}_i^T \underline{v}_k.$$

Für $\lambda_i \neq \lambda_k$ ist also $\underline{w}_i^T \underline{v}_k = 0$. Das heißt: *Die zu verschiedenen Eigenwerten gehörenden Eigen- und Linkseigenvektoren sind orthogonal.*

Gehören jedoch Eigen- und Linkseigenvektoren zum gleichen Eigenwert, so gilt $\underline{w}_i^T \underline{v}_i \neq 0$. Andernfalls wären nämlich

$$\underline{w}_i^T \underline{v}_1 = 0,\ \underline{w}_i^T \underline{v}_2 = 0,\ \dots,\ \underline{w}_i^T \underline{v}_n = 0$$

oder, zu einer Vektorgleichung zusammengefasst:

$$\underline{w}_i^T \left[\underline{v}_1, \underline{v}_2, \dots, \underline{v}_n\right] = \underline{0}^T \quad \text{bzw.} \quad \underline{w}_i^T \underline{V} = \underline{0}^T,$$

woraus durch Rechtsmultiplikation mit $\underline{V}^{-1}$ $\underline{w}_i^T = \underline{0}^T$ folgt. Das ist aber ausgeschlossen, da $\underline{w}_i$ als Linkseigenvektor nach Definition $\neq \underline{0}$ sein muss.

Mithin wird aus (8.82)

$$\underline{W}\,\underline{V} = \begin{bmatrix} \underline{w}_1^T \underline{v}_1 & 0 & \dots & 0 \\ 0 & \underline{w}_2^T \underline{v}_2 & \dots & 0 \\ \vdots & & \ddots & \vdots \\ 0 & \dots & & \underline{w}_n^T \underline{v}_n \end{bmatrix}.$$

Das heißt: Man erhält eine Diagonalmatrix, aber im Allgemeinen nicht die Einheitsmatrix $\underline{I}$, wie es sein müsste, wenn $\underline{W} = \underline{V}^{-1}$ wäre. Man wird daher bei der konkreten Rechnung $\underline{V}^{-1}$ als Inverse von $\underline{V}$ bilden und nicht mittels der Linkseigenvektoren.

Ist die Dynamikmatrix $\underline{A}$ nicht diagonalähnlich, so treten in der Lösung $\underline{x}(t)$ der homogenen Zustandsdifferentialgleichung außer den e-Funktionen noch Polynome in t auf. Strebt man in einem solchen Fall eine analytische Lösung an, so kann man sie am besten mit der Laplace-Transformation erhalten. Ein Beispiel hierzu wird im nächstfolgenden Abschnitt gerechnet.

Wenn wir nun abschließend die beiden Darstellungen der Lösung der homogenen Zustandsdifferentialgleichung, einmal mittels der Transitionsmatrix, zum Anderen mittels Eigenwerten und Eigenvektoren, miteinander vergleichen, so sehen wir, dass die Lösung mittels der Transitionsmatrix verschiedene Vorzüge aufweist:

- Sie ist stets von der gleichen Form, unabhängig davon, ob die Matrix $\underline{A}$ diagonalähnlich ist oder nicht.

- Man benötigt zu ihrer Berechnung die Eigenwerte und die Eigenvektoren von $\underline{A}$ nicht.

- Sie gibt den Einfluss des Anfangszustands sehr übersichtlich wieder.

- Sie ist für die numerische Lösung der Zustandsgleichungen besonders geeignet.

Diesen Vorzügen steht der Nachteil gegenüber, dass man aus der Transitionsmatrix den Einfluss der Eigenwerte auf die Lösung nicht erkennen kann. Dieser ist aber von entscheidender Bedeutung für das Stabilitätsverhalten und darüber hinaus für subtilere Eigenschaften des dynamischen Systems (Abschnitt 8.6). Daher sind für die Systemanalyse beide Darstellungen unerlässlich.

8.2.4 Anwendung der Laplace-Transformation

Wir wollen jetzt eine Verbindung zwischen den neu eingeführten Zustandsbegriffen und der klassischen Beschreibung des Übertragungsverhaltens herstellen.

Will man ein lineares Differentialgleichungssystem mit konstanten Koeffizienten formelmäßig lösen, so pflegt man üblicherweise die Laplace-Transformation zu benutzen. Diese Vorgehensweise lässt sich geradlinig auf die Vektordifferentialgleichung

$$\underline{\dot{x}} = \underline{A}\,\underline{x} + \underline{B}\,\underline{u} \tag{8.85}$$

mit konstanten Matrizen $\underline{A}, \underline{B}$ übertragen.

Was zunächst die Laplace-Transformation von Matrizen (und Vektoren) angeht, so erfolgt sie genau wie die Differentiation und die Integration elementweise, d. h. eine Matrix wird der Laplace-Transformation unterworfen, indem jedes Element der Matrix der Laplace-Transformation unterworfen wird. Infolgedessen bleiben die üblichen Rechenregeln der Laplace-Transformation auch bei Matrizen (und Vektoren) erhalten. Beispielsweise ist

$$\mathscr{L}\{\underline{\dot{x}}\} = \mathscr{L}\left\{\begin{bmatrix} \dot{x}_1 \\ \vdots \\ \dot{x}_n \end{bmatrix}\right\} = \begin{bmatrix} \mathscr{L}\{\dot{x}_1\} \\ \vdots \\ \mathscr{L}\{\dot{x}_n\} \end{bmatrix} = \begin{bmatrix} sX_1(s) - x_{10} \\ \vdots \\ sX_n(s) - x_{n0} \end{bmatrix}$$
$$= s\,\underline{X}(s) - \underline{x}_0 .$$

Da die Zustandsvariablen stetige Größen sind, ist $x_i(+0) = x_i(-0) = x_i(0)$, welche Werte wir abkürzend mit x_{i0} bezeichnet haben. Die Laplace-Transformation von (8.85) liefert somit, da $\underline{A}, \underline{B}$ konstante Matrizen sind:

$$s\,\underline{X}(s) - \underline{x}_0 = \underline{A}\,\underline{X}(s) + \underline{B}\,\underline{U}(s),$$

$$(s\,\underline{I} - \underline{A})\underline{X}(s) = \underline{B}\,\underline{U}(s) + \underline{x}_0, \quad \text{also} \tag{8.86}$$

$$\underline{X}(s) = (s\,\underline{I} - \underline{A})^{-1}\underline{B}\,\underline{U}(s) + (s\,\underline{I} - \underline{A})^{-1}\underline{x}_0 . \tag{8.87}$$

Es ist hierbei angenommen, dass die inverse Matrix zur Matrix $s\,\underline{I} - \underline{A}$ existiert. Das ist genau dann der Fall, wenn $\det(s\,\underline{I} - \underline{A}) \neq 0$ ist. Nun ist

$$\det(s\,\underline{I} - \underline{A}) = \begin{vmatrix} s - a_{11} & -a_{12} & \dots & -a_{1n} \\ -a_{21} & s - a_{22} & \dots & -a_{2n} \\ \vdots & & \ddots & \vdots \\ -a_{n1} & -a_{n2} & \dots & s - a_{nn} \end{vmatrix}$$

ein Polynom, das mit der Potenz s^n beginnt. Da sie für genügend große s überwiegt, ist das Polynom für solche s von Null verschieden. Dort existiert daher die inverse Matrix $(s\,\underline{I} - \underline{A})^{-1}$.

Aus der Ausgangsgleichung

$$\underline{y} = \underline{C}\,\underline{x} + \underline{D}\,\underline{u}$$

folgt durch Laplace-Transformation

$$\underline{Y}(s) = \underline{C}\,\underline{X}(s) + \underline{D}\,\underline{U}(s). \tag{8.88}$$

Diese Gleichung kann man mit (8.86) kombinieren zu

$$\begin{bmatrix} \underline{A} - s\underline{I} & \underline{B} \\ \underline{C} & \underline{D} \end{bmatrix} \begin{bmatrix} \underline{X}(s) \\ \underline{U}(s) \end{bmatrix} = \begin{bmatrix} -\underline{x}_0 \\ \underline{Y}(s) \end{bmatrix} \tag{8.89}$$

und erhält eine kompakte Darstellung des Systems und seiner Gleichungen im Bildbereich der Laplace-Transformation. Die aus den Systemmatrizen zusammengesetzte Matrix

$$\begin{bmatrix} \underline{A} - s\underline{I} & \underline{B} \\ \underline{C} & \underline{D} \end{bmatrix} = \underline{P}(s) \tag{8.90}$$

heißt *Rosenbrocksche Systemmatrix* und wird im Weiteren mit $\underline{P}(s)$ bezeichnet.

Setzt man (8.87) in (8.88) ein, so wird

$$\underline{Y}(s) = \left[\underline{C}(s\,\underline{I} - \underline{A})^{-1}\underline{B} + \underline{D}\right]\underline{U}(s) + \underline{C}(s\,\underline{I} - \underline{A})^{-1}\underline{x}_0 . \tag{8.91}$$

Wenn man in (8.87) $\underline{U}(s) \equiv \underline{0}$ setzt, vereinfacht sich die Gleichung zu

$$\underline{X}(s) = (s\,\underline{I} - \underline{A})^{-1}\underline{x}_0 . \tag{8.92}$$

Andererseits gilt im Zeitbereich nach (8.57) für $\underline{u}(t) \equiv \underline{0}$ und $t_0 = 0$

$$\underline{x}(t) = \mathrm{e}^{\underline{A}t}\,\underline{x}_0 .$$

Ein Vergleich der beiden letzten Beziehungen liefert das Resultat

$$\mathscr{L}\{\mathrm{e}^{\underline{A}t}\} = (s\,\underline{I} - \underline{A})^{-1} . \tag{8.93}$$

Diese Korrespondenz ist völlig entsprechend dem skalaren Fall:

$$\mathscr{L}\{\mathrm{e}^{at}\} = \frac{1}{s-a} = (s-a)^{-1} = (s \cdot 1 - a)^{-1} .$$

Auch hier zeigt sich wieder, dass man mit der Matrizenfunktion genauso wie mit der skalaren e-Funktion rechnen kann.

Setzt man den Anfangsvektor $\underline{x}_0 = \underline{0}$, so wird im Zeitbereich nach (8.69)

$$\underline{y}(t)=\underline{G}(t)*\underline{u}(t).$$

Nach dem Faltungssatz der Laplace-Transformation folgt hieraus

$$\underline{Y}(s)=\underline{G}(s)\underline{U}(s), \tag{8.94}$$

wobei

$$\mathscr{L}\{\underline{G}(t)\}=\underline{G}(s)$$

ist. Die Unterscheidung von Zeitfunktionen und Laplace-Transformierten durch Klein- und Großbuchstaben ist bei Matrizen, die nicht gerade Vektormatrizen sind, nicht möglich, da sie von vornherein mit großen Buchstaben bezeichnet werden. Um Verwechslungen zu vermeiden, dürfte es genügen, die unabhängige Variable hinzuzuschreiben.

Andererseits folgt aus (8.91) für $\underline{x}_0=\underline{0}$:

$$\underline{Y}(s)=\left[\underline{C}(s\,\underline{I}-\underline{A})^{-1}\underline{B}+\underline{D}\right]\underline{U}(s).$$

Durch Vergleich dieser Beziehung mit (8.94) erhält man

$$\mathscr{L}\{\underline{G}(t)\}=\underline{G}(s)=\underline{C}(s\,\underline{I}-\underline{A})^{-1}\underline{B}+\underline{D}. \tag{8.95}$$

Das ist also die Laplace-Transformierte der Gewichtsmatrix. Für ein System mit einer einzigen Ein- und Ausgangsgröße geht letztere in die Gewichtsfunktion über, die Laplace-Transformierte in die Übertragungsfunktion. Die Matrix $\underline{G}(s)$ ist somit die unmittelbare Erweiterung der Übertragungsfunktion auf Systeme mit mehreren Ein- und Ausgangsgrößen. Man bezeichnet sie deshalb als *Übertragungsmatrix*. Die Matrizengleichung $\underline{Y}(s)=\underline{G}(s)\underline{U}(s)$ lautet ausgeschrieben

$$Y_k(s)=\sum_{\nu=1}^{p}G_{k\nu}(s)\,U_\nu(s).$$

Das Element $G_{k\nu}(s)$ der Übertragungsmatrix ist diejenige Übertragungsfunktion, welche die ν-te Eingangsgröße mit der k-ten Ausgangsgröße verknüpft.

Bei einem System mit einer einzigen Ein- und Ausgangsgröße geht die Übertragungsmatrix $\underline{G}(s)$ in die Übertragungsfunktion $G(s)$ über. Aus (8.95) folgt so

$$G(s)=\underline{c}^T(s\,\underline{I}-\underline{A})^{-1}\underline{b}+d. \tag{8.96}$$

Damit hat man eine Darstellung der klassischen Übertragungsfunktion durch die Zustandsmatrizen.

Berechnet man die inverse Matrix $(s\,\underline{I}-\underline{A})^{-1}$, so geschieht dies durch Auflösen der Gleichung

$$(s\,\underline{I}-\underline{A})\underline{X}=\underline{I}$$

nach der unbekannten Matrix $\underline{X}=(x_{ik})$. Das führt auf n Gleichungssysteme von jeweils n Gleichungen mit n Unbekannten. Die Determinante sämtlicher Gleichungssysteme ist $\det(s\,\underline{I}-\underline{A})$. Nach der Leibniz-Cramerschen Regel ist daher

$$X_{ik}=\frac{Q_{ik}(s)}{\det(s\,\underline{I}-\underline{A})},$$

wobei $Q_{ik}(s)$ ein Polynom in s ist, das hier nicht im Einzelnen interessiert. Somit ist

$$(s\,\underline{I}-\underline{A})^{-1}=\frac{(Q_{ik}(s))}{\det(s\,\underline{I}-\underline{A})}$$

und damit nach (8.96)

$$G(s)=\frac{\underline{c}^T(Q_{ik}(s))\underline{b}}{\det(s\,\underline{I}-\underline{A})}+d \quad \text{oder}$$

$$G(s)=\frac{\underline{c}^T(Q_{ik}(s))\underline{b}+d\,\det(s\,\underline{I}-\underline{A})}{\det(s\,\underline{I}-\underline{A})}=\frac{Z(s)}{\det(s\,\underline{I}-\underline{A})}, \tag{8.97}$$

wobei das Zählerpolynom $Z(s)$ nicht im Einzelnen interessiert. Beim Nenner $\det(s\,\underline{I}-\underline{A})$ handelt es sich um das charakteristische Polynom von $\underline{A}$. Ein Pol von $G(s)$ kann nur dann auftreten, wenn $\det(s\,\underline{I}-\underline{A})=0$ wird. *Jeder Pol von $G(s)$ ist* daher eine Nullstelle des charakteristischen Polynoms, also *ein Eigenwert von $\underline{A}$*.

Die Umkehrung gilt jedoch nicht, denn es ist möglich, dass eine Nullstelle des Nenners zugleich eine Nullstelle des Zählers ist. Falls beide Nullstellen die gleiche Ordnung haben, heben sich die zugehörigen Faktoren im Zähler und im Nenner von $G(s)$ heraus. Dann ist dieser Eigenwert von $\underline{A}$ kein Pol von $G(s)$. Dieser Fall kommt gerade bei Regelkreisen häufig vor, nämlich stets dann, wenn man Pole der Strecke durch Nullstellen im Regler herauskürzt (in Kapitel 3 haben wir die auf solche Weise herausgekürzten Pole den Systempolen zugerechnet und von den (nicht gekürzten) Übertragungspolen unterschieden). Betrachten wir beispielsweise den offenen Regelkreis in Bild 8-5, oben. Hier wird die größte Streckenzeitkonstante T_1 durch einen realen PD-Regler mit

$$G_K(s)=K_R\frac{1+T_1 s}{1+T_R s}, \quad T_R << T_1,$$

in ihrer Wirkung auf den Regelkreis beseitigt. Da Reglerzeitkonstante T_R und Streckenzeitkonstante T_1 in verschiedenen Teilen des realen Systems verwirklicht werden, sind jedoch beide als reale Gegebenheiten vorhanden. Nur das dynamische Verhalten der Reihenschaltung Regler – Strecke ist so, als ob T_1 nicht mehr vorhanden wäre.

Will man das System möglichst realistisch beschreiben, so kann man von Bild 8-5, oben, ausgehen und die Zustandsdifferentialgleichungen aufstellen. Dazu muss man die Übertragungsfunktion des PD-Reglers umformen:

$$K_R \frac{1+T_1 s}{1+T_R s} = K_R \frac{T_1}{T_R} + \frac{K_R\left[1-\frac{T_1}{T_R}\right]}{1+T_R s}.$$

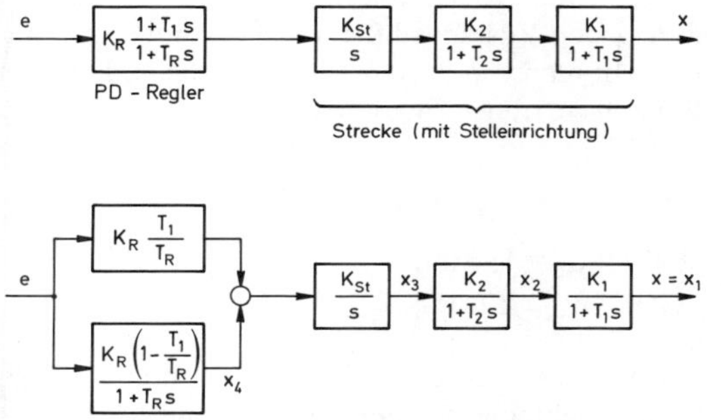

Bild 8-5: Einführung von Zustandsvariablen bei einem stabilisierten offenen Regelkreis

Damit erhält man Bild 8-5, unten. Aus ihm liest man die folgende Zustandsdifferentialgleichung ab, wobei zu beachten ist, dass hier die Regeldifferenz e als Eingangsgröße auftritt:

$$\underline{\dot{x}} = \begin{bmatrix} -\frac{1}{T_1} & \frac{K_1}{T_1} & 0 & 0 \\ 0 & -\frac{1}{T_2} & \frac{K_2}{T_2} & 0 \\ 0 & 0 & 0 & K_{St} \\ 0 & 0 & 0 & -\frac{1}{T_R} \end{bmatrix} \underline{x} + \begin{bmatrix} 0 \\ 0 \\ K_{St} K_R \frac{T_1}{T_R} \\ \frac{K_R}{T_R}\left[1-\frac{T_1}{T_R}\right] \end{bmatrix} e. \tag{8.98}$$

Die charakteristische Gleichung zur Matrix $\underline{A}$ ist daher

$$\det(s\underline{I}-\underline{A}) = \begin{vmatrix} s+\frac{1}{T_1} & -\frac{K_1}{T_1} & 0 & 0 \\ 0 & s+\frac{1}{T_2} & -\frac{K_2}{T_2} & 0 \\ 0 & 0 & s & -K_{St} \\ 0 & 0 & 0 & s+\frac{1}{T_R} \end{vmatrix} = 0.$$

Entwickelt man sukzessive nach der 4., der 3., der 2. Zeile, so erhält man

$$\left[s+\frac{1}{T_R}\right] s \left[s+\frac{1}{T_2}\right]\left[s+\frac{1}{T_1}\right] = 0.$$

Die Systemmatrix $\underline{A}$ hat also die Eigenwerte

$$\lambda_1 = -\frac{1}{T_1}, \quad \lambda_2 = -\frac{1}{T_2}, \quad \lambda_3 = 0, \quad \lambda_4 = -\frac{1}{T_R}.$$

Demgegenüber folgt aus Bild 8-5, oben, für die Übertragungsfunktion des Systems

$$G(s) = \frac{K_R K_{St} K_1 K_2}{(1+T_R s)s(1+T_2 s)}, \tag{8.99}$$

wenn man wie stets bei Übertragungsfunktionen gleiche Zähler- und Nennerfaktoren wegkürzt. $G(s)$ hat die Übertragungspole $-1/T_R$, 0, $-1/T_2$. Der Eigenwert $-1/T_1$ ist hingegen kein Übertragungspol (Er gehört aber zu den Systempolen. Wenn im Weiteren einfachheitshalber nur von Polen die Rede ist, so sind damit die Übertragungspole gemeint).

Es kann also sein, dass gewisse Eigenwerte der Systemmatrix in der Übertragungsfunktion nicht erscheinen. Beurteilt man das System allein nach seiner Übertragungsfunktion, so kann man sie gar nicht erkennen. In solchen Fällen gibt die Übertragungsfunktion nur eine vergröberte Beschreibung der Systemstruktur. Sie liefert eben nur die Beziehung zwischen der Ein- und der Ausgangsgröße des Systems. Feinere Einzelheiten der Innenstruktur werden von ihr unter Umständen nicht erfasst. Man konstatiert eine Überlegenheit der Beschreibung durch Zustandsvariablen, die sich enger an die realen Verhältnisse anzupassen vermag.

Allerdings ist in Fällen von der Art des eben betrachteten Beispiels der Unterschied praktisch meist ohne Belang. Er wird nur dann relevant, wenn der Pol der Strecke, den man herauskürzen möchte, auf oder rechts der imaginären Achse liegt ($T_1 \leq 0$). Dann allerdings liefert die Übertragungsfunktion (8.99) auch für praktische Zwecke keine brauchbare Beschreibung des Systems mehr, worauf bereits in Abschnitt 3.10, Regel (3.65) eingegangen wurde.

Will man die Vektordifferentialgleichung (8.85) im konkreten Fall mit der Laplace-Transformation lösen, so wird man nicht die allgemeine Lösungsformel (8.87) benutzen, in der man erst die inverse Matrix $(s\underline{I}-\underline{A})^{-1}$ zu ermitteln hätte. Sie ist für allgemeine Untersuchungen von der Art der eben durchgeführten Betrachtung nützlich. Im konkreten Fall wird man besser in der konventionellen Weise vorgehen:

1. Man wendet die Laplace-Transformation auf die einzelnen Zustandsdifferentialgleichungen an.

2. Man löst das entstehende gewöhnliche lineare Gleichungssystem nach den Unbekannten $X_i(s)$ auf.
3. Mit Partialbruchzerlegung und Faltungsregel geht man zu den Zeitfunktionen $x_i(t)$ über.

Dies sei am Beispiel der Reihenschaltung in Bild 8-6 ausgeführt, unter der man sich eine ungedämpfte Lageregelstrecke samt Stelleinrichtung vorstellen kann. Aus dem Bild liest man die Zustandsdifferentialgleichungen

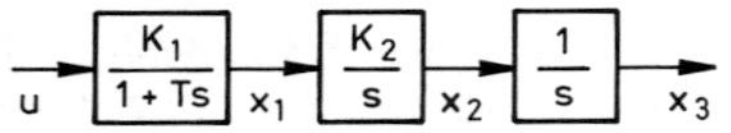

Bild 8-6: Beispiel zur Lösung der Zustandsdifferentialgleichungen mittels Laplace-Transformation

$$\left.\begin{aligned} \dot{x}_1 &= -\frac{1}{T}x_1 + \frac{K_1}{T}u\,, \\ \dot{x}_2 &= K_2 x_1\,, \\ \dot{x}_3 &= x_2 \end{aligned}\right\} \tag{8.100}$$

ab. Für $u = 0$ erhält man daraus die homogenen Differentialgleichungen. Aus (8.100) folgt

$$\det(s\,\underline{I}-\underline{A}) = \begin{vmatrix} s+\frac{1}{T} & 0 & 0 \\ -K_2 & s & 0 \\ 0 & -1 & s \end{vmatrix} = s^2\left[s+\frac{1}{T}\right].$$

Daher hat das System die Eigenwerte $\lambda_1 = \lambda_2 = 0$, $\lambda_3 = -\frac{1}{T}$.

Die Eigenvektoren ergeben sich aus der Vektorgleichung

$$\begin{bmatrix} \lambda+\frac{1}{T} & 0 & 0 \\ -K_2 & \lambda & 0 \\ 0 & -1 & \lambda \end{bmatrix} \begin{bmatrix} v_1 \\ v_2 \\ v_3 \end{bmatrix} = \underline{0}$$

oder

$$\begin{aligned} (\lambda+\frac{1}{T})v_1 &= 0\,, \\ -K_2 v_1 + \lambda v_2 &= 0\,, \\ -v_2 + \lambda v_3 &= 0\,. \end{aligned}$$

Daraus folgt speziell für $\lambda_{1,2} = 0:\ v_1 = 0,\ v_2 = 0,\ v_3$ beliebig. Zu dem doppelten Eigenwert $\lambda_{1,2} = 0$ gehört somit der Eigenvektor

$$\underline{v}_1 = \begin{bmatrix} 0 \\ 0 \\ 1 \end{bmatrix}.$$

Alle anderen zu diesem Eigenwert gehörenden Eigenvektoren sind von ihm linear abhängig.

Für den Eigenwert $\lambda_3 = -\frac{1}{T}$ ergibt sich entsprechend der Eigenvektor

$$\underline{v}_2 = \begin{bmatrix} 1 \\ -K_2 T \\ K_2 T^2 \end{bmatrix}.$$

Zu der 3-reihigen quadratischen Matrix $\underline{A}$ gibt es somit nur 2 linear unabhängige Eigenvektoren. Die Matrix ist daher *nicht* diagonalähnlich.

Um die Transitionsmatrix und damit die Lösung der homogenen Zustandsdifferentialgleichung zu erhalten, geht man von (8.100) mit $u = 0$ aus und wendet die Laplace-Transformation an:

$$\begin{aligned} s\,X_1(s) - x_{10} &= -\frac{1}{T}X_1(s)\,, \\ s\,X_2(s) - x_{20} &= K_2\,X_1(s)\,, \\ s\,X_3(s) - x_{30} &= X_2(s)\,. \end{aligned}$$

Daraus folgen sukzessive $X_1(s)$, $X_2(s)$ und $X_3(s)$. In Matrizenschreibweise lautet das Ergebnis:

$$\begin{bmatrix} X_1(s) \\ X_2(s) \\ X_3(s) \end{bmatrix} = \begin{bmatrix} \frac{1}{\left(s+\frac{1}{T}\right)} & 0 & 0 \\ \frac{K_2}{s\left(s+\frac{1}{T}\right)} & \frac{1}{s} & 0 \\ \frac{K_2}{s^2\left(s+\frac{1}{T}\right)} & \frac{1}{s^2} & \frac{1}{s} \end{bmatrix} \begin{bmatrix} x_{10} \\ x_{20} \\ x_{30} \end{bmatrix}.$$

Dies ist genau die allgemeine Gleichung

$$\underline{X}(s) = (s\,\underline{I}-\underline{A})^{-1}\,\underline{x}_0\,, \tag{8.101}$$

so dass

$$\underline{\Phi}(s) = \mathscr{L}\{e^{\underline{A}t}\} = (s\,\underline{I}-\underline{A})^{-1} \tag{8.102}$$

hiermit bekannt ist. Durch gliedweise vorgenommene Rücktransformation dieser Matrix erhält man $\underline{\Phi}(t)$. Im vorliegenden Fall ergibt sich

$$\underline{\Phi}(t) = e^{\underline{A}t} = \begin{bmatrix} e^{-t/T} & 0 & 0 \\ K_2 T\left(1-e^{-t/T}\right) & 1 & 0 \\ K_2 T t - K_2 T^2\left(1-e^{-t/T}\right) & t & 1 \end{bmatrix}.$$

Wegen $\underline{x}(t) = e^{\underline{A}t}\,\underline{x}_0$ erhält man daraus die Lösung der homogenen Zustandsdifferentialgleichung:

$$x_1(t) = \mathrm{e}^{-t/T} x_{10},$$
$$x_2(t) = K_2 T \left(1 - \mathrm{e}^{-t/T}\right) x_{10} + x_{20},$$
$$x_3(t) = \left[K_2 T t - K_2 T^2 \left(1 - \mathrm{e}^{-t/T}\right)\right] x_{10} + t x_{20} + x_{30}.$$

Wie schon oben bemerkt, treten hierin zusätzlich zu den e-Funktionen Potenzen von t als weitere zeitveränderliche Terme auf.

8.3 Steuerbarkeit und Beobachtbarkeit

8.3.1 Definitionen

Das für die neuere Regelungstheorie grundlegende Begriffspaar *Steuerbarkeit* und *Beobachtbarkeit* wurde 1960 von ***R. Kalman*** eingeführt [8.6]. Für die Anwendung sind diese Begriffe von entscheidender Bedeutung, weil sie für viele Entwurfsverfahren die notwendige (und hinreichende) Bedingung für deren Durchführbarkeit darstellen. In der weiteren Entwicklung der Zustandstheorie wurden mehrere verwandte Begriffe eingeführt, so die „Erreichbarkeit", die mit der Steuerbarkeit korrespondiert, und die „Rekonstruierbarkeit", die mit der Beobachtbarkeit zusammenhängt.[4] Da bei linearen zeitinvarianten Systemen Steuerbarkeit und Erreichbarkeit sowie Beobachtbarkeit und Rekonstruierbarkeit äquivalent sind, können wir uns auf die Behandlung von Steuerbarkeit und Beobachtbarkeit beschränken.

Im Folgenden wird das dynamische System

$$\left.\begin{aligned} &\dot{\underline{x}} = \underline{A}\,\underline{x} + \underline{B}\,\underline{u}, \\ &\underline{y} = \underline{C}\,\underline{x} + \underline{D}\,\underline{u}, \quad \underline{A}, \underline{B}, \underline{C}, \underline{D} \text{ konstant,} \end{aligned}\right\} \tag{8.103}$$

ab dem beliebigen Zeitpunkt t_0 betrachtet. Es werde angenommen, dass für $t > t_0$ keine Störungen auf das System einwirken und dass somit der Eingangsvektor $\underline{u}(t)$ ausschließlich aus *Steuergrößen* besteht, d. h. aus Größen, die man beliebig vorgeben kann, um dadurch das System (Prozess, Strecke) gezielt zu beeinflussen. Diese Voraussetzung soll in allen weiteren Kapiteln beibehalten werden, sofern nicht ausdrücklich etwas anderes gesagt wird.

Weiterhin wollen wir im Folgenden annehmen, dass der Vektor $\underline{y}(t)$ die Gesamtheit der *Messgrößen* bezeichnet, d. h. die Systemgrößen umfasst, die mit vertretbarem technischen Aufwand gemessen werden können. Zu ihnen gehören sicherlich die Regelgrößen, also die gezielt zu beeinflussenden Größen, und meistens noch weitere Zustandsvariablen oder Linearkombinationen von ihnen. Aber nur in Ausnahmefällen wird der Messvektor $\underline{y}(t)$ mit dem gesamten Zustandsvektor $\underline{x}(t)$ zusammenfallen.

Der *Anfangszustand* $\underline{x}(t_0) = \underline{x}_0$ wird im Allgemeinen nicht bekannt sein und kann grundsätzlich an einer beliebigen Stelle des Zustandsraums liegen. Er wird meist aus der Vorgeschichte des Systems stammen, geht also auf Störungen oder Steuerungsmaßnahmen vor dem Zeitpunkt t_0 zurück.

Er kann aber auch durch eine impulsförmige Störung zum Zeitpunkt t_0 entstehen. Um das einzusehen, nehmen wir an, dass der Wert, mit dem der Zustandsvektor aus der Vergangenheit in den Zeitpunkt t_0 einläuft, gleich $\underline{0}$ sei. Dann ist die Lösung (8.56) der Zustandsdifferentialgleichung durch

$$\underline{x}(t) = \int_{t_0}^{t} \mathrm{e}^{\underline{A}(t-\tau)} \underline{B}\,\underline{u}(\tau)\,d\tau \tag{8.104}$$

gegeben. Ausnahmsweise charakterisiert jetzt $\underline{u}(t)$ eine Störung. Diese sei impulsförmig:

$$\underline{u}(t) = \underline{u}_0 \delta(t - t_0)$$

mit einem konstanten Vektor $\underline{u}_0$. Damit folgt aus (8.104)

$$\underline{x}(t) = \int_{t_0}^{t} \mathrm{e}^{\underline{A}(t-\tau)} \underline{B}\,\underline{u}_0\,\delta(\tau - t_0)\,d\tau,$$

also [5]

$$\underline{x}(t) = \mathrm{e}^{\underline{A}(t-t_0)} \underline{B}\,\underline{u}_0.$$

Wie man aus (8.56) sieht, ist dies derselbe Vorgang, der sich für $\underline{u}(t) \equiv \underline{0}$ und den Anfangszustand

$$\underline{x}_0 = \underline{B}\,\underline{u}_0$$

ergibt. Wegen

$$\underline{B}\,\underline{u}_0 = [\underline{b}_1, \ldots, \underline{b}_p] \cdot \begin{bmatrix} u_{10} \\ \vdots \\ u_{p0} \end{bmatrix} = u_{10}\underline{b}_1 + \ldots + u_{p0}\underline{b}_p$$

folgt daraus

$$u_{10}\underline{b}_1 + \ldots + u_{p0}\underline{b}_p = \underline{x}_0.$$

---

4 Siehe hierzu etwa [8.7], Kapitel 4 und 5, sowie [8.8], Abschnitte 1.6 und 1.7.

5 Im vorliegenden Fall geht $\underline{x}(t)$ nicht stetig durch Null. Das liegt daran, dass der Eingangsvektor $\underline{u}(t)$ hier δ-Funktionen enthält, also keine gewöhnliche Funktion ist, während er sonst ausnahmslos als stückweise stetig vorausgesetzt wird.

Wie man sieht, können also keineswegs *beliebige* Anfangszustände durch einen Anfangsimpuls in den Eingangsgrößen erzeugt werden, sondern nur solche, die in dem von den Spaltenvektoren $\underline{b}_1,\ldots,\underline{b}_p$ von $\underline{B}$ erzeugten Unterraum des Zustandsraums liegen. Man bezeichnet aber häufig generell den Anfangszustand auch als *Anfangsstörung.*

Das Ziel einer Regelung oder Steuerung besteht nun häufig darin, das zu beeinflussende System durch geeignete Wahl des Steuervektors $\underline{u}(t)$ aus dem Anfangszustand $\underline{x}_0$ in einen gewünschten Betriebszustand $\underline{x}_B$ zu bringen, und zwar in endlicher Zeit. Ist dies möglich, so nennt man das System steuerbar. Dabei darf man ohne Beschränkung der Allgemeinheit annehmen, dass $\underline{x}_B = \underline{0}$ ist, da dies durch Parallelverschiebung des Koordinatensystems stets erreicht werden kann. Man gelangt so zur folgenden Definition:

Das System

$$\dot{\underline{x}} = \underline{A}\,\underline{x} + \underline{B}\,\underline{u}\,, \quad \underline{y} = \underline{C}\,\underline{x} + \underline{D}\,\underline{u}\,,$$

heiße steuerbar, wenn sein Zustandspunkt $\underline{x}(t)$ durch geeignete Wahl des Steuervektors $\underline{u}(t)$ in endlicher Zeit aus dem beliebigen Anfangszustand $\underline{x}_0$ in den Endzustand $\underline{0}$ bewegt werden kann. (8.105)

In der Literatur nennt man ein derartiges System auch *vollständig zustandssteuerbar.* Das ist bei allgemeineren Untersuchungen nötig. Man kann nämlich auch die Forderung stellen, den Ausgangsvektor $\underline{y}$ aus einem gegebenen Anfangsvektor in endlicher Zeit in einen gewünschten Endvektor zu überführen, und hat dann die *Ausgangssteuerbarkeit*[6] von der *Zustandssteuerbarkeit* zu unterscheiden. Bleibt man bei der Zustandssteuerbarkeit, so kann es sein, dass sich $\underline{x}$ nicht aus *jedem* Punkt $\underline{x}_0$ des Zustandsraums in endlicher Zeit nach $\underline{0}$ bewegen lässt. Dann wäre das System nicht *vollständig* zustandssteuerbar. Da wir uns im Folgenden ausschließlich mit der vollständigen Zustandssteuerbarkeit befassen, können wir sie für unsere Zwecke als *Steuerbarkeit* schlechthin bezeichnen, wie dies in der obigen Definition schon geschehen ist.

Zweifellos ist die Steuerbarkeit eine sehr naheliegende Forderung, wenn man darangehen will, ein in Zustandsbeschreibung gegebenes dynamisches System gezielt zu beeinflussen.

Der Begriff der Beobachtbarkeit hängt eng mit dem der Steuerbarkeit zusammen. Es liegt auf der Hand, dass der Steuervektor $\underline{u}(t)$, mit dem man den Zustandspunkt $\underline{x}(t)$ in endlicher Zeit aus dem Anfangszustand $\underline{x}(t_0) = \underline{x}_0$ in den gewünschten Endzustand überführt, vom Anfangszustand $\underline{x}_0$ abhängen wird. Um $\underline{u}(t)$ im konkreten Fall erzeugen zu können, muss man daher $\underline{x}_0$ kennen. Nun lassen sich aber die Zustandsvariablen nur in Ausnahmefällen sämtlich messen. Man ist vielmehr auf den Messvektor $\underline{y}(t)$ angewiesen, um aus dessen Verlauf, und zwar während einer endlichen Zeitspanne, den Anfangszustand $\underline{x}_0$ zu bestimmen. Ist dies möglich, so heißt das System beobachtbar. Man hat somit die Definition:

Das System

$$\dot{\underline{x}} = \underline{A}\,\underline{x} + \underline{B}\,\underline{u}\,, \quad \underline{y} = \underline{C}\,\underline{x} + \underline{D}\,\underline{u}\,,$$

heiße beobachtbar, wenn man bei bekanntem $\underline{u}(t)$ aus der Messung von $\underline{y}(t)$ über eine endliche Zeitspanne den Anfangszustand $\underline{x}(t_0)$ eindeutig ermitteln kann, ganz gleich, wo dieser liegt. (8.106)

Eigentlich müsste es, ähnlich wie bei der Steuerbarkeitsdefinition, auch hier *vollständig beobachtbar* heißen, um zu betonen, dass ein *beliebiger* Anfangszustand als eindeutig erkennbar gefordert wird. Doch können wir auf die Kennzeichnung *vollständig* verzichten, da von uns kein anderer Beobachtbarkeitsbegriff verwendet wird.

Bei der obigen Definition wird der Zustand $\underline{x}(t_0) = \underline{x}_0$ aus einer Messung im Bereich $t > t_0$, also aus einer zukünftigen Messung, erschlossen. Vom Standpunkt des Anwenders aus läge es näher, den Zustand $\underline{x}_0$ aus einer vorangegangenen Messung zu ermitteln, um ihn so für die Zeit $t > t_0$ zur Konstruktion des Steuervektors $\underline{u}(t)$ zur Verfügung zu haben. Ein solches Vorgehen führt auf den Begriff der *Rekonstruierbarkeit.* Da er bei linearen zeitinvarianten Systemen zur Beobachtbarkeit äquivalent ist, insofern ein rekonstruierbares System stets beobachtbar ist und umgekehrt, die Beobachtbarkeit aber geläufiger ist als die Rekonstruierbarkeit, wollen wir dennoch beim erstgenannten Begriff bleiben.

Ein System braucht keineswegs steuerbar oder beobachtbar zu sein. Betrachten wir etwa das System mit den Zustandsdifferentialgleichungen

$$\dot{x}_1 = \lambda_1 x_1\,,$$
$$\dot{x}_2 = \lambda_2 x_2 + b_2 u\,.$$

Wie immer man $u(t)$ auch wählen mag, es ist unmöglich, x_1 zu beeinflussen. Die Zustandsvariable

$$x_1(t) = \mathrm{e}^{\lambda_1(t-t_0)} x_1(t_0)$$

6 Siehe hierzu etwa [8.3], Kapitel 7.

strebt zwar gegen 0 für $t \to +\infty$, sofern λ_1 bzw. Re λ_1 negativ ist, wird diesen Wert aber nicht in endlicher Zeit erreichen – außer in dem Ausnahmefall $x_1(t_0)=0$, wo x_1 von vornherein Null ist. Es ist daher unmöglich, $\underline{x}(t)$ von einem beliebigen Anfangszustand $\underline{x}(t_0)=\underline{x}_0$ in endlicher Zeit nach $\underline{0}$ zu überführen.

Bild 8-7 zeigt ein einfaches Beispiel für ein nicht beobachtbares System. Bei den beiden Blöcken kann es sich um zwei verschiedene Bauelemente handeln, die zwar gleiches Übertragungsverhalten haben, aber dennoch verschiedene Anfangswerte besitzen können. Aus den Zustandsgleichungen folgt

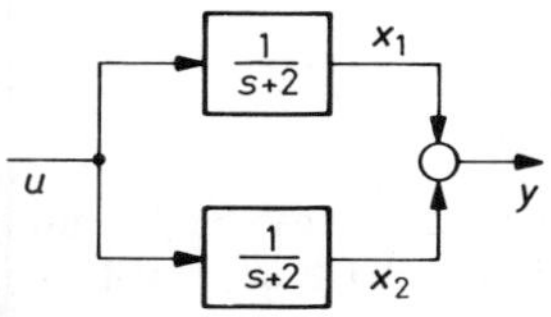

Bild 8-7: Beispiel eines nicht beobachtbaren Systems

$$\dot{x}_1 = -2x_1 + u\,,$$
$$\dot{x}_2 = -2x_2 + u\,,$$
$$y = x_1 + x_2\,.$$

Die Ausgangsgröße ist hier, mit $t_0=0$:

$$y(t) = 2\int_0^t e^{-2(t-\tau)}u(\tau)\,d\tau + e^{-2t}[x_1(0)+x_2(0)]\,.$$

Da $y(t)$ nur von der *Summe* der beiden Anfangswerte abhängt, ist es ausgeschlossen, die Anfangswerte einzeln aus der Messung von $y(t)$ zu erhalten.

Es ist klar, dass bei komplizierteren Systemen die Verhältnisse nicht so leicht zu überblicken sind wie in den vorangegangenen Beispielen. So erhebt sich die Frage nach Kriterien für die Steuerbarkeit und die Beobachtbarkeit. Wir werden zunächst mehrere Kriterien für die Steuerbarkeit von Eingrößensystemen herleiten und sodann in entsprechender Weise die Beobachtbarkeit behandeln. Die Ausdehnung der Kriterien auf Mehrgrößensysteme ist geradlinig.

8.3.2 Kalmansches Kriterium der Steuerbarkeit

Wir gehen von der Zustandsdifferentialgleichung

$$\dot{\underline{x}} = \underline{A}\,\underline{x} + \underline{b}\,u \tag{8.107}$$

eines Eingrößensystems aus, nehmen das System als steuerbar an und sehen zu, was man daraus für $\underline{A}$ und $\underline{b}$ schließen kann. Die allgemeine Lösung der Zustandsdifferentialgleichung ist gemäß (8.56)

$$\underline{x}(t) = \int_{t_0}^{t} e^{\underline{A}(t-\tau)}\,\underline{b}\,u(\tau)\,d\tau + e^{\underline{A}(t-t_0)}\underline{x}(t_0)\,.$$

Ist das System steuerbar, so gibt es nach Definition zu einem beliebigen Anfangszustand $\underline{x}(t_0)$ ein $t_e > t_0$ und eine Steuerfunktion $u(t)$ derart, dass

$$\underline{x}(t_e) = \int_{t_0}^{t_e} e^{\underline{A}(t_e-\tau)}\,\underline{b}\,u(\tau)\,d\tau + e^{\underline{A}(t_e-t_0)}\underline{x}(t_0) = \underline{0}\,.$$

Multipliziert man diese Gleichung von links mit $e^{-\underline{A}t_e}$, so entsteht aus ihr

$$\int_{t_0}^{t_e} e^{-\underline{A}\tau}\,\underline{b}\,u(\tau)\,d\tau = -e^{-\underline{A}t_0}\underline{x}(t_0) \quad \text{oder kürzer}$$

$$\int_{t_0}^{t_e} e^{-\underline{A}\tau}\,\underline{b}\,u(\tau)\,d\tau = \underline{v}\,.$$

Da $\underline{x}(t_0)$ beliebig, ist auch $\underline{v}$ ein beliebiger n-dimensionaler Ortsvektor im Zustandsraum. Nach Definition der e-Funktion folgt aus der letzten Gleichung

$$\int_{t_0}^{t_e} \sum_{\nu=0}^{\infty} \frac{\underline{A}^{\nu}(-\tau)^{\nu}}{\nu!}\,\underline{b}\,u(\tau)\,d\tau = \underline{v}\,,$$

$$\sum_{\nu=0}^{\infty} \underline{A}^{\nu}\,\underline{b} \int_{t_0}^{t_e} \frac{(-\tau)^{\nu}}{\nu!}\,u(\tau)\,d\tau = \underline{v}\,.$$

Da es sich bei den Integralen um feste Zahlen c_ν handelt, kann man kürzer schreiben:

$$\sum_{\nu=0}^{\infty} c_\nu \underline{A}^{\nu}\,\underline{b} = \underline{v}\,. \tag{8.108}$$

Links steht eine Linearkombination der n-dimensionalen Spaltenvektoren $\underline{b}, \underline{A}\,\underline{b}, \underline{A}^2\,\underline{b}, \ldots$. Höchstens n von ihnen können linear unabhängig sein. Es muss in der Tat n linear unabhängige geben: Da (8.108) für einen *beliebigen* n-dimensionalen Vektor $\underline{v}$ gilt, müssen die Vektoren $\underline{b}, \underline{A}\,\underline{b}, \ldots$ den gesamten n-dimensionalen Raum aufspannen, was nur möglich ist, wenn es unter ihnen n linear unabhängige gibt. Das sind gerade die n ersten: $\underline{b}, \underline{A}\,\underline{b}, \ldots, \underline{A}^{n-1}\,\underline{b}$. Angenommen nämlich, dies sei nicht der Fall: Dann gibt es ein $r < n$ derart, dass $\underline{b}, \underline{A}\,\underline{b}, \ldots, \underline{A}^{r-1}\,\underline{b}$ linear unabhängig sind, aber $\underline{A}^r\,\underline{b}$ von ihnen linear abhängig ist:

$$\underline{A}^r\,\underline{b} = k_0\underline{b} + k_1\underline{A}\,\underline{b} + \ldots + k_{r-1}\underline{A}^{r-1}\underline{b}\,, \tag{8.109}$$

wobei nicht alle k_ν Null sind. Durch Linksmultiplikation mit $\underline{A}$ folgt daraus:

$\underline{A}^{r+1}\underline{b} = k_0\underline{A}\,\underline{b} + \ldots + k_{r-1}\underline{A}^r\,\underline{b}\,,$ also wegen (8.109)

$\underline{A}^{r+1}\underline{b} = \widetilde{k}_0\,\underline{b} + \ldots + \widetilde{k}_{r-1}\underline{A}^{r-1}\underline{b}\,.$

So fortfahrend, kann man zeigen, dass *sämtliche* Vektoren $\underline{A}^{\nu}\underline{b}$ mit $\nu \geq r$ linear von $\underline{b}, \underline{A}\,\underline{b}, \ldots, \underline{A}^{r-1}\underline{b}$ abhängen. Wegen $r < n$ heißt das aber: Es gibt keine n Vektoren $\underline{A}^{\nu}\underline{b}$, die linear unabhängig sind. Das ist ein Widerspruch. Mithin muss die Annahme falsch sein, dass die Vektoren $\underline{b}, \underline{A}\,\underline{b}, \ldots, \underline{A}^{n-1}\underline{b}$ linear abhängig sind. Es ist so gezeigt: Ist das System (8.107) steuerbar, so sind die Vektoren $\underline{b}, \underline{A}\,\underline{b}, \ldots, \underline{A}^{n-1}\underline{b}$ linear unabhängig. Damit ist die Struktur der Steuerbarkeitsbedingung geklärt. Da auch die Umkehrung gilt, was für den Fall einfacher Eigenwerte von $\underline{A}$ in Unterabschnitt 8.3.3 gezeigt wird,[7] hat man die *notwendige und hinreichende Steuerbarkeitsbedingung (Kalman,* 1960):

Das System $\dot{\underline{x}} = \underline{A}\,\underline{x} + \underline{b}\,u\,,\ \underline{A}, \underline{b}$ *konstant, ist genau dann steuerbar, wenn die Vektoren* $\underline{b}, \underline{A}\,\underline{b}, \ldots, \underline{A}^{n-1}\underline{b}$ *linear unabhängig sind.* (8.110)

Die (n,n)-Matrix

$$\underline{Q}_S = \left[\underline{b}, \underline{A}\,\underline{b}, \underline{A}^2\underline{b}, \ldots, \underline{A}^{n-1}\underline{b}\right] \tag{8.111}$$

heißt auch *Steuerbarkeitsmatrix.*[8] Sie ist somit genau dann regulär, wenn das System steuerbar ist. Gleichbedeutend hiermit ist schließlich die Bedingung

$$\det \underline{Q}_S \neq 0\,. \tag{8.112}$$

Bild 8-8 zeigt ein einfaches Beispiel eines nicht steuerbaren Systems. Aus den komplexen Gleichungen

$$X_1 = \frac{1}{s+1}\,U\,, \quad X_2 = \frac{1}{s+2}\,(X_1 + U) \tag{8.113}$$

folgen die Zustandsdifferentialgleichungen

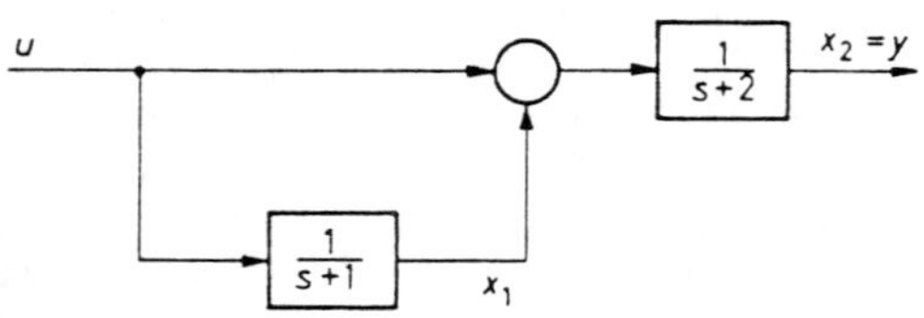

Bild 8-8: Beispiel eines nicht steuerbaren, wohl aber beobachtbaren Systems

7 Für den allgemeinen Fall siehe etwa [8.2], Kapitel 5.

8 In der Literatur wird manchmal auch eine andere, die so genannte Gramsche Matrix (8.217) als „Steuerbarkeitsmatrix" bezeichnet und durch den Zusatz „erster Art" von der obigen „Steuerbarkeitsmatrix 2. Art" unterschieden: [8.9], Kapitel 1.

$$\dot{x}_1 = -x_1 + u\,,$$
$$\dot{x}_2 = x_1 - 2x_2 + u\,.$$

Daher ist

$$\underline{b} = \begin{bmatrix} 1 \\ 1 \end{bmatrix}, \quad \underline{A}\,\underline{b} = \begin{bmatrix} -1 & 0 \\ 1 & -2 \end{bmatrix}\begin{bmatrix} 1 \\ 1 \end{bmatrix} = \begin{bmatrix} -1 \\ -1 \end{bmatrix},$$

so dass $\underline{b} + \underline{A}\,\underline{b} = \underline{0}$. Da somit die beiden Vektoren $\underline{b}, \underline{A}\,\underline{b}$ linear abhängig sind, ist das System gemäß (8.110) nicht steuerbar. Das ist in einem so einfachen Fall auch durch direkte Rechnung zu sehen. Aus der ersten Zustandsdifferentialgleichung folgt mit $t_0 = 0$:

$$x_1(t) = \int_0^t \mathrm{e}^{-(t-\tau)}\,u(\tau)\,d\tau + \mathrm{e}^{-t}\,x_1(0)\,. \tag{8.114}$$

Löst man die zweite Zustandsdifferentialgleichung, wobei $x_1(t)$ aus (8.114) bekannt ist, so erhält man nach einigem Rechnen

$$x_2(t) = \int_0^t \mathrm{e}^{-(t-\tau)}u(\tau)d\tau + \mathrm{e}^{-2t}x_2(0) + \left(\mathrm{e}^{-t} - \mathrm{e}^{-2t}\right)x_1(0)\,. \tag{8.115}$$

Verlangt man nun

$$x_1(t_e) = 0\,, \quad x_2(t_e) = 0\,,$$

so resultiert aus (8.114) und (8.115):

$$\int_0^{t_e} \mathrm{e}^{-(t_e-\tau)}\,u(\tau)\,d\tau = -\mathrm{e}^{-t_e}\,x_1(0)\,,$$
$$\int_0^{t_e} \mathrm{e}^{-(t_e-\tau)}u(\tau)d\tau = \mathrm{e}^{-2t_e}(x_1(0) - x_2(0)) - \mathrm{e}^{-t_e}\,x_1(0)\,,$$

was wegen der Gleichheit der linken Seiten nur erfüllbar ist für

$$x_1(0) = x_2(0)\,.$$

Eine Steuerung nach $\underline{0}$ in endlicher Zeit ist also nur für diejenigen Punkte $\underline{x}(0)$ möglich, die auf der Winkelhalbierenden des ersten und des dritten Quadranten liegen, nicht aber für alle $\underline{x}(0)$. Das System ist daher nicht steuerbar. Man kann den vorliegenden Sachverhalt auch so ausdrücken: Steuert man die eine Zustandsvariable in endlicher Zeit nach Null, so ist dies für die andere ausgeschlossen.

Liegt ein System mit mehreren Eingangsgrößen vor, so ist die Steuerbarkeitsbedingung ganz entsprechend wie beim Eingrößensystem (Beweis z. B. in [8.2]):

Das System $\dot{\underline{x}} = \underline{A}\,\underline{x} + \underline{B}\,\underline{u}$ ist genau dann steuerbar, wenn die $(n, n \cdot p)$-Steuerbarkeitsmatrix

$$Q_S = [\underline{B}, \underline{A}\,\underline{B}, \ldots, \underline{A}^{n-1}\underline{B}] = \\ = [\underline{b}_1, \ldots, \underline{b}_p; \underline{A}\,\underline{b}_1, \ldots, \underline{A}\,\underline{b}_p; \ldots; \\ \underline{A}^{n-1}\underline{b}_1, \ldots, \underline{A}^{n-1}\underline{b}_p] \tag{8.116}$$

den Höchstrang n, also n linear unabhängige Spaltenvektoren hat.

8.3.3 Steuerbarkeitskriterium nach Gilbert

Wir setzen jetzt voraus, dass die Dynamikmatrix $\underline{A}$ des Eingrößensystems *einfache* Eigenwerte $\lambda_1, \ldots, \lambda_n$ hat und daher auf Diagonalform transformiert werden kann (Unterabschnitt 8.1.1). Die Zustandsgleichungen lauten dann:

$$\dot{z}_i = \lambda_i z_i + \widehat{b}_i u\,, \quad i = 1, \ldots, n; \tag{8.117}$$

$$y = \sum_{\nu=1}^{n} \widehat{c}_\nu z_\nu + d\,u\,. \tag{8.118}$$

Aus (8.117) erkennt man sofort: Ist ein $\widehat{b}_i = 0$, so ist die zugehörige Zustandsvariable z_i nicht durch u beeinflussbar. Es liegt auf der Hand, dass dann auch $\underline{x} = \underline{V}\,\underline{z}$ nicht in der gewünschten Weise gesteuert werden kann. Das System ist also nicht steuerbar.

Nunmehr seien alle $\widehat{b}_i \neq 0$. Aus (8.117) folgt, wenn einfachheitshalber $t_0 = 0$ gesetzt ist, was bei einem zeitinvarianten System ja keine Beschränkung der Allgemeinheit darstellt:

$$z_i(t) = \int_0^t e^{\lambda_i(t-\tau)}\widehat{b}_i\,u(\tau)\,d\tau + e^{\lambda_i t} z_i(0),\; i = 1, \ldots, n\,.$$

Es ist zu zeigen, dass es ein $u(t)$ gibt, so dass für einen endlichen Wert von t_e gilt:

$$\int_0^{t_e} e^{\lambda_i(t_e-\tau)}\widehat{b}_i\,u(\tau)\,d\tau + e^{\lambda_i t_e} z_i(0) = 0\,,\; i = 1, \ldots, n\,,$$

oder

$$\int_0^{t_e} e^{-\lambda_i \tau}\,u(\tau)\,d\tau = -\frac{z_i(0)}{\widehat{b}_i}\,,\; i = 1, \ldots, n\,. \tag{8.119}$$

Nun setzen wir $u(t)$ in der Form

$$u(t) = U_0\delta(t) + U_1\delta(t-T) + \ldots + U_{n-1}\delta(t-(n-1)T) = \\ = \sum_{\nu=0}^{n-1} U_\nu\,\delta(t-\nu T)$$

an, wobei man sich die δ-Funktionen als hohe und schmale Impulse realisiert denken kann und die U_ν freie Parameter sind. T ist eine positive Konstante, die nicht weiter festgelegt ist. Damit folgt aus (8.119) für $t_e = n\,T$:

$$\sum_{\nu=0}^{n-1} U_\nu \int_0^{t_e} e^{-\lambda_i \tau}\,\delta(\tau-\nu T)\,d\tau = -\frac{z_i(0)}{\widehat{b}_i}\,,$$

$$\sum_{\nu=0}^{n-1} U_\nu\, e^{-\lambda_i \nu T} = -\frac{z_i(0)}{\widehat{b}_i}\,,\; i = 1, \ldots, n\,.$$

Setzt man darin abkürzend

$$e^{-\lambda_i T} = \gamma_i\,,\; i = 1, \ldots, n\,, \tag{8.120}$$

so wird

$$\sum_{\nu=0}^{n-1} U_\nu\,\gamma_i^\nu = -\frac{z_i(0)}{\widehat{b}_i}\,,\; i = 1, \ldots, n\,,$$

oder ausführlicher

$$U_0 + \gamma_i U_1 + \gamma_i^2 U_2 + \ldots + \gamma_i^{n-1} U_{n-1} = -\frac{z_i(0)}{\widehat{b}_i}\,, \\ i = 1, \ldots, n\,. \tag{8.121}$$

Das ist ein System von n linearen Gleichungen für die freien Parameter $U_0, \ldots, U_{n-1}$. Ist es lösbar und baut man mit der Lösung die Steuerfunktion $u(t)$ gemäß obigem Ansatz auf, so überführt sie $\underline{x}(t)$ in der endlichen Zeit $t_e = n\,T$ vom beliebigen Anfangspunkt $\underline{z}(0) = \underline{V}^{-1}\underline{x}(0)$ nach $\underline{0}$.

Die Systemdeterminante von (8.121) ist:

$$D = \begin{vmatrix} 1 & \gamma_1 & \ldots & \gamma_1^{n-1} \\ 1 & \gamma_2 & \ldots & \gamma_2^{n-1} \\ \vdots & & \ddots & \vdots \\ 1 & \gamma_n & \ldots & \gamma_n^{n-1} \end{vmatrix}. \tag{8.122}$$

Es handelt sich also um eine VanderMonde-Determinante (Kapitel 11). Sie ist genau dann $\neq 0$, wenn die γ_i voneinander verschieden sind. Angenommen nun, es wäre $\gamma_\mu = \gamma_\nu$ für $\mu \neq \nu$. Dann folgt daraus nach (8.120)

$$e^{-\lambda_\mu T} = e^{-\lambda_\nu T} \quad \text{oder} \quad e^{(\lambda_\mu - \lambda_\nu)T} = 1\,.$$

Dann muss

$$(\lambda_\mu - \lambda_\nu)T = 2k\pi j\,,$$

also

$$\lambda_\mu - \lambda_\nu = k \cdot \frac{2\pi}{T} j \tag{8.123}$$

gelten, wobei k eine beliebige ganze Zahl ist. Soll diese Beziehung für $\mu \neq \nu$ erfüllt sein, so muss es sich um nichtreelle Eigenwerte von $\underline{A}$ handeln, deren Imaginärteile sich um ein ganzzahliges Vielfaches von $2\pi/T$ unterscheiden. Sollte eine solche Beziehung ausnahmsweise einmal gelten, so braucht man nur die ja frei wählbare positive Konstante T zu verändern, um die Gleichung (8.123) ungültig und damit $D \neq 0$ zu machen, womit das Gleichungssystem (8.121) eine eindeutige Lösung besitzt.

Somit ist das System in der Tat steuerbar, wenn die $\widehat{b}_i \neq 0$ sind. Insgesamt hat man das Resultat:[9]

Sind die Eigenwerte eines dynamischen Systems mit der Zustandsdifferentialgleichung

$$\underline{\dot{x}} = \underline{A}\,\underline{x} + \underline{b}\,u$$

einfach, so ist es genau dann steuerbar, wenn alle Elemente des Vektors (8.124)

$$\underline{\widehat{b}} = \underline{V}^{-1}\underline{b}$$

von Null verschieden sind, wobei $\underline{V} = [\underline{v}_1, \ldots, \underline{v}_n]$ *die Eigenvektormatrix von* $\underline{A}$ *ist (E. G. Gilbert, 1963).*

Mit diesem Kriterium kann nicht nur die Steuerbarkeit des gesamten Systems untersucht werden, sondern man kann eine Steuerbarkeits- bzw. Nicht-Steuerbarkeitseigenschaft jedem einzelnen Eigenwert bzw. jeder einzelnen Modalkoordinate zuordnen: Ist das i-te Element von $\underline{\widehat{b}}$ gleich null, so wird die zugehörige i-te Modalkoordinate (Zustandsvariable des diagonalförmigen Systems) (8.117) durch u nicht angeregt, der zugehörige Eigenwert ist somit nicht steuerbar. Ist das i-te Element von $\underline{\widehat{b}}$ hingegen von null verschieden, so ist der i-te Eigenwert steuerbar.

Um den Zusammenhang des Gilbertschen mit dem Kalmanschen Steuerbarkeitskriterium herzustellen, bilden wir die Steuerbarkeitsmatrix

$$Q_S = [\underline{b}, \underline{A}\,\underline{b}, \ldots, \underline{A}^{n-1}\,\underline{b}]\,.$$

Nach (8.3) ist

$$\underline{\Lambda} = \underline{V}^{-1}\underline{A}\,\underline{V}\,, \quad \underline{\widehat{b}} = \underline{V}^{-1}\,\underline{b}\,, \quad \text{also}$$

$$\underline{A} = \underline{V}\,\underline{\Lambda}\,\underline{V}^{-1}\,, \quad \underline{b} = \underline{V}\,\underline{\widehat{b}}\,.$$

9 [8.10], sogleich für Mehrgrößensysteme

Aus der vorletzten Gleichung folgt

$$\underline{A}^2 = \underline{V}\,\underline{\Lambda}\,\underline{V}^{-1} \cdot \underline{V}\,\underline{\Lambda}\,\underline{V}^{-1} = \underline{V}\,\underline{\Lambda}^2\,\underline{V}^{-1}$$

und allgemein $\underline{A}^\nu = \underline{V}\,\underline{\Lambda}^\nu\,\underline{V}^{-1}$. Daher wird

$$\begin{aligned} Q_S &= [\underline{V}\,\underline{\widehat{b}}, \underline{V}\,\underline{\Lambda}\,\underline{\widehat{b}}, \ldots, \underline{V}\,\underline{\Lambda}^{n-1}\underline{\widehat{b}}] = \\ &= \underline{V}\,[\underline{\widehat{b}}, \underline{\Lambda}\,\underline{\widehat{b}}, \ldots, \underline{\Lambda}^{n-1}\underline{\widehat{b}}]\,. \end{aligned} \tag{8.125}$$

Da

$$\underline{\Lambda}^\nu = \begin{bmatrix} \lambda_1^\nu & \ldots & 0 \\ \vdots & \ddots & \vdots \\ 0 & \ldots & \lambda_n^\nu \end{bmatrix}, \quad \text{ist} \quad \underline{\Lambda}^\nu\underline{\widehat{b}} = \begin{bmatrix} \lambda_1^\nu \widehat{b}_1 \\ \vdots \\ \lambda_n^\nu \widehat{b}_n \end{bmatrix},$$

also

$$Q_S = \underline{V} \cdot \begin{bmatrix} \widehat{b}_1 & \lambda_1\widehat{b}_1 & \lambda_1^2\widehat{b}_1 & \cdots & \lambda_1^{n-1}\widehat{b}_1 \\ \vdots & \vdots & \vdots & & \vdots \\ \widehat{b}_n & \lambda_n\widehat{b}_n & \lambda_n^2\widehat{b}_n & \cdots & \lambda_n^{n-1}\widehat{b}_n \end{bmatrix}.$$

Damit ist

$$\det Q_S = \det \underline{V} \cdot \widehat{b}_1 \cdot \widehat{b}_2 \cdots \widehat{b}_n \cdot \det \begin{bmatrix} 1 & \lambda_1 & \cdots & \lambda_1^{n-1} \\ \vdots & \vdots & & \vdots \\ 1 & \lambda_n & \cdots & \lambda_n^{n-1} \end{bmatrix}.$$

Da $\underline{V}$ regulär, ist $\det \underline{V} \neq 0$. Ebenso ist die an letzter Stelle stehende Determinante $\neq 0$, da es sich um eine VanderMonde-Determinante aus einfachen, d. h. voneinander verschiedenen Eigenwerten λ_i handelt.

Also ist $\det Q_S$ genau dann $\neq 0$, wenn alle $\widehat{b}_i \neq 0$ sind, wenn also das System steuerbar ist. Damit ist *das Kalmansche Steuerbarkeitskriterium* für den Fall einfacher Eigenwerte von $\underline{A}$ als *notwendig und hinreichend erwiesen.*

Das *Gilbert-Kriterium* (8.124) lässt sich geradlinig auf *Mehrgrößensysteme* erweitern [8.10]:

Sind die Eigenwerte eines dynamischen Systems mit der Zustandsdifferentialgleichung

$$\underline{\dot{x}} = \underline{A}\,\underline{x} + \underline{B}\,\underline{u}$$

einfach, so ist es genau dann steuerbar, wenn alle Zeilenvektoren der Matrix (8.126)

$$\underline{\widehat{B}} = \underline{V}^{-1}\,\underline{B}$$

vom Nullvektor verschieden sind. Dabei ist $\underline{V} = [\underline{v}_1, \ldots, \underline{v}_n]$ *die Eigenvektormatrix von* $\underline{A}$ *(E. G. Gilbert, 1963).*

Die Steuerbarkeit einzelner Eigenwerte kann wiederum leicht durch folgende Ergänzung beurteilt werden: Ist die i-te Zeile von $\underline{\widehat{B}}$ gleich dem Nullvektor, so ist der zugehörige i-te Eigenwert nicht steuerbar, ist diese Zeile hingegen vom Nullvektor verschieden, so ist der Eigenwert steuerbar.

Man kann das Gilbert-Kriterium auf den Fall mehrfacher Eigenwerte ausdehnen, sofern die Matrix $\underline{A}$ diagonalähnlich ist, d. h. sich auf Diagonalform transformieren lässt:

Ist die Dynamikmatrix $\underline{A}$ der Zustandsdifferentialgleichung

$$\underline{\dot{x}} = \underline{A}\,\underline{x} + \underline{B}\,\underline{u}$$

diagonalähnlich, so ist das System genau dann steuerbar, wenn die zum gleichen Eigenwert gehörenden Zeilenvektoren von (8.127)

$$\underline{\widehat{B}} = \underline{V}^{-1}\underline{B}$$

linear unabhängig sind. Dabei besteht $\underline{V} = [\underline{v}_1, \ldots, \underline{v}_n]$ aus den linear unabhängigen Eigenvektoren von $\underline{A}$.

Für den Beweis sei auf [8.11], Abschnitt 4.2, verwiesen. Die Formulierung (8.126) des Gilbert-Kriteriums für einfache Eigenwerte ist hierin enthalten. Zu einem einfachen Eigenwert gehört nämlich nur ein Zeilenvektor von $\underline{\widehat{B}}$. Dieser ist genau dann linear unabhängig, wenn er vom Nullvektor verschieden ist.

Aus (8.127) ergibt sich eine interessante Konsequenz. Die Zeilenvektoren in

$$\underline{\widehat{B}} = \underline{V}^{-1}\underline{B}$$

sind p-dimensional, wobei p die Anzahl der Steuergrößen ist. Da mehr als p p-dimensionale Vektoren immer linear abhängig sind, können die zu einem mindestens $(p+1)$-fachen Eigenwert von $\underline{A}$ gehörenden Zeilenvektoren $\underline{\widehat{b}}_i^T$ nicht linear unabhängig sein. Aus (8.127) folgt so:

Ist die Dynamikmatrix $\underline{A}$ der Zustandsdifferentialgleichung

$$\underline{\dot{x}} = \underline{A}\,\underline{x} + \underline{B}\,\underline{u}$$

diagonalähnlich und besitzt sie einen mehr als p-fachen Eigenwert, wo p die Anzahl der Eingangsgrößen ist, so ist das System nicht steuerbar. Insbesondere ist also ein Eingrößensystem mit diagonalähnlicher Dynamikmatrix nicht steuerbar, wenn es mehrfache Eigenwerte hat. (8.128)

8.3.4 Steuerbarkeitskriterium nach Hautus

Nach dem Gilbert-Kriterium für Eingrößensysteme ist ein System mit einfachen Eigenwerten genau dann steuerbar, wenn

$$\widehat{b}_i \neq 0, \quad i = 1, \ldots, n. \tag{8.129}$$

Dabei ist $\widehat{b}_i$ das i-te Element des Vektors

$$\underline{\widehat{b}} = \underline{V}^{-1}\underline{b}. \tag{8.130}$$

Hierin ist

$$\underline{V}^{-1} = \begin{bmatrix} \underline{w}_1^T \\ \vdots \\ \underline{w}_n^T \end{bmatrix},$$

wobei die $\underline{w}_i$ Linkseigenvektoren von $\underline{A}$ sind (Unterabschnitt 8.2.3). Damit wird

$$\widehat{b}_i = \underline{w}_i^T\,\underline{b}, \quad i = 1, \ldots, n. \tag{8.131}$$

Gemäß (8.129) muss also

$$\underline{w}_i^T\,\underline{b} \neq 0, \quad i = 1, \ldots, n \tag{8.132}$$

gelten, damit das System steuerbar ist. Da es auf einen konstanten Faktor $\neq 0$ hierbei nicht ankommt, darf $\underline{w}_i$ ein beliebiger Linkseigenvektor von $\underline{A}$ sein. Das heißt also:

Ein dynamisches System mit der Zustandsdifferentialgleichung

$$\underline{\dot{x}} = \underline{A}\,\underline{x} + \underline{b}\,u$$

ist genau dann steuerbar, wenn der Vektor $\underline{b}$ zu keinem Linkseigenvektor von $\underline{A}$ orthogonal ist. (8.133)

Dieser Satz wurde hier unter der Voraussetzung einfacher Eigenwerte von $\underline{A}$ hergeleitet. Von ***M. L. J. Hautus*** wurde 1969 gezeigt, dass er auch gilt, wenn $\underline{A}$ beliebige Eigenwerte hat [8.12].

Auch das *Hautussche Kriterium* lässt sich geradlinig auf *Mehrgrößensysteme* erweitern [8.12]:

Ein dynamisches System mit der Zustandsdifferentialgleichung

$$\underline{\dot{x}} = \underline{A}\,\underline{x} + \underline{B}\,\underline{u}$$

ist genau dann steuerbar, wenn für jeden Linkseigenvektor $\underline{w}$ von $\underline{A}$ gilt: (8.134)

$$\underline{w}^T\,\underline{B} \neq \underline{0}^T.$$

Äquivalent hierzu ist die folgende Bedingung [8.12]:

Ein dynamisches System mit der Zustandsdifferentialgleichung

$$\underline{\dot{x}} = \underline{A}\,\underline{x} + \underline{B}\,\underline{u}$$

ist genau dann steuerbar, wenn für jeden Eigenwert λ_i von $\underline{A}$ gilt: (8.135)

$$\text{Rang}[\lambda_i \underline{I} - \underline{A}, \underline{B}] = n,$$

wobei n die Reihenzahl von $\underline{A}$, also die Systemordnung, ist.

8.3.5 Kriterien der Beobachtbarkeit

Da diese Kriterien ganz entsprechend wie die Steuerbarkeitskriterien aufgebaut sind, wollen wir uns kürzer fassen.[10] Wir werden das Kalman-Kriterium herleiten und die anderen Kriterien ohne weitere Begründung anschließen.

Für das System

$$\underline{\dot{x}} = \underline{A}\,\underline{x} + \underline{B}\,\underline{u}, \quad y = \underline{c}^T \underline{x} + \underline{d}^T \underline{u} \tag{8.136}$$

mit der Messgröße $y(t)$ gilt nach (8.69)

$$y(t) = \underline{G}(t) * \underline{u}(t) + \underline{c}^T e^{\underline{A}t} \underline{x}(0), \tag{8.137}$$

wobei nach (8.68) die Gewichtsmatrix

$$\underline{G}(t) = \underline{c}^T e^{\underline{A}t} \underline{B} + \underline{d}^T \delta(t)$$

in einen Zeilenvektor übergeht. Dabei ist $t_0 = 0$ angenommen, was für zeitinvariante Systeme keine Beschränkung der Allgemeinheit bedeutet. Gibt man den Steuervektor $\underline{u}(t)$ vor, so ist er eine bekannte Vektorfunktion. Da $y(t)$ für $t \geq t_0$ gemessen wird, darf man die Differenz

$$d(t) = y(t) - \underline{G}(t) * \underline{u}(t)$$

als bekannt ansehen. Aus (8.137) wird so

$$\underline{c}^T e^{\underline{A}t} \underline{x}(0) = d(t).$$

Durch Differentiation nach t folgt hieraus sukzessive

$$\begin{aligned} \underline{c}^T \underline{A}\, e^{\underline{A}t} \underline{x}(0) &= \dot{d}(t), \\ \underline{c}^T \underline{A}^2 e^{\underline{A}t} \underline{x}(0) &= \ddot{d}(t), \\ &\vdots \\ \underline{c}^T \underline{A}^{n-1} e^{\underline{A}t} \underline{x}(0) &= \overset{(n-1)}{d}(t). \end{aligned}$$

Für $t \to +0$ wird aus diesen Gleichungen

$$\left.\begin{aligned} \underline{c}^T \underline{x}(0) &= d(+0), \\ \underline{c}^T \underline{A}\,\underline{x}(0) &= \dot{d}(+0), \\ &\vdots \\ \underline{c}^T \underline{A}^{n-1} \underline{x}(0) &= \overset{(n-1)}{d}(+0). \end{aligned}\right\} \tag{8.138}$$

Darin sind $\underline{c}^T, \underline{c}^T\underline{A}, \ldots, \underline{c}^T\underline{A}^{n-1}$ bekannte n-dimensionale Zeilenvektoren. Die linken Seiten der Gleichungen sind also von der Form

$$k_1 x_1(0) + k_2 x_2(0) + \ldots + k_n x_n(0)$$

mit bekannten Zahlen k_ν. (8.138) ist somit ein System von n linearen Gleichungen für die n gesuchten Komponenten von $\underline{x}(0)$. Das Gleichungssystem ist genau dann eindeutig lösbar, wenn die Zeilenvektoren $\underline{c}^T, \underline{c}^T\underline{A}, \ldots, \underline{c}^T\underline{A}^{n-1}$ linear unabhängig sind. Man erhält so als *notwendige und hinreichende Beobachtbarkeitsbedingung* (Kalman, 1960):

Das dynamische System

$$\underline{\dot{x}} = \underline{A}\,\underline{x} + \underline{B}\,\underline{u}, \quad y = \underline{c}^T \underline{x} + \underline{d}^T \underline{u}$$

ist genau dann beobachtbar, wenn die Zeilenvektoren

$$\underline{c}^T, \underline{c}^T\underline{A}, \ldots, \underline{c}^T\underline{A}^{n-1}$$

linear unabhängig sind. Anders ausgedrückt: Wenn die Beobachtbarkeitsmatrix (8.139)

$$Q_B = \begin{bmatrix} \underline{c}^T \\ \underline{c}^T\underline{A} \\ \vdots \\ \underline{c}^T\underline{A}^{n-1} \end{bmatrix} \quad \textit{regulär ist.}$$

Es sei noch darauf hingewiesen, dass die Bildung der Ableitungen von $d(t)$ und damit von $y(t)$ sowie der Grenzübergang $t \to +0$ die Messung von $y(t)$ in einem rechtsseitig an $t = 0$ anschließenden Intervall voraussetzen, das allerdings beliebig klein sein darf. Praktisch ist eine derartige Bestimmung des Anfangszustands $\underline{x}(0)$ allerdings nicht verwendbar, da durch die $(n-1)$-malige Differentiation die in der Messgröße

10 Der tiefere Grund dieser Symmetrie ist das Dualitätsprinzip, worüber man z. B. in [8.9], Abschnitt 1.4, nachlesen kann.

$y(t)$ enthaltene Störwelligkeit so vergrößert wird, dass sich mit den Ableitungen nichts mehr anfangen lässt. Wir brauchen uns aber nicht um eine realistische Modifikation dieses Beobachtungsverfahrens zu bemühen, da wir in Kapitel 9 eine praktikable Methode kennenlernen werden, die zwar nicht den Anfangswert $\underline{x}(0)$, wohl aber eine gute Schätzung des Momentanwerts $\underline{x}(t)$ liefert, was für die Regelung im Zustandsraum günstiger ist.

Für mehrere Messgrößen lautet das *Kalman-Kriterium*:

Das System

$$\underline{\dot{x}} = \underline{A}\,\underline{x} + \underline{B}\,\underline{u}\,, \quad \underline{y} = \underline{C}\,\underline{x} + \underline{D}\,\underline{u}$$

ist genau dann beobachtbar, wenn die (nq, n)-Beobachtbarkeitsmatrix

$$Q_B = \begin{bmatrix} \underline{C} \\ \underline{C}\,\underline{A} \\ \vdots \\ \underline{C}\,\underline{A}^{n-1} \end{bmatrix} \tag{8.140}$$

den Höchstrang n hat, also n linear unabhängige Zeilenvektoren besitzt.

Analog zum Steuerbarkeitskriterium lautet das *Gilbertsche Beobachtbarkeitskriterium*:

Sind die Eigenwerte des dynamischen Systems

$$\underline{\dot{x}} = \underline{A}\,\underline{x} + \underline{B}\,\underline{u}\,, \quad \underline{y} = \underline{C}\,\underline{x} + \underline{D}\,\underline{u}$$

einfach, so ist es genau dann beobachtbar, wenn in der Matrix

$$\underline{\widehat{C}} = \underline{C}\,\underline{V} \tag{8.141}$$

kein Spaltenvektor $\underline{0}$ wird. Für nur eine Messgröße y heißt das: Wenn im Zeilenvektor

$$\underline{\widehat{c}}^T = \underline{c}^T\,\underline{V}$$

jedes Element $\neq 0$ ist. Dabei ist $\underline{V}$ die Eigenvektormatrix von $\underline{A}$.

Das Gilbert-Kriterium kann auch zur Beurteilung der Beobachtbarkeit einzelner Eigenwerte bzw. Modalkoordinaten herangezogen werden, ganz in Entsprechung zur Steuerbarkeit einzelner Eigenwerte: Wenn die i-te Spalte von $\underline{\widehat{C}}$ gleich $\underline{0}$ ist, so ist der zugehörige i-te Eigenwert unbeobachtbar.

Eine Umformulierung des Gilbert-Kriteriums ganz entsprechend wie bei der Steuerbarkeit leitet wiederum über zum *Kriterium von Hautus*, das für beliebige Eigenwerte von $\underline{A}$ gilt:

Das dynamische System

$$\underline{\dot{x}} = \underline{A}\,\underline{x} + \underline{B}\,\underline{u}\,, \quad \underline{y} = \underline{C}\,\underline{x} + \underline{D}\,\underline{u}$$

ist genau dann beobachtbar, wenn für jeden Eigenvektor $\underline{v}$ von $\underline{A}$ gilt:

$$\underline{C}\,\underline{v} \neq \underline{0}\,. \tag{8.142}$$

Äquivalent hierzu ist die Bedingung

$$\mathit{Rang}\begin{bmatrix} \lambda_i\,\underline{I} - \underline{A} \\ \underline{C} \end{bmatrix} = n$$

für jeden Eigenwert λ_i von $\underline{A}$, wobei n die Reihenzahl von $\underline{A}$ ist.

8.3.6 Anschauliche Deutung von Steuerbarkeit und Beobachtbarkeit

Die bisherigen Untersuchungen über die Steuerbarkeit und die Beobachtbarkeit, die doch teilweise recht abstrakter Natur sind, werden nun am Beispiel der *Eingrößensysteme mit einfachen Eigenwerten* mittels des Strukturbilds anschaulich interpretiert.

Wir gehen dabei von der Diagonalform der Zustandsgleichungen aus:

$$\dot{z}_i = \lambda_i z_i + \widehat{b}_i u\,,\ i = 1, \ldots, n\,, \tag{8.143}$$

$$y = \sum_{\nu=1}^{n} \widehat{c}_\nu\, z_\nu\,. \tag{8.144}$$

Darin ist einfachheitshalber $d = 0$ angenommen, was für die überwiegende Mehrzahl realer Systeme zutrifft. Nach wie vor ist $\widehat{b}_i$ bzw. $\widehat{c}_i$ das i-te Element des Vektors

$$\underline{\widehat{b}} = \underline{V}^{-1}\,\underline{b} \quad \text{bzw.} \quad \underline{\widehat{c}}^T = \underline{c}^T\,\underline{V}\,.$$

Durch Laplace-Transformation der Zustandsdifferentialgleichungen (8.143) folgt

$$s\,Z_i(s) - z_i(0) = \lambda_i\,Z_i(s) + \widehat{b}_i\,U(s)\,,$$

also

$$Z_i(s) = \frac{1}{s - \lambda_i}\left[\,\widehat{b}_i\,U(s) + z_i(0)\right],\ i = 1, \ldots, n\,. \tag{8.145}$$

Aus der Ausgangsgleichung (8.144) wird durch Laplace-Transformation

$$Y(s) = \sum_{\nu=1}^{n} \widehat{c}_\nu Z_\nu(s). \tag{8.146}$$

Die Darstellung dieser Gleichungen im Strukturbild führt zu Bild 8-9.

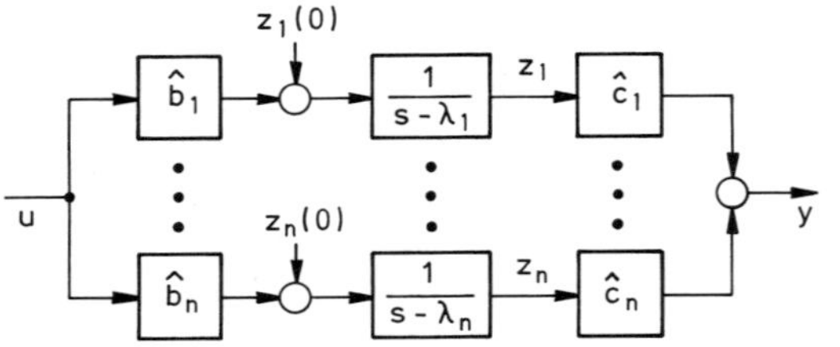

Bild 8-9: Veranschaulichung von Steuerbarkeit und Beobachtbarkeit

Man sieht aus ihm unmittelbar: Ist etwa $\widehat{b}_1 = 0$, so ist es auf keine Weise möglich, die Zustandsvariable z_1 mittels u zu beeinflussen und so der Beeinflussung durch den Anfangswert $z_1(0)$ entgegenzuwirken. Ist andererseits $\widehat{c}_1 = 0$, so wirkt $z_1(0)$ nicht auf die Messgröße y ein, und es ist deshalb ausgeschlossen, aus deren Messung auf den Anfangswert $z_1(0)$ zurückzuschließen.

Zwar steckt in dieser Betrachtung nicht mehr als die notwendige Seite des Gilbertschen Steuer- und Beobachtbarkeitskriteriums, doch wirkt sie im Bild suggestiver.

Setzt man in (8.145) die $z_i(0) = 0$ und setzt dann die $Z_i(s)$ in (8.146) ein, so ergibt sich

$$Y(s) = \sum_{\nu=1}^{n} \frac{\widehat{c}_\nu \widehat{b}_\nu}{s - \lambda_\nu} U(s).$$

Da andererseits für jedes lineare zeitinvariante Eingrößensystem

$$Y(s) = G(s)U(s)$$

gilt, muss

$$G(s) = \sum_{\nu=1}^{n} \frac{\widehat{c}_\nu \widehat{b}_\nu}{s - \lambda_\nu} \tag{8.147}$$

sein.

Ist nun das System nicht steuerbar oder nicht beobachtbar oder beides nicht, so ist mindestens ein $\widehat{b}_\nu$ oder $\widehat{c}_\nu$ gleich Null. Dann fällt in (8.147) mindestens ein Partialbruch weg, weil sein Zähler Null ist. Daraus folgt, dass der zugehörige Eigenwert kein Pol von $G(s)$ ist. Wenn man die Partialbrüche zusammenfasst, um $G(s)$ als Quotient zweier Polynome darzustellen, schlagen die Partialbrüche mit dem Zähler 0 nicht zu Buche. Das hat zur Folge, dass der Nenner der Übertragungsfunktion einen Grad hat, der kleiner als die Zahl der Zustandsdifferentialgleichungen ist. Letztere ist nämlich gleich der Gesamtzahl der Partialbrüche. Man hat so das Resultat:

Ein System mit nur einer Ein- und Ausgangsgröße und einfachen Eigenwerten ist genau dann steuer- und beobachtbar, wenn alle Eigenwerte Pole der Übertragungsfunktion $G(s)$ sind. Anders ausgedrückt: wenn die Übertragungsfunktion $G(s)$, in der etwaige gemeinsame Zähler- und Nennerfaktoren weggekürzt sind, einen Nennergrad aufweist, der gleich der Zahl der Zustandsdifferentialgleichungen ist. (8.148)

Ist letzteres nicht der Fall, so weiß man also, dass das System nicht zugleich steuer- und beobachtbar sein kann. Es ist aber durchaus möglich, dass es *eine* dieser beiden Eigenschaften aufweist.

Ein Beispiel hierfür liefert das dynamische System in Bild 8-8. Es wurde bereits gezeigt, dass es nicht steuerbar ist. Um die Beobachtbarkeit zu überprüfen, wenden wir das Kalman-Kriterium an. Wegen $y = x_2 = 0 \cdot x_1 + 1 \cdot x_2$ ist $\underline{c}^T = [0 \quad 1]$. Hieraus folgt weiter

$$\underline{c}^T \underline{A} = [0 \quad 1] \begin{bmatrix} -1 & 0 \\ 1 & -2 \end{bmatrix} = [1 \quad -2].$$

Daher ist

$$\det \underline{Q}_B = \begin{vmatrix} 0 & 1 \\ 1 & -2 \end{vmatrix} = -1,$$

und somit ist das System beobachtbar.

Für die Übertragungsfunktion folgt aus der Struktur in Bild 8-8:

$$Y(s) = \frac{1}{s+2} \cdot [1 + \frac{1}{s+1}] \cdot U(s),$$

also

$$G(s) = \frac{1}{s+2} \cdot \frac{s+2}{s+1} = \frac{1}{s+1}.$$

In der Tat ist hier der Nennergrad von $G(s)$ kleiner als die Anzahl der Zustandsdifferentialgleichungen.

Im Falle eines Mehrgrößensystems in Diagonalform mit der (n, p)-Matrix $\underline{\widehat{B}}$ und der (q, n)-Matrix $\underline{\widehat{C}}$ erhält man anstelle (8.147) die Übertragungsmatrix

$$\underline{G}(s) = \sum_{\nu=1}^{n} \frac{\widehat{c}_\nu \widehat{b}_\nu^T}{s-\lambda_\nu}, \tag{8.149}$$

worin $\widehat{c}_\nu$ die ν-te Spalte von $\widehat{\underline{C}} = \underline{C}\,\underline{V}$ und $\widehat{b}_\nu^T$ die ν-te Zeile von $\widehat{\underline{B}} = \underline{V}^{-1}\underline{B}$ ist. Die Matrizen $\widehat{c}_\nu \widehat{b}_\nu^T$ heißen auch Residuenmatrizen $\underline{R}_\nu$.

Das Bild 8-9 legt noch eine andere Interpretation nahe: Ist eine der Zahlen $\widehat{b}_i$ bzw. $\widehat{c}_i$ zwar von null verschieden, aber betragsmäßig „sehr klein", so wird die zugehörige Modalkoordinate nur „schwach steuerbar" bzw. „schwach beobachtbar" sein. Dies lässt sich beispielsweise ausnutzen, um Aktor- oder Sensorkonzepte zu bewerten.

8.3.7 Die Kalman-Zerlegung

Mit den Kriterien nach Gilbert und Hautus kann für jede Modalkoordinate in der Jordanschen Normalform angegeben werden, ob sie steuerbar bzw. beobachtbar ist oder nicht. Dies legt nahe, ein gegebenes dynamisches System durch eine Zustandstransformation in vier Teilsysteme zu zerlegen, deren Modalkoordinaten entweder alle steuerbar und beobachtbar (sb), nicht steuerbar, aber beobachtbar ($\bar{s}b$), steuerbar, aber nicht beobachtbar ($s\bar{b}$) oder weder steuerbar noch beobachtbar ($\bar{s}\bar{b}$) sind. Bezeichnet man die Zustandsvektoren dieser Teilsysteme entsprechend mit $\underline{x}_{sb}$, $\underline{x}_{\bar{s}b}$, $\underline{x}_{s\bar{b}}$, $\underline{x}_{\bar{s}\bar{b}}$, so lauten die Zustandsgleichungen

$$\begin{bmatrix} \underline{x}_{s\bar{b}} \\ \underline{x}_{sb} \\ \underline{x}_{\bar{s}\bar{b}} \\ \underline{x}_{\bar{s}b} \end{bmatrix}^{\bullet} = \begin{bmatrix} \underline{A}_{11} & \underline{A}_{12} & \underline{A}_{13} & \underline{A}_{14} \\ \underline{0} & \underline{A}_{22} & \underline{0} & \underline{A}_{24} \\ \underline{0} & \underline{0} & \underline{A}_{33} & \underline{A}_{34} \\ \underline{0} & \underline{0} & \underline{0} & \underline{A}_{44} \end{bmatrix} \begin{bmatrix} \underline{x}_{s\bar{b}} \\ \underline{x}_{sb} \\ \underline{x}_{\bar{s}\bar{b}} \\ \underline{x}_{\bar{s}b} \end{bmatrix} + \begin{bmatrix} \underline{B}_1 \\ \underline{B}_2 \\ \underline{0} \\ \underline{0} \end{bmatrix} \underline{u},$$

$$\underline{y} = \begin{bmatrix} \underline{0} & \underline{C}_2 & \underline{0} & \underline{C}_4 \end{bmatrix} \begin{bmatrix} \underline{x}_{s\bar{b}} \\ \underline{x}_{sb} \\ \underline{x}_{\bar{s}\bar{b}} \\ \underline{x}_{\bar{s}b} \end{bmatrix} + \underline{D}\,\underline{u}.$$

Diese Darstellung nennt man die *Kalman-Zerlegung* des Systems. Das Bild 8-10 veranschaulicht die in den Zustandsgleichungen ausgedrückten Kopplungen zwischen den 4 Teilsystemen.

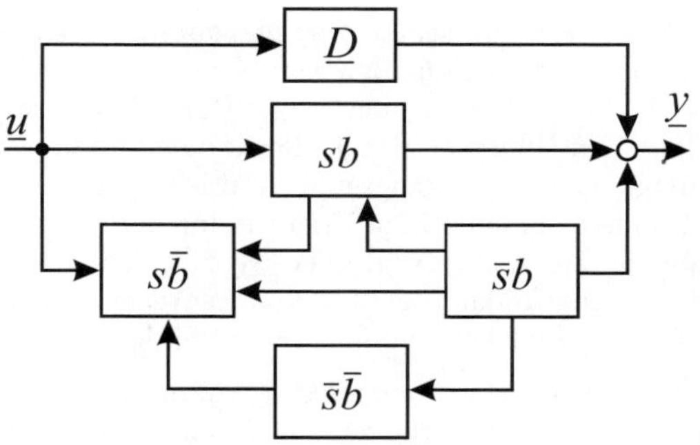

Bild 8-10: Veranschaulichung der Kalman-Zerlegung

8.4 Stabilität

An die Behandlung des grundlegenden Begriffspaars Steuerbarkeit/Beobachtbarkeit wollen wir eine dritte – man darf sagen: noch fundamentalere – Eigenschaft dynamischer Systeme anschließen: ihr Stabilitätsverhalten. Es ist bemerkenswert, dass die beiden erstgenannten Eigenschaften in allgemeiner Form erst 1960 entdeckt wurden, während die Stabilität bereits in der klassischen Mechanik mit den Untersuchungen von ***J. L. Lagrange*** über das Stabilitätsverhalten von Gleichgewichtszuständen eine wichtige Rolle spielt. Es ist gewiss kein Zufall, dass die Begriffe der Steuerbarkeit und der Beobachtbarkeit, die ja schon in ihrer Namensgebung auf die gezielte Beeinflussung von Systemen hinweisen, zu einer Zeit gefunden wurden, als man sich erstmals unter sehr allgemeinen Gesichtspunkten mit der Steuerung und der Regelung dynamischer Systeme zu befassen begann. Demgegenüber ist die Stabilität eine Eigenschaft, die auch unabhängig von jeder technischen Zielsetzung für die Naturerscheinungen von Bedeutung ist. Man denke beispielsweise an die Stabilität einer Wetterlage oder auch an die mehr oder weniger stabile Verfassung des menschlichen Gemüts.

Im Folgenden betrachten wir wieder dynamische Systeme, die durch das Gleichungspaar

$$\underline{\dot{x}} = \underline{A}\,\underline{x} + \underline{B}\,\underline{u}, \tag{8.150}$$

$$\underline{y} = \underline{C}\,\underline{x} + \underline{D}\,\underline{u} \tag{8.151}$$

mit konstanten Matrizen $\underline{A}, \underline{B}, \underline{C}$ und $\underline{D}$ gegeben sind.

Wir wollen ein solches System asymptotisch stabil nennen, wenn die Lösung $\underline{x}(t)$ der homogenen Zustandsdifferentialgleichung

$$\underline{\dot{x}} = \underline{A}\,\underline{x} \tag{8.152}$$

für $t \to +\infty$ gegen $\underline{0}$ strebt, und zwar aus jedem Anfangspunkt $\underline{x}(0) = \underline{x}_0$.

Diese Definition ist von anderer Art als die Stabilitätsdefinition, die wir bei der klassischen Behandlung von Regelkreisen zugrunde gelegt hatten (Abschnitt 3.1). Dort war das Stabilitätsverhalten eines Systems durch die Reaktion seiner *Ausgangsgröße* charakterisiert worden, und zwar zunächst als Reaktion auf die Aufschaltung einer Eingangsgröße (Übertragungsstabilität), dann erweitert um die Reaktion auf Anfangsbedingungen der Ausgangsgröße und seiner Ableitungen (innere Stabilität). Zur Überprüfung der inneren Stabilität musste daher gefordert werden, dass in der Übertragungsfunktion keine Kürzung etwaiger Zähler- und Nennernullstellen vorgenommen wird.

Dagegen geht es hier, bei der Stabilität nach Definition (8.152), um das Verhalten des *Zustandsvektors* gegenüber Anfangsbedingungen („Anfangsstörungen"). Dieser Stabilitätsbegriff stammt von ***M. A. Ljapunow*** [8.13] und wird vor allem bei der Untersuchung nichtlinearer Systeme angewendet. Er empfiehlt sich für die Behandlung der Systeme im Zustandsraum, weil die Zustandstheorie zum einen durch die Betrachtung des Zustandsvektors von vornherein das komplette Systemverhalten erfasst und zum anderen von Hause aus dynamische Systeme unter dem Einfluss von Anfangsbedingungen betrachtet und nicht in erster Linie unter dem Einfluss von Eingangsgrößen, wie es bei der klassischen Regelungstheorie der Fall ist. Die Herkunft der Zustandstheorie aus der Mathematik, genauer gesagt: aus der Differentialgleichungstheorie, ist hier unverkennbar.

In der nichtlinearen Theorie wird der Stabilitätsbegriff differenziert, indem man verschiedene Grade der Stabilität unterscheidet (siehe beispielsweise [8.14], Band I, Abschnitt 1.5). Darauf kann man bei der Behandlung linearer und zeitinvarianter Systeme, um die es uns hier allein geht, ohne weiteres verzichten. Die obige Stabilitätsdefinition ist bereits in diesem Sinn formuliert. Wenn keine Verwechslungen zu befürchten sind, nennt man ein asymptotisch stabiles System daher auch kurz stabil.

Geht man von der Lösung (8.79) der homogenen Zustandsdifferentialgleichung (für $t_0 = 0$) aus,

$$\underline{x}(t) = \sum_{i=1}^{n} \left[\underline{w}_i^T \, \underline{x}(0)\right] e^{\lambda_i t} \, \underline{v}_i \,, \tag{8.153}$$

so liegt es auf der Hand, wann die Stabilitätsforderung erfüllt ist: genau dann, wenn alle Eigenwerte λ_i von $\underline{A}$ links von der j-Achse der komplexen Ebene liegen. Genau dann nämlich streben sämtliche e-Funktionen in (8.153) für $t \to +\infty$ gegen Null, da in den Exponenten der e-Funktionen λ_i bzw. Re λ_i negativ ist.

Allerdings stellt (8.153) nur dann die *allgemeine* Lösung der homogenen Zustandsdifferentialgleichung dar, wenn $\underline{A}$ diagonalähnlich ist. Andernfalls können zu den e-Funktionen zusätzliche Faktoren in Form von Polynomen in t hinzutreten. Das obige Resultat wird dadurch jedoch nicht verändert, weil eine e-Funktion mit negativem Realteil des Exponenten für $t \to +\infty$ schneller fällt, als irgendein Polynom anwächst. Man hat somit das Resultat:

Das dynamische System

$$\dot{\underline{x}} = \underline{A}\,\underline{x} + \underline{B}\,\underline{u}\,, \quad \underline{y} = \underline{C}\,\underline{x} + \underline{D}\,\underline{u} \tag{8.154}$$

ist genau dann asymptotisch stabil, wenn sämtliche Eigenwerte von $\underline{A}$ links von der j-Achse der komplexen Ebene liegen.

Man bezeichnet die Eigenwerte von $\underline{A}$ auch als *Systempole*, da sie nach Laplace-Transformation von (8.153),

$$\underline{X}(s) = \sum_{i=1}^{n} \left[\underline{w}_i^T \, \underline{x}(0)\right] \frac{1}{s-\lambda_i} \underline{v}_i \,, \tag{8.155}$$

als Pole der Lösung $\underline{X}(s)$ auftreten.

Die Frage liegt nahe, wie der jetzt eingeführte Stabilitätsbegriff mit den in Abschnitt 3.1 behandelten Begriffen der Sprungantwort-Stabilität und Übertragungsstabilität zusammenhängt. Um dies zu untersuchen, setzen wir $\underline{x}(0) = \underline{0}$ und schalten zunächst den Eingangsvektor als Vektor von Sprungfunktionen auf:

$\underline{u}(t) = \underline{u}_0 \, \sigma(t)\,, \quad \underline{u}_0$ beliebig konstant.

Dann ist nach (8.67) die zugehörige Ausgangsgröße für $t > 0$

$$\begin{aligned} \underline{y}(t) &= \int_0^t \underline{C}\, e^{\underline{A}(t-\tau)} \underline{B}\, \underline{u}_0 \, d\tau + \underline{D}\,\underline{u}_0 = \\ &= \underline{C}\, e^{\underline{A}t} \cdot \int_0^t e^{-\underline{A}\tau} d\tau \cdot \underline{B}\,\underline{u}_0 + \underline{D}\,\underline{u}_0 \,. \end{aligned} \tag{8.156}$$

Ist das System stabil, liegen also alle Eigenwerte von $\underline{A}$ links der j-Achse, was wir im Folgenden voraussetzen, so existiert die Inverse $\underline{A}^{-1}$, da $\underline{A}$ nur dann singulär ist, wenn ein Eigenwert in $s = 0$ liegt (Kapitel 11). Dann ist, wiederum völlig analog zur skalaren e-Funktion,

$$\int_0^t e^{-\underline{A}\tau} d\tau = \left[-\underline{A}^{-1} e^{-\underline{A}\tau}\right]_0^t = \left[-e^{-\underline{A}\tau} \underline{A}^{-1}\right]_0^t ,$$

wovon man sich sofort durch Differentiation überzeugen kann. Somit wird

$$\int_0^t e^{-\underline{A}\tau} d\tau = \underline{A}^{-1}(\underline{I} - e^{-\underline{A}t}) = (\underline{I} - e^{-\underline{A}t})\underline{A}^{-1} \,. \tag{8.157}$$

Damit erhält man aus (8.156)

$$\underline{y}(t)=\left[\underline{C}(e^{\underline{A}t}-\underline{I})\underline{A}^{-1}\underline{B}+\underline{D}\right]\underline{u}_0 . \tag{8.158}$$

Das ist also die *Sprungantwort eines stabilen dynamischen Systems* (wobei auf die Normierung der Eingangssprunghöhen auf 1 verzichtet wurde).

Nach (8.77) geht

$$e^{\underline{A}t}\to\underline{0} \quad \text{für} \quad t\to+\infty , \tag{8.159}$$

und damit folgt aus (8.158):

$$\lim_{t\to+\infty}\underline{y}(t)=\left[-\underline{C}\,\underline{A}^{-1}\underline{B}+\underline{D}\right]\underline{u}_0 . \tag{8.160}$$

Das heißt: Ist das dynamische System

$$\dot{\underline{x}}=\underline{A}\,\underline{x}+\underline{B}\,\underline{u}, \quad \underline{y}=\underline{C}\,\underline{x}+\underline{D}\,\underline{u} \tag{8.161}$$

stabil, so strebt seine Sprungantwort für $t\to+\infty$ einem festen vektoriellen Wert zu.

Nunmehr wollen wir die Reaktion des als stabil vorausgesetzten dynamischen Systems bei Aufschaltung eines beliebigen beschränkten Eingangsvektors betrachten:

$$|\underline{u}(t)|\le M \quad \text{für alle } t\ge 0 .$$

Dabei sei wieder $\underline{x}(0)=\underline{0}$ gesetzt. Setzen wir einfachheitshalber einfache Eigenwerte voraus, so folgt aus (8.67) und (8.77)

$$\underline{y}(t)=\int_0^t \underline{C}\cdot\sum_{i=1}^n e^{\lambda_i(t-\tau)}\underline{v}_i\,\underline{w}_i^T\cdot\underline{B}\,\underline{u}(\tau)\,d\tau+\underline{D}\,\underline{u}(t),$$

$$\underline{y}(t)=\sum_{i=1}^n\int_0^t e^{\lambda_i(t-\tau)}\underline{C}\,\underline{v}_i\,\underline{w}_i^T\,\underline{B}\,\underline{u}(\tau)\,d\tau+\underline{D}\,\underline{u}(t).$$

Hierin ist

$$\underline{q}_i(t)=\underline{C}\,\underline{v}_i\,\underline{w}_i^T\,\underline{B}\,\underline{u}(t), \quad i=1,\ldots,n ,$$

ein q-dimensionaler Vektor, der für alle $t\ge 0$ beschränkt ist, weil dies für $\underline{u}(t)$ gilt. Für die k-te Komponente von $\underline{y}(t)$ kann man dann schreiben:

$$y_k(t)=\sum_{i=1}^n\int_0^t e^{\lambda_i(t-\tau)}q_{ik}(\tau)\,d\tau+\underline{d}_k^T\,\underline{u}(t),\ k=1,\ldots,q .$$

Das hierin auftretende Integral ist betragsmäßig

$$\le\int_0^t |e^{\lambda_i(t-\tau)}|\cdot|q_{ik}(\tau)|\,d\tau\le N\int_0^t e^{Re\,\lambda_i(t-\tau)}\,d\tau ,$$

wenn N eine Schranke für die Beträge der Funktionen $q_{ik}(t)$ ist. Da Re $\lambda_i<0$ ist, ist dieses Integral für alle t beschränkt. Das Gleiche gilt dann auch für $y_k(t)$. Man hat so das Ergebnis:

Ein stabiles dynamisches System

$$\dot{\underline{x}}=\underline{A}\,\underline{x}+\underline{B}\,\underline{u}, \quad \underline{y}=\underline{C}\,\underline{x}+\underline{D}\,\underline{u} \tag{8.162}$$

antwortet auf einen beschränkten Eingangsvektor mit einem beschränkten Ausgangsvektor.

Die Umkehrung gilt jedoch nicht. Besitzt ein System zum Beispiel einen rechts der j-Achse gelegenen Eigenwert, der nicht steuer- oder nicht beobachtbar ist, so ist es nicht asymptotisch stabil, wohl aber übertragungsstabil.

Zum Abschluss der Stabilitätsbetrachtung sei angemerkt, dass die Eigenwerte nicht nur für die Stabilität ausschlaggebend sind, sondern darüber hinaus das Zeitverhalten des Systems weitgehend beeinflussen. Betrachten wir dazu nochmals die Lösung (8.79) der homogenen Zustandsdifferentialgleichung. Ist ein Eigenwert λ reell, so gehört zu ihm ein monotoner oder, wie man meist sagt, „aperiodischer“ Zeitvorgang. Ist λ nichtreell, so ist auch die konjugiert komplexe Zahl $\overline{\lambda}$ Eigenwert von $\underline{A}$. Ganz entsprechend wie in Abschnitt 3.2 lässt sich zeigen, dass zu einem solchen konjugiert komplexen Eigenwertpaar ein oszillatorischer Zeitverlauf gehört, meist fälschlich als „periodisch“ bezeichnet. Dieser Vorgang ist vom Typ

$$e^{t\,\mathrm{Re}\,\lambda}\cdot\sin(t\,\mathrm{Im}\,\lambda+\varphi)\cdot\underline{c}$$

mit einem Zahlenvektor $\underline{c}$, der ebenso wie die Phasenverschiebung φ vom Anfangszustand $\underline{x}(0)$ abhängt.

Je weiter links von der j-Achse der Eigenwert λ bzw. das konjugiert komplexe Eigenwertpaar $(\lambda,\overline{\lambda})$ liegt, je „negativer“ also λ bzw. Re λ ist, desto schneller klingt der zugehörige Zeitvorgang ab.

Betrachten wir beispielsweise die in Bild 8-11 skizzierten Eigenwertkonfigurationen! Im Fall a) handelt es sich um ein stabiles System 3. Ordnung. Da alle Eigenwerte reell sind, klingen die Zeitvorgänge aperiodisch ab. Es können zwar einzelne Über- oder Unterschwinger entstehen, aber keine länger andauernden Oszillationen. Diese Situation liegt bei dem Drei-Tank-System (Bild 7-4) vor. Die Polkonfiguration b) charakterisiert ein instabiles System 3. Ordnung. Da alle Ei-

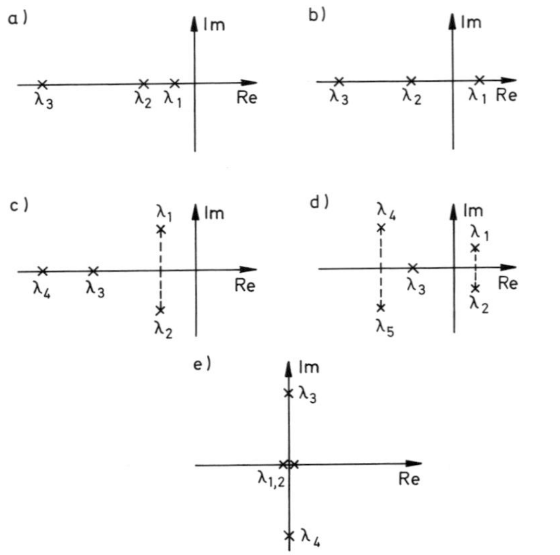

Bild 8-11: Eigenwertkonfigurationen

genwerte reell sind, ist es „monoton instabil", d. h. bei einer Anfangsstörung wandert $\underline{x}(t)$ ohne Schwingung ins Unendliche ab. Da bei der Konfiguration c) ein konjugiert komplexes Eigenwertpaar nahe der j-Achse auftritt, dessen Zeitvorgang deshalb langsamer abklingt als die Zeitvorgänge der beiden reellen Eigenwerte, ist ein insgesamt oszillatorischer Vorgang zu erwarten. In d) liegt ein instabiles System 5. Ordnung vor, das aber diesmal „oszillatorisch instabil" ist, d. h. bei Anfangsstörungen mit einer aufklingenden Schwingung reagiert.

Die *Eigenwertkonfiguration* e) schließlich tritt bei *der Verladebrücke* (Bild 7-6) auf. Davon wollen wir uns durch Ausrechnen der Eigenwerte überzeugen. Diese ergeben sich aus der charakteristischen Gleichung

$$\det(s\,\underline{I}-\underline{A})=0\,.$$

Wegen (7.45) lautet sie hier

$$\begin{vmatrix} s & -1 & 0 & 0 \\ 0 & s & -a_{23} & 0 \\ 0 & 0 & s & -1 \\ 0 & 0 & a_{43} & s \end{vmatrix} = 0\,.$$

Indem man die Determinante sukzessive nach der jeweils 1. Spalte entwickelt, erhält man daraus

$$s^2\left[s^2+a_{43}\right]=0\,,\quad \text{also}$$

$$\lambda_{1,2}=0\,,\quad \lambda_{3,4}=\pm j\,\sqrt{a_{43}}\,.$$

Während der zweifache Eigenwert in 0 der Katzbewegung entspricht, charakterisiert das konjugiert komplexe Paar auf der j-Achse die ungedämpfte Greiferpendelung.

8.5 Nullstellen im Zustandsraum

Neben den Polen prägen die *Nullstellen* η_i einer Übertragungsfunktion

$$G(s)=k\,\frac{(s-\eta_1)\cdot(s-\eta_2)\cdot\ldots}{(s-\lambda_1)\cdot\ldots\cdot(s-\lambda_n)} \tag{8.163}$$

wesentlich das dynamische Verhalten, wie wir schon in Abschnitt 3.4 untersucht haben. Dort hatten wir unter anderem festgestellt, dass die spezielle Anregung $u(t)=\mathrm{e}^{\eta t}\sigma(t)$ keinen Beitrag $r_\eta \mathrm{e}^{\eta t}$ zur Systemantwort $y(t)$ beisteuert, wenn η eine Nullstelle des Übertragungsglieds $G(s)$ ist. Orientiert an dieser *Blockiereigenschaft* einer Nullstelle, wollen wir im Folgenden eine *Nullstellendefinition für Mehrgrößensysteme in Zustandsdarstellung*

$$\begin{aligned} \dot{\underline{x}} &= \underline{A}\,\underline{x}+\underline{B}\,\underline{u} \\ \underline{y} &= \underline{C}\,\underline{x} \end{aligned} \tag{8.164}$$

entwickeln (dabei beschränken wir uns der Übersichtlichkeit halber auf Systeme ohne Durchgriffsmatrix $\underline{D}$ und den häufig vorliegenden Fall gleichvieler Ein- wie Ausgangsgrößen, $p=q$, sowie Höchstrang der Matrizen $\underline{B}$ und $\underline{C}$; weitere Fälle werden zum Beispiel in [8.15] [8.16] [8.17] diskutiert). In Analogie zum skalaren Fall ist also zu fragen, welche Auswirkung eine Anregung

$$\underline{u}(t)=\mathrm{e}^{\eta t}\,\underline{u}_0\sigma(t) \tag{8.165}$$

mit zunächst nicht näher spezifiziertem $\underline{u}_0$ auf $\underline{x}$ und $\underline{y}$ hat. Wenn wir η fürs Erste verschieden von allen Eigenwerten der Matrix $\underline{A}$ voraussetzen, dann können wir den zugehörigen Verlauf $\underline{x}(t)$ für $t\geq 0$ aus der allgemeinen Lösung der Zustandsdifferentialgleichung ableiten zu

$$\underline{x}(t)=\underbrace{\mathrm{e}^{\underline{A}t}\,\underline{c}_h}_{\underline{x}_{\text{hom}}}+\underbrace{\mathrm{e}^{\eta t}\,\underline{c}_p}_{\underline{x}_{\text{part}}}, \tag{8.166}$$

bestehend aus einem homogenen und einem partikulären Lösungsanteil (die Herleitung von (8.166) befindet sich am Ende dieses Unterabschnitts). Einsetzen in die Zustandsdifferentialgleichung führt auf

$$\underline{A}\mathrm{e}^{\underline{A}t}\,\underline{c}_h+\eta\mathrm{e}^{\eta t}\,\underline{c}_p=\underline{A}\mathrm{e}^{\underline{A}t}\,\underline{c}_h+\underline{A}\,\mathrm{e}^{\eta t}\,\underline{c}_p+\underline{B}\mathrm{e}^{\eta t}\,\underline{u}_0,$$

woraus mit $e^{\eta t} \neq 0$ die Bedingung

$$(\eta \underline{I} - \underline{A})\underline{c}_p = \underline{B}\underline{u}_0 \tag{8.167}$$

folgt. Soll nun der Ausgang $\underline{y}$ für alle $t \geq 0$ frei von Anteilen $e^{\eta t}$ bleiben, so darf die Partikulärlösung $\underline{x}_{\text{part}}(t) = e^{\eta t}\underline{c}_p$ nicht auf $\underline{y}$ wirken, also muss

$$\underline{y}_{\text{part}}(t) = \underline{C}\underline{x}_{\text{part}}(t) = \underline{C}e^{\eta t}\underline{c}_p \stackrel{!}{=} \underline{0} \tag{8.168}$$

gelten, was für beliebige Zeiten t nur möglich ist mit

$$\underline{C}\underline{c}_p = \underline{0}. \tag{8.169}$$

Die Vektoren $\underline{c}_p$ und $\underline{u}_0$ müssen also gleichzeitig die Gleichungen (8.167) und (8.169) erfüllen, die sich kombinieren lassen zu

$$\underbrace{\begin{bmatrix} \underline{A} - \eta \underline{I} & \underline{B} \\ \underline{C} & \underline{0} \end{bmatrix}}_{\underline{P}(\eta)} \begin{bmatrix} \underline{c}_p \\ \underline{u}_0 \end{bmatrix} = \underline{0}, \tag{8.170}$$

mit der schon aus Abschnitt 8.2.4 bekannten Rosenbrockschen Systemmatrix $\underline{P}$.

Daraus lesen wir folgendes *Zwischenergebnis* ab: Eine von null verschiedene Anregung $\underline{u}(t) = e^{\eta t}\underline{u}_0\sigma(t)$ wird genau dann $\underline{y}_{\text{part}}(t) = \underline{0}$ für alle $t \geq 0$ bewirken, wenn $\underline{u}_0$ eine nichttriviale Lösung der Gleichung (8.170) ist. Da $\underline{P}$ eine quadratische Matrix ist, existieren solche nichttrivialen Lösungen genau dann, wenn $\det \underline{P}(\eta) = 0$ gilt.

Unter den getroffenen Annahmen kann $\det \underline{P}(\eta) = 0$ nur für eine endliche Zahl von (komplexen oder reellen) Werten η eintreten. Diese Werte wollen wir als *invariante Nullstellen* bezeichnen:

Die Lösungen von

$$\det \underline{P}(\eta) = 0 \tag{8.171}$$

heißen invariante Nullstellen[11] *des Systems* $\underline{A}, \underline{B}, \underline{C}$.

Welche Auswirkung hat der verbleibende Anteil $\underline{x}_{\text{hom}}(t)$ auf den Ausgangsverlauf? Betrachten wir zunächst $\underline{x}(t)$ nach (8.166) für $t = 0$:

$$\underline{x}(0) = \underline{c}_h + \underline{c}_p \quad \Rightarrow \quad \underline{c}_h = \underline{x}(0) - \underline{c}_p. \tag{8.172}$$

Daher kann $\underline{x}(t)$ geschrieben werden

$$\underline{x}(t) = \underbrace{e^{\underline{A}t}\left(\underline{x}(0) - \underline{c}_p\right)}_{\underline{x}_{\text{hom}}} + \underbrace{e^{\eta t}\underline{c}_p}_{\underline{x}_{\text{part}}}. \tag{8.173}$$

Befindet sich das System für $t = 0$ in einem Anfangszustand $\underline{x}(0) \neq \underline{c}_p$, also zum Beispiel in der Ruhelage $\underline{x}(0) = \underline{0}$, so ist $\underline{x}_{\text{hom}}$ ungleich null und bewirkt im Allgemeinen einen von null verschiedenen Beitrag $\underline{y}_{\text{hom}}(t) = \underline{C}\underline{x}_{\text{hom}}(t) \neq \underline{0}$ im Ausgang, der jedoch, wie schon gezeigt, keine Anteile mit $e^{\eta t}$ aufweist. Ist der Anfangszustand hingegen speziell $\underline{x}(0) = \underline{c}_p$, so verschwindet $\underline{x}_{\text{hom}}$, und es ist $\underline{y}(t) \equiv \underline{0}$.

Wir fassen diese *Blockiereigenschaft von invarianten Nullstellen* zusammen: Sei η eine invariante Nullstelle des Systems (8.164) (und diese sei verschieden von den Eigenwerten von $\underline{A}$) und seien $\underline{c}_p$ und $\underline{u}_0$ eine zugehörige nichttriviale Lösung der Gleichung (8.170). Dann bewirkt die Anregung

$$\underline{u}(t) = e^{\eta t}\underline{u}_0\sigma(t) \tag{8.174}$$

zusammen mit dem speziellen Anfangsvektor $\underline{x}(0) = \underline{c}_p$ für Zeiten $t \geq 0$ den Trajektorienverlauf $\underline{x}(t) = e^{\eta t}\underline{c}_p$ und das Ausgangssignal

$$\underline{y}(t) \equiv \underline{0}, \tag{8.175}$$

die Anregung wird also vollständig blockiert. Wählt man den Anfangsvektor hingegen $\underline{x}(0) \neq \underline{c}_p$, dann resultiert $\underline{x}(t)$ nach (8.173) sowie $\underline{y}(t) = \underline{C}\underline{x}_{\text{hom}}(t)$, ein Signal, das keine Anteile $e^{\eta t}$ enthält und also eine Blockierung der Anregung in diesem schwächeren Sinne anzeigt.

Als Nachtrag leiten wir nun noch die Gleichung (8.166) aus der allgemeinen Lösung (8.56)

$$\underline{x}(t) = e^{\underline{A}t}\underline{x}(0) + \int_0^t e^{\underline{A}(t-\tau)}\underline{B}\underline{u}(\tau)d\tau \tag{8.176}$$

der Zustandsdifferentialgleichung (mit $t_0 = 0$) her, indem wir $\underline{u}(t) = e^{\eta t}\underline{u}_0\sigma(t)$ einsetzen und einige Umformungen vornehmen:

---

11 Zu ihrer numerischen Berechnung stehen verschiedene Algorithmen zur Verfügung [8.18, 8.19]. Da das Polynom $\det \underline{P}(\eta)$ ausschließlich reelle Koeffizienten besitzt, treten eventuelle komplexe Nullstellen stets paarweise konjugiert komplex auf, ebenso die Vektoren $\underline{u}_0$ und $\underline{c}_p$. Bei den hier betrachteten durchgriffsfreien Systemen mit $p = q$ ist die Zahl der endlichen invarianten Nullstellen kleiner als die Systemordnung n. Wie die Eigenwerte, so ändern sich auch die invarianten Nullstellen nicht, wenn das System einer regulären Zustandstransformation $\underline{x} = \underline{T}\underline{z}$ (z. B. auf Diagonalform) unterzogen wird, wie man durch Vor- und Nachmultiplizieren von $\underline{P}$ mit den Blockdiagonalmatrizen $\text{diag}(\underline{T}^{-1}, \underline{I})$ und $\text{diag}(\underline{T}, \underline{I})$ sofort zeigen kann. Es sei an dieser Stelle darauf hingewiesen, dass neben den invarianten Nullstellen und den weiter unten eingeführten Übertragungsnullstellen weitere Nullstellenbegriffe eingeführt wurden, die insbesondere bei Systemen mit unterschiedlicher Zahl von Ein- und Ausgängen von Bedeutung sind [8.15], [8.18], [8.20], [8.17].

$$\underline{x}(t) = \mathrm{e}^{\underline{A}t}\underline{x}(0) + \int_0^t \mathrm{e}^{\underline{A}(t-\tau)}\underline{B}\underline{u}_0\mathrm{e}^{\eta\tau}\,d\tau \tag{8.177}$$

$$= \mathrm{e}^{\underline{A}t}\underline{x}(0) + \mathrm{e}^{\underline{A}t}\int_0^t \underbrace{\mathrm{e}^{-\underline{A}\tau}\mathrm{e}^{\eta\tau}}_{\mathrm{e}^{(\eta\underline{I}-\underline{A})\tau}}\underline{B}\underline{u}_0\,d\tau$$

$$= \mathrm{e}^{\underline{A}t}\underline{x}(0) + \mathrm{e}^{\underline{A}t}\left[\mathrm{e}^{(\eta\underline{I}-\underline{A})\tau}(\eta\underline{I}-\underline{A})^{-1}\underline{B}\underline{u}_0\right]_0^t$$

$$= \mathrm{e}^{\underline{A}t}\left[\underline{x}(0) - \underbrace{(\eta\underline{I}-\underline{A})^{-1}\underline{B}\underline{u}_0}_{\underline{c}_p}\right] + \underbrace{(\eta\underline{I}-\underline{A})^{-1}\underline{B}\underline{u}_0}_{\underline{c}_p}\mathrm{e}^{\eta t}$$

$$= \mathrm{e}^{\underline{A}t}\underbrace{(\underline{x}(0) - \underline{c}_p)}_{\underline{c}_h} + \mathrm{e}^{\eta t}\underline{c}_p.$$

8.5.1 Kompensation und Übertragungsnullstellen

Wie hängen die invarianten Nullstellen mit den Zählernullstellen der komplexen Übertragungsfunktion $G(s) = c^T(sI - A)^{-1}b$ eines Eingrößensystems zusammen, wie wir es einführend in Gleichung (8.163) betrachtet hatten? Und wie mit der Übertragungsmatrix $\underline{G}(s) = \underline{C}(s\underline{I} - \underline{A})^{-1}\underline{B}$ im Mehrgrößenfall? Um dies aufzuzeigen, unterziehen wir die Definitionsgleichung $\det\underline{P}(\eta) = 0$ der invarianten Nullstellen aus (8.171) folgender Umformung: Wir multiplizieren die Gleichung

$$\det\underline{P}(\eta) = \det\begin{bmatrix} \underline{A} - \eta\underline{I} & \underline{B} \\ \underline{C} & \underline{0} \end{bmatrix} = 0 \tag{8.178}$$

von links mit

$$\det\underline{M} = \det\begin{bmatrix} \underline{I} & \underline{0} \\ -\underline{C}(\underline{A} - \eta\underline{I})^{-1} & \underline{I} \end{bmatrix} = 1, \tag{8.179}$$

was unter Verwendung der für quadratische Matrizen geltenden Rechenregel $\det\underline{M}\cdot\det\underline{P} = \det(\underline{M}\cdot\underline{P})$ auf

$$\det\left\{\begin{bmatrix} \underline{I} & \underline{0} \\ -\underline{C}(\underline{A} - \eta\underline{I})^{-1} & \underline{I} \end{bmatrix}\begin{bmatrix} \underline{A} - \eta\underline{I} & \underline{B} \\ \underline{C} & \underline{0} \end{bmatrix}\right\} =$$

$$= \det\begin{bmatrix} \underline{A} - \eta\underline{I} & \underline{B} \\ \underline{0} & \underline{C}(\eta\underline{I} - \underline{A})^{-1}\underline{B} \end{bmatrix} = 0 \tag{8.180}$$

führt. Aufgrund der Nullmatrix links unten folgt daraus sofort

$$\det(\underline{A} - \eta\underline{I})\cdot\det\underline{G}(\eta) = 0, \tag{8.181}$$

wenn noch (8.95) für die Systemübertragungsmatrix eingesetzt wird. Aus der letzten Teilgleichung wird ersichtlich: Wenn die betrachtete invariante Nullstelle η von allen Eigenwerten von $\underline{A}$ verschieden ist, wenn also $\det(\underline{A} - \eta\underline{I}) \neq 0$ ist, dann ist $\det\underline{G}(\eta) = 0$. Die komplexe Übertragungsmatrix $\underline{G}(s)$ wird somit an der Stelle $s = \eta$ singulär, aber es verschwinden nicht notwendigerweise ein oder mehrere Elemente von $\underline{G}$. Liegt ein Eingrößensystem vor, bei dem ja $G(s)$ eine skalare Übertragungsfunktion ist, so besitzt diese die Nullstelle η. Wir halten fest: Invariante Nullstellen, die verschieden sind von allen Eigenwerten von $\underline{A}$, sind stets auch Nullstellen von $\det\underline{G}(s)$ bzw. von $G(s)$ beim Eingrößensystem. Sie wirken auf das Übertragungsverhalten und gehören daher zu den *Übertragungsnullstellen*, auf die wir weiter unten nochmals eingehen.

Stimmen in einer rationalen Übertragungsfunktion $G(s)$ nach (8.163) eine Zählernullstelle und eine Nennernullstelle überein, so kürzt sich der zugehörige Linearfaktor $(s - \eta) = (s - \lambda)$ heraus, und man spricht von *Kompensation*. Um das entsprechende Phänomen beim Mehrgrößensystem (8.164) zu untersuchen, haben wir nun die bisher ausgeklammerte Situation der Übereinstimmung einer invarianten Nullstelle mit einem Eigenwert einzubeziehen. Um die Betrachtung übersichtlich zu halten, beschränken wir uns auf den Fall einfacher invarianter Nullstellen und einfacher Eigenwerte und überführen das System (8.164) zunächst auf Diagonalform, $\dot{\underline{z}} = \underline{\Lambda}\underline{z} + \widehat{\underline{B}}\underline{u}$, $\underline{y} = \widehat{\underline{C}}\underline{z}$, mit der Übertragungsmatrix (8.149),

$$\underline{G}(s) = \sum_{i=1}^{n} \frac{\widehat{\underline{c}}_i\widehat{\underline{b}}_i^T}{s - \lambda_i}. \tag{8.182}$$

Nehmen wir nun an, der Eigenwert λ_1 sei unbeobachtbar, das heißt die erste Spalte von $\widehat{\underline{C}}$ sei gemäß Gilbert-Kriterium null, $\widehat{\underline{c}}_1 = \underline{0}$. Dann verschwindet der zugehörige Partialbruch aus $\underline{G}(s)$. Wenn wir nur am Übertragungsverhalten interessiert sind, können wir daher das System (8.164) um eine Systemordnung verkleinern, man sagt *reduzieren*. Dazu entfernen wir aus $\widehat{\underline{C}}$ die erste Spalte, aus $\widehat{\underline{B}}$ die erste Zeile und aus $\underline{\Lambda}$ die erste Zeile und die erste Spalte. Anders ausgedrückt: Wir partitionieren

$$\underline{\Lambda} = \begin{bmatrix} \lambda_1 & \underline{0}^T \\ \underline{0} & \underline{\Lambda}_{\text{rest}} \end{bmatrix}, \tag{8.183}$$

$$\widehat{\underline{B}} = \begin{bmatrix} \widehat{\underline{b}}_1^T \\ \widehat{\underline{B}}_{\text{rest}} \end{bmatrix}, \widehat{\underline{C}} = \begin{bmatrix} \widehat{\underline{c}}_1 & \widehat{\underline{C}}_{\text{rest}} \end{bmatrix} \tag{8.184}$$

und behalten nur das (reduzierte) System $\underline{\Lambda}_{\text{rest}}, \widehat{\underline{B}}_{\text{rest}}, \widehat{\underline{C}}_{\text{rest}}$ übrig, wodurch $\underline{G}(s)$ sich nicht ändert. Das Polynom $\det\underline{P}(\eta)$ kann man mit der Partitionierung (8.183), (8.184) und mit $\widehat{\underline{c}}_1 = \underline{0}$ schreiben als

$$
\begin{aligned}
\det \underline{P}(\eta) &= \begin{bmatrix} \underline{\Lambda} - \eta \underline{I}_n & \underline{\widehat{B}} \\ \underline{\widehat{C}} & \underline{0} \end{bmatrix} \\
&= \det \begin{bmatrix} \lambda_1 - \eta & \underline{0}^T & \underline{\widehat{b}}_1^T \\ \underline{0} & \underline{\Lambda}_{\text{rest}} - \eta \underline{I}_{n-1} & \underline{\widehat{B}}_{\text{rest}} \\ \underline{0} & \underline{\widehat{C}}_{\text{rest}} & \underline{0} \end{bmatrix} \\
&= (\lambda_1 - \eta) \cdot \det \underbrace{\begin{bmatrix} \underline{\Lambda}_{\text{rest}} - \eta \underline{I}_{n-1} & \underline{\widehat{B}}_{\text{rest}} \\ \underline{\widehat{C}}_{\text{rest}} & \underline{0} \end{bmatrix}}_{\underline{P}_{\text{rest}}(\eta)},
\end{aligned}
$$

kurz: $\det \underline{P}(\eta) = (\lambda_1 - \eta) \cdot \det \underline{P}_{\text{rest}}(\eta)$. Das Polynom $\det \underline{P}(\eta)$ weist also die Nullstelle $\eta = \lambda_1$ auf; sie ist eine invariante Nullstelle des Systems und fällt mit dem nicht beobachtbaren Eigenwert zusammen. Das reduzierte Restsystem weist diese Nullstelle, da sie als einfach vorausgesetzt war, *nicht* auf. Durch das Entfernen des unbeobachtbaren Eigenwerts λ_1 aus dem System wird also gleichzeitig die invariante Nullstelle $\eta = \lambda_1$ entfernt. Da $\underline{G}(s)$ unverändert geblieben ist, waren sowohl Eigenwert als auch Nullstelle schon im ursprünglichen System ohne Wirkung auf $\underline{G}(s)$, sie haben sich kompensiert. Ganz entsprechend verläuft die Untersuchung eines nicht-steuerbaren Eigenwerts: Auch er fällt mit einer invarianten Nullstelle zusammen, und beide kompensieren sich in ihrer Wirkung auf das Übertragungsverhalten.

Fällt hingegen ein sowohl steuer- als auch beobachtbarer Eigenwert mit einer invarianten Nullstelle zusammen, so greifen die obigen Überlegungen zur Kompensation nicht. Tatsächlich wirken beide, Eigenwert und Nullstelle, auf das Übertragungsverhalten. Das folgende Beispiel illustriert dies: Gegeben sei

$$
\underline{G}(s) = \begin{bmatrix} \frac{1}{s+1} & 0 \\ 0 & \frac{s+1}{(s+2)(s+3)} \end{bmatrix} \tag{8.185}
$$

mit der Zustandsdarstellung

$$
\underline{\dot{x}} = \begin{bmatrix} -1 & 0 & 0 \\ 0 & -2 & 0 \\ 0 & 0 & -3 \end{bmatrix} \underline{x} + \begin{bmatrix} 1 & 0 \\ 0 & -1 \\ 0 & 2 \end{bmatrix} \underline{u}, \tag{8.186}
$$

$$
\underline{y} = \begin{bmatrix} 1 & 0 & 0 \\ 0 & 1 & 1 \end{bmatrix} \underline{x}. \tag{8.187}
$$

Man prüft leicht nach, dass dieses System eine invariante Nullstelle bei -1 besitzt und dass die Eigenwerte bei $-1, -2, -3$ steuer- und beobachtbar sind, folglich alle drei als Pole in der Übertragungsmatrix $\underline{G}(s)$ wirken. Die invariante Nullstelle wird daher nicht kompensiert.

Wir können nunmehr unsere Überlegungen zur Kompensation zusammenfassen: Eine (einfache) invariante Nullstelle, die mit einem (einfachen) nicht steuerbaren oder/und nicht beobachtbaren Eigenwert zusammenfällt, ist *kompensiert* und wirkt – ebenso wie der Eigenwert – *nicht* auf das Übertragungsverhalten. Kompensierte Nullstellen werden auch als Abkopplungsnullstellen bezeichnet und weiter in Eingangsabkopplungsnullstellen (EAN), Ausgangsabkopplungsnullstellen (AAN) und Ein-/ Ausgangsabkopplungsnullstellen (EAAN) unterteilt, je nach dem, ob sich die Nullstellen gegen nicht steuerbare, nicht beobachtbare oder gleichzeitig unsteuer- und unbeobachtbare Eigenwerte kompensieren. Fällt die Nullstelle hingegen mit keinem Eigenwert oder mit einem sowohl steuer- als auch beobachtbaren Eigenwert zusammen, so tritt keine Kompensation ein; die Nullstelle wirkt auf das Übertragungsverhalten und man nennt sie *Übertragungsnullstelle* (ÜN). Die gleichzeitig steuer- und beobachtbaren Eigenwerte heißen auch *Übertragungspole*. Das Bild 8-12 zeigt den Zusammenhang zwischen den Nullstellenarten und der Kalman-Zerlegung. Beispielsweise entsprechen die Eingangsabkopplungsnullstellen den Eigenwerten der beiden nicht steuerbaren Teilsysteme $(\bar{s}b)$ und $(\bar{s}\bar{b})$. Ist ein System vollständig steuer- und beobachtbar, so sind demnach alle Eigenwerte auch Übertragungspole und alle invarianten Nullstellen sind Übertragungsnullstellen.

Die Auswirkung einer Übertragungsnullstelle auf die Systemantwort kann vielfältig sein und sich zum Beispiel in Unterschwingern und Verbeulungen der Sprungantwort ausdrücken.

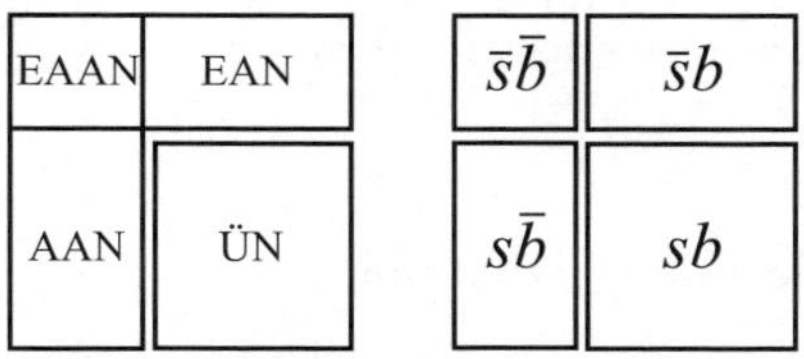

Bild 8-12: Zusammenhang zwischen den Nullstellenarten (links) und der Kalman-Zerlegung (rechts)

8.5.2 Invarianzeigenschaft von Nullstellen

Invariante Nullstellen können durch konstante Zustandsrückführungen $\underline{u} = -\underline{R}\underline{x} + \underline{M}\underline{w}$ mit quadratisch-regulärem Vorfilter $\underline{M}$, wie wir sie in Kapitel 9 näher kennenlernen werden, nicht verschoben werden. Um das einzusehen, setzen wir das Rückführgesetz $\underline{u}$ in die Zustandsgleichungen (8.164) ein und erhalten

$$
\begin{aligned}
\underline{\dot{x}} &= \overbrace{(\underline{A} - \underline{B}\underline{R})}^{\underline{A}_R} \underline{x} + \overbrace{\underline{B}\underline{M}}^{\underline{B}_R} \underline{w}, \\
\underline{y} &= \underline{C}\underline{x}.
\end{aligned} \tag{8.188}
$$

Um die invarianten Nullstellen dieses geregelten Systems zu ermitteln, setzen wir nun $\underline{A}_R$ anstelle von $\underline{A}$ und $\underline{B}_R$ anstelle von $\underline{B}$ in die Definitionsgleichung (8.171) ein und können schreiben

$$\underbrace{\det\begin{bmatrix} (\underline{A}-\underline{B}\,\underline{R})-\eta\underline{I} & \underline{B}\,\underline{M} \\ \underline{C} & \underline{0} \end{bmatrix}}_{\underline{P}_R(\eta)} =$$

$$= \det\left[\begin{bmatrix} \underline{A}-\eta\underline{I} & \underline{B} \\ \underline{C} & \underline{0} \end{bmatrix}\cdot\begin{bmatrix} \underline{I} & \underline{0} \\ -\underline{R} & \underline{M} \end{bmatrix}\right] =$$

$$= \underbrace{\det\begin{bmatrix} \underline{A}-\eta\underline{I} & \underline{B} \\ \underline{C} & \underline{0} \end{bmatrix}}_{\underline{P}(\eta)}\cdot\det\begin{bmatrix} \underline{I} & \underline{0} \\ -\underline{R} & \underline{M} \end{bmatrix} = 0.$$

Da die quadratische Matrix $\underline{M}$ als regulär vorausgesetzt ist, werden die Rosenbrock-Matrizen $\underline{P}_R(\eta)$ und $\underline{P}(\eta)$ für die gleichen Werte η singulär; das geregelte und das ungeregelte System besitzen demnach die gleichen invarianten Nullstellen. Ergänzend sei angemerkt, dass auch durch dynamische Rückführungen invariante Nullstellen nicht verschoben werden können. Allerdings kann die Wirkung einer Nullstelle durch Kompensation mit einem an gleicher Stelle zu platzierenden Eigenwert (mittels konstanter oder dynamischer Rückführung) ausgeschaltet werden. Dies ist bei gesicherter asymptotischer Stabilität der Regelung aber nur für in der linken komplexen Halbebene gelegene Nullstellen möglich. Rechts gelegene invariante Nullstellen dürfen nicht kompensiert werden. Man muss mit ihrer (zumeist ungünstigen) Wirkung auf das Übertragungsverhalten „leben".

8.6 Modellordnungsreduktion

Die Modellierung technischer Systeme führt häufig auf sehr große Systeme von Differentialgleichungen. Die Verwendung solcher großer Modelle zu Simulation, Systemanalyse und Regelungsentwurf ist schwerfällig, zum Teil sogar unmöglich, so dass Verfahren gefragt sind, mit denen sehr große Modelle auf handhabbare Größe reduziert werden können, ohne die charakteristischen Eigenschaften zu sehr zu verfälschen. Solche Verfahren sind Gegenstand dieses Abschnitts. Ausgangspunkt ist die Zustandsdarstellung

$$\dot{\underline{x}} = \underline{A}\,\underline{x} + \underline{B}\,\underline{u}, \tag{8.189}$$

$$\underline{y} = \underline{C}\,\underline{x}, \tag{8.190}$$

wobei die konstanten Matrizen $\underline{A}$, $\underline{B}$, $\underline{C}$ vom Typ (n, n), (n, p) bzw. (q, n) sind. Die Anzahl n der Zustandsvariablen, die zugleich die Anzahl der skalaren Zustandsdifferentialgleichungen ist, gibt die *Ordnung* des Systemmodells an. Ist die Systemordnung hoch, so können hierdurch spezifische Probleme auftreten: Die numerischen Rechnungen, zum Beispiel bei der Simulation, werden weitläufig, die Realisierung von Reglern und Beobachtern wird aufwendig, weiterhin verliert man den Überblick über das Systemverhalten. Wie soll man beispielsweise bei einem System hoher Ordnung die Pole oder auch die Bewertungsmatrizen eines Gütemaßes sinnvoll vorgeben? Verfahren, die bei kleineren Systemen, etwa 5-ter Ordnung, gut funktionieren, werden mit zunehmender Größe der Systeme immer unhandlicher und schließlich unbrauchbar.

Im Folgenden soll eine knappe Darstellung der drei wichtigsten Verfahrensklassen zur Reduktion linearer Zustandsraummodelle gebracht werden. Es sind dies erstens *die modalen Reduktionsverfahren*, bei denen weniger wichtige Eigenwerte und Eigenmoden aus der Systemdarstellung entfernt werden, zweitens *die balancierten Verfahren*, bei denen eine energieorientierte Analyse und sodann die Abspaltung eines unwichtigen Teilsystems erfolgt, sowie drittens *die Krylov-Unterraumverfahren*, bei denen gewisse Kenngrößen der Übertragungsfunktion, die so genannten Momente, im reduzierten Modell erhalten bleiben. Stets ist dabei das Ziel, ein reduziertes Modell

$$\dot{\underline{x}}_r = \underline{A}_r\,\underline{x}_r + \underline{B}_r\,\underline{u}, \tag{8.191}$$

$$\hat{\underline{y}} = \underline{C}_r\,\underline{x}_r \tag{8.192}$$

zu bestimmen, dessen konstante Matrizen $\underline{A}_r$, $\underline{B}_r$, $\underline{C}_r$ so gewählt sind, dass der Ausgangsvektor $\hat{\underline{y}}$ des reduzierten Modells den Vektor $\underline{y}$ des Originals möglichst gut approximiert.

Im Ausgangsvektor $\underline{y}$ nach Gleichung (8.190) seien dabei stets diejenigen Größen zusammengefasst, an deren guter Nachbildung durch das reduzierte Modell der Entwerfer vorrangig interessiert ist. Solche Größen sind typischerweise

- die *Aufgabengrößen*, also Systemgrößen, die einen gewünschten Zeitverlauf haben sollen, weil sie in einem übergeordneten System von Bedeutung sind. In einem Regelungssystem sind dies die *Regelgrößen*.
- *Messgrößen*, das heißt solche Systemgrößen, die ohne zu großen Aufwand gemessen und somit zur Regelung durch Rückführung genutzt werden können.
- kritische Größen, also Größen, die schwierige Systemzustände hervorrufen oder anzeigen können und deren Verlauf man daher ständig im Auge behalten sollte.

In welchem Sinne aber soll die Nachbildung von $\underline{y}$ durch $\widehat{\underline{y}}$ gut sein? Zunächst wird man vom reduzierten Modell sicherlich Stabilität fordern, sofern das Originalmodell stabil war; das Reduktionsverfahren soll also *stabilitätserhaltend* sein. Weiterhin soll die Antwort $\underline{y}(t)$ des Systems auf eine typische Anregung $\underline{u}(t)$ mit möglichst kleinem Fehler $\underline{e}(t) = \underline{y}(t) - \widehat{\underline{y}}(t)$ erfolgen. Alternativ zu dieser Fehlerbetrachtung im Zeitbereich kann im Frequenzbereich ein Vergleich der Bode-Diagramme des Original- und des reduzierten Modells erfolgen. Idealerweise sollte ein Reduktionsverfahren quantitative *Aussagen über die Approximationsgüte* im Zeit- oder im Frequenzbereich liefern, ohne dass Systemantwort oder Bode-Diagramm numerisch ermittelt werden müssten.

Neben den zentralen Forderungen nach Stabilitätserhaltung und Approximationsgüte gibt es fallweise weitere Aspekte: So ist es häufig hilfreich, wenn Hinweise auf *günstige Ordnungen m* des reduzierten Modells direkt vom Reduktionsverfahren geliefert werden. Weiterhin wird man eventuell fordern, dass sich $\widehat{\underline{y}}$ für große Zeiten dem Verlauf $\underline{y}$ asymptotisch nähert, also *stationäre Genauigkeit* des reduzierten Modells vorliegt. Manchmal ist man nicht nur an einer Nachbildung des Ausgangs $\underline{y}$ interessiert, sondern zusätzlich an einer *Approximation des Zustandsvektors* $\underline{x}(t)$. Und schließlich mag es *strukturelle Forderungen* geben, wie zum Beispiel nach Invarianz des Reduktionsergebnisses bezüglich zuvor am Originalmodell ausgeführter Zustandstransformationen, nach Erhaltung des relativen Grades eines Modells oder nach Eignung des Verfahrens zur Reduktion von Systemen zweiter Ordnung, wie sie in der Mechanik häufig in der Gestalt $\underline{M}\ddot{\underline{x}} + \underline{D}\dot{\underline{x}} + \underline{K}\underline{x} = \underline{B}\underline{u}$ auftreten. Auf diese Aspekte werden wir im Folgenden aber nur teilweise näher eingehen.

8.6.1 Dominanzmaß von Eigenwerten und Modale Ordnungsreduktion

Es liegt auf der Hand, dass in der Regel nicht alle Eigenwerte gleich bedeutsam für das Zeitverhalten eines Systems sind. So werden Eigenwerte, die weit links von der j-Achse liegen und zu denen infolgedessen schnell abklingende Zeitvorgänge gehören, normalerweise von geringer Bedeutung sein. Wir hatten diese Frage bereits in Abschnitt 5.6 für die Pole eines Übertragungsglieds erörtert und schon dort gesehen, dass der Abstand vom Ursprung nicht unbedingt ein treffendes Maß für die Bedeutung des Pols sein muss. Noch weniger als bei den dort behandelten Eingrößensystemen ist das bei Mehrgrößensystemen zu erwarten, die ja aufgrund innerer Kopplungen eine kompliziertere Struktur aufweisen.

Wir wollen im Folgenden *Maßzahlen für die Dominanz von Eigenwerten* herleiten, mit denen sich beurteilen lässt, wie stark ein Eigenwert im Vergleich zu den anderen Eigenwerten des Systems die Dynamik beeinflusst. Wir folgen dabei dem Gedankengang von *L. Litz* [8.21], [8.22], der als Erster ein sachgerechtes Dominanzmaß für Mehrgrößensysteme eingeführt hat. Voraussetzen wollen wir dabei, dass die *Eigenwerte* $\lambda_1, \ldots, \lambda_n$ *von* $\underline{A}$ *einfach* sind. Bei realistischen Systemen darf man diese Voraussetzung in der überwiegenden Mehrzahl der Fälle machen – mit Ausnahme doppelter Eigenwerte in $s = 0$, die der Reihenschaltung zweier I-Glieder entsprechen und zum Beispiel einen Beschleunigungsvorgang beschreiben. Solche Eigenwerte, die auf oder rechts der j-Achse liegen, sind aber stets als dominant anzusetzen, da die von ihnen verursachten Zeitvorgänge „durchschlagen“. Die Dominanzuntersuchung ist daher nur für *links der j-Achse* gelegene Eigenwerte von Interesse. Wir nehmen nun eine Modaltransformation (Transformation auf Diagonalform) $\underline{x} = \underline{V}\,\underline{z}$ gemäß Unterabschnitt 8.1.1 vor. Nach (8.8) und (8.9) sind dann

$$\dot{\underline{z}} = \underline{\Lambda}\,\underline{z} + \widehat{\underline{B}}\,\underline{u}, \tag{8.193}$$

$$\underline{y} = \widehat{\underline{C}}\,\underline{z} \quad \text{mit} \tag{8.194}$$

$$\underline{\Lambda} = \operatorname{diag}(\lambda_1, \ldots, \lambda_n), \quad \widehat{\underline{B}} = \underline{V}^{-1}\underline{B}, \quad \widehat{\underline{C}} = \underline{C}\,\underline{V},$$

wobei $\underline{V}$ die Eigenvektormatrix von $\underline{A}$ ist. Durch Laplace-Transformation mit $\underline{z}(0) = \underline{0}$ folgt aus (8.193) und (8.194)

$$\underline{Y}(s) = \underline{G}(s)\underline{U}(s) \tag{8.195}$$

mit

$$\underline{G}(s) = \widehat{\underline{C}}(s\,\underline{I} - \underline{\Lambda})^{-1}\,\widehat{\underline{B}}. \tag{8.196}$$

Die Gleichung (8.195) lautet zeilenweise

$$Y_i(s) = \sum_{j=1}^{p} G_{ij}(s)U_j(s), \quad i = 1, \ldots, q. \tag{8.197}$$

Darin ist

$$G_{ij}(s) = [\,\widehat{c}_{i1}, \ldots, \widehat{c}_{in}\,] \begin{bmatrix} \frac{1}{s-\lambda_1} & \cdots & 0 \\ \vdots & \ddots & \vdots \\ 0 & \cdots & \frac{1}{s-\lambda_n} \end{bmatrix} \begin{bmatrix} \widehat{b}_{1j} \\ \vdots \\ \widehat{b}_{nj} \end{bmatrix},$$

also

$$G_{ij}(s) = \sum_{k=1}^{n} \frac{\widehat{c}_{ik}\widehat{b}_{kj}}{s - \lambda_k}. \tag{8.198}$$

Dies ist die Übertragungsfunktion, welche die Eingangsgröße u_j mit der Ausgangsgröße y_i verknüpft. Wir können sie als *Übertragungsfunktion des Signalpfads (i,j)* bezeichnen. In Bild 8-13 ist dies veranschaulicht.

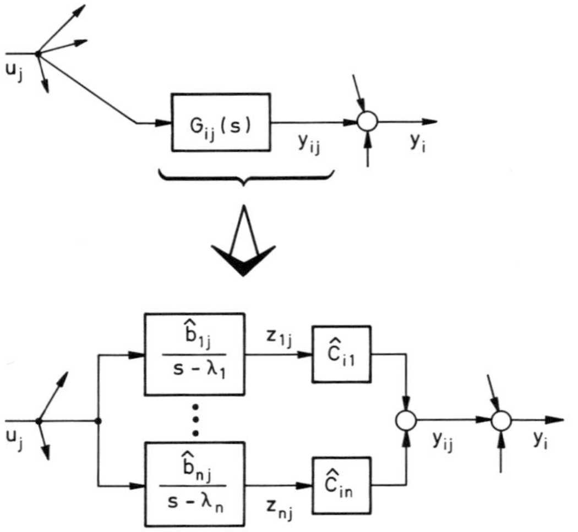

Bild 8-13: Signalpfad (i,j) eines Mehrgrößensystems

Um nun zu erkennen, wie stark die Einwirkung der Eigenwerte auf den Signalpfad (i,j) ist, schalten wir $u_j(t)$ als Sprungfunktion der Sprunghöhe u_{j0} auf, wobei u_{j0} etwa gleich der maximalen Aussteuerung der Eingangsgröße u_j sei

$$u_j(t) = u_{j0}\,\sigma(t).$$

Dann ist die hierdurch erzeugte Ausgangsgröße des Signalpfads (i,j)

$$Y_{ij}(s) = G_{i,j}(s)\cdot\frac{u_{j0}}{s} \quad \text{bzw.}$$

$$y_{ij}(t) = \int_0^t g_{i,j}(\tau)\,u_{j0}\,d\tau \quad \text{mit } g_{ij}(t) = \sum_{k=1}^{n} \widehat{c}_{ik}\,\widehat{b}_{kj}\,\mathrm{e}^{\lambda_k t}.$$

Somit ist

$$y_{ij}(t) = \sum_{k=1}^{n} \frac{\widehat{c}_{ik}\,\widehat{b}_{kj}}{\lambda_k}(\mathrm{e}^{\lambda_k t} - 1)\,u_{j0}. \tag{8.199}$$

Hierdurch wird es nahegelegt, als *Maß für den Einfluss des Eigenwerts λ_k auf den Signalpfad (i,j)* die Zahl

$$D_{ikj} = \left|\frac{\widehat{c}_{ik}\,\widehat{b}_{kj}}{\lambda_k}\right| \tag{8.200}$$

einzuführen.

Dabei ist vorausgesetzt, dass *die Ein- und die Ausgangsgrößen des Systems geeignet normiert* sind. Das ist erforderlich, um überhaupt vergleichbare Werte zu erhalten. Will man zum Beispiel den Einfluss zweier Eingangsgrößen u_1 und u_2 auf ein dynamisches System vergleichen und ist u_1 eine Temperatur, die zwischen 5 °C und 10 °C liegt, und u_2 eine Winkelgeschwindigkeit in der Größenordnung von 1000 sec^{-1}, so werden ohne Normierung berechnete Einflusszahlen für u_2 numerisch größere Werte liefern, ohne dass dies eine reale Bedeutung zu haben braucht. Um vergleichen zu können, muss man zuvor normieren, das heißt die Größen auf einen geeigneten Normierungswert beziehen, der im Einzelnen verschieden sein kann, aber in der Regel so zu wählen ist, dass die normierte Größe von der Größenordnung 1 ist.

Hat man generell die Gleichung

$$y = K\,u$$

und geht man zu den normierten Größen

$$\tilde{u} = \frac{u}{u_m}, \quad \tilde{y} = \frac{y}{y_m}$$

über, so wird

$$\tilde{y} = K\,\frac{u_m}{y_m}\,\tilde{u}.$$

Zu K tritt also der Quotient u_m/y_m hinzu.

Im vorliegenden Fall wird man die Eingangsgröße u_j mit dem Maximalwert u_{j0} normieren. Um einen Normierungsfaktor μ_i von $y_i(t)$ zu bestimmen, denkt man sich nacheinander die Eingangsvektoren

$$\underline{u}^{(1)} = \begin{bmatrix} u_{10} \\ 0 \\ \vdots \\ 0 \end{bmatrix}\sigma(t), \ldots, \underline{u}^{(p)} = \begin{bmatrix} 0 \\ 0 \\ \vdots \\ u_{p0} \end{bmatrix}\sigma(t)$$

aufgeschaltet, was jeweils nur der Aufschaltung einer einzigen Eingangsgröße entspricht. Dabei ergeben sich gewisse Verläufe $y_{i1}(t), \ldots, y_{ip}(t)$ für die Ausgangsgröße $y_i(t)$. Ihre Endwerte

$$y_{i1}(+\infty),\ y_{i2}(+\infty), \ldots, y_{ip}(+\infty)$$

kann man mittels des Endwertsatzes der Laplace-Transformation berechnen, ohne die Zeitvorgänge selbst bestimmen zu müssen. Das Maximum von ihnen nimmt man als Normierungswert μ_i der Ausgangsgröße $y_i(t)$.

In dieser Weise verfährt man für jede Ausgangsgröße y_i. Wie allerdings y_i verläuft, wenn man mehrere oder alle der obigen Eingangsgrößen gleichzeitig aufschaltet, weiß man damit nicht. Es können dann gegenüber der Einzelaufschaltung Verstärkungs- oder auch Kompensationseffekte eintreten. Es ist zu erwarten, dass mit dem oben definierten μ_i ein mittlerer Wert dieser Verläufe vorliegt – was erwünscht ist.

Betrachten wir nach dieser Zwischenbemerkung den Ausdruck (8.200) etwas genauer! Eine anschauliche Deutung ergibt sich sofort aus (8.199). Für $t \to +\infty$ wird aus dieser Gleichung

$$y_{ij}(+\infty) = -\sum_{k=1}^{n} \frac{\widehat{c}_{ik}\widehat{b}_{kj}}{\lambda_k} u_{j0}. \tag{8.201}$$

Daher ist D_{ikj} der *Absolutbetrag des Beitrags, den der Eigenwert* λ_k *zum Endwert von* $y_{ij}(t)$ *liefert*. Weiterhin folgt aus (8.199), dass für den Partialvorgang $p_{ikj}(t)$ zum reellen Eigenwert λ_k bzw. zum konjugiert komplexen Eigenwertpaar $(\lambda_k, \overline{\lambda}_k)$ gilt

$$\frac{|p_{ikj}(t)|}{u_{j0}} \le D_{ikj} \quad \text{bzw.} \quad \le 4\,D_{ikj}\,.$$

Ist λ_k reell, so folgt aus (8.200), dass D_{ikj} desto größer wird, je näher λ_k an der j-Achse liegt – sofern die Zählerfaktoren $\neq 0$ sind. Soweit entspricht das Verhalten dem naiven Dominanzbegriff.

Die Bedeutung der Zählerfaktoren ersieht man anschaulich aus dem Bild 8-13. Ist zum Beispiel $\widehat{b}_{1j} = 0$, so ist die Modalkoordinate z_1 von u_j aus nicht steuerbar. Ist $\widehat{c}_{i1} = 0$, so ist sie von y_1 aus nicht beobachtbar. In beiden Fällen ist $D_{i1j} = 0$, ganz gleich, wie nahe der Eigenwert λ_1 an der j-Achse liegt. Aber auch dann, wenn beide Koeffizienten $\neq 0$ sind, mindestens einer aber sehr klein ist, die Modalkoordinate also schlecht steuerbar oder schlecht beobachtbar ist, kann D_{i1j} auch bei nahe der j-Achse gelegenen λ_1 beliebig klein werden. Die Lage des Eigenwerts zur j-Achse allein stellt also kein befriedigendes Kriterium für seinen Einfluss auf die Dynamik dar; vielmehr muss man die Steuer- und die Beobachtbarkeitseigenschaften des Systems noch mitberücksichtigen.

Mit D_{ikj} hat man eine Maßzahl für den Einfluss des Eigenwerts λ_k auf den Signalpfad (i,j). Um eine globale Maßzahl für den Einfluss des Eigenwerts λ_k auf das gesamte System, also auf sämtliche Signalpfade, zu gewinnen, berechnet man die Zahlen D_{ikj} für alle Signalpfade (i,j) und nimmt das Maximum dieser Zahlen:

$$D_k = \max_{i,j} D_{ikj}\,. \tag{8.202}$$

Diese Zahl darf man als sachgerechtes *Dominanzmaß für den Eigenwert* λ_k ansehen. Nach seinem Erfinder sei es als *Litzsches Dominanzmaß* bezeichnet.

Vergleicht man die Eigenwerte eines Systems miteinander, so werden diejenigen mit vergleichsweise großem Dominanzmaß als *dominant* bezeichnet, diejenigen mit einem demgegenüber niedrigen Dominanzmaß als *nichtdominant*.[12] *Da die nichtdominanten Eigenwerte auf keinen Signalpfad eine nennenswerte Wirkung ausüben, kann man sie für viele Zwecke vernachlässigen.* Davon werden wir bei der Ordnungsreduktion Gebrauch machen.

Zur Unterstützung von (8.202) kann man als weiteres Dominanzmaß

$$S_k = \sum_{i,j} D_{ikj} \tag{8.203}$$

heranziehen. Will man von zwei Eigenwerten mit etwa gleichen D_k einen vernachlässigen, so wird man denjenigen mit kleinerem S_k weglassen, da anzunehmen ist, dass er auf weniger Signalpfade nennenswert einwirkt als der andere.

Es sei nochmals betont, dass die Maßzahlen D_{ikj} nach unseren bisherigen Überlegungen ausschließlich den Absolutbeitrag des zugehörigen Eigenwerts λ_k zum *Endwert* von y_{ij} bewerten. Dies entspricht einer Betrachtung des Frequenzgangs von $G_{ij}(s)$ nach Gleichung (8.198),

$$G_{ij}(j\omega) = \sum_{k=1}^{n} \frac{\widehat{c}_{ik}\widehat{b}_{kj}}{j\omega - \lambda_k}, \tag{8.204}$$

bei der Frequenz $\omega = 0$, wie man durch Vergleich mit D_{ikj} nach Gleichung (8.200) sofort erkennt. Es stellt sich die Frage, ob man die Dominanz auch hinsichtlich anderer, vielleicht besonders interessierender Frequenzen untersuchen kann. Betrachten wir zunächst sehr hohe Frequenzen: Dann dominiert in den Nennern von Gleichung (8.204) jeweils der Anteil $j\omega$, und die λ_k können vernachlässigt werden. Die Summanden in (8.204) unterscheiden sich dann nur noch in ihren Zählern $\widehat{c}_{ik}\widehat{b}_{kj}$, deren Absolutwerte als Maßzahlen

$$D_{ikj}^{\omega \to \infty} = \left|\widehat{c}_{ik}\widehat{b}_{kj}\right| \tag{8.205}$$

12 Es gibt Einzelfälle, in denen diese Schlussweise in die Irre leitet, nämlich dann, wenn mehrere Eigenwerte dicht beisammen liegen, wodurch – wie schon in Kapitel 5 erwähnt – Kopplungen und Kompensationen zwischen den zu den Eigenwerten gehörenden Dynamiktermen auftreten können. Vorschläge zur Abhilfe finden sich in [8.23], [8.24], [8.25].

verwendet und anstelle der D_{ikj} im Dominanzmaß (8.202) eingesetzt werden können.

Häufiger als sehr hohe Frequenzen werden aber solche Frequenzen von Interesse sein, bei denen der *Amplitudengang* eines Partialbruchs besonders große Werte annimmt. Für *reelle* λ_k weist ein einzelner Amplitudengang

$$\left|G_{ikj}(j\omega)\right| = \left|\frac{\widehat{c}_{ik}\widehat{b}_{kj}}{j\omega - \lambda_k}\right| \tag{8.206}$$

sein Maximum $\left|\widehat{c}_{ik}\widehat{b}_{kj}/\lambda_k\right|$ bei $\omega = 0$ auf. Für jeden *komplexen* Eigenwert $\lambda_k = \delta_k + j\omega_k$ wird die Amplitude maximal für $\omega = \omega_k$ (denn dann wird $|j\omega - \lambda_k| = |\delta_k|$ minimal) und nimmt dort den maximalen Wert

$$D_{ikj}^{\text{peak}} = \left|\frac{\widehat{c}_{ik}\widehat{b}_{kj}}{Re\{\lambda_k\}}\right| \tag{8.207}$$

an. Er kann als Maßzahl sowohl für reelle als auch für konjugiert komplexe Eigenwerte verwendet werden und berücksichtigt den „Peak“, das heißt die H_∞-Norm (vergl. Anhang) des Amplitudengangs jedes Partialbruchs von $G_{ij}(s)$, [8.26], [8.25]. Weitere alternative Maßzahlen wurden unter anderem von *A. Varga* [8.25] vorgeschlagen (zur effizienten Berechnung dominanter Eigenwerte sei auf [8.27] verwiesen).

Der **Grundgedanke der modalen Ordnungsreduktion** ist nun naheliegend: *Man behält von den sämtlichen Eigenwerten des Originals nur die dominanten, das heißt für das Systemverhalten maßgebenden, bei und baut aus ihnen das reduzierte Modell auf.*

Dies war denn auch der erste allgemeine Vorschlag zur Ordnungsreduktion, der überhaupt gemacht wurde (*E. J. Davison* [8.28], *S. A. Marshall* [8.29], *M. R. Chidambara* [8.30], [8.31], ab 1966).

Wir wollen davon ausgehen, dass die Dynamikmatrix $\underline{A}$ des Originals diagonalähnlich ist,[13] was insbesondere zutrifft, wenn $\underline{A}$ nur einfache Eigenwerte besitzt, und betrachten das auf Diagonalform transformierte System:

$$\dot{\underline{z}} = \underline{\Lambda}\,\underline{z} + \underline{\widehat{B}}\,\underline{u}\,, \tag{8.208}$$

$$\underline{y} = \underline{\widehat{C}}\,\underline{z} \tag{8.209}$$

mit

$$\underline{\Lambda} = \underline{V}^{-1}\underline{A}\,\underline{V} = \operatorname{diag}(\lambda_1, \ldots, \lambda_n) \tag{8.210}$$

und

$$\underline{\widehat{B}} = \underline{V}^{-1}\underline{B}\,, \underline{\widehat{C}} = \underline{C}\,\underline{V}. \tag{8.211}$$

Mit Hilfe der Dominanzmaße (8.202)-(8.203) ermittelt man die dominanten Eigenwerte. Ist ihre Anzahl m, so kann man ihre Nummerierung so wählen, dass sie durch $\lambda_1, \ldots, \lambda_m$ gegeben sind.

Die Zustandsgleichungen (8.208), (8.209) des Originals in Modalkoordinaten können dann in der folgenden Form geschrieben werden:

$$\begin{bmatrix} z_1 \\ \vdots \\ z_m \\ z_{m+1} \\ \vdots \\ z_n \end{bmatrix}^{\cdot} = \left[\begin{array}{ccc|ccc} \lambda_1 & & & & & \\ & \ddots & & & \underline{0} & \\ & & \lambda_m & & & \\ \hline & & & \lambda_{m+1} & & \\ & \underline{0} & & & \ddots & \\ & & & & & \lambda_n \end{array}\right] \begin{bmatrix} z_1 \\ \vdots \\ z_m \\ z_{m+1} \\ \vdots \\ z_n \end{bmatrix} + \begin{bmatrix} \underline{\widehat{B}}_1 \\ \underline{\widehat{B}}_2 \end{bmatrix} \underline{u}\,,$$

$$\underline{y} = \begin{bmatrix} \underline{\widehat{C}}_1 & \underline{\widehat{C}}_2 \end{bmatrix} \begin{bmatrix} z_1 \\ \vdots \\ z_m \\ z_{m+1} \\ \vdots \\ z_n \end{bmatrix}.$$

Mit

$$\underline{z}_1 = \begin{bmatrix} z_1 \\ \vdots \\ z_m \end{bmatrix}, \quad \underline{z}_2 = \begin{bmatrix} z_{m+1} \\ \vdots \\ z_n \end{bmatrix}$$

kann man die Matrizendifferentialgleichung in zwei Teile zerspalten:

$$\dot{\underline{z}}_1 = \underline{\Lambda}_1\,\underline{z}_1 + \underline{\widehat{B}}_1\,\underline{u} \quad \text{(dominanter Anteil)},$$

$$\dot{\underline{z}}_2 = \underline{\Lambda}_2\,\underline{z}_2 + \underline{\widehat{B}}_2\,\underline{u} \quad \text{(nichtdominanter Anteil)},$$

wobei also

13 Diese Voraussetzung wird bei realen Systemen in aller Regel erfüllt sein. Allenfalls kann sie durch einen Doppelpol am Systemein- oder -ausgang verletzt werden, der zum Beispiel durch einen Beschleunigungsvorgang verursacht wird. In diesem Fall kann man den Doppelpol bzw. die beiden zugehörigen I-Glieder vom Original abspalten, das verbleibende Rumpfsystem reduzieren und dann die beiden I-Glieder an das reduzierte Modell anfügen. Siehe hierzu [8.22], Abschnitt 3.4.

$\underline{\Lambda}_1 = \text{diag}(\lambda_1, \ldots, \lambda_m)$, $\underline{\Lambda}_2 = \text{diag}(\lambda_{m+1}, \ldots, \lambda_n)$.

Die Ordnungsreduktion besteht nun ganz einfach darin, dass der nichtdominante Anteil des Originals weggelassen wird. Das reduzierte Modell ist dann durch die verbleibende Differentialgleichung

$$\dot{\underline{z}}_1 = \underline{\Lambda}_1 \underline{z}_1 + \widehat{\underline{B}}_1 \underline{u} \qquad (8.212)$$

und die Ausgangsgleichung

$$\widehat{\underline{y}} = \widehat{\underline{C}}_1 \underline{z}_1 \qquad (8.213)$$

gegeben und hat daher die Ordnung $m < n$, ist also in der Tat „reduziert".

Eine von L. Litz vorgeschlagene Erweiterung des obigen Reduktionsschritts betrifft die stationäre Genauigkeit des reduzierten Modells, die durch das bloße Entfernen des Teilzustandsvektors $\underline{z}_2$ verlorengegangen ist. Litz schlägt vor, $\underline{z}_2$ durch eine Linearkombination $\underline{z}_2 = \underline{E}\underline{z}_1$ mit geeigneter Matrix $\underline{E}$ zu approximieren. Dadurch wird es gleichzeitig möglich, den gesamten Zustandsvektor $\underline{x}$ zu approximieren, und nicht nur den Ausgang (Einzelheiten sind in [8.21, 8.22] nachzulesen, ein Vergleich in [8.32]).

Zusammenfassend können wir der modalen Reduktion also folgende Eigenschaften attestieren: Sie ist *stabilitätserhaltend* und man weiß über die genaue *Eigenwertlage* des reduzierten Modells vorab Bescheid: Sie stimmen mit den dominanten Eigenwerten des Originalmodells überein. Hinweise zu *günstigen Systemordungen m* resultieren unmittelbar aus der Dominanzanalyse. Stationäre Genauigkeit und eine Approximation des gesamten Zustandsvektors können durch Erweiterungen erreicht werden.

8.6.2 Ordnungsreduktion durch Balancieren und Abschneiden

Auch beim Verfahren des Balancierens und Abschneidens wird das zu reduzierende System zunächst durch eine Zustandstransformation in eine Darstellung gebracht, die so genannte *balancierte Darstellung*, in der die unwichtigen, schwach steuer- und gleichzeitig schwach beobachtbaren Systemanteile leicht zu erkennen und *abzuschneiden* sind. Grundlage hierfür sind die so genannten *Gramschen Steuer- und Beobachtbarkeitsmatrizen*, die wir zunächst einführen.

In Abschnitt 8.3.2 zum Kalmanschen Steuerbarkeitskriterium hatten wir gesehen, dass für ein Eingrößensystem $\dot{\underline{x}} = \underline{A}\underline{x} + \underline{b}u$ das Faltungsintegral

$$\int_{t_0}^{t} \mathrm{e}^{\underline{A}(t-\tau)} \underline{b}\, u(\tau) d\tau = \mathrm{e}^{\underline{A}t} \underline{b} * u(t) \stackrel{!}{=} \underline{v} \qquad (8.214)$$

der Impulsantwort $\mathrm{e}^{\underline{A}t}\underline{b}$ mit dem Signal $u(t)$ einen beliebigen Vektor $\underline{v}$ erzeugen können muss, damit das System steuerbar ist. Dies ist nur möglich, wenn die Impulsantwort $\mathrm{e}^{\underline{A}t}\underline{b}$ in ihrem Verlauf den gesamten Zustandsraum der Dimension n aufspannt. Und Letzteres kann man anhand der Gramschen Matrix überprüfen [8.33] [8.34], die wir gleich für den Mehrgrößenfall betrachten: *Ein stabiles System*

$$\begin{aligned} \dot{\underline{x}} &= \underline{A}\underline{x} + \underline{B}\underline{u}, & (8.215)\\ \underline{y} &= \underline{C}\underline{x} & (8.216) \end{aligned}$$

ist genau dann steuerbar, wenn die Gramsche Steuerbarkeitsmatrix

$$\underline{P} = \int_0^\infty \mathrm{e}^{\underline{A}t} \underline{B}\underline{B}^T \mathrm{e}^{\underline{A}^T t} dt \qquad (8.217)$$

vollen Rang n hat; es ist genau dann beobachtbar, wenn die Gramsche Beobachtbarkeitsmatrix

$$\underline{Q} = \int_0^\infty \mathrm{e}^{\underline{A}^T t} \underline{C}^T \underline{C} \mathrm{e}^{\underline{A}t} dt \qquad (8.218)$$

vollen Rang n hat.

Wie im Abschnitt 9.4.2 in allgemeiner Form gezeigt wird, erfüllen die Matrizen $\underline{P}$ und $\underline{Q}$ dabei die beiden *Ljapunow-Gleichungen*

$$\begin{aligned} \underline{A}\underline{P} + \underline{P}\underline{A}^T &= -\underline{B}\underline{B}^T, & (8.219)\\ \underline{A}^T\underline{Q} + \underline{Q}\underline{A} &= -\underline{C}^T\underline{C}, & (8.220) \end{aligned}$$

durch deren Lösung sie auch berechnet werden können.

Ist das Modell (8.215), (8.216) asymptotisch stabil sowie steuer- und beobachtbar (was wir im Folgenden annehmen wollen), so sind die Matrizen $\underline{P}$ und $\underline{Q}$ symmetrisch mit ausschließlich reellen positiven Eigenwerten. Allerdings bleibt eine Analyse dominanter Richtungen im Zustandsraum zunächst schwierig, unter anderem weil die Matrizen $\underline{P}$ und $\underline{Q}$ sich im Allgemeinen unterscheiden und unübersichtlich strukturiert sind.

Abhilfe konnte *B. C. Moore* [8.35] schaffen: Er gab eine Zustandstransformation $\underline{z} = \underline{T}\underline{x}$ an, die das Modell (8.215), (8.216) in eine Darstellung überführt, in der die beiden Gramschen Matrizen *diagonalförmig* und *gleich* sind. Das so entstehende Modell

$$\dot{\underline{z}} = \overbrace{\underline{T}\underline{A}\underline{T}^{-1}}^{\bar{\underline{A}}} \underline{z} + \overbrace{\underline{T}\underline{B}}^{\bar{\underline{B}}} \underline{u}, \quad (8.221)$$

$$\underline{y} = \underbrace{\underline{C}\underline{T}^{-1}}_{\bar{\underline{C}}} \underline{z} \quad (8.222)$$

wird die *balancierte Darstellung* genannt, und für die transformierten Gramschen Matrizen gilt also

$$\bar{\underline{P}} = \bar{\underline{Q}} = \underline{\Sigma} = \begin{bmatrix} \sigma_1 & & 0 \\ & \ddots & \\ 0 & & \sigma_n \end{bmatrix}. \quad (8.223)$$

Die Diagonalelemente σ_i darin werden als *Hankel-Singulärwerte*[14] bezeichnet. Durch eine geeignete Nummerierung der Zustandsvariablen kann man stets erreichen, dass die Hankel-Singulärwerte der Größe nach sortiert sind, wovon wir im Folgenden ausgehen wollen:

$$\sigma_1 \geq \sigma_2 \geq \ldots \geq \sigma_n > 0. \quad (8.224)$$

Diese Zustandsdarstellung, in der offensichtlich jede Zustandsvariable gleich gut steuer- wie beobachtbar ist, stellt den Schlüssel zur anschließenden Ordnungsreduktion dar. Zunächst wollen wir uns aber die Bedeutung der Hankel-Singulärwerte und der Diagonalgestalt von $\underline{P}$ anschaulich machen. Betrachten wir dazu nochmals den Eingrößenfall wie in (8.214) für das transformierte System: Für die Impulsantwort $\underline{z}_\delta(t) = \mathrm{e}^{\bar{\underline{A}}t}\,\bar{\underline{b}}$ gilt

$$\bar{\underline{P}} = \int_0^\infty \underline{z}_\delta(t)\underline{z}_\delta^T(t)dt = \underline{\Sigma} \quad (8.225)$$

oder elementweise

$$\bar{p}_{ij} = \int_0^\infty z_{\delta,i}(t) z_{\delta,j}(t)dt = \begin{cases} \sigma_i & \text{für } i = j \\ 0 & \text{sonst} \end{cases} \quad i,j = 1,\ldots,n, \quad (8.226)$$

worin $z_{\delta,i}$ die i-te Komponente der Impulsantwort $\underline{z}_\delta(t)$ ist. Interpretieren wir das Integral in (8.226) für $i = j$ als ein *Energiemaß* für die Komponente $z_{\delta,i}(t)$, so gibt also σ_i gerade diese Energie an.[15] Da das Integral für $i \neq j$ null liefert, sind die einzelnen Komponenten $z_{\delta,i}(t)$ in diesem Sinne orthogonal zueinander, das heißt das Entfernen eines Elements aus $\underline{z}_\delta(t)$ verändert in (8.225) nicht die Energiemaße der anderen Elemente und bietet sich daher als Ansatz zur Ordnungsreduktion an.

Tatsächlich erfolgt die Ordnungsreduktion nach *B.C. Moore* nun dadurch, dass man das balancierte Modell (8.221), (8.222) partitioniert,

$$\begin{bmatrix} \dot{\underline{z}}_1 \\ \dot{\underline{z}}_2 \end{bmatrix} = \begin{bmatrix} \bar{\underline{A}}_{11} & \bar{\underline{A}}_{12} \\ \bar{\underline{A}}_{21} & \bar{\underline{A}}_{22} \end{bmatrix} \begin{bmatrix} \underline{z}_1 \\ \underline{z}_2 \end{bmatrix} + \begin{bmatrix} \bar{\underline{B}}_1 \\ \bar{\underline{B}}_2 \end{bmatrix} \underline{u}, \quad (8.227)$$

$$\underline{y} = \begin{bmatrix} \bar{\underline{C}}_1 & \bar{\underline{C}}_2 \end{bmatrix} \begin{bmatrix} \underline{z}_1 \\ \underline{z}_2 \end{bmatrix}, \quad (8.228)$$

und *abschneidet*, mit dem Reduktionsergebnis

$$\dot{\underline{z}}_r = \bar{\underline{A}}_{11}\underline{z}_r + \bar{\underline{B}}_1\underline{u}, \quad (8.229)$$

$$\widehat{\underline{y}} = \bar{\underline{C}}_1\underline{z}_r. \quad (8.230)$$

Dabei wählt man die Partitionierung und damit die Ordnung m des reduzierten Modells so, dass die abgeschnittenen Singulärwerte $\sigma_{m+1},\ldots,\sigma_n$ deutlich kleinere Zahlenwerte haben als die Singulärwerte $\sigma_1,\ldots,\sigma_m$. Das so gefundene Reduktionsergebnis weist einige bemerkenswerte ***Eigenschaften*** auf:

- Das reduzierte Modell ist stabil, das heißt, die Eigenwerte von $\bar{\underline{A}}_{11}$ liegen in der linken komplexen Halbebene. Das Reduktionsverfahren ist also *stabilitätserhaltend* [8.37]. Anders als bei der modalen Reduktion verschieben sich dabei die Eigenwerte gegenüber denen des Originalmodells.

- Das reduzierte Modell liegt in *balancierter Form* vor und besitzt die Hankel-Singulärwerte $\sigma_1,\ldots,\sigma_m$ des Originalmodells [8.35].

- Die *Approximationsgüte* des reduzierten Modells, die über die H_∞-Norm der Frequenzgangdifferenz $\underline{G}(j\omega) - \bar{\underline{G}}(j\omega) = \underline{C}(s\underline{I}-\underline{A})^{-1}\underline{B} - \bar{\underline{C}}_1(s\underline{I}-\bar{\underline{A}}_{11})^{-1}\bar{\underline{B}}_1$ von Original und reduziertem Modell ausgedrückt wird, lässt sich anhand der abgeschnittenen Singulärwerte abschätzen [8.36, 8.37]:[16]

$$\|\underline{G}(j\omega) - \bar{\underline{G}}(j\omega)\|_\infty \leq 2(\sigma_{m+1} + \ldots + \sigma_n).$$

14 Die Hankel-Singulärwerte sind allgemein als die Wurzeln der Eigenwerte von $\underline{P}\underline{Q}$ definiert; bei balancierten Darstellungen stehen sie auf den Diagonalen von $\bar{\underline{P}}$ und $\bar{\underline{Q}}$, wie in (8.223). Man kann zeigen, dass die Hankel-Singulärwerte invariant gegenüber eventuellen Zustandstransformationen des Modells (8.215)(8.216) sind [8.35, 8.36].

15 In ähnlicher Weise können die Elemente $\bar{q}_{ij}$ von $\bar{\underline{Q}}$ als Energiebeiträge der Zustandsvariablen zum Ausgangssignal interpretiert werden.

16 Zur H_∞-Norm $\|\underline{G}(j\omega) - \bar{\underline{G}}(j\omega)\|_\infty$ siehe Anhang, Abschnitt 11.3.12.3.

Es wird sofort ersichtlich, dass für gute Approximationsgüte nur der Systemteil mit den kleinsten Singulärwerten abgeschnitten werden darf.

- Es existieren zahlreiche weitere *Varianten* des Balancierens und Abschneidens, bei denen teilweise anstelle der Gramschen Matrizen andere symmetrische positiv definite Matrizen verwendet werden; zudem können *Frequenzgewichtungen* vorgenommen werden, um die Approximationsgüte frequenzabhängig zu steuern [8.38–8.41].
- Das reduzierte Modell (8.229), (8.230) ist *nicht stationär genau*, das heißt $\underline{G}(0) \neq \bar{\underline{G}}(0)$. Durch eine Erweiterung des Verfahrens [8.42] kann stationäre Genauigkeit hergestellt werden (wodurch sich die Hankel-Singulärwerte nicht verändern und die Fehlerschranke gültig bleibt). Dazu setzt man in (8.227) $\dot{\underline{z}}_2$ zu null, löst die zweite Teilgleichung nach $\underline{z}_2$ auf und setzt in die erste Teilgleichung und in (8.228) ein, mit dem Reduktionsergebnis

$$\dot{\underline{z}}_r = \left[\bar{\underline{A}}_{11} - \bar{\underline{A}}_{12}\bar{\underline{A}}_{22}^{-1}\bar{\underline{A}}_{21}\right]\underline{z}_r + \left[\bar{\underline{B}}_1 - \bar{\underline{A}}_{12}\bar{\underline{A}}_{22}^{-1}\bar{\underline{B}}_2\right]\underline{u}, \tag{8.231}$$

$$\hat{\underline{y}} = \left[\bar{\underline{C}}_1 - \bar{\underline{C}}_2\bar{\underline{A}}_{22}^{-1}\bar{\underline{A}}_{21}\right]\underline{z}_r + \left[-\bar{\underline{C}}_2\bar{\underline{A}}_{22}^{-1}\bar{\underline{B}}_2\right]\underline{u}. \tag{8.232}$$

Für die Implementierung auf dem Digitalrechner sind diverse ***Algorithmen*** entwickelt worden, die hier nicht im Einzelnen dargestellt werden. Beispielhaft sei der so genannte Wurzelalgorithmus skizziert [8.38, 8.43]:

1. Die Gramschen Matrizen $\underline{P}$ und $\underline{Q}$ werden durch Lösen der Ljapunow-Gleichungen (8.219), (8.220) ermittelt.
2. Da sie positiv definit sind, können sie in so genannte Cholesky-Faktoren zerlegt werden: $\underline{P} = \underline{S}^T\underline{S}$, $\underline{Q} = \underline{R}^T\underline{R}$.
3. Das Produkt $\underline{S}\underline{R}^T$ wird einer Singulärwertzerlegung unterzogen, $\underline{S}\underline{R}^T = \underline{U}\underline{\Sigma}\underline{V}^T$, die die orthogonalen (n,n)-Matrizen $\underline{U}$ und $\underline{V}^T$ liefert sowie die Diagonalmatrix $\underline{\Sigma}$ der Hankel-Singulärwerte.
4. Die Matrix $\underline{T}$ zur Transformation auf balancierte Darstellung lautet dann $\underline{T} = \underline{\Sigma}^{-\frac{1}{2}}\underline{V}^T\underline{R}$, und es ist $\underline{T}^{-1} = \underline{S}^T\underline{U}\underline{\Sigma}^{-\frac{1}{2}}$.

Jüngere Implementierungen, die auf eine nur näherungsweise Lösung der Ljapunow-Gleichungen abzielen und auf die explizite Berechnung von $\underline{P}$ und $\underline{Q}$ verzichten, ermöglichen die Behandlung auch großer Modelle mit bis zu mehreren zehntausend Zustandsvariablen [8.38, 8.44–8.46].

Zusammenfassung: Das Balancieren und Abschneiden hat sich als eines der erfolgreichsten Verfahren etabliert, und es stehen erprobte Algorithmen zur Verfügung (MATLAB: Mit den zwei Befehlen *balreal* und *modred* kann die Reduktion in einfacher Weise ausgeführt werden). Das Verfahren ist stabilitätserhaltend und liefert eine aussagekräftige Fehlerabschätzung. Es sind Varianten zur Erhaltung stationärer Genauigkeit bekannt.

8.6.3 Krylov-unterraumbasierte Ordnungsreduktion

Ein *Krylov-Unterraum* wird durch eine Sequenz $\tilde{\underline{b}}, \tilde{\underline{A}}\tilde{\underline{b}}, \tilde{\underline{A}}^2\tilde{\underline{b}}, \ldots, \tilde{\underline{A}}^{m-1}\tilde{\underline{b}}$ von m Vektoren aufgespannt (worin $\tilde{\underline{b}}$ einen $(n,1)$-Vektor und $\tilde{\underline{A}}$ eine (n,n)-Matrix bezeichnen), und man schreibt kurz

$$K_m(\tilde{\underline{A}}, \tilde{\underline{b}}) = \text{span}\left\{\tilde{\underline{b}}, \tilde{\underline{A}}\tilde{\underline{b}}, \tilde{\underline{A}}^2\tilde{\underline{b}}, \ldots, \tilde{\underline{A}}^{m-1}\tilde{\underline{b}}\right\}.$$

Ist $m < n$, so wird durch diese Vektoren nicht der vollständige Raum der Dimension n aufgespannt, sondern nur ein Unterraum.

Im Folgenden wollen wir ein Reduktionsverfahren kennenlernen, das sich auf solche Krylov-Unterräume stützt und zur Reduktion besonders großer Systeme mit bis zu hunderttausenden oder millionen Zustandsvariablen geeignet ist. Ausgangspunkt sei zunächst ein *Eingrößensystem*

$$\dot{\underline{x}} = \underline{A}\underline{x} + \underline{b}u, \tag{8.233}$$

$$y = \underline{c}^T\underline{x}. \tag{8.234}$$

Möchte man darin den Zustandsvektor $\underline{x}$ der Dimension n mit Hilfe eines reduzierten Vektors $\underline{x}_r$ der kleineren Dimension m approximieren, so liegt es nahe, den Vektor $\underline{x}_r$ durch Multiplikation mit einer geeignet zu wählenden (n,m)-Matrix $\underline{V}$ auf passende Dimension zu bringen und $\underline{x}$ durch $\underline{V}\underline{x}_r$ sowie $\dot{\underline{x}}$ durch $\underline{V}\dot{\underline{x}}_r$ zu ersetzen:

$$\underline{V}\dot{\underline{x}}_r = \underline{A}\underline{V}\underline{x}_r + \underline{b}u, \tag{8.235}$$

$$\hat{y} = \underline{c}^T\underline{V}\underline{x}_r. \tag{8.236}$$

Allerdings ist die Differentialgleichung (8.235) überbestimmt, denn sie besteht aus n skalaren Differentialgleichungen mit nur m Elementen des Vektors $\underline{x}_r$, und es wird im Allgemeinen keine Lösung $\underline{x}_r(t)$ existieren. Multiplizieren wir die ganze Gleichung von links mit einer geeignet zu wählenden (m,n)-Matrix $\underline{W}^T$, so entsteht zunächst das System von m Differentialgleichungen

$$\underline{W}^T\underline{V}\dot{\underline{x}}_r = \underline{W}^T\underline{A}\underline{V}\underline{x}_r + \underline{W}^T\underline{b}u, \tag{8.237}$$

und nach Multiplikation von links mit $(\underline{W}^T\underline{V})^{-1}$ erhalten wir das *reduzierte Modell*[17]

$$\dot{\underline{x}}_r = \underbrace{(\underline{W}^T\underline{V})^{-1}\underline{W}^T\underline{A}\underline{V}}_{\underline{A}_r}\underline{x}_r + \underbrace{(\underline{W}^T\underline{V})^{-1}\underline{W}^T\underline{b}}_{\underline{b}_r}u, \tag{8.238}$$

$$\widehat{y} = \underbrace{\underline{c}^T\underline{V}}_{\underline{c}_r^T}\underline{x}_r \tag{8.239}$$

mit den erwarteten Dimensionen (m, m) der Matrix $\underline{A}_r$, $(m, 1)$ des Vektors $\underline{b}_r$ und $(1, m)$ des Vektors $\underline{c}_r^T$. Aber wie sollen die beiden (n, m)-Matrizen $\underline{V}$ und $\underline{W}$ gewählt werden? Das Ziel der Krylov-unterraumbasierten Reduktion ist, bestimmte Parameter des Ein-Ausgangsverhaltens von Original- und reduziertem Modell, die so genannten *Momente* zur Übereinstimmung zubringen. Das wird erreicht, indem man $\underline{V}$ und $\underline{W}$ aus Vektoren zusammensetzt, die jeweils Basen gewisser Krylov-Unterräume sind. Eine einfache Wahl, anhand derer wir uns die Wirkungsweise der Krylov-unterraumbasierten Reduktion klarmachen wollen, ist folgende:

Die Matrix $\underline{V}$ wird aus Spaltenvektoren $\underline{v}_1, \ldots, \underline{v}_m$ zusammengesetzt, die eine Basis des Krylov-Unterraums

$$K_m(\underline{A}^{-1}, \underline{A}^{-1}\underline{b}) = \text{span}\left\{\underline{A}^{-1}\underline{b}, \ldots, \underline{A}^{-m}\underline{b}\right\} \tag{8.240}$$

bilden, und die Matrix $\underline{W}$ wird aus Spaltenvektoren $\underline{w}_1, \ldots, \underline{w}_m$ zusammengesetzt, die eine Basis des Krylov-Unterraums

$$K_m(\underline{A}^{-T}, \underline{A}^{-T}\underline{c}) = \text{span}\left\{\underline{A}^{-T}\underline{c}, \ldots, \left(\underline{A}^{-T}\right)^m\underline{c}\right\} \tag{8.241}$$

bilden (mit der Schreibweise $\underline{A}^{-T} = (\underline{A}^{-1})^T$). Dabei wird Invertierbarkeit der Matrix $\underline{A}$ vorausgesetzt und eine hinreichend kleine Wahl von m, so dass beide Krylov-Unterräume Dimension m besitzen.[18] Zweifellos bilden die in (8.240), (8.241) rechts auftretenden Vektoren selbst je eine Basis, so dass man prinzipiell $\underline{V} = [\underline{A}^{-1}\underline{b}, \ldots, \underline{A}^{-m}\underline{b}]$ bzw. $\underline{W} = \left[\underline{A}^{-T}\underline{c}, \ldots, \left(\underline{A}^{-T}\right)^m\underline{c}\right]$ wählen könnte; jedoch ist dies aufgrund der Potenzierung von $\underline{A}^{-1}$ *numerisch* zumeist *ungünstig*, wogegen wir später Abhilfe schaffen werden.

Ist die Matrix $\underline{W}^T\underline{V}$ invertierbar, so liegt das reduzierte Modell der Ordnung m durch (8.238), (8.239) vor. In welchem Sinne stellt es eine gute Approximation des Originals dar? Tatsächlich gleichen sich Parameter des Ein-Ausgangsverhaltens von Originalmodell (8.233), (8.234) und reduziertem Modell (8.238), (8.239), nämlich die schon erwähnten *Momente*, unter der wenig einschränkenden Annahme, dass die Matrix $\underline{A}_r$ regulär ist. Die Momente M_i sind definiert als die negativen Koeffizienten der *Taylorreihe*[19] der Übertragungsfunktion um einen Entwicklungspunkt s_0, hier $s_0 = 0$,

$$G(s) = \underline{c}^T(s\underline{I} - \underline{A})^{-1}\underline{b} \tag{8.242}$$

$$= -\underbrace{\underline{c}^T\underline{A}^{-1}\underline{b}}_{M_0} - \ldots - \underbrace{\underline{c}^T\underline{A}^{-(i+1)}\underline{b}}_{M_i}s^i - \ldots. \tag{8.243}$$

Mit der obigen Wahl der Matrizen $\underline{V}$ und $\underline{W}$ werden die ersten $2m$ dieser Momente mit denen des reduzierten Modells zur Übereinstimmung gebracht. Diese wichtige Aussage wollen wir hier nicht vollständig beweisen, aber doch die Übereinstimmung des ersten Moments, M_0, zeigen. Dazu schreiben wir das erste Moment des reduzierten Modells an, $M_{r0} = \underline{c}_r^T\underline{A}_r^{-1}\underline{b}_r$, und setzen $\underline{A}_r, \underline{b}_r, \underline{c}_r^T$ gemäß (8.238), (8.239) ein,

$$\begin{aligned} M_{r0} &= \underline{c}_r^T\underline{A}_r^{-1}\underline{b}_r \\ &= \underline{c}^T\underline{V}(\underline{W}^T\underline{A}\underline{V})^{-1}\underbrace{\underline{W}^T\underline{V}(\underline{W}^T\underline{V})^{-1}}_{\underline{I}}\underline{W}^T\underline{b}. \end{aligned}$$

Aus (8.240) ist bekannt, dass der Vektor $\underline{A}^{-1}\underline{b}$ im Krylov-Unterraum liegt, folglich als Linearkombination der Spalten von $\underline{V}$ darstellbar ist, $\underline{A}^{-1}\underline{b} = \underline{V}\underline{r}_0$, mit einem geeigneten $(n, 1)$-Vektor $\underline{r}_0$. Somit wird M_{r0} nach Einfügen von $\underline{A}\underline{A}^{-1} = \underline{I}$:

$$\begin{aligned} M_{r0} &= \underline{c}^T\underline{V}(\underline{W}^T\underline{A}\underline{V})^{-1}\underline{W}^T\underline{A}\underline{A}^{-1}\underline{b} \\ &= \underline{c}^T\underline{V}(\underline{W}^T\underline{A}\underline{V})^{-1}\underline{W}^T\underline{A}\underline{V}\underline{r}_0 \\ &= \underline{c}^T\underline{V}\underline{r}_0 = \underline{c}^T\underline{A}^{-1}\underline{b} = M_0, \end{aligned} \tag{8.244}$$

womit die Momentenübereinstimmung gezeigt ist (für die höheren Momente verläuft der Beweis ähnlich). Da das Moment M_0 gerade der stationären Verstärkung $G(0)$ entspricht, bleibt diese bei der Reduktion erhalten.

17 Das Vorgehen wird für den Fall $\underline{V} = \underline{W}$ als *Galerkin-Projektion* und für $\underline{V} \neq \underline{W}$ (mit $\det(\underline{W}^T\underline{V}) \neq 0$) als *Petrov-Galerkin-Projektion* bezeichnet.

18 Die höchstmöglichen Dimensionen der beiden Krylov-Unterräume stimmen mit den Dimensionen der steuer- bzw. beobachtbaren Unterräume, [8.47], überein, wie man zeigen kann.

19 Am einfachsten gewinnt man diese Reihendarstellung, indem man $G(s)$ in $-\underline{c}^T\underline{A}^{-1}(\underline{I} - s\underline{A}^{-1})^{-1}\underline{b}$ umformt und die Inverse $(\underline{I} - s\underline{A}^{-1})^{-1}$ als geometrische Reihe darstellt, mit dem Ergebnis $G(s) = -\underline{c}^T\underline{A}^{-1}\left[\underline{I} + s\underline{A}^{-1} + s^2\underline{A}^{-2} + \ldots\right]\underline{b}$, was genau (8.243) entspricht. Alternativ kann man die Taylorreihe auch durch Bilden der Ableitungen von G nach s unter Verwendung der Ableitungsregel $\partial\underline{A}^{-1}/\partial s = -\underline{A}^{-1}(\partial\underline{A}/\partial s)\underline{A}^{-1}$, [8.48], ermitteln.

Mit dem dargestellten, sehr einfachen Reduktionsschema lassen sich Eingrößensysteme erfolgreich reduzieren. Darüber hinaus sind zunächst ***vier Erweiterungen*** und Varianten wichtig:

1) Auch *Mehrgrößensysteme*

$$\dot{\underline{x}} = \underline{A}\underline{x} + \underline{B}\underline{u}, \tag{8.245}$$

$$\underline{y} = \underline{C}\underline{x} \tag{8.246}$$

können reduziert werden. Dazu müssen zur Bildung von $\underline{V}$ und $\underline{W}$ nur die so genannten *Block-Krylov-Unterräume*

$$K_{m_1}(\underline{A}^{-1},\underline{A}^{-1}\underline{B}) = \text{span}\left\{\underline{A}^{-1}\underline{B},\ldots,\underline{A}^{-m_1}\underline{B}\right\}, \tag{8.247}$$

$$K_{m_2}(\underline{A}^{-T},\underline{A}^{-T}\underline{C}^T) = \text{span}\left\{\underline{A}^{-T}\underline{C}^T,\ldots,\left(\underline{A}^{-T}\right)^{m_2}\underline{C}^T\right\} \tag{8.248}$$

herangezogen werden, anstelle von (8.240) und (8.241). Da $\underline{B}$ die Dimension (n,p) und $\underline{C}$ die Dimension (q,n) hat, sind die maximal möglichen Dimensionen der beiden Krylov-Unterräume m_1p und m_2q, und die Matrizen $\underline{V}$ und $\underline{W}$ erhalten die Dimensionen (n,m_1p) und (n,m_2q). Stimmen dabei die Dimensionen von $\underline{V}$ und $\underline{W}$ überein, so können sie ganz in Entsprechung zum Eingrößenfall zur Reduktion verwendet werden und führen zum reduzierten Modell der Ordnung $m = m_1p = m_2q$:

$$\dot{\underline{x}}_r = \underbrace{(\underline{W}^T\underline{V})^{-1}\underline{W}^T\underline{A}\underline{V}}_{\underline{A}_r}\underline{x}_r + \underbrace{(\underline{W}^T\underline{V})^{-1}\underline{W}^T\underline{B}}_{\underline{B}_r}\underline{u},$$

$$\hat{\underline{y}} = \underbrace{\underline{C}\underline{V}}_{\underline{C}_r}\underline{x}_r,$$

wobei $m_1 + m_2$ (matrixwertige!) Momente $\underline{M}_i = \underline{C}\underline{A}^{-(i+1)}\underline{B}$ zur Übereinstimmung gebracht werden. Erreichen die Krylov-Unterräume hingegen nicht ihre maximalen Dimensionen (was im Mehrgrößenfall auch bei vorliegender Steuer- und Beobachtbarkeit des Originalmodells eintreten kann), so fallen die Spaltenanzahlen von $\underline{V}$ und $\underline{W}$ entsprechend kleiner aus. Man wird sie aneinander angleichen können, indem man die letzten Spalten der größeren Matrix streicht.

2) Anstelle des Entwicklungspunkts $s_0 = 0$ können bei der Taylorreihenentwicklung *andere Entwicklungspunkte* $s_0 \neq 0$ gewählt werden. Die Momente lauten dann $\underline{M}_i = \underline{C}(\underline{A} - s_0\underline{I})^{-(i+1)}\underline{B}$, und es sind zur Bestimmung von $\underline{V}$ und $\underline{W}$ die Krylov-Unterräume $K_{q_1}((\underline{A} - s_0\underline{I})^{-1},(\underline{A} - s_0\underline{I})^{-1}\underline{B})$ und $K_{q_2}((\underline{A} - s_0\underline{I})^{-T},(\underline{A} - s_0\underline{I})^{-T}\underline{C}^T)$ zu verwenden. Es ist auch möglich, gleichzeitig Momente zu *verschiedenen Punkten* s_0 zur Übereinstimmung zu bringen, [8.49]. Will man beispielsweise je das erste Moment eines Eingrößensystems zu drei speziellen Werten s_{01}, s_{02} und s_{03} durch geeignete Wahl von $\underline{V}$ zur Übereinstimmung bringen, so muss $\underline{V}$ die Richtungen $(\underline{A}-s_{01}\underline{I})^{-1}\underline{b}$, $(\underline{A}-s_{02}\underline{I})^{-1}\underline{b}$ und $(\underline{A}-s_{03}\underline{I})^{-1}\underline{b}$ umfassen. Die Übertragungsfunktionen des reduzierten und des originalen Modells stimmen dann an diesen drei Stellen $\underline{G}_r(s_{01}) = \underline{G}(s_{01})$, $\underline{G}_r(s_{02}) = \underline{G}(s_{02})$, $\underline{G}_r(s_{03}) = \underline{G}(s_{03})$ überein; die originale Übertragungsfunktion wird also an diesen Stellen *interpoliert.* Die günstige Wahl von Entwicklungspunkten ist eine noch nicht ganz geklärte Frage. Tendenziell sorgen Entwicklungspunkte nahe null für gutes stationäres Verhalten und für eine gute Approximation des Bode-Diagramms bei niedrigen Frequenzen. Dagegen verbessern große Werte s_0 das Verhalten bei höheren Frequenzen. Es gibt auch Vorschläge, günstige Entwicklungspunkte durch mehrmalige hintereinander ausgeführte Reduktionen zu ermitteln [8.50, 8.51].

3) Anstatt beide Matrizen $\underline{V}$ und $\underline{W}$ aus Krylov-Unterräumen zu bestimmen, kann man auch eine der beiden *beliebig* wählen (aber so, dass $\underline{W}^T\underline{V}$ und $\underline{W}^T\underline{A}\underline{V}$ invertierbar sind). Dann werden allerdings nur noch m skalare Momente im Eingrößenfall bzw. m_1 oder m_2 matrixwertige Momente im Mehrgrößenfall zur Übereinstimmung gebracht. Wählt man $\underline{V}$ gemäß (8.240) und $\underline{W}$ beliebig, so kann man analog zu (8.244) zeigen, dass die ersten m Momente für jeden beliebigen Ausgangsvektor $\underline{y} = \underline{C}\underline{x}$, insbesondere auch für $\underline{y} = \underline{x}$, übereinstimmen. Eine Approximation des gesamten Zustandsvektors kann also stets durch $\hat{\underline{x}}(t) = \underline{V}\underline{x}_r(t)$ erfolgen.

4) Bei der Modellierung großer Systeme tritt vor die Ableitung $\dot{\underline{x}}$ häufig eine quadratisch reguläre *Matrix* $\underline{E}$ (mit deren inverser Matrix man aus numerischen Gründen häufig nicht durchmultiplizieren kann), so dass das Originalmodell

$$\underline{E}\dot{\underline{x}} = \underline{A}\underline{x} + \underline{B}\underline{u}, \tag{8.249}$$

$$\underline{y} = \underline{C}\underline{x} \tag{8.250}$$

lautet. In diesem Fall wird die Übertragungsfunktion zu $\underline{G}(s) = \underline{C}(s\underline{E} - \underline{A})^{-1}\underline{B}$, und die Momente um $s_0 = 0$ sind $\underline{M}_i = \underline{C}(\underline{A}^{-1}\underline{E})^i\underline{A}^{-1}\underline{B}$. In Analogie zu (8.237) wird das reduzierte Modell

$$\underline{W}^T\underline{E}\underline{V}\dot{\underline{x}}_r = \underline{W}^T\underline{A}\underline{V}\underline{x}_r + \underline{W}^T\underline{B}\underline{u}, \tag{8.251}$$

$$\hat{\underline{y}} = \underline{C}\underline{V}\underline{x}_r. \tag{8.252}$$

Um auch in diesem Falle Momente um den Entwicklungspunkt null zur Übereinstimmung zu bringen, sind $\underline{V}$ und $\underline{W}$ als Basen der Krylov-Unterräume $K_{q_1}(\underline{A}^{-1}\underline{E},\underline{A}^{-1}\underline{B})$ und $K_{q_2}(\underline{A}^{-T}\underline{E}^T,\underline{A}^{-T}\underline{C}^T)$ zu verwenden. Soll der Entwicklungspunkt $s_0 \neq 0$ sein, so ist in diesen beiden Räumen $(\underline{A}-s_0\underline{E})$ anstelle von $\underline{A}$ einzusetzen, [8.49, 8.52].

Gerade bei der Reduktion sehr großer Modelle spielen ***numerische Aspekte*** eine wichtige Rolle. So ist die Bestimmung einer Basis $\underline{V}$ zu einem Krylov-Unterraum $K_m(\tilde{\underline{A}},\tilde{\underline{b}})$ heikel, und auch die Inversen $\underline{A}^{-1}$ bzw. $(\underline{A}-s_0\underline{I})^{-1}$ verdienen Beachtung. Zur Bildung von $\underline{V}$ hat es sich als günstig erwiesen, orthogonale Basisvektoren $\underline{v}_i$ iterativ zu bilden und zur Matrix $\underline{V}$ zusammenzusetzen. Der *Arnoldi-Algorithmus* [20] [8.55, 8.56], den wir hier nur für den Eingrößenfall betrachten wollen, tut dies und liefert m orthonormale Vektoren:

Start: Setze $\underline{v}_1 = \tilde{\underline{b}}/\sqrt{\tilde{\underline{b}}^T\tilde{\underline{b}}}$ und $i=2$. (Der Startvektor $\tilde{\underline{b}}$ wird dadurch normalisiert und zur ersten Spalte von $\underline{V}$; i wird initialisiert).

1. Nächster Vektor: Berechne $\hat{\underline{v}}_i = \tilde{\underline{A}}\underline{v}_{i-1}$.

2. Orthogonalisierung: for $j=1$ to $i-1$ do $\hat{\underline{v}}_i = \hat{\underline{v}}_i - (\hat{\underline{v}}_i^T\underline{v}_j)\underline{v}_j$.

3. Normalisierung: Abbruch, falls $\hat{\underline{v}}_i = \underline{0}$, andernfalls setze die i-te Spalte von $\underline{V}$ zu $\underline{v}_i = \hat{\underline{v}}_i/\sqrt{\hat{\underline{v}}_i^T\hat{\underline{v}}_i}$.

4. Abbruch/Schleife: Abbruch, falls $i=m$; andernfalls erhöhe i und gehe zu Schritt 1.

Bemerkung: Aufgrund der Orthonormalität der Vektoren $\underline{v}_i$ gilt $\underline{V}^T\underline{V}=\underline{I}$. Wählt man dann noch speziell $\underline{W}=\underline{V}$, so vereinfacht sich die reduzierte Zustandsdifferentialgleichung (8.238) zu

$$\dot{\underline{x}}_r = \underline{V}^T\underline{A}\underline{V}\underline{x}_r + \underline{V}^T\underline{b}u. \tag{8.253}$$

Die Bildung der Inversen $\underline{A}^{-1}$ bzw. $(\underline{A}-s_0\underline{I})^{-1}$, wie sie in den Krylov-Unteräumen auftaucht, scheint zunächst die Lösung von n^2 linearen Gleichungen mit n^2 Unbekannten zu erfordern. Tatsächlich werden im Arnoldi-Algorithmus in Schritt 1 aber nur m Vektoren $\underline{x} = \hat{\underline{v}}_i = \tilde{\underline{A}}\underline{v}_{i-1}$ mit $\tilde{\underline{A}} = \underline{A}^{-1}$ bzw. $\tilde{\underline{A}} = (\underline{A}-s_0\underline{I})^{-1}$ benötigt, die einfacher durch Lösen linearer Gleichungssysteme $\underline{A}\underline{x} = \underline{v}_{i-1}$ bzw. $(\underline{A}-s_0\underline{I})\underline{x} = \underline{v}_{i-1}$ gelöst werden können, mit insgesamt nm Unbekannten. Eine weitere Vereinfachung wird erreicht, wenn vor Eintritt in die Arnoldi-Schleife eine so genannte LU-Faktorisierung [8.57] der Matrix $\underline{A}$ bzw. $(\underline{A}-s_0\underline{I})$ bereitgestellt wird. In Schritt 1 der Arnoldi-Schleife müssen dann nur noch dreieckförmige Probleme durch Gaußsche Elimination gelöst werden.

Gehen wir nun noch auf die Frage der *Stabilität* des reduzierten Modells näher ein. Tatsächlich hat man mit dem oben dargestellten Verfahren und seinen Varianten keine Gewissheit, dass ein stabiles Originalmodell in ein stabiles reduziertes Modell übergeht. Diesem Missstand kann man auf verschiedenen Wegen begegnen: (1) Man wiederholt die Reduktion mit verschiedenen Werten m und s_0, bis ein stabiles Modell entsteht (was allerdings den Rechenaufwand erhöht); (2) man modifiziert das gefundene instabile Modell, zum Beispiel durch Transformation auf Diagonalform und anschließendes Spiegeln der instabilen Eigenwerte in die linke komplexe Halbebene (wodurch sich allerdings Momente verändern); (3) man verwendet einen so genannten Restarted Algorithm [8.58, 8.59] (bei dem allerdings exakte Momentenübereinstimmung verlorengeht) oder (4) man verwendet eine so genannte SVD-Krylov-Methode [8.60] (bei der $\underline{V}$ oder $\underline{W}$ unter Verwendung einer Gramschen Matrix berechnet werden). Interessant ist noch ein Fall, in dem Stabilitätserhaltung ohne zusätzliche Maßnahmen gesichert ist: Ist im (stabilen) Originalmodell die Matrix $\underline{A}+\underline{A}^T$ negativ definit und ist $\underline{E}$ symmetrisch und positiv definit, so ist jedes mit $\underline{W}=\underline{V}$ reduzierte Modell ebenfalls stabil [8.61]. Tatsächlich besitzen viele Modelle, wie sie zum Beispiel bei der Analyse elektrischer oder mechanischer Systeme entstehen, die geforderten Eigenschaften [21] von $\underline{A}$ und $\underline{E}$.

Neben Maßnahmen zur Stabilitätserhaltung gibt es Erweiterungen zur *Passivitätserhaltung*, zum Beispiel [8.64–8.66], und auch den *relativen Grad* des Originalmodells kann man aufrecht erhalten, indem man eine passende Zahl so genannter Markov-Parameter anstelle von Momenten zur Übereinstimmung bringt [8.49, 8.52].

Zum Abschluss, und ohne auf Einzelheiten einzugehen, betrachten wir noch die Möglichkeit, *dynamische Systeme zweiter Ordnung*,

$$\underline{M}\ddot{\underline{x}} + \underline{D}\dot{\underline{x}} + \underline{K}\underline{x} = \underline{G}\underline{u}, \tag{8.254}$$

$$\underline{y} = \underline{L}\underline{x}, \tag{8.255}$$

wie sie vor allem in der Mechanik regelmäßig auftreten, mittels Krylov-Unterraummethoden zu reduzie-

20 Eine Alternative zum Arnoldi-Algorithmus ist der Lanczos-Algorithmus [8.53, 8.54], der in einer einzigen Iterationsschleife sowohl $\underline{V}$ als auch $\underline{W}$ berechnet, mit der Eigenschaft $\underline{W}^T\underline{V}=\underline{I}$.

21 Andernfalls kann man die Erfüllung dieser Eigenschaften durch eine Zustandstransformation erreichen, jedoch ist der numerische Aufwand hierzu im Allgemeinen erheblich [8.60–8.63].

ren. Ein möglicher Ansatz ist es, analog zu (8.235), (8.236) und (8.237) den Vektor $\underline{x}$ durch $\underline{V}\underline{x}_r$ zu ersetzen und die Gleichung von links mit $\underline{W}^T$ zu multiplizieren, mit dem Reduktionsergebnis

$$\underline{W}^T\underline{M}\underline{V}\ddot{\underline{x}}_r+\underline{W}^T\underline{D}\underline{V}\dot{\underline{x}}_r+\underline{W}^T\underline{K}\underline{V}\underline{x}_r = \underline{W}^T\underline{G}\underline{u},$$
$$\widehat{\underline{y}} = \underline{L}\underline{V}\underline{x}_r.$$

Geeignete Matrizen $\underline{V}, \underline{W}$ wurden in [8.52, 8.67] vorgeschlagen. Eine größere Zahl von Momenten lässt sich jedoch zur Übereinstimmung bringen, wenn man das Modell zweiter Ordnung zunächst in eine Zustandsdarstellung überführt. Dazu kann man einen ersten Teilzustandsvektor $\underline{z}_1 = \underline{x}$ und einen zweiten $\underline{z}_2 = \dot{\underline{x}}$ wählen und erhält aus (8.254), (8.255) zunächst

$$\dot{\underline{z}}_1 = \underline{z}_2, \tag{8.256}$$
$$\underline{M}\dot{\underline{z}}_2 = -\underline{K}\underline{z}_1-\underline{D}\underline{z}_2+\underline{G}\underline{u}, \tag{8.257}$$
$$\underline{y} = \underline{L}\underline{z}_1. \tag{8.258}$$

Die erste Gleichung kann man mit einer beliebigen quadratisch regulären Matrix $\underline{F}$ multiplizieren und die Gleichungen dann in Zustandsdarstellung bringen,

$$\overbrace{\begin{bmatrix} \underline{F} & \underline{0} \\ \underline{0} & \underline{M} \end{bmatrix}}^{\underline{E}}\overbrace{\begin{bmatrix} \dot{\underline{z}}_1 \\ \dot{\underline{z}}_2 \end{bmatrix}}^{\dot{\underline{x}}} = \overbrace{\begin{bmatrix} \underline{0} & \underline{F} \\ -\underline{K} & -\underline{D} \end{bmatrix}}^{\underline{A}}\overbrace{\begin{bmatrix} \underline{z}_1 \\ \underline{z}_2 \end{bmatrix}}^{\underline{x}} + \overbrace{\begin{bmatrix} \underline{0} \\ \underline{G} \end{bmatrix}}^{\underline{B}}\underline{u},$$
$$\underline{y} = \underbrace{\begin{bmatrix} \underline{L} & \underline{0} \end{bmatrix}}_{\underline{C}}\underbrace{\begin{bmatrix} \underline{z}_1 \\ \underline{z}_2 \end{bmatrix}}_{\underline{x}}.$$

Dieses Zustandsraummodell kann nun in der bekannten Weise in ein reduziertes Modell (8.251), (8.252) überführt werden, mit bis zu $2m$ übereinstimmenden Momenten. Wählt man speziell $\underline{F} = \underline{K}$ und sind $\underline{M}$ und $\underline{K}$ symmetrische, positiv definite Matrizen und ist $\underline{D}+\underline{D}^T$ positiv semidefinit, so resultiert eine positiv definite Matrix $\underline{E}$ und eine negativ semidefinite Matrix $\underline{A}+\underline{A}^T$; das reduzierte Modell besitzt dann keine Eigenwerte in der rechten komplexen Halbebene [8.61], wenn mit $\underline{W} = \underline{V}$ reduziert wird.

Zusammenfassung: In der einfachsten Verfahrensvariante geht das Zustandsraummodell (8.233), (8.234) in das reduzierte Modell (8.238), (8.239) über, wobei die Matrizen $\underline{V}$ und $\underline{W}$ als Basen der Unterräume (8.240), (8.241) zu wählen sind. Aufgrund der einfachen und numerisch robusten Berechnung von $\underline{V}$ und $\underline{W}$ zum Beispiel mittels des Arnoldi-Algorithmus sind die Krylov-Unterraumverfahren zur Reduktion *besonders großer Modelle* geeignet. Stabililtätserhaltung kann nur für spezielle Systemklassen vorab garantiert werden. Strenge allgemeingültige Fehlermaße existieren nicht, es wurden aber Fehlerschranken bzw. Fehlerindikatoren [8.49, 8.68–8.70] angegeben, die auch bei der günstigen Wahl der reduzierten Ordnung m behilflich sein können. Stationäre Genauigkeit kann durch Erhaltung des ersten Moments um $s_0 = 0$ stets sichergestellt werden. Eine Approximation des gesamten Zustandsvektors ist durch $\widehat{\underline{x}} = \underline{V}\underline{x}_r$ bei m übereinstimmenden Momenten gegeben.

8.6.4 Anwendungsbeispiel: Hinterachsprüfstand für Lastkraftwagen

Als Anwendungsbeispiel betrachten wir einen *Hinterachsprüfstand für Lastkraftwagen.* Er dient dazu, das Verhalten der Hinterachsen von Lastkraftwagen, insbesondere ihre Beanspruchbarkeit, unter praxisnahen Bedingungen zu untersuchen. Die grundsätzliche Anordnung sieht man in Bild 8-14. Die Hinterachse wird von einem Dieselmotor (DM) angetrieben, und zwar über das Schaltgetriebe (SG), an dem man die Gänge einstellen kann, und über das Differentialgetriebe, das verschiedene Winkelgeschwindigkeiten der linken und der rechten Hinterachshälfte ermöglicht. Die Hinterachse endet seitlich an den beiden Untersetzungsgetrieben, an deren innerem Rand im realen Betrieb die Räder angeflanscht sind. Durch die Betätigung des Fahrhebels (FH), der dem Gaspedal entspricht, wird ein Moment erzeugt, das die Hinterachse antreibt. Es wird als Kardanmoment bezeichnet, weil es durch die Kardanwelle übertragen wird.

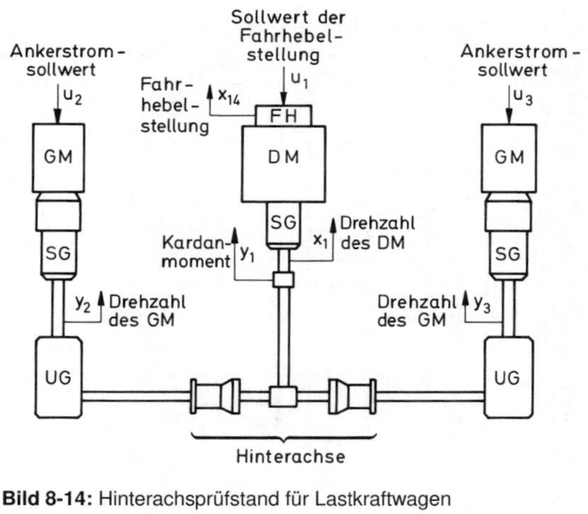

Bild 8-14: Hinterachsprüfstand für Lastkraftwagen

Nun wirken im realen Fahrbetrieb außer dem antreibenden Moment des Dieselmotors noch weitere Kräfte auf die Hinterachse ein, die durch die Räder vom Boden her übertragen werden. Diese Einwirkung des Bodens wird im Prüfstand durch zwei Gleichstrommaschinen (GM) ersetzt, die über zwei Winkelgetriebe (UG), die der Umlenkung der Drehbewegung dienen, auf die beiden Hinterachshälften wirken.

Soll nun ein bestimmtes Fahrprogramm simuliert werden (zum Beispiel Fahrt auf der Autobahn, im Gelände und dergleichen), so werden bestimmte Drehzahl- bzw. Winkelgeschwindigkeitssollverläufe der beiden Gleichstrommotoren sowie ein bestimmter Verlauf des Kardanmoments vorgegeben – so, wie sie empirisch festgestellt wurden. Diese Verläufe sollen so genau wie möglich am Prüfstand eingehalten werden. Daher sind das Kardanmoment und die Drehzahlen der beiden Gleichstrommaschinen die Regelgrößen, wie sie als y_1, y_2 und y_3 in Bild 8-14 eingezeichnet sind. Dort sind auch die drei Stellgrößen u_1, u_2 und u_3 angegeben. Zusätzlich zu den drei Regelgrößen sind *die Winkelgeschwindigkeit des Dieselmotors* $x_1 = y_4$ *sowie die Fahrhebelstellung* $x_{14} = y_5$ als wesentliche Zustandsgrößen anzusehen, letztere deshalb, weil sie bei bestimmten Betriebszuständen Schwingneigung zeigt und deshalb eine kritische Größe darstellt. Dabei ist anzumerken, dass die Fahrhebelstellung und die beiden Ankerströme mit unterlagerten Regelungen versehen sind. Insgesamt hat man ein dynamisches System mit fünf Ausgangs- und drei Eingangsgrößen.

Das mathematische Modell des Hinterachsprüfstands, um bestimmte Betriebspunkte linearisiert und anhand von Messschrieben auf seine Richtigkeit überprüft, ist von 19. Ordnung. In Bild 8-15 sieht man das Schema der Zustandsgleichungen. Dabei bezeichnen die Kreuze diejenigen Elemente der Matrizen, die $\neq 0$ sind. $\underline{A}$ zeigt die für viele reale Systeme charakteristische Struktur einer Bandmatrix mit einzelnen Ausreißern in den Ecken.

Zur Durchführung einer ***modalen Ordnungsreduktion*** nimmt man zunächst die Dominanzuntersuchung der 19 Eigenwerte vor, ermittelt also für jeden Eigenwert λ_k die oben definierten Dominanzmaße D_k und S_k. Das Ergebnis sieht man in Bild 8-16. In der ersten Spalte findet man die Nummer k der Eigenwerte, in der zweiten und der dritten Spalte ihre Real- und Imaginärteile. Wie man aus der zweiten Spalte erkennt, sind die Eigenwerte nach wachsendem Betrag des Realteils geordnet. Bei den ersten zehn Eigenwerten handelt es sich um fünf Paare konjugiert komplexer Eigenwerte, die sämtlich nahe bei der j-Achse liegen und zum Teil große Imaginärteile haben. Ab Nummer 11 sind die Eigenwerte reell, wobei sie sich über das Intervall von -0.1 bis -250 erstrecken. Insgesamt erstrecken sich die Realteile der Eigenwerte über vier Zeh-

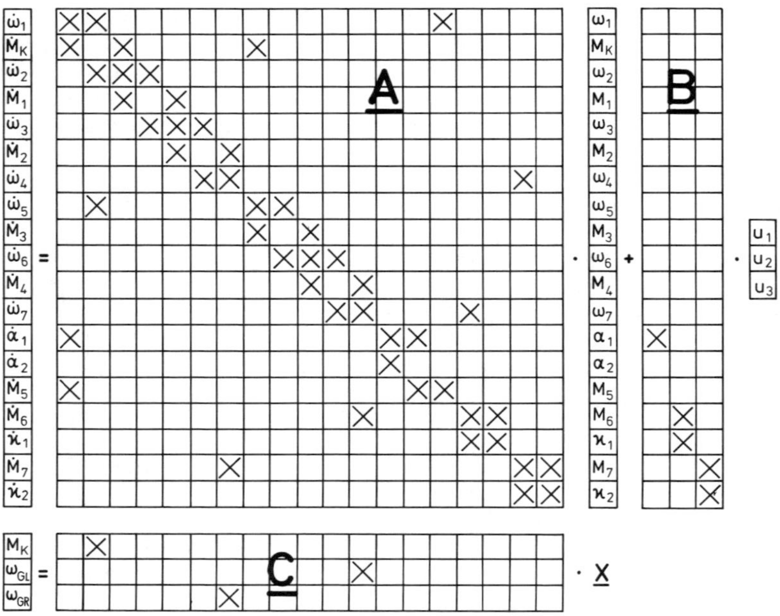

Bild 8-15: Schema der Zustandsgleichungen des Hinterachsprüfstands mit drei Stell- und drei Regelgrößen

k	Re λ_k	Im λ_k	$D_k \cdot 100$	$S_k \cdot 100$
1	-.011	248.71	.00	.00
2	-.011	-248.71		
3	-.011	253.72	.00	.00
4	-.011	-253.72		
5	-.017	16.60	15.44	19.80
6	-.017	-16.60		
7	-.033	387.01	.00	.00
8	-.033	-387.01		
9	-.034	146.31	.00	.00
10	-.034	-146.31		
11	-.118	.00	101.72	522.92
12	-.332	.00	4.93	19.70
13	-9.62	.00	49.80	98.64
14	-26.58	.00	.13	.49
15	-26.60	.00	.04	.15
16	-32.99	.00	4.76	6.48
17	-90.94	.00	5.12	5.27
18	-249.43	.00	.00	.01
19	-249.43	.00	.00	.01

Bild 8-16: Dominanztabelle für den Hinterachsprüfstand mit drei Eingangs- und fünf Ausgangsgrößen

nerpotenzen. Betrachtet man nun die Dominanzzahlen D_k, so treten eindeutig das konjugiert komplexe Eigenwertpaar Nr. 5/6 sowie die reellen Eigenwerte Nr. 11, 12, 13 sowie 16 und 17 hervor. Berücksichtigt man noch die Dominanzzahlen S_k und vergleicht diese mit den D_k, so ist anzunehmen, dass die beiden letztgenannten Eigenwerte in erster Linie nur einen Signalpfad beeinflussen. Mehr als sieben dominante Eigenwerte treten also gewiss nicht auf. Für die meisten Zwecke wird man die Systemdynamik mit fünf Eigenwerten gut beschreiben können. Mit nur vier Eigenwerten $\lambda_{5,6}, \lambda_{11}$ und λ_{13} wird man im Allgemeinen, das heißt bei beliebigen Eingangsgrößenkombinationen, nicht auskommen können und mit noch weniger Eingangswerten gewiss nicht.

Das reduzierte Modell wird berechnet durch die Beibehaltung der Eigenwerte $\lambda_{5,6}$ und λ_{11}, λ_{12}, λ_{13} und der entsprechenden Einträge in den Matrizen $\underline{B}$ und $\underline{C}$. Optional lässt sich das resultierende System nach [8.22] durch die Rekonstruktion der nichtdominanten Modalkoordinaten modifizieren, um stationäre Genauigkeit und eine bessere Approximation zu erreichen. Einen *Vergleich des Originals mit den beiden reduzierten Modellen* zeigt Bild 8-17 anhand einer Rechnersimulation. Dargestellt ist der Verlauf des Kardanmoments y_1 bei Sprungaufschaltung des Sollwerts u_1 der Fahrhebelstellung, der eine der drei Stellgrößen

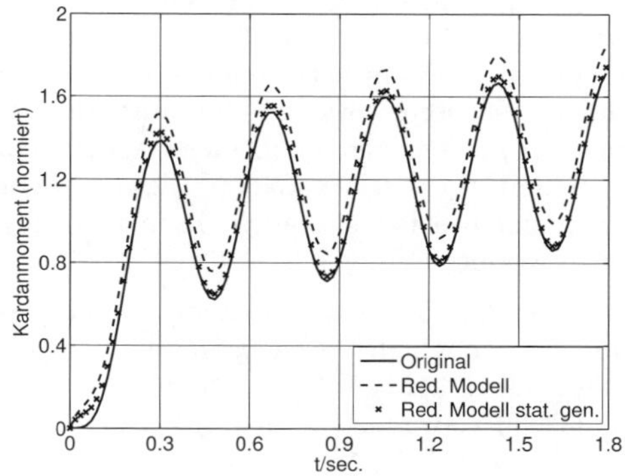

Bild 8-17: Modale Ordnungsreduktion nach Litz auf Ordnung $m = 5$ (mit und ohne Rekonstruktion der nichtdominanten Modalkoordinaten): Kardanmoment y_1 bei Sprungaufschaltung des Sollwerts u_1 der Fahrhebelstellung

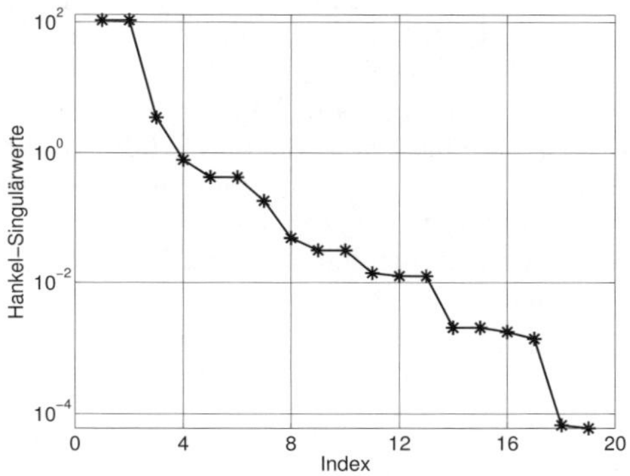

Bild 8-18: Hankel-Singulärwerte des Hinterachsprüfstands mit drei Eingangs- und fünf Ausgangsgrößen

ist. Man sieht, dass der Verlauf durch beide reduzierten Modelle sehr gut wiedergegeben wird, obgleich es sich um einen stark schwingenden Vorgang handelt. Die Abweichung beim stationär genauen Modell liegt – abgesehen vom Start – unter 5 %. Dabei handelt es sich hier um einen besonders kritischen Vorgang. Bei den anderen 14 Übergangsvorgängen stimmen Original und dieses reduzierte Modell für den gesamten Verlauf kurz nach dem Start im Rahmen der Zeichengenauigkeit überein.

Bei der Reduktion durch ***Balanciertes Abschneiden***, tritt ein signifikanter Abfall nach dem siebten Hankel-Singulärwert auf (Bild 8-18), was ein reduziertes System der Ordnung 7 nahelegt.

Bild 8-19 zeigt einen Vergleich des Originalmodells mit dem reduzierten Modell nach (8.229)-(8.230) sowie mit dem stationär genauen reduzierten Modell

(8.231)-(8.232). Dargestellt ist hier erneut der Verlauf des Kardanmoments y_1 bei Sprungaufschaltung des Sollwerts u_1 der Fahrhebelstellung. Man erkennt, dass beide reduzierten Systeme den originalen Verlauf sehr gut wiedergeben, mit besserer Approximation bei stationär genauer Reduktion. Diese sehr gute Approximation bestätigt sich auch in den anderen 14 Systemantworten.

Bei einer ***Krylov-unterraumbasierten Ordnungsreduktion*** des betrachteten Systems mit drei Ein- und fünf Ausgängen können Block-Krylov-Unterräume (8.247)-(8.248) verwendet werden. Als Ordnung des reduzierten Modells bietet sich $m = 3 \cdot 5 = 15$ an, so dass $m_1 = 5$ und $m_2 = 3$ Momente, zusammen also acht (matrixwertige) Momente, zur Übereinstimmung gebracht werden. Mit der Wahl des Entwicklungspunkts zu $s_0 = 0$ wird stationäre Genauigkeit sichergestellt, und es ergibt sich der in Bild 8-20 dargestellte Verlauf des Kardanmoments. Er stimmt – ebenso wie die anderen 14 Sprungantworten – im Rahmen der Zeichengenauigkeit mit dem Verhalten des Originalmodells überein. Allerdings erscheint die Krylov-unterraumbasierte Reduktion bei diesem Beispiel eher unattraktiv, da Systemordnung und Zahl der Ein- und Ausgänge in ähnlichen Größenordnungen liegen, was hier nur eine schwache Reduktion der Ordnung zulässt.

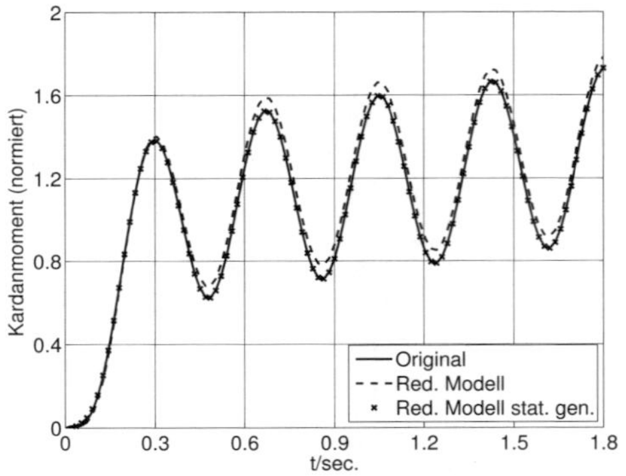

Bild 8-19: Ordnungsreduktion durch Balancieren und Abschneiden auf Ordnung $m = 7$ (mit und ohne stationäre Genauigkeit): Kardanmoment y_1 bei Sprungaufschaltung des Sollwerts u_1 der Fahrhebelstellung

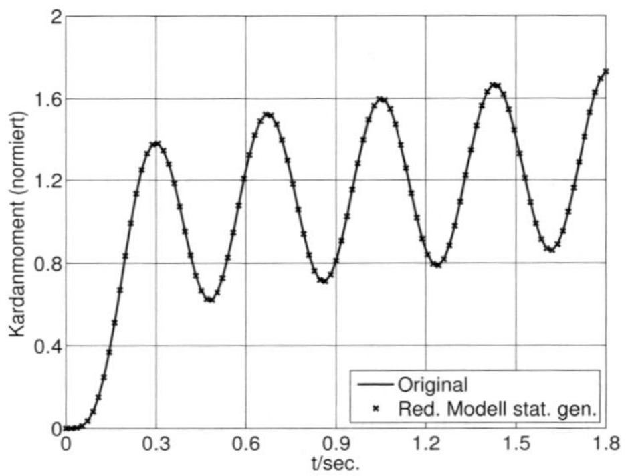

Bild 8-20: Krylov-unterraumbasierte Ordnungsreduktion auf Ordnung $m = 15$ (mit $s_0 = 0$): Kardanmoment y_1 bei Sprungaufschaltung des Sollwerts u_1 der Fahrhebelstellung

9 Entwurf von Zustandsregelungen

9.1 Struktur einer Zustandsregelung und Problematik

Wir wollen nunmehr Regelungen im Zustandsraum entwerfen und gehen dazu von einer linearen und zeitinvarianten Strecke aus, wobei hier wie im Folgenden die Stelleinrichtung zur Strecke geschlagen ist:

$$\underline{\dot{x}} = \underline{A}\,\underline{x} + \underline{B}\,\underline{u}\,, \tag{9.1}$$

$$\underline{y} = \underline{C}\,\underline{x} \tag{9.2}$$

mit konstanten Matrizen $\underline{A}, \underline{B}, \underline{C}$ vom Typ (n,n) bzw. (n,p) bzw. (q,n). Gegenüber der bisherigen Zustandsbeschreibung linearer und zeitinvarianter Systeme ist $\underline{D} = \underline{0}$ angenommen, wie es bei der überwiegenden Mehrzahl realer Systeme der Fall ist. Unter dem Ausgangsvektor ist hier der Vektor der Regelgrößen, also der gezielt zu beeinflussenden Größen, verstanden.

Bei der Eingangsmatrix $\underline{B}$ wird man im Realfall immer $p \leq n$ annehmen dürfen, d. h. die Zahl der Eingangsgrößen wird die Zahl der Zustandsvariablen nicht übersteigen. $\underline{B}$ hat daher höchstens den Rang p. Wir wollen annehmen, dass $\underline{B}$ *in der Tat den Rang p hat.* Angenommen nämlich, $\underline{B}$ habe einen kleineren Rang, dann sind die Spaltenvektoren $\underline{b}_1, \ldots, \underline{b}_p$ von $\underline{B}$ linear abhängig. Es gelte

$$\begin{aligned}\underline{B}\,\underline{u} &= \underline{b}_1 u_1 + \ldots + \underline{b}_p u_p = (u_1 + c_1 u_p)\underline{b}_1 + \ldots + \\ &\quad + (u_{p-1} + c_{p-1} u_p)\underline{b}_{p-1} = u_1^* \underline{b}_1 + \ldots + u_{p-1}^* \underline{b}_{p-1} = \\ &= \left[\underline{b}_1, \ldots, \underline{b}_{p-1}\right] \begin{bmatrix} u_1^* \\ \vdots \\ u_{p-1}^* \end{bmatrix}.\end{aligned}$$

Das heißt: Man kann den Einfluss der äußeren Größen auf das System von vornherein in der letzteren Form, also mittels der verkürzten Eingangsmatrix $[\underline{b}_1, \ldots, \underline{b}_{p-1}]$ und der Eingangsgrößen $u_1^*, \ldots, u_{p-1}^*$ beschreiben. Falls $u_1, \ldots, u_p$ Steuergrößen sind, über die man verfügen kann, ist u_p überflüssig, da sich die Wirkung von u_p durch geeignete Bemessung von $u_1, \ldots, u_{p-1}$ ersetzen lässt. Entsprechend wollen wir bei der Ausgangsmatrix $\underline{C}$ voraussetzen, dass sie den *Höchstrang q* aufweist[1].

1 Es sei angemerkt, dass linear abhängige Spalten von $\underline{B}$ bzw. Zeilen von $\underline{C}$ beispielsweise im Fall redundanter Aktoren bzw. Sensoren auftreten, den wir aber im Rahmen dieses Buchs nicht betrachten.

Man kann die Zustandsgleichungen als Strukturbild darstellen. Dazu muss man die Vektordifferentialgleichung integrieren. Einen Vektor oder allgemein eine Matrix integriert man gliedweise. Das bedeutet beispielsweise für $\underline{x}(t)$:

$$\int_{t_0}^{t} \underline{\dot{x}}(\tau)\,d\tau = \begin{bmatrix} \displaystyle\int_{t_0}^{t} \dot{x}_1(\tau)\,d\tau \\ \vdots \\ \displaystyle\int_{t_0}^{t} \dot{x}_n(\tau)\,d\tau \end{bmatrix} = \begin{bmatrix} x_1(t) - x_1(t_0) \\ \vdots \\ x_n(t) - x_n(t_0) \end{bmatrix} = \\ = \underline{x}(t) - \underline{x}(t_0).$$

Daher folgt aus (9.1)

$$\underline{x}(t) = \int_{t_0}^{t} \Big(\underline{A}\,\underline{x}(\tau) + \underline{B}\,\underline{u}(\tau)\Big)\,d\tau + \underline{x}(t_0).$$

Zusammen mit (9.2) ergibt sich so Bild 9-1. Die doppelt gezogenen Wirkungslinien sollen auf den Vektorcharakter der zeitveränderlichen Größen hinweisen.

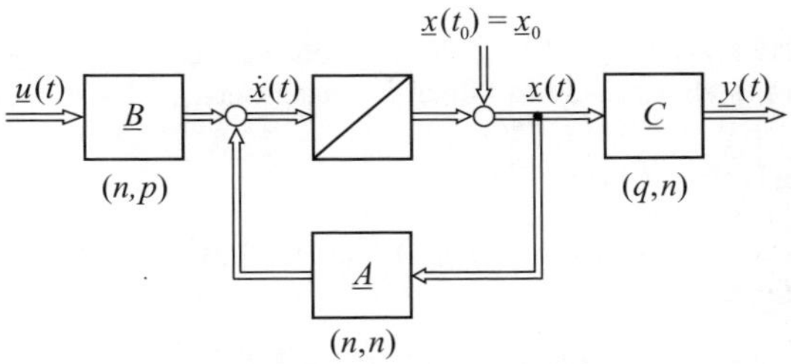

Bild 9-1: Strecke (System, Prozess) in Zustandsdarstellung

Auf die Strecke wirkt die Anfangsstörung $\underline{x}(t_0) = \underline{x}_0$ ein. Sie ist normalerweise nicht bekannt. Bei allgemeinen Untersuchungen nimmt man deshalb an, dass sie beliebig im Zustandsraum liegen kann. Die erste Forderung an die zu entwerfende Regelung besteht darin, die Wirkung dieser Anfangsstörung zu beseitigen und so die Regelgrößen auf ihren Sollwerten zu halten. Da die Anfangsstörung nicht bekannt ist, macht dies eine Rückführung erforderlich, damit man so durch die laufende Erfassung des Streckenverhaltens und seines Vergleichs mit dem Sollverhalten genügend Information zur gezielten Beeinflussung der Strecke erhält. Dies ist im vorliegenden Fall die „regelungstechnische Grundsituation", wie sie in Kapitel 1 geschildert wurde: Forderung nach selbsttätiger gezielter Beeinflussung bei unvollständiger Systemkenntnis. Wie stets erfordert sie eine Rückführung.

Da die Strecke in Zustandsbeschreibung gegeben ist, liegt es nahe, den Zustandsvektor $\underline{x}(t)$ zurückzuführen. Lässt man fürs Erste seinen Sollverlauf außer Acht, so ist der allgemeinste Ansatz für eine solche Rückführung von der Form

$$\underline{u} = -\underline{r}\left(\underline{x}(t), t\right) \tag{9.3}$$

mit einer beliebigen Vektorfunktion $\underline{r}$. Es ist unnötig, zusätzliche Differentiationen und Integrationen des Zustandsvektors in die Rückführung aufzunehmen. Ist nämlich t_1 ein beliebiger Zeitpunkt, so hängt der gesamte weitere Verlauf des Zustandsvektors $\underline{x}(t)$ der über (9.3) rückgeführten Strecke allein von $\underline{x}(t_1)$ ab, nicht jedoch von irgendwelchen früheren Werten von $\underline{x}(t)$, wie sie in Ableitung und Integral ihren Niederschlag finden. Daher genügt es, den Steuervektor $\underline{u}$ als Funktion von $\underline{x}$ allein (und eventuell der Zeit t) anzusetzen. Wenn nicht *alle* Zustandsvariablen zurückgeführt werden oder Störgrößen zu berücksichtigen sind, gilt diese Argumentation jedoch nicht mehr.

Soll es sich um ein *lineares* Rückführungsgesetz handeln, so muss

$$\underline{u}(t) = -\underline{R}(t)\,\underline{x}(t) \tag{9.4}$$

sein. Falls überdies noch Zeitinvarianz gefordert wird, entsteht daraus das Rückführungsgesetz

$$\underline{u}(t) = -\underline{R}\,\underline{x}(t) \tag{9.5}$$

mit einer konstanten (p,n)-Matrix $\underline{R}$. Ausführlich lautet es:

$$\begin{aligned} u_1 &= -\left(r_{11}x_1 + r_{12}x_2 + \ldots + r_{1n}x_n\right), \\ &\vdots \\ u_p &= -\left(r_{p1}x_1 + r_{p2}x_2 + \ldots + r_{pn}x_n\right), \end{aligned} \tag{9.6}$$

wobei r_{ik} die konstanten Einträge der Rückführmatrix $\underline{R}$ sind. Es werden also die einzelnen Systemzustände proportional auf die Steuergrößen zurückgeführt, weswegen wir (9.5) bzw. (9.6) als *Zustandsrückführung* bezeichnen wollen. Die Struktur der damit versehenen Strecke zeigt Bild 9-2 (wobei im Hinblick auf die folgenden Betrachtungen das Rückführgesetz in der Form $\underline{u} = \underline{R}(-\underline{x})$ verwendet wurde).

Fasst man die Gleichungen (9.1) und (9.5) zusammen, so erhält man die Beziehung

$$\dot{\underline{x}} = (\underline{A} - \underline{B}\,\underline{R})\,\underline{x}\,. \tag{9.7}$$

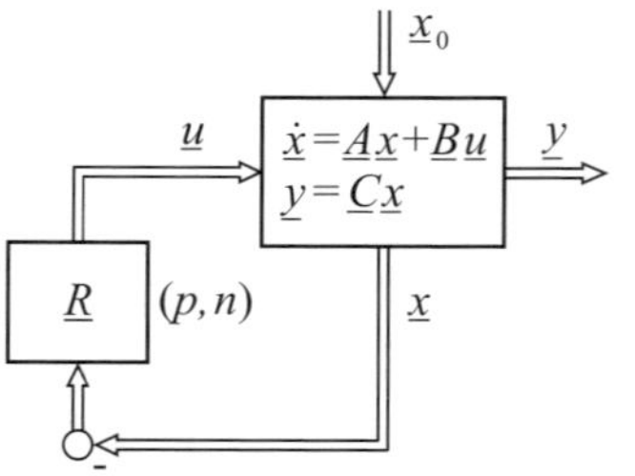

Bild 9-2: Strecke mit Zustandsrückführung

Sie stellt die *Differentialgleichung der zustandsrückgeführten Strecke* in Bild 9-2 dar. Bezeichnet man deren Trajektorie $\underline{x}(t;\, t_0,\, \underline{x}_0)$, die zum Zeitpunkt t_0 durch die Anfangsstörung $\underline{x}_0$ erzeugt wird, als *Störtrajektorie*, so kann man die oben schon formulierte Forderung an die zu bestimmende Regelung nunmehr als *Forderung I* präzisieren:

Die Rückführmatrix $\underline{R}$ ist so zu wählen, dass beliebige Störtrajektorien der entsprechend Bild 9-2 zustandsrückgeführten Strecke für $t \to +\infty$ gegen Null streben. (9.8)

Der Stabilitätsdefinition in Abschnitt 8.4 zufolge heißt das:

$\underline{R}$ ist so zu wählen, dass die hierüber zustandsrückgeführte Strecke asymptotisch stabil ist. (9.9)

Die angestrebte Zustandsregelung soll aber nicht nur die Anfangsstörung ausregeln, sondern ganz ähnlich wie die klassische Regelung einen gewünschten Verlauf der Ausgangsgröße sichern. Daher stellt man an sie die *Forderung II:*

Der Ausgangsvektor (Vektor der Regelgrößen) $\underline{y}$ soll für $t \to +\infty$ gegen den vorgegebenen Führungsvektor $\underline{w}$ streben. (9.10)

Da $\underline{w}$ bekannt ist, kann diese Forderung durch eine Steuerungsmaßnahme erreicht werden, die man der Zustandsrückführung vorschaltet: Sie erzeugt aus dem Führungsvektor $\underline{w}$ den Sollverlauf $\underline{x}_S$ für den Zustandsvektor sowie den zur Erzielung dieses Sollverlaufs im ungestörten Fall erforderlichen Steuervektor $\underline{u}_S$. Beschränkt man sich dabei auf *Führungsvektoren $\underline{w}$, die für $t \to +\infty$ gegen einen festen Wert $\underline{w}_\infty$ streben oder einen solchen nach endlicher Zeit annehmen, und* auf die *Vorgabe des Sollverhaltens im eingeschwungenen Zustand,* so können die Sollverläufe gemäß

$$\underline{x}_S = \underline{M}_x\,\underline{w}\,, \quad \underline{u}_S = \underline{M}_u\,\underline{w} \tag{9.11}$$

mit konstanten Matrizen $\underline{M}_x$ und $\underline{M}_u$ vom Typ (n,q) bzw. (p,q) gebildet werden. Dies führt auf die in Bild

9-3 dargestellte Struktur einer *Zustandsregelung mit statischer Vorsteuerung*.

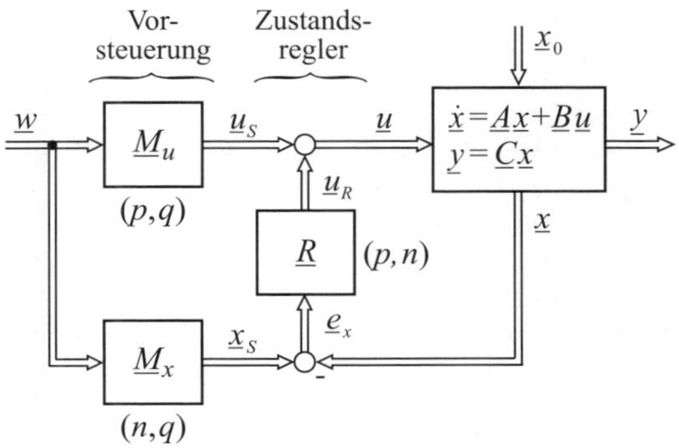

Bild 9-3: Zustandsregelung mit statischer Vorsteuerung

Es wird nun über $\underline{R}$ nicht mehr wie bisher der Zustandsvektor $\underline{x}$ selbst, sondern vielmehr dessen Soll-Istabweichung

$$\underline{e}_x = \underline{x}_S - \underline{x} \tag{9.12}$$

(im Weiteren auch *Zustandsdifferenz* genannt) zurückgeführt - und zwar mit dem Ziel, diese möglichst zu Null abzubauen und so das über $\underline{u}_S$ in Abhängigkeit von $\underline{w}$ vorgegebene Sollverhalten einzustellen. Daher sprechen wir nunmehr von einer *Zustandsregelung* und bezeichnen den durch

$$\underline{u}_R = \underline{R}(\underline{x}_S - \underline{x}) = \underline{R}\,\underline{e}_x \tag{9.13}$$

gegebenen proportionalen Zusammenhang als *Zustandsregler oder kurz* als *Regler*; dieser stellt offensichtlich eine Verallgemeinerung des klassischen P-Reglers dar. Dem Zustandsregler vorgeschaltet ist die durch Gleichung (9.11) beschriebene Steuereinrichtung zur Erzeugung der Sollverläufe aus dem Führungsvektor $\underline{w}$, die dementsprechend als *Vorsteuerung* bezeichnet wird. Letztlich beaufschlagt wird die Strecke mit

$$\underline{u} = \underline{u}_S + \underline{u}_R\,, \tag{9.14}$$

also der additiven Überlagerung der Anteile von Vorsteuerung und Regler.

Setzt man die Gleichungen (9.11), (9.13) für Vorsteuerung und Regler in das Stellgesetz (9.14) ein, so folgt

$$\begin{aligned}\underline{u} &= \underline{M}_u\,\underline{w} + \underline{R}(\underline{M}_x\,\underline{w} - \underline{x})\\ &= (\underline{M}_u + \underline{R}\,\underline{M}_x)\,\underline{w} - \underline{R}\,\underline{x}\end{aligned}$$

oder

$$\underline{u} = \underline{M}\,\underline{w} - \underline{R}\,\underline{x}\,, \tag{9.15}$$

wenn abkürzend

$$\underline{M} = \underline{M}_u + \underline{R}\,\underline{M}_x \tag{9.16}$$

geschrieben wird. Ausgehend von dieser Form des Stellgesetzes kann die Zustandsregelung aus Bild 9-3 auch gemäß Bild 9-4 als *Zustandsrückführung mit statischem Vorfilter* aufgebaut werden.

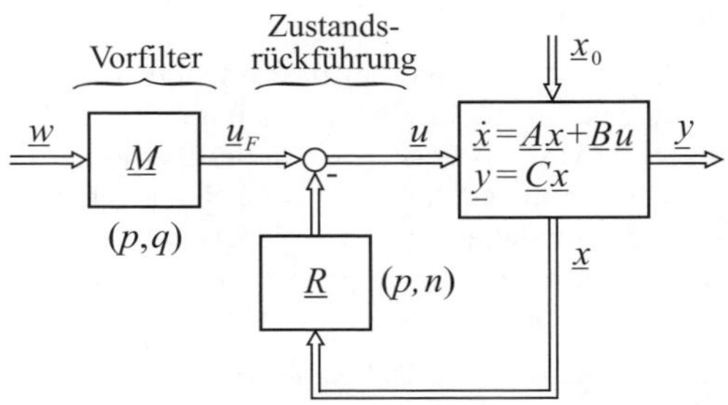

Bild 9-4: Aufbau einer Zustandsregelung als Zustandsrückführung mit Vorfilter

Bei Wahl der (p,q)-*Vorfiltermatrix* $\underline{M}$ entsprechend Gleichung (9.16) verhalten sich beide Strukturen identisch, d. h. auf die gleiche Anregung $\underline{w}$ und $\underline{x}_0$ reagieren beide Strukturen mit den gleichen Antworten für $\underline{x}$ und $\underline{y}$. Jedoch fehlt in Bild 9-4 ein Soll-Istwert-Vergleich und mithin ein wesentliches Strukturelement einer Regelung, denn die Ausgangsgröße $\underline{u}_F$ des Vorfilters stellt hier im Allgemeinen keinen Sollverlauf dar, dem der Reglerausgang möglichst folgen soll.[2] Darüber hinaus ist die Vorfiltermatrix $\underline{M}$ über Gleichung (9.16) offensichtlich abhängig vom Zustandsregler $\underline{R}$, während die Vorsteuermatrizen $\underline{M}_u$ und $\underline{M}_x$ – wie der nächste Abschnitt zeigen wird – allein auf Basis der Streckenzustandsgleichungen und somit unabhängig vom Zustandsregler $\underline{R}$ entworfen werden können. Zudem lässt sich die Regelungsstruktur mit statischer Vorsteuerung nach Bild 9-3 geradlinig auf den dynamischen Fall und damit die Möglichkeit der getrennten Einstellung von Führungs- und Störverhalten im Sinne einer Zwei-Freiheitsgrade-Regelung erweitern (siehe Abschnitt 9.2). Im Hinblick auf die-

2 Man betrachte eine gemäß Forderung I und II entworfene Regelung und nehme an, $\underline{u}_F$ sei Sollverlauf für den Reglerausgang. Dann müssten beide zumindest im eingeschwungenen Zustand übereinstimmen, also $\underline{u}_\infty = \underline{0}$ gelten. Bei Strecken mit regulärer $\underline{A}$-Matrix hätte dies $\underline{x}_\infty = -\underline{A}^{-1}\underline{B}\,\underline{u}_\infty = \underline{0}$ und somit auch $\underline{y}_\infty = \underline{C}\,\underline{x}_\infty = \underline{0}$ zur Folge. Forderung II wäre somit für alle Führungsgrößen-Stationärwerte $\underline{w}_\infty \neq \underline{0}$ verletzt, das heißt: Die Annahme, $\underline{u}_F$ sei Sollverlauf, führt hier in der Regel auf einen Widerspruch und ist daher im Allgemeinen nicht zutreffend.

se Sachverhalte empfiehlt es sich, dem *Entwurf* von Zustandsregelungen deren Aufbau *als Zustandsregler mit Vorsteuerung gemäß Bild 9-3* zugrunde zu legen - und nicht den bislang in der regelungstechnischen Literatur fast ausschließlich gebräuchlichen Aufbau nach Bild 9-4. Der Übergang in diese herkömmliche Darstellung ist allerdings mit Hilfe der Vorfiltergleichung (9.16) jederzeit möglich.

Vergegenwärtigen wir uns abschließend die charakteristischen Merkmale der im Weiteren zu entwerfenden Regelungsstruktur!

(I) Zunächst ist festzuhalten, dass es sich um eine *Regelung ganz im klassischen Sinne* handelt. Der Zustandsvektor wird als Regelgröße laufend erfasst, mit seinem Sollverlauf verglichen und die sich ergebende Differenz zur Ansteuerung des Reglers verwendet, der diese Soll-Istabweichung möglichst zu Null abbauen soll.

Genau wie bei der klassischen Regelung kommt es auch bei der Zustandsregelung auf das Führungs- und Störverhalten an.

(II) Im Zustandsregler $\underline{u}_R = \underline{R}(\underline{x}_S - \underline{x})$ benötigt man den gesamten Zustandsvektor, wenn man den Regler etwa durch eine elektronische Schaltung oder einen Rechneralgorithmus realisieren will. Nun wird man aber die Zustandsvariablen nur in Ausnahmefällen sämtlich messtechnisch erfassen, während dies im Allgemeinen viel zu aufwendig ist. Daher ist es notwendig, aus den Messgrößen des Systems den gesamten Zustandsvektor zumindest näherungsweise zu rekonstruieren. Dies leistet ein dynamisches System, das nach seinem Erfinder *Luenberger-Beobachter* genannt und im vorletzten Abschnitt dieses Kapitels behandelt wird.

(III) Auf die Zustandsregelung in Bild 9-3 wirkt als *Störeinfluss nur die Anfangsstörung* $\underline{x}(t_0) = \underline{x}_0$ ein, aber keine länger dauernde Störgröße, wie man sie von der klassischen Regelung her gewohnt ist und wie sie in der Realität in der Tat auftritt.

Dies ist ein wirklichkeitsfremder Zug in der ursprünglichen Form der Zustandsmethodik, der ihre Herkunft aus der Differentialgleichungstheorie verrät. Er kann auf verschiedene Weise beseitigt werden, wie im letzten Abschnitt dieses Kapitels gezeigt wird.

Vorläufig stützen wir uns aber auf die Struktur der Zustandsregelung in Bild 9-3 und haben nun die Reglermatrix $\underline{R}$ sowie die Vorsteuermatrizen $\underline{M}_u$ und $\underline{M}_x$ entsprechend den Forderungen I und II an die Regelung zu bestimmen. Das *Hauptproblem* besteht in der *geeigneten Bestimmung von* $\underline{R}$. Hierfür werden drei verschiedenartige Vorgehensweisen beschrieben:

- Polvorgabe oder Eigenwertvorgabe (Abschnitt 9.3),
- Minimierung eines quadratischen Gütemaßes (Abschnitt 9.4),
- Entkopplung nach ***Falb*** *und* ***Wolovich*** (Abschnitt 9.5).

Eine vierte Vorgehensweise ist der *Entwurf auf endliche Einstellzeit* („dead beat response"). Da er von Natur aus direkt mit Abtastsystemen (zeitdiskreten Systemen) verknüpft ist, soll er in diesem Buch nicht behandelt werden (siehe etwa [9.1], Abschnitt 7.5). Er hängt mit dem Verfahren der Polvorgabe zusammen, wird aber durch dieses nicht abgedeckt, da z. B. auch ein zeitoptimaler Entwurf, der nichts mit Polvorgabe zu tun hat, ein besonderer Entwurf auf endliche Einstellzeit ist.

Bevor wir uns an die Bestimmung des Reglers begeben, sei im nächsten Abschnitt die Berechnung der Vorsteuerung vorausgeschickt, da sie (besonders für die hier betrachtete Klasse von Führungsvektoren $\underline{w}$ mit festem Endwert $\underline{w}_\infty$) erheblich einfacher zu erledigen ist.

9.2 Entwurf der Vorsteuerung

Aus Bild 9-3 liest man für die Zustandsregelung mit statischer Vorsteuerung folgende Gleichungen ab:

$$\dot{\underline{x}} = \underline{A}\,\underline{x} + \underline{B}\,\underline{u}\,,\ \underline{x}(t_0) = \underline{x}_0\,,$$
$$\underline{y} = \underline{C}\,\underline{x}\,,$$
$$\underline{u} = \underline{u}_S + \underline{u}_R\,,$$
$$\underline{u}_S = \underline{M}_u\,\underline{w}\,,$$
$$\underline{u}_R = \underline{R}(\underline{x}_S - \underline{x})\,,$$
$$\underline{x}_S = \underline{M}_x\,\underline{w}\,.$$

Zum Vorsteuerungsentwurf betrachten wir die ungestörte Strecke ($\underline{x}_0 = \underline{0}$) und nehmen an, wir hätten eine Vorsteuerung, die dieser Strecke das geforderte Sollverhalten $\underline{y} = \underline{w}$ sowie $\underline{x} = \underline{x}_S$ verleiht. Es gilt dann $\underline{u}_R = \underline{0}$ und folglich $\underline{u} = \underline{u}_S$, so dass das Sollverhalten beschrieben wird durch

$$\dot{\underline{x}}_S = \underline{A}\,\underline{x}_S + \underline{B}\,\underline{u}_S\,,$$
$$\underline{w} = \underline{C}\,\underline{x}_S$$

mit

$$\underline{u}_S = \underline{M}_u\,\underline{w}\,,$$
$$\underline{x}_S = \underline{M}_x\,\underline{w}\,.$$

Legt man nun den häufig vorkommenden Fall zugrunde, dass der Führungsvektor $\underline{w}$ einen konstanten Wert

$\underline{w}_\infty$ besitzt oder mit zunehmendem t gegen einen solchen festen Wert $\underline{w}_\infty$ strebt, und beschränkt sich auf die Vorgabe der konstanten Sollwerte $\underline{x}_{S\infty}$ sowie $\underline{u}_{S\infty}$ für den *eingeschwungenen Zustand* [3], so müssen obige Gleichungen nur stationär erfüllt sein und vereinfachen sich damit zu

$$\underline{0} = \underline{A}\,\underline{x}_{S\infty} + \underline{B}\,\underline{u}_{S\infty}\,,$$
$$\underline{w}_\infty = \underline{C}\,\underline{x}_{S\infty}$$

mit

$$\underline{u}_{S\infty} = \underline{M}_u\,\underline{w}_\infty\,,$$
$$\underline{x}_{S\infty} = \underline{M}_x\,\underline{w}_\infty\,.$$

Nach Zusammenfassung zu jeweils einer Gleichung wird daraus

$$\begin{bmatrix} \underline{0} \\ \underline{w}_\infty \end{bmatrix} = \begin{bmatrix} \underline{A} & \underline{B} \\ \underline{C} & \underline{0} \end{bmatrix} \begin{bmatrix} \underline{x}_{S\infty} \\ \underline{u}_{S\infty} \end{bmatrix} \tag{9.17}$$

mit

$$\begin{bmatrix} \underline{x}_{S\infty} \\ \underline{u}_{S\infty} \end{bmatrix} = \begin{bmatrix} \underline{M}_x \\ \underline{M}_u \end{bmatrix} \underline{w}_\infty\,. \tag{9.18}$$

Setzt man (9.18) in (9.17) ein und klammert auf der linken Seite noch $\underline{w}_\infty$ aus, so folgt

$$\begin{bmatrix} \underline{0} \\ \underline{I}_q \end{bmatrix} \underline{w}_\infty = \begin{bmatrix} \underline{A} & \underline{B} \\ \underline{C} & \underline{0} \end{bmatrix} \begin{bmatrix} \underline{M}_x \\ \underline{M}_u \end{bmatrix} \underline{w}_\infty\,,$$

was für beliebiges $\underline{w}_\infty \neq \underline{0}$ nur dann gelten kann, wenn

$$\begin{bmatrix} \underline{0} \\ \underline{I}_q \end{bmatrix} = \begin{bmatrix} \underline{A} & \underline{B} \\ \underline{C} & \underline{0} \end{bmatrix} \begin{bmatrix} \underline{M}_x \\ \underline{M}_u \end{bmatrix} \tag{9.19}$$

gilt, wobei $\underline{I}_q$ eine q-reihige Einheitsmatrix ist. Um das geforderte Stationärverhalten der ungestört angenommenen Strecke sicherzustellen, müssen also die beiden Vorsteuermatrizen $\underline{M}_x$ und $\underline{M}_u$ entsprechend Gleichung (9.19) gewählt sein.

Wir wollen nun zusätzlich $q = p$ voraussetzen, also annehmen, dass die *Anzahl der Regelgrößen gleich der Anzahl der Steuergrößen* ist, was meist der Fall sein wird. Die aus den Streckenmatrizen $\underline{A}$, $\underline{B}$ und $\underline{C}$ aufgebaute Hypermatrix in Gleichung (9.19), die der Rosenbrockschen Systemmatrix $\underline{P}(s)$ aus Abschnitt 8.2.4 an der Stelle $s = 0$ entspricht, ist dann quadratisch, und man erhält aus (9.19) als *Bestimmungsgleichung für die Matrizen der* gesuchten *statischen Vorsteuerung*:

$$\begin{bmatrix} \underline{M}_x \\ \underline{M}_u \end{bmatrix} = \begin{bmatrix} \underline{A} & \underline{B} \\ \underline{C} & \underline{0} \end{bmatrix}^{-1} \begin{bmatrix} \underline{0} \\ \underline{I}_q \end{bmatrix}. \tag{9.20}$$

Die dabei angenommene Invertierbarkeit von

$$\begin{bmatrix} \underline{A} & \underline{B} \\ \underline{C} & \underline{0} \end{bmatrix} = \underline{P}(s=0) \tag{9.21}$$

erfordert $\det \underline{P}(s = 0) \neq 0$, was nach Definition (8.171) gleichbedeutend damit ist, dass die *Strecke keine invariante Nullstelle* $\eta = 0$ aufweisen darf. Dies wird im Allgemeinen gegeben sein, denn ansonsten hätte die mit einer Nullstelle stets verbundene Blockiereigenschaft (siehe Abschnitt 8.5) hier zur Folge, dass nicht mehr *beliebige*, über $\underline{w}_\infty$ vorgegebene $\underline{y}$-Stationärwerte durch einen zugeordneten Steuervektor $\underline{u}_{s\infty}$ eingestellt werden können.[4]

Baut man die Zustandsregelung nicht mit Vorsteuerung, sondern entsprechend Bild 9-4 als Zustandsrückführung mit Vorfilter auf, so kann man die dazu erforderliche Vorfiltermatrix $\underline{M}$ entweder über Gleichung (9.16) aus den zuvor bestimmten Vorsteuermatrizen und dem Regler berechnen oder aber direkt über folgende *Bestimmungsgleichung für das statische Vorfilter:*

$$\underline{M} = -\left(\underline{C}\,(\underline{A} - \underline{B}\,\underline{R})^{-1}\,\underline{B}\right)^{-1}. \tag{9.22}$$

Diese lässt sich unmittelbar ausgehend von Bild 9-4 duch Auswertung der stationären Zusammenhänge gewinnen.[5] Dazu wird vorausgesetzt, dass die Reglermatrix $\underline{R}$ schon berechnet ist, gemäß Forderung I so, dass sie die Zustandsregelung stabilisiert, dass also die Eigenwerte von $\underline{A} - \underline{B}\,\underline{R}$ links der j-Achse liegen.

Aus Bild 9-4 liest man zunächst die Gleichungen

$$\underline{y} = \underline{C}\,\underline{x}\,, \tag{9.23}$$
$$\underline{\dot{x}} = \underline{A}\,\underline{x} + \underline{B}\,\underline{u}\,, \tag{9.24}$$

3 Die Existenz eines solchen eingeschwungenen Zustands ist bei Regelung entsprechend Forderung (9.8) bzw. (9.9) gesichert.

4 Dies zeigt auch Gleichung (9.17), die als inhomogenes Gleichungssystem für $\underline{x}_{S\infty}, \underline{u}_{S\infty}$ bei gegebenem $\underline{w}_\infty$ der Verträglichkeitsbedingung Rang $\begin{bmatrix} \underline{A} & \underline{B} \\ \underline{C} & \underline{0} \end{bmatrix}$ = Rang $\begin{bmatrix} \underline{A} & \underline{B} & \underline{0} \\ \underline{C} & \underline{0} & \underline{w}_\infty \end{bmatrix}$ genügen muss (siehe Abschnitt 11.3.6.2). Besitzt im Falle $q = p$ die Matrix auf der linken Seite nicht Höchstrang, d. h. gilt mit Blick auf (9.21) $\det \underline{P}(0) = 0$ und liegt somit eine invariante Nullstelle $\eta = 0$ vor, so kann sich durch Hinzunahme der Spalte mit $\underline{w}_\infty$ der Rang auf der rechten Seite erhöhen – oder anders ausgedrückt: es sind dann nicht mehr beliebige $\underline{w}_\infty$ zulässig, sondern nur solche, die keine Rangerhöhung bewirken.

5 Gleichung (9.22) lässt sich auch aus Gleichung (9.16) zusammen mit Gleichung (9.20) durch mathematische Umformungen ableiten, was jedoch weniger anschaulich ist.

$$\underline{u} = -\underline{R}\,\underline{x} + \underline{u}_F\,, \tag{9.25}$$

$$\underline{u}_F = \underline{M}\,\underline{w} \tag{9.26}$$

ab und setzt (9.25) in (9.24) ein, was auf

$$\dot{\underline{x}} = (\underline{A} - \underline{B}\,\underline{R})\underline{x} + \underline{B}\,\underline{u}_F$$

führt. Daraus folgt durch Laplace-Transformation, wenn man $\underline{x}(0) = \underline{0}$ setzt, da es ja auf das Übertragungsverhalten zwischen $\underline{u}_F$ und $\underline{y}$ ankommt:

$$s\,\underline{X}(s) = (\underline{A} - \underline{B}\,\underline{R})\underline{X}(s) + \underline{B}\,\underline{U}_F(s), \qquad \text{also}$$

$$\underline{X}(s) = \left(s\underline{I} - (\underline{A} - \underline{B}\,\underline{R})\right)^{-1}\underline{B}\,\underline{U}_F(s)$$

und damit wegen (9.23)

$$\underline{Y}(s) = \underline{C}\left(s\underline{I} - (\underline{A} - \underline{B}\,\underline{R})\right)^{-1}\underline{B}\,\underline{U}_F(s). \tag{9.27}$$

Was die zu invertierende Matrix anbelangt, so gilt $\det\left(s\underline{I} - (\underline{A} - \underline{B}\,\underline{R})\right) = 0$ nur dann, wenn s ein Eigenwert von $\underline{A} - \underline{B}\,\underline{R}$ ist. Da $\underline{R}$ so gewählt wurde, dass alle diese Eigenwerte links der j-Achse liegen, ist die Determinante in der gesamten rechten s-Halbebene einschließlich der j-Achse $\neq 0$. Dort existiert also die Inverse.

Für (9.27) kann man auch schreiben:

$$\underline{Y}(s) = \underline{F}(s)\underline{U}_F(s), \tag{9.28}$$

wobei die (q, p)-Matrix

$$\underline{F}(s) = \underline{C}\left(s\underline{I} - (\underline{A} - \underline{B}\,\underline{R})\right)^{-1}\underline{B} \tag{9.29}$$

die Führungs-Übertragungsmatrix der zustandsrückgeführten Strecke ohne Vorfilter ist.

Nach (9.26) gilt für das Vorfilter

$$\underline{U}_F(s) = \underline{M}\,\underline{W}(s), \tag{9.30}$$

wobei $\underline{M}$ voraussetzungsgemäß konstant ist. Aus (9.28) und (9.30) zusammen ergibt sich die Gleichung

$$\underline{Y}(s) = \underline{F}(s)\underline{M}\,\underline{W}(s). \tag{9.31}$$

Man denke sich nun $\underline{w}(t)$ aufgeschaltet, und zwar so, dass für $t \to +\infty$ $\underline{w}(t)$ gegen den festen Wert $\underline{w}_\infty$ strebt, der in der Realität nach einiger Zeit angenommen wird. Hierdurch wird der stationäre Zustand charakterisiert. Kennzeichnet man ihn wie zuvor durch den Index ∞, so folgt aus (9.31) nach dem Endwertsatz der Laplace-Transformation

$$\underline{y}_\infty = \lim_{t\to\infty}\underline{y}(t) = \lim_{s\to 0} s\,\underline{Y}(s) = \lim_{s\to 0}\underline{F}(s)\cdot\underline{M}\cdot\lim_{s\to 0} s\,\underline{W}(s),$$

also wegen

$$\lim_{s\to 0} s\,\underline{W}(s) = \lim_{t\to\infty}\underline{w}(t) = \underline{w}_\infty :$$

$$\underline{y}_\infty = \underline{F}(0)\cdot\underline{M}\cdot\underline{w}_\infty\,. \tag{9.32}$$

Soll $\underline{y}_\infty = \underline{w}_\infty$ sein, und zwar für einen beliebigen Vektor $\underline{w}_\infty$, so muss folglich gelten:

$$\underline{F}(0)\cdot\underline{M} = \underline{I}\,. \tag{9.33}$$

Wir wollen nun wieder $q = p$ voraussetzen, also annehmen, dass die *Anzahl der Regelgrößen gleich der Anzahl der Steuergrößen* ist. Dann ist $\underline{F}(0)$ quadratisch. Man wird darüber hinaus annehmen dürfen, dass keine invarianten Nullstellen und somit auch *keine Übertragungsnullstellen im Ursprung* vorhanden sind und folglich $\underline{F}(0)$ regulär ist. Im stationären Zustand gilt nämlich wegen (9.28)

$$\underline{y}_\infty = \underline{F}(0)\,\underline{u}_{F\infty}\,,$$

und man wird die Eingriffsstellen der Steuergrößen so wählen, dass sich jeder gewünschte Regelgrößenwert $\underline{y}_\infty$ durch geeignete Wahl von $\underline{u}_{F\infty}$ einstellen lässt.

Aus (9.33) folgt dann zusammen mit (9.29) die eingangs angegebene Beziehung

$$\underline{M} = \underline{F}(0)^{-1} = -\left(\underline{C}\,(\underline{A} - \underline{B}\,\underline{R})^{-1}\underline{B}\right)^{-1} \tag{9.34}$$

zur Bestimmung der Vorfiltermatrix (unter der Voraussetzung, dass man $\underline{R}$ schon berechnet hat).

Ausgehend von $\underline{M}$ und $\underline{R}$ ist natürlich auch eine Rückrechnung auf die Matrizen $\underline{M}_x$ und $\underline{M}_u$ einer Realisierung der Zustandsregelung mit statischer Vorsteuerung entsprechend Bild 9-3 möglich. Dazu gehen wir von der in Gleichung (9.19) enthaltenen Bedingung

$$\underline{0} = \underline{A}\,\underline{M}_x + \underline{B}\,\underline{M}_u \tag{9.35}$$

aus. Diese gewährleistet, wie eingangs gezeigt, dass die Vorsteuerung für beliebiges $\underline{w}_\infty$ zur Strecke passende Stationärwerte $\underline{u}_{S\infty}$ und $\underline{x}_{S\infty}$ bereitstellt. Ersetzt man in (9.35) die Matrix $\underline{M}_u$ mit Hilfe der nach $\underline{M}_u$ aufgelösten Gleichung (9.16),

$$\underline{M}_u = \underline{M} - \underline{R}\,\underline{M}_x\,, \tag{9.36}$$

so folgt zunächst

$$\underline{0} = \underline{A}\,\underline{M}_x + \underline{B}(\underline{M} - \underline{R}\,\underline{M}_x) = (\underline{A} - \underline{B}\,\underline{R})\underline{M}_x + \underline{B}\,\underline{M}\,.$$

Daraus ergibt sich bei asymptotisch stabiler Regelung und somit Regularität von $\underline{A} - \underline{B}\,\underline{R}$ sofort

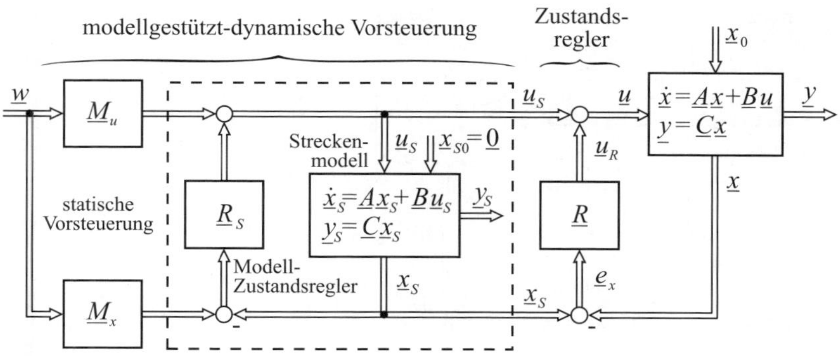

Bild 9-5: Zustandsregelung mit modellgestützt-dynamischer Vorsteuerung

$$\underline{M}_x = -(\underline{A} - \underline{B}\,\underline{R})^{-1}\underline{B}\,\underline{M}\,. \tag{9.37}$$

Dies eingesetzt in (9.36) führt dann unmittelbar auf

$$\underline{M}_u = \underline{M} + \underline{R}(\underline{A} - \underline{B}\,\underline{R})^{-1}\underline{B}\,\underline{M}\,, \tag{9.38}$$

womit die gesuchten Beziehungen zur Rückrechnung auf die Vorsteuermatrizen $\underline{M}_x$ und $\underline{M}_u$ bei gegebenem Regler $\underline{R}$ und Vorfilter $\underline{M}$ bestimmt sind.

Abschließend sei noch angemerkt,

- dass man im konkreten Fall die gesuchten Matrizen der Vorsteuerung bzw. des Vorfilters durch direkte Berechnung des stationären Zustands häufig einfacher berechnen kann als mit den angegebenen Matrizengleichungen – insbesondere bei geringer Systemordnung,
- dass bei Eingrößensystemen die Matrizen $\underline{M}_u$ und $\underline{M}$ in Skalare sowie die Matrix $\underline{M}_x$ in einen Vektor übergehen und
- dass im Falle $p \neq q$, also bei ungleicher Anzahl von Stell- und Regelgrößen, zu einem beliebig vorgegebenen Führungsvektor $\underline{w}_\infty$ nicht unbedingt eine statische Vorsteuerung bzw. ein statisches Vorfilter dergestalt zu existieren braucht, dass hierdurch im eingeschwungenen Zustand gerade dieser Vektor für die Regelgrößen eingestellt wird.

Um sich die *Wirkungsweise des bislang Erreichten* anschaulich vorzustellen, denke man sich in Bild 9-3 etwa einen Führungsvektor $\underline{w}(t)$ aufgeschaltet, der von Zeit zu Zeit sprungartig verstellt wird, wobei Zeitpunkt und Höhe der Verstellungen nicht bekannt sind, diese jedoch nicht allzu dicht beisammen liegen. Über die statische Vorsteuerung resultieren dann sich in gleicher Weise sprungartig ändernde Vorsteuersignale $\underline{u}_S(t)$ und $\underline{x}_S(t)$. Da der Streckenzustand $\underline{x}(t)$ selbst nicht springen kann, wird er nach jeder solchen Verstellung zunächst vom neuen Sollwert abweichen, diesen aber durch die Wirkung der Vorsteuerung im Zusammenspiel mit dem Regler alsbald annehmen; gleiches gilt für den Ausgangsvektor $\underline{y}(t)$. Mit welcher Dynamik dabei der Übergang auf die neuen Sollwerte vonstatten geht, ist abhängig vom gewählten Zustandsregler $\underline{R}$. Denn dieser wird in der Übergangsphase aufgrund der von null verschiedenen Soll-Istabweichung $\underline{e}_x(t)$ aktiviert und trägt somit entscheidend zum dynamischen Führungsverhalten bei; nur für das stationäre Verhalten ist hier die Vorsteuerung allein maßgebend.

Will man jedoch das *gesamte* Führungsverhalten durch die Vorsteuerung einstellen – und somit im Sinne einer *Zwei-Freiheitsgrade-Struktur* entsprechend Abschnitt 1.4 dafür sorgen, dass der Zustandsregler ausschließlich und gezielt auf gutes Störverhalten hin entworfen werden kann, so muss die bislang rein statische Vorsteuerung um einen dynamischen Anteil ergänzt werden. Ein intuitiver und von seinem Wirkprinzip her unmittelbar eingängiger Ansatz hierfür ist die Ergänzung um ein zustandsgeregeltes Streckenmodell. Den resultierenden Aufbau, den wir im Folgenden als *modellgestützt-dynamische Vorsteuerung* bezeichnen wollen, zeigt Bild 9-5. Gegenüber einer rein statischen Vorsteuerung gemäß Bild 9-3 hinzugekommen ist hier der gestrichelt umrandete Modell-Regelkreis; die Matrizen $\underline{M}_u$ und $\underline{M}_x$ der statischen Vorsteuerung bleiben dabei unverändert.

Um das Funktionsprinzip der modellgestützt-dynamischen Vorsteuerung zu verdeutlichen, setzen wir – wie in Bild 9-5 durch Verwendung der gleichen Matrizen $\underline{A}$, $\underline{B}$ und $\underline{C}$ bereits zum Ausdruck gebracht – voraus, dass das Streckenmodell der Vorsteuerung das reale Streckenverhalten präzise wiedergibt, und nehmen weiterhin eine ungestörte Strecke an. Es soll also $\underline{x}_{S0} = \underline{x}_0 = \underline{0}$ gelten, und somit auch

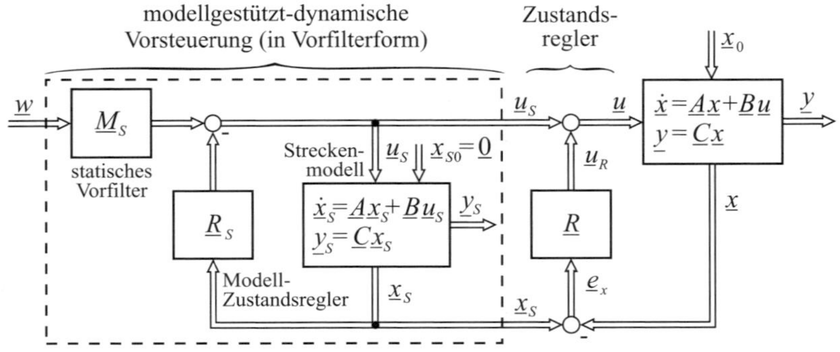

Bild 9-6: Zustandsregelung mit modellgestützt-dynamischer Vorsteuerung in Vorfilterform

$\underline{e}_{x0} = \underline{x}_{S0} - \underline{x}_0 = \underline{0}$ sowie $\underline{u}_{R0} = \underline{R}\,\underline{e}_{x0} = \underline{0}$. Folglich werden für $t = t_0$ Strecke und Streckenmodell in der Vorsteuerung mit dem gleichen Stellsignal $\underline{u} = \underline{u}_S$ beaufschlagt und reagieren demzufolge (da sie voraussetzungsgemäß denselben Zustandsgleichungen genügen und übereinstimmende Anfangswerte aufweisen) auch mit übereinstimmenden Zustands- und Regelgrößenverläufen. Entsprechend gilt auch weiterhin $\underline{e}_x = \underline{x}_S - \underline{x} = \underline{0}$ und $\underline{u}_R = \underline{R}\,\underline{e}_x = \underline{0}$, das heißt, Strecke und Streckenmodell werden dauerhaft mit dem gleichen Eingangsvektor $\underline{u}(t) = \underline{u}_S(t)$ gespeist und ihr übereinstimmendes Zeitverhalten $\underline{x}(t) = \underline{x}_S(t)$ sowie $\underline{y}(t) = \underline{y}_S(t)$ erhält sich aufrecht. *Das in der Vorsteuerung durch Zustandsregelung eines Streckenmodells erzeugte Sollverhalten überträgt sich* also wie gefordert *auf die reale Strecke* – vorausgesetzt, diese gehorcht denselben Zustandsgleichungen und ist ungestört. Andernfalls kommt es zu Abweichungen vom Sollverhalten der Vorsteuerung, wodurch der Regler $\underline{R}$ aktiviert wird und versucht, diese Abweichungen auszuregeln und so zu gewährleisten, dass die Strecke möglichst dem Sollverhalten folgt.

Der Entwurf einer modellgestützt-dynamischen Vorsteuerung nach Bild 9-5 erfordert also neben der Berechnung der für stationäre Genauigkeit sorgenden Vorsteuermatrizen $\underline{M}_x$ und $\underline{M}_u$ mittels Gleichung (9.20) die Bestimmung eines Zustandsreglers $\underline{R}_S$ derart, dass sich am Streckenmodell das gewünschte dynamische Übergangsverhalten in den stationären Zustand ergibt. Prinzipiell kann hierfür jedes der in den folgenden Abschnitten beschriebene Zustandsregler-Entwurfsverfahren herangezogen werden. Jedoch dient der Regler $\underline{R}_S$ in der Vorsteuerung nicht der Störungsausregelung, sondern vielmehr der Einstellung des Führungsverhaltens – und ein hierfür prädestiniertes Entwurfsverfahren ist die Entkopplung nach ***Falb und Wolovich***, die wir in Abschnitt 9.5 behandeln werden. Dabei erweist es sich als vorteilhaft, die Zustandsregelung der Vorsteuerung entsprechend Bild 9-6 als Zustandsrückführung mit statischem Vorfilter $\underline{M}_S$ aufzubauen. Der Index S des Vorfilters weist in diesem Zusammenhang darauf hin, dass es vom Zustandsregler $\underline{R}_S$ der Vorsteuerung abhängig ist und somit beim Übergang zum dynamischen Fall nicht wie die Vorsteuermatrizen $\underline{M}_u$ und $\underline{M}_x$ unverändert übernommen werden kann (und daher auch mit eingerahmt ist).

Ganz gleich welche der beiden Strukturen man zugrunde legt, die in Abschnitt 9.1 unter Punkt II angesprochene Realisierungsproblematik von Zustandsregelungen ist im Rahmen modellgestützt-dynamischer Vorsteuerungen *nicht* gegeben. Denn an dem Streckenmodell, das ja als Teil der Vorsteuerung ebenfalls in der Steuereinrichtung zu realisieren ist, können problemlos alle Zustandsgrößen abgegriffen und direkt zum Aufbau des Modell-Regelkreises entsprechend Bild 9-5 oder Bild 9-6 herangezogen werden. Ein Luenberger-Beobachter zur Rekonstruktion des Zustandsvektors $\underline{x}_S$ der Vorsteuerung ist also nicht erforderlich, wohl aber weiterhin ein solcher Beobachter zur Rekonstruktion des über $\underline{R}$ zu regelnden Zustandsvektors $\underline{x}$ der realen Strecke.

Abschließend sei noch erwähnt, dass man ausgehend vom Aufbau einer Zustandsregelung entsprechend Bild 9-4, also mit statischem Vorfilter, nicht in gleich intuitiver Weise wie zuvor zum dynamischen Fall gelangt, indem einfach ein geeignet zustandsrückgeführtes Streckenmodell ergänzt wird. Denn aufgrund des fehlenden Soll-Istwert-Vergleichs liefert hier der Streckenregler $\underline{R}$ stets einen Beitrag zum Eingangsvektor $\underline{u}$, so dass reale Strecke und Streckenmodell unterschiedlich angeregt werden würden und sich damit das am Streckenmodell eingestellte Verhalten nicht mehr wie gefordert auf die Strecke übertragen würde. Dies untermauert die Verwendung der Vorsteuerungsform einer Zustandsregelung als Grundlage für deren Entwurf.

9.3 Reglerentwurf durch Polvorgabe (Eigenwertvorgabe)

9.3.1 Grundgedanke

Das Ziel ist nun die Berechnung der Reglermatrix $\underline{R}$. Dazu können wir die Struktur der Zustandsregelung etwas vereinfachen. Die beiden Einflüsse, die auf die Regelung wirken, sind $\underline{w}$ und $\underline{x}_0$. Da die Regelung ein lineares System ist, überlagern sie einander, ohne sich gegenseitig zu beeinflussen. Entsprechend hatten wir beim Vorsteuerungsentwurf $\underline{x}_0 = \underline{0}$ gesetzt und nur das Führungs-Übertragungsverhalten betrachtet. Im Folgenden kommt es nun darauf an, wie die Regelung auf die Anfangsstörung $\underline{x}_0$ reagiert. Daher kann man hierbei $\underline{w} = \underline{0}$ setzen, womit auch $\underline{u}_S = \underline{0}$ und $\underline{x}_S = \underline{0}$ sind. Ausgehend von den Zustandsregelungen in Bild 9-3 oder Bild 9-5 gelangt man auf diese Weise zu Bild 9-2, das hier als Bild 9-7 nochmals wiedergegeben ist. Es beschreibt folglich die Regelung des Zustandsvektors auf den Sollwert Null (weswegen wir auch weiterhin von Zustands*regelung* sprechen wollen) und bildet die Grundlage für den Reglerentwurf entsprechend Forderung (9.8) bzw. (9.9).

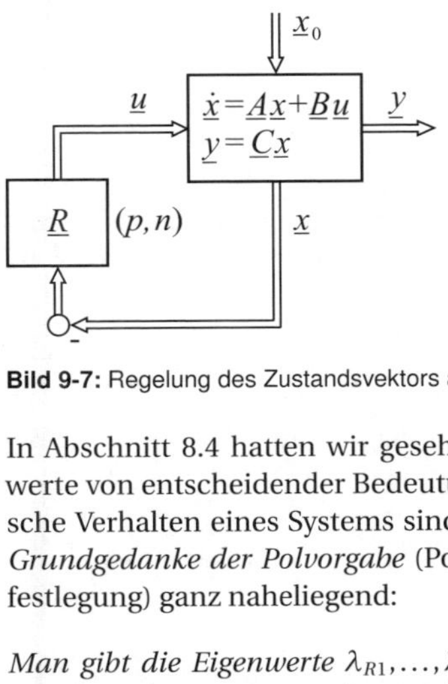

Bild 9-7: Regelung des Zustandsvektors auf den Sollwert Null

In Abschnitt 8.4 hatten wir gesehen, dass die Eigenwerte von entscheidender Bedeutung für das dynamische Verhalten eines Systems sind. Von daher ist der *Grundgedanke der Polvorgabe* (Polverschiebung, Polfestlegung) ganz naheliegend:

Man gibt die Eigenwerte $\lambda_{R1},\ldots,\lambda_{Rn}$ der Zustandsregelung vor, um eine gewünschte Dynamik zu sichern, und wählt $\underline{R}$ so, dass die Regelung diese Eigenwerte besitzt. (9.39)

Eigentlich sollte man also von *Eigenwert*vorgabe sprechen. Dass man dennoch „*Pol*vorgabe" sagt, liegt daran, dass die Eigenwerte auch als *Systempole* bezeichnet werden. Denn sie treten als Polstellen im „Übertragungsverhalten" von den Anfangswerten zu den Systemzuständen in Erscheinung, wie in Abschnitt 8.4 gezeigt ist.

Was die Wahl der Eigenwerte $\lambda_{R1},\ldots,\lambda_{Rn}$ der Zustandsregelung angeht, so wird man sie selbstverständlich links von der j-Achse platzieren, um Stabilität zu sichern. Ideal wäre es, wenn man sie sehr weit nach links legen könnte, um so die Regelung möglichst schnell zu machen. Von der klassischen Regelung her weiß man aber, dass eine derartige Beschleunigung der Strecke, die ihrem ursprünglichen Verhalten ganz zuwiderläuft, durch hohe Stellimpulse, starke Anfangspendelungen und dergleichen erkauft werden muss. Man wird sich deshalb im Allgemeinen mit einer gemäßigten Linksverlegung der Streckeneigenwerte begnügen, wie das in Bild 9-8 für ein System 3. Ordnung angedeutet ist. Bei einem System hoher Ordnung braucht man nicht alle Eigenwerte zu verschieben; es genügt vielmehr, die dominanten Eigenwerte der Strecke zu verschieben, während man die nichtdominanten liegen lässt.

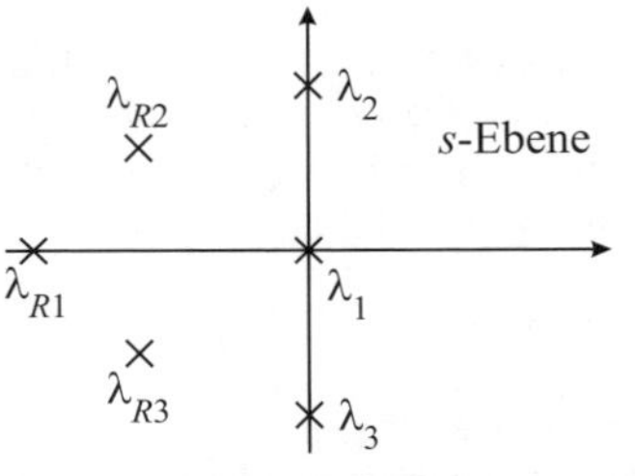

Bild 9-8: Beispiel zur Polvorgabe (Polverschiebung)
λ_ν : Eigenwerte der Strecke
$\lambda_{R\nu}$: vorgegebene Eigenwerte der Zustandsregelung

Genauere Angaben zur Vorgabe der Eigenwerte lassen sich kaum machen, da ihre Wahl zu sehr von den speziellen Gegebenheiten abhängt. Die *Durchführung des Polvorgabeentwurfs* wie auch die anderer, später zu besprechender Entwürfe wird *im Rechnerdialog* erfolgen. Man gibt eine Eigenwertkonfiguration $\lambda_{R1},\ldots,\lambda_{Rn}$ vor, berechnet dazu mittels einer der anschließend behandelten Methoden den Regler $\underline{R}$ und simuliert sodann die über $\underline{R}$ geschlossene Zustandsregelung, wobei es vor allem auf den Verlauf der Ausgangs- und der Steuergrößen ankommt. Im Hinblick auf das Ergebnis ändert man die Eigenwertkonfiguration ab, indem man z. B. bei zu hohen Stellbeträgen die Eigenwerte oder einige von ihnen weiter nach rechts verlegt. Zu der neuen Eigenwertkonfiguration berechnet man wiederum $\underline{R}$ und simuliert von Neuem. So fortfahrend wird man nach einer Anzahl von Schritten den gesuchten Polvorgaberegler erhalten. Mittels eines regelungstechnischen Programmsystems ist diese Aufgabe ohne größeren Zeitaufwand zu lösen.

Wir kommen nun zur Berechnung der Reglermatrix $\underline{R}$, welche die vorgegebenen Eigenwerte $\lambda_{R1},\ldots,\lambda_{Rn}$

der Zustandsregelung, d. h. der Matrix $\underline{A}-\underline{B}\,\underline{R}$, sichert. Diese Eigenwerte sind die Nullstellen des charakteristischen Polynoms

$$\det\left(s\,\underline{I}-(\underline{A}-\underline{B}\,\underline{R})\right).$$

Soll dieses in der Tat die Eigenwerte $\lambda_{R1},\ldots,\lambda_{Rn}$ haben, so muss gelten:

$$\det\left(s\,\underline{I}-(\underline{A}-\underline{B}\,\underline{R})\right)=\prod_{\nu=1}^{n}(s-\lambda_{R\nu}). \tag{9.40}$$

Denkt man sich die Determinante berechnet und das Produkt ausmultipliziert, so wird daraus die Gleichung

$$\begin{aligned} s^n+a_{n-1}(\underline{R})\,s^{n-1}+\ldots+a_0(\underline{R}) &= \\ = s^n+p_{n-1}s^{n-1}+\ldots+p_0\,. \end{aligned} \tag{9.41}$$

Dabei hängen die Koeffizienten a_ν von den Matrixelementen r_{ik}, also von $\underline{R}$, ab, während die p_ν als Summen von Produkten der vorgegebenen λ_{Ri} bekannt sind. Durch Koeffizientenvergleich folgt aus (9.41)

$$a_0(\underline{R})=p_0\,,\ \ldots,\ a_{n-1}(\underline{R})=p_{n-1}\,. \tag{9.42}$$

Dies ist ein *System von n Gleichungen für die $p\cdot n$ gesuchten Elemente von $\underline{R}$*, die wir als *Synthesegleichungen* bezeichnen wollen.

In einfachen Fällen kann man die Synthesegleichungen konkret anschreiben und lösen. Im Allgemeinen ist dies nicht möglich, weil schon die formelmäßige Ausrechnung der Determinante und damit die Aufstellung der Synthesegleichungen viel zu mühsam ist. Man muss deshalb versuchen, auf andere Weise zu Lösungsformeln für $\underline{R}$ zu kommen.

Von der Struktur der Synthesegleichungen her sind sofort zwei Fälle zu unterscheiden:

Fall I: $p=1$, d. h. es gibt genau eine Steuergröße (Eingrößensystem). Wir werden sehen, dass in diesem Fall die Synthesegleichungen linear sind. Da es ebenso viele Gleichungen wie Unbekannte gibt, wird man eine *eindeutige Lösung* erwarten. Das ist in der Tat der Fall, wenn die *Strecke steuerbar* ist. Die Lösung wird durch die *Formel von* ***J. Ackermann*** beschrieben (1972, [9.2]).

Fall II: $p>1$, d. h. es gibt mindestens zwei Steuergrößen (Mehrgrößensystem). In diesem Fall werden die Synthesegleichungen nichtlinear, da in ihnen Produkte der Elemente r_{ik} von $\underline{R}$ auftreten. Da es jetzt mehr Unbekannte als Gleichungen gibt, wird man *unendlich viele Lösungen* erwarten. Das ist tatsächlich der Fall, sofern auch hier die *Strecke steuerbar* ist (***W. M. Wonham,*** 1967 [9.3]). Eine gemeinsame Formel für die Gesamtheit dieser Lösungen wurde von ***G. Roppenecker*** angegeben (1981, [9.4]).

9.3.2 Polvorgabe bei Eingrößensystemen: Reglerformel von *J. Ackermann*

Wir gehen von der Regelungsnormalform (Unterabschnitt 7.4.1) der Strecke aus, für die der Polvorgaberegler sehr einfach zu berechnen ist. Er wird dann auf eine beliebige Zustandsdarstellung übertragen, indem letztere auf Regelungsnormalform transformiert wird (Unterabschnitt 8.1.2).

In Regelungsnormalform lauten die Gleichungen der Zustandsregelung bei nur einer Steuergröße gemäß Bild 9-7:

$$\dot{\underline{z}}=\underline{A}_R\,\underline{z}+\underline{b}_R\,u\,,\quad u=-\underline{r}_R^T\underline{z}\qquad \text{mit}$$

$$\underline{A}_R=\begin{bmatrix}0&1&0&\ldots&0\\0&0&1&\ldots&0\\\vdots&\vdots&\vdots&\ddots&\vdots\\0&0&0&\ldots&1\\-a_0&-a_1&-a_2&\ldots&-a_{n-1}\end{bmatrix},\quad \underline{b}_R=\begin{bmatrix}0\\0\\\vdots\\0\\1\end{bmatrix},$$

$$\underline{r}_R^T=\begin{bmatrix}r_{R1},\ldots,r_{Rn}\end{bmatrix},$$

wobei der Index R auf die Regelungsnormalform hinweist. Das charakteristische Polynom der Strecke ist dann gemäß (8.14) durch

$$s^n+a_{n-1}s^{n-1}+\ldots+a_0$$

gegeben. Die Differentialgleichung der Zustandsregelung lautet somit

$$\dot{\underline{z}}=\left(\underline{A}_R-\underline{b}_R\,\underline{r}_R^T\right)\underline{z}\,.$$

Ihre Dynamikmatrix ist

$$\underline{A}_R-\underline{b}_R\,\underline{r}_R^T=\underline{A}_R-\begin{bmatrix}0\\\vdots\\0\\1\end{bmatrix}\begin{bmatrix}r_{R1},\ldots,r_{Rn}\end{bmatrix}=$$

$$=\begin{bmatrix}0&1&\ldots&0\\0&0&\ldots&0\\\vdots&\vdots&&\vdots\\0&0&&1\\-(a_0+r_{R1})&-(a_1+r_{R2})&\ldots&-(a_{n-1}+r_{Rn})\end{bmatrix}.$$

Wie man sieht, hat diese Matrix wiederum Regelungsnormalform, da lediglich in der letzten Zeile die Parameter $-a_\nu$ der Strecke durch neue Parameter $-(a_\nu + r_{R,\nu+1})$ ersetzt sind. Wie stets bei Vorliegen der Regelungsnormalform kann man sofort das zugehörige charakteristische Polynom hinschreiben: Gemäß (8.14) hat man die negativen Elemente der letzten Zeile als Koeffizienten des Polynoms zu nehmen. Man erhält daher als charakteristisches Polynom des geschlossenen Kreises

$$s^n + (a_{n-1} + r_{Rn})s^{n-1} + \ldots + (a_1 + r_{R2})s + (a_0 + r_{R1}).$$

Es soll gleich dem vorgeschriebenen Polynom

$$s^n + p_{n-1}s^{n-1} + \ldots + p_1 s + p_0$$

sein. Durch Koeffizientenvergleich folgt

$$a_{\nu-1} + r_\nu = p_{\nu-1}, \quad \nu = 1, \ldots, n, \quad \text{und damit}$$

$$r_\nu = p_{\nu-1} - a_{\nu-1}, \quad \nu = 1, \ldots, n. \tag{9.43}$$

Als Ergebnis ist festzuhalten:

Ist ein Eingrößensystem mit dem charakteristischen Polynom

$$s^n + a_{n-1}s^{n-1} + \ldots + a_0$$

in Regelungsnormalform gegeben und schreibt man für den geschlossenen Kreis das charakteristische Polynom (9.44)

$$s^n + p_{n-1}s^{n-1} + \ldots + p_0$$

vor, so wird es durch die Reglermatrix

$$\underline{r}_R^T = \left[p_0 - a_0,\, p_1 - a_1,\, \ldots,\, p_{n-1} - a_{n-1}\right]$$

erzeugt.

Dieses Ergebnis ist denkbar einfach. Aber man wird im Allgemeinen nicht damit rechnen können, dass eine Strecke in Regelungsnormalform gegeben ist. Nichts liegt jedoch näher, als bei beliebiger Zustandsdarstellung die Transformation auf Regelungsnormalform vorzunehmen, um so das Resultat (9.44) verwenden zu können.

Ist die Strecke steuerbar, was wir voraussetzen wollen, so kann sie nach Satz (8.30) auf Regelungsnormalform transformiert werden. Das geschieht durch die Transformation

$$\underline{z} = \underline{T}\,\underline{x},$$

wobei $\underline{z}$ wie schon bisher den Zustandsvektor der Regelungsnormalform bezeichnet. Dabei ist

$$\underline{T} = \begin{bmatrix} \underline{t}_1^T \\ \underline{t}_1^T \underline{A} \\ \vdots \\ \underline{t}_1^T \underline{A}^{n-1} \end{bmatrix},$$

wobei $\underline{t}_1^T$ die letzte Zeile der inversen Steuerbarkeitsmatrix

$$\underline{Q}_S^{-1} = \left[\underline{b}, \underline{A}\,\underline{b}, \ldots, \underline{A}^{n-1}\underline{b}\right]^{-1}$$

darstellt und deshalb aus den Gleichungen

$$\left.\begin{array}{rcl} \underline{t}_1^T \underline{b} &=& 0, \\ \underline{t}_1^T \underline{A}\,\underline{b} &=& 0, \\ &\vdots& \\ \underline{t}_1^T \underline{A}^{n-2}\underline{b} &=& 0, \\ \underline{t}_1^T \underline{A}^{n-1}\underline{b} &=& 1 \end{array}\right\} \tag{9.45}$$

zu berechnen ist.

In Regelungsnormalform ist

$$u = -\underline{r}_R^T \underline{z},$$

also wegen $\underline{z} = \underline{T}\,\underline{x}$:

$$u = -\underline{r}_R^T \underline{T}\,\underline{x}.$$

Daher ist die Reglermatrix $\underline{r}^T$ in beliebiger (steuerbarer) Zustandsdarstellung

$$\underline{r}^T = \underline{r}_R^T \underline{T} = \left[p_0 - a_0, \ldots, p_{n-1} - a_{n-1}\right] \begin{bmatrix} \underline{t}_1^T \\ \vdots \\ \underline{t}_1^T \underline{A}^{n-1} \end{bmatrix},$$

$$\underline{r}^T = (p_0 - a_0)\underline{t}_1^T + (p_1 - a_1)\underline{t}_1^T \underline{A} + \ldots + \\ + (p_{n-1} - a_{n-1})\,\underline{t}_1^T \underline{A}^{n-1}. \tag{9.46}$$

Hierin sind die Koeffizienten p_ν des gewünschten charakteristischen Polynoms der Regelung vorgegeben, jedoch die Koeffizienten a_ν des charakteristischen Polynoms der Strecke nicht unmittelbar bekannt, da ja die Strecke durch die Matrizen $\underline{A}$ und $\underline{b}$ gegeben ist. Ihre Berechnung kann man vermeiden, wenn man die Gleichung (8.22) heranzieht, die sich als bisher nicht benötigtes Abfallprodukt bei der Herleitung der Transformation auf Regelungsnormalform ergeben hat. Mit ihr wird aus (9.46)

$$\underline{r}^T = p_0\,\underline{t}_1^T + p_1\,\underline{t}_1^T\underline{A} + \ldots + p_{n-1}\,\underline{t}_1^T\underline{A}^{n-1} + \underline{t}_1^T\underline{A}^n\,. \quad (9.47)$$

Man hat so das Resultat:

Ist die Eingrößenstrecke $\dot{\underline{x}} = \underline{A}\,\underline{x} + \underline{b}\,u$ steuerbar und soll die Zustandsregelung gemäß Bild 9-7 das charakteristische Polynom

$$p(s) = s^n + p_{n-1}s^{n-1} + \ldots + p_1 s + p_0$$

haben, so hat man die Reglermatrix

$$\begin{aligned}\underline{r}^T &= p_0\,\underline{t}_1^T + p_1\,\underline{t}_1^T\underline{A} + \ldots + p_{n-1}\,\underline{t}_1^T\underline{A}^{n-1} + \underline{t}_1^T\underline{A}^n = \\ &= \underline{t}_1^T\left(p_0\,\underline{I} + p_1\,\underline{A} + \ldots + p_{n-1}\underline{A}^{n-1} + \underline{A}^n\right) = \\ &= \underline{t}_1^T\,p(\underline{A}) \end{aligned} \quad (9.48)$$

zu wählen. Dabei ist $\underline{t}_1^T$ die letzte Zeile der inversen Steuerbarkeitsmatrix

$$\underline{Q}_S^{-1} = \left[\underline{b}\,, \underline{A}\,\underline{b}\,, \ldots, \underline{A}^{n-1}\,\underline{b}\right]^{-1}$$

und wird demgemäß aus (9.45) bestimmt.

Diese bemerkenswerte Formel für den Polvorgaberegler eines Eingrößensystems wurde erstmals von ***J. Ackermann*** [9.2] angegeben. Die hier gegebene Herleitung ist davon verschieden. Sie kann auf lineare zeitvariante Systeme [9.5] und mit gewissen Einschränkungen sogar auf nichtlineare Systeme [9.6] ausgedehnt werden.

Als *Beispiel* zur Anwendung der Ackermann-Formel werde die *Verladebrücke* aus Abschnitt 7.3 betrachtet. Hier ist $n = 4$, also $\underline{t}_1^T = [t_1, t_2, t_3, t_4]$. Um die Gleichungen (9.45) zur Berechnung von $\underline{t}_1^T$ aufstellen zu können, bildet man zunächst nacheinander

$$\underline{b} = \begin{bmatrix} 0 \\ b_2 \\ 0 \\ -b_4 \end{bmatrix}, \quad \underline{A}\,\underline{b} = \begin{bmatrix} b_2 \\ 0 \\ -b_4 \\ 0 \end{bmatrix},$$

$$\underline{A}^2\underline{b} = \underline{A}\cdot\underline{A}\,\underline{b} = \begin{bmatrix} 0 \\ -a_{23}b_4 \\ 0 \\ a_{43}b_4 \end{bmatrix},$$

$$\underline{A}^3\underline{b} = \underline{A}\cdot\underline{A}^2\,\underline{b} = \begin{bmatrix} -a_{23}b_4 \\ 0 \\ a_{43}b_4 \\ 0 \end{bmatrix}.$$

Damit wird aus (9.45) das Gleichungssystem

$$\begin{aligned} b_2 t_2 - b_4 t_4 &= 0\,, \\ b_2 t_1 - b_4 t_3 &= 0\,, \\ -a_{23}b_4 t_2 + a_{43}b_4 t_4 &= 0\,, \\ -a_{23}b_4 t_1 + a_{43}b_4 t_3 &= 1\,. \end{aligned}$$

Aus ihm folgt

$$t_2 = 0\,, \quad t_4 = 0; \quad t_3 = \frac{b_2}{b_4}\,t_1\,, \quad t_1 = \frac{1}{a_{43}b_2 - a_{23}b_4}\,.$$

Setzt man für a_{23}, a_{43}, b_2 und b_4 die ursprünglichen technischen Daten gemäß (7.42) ein, so wird

$$t_1 = \frac{\ell}{g}\,m_K\,, \quad t_3 = \frac{\ell^2}{g}\,m_K\,. \quad (9.49)$$

Mit

$$\underline{t}_1^T = \left[t_1\,, 0\,, t_3\,, 0\right]$$

erhält man sukzessive

$$\underline{t}_1^T\underline{A} = \left[0\,, t_1\,, 0\,, t_3\right],$$

$$\underline{t}_1^T\underline{A}^2 = \underline{t}_1^T\underline{A}\cdot\underline{A} = \left[0\,, 0\,, a_{23}t_1 - a_{43}t_3\,, 0\right],$$

$$\underline{t}_1^T\underline{A}^3 = \underline{t}_1^T\underline{A}^2\cdot\underline{A} = \left[0\,, 0\,, 0\,, a_{23}t_1 - a_{43}t_3\right],$$

$$\underline{t}_1^T\underline{A}^4 = \underline{t}_1^T\underline{A}^3\cdot\underline{A} = \left[0\,, 0\,, -a_{43}(a_{23}t_1 - a_{43}t_3)\,, 0\right].$$

Damit wird aus der allgemeinen Reglerformel (9.48)

$$\begin{aligned} r_1 &= p_0 t_1\,, \\ r_2 &= p_1 t_1\,, \\ r_3 &= p_0 t_3 + p_2(a_{23}t_1 - a_{43}t_3) - a_{43}(a_{23}t_1 - a_{43}t_3)\,, \\ r_4 &= p_1 t_3 + p_3(a_{23}t_1 - a_{43}t_3)\,. \end{aligned}$$

Daraus wird schließlich mit (9.49)

$$\left.\begin{aligned} r_1 &= m_K\frac{\ell}{g}p_0\,, \quad r_2 = m_K\frac{\ell}{g}p_1\,, \\ r_3 &= m_K\frac{\ell}{g}(\ell\,p_0 - g\,p_2) + (m_K + m_G)\,g\,, \\ r_4 &= m_K\frac{\ell}{g}(\ell\,p_1 - g\,p_3)\,. \end{aligned}\right\} \quad (9.50)$$

Wie sind nun die Eigenwerte der Regelung zu wählen? In Bild 9-9 sieht man die 4 Eigenwerte der Strecke auf der j-Achse. Die Strecke ist also instabil. Um die Greifschwingung zu dämpfen, wird man die Eigenwerte

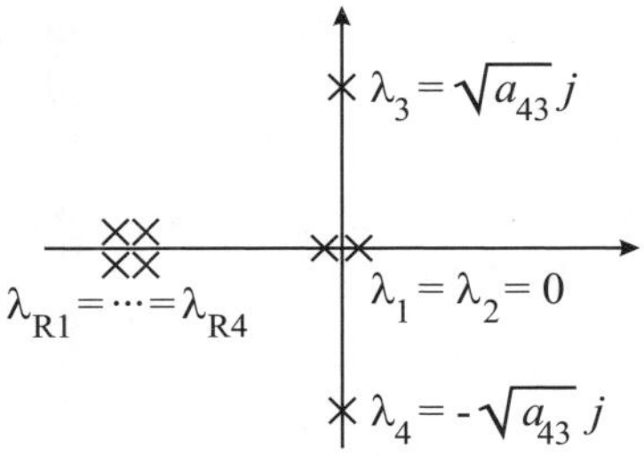

Bild 9-9: Eigenwerte der Verladebrücke

der Regelung auf die negative reelle Achse legen, etwa einen 4-fachen reellen Eigenwert in genügendem Abstand von der j-Achse vorgeben, wie dies in Bild 9-9 angedeutet ist.

Das Blockschema der so erhaltenen Zustandsregelung sieht man in Bild 9-10. Ausgehend von einer beliebigen Startposition soll sie die Verladebrücke in eine gewünschte Endposition überführen, die zum Zeitpunkt $t = 0$ durch einen entsprechenden Führungsgrößensprung vorgegeben wird. Dies lässt sich auch als Ausregelung einer Anfangsstörung interpretieren. Dazu betrachtet man das Verhalten von der gewünschten Endposition aus und fasst die davon verschiedene Startposition zum Zeitpunkt $t = 0$ als Anfangsauslenkung hiervon auf.

Ausgangsgröße der Zustandsregelung ist die Greiferposition

$$s_G = s_K + \ell\,\vartheta \qquad \text{bzw.}$$

$$y = x_1 + \ell\, x_3\,. \tag{9.51}$$

Zustandsgrößen sind die Katzposition x_1, die Katzgeschwindigkeit x_2, der Greiferwinkel x_3 und die Greiferwinkelgeschwindigkeit x_4. Man hat sie sich durch geeignete Messeinrichtungen erfasst und etwa in elektrische Signale umgewandelt zu denken. Diese werden negiert bzw. mit dem Sollwertsignal verglichen, dann mit den Reglerelementen $r_1, \ldots, r_4$ multipliziert und addiert. Die so erhaltene elektrische Summenspannung wirkt nun auf das aus Stromrichter und Gleichstrommotor bestehende Antriebsaggregat und erzeugt so die Vortriebskraft u, die das System Katze-Greifer in Bewegung setzt. Der Antrieb kann durch ein Verzögerungssystem beschrieben werden. Wir wollen hier vereinfachend annehmen, dass sein Zeitverhalten vernachlässigbar ist. Dann wird er durch ein Proportionalglied charakterisiert, das wir uns mit den anderen Proportionalgliedern vereinigt denken können, indem wir es vor das Summierglied in Bild 9-10 verlegen. Es ist dann

$$u = r_1(w - x_1) - r_2\, x_2 - r_3\, x_3 - r_4\, x_4\,. \tag{9.52}$$

Zur *Berechnung der statischen Vorsteuerung*, deren Matrizen bei einem Eingrößensystem auf einen Skalar m_u und einen Vektor $\underline{m}_x$ zusammenschrumpfen, braucht man hier nicht die Matrizenformel (9.20) zu benutzen. Man geht vielmehr direkt vom stationären Zustand aus. Da in ihm $x_2 = x_3 = x_4 = 0$ sein muss und damit nach (9.51) $y = x_1$ gilt, folgen als Zustandssollwerte unmittelbar

$$x_{2S} = x_{3S} = x_{4S} = 0 \qquad \text{und} \qquad x_{1S} = y_S = w\,.$$

Weiterhin muss die Vortriebskraft u im stationären Zustand gleich Null sein, also

$$u_S = 0$$

gelten, da sonst die Katze nicht zur Ruhe kommen könnte.

Damit ist die Vorsteuerung bestimmt, und man erhält aus (9.13) und (9.14) direkt das Stellgesetz (9.52) und somit den Regelungsaufbau nach Bild 9-10.

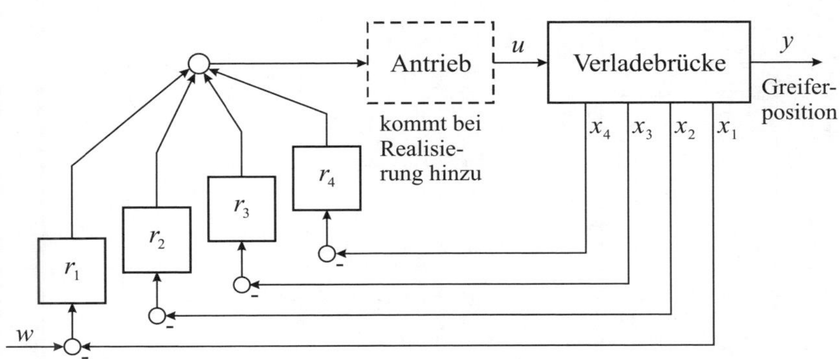

Bild 9-10: Blockschema für die Zustandsregelung der Verladebrücke

Als konkrete Daten seien nun

$$m_K = 1000\,\text{kg}, \quad m_G = 4000\,\text{kg}, \quad \ell = 10\,\text{m}$$

angenommen. Außerdem werde mit $g = 10\,\text{m}\,\text{sec}^{-2}$ gerechnet. Dann ist die Frequenz der Greiferschwingung

$$\omega = \sqrt{a_{43}},$$

also ihre Periode

$$T = \frac{2\pi}{\omega} = \frac{2\pi}{\sqrt{a_{43}}} = 2{,}81\,\text{sec}.$$

Wir wählen

$$\lambda_{R1} = \ldots = \lambda_{R4} = -0{,}6\,\text{sec}^{-1}.$$

Dann ist das charakteristische Polynom der Zustandsregelung

$$p(s) = (s+0{,}6)^4 = \\ = s^4 + 4\cdot 0{,}6\cdot s^3 + 6\cdot 0{,}6^2\cdot s^2 + 4\cdot 0{,}6^3\cdot s + 0{,}6^4,$$

womit die Koeffizienten p_ν bekannt sind. Damit liegen die Reglerelemente gemäß (9.50) fest, und das Stellgesetz (9.52) ist vollständig bestimmt.

Einen Rechnerschrieb der Zeitvorgänge zeigt Bild 9-11. Der Anfangszustand ist durch

$$x_1(0) = 2\,\text{m}, \quad x_2(0) = x_3(0) = x_4(0) = 0$$

gegeben, der Führungswert ist $w = 10\,\text{m}$. (Von der gewünschten Endposition 10 m aus betrachtet haben wir es also mit einer Anfangsauslenkung um -8 m zu tun, die es auszuregeln gilt.) Betrachten wir zunächst die Vortriebskraft u, so sieht man, dass sie zu Beginn von Null verschieden ist. In der Tat folgt aus (9.52) wegen $x_2(0) = x_3(0) = x_4(0) = 0$:

$$u(+0) = r_1\big(w - x_1(0)\big).$$

Allerdings wurde dabei der Antrieb als Proportionalglied angesehen. Berücksichtigt man sein Verzögerungsverhalten, so beginnt u mit dem Wert 0.

Der Greiferwinkel x_3 ist dem Betrag nach $\leq 0{,}04$ rad, also $< 3°$. Die bei der Modellbildung der Verlade-

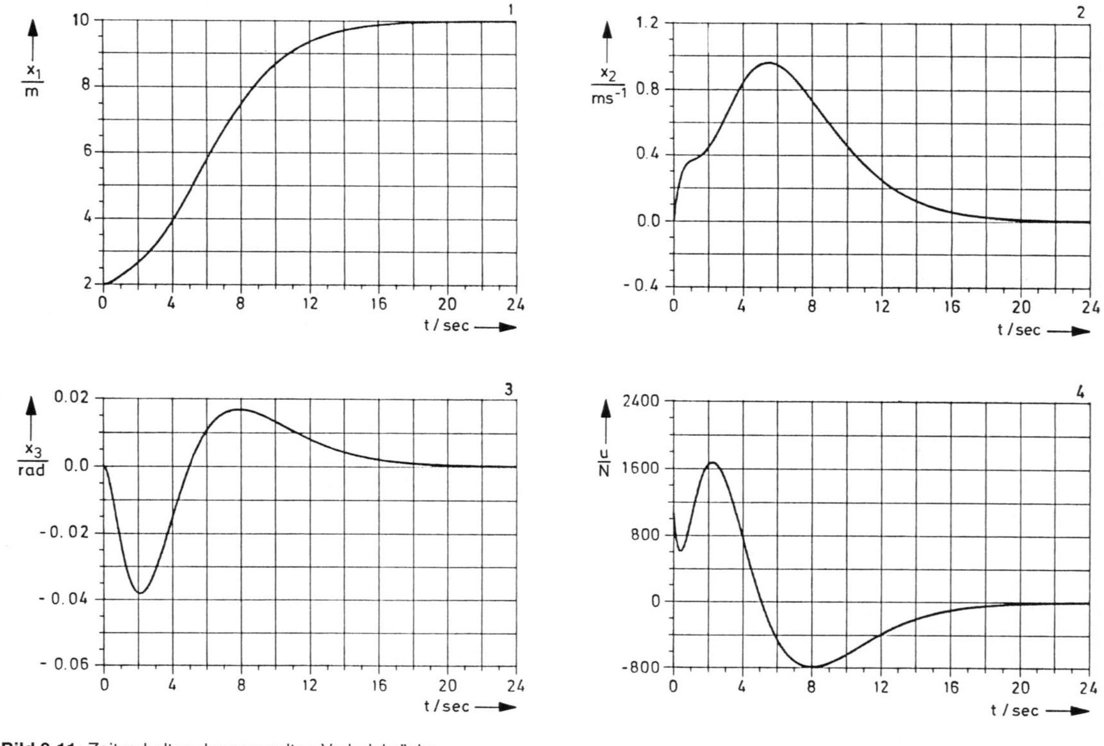

Bild 9-11: Zeitverhalten der geregelten Verladebrücke

brücke in Abschnitt 7.3 gemachte Voraussetzung, dass aufgrund der Regelung der Greiferwinkel klein bleibt und demgemäß linearisiert werden kann, ist also voll und ganz erfüllt. Der Greiferwinkel ist zunächst negativ, weil beim Anfahren der Katze der massige Greifer nachhinkt, schwingt dann einmal über und kommt zur Ruhe.

Der Verlauf der Katzgeschwindigkeit x_2 weist kurz nach Beginn eine Einsattelung auf, weil das Katzfahrzeug durch den nachhinkenden schweren Greifer in seiner Vorwärtsbewegung gebremst wird. Die Katzposition x_1 verlagert sich monoton von der Anfangs- in die Endlage. Wie die Betrachtung von x_1 und x_3 zeigt, ist der Greifer praktisch nach 18 sec zur Ruhe gekommen. Wünscht man einen schnelleren Übergang, so muss man den 4-fachen Eigenwert λ_R weiter nach links verlegen. Dies wird zur Erhöhung der Steuergröße u führen, was aber bei den vorliegenden, nicht übermäßig hohen Beträgen noch zu realisieren wäre.

9.3.3 Polvorgabe bei Mehrgrößensystemen: Reglerformel von *G. Roppenecker* und Methode der Vollständigen Modalen Synthese

Schon bei der Einführung der Polvorgabe (Unterabschnitt 9.3.1) wurde eine allgemeinere Zustandsreglerformel angekündigt. Sie wurde erstmals 1981 von *G. Roppenecker* angegeben [9.4] und stellt einen *Formelausdruck* dar, *der alle Lösungen des Polvorgabeproblems im Mehrgrößenfall beschreibt.*

Erstaunlicherweise ist diese Formel nicht schwer herzuleiten. Wir betrachten die Zustandsdifferentialgleichung

$$\underline{\dot{x}} = \underline{A}\,\underline{x} + \underline{B}\,\underline{u}$$

und nehmen an, dass dazu ein Regler

$$\underline{u} = -\underline{R}\,\underline{x}$$

entworfen wurde und die Eigenwerte der Regelung, also der Zustandsdifferentialgleichung

$$\underline{\dot{x}} = (\underline{A} - \underline{B}\,\underline{R})\,\underline{x}\,,$$

die Werte $\lambda_{R1}, \ldots, \lambda_{Rn}$ haben. Hierbei ist es gleich, *wie* der Regler entworfen wurde und wo die Eigenwerte liegen. Es muss also keineswegs ein Polvorgaberegler sein, bei dem die Eigenwerte gezielt vorgegeben wurden, sondern es kann sich auch um einen Regler handeln, bei dem die Eigenwerte der Regelung sich von selbst einstellen, nachdem $\underline{R}$ in anderer Weise gewählt ist. Einfachheitshalber wollen wir voraussetzen, dass die Eigenwerte $\lambda_{R1}, \ldots, \lambda_{Rn}$ der Regelung ebenso wie die Eigenwerte $\lambda_1, \ldots, \lambda_n$ der Strecke einfach sind. Diese Voraussetzung lässt sich ohne weiteres beseitigen [9.7], Abschnitt 2.4), wodurch die Untersuchungen jedoch umständlicher werden.

Wir gehen von der Definitionsgleichung der Eigenvektoren der *Regelung* aus:

$$(\lambda_{Ri}\,\underline{I} - (\underline{A} - \underline{B}\,\underline{R}))\,\underline{v}_{Ri} = \underline{0}\,, \quad i = 1, \ldots, n\,, \tag{9.53}$$

wobei der Index R hier wie auch sonst eine Eigenschaft der Regelung (im Unterschied zu einer Eigenschaft der Strecke) bezeichnet. Aus dieser Gleichung folgt

$$(\lambda_{Ri}\,\underline{I} - \underline{A})\,\underline{v}_{Ri} = -\underline{B}\,\underline{R}\,\underline{v}_{Ri}\,, \quad i = 1, \ldots, n\,. \tag{9.54}$$

Wir führen nun neue p-dimensionale Vektoren

$$\underline{p}_i = \underline{R}\,\underline{v}_{Ri}\,, \quad i = 1, \ldots, n\,, \tag{9.55}$$

ein, die wir nach ***G. Roppenecker*** als *Parametervektoren* bezeichnen. Damit kann man (9.54) in der Form

$$(\lambda_{Ri}\,\underline{I} - \underline{A})\,\underline{v}_{Ri} = -\underline{B}\,\underline{p}_i\,, \quad i = 1, \ldots, n\,, \tag{9.56}$$

schreiben, woraus mit $\lambda_{Ri}\,\underline{I} - \underline{A} = -(\underline{A} - \lambda_{Ri}\,\underline{I})$ und der Annahme, dass $\underline{A} - \lambda_{Ri}\,\underline{I}$ regulär ist, sofort

$$\underline{v}_{Ri} = (\underline{A} - \lambda_{Ri}\,\underline{I})^{-1}\underline{B}\,\underline{p}_i\,, \quad i = 1, \ldots, n\,, \tag{9.57}$$

folgt. Die Definitionsgleichungen (9.55) der Parametervektoren kann man zu einer Matrizengleichung zusammenfassen:

$$\left[\underline{p}_1, \ldots, \underline{p}_n\right] = \underline{R}\left[\underline{v}_{R1}, \ldots, \underline{v}_{Rn}\right]. \tag{9.58}$$

Wegen der Einfachheit der λ_{Ri} sind die Eigenvektoren $\underline{v}_{R1}, \ldots, \underline{v}_{Rn}$ linear unabhängig. Daher folgt aus der letzten Gleichung

$$\underline{R} = \left[\underline{p}_1, \ldots, \underline{p}_n\right] \cdot \left[\underline{v}_{R1}, \ldots, \underline{v}_{Rn}\right]^{-1} \tag{9.59}$$

oder ausführlich mit (9.57)

$$\underline{R} = \left[\underline{p}_1, \ldots, \underline{p}_n\right] \cdot \Big[(\underline{A} - \lambda_{R1}\,\underline{I})^{-1}\underline{B}\,\underline{p}_1, \ldots, (\underline{A} - \lambda_{Rn}\,\underline{I})^{-1}\underline{B}\,\underline{p}_n\Big]^{-1}. \tag{9.60}$$

Jeder Zustandsregler $\underline{R}$ lässt sich also in dieser Form darstellen, wobei $\lambda_{R1}, \ldots, \lambda_{Rn}$ die Eigenwerte der mittels $\underline{R}$ aufgebauten Regelung und die Parametervektoren $\underline{p}_1, \ldots, \underline{p}_n$ p-dimensionale Zahlenvektoren sind.

Die voranstehend gemachte Voraussetzung, dass die Matrix $\underline{A} - \lambda_{Ri}\,\underline{I}$ regulär ist, behalten wir vorläufig bei, um den Gedankengang nicht zu unterbrechen, werden sie aber später eliminieren.

Wir geben nun umgekehrt voneinander verschiedene Zahlen $\lambda_{R1}, \ldots, \lambda_{Rn}$ und p-dimensionale Zahlenvektoren $\underline{p}_1, \ldots, \underline{p}_n$ beliebig vor – mit einer Einschränkung: *Die mit den gewählten λ_{Ri} und $\underline{p}_i$ gebildeten Vektoren*

$$\underline{v}_{Ri} = (\underline{A} - \lambda_{Ri}\,\underline{I})^{-1}\underline{B}\,\underline{p}_i\,, \quad i = 1, \ldots, n\,, \tag{9.61}$$

müssen linear unabhängig sein. Diese Einschränkung ist praktisch bedeutungslos. Gibt man nämlich die λ_{Ri} vor und wählt die $\underline{p}_i$ nach dem Zufall, so sind die $\underline{v}_{Ri}$ mit der Wahrscheinlichkeit 1 linear unabhängig. Sollten sie wirklich einmal linear abhängig sein, so genügt eine beliebig kleine Abänderung der $\underline{p}_i$, damit lineare Unabhängigkeit erreicht wird.

Mit den in diesem Sinne beliebig vorgegebenen Werten $\lambda_{R1}, \ldots, \lambda_{Rn}$ und Zahlenvektoren $\underline{p}_1, \ldots, \underline{p}_n$, wobei – darauf sei ausdrücklich hingewiesen – die $\underline{p}_i$ völlig unabhängig von den λ_{Ri} gewählt sind, wird nun die Reglermatrix $\underline{R}$ gemäß (9.60) gebildet. Es soll gezeigt werden, dass die mit diesem Regler $\underline{R}$ entworfene Regelung in der Tat die vorgegebenen Zahlenwerte λ_{Ri} als Eigenwerte hat, also gilt:

$$\det(\lambda_{Ri}\,\underline{I} - \underline{A} + \underline{B}\,\underline{R}) = 0\,, \quad i = 1, \ldots, n\,. \tag{9.62}$$

Dazu bilden wir mit den vorgegebenen Werten λ_{Ri} und $\underline{p}_i$ zunächst die Vektoren

$$\underline{v}_{Ri} = (\underline{A} - \lambda_{Ri}\,\underline{I})^{-1}\underline{B}\,\underline{p}_i\,, \quad i = 1, \ldots, n\,, \tag{9.63}$$

für die dann also

$$(\underline{A} - \lambda_{Ri}\,\underline{I})\,\underline{v}_{Ri} = \underline{B}\,\underline{p}_i\,, \quad i = 1, \ldots, n\,, \tag{9.64}$$

gilt. Weiterhin folgt aus (9.60) zusammen mit (9.63) sofort Gleichung (9.59), welche über (9.58) auf

$$\underline{p}_i = \underline{R}\,\underline{v}_{Ri}\,, \quad i = 1, \ldots, n\,, \tag{9.65}$$

führt. Setzt man dies in (9.64) ein, so resultiert

$$(\underline{A} - \lambda_{Ri}\,\underline{I})\,\underline{v}_{Ri} = \underline{B}\,\underline{R}\,\underline{v}_{Ri}\,, \quad i = 1, \ldots, n\,,$$

und hieraus durch Multiplikation mit -1 und Verlagerung aller Terme auf die linke Seite

$$(\lambda_{Ri}\,\underline{I} - \underline{A} + \underline{B}\,\underline{R})\,\underline{v}_{Ri} = \underline{0}\,, \quad i = 1, \ldots, n\,. \tag{9.66}$$

Da die Vektoren $\underline{v}_{Ri}$ nach Voraussetzung voneinander linear unabhängig sind, sind sie gewiss alle auch $\neq \underline{0}$. Die Gültigkeit der homogenen Gleichungen (9.66) impliziert daher nach Satz (11.75), dass sämtliche Matrizen $\lambda_{Ri}\,\underline{I} - \underline{A} + \underline{B}\,\underline{R}$ singulär sind, also

$$\det(\lambda_{Ri}\,\underline{I} - \underline{A} + \underline{B}\,\underline{R}) = 0 \quad \text{für} \quad i = 1, \ldots, n$$

gilt, was zu beweisen war.

Insgesamt hat man so folgendes Resultat:

Gegeben sei die Strecke

$$\dot{\underline{x}} = \underline{A}\,\underline{x} + \underline{B}\,\underline{u}$$

mit den konstanten Matrizen $\underline{A}$ und $\underline{B}$ vom Typ (n,n) bzw. (n,p). Man gebe voneinander verschiedene Zahlen $\lambda_{R1}, \ldots, \lambda_{Rn}$ und p-dimensionale Zahlenvektoren $\underline{p}_1, \ldots, \underline{p}_n$ beliebig vor (abgesehen von der praktisch bedeutungslosen Einschränkung, dass die Vektoren

$$\underline{v}_{Ri} = (\underline{A} - \lambda_{Ri}\,\underline{I})^{-1}\underline{B}\,\underline{p}_i\,,\ i = 1, \ldots, n\,,$$

linear unabhängig sind) und bilde mit ihnen die Matrix (9.67)

$$\underline{R} = \left[\underline{p}_1, \ldots, \underline{p}_n\right] \cdot \left[(\underline{A} - \lambda_{R1}\,\underline{I})^{-1}\underline{B}\,\underline{p}_1, \ldots, (\underline{A} - \lambda_{Rn}\,\underline{I})^{-1}\underline{B}\,\underline{p}_n\right]^{-1}.$$

Dann hat die mit diesem $\underline{R}$ gebildete Zustandsregelung $\dot{\underline{x}} = (\underline{A} - \underline{B}\,\underline{R})\,\underline{x}$ die Eigenwerte $\lambda_{R1}, \ldots, \lambda_{Rn}$.

Ist umgekehrt $\dot{\underline{x}} = (\underline{A} - \underline{B}\,\underline{R})\underline{x}$ eine beliebige Zustandsregelung mit konstantem $\underline{R}$ und einfachen Eigenwerten $\lambda_{R1}, \ldots, \lambda_{Rn}$, so kann die Reglermatrix $\underline{R}$ in der obigen Form dargestellt werden.

Zu diesem Satz ist noch zweierlei anzumerken. Zunächst eine fast selbstverständliche Voraussetzung! Gibt man eine nichtreelle Zahl λ_{Ri} vor, so muss man auch die dazu konjugiert komplexe Zahl $\overline{\lambda}_{Ri}$ als Eigenwert vorgeben, da andernfalls die Matrix $\underline{R}$ nichtreell würde. Aus dem gleichen Grund müssen die zu einem konjugiert komplexen Eigenwertpaar gehörenden Parametervektoren ebenso als konjugiert komplex vorgegeben werden.

Zweitens sei daran erinnert, dass $\underline{A} - \lambda_{Ri}\underline{I}$ für jedes i regulär sein soll, was ja offenkundig in (9.67) angenommen wird. Wir werden uns später von dieser Voraussetzung befreien und dann eine Ergänzung zu Satz (9.67) formulieren.

In der *Roppeneckerschen Reglerformel* (9.60) treten außer den Eigenwerten die *Parametervektoren* $\underline{p}_1, \dots, \underline{p}_n$ als freie Systemdaten auf. Sie und nicht etwa die Eigenvektoren sind neben den Eigenwerten die natürlichen Entwurfsparameter der Regelung. Sie wurden zunächst als Rechengrößen eingeführt. Man wird sich fragen, ob ihnen eine *geometrische Bedeutung* zukommt. Um diese Frage zu beantworten, gehen wir von der Darstellung

$$\underline{x}(t) = \sum_{k=1}^{n} x_k^*(t)\, \underline{v}_{Rk}$$

des Zustandsvektors aus, die stets möglich ist, weil die $\underline{v}_{Rk}$ linear unabhängig sind. Durch Linksmultiplikation mit $\underline{R}$ folgt daraus

$$\underline{R}\,\underline{x}(t) = \sum_{k=1}^{n} x_k^*(t)\, \underline{R}\,\underline{v}_{Rk}\,.$$

Wegen (9.55) folgt daraus weiter

$$-\underline{u}(t) = \sum_{k=1}^{n} x_k^*(t)\, \underline{p}_k\,. \tag{9.68}$$

Vergleicht man diese Darstellung von $\underline{u}(t)$ bzw. $-\underline{u}(t)$ mit der obigen Darstellung von $\underline{x}(t)$, so erkennt man eine frappante Ähnlichkeit: Der (negative) Steuervektor wird mit den gleichen Koeffizienten aus den Parametervektoren aufgebaut wie der Zustandsvektor aus den Eigenvektoren. *Die Parametervektoren spannen also den Steuerungsraum oder zumindest einen Unterraum auf, und zwar in der gleichen Weise wie die Eigenvektoren den Zustandsraum.*

Weiterhin sind die Parametervektoren durch eine wichtige Eigenschaft ausgezeichnet, die den Eigenvektoren abgeht:

Die Parametervektoren sind invariant gegenüber linearen (und regulären) Transformationen des Zustandsraums. (9.69)

Um dies zu zeigen, nehmen wir eine beliebige reguläre Transformation

$$\underline{x} = \underline{T}\,\tilde{\underline{x}}$$

vor. Dann wird aus der Zustandsdifferentialgleichung

$$\dot{\underline{x}} = \underline{A}\,\underline{x} + \underline{B}\,\underline{u}$$

der Strecke die neue Zustandsdifferentialgleichung

$$\dot{\tilde{\underline{x}}} = \tilde{\underline{A}}\,\tilde{\underline{x}} + \tilde{\underline{B}}\,\underline{u} \quad \text{mit} \quad \tilde{\underline{A}} = \underline{T}^{-1}\underline{A}\,\underline{T}, \quad \tilde{\underline{B}} = \underline{T}^{-1}\underline{B}\,. \tag{9.70}$$

Aus dem Regler $\underline{u} = -\underline{R}\,\underline{x}$ wird

$$\underline{u} = -\tilde{\underline{R}}\,\tilde{\underline{x}} \quad \text{mit} \quad \tilde{\underline{R}} = \underline{R}\,\underline{T}\,. \tag{9.71}$$

Für die Eigenvektoren der Regelung gilt in den $\tilde{\underline{x}}$-Koordinaten

$$\left(\lambda_{Ri}\underline{I} - (\tilde{\underline{A}} - \tilde{\underline{B}}\,\tilde{\underline{R}})\right)\tilde{\underline{v}}_{Ri} = \underline{0}\,.$$

Wegen $\underline{I} = \underline{T}^{-1}\underline{T}$ sowie (9.70) und (9.71) folgt daraus

$$\left(\lambda_{Ri}\underline{T}^{-1}\underline{T} - (\underline{T}^{-1}\underline{A}\,\underline{T} - \underline{T}^{-1}\underline{B}\,\underline{R}\,\underline{T})\right)\tilde{\underline{v}}_{Ri} = \underline{0}\,.$$

Multipliziert man von links mit $\underline{T}$, so wird daraus

$$\left(\lambda_{Ri}\underline{I} - (\underline{A} - \underline{B}\,\underline{R})\right)\underline{T}\,\tilde{\underline{v}}_{Ri} = \underline{0}\,.$$

Also ist

$$\underline{v}_{Ri} = \underline{T}\,\tilde{\underline{v}}_{Ri}\,. \tag{9.72}$$

Die Eigenvektoren transformieren sich also wie die Zustandskoordinaten. Für die Parametervektoren in $\tilde{\underline{x}}$-Koordinaten gilt nach (9.55)

$$\tilde{\underline{p}}_i = \tilde{\underline{R}}\,\tilde{\underline{v}}_{Ri}\,,$$

also wegen (9.71) und (9.72):

$$\tilde{\underline{p}}_i = \underline{R}\,\underline{T}\cdot\underline{T}^{-1}\underline{v}_{Ri} = \underline{R}\,\underline{v}_{Ri} = \underline{p}_i\,.$$

Das heißt: Die Parametervektoren bleiben bei der Transformation $\underline{x} = \underline{T}\,\tilde{\underline{x}}$ (mit regulärem $\underline{T}$) unverändert, was zu beweisen war.

Sieht man eine Eigenschaft als geometrisch an, wenn sie gegen eine Gruppe von Transformationen invariant ist, so stellen die *Parametervektoren ebenso wie die Eigenwerte geometrische Eigenschaften der Regelung* dar, während dies bei den Eigenvektoren nicht der Fall ist. Mit aller Deutlichkeit erkennt man hieraus, dass neben den Eigenwerten in der Tat die Parametervektoren die natürlichen Entwurfsparameter der Regelung sind.[6]

6 Eine der Formel (9.60) ähnliche Formel wurde bereits 1976 von *B. C. Moore* [9.8] angegeben, ohne dass jedoch die Bedeutung der Parametervektoren erkannt wurde, die bei ihm lediglich als Rechenausdrücke auftreten. Dass jedoch sie und nicht die Eigenvektoren neben den Eigenwerten die natürlichen Entwurfsparameter einer Mehrgrößenregelung sind, hat zuerst *G. Roppenecker* erkannt und daraus die Konsequenzen für den Systementwurf gezogen.

Wir kommen nun auf die obige *Voraussetzung* zurück, dass $\lambda_{Ri}\,\underline{I}-\underline{A}$ regulär, also

$$\det(\lambda_{Ri}\,\underline{I}-\underline{A})\neq 0\,,\quad i=1,\ldots,n\,, \tag{9.73}$$

sein soll. Da die Gleichung

$$\det(s\,\underline{I}-\underline{A})=0$$

genau für die Eigenwerte λ_i von $\underline{A}$, also die Eigenwerte der Strecke, erfüllt ist, bedeutet die Voraussetzung (9.73): Die Eigenwerte λ_{Ri} der Regelung müssen sämtlich von den Eigenwerten λ_i der Strecke verschieden sein. Das heißt: *Jeder Streckeneigenwert muss verschoben werden.* Das ist eine erhebliche Einschränkung, da man im Allgemeinen nur die dominanten Eigenwerte verschieben will.

Will man sich von ihr befreien, also für gewisse i

$$\lambda_{Ri}=\lambda_i$$

haben, so kann man zusätzlich fordern, dass auch die zugehörigen Eigenvektoren von Regelung und Strecke gleich sein sollen:

$$\underline{v}_{Ri}=\underline{v}_i\,.$$

Dann folgt aus (9.56) für diese i

$$(\lambda_i\,\underline{I}-\underline{A})\,\underline{v}_i=-\underline{B}\,\underline{p}_i\,.$$

Der Vektor auf der linken Seite dieser Gleichung ist $\underline{0}$, weil λ_i Eigenwert und $\underline{v}_i$ zugehöriger Eigenvektor von $\underline{A}$ sind. Somit ist

$$\underline{B}\,\underline{p}_i=\underline{0}\,,$$

also $\underline{p}_i=\underline{0}$, weil $\underline{B}$ voraussetzungsgemäß Höchstrang hat. Man hat so in *Ergänzung zum Satz (9.67):*

Soll ein Eigenwert λ_i der Strecke nicht verschoben werden, soll also $\lambda_{Ri}=\lambda_i$ sein, so setzt man in der Formel für $\underline{R}$ in (9.67) $\underline{p}_i=\underline{0}$ und $\underline{v}_{Ri}=\underline{v}_i$, mit $\underline{v}_i$ als Eigenvektor der Strecke zum Eigenwert λ_i.[7] (9.74)

Zusammenfassend lässt sich sagen, dass die Roppenecker-Formel einen allgemeinen Formelausdruck für die Zustandsrückführung eines linearen und zeitinvarianten Systems darstellt, in dem als freie und unabhängige Entwurfsparameter die Eigenwerte und Parametervektoren auftreten. Man kann jeden konstanten Regler vom Typ $\underline{u}=-\underline{R}\,\underline{x}$ durch spezielle Wahl dieser Entwurfsparameter erhalten. Dies wurde von ***G. Roppenecker*** u. a. für Regler, die sich aus den nachfolgend behandelten Entwurfsverfahren ergeben, in [9.10] und [9.11] gezeigt.

Ein wesentlicher Vorzug dieser Formel besteht darin, dass man die nach Festlegung der Eigenwerte bei einem Mehrgrößensystem noch verbleibenden Freiheitsgrade *explizit* in Gestalt der Parametervektoren zur Verfügung hat und deshalb gezielt benutzen kann. Überschlägig kann man Folgendes sagen: *Durch die Vorgabe der Eigenwerte sichert man die Stabilität und darüber hinaus eine gewünschte Grunddynamik der Regelung, mittels der Parametervektoren kann man weitere technische Zielsetzungen anvisieren.* So wird beispielsweise in [9.12, 9.13] dieses *Entwurfsprinzip bei der Synthese von Ausgangsrückführungen und robusten Regelungen* benutzt.

Da mit den Eigenwerten und den Parametervektoren auch die Eigenvektoren der Regelung und damit *sämtliche* modalen Kenngrößen festliegen, wurde die Methodik, Regelungen mittels Eigenwerten und Parametervektoren zu entwerfen, als *Vollständige Modale Synthese* bezeichnet.

Abschließend soll gezeigt werden, dass der *Polvorgaberegler eines Eingrößensystems als Spezialfall in der Roppenecker-Formel enthalten* ist. Da es dann nur eine Eingangsgröße gibt, gehen die p-dimensionalen Parametervektoren in Skalare über. Man darf sie als $\neq 0$ voraussetzen, da sonst die zugehörigen Vektoren

$$\underline{v}_{Ri}=(\underline{A}-\lambda_{Ri}\,\underline{I})^{-1}\underline{b}\,p_i\,,\quad i=1,\ldots,n\,,$$

linear abhängig wären. Es ist dann

$$\left[(\underline{A}-\lambda_{R1}\,\underline{I})^{-1}\underline{b}\,p_1\,,\ldots,(\underline{A}-\lambda_{Rn}\,\underline{I})^{-1}\underline{b}\,p_n\right]=$$
$$\left[(\underline{A}-\lambda_{R1}\,\underline{I})^{-1}\underline{b}\,,\ldots,(\underline{A}-\lambda_{Rn}\,\underline{I})^{-1}\underline{b}\right]\cdot\operatorname{diag}(p_1,\ldots,p_n)\,.$$

Wegen $\left(\operatorname{diag}(p_1,\ldots,p_n)\right)^{-1}=\operatorname{diag}\left(\frac{1}{p_1},\ldots,\frac{1}{p_n}\right)$

folgt so aus (9.60) für den Eingrößenfall

$$\underline{r}^T=\left[p_1,\ldots,p_n\right]\cdot\begin{bmatrix}\frac{1}{p_1} & \ldots & 0\\ \vdots & \ddots & \vdots\\ 0 & \ldots & \frac{1}{p_n}\end{bmatrix}\cdot$$
$$\cdot\left[(\underline{A}-\lambda_{R1}\,\underline{I})^{-1}\underline{b}\,,\ldots,(\underline{A}-\lambda_{Rn}\,\underline{I})^{-1}\underline{b}\right]^{-1},$$

was durch Multiplikation der ersten beiden Terme auf

7 Die Wahl $\underline{p}_i=\underline{0}$ ist nur ein Sonderfall. Für den allgemeinen Fall siehe [9.7] oder [9.9].

$$\underline{r}^T = \left[1, \ldots, 1\right] \cdot \left[(\underline{A} - \lambda_{R1}\,\underline{I})^{-1}\underline{b}, \ldots, (\underline{A} - \lambda_{Rn}\,\underline{I})^{-1}\underline{b}\right]^{-1} \tag{9.75}$$

führt. Die Parameterskalare heben sich hier also heraus, so dass die Reglermatrix nur noch von den Eigenwerten $\lambda_{R1}, \ldots, \lambda_{Rn}$ abhängt. Das muss bei einem Eingrößensystem auch der Fall sein, denn, wie schon in Abschnitt 9.3.2 gezeigt wurde, wird dann der Regler durch die Vorgabe der Eigenwerte eindeutig bestimmt. Zusätzliche Freiheitsgrade gibt es nur bei Mehrgrößensystemen.

Die Formel (9.75) ist ein *Gegenstück zur Ackermann-Formel* (9.47), insofern auch durch sie der Polvorgaberegler eines Eingrößensystems beschrieben wird, ist aber ganz anders aufgebaut. Der Zusammenhang beider Darstellungen ist nicht unmittelbar ersichtlich, kann aber durch Betrachtung des charakteristischen Polynoms der Regelung hergestellt werden [9.14].

9.4 Reglerentwurf durch Minimieren eines quadratischen Gütemaßes: Riccati-Regler

9.4.1 Grundgedanke

Man geht auch hier wieder von der Tatsache aus, dass sich der Zustandspunkt der Regelung in Bild 9-7 zum Zeitpunkt $t = 0$ in einem Anfangszustand $\underline{x}(0) = \underline{x}_0$ befindet, der grundsätzlich beliebig ist, und dass er in den gewünschten Endzustand $\underline{x} = \underline{0}$ überführt werden soll. Häufig gilt es dabei die Reglermatrix $\underline{R}$ so zu wählen, dass der Übergangsvorgang den folgenden Anforderungen genügt:

(A) Der Übergang von $\underline{x}_0$ nach $\underline{0}$ soll nicht zu langsam sein und nicht zu stark oszillieren.

(B) Die für den Übergang erforderliche Steuerenergie soll möglichst klein sein.

Es kommt nun darauf an, die beiden Forderungen (A) und (B) quantitativ zu erfassen. In Bild 9-12 sieht man einige Verläufe der beliebigen Zustandsgröße $x_i(t)$. Der Idealverlauf wird sicherlich nicht realisierbar sein, aber man kann versuchen, $x_i(t)$ betragsmäßig klein zu machen, wobei es nicht auf eine Stelle, sondern auf den Gesamtverlauf ankommt. Man gelangt so zur Forderung, die Maßzahl

$$J_i = \int_0^\infty x_i^2(t)\,dt \tag{9.76}$$

möglichst klein zu machen. Als Integrand wird nicht etwa $x_i(t)$ selbst, sondern $x_i^2(t)$ gewählt, um Vorzeicheneinflüsse auszuschalten. Sonst könnte es beispielsweise geschehen, dass $x_i(t)$ eine Dauerschwingung darstellt, bei der positive und negative Anteile des Integrals einander nahezu aufheben und so ein sehr kleiner Wert von J_i entsteht, obgleich der Zeitvorgang miserabel ist. Statt $x_i^2(t)$ könnte man grundsätzlich auch $|x_i(t)|$ als Integrand nehmen, doch wäre mit dieser nicht differenzierbaren Funktion viel schwerer umzugehen.

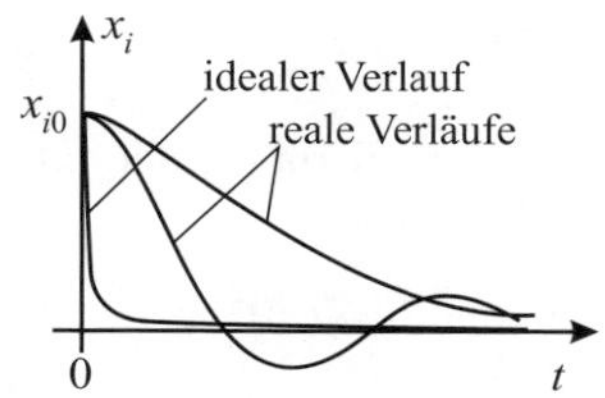

Bild 9-12: Zeitverläufe einer Zustandsgröße

Mit (9.76) hat man ein Gütemaß für den Verlauf *einer* Zustandsgröße. Um alle Zustandsgrößen zu berücksichtigen, geht man zur gewichteten Quadratsumme über, wobei man noch den Faktor 1/2 hinzufügt, um die späteren Rechnungen ein wenig zu vereinfachen:

$$J = \frac{1}{2}\int_0^\infty \left(q_{11}x_1^2(t) + \ldots + q_{nn}x_n^2(t)\right) dt\,. \tag{9.77}$$

Dabei sind die $q_{ii} > 0$ konstante Gewichtsfaktoren, mit denen man den Verlauf der $x_i(t)$ mittelbar beeinflussen kann. Wählt man z. B. q_{11} sehr groß gegenüber den anderen q_{ii}, so darf man erwarten, dass $|x_1(t)|$ relativ klein wird. Da nämlich J mittels $\underline{R}$ minimal gemacht wird, ist anzunehmen, dass $q_{11}\,x_1^2(t)$ klein wird, so dass $|x_1(t)|$ bei großem q_{11} klein sein muss. Diese Schlussweise ist nicht streng, weil $x_1(t)$ unter dem Integral auftritt und daher schmale Spitzen aufweisen kann, ohne das Integral wesentlich zu erhöhen. Doch wird die Schlussweise in der Praxis sehr häufig angewendet und führt in der Regel zu zufriedenstellenden Resultaten.

Um die späteren Rechnungen durchführen zu können, muss man die gewichtete Quadratsumme aus (9.77) in Matrizenform schreiben. Wie man sich durch Ausmultiplizieren überzeugt, ist

$$q_{11}x_1^2 + \ldots + q_{nn}x_n^2 = \underline{x}^T\underline{Q}\,\underline{x} \qquad \text{mit}$$

$$\underline{Q} = \mathrm{diag}(q_{11}, \ldots, q_{nn})\,.$$

Es ist üblich, die Diagonalmatrix $\underline{Q}$ zu verallgemeinern und von ihr lediglich vorauszusetzen, dass sie *symmetrisch und positiv definit* ist. Letzteres heißt: $\underline{x}^T Q \underline{x} \geq 0$ für beliebiges $\underline{x}$ und $= 0$ nur für $\underline{x} = \underline{0}$. Diese Eigenschaft liegt *genau dann* vor, *wenn sämtliche Eigenwerte von Q positiv sind.* Eine Diagonalmatrix mit positiven Diagonalelementen ist offensichtlich als Spezialfall hierin enthalten. In konkreten Anwendungsfällen wird man sich wohl meist an diese spezielle Wahl halten, da es bereits hier nicht ganz einfach ist, die Gewichtsfaktoren q_{ii} zweckmäßig zu wählen, und für die Wahl der q_{ik} mit $i \neq k$ Anhaltspunkte oft völlig fehlen. Die theoretischen Betrachtungen lassen sich aber für die verallgemeinerte Matrix Q ohne zusätzlichen Aufwand durchführen.

Das Gütemaß zur Erfassung der Forderung (A) nimmt also endgültig die folgende Gestalt an:

$$J = \frac{1}{2} \int_0^\infty \underline{x}^T(t) Q \underline{x}(t) \, dt \,, \tag{9.78}$$

wobei Q *symmetrisch und positiv definit* ist.

Die Forderung (B) kann in ganz ähnlicher Weise quantitativ formuliert werden. Falls nur eine Steuergröße $u(t)$ vorhanden ist, wird man

$$J = \frac{1}{2} \int_0^\infty u^2(t) \, dt \tag{9.79}$$

als ein Maß für die der Strecke beim Übergangsvorgang von $\underline{x}_0$ nach $\underline{0}$ zugeführte Steuerenergie ansehen können. Für die Erweiterung auf mehrere Steuergrößen und die Verallgemeinerung der dabei eingeführten Gewichtungsmatrix gilt ganz Entsprechendes wie oben. Man gelangt so zur Maßzahl

$$J = \frac{1}{2} \int_0^\infty \underline{u}^T(t) \underline{S} \, \underline{u}(t) \, dt \tag{9.80}$$

für die Steuerenergie, wobei $\underline{S}$ wiederum eine *konstante, symmetrische und positiv definite Matrix* ist. Für die Wahl der Elemente von $\underline{S}$ gilt das Gleiche, was oben über die Wahl der Q-Elemente gesagt wurde. Auch $\underline{S}$ wird man im konkreten Fall stets als Diagonalmatrix ansetzen.

Um die Forderungen (A) *und* (B) zu erfüllen, kombiniert man die beiden Maßzahlen (9.78) und (9.80) und gelangt so zu einem *allgemeinen quadratischen Gütemaß:*

$$J = \frac{1}{2} \int_0^\infty \left(\underline{x}^T(t) Q \underline{x}(t) + \underline{u}^T(t) \underline{S} \, \underline{u}(t) \right) dt \,. \tag{9.81}$$

Darin sind $\underline{x}(t)$ der Zustandsvektor und $\underline{u}(t)$ der Steuervektor der Regelung in Bild 9-7. Da beide von $\underline{R}$ abhängen, ist auch das *Gütemaß J* eine Funktion von $\underline{R}$. Es *soll durch geeignete Wahl von $\underline{R}$ zum Minimum gemacht werden.*

Vielleicht hat sich mancher Leser gewundert, dass als obere Grenze des Integrals kein *endlicher* Wert t_e genommen wurde. In diesem Fall ergäbe sich jedoch ein *zeitvarianter* Regler (siehe z. B. [9.15], Kapitel 3). Bei seiner Realisierung müsste eine Matrix von Zeitfunktionen erzeugt werden, was normalerweise viel zu aufwendig ist. Nimmt man dagegen als obere Grenze des Integrals $t_e = +\infty$, so ergibt sich eine konstante und damit einfach zu realisierende Reglermatrix $\underline{R}$.

Die Herleitung des optimalen Reglers $\underline{R}$ kann auf verschiedene Arten vorgenommen werden. Methodisch am einfachsten ist die Anwendung der Variationsrechnung, etwa die Herleitung auf der Grundlage der Euler-Lagrangeschen Differentialgleichungen bzw. Hamilton-Gleichungen (siehe z. B. [9.15]). Da diese uns hier nicht zur Verfügung stehen, gehen wir anders vor: Das Gütemaß J wird als Funktion von $\underline{R}$, d. h. als Funktion der Elemente r_{ik}, dargestellt und bezüglich dieser Variablen zum Minimum gemacht. Wir führen also eine *Parameteroptimierung* durch.

Hierbei wird allerdings die Optimalität des Reglers nur bezüglich Reglern vom Typ $\underline{u} = -\underline{R}\,\underline{x}$ mit konstantem $\underline{R}$ nachgewiesen, während sich bei der Lösung des Optimierungsproblems mittels der Variationsrechnung der erhaltene Regler im Vergleich mit *allen* überhaupt zulässigen Reglern, also auch zeitvarianten und nichtlinearen Reglern, als optimal ergibt.

Ehe wir zur Lösung unseres Optimierungsproblems übergehen, ist es zweckmäßig, einen Typ von Matrizengleichungen zu betrachten, der bei Problemen der Systemdynamik und Regelungstechnik öfter auftritt und uns bereits bei der Ordnungsreduktion im Abschnitt 8.6.2 begegnet ist: die Ljapunow-Gleichung.

9.4.2 Quadratisches Gütemaß und Ljapunow-Gleichung

Wir betrachten das homogene Sytem

$$\dot{\underline{x}}(t) = \underline{A}\,\underline{x}(t), \quad \underline{x}(0) = \underline{x}_0 \,.$$

Die (n,n)-Matrix $\underline{A}$ sei konstant und stabil, d. h. ihre Eigenwerte seien links der j-Achse gelegen. Dem System sei das Gütemaß

$$J = \frac{1}{2} \int_0^\infty \underline{x}^T(t) Q \, \underline{x}(t) \, dt$$

mit einer konstanten und symmetrischen Matrix $\underline{Q}$ zugeordnet.

Die Lösung der homogenen Zustandsdifferentialgleichung ist

$$\underline{x}(t) = \mathrm{e}^{\underline{A}\,t}\,\underline{x}_0 .$$

Damit wird aus dem Gütemaß wegen $(\mathrm{e}^{\underline{A}\,t})^T = \mathrm{e}^{\underline{A}^T t}$, was sofort aus der Definition der Matrizen-e-Funktion folgt:

$$J = \frac{1}{2}\,\underline{x}_0^T \int_0^\infty \mathrm{e}^{\underline{A}^T t}\underline{Q}\,\mathrm{e}^{\underline{A}\,t}\,dt \cdot \underline{x}_0 .$$

Hierin ist

$$\underline{P} = \int_0^\infty \mathrm{e}^{\underline{A}^T t}\underline{Q}\,\mathrm{e}^{\underline{A}\,t}\,dt \tag{9.82}$$

eine konstante, symmetrische (n,n)-Matrix. Mit ihr wird das Gütemaß

$$J = \frac{1}{2}\,\underline{x}_0^T \underline{P}\,\underline{x}_0 .$$

Zur Berechnung des Integrals (9.82) kann man eine Gleichung für $\underline{P}$ herleiten, und zwar durch partielle Integration von (9.82). Hierzu setzt man

$$\underline{U} = \mathrm{e}^{\underline{A}^T t}, \quad d\underline{V} = \underline{Q}\,\mathrm{e}^{\underline{A}\,t}\,dt ,$$

so dass $\underline{V} = \underline{Q}\,\underline{A}^{-1}\mathrm{e}^{\underline{A}\,t}$. Damit wird

$$\underline{P} = \left[\mathrm{e}^{\underline{A}^T t}\underline{Q}\,\underline{A}^{-1}\mathrm{e}^{\underline{A}\,t}\right]_{t=0}^{t=\infty} - \int_0^\infty \underline{A}^T \mathrm{e}^{\underline{A}^T t} \cdot \underline{Q}\,\underline{A}^{-1}\mathrm{e}^{\underline{A}\,t}\,dt .$$

Da $\underline{A}$ stabil ist, streben die e-Funktionen $\to \underline{0}$ für $t \to +\infty$, und man erhält wegen der Vertauschbarkeit von $\underline{A}^{-1}$ und $\mathrm{e}^{\underline{A}\,t}$:

$$\underline{P} = -\underline{Q}\,\underline{A}^{-1} - \underline{A}^T \int_0^\infty \mathrm{e}^{\underline{A}^T t}\underline{Q}\,\mathrm{e}^{\underline{A}\,t}\,dt \cdot \underline{A}^{-1} .$$

Das Integral ist aber wiederum $\underline{P}$. Rechtsmultiplikation mit $\underline{A}$ liefert daher die Gleichung

$$\underline{A}^T \underline{P} + \underline{P}\,\underline{A} = -\underline{Q} . \tag{9.83}$$

Dies ist eine Gleichung für die Matrix $\underline{P}$. Gleichungen dieser Art treten bei verschiedenartigen Problemen der Systemdynamik und Regelungstechnik auf, z. B. bei Stabilitätsuntersuchungen. Man bezeichnet diesen Gleichungstyp als *Ljapunow-Gleichung*. Zu ihrer Lösung wurden effiziente numerische Methoden entwickelt ([9.16], [9.17], [9.18]). Hier sei nur ein Satz über die Existenz der Lösung angeführt, der nach dem Vorangegangenen plausibel ist [9.19]:

Ist $\underline{A}$ eine konstante, stabile (n,n)-Matrix und $\underline{Q}$ eine konstante, symmetrische, positiv definite (n,n)-Matrix, so gibt es eine eindeutig bestimmte konstante, symmetrische und positiv definite Lösung $\underline{P}$ der Ljapunow-Gleichung (9.84)

$$\underline{A}^T \underline{P} + \underline{P}\,\underline{A} = -\underline{Q} .$$

Diese Lösung ist durch (9.82) gegeben.

Aus obigem Gedankengang geht aber hervor, dass eine symmetrische Lösung $\underline{P}$ auch dann existiert, wenn über die Definitheit von $\underline{Q}$ nichts vorausgesetzt wird.

Manchmal ist es erforderlich, statt des skalaren Gütemaßes J die (n,n)-Matrix

$$\underline{W} = \int_0^\infty \underline{x}(t) \cdot \underline{x}^T(t)\,dt = \int_0^\infty \mathrm{e}^{\underline{A}\,t}\,\underline{x}_0\,\underline{x}_0^T\,\mathrm{e}^{\underline{A}^T t}\,dt$$

zu betrachten. In der gleichen Weise wie bei der Matrix $\underline{P}$ zeigt man auch hier mittels partieller Integration, dass die Ljapunow-Gleichung

$$\underline{A}\,\underline{W} + \underline{W}\,\underline{A}^T = -\underline{x}_0\,\underline{x}_0^T \tag{9.85}$$

gilt. Sie geht in (9.83) über, wenn man $\underline{A}$ durch $\underline{A}^T$ und $\underline{x}_0\,\underline{x}_0^T$ durch $\underline{Q}$ ersetzt.

9.4.3 Berechnung des optimalen Reglers

Wir kehren nun zu unserem Optimierungsproblem zurück. Mit $\underline{u} = -\underline{R}\,\underline{x}$, also $\underline{u}^T = -\underline{x}^T\underline{R}^T$, folgt aus Gleichung (9.81)

$$J = \frac{1}{2}\int_0^\infty \underline{x}^T(\underline{Q} + \underline{R}^T\underline{S}\,\underline{R})\,\underline{x}\,dt$$

oder kurz

$$J = \frac{1}{2}\int_0^\infty \underline{x}^T \underline{Q}_R\,\underline{x}\,dt \qquad \text{mit} \tag{9.86}$$

$$\underline{Q}_R = \underline{Q} + \underline{R}^T\underline{S}\,\underline{R} . \tag{9.87}$$

Diese Matrix ist symmetrisch und überdies positiv definit. Letzteres folgt daraus, dass

$$\underline{x}^T\underline{Q}_R\,\underline{x} = \underline{x}^T\underline{Q}\,\underline{x} + (\underline{R}\,\underline{x})^T \cdot \underline{S} \cdot \underline{R}\,\underline{x}$$

für alle $\underline{x} \neq \underline{0}$ sicherlich > 0 ist, da für $\underline{x} \neq \underline{0}$ einerseits $\underline{x}^T \underline{Q}\, \underline{x} > 0$ gilt und andererseits $(\underline{R}\,\underline{x})^T \cdot \underline{S} \cdot \underline{R}\,\underline{x}$ zumindest ≥ 0 ist.

Zugleich gilt für die Regelung:

$$\dot{\underline{x}} = \underline{A}_R \underline{x} \quad \text{mit} \quad \underline{A}_R = \underline{A} - \underline{B}\,\underline{R}, \tag{9.88}$$

so dass

$$\underline{x}(t) = \mathrm{e}^{\underline{A}_R t}\, \underline{x}_0, \quad \underline{x}_0 = \underline{x}(0),$$

ist. Damit wird aus (9.86)

$$J = \frac{1}{2} \int_0^\infty \underline{x}_0^T\, \mathrm{e}^{\underline{A}_R^T t} \underline{Q}_R\, \mathrm{e}^{\underline{A}_R t} \underline{x}_0\, dt$$

oder

$$J = \frac{1}{2} \underline{x}_0^T \underline{P}\, \underline{x}_0 \qquad \text{mit} \tag{9.89}$$

$$\underline{P} = \int_0^\infty \mathrm{e}^{\underline{A}_R^T t} \underline{Q}_R\, \mathrm{e}^{\underline{A}_R t}\, dt. \tag{9.90}$$

Die Dynamikmatrix $\underline{A}_R$ der Regelung darf man als regulär voraussetzen, da man $\underline{R}$ stets so wählen wird, dass dies der Fall ist. Soll nämlich $\underline{R}$ ein Minimum oder zumindest einen endlichen Wert des Gütemaßes J liefern, muss $\underline{x}(t) \to \underline{0}$ gehen für $t \to +\infty$, da andernfalls das Güte-Integral nicht konvergieren würde. Dann liegen aber alle Eigenwerte der Regelung, d. h. von $\underline{A}_R$, links der j-Achse, woraus die Regularität von $\underline{A}_R$ folgt. Nach (9.83) genügt $\underline{P}$ daher der Gleichung

$$\underline{A}_R^T \underline{P} + \underline{P}\,\underline{A}_R = -\underline{Q}_R. \tag{9.91}$$

Halten wir den Stand der Untersuchung an dieser Stelle fest. Wir haben das Gütemaß J in der Form (9.89) dargestellt, wobei die Matrix $\underline{P}$ *symmetrisch und positiv definit* ist. Ersteres folgt durch Transposition von (9.90), weil $\underline{Q}_R$ symmetrisch ist, Letzteres ergibt sich daraus, dass J auch durch das Integral (9.86) dargestellt wird und darin die positiv definite Matrix $\underline{Q}_R$ auftritt. Die Matrix $\underline{P}$ ist durch die Ljapunow-Gleichung (9.91) gegeben.

Soll $J(\underline{R})$ bezüglich $\underline{R}$, also bezüglich der Reglerelemente r_{ij}, ein Minimum annehmen, so muss

$$\frac{\partial J}{\partial r_{ij}} = 0, \quad i = 1, \ldots, p, \quad j = 1, \ldots, n$$

gelten. Da man definitionsgemäß einen Skalar nach einer Matrix differenziert, indem man den Skalar nach jedem Element der Matrix differenziert, ist

$$\frac{\partial J}{\partial \underline{R}} = \left[\frac{\partial J}{\partial r_{ij}} \right].$$

Daher kann man für die notwendige Bedingung des Minimums auch kürzer schreiben:

$$\frac{\partial J}{\partial \underline{R}} = \underline{0}.$$

Aus (9.89) folgt nun

$$\frac{\partial J}{\partial r_{ij}} = \frac{1}{2} \underline{x}_0^T \frac{\partial \underline{P}}{\partial r_{ij}} \underline{x}_0. \tag{9.92}$$

Weiter folgt aus (9.91) durch Differentiation nach r_{ij}

$$\frac{\partial \underline{A}_R^T}{\partial r_{ij}} \underline{P} + \underline{A}_R^T \frac{\partial \underline{P}}{\partial r_{ij}} + \frac{\partial \underline{P}}{\partial r_{ij}} \underline{A}_R + \underline{P} \frac{\partial \underline{A}_R}{\partial r_{ij}} = -\frac{\partial \underline{Q}_R}{\partial r_{ij}}$$

oder

$$\underline{A}_R^T \frac{\partial \underline{P}}{\partial r_{ij}} + \frac{\partial \underline{P}}{\partial r_{ij}} \underline{A}_R = -\underline{M}_R \tag{9.93}$$

mit

$$\underline{M}_R = \frac{\partial \underline{Q}_R}{\partial r_{ij}} + \frac{\partial \underline{A}_R^T}{\partial r_{ij}} \underline{P} + \underline{P} \frac{\partial \underline{A}_R}{\partial r_{ij}}.$$

Wegen (9.87) und (9.88) folgt daraus, da $\underline{Q}, \underline{S}, \underline{A}$ und $\underline{B}$ nicht von den r_{ij} abhängen:

$$\underline{M}_R = \frac{\partial \underline{R}^T}{\partial r_{ij}} \underline{S}\,\underline{R} + \underline{R}^T \underline{S} \frac{\partial \underline{R}}{\partial r_{ij}} - \frac{\partial \underline{R}^T}{\partial r_{ij}} \underline{B}^T \underline{P} - \underline{P}\,\underline{B} \frac{\partial \underline{R}}{\partial r_{ij}},$$

$$\underline{M}_R = \frac{\partial \underline{R}^T}{\partial r_{ij}} (\underline{S}\,\underline{R} - \underline{B}^T \underline{P}) + (\underline{S}\,\underline{R} - \underline{B}^T \underline{P})^T \frac{\partial \underline{R}}{\partial r_{ij}}. \tag{9.94}$$

Die Matrix $\underline{M}_R$ ist also symmetrisch.

Nach Unterabschnitt 9.4.2 hat (9.93) die Lösung

$$\frac{\partial \underline{P}}{\partial r_{ij}} = \int_0^\infty \mathrm{e}^{\underline{A}_R^T t} \underline{M}_R\, \mathrm{e}^{\underline{A}_R t}\, dt.$$

Aus (9.92) folgt hiermit und mit (9.94):

$$\frac{\partial J}{\partial r_{ij}} = \frac{1}{2} \int_0^\infty \Bigg(\underline{x}_0^T \mathrm{e}^{\underline{A}_R^T t} \frac{\partial \underline{R}^T}{\partial r_{ij}} (\underline{S}\,\underline{R} - \underline{B}^T \underline{P})\, \mathrm{e}^{\underline{A}_R t} \underline{x}_0 + \\ + \underline{x}_0^T \mathrm{e}^{\underline{A}_R^T t} (\underline{S}\,\underline{R} - \underline{B}^T \underline{P})^T \frac{\partial \underline{R}}{\partial r_{ij}} \mathrm{e}^{\underline{A}_R t} \underline{x}_0 \Bigg) dt.$$

Die beiden Summanden unter dem Integral sind Skalare, deren Wert sich also bei Transposition nicht ändert. Transponiert man den ersten Summanden und beachtet, dass allgemein für $\underline{M} = \underline{M}(v)$

$$\frac{\partial \underline{M}^T}{\partial v} = \left(\frac{\partial \underline{M}}{\partial v}\right)^T$$

gilt, so sieht man, dass er gleich dem zweiten Summanden ist. Somit gilt

$$\frac{\partial J}{\partial r_{ij}} = \int_0^\infty \underline{x}_0^T \, e^{\underline{A}_R^T t} (\underline{S}\,\underline{R} - \underline{B}^T \underline{P})^T \frac{\partial \underline{R}}{\partial r_{ij}} \, e^{\underline{A}_R t} \underline{x}_0 \, dt \, .$$

Hierin ist (Kapitel 11) $\frac{\partial \underline{R}}{\partial r_{ij}} = \underline{e}_i \, \underline{e}_j^T$, so dass

$$\frac{\partial J}{\partial r_{ij}} = \int_0^\infty \left(\underline{x}_0^T \, e^{\underline{A}_R^T t} (\underline{S}\,\underline{R} - \underline{B}^T \underline{P})^T \underline{e}_i\right) \cdot \left(\underline{e}_j^T \, e^{\underline{A}_R t} \underline{x}_0\right) dt \, .$$

Beide Faktoren im Integranden sind Skalare und dürfen ohne Änderung ihres Werts transponiert werden:

$$\frac{\partial J}{\partial r_{ij}} = \underline{e}_i^T \cdot (\underline{S}\,\underline{R} - \underline{B}^T \underline{P}) \int_0^\infty e^{\underline{A}_R t} \, \underline{x}_0 \cdot \underline{x}_0^T \, e^{\underline{A}_R^T t} \, dt \cdot \underline{e}_j \, .$$

Das Integral ist eine konstante, symmetrische (n,n)-Matrix. Bezeichnet man sie mit $\underline{W}$, so gilt nach (9.85) die Gleichung

$$\underline{A}_R \, \underline{W} + \underline{W} \, \underline{A}_R^T = -\underline{x}_0 \, \underline{x}_0^T \, ,$$

und es wird

$$\frac{\partial J}{\partial r_{ij}} = \underline{e}_i^T \cdot (\underline{S}\,\underline{R} - \underline{B}^T \underline{P}) \underline{W} \cdot \underline{e}_j \, .$$

Da allgemein für eine Matrix $\underline{M} = (m_{ij})$ die Beziehung

$$m_{ij} = \underline{e}_i^T \underline{M} \, \underline{e}_j$$

gilt (Kapitel 11), ist

$$\frac{\partial J}{\partial \underline{R}} = \left[\frac{\partial J}{\partial r_{ij}}\right] = (\underline{S}\,\underline{R} - \underline{B}^T \underline{P}) \underline{W} \, .$$

Zusammenfassend hat man den Satz:

Ist eine stabile Zustandsregelung durch

$$\dot{\underline{x}} = \underline{A}\,\underline{x} + \underline{B}\,\underline{u} \, , \quad \underline{x}(0) = \underline{x}_0 \, , \quad \underline{u} = -\underline{R}\,\underline{x}$$

gegeben und ist

$$J = \frac{1}{2} \int_0^\infty (\underline{x}^T \underline{Q}\,\underline{x} + \underline{u}^T \underline{S}\,\underline{u}) \, dt$$

das zugehörige quadratische Gütemaß, so ist

$$J = \frac{1}{2} \underline{x}_0^T \underline{P} \, \underline{x}_0 \qquad (9.95a)$$

und

$$\frac{\partial J}{\partial \underline{R}} = \left[\frac{\partial J}{\partial r_{ij}}\right] = (\underline{S}\,\underline{R} - \underline{B}^T \underline{P}) \underline{W} \, . \qquad (9.95b)$$

Dabei ist $\underline{P}$ eine symmetrische, positiv definite Matrix, die der Gleichung

$$(\underline{A} - \underline{B}\,\underline{R})^T \underline{P} + \underline{P} (\underline{A} - \underline{B}\,\underline{R}) = -(\underline{Q} + \underline{R}^T \underline{S}\,\underline{R}) \qquad (9.95c)$$

genügt, während die symmetrische Matrix $\underline{W}$ Lösung folgender Gleichung ist:

$$(\underline{A} - \underline{B}\,\underline{R}) \underline{W} + \underline{W} (\underline{A} - \underline{B}\,\underline{R})^T = -\underline{x}_0 \, \underline{x}_0^T \, . \qquad (9.95d)$$

Wie man aus der letzten Gleichung sieht, hängt $\underline{W}$ von $\underline{x}_0$ ab. Damit ist auch die Ableitung $\partial J / \partial \underline{R}$ von $\underline{x}_0$ abhängig. Soll J ein Minimum besitzen, so muss

$$\frac{\partial J}{\partial \underline{R}} = \underline{0}$$

sein, also

$$(\underline{S}\,\underline{R} - \underline{B}^T \underline{P}) \underline{W} = \underline{0}$$

gelten. Diese Gleichung ist für beliebiges $\underline{x}_0$ sicher erfüllt, wenn

$$\underline{S}\,\underline{R} - \underline{B}^T \underline{P} = \underline{0}$$

gilt. Daraus folgt für die Rückführmatrix:

$$\underline{R} = \underline{S}^{-1} \underline{B}^T \underline{P} \, . \qquad (9.96)$$

$\underline{S}^{-1}$ existiert, weil eine positiv definite Matrix stets regulär ist (Kapitel 11).

In Gleichung (9.96) sind $\underline{S}$ und $\underline{B}$ gegeben, $\underline{P}$ ist jedoch unbekannt. Zur Bestimmung von $\underline{P}$ greift man auf die Ljapunow-Gleichung (9.95c) zurück:

$$\underline{A}^T \underline{P} - \underline{R}^T \underline{B}^T \underline{P} + \underline{P}\,\underline{A} - \underline{P}\,\underline{B}\,\underline{R} = -\underline{Q} - \underline{R}^T \underline{S}\,\underline{R} \, .$$

Ersetzt man hierin $\underline{R}$ gemäß (9.96), so entsteht endgültig die Beziehung

$$\underline{P}\,\underline{B}\,\underline{S}^{-1} \underline{B}^T \underline{P} - \underline{P}\,\underline{A} - \underline{A}^T \underline{P} - \underline{Q} = \underline{0} \, . \qquad (9.97)$$

Diese Matrixgleichung stellt ein System von $n \cdot n$ skalaren Gleichungen für die Elemente der konstanten, symmetrischen (n,n)-Matrix $\underline{P}$ dar. Sie wird als *algebraische Riccati-Gleichung* oder auch kurz als Riccati-Gleichung bezeichnet. Der durch $\underline{P}$ bestimmte Regler (9.96) wird deshalb häufig *Riccati-Regler* genannt.

Die Riccati-Gleichung ist nichtlinear, da in ihr Produkte und Potenzen der Elemente von $\underline{P}$ auftreten. Sie wird daher mehrere Lösungen haben. Man kann zeigen, dass sie eine eindeutig bestimmte positiv definite Lösung besitzt, wenn die Strecke steuerbar ist ([9.20], Kap. 3; [9.21], Abschnitt 3.4). Fassen wir abschließend das Ergebnis in einem Satz zusammen:

Sind die Gewichtsmatrizen $\underline{Q}$ und $\underline{S}$ des quadratischen Gütemaßes

$$J = \frac{1}{2}\int_0^\infty (\underline{x}^T \underline{Q}\,\underline{x} + \underline{u}^T \underline{S}\,\underline{u})\,dt$$

positiv definit und ist die Strecke

$$\dot{\underline{x}} = \underline{A}\,\underline{x} + \underline{B}\,\underline{u}$$

steuerbar, so besitzt die Riccati-Gleichung (9.98)

$$\underline{P}\,\underline{B}\,\underline{S}^{-1}\underline{B}^T\underline{P} - \underline{P}\,\underline{A} - \underline{A}^T\underline{P} - \underline{Q} = \underline{0}$$

eine eindeutig bestimmte positiv definite Lösung $\underline{P}$. Der optimale Regler ist dann durch

$$\underline{u} = -\underline{S}^{-1}\underline{B}^T\underline{P}\,\underline{x}$$

gegeben.

Es sei angemerkt, dass sich die Forderung nach positiver Definitheit von $\underline{Q}$ in positive Semidefinitheit abschwächen lässt, wenn zusätzlich das betrachtete System über die Ausgangsgleichung $\underline{y} = \underline{Q}_0\underline{x}$ mit $\underline{Q}_0^T\underline{Q}_0 = \underline{Q}$ beobachtbar ist [9.20].

Fordert man, was ja nahe liegt, von vornherein, dass die Rückführmatrix $\underline{R}$ nicht vom Anfangszustand $\underline{x}_0$ abhängen soll, so wird die Herleitung der Riccati-Gleichung einfacher. Dann sind nämlich $\underline{A}_R$ und $\underline{Q}_R$ und mit ihnen $\underline{P}$ nicht von $\underline{x}_0$ abhängig. Soll daher

$$\frac{\partial J}{\partial r_{ij}} = \underline{x}_0^T \frac{\partial \underline{P}}{\partial r_{ij}}\underline{x}_0 = 0$$

für einen beliebigen Anfangszustand $\underline{x}_0$ gelten, so muss

$$\frac{\partial \underline{P}}{\partial r_{ij}} = \underline{0}$$

sein. Ausgehend von (9.91) erhält man dann die Gleichung (9.96) und mit ihr die Riccati-Gleichung durch geringe Rechnungen.

9.4.4 Beispiele und Bewertung des Verfahrens

Betrachten wir zunächst ein ganz einfaches Beispiel:

$$\dot{x} = a\,x + b\,u\,, \quad a<0, \quad b>0,$$

mit dem Gütemaß

$$J = \frac{1}{2}\int_0^\infty (q\,x^2 + s\,u^2)\,dt\,, \quad q>0, \quad s>0.$$

Hier schrumpfen alle Vektoren und Matrizen auf Skalare zusammen.

Die Riccati-Gleichung lautet gemäß Satz (9.98)

$$p\,b\frac{1}{s}b\,p - a\,p - p\,a - q = 0,$$

also

$$p^2 - 2\frac{as}{b^2}p - \frac{qs}{b^2} = 0.$$

Die Lösungen dieser quadratischen Gleichungen sind

$$p_{1,2} = \frac{as}{b^2} \pm \sqrt{\left(\frac{as}{b^2}\right)^2 + \frac{qs}{b^2}}\,.$$

Die Lösung p_2 mit negativem Wurzelvorzeichen ist negativ. Die mit ihr gebildete quadratische Form p_2x^2 ist infolgedessen ≤ 0 für sämtliche x. Da also die Lösung p_2 der Riccati-Gleichung nicht positiv definit ist, kommt sie nicht in Frage. Allein p_1 ist die für den optimalen Regler in Frage kommende Lösung.

Für diesen erhält man nach Satz (9.98)

$$u(t) = -\frac{1}{s}\,b\,p\cdot x(t),$$

also mit $p = p_1$:

$$u(t) = -\left(\frac{a}{b} + \sqrt{\frac{a^2}{b^2} + \frac{q}{s}}\right)x(t). \tag{9.99}$$

Wie man sieht, hängt der optimale Regler lediglich vom *Verhältnis* q/s der Gewichtsfaktoren ab, nicht von ihren Einzelwerten. Generell kommt es nicht auf die absolute Größe der Gewichtsfaktoren an, sondern nur auf deren Verhältnis zueinander.

In ernsthaften Fällen löst man die Riccati-Gleichung numerisch, z. B. mittels MATLAB. Hierzu soll jetzt das *Beispiel des 3-Tank-Systems* (Bild 7-4) behandelt wer-

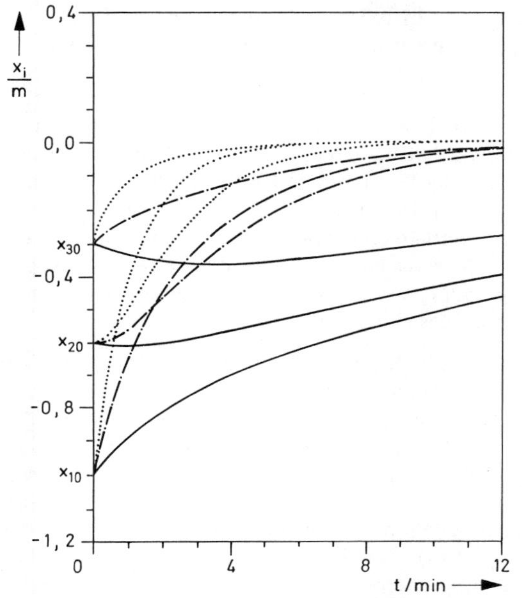

Bild 9-13: Riccati-Entwurf zum 3-Tank-System (Zustandsgrößen)
—— ungeregelt
······ geregelt mit $\underline{Q}=\underline{I}_3, \underline{S}=\underline{I}_2$
·—·—· geregelt mit $\underline{Q}=\underline{I}_3, \underline{S}=5\,\underline{I}_2$

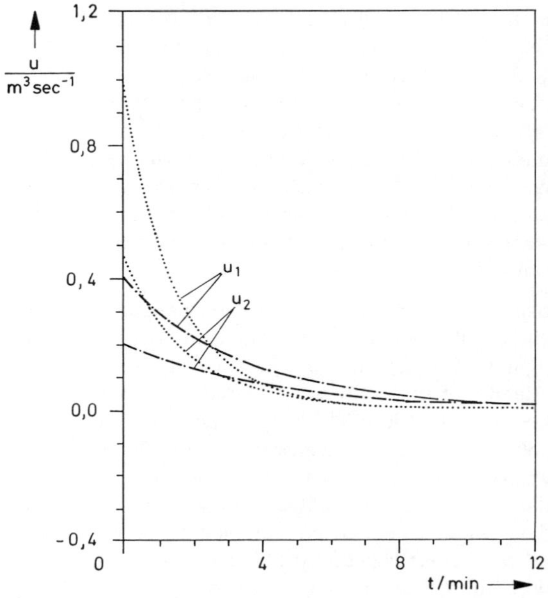

Bild 9-14: Riccati-Entwurf zum 3-Tank-System (Steuergrößen)
······ geregelt mit $\underline{Q}=\underline{I}_3, \underline{S}=\underline{I}_2$
·—·—· geregelt mit $\underline{Q}=\underline{I}_3, \underline{S}=5\,\underline{I}_2$

den. Seine Zustandsdifferentialgleichungen, in allgemeiner Form durch (7.17) gegeben, seien jetzt

$$\dot{\underline{x}} = \begin{bmatrix} -0,332 & 0,332 & 0 \\ 0,332 & -0,664 & 0,332 \\ 0 & 0,332 & -0,524 \end{bmatrix} \underline{x} + \begin{bmatrix} 0,764 & 0 \\ 0 & 0 \\ 0 & 0,764 \end{bmatrix} \underline{u}\,. \tag{9.100}$$

Dabei stellen die Zustandsvariablen und Eingangsgrößen die Abweichungen der Füllstandshöhen (in m) und der Zuflüsse (in m^3/sec) vom gewünschten Betriebszustand dar. Um bequemere Zahlenwerte zu erhalten, wurde eine Zeittransformation vorgenommen, so dass die Zeit in Minuten gemessen wird. Für die folgenden Betrachtungen wird die Anfangsstörung

$$x_1(0) = -1; \quad x_2(0) = -0,6; \quad x_3(0) = -0,3\,.$$

zu Grunde gelegt.

Wir haben zunächst die Gewichtsmatrizen vorzugeben und wählen sie fürs Erste als Einheitsmatrizen:

$$\underline{Q} = \underline{I}_3, \quad \underline{S} = \underline{I}_2\,.$$

Dann erhält man die Matrix $\underline{P}$ durch Lösung der Riccati-Gleichung und aus ihr den optimalen Regler. Bild 9-13 zeigt die Verläufe der Zustandsgrößen des so geregelten Systems als punktierte Kurven. Beim Vergleich mit den durchgezogenen Kurven erkennt man, dass das geregelte System gegenüber der ungeregelten Strecke sehr schnell geworden ist. Allerdings wird diese Freude durch einen Blick auf Bild 9-14 getrübt, das die zugehörigen Steuergrößen zeigt, wiederum als punktierte Kurven. Wenn man bedenkt, dass die stationären Werte der Zuflüsse zwischen 0,5 m^3/sec und 1 m^3/sec liegen, erscheinen die Anfangswerte von u_1 und u_2 als etwas zu hoch.

Um sie zu reduzieren, vergrößert man im Sinne des oben erwähnten Rezepts die Elemente der Gewichtsmatrix $\underline{S} = \underline{I}_2$, indem man zu $\underline{S} = 5\,\underline{I}_2$ übergeht. Damit wird wieder die Riccati-Gleichung gelöst, der optimale Regler gebildet und dann die Regelung simuliert. Das Ergebnis sind die strichpunktierten Kurven in Bild 9-14 und 9-13. Wie erwartet, gehen die Steuergrößen auf passable Werte zurück. Die Regelgrößen werden dadurch unvermeidlicherweise langsamer, aber in einer noch durchaus vertretbaren Weise.

Das Ganze spielt sich im Dialogverkehr mit dem Rechner ab und ist schnell erledigt, auch wenn es sich um ein umfangreicheres System als das hier betrachtete handelt.

Es liegt nahe, nach einem *Vergleich von Polvorgabe- und Riccati-Entwurf* zu fragen. Mir scheinen die Dinge hier ähnlich zu liegen wie beim Vergleich von Wurzelorts- und Frequenzkennlinienverfahren, insofern bei der Beurteilung subjektive Momente eine nicht vernachlässigbare Rolle spielen: Man wird meist dasjenige Verfahren vorziehen, das man genauer kennengelernt hat, sei es beim Studium oder in den Anwendungen, und in dem man sich deshalb mehr zu Hause fühlt.

Bei beiden Verfahren hat man die Qual der Wahl. Im einen Fall muss man eine gewünschte Eigenwertkonfiguration vorgeben, im anderen Fall die Gewichts- oder Bewertungsmatrizen des quadratischen Gütemaßes wählen. Diese Wahl kann schematischer erfolgen als die gezielte Eigenwertvorgabe, die einen gewissen Einblick in die Dynamik des Systems erfordert. Kann oder will man sich nicht eingehender mit der Dynamik der Strecke befassen, sondern die Bearbeitung des Regelungsproblems mehr „im Groben" durchführen, so dürfte der Riccati-Entwurf vorzuziehen sein. Er ist gewissermaßen formaler und daher einfacher zu handhaben als der Polvorgabeentwurf. Allerdings ist anzumerken, dass dies durch gewisse Einschränkungen beim erzielbaren Systemverhalten erkauft wird.

So ist es beispielsweise nicht möglich, *jede* Eigenwertkonfiguration mittels eines Riccati-Reglers zu erzeugen. Das lässt sich schon an dem ganz einfachen Beispiel zu Beginn dieses Unterabschnitts zeigen (Hinweis hierauf aus [9.22]). Für dieses ist die Zustandsdifferentialgleichung der Regelung

$$\dot{x} = (a - br)x\,,$$

also der Eigenwert der Regelung

$$\lambda_R = a - br\,.$$

Da gemäß (9.99)

$$r = \frac{a}{b} + \sqrt{\frac{a^2}{b^2} + \frac{q}{s}}$$

ist, folgt

$$\lambda_R = -\sqrt{a^2 + b^2\frac{q}{s}}\,.$$

Wie man auch die (nicht negativen) Gewichtsfaktoren q und s wählen mag, im Riccati-geregelten System ist *immer* $|\lambda_R| \geq a$. Beim Polvorgabeentwurf hingegen kann ohne weiteres auch ein betragskleineres λ_R eingestellt werden.

9.5 Ein Entwurf auf Führungsverhalten: Entkopplung nach *Falb und Wolovich*

Die im Vorhergehenden behandelten Reglerentwürfe durch Polvorgabe und durch Minimieren eines quadratischen Gütemaßes beziehen sich auf das Störverhalten der Regelung, und zwar mit dem Ziel, beliebige Anfangsstörungen $\underline{x}(0) = \underline{x}_0$ auszuregeln. Das Führungsverhalten wird durch die Vorsteuerung oder ein Vorfilter eingestellt, allerdings im statischen Fall nur insoweit, als ein stationäres Sollverhalten der Regelgrößen gesichert wird.

Will man hingegen das Sollverhalten der Regelgrößen auch in seinem zeitlichen Verlauf vorgeben, so bedarf es einer dynamischen Vorsteuerung. Wie in Abschnitt 9.2 erläutert, kann diese modellgestützt entsprechend Bild 9-5 oder Bild 9-6 ausgeführt werden. Die hierfür benötigte Zustandsregelung für das Streckenmodell in der Vorsteuerung bestimmt dann das Sollzeitverhalten des Systems bei Anregung über die Führungsgrößen $\underline{w}(t)$. Eine für diese Zwecke prädestinierte, weil auf die Einstellung des Führungsverhaltens zugeschnittene Entwurfsmethode stellt die Entkopplung nach ***Falb und Wolovich*** [9.23] dar. Sie ist von der klassischen Entkopplung nach ***Boksenbom und Hood*** [9.24] verschieden und stellt eine eigenständige Methode im Rahmen der Zustandssynthese dar, wenngleich sie Beziehungen zur Polvorgabe hat. Es ist hervorzuheben, dass sie sich auf lineare zeitvariante und sogar nichtlineare Systeme erweitern lässt ([9.25], [9.26], [9.27], [9.28]).

Der Entkopplungsentwurf bietet sich zwar zur Bestimmung einer modellgestützt-dynamischen Vorsteuerung entsprechend Bild 9-6 an, ist aber keineswegs hierauf beschränkt. Daher wollen wir im Weiteren den Vorsteuerungsindex S beiseite lassen und den Entwurf anhand einer allgemeinen Zustandsregelung - und zwar in der für Entkopplungszwecke besser geeigneten Vorfilterform gemäß Bild 9-4 - durchführen.

Bei der Entkopplung spielt der Begriff der *Differenzordnung* eine grundlegende Rolle, weshalb wir die Betrachtung mit ihm beginnen müssen.

9.5.1 Begriff der Differenzordnung (relativer Grad)

Der Begriff „Differenzordnung", in der Literatur auch als *relativer Grad* bezeichnet, liegt auf der Hand, wenn man von einem Eingrößensystem in komplexer Darstellung ausgeht:

$$Y(s) = G(s)\,U(s) = \frac{b_m s^m + \ldots + b_1 s + b_0}{a_n s^n + \ldots + a_1 s + a_0}\,U(s) \quad (9.101)$$

mit $a_n, b_m \neq 0$ und $m \leq n$. Die zugehörige Differentialgleichung ist

$$a_n \overset{(n)}{y} + \ldots + a_1 \dot{y} + a_0 y = b_m \overset{(m)}{u} + \ldots + b_1 \dot{u} + b_0 u\,.$$

Die Ordnung des linken Differentialoperators ist n, die des rechten m. Die Differenz

$$\delta = n - m \tag{9.102}$$

ist die *Differenzordnung*. Es liegt auf der Hand, dass $0 \leq \delta \leq n$ ist und der Fall $\delta = 0$ genau dann vorliegt, wenn in (9.101) Zähler- und Nennergrad gleich sind, was nach Abschnitt 2.5.2 bedeutet, dass das System einen Durchgriff von u auf y hat.

Um den Begriff auf die Zustandsdarstellung zu übertragen, bilden wir den Grenzwert

$$\lim_{s\to\infty} s^k G(s) = \lim_{s\to\infty} \frac{b_m s^{m+k} + \ldots + b_1 s^{k+1} + b_0 s^k}{a_n s^n + \ldots + a_1 s + a_0}\,.$$

Indem man durch s^n kürzt, wird daraus

$$\lim_{s\to\infty} s^k G(s) = \lim_{s\to\infty} \frac{\dfrac{b_m}{s^{n-m-k}} + \ldots + \dfrac{b_1}{s^{n-k-1}} + \dfrac{b_0}{s^{n-k}}}{a_n + \dfrac{a_{n-1}}{s} + \ldots + \dfrac{a_0}{s^n}}\,.$$

Für $s \to \infty$ gehen sämtliche Brüche im Nenner $\to 0$, so dass vom Nenner nur a_n bleibt. Ist $k < \delta = n - m$, so gehen sämtliche Brüche im Zähler $\to 0$; ist $k > \delta$, so geht mindestens ein solcher Bruch $\to \infty$; ist schließlich $k = \delta$, so geht der gesamte Zähler $\to b_m$. Mithin wird

$$\lim_{s\to\infty} s^k G(s) = \begin{cases} 0 & \text{für} \quad k < \delta \\ b_m/a_n \neq 0 & \text{für} \quad k = \delta \\ \infty & \text{für} \quad k > \delta \end{cases}\,. \tag{9.103}$$

Da $s^k G(s)$ gerade die Übertragungsfunktion von $u(t)$ nach der k-fachen Ableitung von $y(t)$ darstellt, können wir den Ausführungen zu Beginn von Abschnitt 2.5.2 zufolge Gleichung (9.103) auch so interpretieren, dass die Differenzordnung mit der Ordnung derjenigen Ableitung von $y(t)$ übereinstimmt, die einen Durchgriff von $u(t)$ aus aufweist, während alle niedrigeren Ableitungen von $y(t)$ durchgriffsfrei sind.

Damit lässt sich der Begriff der Differenzordnung geradlinig auf die Zustandsbeschreibung, und zwar gleich auf den Mehrgrößenfall, übertragen. Die Zustandsgleichungen des Systems seien

$$\dot{\underline{x}} = \underline{A}\,\underline{x} + \underline{B}\,\underline{u}\,, \quad \underline{y} = \underline{C}\,\underline{x}\,.$$

Komponentenweise lautet die Ausgangsgleichung:

$$y_i = \underline{c}_i^T \underline{x}\,, \quad i = 1, \ldots, q\,, \tag{9.104}$$

wobei $\underline{c}_1^T, \ldots, \underline{c}_q^T$ die Zeilenvektoren von $\underline{C}$ sind. Dann liegt mit Blick auf die voranstehende Interpretation von Gleichung (9.103) folgende Definition nahe:

Unter der Differenzordnung δ_i der Ausgangsgröße y_i des Systems versteht man die Ordnung der niedrigsten Ableitung von y_i, auf die der Steuervektor $\underline{u}$ direkt zugreift, die also einen Durchgriff aufweist. Auf alle niedrigeren Ableitungen als die δ_i-te Ableitung wirkt $\underline{u}$ nur indirekt über die Vermittlung des Zustandsvektors $\underline{x}$ ein. (9.105)

Um die Differenzordnungen δ_i aus der Zustandsbeschreibung zu bestimmen, gehen wir von (9.104) aus und differenzieren nach t:

$$\dot{y}_i = \underline{c}_i^T \dot{\underline{x}} = \underline{c}_i^T \underline{A}\,\underline{x} + \underline{c}_i^T \underline{B}\,\underline{u}\,.$$

Sofern $\underline{c}_i^T \underline{B} = \underline{0}^T$ ist, gilt also

$$\dot{y}_i = \underline{c}_i^T \underline{A}\,\underline{x}\,.$$

Nochmalige Differentiation nach t liefert

$$\ddot{y}_i = \underline{c}_i^T \underline{A}\,\dot{\underline{x}} = \underline{c}_i^T \underline{A}^2 \underline{x} + \underline{c}_i^T \underline{A}\,\underline{B}\,\underline{u}\,.$$

Ist auch $\underline{c}_i^T \underline{A}\,\underline{B} = \underline{0}^T$, ergibt sich weiter

$$\ddot{y}_i = \underline{c}_i^T \underline{A}^2 \underline{x}\,.$$

In dieser Weise fahren wir fort, bis in einer μ-fachen Ableitung von y_i erstmalig der Eingangsvektor $\underline{u}$ mit mindestens einer seiner Komponenten auftaucht, also $\underline{c}_i^T \underline{A}^{\mu-1} \underline{B} \neq \underline{0}^T$ gilt. Dann ist $\mu = \delta_i$ die Differenzordnung von y_i.

Insgesamt gilt also

$$\left.\begin{array}{rcl} y_i & = & \underline{c}_i^T \underline{x} \\ \dot{y}_i & = & \underline{c}_i^T \underline{A}\,\underline{x} \\ & \vdots & \\ \overset{(\delta_i-1)}{y_i} & = & \underline{c}_i^T \underline{A}^{\delta_i-1} \underline{x} \end{array}\right\} \tag{9.106}$$

und schließlich

$$\overset{(\delta_i)}{y_i} = \underline{c}_i^T \underline{A}^{\delta_i} \underline{x} + \underline{c}_i^T \underline{A}^{\delta_i-1} \underline{B}\,\underline{u}\,, \quad i = 1, \ldots, q\,. \tag{9.107}$$

Die *Differenzordnung δ_i der Ausgangsgröße y_i* erhält man folglich als diejenige natürliche Zahl, für welche folgende Beziehungen gelten:

$$\underline{c}_i^T\,\underline{B} = \underline{0}^T,\ \underline{c}_i^T\,\underline{A}\,\underline{B} = \underline{0}^T,\ \ldots,\ \underline{c}_i^T\,\underline{A}^{\delta_i-2}\,\underline{B} = \underline{0}^T,$$
$$\underline{c}_i^T\,\underline{A}^{\delta_i-1}\,\underline{B} \neq \underline{0}^T. \qquad (9.108)$$

Als *Differenzordnung* δ *des Systems* wird nun die Summe der Differenzordnungen δ_i aller Ausgangsgrößen $y_1, \ldots, y_q$ bezeichnet:

$$\delta = \delta_1 + \delta_2 + \ldots + \delta_q.$$

Mit Hilfe der Gleichungen (9.107) lässt sich aus der Zustandsbeschreibung eines dynamischen Systems eine andere Beschreibungsform herleiten, die den Ausgangspunkt der Entkopplung bildet, aber auch an sich von Interesse ist.

Sieht man den Vektor

$$\underline{y}^* = \begin{bmatrix} \overset{(\delta_1)}{y_1} \\ \vdots \\ \overset{(\delta_q)}{y_q} \end{bmatrix} \qquad (9.109)$$

als neuen Ausgangsvektor des Systems an, so kann man es wegen (9.107) nunmehr in der Form

$$\dot{\underline{x}} = \underline{A}\,\underline{x} + \underline{B}\,\underline{u} \qquad (9.110)$$
$$\underline{y}^* = \underline{C}^*\underline{x} + \underline{D}^*\underline{u} \qquad (9.111)$$

mit

$$\underline{C}^* = \begin{bmatrix} \underline{c}_1^T\,\underline{A}^{\delta_1} \\ \vdots \\ \underline{c}_q^T\,\underline{A}^{\delta_q} \end{bmatrix}, \quad \underline{D}^* = \begin{bmatrix} \underline{c}_1^T\,\underline{A}^{\delta_1-1}\,\underline{B} \\ \vdots \\ \underline{c}_q^T\,\underline{A}^{\delta_q-1}\,\underline{B} \end{bmatrix} \qquad (9.112)$$

beschreiben. Damit liegt neben der üblichen Zustandsdarstellung *eine zweite Beschreibungsform dynamischer Systeme* vor. Ihre Ausgangsgleichung (9.111) bzw. das entsprechende Gleichungssystem (9.107) bildet die Basis des Entkopplungsverfahrens.

Ehe wir zu ihm übergehen, sei noch angemerkt, dass sich die Definition (9.105) der Differenzordnung geradlinig auch auf zeitvariante und auf nichtlineare Systeme übertragen lässt, was bei der eingangs dieses Abschnitts vorgenommenen Charakterisierung anhand der Übertragungsfunktion ausgeschlossen ist. Weiterhin lässt sich die Differenzordnung auch in dem Fall, dass die Strecke selbst einen Durchgriff hat und somit die Ausgangsgleichung

$$\underline{y} = \underline{C}\,\underline{x} + \underline{D}\,\underline{u}$$

lautet, ganz entsprechend definieren: Ist in der Gleichung für den i-ten Ausgang,

$$y_i = \underline{c}_i^T\,\underline{x} + \underline{d}_i^T\,\underline{u}\,,$$

der Zeilenvektor $\underline{d}_i^T \neq \underline{0}^T$, so hat die Ausgangsgröße y_i die Differenzordnung $\delta_i = 0$, ansonsten eine entsprechend (9.108) festgelegte Differenzordnung $\delta_i > 0$.

9.5.2 Durchführung der Entkopplung

Ausgangspunkt ist die Zustandsregelung in der Vorfilterform nach Bild 9-4. Unser Ziel besteht darin, Vorfilter $\underline{M}$ und Zustandsregler $\underline{R}$ so zu wählen, *dass jede Regelgröße* y_i *nur noch von der ihr zugeordneten Führungsgröße* w_i *beeinflusst* wird, nicht jedoch von den anderen Führungsgrößen. Darin besteht die *Entkopplung*. Ist die Entkopplung gelungen, so wird man versuchen, die restlichen Freiheitsgrade in $\underline{M}$ und $\underline{R}$ so zu verwenden, dass jede Regelgröße ihrer Führungsgröße möglichst unverzögert und unverzerrt folgt, also ein gutes Führungsverhalten zustande kommt.

Zur Durchführung dieses Programms setzen wir im vorliegenden Abschnitt voraus, dass $p = q$ ist, also die *Anzahl der Regelgrößen mit der Anzahl der Steuergrößen übereinstimmt*. Regler und Vorfilter zusammen werden durch die Gleichung

$$\underline{u} = -\underline{R}\,\underline{x} + \underline{M}\,\underline{w} \qquad (9.113)$$

beschrieben, die wir auch kurz durch die Bezeichnung „Entkopplungsregler" charakterisieren wollen.

Setzt man (9.113) in (9.107) ein, so ergibt sich die Gleichung

$$\overset{(\delta_i)}{y_i} = \left(\underline{c}_i^T\,\underline{A}^{\delta_i} - \underline{c}_i^T\,\underline{A}^{\delta_i-1}\,\underline{B}\,\underline{R}\right)\underline{x} + \underline{c}_i^T\,\underline{A}^{\delta_i-1}\,\underline{B}\,\underline{M}\,\underline{w}\,, \quad i = 1, \ldots, p. \qquad (9.114)$$

Um dem Ziel, dass die Regelgröße y_i nur von ihrer eigenen Führungsgröße w_i abhängt, näherzukommen, versucht man, das Vorfilter $\underline{M}$ so zu bestimmen, dass gilt:

$$\underline{c}_i^T\,\underline{A}^{\delta_i-1}\,\underline{B}\,\underline{M}\,\underline{w} = k_i w_i = \left[0, \ldots, k_i, \ldots, 0\right]\underline{w}\,, \quad i = 1, \ldots, p, \qquad (9.115)$$

wobei die vorläufig beliebige Zahl k_i an der i-ten Stelle dieses Zeilenvektors steht.

Das Gleichungssystem (9.115) lässt sich in Matrizenform schreiben:

$$\begin{bmatrix} \underline{c}_1^T \underline{A}^{\delta_1-1} \underline{B} \\ \vdots \\ \underline{c}_p^T \underline{A}^{\delta_p-1} \underline{B} \end{bmatrix} \underline{M}\,\underline{w} = \begin{bmatrix} k_1 & 0 & \dots & 0 \\ 0 & k_2 & \dots & 0 \\ \vdots & \vdots & \ddots & \vdots \\ 0 & 0 & \dots & k_p \end{bmatrix} \underline{w}\,. \qquad (9.116)$$

Da diese Gleichung für beliebiges $\underline{w}$ gelten soll, kann man $\underline{w}$ streichen. Dann folgt aus (9.116), wenn man die Bezeichnung (9.112) benutzt:

$$\underline{D}^* \underline{M} = \operatorname{diag}\left[k_1, \dots, k_p\right], \qquad \text{also}$$

$$\underline{M} = \underline{D}^{*-1} \cdot \operatorname{diag}\left[k_1, \dots, k_p\right], \qquad (9.117)$$

womit die Vorfiltermatrix gefunden ist. Um sie in dieser Weise zu bilden, muss also

$$\det \underline{D}^* \neq 0 \qquad (9.118)$$

vorausgesetzt werden.

Die Differentialgleichungen (9.114) lauten nunmehr

$$\overset{(\delta_i)}{y_i} = \left(\underline{c}_i^T \underline{A}^{\delta_i} - \underline{c}_i^T \underline{A}^{\delta_i-1} \underline{B}\,\underline{R}\right)\underline{x} + k_i w_i\,, \quad i = 1, \dots, p\,. \qquad (9.119)$$

Wie man daraus sieht, ist noch keine Entkopplung erreicht, da die von w_i verschiedenen Führungsgrößen über $\underline{x}$ auf y_i einwirken. Um diesen Einfluss zu beseitigen, wollen wir die noch freie Reglermatrix $\underline{R}$ so bestimmen, dass der $\underline{x}$-Term in (9.119) nur von y_i abhängt, und fordern deshalb:

$$\left(\underline{c}_i^T \underline{A}^{\delta_i} - \underline{c}_i^T \underline{A}^{\delta_i-1} \underline{B}\,\underline{R}\right)\underline{x} = -\sum_{\nu=0}^{\delta_i-1} q_{i\nu} \overset{(\nu)}{y_i}, \qquad (9.120)$$

wobei die $q_{i\nu}$ zunächst beliebige reelle Parameter sind. Gelingt es nämlich, eine derartige Matrix $\underline{R}$ zu finden, so folgt aus (9.119)

$$\overset{(\delta_i)}{y_i} = -\sum_{\nu=0}^{\delta_i-1} q_{i\nu} \overset{(\nu)}{y_i} + k_i w_i\,, \quad i = 1, \dots, p\,,$$

oder

$$\overset{(\delta_i)}{y_i} + \dots + q_{i1} \dot{y}_i + q_{i0} y_i = k_i w_i\,, \quad i = 1, \dots, p\,. \qquad (9.121)$$

Das heißt: Jede Regelgröße y_i hängt nur noch von ihrer eigenen Führungsgröße w_i ab, womit das Entkopplungsziel erreicht ist.

Wie kann man nun (9.120) nach $\underline{R}$ auflösen? Hierfür sind die Beziehungen (9.106) entscheidend. Mit ihnen folgt aus (9.120)

$$\left(\underline{c}_i^T \underline{A}^{\delta_i} - \underline{c}_i^T \underline{A}^{\delta_i-1} \underline{B}\,\underline{R}\right)\underline{x} = -\sum_{\nu=0}^{\delta_i-1} q_{i\nu}\, \underline{c}_i^T \underline{A}^{\nu} \underline{x}\,, \quad i = 1, \dots, p\,.$$

Da dies für jedes $\underline{x}$ gelten muss, kann man $\underline{x}$ streichen und erhält:

$$\underline{c}_i^T \underline{A}^{\delta_i-1} \underline{B} \cdot \underline{R} = \underline{c}_i^T \underline{A}^{\delta_i} + \sum_{\nu=0}^{\delta_i-1} q_{i\nu}\, \underline{c}_i^T \underline{A}^{\nu}\,, \quad i = 1, \dots, p\,.$$

Fasst man diese Gleichungen zu *einer* Matrizengleichung zusammen, so ergibt sich auf der linken Seite das Produkt $\underline{D}^*\,\underline{R}$ und damit schließlich

$$\underline{R} = \underline{D}^{*-1} \begin{bmatrix} \underline{c}_1^T \underline{A}^{\delta_1} + \sum_{\nu=0}^{\delta_1-1} q_{1\nu} \underline{c}_1^T \underline{A}^{\nu} \\ \vdots \\ \underline{c}_p^T \underline{A}^{\delta_p} + \sum_{\nu=0}^{\delta_p-1} q_{p\nu} \underline{c}_p^T \underline{A}^{\nu} \end{bmatrix}. \qquad (9.122)$$

Man sieht, dass auch hier wieder die Bedingung $\det \underline{D}^* \neq 0$ auftritt. Ist sie erfüllt, so ist das System entkoppelbar. Dass die Bedingung (9.118) auch notwendig ist, wird in [9.23] bewiesen. Man bezeichnet sie als *Entkoppelbarkeitsbedingung*.

Ist sie erfüllt und wählt man $\underline{M}$ gemäß (9.117), $\underline{R}$ gemäß (9.122), so ist die Regelung entkoppelt, denn es gelten dann die Differentialgleichungen (9.121) bzw. die komplexen Gleichungen

$$Y_i(s) = \frac{k_i}{s^{\delta_i} + \dots + q_{i1} s + q_{i0}} W_i(s), \quad i = 1, \dots, p\,. \qquad (9.123)$$

Dies ist die *endgültige Form des entkoppelten Systems. Es besteht aus p voneinander völlig unabhängigen Teilsystemen und ist äquivalent zur Zustandsregelung in Bild 9-4 (mit $\underline{x}_0 = \underline{0}$).*

Es bleiben noch die freien Parameter $q_{i\nu}$ und k_i zu wählen. Mit ihnen kann man ein günstiges Verhalten der p getrennten Kanäle (9.123) verwirklichen. Zunächst wird man

$$k_i = q_{i0}\,, \quad i = 1, \dots, p \qquad (9.124)$$

wählen, da dann im stationären Zustand, also für $s = 0$, $y_i = w_i$ gilt.

Die Parameter $q_{i\nu}$ kann man für jedes i nach einer grundsätzlich beliebigen Entwurfsmethode für Eingrößensysteme wählen. Es liegt nahe, sie durch Polvorgabe zu bestimmen, indem man für jedes der getrennten Teilsysteme die δ_i Pole der Übertragungsfunktion

$$G_i(s) = \frac{q_{i0}}{s^{\delta_i} + \ldots + q_{i1} s + q_{i0}}, \quad i = 1, \ldots, p, \tag{9.125}$$

vorgibt. In ihrer Gesamtheit bilden sie die Eigenwerte des zur Regelung äquivalenten Teilsystemverbunds (9.125).

Zusammenfassend kann man sagen:

Die aus der Strecke

$$\underline{\dot{x}} = \underline{A}\,\underline{x} + \underline{B}\,\underline{u}, \quad y_i = \underline{c}_i^T \underline{x}, \quad i = 1, \ldots, p,$$

und dem Regler (einschließlich Vorfilter)

$$\underline{u} = -\underline{R}\,\underline{x} + \underline{M}\,\underline{w}$$

gebildete Zustandsregelung lässt sich genau dann entkoppeln, wenn

$$\det \underline{D}^* = \det \begin{bmatrix} \underline{c}_1^T \underline{A}^{\delta_1 - 1} \underline{B} \\ \vdots \\ \underline{c}_p^T \underline{A}^{\delta_p - 1} \underline{B} \end{bmatrix} \neq 0 \tag{9.126}$$

ist, wobei δ_i die Differenzordnung der Ausgangsgröße y_i darstellt. Zur Entkopplung hat man $\underline{M}$ gemäß (9.117), $\underline{R}$ gemäß (9.122) zu wählen. Die so erhaltene Regelung ist äquivalent zu den p getrennten Eingrößensystemen

$$Y_i(s) = \frac{k_i}{s^{\delta_i} + \ldots + q_{i1} s + q_{i0}} W_i(s), \; i = 1, \ldots, p.$$

Die freien $q_{i\nu}$ kann man durch Polvorgabe in den getrennten Eingrößensystemen bestimmen und $k_i = q_{i0}$ wählen, um stationäre Genauigkeit zu erreichen.

In Bild 9-15 ist die Äquivalenz der mit dem Entkopplungsregler $(\underline{R}, \underline{M})$ versehenen, verkoppelten Zustandsregelung mit einem aus p getrennten und voneinander unabhängigen Eingrößensystemen bestehenden Gesamtsystem anschaulich dargestellt. Wie stets besteht die dynamische Äquivalenz darin, dass beide Strukturen trotz ganz verschiedenen Innenaufbaus auf den gleichen Eingangsvektor $\underline{w}(t)$ mit dem gleichen Ausgangsvektor $\underline{y}(t)$ reagieren, wobei hier $\underline{x}(0) = \underline{0}$ vorausgesetzt ist. Die mit dem Entkopplungsregler $(\underline{R}, \underline{M})$ ausgerüstete Zustandsregelung verhält sich also so, als ob keine Kopplungen zwischen den Signalpfaden (w_i, y_i) existierten. Indem man zusätzlich Pole der entkoppelten Übertragungsfunktionen vorgibt, schreibt man Eigenwerte der Regelung vor.

9.5.3 Anwendung des Verfahrens

Wenngleich der *Regelungsentwurf durch Entkopplung* von Natur aus auf Mehrgrößensysteme zugeschnitten ist, so lässt er sich auch *für Eingrößensysteme*

$$\underline{\dot{x}} = \underline{A}\,\underline{x} + \underline{b}\,u, \quad y = \underline{c}^T \underline{x}$$

anwenden. Die Differenzordnung δ ergibt sich aus

$$\underline{c}^T \underline{b} = 0, \; \underline{c}^T \underline{A}\,\underline{b} = 0, \ldots, \underline{c}^T \underline{A}^{\delta-2} \underline{b} = 0, \quad \underline{c}^T \underline{A}^{\delta-1} \underline{b} \neq 0. \tag{9.127}$$

Die Vorfiltermatrix $\underline{M}$ wird zum Skalar, der nach (9.117) den Wert

$$m = \frac{k}{d^*} = \frac{k}{\underline{c}^T \underline{A}^{\delta-1} \underline{b}} \tag{9.128}$$

hat, wobei $d^* \neq 0$ ist. Aus dem Regler wird nach (9.122)

$$\underline{r}^T = \frac{1}{\underline{c}^T \underline{A}^{\delta-1} \underline{b}} \left(\underline{c}^T \underline{A}^{\delta} + q_{\delta-1} \underline{c}^T \underline{A}^{\delta-1} + \ldots + q_0 \underline{c}^T \right), \tag{9.129}$$

wobei die Parameter q_ν frei sind. Man hat so eine äußerst einfache Reglerformel erhalten, mit der man δ Eigenwerte der Regelung vorgeben kann.

Zum allgemeinen Fall des Mehrgrößensystems zurückkehrend, stellt man fest, dass man offenbar die beiden Fälle $\delta = n$ und $\delta < n$ zu unterscheiden hat. Wir wenden uns zuerst dem Fall $\delta = n$ zu, in dem das dynamische System maximale *Differenzordnung* aufweist. Da man in dem entkoppelten System insgesamt

$$\delta = \delta_1 + \delta_2 + \ldots + \delta_p$$

Pole vorgeben kann, die zugleich die Eigenwerte dieses Systems sind, ist es im Fall maximaler Differenzordnung möglich, neben der Durchführung der Entkopplung *sämtliche n Eigenwerte der Regelung* in Bild 9-15 vorzuschreiben und dadurch eine gewünschte Dynamik zu erzielen.

Wir wollen das Verfahren wieder auf das Beispiel des 3-Tank-Systems anwenden und dazu von der Zustandsdifferentialgleichung (9.100) ausgehen. Diese können wir in der Form

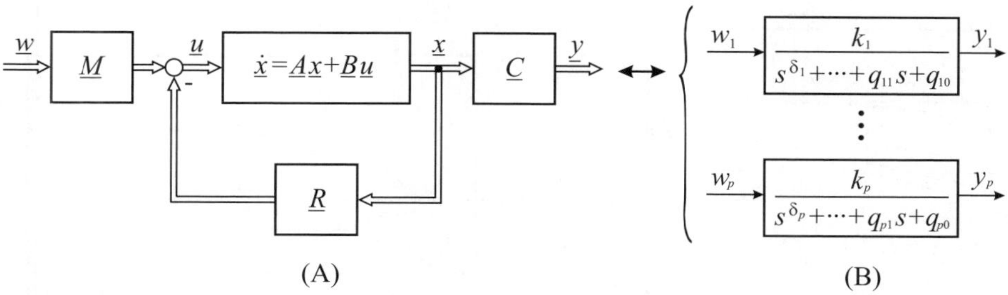

Bild 9-15: Äquivalenz zwischen der mit einem Entkopplungsregler $(\underline{R},\underline{M})$ ausgerüsteten Zustandsregelung und p getrennten Eingrößensystemen

$$\dot{\underline{x}} = \begin{bmatrix} -f_1 & f_1 & 0 \\ f_1 & -2f_1 & f_1 \\ 0 & f_1 & -(f_1+f_2) \end{bmatrix} \underline{x} + \begin{bmatrix} h & 0 \\ 0 & 0 \\ 0 & h \end{bmatrix} \underline{u} \quad (9.130)$$

schreiben, wobei

$$f_1 = 0,332\,,\ f_2 = 0,192\,,\ h = 0,764$$

ist. Sehen wir x_2 und x_3 als Ausgangsgrößen an, so ist

$$y_1 = x_2\,,\quad y_2 = x_3\,,$$

also

$$\underline{y} = \begin{bmatrix} 0 & 1 & 0 \\ 0 & 0 & 1 \end{bmatrix} \underline{x}\,. \quad (9.131)$$

Damit wird

$$\underline{c}_1^T \underline{B} = \begin{bmatrix} 0 & 0 \end{bmatrix},\quad \underline{c}_1^T \underline{A}\,\underline{B} = \begin{bmatrix} hf_1 & hf_1 \end{bmatrix} \neq \underline{0}^T,$$

so dass $\delta_1 - 1 = 1$, also $\delta_1 = 2$ ist. Weiterhin ist

$$\underline{c}_2^T \underline{B} = \begin{bmatrix} 0 & h \end{bmatrix} \neq \underline{0}^T,$$

mithin $\delta_2 - 1 = 0$, also $\delta_2 = 1$. Damit ist die Differenzordnung des Systems

$$\delta = \delta_1 + \delta_2 = 3\,.$$

Wegen $n = 3$ liegt somit maximale Differenzordnung vor.

Die weitere Rechnung lässt sich infolge der Einfachheit dieses Reglerentwurfsverfahrens ohne Schwierigkeit allgemein durchführen. Zunächst ist nach (9.112)

$$\underline{D}^* = \begin{bmatrix} \underline{c}_1^T \underline{A}\,\underline{B} \\ \underline{c}_2^T \underline{B} \end{bmatrix} = \begin{bmatrix} hf_1 & hf_1 \\ 0 & h \end{bmatrix}, \quad \text{also}$$

$\det \underline{D}^* = h^2 f_1 \neq 0$: Das System ist entkoppelbar. Die Inverse zu $\underline{D}^*$ ist

$$\underline{D}^{*-1} = \frac{1}{hf_1} \begin{bmatrix} 1 & -f_1 \\ 0 & f_1 \end{bmatrix}.$$

Daraus wird nach (9.117), mit $k_i = q_{i0}$:

$$\underline{M} = \frac{1}{hf_1} \begin{bmatrix} q_{10} & -f_1 q_{20} \\ 0 & f_1 q_{20} \end{bmatrix}.$$

Schließlich ergibt sich für die Rückführmatrix nach (9.122) zunächst

$$\underline{R} = \underline{D}^{*-1} \begin{bmatrix} \underline{c}_1^T \underline{A}^2 + q_{11}\,\underline{c}_1^T \underline{A} + q_{10}\,\underline{c}_1^T \\ \underline{c}_2^T \underline{A} + q_{20}\,\underline{c}_2^T \end{bmatrix}$$

und daraus endgültig

$$\underline{R} = \frac{1}{h} \begin{bmatrix} -3f_1 + q_{11} & 5f_1 - 2q_{11} + \dfrac{q_{10}}{f_1} & -2f_1 + q_{11} - q_{20} \\ 0 & f_1 & -f_1 - f_2 + q_{20} \end{bmatrix}.$$

Wir geben nun die Eigenwerte des entkoppelten Systems in der Weise vor, dass die beiden am nächsten zur j-Achse gelegenen Streckeneigenwerte $\lambda_1 = -0,047$ und $\lambda_2 = -0,437$ nach links verschoben werden, um die Übergangsvorgänge zu beschleunigen, während der Streckeneigenwert $\lambda_3 = -1,036$ beibehalten wird:

$$\lambda_{R1} \approx 5\lambda_1 = -0,234\,;\quad \lambda_{R2} \approx 3\lambda_2 = -1,312\,;$$
$$\lambda_{R3} = \lambda_3 = -1,036\,.$$

Ordnet man die Eigenwerte λ_{R1} und λ_{R2} dem Übertragungspfad von w_1 nach y_1 zu und den Eigenwert λ_{R3} dem Übertragungspfad von w_2 nach y_2, so gilt

$$s^2 + q_{11}\,s + q_{10} = (s - \lambda_{R1})(s - \lambda_{R2})\,,\ s + q_{20} = s - \lambda_{R3}\,,$$

also

$$q_{11} = -(\lambda_{R1} + \lambda_{R2})\,,\quad q_{10} = \lambda_{R1}\lambda_{R2}\,,\quad q_{20} = -\lambda_{R3}\,.$$

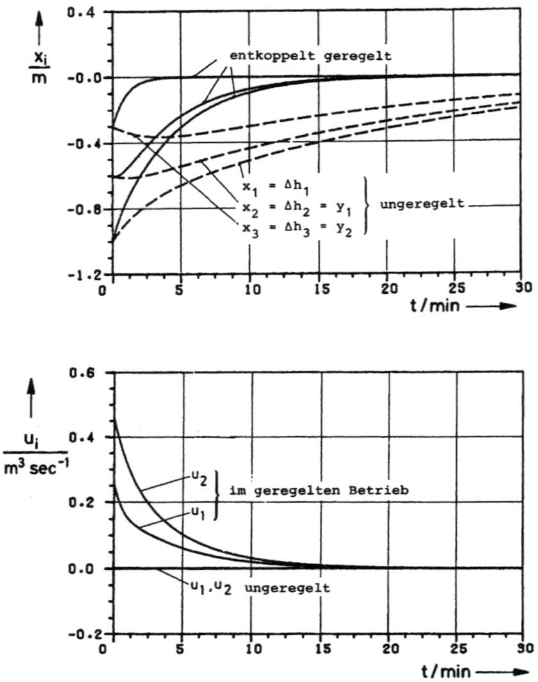

Bild 9-16: Das entkoppelte 3-Tank-System bei Anfangsstörung

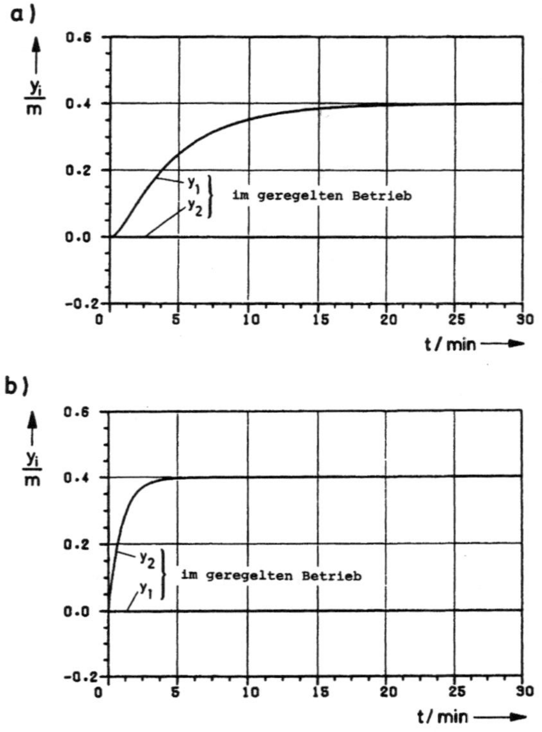

Bild 9-17: Das entkoppelte 3-Tank-System bei Führungsgrößensprüngen

Das Ergebnis dieses Entwurfs sieht man in den Bildern 9-16 und 9-17. Das erstgenannte Bild zeigt die Zeitverläufe bei einer Anfangsstörung, und zwar der gleichen wie bei der Riccati-Regelung. Man sieht, dass das Gesamtzeitverhalten ähnlich ist, wenngleich es im Einzelnen Verschiedenheiten gibt. Bild 9-17 demonstriert die Entkopplung. Im Fall a) wurde die Sprungfunktion $w_1 = 0{,}4\,\sigma(t)$ aufgeschaltet, während $w_2 \equiv 0$ ist. Wie man sieht, verhalten sich beide Ausgangsgrößen y_1 und y_2 gänzlich unabhängig voneinander, insbesondere ist $y_2 \equiv 0$. Der Fall b) zeigt den entsprechenden Effekt für $w_1 \equiv 0$ und $w_2 = 0{,}4\,\sigma(t)$. Sichtbar wird in Bild 9-17 auch das deutlich langsamere Übergangsverhalten von y_1 im Vergleich zu y_2. Dies rührt von dem betragskleinsten Eigenwert λ_{R1} her, der hier dem ersten Übertragungspfad zugeordnet wurde.

Bei Verwendung der so entworfenen Regelung als modellgestützt-dynamische Vorsteuerung entsprechend Bild 9-6 überträgt sich dann das entkoppelte Führungsverhalten auf die reale Strecke.

Betrachten wir noch den Fall des *Ein*größensystems mit maximaler Differenzordnung. Dann folgt aus (9.129) wegen $\delta = n$

$$\underline{r}^T = \frac{1}{\underline{c}^T \underline{A}^{n-1} \underline{b}} \left(\underline{c}^T \underline{A}^n + q_{n-1}\, \underline{c}^T \underline{A}^{n-1} + \ldots + q_0\, \underline{c}^T \right). \tag{9.132}$$

Das ist genau die Ackermann-Formel (9.48) für den Polvorgaberegler, nur braucht man hier $\underline{t}_1^T$ nicht mehr auszurechnen, sondern dieser Vektor ist bereits durch

$$\underline{t}_1^T = \frac{\underline{c}^T}{\underline{c}^T \underline{A}^{n-1} \underline{b}}$$

gegeben. Der Ausdruck (9.132) zeigt wiederum, wie einfach der Formalismus des Entkopplungsreglers ist.

Gehen wir nun zum *Fall* $\delta < n$ über. Hier hat die Gesamtheit der Eingrößensysteme (Struktur B in Bild 9-15), die zur Entkopplungsregelung (Struktur A in Bild 9-15) bezüglich des Ein-/Ausgangsverhaltens äquivalent ist, weniger Eigenwerte als die Entkopplungsregelung, nämlich nur δ statt n, und keinerlei Nullstellen. Der Grund liegt darin, dass sich beim Entwurf der Entkopplungsregelung (Struktur A) die invarianten Nullstellen des Systems in der Übertragungsmatrix gegen Eigenwerte kompensieren, wodurch beide in den Eingrößensystemen der Struktur B nicht mehr in Erscheinung treten.

Am *Beispiel eines Eingrößensystems* lässt sich dies ohne viel Rechnung zeigen. Die Strecke sei durch

$$Y(s) = \frac{s+a}{(s+1)(s+2)} U(s), \quad a \neq 1,2,$$

gegeben, so dass also eine Nullstelle vorhanden und $n=2$ ist, d. h. $\delta = 1$ gilt. Partialbruchzerlegung liefert

$$Y(s) = \left(\frac{a-1}{s+1} - \frac{a-2}{s+2} \right) U(s).$$

Daraus folgt in üblicher Weise die Zustandsdarstellung

$$\begin{aligned} \dot{x}_1 &= -x_1 + (a-1)\,u\,, \\ \dot{x}_2 &= -2\,x_2 + (a-2)\,u\,, \\ y &= x_1 - x_2\,. \end{aligned}$$

Weiter ergibt sich $d^* = 1$, also $m = k$, und

$$\underline{r}^T = \underline{c}^T \underline{A} + q_0\, \underline{c}^T = \begin{bmatrix} -1+q_0 & 2-q_0 \end{bmatrix},$$

wobei q_0 beliebig reell ist. Die Struktur dieser Regelung zeigt Bild 9-18.

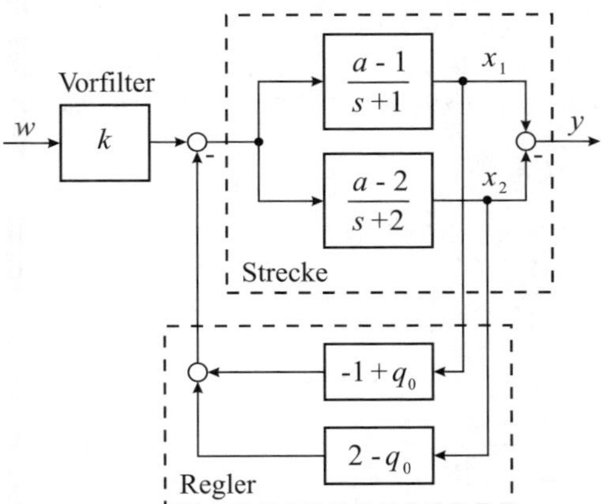

Bild 9-18: Entkopplungsregelung mit nichtmaximaler Differenzordnung

Bestimmt man aus diesem Strukturbild den Zusammenhang zwischen $Y(s)$ und $W(s)$, so erhält man die Gleichung

$$Y(s) = k \frac{s+a}{s^2 + (a+q_0)s + a q_0} W(s).$$

Daraus folgt

$$Y(s) = k \frac{s+a}{(s+q_0)(s+a)} W(s).$$

Man sieht also: Die Entkopplungsregelung hat die beiden Eigenwerte $\lambda_{R1} = -q_0$, $\lambda_{R2} = -a$, wie es der Ordnung $n=2$ entspricht, und die aufgrund ihrer Invarianzeigenschaft (Abschnitt 8.5) unverändert gebliebene Nullstelle $\eta = -a$. Von den Eigenwerten kann λ_{R1} mittels q_0 beliebig vorgegeben werden. Hingegen ist λ_{R2} durch die freien Entwurfsparameter nicht beeinflussbar und wird durch die an gleicher Stelle liegende Nullstelle η kompensiert. Im Endeffekt ergibt sich daher die Übertragungsgleichung

$$Y(s) = \frac{k}{s+q_0} U(s),$$

wie es nach Satz (9.126) ja auch sein muss.

Falls also die Differenzordnung δ der Strecke nicht maximal ist, kann man beim Entwurf einer Entkopplungsregelung nicht alle Eigenwerte der Regelung vorschreiben. Die restlichen $n - \delta$ Eigenwerte werden durch invariante Nullstellen kompensiert, die bei Entkoppelbarkeit der Strecke in genau gleicher Anzahl vorhanden sind ([9.11], [9.29]). Nun ist aber zu bedenken, dass diese Kompensation im Realfall nie exakt sein wird. Sofern die invarianten Nullstellen links von der j-Achse der komplexen Ebene liegen, spielt dies keine Rolle, da die durch ein solches sich nicht exakt kompensierendes Paar „Eigenwert – Nullstelle" hervorgerufenen Zeitvorgänge nicht merklich in Erscheinung treten (siehe die entsprechende Betrachtung für ein solches Paar „Pol – Nullstelle" in Abschnitt 5.6). Anders jedoch, wenn eine der invarianten Nullstellen auf oder rechts der j-Achse liegt: Dann zieht sie einen instabilen Regelungseigenwert nach sich. Die Strecke ist in einem solchen Fall zwar entkoppelbar, aber nicht zugleich stabilisierbar. Im obigen Beispiel liegt diese Situation für $a < 0$ vor.

Als Ergebnis darf man festhalten: Hat eine entkoppelbare Strecke nichtmaximale Differenzordnung, ist also $\delta < n$, so kann man das Entkopplungsverfahren in der beschriebenen Weise anwenden, sofern alle invarianten Nullstellen der Strecke einen negativen Realteil aufweisen und somit die dadurch festgelegten, nicht gezielt verschiebbaren Eigenwerte der Entkopplungsregelung alle links der j-Achse liegen.[8]

8 Die interessante Frage, was zu tun ist, wenn eine Strecke nicht entkoppelbar bzw. nicht stabil entkoppelbar ist, wurde durch die Untersuchungen von *B. Lohmann* vollständig geklärt [9.29].

9.6 Zustandsbeobachter

9.6.1 Struktur des Luenberger-Beobachters

In den voranstehenden Abschnitten wurden verschiedenartige Methoden beschrieben, um den Regler

$$\underline{u}_R = \underline{R}(\underline{x}_S - \underline{x})$$

zu berechnen. Will man ihn realisieren, ganz gleich, ob dies durch ein Gerät oder durch einen Rechneralgorithmus geschehen soll, so muss ihm neben dem in der Vorsteuerung gebildeten Sollvektor $\underline{x}_S(t)$ der gesamte Zustandsvektor $\underline{x}(t)$ der Strecke zugeführt werden. Von Einzelfällen abgesehen sind aber nicht alle Zustandsvariablen der Strecke messbar bzw. nicht mit vertretbarem Aufwand messbar. Daher erhebt sich die Frage: Wie kann man aus den messtechnisch erfassten Größen der Strecke, kurz als *Messgrößen* bezeichnet, den gesamten Zustandsvektor zumindest näherungsweise rekonstruieren?

Von dem amerikanischen Regelungstechniker ***D. G. Luenberger*** wurde ein dynamisches System angegeben, das dies leistet ([9.30], [9.31], [9.32]). Es wird nach seinem Erfinder *Luenberger-Beobachter* oder auch schlichtweg *Zustandsbeobachter* bzw. einfach nur *Beobachter* genannt.

Wenn wir nunmehr Struktur und Gleichung dieses Systems entwickeln, wollen wir *davon ausgehen, dass die Ausgangs- oder Regelgrößen mit den Messgrößen identisch sind* und somit die Strecken-Ausgangsgleichung

$$\underline{y} = \underline{C}\,\underline{x} \tag{9.133}$$

gleichzeitig auch die Messgleichung darstellt. Sollte dies einmal nicht der Fall sein, weil entweder einzelne Regelgrößen nicht durch Messung zur Verfügung stehen oder weil es weitere Streckengrößen gibt, die ohne besonderen Aufwand messbar sind und dann zusätzlich zur Verfügung stehen, so muss zwischen Messvektor und Regelvektor bzw. Messgleichung und Gleichung für die Regelgrößen (Ausgangsgleichung) unterschieden werden. Im Zusammenhang mit dem Beobachter ist stets die Messgleichung zu verwenden!

Ein naheliegender Versuch, den Zustandsvektor $\underline{x}(t)$ der Strecke zu bestimmen, ist in Bild 9-19 angedeutet. Man realisiert das mathematische Modell der Strecke, das ja als bekannt angesehen werden darf, durch eine elektronische Schaltung oder ein Rechnerprogramm. Führt man dann den Steuervektor $\underline{u}(t)$ nicht nur der Strecke, sondern auch dem Streckenmodell zu, so liefert dieses den gewünschten Zustandsvektor $\underline{x}(t)$.

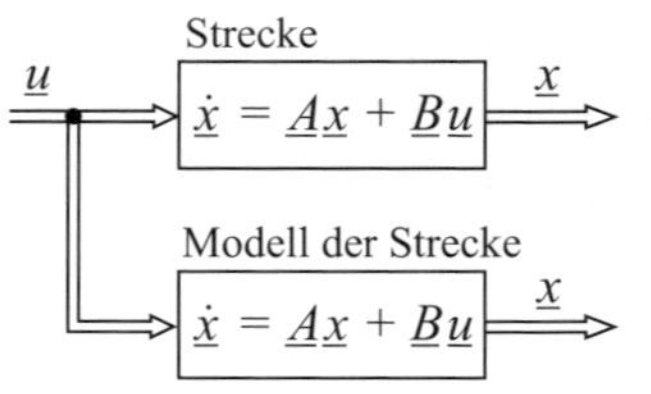

Bild 9-19: Ansatz zur Rekonstruktion des Zustandsvektors $\underline{x}(t)$

Dieser Gedanke übersieht jedoch, dass der Zustandsvektor $\underline{x}(t)$ der Strecke nicht allein durch den Eingangsvektor $\underline{u}(t)$ bestimmt wird, sondern überdies auch vom Anfangszustand $\underline{x}(t_0) = \underline{x}_0$ der Strecke abhängt. Dieser ist aber in aller Regel unbekannt. Daher ist es unmöglich, am Streckenmodell den Anfangszustand $\underline{x}_0$ einzustellen, und infolgedessen wird der Zustand $\hat{\underline{x}}(t)$ des Streckenmodells vom wahren Zustand $\underline{x}(t)$ der Strecke verschieden sein.

Dennoch lässt sich der Grundgedanke retten, und zwar in der folgenden Weise: Man bildet aus dem Modellvektor $\hat{\underline{x}}$ den zugehörigen Ausgangsvektor

$$\hat{\underline{y}} = \underline{C}\,\hat{\underline{x}}\,,$$

vergleicht diesen mit dem Messvektor $\underline{y}$ und führt die so entstehende Differenz $\underline{y} - \hat{\underline{y}}$ über einen noch geeignet zu wählenden Matrixfaktor $\underline{L}$ auf das Modell zurück. Die so entstehende Struktur ist in Bild 9-20 wiedergegeben. Sie bildet in sich eine Rückführung, wobei $\underline{L}$ die Rolle der Rückführmatrix spielt. Man versucht dann, $\underline{L}$ so zu wählen, dass der sog. *Schätzfehler*

$$\underline{\varepsilon}(t) = \underline{x}(t) - \hat{\underline{x}}(t)$$

für $t \to +\infty$ gegen Null strebt. Dann ist praktisch nach einiger Zeit $\hat{\underline{x}}(t) = \underline{x}(t)$ und das Gesamtsystem in Bild

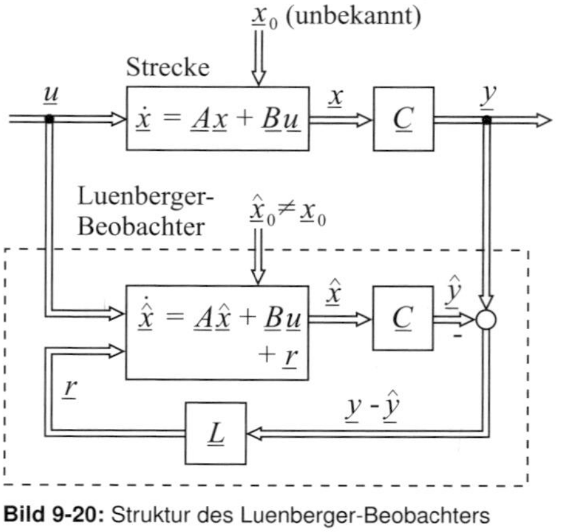

Bild 9-20: Struktur des Luenberger-Beobachters

9-20 heißt *Luenberger-Beobachter* oder einfach Zustandsbeobachter bzw. Beobachter. Der Vektor $\underline{\hat{x}}(t)$ wird als *Schätzwert* des Zustandsvektors $\underline{x}(t)$ bezeichnet – kein sehr glücklich gewählter Name, da man bei „schätzen" an die Verwendung stochastischer Methoden denkt, wovon hier keine Rede ist.

Die Gleichungen des Beobachters kann man sofort aus Bild 9-20 ablesen:

$$\dot{\underline{\hat{x}}} = \underline{A}\,\underline{\hat{x}} + \underline{B}\,\underline{u} + \underline{r},$$
$$\underline{r} = \underline{L}(\underline{y} - \underline{\hat{y}}),$$
$$\underline{\hat{y}} = \underline{C}\,\underline{\hat{x}}$$

oder zusammengefasst:

$$\dot{\underline{\hat{x}}} = (\underline{A} - \underline{L}\,\underline{C})\underline{\hat{x}} + \underline{B}\,\underline{u} + \underline{L}\,\underline{y}. \qquad (9.134)$$

Wie hat man nun die (n,q)-Matrix $\underline{L}$ zu wählen, damit der Schätzfehler $\underline{\varepsilon} \to \underline{0}$ strebt, und zwar für beliebige Anfangszustände $\underline{x}_0$, $\underline{\hat{x}}_0$? Um dies zu sehen, bildet man eine Differentialgleichung für den Schätzfehler:

$$\dot{\underline{\varepsilon}} = \dot{\underline{x}} - \dot{\underline{\hat{x}}} = \underline{A}\,\underline{x} + \underline{B}\,\underline{u} - (\underline{A}\,\underline{\hat{x}} - \underline{L}\,\underline{C}\,\underline{\hat{x}} + \underline{B}\,\underline{u} + \underline{L}\,\underline{y}),$$

woraus wegen $\underline{y} = \underline{C}\,\underline{x}$ folgt:

$$\dot{\underline{\varepsilon}} = \underline{A}\,\underline{x} - \underline{A}\,\underline{\hat{x}} - \underline{L}\,\underline{C}(\underline{x} - \underline{\hat{x}}),$$

also

$$\dot{\underline{\varepsilon}} = (\underline{A} - \underline{L}\,\underline{C})\underline{\varepsilon}. \qquad (9.135)$$

Gemäß Abschnitt 8.4 strebt $\underline{\varepsilon}(t)$ aus einem beliebigen Anfangszustand $\underline{\varepsilon}(t_0)$, also für beliebige Werte von $\underline{x}(t_0)$ und $\underline{\hat{x}}(t_0)$, gegen Null, wenn die Eigenwerte $\lambda_{B1}, \ldots, \lambda_{Bn}$ der Dynamikmatrix

$$\underline{F} = \underline{A} - \underline{L}\,\underline{C}$$

des Beobachters links der j-Achse liegen. $\underline{L}$ ist so zu wählen, dass dies der Fall ist.

Fassen wir zusammen:

Als Luenberger-Beobachter des Systems

$$\dot{\underline{x}} = \underline{A}\,\underline{x} + \underline{B}\,\underline{u}, \quad \underline{y} = \underline{C}\,\underline{x}$$

bezeichnet man ein dynamisches System mit der Zustandsdifferentialgleichung (9.136)

$$\dot{\underline{\hat{x}}} = (\underline{A} - \underline{L}\,\underline{C})\underline{\hat{x}} + \underline{B}\,\underline{u} + \underline{L}\,\underline{y},$$

wobei $\underline{L}$ so gewählt ist, dass der Schätzfehler

$$\underline{\varepsilon}(t) = \underline{x}(t) - \underline{\hat{x}}(t) \to \underline{0}$$

strebt für $t \to +\infty$, und zwar für beliebige Anfangszustände $\underline{x}_0$, $\underline{\hat{x}}_0$. Dies ist genau dann der Fall, wenn die Eigenwerte der Matrix $\underline{F} = \underline{A} - \underline{L}\,\underline{C}$ links der j-Achse liegen.

9.6.2 Bestimmung der Beobachterparameter

Es ist möglich, den Beobachterentwurf auf den Entwurf eines Zustandsreglers zurückzuführen, indem man die Dynamikmatrix des Beobachters bzw. der Fehlerdifferentialgleichung (9.135) transponiert und dann als Dynamikmatrix einer fiktiven Zustandsregelung interpretiert.

Zuvor sei festgestellt, dass zwei quadratische Matrizen, die durch Transposition auseinander hervorgehen, die gleichen Eigenwerte haben. Ist nämlich $\underline{M}$ eine beliebige quadratische Matrix, dann gilt

$$\det(s\,\underline{I} - \underline{M}^T) = \det(s\,\underline{I} - \underline{M})^T = \det(s\,\underline{I} - \underline{M}).$$

Letzteres deshalb, weil sich der Wert einer Determinante bei Transposition nicht ändert.

Da die Matrizen $\underline{M}$ und $\underline{M}^T$ die gleichen Eigenwerte haben, besitzen die zugehörigen homogenen Zustandsdifferentialgleichungen das gleiche Stabilitätsverhalten und darüber hinaus ähnliches Zeitverhalten, da z. B. das Auftreten von Oszillationen und die Schnelligkeit der Zeitvorgänge durch die Eigenwerte bestimmt werden.

Gehen wir daher von der Dynamikmatrix der Fehlerdifferentialgleichung (9.135) zu ihrer Transponierten über, so erhalten wir eine fiktive Fehlerdifferentialgleichung

$$\dot{\underline{x}}_f = (\underline{A}^T - \underline{C}^T\underline{L}^T)\underline{x}_f, \qquad (9.137)$$

die das gleiche Stabilitätsverhalten und die gleiche Grobdynamik besitzt wie die ursprüngliche Fehlerdifferentialgleichung. Die neue Differentialgleichung aber lässt sich sofort als Beschreibung einer Zustandsregelung deuten, wie Bild 9-21 zeigt.

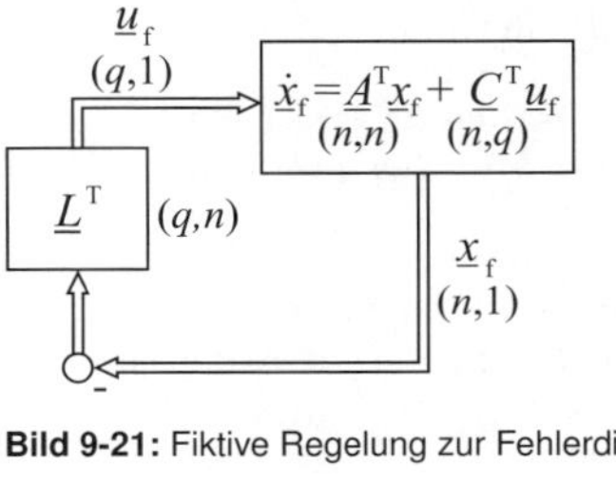

Bild 9-21: Fiktive Regelung zur Fehlerdifferentialgleichung

In der Tat liest man aus diesem Bild ab:

$$\underline{\dot{x}}_f = \underline{A}^T \underline{x}_f + \underline{C}^T \underline{u}_f\,, \quad \underline{u}_f = -\underline{L}^T \underline{x}_f\,, \tag{9.138}$$

woraus die Beziehung (9.137) folgt. Wie man sieht, hat die *Zustandsrückführung in Bild 9-21 genau die Struktur der Regelung in Bild 9-7, nur mit*

$$\left.\begin{array}{lll} \underline{A}^T & \text{anstelle von} & \underline{A}\,, \\ \underline{C}^T & \text{anstelle von} & \underline{B}\,, \\ \underline{L}^T & \text{anstelle von} & \underline{R}\,. \end{array}\right\} \tag{9.139}$$

Nimmt man in den Formeln für den Polvorgabe- und den Riccati-Regler diese Ersetzungen vor, so erhält man eine gewünschte Beobachtermatrix $\underline{L}$.

Zuerst ist zu fragen, wann der Beobachterentwurf durch Eigenwertvorgabe durchgeführt werden kann: Nach dem eben formulierten Prinzip genau dann, wenn die fiktive Regelung in Bild 9-21 mittels Polvorgabe entworfen werden kann. Gemäß Unterabschnitt 9.3.1 ist dies genau dann möglich, wenn die Strecke

$$\underline{\dot{x}}_f = \underline{A}^T \underline{x}_f + \underline{C}^T \underline{u}_f$$

steuerbar ist, also deren Steuerbarkeitsmatrix

$$\left[\underline{C}^T, \underline{A}^T \underline{C}^T, \ldots, (\underline{A}^T)^{n-1} \underline{C}^T\right]$$

Höchstrang hat. Da Transposition einer Matrix deren Rang nicht ändert, ist dies gleichbedeutend damit, dass die Matrix

$$Q_B = \begin{bmatrix} \underline{C} \\ \underline{C}\,\underline{A} \\ \vdots \\ \underline{C}\,\underline{A}^{n-1} \end{bmatrix}$$

Höchstrang besitzt. Da Q_B die Beobachtbarkeitsmatrix der ursprünglichen Strecke

$$\underline{\dot{x}} = \underline{A}\,\underline{x} + \underline{B}\,\underline{u}\,, \quad \underline{y} = \underline{C}\,\underline{x}$$

darstellt, hat man so das Resultat:

Der Beobachterentwurf mittels Eigenwertvorgabe ist genau dann durchführbar, wenn die Strecke beobachtbar ist. (9.140)

Als nächstes muss man sich fragen, wohin die Eigenwerte $\lambda_{B1}, \ldots, \lambda_{Bn}$ des Beobachters, d. h. der Matrix

$$\underline{A} - \underline{L}\,\underline{C} \quad \text{bzw.} \quad \underline{A}^T - \underline{C}^T \underline{L}^T\,,$$

gelegt werden sollen. Hier ist nun zu unterscheiden, ob der Beobachter lediglich parallel zur Strecke geschaltet ist, um deren Zustandsgrößen näherungsweise zu rekonstruieren, oder ob er im geschlossenen Regelkreis arbeiten soll. Wir haben zwar das letztgenannte Ziel anvisiert, doch kann auch die erstgenannte Absicht durchaus sinnvoll sein, nämlich dann, wenn man zeitveränderliche Größen eines Systems erfassen will, an die man durch direkte Messung nicht herankommt. Mittels des Beobachters lassen sie sich aus Eingangs- und Messgrößen des Systems ermitteln. Hier wird der *Beobachter zu Messzwecken* eingesetzt. Damit er nach einer Anfangsstörung möglichst bald den wahren Wert erfasst, muss seine Dynamik schneller sein als die der Strecke. Daher wird man *in diesem Fall die Beobachtereigenwerte $\lambda_{B1}, \ldots, \lambda_{Bn}$ links von den Eigenwerten $\lambda_1, \ldots, \lambda_n$ der Strecke* platzieren.

Anders liegen die Dinge, wenn der Beobachter im Regelkreis eingesetzt werden soll, um mit den Schätzwerten der Zustandsvariablen den Regler zu bedienen. Dann wird man die Beobachtereigenwerte $\lambda_{B1}, \ldots, \lambda_{Bn}$ links von den Eigenwerten $\lambda_{R1}, \ldots, \lambda_{Rn}$ des Regelkreises ohne Beobachter platzieren, zumindest links von dessen dominanten Eigenwerten, da es nun darauf ankommt, das Verhalten des geschlossenen Kreises möglichst schnell zu erfassen [9].

Allzuweit links darf man die Eigenwerte des Beobachters indessen nicht legen, da dies darauf hinausläuft, dass seine Zeitkonstanten sehr klein werden und der Beobachter in ein differenzierendes System übergeht.[10]

Um die Eigenwertvorgabe im Einzelnen durchzuführen, hat man wieder die Fälle des Ein- und des Mehrgrößensystems zu unterscheiden, wobei dies bei der *Polvorgabe* die Feststellung bedeutet, dass die Dimension des Eingangsvektors $\underline{u}$ der Strecke $= 1$ oder > 1 ist. Bei der Regelung in Bild 9-21 ist $\underline{u}_f$ dieser Eingangsvektor. Da er q-dimensional ist, hat man ein

- *Eingrößensystem, falls $q = 1$, also nur eine Messgröße vorliegt,*
- *Mehrgrößensystem, falls $q > 1$, also mehrere Messgrößen vorhanden sind.*

---

9 Legt man die Beobachtereigenwerte anders, so kann dies gegebenenfalls zweckmäßig sein; der „Beobachter“ beobachtet dann aber nicht mehr, sondern arbeitet im Zusammenwirken mit der Zustandsrückführung als *allgemeiner* dynamischer Regler. (Zur Darstellung einer Zustandsrückführung mit Beobachter als dynamischer Regler siehe etwa [9.33, 9.34].)

10 Eine eingehende Untersuchung dieser Zusammenhänge findet man in einer Arbeit von ***W. Schmid*** und ***M. Zeitz*** [9.35].

Wenn wir uns zunächst den Eingrößensystemen zuwenden, so gilt es, die *Ackermann-Formel für Beobachter* auszudrücken. Mit der Übersetzungsvorschrift (9.139) wird aus (9.47)

$$\underline{\ell}^T = f_0\,\underline{t}_1^T + f_1\,\underline{t}_1^T\underline{A}^T + \ldots + f_{n-1}\,\underline{t}_1^T(\underline{A}^T)^{n-1} + \\ + \underline{t}_1^T(\underline{A}^T)^n\,. \qquad (9.141)$$

Dabei ist

$$f(s) = f_0 + f_1 s + \ldots + f_{n-1}s^{n-1} + s^n = \prod_{\nu=1}^{n}(s - \lambda_{B\nu})$$

das vorgegebene charakteristische Polynom des Beobachters. Da wegen $\underline{C} = \underline{c}^T$ beim Eingrößensystem $\underline{C}^T = \underline{c}$ ist, erhält man $\underline{t}_1^T$ aus dem Gleichungssystem

$$\begin{aligned} \underline{t}_1^T\underline{c} &= 0\,, \\ \underline{t}_1^T\underline{A}^T\underline{c} &= 0\,, \\ &\vdots \\ \underline{t}_1^T(\underline{A}^T)^{n-2}\underline{c} &= 0\,, \\ \underline{t}_1^T(\underline{A}^T)^{n-1}\underline{c} &= 1\,. \end{aligned}$$

Durch Transposition folgt daraus

$$\begin{aligned} \underline{c}^T\underline{t}_1 &= 0\,, \\ \underline{c}^T\underline{A}\,\underline{t}_1 &= 0\,, \\ &\vdots \\ \underline{c}^T\underline{A}^{n-2}\underline{t}_1 &= 0\,, \\ \underline{c}^T\underline{A}^{n-1}\underline{t}_1 &= 1\,. \end{aligned}$$

Da nach Voraussetzung die Beobachtbarkeitsmatrix

$$\underline{Q}_B = \begin{bmatrix} \underline{c}^T \\ \underline{c}^T\underline{A} \\ \vdots \\ \underline{c}^T\underline{A}^{n-1} \end{bmatrix}$$

regulär ist, ist dieses Gleichungssystem

$$\underline{Q}_B\,\underline{t}_1 = \begin{bmatrix} 0 \\ \vdots \\ 0 \\ 1 \end{bmatrix}$$

eindeutig nach $\underline{t}_1$ auflösbar. Es folgt

$$\underline{t}_1 = \underline{Q}_B^{-1}\begin{bmatrix} 0 \\ \vdots \\ 0 \\ 1 \end{bmatrix},$$

so dass also $\underline{t}_1$ *die letzte Spalte der inversen Beobachtbarkeitsmatrix ist.*

Zusammenfassend hat man das Ergebnis:

Ist das dynamische System

$$\dot{\underline{x}} = \underline{A}\,\underline{x} + \underline{B}\,\underline{u}\,, \quad y = \underline{c}^T\underline{x}$$

beobachtbar, so besitzt es den Luenberger-Beobachter

$$\dot{\hat{\underline{x}}} = (\underline{A} - \underline{\ell}\,\underline{c}^T)\hat{\underline{x}} + \underline{B}\,\underline{u} + \underline{\ell}\,y$$

mit

$$\underline{\ell} = f_0\,\underline{t}_1 + f_1\,\underline{A}\,\underline{t}_1 + \ldots + f_{n-1}\underline{A}^{n-1}\underline{t}_1 + \\ + \underline{A}^n\,\underline{t}_1 = f(\underline{A})\,\underline{t}_1\,. \qquad (9.142)$$

Dabei ist

$$f(s) = f_0 + f_1 s + \ldots + f_{n-1}s^{n-1} + s^n = \\ = \prod_{\nu=1}^{n}(s - \lambda_{B\nu})$$

das charakteristische Polynom des Beobachters mit den vorgegebenen Eigenwerten $\lambda_{B1}, \ldots, \lambda_{Bn}$*, während* $\underline{t}_1$ *aus den Gleichungen*

$$\underline{c}^T\underline{t}_1 = 0\,, \ldots,\ \underline{c}^T\underline{A}^{n-2}\underline{t}_1 = 0\,,\ \underline{c}^T\underline{A}^{n-1}\underline{t}_1 = 1$$

bestimmt wird.

Will man den *Beobachter im Mehrgrößenfall durch Eigenwertvorgabe* entwerfen, so kann man ganz entsprechend wie im Fall der Ackermann-Formel die Reglerformel (9.60) der Vollständigen Modalen Synthese mittels der Übersetzungsvorschrift (9.139) in die Beobachtermatrix $\underline{L}$ umsetzen. Dazu hat man weiterhin die Regelungseigenwerte λ_{Ri} und die Parametervektoren $\underline{p}_i$ durch die vorgegebenen Eigenwerte λ_{Bi} des Beobachters und zugehörige Parametervektoren $\underline{q}_i$ zu ersetzen. Damit folgt aus (9.60), wenn man noch beachtet, dass die Anzahl q der Messgrößen an die Stelle der Anzahl p der Steuergrößen tritt:

$$\underline{L}^T = \left[\underline{q}_1, \ldots, \underline{q}_n\right]\left[\left(\underline{A}^T - \lambda_{B1}\,\underline{I}\right)^{-1}\underline{C}^T\underline{q}_1, \ldots, \\ \left(\underline{A}^T - \lambda_{Bn}\,\underline{I}\right)^{-1}\underline{C}^T\underline{q}_n\right]^{-1}.$$

Berücksichtigt man, dass Transposition und Inversion vertauschbar sind, so folgt daraus für den Mehrgrößenbeobachter

$$\underline{L} = \begin{bmatrix} \underline{q}_1^T \underline{C} (\underline{A} - \lambda_{B1} \underline{I})^{-1} \\ \vdots \\ \underline{q}_n^T \underline{C} (\underline{A} - \lambda_{Bn} \underline{I})^{-1} \end{bmatrix}^{-1} \begin{bmatrix} \underline{q}_1^T \\ \vdots \\ \underline{q}_n^T \end{bmatrix}, \tag{9.143}$$

wobei jetzt also $\underline{q}_1^T, \dots, \underline{q}_n^T$ die den Beobachtereigenwerten $\lambda_{B1}, \dots, \lambda_{Bn}$ zugeordneten q-dimensionalen *Linksparametervektoren* sind [9.36].

Auf eine andere, formal sehr einfache Vorgehensweise zum *Beobachterentwurf auf der Basis des Riccati-Reglers* kommen wir im Unterabschnitt 9.6.4 zurück.

9.6.3 Beobachter reduzierter Ordnung (reduzierter Beobachter)

Ist $\underline{y} = \underline{C}\,\underline{x}$ die Messgleichung eines dynamischen Systems, so darf man annehmen, dass die (q, n)-Matrix $\underline{C}$ den Höchstrang $q\ (\leq n)$ hat, denn andernfalls wäre mindestens eine der Messgrößen überflüssig (Abschnitt 9.1). Es gibt daher in $\underline{C}$ q linear unabhängige Spalten. Man kann die Spaltennummerierung so wählen, dass es die ersten q sind. Dann kann man für die Messgleichung schreiben:

$$\underline{y} = \begin{bmatrix} \underline{C}_{qq} & \underline{C}_{q,n-q} \end{bmatrix} \begin{bmatrix} \underline{x}_q \\ \underline{x}_{n-q} \end{bmatrix}$$

oder

$$\underline{y} = \underline{C}_{qq}\,\underline{x}_q + \underline{C}_{q,n-q}\,\underline{x}_{n-q} \tag{9.144}$$

mit *regulärem* $\underline{C}_{qq}$, wobei $\underline{x}_q$ die ersten q Elemente von $\underline{x}$ umfasst. Aus (9.144) folgt

$$\underline{x}_q = \underline{C}_{qq}^{-1}\left(\underline{y} - \underline{C}_{q,n-q}\,\underline{x}_{n-q}\right). \tag{9.145}$$

Kennt man also die $n-q$ Elemente von $\underline{x}_{n-q}$, so sind die Elemente von $\underline{x}_q$ bekannt, da ja $\underline{y}$ gemessen wird. Das heißt also: *Hat man q Messgrößen, so braucht man nur noch n − q Zustandsgrößen durch den Beobachter zu rekonstruieren.* Die restlichen Zustandsvariablen sind mit ihnen bekannt.

Wir haben somit bisher des Guten zuviel getan, indem wir *alle n* Zustandsgrößen geschätzt haben. Dadurch erhalten wir einen Beobachter n-ter Ordnung. Begnügt man sich damit, nur noch das zu schätzen, was unbedingt notwendig ist, also nur $n-q$ Zustandsgrößen, so wird man erwarten dürfen, mit einem Beobachter $(n-q)$-ter Ordnung auszukommen. Diesen *Beobachter reduzierter Ordnung* wollen wir auch kurz *reduzierten Beobachter* nennen und den bisher untersuchten Beobachter n-ter Ordnung demgegenüber als *vollständigen Beobachter* bezeichnen.

Um den reduzierten Beobachter möglichst einfach zu konstruieren, denken wir uns die *Messgrößen von vornherein als Zustandsgrößen eingeführt.* Dann ist

$$\underline{x} = \begin{bmatrix} \underline{r} \\ \underline{y} \end{bmatrix},$$

wobei $\underline{r}$ den Vektor der restlichen, nicht messbaren Zustandsvariablen bezeichnet, der durch den Beobachter rekonstruiert werden muss[11]. Man könnte $\underline{y}$ auch an die Spitze von $\underline{x}$ stellen, doch ist die getroffene Wahl für manche Zwecke günstiger. So werden die Rechnungen einfacher, wenn die Strecke in Beobachtungsnormalform vorliegt. Aus

$$\dot{\underline{x}} = \underline{A}\,\underline{x} + \underline{B}\,\underline{u}$$

folgt dann

$$\begin{bmatrix} \underline{r} \\ \underline{y} \end{bmatrix}^{\cdot} = \begin{bmatrix} \underline{A}_{11} & \underline{A}_{12} \\ \underline{A}_{21} & \underline{A}_{22} \end{bmatrix} \begin{bmatrix} \underline{r} \\ \underline{y} \end{bmatrix} + \begin{bmatrix} \underline{B}_1 \\ \underline{B}_2 \end{bmatrix} \underline{u}$$

oder

$$\dot{\underline{r}} = \underline{A}_{11}\,\underline{r} + \underline{A}_{12}\,\underline{y} + \underline{B}_1\,\underline{u}, \tag{9.146}$$

$$\dot{\underline{y}} = \underline{A}_{21}\,\underline{r} + \underline{A}_{22}\,\underline{y} + \underline{B}_2\,\underline{u}. \tag{9.147}$$

Wir schreiben diese Gleichungen etwas anders:

$$\dot{\underline{r}} = \underline{A}_{11}\,\underline{r} + \left(\underline{A}_{12}\,\underline{y} + \underline{B}_1\,\underline{u}\right), \tag{9.148}$$

$$\dot{\underline{y}} - \underline{A}_{22}\,\underline{y} - \underline{B}_2\,\underline{u} = \underline{A}_{21}\,\underline{r}. \tag{9.149}$$

Bedenkt man, dass $\underline{r}$ der gesuchte Zustandsvektor und

$$\dot{\underline{y}} - \underline{A}_{22}\,\underline{y} - \underline{B}_2\,\underline{u}$$

ein bekannter Vektor sind, so entsprechen die Gleichungen (9.148) und (9.149) der üblichen Zustandsdarstellung

$$\dot{\underline{x}} = \underline{A}\,\underline{x} + \underline{B}\,\underline{u}, \tag{9.150}$$

$$\underline{y} = \underline{C}\,\underline{x}, \tag{9.151}$$

wenn man in dieser folgende Ersetzungen vornimmt:

11 Hat der Zustandsvektor $\underline{x}^*$ des gegebenen Systems nicht die angenommene Gestalt, so kann diese durch die Zustandstransformation $\underline{x} = \begin{bmatrix} \underline{T} \\ \underline{C} \end{bmatrix} \underline{x}^*$ mit $\underline{T}$ so, dass $\det \begin{bmatrix} \underline{T} \\ \underline{C} \end{bmatrix} \neq 0$ gilt, stets erreicht werden, siehe etwa [9.37], Abschnitt 2.2. Dort findet sich in Abschnitt 1.7 auch eine allgemeine Darstellung des reduzierten Beobachters ohne Annahme einer speziellen Gestalt für $\underline{x}$.

$\underline{x}$ durch $\underline{r}$,
$\underline{A}$ durch $\underline{A}_{11}$,
$\underline{B}\,\underline{u}$ durch $\underline{A}_{12}\,\underline{y} + \underline{B}_1\,\underline{u}$,
$\underline{y}$ durch $\dot{\underline{y}} - \underline{A}_{22}\,\underline{y} - \underline{B}_2\,\underline{u}$,
$\underline{C}$ durch $\underline{A}_{21}$.

Nimmt man daher diese Ersetzungen in der zum System (9.150), (9.151) gehörenden Beobachtergleichung

$$\dot{\hat{\underline{x}}} = (\underline{A} - \underline{L}\,\underline{C})\,\hat{\underline{x}} + \underline{B}\,\underline{u} + \underline{L}\,\underline{y} \tag{9.152}$$

vor, so bekommt man den Beobachter zum System (9.148), (9.149). Da dieser den Zustandsvektor $\underline{r}$ schätzt, ist er der Beobachter reduzierter Ordnung zum ursprünglichen System. Nehmen wir in (9.152) die obigen Ersetzungen vor, so ergibt sich für ihn

$$\begin{aligned}\dot{\hat{\underline{r}}} = {} & (\underline{A}_{11} - \underline{L}\,\underline{A}_{21})\,\hat{\underline{r}} + (\underline{A}_{12}\,\underline{y} + \underline{B}_1\,\underline{u}) + \\ & + \underline{L}\,(\dot{\underline{y}} - \underline{A}_{22}\,\underline{y} - \underline{B}_2\,\underline{u}) \,.\end{aligned} \tag{9.153}$$

Diese Darstellung leidet aber noch an der Schwäche, dass der Messvektor $\underline{y}$ differenziert werden muss. Um sie zu beseitigen, führen wir anstelle von $\hat{\underline{r}}$ den neuen Zustandsvektor

$$\underline{\varrho} = \hat{\underline{r}} - \underline{L}\,\underline{y} \tag{9.154}$$

ein. Damit wird aus (9.153)

$$\begin{aligned}\dot{\underline{\varrho}} = {} & (\underline{A}_{11} - \underline{L}\,\underline{A}_{21})\,\underline{\varrho} + (\underline{B}_1 - \underline{L}\,\underline{B}_2)\,\underline{u} + \\ & + \Big((\underline{A}_{11} - \underline{L}\,\underline{A}_{21})\,\underline{L} + \underline{A}_{12} - \underline{L}\,\underline{A}_{22}\Big)\,\underline{y} \,,\end{aligned} \tag{9.155}$$

$$\hat{\underline{r}} = \underline{\varrho} + \underline{L}\,\underline{y} \,. \tag{9.156}$$

Dies sind die *Zustandsgleichungen des Beobachters reduzierter Ordnung (reduzierten Beobachters). Die $(n-q,q)$-Matrix $\underline{L}$ ist so zu wählen, dass die $n-q$ Eigenwerte der Matrix $\underline{A}_{11} - \underline{L}\,\underline{A}_{21}$ gewünschte Positionen in der s-Ebene einnehmen.*

Wie z. B. in [9.37], Abschnitt 2.4.2 gezeigt ist, folgt aus der Beobachtbarkeit des gegebenen Systems mit der Dynamikmatrix $\underline{A}$ und der Ausgangsmatrix $\underline{C}$ auch die Beobachtbarkeit des reduzierten Systems (9.148), (9.149) mit der Dynamikmatrix $\underline{A}_{11}$ und der Ausgangsmatrix $\underline{A}_{21}$. Ist also das gegebene System beobachtbar, so ist der Beobachterentwurf mittels Eigenwertvorgabe sowohl für den vollständigen als auch für den reduzierten Fall möglich, d. h. Satz (9.140) gilt auch hier.

Umfasst der Messvektor $\underline{y}$ die ersten Elemente von $\underline{x}$, ist also

$$\underline{x} = \begin{bmatrix} \underline{y} \\ \underline{r} \end{bmatrix},$$

so erhält man ganz entsprechend wie oben als *Gleichungen des reduzierten Beobachters:*

$$\begin{aligned}\dot{\underline{\varrho}} = {} & (\underline{A}_{22} - \underline{L}\,\underline{A}_{12})\,\underline{\varrho} + (\underline{B}_2 - \underline{L}\,\underline{B}_1)\,\underline{u} + \\ & + \Big((\underline{A}_{22} - \underline{L}\,\underline{A}_{12})\,\underline{L} + \underline{A}_{21} - \underline{L}\,\underline{A}_{11}\Big)\,\underline{y} \,,\end{aligned} \tag{9.157}$$

$$\hat{\underline{r}} = \underline{\varrho} + \underline{L}\,\underline{y} \,. \tag{9.158}$$

Wir wollen sie auf das *Beispiel der Verladebrücke* (Abschnitt 7.3) anwenden. Von deren Zustandsvariablen seien die Katzposition x_1 und die Katzgeschwindigkeit x_2 messbar. Demgemäß gilt hier

$$y_1 = x_1 \,, \quad y_2 = x_2 \,.$$

Nach (7.43) und (7.45) kann man deshalb die Zustandsdifferentialgleichung der Verladebrücke in der folgenden Form schreiben:

$$\begin{bmatrix} y_1 \\ y_2 \\ \cdots \\ r_1 \\ r_2 \end{bmatrix}^{\cdot} = \left[\begin{array}{cc:cc} 0 & 1 & 0 & 0 \\ 0 & 0 & a_{23} & 0 \\ \hdashline 0 & 0 & 0 & 1 \\ 0 & 0 & -a_{43} & 0 \end{array}\right] \begin{bmatrix} y_1 \\ y_2 \\ \cdots \\ r_1 \\ r_2 \end{bmatrix} + \begin{bmatrix} 0 \\ b_2 \\ \cdots \\ 0 \\ -b_4 \end{bmatrix} u \,.$$

Daher sind

$$\underline{A}_{11} = \begin{bmatrix} 0 & 1 \\ 0 & 0 \end{bmatrix}, \quad \underline{A}_{12} = \begin{bmatrix} 0 & 0 \\ a_{23} & 0 \end{bmatrix}, \quad \underline{B}_1 = \begin{bmatrix} 0 \\ b_2 \end{bmatrix},$$

$$\underline{A}_{21} = \begin{bmatrix} 0 & 0 \\ 0 & 0 \end{bmatrix}, \quad \underline{A}_{22} = \begin{bmatrix} 0 & 1 \\ -a_{43} & 0 \end{bmatrix}, \quad \underline{B}_2 = \begin{bmatrix} 0 \\ -b_4 \end{bmatrix}.$$

Wegen

$$\underline{L} = \begin{bmatrix} \ell_{11} & \ell_{12} \\ \ell_{21} & \ell_{22} \end{bmatrix}$$

ist die Dynamikmatrix des reduzierten Beobachters

$$\underline{A}_{22} - \underline{L}\,\underline{A}_{12} = \begin{bmatrix} -\ell_{12}\,a_{23} & 1 \\ -a_{43} - \ell_{22}\,a_{23} & 0 \end{bmatrix},$$

also sein charakteristisches Polynom

$$s^2 + \ell_{12}\,a_{23}\,s + a_{43} + \ell_{22}\,a_{23} \,.$$

Soll dieses gleich dem vorgegebenen Polynom

$$s^2 + f_1 s + f_0 = (s - \lambda_{B1})(s - \lambda_{B2})$$

sein, so muss gelten:

$$\ell_{12}\,a_{23} = f_1 \,, \quad a_{43} + \ell_{22}\,a_{23} = f_0 \,,$$

woraus

$$\ell_{12} = \frac{f_1}{a_{23}}, \quad \ell_{22} = \frac{f_0 - a_{43}}{a_{23}}$$

folgt. Wie man sieht, sind die Elemente ℓ_{11} und ℓ_{21} völlig frei. Hierin kommt zum Ausdruck, dass bei einem System mit mehreren Messgrößen über die Vorgabe der Eigenwerte hinaus noch weitere Entwurfsfreiheiten bei der Festlegung der Beobachterrückführmatrix bestehen.

Wählt man einfachheitshalber

$$\ell_{11} = 0, \quad \ell_{21} = 0,$$

so ist $\underline{L}$ bekannt. Damit erhält man gemäß (9.157) und (9.158) die *Zustandsgleichungen für den reduzierten Beobachter der Verladebrücke:*

$$\dot{\rho}_1 = -f_1\,\rho_1 + \rho_2 - b_2\,\ell_{12}\,u + (\ell_{22} - f_1\,\ell_{12})\,y_2,$$

$$\dot{\rho}_2 = -f_0\,\rho_1 - (b_4 + b_2\,\ell_{22})\,u - f_0\,\ell_{12}\,y_2;$$

$$\hat{x}_3 = \rho_1 + \ell_{12}\,y_2,$$

$$\hat{x}_4 = \rho_2 + \ell_{22}\,y_2.$$

Da wir die Elemente ℓ_{11} und ℓ_{21} Null gesetzt haben, wird als einzige Messgröße die Katzgeschwindigkeit $y_2 = x_2$ benötigt. Zeitverläufe zu diesem Beobachter werden in Unterabschnitt 9.6.5 gebracht, wo er im Regelkreis eingesetzt wird.

Nicht selten liegt eine Situation nach Bild 9-22 vor, dass nämlich in einem System neben der Ausgangsgröße die eine oder andere Zwischengröße gemessen wird, in Bild 9-22 die Zustandsgröße x_3. Dann kann man in verschiedener Weise vorgehen. Man kann im vorliegenden Fall für das Gesamtsystem einen Beobachter 2. Ordnung entwerfen, und zwar in der oben beschriebenen Weise. Man kann aber auch jedes der beiden Teilsysteme für sich betrachten und kennt dann von jedem die Ein- und die Ausgangsgröße. Daher kann man für jedes Teilsystem unabhängig vom anderen einen Beobachter 1. Ordnung konstruieren, gleichfalls in der oben beschriebenen Weise. Beide zusammen beobachten den gesamten Systemzustand.

Vergleicht man den vollständigen Beobachter n-ter Ordnung mit dem reduzierten Beobachter der Ordnung $n - q$, so hat der letztere den Vorzug, dass er als System niedrigerer Ordnung die wahren Werte der Zustandsvariablen schneller erreichen wird. Beim vollständigen Beobachter schätzt man die Werte der Messgrößen mit, die man bereits kennt, was an sich unnötig ist, aber eine Kontrolle ermöglicht, die beim reduzierten Beobachter fehlt.

Die Anfangswerte der im reduzierten Beobachter gelieferten Schätzwerte sind

$$\underline{\hat{r}}(0) = \underline{\rho}(0) + \underline{L}\,\underline{y}(0).$$

Dabei hängt $\underline{L}$ von den Koeffizienten f_ν des charakteristischen Polynoms des Beobachters ab, die leicht hohe Werte annehmen können. Dies kann zu höheren Beträgen der Elemente von $\underline{L}\,\underline{y}(0)$ und damit der $\hat{r}_i(0)$ führen, sofern man $\underline{\rho}(0) = \underline{0}$ wählt. Dies ist für die Theorie zwar ohne Belang, praktisch können aber dadurch Systemgrößen an den Anschlag gehen, wodurch sich der Beobachter nichtlinear verhält und keineswegs mehr so arbeitet, wie nach der linearen Theorie zu erwarten wäre. Um derartige Anfangswerte $\hat{r}_i(0)$ zu vermeiden, kann man durch geeignete Einstellung der frei wählbaren Anfangswerte $\rho_i(0)$ die betragsmäßig zu großen Elemente von $\underline{L}\,\underline{y}(0)$ kompensieren.

9.6.4 Querverbindung zum Kalman-Filter

Es soll jetzt der Zusammenhang zwischen Luenberger-Beobachter und Kalman-Filter hergestellt werden. Dabei werden die Gleichungen des Kalman-Filters lediglich beschrieben; für ihre Herleitung und eingehende Betrachtung sei auf [9.38], [9.39] verwiesen.

Beim Luenberger-Beobachter geht man von der Vorstellung aus, dass der Systemzustand nach einer Anfangsstörung rekonstruiert werden soll. Wenn sich solche Störungen von Zeit zu Zeit wiederholen, wird der Beobachter den neuen Zustand immer wieder erfassen, sofern diese Störungen nicht allzu dicht liegen.

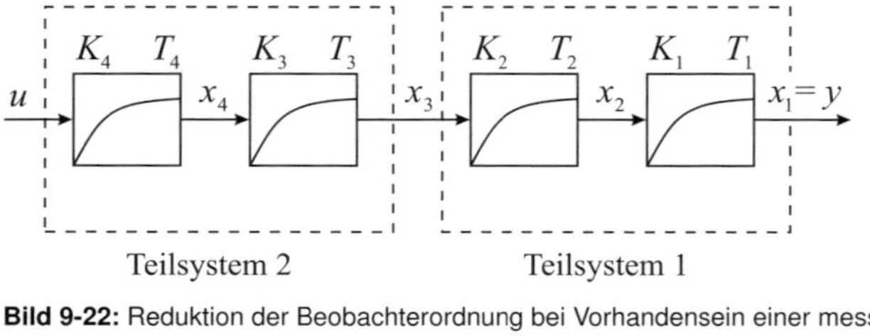

Bild 9-22: Reduktion der Beobachterordnung bei Vorhandensein einer messbaren Zwischengröße

Aber es ist einleuchtend, dass ein asymptotisch arbeitender Beobachter wie der Luenberger-Beobachter nicht mehr gut funktionieren kann, wenn laufende stochastische Störungen in das System eingreifen, die nicht vernachlässigbar sind. Dann geht man zum *Kalman-Filter* bzw. *Kalman-Bucy-Filter* über[12].

Man geht dabei von den Systemgleichungen

$$\underline{\dot{x}} = \underline{A}\,\underline{x} + \underline{B}\,\underline{u} + \underline{n}_x(t) \qquad \text{(Strecke)}, \tag{9.159}$$

$$\underline{y} = \underline{C}\,\underline{x} + \underline{n}_y(t) \qquad \text{(Messgleichung)} \tag{9.160}$$

aus, wobei $\underline{n}_x(t)$ das Systemrauschen und $\underline{n}_y(t)$ das Messrauschen bezeichnet. Wie stets bei uns seien $\underline{A}$, $\underline{B}$, $\underline{C}$ konstant; $\underline{n}_x(t)$ und $\underline{n}_y(t)$ charakterisieren Zufallsprozesse, die als stationär, mittelwertfrei, weiß, Gaußsch und unkorreliert vorausgesetzt seien.[13]

Ist ein Prozess mittelwertbehaftet, so kann man sich durch eine Parallelverschiebung der Zustandskoordinaten hiervon befreien. Ist er farbig, so lässt er sich durch ein geeignetes Formfilter aus weißem Rauschen erzeugen, wobei das Filter dann zum System hinzugenommen wird. Für die Kovarianzmatrizen der mittelwertfreien weißen Rauschprozesse gilt

$$\operatorname{cov}\left\{\underline{n}_x(t_1),\,\underline{n}_x(t_2)\right\} = \mathrm{E}\left\{\underline{n}_x(t_1)\cdot\underline{n}_x^T(t_2)\right\} = \underline{Q}\,\delta(t_1-t_2),$$

$$\operatorname{cov}\left\{\underline{n}_y(t_1),\,\underline{n}_y(t_2)\right\} = \mathrm{E}\left\{\underline{n}_y(t_1)\cdot\underline{n}_y^T(t_2)\right\} = \underline{S}\,\delta(t_1-t_2),$$

wobei $\underline{Q}$ und $\underline{S}$ konstante, symmetrische Matrizen sind.

Die Voraussetzung schließlich, dass es sich um einen Gaußschen Zufallsprozess handelt, kann im konkreten Fall wohl kaum mit Sicherheit nachgewiesen werden. Man nimmt an, dass der konkret vorliegende Zufallsprozess einigermaßen durch einen Gaußprozess approximiert wird.

Um aus dem verrauschten System den Zustandsvektor näherungsweise zu rekonstruieren, benutzt man nun ein Kalman-Filter. Es hat die gleiche Struktur wie der Luenberger-Beobachter (Bild 9-20). Diese lässt sich in ganz entsprechender Weise wie beim Luenberger-Beobachter anhand der Bilder 9-19 und 9-20 verständlich machen. Die *Zustandsdifferentialgleichung des Kalman-Filters* lautet also genau wie beim Luenberger-Beobachter

$$\underline{\dot{\hat{x}}} = \underline{A}\,\underline{\hat{x}} + \underline{B}\,\underline{u} + \underline{L}(\underline{y} - \underline{C}\,\underline{\hat{x}}) \tag{9.161}$$

oder

$$\underline{\dot{\hat{x}}} = (\underline{A} - \underline{L}\,\underline{C})\,\underline{\hat{x}} + \underline{B}\,\underline{u} + \underline{L}\,\underline{y}\,. \tag{9.162}$$

Der Unterschied zwischen Luenberger-Beobachter und Kalman-Filter besteht lediglich in der Bestimmung der Matrix $\underline{L}$. Während diese beim Luenberger-Beobachter mittels Polvorgabe berechnet wird, entspringt sie beim Kalman-Filter aus der Optimierung eines quadratischen Gütemaßes. Dieses muss notwendigerweise stochastischen Charakter haben. Man denkt sich zunächst die *Schätzfehler* gebildet,

$$\varepsilon_i(t) = x_i(t) - \hat{x}_i(t), \quad i = 1, \ldots, n, \tag{9.163}$$

und daraus die Erwartungswerte

$$\mathrm{E}\left\{\varepsilon_i^2\right\}.$$

Sofern die Zufallsprozesse ergodisch sind, darf man sie sich als zeitliche Mittelwerte vorstellen:

$$\mathrm{E}\left\{\varepsilon_i^2\right\} = \lim_{T\to\infty}\frac{1}{2T}\int_{-T}^{T}\varepsilon_i^2(t)\,dt, \quad i = 1, \ldots, n. \tag{9.164}$$

Hieraus bildet man das Gütemaß

$$J = \sum_{i=1}^{n}\mathrm{E}\left\{\varepsilon_i^2\right\}. \tag{9.165}$$

Es hängt von der Matrix $\underline{L}$ ab, da deren Wahl ja die Schätzwerte $\hat{x}_i(t)$ beeinflusst. *$\underline{L}$ ist nun so zu wählen, dass das Gütemaß J minimal wird.*

Als Lösung ergibt sich

$$\underline{L} = \underline{P}\,\underline{C}^T\underline{S}^{-1}, \tag{9.166}$$

wobei die symmetrische Matrix $\underline{P}$ als positiv definite Lösung der Gleichung

$$\underline{P}\,\underline{C}^T\underline{S}^{-1}\underline{C}\,\underline{P} - \underline{A}\,\underline{P} - \underline{P}\,\underline{A}^T - \underline{Q} = \underline{0} \tag{9.167}$$

zu bestimmen ist. Dies ist möglich, wenn das System $\underline{\dot{x}} = \underline{A}\,\underline{x} + \underline{B}\,\underline{u}$, $\underline{y} = \underline{C}\,\underline{x}$ beobachtbar ist sowie die Matrizen $\underline{Q}$ und $\underline{S}$ positiv definit sind.

Was diese Matrizen angeht, so werden sie durch die stochastischen Eigenschaften der Rauschprozesse be-

12 Mit *Kalman-Filter* wird üblicherweise die zeitdiskrete, mit *Kalman-Bucy-Filter* die zeitkontinuierliche Filtervariante bezeichnet. Wir verwenden im Folgenden einfachheitshalber die Bezeichnung Kalman-Filter, verstehen aber darunter stets das zeitkontinuierliche und überdies stationäre Filter, das durch eine konstante Matrix $\underline{L}$ charakterisiert ist.

13 Falls einem Leser die im Folgenden benutzten stochastischen Begriffe nicht geläufig sind, kann er sie überlesen. Für das Wesentliche des Zusammenhangs zwischen Luenberger-Beobachter und Kalman-Filter spielt das keine Rolle.

stimmt. Kennt man deren Kovarianzen, so wählt man $\underline{Q}$ und $\underline{S}$ entsprechend. Ist dies nicht der Fall, so kann man $\underline{Q}$ und $\underline{S}$ als frei vorgebbare Gewichtungsmatrizen ansehen.

Es ist nun eine bemerkenswerte Tatsache, dass man die *Gleichungen* (9.166) und (9.167) *für die Kalman-Filter-Matrix* $\underline{L}$ *ohne irgendeinen Bezug auf stochastische Betrachtungen* aus unserer fiktiven Ersatzregelung für den Zustandsbeobachter in Bild 9-21 gewinnen kann. Aus ihr hatten wir schon die Vorschriften für die Berechnung der Beobachtermatrix $\underline{L}$ auf der Basis der Polvorgabe hergeleitet. Nichts hindert uns aber, auch einen Riccati-Entwurf auf diese Zustandsregelung anzuwenden! Wir müssen nur die Übersetzungsvorschrift (9.139) auf die Formeln in Satz (9.98) über den Riccati-Regler anwenden. Dann erhält man aus der Riccati-Gleichung

$$\underline{P}\,\underline{C}^T\underline{S}^{-1}\underline{C}\,\underline{P}-\underline{P}\,\underline{A}^T-\underline{A}\,\underline{P}-\underline{Q}=\underline{0} \qquad (9.168)$$

sowie

$$\underline{L}^T=\underline{S}^{-1}\underline{C}\,\underline{P},$$

also wegen der Symmetrie von $\underline{S}$ und $\underline{P}$:

$$\underline{L}=\underline{P}\,\underline{C}^T\underline{S}^{-1}. \qquad (9.169)$$

Wie man sieht, stimmen diese Gleichungen mit (9.166) und (9.167) überein. Allerdings sind $\underline{Q}$ und $\underline{S}$ in (9.168) und (9.169) lediglich Gewichtungsmatrizen des Gütemaßes

$$J=\frac{1}{2}\int_0^\infty\left(\underline{x}_f^T\underline{Q}\,\underline{x}_f+\underline{u}_f^T\underline{S}\,\underline{u}_f\right)dt$$

zum fiktiven Regelkreis in Bild 9-21. Ihre stochastische Bedeutung ist bei dieser Herleitung des Kalman-Filters verlorengegangen.

Zusammenfassend lässt sich sagen, dass Luenberger-Beobachter und Kalman-Filter die gleiche Struktur haben, die durch Bild 9-20 bzw. Gleichung (9.134) gegeben ist. Sie unterscheiden sich dadurch, dass die freien Parameter dieser Struktur, also die Matrix $\underline{L}$, beim Luenberger-Beobachter durch Eigenwertvorgabe, beim Kalman-Filter durch Minimieren eines quadratischen Gütemaßes, also nach Riccati-Manier, bestimmt werden. Dies wiederum ist notwendig wegen der verschiedenartigen Störungen, bei denen sie eingesetzt werden: der Luenberger-Beobachter bei gelegentlich auftretenden Anfangsstörungen, das Kalman-Filter bei dauernden stochastischen Störungen. Bei dauernden Störungen kann man keinen asymptotischen Beobachter einsetzen, der den Schätzwert erst nach einiger Zeit (theoretisch für $t\to+\infty$) liefert, weil eine solche Zeit bei fortwährenden Störungen einfach nicht da ist. Hier bleibt nichts Anderes übrig, als den Schätzwert im Sinn der kleinsten quadratischen Abweichung an den wahren Wert anzupassen.

9.6.5 Der Beobachter im Regelkreis

Bisher wurde der Luenberger-Beobachter für sich betrachtet, als ein dynamisches System, das mittels der Eingangs- und der Ausgangsgrößen der Strecke deren gesamten Zustand ermittelt. Für messtechnische Zwecke genügt diese Betrachtungsweise. Unser Ziel besteht aber letztlich darin, den Beobachter in eine Zustandsregelung einzufügen, um auf diese Weise den Regler $\underline{u}_R=\underline{R}(\underline{x}_S-\underline{x})$ mit einer Schätzung des Zustandsvektors $\underline{x}$ zu versorgen, da dessen wahrer Wert ja nicht bekannt ist. Das Strukturbild dieser über den Beobachter geschlossenen Zustandsregelung sieht man für den Fall einer statischen Vorsteuerung in Bild 9-23, wobei einfachheitshalber der vollständige Beobachter eingezeichnet ist.[14]

14 Im Falle einer modellgestützt-dynamischen Vorsteuerung kommt entsprechend Bild 9-5 links vom Regler noch der Modell-Regelkreis hinzu.

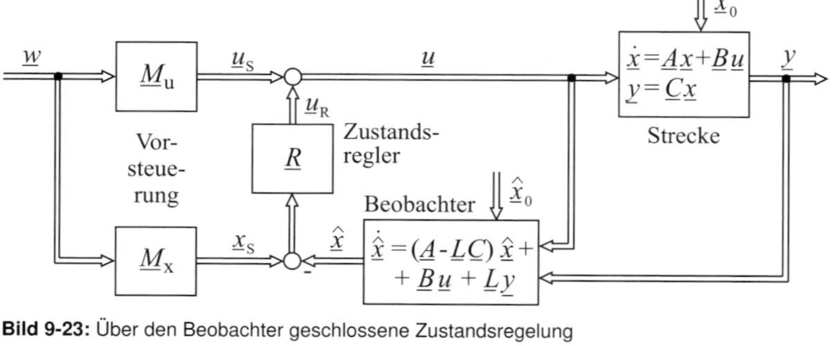

Bild 9-23: Über den Beobachter geschlossene Zustandsregelung

Betrachtet man dieses Bild unvoreingenommen, so liegt ein schlimmer Verdacht nahe. Man hat zunächst die Reglermatrix $\underline{R}$ entworfen, ohne sich um die Beschaffenheit von $\underline{x}$ zu kümmern, aber darauf geachtet, dass eine gute Dynamik zustande kommt, insbesondere also die Eigenwerte $\lambda_{R1},\ldots,\lambda_{Rn}$ geeignet platziert werden, unmittelbar bei der Polvorgabe, mittelbar beim Riccati-Entwurf. Nun fügt man nachträglich ein dynamisches System in Gestalt des Beobachters in den Regelkreis ein, um hierdurch einen Schätzwert $\hat{\underline{x}}$ von $\underline{x}$ für den Regler bereitzustellen. Aber, so muss man sich an dieser Stelle fragen, werden dann hierdurch die Eigenwerte $\lambda_{R1},\ldots,\lambda_{Rn}$ nicht unkontrolliert verschoben, so dass die Regelung möglicherweise sogar instabil wird? Soll die in diesem Kapitel beschriebene Vorgehensweise zum Regelungsentwurf sinnvoll sein, so muss sich beweisen lassen, dass eine solche Verschiebung nicht stattfindet.

Wir wollen diesen Beweis zunächst für den vollständigen, dann für den reduzierten Beobachter führen. Die Beweisidee ist dabei in beiden Fällen die gleiche.

Aus Bild 9-23 liest man die Gleichungen des über den Beobachter geschlossenen Regelkreises ab. Da es um die Eigenwerte der Regelung geht, auf die äußere Größen keinen Einfluss haben, darf man $\underline{w}=\underline{0}$ setzen. Dann ist der Steuervektor durch

$$\underline{u}=-\underline{R}\,\hat{\underline{x}}$$

gegeben, da der Soll-Istwert-Vergleich mit den vom Beobachter gelieferten Schätzwerten gebildet wird. Für die Strecke gilt

$$\dot{\underline{x}}=\underline{A}\,\underline{x}+\underline{B}\,\underline{u}\,,\quad \underline{y}=\underline{C}\,\underline{x}\,,$$

für den Beobachter

$$\dot{\hat{\underline{x}}}=(\underline{A}-\underline{L}\,\underline{C})\,\hat{\underline{x}}+\underline{B}\,\underline{u}+\underline{L}\,\underline{y}\,.$$

Hieraus folgen die beiden Differentialgleichungen

$$\dot{\underline{x}}=\underline{A}\,\underline{x}-\underline{B}\,\underline{R}\,\hat{\underline{x}}\,,$$
$$\dot{\hat{\underline{x}}}=\underline{L}\,\underline{C}\,\underline{x}+(\underline{A}-\underline{L}\,\underline{C}-\underline{B}\,\underline{R})\,\hat{\underline{x}}$$

oder zusammengefasst

$$\begin{bmatrix}\underline{x}\\ \hat{\underline{x}}\end{bmatrix}^{\boldsymbol{\cdot}}=\begin{bmatrix}\underline{A} & -\underline{B}\,\underline{R}\\ \underline{L}\,\underline{C} & \underline{A}-\underline{L}\,\underline{C}-\underline{B}\,\underline{R}\end{bmatrix}\begin{bmatrix}\underline{x}\\ \hat{\underline{x}}\end{bmatrix}. \tag{9.170}$$

Dies ist die Zustandsdifferentialgleichung des über den Beobachter geschlossenen Regelkreises.

Die Dynamik dieses $2n$-dimensionalen Systems lässt sich einfacher überblicken, wenn man in (9.170) den Vektor $\hat{\underline{x}}$ der Zustandsschätzwerte durch den Schätzfehler $\underline{\varepsilon}=\underline{x}-\hat{\underline{x}}$ ersetzt. Dies lässt sich durch die Zustandstransformation

$$\begin{bmatrix}\underline{x}\\ \underline{\varepsilon}\end{bmatrix}=\underbrace{\begin{bmatrix}\underline{I}_n & \underline{0}\\ \underline{I}_n & -\underline{I}_n\end{bmatrix}}_{\underline{T}}\begin{bmatrix}\underline{x}\\ \hat{\underline{x}}\end{bmatrix}\quad \text{mit}\quad \underline{T}^{-1}=\underline{T} \tag{9.171}$$

erreichen. Damit geht (9.170) über in

$$\begin{bmatrix}\underline{x}\\ \underline{\varepsilon}\end{bmatrix}^{\boldsymbol{\cdot}}=\begin{bmatrix}\underline{I}_n & \underline{0}\\ \underline{I}_n & -\underline{I}_n\end{bmatrix}\begin{bmatrix}\underline{A} & -\underline{B}\,\underline{R}\\ \underline{L}\,\underline{C} & \underline{A}-\underline{L}\,\underline{C}-\underline{B}\,\underline{R}\end{bmatrix}\underline{T}^{-1}\begin{bmatrix}\underline{x}\\ \underline{\varepsilon}\end{bmatrix}$$
$$=\begin{bmatrix}\underline{A} & -\underline{B}\,\underline{R}\\ \underline{A}-\underline{L}\,\underline{C} & -\underline{A}+\underline{L}\,\underline{C}\end{bmatrix}\begin{bmatrix}\underline{I}_n & \underline{0}\\ \underline{I}_n & -\underline{I}_n\end{bmatrix}\begin{bmatrix}\underline{x}\\ \underline{\varepsilon}\end{bmatrix},$$

und es resultiert schließlich

$$\begin{bmatrix}\underline{x}\\ \underline{\varepsilon}\end{bmatrix}^{\boldsymbol{\cdot}}=\begin{bmatrix}\underline{A}-\underline{B}\,\underline{R} & \underline{B}\,\underline{R}\\ \underline{0} & \underline{A}-\underline{L}\,\underline{C}\end{bmatrix}\begin{bmatrix}\underline{x}\\ \underline{\varepsilon}\end{bmatrix}. \tag{9.172}$$

Im Bild 9-24 sieht man das zu dieser umgeformten Zustandsdifferentialgleichung der über den Beobachter geschlossenen Regelung gehörende Strukturbild. Es stellt eine zum tatsächlichen Aufbau in Bild 9-23 wirkungsgleiche, aber nicht umsetzbare Struktur dar, aus der jedoch das dynamische Verhalten des über den Beobachter geschlossenen Regelkreises sofort ersichtlich wird: Es ist äquivalent zu einer Zustandsregelung mit direkter Rückführung des Streckenzustands $\underline{x}$ und additiver Überlagerung des Schätzfehlers $\underline{\varepsilon}$ in Form einer externen Störung. Demzufolge ergeben sich die Eigenwerte des Gesamtsystems aus den Eigenwerten der zustandsrückgeführten Strecke mit der Dynamik-

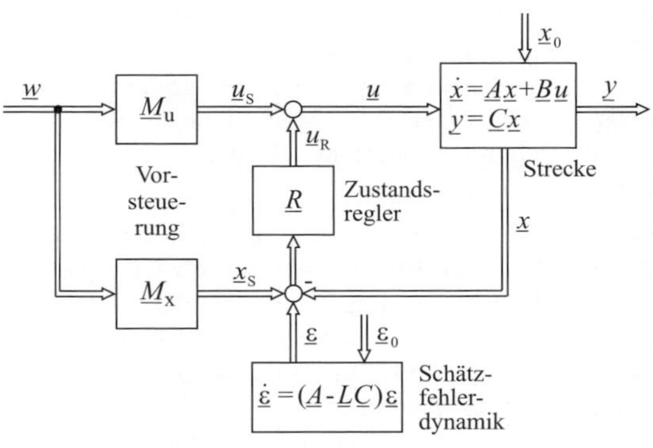

Bild 9-24: Zu Bild 9-23 äquivalente Struktur der über den Beobachter geschlossenen Zustandsregelung

matrix $\underline{A} - \underline{B}\,\underline{R}$ und den Eigenwerten der Stördynamik, beschrieben durch die homogene Schätzfehlerdifferentialgleichung mit der Dynamikmatrix $\underline{A} - \underline{L}\,\underline{C}$.

Dies lässt sich auch anhand der zu (9.172) gehörenden charakteristischen Gleichung unmittelbar erkennen. Sie lautet

$$\begin{vmatrix} s\,\underline{I}_n - \underline{A} + \underline{B}\,\underline{R} & -\underline{B}\,\underline{R} \\ \underline{0} & s\,\underline{I}_n - \underline{A} + \underline{L}\,\underline{C} \end{vmatrix} = 0 .$$

Da die linke untere Ecke der Determinante Null ist, geht sie über in (siehe Abschnitt 11.3.5)

$$\left| s\,\underline{I}_n - (\underline{A} - \underline{B}\,\underline{R}) \right| \cdot \left| s\,\underline{I}_n - (\underline{A} - \underline{L}\,\underline{C}) \right| = 0 . \tag{9.173}$$

Die erste dieser beiden Determinanten liefert die Eigenwerte des ohne Beobachter geschlossenen Kreises, die zweite die Eigenwerte des Beobachters.

Man hat so den grundlegenden Satz:

Die Eigenwerte des ohne Beobachter geschlossenen Regelkreises werden durch die Einfügung des Beobachters nicht verschoben. Zu ihnen treten lediglich die Eigenwerte des Beobachters hinzu. (9.174)

Aufgrund der früheren Ergebnisse dieses Kapitels kann man hinzufügen:

Ist die Strecke steuer- und beobachtbar, so kann man die Eigenwerte des ohne Beobachter geschlossenen Regelkreises und die Eigenwerte des Beobachters unabhängig voneinander beliebig vorgeben. (9.175)

Es ist klar, dass Satz (9.174) fundamental für das gesamte hier praktizierte Entwurfsverfahren ist – nämlich zunächst den Regler ohne Rücksicht auf das Beobachtungsproblem zu entwerfen und sodann erst den Beobachter auszulegen und in den Regelkreis einzufügen. Da dieser Satz also den separaten Entwurf von Regler und Beobachter legitimiert, heißt er *Separationstheorem*. Das Theorem ist der Eckpfeiler der vorstehend entwickelten Entwurfsmethodik im Zustandsraum.

Wir wollen nun noch zeigen, dass das Separationstheorem *auch für den reduzierten Beobachter* gilt. Dazu betrachten wir etwa den Fall, dass der Messvektor $\underline{y}$ die ersten Elemente von $\underline{x}$ bildet, gehen also von den Gleichungen (9.157) und (9.158) aus. Diese können wir abgekürzt in der Form

$$\dot{\underline{\rho}} = \underline{F}\,\underline{\rho} + \underline{G}\,\underline{u} + \underline{N}\,\underline{y} , \tag{9.176}$$

$$\hat{\underline{r}} = \underline{\rho} + \underline{L}\,\underline{y} \tag{9.177}$$

schreiben, wenn hierbei

$$\underline{F} = \underline{A}_{22} - \underline{L}\,\underline{A}_{12} , \quad \underline{G} = \underline{B}_2 - \underline{L}\,\underline{B}_1 ,$$
$$\underline{N} = (\underline{A}_{22} - \underline{L}\,\underline{A}_{12})\,\underline{L} + \underline{A}_{21} - \underline{L}\,\underline{A}_{11}$$

gesetzt wird. Die Zustandsgleichungen des Gesamtsystems aus Strecke, reduziertem Beobachter und Zustandsrückführung lauten dann

$$\begin{aligned}
\dot{\underline{y}} &= \underline{A}_{11}\,\underline{y} + \underline{A}_{12}\,\underline{r} + \underline{B}_1\,\underline{u} , \\
\dot{\underline{r}} &= \underline{A}_{21}\,\underline{y} + \underline{A}_{22}\,\underline{r} + \underline{B}_2\,\underline{u} , \\
\dot{\underline{\rho}} &= \underline{F}\,\underline{\rho} + \underline{G}\,\underline{u} + \underline{N}\,\underline{y} , \\
\hat{\underline{r}} &= \underline{\rho} + \underline{L}\,\underline{y} , \\
\underline{u} &= -\underline{R}_1\,\underline{y} - \underline{R}_2\,\hat{\underline{r}} .
\end{aligned}$$

Setzt man hierin die letzten zwei in die ersten drei Gleichungen ein, wird in Matrixschreibweise

$$\begin{bmatrix} \underline{y} \\ \underline{r} \\ \underline{\rho} \end{bmatrix}^{\cdot} = \begin{bmatrix} \underline{A}_{11} - \underline{B}_1(\underline{R}_1 + \underline{R}_2\,\underline{L}) & \underline{A}_{12} & -\underline{B}_1\,\underline{R}_2 \\ \underline{A}_{21} - \underline{B}_2(\underline{R}_1 + \underline{R}_2\,\underline{L}) & \underline{A}_{22} & -\underline{B}_2\,\underline{R}_2 \\ \underline{N} - \underline{G}\,(\underline{R}_1 + \underline{R}_2\,\underline{L}) & \underline{0} & \underline{F} - \underline{G}\underline{R}_2 \end{bmatrix} \begin{bmatrix} \underline{y} \\ \underline{r} \\ \underline{\rho} \end{bmatrix} . \tag{9.178}$$

Nun wird, in völliger Analogie zum Vorgehen beim vollständigen Beobachter, der Zustandsvektor $\underline{\rho}$ des reduzierten Beobachters durch den zugehörigen Schätzfehler $\underline{\varepsilon}_r = \underline{r} - \hat{\underline{r}} = \underline{r} - \underline{\rho} - \underline{L}\,\underline{y}$ ersetzt, was mittels der Zustandstransformation

$$\begin{bmatrix} \underline{y} \\ \underline{r} \\ \underline{\varepsilon}_r \end{bmatrix} = \underbrace{\begin{bmatrix} \underline{I}_q & \underline{0} & \underline{0} \\ \underline{0} & \underline{I}_{n-q} & \underline{0} \\ -\underline{L} & \underline{I}_{n-q} & -\underline{I}_{n-q} \end{bmatrix}}_{\underline{T}} \begin{bmatrix} \underline{y} \\ \underline{r} \\ \underline{\rho} \end{bmatrix} .$$

geschieht. Auch hier gilt $\underline{T}^{-1} = \underline{T}$, wovon man sich leicht überzeugt. Nach Multiplikation der Dynamikmatrix in (9.178) von links mit $\underline{T}$ und von rechts mit $\underline{T}^{-1}$ erhält man als Zustandsdifferentialgleichung

$$\begin{bmatrix} \underline{y} \\ \underline{r} \\ \underline{\varepsilon}_r \end{bmatrix}^{\cdot} = \begin{bmatrix} \underline{A}_{11} - \underline{B}_1\,\underline{R}_1 & \underline{A}_{12} - \underline{B}_1\,\underline{R}_2 & \underline{B}_1\,\underline{R}_2 \\ \underline{A}_{21} - \underline{B}_2\,\underline{R}_1 & \underline{A}_{22} - \underline{B}_2\,\underline{R}_2 & \underline{B}_2\,\underline{R}_2 \\ \underline{0} & \underline{0} & \underline{A}_{22} - \underline{L}\,\underline{A}_{12} \end{bmatrix} \begin{bmatrix} \underline{y} \\ \underline{r} \\ \underline{\varepsilon}_r \end{bmatrix} .$$

Macht man hierin die Partitionierung von $\underline{x}$ in die Teilvektoren $\underline{y}$ und $\underline{r}$ sowie entsprechend auch die Partitionierung der Matrizen $\underline{A}$, $\underline{B}$ und $\underline{R}$ wieder rückgängig, resultiert schließlich

$$\begin{bmatrix} \underline{x} \\ \underline{\varepsilon}_r \end{bmatrix}^{\cdot} = \begin{bmatrix} \underline{A} - \underline{B}\,\underline{R} & \underline{B}\,\underline{R}_2 \\ \underline{0} & \underline{A}_{22} - \underline{L}\,\underline{A}_{12} \end{bmatrix} \begin{bmatrix} \underline{x} \\ \underline{\varepsilon}_r \end{bmatrix} . \tag{9.179}$$

Daraus lässt sich mit der gleichen Schlussweise wie beim vollständigen Beobachter ablesen, dass das Ge-

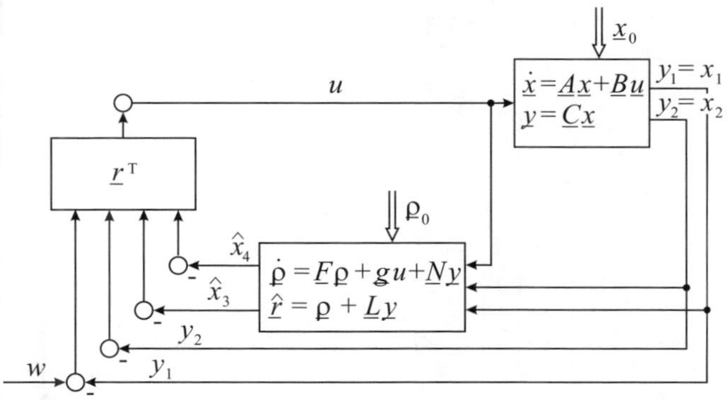

Bild 9-25: Über einen reduzierten Beobachter geregelte Verladebrücke

samtsystem die Eigenwerte von $\underline{A} - \underline{B}\,\underline{R}$, also der ohne Beobachter geschlossenen Zustandsregelung, sowie die Eigenwerte der Schätzfehlerdifferentialgleichung $\dot{\underline{\varepsilon}}_r = \underline{F}\,\underline{\varepsilon}_r$ des reduzierten Beobachters mit der Dynamikmatrix $\underline{F} = \underline{A}_{22} - \underline{L}\,\underline{A}_{12}$ hat.

Abschließend werde als Beispiel der *Einsatz eines reduzierten Beobachters auf die geregelte Verladebrücke* betrachtet. Die Struktur der Regelung sieht man in Bild 9-25. Die numerischen Daten der Strecke sind die gleichen wie in Unterabschnitt 9.3.2. Der Regler ist als Polvorgaberegler mittels der Ackermann-Formel entworfen, aber mit $\lambda_{R1} = \ldots = \lambda_{R4} = -0{,}8\,\mathrm{sec}^{-1}$. Der reduzierte Beobachter wird aus Abschnitt 9.6.3 übernommen. Als Eigenwerte des Beobachters werden $\lambda_{B1} = \lambda_{B2} = -3\,\mathrm{sec}^{-1}$ vorgegeben und als Messgrößen die Katzposition x_1 und die Katzgeschwindigkeit x_2 verwendet. Man beachte, dass damit die Messgrößen verschieden von der Regelgröße Greiferposition $y = x_1 + \ell\,x_3$ sind, also die eingangs getroffene Annahme identischer Mess- und Regelgrößen hier *nicht* gegeben ist. Dennoch ist der Entwurf ohne Schwierigkeiten möglich; man muss nur darauf achten, dann – wie hier geschehen – den Vorsteuerungsentwurf unter Verwendung der Regelgrößen und den Beobachterentwurf unter Verwendung der davon zu unterscheidenden Messgrößen durchzuführen.

Die Katze soll aus der Anfangsposition $x_{10} = 2\,\mathrm{m}$ in die Endposition $x_{1e} = 10\,\mathrm{m}$ gefahren werden. Zudem liege eine Anfangsauslenkung des Greiferwinkels vor: $x_{30} = -0{,}2\,\mathrm{rad} \approx -11{,}4°$. Somit ist

$$\underline{x}_0 = \begin{bmatrix} 2 \\ 0 \\ -0{,}2 \\ 0 \end{bmatrix}, \quad w = 10\,.$$

Die Beobachteranfangswerte gibt man mangels besserer Kenntnis zu Null vor, also $\underline{\rho}_0 = \underline{0}$, woraus folgt:

$$\hat{x}_3(0) = 0\,, \;\; \hat{x}_4(0) = 0\,.$$

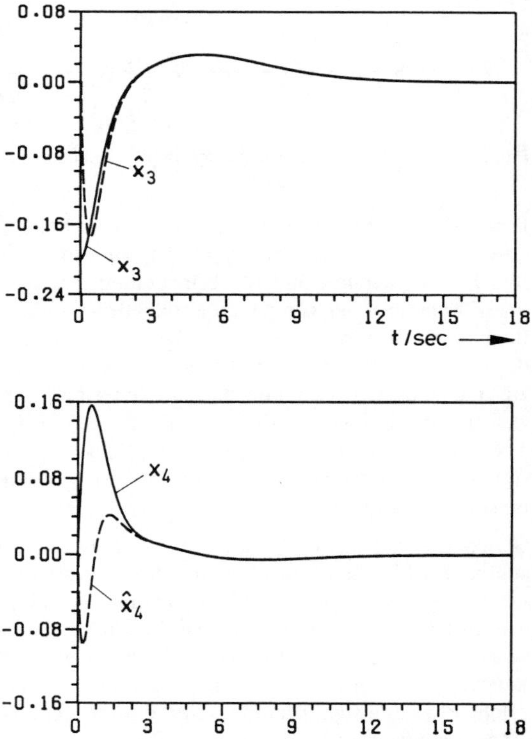

Bild 9-26: Wahre Verläufe x_i(—) und Schätzwert $\hat{x}_i$(– – –) der über einen reduzierten Beobachter geregelten Verladebrücke

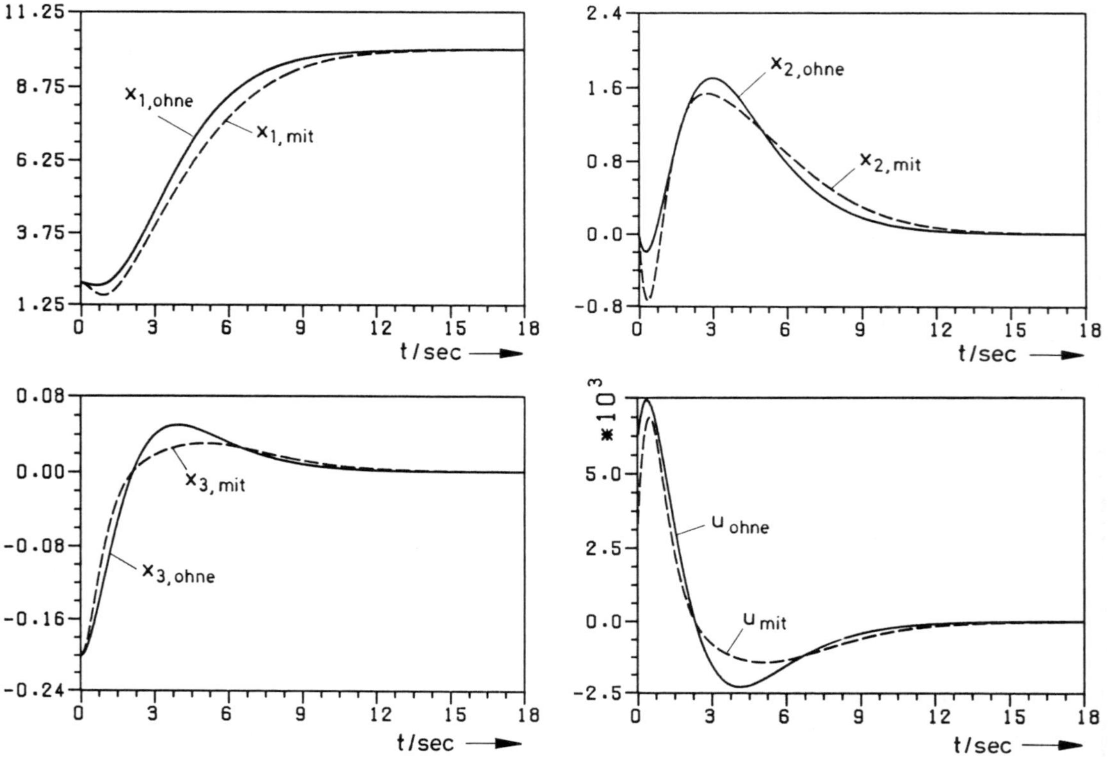

Bild 9-27: Zeitverläufe der geregelten Verladebrücke ohne Beobachter (—) und mit reduziertem Beobachter (– – –)

Den wahren Verlauf und den Schätzwert der beiden geschätzten Zustandsgrößen x_3 und x_4 kann man in Bild 9-26 vergleichen. Bild 9-27 bringt einen Vergleich der Zeitverläufe der geregelten Verladebrücke ohne Beobachter und mit reduziertem Beobachter, wobei die erstgenannte Regelung akademisch ist und nur zu Vergleichszwecken dient, da man keinesfalls alle vier Zustandsgrößen messen kann. Man erkennt daraus, dass der Beobachter eine gewisse Verschlechterung der Dynamik bringt, die aber im vorliegenden Beispiel unwesentlich ist.

Generell darf man sagen, dass eine vollständige Zustandsrückführung mit Beobachter ein realisierbares Regelungssystem darstellt. Voraussetzung ist dabei, wie bisher stets angenommen, dass das mathematische Modell der Strecke hinreichend gut bekannt ist. Aufgrund des Separationstheorems kann man eine solche Regelung stabilisieren und ihr darüber hinaus eine passable Dynamik aufprägen, sofern die Strecke steuer- und beobachtbar ist. Aber es ist klar, dass der Beobachter, wenngleich er die Stabilität nicht gefährdet, dennoch die Dynamik beeinflusst, schon deshalb, weil er ja seine Eigenwerte mit in die Regelung einbringt.

9.6.6 Zustandsregelung unter Verwendung eines Beobachters für die Zustandsdifferenz

Betrachten wir nochmals das Zustandsregelgesetz

$$\underline{u}_R = \underline{R}(\underline{x}_S - \underline{x}),$$

so wird deutlich, dass wir bislang mehr getan haben, als zwingend erforderlich ist. Denn zur Realisierung der Regelung muss nicht zwangsläufig der Streckenzustand $\underline{x}$ selbst gegeben sein, vielmehr reicht offensichtlich die Kenntnis der Zustands*differenz*

$$\underline{e}_x = \underline{x}_S - \underline{x}. \tag{9.180}$$

Legt man eine Folgeregelung mit modellgestützt-dynamischer Vorsteuerung gemäß Bild 9-5 zugrunde, so liest man sofort ab, dass die Vorsteuergrößen den Streckenzustandsgleichungen genügen, also gilt:

$$\dot{\underline{x}}_S = \underline{A}\,\underline{x}_S + \underline{B}\,\underline{u}_S, \tag{9.181}$$

$$\underline{y}_S = \underline{C}\,\underline{x}_S. \tag{9.182}$$

Auch im Falle einer Festwertregelung mit konstanter Führungsgröße $\underline{w} = \underline{y}_S$ und statischer Vorsteuerung entsprechend Bild 9-3 erfüllen die dann konstanten Vorsteuergrößen die Gleichungen (9.181) und (9.182). Denn mit der Berechnungsvorschrift (9.20) für $\underline{M}_x$ und $\underline{M}_u$ folgt aus

$$\underline{x}_S = \underline{M}_x\, \underline{w} = \underline{M}_x\, \underline{y}_S\,,$$
$$\underline{u}_S = \underline{M}_u\, \underline{w} = \underline{M}_u\, \underline{y}_S$$

durch Zusammenfassen und Einsetzen

$$\begin{bmatrix} \underline{x}_S \\ \underline{u}_S \end{bmatrix} = \begin{bmatrix} \underline{A} & \underline{B} \\ \underline{C} & \underline{0} \end{bmatrix}^{-1} \begin{bmatrix} \underline{0} \\ \underline{I}_q \end{bmatrix} \underline{y}_S\,,$$

woraus sich sofort

$$\begin{bmatrix} \underline{A} & \underline{B} \\ \underline{C} & \underline{0} \end{bmatrix} \begin{bmatrix} \underline{x}_S \\ \underline{u}_S \end{bmatrix} = \begin{bmatrix} \underline{0} \\ \underline{I}_q \end{bmatrix} \underline{y}_S = \begin{bmatrix} \underline{0} \\ \underline{y}_S \end{bmatrix}$$

ergibt, oder einzeln geschrieben:

$$\underline{A}\,\underline{x}_S + \underline{B}\,\underline{u}_S = \underline{0}\ (= \dot{\underline{x}}_S)\,,$$
$$\underline{C}\,\underline{x}_S = \underline{y}_S\,.$$

Das Zeitverhalten der benötigten Zustandsdifferenz $\underline{e}_x$ lässt sich damit durch die Differentialgleichung

$$\begin{aligned}\dot{\underline{e}}_x &= \dot{\underline{x}}_S - \dot{\underline{x}} = \underline{A}\,\underline{x}_S + \underline{B}\,\underline{u}_S - (\underline{A}\,\underline{x} + \underline{B}\,\underline{u}) \\ &= \underline{A}(\underline{x}_S - \underline{x}) + \underline{B}(\underline{u}_S - \underline{u}) \\ &= \underline{A}\,\underline{e}_x + \underline{B}\,\underline{e}_u\end{aligned}$$

beschreiben, wobei die *Stelldifferenz*

$$\underline{e}_u = \underline{u}_S - \underline{u} \tag{9.183}$$

als Eingangsvektor wirkt. Führt man noch als Ausgangsvektor die *Ausgangs- oder Regeldifferenz*

$$\underline{e}_y = \underline{y}_S - \underline{y} = \underline{C}\,\underline{x}_S - \underline{C}\,\underline{x} = \underline{C}\,\underline{e}_x \tag{9.184}$$

ein, so folgen für das Zeitverhalten der Differenzgrößen die Zustandsgleichungen

$$\dot{\underline{e}}_x = \underline{A}\,\underline{e}_x + \underline{B}\,\underline{e}_u\,, \tag{9.185}$$
$$\underline{e}_y = \underline{C}\,\underline{e}_x\,. \tag{9.186}$$

Für dieses System, welches das Abweichungsverhalten der Streckengrößen von den Sollverläufen der Vorsteuerung beschreibt, kann nun in gleicher Weise wie im Abschnitt 9.6.1 ein Beobachter zur Ermittlung eines Schätzwerts $\hat{\underline{e}}_x(t)$ für die tatsächliche Zustandsdifferenz $\underline{e}_x(t)$ aufgebaut werden: Man nimmt ein Modell des Systems und ergänzt dieses wie dort um eine Rückführung der Ausgangsgrößenabweichung, hier $\underline{e}_y - \hat{\underline{e}}_y$, womit sich

$$\dot{\hat{\underline{e}}}_x = \underline{A}\,\hat{\underline{e}}_x + \underline{B}\,\underline{e}_u + \underline{L}(\underline{e}_y - \hat{\underline{e}}_y)\,, \tag{9.187}$$
$$\hat{\underline{e}}_y = \underline{C}\,\hat{\underline{e}}_x \tag{9.188}$$

ergibt, was nach Einsetzen der zweiten Gleichung auf

$$\dot{\hat{\underline{e}}}_x = (\underline{A} - \underline{L}\,\underline{C})\,\hat{\underline{e}}_x + \underline{B}\,\underline{e}_u + \underline{L}\,\underline{e}_y \tag{9.189}$$

als *Gleichung des Beobachters für die Zustandsdifferenz* führt.

Ganz entsprechend zu Satz 9.136 für den Zustandsbeobachter strebt dabei der Schätzwert $\hat{\underline{e}}_x(t)$ genau dann für $t \to +\infty$ gegen den wahren Wert $\underline{e}_x(t)$ der Zustandsdifferenz, wenn die (n, q)-Beobachtermatrix $\underline{L}$ so gewählt ist, dass alle n Eigenwerte von $\underline{F} = \underline{A} - \underline{L}\,\underline{C}$ links der j-Achse liegen. Denn auch hier ergibt sich aus (9.185) und (9.189) durch Differenzbildung eine homogene Schätzfehlerdifferentialgleichung mit $\underline{F} = \underline{A} - \underline{L}\,\underline{C}$ als Dynamikmatrix. Demzufolge kann $\underline{L}$ hier in gleicher Weise, wie in Abschnitt 9.6.2 für den Zustandsbeobachter beschrieben, entworfen werden – und bei Bedarf kann zur Schätzung der Zustandsdifferenz auch ein reduzierter Beobachter entsprechend Abschnitt 9.6.3 angesetzt werden.

Ersetzt man nun im Zustandsregelgesetz die Zustandsdifferenz $\underline{e}_x$ durch ihren Schätzwert $\hat{\underline{e}}_x$ und beachtet, dass wegen $\underline{u} = \underline{u}_S + \underline{u}_R$ für die Stelldifferenz

$$\underline{e}_u = \underline{u}_S - \underline{u} = \underline{u}_S - (\underline{u}_S + \underline{u}_R) = -\underline{u}_R \tag{9.190}$$

gilt, so ergibt sich der im Bild 9-28 dargestellte Aufbau einer Zustandsregelung unter Verwendung eines Beobachters für die Zustandsdifferenz. Dabei wurde ein vollständiger Beobachter angenommen und eine Regelung zugrunde gelegt, bei der eine statische Vorsteuerung zum Einsatz kommt; für diese gilt dann gemäß (9.19) $\underline{C}\,\underline{M}_x = \underline{I}_q$ und somit

$$\underline{y}_S = \underline{C}\,\underline{x}_S = \underline{C}\,\underline{M}_x\,\underline{w} = \underline{w}\,.$$

Vergleicht man die so erhaltene Regelungsstruktur mit der Realisierung unter Verwendung eines Zustandsbeobachters entsprechend Bild 9-23, so fällt zunächst auf, dass hier der Beobachter hinter dem Soll-Istwert-Vergleich liegt und nun zusammen mit dem Zustandsregler und der $\underline{u}_R$-Rückführung einen dynamischen Regler n-ter Ordnung bildet, der über den Vektor $\underline{e}_y$ der Regeldifferenzen angesteuert wird. Im Eingrößenfall resultiert damit ein Aufbau, der völlig dem einer klassischen Regelung entspricht – nur dass anstelle der üblicherweise dabei zum Einsatz kom-

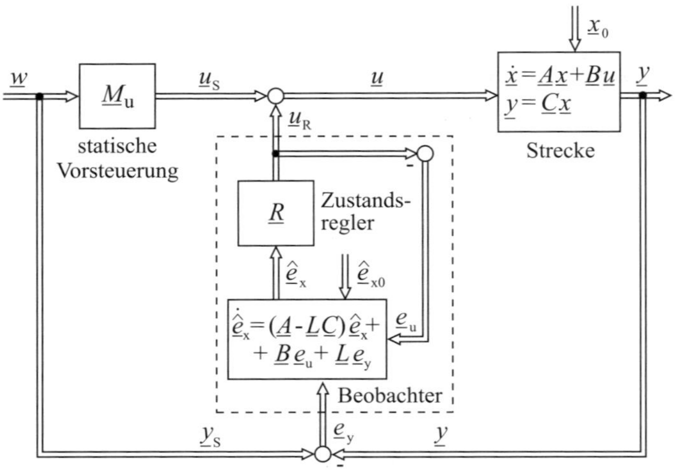

Bild 9-28: Über einen Beobachter für die Zustandsdifferenz geschlossene Zustandsregelung

menden Reglertypen (also z. B. P-, PI- oder PD-Regler) hier ein beobachterbasierter Zustandsregler Verwendung findet. Dieser bietet deutlich weiterreichende Möglichkeiten zur gezielten Dynamikbeeinflussung; so sind damit z. B. die Regelkreispole nicht auf die Wurzelortskurvenäste beschränkt, sondern können beliebig in der komplexen Zahlenebene platziert werden. Der Entwurf des Zustandsreglers kann dabei interessanterweise auch ohne Kenntnis einer Zustandsdarstellung der Strecke, allein auf Basis ihrer Übertragungsfunktion durchgeführt werden, wie z. B. in [9.40] ausgeführt ist.

Als weiterer Punkt wird beim Vergleich der beiden Regelungsstrukturen nach Bild 9-23 und Bild 9-28 sofort offensichtlich, dass mit der Verwendung eines Beobachters für die Zustandsdifferenz die Bestimmung der Zustandssollverläufe $\underline{x}_S$ in der Vorsteuerung hinfällig wird und stattdessen lediglich die Regelgrößensollverläufe $\underline{y}_S$ bereitgestellt werden müssen. Insbesondere bei dynamischer Vorsteuerung kann dies eine erhebliche Verringerung des Realisierungsaufwands bedeuten. Allerdings wird damit auch die ansonsten über $\hat{\underline{x}} = \underline{x}_S - \hat{\underline{e}}_x$ gegebene Möglichkeit der Mitschätzung der Streckenzustände, z. B. zu Überwachungszwecken, hinfällig.

Weiterhin bemerkenswert ist, wie in [9.41] am Beispiel von Eingrößenstrecken gezeigt wird, dass beide Regelungsstrukturen ineinander überführt werden können und somit verhaltensgleich sind, also bei gleicher Anregung sowie gleich gewähltem $\underline{R}$ und $\underline{L}$ übereinstimmendes Zeitverhalten aufweisen. Welche Variante – mit Zustandsbeobachter oder mit Zustandsdifferenzbeobachter[15] – letzlich verwendet wird, ist also in erster Linie eine Frage des strukturellen Aufbaus der Zustandsregelung, wobei die zuvor geschilderten Sachverhalte für eine Realisierung gemäß Bild 9-28 sprechen.

In diesem Zusammenhang ist es mit Blick auf die stets vorhandene Stellbegrenzung empfehlenswert, das Eingangssignal $\underline{e}_u$ des Beobachters nicht, wie in Bild 9-28 dargestellt, reglerintern als $-\underline{u}_R$ zu generieren, sondern extern als Differenz $\underline{u}_S - \underline{u}$, wobei die einzelnen Steuergrößen im Vektor $\underline{u}$ vorab auf den jeweiligen Aussteuerbereich der zugehörigen Stelleinrichtung zu begrenzen sind. Dann ist nämlich sichergestellt, dass der Beobachter auch in dem Fall, dass Steuergrößen in die Begrenzung gehen, auf den wahren Wert der Zustandsdifferenz konvergiert. Andernfalls können im Begrenzungsfall einzelne Beobachterzustände davonlaufen, was unerwünschtes Über- bzw. Unterschwingen bis hin zu Dauerschwingungsverhalten nach sich ziehen kann. Näheres zu diesem als Windup bezeichneten Phänomen und dessen Vermeidung findet sich z. B. in [9.43], [9.44].

9.7 Berücksichtigung von Störgrößen

Die einzigen Störeinflüsse, die in unserer bisherigen Darstellung der Zustandsmethodik berücksichtigt wurden, bestehen in der Anfangsbedingung $\underline{x}(t_0) = \underline{x}_0$, oft auch als *Anfangsstörung* bezeichnet,

15 Diesen beiden Ausführungsvarianten einer Zustandsregelung ganz ähnliche Formen finden sich in vergleichender Darstellung z. B. auch in [9.42], Abschnitt 4.6.

da sie häufig, wenngleich nicht immer, durch eine impulsförmige Störung zum Zeitpunkt t_0 entstanden gedacht werden kann. Hingegen wurden Störeinflüsse in Form länger andauernder Zeitvorgänge, also *Störgrößen*, bislang überhaupt nicht berücksichtigt. Soll die Zustandsmethodik realistisch sein, ist es unbedingt erforderlich, sie einzubeziehen.

Zwei Möglichkeiten hierfür sollen beschrieben werden. Die eine stellt eine Erweiterung der klassischen Störgrößenaufschaltung (Unterabschnitt 6.10.2) in den Zustandsbereich dar. Sie wurde von ***C. D. Johnson*** vorgeschlagen (z. B. [9.45]) und ist im regelungstechnischen Schrifttum weit verbreitet. Die andere Möglichkeit beruht auf einer naheliegenden Übertragung des Regler-I-Anteils zur Erzielung stationärer Genauigkeit in die Zustandsmethodik.[16]

9.7.1 Störgrößenaufschaltung bei messbarem Störvektor

Bezeichnet $\underline{z}$ den m-dimensionalen Vektor der Störgrößen, so ist die Zustandsdifferentialgleichung der Strecke nunmehr durch

$$\dot{\underline{x}} = \underline{A}\,\underline{x} + \underline{B}\,\underline{u} + \underline{E}\,\underline{z} \tag{9.191}$$

gegeben, wobei $\underline{E}$ eine konstante (n, m)-Matrix ist. *Es werde zunächst vorausgesetzt, dass der gesamte Störvektor $\underline{z}$ messbar ist.* Von dieser wenig realistischen Voraussetzung werden wir uns im Abschnitt 9.7.2 befreien.

Im Steuervektor $\underline{u} = \underline{u}_R + \underline{u}_S$ wird nun der Vorsteuerungsanteil $\underline{u}_S$ aus zwei Komponenten gebildet:

$$\underline{u}_S = \underline{u}_w + \underline{u}_z\,,$$

wobei $\underline{u}_w$ den bisherigen, aus dem Führungsvektor $\underline{w}$ generierten Stellsignalverlauf bezeichnet. Damit wird aus (9.191)

$$\dot{\underline{x}} = \underline{A}\,\underline{x} + \underline{B}\,\underline{u}_R + \underline{B}\,\underline{u}_w + (\underline{B}\,\underline{u}_z + \underline{E}\,\underline{z})\,. \tag{9.192}$$

Der Anteil $\underline{u}_z$ des Steuervektors soll nun dazu herangezogen werden, den Störvektor $\underline{z}$ nach Möglichkeit zu kompensieren, indem man fordert, dass

$$\underline{B}\,\underline{u}_z + \underline{E}\,\underline{z} = \underline{0} \tag{9.193}$$

wird. Dies sind n Gleichungen für die $p \leq n$ Elemente von $\underline{u}_z$.

Betrachten wir zunächst den *Grenzfall* $p = n$. Dann ist die (n, p)-Matrix $\underline{B}$ quadratisch. Da man bei ihr Höchstrang voraussetzen darf, ist sie regulär, und aus (9.193) folgt

$$\underline{u}_z = -\underline{B}^{-1}\underline{E}\,\underline{z}\,. \tag{9.194}$$

Aufschaltung dieses Vektors $\underline{u}_z$ bewirkt vollständige Störgrößenkompensation in den Zuständen und damit auch in den Ausgangsgrößen des Systems. Man sieht, dass dieses Vorgehen in der Tat nichts Anderes ist als die klassische Störgrößenaufschaltung, nur in die Vektorschreibweise übertragen.

In aller Regel ist aber $p < n$. Dann ist das Gleichungssystem (9.193) für die Elemente von $\underline{u}_z$ überbestimmt und hat gemäß Satz (11.70) nur für solche Systeme eine Lösung, bei denen die Matrix $\underline{B}$ und die erweiterte Matrix $\left[\underline{B}, -\underline{E}\,\underline{z}\right]$ gleichen Rang haben. Da der Störvektor $\underline{z}$ dabei beliebig sein kann, ist dies gleichbedeutend damit, dass gilt:

$$\underline{B} \text{ und } \left[\underline{B}, \underline{E}\right] \text{ haben gleichen Rang.} \tag{9.195}$$

$\underline{E}$ darf also den Rang der erweiterten Matrix nicht gegenüber $\underline{B}$ erhöhen, d. h. die Spaltenvektoren von $\underline{E}$ müssen von den Spaltenvektoren von $\underline{B}$ linear abhängig sein. Demzufolge existiert bei erfüllter Bedingung (9.195) eine (p, m)-Matrix $\underline{K}$, mit der

$$\underline{E} = \underline{B}\,\underline{K} \tag{9.196}$$

geschrieben werden kann. Dies eingesetzt in Gleichung (9.193) führt auf

$$\underline{B}(\underline{u}_z + \underline{K}\,\underline{z}) = \underline{0}\,,$$

was aufgrund der vorausgesetzten Spaltenregularität von $\underline{B}$ nur erfüllt sein kann, wenn der Klammerausdruck verschwindet, also

$$\underline{u}_z = -\underline{K}\,\underline{z} \tag{9.197}$$

gewählt wird. $\underline{K}$ ist dabei die Lösung der Matrixgleichung (9.196). Sie ergibt sich mit dem in Abschnitt 11.3.10 beschriebenen Penrose-Theorem und der Linksinversen von $\underline{B}$ zu

$$\underline{K} = (\underline{B}^T\underline{B})^{-1}\underline{B}^T\underline{E}\,. \tag{9.198}$$

Für Strecken mit $p < n$, welche die Rangbedingung (9.195) erfüllen, kann somit durch Aufschaltung des

16 Ein anderes interessantes Verfahren zur Bekämpfung des Störgrößeneinflusses, das weder ein Störmodell noch die Einführung von I-Gliedern erfordert, allerdings die genaue Kenntnis des Streckenmodells verlangt, stammt von ***H.-P. Preuß*** [9.46]. Seine Anwendbarkeit wurde von ***A. Trächtler*** [9.47] wesentlich erweitert.

gemäß Gleichung (9.197) und Gleichung (9.198) gebildeten Vektors $\underline{u}_z$ ebenfalls eine *vollständige Störgrößenkompensation in den Zuständen und damit auch in den Ausgangsgrößen des Systems erzielt werden.*

Allerdings ist die Rangbedingung (9.195) recht einschränkend. Im Falle einer Steuer- und einer Störgröße, also mit Vektoren $\underline{b}$ und $\underline{e}$ anstelle der Matrizen $\underline{B}$ und $\underline{E}$, bedeutet sie etwa mit Blick auf Gleichung (9.196), dass die Vektoren $\underline{b}$ und $\underline{e}$ bis auf einen multiplikativen Faktor k übereinstimmen müssen, also die Störung $\underline{z}$ unmittelbar und unverzögert auf den Streckeneingang wirkt. Dies mag in Einzelfällen gelten, jedoch keineswegs immer! Wir haben aber auch bisher mehr verlangt – nämlich vollständige Störgrößenkompensation in allen Systemzuständen – als mit Blick auf die Entwurfsziele eigentlich erforderlich ist – nämlich Störgrößenkompensation allein in den Ausgangs- bzw. Regelgrößen des Systems, und dies vor allem im eingeschwungenen Zustand.

Um den letztgenannten Fall zu untersuchen, betrachten wir zunächst die Strecke für sich allein und setzen $\underline{u} = \underline{u}_z$. Unter der *Annahme, dass der Störvektor $\underline{z}$ einen konstanten Wert $\underline{z}_\infty$ besitzt bzw. mit wachsender Zeit gegen einen solchen festen Wert $\underline{z}_\infty$ strebt,* muss dann im eingeschwungenen Zustand für Störgrößenkompensation in den Regelgrößen gelten:

$$\underline{0} = \underline{A}\,\underline{x}_{z\infty} + \underline{B}\,\underline{u}_{z\infty} + \underline{E}\,\underline{z}_\infty\,, \tag{9.199}$$

$$\underline{0} = \underline{C}\,\underline{x}_{z\infty}\,. \tag{9.200}$$

$\underline{x}_{z\infty}$ bezeichnet dabei den Stationärwert des Zustandsvektors, der sich bei Einwirkung der Konstantwerte $\underline{z}_\infty$ und $\underline{u}_{z\infty}$ einstellt. Beide Gleichungen zusammengefasst ergeben

$$\underline{0} = \begin{bmatrix} \underline{A} & \underline{B} \\ \underline{C} & \underline{0} \end{bmatrix} \begin{bmatrix} \underline{x}_{z\infty} \\ \underline{u}_{z\infty} \end{bmatrix} + \begin{bmatrix} \underline{E} \\ \underline{0} \end{bmatrix} \underline{z}_\infty$$

oder

$$\begin{bmatrix} \underline{A} & \underline{B} \\ \underline{C} & \underline{0} \end{bmatrix} \begin{bmatrix} \underline{x}_{z\infty} \\ \underline{u}_{z\infty} \end{bmatrix} = - \begin{bmatrix} \underline{E} \\ \underline{0} \end{bmatrix} \underline{z}_\infty\,. \tag{9.201}$$

Wird nun wie beim Vorsteuerungsentwurf in Abschnitt 9.2 die Voraussetzung $p = q$ – also gleiche Anzahl von Stell- und Regelgrößen – getroffen sowie angenommen, dass die dann quadratische und der Rosenbrockschen Systemmatrix $\underline{P}(s)$ an der Stelle $s = 0$ entsprechende Hypermatrix regulär ist – also die Strecke keine invarianten Nullstellen im Ursprung besitzt –, so kann Gleichung (9.201) durch Linksmultiplikation mit der inversen Hypermatrix gelöst werden und man erhält:

$$\begin{bmatrix} \underline{x}_{z\infty} \\ \underline{u}_{z\infty} \end{bmatrix} = \begin{bmatrix} \underline{N}_x \\ \underline{N}_u \end{bmatrix} \underline{z}_\infty \quad \text{oder} \quad \begin{aligned} \underline{x}_{z\infty} &= \underline{N}_x\,\underline{z}_\infty \\ \underline{u}_{z\infty} &= \underline{N}_u\,\underline{z}_\infty \end{aligned} \tag{9.202}$$

mit

$$\begin{bmatrix} \underline{N}_x \\ \underline{N}_u \end{bmatrix} = - \begin{bmatrix} \underline{A} & \underline{B} \\ \underline{C} & \underline{0} \end{bmatrix}^{-1} \begin{bmatrix} \underline{E} \\ \underline{0} \end{bmatrix}. \tag{9.203}$$

Bei Verwendung der statischen Aufschaltung

$$\underline{u}_z = \underline{N}_u\,\underline{z} \tag{9.204}$$

mit $\underline{N}_u$ entsprechend Gleichung (9.203) wird dann die *Störeinwirkung auf die Regelgrößen im eingeschwungenen Zustand eliminiert* und dabei der Zustandswert $\underline{x}_{z\infty}$ entsprechend Gleichung (9.202) angenommen. Folglich ist hier bei Hinzunahme einer Regelung der Zustandssollwert gemäß

$$\underline{x}_z = \underline{N}_x\,\underline{z} \tag{9.205}$$

mit $\underline{N}_x$ entsprechend Gleichung (9.203) zu bilden. Denn dadurch wird sichergestellt, dass stationär mit der Zustandsdifferenz $\underline{e}_x$ auch $\underline{u}_R = \underline{R}\,\underline{e}_x$ zu Null wird und somit der Regler den zur Störgrößenkompensation erforderlichen und bereits durch die Aufschaltung (9.204) gegebenen Stationärwert $\underline{u}_{z\infty}$ des Steuervektors nicht verfälscht.

Was den Beobachter bei einem System mit messbarem Störvektor $\underline{z}$ angeht, so ändert sich an dessen Entwurf nichts. Die Störgrößen spielen lediglich die Rolle zusätzlicher Eingangsgrößen, die zu den Steuergrößen hinzutreten. Dadurch tritt z. B. im Beobachter (9.134) für den Streckenzustand $\underline{x}$ an die Stelle des Terms $\underline{B}\,\underline{u}$ der neue Term $\underline{B}\,\underline{u} + \underline{E}\,\underline{z}$. Die gesamte so erhaltene Regelungsstruktur zeigt Bild 9-29.

Nicht mit eingezeichnet ist die gegebenenfalls hinzukommende, bislang als Vorsteuerung bezeichnete Aufschaltung des Führungsvektors $\underline{w}$. Sie kann statisch oder modellgestützt-dynamisch ausgeführt sein und erzeugt die Signale $\underline{u}_w$ und $\underline{x}_w$. Zusammen mit $\underline{u}_z$ und $\underline{x}_z$ bilden diese hier den Vorsteuerungsanteil $\underline{u}_S$ am Steuervektor $\underline{u}$ bzw. den Sollverlauf $\underline{x}_S$ für den Zustandsvektor $\underline{x}$. Wird statt des Beobachters für den Streckenzustand $\underline{x}$ ein Beobachter für die Zustandsdifferenz $\underline{e}_x$ verwendet, so entfällt – wie bereits in Abschnitt 9.6.6 ausgeführt und in Bild 9-28 für die Führungsgrößenaufschaltung zu ersehen ist – die $\underline{x}_S$-Bildung. Stattdessen wird dann $\underline{y}_S = \underline{y}_w + \underline{y}_z$ benötigt, wobei im Falle statischer Aufschaltungen $\underline{y}_w = \underline{w}$ und $\underline{y}_z = \underline{0}$, insgesamt also $\underline{y}_S = \underline{w}$ gilt.

Bild 9-29 enthält auch den Fall, dass bei erfüllter Rangbedingung (9.195) eine vollständige Störgrößenkom-

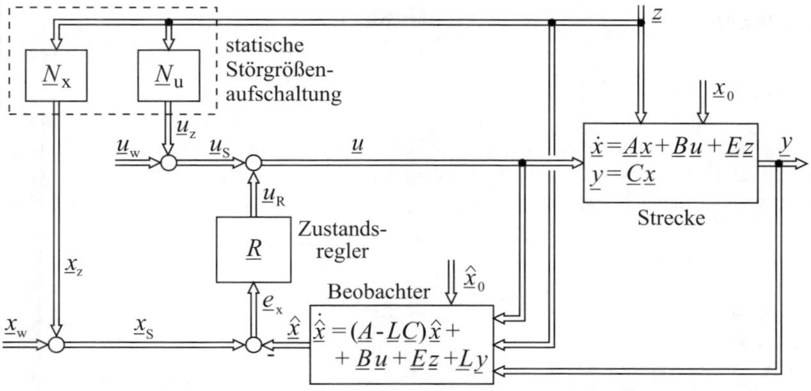

Bild 9-29: Zustandsregelung mit statischer Störgrößenaufschaltung bei messbarem Störvektor

pensation in allen Zuständen, gleichbedeutend mit $\underline{x}_z = \underline{0}$, möglich ist. Dann ist offensichtlich in Bild 9-29

$$\underline{N}_x = \underline{0}$$

zu setzen und für $\underline{N}_u$ folgt ausgehend von Gleichung (9.204) durch Vergleich mit (9.197), (9.198):

$$\underline{N}_u = -\underline{K} = -(\underline{B}^T \underline{B})^{-1} \underline{B}^T \underline{E}\,.$$

In diesem Fall werden dann beliebige Störungen $\underline{z}$ unmittelbar von Beginn an kompensiert und regen daher keinerlei dynamische Übergangsvorgänge an.

Im allgemeinen Fall verhält es sich jedoch anders. Unter der Annahme von Störungen mit festem Endwert *sorgt* hier *die statische Störgrößenaufschaltung entsprechend Gleichung (9.203) nur im eingeschwungenen Zustand für eine Kompensation der Störeinwirkung,* so dass zunächst dynamische Übergangsvorgänge anregt werden. Hierbei kommt es zu Abweichungen zwischen $\underline{x}_S$ und $\hat{\underline{x}}$, denn die statische Aufschaltung gewährleistet nur, dass $\underline{x}_S$ und $\hat{\underline{x}}$ stationär übereinstimmen. Folglich wird *der Zustandsregler* $\underline{R}$ aktiv und *gibt die Dynamik des durch die Störungen* $\underline{z}$ *angeregten Übergangsvorgangs in den (durch die Aufschaltung festgelegten) Stationärwert vor.*

Möchte man das Störverhalten allein durch die Aufschaltung und damit unabhängig vom Streckenzustandsregler $\underline{R}$ vorgeben, so muss die bisherige, nur statisch wirkende Störgrößenaufschaltung um eine dynamische Komponente erweitert werden. Entsprechend der zur Vorgabe des gesamten Führungsverhaltens in Abschnitt 9.2 gewählten Herangehensweise bietet sich auch hier die Ergänzung um ein zustandsgeregeltes Streckenmodell und somit der Übergang zu einer *modellgestützt-dynamischen Störgrößenaufschaltung* an. Deren Aufbau zeigt Bild 9-30. Der ergänzte dynamische Teil ist dabei gestrichelt umrandet und enthält neben der Streckennachbildung den Modell-Zustandsregler $\underline{R}_z$. Dieser ist beispielsweise durch Polvorgabe so zu entwerfen, dass sich am Streckenmodell bei Störanregung ein gutes Übergangsverhalten in die durch den statischen Teil vorgegebenen Stationärwerte einstellt. In gleicher Weise wie in Abschnitt 9.2 am Beispiel der modellgestützt-dynamischen (dort allein als Vorsteuerung wirkenden) Führungsgrößenaufschaltung gezeigt ist, überträgt sich auch hier das am Streckenmodell durch Zustandsregelung und statische Aufschaltung eingestellte Soll-Störverhalten auf die reale Strecke, *sofern das verwendete Streckenmodell das Verhalten der realen Strecke hinreichend genau wiedergibt.* Im Unterschied zur rein statischen Störgrößenaufschaltung wird dabei der Streckenzustandsregler $\underline{R}$ (aufgrund der Mitverwendung der Streckenmodellgrößen $\underline{x}_z$ bzw. $\underline{y}_z$ zur Sollverlaufsgenerierung) nicht aktiviert und somit das *Störverhalten allein über die modellgestützt-dynamische Aufschaltung gesteuert eingestellt.*

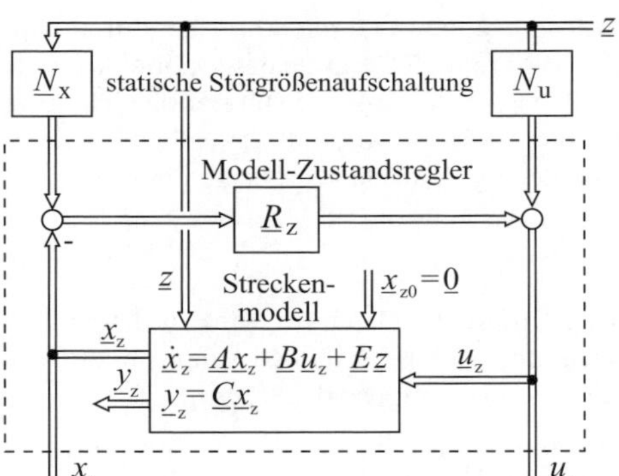

Bild 9-30: Aufbau einer modellgestützt-dynamischen Störgrößenaufschaltung

9.7.2 Störgrößenaufschaltung über einen Störbeobachter

Wir gehen nun zum *Fall nicht messbarer Störgrößen* über. Dann sind diese nicht im Einzelnen bekannt, doch hat man manchmal eine *allgemeine Vorstellung von ihrer Gestalt.* Zwei Beispiele zeigt Bild 9-31. In a) sieht man eine stückweise konstante Funktion, wie sie z. B. bei der Lastumschaltung eines Gleichstromantriebs auftritt. Die Zeitpunkte t_ν, an denen sich die Störgröße ändert, sowie die jeweiligen Werte c_ν sind nicht bekannt und dem Zufall unterworfen. Bekannt ist allein die Tatsache, dass es sich bei z um eine stückweise konstante Funktion handelt. Bei b) handelt es sich um einen Zeitverlauf, wie er etwa bei verfahrenstechnischen Prozessen auftreten könnte, wobei die zufällig schwankenden Parameter Zeitpunkt und Höhe der jeweils neuen Anfangswerte sind, während die Abklingzeitkonstante T stets dieselbe ist. In anderen Fällen kann die Störgröße vom Typ einer Sinusschwingung sein, deren Frequenz ω_0 fest ist, während Amplitude und Phasenlage sprungartig oder doch relativ schnell wechseln.

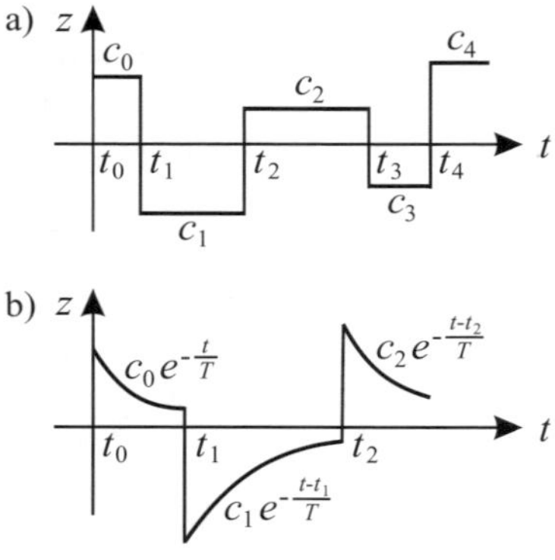

Bild 9-31: Störgrößenverläufe

In allen diesen Fällen kann die Störgröße durch eine homogene Differentialgleichung beschrieben werden. Bei Bild 9-31a ist es die einfache Differentialgleichung $\dot{z} = 0$, bei Bild 9-31b $T\dot{z} + z = 0$, im Falle des zuletzt erwähnten Beispiels die Differentialgleichung

$$\ddot{z} + \omega_0^2 z = 0. \tag{9.206}$$

Jede solche Differentialgleichung wird zu den zufälligen Zeitpunkten t_ν durch zufällige Anfangsbedingungen angeregt und erzeugt so die Störgröße z.

Bei dieser Betrachtungsweise wird die Störgröße gewissermaßen in zwei Bestandteile zerlegt: einen stochastischen Anteil in Form der Anfangsbedingung, über die man nichts Näheres weiß, und einen deterministischen Anteil in Form des typischen Kurvenverlaufs, der in der homogenen Differentialgleichung seinen quantitativen Niederschlag findet.

Bringt man die homogene Differentialgleichung in üblicher Weise auf Zustandsform (Abschnitte 7.3 und 7.4), so erhält man als *Störmodell*, d. h. als mathematische Beschreibung der Störung, im allgemeinen Fall die Zustandsgleichungen

$$\underline{\dot{x}}_m = \underline{A}_m \underline{x}_m, \tag{9.207}$$

$$\underline{z} = \underline{C}_m \underline{x}_m, \tag{9.208}$$

wobei $\underline{x}_m$ den Zustandsvektor dieser Beschreibung darstellt, während der Störvektor $\underline{z}$ als Ausgangsvektor auftritt. In der Realität wird er nicht identisch mit dem tatsächlichen Störvektor $\underline{z}$ sein, da das mathematische Modell (9.207), (9.208) die wirklichen Verhältnisse kaum *exakt* wiedergeben wird. Zur Vermeidung von Umständlichkeiten wollen wir aber auf verschiedene Symbole verzichten.

Beispielsweise lauten die Zustandsgleichungen zur homogenen Differentialgleichung (9.206)

$$\dot{x}_{m1} = x_{m2},$$
$$\dot{x}_{m2} = -\omega_0^2\, x_{m1};$$
$$z = x_{m1}.$$

Wesentlich ist die Tatsache, dass es sich bei (9.207) um eine *homogene* Zustandsdifferentialgleichung handelt, die infolgedessen nicht durch Eingangsgrößen, sondern nur durch Anfangsbedingungen angeregt wird. Dies ist der Unterschied zur Zustandsdifferentialgleichung der Strecke. Ausdrücklich sei bemerkt, dass es sich beim Störmodell im Allgemeinen um eine recht äußerliche Modellbildung handelt, die auf die Art und Weise, wie die Störung physikalisch entstanden ist, nicht eingeht. Das Störmodell ist lediglich eine Ersatzvorstellung, um den zeitlichen Verlauf der Störgröße (näherungsweise) mathematisch zu erfassen.

Fasst man nun das *Störmodell mit dem Streckenmodell* zusammen, so erhält man ein *erweitertes Streckenmodell.* Bild 9-32 zeigt seine Struktur. Fasst man die Gleichungen von Strecke und Störmodell zusammen, so entsteht

$$\underline{\dot{x}} = \underline{A}\,\underline{x} + \underline{E}\,\underline{C}_m \underline{x}_m + \underline{B}\,\underline{u},$$
$$\underline{\dot{x}}_m = \underline{A}_m \underline{x}_m,$$
$$\underline{y} = \underline{C}\,\underline{x}$$

oder

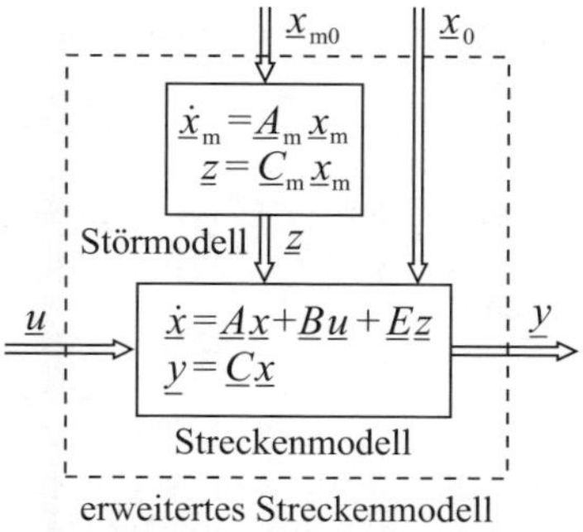

Bild 9-32: Struktur des erweiterten Streckenmodells

$$\begin{bmatrix} \underline{x} \\ \underline{x}_m \end{bmatrix}^{\cdot} = \begin{bmatrix} \underline{A} & \underline{E}\,\underline{C}_m \\ \underline{0} & \underline{A}_m \end{bmatrix} \begin{bmatrix} \underline{x} \\ \underline{x}_m \end{bmatrix} + \begin{bmatrix} \underline{B} \\ \underline{0} \end{bmatrix} \underline{u}, \tag{9.209}$$

$$\underline{y} = [\,\underline{C} \quad \underline{0}\,] \begin{bmatrix} \underline{x} \\ \underline{x}_m \end{bmatrix}. \tag{9.210}$$

Damit hat man die übliche Form der Zustandsgleichungen der Strecke, bei der als äußere Einflüsse nur der Steuervektor $\underline{u}$ und eine Anfangsbedingung, hier in Gestalt des gesamten Anfangszustands

$$\begin{bmatrix} \underline{x}_0 \\ \underline{x}_{m0} \end{bmatrix},$$

auftreten. Durch die Bildung des Störmodells hat man den Störvektor in die (erweiterte) Strecke einbezogen.

Ganz entsprechend lässt sich auch ausgehend von den Zustandsgleichungen (9.185), (9.186) für die Differenzgrößen $\underline{e}_x$ und $\underline{e}_y$ durch Ergänzung um den Störeingriff und Hinzunahme des Störmodells eine erweiterte Streckenbeschreibung angeben.

Aufbauend auf einer dieser um das Störmodell erweiterten Streckenbeschreibungen kann man nunmehr einen Beobachter mit den im Vorhergehenden entwickelten Methoden entwerfen. Dieser *Beobachter zum erweiterten Streckenmodell* wird als *Störbeobachter* bezeichnet. Denn er liefert neben dem Schätzwert $\hat{\underline{x}}$ für den Streckenzustand bzw. $\hat{\underline{e}}_x$ für die Zustandsdifferenz auch einen Schätzwert $\hat{\underline{x}}_m$ für den Störmodellzustand, aus dem in einfacher Weise über

$$\hat{\underline{z}} = \underline{C}_m \hat{\underline{x}}_m$$

ein Schätzwert für den nicht messbaren Störvektor gewonnen werden kann. Dieser strebt aufgrund des stabil entworfenen Beobachters gegen den tatsächlichen Wert $\underline{z}$ des Störvektors, soweit dieser dem Störmodell gehorcht. Der Schätzwert $\hat{\underline{z}}$ tritt dann in den zuvor entworfenen Störgrößenaufschaltungen an die Stelle von $\underline{z}$ und *ermöglicht* so *auch bei Nicht-Messbarkeit eine Störgrößenkompensation durch Aufschaltung.*

Die Struktur der so erhaltenen Zustandsregelung mit Störbeobachter und statischer Störgrößenaufschaltung zeigt Bild 9-33. Dabei wurde dem Beobachterentwurf die erweiterte Streckenbeschreibung (9.209), (9.210) zugrunde gelegt. Geht man stattdessen von der erweiterten Streckenbeschreibung unter Verwendung der Zustandsgleichungen für die Differenzgrößen aus, so kommt der Störbeobachter – ganz entsprechend zu Bild 9-28 – *nach* dem Soll-Istwert-Vergleich zu liegen und wird über die Regeldifferenz $\underline{e}_y$ angesteuert, die dann anstelle der Zustandsdifferenz $\underline{e}_x$ zu bilden ist; der restliche Aufbau bleibt unverändert. Sind einige Störgrößen messbar, so braucht man von ihnen kein Störmodell

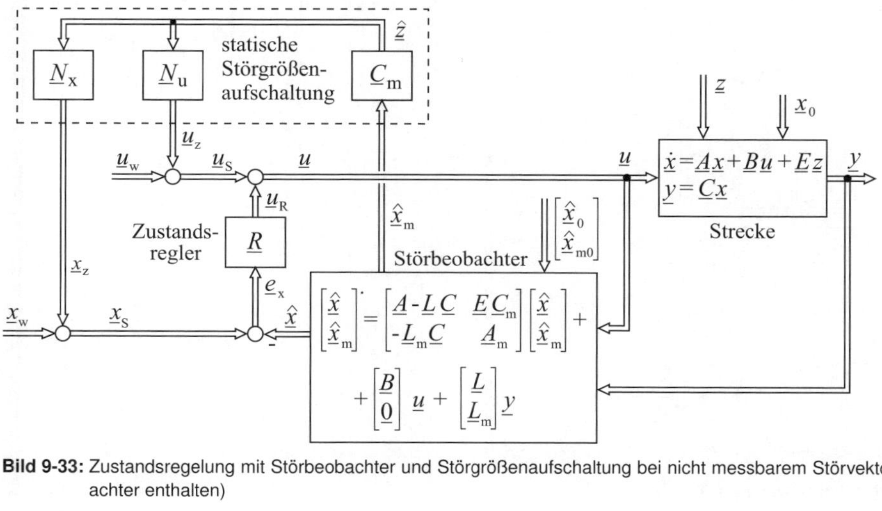

Bild 9-33: Zustandsregelung mit Störbeobachter und Störgrößenaufschaltung bei nicht messbarem Störvektor (Störmodell im Störbeobachter enthalten)

zu ihrer Mitschätzung im Beobachter herzustellen, sondern kann diese direkt zur Aufschaltung verwenden.

Den voranstehenden Betrachtungen zur Störgrößenaufschaltung liegt durchweg die (in vielen Fällen erfüllte) Annahme zugrunde, dass die Störgrößenverläufe als abschnittsweise konstant angesehen werden können oder zumindest doch so geartet sind, dass sich in jedem Abschnitt mit der Zeit Konstantwerte einstellen. Ist dies nicht der Fall, weil beispielsweise rampen- oder sinusförmige Störgrößenverläufe vorliegen, so können die Matrizen der statischen Störgrößenaufschaltung nicht mehr mit Gleichung (9.203) bestimmt werden und müssen zudem mit dem Störmodellzustandsvektor $\underline{x}_m$ bzw. dessen Schätzwert $\hat{\underline{x}}_m$ gespeist werden. Weitergehende Ausführungen über die Behandlung von Zustandsregelungen mit Störgrößen, die auch diese Fälle umfassen, findet man in einem Übersichtsaufsatz von ***G. Weihrich*** [9.48], wo auch umfangreiche Literaturangaben gemacht werden, sowie in [9.49]; Anwendungen zur Störgrößenaufschaltung sind z. B. in [9.50] und [9.51] beschrieben.

9.7.3 PI-Zustandsregelung

Wie schon aus dem Namen hervorgeht, schließt sich dieser Vorschlag zur Ausregelung von Störgrößen unmittelbar an die klassische Vorgehensweise an: Zusätzlich zur bisher rein proportional wirkenden Regelung über $\underline{R}$ führt man die im Vektor $\underline{e}_y$ zusammengefassten Regeldifferenzen über Integrierglieder zurück. Wird zur Erläuterung der prinzipiellen Zusammenhänge ein Beobachter zunächst außer Acht gelassen, ergibt sich die in Bild 9-34 dargestellte Struktur. Dabei ist zu beachten, dass $\underline{y}$ nun wieder den Vektor der Regelgrößen bezeichnet.

Der Regleranteil $\underline{u}_R$ am Steuervektor $\underline{u}$ ist jetzt durch

$$\underline{u}_R = \underline{R}\,\underline{e}_x + \underline{R}_I\,\underline{x}_I \tag{9.211}$$

gegeben, wobei der q-dimensionale Vektor $\underline{x}_I$ die aufintegrierten Regeldifferenzen enthält. Folglich genügt $\underline{x}_I$ der Differentialgleichung

$$\dot{\underline{x}}_I = \underline{e}_y = \underline{C}\,\underline{e}_x \tag{9.212}$$

und wird im Weiteren als Integriererzustandsvektor bezeichnet. $\underline{R}_I$ ist eine Konstantmatrix vom Typ (p, q) und so zu wählen, dass sie zusammen mit dem Zustandsregler $\underline{R}$ das Gesamtsystem stabilisiert. Denn dann schwingt das Gesamtsystem bei Störanregung auf einen stationären Zustand ein – *vorausgesetzt, der Störvektor $\underline{z}$ nimmt selbst einen konstanten Wert an* – und aus Gleichung (9.212) folgt, dass hierbei

$$\underline{e}_y = \underline{0}$$

gilt. Es tritt also keine bleibende Regelabweichung auf, was bedeutet, dass die *Störeinwirkung auf die Regelgrößen im eingeschwungenen Zustand beseitigt* ist.

Wenn es um die Frage der Stabilisierung geht, spielen die äußeren Größen keine Rolle, und man darf sie gleich Null setzen:

$$\underline{w} = \underline{0}, \quad \underline{z} = \underline{0}.$$

Dann gilt auch

$$\underline{u}_S = \underline{0}, \; \underline{x}_S = \underline{0}, \; \underline{y}_S = \underline{0} \quad , \quad \text{also}$$

$$\underline{u} = \underline{u}_R, \quad \underline{e}_x = -\underline{x}, \quad \underline{e}_y = -\underline{y},$$

und aus Bild 9-34 folgen als Regelkreisgleichungen:

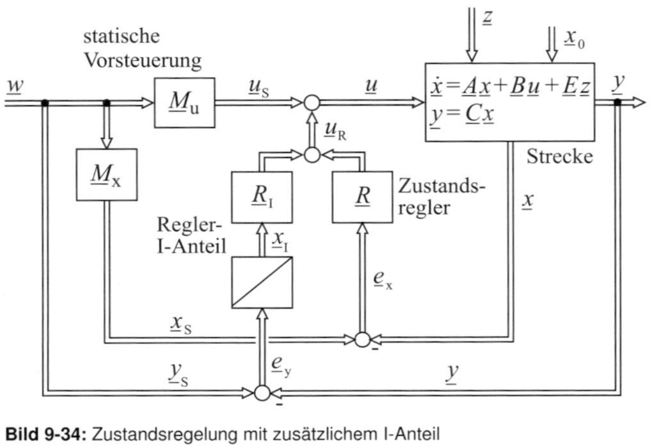

Bild 9-34: Zustandsregelung mit zusätzlichem I-Anteil

$$\begin{aligned}\dot{\underline{x}} &= \underline{A}\,\underline{x} + \underline{B}\,\underline{u}\,,\\ \dot{\underline{x}}_I &= -\underline{C}\,\underline{x}\,,\\ \underline{u} &= -\underline{R}\,\underline{x} + \underline{R}_I\,\underline{x}_I\,.\end{aligned}$$

Dafür kann man schreiben

$$\begin{bmatrix}\underline{x}\\ \underline{x}_I\end{bmatrix}^{\cdot} = \begin{bmatrix}\underline{A} & \underline{0}\\ -\underline{C} & \underline{0}\end{bmatrix}\begin{bmatrix}\underline{x}\\ \underline{x}_I\end{bmatrix} + \begin{bmatrix}\underline{B}\\ \underline{0}\end{bmatrix}\underline{u}\,, \tag{9.213}$$

(erweiterte Strecke)

$$\underline{u} = -[\,\underline{R}\,,\,-\underline{R}_I]\begin{bmatrix}\underline{x}\\ \underline{x}_I\end{bmatrix}. \tag{9.214}$$

(erweiterter Regler)

Damit ist die Zustandsregelung auf die übliche Form gebracht. Die gesamte Reglermatrix ist vom Typ $(p, n+q)$, die Dynamikmatrix der erweiterten Strecke vom Typ $(n+q, n+q)$.

Um sicher zu sein, dass man den erweiterten Regler durch Polvorgabe oder als Riccati-Regler entwerfen kann, wird man die Steuerbarkeit der erweiterten Strecke untersuchen. Dafür gilt der Satz:

Die erweiterte Strecke (9.213) ist genau dann steuerbar, wenn die ursprüngliche Strecke $(\underline{A}, \underline{B})$ steuerbar ist und überdies gilt:

$$\text{Rang}\begin{bmatrix}\underline{A} & \underline{B}\\ \underline{C} & \underline{0}\end{bmatrix} = n+q\,. \tag{9.215}$$

Der Beweis lässt sich mittels des Hautusschen Steuerbarkeitskriteriums in der Form (8.135) führen. Danach ist die erweiterte Strecke genau dann steuerbar, wenn

$$\rho = \text{Rang}\begin{bmatrix}\lambda_i\underline{I}_n - \underline{A} & \underline{0} & \underline{B}\\ \underline{C} & \lambda_i\underline{I}_q & \underline{0}\end{bmatrix}$$

den Höchstwert $n+q$ hat, und zwar für die Eigenwerte $\lambda_1, \ldots, \lambda_n$ der ursprünglichen Strecke und den durch die I-Glieder neu hinzugekommenen q-fachen Eigenwert $\lambda_0 = 0$. Da Spaltenvertauschungen den Rang nicht ändern, kann man auch schreiben

$$\rho = \text{Rang}\begin{bmatrix}\lambda_i\underline{I}_n - \underline{A} & \underline{B} & \underline{0}\\ \underline{C} & \underline{0} & \lambda_i\underline{I}_q\end{bmatrix}. \tag{9.216}$$

Setzt man zunächst $\lambda_i = 0$ ein, wobei es gleich ist, ob es sich um einen Eigenwert der ursprünglichen Strecke oder λ_0 handelt, so wird

$$\rho = \text{Rang}\begin{bmatrix}-\underline{A} & \underline{B} & \underline{0}\\ \underline{C} & \underline{0} & \underline{0}\end{bmatrix} = \text{Rang}\begin{bmatrix}-\underline{A} & \underline{B}\\ \underline{C} & \underline{0}\end{bmatrix},$$

da die Streichung von Nullspalten den Rang nicht ändert. Da weiterhin

$$\begin{bmatrix}\underline{I}_n & \underline{0}\\ \underline{0} & -\underline{I}_q\end{bmatrix}\begin{bmatrix}-\underline{A} & \underline{B}\\ \underline{C} & \underline{0}\end{bmatrix}\begin{bmatrix}-\underline{I}_n & \underline{0}\\ \underline{0} & \underline{I}_p\end{bmatrix} = \begin{bmatrix}\underline{A} & \underline{B}\\ \underline{C} & \underline{0}\end{bmatrix}$$

und die Multiplikation mit regulären Matrizen den Rang nicht ändert, ist

$$\rho = \text{Rang}\begin{bmatrix}\underline{A} & \underline{B}\\ \underline{C} & \underline{0}\end{bmatrix}.$$

Dieser Rang muss also den Höchstwert $n+q$ haben. Da es sich um eine Matrix mit $n+q$ Zeilen und $n+p$ Spalten handelt, ist das nur möglich, wenn $q \leq p$ ist – ein interessantes Zwischenresultat.

Sei nunmehr $\lambda_i \neq 0$. Dann folgt zunächst aus (9.216), dass die letzten q Zeilen dieser Matrix aufgrund des Diagonalterms $\lambda_i\underline{I}_q$ untereinander und von den ersten n Zeilen linear unabhängig sind. Es genügt daher der Nachweis, dass die ersten n Zeilen linear unabhängig sind. Mit anderen Worten: Dass die Matrix

$$\left[\lambda_i\underline{I}_n - \underline{A}\,,\;\underline{B}\right]$$

den Rang n hat. Dies ist aber nach dem Steuerbarkeitskriterium (8.135) von Hautus, diesmal angewendet auf die ursprüngliche Strecke $(\underline{A}, \underline{B})$, genau dann der Fall, wenn die Strecke steuerbar ist.

Damit ist der Satz (9.215) bewiesen. Ergänzend dazu kann man feststellen:

Die Rangbedingung in (9.215) ist nur erfüllbar, wenn $p \geq q$ ist, also die Anzahl der Regelgrößen höchstens gleich der Anzahl der Steuergrößen (bzw. Stellgrößen) ist. (9.217)

Rangbedingungen haben häufig etwas Unanschauliches, weil man nicht recht erkennen kann, welchen physikalisch-technischen Inhalt sie verbergen. Ist $p = q$, also die Anzahl der Steuergrößen gleich der Anzahl der Regelgrößen, so bedeutet sie, dass die dann quadratische Matrix

$$\begin{bmatrix}\underline{A} & \underline{B}\\ \underline{C} & \underline{0}\end{bmatrix} = \underline{P}(s=0)\,,$$

also die Rosenbrocksche Systemmatrix an der Stelle $s = 0$, regulär und somit

$$\det\underline{P}(s=0) \neq 0$$

sein muss. Den Ausführungen in Abschnitt (8.5) zufol-

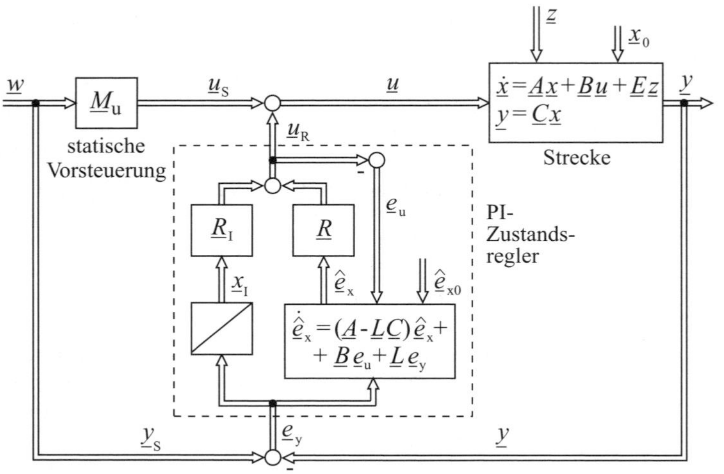

Bild 9-35: PI-Zustandsregelung bei Verwendung eines Beobachters für die Zustandsdifferenz

ge heißt dies, dass die Strecke keine invarianten Nullstellen in $s = 0$ besitzen darf – was einsichtig ist, denn ansonsten könnten diese Nullstellen im offenen Kreis Integriererpole kürzen (kompensieren) und so einer Stabilisierung durch die Regelung entziehen. Darüber hinaus besagt diese Forderung, wie im Zusammenhang mit dem Vorsteuerungsentwurf in Abschnitt 9.2 erläutert wurde, dass dann jeder gewünschte Stationärwert $\underline{y}_\infty$ des Regelvektors durch geeignete Wahl des Stationärwerts $\underline{u}_\infty$ des Steuervektors einstellbar ist. Bei einem realen System wird man dies stets zu erfüllen suchen. Daraus sieht man, dass die *Voraussetzung einer Strecke ohne invariante Nullstellen im Ursprung eine realistische Annahme* ist.

Die Beobachtbarkeit der erweiterten Strecke braucht uns an dieser Stelle nicht zu interessieren, da $\underline{y}$ voraussetzungsgemäß gemessen wird und zur Rekonstruktion eines Schätzwerts $\hat{\underline{x}}$ von $\underline{x}$ bzw. $\hat{\underline{e}}_x$ von $\underline{e}_x$ die Beobachtbarkeit der ursprünglichen Strecke ausreicht.

Die erweiterte Strecke (9.213) besitzt wegen des durch die I-Glieder bedingten q-fachen Eigenwerts in $s = 0$ im Allgemeinen nicht nur einfache Eigenwerte. Dennoch ist ihre Dynamikmatrix diagonalähnlich, sofern $\underline{A}$ einfache Eigenwerte $\neq 0$ hat, weil die I-Glieder in den Wirkungslinien *verschiedener* Regelgrößen und daher nicht in Reihe liegen (vgl. Unterabschnitt 8.1.1).

Man kann nun anhand der um die Integriererzustände erweiterten Strecke (9.213) mittels einer der früher beschriebenen Methoden den erweiterten Regler berechnen. Nach (9.214) erhält man ihn in der Form

$$\underline{R}_{erw.} = \left[\underline{R}\,,\ -\underline{R}_I\right],$$

das heißt: Den ersten n Spalten lässt sich die Zustandsreglermatrix $\underline{R}$ entnehmen und die restlichen q Spalten liefern – nach Vorzeichenumkehr – die Rückführmatrix $\underline{R}_I$ für den Integriererzustandsvektor $\underline{x}_I$.

Zur Realisierung des so bestimmten Zustandsreglers mit I-Anteil muss dann noch ein Beobachter für den Streckenzustand $\underline{x}$ oder die Zustandsdifferenz $\underline{e}_x$ entworfen und in den bisher betrachteten Aufbau nach Bild 9-34 integriert werden. Dies führt bei Verwendung eines vollständigen Beobachters für die Zustandsdifferenz $\underline{e}_x$ auf die Regelungsstruktur in Bild 9-35 (die auch mittels modellgestützt-dynamischer Vorsteuerung entsprechend Bild 9-6 aufgebaut werden kann, wenn neben dem stationären auch das dynamische Führungsverhalten per Vorsteuerung – und damit unabhängig vom PI-Zustandsregler – eingestellt werden soll).

In weitgehender Übereinstimmung mit den klassischen Regelungsstrukturen ergibt sich hier ein Regler, der allein über den Regeldifferenzvektor $\underline{e}_y$ angesteuert wird und als Parallelschaltung eines proportional wirkenden Zweigs mit einem integrierend wirkenden Zweig aufgebaut ist. Aufgrund der Ausführung des Proportionalzweigs als Zustandsregler lässt sich damit jedoch das dynamische Regelkreisverhalten wesentlich freier und umfassender einstellen, als dies mit klassischen Reglertypen möglich ist. Man denke nur an die hier beliebig in der komplexen Zahlenebene platzierbaren Regelkreispole im Unterschied zu deren Beschränkung auf die Wurzelortskurvenäste.

Vergleichen wir abschließend die Zustandsregelung mit Störgrößenaufschaltung entsprechend Bild 9-33 mit der Verwendung eines PI-Zustandsreglers entsprechend Bild 9-35. Als Erstes fällt ins Auge, dass bei der PI-Regelung die Störeingangsmatrix $\underline{E}$ weder zum Entwurf noch zur Implementierung der Regelung benötigt wird. Folglich ist es dabei unerheblich, wie viele Störungen es sind und wo sie im System angreifen. Mit anderen Worten: *Die PI-Zustandsregelung sorgt für stationäre Genauigkeit bei jeglichen auf Konstantwerte einschwingenden Störungen. Darüber hinaus sorgt sie für Robustheit der stationären Genauigkeit,* d. h. gewährleistet auch dann noch eine stationär vollständige Störungsausregelung, wenn nicht destabilisierende Abweichungen im Verhalten von realer Strecke und Entwurfsmodell auftreten, etwa aufgrund von Parameteränderungen in der Strecke oder durch vernachlässigte Streckendynamik beim Entwurf.

Im Unterschied dazu vermutet man bei der Zustandsregelung mit Störgrößenaufschaltung entsprechend Bild 9-33 zunächst andere Eigenschaften. Denn dort fließt die Störeingangsmatrix $\underline{E}$ sowohl in die Bestimmung der Aufschaltmatrizen gemäß Gleichung (9.203) als auch in den Entwurf sowie zusammen mit dem vollständigen Streckenmodell in die Implementierung des Beobachters ein. Dennoch gilt, wie in [9.49] gezeigt ist: *Die Zustandsregelung mit Störaufschaltung über einen Störbeobachter sorgt im Eingrößenfall in gleicher Weise für eine robuste Ausregelung jeglicher Konstantstörungen wie der PI-Zustandsregler und gewährleistet dies auch im Mehrgrößenfall, wenn dazu ein gegenüber den hiesigen Ausführungen leicht modifizierter Entwurf von Beobachter und Aufschaltung vorgenommen wird.*

Alles in allem ist die Zustandsregelung mit Störbeobachtung und -aufschaltung sogar der PI-Zustandsregelung überlegen. Denn Letztere bedarf zur vollständigen Störungsausregelung grundsätzlich der Messbarkeit der Regelgrößen. Dagegen kann die Zustandsregelung mit Störaufschaltung auch dann, wenn die Messgrößen – abweichend von der bisherigen Annahme – von den Regelgrößen verschieden sind, für stationäre Genauigkeit sorgen (allerdings in dieser Situation nicht mehr für deren Robustheit). Des Weiteren erlaubt sie nach [9.49] eine einfachere Vermeidung der durch einen begrenzten Aussteuerbereich der Stellglieder möglichen Probleme. Diese werden allgemein unter dem Begriff Windup zusammengefasst [9.44] und können sich in einer signifikanten Verschlechterung des Regelungsverhaltens bis hin zu dessen Instabilität äußern.

10 Entwurf robuster Regelungen

10.1 Robustheit von Regelungen

Das dem Reglerentwurf zugrunde liegende mathematische Modell eines dynamischen Systems stellt im Allgemeinen nur eine mehr oder weniger genaue Approximation der Realität dar. Dies gilt insbesondere für lineare Systemmodelle, die das reale Systemverhalten oft nur in der Nähe eines Arbeitspunkts ausreichend genau beschreiben. Darüber hinaus hängt das mathematische Modell von Systemparametern ab, die vielfach nicht genau bekannt sind oder auch im Laufe des Betriebs Schwankungen unterliegen können. Sofern solche Parameterungenauigkeiten genügend klein sind, braucht man sich beim Reglerentwurf um sie nicht besonders zu kümmern – ist es doch das Schicksal jedes realen Regelungsentwurfs, auf mathematische Präzision verzichten zu müssen.

Solche Toleranz wird jedoch unmöglich, wenn die Parameteränderungen größer werden. Betrachten wir beispielsweise die Verladebrücke aus Abschnitt 7.3 (Bild 7-6). Hier kann die Greifermasse m_G je nach aufgenommener Last ganz erheblichen Änderungen unterliegen. Auch die Seillänge ℓ kann sehr verschieden sein. Oder ein anderes Beispiel: Bei einem Flugzeug hängen die Parameter ganz wesentlich von der Geschwindigkeit und der Höhe ab, wobei letztere über den Luftdruck vor allem den Auftrieb beeinflusst.

Wie man bereits aus diesen Beispielen erkennt, kann die Parameterveränderlichkeit in zweierlei Weise in Erscheinung treten. Es kann so sein, dass die Parameter während eines Regelungsvorgangs fest sind, aber bei verschiedenen Regelungsvorgängen stark verschiedene feste Werte haben. Beispiel eines solchen Parameters ist die Greifermasse m_G. Für einen bestimmten Verladevorgang ist sie fest, kann aber bei verschiedenen Verladevorgängen ganz verschieden sein. Dagegen sind Geschwindigkeit und Höhe bei einer Flugzeugregelung Parameter, die sich während des Regelungsvorgangs kontinuierlich verändern. Diese Änderung kann langsam sein, verglichen mit der Regelungsdynamik, wie es z. B. sicherlich beim Parameter „Höhe“ der Flugzeugregelung der Fall ist. Die Änderungsgeschwindigkeit kann aber auch im Bereich der Regelungsdynamik liegen, etwa im Fall der Verladebrücke, wenn die Seillänger ℓ schnell verändert wird.

Im Folgenden wird stets die *Voraussetzung* gemacht, dass die *Änderungen der Systemparameter gegenüber den Regelungsvorgängen langsam* ablaufen, so dass man die Parameter als Konstanten ansehen darf, die allerdings verschiedene Werte annehmen können. Auf dieser Vorstellung bauen alle folgenden Betrachtungen auf. Ändern sich die Systemparameter hingegen schnell, so liegt ein zeit*variantes* System vor. Man kann auch dann versuchen, die im Folgenden beschriebenen Methoden anzuwenden – doch stehen sie dann auf schwachen Füßen, was allerdings nicht ausschließt, dass man im Einzelfall Glück hat.

Neben ungenau bekannten bzw. veränderlichen *Parametern* kann ein mathematisches Modell aber auch *strukturell* von dem realen System abweichen, indem beispielsweise kleine Zeitkonstanten bei der Modellbildung vernachlässigt wurden oder nachträglich eine Ordnungsreduktion (siehe Kapitel 8) durchgeführt wurde. In diesem Fall lassen sich die Unterschiede zwischen Modell und realem System in der Regel nicht mehr an einzelnen reellen Parametern festmachen, sondern erstrecken sich vielmehr als *dynamische Unsicherheiten* über den gesamten Frequenzbereich. Daher ist es naheliegend, diese Art von Modelabweichungen als dynamisches System zu beschreiben und beim Reglerentwurf entsprechend zu berücksichtigen. Hierzu bieten sich Frequenzbereichsentwurfsverfahren wie der H_∞-Entwurf an, auf den wir in Abschnitt 10.2 eingehen werden, während Unsicherheiten in einzelnen Systemparametern sehr einfach und transparent im Zustandsraum behandelt werden können, wie das Beispiel des Robustheitsentwurfs mittels Straffunktionen in Abschnitt 10.3 zeigt. Für beide Vorgehensweisen sind geeignete mathematische Beschreibungen der Unsicherheiten sowie der daraus abgeleiteten Entwurfsmodelle erforderlich, mit denen wir uns folglich zunächst beschäftigen müssen.

10.1.1 Robustheitsentwurf als Multi-Modell-Problem

Bezeichnet man die veränderlichen Parameter eines dynamischen Systems allgemein mit $\Theta_1, \Theta_2, \ldots, \Theta_h$, so kann man sie zu einem Vektor $\underline{\Theta}$ zusammenfassen. Betrachtet man sie als Koordinaten eines h-dimensionalen euklidischen Raums, des *Parameterraums*, so wird $\underline{\Theta}$ in einem Bereich B dieses Raums liegen, der durch die konkrete Problemstellung bestimmt ist. Im Beispiel der Verladebrücke ist $\Theta_1 = m_G$,

$\Theta_2 = \ell$. Der Parameterbereich B hat hier die Gestalt eines Rechtecks (Bild 10-1). Immer, wenn die Parameter sich unabhängig voneinander ändern, liegen sie in den Intervallen

$$m_\nu \leq \Theta_\nu \leq M_\nu, \quad \nu = 1, \ldots, h,$$

mit festen Grenzen m_ν und M_ν. Der Bereich B ist daher ein Rechteck bzw. ein Quader bzw. ein Hyperquader.

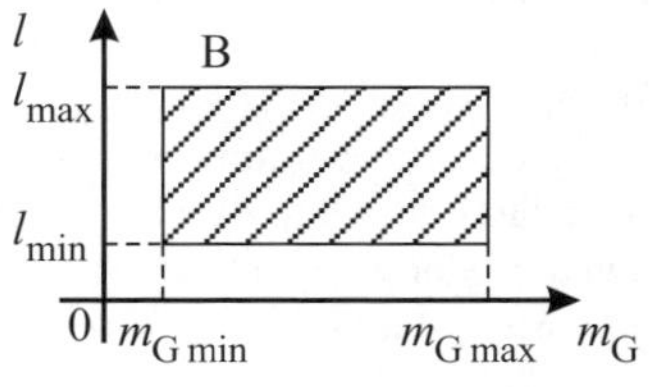

Bild 10-1: Parameterbereich der Verladebrücke

Die Zustandsdifferentialgleichung der Regelstrecke ist dann von der Form

$$\dot{\underline{x}} = \underline{A}(\underline{\Theta})\,\underline{x} + \underline{B}(\underline{\Theta})\,\underline{u}, \tag{10.1a}$$

und für die Ausgangs- bzw. Messgleichung gilt

$$\underline{y} = \underline{C}(\underline{\Theta})\,\underline{x}, \tag{10.1b}$$

da die Matrizen $\underline{A}$, $\underline{B}$ und $\underline{C}$ von den Parametern $\Theta_1, \Theta_2, \ldots, \Theta_h$ abhängen. Diese Abhängigkeit wird im Allgemeinen nichtlinear und meist stetig sein. So sind bei der Verladebrücke gemäß (7.42) drei Elemente der Matrizen $\underline{A}$ und $\underline{B}$ von den veränderlichen Parametern $\Theta_1 = m_G$ und $\Theta_2 = \ell$ abhängig:

$$a_{23} = \frac{g}{m_K}\Theta_1, \quad a_{43} = \frac{(m_K + \Theta_1)\,g}{m_K \Theta_2}, \quad b_4 = \frac{1}{m_K \Theta_2},$$

worin die letzten beiden Beziehungen nichtlinear sind.

Ist die Strecke durch eine Zustandsdarstellung vom Typ (10.1) gegeben, so besteht die *Aufgabe* darin, *einen festen Regler so zu entwerfen, dass die Regelung eine gewünschte Eigenschaft oder Gesamtheit von Eigenschaften besitzt, ganz gleich, welche Werte aus dem Parameterbereich B der Vektor* $\underline{\Theta}$ *annimmt. Die Regelung heißt dann robust hinsichtlich dieser Eigenschaft (oder Eigenschaftsgesamtheit) bezüglich der Parameteränderungen aus dem Bereich B.* Man sagt auch, der Regler erzeuge robustes Verhalten, oder kürzer, er sei ein *robuster Regler* (in dem genannten Sinn).

Die gewünschten Eigenschaften können verschiedenartig sein. Im Folgenden wird beispielsweise gefordert, dass die *Eigenwerte* $\lambda_{R1}, \ldots, \lambda_{Rn}$ *der Regelung stets in einem vorgegebenen Bereich* Γ der komplexen Ebene (links der imaginären Achse) gelegen sind. Wir wollen dann von Γ-*Stabilität* der Regelung sprechen. Ganz gleich also, welche Lage die Parametergesamtheit $\underline{\Theta}$ im Bereich B einnimmt und wie dadurch die Eigenwerte im Einzelnen verändert werden, sie sollen auf jeden Fall im Bereich Γ bleiben – so ist der Regler zu wählen. Zusätzlich wird man in der Regel verlangen, dass gewisse Gütemaße unter einer vorgegebenen Schranke bleiben. Bei einem Eingrößensystem könnte man etwa verlangen, dass die Führungssprungantwort in einem vorgeschriebenen Streifen um den Endwert verbleibt, sobald sie den Streifen einmal erreicht hat, oder aber, dass ihre Überschwingweite und Übergangszeit bestimmte Ungleichungen erfüllen.

Was den Regler angeht, so kann er eine vollständige Zustandsrückführung

$$\underline{u} = -\underline{R}\,\underline{x} \tag{10.2}$$

oder eine konstante Ausgangsrückführung (Rückführung nur der Messgrößen)

$$\underline{u} = -\underline{K}\,\underline{y} \tag{10.3}$$

oder auch ein dynamischer Regler sein, der sich beispielsweise gemäß Abschnitt 9.6.6 wiederum durch eine beobachtergestützte Zustandsregelung realisieren lässt. Alternativ lässt sich jeder lineare zeitinvariante dynamische Regler als eine konstante Ausgangsrückführung für ein entsprechend erweitertes System beschreiben, wie das Beispiel in Abschnitt 10.3.3 zeigt. Auch (10.2) kann man sich als Grenzfall in (10.3) enthalten denken. Wesentlich ist, dass die Reglerparameter *fest* sind, also weder von der Zeit noch von anderen Systemgrößen abhängen.

Wie beispielsweise in Kapitel 9 im Zusammenhang mit dem Reglerentwurf im Zustandsraum gezeigt wurde, dient die bei einer Zwei-Freiheitsgrade-Struktur neben dem Regler vorhandene Vorsteuerung (siehe Bild 1-10 und Bild 9-5) der Formung des Führungsverhaltens auf Basis eines bekannten Streckenmodells. Die Prozesskenntnis ist bei einem System mit unsicheren Parametern aber naturgemäß unvollständig und man wird daher in diesem Fall die Vorsteuerung anhand eines *Nominalmodells* der Regelstrecke entwerfen, beispielsweise für einen Parametervektor Θ_N aus der Mitte des Parameterbereichs. Der robuste Regler sorgt dann dafür, dass die aufgrund der unsicheren Parameter unvermeidlichen Regelabweichungen e möglichst gering bleiben, die Regelung auf jeden Fall aber asymptotisch stabil bleibt.

Der hiermit umschriebene Begriff der robusten Regelung auf Basis der parameterveränderlichen Zustandsdarstellung (10.1) ermöglicht die Behandlung sehr vielfältiger unterschiedlicher Modellveränderungen. Hat man beispielsweise eine sich ändernde Kennlinie $F(u)$, so wird es vielfach möglich sein, sie in der Form

$$F(u) = \Theta_1 f_1(u) + \Theta_2 f_2(u) + \ldots + \Theta_h f_h(u)$$

mit festen Funktionen $f_\nu(u)$, z. B. Potenzen, darzustellen. Dann liegt die Veränderlichkeit nur noch in den Parametern Θ_ν.

Oder um ein anderes Beispiel zu nennen: Die Modellveränderung kann im Ausfall von Sensoren bestehen, so dass gewisse Messgrößen nicht mehr zurückgeführt werden. Diesen Sachverhalt kann man durch Einführung eines modifizierten Messvektors

$$\underline{\tilde{y}} = \begin{bmatrix} \Theta_1 y_1 \\ \vdots \\ \Theta_q y_q \end{bmatrix} = \begin{bmatrix} \Theta_1 & \ldots & 0 \\ \vdots & \ddots & \vdots \\ 0 & \ldots & \Theta_q \end{bmatrix} \underline{y}$$

beschreiben, wobei für die Messgrößen mit möglichem Sensorausfall Θ_k die Werte 0 und 1 annimmt, während sonst konstant $\Theta_k = 1$ ist. Die Menge B aller möglichen $\underline{\Theta}$ besteht hier aus endlich vielen diskreten Punkten.

Man könnte auch daran denken, nicht auf einem festen Regler zu beharren, sondern die Reglerparameter als veränderlich zuzulassen, etwa in Abhängigkeit vom Streckenzustand oder auch von den Änderungen der Streckenparameter. Im erstgenannten Fall gelangt man zu strukturvariablen robusten Reglern (siehe z. B. [10.1, 10.2]), während man im letzteren Fall die Grenze zur adaptiven Regelung (siehe Kapitel 1) überschreiten würde. Dies sollte man vielleicht nicht tun, um den Begriff der robusten Regelung nicht zu verwässern. Im Folgenden werden wir zur Regelung von Strecken mit unsicheren Parameterwerten stets von einem Regler mit fester Struktur und festen Parametern gemäß (10.2) und (10.3) ausgehen. Wie oben bereits erläutert, umfasst dieser Ansatz auch fest eingestellte dynamische Regler.

Um nunmehr das Robustheitsproblem in der oben beschriebenen Form in Angriff zu nehmen, führen wir eine Vereinfachung durch, die sich durch drei Schritte charakterisieren lässt:

1) Aus dem Parameterbereich B werden einige signifikante Punkte herausgegriffen: $\underline{\Theta}_1, \ldots, \underline{\Theta}_m$. Bei einem Polygon- oder Polyederbereich können dies etwa die Ecken sein. Es kann aber durchaus sein, dass man in einem solchen Fall auch mit weniger Punkten auskommt.

   Gemäß (10.1) gehören zu diesen Punkten die Zustandsgleichungen

   $$\dot{\underline{x}} = \underline{A}_\mu \underline{x} + \underline{B}_\mu \underline{u}, \qquad (10.4a)$$

   $$\underline{y} = \underline{C}_\mu \underline{x}, \qquad \mu = 1, \ldots, m, \qquad (10.4b)$$

   mit

   $$\underline{A}_\mu = \underline{A}\left(\underline{\Theta}_\mu\right), \ \underline{B}_\mu = \underline{B}\left(\underline{\Theta}_\mu\right), \ \underline{C}_\mu = \underline{C}\left(\underline{\Theta}_\mu\right).$$

   Hierdurch wird das ursprüngliche mathematische Modell (10.1) mit einem im Allgemeinen kontinuierlich veränderlichen Parameter $\underline{\Theta}$, das also eigentlich eine Gesamtheit von unendlich vielen Modellen darstellt, durch eine Menge von endlich vielen Modellen ersetzt. Man pflegt dann von einem *Multi-Modell-System* zu sprechen.

2) Man stellt sich jetzt die Aufgabe, für das Multi-Modell-System, also für die m Modelle (10.4), *einen* robusten Regler

   $$\underline{u} = -\underline{K}\,\underline{y}$$

   zu entwerfen – einen festen Regler also, der die gewünschten Eigenschaften für *alle m* Modelle sichert. Damit liegt das so genannte *Multi-Modell-Problem* vor.

   Besteht die gewünschte Eigenschaft beispielsweise in der Γ-Stabilität, so muss der robuste Regler dafür sorgen, dass die Eigenwerte der Regelung aller m Modelle im vorgegebenen Bereich Γ der komplexen Ebene liegen, wie verschieden sie auch sonst sein mögen.

   Es ist dabei zulässig, dass der Bereich Γ aus mehreren Teilen $\Gamma_1, \Gamma_2, \ldots$ besteht, die sich auch teilweise überdecken können. So kann es angebracht sein, den verschiedenen Betriebspunkten $\underline{\Theta}_\mu$ verschiedene Bereiche Γ_μ zuzuordnen, weil verschieden gelagerte Polkonfigurationen erforderlich sind, um in sämtlichen Betriebsfällen etwa gleich günstiges dynamisches Verhalten zu erreichen.

3) Ist nun ein Regler $\underline{K}$ gefunden, welcher das Multi-Modell-Problem löst, also die gewünschten Eigenschaften für die Parametergesamtheit $\underline{\Theta}_1, \ldots, \underline{\Theta}_m$ garantiert, so wird angenommen, dass die gewünschten Eigenschaften zumindest mit einer gewissen Näherung für *sämtliche* $\underline{\Theta}$ aus dem Bereich B vorhanden sind. Handelt es sich beispielsweise um die Γ-Stabilität, so erwartet man, dass die Regelungseigenwerte für jeden Vektor $\underline{\Theta}$ aus B im Bereich Γ (oder doch in dessen unmittelbarer Nähe) liegen, weil dies aufgrund des Entwurfs für

die anfangs ausgewählten charakteristischen Werte $\underline{\Theta}_1, \ldots, \underline{\Theta}_m$ gilt.

Durch diese Annahme wird die *Lösung des Robustheitsproblems auf die Lösung eines Multi-Modell-Problems zurückgeführt.* Diese Vorgehensweise, welche durch die Stetigkeitseigenschaften der Matrizenfunktionen $\underline{A}(\underline{\Theta})$, $\underline{B}(\underline{\Theta})$, $\underline{C}(\underline{\Theta})$ motiviert wird, ist natürlich keineswegs gesichert, aber von einem pragmatischen Standpunkt aus, den der Ingenieur ja nicht selten einnehmen muss, dadurch gerechtfertigt, dass sie das Problem vereinfacht und sich in praktischen Fällen bewährt hat. Sucht man eine bessere Begründung, so muss man zur Robustheitsanalyse übergehen (***H. Kiendl***, [10.3]). Wir wollen uns jedoch mit der obigen Annahme zufrieden geben.

Zur Behandlung des Robustheitsproblems als Multi-Modell-Problem gibt es verschiedene Wege. Da ist zunächst die Methode der Gütevektoroptimierung von ***G. Kreißelmeier*** und ***R. Steinhauser***, die sich, wie von ***R. Steinhauser*** in [10.4] gezeigt wurde, unmittelbar zum Robustheitsentwurf verwenden lässt, allerdings einigen Rechenaufwand erfordern kann. Aber auch die in Abschnitt 9.3.3 vorgestellte Vollständige Modale Synthese lässt sich geradlinig zu einem Entwurfsverfahren für robuste Regler erweitern, wie in [10.5, 10.6] gezeigt wird. Ein sehr anschauliches geometrisches Verfahren, das die Gesamtheit der möglichen Lösungen liefert, ist die Parameterraummethode von ***J. Ackermann***, [10.7–10.9]. Im Abschnitt 10.3 wird ein analytisch-numerisches Verfahren beschrieben, das den Vorzug hat, schematisch anwendbar zu sein und auch bei Mehrgrößensystemen mit relativ zahlreichen veränderlichen Parametern nicht allzu viel Rechenaufwand zu verlangen.

10.1.2 Robustheitsentwurf als H_∞-Optimierungsproblem

Wie eingangs von Abschnitt 10.1 bereits erläutert, führen beispielsweise unterschiedliche Ordnungen von Modell und realem System zu dynamischen Modellabweichungen, die sich in der Regel nicht mehr mittels einzelner konstanter Parameter sinnvoll erfassen lassen, sondern besser durch eine dynamische Modellunsicherheit beschrieben werden. Um die Betrachtungen hierzu möglichst einfach zu halten, werden wir uns im Wesentlichen zunächst auf den Eingrößenfall beschränken, jedoch stets darauf achten, dass sich die dabei erzielten Ergebnisse geradlinig auf den Mehrgrößenfall übertragen lassen.

Ist das Übertragungsverhalten eines linearen zeitinvarianten Systems durch

$$Y(s) = G_S(s)U(s)$$

gegeben und bezeichnet $G_N(s)$ das hierzu vorliegende *nominale Entwurfsmodell*, so lassen sich die Abweichungen zwischen G_N und G_S offensichtlich durch die *additive Modellunsicherheit*

$$\widetilde{\Delta}_a(s) = G_S(s) - G_N(s) \tag{10.5}$$

beschreiben, d. h.

$$Y(s) = \left(G_N(s) + \widetilde{\Delta}_a(s)\right)U(s). \tag{10.6}$$

Ausklammern von $G_N(s)$ nach rechts führt weiter auf die Darstellung

$$\begin{aligned} Y(s) &= \left(1 + \widetilde{\Delta}_a(s)G_N^{-1}(s)\right)G_N(s)U(s) = \\ &= \left(1 + \widetilde{\Delta}_m(s)\right)G_N(s)U(s), \end{aligned} \tag{10.7}$$

wobei jetzt

$$\widetilde{\Delta}_m(s) = \widetilde{\Delta}_a(s)G_N^{-1}(s) = \left(G_S(s) - G_N(s)\right)G_N^{-1}(s) \tag{10.8}$$

eine *relative* bzw. *multiplikative Modellunsicherheit* bezeichnet.[1]

Nun zerlegt man $\widetilde{\Delta}_a(s)$ sowie $\widetilde{\Delta}_m(s)$ jeweils so in das Produkt zweier Übertragungsfunktionen, dass

$$\widetilde{\Delta}_a(s) = l_a(s) \cdot \Delta_a(s), \tag{10.9}$$

$$\widetilde{\Delta}_m(s) = l_m(s) \cdot \Delta_m(s) \tag{10.10}$$

gilt, wobei

$$\left|\Delta_a(j\omega)\right| \le 1, \quad \forall\omega, \tag{10.11}$$

$$\left|\Delta_m(j\omega)\right| \le 1, \quad \forall\omega, \tag{10.12}$$

ist und die zugehörigen Phasenverläufe $\angle\Delta_a(j\omega)$, $\angle\Delta_m(j\omega)$ grundsätzlich jeden Winkel zwischen 0 und 2π annehmen können. Die einzelnen Übertragungsfunktionen $l_a(s)$, $\Delta_a(s)$, $l_m(s)$ und $\Delta_m(s)$ werden als stabil, $l_a(s)$ und $l_m(s)$ darüber hinaus als minimalphasig vorausgesetzt.

1 Bei einem Eingrößensystem ist $(1+\widetilde{\Delta}_m)G_N = G_N(1+\widetilde{\Delta}_m)$, während man im Mehrgößenfall zwischen der multiplikativen Eingangsunsicherheit $\underline{G}_N(\underline{I}+\widetilde{\underline{\Delta}}_m)$ und der multiplikativen Ausgangsunsicherheit $(\underline{I}+\widetilde{\underline{\Delta}}_m)\underline{G}_N$ unterscheiden muss [10.10]. Da wir uns im Folgenden jedoch nur mit der multiplikativen Ausgangsunsicherheit beschäftigen wollen, können wir auf diese Unterscheidung verzichten.

Damit lassen sich (10.6) und (10.7) schließlich in der Form

$$Y(s) = \Big(G_N(s) + l_a(s)\cdot\Delta_a(s)\Big)U(s), \quad \|\Delta_a(s)\|_\infty \le 1, \tag{10.13}$$

$$Y(s) = \Big(1 + l_m(s)\cdot\Delta_m(s)\Big)G_N(s)U(s), \quad \|\Delta_m(s)\|_\infty \le 1, \tag{10.14}$$

schreiben, da in (10.11), (10.12) nur der Maximalwert des Betrags massgeblich ist und dieser gemäß (11.132) gerade durch die H_∞-Norm geliefert wird.

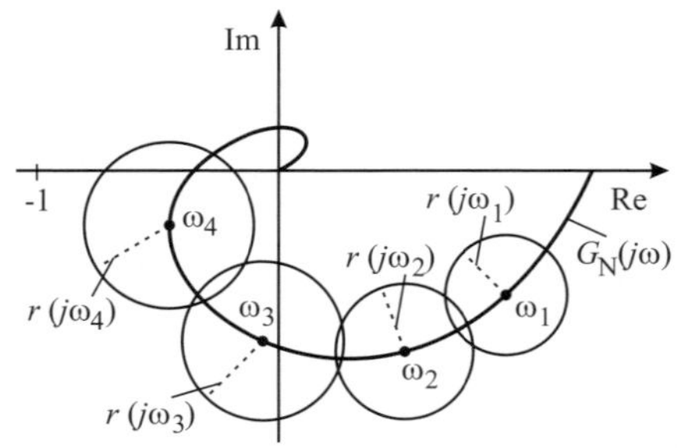

Bild 10-2: Schwankungsbereich des Ortskurvenverlaufs eines mit normierten Unsicherheiten behafteten Systems: $r(j\omega) = |l_a(j\omega)|$ bei additiver Unsicherheit bzw. $r(j\omega) = |l_m(j\omega)G_N(j\omega)|$ bei multiplikativer Unsicherheit.

Wie Bild 10-2 zeigt, erzeugen die normierten Unsicherheiten $\Delta_a(s)$ und $\Delta_m(s)$ für jede Frequenz ω einen kreisförmigen Unsicherheitsbereich um die Ortskurve $G_N(j\omega)$ des Nominalmodells, dessen Radius $r(j\omega)$ durch $\big|l_a(j\omega)\big|$ bzw. $\big|l_m(j\omega)G_N(j\omega)\big|$ festgelegt wird. Mittels der als stabil und minimalphasig vorausgesetzten R-Glieder $l_a(s)$ und $l_m(s)$ werden die gemäß (10.13), (10.14) normierten Unsicherheiten Δ_a und Δ_m frequenzabhängig gewichtet.

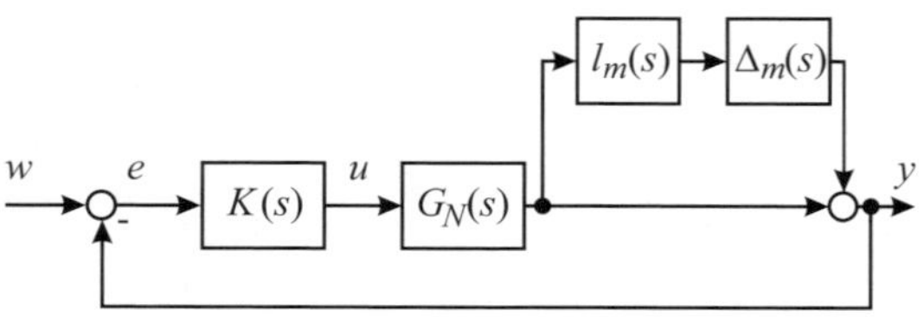

Bild 10-3: Regelkreis mit multiplikativer Unsicherheit

Damit können wir nun in wenigen Schritten ein Stabilitätskriterium für den mit der multiplikativen Unsicherheit $\Delta_m(s)$ behafteten Regelkreis in Bild 10-3 herleiten. Setzen wir dazu neben $l_m(s)$ vereinfachend auch die Stabilität des nominalen offenen Kreises $F_{oN}(s) = G_N(s)K(s)$ voraus, so ist der unsicherheitsbehaftete offene Regelkreis $F_o(s) = \big(1 + l_m(s)\cdot\Delta_m(s)\big)F_{oN}(s)$ stabil, und wir dürfen die spezielle Form des Nyquist-Kriteriums (3.94) auf den Regelkreis in Bild 10-3 anwenden. Der geschlossene Regelkreis ist demnach genau dann für alle zulässigen Unsicherheiten stabil, wenn jede mögliche Ortskurve $z = F_o(j\omega)$ innerhalb des Unsicherheitsbereichs den Punkt -1 weder umschließt noch durchdringt.

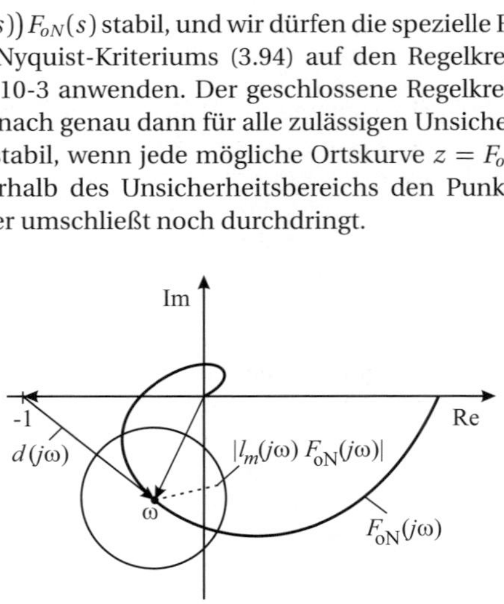

Bild 10-4: Anwendung des Nyquist-Kriteriums auf den Regelkreis mit multiplikativer Unsicherheit

Gemäß Bild 10-4 ist dies genau dann der Fall, wenn der Abstand $\big|d(j\omega)\big| = \big|1 + F_{oN}(j\omega)\big|$ zwischen dem Punkt -1 und dem aktuellen Punkt $F_{oN}(j\omega) = G_N(j\omega)K(j\omega)$ auf der nominalen Ortskurve stets größer als der Radius $\big|l_m(j\omega)F_{oN}(j\omega)\big|$ ist. Damit haben wir die Stabilitätsbedingung

$$\big|1 + F_{oN}(j\omega)\big| > \big|l_m(j\omega)F_{oN}(j\omega)\big|, \quad \forall\omega,$$

die sich weiter zu

$$\left|\frac{l_m(j\omega)F_{oN}(j\omega)}{1 + F_{oN}(j\omega)}\right| < 1, \quad \forall\omega, \quad \text{bzw.}$$

$$\left\|\frac{l_m(s)F_{oN}(s)}{1 + F_{oN}(s)}\right\|_\infty = \|F_K(s)\|_\infty < 1 \tag{10.15}$$

umformen lässt. Dabei ist offensichtlich

$$F_K(s) = \frac{l_m(s)F_{oN}(s)}{1 + F_{oN}(s)} = l_m(s)F_w(s)$$

stabil, wenn der geschlossene nominale Regelkreis stabil ist, denn

$$F_w(s) = \frac{F_{oN}(s)}{1 + F_{oN}(s)}$$

ist gerade die Führungsübertragungsfunktion des nominalen Regelkreises und $l_m(s)$ nach Voraussetzung ein stabiles minimalphasiges Übertragungsglied.

Diese für die weiteren Untersuchungen wichtige Eigenschaft von $F_K(s)$ gilt auch dann, wenn man die obigen Betrachtungen an Stelle von (10.14) mit der addi-

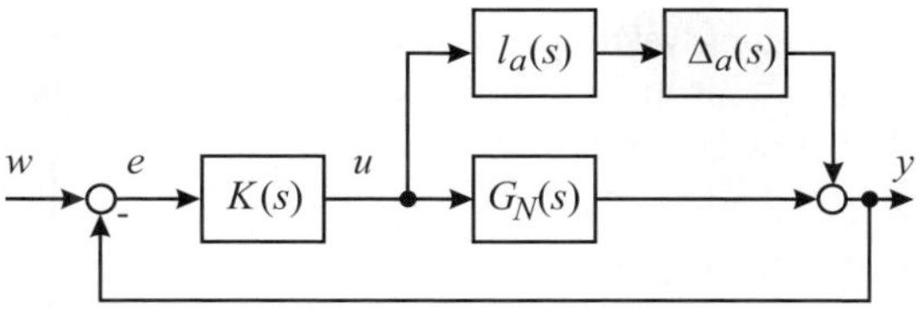

Bild 10-5: Regelkreis mit additiver Unsicherheit

tiven Unsicherheitsbeschreibung (10.13) durchführt. Dann erhält man für den Regelkreis in Bild 10-5 entsprechend zu (10.15) die Bedingung

$$\left\| \frac{l_a(s)K(s)}{1+F_{oN}(s)} \right\|_\infty = \|F_K(s)\|_\infty < 1\,, \tag{10.16}$$

wobei jetzt

$$F_K(s) = l_a(s)\frac{K(s)}{1+F_{oN}(s)} = l_a(s)F_{uw}(s)$$

die mit $l_a(s)$ gewichtete Übertragungsfunktion $F_{uw}(s)$ des nominalen Regelkreises zwischen der Führungsgröße w und der Stellgröße u ist.

Eine dritte, in der Literatur zur H_∞-Regelung häufig verwendete Unsicherheitsbeschreibung (siehe z. B. [10.10, 10.11]) basiert auf der sogenannten *links-koprimen Faktorisierung* einer Übertragungsfunktion, die wir daher im Folgenden als *faktorisierte Unsicherheitsbeschreibung* bezeichnen wollen.

Im Eingrößenfall ist die links-koprime Faktorisierung einer Übertragungsfunktion $G(s)$ durch deren Zerlegung

$$G(s) = M^{-1}(s)N(s)$$

in das Produkt zweier gebrochen-rationaler Übertragungsfunktionen $M^{-1}(s)$ und $N(s)$ gegeben, wobei $M(s)$ und $N(s)$ jeweils asymptotisch stabile, propere[2] Übertragungsfunktionen sind. Das Adjektiv *koprim* bringt dabei zum Ausdruck, dass die Zähler von $N(s)$ und $M(s)$ keine gemeinsamen Nullstellen in der rechten s-Halbebene besitzen dürfen, die sich bei der Bildung von $G(s) = M^{-1}(s)N(s)$ kürzen würden. Diese Anforderung lässt sich durch die zu erfüllende *Bezout-Identität*

$$N(s)P(s) + M(s)Q(s) = 1$$

ausdrücken, wobei $P(s)$ und $Q(s)$ asymptotisch stabile Übertragungsfunktionen sind.

2 Zur Definition des Begriffs 'proper' siehe Seite 50.

Offensichtlich ist die links-koprime Faktorisierung damit aber dennoch nicht eindeutig festgelegt. Beispielsweise ist für die Übertragungsfunktion

$$G(s) = \frac{s+2}{(s+1)(s+3)}$$

sowohl

$$M(s) = 1, \quad N(s) = G(s)$$

als auch

$$M(s) = \frac{s+1}{s+2}, \quad N(s) = \frac{1}{s+3}$$

eine gültige koprime Faktorisierung. Darüber hinaus ist bei bekanntem $N(s)$ und $M(s)$ auch $\widetilde{N}(s) = T(s)N(s)$ und $\widetilde{M}(s) = T(s)M(s)$ eine gültige links-koprime Faktorisierung von $G(s)$, wobei $T(s)$ jede beliebige asymptotisch stabile und minimalphasige Übertragungsfunktion mit gleichem Zähler- und Nennergrad sein darf,[3] denn

$$\begin{aligned}\widetilde{M}^{-1}(s)\widetilde{N}(s) &= \big(T(s)M(s)\big)^{-1}\big(T(s)N(s)\big) = \\ &= M^{-1}(s)T^{-1}(s)T(s)N(s) = M^{-1}(s)N(s).\end{aligned}$$

Zu beachten ist auch, dass bei einem Eingrößensystem stets $M^{-1}(s)N(s) = N(s)M^{-1}(s)$ gilt, während man im Mehrgrößenfall zwischen der links-koprimen Faktorisierung $\underline{G}(s) = \underline{M}_\ell^{-1}(s)\underline{N}_\ell(s)$ und der rechts-koprimen Faktorisierung $\underline{G}(s) = \underline{N}_r(s)\underline{M}_r^{-1}(s)$ unterscheiden muss, da die Matrizenmultiplikation bekanntlich nicht kommutativ ist. Da wir im Folgenden lediglich die links-koprime Faktorisierung

$$\underline{G}(s) = \underline{M}^{-1}(s)\underline{N}(s) \tag{10.17}$$

verwenden, können wir auf diese Unterscheidung verzichten. Darüber hinaus wollen wir von einer *normalisierten Faktorisierung* $\underline{\widetilde{M}}(s) = \underline{T}(s)\underline{M}(s)$, $\underline{\widetilde{N}}(s) = \underline{T}(s)\underline{N}(s)$ ausgehen, wobei $\underline{T}(s)$ so gewählt ist, dass

$$\underline{\widetilde{M}}(s)\underline{\widetilde{M}}^T(-s) + \underline{\widetilde{N}}(s)\underline{\widetilde{N}}^T(-s) = \underline{I} \tag{10.18}$$

gilt. Aus (11.132) und (11.122) folgt damit für die H_∞-Norm von $\left[\underline{\widetilde{M}}(s)\;\; \underline{\widetilde{N}}(s)\right]$:

3 Übertragungsfunktionen mit dieser Eigenschaft werden auch als *Einheiten* bzw. im Falle von Matrizen $\underline{T}(s)$ als unimodular bezeichnet [10.11]. Die Inverse einer Einheit bzw. sämtliche Elemente der Inversen einer unimodularen Matrix sind wieder asymptotisch stabile und minimalphasige Übertragungsfunktion mit gleichem Zähler- und Nennergrad.

$$\left\| \left[\underline{\widetilde{M}}(s)\ \underline{\widetilde{N}}(s) \right] \right\|_\infty = \sup_\omega \bar{\sigma}\left(\left[\underline{\widetilde{M}}(j\omega)\ \underline{\widetilde{N}}(j\omega) \right] \right) =$$
$$= \sup_\omega \sqrt{\lambda_{\max}\left(\underline{\widetilde{M}}(j\omega)\underline{\widetilde{M}}^T(-j\omega) + \underline{\widetilde{N}}(j\omega)\underline{\widetilde{N}}^T(-j\omega) \right)} =$$
$$= \sup_\omega \sqrt{\lambda_{\max}(\underline{I})} = 1\,. \tag{10.19}$$

In gleicher Weise lässt sich leicht die Gültigkeit von

$$\left\| \underline{F}(s) \cdot \left[\underline{\widetilde{M}}(s)\ \underline{\widetilde{N}}(s) \right] \right\|_\infty = \|\underline{F}(s)\|_\infty \tag{10.20}$$

zeigen, d. h. die H_∞-Norm ändert sich nicht, wenn man eine beliebige Übertragungsmatrix $\underline{F}(s)$ von rechts mit $\left[\underline{\widetilde{M}}(s)\ \underline{\widetilde{N}}(s) \right]$ multipliziert.

Kehren wir nun wieder zum Eingrößenfall zurück. Was die faktorisierte Unsicherheitsmodellierung betrifft, so wird diese in der Form

$$G(s) = \left(\widetilde{M}(s) + \Delta_{\widetilde{M}}(s) \right)^{-1} \left(\widetilde{N}(s) + \Delta_{\widetilde{N}}(s) \right) \tag{10.21}$$

angesetzt, d. h. sowohl $\widetilde{M}(s)$ als auch $\widetilde{N}(s)$ werden jeweils mit einer normbeschränkten additiven Unsicherheit $\|\Delta_{\widetilde{M}}\|_\infty \le \epsilon_{\widetilde{M}}$ bzw. $\|\Delta_{\widetilde{N}}\|_\infty \le \epsilon_{\widetilde{N}}$ beaufschlagt. Damit ermöglicht die faktorisierte Unsicherheitsmodellierung eine sehr weitreichende Berücksichtigung von Unsicherheiten sowohl bezüglich der Anzahl als auch bezüglich der Lage der Pole und Nullstellen eines Systems. So resultiert etwa in dem obigen Zahlenbeispiel für

$$N(s) = \frac{1}{s+3} \quad \text{und} \quad \Delta_N(s) = -0{,}2$$

wegen

$$N(s) + \Delta_N(s) = -\frac{0{,}2(s-2)}{s+3}$$

eine zusätzliche Nullstelle in der rechten s-Halbebene, d. h. ein nichtminimalphasiges System.

Wegen

$$\left(\widetilde{M}(s) + \Delta_{\widetilde{M}}(s) \right)^{-1} = \left(1 + \widetilde{M}^{-1}(s)\Delta_{\widetilde{M}}(s) \right)^{-1} \widetilde{M}^{-1}(s)$$

lässt sich der Faktor $\left(\widetilde{M} + \Delta_{\widetilde{M}}\right)^{-1}$ in (10.21) auch als Rückkopplung von $\widetilde{M}^{-1}$ über die Unsicherheit $\Delta_{\widetilde{M}}$ darstellen. Somit ergibt sich für den Regelkreis mit faktorisierter Unsicherheit die in Bild 10-6 dargestellte Struktur.

Die beiden strichlierten Blöcke fassen hierin den geschlossenen nominalen Regelkreis mit dem Übertragungsvektor $\underline{F}_K(s)$ und die Unsicherheit mit dem Übertragungsvektor $\underline{\Delta}(s)$ zusammen. Als Eingang von $\underline{F}_K(s)$ tritt die in Bild 10-6 eingeführte Größe $-\tilde{u}$ und als Ausgang der Vektor $[y, u]^T$ auf:

$$\begin{bmatrix} Y \\ U \end{bmatrix} = \underline{F}_K(s) \cdot (-\tilde{U})\,.$$

Für den Übertragungsvektor $\underline{F}_K(s)$ erhält man aus Bild 10-6 unmittelbar

$$\underline{F}_K(s) = \begin{bmatrix} 1 \\ -K(s) \end{bmatrix} \left(1 + \widetilde{M}^{-1}(s)\widetilde{N}(s)K(s) \right)^{-1} \widetilde{M}^{-1}(s)$$
$$= \begin{bmatrix} 1 \\ -K(s) \end{bmatrix} \left(1 + G(s)K(s) \right)^{-1} \widetilde{M}^{-1}(s)\,. \tag{10.22}$$

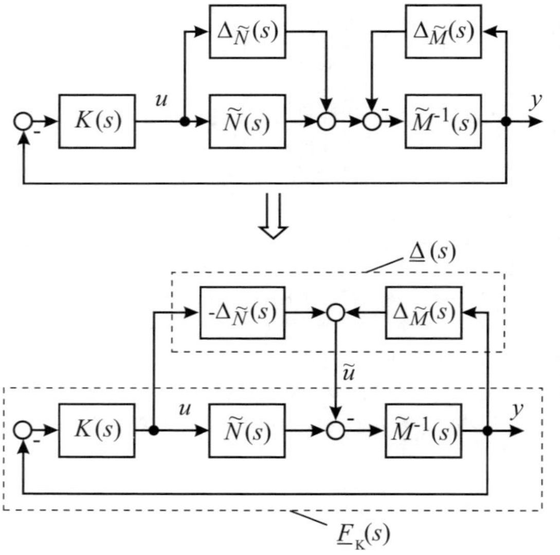

Bild 10-6: Regelkreis mit faktorisierter normbeschränkter Unsicherheit

Für die Unsicherheit $\underline{\Delta}(s)$ liest man aus Bild 10-6 ab:

$$\tilde{U} = \underline{\Delta}(s)^T \begin{bmatrix} Y \\ U \end{bmatrix} \quad \text{mit} \quad \underline{\Delta}^T = [\Delta_{\widetilde{M}}\ \ -\Delta_{\widetilde{N}}]\,.$$[4]

Damit erhält man schließlich aus Bild 10-6 die Rückkopplungsstruktur in Bild 10-7 mit

$$\tilde{U} = \underline{\Delta}(s)^T \cdot \underline{F}_K(s) \cdot (-\tilde{U}) = F_{o\Delta}(s) \cdot (-\tilde{U})\,,$$

worin

4 Für die H_∞-Norm von $\underline{\Delta}$ folgt dann aus (11.133) $\|\underline{\Delta}\|_\infty \le \epsilon$ mit $\max\{\epsilon_{\widetilde{M}}, \epsilon_{\widetilde{N}}\} \le \epsilon \le \sqrt{2}\max\{\epsilon_{\widetilde{M}}, \epsilon_{\widetilde{N}}\}$

$$F_{o\Delta}(s) = \underline{\Delta}(s)^T \cdot \underline{F}_K(s)$$

die Übertragungsfunktion des *offenen unsicheren Regelkreises* ist.

Betrachten wir unter diesem Aspekt Bild 10-3 nochmals etwas genauer und bezeichnen mit $\tilde{u}$ den Ausgang des Blocks $\Delta_m(s)$, so lässt sich mit

$$F_K(s) = \frac{l_m(s) F_{oN}(s)}{1 + F_{oN}(s)} \quad \text{und} \quad \Delta(s) = \Delta_m(s)$$

auch der dort dargestellte Regelkreis mit multiplikativer Unsicherheit in eine solche Form überführen. Gleiches gilt für den Regelkreis mit additiver Modellunsicherheit in Bild 10-5, wobei dann

$$F_K(s) = \frac{l_a(s) K(s)}{1 + F_{oN}(s)} \quad \text{und} \quad \Delta(s) = \Delta_a(s)$$

ist.

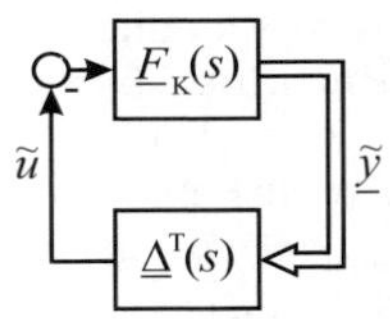

Bild 10-7: Regelkreis mit unstrukturierter normbeschränkter Unsicherheit

Ist $\underline{\Delta}^T(s)$ stabil, so gilt dies offensichtlich auch für den offenen Regelkreis $F_{o\Delta}(s) = \underline{\Delta}^T(s) \cdot \underline{F}_K(s)$ in Bild 10-7, da wir den über $K(s)$ geschlossenen nominalen Regelkreis $\underline{F}_K(s)$ sinnvollerweise als intern stabil voraussetzen dürfen. Nach dem Nyquist-Kriterium (3.94) ist der geschlossene Regelkreis daher genau dann für alle zulässigen Unsicherheiten $\|\underline{\Delta}(s)\|_\infty \leq \epsilon$ stabil, wenn jede mögliche Ortskurve $z = F_{o\Delta}(j\omega) = \underline{\Delta}^T(j\omega)\underline{F}_K(j\omega)$ den Punkt -1 weder umschließt noch durchdringt. Da jedoch voraussetzungsgemäß die Unsicherheit $\underline{\Delta}^T(j\omega)$ für jede Frequenz ω jede beliebige Phase annehmen darf, können wir dies nur dann sicher ausschließen, wenn die Ortskurve $z = F_{o\Delta}(j\omega)$ stets innerhalb des Einheitskreises der komplexen z-Ebene verläuft.

Damit erhalten wir die Stabilitätsbedingung

$$\left|F_{o\Delta}(j\omega)\right| = \left|\underline{\Delta}^T(j\omega) \cdot \underline{F}_K(j\omega)\right| < 1, \quad \forall \omega,$$

und diese ist wegen der vorausgesetzten Stabilität von $\underline{\Delta}(s)$ und $\underline{F}_K(s)$ wieder äquivalent zu

$$\|\underline{\Delta}^T(s) \cdot \underline{F}_K(s)\|_\infty < 1.^5 \tag{10.23}$$

Gemäß Abschnitt 11.3.12.3 ist die H_∞-Norm submultiplikativ, also

$$\|\underline{\Delta}^T(s) \cdot \underline{F}_K(s)\|_\infty \leq \|\underline{\Delta}(s)\|_\infty \cdot \|\underline{F}_K(s)\|_\infty,$$

und daher folgt mit $\|\underline{\Delta}(s)\|_\infty \leq \epsilon$

$$\|\underline{\Delta}^T(s) \cdot \underline{F}_K(s)\|_\infty \leq \|\underline{\Delta}(s)\|_\infty \cdot \|\underline{F}_K(s)\|_\infty \leq \epsilon \cdot \|\underline{F}_K(s)\|_\infty.$$

Fordert man nun $\epsilon \cdot \|\underline{F}_K(s)\|_\infty < 1$, also

$$\|\underline{F}_K(s)\|_\infty < \gamma \quad \text{mit} \quad \gamma = \frac{1}{\epsilon}, \tag{10.24}$$

so ist die Stabilitätsbedingung (10.23) sicher erfüllt.

Wie ein Blick auf (10.15) und (10.16) zeigt, sind die beiden dort angegebenen Bedingungen wegen $\|\Delta_a(s)\|_\infty \leq 1$ und $\|\Delta_m(s)\|_\infty \leq 1$ für $\epsilon = 1$ als Spezialfall in (10.24) enthalten, d. h. (10.24) umfasst bei entsprechender Wahl von $\underline{F}_K$ alle bisher betrachteten Unsicherheitsbeschreibungen und kann somit als Basis für den Robustheitsentwurf dienen.

Das Ziel besteht dabei darin, unter sämtlichen Reglern $K(s)$, die den nominalen Regelkreis $\underline{F}_K(s)$ stabilisieren, denjenigen zu finden, der dessen H_∞-Norm minimiert, d. h.

$$\min_K \|\underline{F}_K(s)\|_\infty = \gamma_{\min} = \frac{1}{\epsilon_{\max}}, \tag{10.25}$$

um auf diese Weise die obere Schranke $\epsilon_{\max}$ für die H_∞-Norm von $\underline{\Delta}(s)$ zu maximieren. In diesem Sinne ist also der durch Minimierung von $\|\underline{F}_K(s)\|_\infty$ in (10.25) gesuchte optimale Regler *maximal robust*, denn er garantiert die Stabilität des unsicheren Regelkreises für die maximal zulässige Norm $\|\underline{\Delta}(s)\|_\infty < \epsilon_{\max}$ der Unsicherheiten.

Da die H_∞-Norm gemäß (11.132) für alle asymptotisch stabilen properen Übertragungsmatrizen $\underline{F}_K(s)$ mit einer beliebigen Anzahl von Ein- und Ausgangsgrößen definiert ist, gelten (10.24) und (10.25) unmittelbar auch für den Mehrgrößenfall, so dass wir die weiteren Betrachtungen nicht mehr auf Eingrößensysteme zu beschränken brauchen. Dazu sind lediglich die jeweiligen Übertragungsfunktionen bzw. Übertragungsvektoren durch Übertragungsmatrizen $\underline{F}_K(s)$ und $\underline{K}(s)$ zu ersetzen.

5 Diese Beziehung gilt letztlich für jede Matrixnorm und ist in allgemeiner Form in der Literatur [10.10, 10.11] auch als *Small Gain Theorem* oder *Satz der kleinen Verstärkungen* bekannt.

10.2 H_∞-Entwurf robuster Regelungen

Neben der Stabilität müssen natürlich auch beim Entwurf robuster Regler die in Abschnitt 6.2 diskutierten Anforderungen an die Dynamik und stationäre Genauigkeit des Regelkreises Berücksichtigung finden.

Wie die Untersuchungen in den Abschnitten 3.9 und 6.2 gezeigt haben, lässt sich die stationäre Genauigkeit durch Einfügen eines I-Glieds im Regler, d. h. durch eine strukturelle Synthesemaßnahme sicherstellen.

Was die Anforderungen an die Dynamik betrifft, so werden diese in Abschnitt 10.3 beim Robustheitsentwurf mittels Straffunktionen auf Basis einer Polbereichsvorgabe in ein entsprechend gewähltes Polgebiet Γ übersetzt. Der H_∞-Entwurf basiert dagegen auf der Minimierung der H_∞-Norm einer Übertragungsmatrix $\underline{F}_K(s)$, so dass Vorgaben an die Regelkreisdynamik in diese Übertragungsmatrix integriert werden müssen. Dies erfolgt üblicherweise durch die Wahl geeigneter Gewichtungsmatrizen $\underline{W}_i(s)$, mit denen die verschiedenen Übertragungspfade des Regelkreises frequenzabhängig gewichtet werden. Dabei unterscheidet man zwischen „Closed Loop Shaping"- und „Open Loop Shaping"-Verfahren.

Bei den „Closed Loop Shaping"-Verfahren werden einzelne Übertragungsfunktionen des geschlossenen Regelkreises, beispielsweise die Führungs- oder Störübertragungsfunktion, mit Gewichtungen versehen, während die „Open Loop Shaping"-Verfahren den Frequenzgang des offenen Regelkreises gewichten. Damit weisen die „Open Loop Shaping"-Verfahren eine unmittelbare Analogie zum Frequenzkennlinienverfahren in Abschnitt 6.6 auf. Darüber hinaus lässt sich in diesem Fall für die faktorisierte Unsicherheitsbeschreibung eine analytische Lösung des Entwurfsproblems angeben, so dass wir uns im Folgenden auf diesen Anwendungsfall beschränken wollen. Zwar existieren unter recht allgemeinen Voraussetzungen stets analytische Lösungen für die Berechnung eines den nominalen Regelkreis $\underline{F}_K(s)$ stabilisierenden Reglers $\underline{K}(s)$, der dessen H_∞-Norm unter einer vorgegebenen Schranke γ hält [10.12, 10.13], aber der Wert $\gamma_{\min}$ für die kleinste obere Schranke der H_∞-Norm ist in der Regel nicht bekannt und muss daher im Rahmen einer sogenannten γ-*Iteration* bestimmt werden. Weiterführende Betrachtungen zum allgemeinen H_∞-Entwurf können in [10.10, 10.11, 10.14] nachgelesen werden. Eine kompakte Einführung in den Reglerentwurf mittels H_∞-Minimierung findet sich z. B. in [10.15, 10.16].

10.2.1 NLKF-Entwurf robuster Regelungen

Der sogenannte NLKF-Entwurf robuster Regelungen basiert auf der in Abschnitt 10.1.2 in Verbindung mit der faktorisierten Unsicherheitsbeschreibung (10.21) eingeführten normalisierten links-koprimen Faktorisierung. Die Bedingung (10.24) für robuste Stabilität des geschlossenen Regelkreises wurde mit (10.25) bereits in ein H_∞-Optimierungsproblem der Übertragungsmatrix $\underline{F}_K(s)$ des geschlossenen nominalen Regelkreises überführt, so dass wir lediglich noch die Anforderungen an den Verlauf des Frequenzgangs $\underline{G}_N(s)\underline{K}(s)$ des offenen Regelkreises durch Gewichtungsmatrizen $\underline{W}_e(s)$ und $\underline{W}_a(s)$ am Ein- und/oder Ausgang der nominalen Regelstrecke berücksichtigen müssen, d. h an Stelle von $\underline{G}_N(s)$ wird für den Entwurf die mit den Gewichtungen erweiterte Strecke

$$\underline{G}_e(s) = \underline{W}_a(s)\underline{G}_N(s)\underline{W}_e(s) = \underline{\widetilde{M}}_e(s)^{-1}\underline{\widetilde{N}}_e(s) \tag{10.26}$$

zugrunde gelegt, für die dann ein maximal robuster Regler $\underline{K}_e(s)$ durch Minimierung von $\|\underline{F}_K(s)\|_\infty$ gemäß (10.25) gesucht wird. Günstigerweise erfordert der NLKF-Entwurf dabei keine γ-Iteration, denn in diesem Fall existiert eine analytische Lösung für die obere Schranke $\epsilon_{\max} = 1/\gamma_{\min}$ der maximal zulässigen H_∞-Norm $\|\underline{\Delta}(s)\|_\infty < \epsilon_{\max}$ der Unsicherheiten.

Wie man sich anhand von Bild 10-8 unmittelbar klarmacht, können die Ein- und Ausgangsgewichtungen anschließend dem Regler zugeschlagen werden, so dass letztlich der Regler

$$\underline{K}(s) = \underline{W}_e(s)\underline{K}_e(s)\underline{W}_a(s) \tag{10.27}$$

zu realisieren ist. Dessen Ordnung erhöht sich somit gegenüber der Ordnung von $\underline{K}_e(s)$ um die jeweiligen Ordnungen von $\underline{W}_e(s)$ und $\underline{W}_a(s)$.[6] Diese sollten daher möglichst niedrig gewählt werden. Darüber hinaus reichen in der Regel diagonale Gewichtungsmatrizen völlig aus.

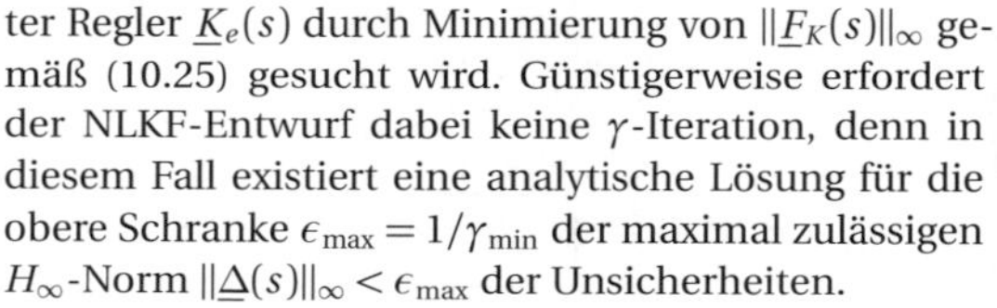

Bild 10-8: „Open Loop Shaping" mittels $\underline{W}_e(s)$ und $\underline{W}_a(s)$.

Die Berechnung eines die Strecke $\underline{G}_e(s)$ stabilisierenden, maximal robusten Reglers $\underline{K}_e(s)$ erfolgt dann auf

6 Genauere Betrachtungen hierzu finden sich in der Fußnote 8 auf Seite 387.

Basis von (10.25) mit $\underline{F}_K(s)$ gemäß (10.22). Wegen (10.20) gilt aber

$$\left\|\underline{F}_K(s)\right\|_\infty = \left\|\underline{F}_K(s)\cdot\left[\underline{\widetilde{M}}_e(s)\ \underline{\widetilde{N}}_e(s)\right]\right\|_\infty,$$

so dass unter Beachtung von (10.26) an Stelle von $\underline{F}_K(s)$ auch

$$\begin{aligned}\underline{\widetilde{F}}_K(s) &= \underline{F}_K(s)\cdot\left[\underline{\widetilde{M}}_e(s)\ \underline{\widetilde{N}}_e(s)\right] = \\ &= \begin{bmatrix}\underline{I}\\ -\underline{K}_e(s)\end{bmatrix}\left(\underline{I}+\underline{G}_e(s)\underline{K}_e(s)\right)^{-1}\underline{\widetilde{M}}_e^{-1}(s)\cdot\left[\underline{\widetilde{M}}_e(s)\ \underline{\widetilde{N}}_e(s)\right] = \\ &= \begin{bmatrix}\underline{I}\\ -\underline{K}_e(s)\end{bmatrix}\left(\underline{I}+\underline{G}_e(s)\underline{K}_e(s)\right)^{-1}\left[\underline{I}\ \ \underline{G}_e(s)\right]\end{aligned} \tag{10.28}$$

zur Minimierung verwendet werden kann. Dabei ist von Vorteil, dass $\underline{\widetilde{F}}_K(s)$ keine links-koprime Faktorisierung von $\underline{G}_e(s)$ mehr benötigt.

Es lässt sich nun zeigen [10.17], dass in diesem Fall auf Basis der *Minimalrealisierung*[7]

$$\begin{aligned}\dot{\underline{x}}_e &= \underline{A}_e\,\underline{x}_e + \underline{B}_e\underline{u}_e\,,\\ \underline{y}_e &= \underline{C}_e\,\underline{x}_e + \underline{D}_e\,\underline{u}_e\end{aligned}$$

von $\underline{G}_e(s)$ die kleinste obere Schranke γ_{min} von $\|\underline{\widetilde{F}}_K(s)\|_\infty$ explizit durch

$$\gamma_{\min} = \frac{1}{\epsilon_{\max}} = \sqrt{1+\lambda_{\max}(\underline{X}\underline{Z})} \tag{10.29}$$

gegeben ist, wobei $\underline{Z}$ und $\underline{X}$ die positiv definiten Lösungen der beiden algebraischen Matrix-Riccati-Gleichungen

$$\begin{aligned}&(\underline{A}_e - \underline{B}_e\underline{S}^{-1}\underline{D}_e^T\underline{C}_e)\underline{Z} + \underline{Z}(\underline{A}_e - \underline{B}_e\underline{S}^{-1}\underline{D}_e^T\underline{C}_e)^T - \\ &\quad - \underline{Z}\underline{C}_e^T\underline{R}^{-1}\underline{C}_e\underline{Z} + \underline{B}_e\underline{S}^{-1}\underline{B}_e^T = \underline{0}\end{aligned} \tag{10.30}$$

und

$$\begin{aligned}&(\underline{A}_e - \underline{B}_e\underline{S}^{-1}\underline{D}_e^T\underline{C}_e)^T\underline{X} + \underline{X}(\underline{A}_e - \underline{B}_e\underline{S}^{-1}\underline{D}_e^T\underline{C}_e) - \\ &\quad - \underline{X}\underline{B}_e\underline{S}^{-1}\underline{B}_e^T\underline{X} + \underline{C}_e^T\underline{R}^{-1}\underline{C}_e = \underline{0}\end{aligned} \tag{10.31}$$

mit

$$\underline{R} = \underline{I} + \underline{D}_e\underline{D}_e^T, \quad \underline{S} = \underline{I} + \underline{D}_e^T\underline{D}_e$$

sind. $\underline{X}$ und $\underline{Z}$ legen darüber hinaus auch den gesuchten optimalen Regler $\underline{K}_e(s)$ fest, der durch die Zustandsgleichungen

$$\dot{\underline{x}}_{ce} = \underline{A}_{ce}\,\underline{x}_{ce} + \underline{B}_{ce}\underline{e}_e\,, \tag{10.32a}$$

$$\underline{u}_e = \underline{C}_{ce}\,\underline{x}_{ce} + \underline{D}_{ce}\,\underline{e}_e \tag{10.32b}$$

der Ordnung n_e beschrieben werden kann. n_e ist dabei die Ordnung von $\underline{G}_e(s)$[8] und für die Reglermatrizen in (10.32) gilt:

$$\underline{A}_{ce} = \underline{A}_e + \underline{B}_e\underline{F} + \gamma^2(\underline{L}^T)^{-1}\underline{Z}\underline{C}_e^T(\underline{C}_e + \underline{D}_e\underline{F}), \tag{10.33a}$$

$$\underline{B}_{ce} = -\gamma^2(\underline{L}^T)^{-1}\underline{Z}\underline{C}_e^T, \tag{10.33b}$$

$$\underline{C}_{ce} = \underline{B}_e^T\underline{X}, \tag{10.33c}$$

$$\underline{D}_{ce} = \underline{D}_e^T \tag{10.33d}$$

mit

$$\begin{aligned}\underline{F} &= -\underline{S}^{-1}(\underline{D}_e^T\underline{C}_e + \underline{B}_e^T\underline{X}),\\ \underline{L} &= (1-\gamma^2)\underline{I} + \underline{X}\underline{Z}\end{aligned} \tag{10.34}$$

und

$$\gamma \geq \gamma_{\min}.$$

Die Beziehungen (10.33) liefern nach Vorgabe von $\gamma > \gamma_{\min}$ stets einen suboptimalen Regler, der die Stabilität des nominalen Regelkreises sowie $\|\underline{\widetilde{F}}_K(s)\|_\infty \leq \gamma$ garantiert. Der optimale Regler ergibt sich somit für $\gamma = \gamma_{\min}$, was jedoch in (10.33) zu numerischen Schwierigkeiten führt. Um dies zu sehen, setzen wir (10.29) in (10.34) ein und erhalten

$$\underline{L} = -\lambda_{\max}(\underline{X}\underline{Z})\underline{I} + \underline{X}\underline{Z}.$$

$\underline{L}$ und somit auch $\underline{L}^T$ ist also offensichtlich singulär,[9] so dass die in (10.33) benötigte Inverse nicht existiert. Dieses Problem lässt sich vermeiden, wenn wir die Zustandsdifferentialgleichung (10.32a) des Reglers mit $\underline{L}^T$ multiplizieren, was auf die *Deskriptordarstellung*

$$\begin{aligned}\underline{L}^T\dot{\underline{x}}_{ce} &= \underline{L}^T\underline{A}_{ce}\,\underline{x}_{ce} + \underline{L}^T\underline{B}_{ce}\underline{e}_e\\ &= \underline{\widehat{A}}_{ce}\,\underline{x}_{ce} + \underline{\widehat{B}}_{ce}\underline{e}_e\end{aligned} \tag{10.35}$$

mit

7 Unter der Minimalrealisierung eines Systems $\underline{G}(s)$ versteht man eine vollständig steuer- und beobachtbare Zustandsdarstellung $(\underline{A}, \underline{B}, \underline{C}, \underline{D})$ mit $\underline{G}(s) = \underline{C}(s\underline{I}-\underline{A})^{-1}\underline{B}+\underline{D}$.

8 Im Allgemeinen existiert eine ganze Klasse optimaler Regler. Der durch (10.33) festgelegte Regler wird in [10.17] als *zentraler Regler* bezeichnet und hat offentsichtlich die gleiche Ordnung wie die dem Entwurf zugrunde liegende Strecke $\underline{G}_e(s)$. Die Ordnung von $\underline{K}_e(s)$ ist somit gleich der eigentlichen Systemordnung n von $\underline{G}_N(s)$ plus den Ordnungen n_{we} und n_{wa} der beiden Gewichte $\underline{W}_e(s)$ und $\underline{W}_a(s)$ in (10.26). Bei der Berechnung (10.27) des letztlich zu realisierenden Reglers $\underline{K}(s)$ ergibt sich somit eine Reglerordnung von insgesamt $n + 2\cdot(n_{we}+n_{wa})$.

9 $\det(\underline{L}) = \det\left(-\lambda_{\max}(\underline{X}\underline{Z})\underline{I} + \underline{X}\underline{Z}\right) = 0$, da $\lambda_{\max}(\underline{X}\underline{Z})$ ein Eigenwert, genauer der betragsgrößte Eigenwert von $\underline{X}\underline{Z}$ ist.

$$\widehat{\underline{A}}_{ce} = \underline{L}^T (\underline{A}_e + \underline{B}_e \underline{F}) + \gamma^2 \underline{Z} \underline{C}_e^T (\underline{C}_e + \underline{D}_e \underline{F}), \qquad (10.36)$$

$$\widehat{\underline{B}}_{ce} = -\gamma^2 \underline{Z} \underline{C}_e^T \qquad (10.37)$$

führt. Das Deskriptorsystem (10.35) lässt sich dann mittels numerisch effizienter Methoden in ein reguläres Zustandsraummodell umrechnen (siehe z. B. [10.18]). Dieses besitzt maximal die Ordnung $\hat{n}_e = \text{Rang}(\underline{L}) < n_e$, so dass sich die Ordnung des Reglers entsprechend verringert [10.17], was für dessen Implementierung natürlich vorteilhaft ist.[10]

Das NLKF-Verfahren erfordert somit vom Anwender lediglich die Wahl der beiden Gewichte $\underline{W}_e(s)$ und $\underline{W}_a(s)$ zur Vorgabe eines gewünschten Frequenzgang- bzw. Singulärwertverlaufs des offenen nominalen Regelkreises. Dabei wird man zur Sicherstellung der stationären Genauigkeit in $\underline{W}_e(s)$ einen I-Anteil vorsehen, sofern die Strecke selbst kein I-Verhalten aufweist. Darüber hinaus gelten für die Wahl der Gewichte die gleichen Überlegungen wie in Abschnitt 6.2. Es ist also sinnvoll, unter Beachtung von (6.7) und (6.9) die Gewichte so zu wählen, dass sich eine gewünschte Phasenreserve und Durchtrittsfrequenz ergibt. Für die damit aus (10.29) folgende Schranke sollte dann $\gamma_{\min} < 4$ bzw. $\epsilon_{\max} = 1/\gamma_{\min} > 0.25$ gelten [10.10], um eine ausreichend große Robustheit des Regelkreises sowie die möglichst gute Einhaltung der Entwurfsvorgaben zu gewährleisten [10.19]. Die Größe von $\gamma_{\min}$ ist somit ein Maß für den Erfolg des Entwurfs, wobei $\gamma_{\min} \to 1$ anzustreben ist. Ist dagegen $\gamma_{\min} > 4$, so müssen die Gewichte abgeändert und der Entwurf erneut durchgeführt werden.

10.2.2 Anwendungsbeispiel: Spurgeführter Omnibus

Die Problemstellung wird ausführlich von ***W. Darenberg*** in [10.20] beschrieben, wobei auch ihre Einbettung in das technische Umfeld dargestellt ist. Die Daten des nachstehend beschriebenen Systemmodells sowie die grundsätzliche Reglerstruktur in Bild 10-10 sind aus [10.6] entnommen, wo auf Basis der Vollständigen Modalen Synthese ein robuster dynamischer Regler 1. Ordnung entworfen wird.

Ein Stadtomnibus soll entlang einem Leitkabel geführt werden, das in der Straße verlegt ist (Bild 10-9). Die Querauslenkung d_v des Busses, auch *Kursabweichung* genannt, ist elektronisch auszuregeln. Die *Regelgröße* d_v stellt zugleich die einzige Messgröße y dar. Die automatische Lenkung wird hydraulisch vorgenommen – und zwar so, dass die Lenkwinkelgeschwindigkeit $\dot{\delta}$ einem Ölstrom proportional ist. $\dot{\delta}$ ist die Steuergröße u des Systems. Aus ihrer Integration entsteht der Lenkwinkel δ (Bild 10-9).

Wie in [10.20] gezeigt, wird der Zusammenhang zwischen $u = \dot{\delta}$ und $y = d_v$ durch ein lineares und zeitinvariantes System 5. Ordnung beschrieben:

$$\underline{\dot{x}} = \begin{bmatrix} 0 & 1 & 0 & 0 & 0 \\ 0 & 0 & a_{23} & a_{24} & a_{25} \\ 0 & 0 & a_{33} & a_{34} & a_{35} \\ 0 & 0 & a_{43} & a_{44} & a_{45} \\ 0 & 0 & 0 & 0 & 0 \end{bmatrix} \underline{x} + \begin{bmatrix} 0 \\ 0 \\ 0 \\ 0 \\ 1 \end{bmatrix} u + \begin{bmatrix} 0 \\ e_2 \\ 0 \\ 0 \\ 0 \end{bmatrix} z, \qquad (10.38)$$

$$y = \begin{bmatrix} 1 & 0 & 0 & 0 & 0 \end{bmatrix} \underline{x}. \qquad (10.39)$$

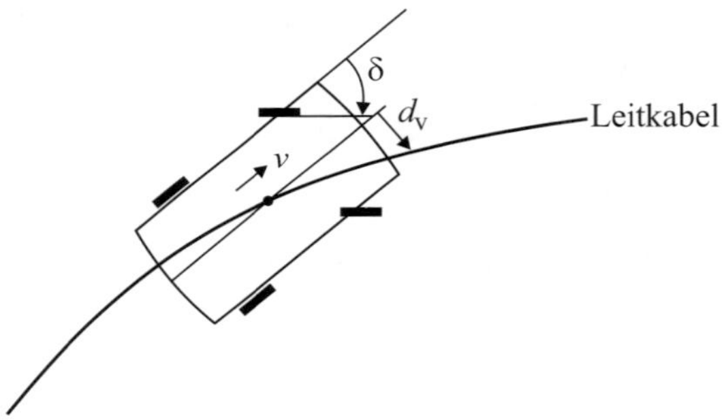

Bild 10-9: Spurgeführter Omnibus

Die über den Störeingangsvektor $\underline{e}$ auf die Strecke einwirkende Störgröße z entspricht der Krümmung $1/R$ der Bahnkurve. Da im Straßenbau die Verbindung von Geraden mit Kreisen sowie von Kreisen mit unterschiedlichen Radien üblicherweise durch klotoidenförmige Übergänge erfolgt, steigt bzw. fällt z linear mit dem Weg in den klotoidenförmigen Übergangsbereichen und ist gleich Null auf Geraden sowie konstant ungleich Null in den Kreisbögen.

Eine ganz wesentliche Rolle spielen die *Anfangsstörungen*, genauer gesagt, Anfangsauslenkungen d_{v0} der Kursabweichung. Sie können zweierlei Ursachen haben. Zum einen können seitliche Versetzungen des Leitkabels auftreten. Dadurch erhält d_v beim Darüberlaufen des Busses plötzlich einen neuen Anfangswert, und der laufende Wert $d_v(t)$ muss wieder auf Null zurückgeführt werden. Zum zweiten tritt eine Anfangsauslenkung d_{v0} beim sogenannten Aufgleisen in Erscheinung, also dann, wenn der Bus vom Fahrer auf das Leitkabel gefahren und dann die automatische Spurführung eingeschaltet wird. Da der Fahrer

---

10 Gemäß Fußnote 8 auf Seite 387 gilt somit für die Ordnung des *zentralen optimalen Reglers* $\hat{n}_e \le n + 2 \cdot (n_{we} + n_{wa}) - 1$.

das Leitkabel nicht genau treffen wird, ergibt sich zu Beginn eine Kursabweichung d_{v0}.

Die Koeffizienten a_{ik} der Dynamikmatrix $\underline{A}$ und e_2 des Störeingangsvektors $\underline{e}$ in (10.38) hängen von *drei veränderlichen Parametern* ab:

- der Fahrgeschwindigkeit des Busses ($v = 1\,\text{m/sec} \ldots 20\,\text{m/sec}$),
- der von der Besetzung abhängigen Busmasse ($m = 9950 \ldots 16000\,\text{kg}$),
- dem Kraftschlussbeiwert, der durch den Straßenzustand bestimmt wird ($\mu = 0{,}5 \ldots 1$), wobei die obere Grenze eine trockene Straße charakterisiert.

Es ist ein *fest eingestellter Regler* zu entwerfen, der trotz dieser Parameterschwankungen und entgegen den Störeinflüssen Stabilität und darüber hinaus günstiges dynamisches Verhalten der Regelgröße $d_v(t)$ bewirkt.

Aus den Zustandsgleichungen (10.38), (10.39) der Strecke (mit Stelleinrichtung) kann man sich ein überschlägiges Strukturbild des zu regelnden Systems aufstellen, wenn man (10.38) in mehrere Gleichungen zerlegt:

$$\dot{x}_1 = x_2,$$

$$\begin{bmatrix} x_2 \\ x_3 \\ x_4 \end{bmatrix}^{\cdot} = \begin{bmatrix} a_{23} & a_{24} & a_{25} \\ a_{33} & a_{34} & a_{35} \\ a_{43} & a_{44} & a_{45} \end{bmatrix} \cdot \begin{bmatrix} x_3 \\ x_4 \\ x_5 \end{bmatrix} + \begin{bmatrix} e_2 \\ 0 \\ 0 \end{bmatrix} \cdot \frac{1}{R},$$

$$\dot{x}_5 = u,$$

wobei

$x_1 = d_v$	die Querauslenkung (Kursabweichung),
$x_2 = \dot{d}_v$	die Ableitung der Querauslenkung,
$x_3 = \dot{\psi}$	die Gierwinkelgeschwindigkeit,
$x_4 = \beta$	der Schwimmwinkel,
$x_5 = \delta$	der Lenkwinkel,
$u = \dot{\delta}$	die Lenkwinkelgeschwindigkeit

ist. Man erhält so den Vorwärtszweig der Struktur im Bild 10-10. Die Anfangswerte des linken Integrierglieds wie auch des Teilsystems 3. Ordnung dürfen dabei zu Null angenommen werden.

Nun zur *Struktur des Reglers*! Da nur die einzige Messgröße $y = x_1 = d_v$ zur Verfügung steht, verschafft man sich durch Differenzieren einen Schätzwert für die zweite Zustandsvariable $x_2 = \dot{d}_v$. Diese Differentiation wird nach dem Vorschlag von ***J. Ackermann*** [10.8] mittels eines D-T_2-Glieds ausgeführt:

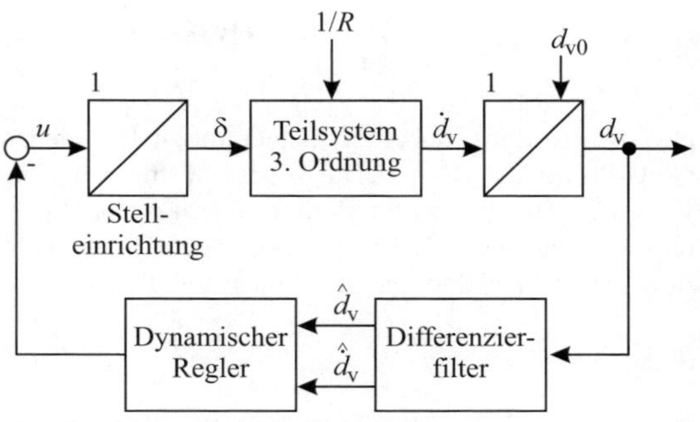

Bild 10-10: Struktur der Spurführungsregelung

$$G_F(s) = \frac{s}{1 + 2dTs + T^2 s^2} = \frac{s\omega_0^2}{s^2 + 2d\omega_0 s + \omega_0^2}. \qquad (10.40)$$

Dabei ist $f_0 = 10\,\text{Hz}$, also $\omega_0 = 2\pi f_0 \approx 63\,\text{sec}^{-1}$ angenommen, weil diese Frequenz zwischen den Signalfrequenzen des Systems und der Frequenz der Störwelligkeit liegt, die damit weitgehend herausgefiltert wird. Wie üblich wird die Dämpfung $d = \sqrt{2}/2$ gewählt. Würde man zur Differentiation ein D-T_1-Glied verwenden, wie es sonst öfters benutzt wird, so würde die Störwelligkeit nicht genügend beseitigt. Dieses *Differenzierfilter* liefert dem Regler nicht nur den Schätzwert $\hat{\dot{d}}_v$ für die Ableitung der Querauslenkung $\dot{d}_v$, sondern auch einen Schätzwert $\hat{d}_v$ für die Querauslenkung d_v selbst. Diese wird zwar gemessen, ist aber so verrauscht, dass es besser ist, den Schätzwert $\hat{d}_v$ zu verwenden.

Das Zeitverhalten des Differenzierers ist schnell gegenüber den eigentlichen Regelvorgängen. Daher kann man es beim Entwurf des eigentlichen Reglers vernachlässigen, sich also so verhalten, als ob d_v und $\dot{d}_v$ selbst zurückgeführt würden, d. h. dem Regler stehen die Messgrößen

$$\underline{y}_M = \begin{bmatrix} y_1 \\ y_2 \end{bmatrix} = \begin{bmatrix} d_v \\ \dot{d}_v \end{bmatrix} = \begin{bmatrix} 1 & 0 & 0 & 0 & 0 \\ 0 & 1 & 0 & 0 & 0 \end{bmatrix} \underline{x} \qquad (10.41)$$

zur Verfügung.

Da die Stelleinrichtung ein Integrierglied darstellt, werden die Störgrößen ausgeregelt, sofern es gelingt, die Regelung zu stabilisieren. Der zu entwerfende Regler muss also keinen weiteren I-Anteil enthalten. Gemäß den Betrachtungen in Abschnitt 10.2.1 zur Ordnung des resultierenden dynamischen Reglers $\underline{K}(s)$ beim NLKF-Verfahren können daher die beiden Gewichtungen $\underline{W}_e(s)$ und $W_a(s)$ im Folgenden konstant zu

$$W_a(s) = 1 \quad \text{und} \quad \underline{W}_e = \begin{bmatrix} 4 & 0 \\ 0 & 1 \end{bmatrix} \tag{10.42}$$

gewählt werden, um einen Regler möglichst niedriger Ordnung zu erhalten. Die höhere Gewichtung von $y_1 = d_v$ trägt dabei der Bedeutung der Kursabweichung d_v als sicherheitsrelevanter Regelgröße Rechnung. Diese darf den maximal zulässigen Bereich

$$|d_v| \leq 0{,}15\,\text{m} \tag{10.43}$$

zu keinem Zeitpunkt überschreiten. Weitere Beschränkungen gelten für den Lenkwinkel, der durch einen mechanischen Anschlag auf den Bereich

$$|\delta| \leq 0{,}79\,\text{rad} = 45° \tag{10.44}$$

begrenzt ist, sowie die Lenkwinkelgeschwindigkeit bzw. Stellgröße u, die nur im Bereich

$$|\dot{\delta}| = |u| \leq 0{,}4\,\text{rad/sec} = 23°/\text{sec} \tag{10.45}$$

einstellbar ist.

Für die Berechnung des gesuchten H_∞-Reglers wird das nominale Streckenmodell

$$\underline{G}_N(s) = \begin{bmatrix} G_{N1}(s) \\ s \cdot G_{N1}(s) \end{bmatrix} \quad \text{mit}$$

$$G_{N1}(s) = \frac{-78{,}744(s+4{,}6)(s+1{,}821)}{s^3(s+4.768)(s+7{,}07)} \tag{10.46}$$

verwendet. Dieses beschreibt die Regelstrecke für das in der Mitte des Parameterbereichs liegende Parametertupel $v = 10{,}5\,\text{m/sec}$, $m = 12975\,\text{kg}$, $\mu = 0{,}75$. Wie Bild 10-11 zeigt, liegt das Nominalmodell auch bezüglich seines Singulärwertverlaufs stets innerhalb des Variationsbereichs der parameterveränderlichen Strecke und bildet daher eine geeignete Basis für den folgenden NLKF-Entwurf.

Hierzu steht in der 'Robust Control Toolbox' von Matlab der Befehl `K=ncfsyn(G,W1,W2)` zur Verfügung.[11] Dieser liefert für `G=` $\underline{G}_N$, der Ausgangsgewichtung `W1=` $W_a = 1$ und Eingangsgewichtung `W2=` $\underline{W}_e$ gemäß (10.42) den Regler

$$\underline{K}^T(s) = [K_1(s)\ K_2(s)]$$

mit

$$K_1(s) = \frac{-5{,}077(s+2{,}15)(s+4{,}43)(s^2+9{,}55s+35{,}1)}{(s+1{,}821)(s+4{,}54)(s+4{,}694)(s+21{,}88)}, \tag{10.47a}$$

$$K_2(s) = \frac{-2{,}509(s+1{,}89)(s+4{,}45)(s^2+12{,}01s+39{,}68)}{(s+1{,}821)(s+4{,}54)(s+4{,}694)(s+21{,}88)}. \tag{10.47b}$$

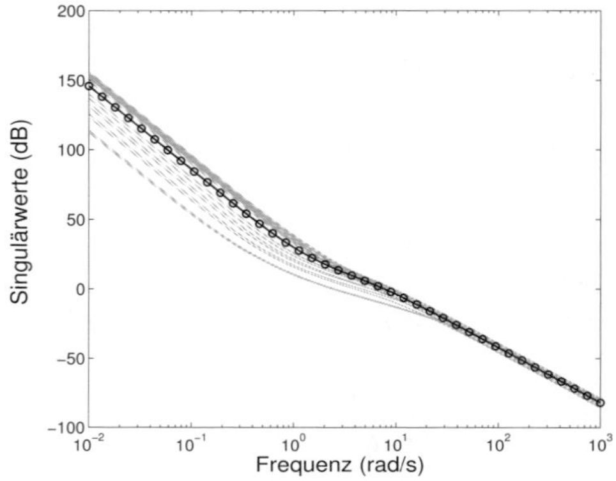

Bild 10-11: Singulärwertverläufe der parameterveränderlichen Strecke (10.38) mit den Messgrößen (10.41). Nominale Strecke G_N : (-o-o-o-)

Der Regler hat die Ordnung $n_K = 4$.[12] Wie jedoch eine genauere Betrachtung seiner Pol-/Nullstellenverteilung zeigt, liegen in den beiden Übertragungsfunktionen K_1 und K_2 jeweils zwei Nullstellen in der Nähe der beiden Reglerpole $p_1 = -1{,}821$ und $p_2 = -4{,}54$. Daher darf man erwarten, dass deren Einfluss auf das Übertragungsverhalten bzw. deren Dominanz gering ist und der Regler insgesamt auf die Ordnung $n_K = 2$ reduziert werden kann. Mit dem Litzschen Reduktionsverfahren (siehe Abschnitt 8.6.1 und [10.21,10.22]) erhält man auf diese Weise den Regler 2. Ordnung

$$\widehat{K}_1(s) = \frac{-5{,}0765(s^2+9{,}349s+40{,}41)}{(s+4{,}694)(s+21{,}88)}, \tag{10.48a}$$

$$\widehat{K}_2(s) = \frac{-2{,}5088(s^2+11{,}52s+40{,}35)}{(s+4{,}694)(s+21{,}88)}, \tag{10.48b}$$

der bezüglich seines Übertragungsverhaltens den optimalen Regler (10.47) sehr gut approximiert, wie die Bilder 10-12 und 10-13 zeigen.

Der optimale Regler (10.47) garantiert eine minimale obere Normschranke von $\gamma_{\min} = 2{,}9841$ und somit robuste Stabilität des Regelkreises für faktorisierte Unsicherheiten mit $\|\underline{\Delta}\|_\infty < \epsilon_{\max} = 0{,}3351$. Aufgrund der

11 Alternativ können natürlich auch direkt die Beziehungen (10.33) bzw. die Deskriptordarstellung (10.35) in Verbindung mit den beiden Riccati-Gleichungen (10.30),(10.31) zur Berechnung des Reglers verwendet werden.

12 Siehe Fußnote 10 auf Seite 388.

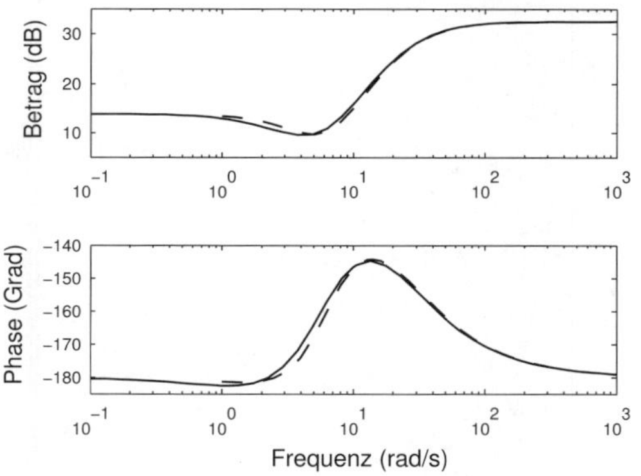

Bild 10-12: Bodediagramme von K_1 (—) und $\widehat{K}_1$ (- - -)

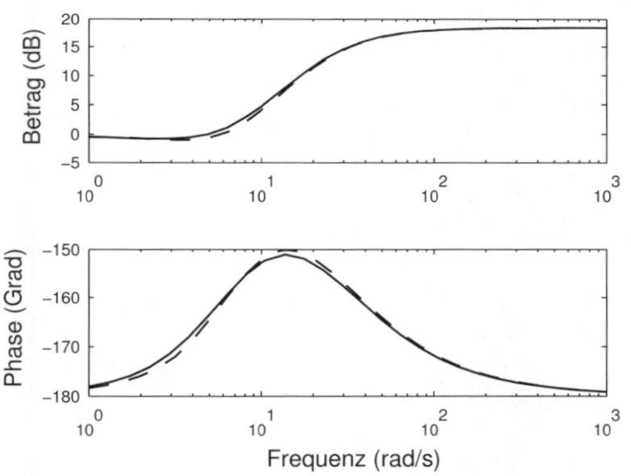

Bild 10-13: Bodediagramme von K_2 (—) und $\widehat{K}_2$ (- - -)

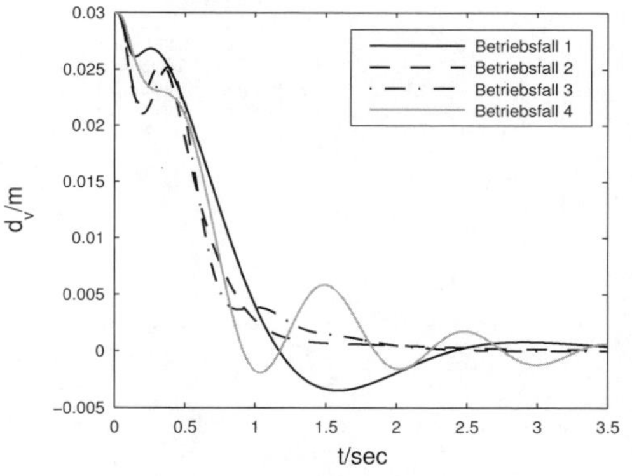

Bild 10-14: Robust geregelter Bus beim Fahren über einen Kabelversatz von 3 cm, d. h. sämtliche Anfangswerte von Strecke und Regler $\underline{\widehat{K}}_g$ sind 0 bis auf $d_{v0} = 0{,}03\,\text{m}$. Verlauf der Kursabweichung d_v

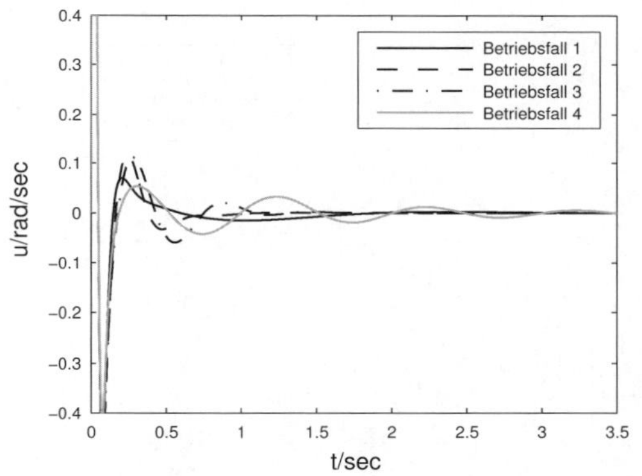

Bild 10-15: Verlauf der Stellgröße $u = \dot{\delta}$ zu den Simulationen in Bild 10-14

sehr guten Approximation von (10.47) durch (10.48) darf man dies auch von dem Regler 2. Ordnung sowie dem letztlich zu realisierenden *gesamten dynamischen Regler einschließlich des Differenzierers* erwarten. Dieser ist nach Bild 10-10 ein Eingrößensystem der Ordnung 4 mit der Eingangsgröße $y = d_v$ und der Ausgangsgröße $-u = -\dot{\beta}$. Seine Übertragungsfunktion ist

$$\widehat{K}_g(s) = \frac{-9957.54(s+2{,}813)(s^2+10{,}73s+29{,}07)}{(s+4{,}694)(s+21{,}88)(s^2+89{,}1s+3969)}\,. \tag{10.49}$$

Die auf den folgenden Bildern dargestellten *Rechnersimulationen* zeigen die Wirksamkeit der robusten Regelung für vier unterschiedliche Betriebsfälle. Diese sind durch folgende Parameterkombinationen gekennzeichnet:

B1: $v = 3\,\text{m/sec}$, $m = 9950\,\text{kg}$, $\mu = 1$.

B2: $v = 10\,\text{m/sec}$, $m = 9950\,\text{kg}$, $\mu = 1$.

B3: $v = 20\,\text{m/sec}$, $m = 16000\,\text{kg}$, $\mu = 1$.

B4: $v = 20\,\text{m/sec}$, $m = 16000\,\text{kg}$, $\mu = 0{,}5$.

Der Betriebsfall B1 entspricht dabei einem leeren Bus bei niedriger Geschwindigkeit und trockener Straße, B2 und B3 einem leeren bzw. vollbesetzten Bus bei mittlerer (v = 10 m/sec) bzw. maximaler (v = 20 m/sec) Geschwindigkeit und trockener Straße sowie B4 dem kritischen Fall eines vollbesetzten Busses bei maximaler Geschwindigkeit und sehr nasser Straße.

In den Bildern 10-14 bis 10-17 sieht man die Reaktion der Regelung auf Anfangsauslenkungen in den vier Betriebsfällen. Dabei ist als Anfangswert der Kursabweichung d_v bei Leitkabelversatz ein realistischer

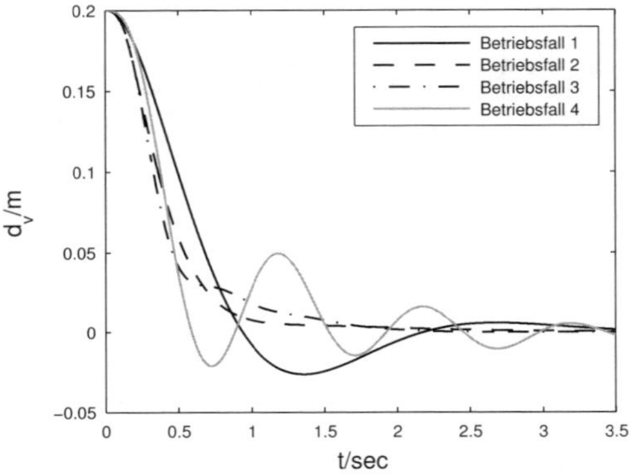

Bild 10-16: Robust geregelter Bus beim Aufgleisen mit einem Anfangsversatz von 20 cm, d. h. der Regler ist eingeschwungen und sämtliche Anfangswerte der Strecke sind 0 bis auf $d_{v0} = 0,2\,\text{m}$.
Verlauf der Kursabweichung d_v

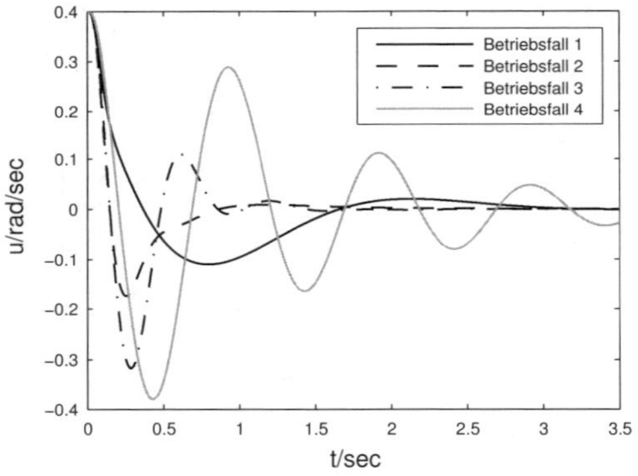

Bild 10-17: Verlauf der Stellgröße $u = \dot{\delta}$ zu den Simulationen in Bild 10-16

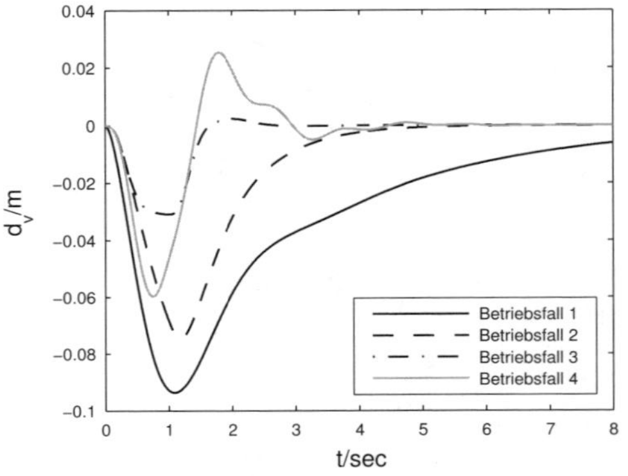

Bild 10-18: Spurgeführter Bus bei Einfahrt in eine Kreiskurve.
Verlauf der Kursabweichung d_v

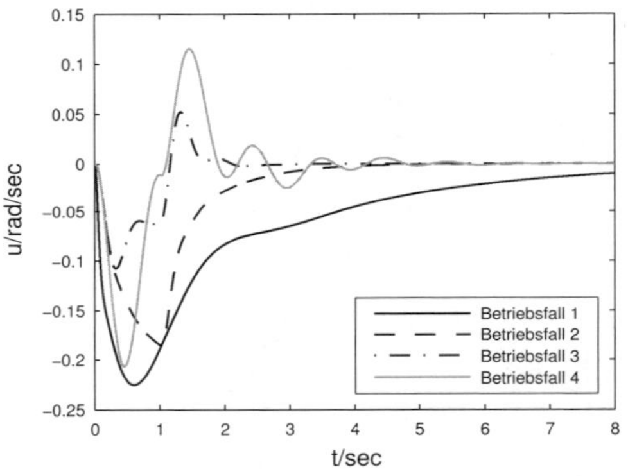

Bild 10-19: Spurgeführter Bus bei Einfahrt in eine Kreiskurve.
Verlauf der Stellgröße $u = \dot{\delta}$

Wert von 3 cm zugrunde gelegt, während beim Aufgleisen der Anfangsfehler größer sein kann und deshalb $d_{v0} = 20\,\text{cm}$ angenommen wurde. Diese beiden Arten der Anfangsstörung wirken sich verschiedenartig aus.

Beim Aufgleisen ist die Regelung zunächst noch nicht geschlossen, der Regler läuft jedoch bereits mit, so dass er beim Einschalten der automatischen Spurführung (Schließen der Regelung) schon eingeschwungen ist und somit $u_0 = \widehat{K}_g(0) \cdot d_{v0}$ gilt. Beim Fahren über einen Leitkabelversatz hingegen wird der Regler von dem plötzlich auftretenden Anfangswert d_{v0} überraschend getroffen und muss sich erst darauf einstellen bzw. einschwingen. Dabei geht die Stellgröße $u(t)$ zu Beginn kurzzeitig an den Anschlag, wie man in Bild 10-15 sieht, während sie beim Aufgleisen in Bild 10-17 stets innerhalb des zur Verfügung stehenden Stellbereichs verbleibt. Insgesamt arbeitet die robuste Regelung bei Anfangsstörungen zur Zufriedenheit. Sie beherrscht selbst den extremen Betriebsfall B4, wobei hier lediglich die Dämpfung geringer ausfällt.

Ähnlich verhält es sich mit den durch „Kurvenfahrt" hervorgerufenen Störungen. Wie die Simulationen in Bild 10-18 belegen, werden auch diese von dem robusten Regler ausreichend schnell und gut gedämpft ausgeregelt. Selbst im kritischen Betriebsfall B4 betragen die maximalen Kursabweichungen lediglich wenige Zentimeter. Sie bleiben auf jeden Fall stets innerhalb des zulässigen Bereichs (10.43), und wie Bild 10-19 zeigt, wird dies mit realisierbaren Stellgrößen erreicht.

In Anlehnung an [10.6] wurden bei den Simulationen in den Bildern 10-18 und 10-19 für die verschiedenen Betriebsfälle folgende, den gefahrenen Geschwindigkeiten angepasste Fahrsituationen zugrunde gelegt:

Betriebsfall B1: Einfahrt aus einer Geraden in eine Kreiskurve mit Radius $R = 10\,\text{m}$, d. h. ein Störsprung $z(t) = 0,1\,\sigma(t)$.

Betriebsfall B2: Einfahrt aus einer Geraden in eine Kreiskurve mit Radius $R = 25\,\text{m}$ und einem klotoidenförmigen Übergangsbereich von 10 m, d. h.

$$z(t) = \begin{cases} 0,04\,t & \text{für} \quad 0\,\text{sec} \le t \le 1\,\text{sec}\,, \\ 0,04 & \text{für} \quad t \ge 1\,\text{sec}\,. \end{cases}$$

Betriebsfall B3: Einfahrt aus einer Geraden in eine Kreiskurve mit Radius $R = 100\,\text{m}$ und einem klotoidenförmigen Übergangsbereich von 20 m, d. h.

$$z(t) = \begin{cases} 0,01\,t & \text{für} \quad 0\,\text{sec} \le t \le 1\,\text{sec}\,, \\ 0,01 & \text{für} \quad t \ge 1\,\text{sec}\,. \end{cases}$$

Betriebsfall B4: Fahrsituation wie im Betriebsfall B3.

10.3 Robustheitsentwurf mittels Straffunktionen

10.3.1 Beschreibung der Methode

Dieses Verfahren, das sich durch theoretische und numerische Einfachheit auszeichnet und bei verschiedenen Anwendungen gut bewährt hat [10.23, 10.24], wurde von ***U. Konigorski*** in [10.25] angegeben und basiert auf der in Abschnitt 10.1.1 vorgestellten Formulierung des Robustheitsentwurfs als Multi-Modell-Problem.

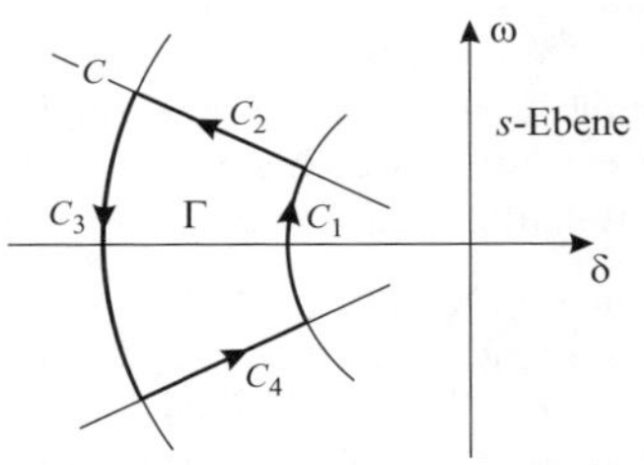

Bild 10-20: Zulässiger Bereich Γ für die Eigenwerte der robusten Regelung

Wir betrachten einen Bereich Γ in der komplexen s-Ebene, der symmetrisch zur reellen Achse und links von der j-Achse liege. Sein Rand sei eine geschlossene, sich nicht selbst überschneidende Kurve C, die aus endlich vielen glatten Kurvenstücken $C_1, \ldots, C_r$ besteht (Bild 10-20). Diese seien so orientiert, dass Γ zu ihrer Linken liegt. Außerdem ist Γ so zu wählen, dass bezüglich jeder Kurve C_ρ alle anderen Kurvenstücke links gelegen sind. Ist C_ρ ein solches Kurvenstück, so kann es durch eine Gleichung von der Form $F_\rho(\delta, \omega) = 0$ beschrieben werden. Dann sei links von C_ρ $F_\rho(\delta, \omega) < 0$, rechts von C_ρ $F_\rho(\delta, \omega) > 0$. Insgesamt gilt also

$$\begin{aligned} &F_\rho(\delta, \omega) < 0 && \text{links von } C_\rho\,, \\ &F_\rho(\delta, \omega) = 0 && \text{auf } C_\rho\,, \\ &F_\rho(\delta, \omega) > 0 && \text{rechts von } C_\rho\,, \quad \rho = 1, \ldots, r. \end{aligned}$$

Es sei nun $g_\rho(v)$ eine positive Funktion der Variablen v, die

$$\begin{aligned} &\ll 1 && \text{für} \quad v < 0, \\ &= 1 && \text{für} \quad v = 0, \\ &\gg 1 && \text{für} \quad v > 0. \end{aligned}$$

Eine solche Funktion ist beispielsweise

$$g_\rho(v) = \mathrm{e}^{p_\rho v}, \tag{10.50}$$

wenn p_ρ eine genügend große Zahl > 1 ist. Hieraus bildet man die Funktion

$$\gamma(\delta, \omega) = \sum_{\rho=1}^{r} \mathrm{e}^{p_\rho F_\rho(\delta, \omega)}. \tag{10.51}$$

Sie ist $\ll 1$, wenn der Punkt (δ, ω) im Innengebiet von C liegt, da dann (δ, ω) links von allen Kurven C_ρ gelegen ist und deshalb für *jedes* ρ $\mathrm{e}^{p_\rho F_\rho(\delta,\omega)} \ll 1$ ist. Liegt hingegen (δ, ω) außerhalb von C, so befindet sich (δ, ω) rechts von mindestens einer Kurve C_ρ, so dass für diese $\mathrm{e}^{p_\rho F_\rho(\delta,\omega)}$ und damit $\gamma(\delta, \omega) \gg 1$ gilt. Somit ist

$$\begin{aligned} &\gamma(\delta, \omega) \ll 1 && \text{innerhalb } C, \\ &\gamma(\delta, \omega) \gg 1 && \text{außerhalb } C. \end{aligned} \tag{10.52}$$

Auf C selbst hat $\gamma(\delta, \omega)$ ungefähr den Wert 1, aber diese Tatsache ist für das Folgende bedeutungslos.

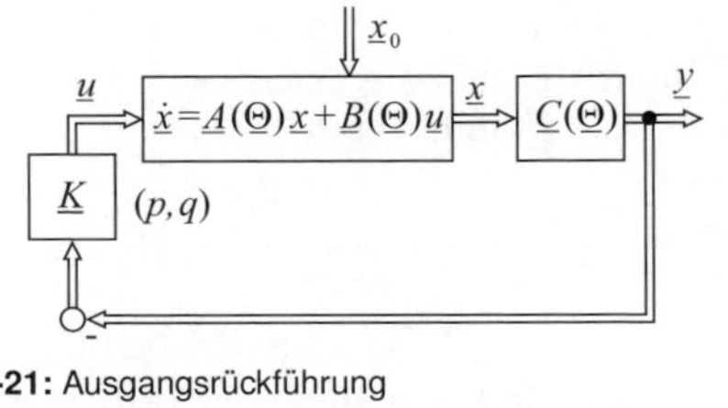

Bild 10-21: Ausgangsrückführung

Man denke sich nun die konstante (p, q)-Rückführmatrix $\underline{K}$ in der hier gemäß Bild 10-21 zugrunde gelegten Ausgangsrückführung (Rückführung allein der Messgrößen) irgendwie gewählt. Dann seien

$$\lambda_{\mu\nu} = \delta_{\mu\nu} + j\,\omega_{\mu\nu}, \quad \nu = 1,\ldots,n, \tag{10.53}$$

die n Eigenwerte der mit $\underline{K}$ gebildeten Regelung,[13] welche zum Betriebspunkt $\underline{\Theta}_\mu$ des Multi-Modell-Problems gehören, wobei also $\mu = 1,\ldots,m$ ist. Man denkt sich also jedes der m Systeme

$$\dot{\underline{x}} = \underline{A}_\mu \underline{x} + \underline{B}_\mu \underline{u}$$

mittels der gleichen Rückführmatrix $\underline{K}$ geregelt. Dann gehört zu jeder dieser m Regelungen eine Konfiguration von n Eigenwerten. Bei beliebig vorgegebenem $\underline{K}$ liegen sie irgendwo in der s-Ebene. $\underline{K}$ soll nun so bestimmt werden, dass sie sämtlich in Γ zu liegen kommen, dass also für jeden Eigenwert gilt:

$$\gamma(\delta_{\mu\nu}, \omega_{\mu\nu}) \ll 1; \quad \mu = 1,\ldots,m; \quad \nu = 1,\ldots,n.$$

Um dies zu erreichen, bilden wir mittels (10.51) die Funktion

$$S = \sum_{\mu=1}^{m}\sum_{\nu=1}^{n} \gamma(\delta_{\mu\nu}, \omega_{\mu\nu}) = \sum_{\mu=1}^{m}\sum_{\nu=1}^{n}\sum_{\rho=1}^{r} \mathrm{e}^{p_\rho F_\rho(\delta_{\mu\nu},\omega_{\mu\nu})}. \tag{10.54}$$

Sie hängt also von den Variablen $\delta_{11}, \omega_{11}; \delta_{12}, \omega_{12}; \ldots; \delta_{1n}, \omega_{1n}; \delta_{21}, \omega_{21}; \ldots; \delta_{mn}, \omega_{mn}$ ab. Liegen sämtliche Eigenwerte im Innern von C, so ist für jeden $\gamma(\delta_{\mu\nu}, \omega_{\mu\nu}) \ll 1$ und damit auch $S \ll 1$. Liegt hingegen auch nur einer außerhalb von C, so ist für ihn $\gamma(\delta_{\mu\nu}, \omega_{\mu\nu}) \gg 1$, also auch die gesamte Summe S (die ja nur positive Summanden enthält) $\gg 1$. Es gilt somit

$$\begin{aligned} S &\ll 1, && \text{wenn alle Eigenwerte innerhalb } \Gamma, \\ S &\gg 1, && \text{wenn mindestens ein Eigenwert außerhalb } \Gamma. \end{aligned} \tag{10.55}$$

Eigenwerte außerhalb des gewünschten Gebiets werden also dadurch „bestraft“, dass sie sehr große Beiträge zur Funktion S liefern. Deshalb wird S als *Straffunktion* bezeichnet.

Die Eigenwerte $(\delta_{\mu\nu}, \omega_{\mu\nu})$ hängen ihrerseits von der Rückführmatrix $\underline{K}$ ab. Daher kann man S als mittelbare Funktion von $\underline{K}$ auffassen:

$$S\Big(\delta_{11}(\underline{K}), \omega_{11}(\underline{K}); \ldots; \delta_{mn}(\underline{K}), \omega_{mn}(\underline{K})\Big) = J(\underline{K}). \tag{10.56}$$

Diese Funktion lässt sich allerdings nicht mehr analytisch angeben (genauer gesagt: durch elementare Funktionen ausdrücken), weil die Eigenwerte als Nullstellen der charakteristischen Gleichung (für $n > 2$) in komplizierter Weise von den Koeffizienten der Gleichung und damit von den Elementen k_{ij} von $\underline{K}$ abhängen. Eine solche Darstellung von $J(\underline{K})$ ist aber auch nicht notwendig. Wichtig ist allein, dass Folgendes gilt:

- *$J(\underline{K}) \ll 1$, wenn $\underline{K}$ so gewählt ist, dass alle Eigenwerte $(\delta_{\mu\nu}, \omega_{\mu\nu})$ innerhalb C liegen.*
- *$J(\underline{K}) \gg 1$, wenn $\underline{K}$ so gewählt ist, dass mindestens einer dieser Eigenwerte außerhalb C gelegen ist.*

$J(\underline{K})$ stellt also ebenfalls eine *Straffunktion* dar.

Man geht nun von einer beliebigen Rückführmatrix $\underline{K}$ aus, berechnet die zugehörigen Eigenwerte $(\delta_{\mu\nu}, \omega_{\mu\nu})$, $\mu = 1,\ldots,m$, $\nu = 1,\ldots,n$, des Multi-Modell-Systems und sodann den zugehörigen Wert J. Dann vermindert man $J(\underline{K})$ im $(k_{11},\ldots,k_{pq})$-Raum mittels eines Gradientenverfahrens, indem man zu einem neuen $\underline{K}$-Wert übergeht. Mit diesem werden wiederum die Eigenwerte des Multi-Modell-Systems bestimmt usw. Dabei sollten die Parameter p_ρ nicht allzu groß gewählt werden, damit keine überhöhten Werte der e-Funktionen entstehen. Es ist möglich, dass das Gradientenverfahren in ein Nebenminimum von $J(\underline{K})$ einläuft, ehe sich alle Eigenwerte im Bereich Γ eingefunden haben. In konkreten Fällen hat dann die Änderung der Parameter p_ρ Abhilfe geschaffen.

Hat man sämtliche Eigenwerte in den Bereich Γ gedrängt, so ist das Verfahren abgeschlossen. Will man jedoch die Dynamik der Regelung weiter verbessern, indem man z. B. ein Riccati-Gütemaß klein macht, und dabei die Eigenwerte im Bereich Γ halten, so wird man bei der weiteren Rechnung, etwa mittels Gütevektoroptimierung, die Parameter p_ρ hochsetzen, um die Eigenwerte am Entweichen aus Γ zu hindern. Wie sie sich hierbei innerhalb Γ bewegen, ist ohne Belang.

Wie schon erwähnt, kann es zweckmäßig oder sogar notwendig sein, den verschiedenen Betriebspunkten $\underline{\Theta}_\mu$, $\mu = 1,\ldots,m$, des Multi-Modell-Systems verschiedene Bereiche Γ_μ für die Eigenwerte zuzuordnen. Beispielsweise kann dies dann der Fall sein, wenn in dem einen Betriebszustand ein sehr schnelles, in einem anderen aber ein sehr gedämpftes und ruhiges Verhalten des dynamischen Systems erwünscht ist. Diese Erweiterung unserer Problemstellung erfordert lediglich eine geringfügige Modifikation der den Rand von Γ charakterisierenden Funktion $\gamma(\delta, \omega)$ gemäß (10.51):

$$\gamma_\mu(\delta, \omega) = \sum_{\rho=1}^{r_\mu} \mathrm{e}^{p_{\mu\rho} F_{\mu\rho}(\delta,\omega)},$$

13 Um die Anzahl der Indizes in Grenzen zu halten, ist der Index K, der bei einer Ausgangsrückführung bei λ eigentlich angebracht werden müsste, hier weggelassen.

wobei

$$F_{\mu\rho}(\delta,\omega)=0,\ \ \rho=1,\ldots,r_\mu,$$

den Rand C_μ des Bereichs Γ_μ in der früheren Weise beschreibt. Aus (10.54) wird dann

$$S=\sum_{\mu=1}^{m}\sum_{\nu=1}^{n}\sum_{\rho=1}^{r_\mu}\mathrm{e}^{p_{\mu\rho}F_{\mu\rho}(\delta_{\mu\nu},\omega_{\mu\nu})}. \tag{10.57}$$

Ein für sich interessanter Sonderfall des hiermit beschriebenen Robustheitsentwurfs ergibt sich für $m = 1$. D. h.: Es liegt nur *ein* Streckenmodell mit festen Parametern vor, in üblicher Weise gegeben durch die Zustandsdifferentialgleichung

$$\underline{\dot{x}}=\underline{A}\,\underline{x}+\underline{B}\,\underline{u},$$

und die Rückführmatrix $\underline{K}$ soll so gewählt werden, dass die Eigenwerte der Regelung in dem vorgegeben Bereich Γ liegen. Damit liegt das *Problem der Polbereichsvorgabe* vor. Im Rahmen der vorstehend beschriebenen Methode erweist es sich als *Spezialfall des Robustheitsentwurfs*. Gemäß (10.57) lautet dann die Straffunktion

$$J(\underline{K})=\sum_{\nu=1}^{n}\sum_{\rho=1}^{r}\mathrm{e}^{p_\rho F_\rho\left(\delta_\nu(\underline{K}),\omega_\nu(\underline{K})\right)}. \tag{10.58}$$

Eine Anwendung findet man in [10.26].

10.3.2 Gradientenformeln mittels der Polempfindlichkeit

Für die Anwendung dieses Robustheitsentwurfs ist es von Wichtigkeit, dass sich für die Ableitungen $\partial J/\partial k_{ij}$ einfache analytische Ausdrücke angeben lassen, obgleich dies für die Funktion $J(\underline{K})$ selbst nicht möglich ist. Damit ist dann auch der Gradient

$$\frac{\partial J}{\partial \underline{K}}=\left[\frac{\partial J}{\partial k_{ij}}\right]$$

bzw. in Vektorform

$$\left[\frac{\partial J}{\partial \underline{k}}\right]^T=\left[\frac{\partial J}{\partial k_{11}}\cdots\frac{\partial J}{\partial k_{p1}};\frac{\partial J}{\partial k_{12}}\cdots\frac{\partial J}{\partial k_{p2}};\ldots;\right.$$
$$\left.\frac{\partial J}{\partial k_{1q}}\cdots\frac{\partial J}{\partial k_{pq}}\right]$$

bekannt. Hierin ist k_{ij} dasjenige Element der Matrix $\underline{K}$, welches die j-te Messgröße y_j mit der i-ten Steuergröße u_i verknüpft.

Zunächst folgt mit $S=J(\underline{K})$ aus (10.57), wenn man beachtet, dass $\delta_{\mu\nu}$ und $\omega_{\mu\nu}$ wie in (10.58) von $\underline{K}$, also von den Elementen k_{ij} abhängen, durch Differentiation nach einem bestimmten k_{ij}:

$$\frac{\partial J}{\partial k_{ij}}=\sum_{\mu=1}^{m}\sum_{\nu=1}^{n}\sum_{\rho=1}^{r_\mu}\mathrm{e}^{p_{\mu\rho}F_{\mu\rho}(\delta_{\mu\nu},\omega_{\mu\nu})}\cdot p_{\mu\rho}\cdot \left(\frac{\partial F_{\mu\rho}}{\partial\delta_{\mu\nu}}\frac{\partial\delta_{\mu\nu}}{\partial k_{ij}}+\frac{\partial F_{\mu\rho}}{\partial\omega_{\mu\nu}}\frac{\partial\omega_{\mu\nu}}{\partial k_{ij}}\right). \tag{10.59}$$

Hierin sind die Funktionen $F_{\mu\rho}(\delta,\omega)$ und ihre partiellen Ableitungen nach δ und ω bekannt. Hat man sie gebildet, so sind lediglich die Eigenwerte $(\delta_{\mu\nu},\omega_{\mu\nu})$ einzusetzen. Ist beispielsweise nur ein Gebiet Γ vorgegeben, so bildet man die Ableitungen

$$\frac{\partial F_\rho}{\partial\delta}(\delta,\omega),\quad \frac{\partial F_\rho}{\partial\omega}(\delta,\omega),\quad \rho=1,\ldots,r,$$

und setzt darin alle Eigenwerte $\left(\delta_{\mu\nu},\omega_{\mu\nu}\right)$ ein:

$$\frac{\partial F_\rho}{\partial\delta}(\delta_{\mu\nu},\omega_{\mu\nu})=\frac{\partial F_\rho}{\partial\delta_{\mu\nu}},\quad \frac{\partial F_\rho}{\partial\omega}(\delta_{\mu\nu},\omega_{\mu\nu})=\frac{\partial F_\rho}{\partial\omega_{\mu\nu}}.$$

Wegen $\lambda_{\mu\nu}=\delta_{\mu\nu}+j\,\omega_{\mu\nu}$ ist weiterhin

$$\frac{\partial\lambda_{\mu\nu}}{\partial k_{ij}}=\frac{\partial\delta_{\mu\nu}}{\partial k_{ij}}+j\frac{\partial\omega_{\mu\nu}}{\partial k_{ij}},$$

woraus

$$\frac{\partial\delta_{\mu\nu}}{\partial k_{ij}}=\mathrm{Re}\frac{\partial\lambda_{\mu\nu}}{\partial k_{ij}},\quad \frac{\partial\omega_{\mu\nu}}{\partial k_{ij}}=\mathrm{Im}\frac{\partial\lambda_{\mu\nu}}{\partial k_{ij}} \tag{10.60}$$

folgt.

Hierin hat die Ableitung $\partial\lambda_{\mu\nu}/\partial k_{ij}$ eine sehr bemerkenswerte Bedeutung, insofern sie unmittelbar mit der sogenannten *Polempfindlichkeit* zusammenhängt. Indem man sich diese Tatsache klar macht, bekommt man einen einfachen Formelausdruck für die gesuchte Ableitung. Dazu gehen wir von Bild 10-21 aus und lassen den Vektor $\underline{\Theta}$ der veränderlichen Parameter weg, da es für die folgende Betrachtung genügt, *ein* Modell zugrunde zu legen. Dabei ist

$$\underline{B}=\left[\underline{b}_1,\ldots,\underline{b}_p\right],\quad \underline{C}=\begin{bmatrix}\underline{c}_1^T\\ \vdots\\ \underline{c}_q^T\end{bmatrix}. \tag{10.61}$$

Der Regelkreis wird durch die Zustandsdifferentialgleichung

$$\underline{\dot{x}} = (\underline{A} - \underline{B}\underline{K}\underline{C})\,\underline{x} \tag{10.62}$$

beschrieben.

Ändert man k_{ij} um einen kleinen Betrag $d\,k_{ij}$, so wird sich der Eigenwert $\lambda_{K\nu}$ um $d\lambda_{K\nu}$ ändern.[14] Je größer $|d\lambda_{K\nu}|$ bei gegebenem $|d\,k_{ij}|$ ist, um so größer ist die *Verschiebbarkeit des Eigenwerts* durch Änderung des Rückführparameters k_{ij}. Man bezieht die Änderung $d\lambda_{K\nu}$ auf den gesamten Eigenwert $\lambda_{K\nu}$, weil es einen erheblichen Unterschied macht, ob z. B. $\lambda_{K\nu} = -0,1$ um 1 verschoben wird oder aber $\lambda_{K\nu} = -10$. Ersteres kann katastrophal sein, letzteres ohne Belang. Man gelangt so zum folgenden *Verschiebbarkeitsmaß eines Eigenwerts bzw. Pols*:

$$S_{k_{ij}}^{\lambda_{K\nu}} = \frac{1}{\lambda_{K\nu}}\frac{\partial\lambda_{K\nu}}{\partial k_{ij}}. \tag{10.63}$$

Diese Zahl wird auch als *(relative) Polempfindlichkeit* bezeichnet, da sie angibt, wie empfindlich ein Pol auf Änderungen eines Rückführparameters reagiert. Ihr Kernstück ist die Ableitung $\partial\lambda_{K\nu}/\partial k_{ij}$, die man nunmehr unschwer berechnen kann.

Dazu gehen wir von den Definitionsgleichungen des Eigenvektors $\underline{v}_{K\nu}$ und des zugehörigen Linkseigenvektors $\underline{w}_{K\nu}$ der Regelung von Bild 10-21 aus:

$$(\lambda_{K\nu}\underline{I} - \underline{A} + \underline{B}\underline{K}\underline{C})\,\underline{v}_{K\nu} = \underline{0},$$
$$\underline{w}_{K\nu}^T(\lambda_{K\nu}\underline{I} - \underline{A} + \underline{B}\underline{K}\underline{C}) = \underline{0}^T$$

bzw.

$$(\underline{A} - \underline{B}\underline{K}\underline{C})\,\underline{v}_{K\nu} = \lambda_{K\nu}\underline{v}_{K\nu}, \tag{10.64}$$
$$\underline{w}_{K\nu}^T(\underline{A} - \underline{B}\underline{K}\underline{C}) = \lambda_{K\nu}\underline{w}_{K\nu}^T. \tag{10.65}$$

Nun wird (10.64) nach k_{ij} differenziert, wobei zu beachten ist, dass zwar $\underline{A}$, $\underline{B}$, $\underline{C}$ unabhängig von $\underline{K}$ sind, $\underline{v}_{K\nu}$ jedoch von $\underline{K}$ abhängt:

$$-\underline{B}\frac{\partial\underline{K}}{\partial k_{ij}}\underline{C}\underline{v}_{K\nu} + (\underline{A} - \underline{B}\underline{K}\underline{C})\frac{\partial\underline{v}_{K\nu}}{\partial k_{ij}} = \frac{\partial\lambda_{K\nu}}{\partial k_{ij}}\underline{v}_{K\nu} + \lambda_{K\nu}\frac{\partial\underline{v}_{K\nu}}{\partial k_{ij}}.$$

Hierin ist (Abschnitt 11.3.13, Gleichung (11.134))

$$\frac{\partial\underline{K}}{\partial k_{ij}} = \underline{e}_i\underline{e}_j^T.$$

Setzt man dies in die vorhergehende Gleichung ein und multipliziert sie außerdem von links mit $\underline{w}_{K\nu}^T$, so entsteht die Gleichung

$$-\underline{w}_{K\nu}^T\underline{B}\underline{e}_i\underline{e}_j^T\underline{C}\underline{v}_{K\nu} + \underline{w}_{K\nu}^T(\underline{A} - \underline{B}\underline{K}\underline{C})\frac{\partial\underline{v}_{K\nu}}{\partial k_{ij}} = \underline{w}_{K\nu}^T\frac{\partial\lambda_{K\nu}}{\partial k_{ij}}\underline{v}_{K\nu} + \lambda_{K\nu}\underline{w}_{K\nu}^T\frac{\partial\underline{v}_{K\nu}}{\partial k_{ij}}. \tag{10.66}$$

Nach (10.65) ist der letzte Summand auf der linken Seite dieser Gleichung gleich dem letzten Summanden auf der rechten Seite. Außerdem ist

$$\underline{B}\underline{e}_i = \underline{b}_i,\ \underline{e}_j^T\underline{C} = \underline{c}_j^T.$$

Somit wird aus (10.66)

$$-\underline{w}_{K\nu}^T\underline{b}_i\underline{c}_j^T\underline{v}_{K\nu} = \underline{w}_{K\nu}^T\frac{\partial\lambda_{K\nu}}{\partial k_{ij}}\underline{v}_{K\nu}.$$

Da $\partial\lambda_{K\nu}/\partial k_{ij}$ ein Skalar ist, kann man ihn vor das Produkt ziehen und erhält

$$\frac{\partial\lambda_{K\nu}}{\partial k_{ij}} = -\frac{\underline{w}_{K\nu}^T\underline{b}_i\underline{c}_j^T\underline{v}_{K\nu}}{\underline{w}_{K\nu}^T\underline{v}_{K\nu}}. \tag{10.67}$$

Da bei gegebenem $\underline{K}$ alle hierin auftretenden Größen bekannt sind, lassen sich aus (10.67), (10.60) und (10.59) die Ableitungen der Straffunktion $J(\underline{K})$ nach den k_{ij} berechnen. Die Rechnung verläuft dann in den folgenden Schritten:

- Wahl der Faktoren p_ρ und eines beliebigen Startwerts $\underline{K}_0$ bzw. $\underline{k}_0$.
- Berechnung der $\lambda_{\mu\nu}$, $\underline{v}_{\mu\nu}$, $\underline{w}_{\mu\nu}$.
- Berechnung der $\partial F_{\mu\rho}/\partial\delta_{\mu\nu}$, $\partial F_{\mu\rho}/\partial\omega_{\mu\nu}$.
- Berechnung von $\partial\lambda_{\mu\nu}/\partial k_{ij}$ und damit von $\partial\delta_{\mu\nu}/\partial k_{ij}$, $\partial\omega_{\mu\nu}/\partial k_{ij}$ gemäß (10.67), (10.60).
- Berechnung von $J(\underline{K})$ sowie der $\partial J/\partial k_{ij}$ und hiermit von $\partial J/\partial\underline{k}$ gemäß (10.57) und (10.59).
- Damit entsprechend dem gewählten Gradientenverfahren Übergang von $\underline{k}_0$ zu einem neuen Wert $\underline{k}_1$, usw.

Bevor das Entwurfsverfahren auf ein Beispiel angewendet wird, sei noch eine interessante Querverbindung hergestellt. Wir greifen dafür auf die Formel (10.63) für die Polempfindlichkeit zurück und setzen (10.67) ein:

$$S_{k_{ij}}^{\lambda_{K\nu}} = -\frac{\underline{w}_{K\nu}^T\underline{b}_i\underline{c}_j^T\underline{v}_{K\nu}}{\lambda_{K\nu}\underline{w}_{K\nu}^T\underline{v}_{K\nu}}. \tag{10.68}$$

14 Bei dieser allgemeinen Betrachtung bringen wir den Index K wieder an, um daran zu erinnern, dass eine Regelung mit Ausgangsrückführung vorliegt.

Man kann die Eigenvektoren $\underline{v}_{Kv}$ und Linkseigenvektoren $\underline{w}_{Kv}$ so wählen, dass

$$\underline{w}_{Kv}^T \underline{v}_{Kv} = 1$$

ist. Geht man weiterhin zu den Modalkoordinaten über, so ist nach Unterabschnitt 8.1.1

$$\underline{\widehat{B}} = \underline{V}^{-1}\underline{B}, \quad \text{also} \quad \underline{w}_{Kv}^T \underline{b}_i = \hat{b}_{Kvi}, \quad \text{und}$$
$$\underline{\widehat{C}} = \underline{C}\,\underline{V}, \quad \text{also} \quad \underline{c}_j^T \underline{v}_{Kv} = \hat{c}_{Kjv}.$$

Damit wird aus der *Polempfindlichkeit* (10.68)

$$S_{k_{ij}}^{\lambda_{Kv}} = -\frac{\hat{c}_{Kjv}\hat{b}_{Kvi}}{\lambda_{Kv}}. \tag{10.69}$$

Nimmt man hiervon den Betrag, so ist dies die Formel (8.200) für den *Einfluss des Eigenwerts λ_{Kv} auf den Signalpfad* (j, i), wenn man beachtet, dass in (10.69) v statt k der Laufindex der Eigenwerte ist und die Indizes i und j der Steuer- und Messgrößen gegenüber (8.200) vertauscht sind. Der zusätzliche Index K in (10.69) bringt zum Ausdruck, dass hier die Eigenwerte der über die Rückführung $\underline{K}$ geschlossenen Regelung betrachtet werden, während es sich bei (8.200) um die Eigenwerte der Strecke handelt, also um den Grenzfall $\underline{K} = \underline{0}$.

Wir haben so als Nebenergebnis erhalten, dass das *Dominanzmaß eines Pols (Eigenwerts) zugleich ein Maß dafür ist, wie stark er durch Änderung der Rückführmatrix verschoben werden kann.*

Um Irrtümern vorzubeugen, sei abschließend darauf hingewiesen, dass die Verwendung der (nicht auf den Eigenwert bezogenen) Polempfindlichkeit lediglich der Erleichterung des Gradientenverfahrens dient, aber nichts mit dem Robustheitsentwurf selbst zu tun hat.

10.3.3 Beispiel: Verladebrücke

Die Strecke ist im Bild 7-6 dargestellt, ihre Gleichungen sind im Abschnitt 7.3 hergeleitet. Wie schon im Abschnitt 10.1.1 beschrieben, sind die Greifermasse $\Theta_1 = m_G$ und die Seillänge $\Theta_2 = \ell$ veränderliche Systemparameter. Bild 10-1 zeigt den zulässigen Bereich in der Parameterebene. Im Folgenden gelte:

$$50\,\text{kg} \le m_G \le 4000\,\text{kg},$$
$$4\,\text{m} \le \ell \le 12\,\text{m}.$$

Die Katzmasse beträgt $m_K = 1000\,\text{kg}$.

Der robuste Regler wird bezüglich der beiden Betriebsfälle

$$\text{I:} \quad m_G = 50\,\text{kg}, \qquad \ell = 10\,\text{m},$$
$$\text{II:} \quad m_G = 4000\,\text{kg}, \qquad \ell = 10\,\text{m}$$

entworfen. Die Rechnersimulation erweist, dass er auch in anderen Betriebsfällen zufriedenstellend arbeitet, so dass man auf die Berücksichtigung von mehr als zwei Modellen verzichten kann (siehe Bilder 10-25 bis 10-27).

Neben der Katzposition x_1 als Regelgröße stehen für die Regelung noch die Katzgeschwindigkeit x_2 sowie der Greiferwinkel x_3 als weitere Messgrößen zur Verfügung, d. h. die Winkelgeschwindigkeit x_4 wird nicht gemessen. Um dennoch über genügend Freiheitsgrade für den Entwurf eines robusten Reglers zu verfügen, wurde ein dynamischer Regler 1. Ordnung eingesetzt. Seine Struktur zeigt Bild 10-22. Er setzt sich aus einem konstanten Anteil und dem eigentlichen dynamischen Anteil zusammen:

$$u = \underline{k}_1^T(\underline{w} - \underline{y}) - k_3 x_D,$$
$$\dot{x}_D = -k_4 x_D + \underline{k}_2^T(\underline{w} - \underline{y}).$$

Dabei ist x_D die Zustandsvariable des Reglers und

$$\underline{w} = \begin{bmatrix} w_e \\ 0 \\ 0 \end{bmatrix},$$

wobei w_e der gewünschte Endwert der Katzposition $y_1 = x_1$ ist, während die Endwerte der Katzgeschwindigkeit $y_2 = x_2$ und des Greiferwinkels $y_3 = x_3$ stets Null sein sollen.

Für die gesamte Regelung erhält man so die Zustandsgleichungen

$$\underline{\dot{x}} = \underline{A}\,\underline{x} + \underline{b}\,\underline{k}_1^T(\underline{w} - \underline{y}) - \underline{b}\,k_3 x_D,$$
$$\dot{x}_D = -k_4 x_D + \underline{k}_2^T(\underline{w} - \underline{y}),$$
$$\underline{y} = \underline{C}\,\underline{x} = \begin{bmatrix} 1 & 0 & 0 & 0 \\ 0 & 1 & 0 & 0 \\ 0 & 0 & 1 & 0 \end{bmatrix}.$$

Daraus folgt weiter

$$\begin{bmatrix} \underline{x} \\ x_D \end{bmatrix}^{\cdot} = \begin{bmatrix} \underline{A} & \underline{0} \\ \underline{0}^T & 0 \end{bmatrix} \begin{bmatrix} \underline{x} \\ x_D \end{bmatrix} - \begin{bmatrix} \underline{b}\,\underline{k}_1^T\underline{C} & \underline{b}\,k_3 \\ \underline{k}_2^T\underline{C} & k_4 \end{bmatrix} \begin{bmatrix} \underline{x} \\ x_D \end{bmatrix} + \begin{bmatrix} \underline{b}\,\underline{k}_1^T \\ \underline{k}_2^T \end{bmatrix} \underline{w}. \tag{10.70}$$

Mit

$$\underline{\tilde{x}} = \begin{bmatrix} \underline{x} \\ x_D \end{bmatrix}, \quad \underline{\tilde{w}} = \begin{bmatrix} \underline{w} \\ 0 \end{bmatrix}$$

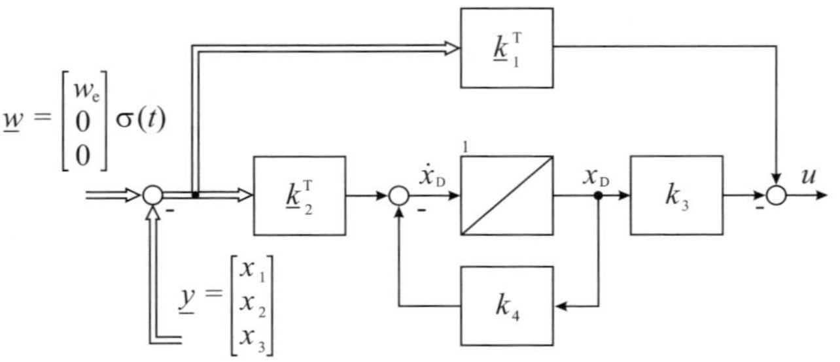

Bild 10-22: Struktur des robusten Reglers zur Verladebrücke

ergibt sich hieraus

$$\dot{\underline{\tilde{x}}} = \begin{bmatrix} \underline{A} & \underline{0} \\ \underline{0}^T & 0 \end{bmatrix} \underline{\tilde{x}} - \begin{bmatrix} \underline{b} & \underline{0} \\ 0 & 1 \end{bmatrix} \begin{bmatrix} \underline{k}_1^T & k_3 \\ \underline{k}_2^T & k_4 \end{bmatrix} \begin{bmatrix} \underline{C} & \underline{0} \\ \underline{0}^T & 1 \end{bmatrix} \underline{\tilde{x}} + \\ + \begin{bmatrix} \underline{b} & \underline{0} \\ 0 & 1 \end{bmatrix} \begin{bmatrix} \underline{k}_1^T & k_3 \\ \underline{k}_2^T & k_4 \end{bmatrix} \underline{\tilde{w}},$$

wovon man sich durch Ausmultiplizieren überzeugen kann. Die letzte Gleichung lässt sich mit

$$\underline{\tilde{A}} = \begin{bmatrix} \underline{A} & \underline{0} \\ \underline{0}^T & 0 \end{bmatrix}, \quad \underline{\tilde{B}} = \begin{bmatrix} \underline{b} & \underline{0} \\ 0 & 1 \end{bmatrix} \quad \text{und} \quad \underline{\tilde{C}} = \begin{bmatrix} \underline{C} & \underline{0} \\ \underline{0}^T & 1 \end{bmatrix}$$

kompakter in der Form

$$\dot{\underline{\tilde{x}}} = \left(\underline{\tilde{A}} - \underline{\tilde{B}}\underline{\tilde{K}}\underline{\tilde{C}}\right) \underline{\tilde{x}} + \underline{\tilde{B}}\underline{\tilde{K}}\underline{\tilde{w}}$$

schreiben, wobei die freien Parameter in der (2,4)-Matrix

$$\underline{\tilde{K}} = \begin{bmatrix} \underline{k}_1^T & k_3 \\ \underline{k}_2^T & k_4 \end{bmatrix}$$

vereinigt sind. Damit ist der Entwurf der dynamischen Ausgangsrückführung auf den Entwurf einer konstanten Ausgangsrückführung zurückgeführt.

Um einen geeigneten Bereich Γ für die Eigenwerte des geregelten Systems vorzuschlagen, gehen wir von einer allgemeinen Überlegung aus, die nicht auf das vorliegende Beispiel beschränkt ist. Man wird von den Eigenwerten verlangen, dass sie nicht zu nahe links der j-Achse liegen, damit die zugehörigen Eigenbewegungen nicht zu langsam abklingen. Sie sollen etwa links von $-a$ liegen, wobei a eine von dem speziellen Problem abhängende positive Konstante ist. Damit es keine zu starken Oszillationen gibt, wird man weiterhin eine gewisse Mindestdämpfung fordern. Nach Abschnitt 6.2 heißt das: ein gewisser Winkelabstand ψ_0 von der negativen reellen Achse darf nicht überschritten werden. Man gelangt so zu dem in Bild 10-23 stark umrandeten Trapezbereich, der sich nach links ins Unendliche öffnet (siehe auch Bild 6-18). Der Rand dieses Bereichs ist als Polygonzug rechnerisch etwas umständlich zu handhaben. Deshalb ersetzt man ihn nach dem Vorschlag von J. Ackermann [10.7] durch die ihn annähernde Hyperbel

$$\frac{\delta^2}{a^2} - \frac{\omega^2}{b^2} = 1, \tag{10.71}$$

wobei $b = a \tan \psi_0$ ist.

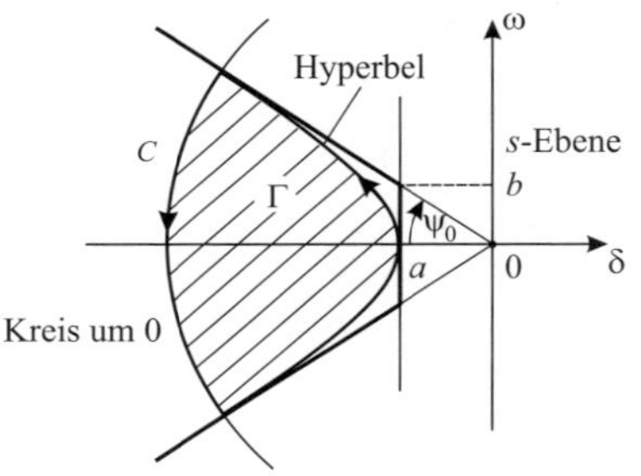

Bild 10-23: Wahl eines Bereichs Γ

Damit die Beträge der Eigenwerte nicht zu groß und damit die zugehörigen Zeitkonstanten nicht zu klein werden, was zu überhöhten Stellausschlägen führen würde, wird zusätzlich gefordert, dass die Eigenwerte innerhalb eines Kreises mit dem Radius R um den Ursprung liegen. Dessen Gleichung ist

$$\delta^2 + \omega^2 = R^2. \tag{10.72}$$

Damit ist der Bereich Γ festgelegt (schraffiert im Bild 10-23). Für seinen rechten Rand folgt aus (10.71) wegen $\delta < 0$:

$$\delta = -\frac{a}{b}\sqrt{\omega^2 + b^2}.$$

Es ist daher

$$F_1(\delta, \omega) = \delta + \frac{a}{b}\sqrt{\omega^2 + b^2}. \tag{10.73}$$

Diese Funktion ist $= 0$, wenn (δ, ω) auf der Hyperbel liegt. Ist (δ, ω) links der Hyperbel gelegen, so ist $\omega < \omega_H$, wenn ω_H die zum gleichen δ-Wert gehörende Hyperbelordinate bezeichnet (Bild 10-24). Daraus folgt

$$F_1(\delta,\omega) = \delta + \frac{a}{b}\sqrt{\omega^2+b^2} < \delta + \frac{a}{b}\sqrt{\omega_H^2+b^2} = 0. \tag{10.74}$$

Entsprechend sieht man, dass rechts der Hyperbel $F_1(\delta,\omega) > 0$ ist.

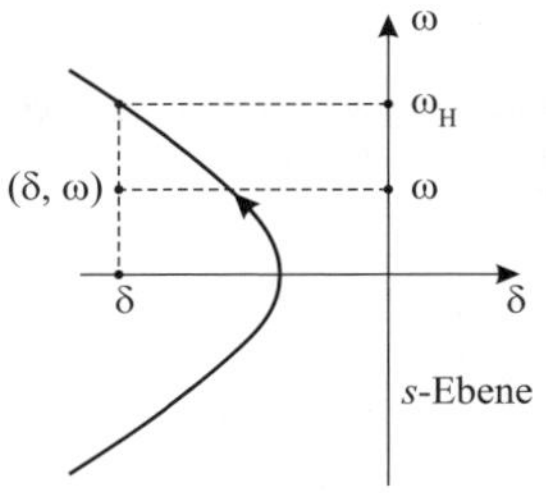

Bild 10-24: Zum Vorzeichen der Funktion $F_1(\delta,\omega) = \delta + \frac{a}{b}\sqrt{\omega^2+b^2}$

Aus (10.72) folgt, dass auf dem linken Rand von Γ die Funktion

$$F_2(\delta,\omega) = \sqrt{\delta^2+\omega^2} - R \tag{10.75}$$

Null ist. Liegt ein Punkt (δ,ω) links der Kreislinie, also im Innern des Kreises, so ist $\sqrt{\delta^2+\omega^2} < R$, also $F_2(\delta,\omega) < 0$. Für das Außengebiet des Kreises ist hingegen $F_2(\delta,\omega) > 0$.

Die Funktionen $F_\rho(\delta,\omega), \rho = 1,2$, erfüllen somit die nach Unterabschnitt 10.3.1 an sie zu stellenden Forderungen. Die Straffunktion des vorliegenden Problems ist nach (10.54) und (10.56) von der Form

$$J(\underline{K}) = \sum_{\mu=1}^{2}\sum_{\nu=1}^{4}\left(\mathrm{e}^{p\left(\delta_{\mu\nu}+\frac{a}{b}\sqrt{\omega_{\mu\nu}^2+b^2}\right)} + \mathrm{e}^{p\left(\sqrt{\delta_{\mu\nu}^2+\omega_{\mu\nu}^2}-R\right)}\right), \tag{10.76}$$

wenn $p_1 = p_2 = p$ gewählt und nur *ein* zulässiger Bereich Γ vorgegeben wird. Dieser wurde durch die Parameterwerte

$$a = 0{,}6\,\mathrm{sec}^{-1};\quad b = 0{,}5\,\mathrm{sec}^{-1};\quad R = 50\,\mathrm{sec}^{-1}$$

festgelegt.

Was die Durchführung des Entwurfsverfahrens angeht, so kann man mit einer beliebigen Matrix $\underline{\widetilde{K}}$ starten, sofern diese keine Nullelemente enthält, da sämtliche Rückführgrößen tatsächlich herangezogen werden sollen. Auch Regler, die Eigenwerte in der rechten Halbebene bewirken, können als Startregler benutzt werden.

Ausgehend von verschiedenen Startreglern gelangt man zu verschiedenen Polkonfigurationen, die jedoch sämtlich in dem vorgeschriebenen Polbereich liegen. Unter ihnen kann man anhand von Simulationen den dynamisch günstigsten auswählen, wobei als Kriterien Stellgrößenbetrag, Einschwingdauer und Überschwingweite dienen können. Alternativ dazu kann man, nachdem alle Pole in Γ liegen, den Parameter p in (10.76) möglichst groß wählen, um die Pole am Verlassen des Polbereichs zu hindern, und die Straffunktion $J(\underline{K})$ additiv um weitere Gütekriterien erweitern, die dann unter Beibehaltung des Polbereichs zu minimieren sind. So kann beispielsweise die Minimierung der Norm von $\underline{K}$ dazu dienen, zumindest tendenziell überhöhten Stellaussschlägen vorzubeugen, während in [10.26] auf diese Weise das Störverhalten einer Regelung optimiert wurde.

Als Startregler für die Rechnerschriebe in den Bildern 10-25 bis 10-27 wurde bespielsweise

$$\underline{\widetilde{K}} = \begin{bmatrix} 100 & 10.000 & -10.000 & 1 \\ 100 & 100 & 100 & 1 \end{bmatrix}$$

gewählt. Dabei orientiert sich die Wahl der Reglerelemente am Betrag der Rückführgrößen. Das negative Vorzeichen wirkt starken Rückschwingungen des Greiferwinkels entgegen.

Es erwies sich als zweckmäßig, nicht von vornherein das endgültige Polgebiet vorzugeben, sondern die Eigenwerte zunächst in ein weiter nach rechts vorragendes Gebiet ($a = 0{,}25\,\mathrm{sec}^{-1}$) zu schieben und sodann dieses Gebiet in weiteren Schritten nach links zu verlagern, bis der endgültige Wert $a = 0{,}6\,\mathrm{sec}^{-1}$ erreicht war. Eine weitere Linksverlagerung war nicht möglich. Als endgültige Reglermatrix ergab sich

$$\underline{\widetilde{K}} = \begin{bmatrix} 144{,}675 & 10.294{,}8 & -10.032{,}5 & -1.000{,}68 \\ 7{,}244 & 25{,}353 & -306{,}174 & 0{,}625 \end{bmatrix}. \tag{10.77}$$

Die Bilder 10-25 bis 10-27 zeigen das Zeitverhalten der mit diesem Regler geregelten Verladebrücke für einen Führungsgrößensprung mit $w_e = 10\,\mathrm{m}$, d. h. für den dadurch bewirkten Übergang vom Anfangszustand $\underline{0}$ in den Endzustand $[10\,\mathrm{m},\,0,\,0,\,0]^T$. Vier verschiedene Betriebsfälle sind wiedergegeben:

$$\begin{aligned} \underline{\Theta}_1 &: \quad m_G = 2000\,\text{kg}, \quad \ell = 8\,\text{m} \\ \underline{\Theta}_2 &: \quad m_G = 4000\,\text{kg}, \quad \ell = 10\,\text{m} \\ \underline{\Theta}_3 &: \quad m_G = 50\,\text{kg}, \quad \ell = 4\,\text{m} \\ \underline{\Theta}_4 &: \quad m_G = 50\,\text{kg}, \quad \ell = 12\,\text{m}, \end{aligned} \tag{10.78}$$

wobei $\underline{\Theta}_1$ eine Parameterkombination aus der Mitte des Parameterbereichs ist, $\underline{\Theta}_2$ einem der beiden für den Entwurf verwendeten Betriebsfälle entspricht und $\underline{\Theta}_3$, $\underline{\Theta}_4$ den dynamisch kritischen Fall geringer Greifermasse abdecken.

Wie man sieht, liegen die Verläufe der Katzposition x_1 dicht beisammen. Gleiches gilt für die Verläufe des Greiferwinkels x_3, abgesehen von der Anfangsphase des Extremfalls Θ_3. Wenn man aber beachtet, dass die Abweichung allenfalls von der Größenordnung 0,1 rad ist, so bedeutet dies bei einer Seillänge von 4 m nur eine vorübergehende Abweichung von wenigen Dezimetern der Greiferposition. Das Zeitverhalten des geregelten Systems ist also in der Tat genügend robust gegenüber den doch sehr beträchtlichen Parameterveränderungen. Aus Bild 10-27 sieht man, dass dies durch realistische Stellverläufe bewirkt wird.

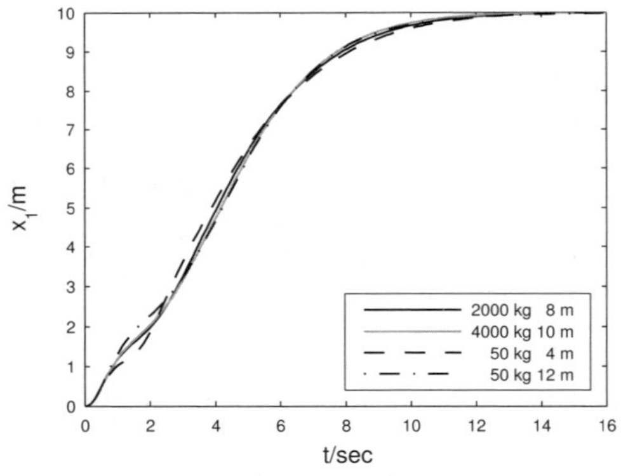

Bild 10-25: Robust geregelte Verladebrücke mit dem Regler (10.77): Verlauf der Katzposition x_1 in den vier Betriebsfällen (10.78).
Gegebener Anfangszustand: $\underline{0}$
Gewünschter Endzustand: $[10\text{ m}, 0, 0, 0]^T$

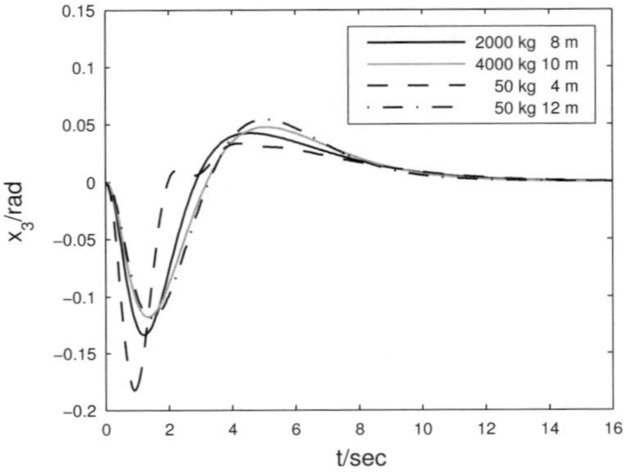

Bild 10-26: Robust geregelte Verladebrücke: Verlauf des Greiferwinkels x_3 unter den gleichen Bedingungen wie im Bild 10-25

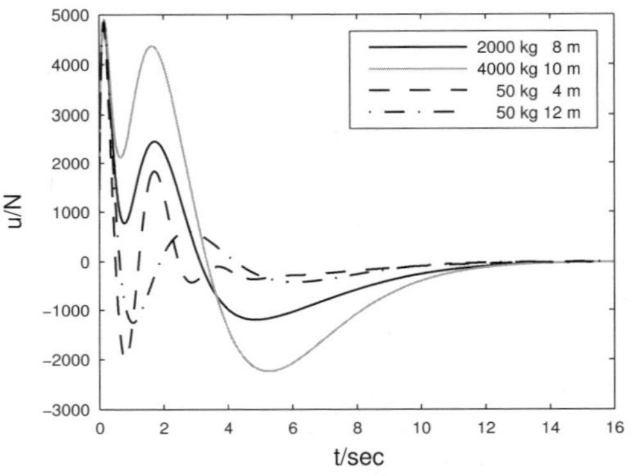

Bild 10-27: Robust geregelte Verladebrücke: Verlauf der Stellgröße u unter den gleichen Bedingungen wie im Bild 10-25

11 Mathematischer Anhang

11.1 Elemente der Laplace-Transformation

11.1.1 Das Laplace-Integral

Es sei $f(t)$ eine gegebene Funktion, beispielsweise eine Funktion der Zeit. $s=\delta+j\omega$ sei eine veränderliche komplexe Zahl. Dann ist

$$F(s)=\int_0^\infty f(t)\mathrm{e}^{-st}\,dt \qquad (11.1)$$

eine Funktion der komplexen Variablen s. Der Ausdruck (11.1) wird als *Laplace-Integral* von $f(t)$ bezeichnet. Da das Integral über ein unendlich langes t-Integral erstreckt ist, braucht es nicht für jeden Wert von s zu existieren. Die Punkte der komplexen s-Ebene, für die es absolut konvergent ist, bilden eine Halbebene nach Bild 11-1, die Halbebene der absoluten Konvergenz des Laplace-Integrals. Die folgenden Regeln und Sätze gelten für die entsprechenden Halbebenen der absoluten Konvergenz.

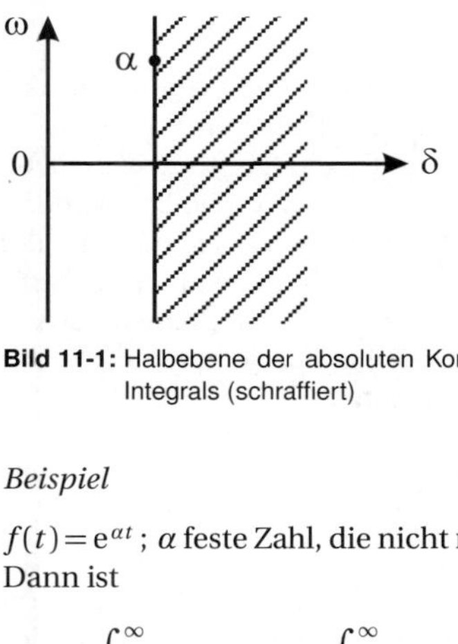

Bild 11-1: Halbebene der absoluten Konvergenz eines Laplace-Integrals (schraffiert)

Beispiel

$f(t)=\mathrm{e}^{\alpha t}$; α feste Zahl, die nicht reell zu sein braucht. Dann ist

$$F(s)=\int_0^\infty \mathrm{e}^{\alpha t}\,\mathrm{e}^{-st}\,dt=\int_0^\infty \mathrm{e}^{-(s-\alpha)t}\,dt=$$
$$=\left[-\frac{1}{s-\alpha}\,\mathrm{e}^{-(s-\alpha)t}\right]_{t=0}^{t=\infty}.$$

Liegt s rechts von α (Bild 11-1), also $\mathrm{Re}\,s>\mathrm{Re}\,\alpha$, so strebt die e-Funktion gegen 0 für $t\to\infty$. Daher ist für diese s das Laplace-Integral gleich $1/(s-\alpha)$. Liegt hingegen s links von α, also $\mathrm{Re}\,s<\mathrm{Re}\,\alpha$, so strebt die e-Funktion für $t\to\infty$ keinem festen Wert zu. Für solche s existiert das Laplace-Integral nicht. Es ist also

$$F(s)=\int_0^\infty \mathrm{e}^{\alpha t}\,\mathrm{e}^{-st}\,dt=\frac{1}{s-\alpha},\qquad \mathrm{Re}\,s>\mathrm{Re}\,\alpha.$$

Ganz allgemein wird unter einer rechten Halbebene ein Teil der komplexen s-Ebene verstanden, der nach links durch eine zur j-Achse parallele Gerade begrenzt wird. Es braucht dies nicht notwendig die j-Achse selbst zu sein.

Das Laplace-Integral ist also nur in einer rechten Halbebene absolut konvergent. Die hierdurch gegebene komplexe Funktion kann aber in den regelungstechnisch interessanten Fällen in die gesamte komplexe Ebene analytisch fortgesetzt werden, wenn man von isolierten singulären Stellen absieht.

11.1.2 Die Laplace-Transformation

Durch das Laplace-Integral wird der Funktion $f(t)$, die in den technischen Anwendungen meist eine Funktion der Zeit ist, die komplexe Funktion $F(s)$ zugeordnet. Diese Zuordnung fasst man als eine Transformation oder Abbildung auf und nennt sie die *Laplace-Transformation.*[1] $f(t)$ heißt die *Originalfunktion*, $F(s)$ die *Bildfunktion*. Diesen Zusammenhang schreibt man in der Form

$$F(s)=\mathscr{L}\{f(t)\}\quad \text{oder}$$

$$f(t)\circ\!\!-\!\!\bullet\, F(s).$$

Eine solche Beziehung wird auch als *Korrespondenz* bezeichnet. Wie in Abschnitt 11.1.1 gezeigt, gilt beispielsweise die Korrespondenz

$$\mathrm{e}^{\alpha t}\circ\!\!-\!\!\bullet\,\frac{1}{s-\alpha},\quad \text{die auch in der Form}$$

$$\mathscr{L}\{\mathrm{e}^{\alpha t}\}=\frac{1}{s-\alpha}$$

geschrieben werden kann. Ist speziell $\alpha=0$, so ist $\mathrm{e}^{\alpha t}=1$, und man erhält die Korrespondenz

$$1\circ\!\!-\!\!\bullet\,\frac{1}{s}.$$

Hiermit hat man die Bildfunktion des Einheitssprungs $\sigma(t)$.

1 Lehrbücher der Laplace-Transformation: [11.1], [11.2].

Für das Rechnen mit der Laplace-Transformation ist ein Verzeichnis von Korrespondenzen wichtig (siehe z. B. [11.1, 11.2]). Die einfachsten und am häufigsten auftretenden Korrespondenzen sind unten zusammengestellt. In dieser Tabelle stehen die Bildfunktionen in der linken Spalte, da man bei der Behandlung einer Aufgabe mit der Laplace-Transformation zunächst die Bildfunktion erhält, aus der dann die Originalfunktion bestimmt werden muss.

F(s)	**f(t)**
$\frac{1}{s}$	1
$\frac{1}{s-\alpha}$, α beliebig	$e^{\alpha t}$
$\frac{1}{s^2}$	t
$\frac{1}{(s-\alpha)^2}$	$t\,e^{\alpha t}$
$\frac{1}{(s-\alpha)^n}$, $n=1,2,\ldots$	$\frac{t^{n-1}}{(n-1)!}e^{\alpha t}$
$\frac{\omega}{s^2+\omega^2}$	$\sin\omega t$
$\frac{s}{s^2+\omega^2}$	$\cos\omega t$

11.1.3 Rechnen mit δ-Funktionen

Bevor die Rechenregeln der Laplace-Transformation formuliert werden, ist es erforderlich, etwas zur Differentiation von Zeitfunktionen durch ein technisches System zu sagen.

Bei technischen Problemen, insbesondere der Elektrotechnik, treten häufig Schaltvorgänge auf, die sprungartig veränderliche Zeitfunktionen hervorrufen. Die einfachste derartige Zeitfunktion ist der Einheitssprung $\sigma(t)$. Was geschieht, wenn er auf ein differenzierendes technisches System trifft? Um dies zu erkennen, machen wir die plausible Annahme, dass der im technischen System verwirklichte Einheitssprung von der idealen mathematischen Funktion insofern abweicht, als er in $t = 0$ nicht springt, sondern einen zwar sehr steilen, aber doch kontinuierlichen Übergang aufweist. Bild 11-2 deutet dies an und zeigt zugleich die hierdurch verursachte Ableitung, welche die Form eines hohen und schmalen Impulses hat, dessen Breite ε gegenüber dem sonstigen Zeitverhalten des Systems vernachlässigbar ist. Diesen hohen und schmalen Impuls wollen wir als *δ-Funktion $\delta(t)$* bezeichnen (auch Diracsche δ-Funktion, δ-Impuls, δ-Stoß genannt). Auf die Gestalt im Einzelnen kommt es nicht an. Wichtig ist nur, dass sich ein hoher und schmaler Impuls mit der Fläche 1 ergibt.

Diese Einführung der δ-Funktion entspricht den Vorstellungen des Anwenders, kann aber natürlich keinerlei Anspruch auf Präzision erheben. Für eine exakte, kurze und für den Ingenieur lesbare Einführung sei etwa auf [11.1], Anhang, und [11.3], Kapitel 7.1, verwiesen. Wir begnügen uns hier mit der naiven Auffassung der δ-Funktion als eines sehr hohen und schmalen Impulses der Fläche 1 und wollen damit jetzt das Rechnen mit der δ-Funktion verständlich machen.

Wir haben zwischen zwei Arten der Differentiation zu unterscheiden, nämlich

- der *gewöhnlichen Differentiation*, bei der man an Sprungstellen nicht differenzieren kann, und
- einer *verallgemeinerten Differentiation, wie sie ein differenzierendes technisches System ausführt* und bei der Sprungstellen Anlass zur Entstehung von δ-Funktionen geben.

Da es sich um zwei verschiedene Operationen handelt, muss man sie mit verschiedenen Symbolen bezeichnen. Wir wollen im Folgenden die gewöhnliche Differentiation durch einen $'$, die verallgemeinerte Differentiation durch einen $\dot{}$ kennzeichnen. In der Mathematik ist es üblich, die verallgemeinerte Differentiation durch das Symbol D zu charakterisieren (von „Derivierte – verallgemeinerte Ableitung"). Wir können also jetzt schreiben

$$\sigma'(t)=0 \quad \text{für} \quad t\neq 0,$$

$$\dot{\sigma}(t)=D\sigma(t)=\delta(t).$$

Um zu sehen, wie eine *stückweise* stetige Funktion $f(t)$ durch ein technisches System differenziert wird, denkt man sie sich in Sprungfunktionen und eine stetige Funktion zerlegt (Bild 11-3). τ_λ sind ihre Sprungstellen,

$$\Delta f_\lambda = f(\tau_\lambda+0)-f(\tau_\lambda-0)^2$$

die zugehörigen Sprunghöhen. Wie man aus diesem Bild abliest, kann man $f(t)$ als Summe einer stetigen

2 Dabei ist unter $f(t_0+0)$ bzw. $f(t_0-0)$ der rechtsseitige bzw. linksseitige Grenzwert der Funktion $f(t)$ an der Stelle t_0 verstanden.

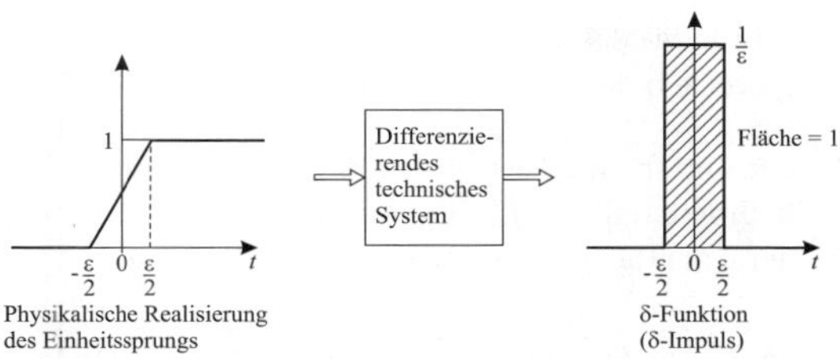

Bild 11-2: Zur Differentiation des Einheitssprungs $\sigma(t)$ durch ein technisches System

Funktion $f_s(t)$ und von Sprungfunktionen darstellen:

$$f(t)=f_s(t)+\sum_{\lambda}\Delta f_\lambda\sigma(t-\tau_\lambda).$$

Daraus folgt

$$\dot f(t)=\dot f_s(t)+\sum_{\lambda}\Delta f_\lambda\delta(t-\tau_\lambda).$$

Da $f_s(t)$ stetig ist, stimmen gewöhnliche und verallgemeinerte Ableitung überein: $\dot f_s(t)=f_s'(t)$. Weiterhin ist die gewöhnliche Ableitung $f'(t)$ gleich $f_s'(t)$, da die beiden Funktionskurven $f(t)$ und $f_s(t)$ in den einzelnen Intervallen $(\tau_\lambda,\tau_{\lambda+1})$ parallel sind. Damit ist:

$$\dot f(t)=f'(t)+\sum_{\lambda}\Delta f_\lambda\,\delta(t-\tau_\lambda). \tag{11.2}$$

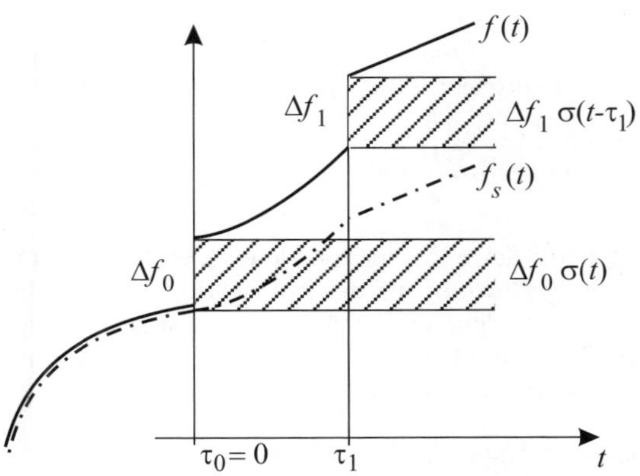

Bild 11-3: Zerlegung einer stückweise stetigen Funktion

An den Sprungstellen τ_λ existiert $f'(t)$ nicht. Das ist für das Folgende unwesentlich. Wenn man will, kann man $f'(t)$ dort durch den linksseitigen Grenzwert definieren.

Um das Laplace-Integral der δ-Funktion zu berechnen, gehen wir vom Integral

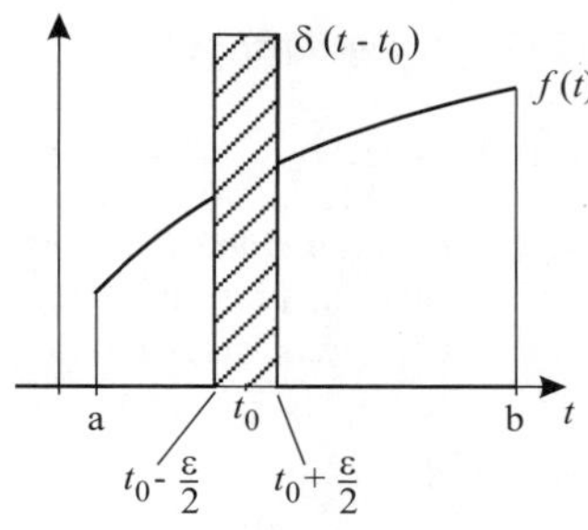

Bild 11-4: Zur Integration der δ-Funktion

$$\int_a^b f(t)\delta(t-t_0)\,dt$$

aus. Nach Bild 11-4 ist es gleich

$$\int_{t_0-\frac{\varepsilon}{2}}^{t_0+\frac{\varepsilon}{2}} f(t)\delta(t-t_0)\,dt=f(t_0)\int_{t_0-\frac{\varepsilon}{2}}^{t_0+\frac{\varepsilon}{2}}\delta(t-t_0)\,dt\,.$$

Da die Fläche unter der δ-Funktion gleich 1 ist, hat man die Beziehung

$$\int_a^b f(t)\delta(t-t_0)\,dt=f(t_0), \tag{11.3}$$

sofern $a<t_0<b$ ist und $f(t)$ stetig durch t_0 geht. Diese oft benutzte Integralbeziehung wird als *Ausblendeigenschaft* der δ-Funktion bezeichnet. Mit ihr wird

$$\mathscr{L}\{\delta(t-t_0)\}=\int_0^\infty\delta(t-t_0)\mathrm{e}^{-st}\,dt=\mathrm{e}^{-st_0},$$

da hier $f(t)=\mathrm{e}^{-st}$ ist. Es gilt so die Korrespondenz

$$\delta(t-t_0)\circ\!\!-\!\!\bullet\,\mathrm{e}^{-st_0}\,,\ t_0>0\,. \tag{11.4}$$

Für $t_0\to 0$ folgt daraus

$$\delta(t)\circ\!\!-\!\!\bullet\,1\,. \tag{11.5}$$

11.1.4 Rechenregeln der Laplace-Transformation

Wird auf eine Originalfunktion irgendeine Operation ausgeübt, z. B. eine Verschiebung oder eine Differentiation, so muss ihr eine Operation mit der Bildfunktion entsprechen. Die Rechenregeln der Laplace-Transformation geben an, wie sich eine Operation mit der Originalfunktion in eine Operation mit der Bildfunktion übersetzt. Im Folgenden sind die wichtigsten Regeln zusammengestellt.

Fast selbstverständlich ist die *Linearitätsregel:*

$$c_1 f_1(t) + c_2 f_2(t) \circ\!\!-\!\!\bullet\; c_1 F_1(s) + c_2 F_2(s), \tag{11.6}$$

wobei c_1 und c_2 beliebige Konstanten sind. Insbesondere entspricht also der Addition bzw. Subtraktion der Originalfunktionen die Addition bzw. Subtraktion der Bildfunktionen.

Verschiebungsregel (nach rechts):

Ist $t_0 > 0$ eine feste Zahl und $f(t) = 0$ für $t < 0$, so gilt:

$$f(t - t_0) \circ\!\!-\!\!\bullet\; \mathrm{e}^{-t_0 s} F(s). \tag{11.7}$$

Differentiationsregel für die gewöhnliche Differentiation:

Ist die Funktion $f(t)$ für $t > 0$ differenzierbar, weist sie also dort keine Sprünge auf, so gilt

$$f'(t) \circ\!\!-\!\!\bullet\; s\,F(s) - f(+0). \tag{11.8}$$

Für den zweiten Differentialquotienten von $f(t)$ gilt unter entsprechenden Voraussetzungen wie für die Korrespondenz (11.8) die Regel:

$$f''(t) \circ\!\!-\!\!\bullet\; s^2 F(s) - s\,f(+0) - f'(+0).$$

Allgemein gilt für $n = 1, 2, \ldots$:

$$f^{(n)}(t) \circ\!\!-\!\!\bullet\; s^n F(s) - s^{n-1} f(+0) - s^{n-2} f'(+0) - \ldots - s\,f^{(n-2)}(+0) - f^{(n-1)}(+0). \tag{11.9}$$

Hierin sind $f'(+0), f''(+0), \ldots$ die Grenzwerte, denen $f'(t), f''(t), \ldots$ zustreben, wenn sich t von rechts der Null nähert.

Die Korrespondenzen (11.8) und (11.9) zeigen, dass die Differentiation der Originalfunktion beim Übergang zur Bildfunktion eine viel einfachere Operation ergibt, nämlich die Multiplikation mit einer Potenz der Variablen s (einschließlich der Hinzufügung der Anfangswerte). Diese Vereinfachung der Operationen beim Übergang zu den Bildfunktionen, die sich auch in den folgenden Regeln zeigt, ist ein entscheidender Vorzug der Laplace-Transformation.

Differentiationsregel für die verallgemeinerte Differentiation:

$$\overset{(n)}{f}(t) \circ\!\!-\!\!\bullet\; s^n F(s) - s^{n-1} f(-0) - s^{n-2} f'(-0) - \ldots - s\,f^{(n-2)}(-0) - f^{(n-1)}(-0). \tag{11.10}$$

Dabei dürfen die Funktion $f(t)$ und ihre Ableitungen auch Sprünge für $t > 0$ aufweisen. Im Unterschied zur gewöhnlichen Differentiation treten hier also die Anfangswerte bei -0 in Erscheinung.

Dieser Unterschied ist einleuchtend. Betrachten wir einfachheitshalber eine Funktion $f(t)$, die für $t > 0$ keinen Sprung aufweist. Nach (11.2) gilt für sie

$$\dot{f}(t) = f'(t) + \Delta f_0 \delta(t) = f'(t) + \Big[f(+0) - f(-0)\Big]\delta(t),$$

also

$$\mathscr{L}\{\dot{f}(t)\} = \mathscr{L}\{f'(t)\} + \Big[f(+0) - f(-0)\Big]\mathscr{L}\{\delta(t)\}.$$

Nach (11.8) und (11.5) folgt daraus

$$\mathscr{L}\{\dot{f}(t)\} = s\,F(s) - f(+0) + \Big[f(+0) - f(-0)\Big]\cdot 1,$$

also

$$\dot{f}(t) \circ\!\!-\!\!\bullet\; s\,F(s) - f(-0).$$

Ist speziell $f(t) = 0$ für $t < 0$, wie wir das bei den Zeitfunktionen der Regelungstechnik häufig voraussetzen dürfen, so sind alle Anfangswerte bei -0 gleich Null. Die *Differentiationsregel für die verallgemeinerte Differentiation nimmt dann eine besonders einfache Form an:*

$$\begin{aligned} \dot{f}(t) &\circ\!\!-\!\!\bullet\; s\,F(s), \\ &\vdots \\ \overset{(n)}{f}(t) &\circ\!\!-\!\!\bullet\; s^n F(s). \end{aligned} \tag{11.11}$$

Integrationsregel:

$$\int_0^t f(\tau)\,d\tau \circ\!\!-\!\!\bullet\; \frac{1}{s} F(s). \tag{11.12}$$

Während der Differentiation die Multiplikation mit s (unter Hinzufügung des Anfangswerts) entspricht, geht die Integration von 0 bis zu der veränderlichen Stelle t in die Division durch s über, wobei der Anfangswert keine Rolle spielt.

Beispiel: Bestimmung der Originalfunktion zu $\dfrac{1}{s(1+Ts)}$, wobei T eine Konstante $\neq 0$ ist.

Zunächst ist $\dfrac{1}{1+Ts} = \dfrac{1}{T} \cdot \dfrac{1}{s + \frac{1}{T}} = \dfrac{1}{T} \cdot \dfrac{1}{s - (-\frac{1}{T})}$.

Mit $\alpha = -1/T$ erhält man daher aus der Korrespondenztabelle

$$\frac{1}{1+Ts} = \frac{1}{T} \cdot \frac{1}{s-(-\frac{1}{T})} \bullet\!\!-\!\!\circ \frac{1}{T}\,\mathrm{e}^{-t/T}. \tag{11.13}$$

Nach (11.12) ist deshalb

$$\frac{1}{s} \cdot \frac{1}{1+Ts} \bullet\!\!-\!\!\circ \int_0^t \frac{1}{T}\,\mathrm{e}^{-(1/T)\tau}\,d\tau = \left[-\mathrm{e}^{-\tau/T}\right]_0^t.$$

Somit gilt die Korrespondenz

$$\frac{1}{s(1+Ts)} \bullet\!\!-\!\!\circ 1-\mathrm{e}^{-t/T}.$$

Faltungsregel:

$$F_1(s)\cdot F_2(s) \bullet\!\!-\!\!\circ \int_0^t f_1(t-\tau) f_2(\tau)\,d\tau = f_1(t) * f_2(t). \tag{11.14}$$

Man nennt dieses Integral *Faltungsintegral oder auch Faltungsprodukt* der beiden Zeitfunktionen und bezeichnet die Beziehung (11.14) als *Faltungsregel.*

Beispiel: Bestimmung der Originalfunktion zu

$$\frac{1}{s^2(1+Ts)}.$$

Die Originalfunktion zu $1/s^2$ bzw. $1/(1+Ts)$ ist t bzw. $\frac{1}{T}\,\mathrm{e}^{-t/T}$. Nach (11.14) gilt daher

$$\frac{1}{s^2} \cdot \frac{1}{1+Ts} \bullet\!\!-\!\!\circ \quad t * \frac{1}{T}\,\mathrm{e}^{-t/T}.$$

Dieses Faltungsintegral ist

$$\int_0^t \tau \frac{1}{T}\,\mathrm{e}^{-(t-\tau)/T}\,d\tau.$$

Durch partielle Integration folgt daraus $t-T+T\,\mathrm{e}^{-t/T}$. Daher gilt die Korrespondenz

$$\frac{1}{s^2(1+Ts)} \bullet\!\!-\!\!\circ t-T+T\,\mathrm{e}^{-t/T}. \tag{11.15}$$

Einige allgemeine Eigenschaften der Faltung:

$$f*g = g*f;$$

$$f*(g+h) = f*g+f*h;$$

$$f(t)*\delta(t-t_0) = f(t-t_0) \tag{11.16}$$

für $t_0 > 0$ und $f(t)=0$ für $t<0$,

insbesondere also

$$f(t)*\delta(t) = f(t); \tag{11.17}$$

$$f(t)*\sigma(t) = \int_0^t f(\tau)\,d\tau. \tag{11.18}$$

Grenzwertsätze:

An die Rechenregeln seien zwei Sätze über das Verhalten der Original- und der Bildfunktion bei 0 bzw. ∞ angeschlossen.

Anfangswertsatz:

Strebt $f(t)$ für $t \to +0$ einem endlichen Grenzwert zu, so gilt $f(+0) = \lim\limits_{s\to\infty} s\,F(s)$. (11.19)

Endwertsatz:

Strebt $f(t)$ für $t \to +\infty$ einem endlichen Grenzwert zu, so gilt $\lim\limits_{t\to+\infty} f(t) = \lim\limits_{s\to 0} s\,F(s)$. (11.20)

Mit diesen beiden Sätzen kann man den Wert der Funktion $f(t)$ bei $t=+0$ und $t=+\infty$ ermitteln, ohne dass man die Funktion $f(t)$ selbst zu kennen braucht. Es genügt vielmehr die Kenntnis der Bildfunktion $F(s)$. Dies kann für die Anwendungen sehr vorteilhaft sein, da die Bildfunktion gewöhnlich ohne weiteres bekannt ist, die Originalfunktion aber oft nur durch mühsame Rechnungen bestimmt werden kann. Voraussetzung der beiden Grenzwertsätze ist allerdings, dass die Existenz des Grenzwerts von $f(t)$ feststeht.

11.1.5 Lösung von Differentialgleichungen

11.1.5.1 Differentialgleichungen erster Ordnung

Mit Hilfe der Laplace-Transformation lassen sich lineare Differentialgleichungen mit konstanten Koeffizienten einfach und übersichtlich lösen. Das Prinzip sei an einer Differentialgleichung erster Ordnung dargestellt:

$$T\dot{x} + x = f(t).$$

Hier wie auch im Folgenden wird stets die *verallgemeinerte* Differentiation benutzt, da dies dem Verhalten realer technischer Systeme entspricht. T ist eine Konstante, und $f(t)$ ist eine gegebene Funktion. Bezeichnet man die Bildfunktion von $f(t)$ mit $F(s)$, die von $x(t)$ mit $X(s)$, so ergibt die Anwendung der Laplace-Transformation aufgrund der Differentiationsregel:

$$T\left[s\,X(s) - x(-0)\right] + X(s) = F(s).$$

Die Differentialgleichung für die Originalfunktion $x(t)$ geht also in eine gewöhnliche algebraische Gleichung für die Bildfunktion $X(s)$ über, die viel einfacher zu behandeln ist als die gegebene Differentialgleichung. Löst man sie nach $X(s)$ auf, so erhält man

$$X(s)=\frac{1}{1+Ts}\,F(s)+\frac{T\,x(-0)}{1+Ts}. \tag{11.21}$$

Dies ist die Bildfunktion der Lösung $x(t)$. Um $x(t)$ selbst zu erhalten, hat man die zugehörige Originalfunktion aufzusuchen.

Nach (11.13) ist $(1/T)\mathrm{e}^{-t/T}$ die Originalfunktion zu $1/(1+Ts)$. Daher folgt aus (11.21) unter Anwendung der Faltungsregel

$$x(t)=\frac{1}{T}\,\mathrm{e}^{-t/T}*f(t)+x(-0)\,\mathrm{e}^{-t/T}=$$
$$=\frac{1}{T}\int_0^t f(\tau)\,\mathrm{e}^{-(t-\tau)/T}\,d\tau+x(-0)\,\mathrm{e}^{-t/T},$$
$$x(t)=\mathrm{e}^{-t/T}\left[\frac{1}{T}\int_0^t f(t)\,\mathrm{e}^{\tau/T}\,d\tau+x(-0)\right]. \tag{11.22}$$

Dies ist die allgemeine Lösung der Differentialgleichung. Sie hängt, wie dies ja bei Differentialgleichungen stets der Fall ist, vom Anfangswert ab. Es ist ein besonderer Vorteil der Laplace-Transformation, dass sie die Abhängigkeit der Lösung von den Anfangswerten sofort mitliefert und man nicht gezwungen ist, durch eine besondere Rechnung die Lösung den Anfangsbedingungen anzupassen, wie dies bei der elementaren Lösung von Differentialgleichungen der Fall ist.

Ein Spezialfall der Lösung (11.22): Ist $x(-0)=0$ und $f(t)=\sigma(t)$, also gleich dem Einheitssprung, so folgt:

$$x(t)=\frac{1}{T}\,\mathrm{e}^{-t/T}\int_0^t 1\cdot\mathrm{e}^{\tau/T}\,d\tau=1-\mathrm{e}^{-t/T}.$$

Diese Lösung kann man auch unmittelbar aus (11.21) erhalten, wenn man berücksichtigt, dass für den Einheitssprung $F(s)=1/s$ und demgemäß $X(s)=1/\left[s\,(1+Ts)\right]$ ist. Es ist dann $x(t)=1-\mathrm{e}^{-t/T}$.

11.1.5.2 Homogene Differentialgleichung höherer Ordnung

Wie die Laplace-Transformation auf Differentialgleichungen höherer Ordnung anzuwenden ist, werde an der Schwingungsgleichung gezeigt. Zunächst werde die homogene Gleichung betrachtet:

$$\ddot{x}+2\,d\,\omega_0\dot{x}+\omega_0^2x=0;\quad d,\omega_0\ \text{konstant}.$$

Die Lösung wird in drei Schritten gewonnen.

Schritt 1:

Laplace-Transformation der gegebenen Differentialgleichung

$$s^2X(s)-s\,x(-0)-x'(-0)+$$
$$+2\,d\,\omega_0\left[s\,X(s)-x(-0)\right]+\omega_0^2X(s)=0.$$

Hieraus folgt

$$X(s)=\frac{s+2\,d\,\omega_0}{s^2+2\,d\,\omega_0\,s+\omega_0^2}\,x(-0)+$$
$$+\frac{1}{s^2+2\,d\,\omega_0\,s+\omega_0^2}\,x'(-0). \tag{11.23}$$

Schritt 2:

Partialbruchzerlegung der rationalen Funktionen

$$G_0(s)=\frac{s+2\,d\,\omega_0}{s^2+2\,d\,\omega_0\,s+\omega_0^2}=\frac{Z_0(s)}{N(s)},$$
$$G(s)=\frac{1}{s^2+2\,d\,\omega_0\,s+\omega_0^2}=\frac{Z(s)}{N(s)}.$$

Hierzu hat man zunächst die Nullstellen des Nenners zu bestimmen:

$$s^2+2\,d\,\omega_0\,s+\omega_0^2=0\quad\text{(Charakteristische Gleichung)}.$$

Sind die beiden Nullstellen α_1,α_2 einfach, d. h. ist $\alpha_1\neq\alpha_2$, so gilt die Partialbruchzerlegung

$$G_0(s)=\frac{A_1}{s-\alpha_1}+\frac{A_2}{s-\alpha_2},\qquad G(s)=\frac{B_1}{s-\alpha_1}+\frac{B_2}{s-\alpha_2}. \tag{11.24}$$

Die Koeffizienten A_1 bzw. B_1 kann man durch einen Koeffizientenvergleich bestimmen. Einfacher erhält man sie aus der Formel

$$A_i=\frac{Z_0(\alpha_i)}{N'(\alpha_i)},\quad B_i=\frac{Z(\alpha_i)}{N'(\alpha_i)},\quad i=1,2.$$

Setzt man nun (11.24) in (11.23) ein, so erhält man

$$X(s)=\left[\frac{A_1}{s-\alpha_1}+\frac{A_2}{s-\alpha_2}\right]x(-0)+$$
$$+\left[\frac{B_1}{s-\alpha_1}+\frac{B_2}{s-\alpha_2}\right]x'(-0). \tag{11.25}$$

Damit ist die Bildfunktion auf eine Form gebracht, zu der die Originalfunktion leicht ermittelt werden kann.

Schritt 3:

Aufsuchen der Originalfunktion zu $X(s)$

Aufgrund der Korrespondenz $1/(s-\alpha) \bullet\!\!-\!\!\circ\, \mathrm{e}^{\alpha t}$ folgt aus (11.25)

$$x(t) = \left[A_1\,\mathrm{e}^{\alpha_1 t} + A_2\,\mathrm{e}^{\alpha_2 t}\right] x(-0) + \\ + \left[B_1\,\mathrm{e}^{\alpha_1 t} + B_2\,\mathrm{e}^{\alpha_2 t}\right] x'(-0),$$

$$x(t) = \left[A_1\,x(-0) + B_1\,x'(-0)\right] \mathrm{e}^{\alpha_1 t} + \\ + \left[A_2\,x(-0) + B_2\,x'(-0)\right] \mathrm{e}^{\alpha_2 t}. \qquad (11.26)$$

Dies ist die Lösung der homogenen Differentialgleichung mit den beliebigen Anfangswerten $x(-0)$ und $x'(-0)$.

Es ist noch der Ausnahmefall zu betrachten, dass eine Doppelwurzel vorliegt, also $\alpha_1 = \alpha_2$ gilt. Dann lautet die Partialbruchzerlegung in Schritt 2:

$$\begin{aligned} G_0(s) &= \frac{A_1}{s-\alpha_1} + \frac{A_2}{(s-\alpha_1)^2}, \\ G(s) &= \frac{B_1}{s-\alpha_1} + \frac{B_2}{(s-\alpha_1)^2}. \end{aligned} \qquad (11.27)$$

Die A_1 und B_1 sind hier durch Koeffizientenvergleich zu bestimmen. Die Rücktransformation von Schritt 3 liefert jetzt wegen $1/(s-\alpha)^2 \bullet\!\!-\!\!\circ\, t\,\mathrm{e}^{\alpha t}$:

$$x(t) = \left[A_1\,\mathrm{e}^{\alpha_1 t} + A_2\,t\,\mathrm{e}^{\alpha_1 t}\right] x(-0) + \\ + \left[B_1\,\mathrm{e}^{\alpha_1 t} + B_2\,t\,\mathrm{e}^{\alpha_1 t}\right] x'(-0),$$

$$x(t) = \left[A_1\,x(-0) + B_1\,x'(-0)\right] \mathrm{e}^{\alpha_1 t} + \\ + \left[A_2\,x(-0) + B_2\,x'(-0)\right] t\,\mathrm{e}^{\alpha_1 t}. \qquad (11.28)$$

11.1.5.3 *Inhomogene Differentialgleichung höherer Ordnung*

Ihre Behandlung mittels Laplace-Transformation werde ebenfalls an der Schwingungsgleichung erläutert:

$$\ddot{x} + 2\,d\,\omega_0\dot{x} + \omega_0^2 x = f(t).$$

Die Lösung verläuft entsprechend wie bei der homogenen Gleichung. Man erhält zunächst

$$X(s) = \frac{s + 2\,d\,\omega_0}{s^2 + 2\,d\,\omega_0\,s + \omega_0^2}\,x(-0) + \\ + \frac{1}{s^2 + 2\,d\,\omega_0\,s + \omega_0^2}\,x'(-0) + \frac{1}{s^2 + 2\,d\,\omega_0\,s + \omega_0^2}\,F(s).$$

Die Lösung setzt sich also zusammen aus der allgemeinen Lösung der homogenen Gleichung (die beiden ersten Summanden der rechten Seite) und einer partikulären Lösung der inhomogenen Gleichung, die durch $f(t)$ bestimmt wird (letzter Summand der rechten Seite):

$$X(s) = X_H(s) + G(s)F(s).$$

Die zugehörige Originalfunktion ist daher

$$x(t) = x_H(t) + g(t) * f(t) = x_H(t) + \int_0^t g(t-\tau)f(\tau)d\tau.$$

Hierin ist $x_H(t)$ durch (11.26) bzw. (11.28) gegeben, je nachdem, ob die Nullstellen der charakteristischen Gleichung einfach sind oder nicht, während $g(t)$ die Originalfunktion zu $G(s)$ ist, also aus (11.24) bzw. (11.27) bekannt ist. Ist $F(s)$ selbst eine rationale Funktion, so kann man, statt die Faltungsregel anzuwenden, auch die gesamte Funktion $G(s)F(s)$ in Partialbrüche zerlegen und dann zur Originalfunktion übergehen.

11.1.5.4 *Systeme von Differentialgleichungen*

Die allgemeine Methode werde an einem konkreten System dargestellt:

$$\begin{aligned} T_1\,\dot{x}_1 + x_1 &= K_1\,x_2, \\ x_2 &= f - x_3, \\ T_3\,\dot{x}_3 + x_3 &= K_3\,x_1. \end{aligned}$$

Hierin sind die K_i und T_i Konstanten, während $f(t)$ eine gegebene äußere Größe ist. Gesucht ist die Funktion $x_1(t)$.

Schritt 1:

Laplace-Transformation des Differentialgleichungssystems

$$T_1\left[s\,X_1(s) - x_{10}\right] + X_1(s) = K_1\,X_2(s), \qquad (11.29)$$

$$X_2(s) = F(s) - X_3(s), \qquad (11.30)$$

$$T_3\left[s\,X_3(s) - x_{30}\right] + X_3(s) = K_3\,X_1(s), \qquad (11.31)$$

wobei $x_{10} = x_1(-0)$ und $x_{30} = x_3(-0)$ ist. *Man erhält so aus dem Differentialgleichungssystem ein System algebraischer Gleichungen für die Bildfunktionen, in das die benötigten Anfangswerte von selbst eingehen.*

Schritt 2:

Auflösung des algebraischen Gleichungssystems nach der oder den Unbekannten

Hier ist nach $X_1(s)$ aufzulösen. Aus (11.29) und (11.30) erhält man zunächst

$$X_1(s) = \frac{K_1}{1+T_1 s}\,F(s) - \frac{K_1}{1+T_1 s}\,X_3(s) + \frac{T_1\,x_{10}}{1+T_1 s}\,. \quad (11.32)$$

Andererseits folgt aus (11.31)

$$X_3(s) = \frac{K_3}{1+T_3 s}\,X_1(s) + \frac{T_3\,x_{30}}{1+T_3 s}\,.$$

Setzt man diesen Ausdruck in (11.32) ein und löst nach $X_1(s)$ auf, so erhält man

$$X_1(s) = \frac{K_1(1+T_3 s)}{N(s)}\,F(s) - \frac{K_1\,T_3\,x_{30}}{N(s)} + \frac{T_1\,x_{10}(1+T_3 s)}{N(s)}$$

mit $N(s) = 1 + K_1 K_3 + (T_1 + T_3)s + T_1 T_3 s^2$.

Schritt 3:

Partialbruchzerlegung der einzelnen rationalen Funktionen und Rücktransformation, eventuell unter Benutzung der Faltungsregel. Dieser Schritt verläuft ebenso wie bei einer Differentialgleichung höherer Ordnung.

11.1.6 Fourier-Integral und Parseval-Theorem

Betrachtet man das Laplace-Integral auf der j-Achse der s-Ebene, so stellt man fest, dass $s = j\omega$ ist. Damit wird aus (11.1)

$$F(j\omega) = \int_0^{+\infty} f(t)\,\mathrm{e}^{-j\omega t}\,dt\,.$$

Man nennt dieses Integral *Fourier-Integral* von $f(t)$ und $F(j\omega)$ *Fourier-Transformierte* zu $f(t)$. Lässt man zu, dass $f(t)$ für $t<0$ von Null verschieden ist, so hat man als untere Grenze $-\infty$ anstelle von 0 zu nehmen. Manchmal schreibt man statt $F(j\omega)$ auch $F(\omega)$.

Es gilt dann die *Parsevalsche Gleichung:*

$$\int_0^{+\infty} f^2(t)\,dt = \frac{1}{2\pi}\int_{-\infty}^{+\infty} |F(j\omega)|^2\,d\omega\,, \quad (11.33)$$

sofern $\displaystyle\int_0^{+\infty} f^2(t)\,dt < +\infty\,.$

11.2 Residuum und Residuensatz bei rationalen Funktionen

Ist α ein Pol der rationalen Funktion

$$F(s) = \frac{Z(s)}{N(s)}$$

und entwickelt man $F(s)$ in Partialbrüche, so gehört zu ihm die Partialbruchsumme

$$\frac{r_1}{s-\alpha} + \frac{r_2}{(s-\alpha)^2} + \ldots + \frac{r_k}{(s-\alpha)^k}\,,$$

wenn es ein Pol k-ter Ordnung ist. Der Koeffizient r_1 wird als *Residuum der Funktion $F(s)$ zum Pol α* bezeichnet:

$$r_1 = \mathrm{res}_\alpha\,F(s)\,.$$

Zu einem Pol erster Ordnung gehört nur *ein* Partialbruch:

$\dfrac{r_1}{s-\alpha}$. Das Residuum ist dann durch

$$r_1 = \frac{Z(\alpha)}{N'(\alpha)} \quad (11.34)$$

gegeben.

Es gilt der *Residuensatz* (Bild 11-5, links): Sei C eine geschlossene, sich nicht selbst überschneidende Kurve in der s-Ebene mit positiver Orientierung und $F(s)$ eine rationale Funktion, die im Innengebiet von C die Pole $\alpha_1, \alpha_2, \ldots, \alpha_n$ hat, während auf C kein Pol liegt. Dann ist

$$\frac{1}{2\pi j}\int_C F(s)\,ds = \mathrm{res}_{\alpha_1} F(s) + \ldots + \mathrm{res}_{\alpha_n} F(s)\,.$$

Beispiel (Bild 11-5, rechts): $F(s) = \dfrac{1}{1+s^2}$. Aus

$$F(s) = \frac{1}{2j}\left[\frac{1}{s-j} - \frac{1}{s+j}\right]$$

folgt, dass $F(s)$ die Pole j und $-j$ hat, wobei nur der Pol j innerhalb von C liegt. Weiter liest man ab, dass

$\mathrm{res}_j\,F(s) = \dfrac{1}{2j}$ ist. Daher gilt

$$\frac{1}{2\pi j}\int_C \frac{ds}{1+s^2} = \frac{1}{2j}\,.$$

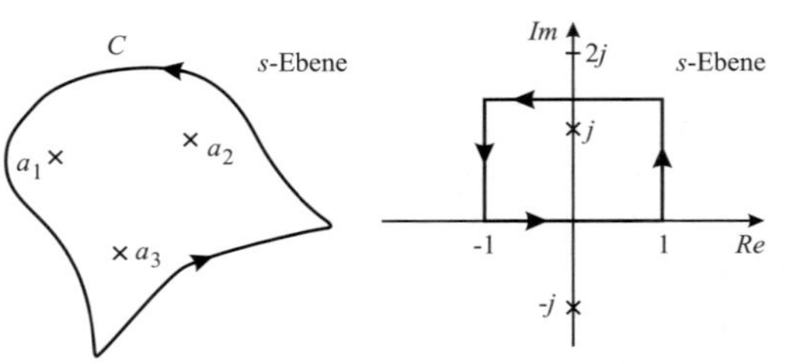

Bild 11-5: Residuensatz allgemein (links) und am Beispiel (rechts)

11.3 Matrizenrechnung

11.3.1 Lineare Abhängigkeit und Unabhängigkeit von Vektoren

Im Rahmen der Matrizenrechnung[3] ist der Begriff der *linearen Abhängigkeit bzw. Unabhängigkeit von Vektoren* von zentraler Bedeutung.

Definition: Die n-dimensionalen Vektoren $\underline{v}_1, \underline{v}_2, \ldots, \underline{v}_p$ *heißen linear abhängig, wenn es Zahlen* $c_1, \ldots, c_p$ *gibt, die nicht alle Null sind und die Vektorgleichung*

$$c_1 \underline{v}_1 + \ldots + c_p \underline{v}_p = \underline{0} \tag{11.35}$$

erfüllen. Kann diese Gleichung nur durch $c_1 = 0, \ldots, c_p = 0$ *erfüllt werden, so heißen* $\underline{v}_1, \ldots, \underline{v}_p$ *linear unabhängig.*

Will man für p gegebene Vektoren $\underline{v}_1, \ldots, \underline{v}_p$ nachprüfen, ob sie linear abhängig oder unabhängig sind, so hat man zu untersuchen, ob (11.35) durch nicht sämtlich verschwindende c_ν erfüllt werden kann. Die Vektorgleichung (11.35) geht aber wegen

$$c_1 \begin{bmatrix} v_{11} \\ v_{21} \\ \vdots \\ v_{n1} \end{bmatrix} + \ldots + c_p \begin{bmatrix} v_{1p} \\ v_{2p} \\ \vdots \\ v_{np} \end{bmatrix} = \begin{bmatrix} 0 \\ 0 \\ \vdots \\ 0 \end{bmatrix}$$

über in das Gleichungssystem

$$\begin{aligned} c_1 v_{11} + c_2 v_{12} + \ldots + c_p v_{1p} &= 0, \\ c_1 v_{21} + c_2 v_{22} + \ldots + c_p v_{2p} &= 0, \\ &\vdots \\ c_1 v_{n1} + c_2 v_{n2} + \ldots + c_p v_{np} &= 0. \end{aligned}$$

Man hat festzustellen, ob es eine Lösung hat, bei der nicht alle c_ν verschwinden.

Ein einzelner Vektor ist stets linear unabhängig, sofern es sich nicht um den Nullvektor handelt.

Mehr als n n-dimensionale Vektoren sind stets linear abhängig.

Orthogonale Vektoren, d. h. Vektoren, deren skalares Produkt Null ist, sind linear unabhängig. Dabei ist vorausgesetzt, dass die Vektoren $\neq \underline{0}$ sind.

3 Lehrbücher der Matrizenrechnung: [11.4], [11.5], [11.6].

11.3.2 Grundregeln der Matrizenrechnung

Anordnungen von der Form

$$\begin{bmatrix} a_{11} & a_{12} & \cdots & a_{1n} \\ a_{21} & a_{22} & \cdots & a_{2n} \\ \vdots & & \ddots & \vdots \\ a_{m1} & a_{m2} & \cdots & a_{mn} \end{bmatrix} = (a_{ik}) = \underline{A},$$

mit denen man nach den im Folgenden angegebenen Regeln der Gleichheit, Addition, Subtraktion und Multiplikation rechnet, heißen *Matrizen*. Die waagerechten Reihen heißen *Zeilen*, die senkrechten *Spalten* der Matrix. $i = 1, \ldots, m$ ist der *Zeilenindex*, $k = 1, \ldots, n$ der *Spaltenindex*, denn der erste gibt die Zeile, der letzte aber die Spalte an, in der das *Element* a_{ik} der Matrix steht. Das Zahlenpaar (m, n) wird auch der *Typ* der Matrix genannt. Ist $m = n$, so handelt es sich um eine *quadratische Matrix*. Sind sämtliche Elemente 0, so spricht man von der *Nullmatrix*.

Die Elemente einer Matrix dürfen reelle oder komplexe Zahlen, Zeitfunktionen oder komplexe Funktionen sein. Im Allgemeinen wird man verlangen, dass sich mit ihnen die vier Grundrechenarten ausführen lassen. Im Übrigen ist ihre spezielle Natur ohne Belang.

Zwei Matrizen vom selben Typ heißen *gleich*, wenn die entsprechenden Elemente gleich sind:

$$(a_{ik}) = (b_{ik}) \Leftrightarrow a_{ik} = b_{ik} \quad \text{für alle } i, k\,. \tag{11.36}$$

Zwei Matrizen werden addiert bzw. subtrahiert, indem man die entsprechenden Elemente addiert bzw. subtrahiert:

$$(a_{ik}) \pm (b_{ik}) = (a_{ik} \pm b_{ik})\,. \tag{11.37}$$

Es ist klar, dass Addition und Subtraktion nur ausführbar sind, wenn beide Matrizen gleichen Typ aufweisen.

Eine Matrix wird mit einer Zahl multipliziert, indem jedes Matrizenelement mit der Zahl multipliziert wird (Unterschied zur Determinante!):

$$c(a_{ik}) = (c\,a_{ik})\,. \tag{11.38}$$

Die Elemente $a_{11}, a_{22} \ldots$ bilden in ihrer Gesamtheit die *Hauptdiagonale* der Matrix. Eine Operation, die man mit Matrizen häufig vornimmt, besteht darin, dass man sie an ihrer Hauptdiagonale spiegelt, also Zeilen und Spalten vertauscht. Die so aus $\underline{A}$ entstandene Matrix nennt man die *transponierte Matrix* zu $\underline{A}$ und bezeichnet sie mit $\underline{A}^T$ oder $\underline{A}'$.

Beispiel:

$$\underline{A} = \begin{bmatrix} 1 & 2 \\ 0 & -5 \\ \sqrt{2} & 0 \end{bmatrix}, \quad \underline{A}^T = \begin{bmatrix} 1 & 0 & \sqrt{2} \\ 2 & -5 & 0 \end{bmatrix}.$$

Offensichtlich gilt $(\underline{A}^T)^T = \underline{A}$.

Ein Vektor

$$\underline{v} = \begin{bmatrix} v_1 \\ v_2 \\ \vdots \\ v_n \end{bmatrix} \tag{11.39}$$

kann als spezielle Matrix aufgefasst werden, nämlich als Matrix mit n Zeilen und nur einer Spalte. Transponiert man den Vektor, so erhält man die Matrix

$$\underline{v}^T = \left[v_1, v_2, \ldots, v_n \right].$$

Man nennt diese Matrix mit nur einer Zeile, aber n Spalten, einen *Zeilenvektor* und spricht zum Unterschied hiervon bei (11.39) auch von einem *Spaltenvektor.*

In den Anwendungen treten häufig Matrizen (speziell auch Vektoren) mit nichtreellen Elementen auf. Liegt eine solche Matrix $\underline{A}$ vor, so erweist es sich als zweckmäßig, bei der Transposition zugleich zu den konjugiert komplexen Elementen überzugehen. Die so gebildete Matrix $\overline{\underline{A}}^T$ bezeichnet man dann häufig mit $\underline{A}^*$. Beispielsweise gehört zu

$$\underline{A} = \begin{bmatrix} -1 & 2+j \\ 4j & 12 \\ 0 & -5+6j \end{bmatrix} \tag{11.40}$$

dann

$$\overline{\underline{A}}^T = \underline{A}^* = \begin{bmatrix} -1 & -4j & 0 \\ 2-j & 12 & -5-6j \end{bmatrix}. \tag{11.41}$$

Definition des Matrizenprodukts $\underline{A}\,\underline{B}$:

Man bildet das skalare Produkt des i-ten Zeilenvektors der ersten Matrix $\underline{A}$ mit dem k-ten Spaltenvektor der zweiten Matrix $\underline{B}$ und erhält so das Element p_{ik} der Produktmatrix $\underline{A}\,\underline{B}$:

$$\underline{A}\,\underline{B} = \begin{bmatrix} \underline{a}_1^T \\ \underline{a}_2^T \\ \vdots \\ \underline{a}_m^T \end{bmatrix} \cdot \left[\underline{b}_1, \underline{b}_2, \ldots, \underline{b}_n \right] =$$

$$= \begin{bmatrix} \underline{a}_1^T \underline{b}_1 & \underline{a}_1^T \underline{b}_2 & \cdots & \underline{a}_1^T \underline{b}_n \\ \underline{a}_2^T \underline{b}_1 & \underline{a}_2^T \underline{b}_2 & \cdots & \underline{a}_2^T \underline{b}_n \\ \vdots & & & \vdots \\ \underline{a}_m^T \underline{b}_1 & \underline{a}_m^T \underline{b}_2 & \cdots & \underline{a}_m^T \underline{b}_n \end{bmatrix}. \tag{11.42}$$

Damit man diese skalaren Produkte bilden kann, müssen die Zeilenvektoren von $\underline{A}$ und die Spaltenvektoren von $\underline{B}$ die gleiche Zahl von Elementen enthalten. Das heißt also: Die Produktbildung $\underline{A}\,\underline{B}$ ist nur dann ausführbar, wenn $\underline{A}$ ebenso viele Spaltenvektoren enthält wie $\underline{B}$ Zeilenvektoren. Denkt man sich die einzelnen Skalarprodukte in (11.42) ausgerechnet, so kann man die Matrizenmultiplikation sehr kurz in der Form

$$(a_{ij})_{m,p}\,(b_{jk})_{p,n} = \left[\sum_{\nu=1}^{p} a_{i\nu}\, b_{\nu k} \right]_{m,n} \tag{11.43}$$

schreiben, wobei als Index der Typ der Matrix angegeben ist.

Für (11.42) kann man auch kürzer schreiben:

$$\underline{A}\,\underline{B} = \underline{A} \left[\underline{b}_1, \underline{b}_2, \ldots, \underline{b}_n \right] = \left[\underline{A}\,\underline{b}_1, \underline{A}\,\underline{b}_2, \ldots, \underline{A}\,\underline{b}_n \right]$$

$$\text{oder} \quad \underline{A}\,\underline{B} = \begin{bmatrix} \underline{a}_1^T \\ \vdots \\ \underline{a}_m^T \end{bmatrix} \underline{B} = \begin{bmatrix} \underline{a}_1^T \underline{B} \\ \vdots \\ \underline{a}_m^T \underline{B} \end{bmatrix}.$$

In Übereinstimmung mit der Produktbildung bei Zahlen gelten die Regeln

$$\underline{A}(\underline{B}+\underline{C}) = \underline{A}\underline{B} + \underline{A}\underline{C} \quad \text{(Distributivgesetz)} \quad \text{und}$$

$$(\underline{A}\underline{B})\underline{C} = \underline{A}(\underline{B}\underline{C}) \quad \text{(Assoziativgesetz)},$$

wobei letztere besagt: Bildet man erst das Produkt $\underline{A}\underline{B}$ und multipliziert dann (von rechts) mit $\underline{C}$, so erhält man das gleiche Ergebnis, als wenn man erst $\underline{B}\underline{C}$ bildet und dann (von links) mit $\underline{A}$ multipliziert. Abweichend vom Zahlenprodukt, ist jedoch im Allgemeinen $\underline{A}\underline{B} \neq \underline{B}\underline{A}$ (Kommutativgesetz gilt nicht).

Eine weitere Übereinstimmung mit dem Zahlenprodukt besteht darin, dass es eine Matrix gibt, die der Eins entspricht. Es ist dies die n-reihige quadratische Matrix

$$\underline{I} = \begin{bmatrix} 1 & 0 & 0 & \cdots & 0 \\ 0 & 1 & 0 & \cdots & 0 \\ \vdots & & & & \vdots \\ 0 & \cdot & \cdot & \cdot & 1 \end{bmatrix}.$$

Es gilt nämlich für eine beliebige n-reihige quadratische Matrix $\underline{A}$:

$$\underline{A}\,\underline{I} = \underline{I}\,\underline{A} = \underline{A}\,.$$

Man nennt $\underline{I}$ deshalb auch *Einheitsmatrix*.

Häufig benötigt man noch eine andere Darstellung des Matrizenprodukts:

$$\underline{A}_{n,p}\,\underline{B}_{p,m} = \left[\underline{a}_1,\ldots,\underline{a}_p\right]\cdot\begin{bmatrix}\underline{b}_1^T\\ \vdots\\ \underline{b}_p^T\end{bmatrix} = \sum_{\nu=1}^{p}\underline{a}_\nu\,\underline{b}_\nu^T\,. \tag{11.44}$$

Etwas allgemeiner gilt: Sind $\underline{A}_1,\ldots,\underline{A}_p$ Matrizen vom Typ (n,q) und $\underline{B}_1,\ldots,\underline{B}_p$ Matrizen vom Typ (q,m), so ist

$$\left[\underline{A}_1,\ldots,\underline{A}_p\right]\begin{bmatrix}\underline{B}_1\\ \vdots\\ \underline{B}_p\end{bmatrix} = \sum_{\nu=1}^{p}\underline{A}_\nu\,\underline{B}_\nu\,. \tag{11.45}$$

Besonders einfach ist die *Multiplikation* von *Diagonalmatrizen*, d. h. von Matrizen, bei denen höchstens die in der Hauptdiagonale stehenden Elemente $\neq 0$ sind:

$$\underline{A} = \begin{bmatrix}\lambda_1 & & \cdots & 0\\ & \lambda_2 & & \\ \vdots & & \ddots & \vdots\\ 0 & & \cdots & \lambda_n\end{bmatrix} = \operatorname{diag}(\lambda_1,\lambda_2,\ldots,\lambda_n).$$

Für sie gilt insbesondere

$$\underline{A}^r = \begin{bmatrix}\lambda_1^r & & \cdots & 0\\ & \lambda_2^r & & \\ \vdots & & \ddots & \vdots\\ 0 & & \cdots & \lambda_n^r\end{bmatrix},\quad r=1,2,\ldots. \tag{11.46}$$

Für den Betrag $|\underline{v}|$ des Vektors $\underline{v}$ kann man nunmehr schreiben:

$$|\underline{v}|^2 = v_1^2 + v_2^2 + \ldots + v_n^2 = \underline{v}^T\,\underline{v}\,.$$

Zwei Vektoren $\underline{v}$ und $\underline{w}$ sind *orthogonal*, wenn

$$\underline{v}^T\,\underline{w} = 0$$

gilt. Handelt es sich dabei um nichtreelle Vektoren, so sei daran erinnert, dass $\overline{\underline{v}}^T = \underline{v}^*$ zu nehmen ist. Man spricht dann auch von *unitären* Vektoren.

Quadratische Matrizen, deren Spaltenvektoren orthogonale Einheitsvektoren sind, heißen *orthogonal (bzw. unitär)*. Für eine solche Matrix $\underline{A}$ gilt:

$$\underline{A}^T\underline{A} = \begin{bmatrix}\underline{a}_1^T\\ \vdots\\ \underline{a}_n^T\end{bmatrix}\cdot\left[\underline{a}_1,\ldots,\underline{a}_n\right] = (\underline{a}_i^T\,\underline{a}_k) =$$

$$= \begin{bmatrix}1 & 0 & \cdots & 0\\ 0 & 1 & \cdots & 0\\ \vdots & & \ddots & \vdots\\ 0 & & \cdots & 1\end{bmatrix} = \underline{I}\,.$$

Unmittelbar aus den Regeln der Matrizenmultiplikation ergeben sich auch die folgenden Formeln, in denen

$$\underline{e}_\mu = [0,\ldots,0,\underset{\mu}{1},0,\ldots,0]^T$$

ist, also einen Einheitsvektor darstellt, der an der μ-ten Stelle eine 1 besitzt und im übrigen nur aus Nullen besteht. Ist

$$\underline{M} = (m_{\mu\nu})$$

eine beliebige (n,p)-Matrix, so gilt:

$$\underline{e}_\mu^T\,\underline{M}\,\underline{e}_\nu = m_{\mu\nu}, \tag{11.47}$$

$$\sum_{\mu=1}^{n}\sum_{\nu=1}^{p} m_{\mu\nu}\,\underline{e}_\mu\underline{e}_\nu^T = \underline{M}, \tag{11.48}$$

$$\sum_{\mu=1}^{n}\sum_{\nu=1}^{p}\underline{e}_\mu\underline{e}_\nu^T\,\underline{M}^T\,\underline{e}_\mu\underline{e}_\nu^T = \underline{M}. \tag{11.49}$$

11.3.3 Inverse Matrix

Die Zahlenmultiplikation hat als Umkehrung die Division: Ist a irgendeine Zahl $\neq 0$, so gibt es stets eine Zahl x mit $ax = 1$. Sie wird mit $x = 1/a = a^{-1}$ bezeichnet. Die Gleichung $ay = b$ mit irgendeinem b wird dann durch $y = a^{-1}b$ gelöst.

Wie steht es nun mit der Umkehrung der Multiplikation bei den Matrizen? Betrachten wir die zu $ax = 1$ analoge Gleichung

$$\underline{A}\underline{X} = \underline{I}, \tag{11.50}$$

wobei $\underline{A}$ quadratisch sei. Für zweireihige Matrizen lautet sie

$$\begin{bmatrix}a_{11} & a_{12}\\ a_{21} & a_{22}\end{bmatrix}\cdot\begin{bmatrix}x_{11} & x_{12}\\ x_{21} & x_{22}\end{bmatrix} = \begin{bmatrix}1 & 0\\ 0 & 1\end{bmatrix},$$

woraus die Gleichungen

$$a_{11}x_{11} + a_{12}x_{21} = 1, \quad a_{11}x_{12} + a_{12}x_{22} = 0,$$
$$a_{21}x_{11} + a_{22}x_{21} = 0, \quad a_{21}x_{12} + a_{22}x_{22} = 1$$

zur Bestimmung der Unbekannten x_{ik} folgen. Kann man sie lösen, so hat man die Lösung $\underline{X}$ der Matrizengleichung (11.50) gefunden. Sie wird als die zu $\underline{A}$ *inverse Matrix* $\underline{A}^{-1}$ bezeichnet. Für sie gilt dann

$$\underline{A}\underline{A}^{-1} = \underline{A}^{-1}\underline{A} = \underline{I}.$$

Was hier für zweireihige Matrizen gesagt wurde, gilt unverändert für n-reihige Matrizen. (11.50) liefert dann n Gleichungssysteme mit je n Gleichungen zur Bestimmung der $n \cdot n$ Unbekannten x_{ik}, welche die inverse Matrix $\underline{A}^{-1}$ konstituieren.

Im Unterschied zum Zahlenrechnen ist (11.50) nicht immer lösbar, so dass also nicht immer eine inverse Matrix existiert. Hierfür gilt der Satz:

Die quadratische Matrix $\underline{A}$ hat genau dann eine Inverse $\underline{A}^{-1}$, wenn det $\underline{A} \neq 0$ *ist.* (11.51)

Liegt ein Matrizenprodukt $\underline{A}\underline{B}$ vor und haben beide Matrizen inverse Matrizen, so hat auch das Produkt eine inverse Matrix, und für diese gilt

$$(\underline{A}\underline{B})^{-1} = \underline{B}^{-1}\underline{A}^{-1}. \tag{11.52}$$

Eine entsprechende Formel gilt auch für die transponierte Matrix eines Produkts:

$$(\underline{A}\underline{B})^{T} = \underline{B}^{T}\underline{A}^{T}. \tag{11.53}$$

Inversion und Transposition sind vertauschbar:

$$(\underline{A}^{-1})^{T} = (\underline{A}^{T})^{-1}. \tag{11.54}$$

Hat eine Matrix eine inverse Matrix, so bezeichnet man sie als *regulär*, andernfalls als *singulär*. Singuläre Matrizen haben eine bemerkenswerte Eigenschaft, die es beim Zahlenprodukt nicht gibt: Es kann nämlich $\underline{A}\,\underline{B} = \underline{0}$ sein, obwohl *beide Faktoren* $\neq \underline{0}$ sind.

Besonders einfach ist die *Inversion einer Diagonalmatrix* durchzuführen:

$$\begin{bmatrix} \lambda_1 & 0 & \cdots & 0 \\ 0 & \lambda_2 & & 0 \\ \vdots & & \ddots & \vdots \\ 0 & \cdots & 0 & \lambda_n \end{bmatrix}^{-1} = \begin{bmatrix} \frac{1}{\lambda_1} & 0 & \cdots & 0 \\ 0 & \frac{1}{\lambda_2} & & 0 \\ \vdots & & \ddots & \vdots \\ 0 & \cdots & 0 & \frac{1}{\lambda_n} \end{bmatrix}. \tag{11.55}$$

Es müssen also sämtliche Diagonalelemente $\neq 0$ sein. Andernfalls hat die Diagonalmatrix keine inverse Matrix.

Ist $\underline{A}$ eine *orthogonale Matrix*, so folgt aus $\underline{A}\,\underline{A}^T = \underline{I}$, dass $\underline{A}^{-1} = \underline{A}^T$ ist.

Abschließend sei noch ein Satz über die *Inverse einer Hypermatrix* angegeben, d. h. einer Matrix, die aus mehreren Teilmatrizen besteht *(Frobenius-Formel)*:

Sind in

$$\underline{H} = \begin{bmatrix} \underline{A} & \underline{B} \\ \underline{C} & \underline{D} \end{bmatrix}$$

$\underline{D}$ *und* $\underline{F} = \underline{A} - \underline{B}\underline{D}^{-1}\underline{C}$ *regulär, so ist*

$$\underline{H}^{-1} = \begin{bmatrix} \underline{F}^{-1} & -\underline{F}^{-1}\underline{B}\underline{D}^{-1} \\ -\underline{D}^{-1}\underline{C}\underline{F}^{-1} & \underline{D}^{-1}(\underline{C}\underline{F}^{-1}\underline{B}\underline{D}^{-1} + \underline{I}) \end{bmatrix}.$$

Sind $\underline{A}$ *und* $\underline{G} = \underline{D} - \underline{C}\underline{A}^{-1}\underline{B}$ *regulär, so gilt*

$$\underline{H}^{-1} = \begin{bmatrix} \underline{A}^{-1}(\underline{B}\underline{G}^{-1}\underline{C}\underline{A}^{-1} + \underline{I}) & -\underline{A}^{-1}\underline{B}\underline{G}^{-1} \\ -\underline{G}^{-1}\underline{C}\underline{A}^{-1} & \underline{G}^{-1} \end{bmatrix}. \tag{11.56}$$

11.3.4 Rang einer Matrix

Bei der Lösung von linearen Gleichungssystemen, aber auch sonst, spielt der Begriff des Rangs einer Matrix eine wichtige Rolle. Die m Zeilenvektoren einer (m, n)-Matrix spannen einen Vektorraum auf, ebenso wie die n Spaltenvektoren. In jedem dieser beiden Vektorräume gibt es eine bestimmte Höchstzahl linear unabhängiger Vektoren. Es lässt sich zeigen, dass beide Höchstzahlen gleich sind. Die so bestimmte Zahl bezeichnet man als den *Rang r der Matrix*. Es liegt auf der Hand, dass $r \leq m, n$ sein muss. Ist $r = \min(m, n)$, also gleich der kleineren der beiden Zahlen m und n, so sagt man, die Matrix habe *Höchstrang*, da dies der größtmögliche Rang ist, der überhaupt erreicht werden kann.

Allgemein gilt der Satz:

Hat $\underline{A}$ den Rang r und ist $\underline{B}$ regulär, so hat auch $\underline{A}\underline{B}$ den Rang r. (11.57)

Durch Multiplikation mit einer regulären Matrix wird also der Rang einer Matrix nicht verändert.

Man nennt die (m, n)-Matrix $\underline{M}$ *spaltenregulär*, wenn ihre Spaltenvektoren linear unabhängig sind, hingegen *zeilenregulär*, wenn dies für die Zeilenvektoren gilt. Spaltenregularität ist nur möglich, wenn $m \geq n$ ist, also bei einer „stehenden“ Matrix. Andernfalls wäre ja die Zeilenzahl m kleiner als die Spaltenzahl n, und es könnte keine n linear unabhängigen Zeilen geben. Ganz entsprechend kann eine (m,n)-Matrix nur dann zeilenregulär sein, wenn $m \leq n$ gilt, also bei einer „liegenden" Matrix. Es gilt:

Ist die (m,n)-Matrix $\underline{M}$ mit $m \geq n$ spaltenregulär, so ist die (n,n)-Matrix $\underline{M}^T\underline{M}$ regulär. Ist die (m,n)-Matrix $\underline{M}$ mit $m \leq n$ zeilenregulär, so ist die (m,m)-Matrix $\underline{M}\,\underline{M}^T$ regulär. Ist weiterhin $\underline{D}$ eine reguläre Diagonalmatrix, so ist im ersten Fall $\underline{M}^T\underline{D}\,\underline{M}$, im letzten Fall $\underline{M}\,\underline{D}\,\underline{M}^T$ regulär. (11.58)

11.3.5 Determinanten

11.3.5.1 Der Determinantenbegriff

Eng verknüpft mit dem Begriff der *Matrix* ist der Begriff der *Determinante*, weil nämlich jeder quadratischen Matrix $\underline{A}$ eine Determinante det $\underline{A}$ zugeordnet ist. Während jedoch eine Matrix ein geordnetes Schema von Zahlen (bzw. Funktionen) darstellt, ist die zugehörige Determinante eine aus den Elementen dieser Matrix berechenbare Zahl (bzw. Funktion). Die Definition der Determinante muss demnach eine Rechenvorschrift enthalten, nach der die einzelnen Elemente a_{ik} der Matrix $\underline{A}$ miteinander zu verknüpfen sind. Dies geschieht rekursiv, indem die n-reihige Determinante aus den $(n-1)$-reihigen Determinanten berechnet wird. Sie lautet:

$$\det \underline{A} = a_{11}A_{11} - a_{12}A_{12} + a_{13}A_{13} - + \ldots$$
$$\ldots + (-1)^{n+1} a_{1n}A_{1n} = \sum_{k=1}^{n} (-1)^{k+1} a_{1k}A_{1k}\,. \tag{11.59}$$

Darin sind die a_{1k} die Elemente der ersten Zeile von $\underline{A}$, die A_{1k} sind die Werte der $(n-1)$-reihigen Determinanten, die man durch Streichen der ersten Zeile und der k-ten Spalte erhält. So ist z. B.

$$A_{11} = \begin{vmatrix} a_{22} & a_{23} & \cdots & a_{2n} \\ a_{32} & a_{33} & \cdots & a_{3n} \\ \vdots & \vdots & & \vdots \\ a_{n2} & a_{n3} & \cdots & a_{nn} \end{vmatrix}.$$

Diese Definition erlaubt somit die sukzessive vorzunehmende Berechnung jeder n-reihigen Determinante aus zweireihigen. Dabei ist die zweireihige Determinante durch

$$\det \begin{bmatrix} a_{11} & a_{12} \\ a_{21} & a_{22} \end{bmatrix} = a_{11}a_{22} - a_{12}a_{21}$$

definiert. Für det $\underline{A}$ schreibt man auch $|\underline{A}|$.

11.3.5.2 Eigenschaften der Determinanten

a) Eine Determinante ändert ihren Wert nicht, wenn man alle Zeilen mit den Spalten vertauscht (Spiegelung an der Hauptdiagonale).

Diese Eigenschaft kann man auch so formulieren:

$$\det \underline{A} = \det \underline{A}^T\,,$$

d. h. beim Übergang zur transponierten Matrix bleibt der Wert der Determinante unverändert.

b) Eine Determinante wechselt ihr Vorzeichen, wenn man zwei Zeilen oder zwei Spalten vertauscht, z. B. für $n=2$:

$$\begin{vmatrix} a_{12} & a_{11} \\ a_{22} & a_{21} \end{vmatrix} = -\begin{vmatrix} a_{11} & a_{12} \\ a_{21} & a_{22} \end{vmatrix}.$$

c) Eine Determinante mit zwei gleichen Zeilen oder Spalten hat den Wert Null.

d) Wenn man die Glieder einer Reihe mit c multipliziert, dann wird die Determinante mit c multipliziert, z. B. für $n=2$:

$$\begin{vmatrix} ca_{11} & a_{12} \\ ca_{21} & a_{22} \end{vmatrix} = c\begin{vmatrix} a_{11} & a_{12} \\ a_{21} & a_{22} \end{vmatrix}.$$

Man kann diese Eigenschaft der Determinante auch so ausdrücken: Enthält eine Zeile oder eine Spalte einer Determinante einen gemeinsamen Faktor, so kann man diesen vor die Determinante ziehen.

e) Eine Determinante ändert ihren Wert nicht, wenn zu einer Reihe ein Vielfaches einer Parallelreihe addiert wird, z. B. für $n=2$:

$$\begin{vmatrix} a_{11}+ca_{21} & a_{12}+ca_{22} \\ a_{21} & a_{22} \end{vmatrix} = \begin{vmatrix} a_{11} & a_{12} \\ a_{21} & a_{22} \end{vmatrix}.$$

f) Eine Determinante ist genau dann Null, wenn ihre Spalten bzw. ihre Zeilen linear abhängig sind. Speziell: Eine Determinante ist Null, wenn eine Zeile oder Spalte Null ist.

g) $$\det(\underline{A}\cdot\underline{B}) = \det \underline{A}\cdot\det \underline{B}\,, \tag{11.60}$$

sofern $\underline{A}$ und $\underline{B}$ quadratisch sind.

h) $$\det \begin{bmatrix} \underline{A}_{p,p} & \underline{0} \\ \underline{A}_{q,p} & \underline{A}_{q,q} \end{bmatrix} = \det \underline{A}_{p,p}\cdot\det \underline{A}_{q,q}\,. \tag{11.61}$$

i) Sind $\underline{A}_{m,n}$ und $\underline{B}_{n,m}$ beliebige Matrizen, so ist

$$\det\left[\underline{I}_m + \underline{A}_{m,n}\cdot\underline{B}_{n,m}\right] = \det\left[\underline{I}_n + \underline{B}_{n,m}\cdot\underline{A}_{m,n}\right]. \tag{11.62}$$

Der *Laplacesche Entwicklungssatz* ermöglicht die *Entwicklung* einer Determinante nach einer beliebigen Zeile oder Spalte. Hierzu muss der Begriff der *Unterdeterminante* eingeführt werden: Die Unterdeterminante A_{ik} zum Element a_{ik} erhält man, indem man die i-te Zeile und die k-te Spalte streicht.

Multipliziert man die Unterdeterminante A_{ik} mit $(-1)^{i+k}$, so erhält man das *algebraische Komplement* α_{ik} zu a_{ik}:

$$\alpha_{ik} = (-1)^{i+k} A_{ik}\,.$$

Für eine n-reihige Determinante gilt dann

$$\det \underline{A} = \sum_{k=1}^{n} a_{ik}\,\alpha_{ik} = \sum_{k=1}^{n} (-1)^{i+k}\, a_{ik} A_{ik}\,. \tag{11.63}$$

Diese Darstellung von $\det \underline{A}$ heißt *Entwicklung der Determinante nach der i-ten Zeile*. Es sind also alle n Elemente einer beliebigen *Zeile* mit dem jeweiligen algebraischen Komplement zu multiplizieren. Die Summe dieser n Produkte ergibt $\det \underline{A}$.

Entsprechend gilt für die *Entwicklung nach der k-ten Spalte:*

$$\det \underline{A} = \sum_{i=1}^{n} a_{ik}\,\alpha_{ik} = \sum_{i=1}^{n} (-1)^{i+k}\, a_{ik} A_{ik}\,.$$

Hier sind also die n Elemente einer beliebigen *Spalte* mit dem jeweiligen algebraischen Komplement zu multiplizieren.

Vergleicht man (11.63) mit (11.59), so sieht man, dass (11.59) in (11.63) enthalten ist, nämlich für $i = 1$. Unsere Definition der Determinante stellt also die Entwicklung nach der ersten Zeile dar.

In den Anwendungen tritt häufig die *VanderMonde-Determinante* auf:

$$D = \begin{vmatrix} 1 & \lambda_1 & \lambda_1^2 & \dots & \lambda_1^{n-1} \\ 1 & \lambda_2 & \lambda_2^2 & \dots & \lambda_2^{n-1} \\ \vdots & & & & \vdots \\ 1 & \lambda_n & \lambda_n^2 & \dots & \lambda_n^{n-1} \end{vmatrix}, \tag{11.64}$$

wobei die λ_i beliebige Zahlen sind. *Sie ist genau dann* $\neq 0$, *wenn alle* λ_i *voneinander verschieden sind.*

11.3.6 Lineare Gleichungen

11.3.6.1 Das homogene Gleichungssystem

Darunter versteht man ein Gleichungssystem von der Form

$$\begin{aligned} a_{11}x_1 + a_{12}x_2 + \ldots + a_{1n}x_n &= 0\,, \\ a_{21}x_1 + a_{22}x_2 + \ldots + a_{2n}x_n &= 0\,, \\ &\vdots \\ a_{m1}x_1 + a_{m2}x_2 + \ldots + a_{mn}x_n &= 0 \end{aligned} \tag{11.65}$$

bzw.

$$\underline{A}\underline{x} = \underline{0}\,. \tag{11.66}$$

Es hat auf jeden Fall die Lösung $\underline{x} = \underline{0}$, die man auch als die *triviale Lösung* bezeichnet. Sind $\underline{x}_1, \ldots, \underline{x}_q$ irgendwelche Lösungsvektoren des homogenen Gleichungssystems, so ist auch der Vektor

$$\underline{x} = c_1\underline{x}_1 + \ldots + c_q\underline{x}_q$$

mit beliebigen Zahlen c_ν eine Lösung.

Einen vollständigen Überblick über die Gesamtheit der Lösungsvektoren des homogenen Gleichungssystems liefert der folgende Satz:

Hat die (m,n)-Matrix $\underline{A}$ den Rang r, so ist die Anzahl der linear unabhängigen Lösungsvektoren $d = n - r$, wobei also n die Anzahl der Unbekannten ist. d heißt der Defekt (oder Rangabfall) der Matrix $\underline{A}$. Sind $\underline{x}_1, \ldots, \underline{x}_d$ irgendwelche linear unabhängigen Lösungsvektoren von (11.66), so ist die Gesamtheit der Lösungen durch

$$\underline{x}_H = c_1\underline{x}_1 + \ldots + c_d\underline{x}_d \tag{11.67}$$

gegeben, wobei $c_1, c_2, \ldots, c_d$ beliebige Zahlen sind. Man nennt diesen Ausdruck die allgemeine Lösung des homogenen Systems.

Hier sei noch ein weiterer Satz eingefügt, der in den Anwendungen oft benutzt wird:

Ist $\underline{A}\underline{x} = \underline{0}$ für einen beliebigen Vektor $\underline{x}$, so muss $\underline{A} = \underline{0}$ sein. (11.68)

11.3.6.2 Das inhomogene Gleichungssystem

Sind in (11.65) die rechten Seiten nicht sämtlich Null, so nennt man das Gleichungssystem *inhomogen:*

$$\underline{A}\underline{x} = \underline{b} \quad \text{mit} \quad \underline{b} \neq \underline{0}\,. \tag{11.69}$$

Während das homogene Gleichungssystem stets eine Lösung hat, nämlich zumindest die triviale Lösung, braucht ein inhomogenes System überhaupt nicht lösbar zu sein.

Beispiel:

$$x_1 + x_2 = 0,$$
$$x_1 + x_2 = 1.$$

Gäbe es hier eine Lösung, so müsste wegen der Gleichheit der linken Seiten $0 = 1$ gelten!

Beim inhomogenen System ist daher zuerst die Frage zu beantworten, wann es überhaupt lösbar ist. Die Antwort wird durch die *Verträglichkeitsbedingung* gegeben:

Man betrachtet neben der (m,n)-Matrix $\underline{A}$ die erweiterte $(m,n+1)$-Matrix $[\underline{A},\underline{b}]$. Genau dann, wenn beide Matrizen den gleichen Rang haben, ist das System $\underline{A}\underline{x} = \underline{b}$ lösbar. (11.70)

Im letzten Beispiel sind

$$\underline{A} = \begin{bmatrix} 1 & 1 \\ 1 & 1 \end{bmatrix}, \quad [\underline{A},\underline{b}] = \begin{bmatrix} 1 & 1 & 0 \\ 1 & 1 & 1 \end{bmatrix}.$$

Da in der ersten Matrix die beiden Spaltenvektoren (und auch die Zeilenvektoren) gleich sind, hat sie den Rang 1. In der erweiterten Matrix sind aber die beiden Spaltenvektoren $\begin{bmatrix} 1 \\ 1 \end{bmatrix}$ und $\begin{bmatrix} 0 \\ 1 \end{bmatrix}$ linear unabhängig, so dass $[\underline{A},\underline{b}]$ den Rang 2 hat. Da die beiden Ränge verschieden sind, ist das System unlösbar.

Falls das inhomogene System überhaupt lösbar ist, macht es keine Schwierigkeit, einen Überblick über die Gesamtheit der Lösungen zu erhalten:

$$\underline{x} = \underline{x}_I + \underline{x}_H = \underline{x}_I + c_1\underline{x}_1 + \ldots + c_d\underline{x}_d. \tag{11.71}$$

In Worten:

Man erhält die allgemeine Lösung $\underline{x}$ des inhomogenen Systems, indem man irgendeine spezielle („partikuläre") Lösung $\underline{x}_I$ des inhomogenen Systems zur allgemeinen Lösung $\underline{x}_H$ des homogenen Systems addiert. (11.72)

11.3.6.3 Das lineare Gleichungssystem mit eindeutiger Lösung

Der besonders wichtige Spezialfall mit gleicher Zahl von Gleichungen und Unbekannten ($m = n$) werde noch etwas eingehender betrachtet. Zuvor sei aber ausdrücklich darauf hingewiesen, dass in den bisherigen Sätzen eine solche Voraussetzung nicht gemacht wurde, dass sie also gelten, ganz gleich, ob $m > n$, $m = n$ oder $m < n$ ist.

Für den Fall $m = n$ gilt:

Das lineare Gleichungssystem $\underline{A}\underline{x} = \underline{b}$ (homogen oder inhomogen) mit der (n,n)-Matrix $\underline{A}$ ist genau dann eindeutig lösbar, wenn die Matrix $\underline{A}$ den Höchstrang n hat. Die Lösung lautet $\underline{x} = \underline{A}^{-1}\underline{b}$. Das homogene System hat dann nur die triviale Lösung. (11.73)

Äquivalent dazu ist der Satz:

Das lineare Gleichungssystem $\underline{A}\underline{x} = \underline{b}$ (homogen oder inhomogen) mit der (n,n)-Matrix $\underline{A}$ ist genau dann eindeutig lösbar, wenn $\det \underline{A} \neq 0$ *ist. Das homogene System hat dann nur die triviale Lösung.* (11.74)

Daraus folgt unmittelbar:

Das homogene Gleichungssystem $\underline{A}\underline{x} = \underline{0}$ hat genau dann eine nichttriviale Lösung, wenn $\det \underline{A} = 0$ *gilt.* (11.75)

Die Benutzung der Determinanten erlaubt neben (11.73) eine weitere Darstellung der Lösung eines linearen Gleichungssystems mit $m = n$. Es gilt nämlich die *Leibniz-Cramersche Regel:*

Das lineare Gleichungssystem $\underline{A}\underline{x} = \underline{b}$ mit der (n,n)-Matrix $\underline{A}$ hat im Fall $\det \underline{A} \neq 0$ *die eindeutige Lösung*

$$x_k = \frac{\det \underline{A}_k}{\det \underline{A}}, \quad k = 1,\ldots,n. \tag{11.76}$$

Dabei ist $\underline{A}_k$ diejenige quadratische Matrix, die aus $\underline{A}$ entsteht, wenn man die k-te Spalte durch $\underline{b}$ ersetzt.

Mittels der Cramerschen Regel kann man einen allgemeinen Formelausdruck für $\underline{A}^{-1}$ angeben. Bezeichnet

$$\underline{A}_{\mathrm{adj}} = \begin{bmatrix} \alpha_{11} & \alpha_{21} & \cdots & \alpha_{n1} \\ \alpha_{12} & \alpha_{22} & \cdots & \alpha_{n2} \\ \vdots & & & \vdots \\ \alpha_{1n} & \alpha_{2n} & \cdots & \alpha_{nn} \end{bmatrix}$$

die sogenannte *adjungierte Matrix zu $\underline{A}$*,[4] so ist

4 Die Begriffsbildung ist hier in der Literatur nicht einheitlich. So wird die Matrix $\underline{A}_{\mathrm{adj}}$ auch 'Adjunkte' genannt, während z. B. in [11.6] diese Bezeichnung für die Elemente von $\underline{A}_{\mathrm{adj}}$ verwendet wird. Der Begriff 'adjungierte Matrix' wird dagegen heute vielfach für den zu $\underline{A}$ adjungierten Operator, d. h. für die konjugiert komplexe transponierte Matrix $\bar{\underline{A}}^T$ benutzt.

$$\underline{A}^{-1} = \frac{\underline{A}_{\text{adj}}}{\det \underline{A}}. \tag{11.77}$$

11.3.6.4 Das unterbestimmte und das überbestimmte Gleichungssystem

Beim unterbestimmten Gleichungssystem ist die Zahl m der Gleichungen kleiner als die Zahl n der Unbekannten.

Die Behandlung eines derartigen Systems kann ohne Schwierigkeit auf den Fall $m = n$ zurückgeführt werden. Die (m,n)-Matrix $\underline{A}$ möge den Höchstrang m haben. Dann sind m Spaltenvektoren von $\underline{A}$ linear unabhängig. Es seien dies etwa die m ersten, was man durch geeignete Nummerierung der Spalten erreichen kann. Dann kann man die Gleichung $\underline{A}\,\underline{x} = \underline{b}$ in der Form

$$[\underline{a}_1,\ldots,\underline{a}_m,\underline{a}_{m+1},\ldots,\underline{a}_n]\begin{bmatrix} x_1 \\ \vdots \\ x_m \\ \vdots \\ x_n \end{bmatrix} = \underline{b} \quad \text{oder}$$

$$\underline{a}_1 x_1 + \ldots + \underline{a}_m x_m = \underline{b} - (\underline{a}_{m+1} x_{m+1} + \ldots + \underline{a}_n x_n) \tag{11.78}$$

schreiben. Da die Matrix $\underline{A}_{m,m} = [\underline{a}_1,\ldots,\underline{a}_m]$ den Höchstrang m hat, besitzt sie eine Inverse. Daher folgt aus (11.78)

$$\begin{bmatrix} x_1 \\ \vdots \\ x_m \end{bmatrix} = \underline{A}_{m,m}^{-1}\left[\underline{b} - (\underline{a}_{m+1} x_{m+1} + \ldots + \underline{a}_n x_n)\right]. \tag{11.79}$$

Wählt man $x_{m+1},\ldots,x_n$ beliebig und bestimmt dann $x_1,\ldots,x_m$ gemäß (11.79), so ist $\underline{x}$ eine Lösung der Gleichung $\underline{A}\underline{x} = \underline{b}$. Daraus folgt der Satz:

Das unterbestimmte Gleichungssystem $\underline{A}\underline{x} = \underline{b}$ hat stets eine Lösung, wenn $\underline{A}$ Höchstrang hat. (11.80)

Hingegen hat ein überbestimmtes Gleichungssystem $(m > n)$ im Allgemeinen keine Lösung. Einen Ausweg in diesem Fall bietet die Gaußsche Methode der kleinsten Quadrate (Abschnitt 9.7.1). Einen vollständigen Überblick verschafft die Moore-Penrosesche Pseudo-Inverse (Abschnitt 11.3.10).

11.3.7 Eigenwerte und Eigenvektoren

Jeder quadratischen Matrix $\underline{A} = (a_{ik})$ ist ein *charakteristisches Polynom* zugeordnet:

$$\det(s\underline{I} - \underline{A}) = \begin{vmatrix} s - a_{11} & -a_{12} & \cdots & -a_{1n} \\ -a_{21} & s - a_{22} & \cdots & -a_{2n} \\ \vdots & \vdots & & \vdots \\ -a_{n1} & -a_{n2} & \cdots & s - a_{nn} \end{vmatrix} =$$
$$= s^n - (a_{11} + a_{22} + \ldots + a_{nn})s^{n-1} + \cdots + (-1)^n \det \underline{A}. \tag{11.81}$$

Die Nullstellen $\lambda_1,\ldots,\lambda_n$ dieses Polynoms bezeichnet man als *Eigenwerte* von $\underline{A}$.

Da die Matrix $\underline{A}$ genau dann regulär ist, wenn $\det \underline{A} \neq 0$ gilt, folgt aus (11.81) sofort: *$\underline{A}$ ist genau dann regulär, wenn alle Eigenwerte $\neq 0$ sind.*

Unter einem *Eigenvektor* der quadratischen Matrix $\underline{A}$ versteht man eine Lösung $\underline{v} \neq \underline{0}$ (nichttriviale Lösung) der Vektorgleichung

$$(s\,\underline{I} - \underline{A})\,\underline{v} = \underline{0}. \tag{11.82}$$

Damit sie existiert, muss $\det(s\,\underline{I} - \underline{A}) = 0$ gelten, also s ein Eigenwert von $\underline{A}$ sein. Zu jedem Eigenwert λ_i von $\underline{A}$ gehören in der Tat unendlich viele Eigenvektoren. Das folgt sofort daraus, dass (11.82) eine homogene Gleichung ist und mit jeder Lösung $\underline{v}$ auch $c\underline{v}$ mit einer beliebigen Konstante c wiederum eine Lösung darstellt. Sind die Eigenwerte λ_μ und λ_ν einer reellen Matrix konjugiert komplex, so sind auch die zugehörigen Eigenvektoren $\underline{v}_\mu$ und $\underline{v}_\nu$ konjugiert komplex.

Unter einem *Linkseigenvektor* $\underline{w}$ der quadratischen Matrix $\underline{A}$ versteht man eine Lösung $\neq \underline{0}$ der Vektorgleichung

$$\underline{w}^T(s\,\underline{I} - \underline{A}) = \underline{0}^T.$$

Auch sie existiert genau dann, wenn s ein Eigenwert von $\underline{A}$ ist.

Eigen- und Linkseigenvektoren, die zu verschiedenen Eigenwerten gehören, sind orthogonal:

$$\underline{w}_i^T\,\underline{v}_k = 0 \quad \textit{für} \quad \lambda_i \neq \lambda_k. \tag{11.83}$$

Nunmehr werde angenommen, dass die *Eigenwerte $\lambda_1,\ldots,\lambda_n$ der quadratischen Matrix $\underline{A}$ einfach, d. h. voneinander verschieden,* sind. Berechnet man dann zu jedem λ_k einen Eigenvektor $\underline{v}_k$, so kann man zeigen, dass diese *n Eigenvektoren $\underline{v}_i,\ldots,\underline{v}_n$ linear unabhängig* sind.

Da die Eigenvektoren als Lösungen einer homogenen Gleichung nur bis auf einen konstanten Faktor bestimmt sind, kann man diesen so wählen, dass

$$|\underline{v}_k| = 1 \quad \text{für alle } k\,. \tag{11.84}$$

Weiterhin ist $\underline{w}_i^T \underline{v}_i \neq 0$. Andernfalls nämlich wäre $\underline{w}_i$ zu *allen* n Eigenvektoren orthogonal und damit von ihnen linear unabhängig. Dies ist aber ausgeschlossen, da sie als n linear unabhängige n-dimensionale Vektoren den gesamten $\mathbb{R}^n$ aufspannen. Man kann daher den freien Faktor von $\underline{w}_i$ so wählen, dass

$$\underline{w}_i^T \underline{v}_i = 1 \quad \text{für alle } i \tag{11.85}$$

gilt. Die Normierung (11.84) und (11.85) wird im Folgenden zugrunde gelegt.

Da die Eigenvektoren $\underline{v}_i, \ldots, \underline{v}_n$ linear unabhängig sind, ist die (n,n)-Matrix

$$\underline{V} = [\underline{v}_1, \underline{v}_2, \ldots, \underline{v}_n]$$

regulär. Gleiches gilt von der mit den Linkseigenvektoren gebildeten Matrix

$$\underline{W} = \begin{bmatrix} \underline{w}_1^T \\ \vdots \\ \underline{w}_n^T \end{bmatrix}.$$

Dann ist nach (11.83) und (11.84)

$$\underline{W}\,\underline{V} = (\underline{w}_i^T \underline{v}_k) = \underline{I}_n$$

und deshalb

$$\underline{W} = \underline{V}^{-1}\,. \tag{11.86}$$

Weiterhin gilt

$$\underline{V}^{-1}\underline{A}\,\underline{V} = (\underline{w}_i^T \underline{A}\,\underline{v}_k)\,.$$

Wegen $\underline{A}\,\underline{v}_k = \lambda_k \underline{v}_k$ ist aber

$$\underline{w}_i^T \underline{A}\,\underline{v}_k = \lambda_k \underline{w}_i^T \underline{v}_k = \begin{cases} \lambda_k & \text{für} \quad i = k \\ 0 & \text{für} \quad i \neq k \end{cases}.$$

Somit ist

$$\underline{V}^{-1}\underline{A}\,\underline{V} = \begin{bmatrix} \lambda_1 & 0 & \cdots & 0 \\ 0 & \lambda_2 & & \vdots \\ \vdots & & \ddots & \vdots \\ 0 & \cdots & & \lambda_n \end{bmatrix} = \underline{\Lambda}\,.$$

Man sagt dann, die Matrix $\underline{A}$ sei auf Diagonalform transformierbar, oder kürzer, sie sei *diagonalähnlich*. Im Unterabschnitt 8.1.1 wurde diese Betrachtung in etwas anderer Weise durchgeführt. Hat eine quadratische (n,n)-Matrix $\underline{A}$ auch mehrfache Eigenwerte, so ist sie im Allgemeinen nicht mehr *diagonalähnlich.* Diese Eigenschaft besitzt sie *genau dann, wenn es n linear unabhängige Eigenvektoren gibt.* Das braucht deshalb nicht der Fall zu sein, weil bei einem q-fachen Eigenwert mit $q > 1$ die Maximalzahl der linear unabhängigen Eigenvektoren $< q$ sein kann.

Allgemein gilt das *Theorem von Cayley und Hamilton:*

Jede quadratische Matrix genügt ihrer eigenen charakteristischen Gleichung, d. h. mit

$$\det(s\underline{I} - \underline{A}) = s^n + a_{n-1}s^{n-1} + \ldots + a_1 s + a_0 = 0$$

gilt auch

$$\underline{A}^n + a_{n-1}\underline{A}^{n-1} + \ldots + a_1\underline{A} + a_0\underline{I} = \underline{0}\,. \tag{11.87}$$

11.3.8 Symmetrische Matrizen

Eine quadratische (n,n)-Matrix $\underline{S} = (s_{ik})$ heißt *symmetrisch,* wenn $\underline{S}^T = \underline{S}$, also $s_{ik} = s_{ki}$ gilt, die Matrix also durch Spiegelung an ihrer Hauptdiagonale in sich übergeht.[5]

Eine symmetrische Matrix besitzt drei angenehme Eigenschaften:

I) *Sämtliche Eigenwerte sind reell* und mit ihnen auch sämtliche Eigenvektoren.

II) *Eigenvektoren zu verschiedenen Eigenwerten sind orthogonal.*

III) Zu jedem Eigenwert gehören so viele linear unabhängige Eigenvektoren, wie seine Ordnung beträgt. Daraus folgt: *Es gibt insgesamt n linear unabhängige Eigenvektoren* – auch dann, wenn mehrfache Eigenwerte auftreten. *Eine symmetrische Matrix ist also immer diagonalähnlich.*

Man kann die zu einem mehrfachen Eigenwert gehörenden linear unabhängigen Eigenvektoren stets orthogonal wählen. Dann bildet die Gesamtheit aller n Eigenvektoren von $\underline{S}$ ein *Orthogonalsystem:*

$$\underline{v}_i^T \underline{v}_k = \begin{cases} 0 & \text{für} \quad i \neq k \\ 1 & \text{für} \quad i = k \end{cases},$$

5 Besitzt $\underline{S}$ nichtreelle Elemente, so besteht die Symmetrieeigenschaft darin, dass die transponierte und konjugiert komplexe Matrix $\underline{S}^* = \underline{S}$ ist. Man bezeichnet $\underline{S}$ dann gewöhnlich als *hermitesche Matrix.*

letzteres wegen (11.84). Wegen dieser Normierungseigenschaft spricht man auch von einem *Orthonormalsystem.*

Die Definitionsgleichung der Linkseigenvektoren,

$$\underline{w}_i^T(\lambda_i \underline{I} - \underline{S}) = \underline{0}^T,$$

geht durch Transposition wegen $\underline{S}^T = \underline{S}$ in die Beziehung

$$(\lambda_i \underline{I} - \underline{S})\underline{w}_i = \underline{0}$$

über. Da dies aber gerade die Definitionsgleichung der Eigenvektoren ist, gilt der Satz: *Bei einer symmetrischen Matrix stimmen Eigenvektoren und Linkseigenvektoren überein.*

Wegen (11.86) folgt hieraus

$$\underline{V}^{-1} = \underline{W} = \begin{bmatrix} \underline{w}_1^T \\ \vdots \\ \underline{w}_n^T \end{bmatrix} = \begin{bmatrix} \underline{v}_1^T \\ \vdots \\ \underline{v}_n^T \end{bmatrix}, \quad \text{also}$$

$$\underline{V}^{-1} = \underline{V}^T. \tag{11.88}$$

Bei einer symmetrischen Matrix ist also die inverse Eigenvektormatrix gleich der transponierten. Deshalb gilt weiter

$$\underline{V}^T \underline{V} = \underline{V}\,\underline{V}^T = \underline{I}.$$

Also ist $\underline{V}$ eine orthogonale Matrix, wie schon aus den obigen Definitionsgleichungen des Orthonormalsystems folgt.

Die mit einer symmetrischen Matrix $\underline{S}$ gebildete Funktion

$$Q(\underline{x}) = \underline{x}^T \underline{S}\,\underline{x} = \sum_{i,k=1}^{n} s_{ik} x_i x_k \tag{11.89}$$

bezeichnet man als eine *quadratische Form.*

Man bezeichnet $\underline{S}$ als *positiv definit,* wenn

$$\underline{x}^T \underline{S}\,\underline{x} \geq 0 \text{ für alle } \underline{x} \quad \text{und } = 0 \text{ nur für } \underline{x} = \underline{0}. \tag{11.90}$$

Ist $\underline{x}^T \underline{S}\,\underline{x} \geq 0$ für alle $\underline{x}$, kann aber $= 0$ auch für $\underline{x} \neq \underline{0}$ sein, so heißt $\underline{S}$ *positiv semidefinit.* Man sagt dann auch, die quadratische Form $Q(\underline{x})$ sei positiv definit bzw. positiv semidefinit. Völlig entsprechend sind die Begriffe „negativ definit" und „negativ semidefinit" erklärt.

Beispiel einer positiv definiten Matrix ist eine Diagonalmatrix mit positiven Diagonalelementen. Dann ist

$$Q(\underline{x}) = \underline{x}^T \operatorname{diag}(d_1, \ldots, d_n)\underline{x} = \\ = d_1 x_1^2 + d_2 x_2^2 + \ldots + d_n x_n^2 \geq 0$$

und $= 0$ nur für $\underline{x} = \underline{0}$. Hier geht also die quadratische Form speziell in eine gewichtete Quadratsumme über. Lässt man Diagonalelemente $d_\nu = 0$ zu, so wird die quadratische Form positiv semidefinit.

Kriterien für positive Definitheit:

(I) *Eine symmetrische Matrix ist genau dann positiv definit, wenn ihre sämtlichen Eigenwerte positiv sind.* (11.91)

(II) *Kriterium von Sylvester: Eine symmetrische Matrix $\underline{S} = (s_{ik})$ ist genau dann positiv definit, wenn ihre „nordwestlichen" Unterdeterminanten positiv sind:*

$$s_{11} > 0, \begin{vmatrix} s_{11} & s_{12} \\ s_{21} & s_{22} \end{vmatrix} > 0, \ldots, \det \underline{S} > 0. \tag{11.92}$$

Aus beiden Kriterien folgt sofort:

Eine positiv definite Matrix ist regulär. (11.93)

Manchmal kann folgende Eigenschaft einer positiv definiten Matrix $\underline{S}$ von Nutzen sein: Es gibt zu ihr stets eine reguläre Matrix $\underline{M}$ derart, dass

$$\underline{M}^T \underline{M} = \underline{S}$$

gilt.

11.3.9 Spur einer Matrix

Unter der Spur einer quadratischen Matrix $\underline{A} = (a_{ik})$ versteht man die Summe ihrer Hauptdiagonalelemente:

$$\operatorname{sp} \underline{A} = a_{11} + a_{22} + \ldots + a_{nn}. \tag{11.94}$$

Da die Spur sich bei der Umformung von Matrizenbeziehungen oftmals als nützlich erweist, seien die wichtigsten Rechenregeln für sie angegeben. Sie lassen sich ohne Schwierigkeit durch Ausrechnen verifizieren:

$$\operatorname{sp}(\underline{A} + \underline{B} + \underline{C} + \ldots) = \operatorname{sp} \underline{A} + \operatorname{sp} \underline{B} + \operatorname{sp} \underline{C} + \ldots, \tag{11.95}$$

$$\operatorname{sp}(\lambda \underline{A}) = \lambda \operatorname{sp} \underline{A}, \tag{11.96}$$

$$\operatorname{sp} \underline{A}^T = \operatorname{sp} \underline{A}, \tag{11.97}$$

$$\operatorname{sp}(\underline{A} \cdot \underline{B}) = \operatorname{sp}(\underline{B} \cdot \underline{A}), \tag{11.98}$$

$$\operatorname{sp}(\underline{a}\,\underline{b}^T) = \operatorname{sp}(\underline{b}\,\underline{a}^T), \tag{11.99}$$

$$\mathrm{sp}\,(\underline{a}\underline{b}^T) = \underline{a}^T\underline{b}\,, \tag{11.100}$$

$$\underline{x}^T\underline{A}\underline{x} = \mathrm{sp}\,(\underline{x}\underline{x}^T\underline{A}^T)\,. \tag{11.101}$$

Sind $\underline{A} = (a_{ik})_{m,n}$ und $\underline{B} = (b_{ik})_{m,n}$, so ist

$$\mathrm{sp}\,(\underline{A}^T\underline{B}) = \sum_{i=1}^{m}\sum_{k=1}^{n} a_{ik}b_{ik}\,, \tag{11.102}$$

in Worten: Sind $\underline{A}$ und $\underline{B}$ Matrizen gleichen Typs, so ist die Summe der Produkte entsprechender Elemente beider Matrizen gleich der Spur von $\underline{A}^T\underline{B}$. Speziell für $\underline{B} = \underline{A}$ wird daraus

$$\mathrm{sp}\,(\underline{A}^T\underline{A}) = \sum_{i,k} a_{ik}^2\,.$$

Die Quadratwurzel aus dieser Quadratsumme sämtlicher Elemente einer Matrix bezeichnet man als die *euklidische Norm* $||\underline{A}||$ der Matrix $\underline{A}$. Es gilt daher

$$||\underline{A}||^2 = \mathrm{sp}\,(\underline{A}^T\underline{A}) = \mathrm{sp}\,(\underline{A}\underline{A}^T)\,. \tag{11.103}$$

11.3.10 Die Moore-Penrosesche Pseudo-Inverse

Es geht hier um das Problem, die allgemeine Matrixgleichung

$$\underline{P}\underline{X}\underline{Q} = \underline{Y}$$

zu lösen, wobei $\underline{P}$, $\underline{Q}$ und $\underline{Y}$ beliebige gegebene Matrizen sind.[6] In Abschnitt 11.3.6 hatten wir den Spezialfall

$$\underline{P}\,\underline{x} = \underline{y}$$

betrachtet. Die Aufgabe besteht darin, in möglichst übersichtlicher und allgemeingültiger Form, also ohne Fallunterscheidungen, eine Bedingung für die Existenz der Lösung $\underline{X}$ sowie die Lösungsformel anzugeben. Dies ist mittels der Moore-Penroseschen Pseudo-Inverse möglich.

Ist $\underline{M}$ eine beliebige reelle Matrix, so existiert eine eindeutig bestimmte Matrix $\underline{M}^+$, die folgenden Gleichungen genügt:

$$\left.\begin{array}{rcl} \underline{M}\underline{M}^+\underline{M} &=& \underline{M}\,,\\ \underline{M}^+\underline{M}\underline{M}^+ &=& \underline{M}^+\,,\\ (\underline{M}\underline{M}^+)^T &=& \underline{M}\underline{M}^+\,,\\ (\underline{M}^+\underline{M})^T &=& \underline{M}^+\underline{M}\,. \end{array}\right\} \tag{11.104}$$

6 Eine ausgezeichnete Zusammenfassung, auf die sich auch die vorliegende Darstellung stützt, findet man in der Dissertation von H.-P. Preuß ([11.7], Abschnitt 3.1). Bücher über die Pseudo-Inverse: [11.8], [11.9].

Man bezeichnet sie als die *Moore-Penrosesche Pseudo-Inverse zu $\underline{M}$*.

Diese Definition gilt auch für eine beliebige komplexe Matrix, wenn man – wie stets – die Transposition durch die konjugierte Transposition ersetzt.

Aus der Definition erhält man die folgenden Eigenschaften der Pseudo-Inversen:

$$(\underline{M}^T)^+ = (\underline{M}^+)^T\,, \tag{11.105}$$

d. h. Transposition und Pseudo-Inversion sind vertauschbar.

$$(\underline{M}^T\underline{M})^+ = \underline{M}^+(\underline{M}^T)^+\,. \tag{11.106}$$

Das heißt: Bei dieser speziellen Produktbildung verhält sich die Pseudo-Inversion wie die gewöhnliche Inversion.

Aus der impliziten Definition der Pseudo-Inversen $\underline{M}^+$ durch die Gleichungen (11.104) kann man eine explizite Formel herleiten:

$$\underline{M}^+ = \underline{V}_\rho\underline{\Lambda}_\rho^{-1}\underline{V}_\rho^T\underline{M}^T\,. \tag{11.107}$$

Hierin bezeichnet $\underline{\Lambda}_\rho$ eine Diagonalmatrix, die aus den von Null verschiedenen Eigenwerten $\lambda_1,\ldots,\lambda_\rho$ der symmetrischen Matrix $\underline{M}^T\underline{M}$ aufgebaut ist. $\underline{V}_\rho = [\underline{v}_1,\ldots,\underline{v}_\rho]$ besteht aus denjenigen Eigenvektoren $\underline{v}_1,\ldots,\underline{v}_\rho$ von $\underline{M}^T\underline{M}$, die zu den Eigenwerten $\lambda_1,\ldots,\lambda_\rho$ gehören. Mit Hilfe von (11.107) lässt sich die Pseudo-Inverse zu $\underline{M}$ berechnen.

In vielen Fällen benötigt man nicht die allgemeine Pseudo-Inverse, sondern nur zwei Spezialfälle von ihr. Der für uns wichtigste besteht darin, dass die (m,n)-*Matrix $\underline{M}$ spaltenregulär* ist. Das heißt also: Die Spaltenzahl n ist höchstens gleich der Zeilenzahl m („stehende Matrix"), und $\underline{M}$ hat den Höchstrang n. Dann ist

$$\underline{M}^+ = (\underline{M}^T\underline{M})^{-1}\underline{M}^T\,. \tag{11.108}$$

Man sieht sofort, dass dann

$$\underline{M}^+\underline{M} = \underline{I} \tag{11.109}$$

gilt. Deshalb bezeichnet man in diesem Fall $\underline{M}^+$ auch als *Linksinverse* von $\underline{M}$. Im Allgemeinen gilt dann jedoch keineswegs $\underline{M}\underline{M}^+ = \underline{I}$. Vielmehr lässt sich Folgendes zeigen:

Ist $\underline{M}^+$ die Linksinverse zur spaltenregulären (m,n)-Matrix $\underline{M}$, so hat $\underline{M}\underline{M}^+$ den n-fachen Eigenwert 1 und den $(m-n)$-fachen Eigenwert 0. (11.110)

Folgerung: *$\underline{I}_m - \underline{M}\underline{M}^+$ hat dann den $(m-n)$-fachen Eigenwert 1 und den n-fachen Eigenwert 0.*

Ein zweiter häufig auftretender Spezialfall besteht darin, dass die (m,n)-*Matrix $\underline{M}$ zeilenregulär* ist, dass also $m \leq n$ gilt („liegende Matrix") und $\underline{M}$ den Rang m hat. Dann ist

$$\underline{M}^+ = \underline{M}^T(\underline{M}\underline{M}^T)^{-1}\,. \tag{11.111}$$

Da jetzt

$$\underline{M}\underline{M}^+ = \underline{I}$$

gilt, heißt $\underline{M}^+$ in diesem Fall auch *Rechtsinverse zu $\underline{M}$*.

Ist $\underline{M}$ sowohl spalten- als auch zeilenregulär, muss $m = n$ sein, und die Pseudo-Inverse $\underline{M}^+$ geht in die übliche Inverse $\underline{M}^{-1}$ über.

Was nun die Lösung der anfangs erwähnten Gleichung angeht, so gilt das *Penrose-Theorem*, dessen Aussage man in zwei Teile zerlegen kann:

(I) *Die Gleichung*

$$\underline{P}\underline{X}\underline{Q} = \underline{Y} \tag{11.112}$$

mit beliebigen Matrizen $\underline{P}$, $\underline{Q}$ und $\underline{Y}$ besitzt genau dann (mindestens) eine Lösung $\underline{X}$, wenn die Bedingung

$$\underline{P}\underline{P}^+\underline{Y}\underline{Q}^+\underline{Q} = \underline{Y} \tag{11.113}$$

erfüllt ist. Diese Beziehung sei auch als Penrose-Bedingung bezeichnet.

(II) *Ist die Penrose-Bedingung erfüllt, so lautet die allgemeine Lösung der Gleichung (11.112)*

$$\underline{X} = \underline{P}^+\underline{Y}\underline{Q}^+ - \underline{K} + \underline{P}^+\underline{P}\underline{K}\underline{Q}\underline{Q}^+ \tag{11.114}$$

mit einer beliebigen Matrix $\underline{K}$ von passender Dimension.

Meist hat man Gleichungen von der Form

$$\underline{P}\underline{X} = \underline{Y}\,, \tag{11.115}$$

so dass $\underline{Q} = \underline{I}$ gesetzt werden darf. Die Penrose-Bedingung lautet dann

$$\underline{P}\underline{P}^+\underline{Y} = \underline{Y}\,, \tag{11.116}$$

und die allgemeine Lösungsformel geht in

$$\underline{X} = \underline{P}^+\underline{Y} + (\underline{P}^+\underline{P} - \underline{I})\underline{K} \tag{11.117}$$

über. Für diesen Fall kann man das Penrose-Theorem noch durch einen dritten Teil ergänzen:

(III) *Ist für die Gleichung $\underline{P}\underline{X} = \underline{Y}$ die Penrose-Bedingung $\underline{P}\underline{P}^+\underline{Y} = \underline{Y}$ nicht erfüllt, so dass keine Lösung existiert, so stellt der Ausdruck*

$$\underline{X}_0 = \underline{P}^+\underline{Y} \tag{11.118}$$

eine Näherungslösung insofern dar, als er den sogenannten Gleichungsfehlerbetrag

$$||\underline{P}\underline{X} - \underline{Y}||$$

zum Minimum macht bezüglich aller möglichen $\underline{X}$. Gibt es mehrere $\underline{X}$, die dieses Minimum erzeugen, so gilt $||\underline{X}_0|| < ||\underline{X}||$ für alle $\underline{X} \neq \underline{X}_0$. $\underline{X}_0$ ist also die Näherungslösung mit der kleinsten euklidischen Norm.

Zur Erläuterung werde noch ein Beispiel betrachtet, und zwar die Gleichung

$$\underline{P}\underline{x} = \underline{y} \quad \text{mit} \quad \underline{P} = \begin{bmatrix} 1 & 0 \\ 0 & 1 \\ 0 & 0 \end{bmatrix}$$

und beliebigem $\underline{y}$:

$$\begin{bmatrix} 1 & 0 \\ 0 & 1 \\ 0 & 0 \end{bmatrix} \cdot \begin{bmatrix} x_1 \\ x_2 \end{bmatrix} = \begin{bmatrix} y_1 \\ y_2 \\ y_3 \end{bmatrix}, \quad \text{also}$$

$$x_1 = y_1\,,$$
$$x_2 = y_2$$
$$0 = y_3\,.$$

Das überbestimmte Gleichungssystem hat also nur dann eine Lösung, wenn $y_3 = 0$ ist. Die allgemeine Lösung lautet dann

$$\underline{x} = \begin{bmatrix} y_1 \\ y_2 \end{bmatrix}$$

mit beliebigen y_1, y_2.

Wie man sieht, ist für dieses einfache Beispiel die Penrose-Theorie nicht erforderlich. Es kann aber dazu dienen, die soeben eingeführten Begriffe zu verdeutlichen.

Da $\underline{P}$ Höchstrang hat, stellt die Moore-Penrosesche Pseudo-Inverse $\underline{P}^+$ die Linksinverse dar:

$$\underline{P}^+ = (\underline{P}^T\underline{P})^{-1}\underline{P}^T = \begin{bmatrix} 1 & 0 & 0 \\ 0 & 1 & 0 \end{bmatrix},$$

wobei

$$\underline{P}^+\underline{P} = \underline{I} \tag{11.119}$$

gilt. Sofern die Gleichung

$$\underline{P}\underline{x} = \underline{y}$$

eine Lösung besitzt, folgt deshalb durch Linksmultiplikation mit $\underline{P}^+$:

$$\underline{x} = \underline{P}^+ \underline{y}\,. \tag{11.120}$$

Ob aber überhaupt eine Lösung existiert, sagt die Penrose-Bedingung. Sie lautet hier gemäß (11.116)

$$\begin{bmatrix} 1 & 0 & 0 \\ 0 & 1 & 0 \\ 0 & 0 & 0 \end{bmatrix} \cdot \begin{bmatrix} y_1 \\ y_2 \\ y_3 \end{bmatrix} = \begin{bmatrix} y_1 \\ y_2 \\ y_3 \end{bmatrix}.$$

Das heißt: y_1 und y_2 sind beliebig, während $y_3 = 0$ sein muss.

Die Lösung ist dann gemäß (11.120) eindeutig. Dies folgt natürlich auch aus der Penrose-Formel (11.117), da nach (11.119) $\underline{P}^+\underline{P} = \underline{I}$ ist. Somit erhält man die Lösung

$$\begin{bmatrix} x_1 \\ x_2 \end{bmatrix} = \begin{bmatrix} 1 & 0 & 0 \\ 0 & 1 & 0 \end{bmatrix} \cdot \begin{bmatrix} y_1 \\ y_2 \\ y_3 \end{bmatrix}$$

oder $x_1 = y_1$, $x_2 = y_2$ mit beliebigem y_1, y_2.

11.3.11 Singulärwertzerlegung

Analog zur Ähnlichkeitstransformation einer symmetrischen Matrix $\underline{A}$ auf Diagonalform mittels der orthonormalen Rechtseigenvektormatrix $\underline{V} = [\underline{v}_1, \ldots, \underline{v}_n]$ (siehe Abschnitt 11.3.7 und 11.3.8)

$$\underline{A} = \underline{V}\underline{\Lambda}\underline{V}^T$$

existiert für jede reellwertige (m, n)-Matrix $\underline{A}$ eine Darstellung der Form

$$\underline{A} = \underline{U}\underline{\Sigma}\underline{V}^T\,. \tag{11.121}$$

Dabei sind die (m, m)-Matrix $\underline{U}$ und die (n, n)-Matrix $\underline{V}$ orthonormal, und $\underline{\Sigma}$ ist eine (m, n)-Matrix mit der speziellen Struktur

$$\underline{\Sigma} = \begin{bmatrix} \sigma_1 & 0 & \cdots & 0 & 0 & 0 \\ 0 & \sigma_2 & & 0 & 0 & 0 \\ \vdots & & \ddots & \vdots & \vdots & \vdots \\ 0 & \cdots & 0 & \sigma_r & 0 & 0 \\ 0 & 0 & 0 & 0 & \cdots & 0 \\ \vdots & \vdots & \vdots & & \ddots & \vdots \\ 0 & 0 & 0 & \cdots & 0 & 0 \end{bmatrix} = \begin{bmatrix} \underline{\Sigma}_r & \underline{0} \\ \underline{0} & \underline{0} \end{bmatrix},$$

wobei die Zahlen

$$\sigma_1 \geq \cdots \geq \sigma_r > 0$$

die *Singulärwerte* von $\underline{A}$ heißen. Da $\underline{U}$ und $\underline{V}$ orthonormal und somit regulär sind, ist die Anzahl r der Singulärwerte gleich dem Rang von $\underline{A}$.

Wegen

$$\underline{A}^T\underline{A} = \underline{V}\underline{\Sigma}^T\underline{U}^T\underline{U}\underline{\Sigma}\underline{V}^T = \underline{V}\underline{\Sigma}^T\underline{\Sigma}\underline{V}^T = \underline{V}\begin{bmatrix} \underline{\Sigma}_r^2 & \underline{0} \\ \underline{0} & \underline{0} \end{bmatrix}\underline{V}^T$$

und

$$\underline{A}\underline{A}^T = \underline{U}\underline{\Sigma}\underline{V}^T\underline{V}\underline{\Sigma}^T\underline{U}^T = \underline{U}\underline{\Sigma}\underline{\Sigma}^T\underline{U}^T = \underline{U}\begin{bmatrix} \underline{\Sigma}_r^2 & \underline{0} \\ \underline{0} & \underline{0} \end{bmatrix}\underline{U}^T$$

sind offensichtlich $\underline{V}$ und $\underline{U}$ die orthonormalen Rechtseigenvektormatrizen zu den symmetrischen Matrizen $\underline{A}^T\underline{A}$ bzw. $\underline{A}\underline{A}^T$ [7], und die Singulärwerte σ_i sind gleich den Quadratwurzeln aus deren reellen positiven Eigenwerten λ_i, d. h.

$$\sigma_i(\underline{A}) = \sqrt{\lambda_i(\underline{A}\underline{A}^T)} = \sqrt{\lambda_i(\underline{A}^T\underline{A})}\,. \tag{11.122}$$

Die Spaltenvektoren $\underline{u}_i$ und $\underline{v}_i$ der beiden orthonormalen Matrizen $\underline{U}$ und $\underline{V}$ werden als Links- bzw. Rechts-Singulärvektoren bezeichnet. Ihre Bedeutung wird deutlich, wenn man $\underline{A}$ als lineare Abbildung

$$\underline{y} = \underline{A}\underline{x} \tag{11.123}$$

des n-dimensionalen euklidischen Raums $\mathbb{R}^n$ in den $\mathbb{R}^m$ betrachtet. Dann folgt aus (11.121) für einen Vektor $\underline{x} = \underline{v}_i$

$$\underline{y} = \underline{A}\underline{v}_i = \sigma_i \underline{u}_i\,,$$

d. h. die n-dimensionalen orthonormalen Vektoren $\underline{v}_i$ der Länge $|\underline{v}_i| = \sqrt{\underline{v}_i^T\underline{v}_i} = 1$ werden mittels $\underline{A}$ auf m-dimensionale Vektoren $\underline{y}$ abgebildet, deren Richtung durch $\underline{u}_i$ und deren Länge $|\underline{y}| = \sqrt{\sigma_i^2\underline{u}_i^T\underline{u}_i} = \sigma_i$ durch die zugehörigen Singulärwerte festgelegt ist. Die σ_i entsprechen somit anschaulich der *Verstärkung* $|\underline{y}|/|\underline{x}|$ der linearen Abbildung (11.123) für die speziellen Eingangsrichtungen $\underline{x} = \underline{v}_i$.

Da die Rechts- bzw. Linkssingulärvektoren eine orthonormale Basis des $\mathbb{R}^n$ bzw. $\mathbb{R}^m$ bilden, folgt unmittel-

7 Ist $\underline{A}$ eine komplexe Matrix, so ist in den obigen Gleichungen anstelle von $\underline{A}^T$ wieder die transponierte konjugiert komplexe Matrix $\bar{\underline{A}}^T = \underline{A}^*$ zu nehmen. $\underline{A}^*\underline{A}$ bzw. $\underline{A}\underline{A}^*$ sind dann *hermitesche* Matrizen (siehe Fußnote 5 in Abschnitt 11.3.8). Ebenso sind $\underline{U}^T$, $\underline{V}^T$ durch $\underline{U}^*$, $\underline{V}^*$ zu ersetzen, wobei $\underline{U}$ und $\underline{V}$ *unitär* sind, d. h. $\underline{U}^{-1} = \underline{U}^*$, $\underline{V}^{-1} = \underline{V}^*$.

bar, dass die maximale Verstärkung der Abbildung $\underline{A}$ durch den größten Singulärwert

$$\overline{\sigma} = \max_i \sigma_i(\underline{A}) = \sigma_1$$

vermittelt wird. Dies lässt sich einsehen, indem man $\underline{x}$ in der von den Rechtssingulärvektoren $\underline{v}_i$ aufgespannten Basis darstellt:

$$\underline{x} = \sum_{j=1}^{n} \underline{v}_j \xi_j \quad \text{mit} \quad |\underline{x}|^2 = \underline{x}^T \underline{x} = \sum_{j=1}^{n} \xi_j^2 .$$

Für das Abbild $\underline{y} = \underline{A}\underline{x}$ gilt dann

$$\underline{y} = \sum_{i=1}^{r} \sum_{j=1}^{n} \underline{u}_i \sigma_i \underline{v}_i^T \underline{v}_j \xi_j = \sum_{i=1}^{r} \underline{u}_i \sigma_i \xi_i ,$$

und folglich wird

$$|\underline{y}|^2 = \underline{y}^T \underline{y} = \sum_{i=1}^{r} \sigma_i^2 \xi_i^2 \le \overline{\sigma}^2 \sum_{i=1}^{r} \xi_i^2 \le \overline{\sigma}^2 |\underline{x}|^2$$

bzw. $|\underline{y}| \le \overline{\sigma} |\underline{x}|$. Ersetzt man $\underline{y}$ durch $\underline{A}\underline{x}$, kann man die obige Abschätzung auch wie folgt ausdrücken:

$$\underline{x}^T \underline{A}^T \underline{A}\, \underline{x} \le \overline{\sigma}^2(\underline{A}) \underline{x}^T \underline{x} . \tag{11.124}$$

Da man speziell für $\underline{x} = \underline{v}_1$ als Bild $\underline{y} = \overline{\sigma} \underline{u}_1$ erhält, gilt in diesem Fall in den obigen Ungleichungen das Gleichheitszeichen. Somit stellt $\overline{\sigma}$ nicht nur irgendeine, sondern die kleinste obere Schranke der Verstärkung von $\underline{A}$, also deren Maximum dar. In ähnlicher Weise lässt sich der kleinste, durch einen Unterstrich gekennzeichnete Singulärwert

$$\underline{\sigma} = \min_i \sigma_i(\underline{A}) = \sigma_r > 0$$

als minimale Verstärkung für den aus den r Rechtssingulärvektoren $\underline{v}_1, \ldots, \underline{v}_r$ aufgespannten r-dimensionalen Unterraum des $\mathbb{R}^n$ interpretieren.

Darüber hinaus wird im nächsten Abschnitt gezeigt, dass $\overline{\sigma}(\underline{A})$ eine *Operatornorm* ist und somit die entsprechenden Normeigenschaften

$$\overline{\sigma}(\underline{A}_1 \cdot \underline{A}_2) \le \overline{\sigma}(\underline{A}_1) \cdot \overline{\sigma}(\underline{A}_2),$$

$$\overline{\sigma}(\underline{A}_1 + \underline{A}_2) \le \overline{\sigma}(\underline{A}_1) + \overline{\sigma}(\underline{A}_2)$$

besitzt. Die letzte, aus der Dreiecksungleichung folgende Beziehung gilt auch für die partitionierten Matrizen $\underline{M} = \begin{bmatrix} \underline{A} \\ \underline{B} \end{bmatrix}$ bzw. $\underline{M} = \begin{bmatrix} \underline{A} & \underline{B} \end{bmatrix}$, d. h.

$$\overline{\sigma}(\underline{M}) \le \overline{\sigma}(\underline{A}) + \overline{\sigma}(\underline{B})$$

und in diesem Fall gilt darüber hinaus die Abschätzung [11.10]

$$\max\{\overline{\sigma}(\underline{A}), \overline{\sigma}(\underline{B})\} \le \overline{\sigma}(\underline{M}) \le \sqrt{2} \max\{\overline{\sigma}(\underline{A}), \overline{\sigma}(\underline{B})\} . \tag{11.125}$$

Zwei weitere für die Anwendung wichtige Ungleichungen sind [11.10]

$$|\overline{\sigma}(\underline{A}_1) - \overline{\sigma}(\underline{A}_2)| \le \overline{\sigma}(\underline{A}_1 + \underline{A}_2) \le \overline{\sigma}(\underline{A}_1) + \overline{\sigma}(\underline{A}_2), \tag{11.126}$$

$$\underline{\sigma}(\underline{A}_1) - \overline{\sigma}(\underline{A}_2) \le \overline{\sigma}(\underline{A}_1 + \underline{A}_2) \le \underline{\sigma}(\underline{A}_1) + \overline{\sigma}(\underline{A}_2). \tag{11.127}$$

11.3.12 Normen

Normen dienen dazu, die „Größe" oder „Länge" mathematischer Objekte wie beispielsweise Vektoren, Matrizen oder Funktionen $f(t)$ bzw. $G(j\omega)$ mit einer reellen nichtnegativen Maßzahl zu bewerten. Als Symbol für die Norm wird das entsprechende Objekt a üblicherweise zwischen zwei senkrechte Doppelstriche $\|a\|$ gesetzt. Analog zur bekannten *euklidischen Norm* $\|\underline{v}\| = |\underline{v}| = \sqrt{v_1^2 + \ldots v_n^2}$ eines Vektors $\underline{v} = [v_1, \ldots, v_n]^T$, die anschaulich dessen geometrischer Länge entspricht, muss jede Norm die drei folgenden Eigenschaften (*Normaxiome*) aufweisen:

(I) $\|a\| \ge 0$, wobei $\|a\| = 0 \iff a = 0$ (positive Definitheit)

(II) $\|c \cdot a\| = |c| \cdot \|a\|$ (absolute Homogenität)

(III) $\|a_1 + a_2\| \le \|a_1\| + \|a_1\|$ (Dreiecksungleichung)

Dabei ist c eine beliebige reelle oder komplexe Zahl. [8]

11.3.12.1 Vektornormen

Viele für Vektoren $\underline{v} = [v_1, \ldots, v_n]^T$ wichtige Normen sind Spezialfälle der *p-Norm*

$$\|\underline{v}\|_p = \left(\sum_{i=1}^{n} |v_i|^p \right)^{\frac{1}{p}}, \quad \text{mit} \quad p \ge 1 .$$

8 Anstelle der positiven Definitheit (I) würde es bereits ausreichen, nur

(I') $\|a\| = 0 \quad \Rightarrow \quad a = 0$,

also nur einfache Definitheit zu fordern. Denn aus (II) folgt für $c = 0$ unmittelbar $\|0\| = 0$, d. h. in (I') gilt der Pfeil auch in der umgekehrten Richtung. Darüber hinaus liefert (II) mit $c = -1$ die Beziehung $\|-a\| = |-1| \cdot \|a\| = \|a\|$, und dies führt zusammen mit der Dreiecksungleichung auf $\|a\| \ge 0$.

Hieraus ergibt sich für $p = 1$ die *1-Norm* zu

$$\|\underline{v}\|_1 = \sum_{i=1}^{n} |v_i| \,,$$

die auch als *Betragssummennorm* oder kürzer als *Summennorm* bezeichnet wird, und für $p = 2$ erhält man die bekannte euklidische Norm bzw. *2-Norm*

$$\|\underline{v}\|_2 = \sqrt{\sum_{i=1}^{n} |v_i|^2} \,.$$

Im Grenzübergang $p \to \infty$ erhält man schließlich aus der p-Norm die ∞-*Norm*

$$\|\underline{v}\|_\infty = \max_{i=1,\ldots,n} |v_i| \,,$$

die den Betrag der betragsgrößten Komponente des Vektors $\underline{v}$ liefert und daher auch als *Maximumnorm* bezeichnet wird.

11.3.12.2 Matrix- und Operatornormen

Analog zu Vektoren lassen sich auch für (m,n)-Matrizen $\underline{A}$ p-Normen gemäß

$$\left(\sum_{i=1}^{m} \sum_{j=1}^{n} |a_{ij}|^p \right)^{\frac{1}{p}}$$

definieren. Ein bekanntes Beispiel ist mit $p = 2$ die *Frobenius-Norm*

$$\|\underline{A}\|_F = \sqrt{\sum_{i=1}^{m} \sum_{j=1}^{n} |a_{ij}|^2} \,,$$

die insbesondere in der numerischen Mathematik verwendet wird.

Zu Normen, die für regelungstechnische Fragestellungen interessanter und weiterreichend sind, kommt man, wenn man eine Matrix $\underline{A}$ als linearen Operator (lineare Abbildung) eines Vektorraums X auf einen Vektorraum Y auffasst, z. B. von $X = \mathbb{R}^n$ nach $Y = \mathbb{R}^m$. Die in X und Y definierten Vektornormen seien mit $\|\cdot\|_X$ bzw. $\|\cdot\|_Y$ bezeichnet. Unter der *induzierten* oder *Operatornorm* der linearen Abbildung

$$\underline{y} = \underline{A}\underline{x}$$

zwischen zwei Vektoren $\underline{x} \in X$ und $\underline{y} \in Y$ versteht man

$$\|\underline{A}\|_{Y,X-\text{ind}} = \max_{\underline{x} \neq \underline{0}} \frac{\|\underline{y}\|_Y}{\|\underline{x}\|_X} = \max_{\|\underline{x}\|_X = 1} \|\underline{A}\underline{x}\|_Y \,.$$

Die Operatornorm ist also als die maximale Verstärkung der Abbildung $\underline{A}$ definiert. Da sie offenbar von den in X und Y zugrunde gelegten Vektornormen abhängt, sagt man, sie wird durch die Vektornormen $\|\cdot\|_X, \|\cdot\|_Y$ *induziert*. Sofern keine Missverständnisse zu befürchten sind, schreiben wir im folgenden einfach nur $\|\underline{A}\|$, $\|\underline{x}\|$ usw.. Wegen der Maximumeigenschaft gilt umgekehrt

$$\|\underline{A}\| \geq \frac{\|\underline{A}\underline{x}\|}{\|\underline{x}\|} = \frac{\|\underline{y}\|}{\|\underline{x}\|} \quad \text{bzw.}$$

$$\|\underline{y}\| \leq \|\underline{A}\| \cdot \|\underline{x}\| \,.$$

Die Operatornorm erfüllt die drei grundlegenden Normaxiome und ist darüber hinaus *submultipikativ*, d. h. für die induzierten Normen zweier nacheinander ausgeführten Abbildungen $\underline{y} = \underline{A}\underline{x}$ und $\underline{z} = \underline{B}\underline{y} = (\underline{B} \cdot \underline{A})\underline{x}$ gilt stets:

$$\|\underline{B} \cdot \underline{A}\| \leq \|\underline{B}\| \cdot \|\underline{A}\| \,. \tag{11.128}$$

Dies lässt sich wie folgt zeigen:

$$\|\underline{B} \cdot \underline{A}\| = \max_{\underline{x} \neq \underline{0}} \frac{\|\underline{B}\underline{A}\underline{x}\|_Z}{\|\underline{x}\|_X} = \max_{\underline{x} \neq \underline{0}} \left(\frac{\|\underline{B}\underline{A}\underline{x}\|_Z}{\|\underline{y}\|_Y} \cdot \frac{\|\underline{y}\|_Y}{\|\underline{x}\|_X} \right) .$$

Mit $\underline{y} = \underline{A}\underline{x}$ wird daraus

$$\|\underline{B} \cdot \underline{A}\| = \max_{\underline{x} \neq \underline{0}} \left(\frac{\|\underline{B}\underline{y}\|_Z}{\|\underline{y}\|_Y} \cdot \frac{\|\underline{A}\underline{x}\|_Y}{\|\underline{x}\|_X} \right) \leq \|\underline{B}\| \cdot \|\underline{A}\| \,.$$

Wählt man in den Vektorräumen X und Y die selbe p-Norm, so bezeichnen wir die zugehörige *äquiinduzierte* Operatornorm mit $\|\underline{A}\|_{p-\text{ind}}$:

$$\|\underline{A}\|_{p-\text{ind}} = \max_{\underline{x} \neq \underline{0}} \frac{\|\underline{y}\|_p}{\|\underline{x}\|_p} = \max_{\underline{x} \neq \underline{0}} \frac{\|\underline{A}\underline{x}\|_p}{\|\underline{x}\|_p} \,.$$

Speziell erhält man für die Vektornorm $\|\underline{x}\|_1$ als äquiinduzierte Operatornorm die *Spaltensummennnorm*

$$\|\underline{A}\|_{1-\text{ind}} = \max_{\|\underline{x}\|_1 = 1} \|\underline{A}\underline{x}\|_1 = \max_{j=1,\ldots,n} \sum_{i=1}^{m} |a_{ij}| \,,$$

für $\|\underline{x}\|_\infty$ die *Zeilensummennnorm*

$$\|\underline{A}\|_{\infty-\text{ind}} = \max_{\|\underline{x}\|_\infty = 1} \|\underline{A}\underline{x}\|_\infty = \max_{i=1,\ldots,m} \sum_{j=1}^{n} |a_{ij}|$$

und für $\|\underline{x}\|_2$ die *Spektralnorm*

$$\|\underline{A}\|_{2-\text{ind}} = \max_{\|\underline{x}\|_2 = 1} \|\underline{A}\underline{x}\|_2 = \overline{\sigma}(\underline{A})$$

der Matrix $\underline{A}$. Hingegen ist die Frobenius-Norm *keine* Operatornorm. Wie jede Matrixnorm besitzt sie zwar ebenfalls die Eigenschaft (11.128) der Submultiplikativität und ist daher wie die Operatormorm $\overline{\sigma}(\underline{A})$ *mit der euklidischen Vektornorm verträglich.* Für einen Vektor $\underline{y} = \underline{A} \cdot \underline{x}$ gilt nämlich

$$\|\underline{y}\|_2 = \|\underline{A} \cdot \underline{x}\|_2 \leq \|\underline{A}\|_F \cdot \|\underline{x}\|_2 .$$

Allerdings besitzt nur die Operatornorm $\overline{\sigma}(\underline{A})$ die Maximumeigenschaft, und somit ist

$$\|\underline{A}\|_F \geq \overline{\sigma}(\underline{A}) .$$

11.3.12.3 H_∞-Norm eines LZI-Glieds

Der im vorangegangenen Abschnitt für endlichdimensionale Vektoren und Matrizen eingeführte Normbegriff soll nun auf Zeitfunktionen und LZI-Glieder übertragen werden.[9] Für einen n-dimensionalen zeitabhängigen Vektor $\underline{x}(t)$ mit $0 \leq t < \infty$ lässt sich in entsprechender Weise eine p-Norm gemäß

$$\|\underline{x}\|_p = \left(\int\limits_{t=0}^{\infty} \sum_{i=1}^{n} |x_i(t)|^p \, dt \right)^{1/p} , \quad p \geq 1 ,$$

definieren. Im Unterschied zu endlich-dimensionalen Vektoren sind hierin aber nur solche Funktionen zugelassen, für welche das jeweilige Integral konvergiert, beispielsweise müssen im Fall $p = 1$ alle Komponenten von $\underline{x}(t)$ absolut, im Fall $p = 2$ quadratisch integrabel sein. Im letzteren Fall kann man für die Norm auch kompakter

$$\|\underline{x}\|_2 = \left(\int\limits_{t=0}^{\infty} \underline{x}^*(t)\underline{x}(t)\, dt \right)^{1/2}$$

schreiben, wobei hierin * wieder für die konjugiert komplexe Transposition steht und somit auch komplexwertige Vektoren umfasst werden.

Im Weiteren betrachten wir ein asymptotisch stabiles LZI-Glied mit einer properen[10] Übertragungsmatrix $\underline{G}(s)$, dem Eingangsvektor $\underline{u}(t)$ und dem Ausgangsvektor $\underline{y}(t)$, die für $t < 0$ beide $= \underline{0}$ seien.

Wir setzen voraus, dass die Komponenten von $\underline{u}(t)$ quadratisch integrierbar sind, dann gilt dies aufgrund der Stabilität des Übertragungsglieds auch für $\underline{y}(t)$. Somit existieren die 2-Normen der (reellen) Ein- und Ausgangsvektoren

$$\|\underline{u}\|_2 = \left(\int\limits_{t=0}^{\infty} \underline{u}^T(t)\underline{u}(t)\, dt \right)^{1/2} , \tag{11.129}$$

$$\|\underline{y}\|_2 = \left(\int\limits_{t=0}^{\infty} \underline{y}^T(t)\underline{y}(t)\, dt \right)^{1/2} . \tag{11.130}$$

Aufgrund der *Parsevalschen Gleichung* (11.33) lässt sich die Norm des Ausgangssignals auch im Frequenzbereich ausdrücken:

$$\|\underline{y}\|_2^2 = \frac{1}{2\pi} \int\limits_{\omega=-\infty}^{\infty} \underline{Y}^*(j\omega)\underline{Y}(j\omega)\, d\omega .$$

Mit $\underline{Y}(j\omega) = \underline{G}(j\omega)\underline{U}(j\omega)$ wird daraus

$$\|\underline{y}\|_2^2 = \frac{1}{2\pi} \int\limits_{\omega=-\infty}^{\infty} \underline{U}^*(j\omega)\underline{G}^*(j\omega)\underline{G}(j\omega)\underline{U}(j\omega)\, d\omega . \tag{11.131}$$

Für jede feste Frequenz ω lässt sich der Integrand mittels (11.124) gemäß

$$\underline{U}^*(j\omega)\underline{G}^*(j\omega)\underline{G}(j\omega)\underline{U}(j\omega) \leq$$
$$\leq \overline{\sigma}\{\underline{G}(j\omega)\}^2 \underline{U}^*(j\omega)\underline{U}(j\omega)$$

nach oben abschätzen, so dass aus (11.131) weiter wird:

$$\|\underline{y}\|_2^2 \leq \frac{1}{2\pi} \int\limits_{\omega=-\infty}^{\infty} \overline{\sigma}\{\underline{G}(j\omega)\}^2 \underline{U}^*(j\omega)\underline{U}(j\omega)\, d\omega .$$

Nun wird $\overline{\sigma}\{\underline{G}(j\omega)\}$ durch die bezüglich aller Frequenzen ω maximale Verstärkung

$$\sup_{\omega} \overline{\sigma}\{\underline{G}(j\omega)\}$$

weiter nach oben abgeschätzt.[11] Da dieser Ausdruck von ω unabhängig ist, kann er vor das Integral gezogen werden:

---

9 Als weiterführende Literatur allgemein zu Normen von Funktionen empfehlen wir [11.11] und zu Normen im regelungstechnischen Zusammenhang [11.10, 11.12, 11.13].

10 Zur Definition des Begriffs 'proper' siehe Seite 50.

11 An Stelle des Maximums ist hier das *Supremum*, d. h. die kleinste obere Schranke zu nehmen, da diese von $\overline{\sigma}(\underline{G}(j\omega))$ nicht zwangsläufig auch exakt angenommen wird, sondern beispielsweise nur asymptotisch für $\omega \to \infty$.

$$\|\underline{y}\|_2^2 \leq \sup_{\omega} \bar{\sigma}\{\underline{G}(j\omega)\}^2 \frac{1}{2\pi} \int\limits_{\omega=-\infty}^{\infty} \underline{U}^*(j\omega)\underline{U}(j\omega)\,d\omega\,.$$

Das verbleibende Integral ist einschließlich des Faktors $1/2\pi$ die (quadrierte) Norm des Eingangsvektors $\underline{u}(t)$, so dass man nach Wurzelziehen

$$\|\underline{y}\|_2 \leq \sup_{\omega} \bar{\sigma}\{\underline{G}(j\omega)\} \cdot \|\underline{u}\|_2$$

erhält. Das Supremum des maximalen Singulärwerts der Frequenzgangmatrix $\underline{G}(j\omega)$ bezeichnet man als die H_∞*-Norm* $\|\underline{G}(s)\|_\infty$ des Übertragungsglieds. Im Eingrößenfall entspricht diese anschaulich gerade dem Supremum des Frequenzgangsbetrags $\sup_\omega |G(j\omega)|$ über alle Frequenzen und kann sehr einfach aus den Bode-Diagrammen abgelesen werden.

Insgesamt hat man somit die folgende Definition der H_∞*-Norm*:

Ist $\underline{G}(s)$ eine asymptotisch stabile propere Übertragungsmatrix, so bezeichnet man

$$\begin{aligned}\|\underline{G}(s)\|_\infty &= \|\underline{G}(s)\|_{2-\mathrm{ind}} \\ &= \sup_{\omega} \bar{\sigma}\{\underline{G}(j\omega)\} = \sup_{\mathrm{Re}(s)>0} \bar{\sigma}\{\underline{G}(s)\}\end{aligned} \qquad (11.132)$$

als H_∞-Norm von $\underline{G}(s)$. Sie wird durch die 2-Normen von Eingangsvektor $\underline{u}(t)$ und Ausgangsvektor $\underline{y}(t)$ gemäß (11.129), (11.130) induziert.

Der rechts stehende Ausdruck in (11.132) ist dabei eine direkte Konsequenz aus dem Maximumprinzip der Funktionentheorie.

Aufgrund der Definition der H_∞-Norm über den maximalen Singulärwert der Frequenzgangmatrix $\underline{G}(j\omega)$ gelten sämtliche in Abschnitt 11.3.11 angegebenen Ungleichungen auch für die H_∞-Norm. Insbesondere folgt aus (11.125) für $\underline{G}(s) = \left[\underline{G}_1(s)\ \underline{G}_2(s)\right]$

$$\begin{aligned}\max\{\|\underline{G}_1\|_\infty, \|\underline{G}_2\|_\infty\} &\leq \|\underline{G}\|_\infty \leq \\ &\leq \sqrt{2}\max\{\|\underline{G}_1\|_\infty, \|\underline{G}_2\|_\infty\}\,.\end{aligned} \qquad (11.133)$$

11.3.13 Matrix-Analysis

In der Systemdynamik und der Regelungstechnik hängen Vektoren und Matrizen sehr häufig von der Zeit t ab, oft aber auch von anderen Variablen. Dann kann es notwendig werden, sie zu differenzieren, zu integrieren oder der Laplace-Transformation zu unterwerfen. Für diese analytischen Operationen gilt die grundlegende Definition: *Differentiation, Integration, Laplace-Transformation von Vektoren und Matrizen sind elementweise vorzunehmen.*

Ist z. B.

$$\underline{x}(t) = \begin{bmatrix} \mathrm{e}^{-t} \\ 5t^2 + t \\ -4 \end{bmatrix}, \quad \text{so gilt}$$

$$\dot{\underline{x}}(t) = \begin{bmatrix} \frac{d}{dt}\mathrm{e}^{-t} \\ \frac{d}{dt}(5t^2 + t) \\ \frac{d}{dt}(-4) \end{bmatrix} = \begin{bmatrix} -\mathrm{e}^{-t} \\ 10t + 1 \\ 0 \end{bmatrix}.$$

Weiterhin ist

$$\mathscr{L}\{\underline{x}(t)\} = \begin{bmatrix} \mathscr{L}\{\mathrm{e}^{-t}\} \\ \mathscr{L}\{5t^2 + t\} \\ \mathscr{L}\{-4\} \end{bmatrix} = \begin{bmatrix} \frac{1}{s+1} \\ \frac{10}{s^3} + \frac{1}{s^2} \\ -\frac{4}{s} \end{bmatrix}.$$

Aus der elementweise vorgenommenen Definition folgt unmittelbar, dass *die üblichen Rechenregeln auch für Vektoren und Matrizen gültig bleiben.* Betrachten wir einige spezielle Fälle, wie sie bei der Benutzung von Zustandsvariablen fortwährend auftreten.

So gilt die *Produktregel der Differentiation:*

$$\frac{d}{dt}(\underline{A}\underline{B}) = \dot{\underline{A}}\underline{B} + \underline{A}\dot{\underline{B}}\,,$$

wobei nur auf die Reihenfolge der Faktoren zu achten ist. Es ist nämlich

$$\begin{aligned}\frac{d}{dt}(\underline{A}\underline{B}) &= \frac{d}{dt}\left[\sum_{\nu=1}^{p} a_{i\nu}(t) b_{\nu k}(t)\right] = \\ &= \left[\frac{d}{dt}\sum_{\nu=1}^{p} a_{i\nu}(t) b_{\nu k}(t)\right] = \\ &= \left[\sum_{\nu=1}^{p} \dot{a}_{i\nu}(t) b_{\nu k}(t) + \sum_{\nu=1}^{p} a_{i\nu}(t) \dot{b}_{\nu k}(t)\right] = \\ &= (\dot{a}_{i\nu})(b_{\nu k}) + (a_{i\nu})(\dot{b}_{\nu k}) = \dot{\underline{A}}\underline{B} + \underline{A}\dot{\underline{B}}\,.\end{aligned}$$

Oder ein anderes Beispiel. Der *Hauptsatz der Differential- und Integralrechnung* gilt auch für Matrizen:

$$\int_{t_0}^{t} \dot{\underline{X}}(\tau)d\tau = \underline{X}(t) - \underline{X}(t_0).$$

Denn es ist

$$\int_{t_0}^{t} \frac{d}{d\tau}[x_{ik}(\tau)]\,d\tau = \left[\int_{t_0}^{t} \frac{d}{d\tau}x_{ik}(\tau)d\tau\right] =$$
$$= [x_{ik}(t) - x_{ik}(t_0)] = [x_{ik}(t)] - [x_{ik}(t_0)] =$$
$$= \underline{X}(t) - \underline{X}(t_0).$$

$\underline{X} = (x_{ik})$ sei eine beliebige Matrix, $x_{\mu\nu}$ irgendeines ihrer Elemente, das also in der μ-ten Zeile und ν-ten Spalte steht. Dann ist $\dfrac{\partial \underline{X}}{\partial x_{\mu\nu}}$ eine Matrix, die aus Nullen besteht mit Ausnahme des Elements 1 in der μ-ten Zeile und der ν-ten Spalte. Eine solche Matrix ist aber das dyadische Produkt der beiden Einheitsvektoren $\underline{e}_\mu$ und $\underline{e}_\nu^T$:

$$\frac{\partial \underline{X}}{\partial x_{\mu\nu}} = \underline{e}_\mu \underline{e}_\nu^T. \qquad (11.134)$$

Hängt eine skalare Funktion f von einem Vektor

$$\underline{x} = \begin{bmatrix} x_1 \\ \vdots \\ x_n \end{bmatrix} \text{ bzw. einer Matrix } \underline{X} = (x_{ik})$$

ab, so definiert man die *Ableitung von f nach dem Vektor $\underline{x}$ bzw. der Matrix $\underline{X}$* durch die Vorschrift

$$\frac{\partial f}{\partial \underline{x}} = \begin{bmatrix} \dfrac{\partial f}{\partial x_1} \\ \vdots \\ \dfrac{\partial f}{\partial x_n} \end{bmatrix}, \qquad (11.135)$$

$$\frac{\partial f}{\partial \underline{X}} = \left[\frac{\partial f}{\partial x_{ik}}\right]. \qquad (11.136)$$

Beispiele:

a) $f(\underline{x}) = \underline{a}^T \underline{x}, \quad \underline{a}$ konstant.

Dann ist also

$$f(\underline{x}) = a_1 x_1 + \ldots + a_n x_n$$

und demgemäß nach (11.135)

$$\frac{\partial f}{\partial \underline{x}} = \begin{bmatrix} a_1 \\ \vdots \\ a_n \end{bmatrix}, \text{ also } \frac{\partial}{\partial \underline{x}}(\underline{a}^T \underline{x}) = \underline{a}. \qquad (11.137)$$

Wegen $\underline{x}^T \underline{a} = (\underline{x}^T \underline{a})^T = \underline{a}^T \underline{x}$ ist dann auch

$$\frac{\partial}{\partial \underline{x}}(\underline{x}^T \underline{a}) = \underline{a}. \qquad (11.138)$$

b) $f(\underline{x}) = \underline{x}^T \underline{S}\underline{x}, \quad \underline{S} = (s_{ik})$ symmetrisch.

Dafür kann man auch schreiben

$$f(\underline{x}) = s_{11}x_1^2 + s_{12}x_1x_2 + \ldots + s_{1n}x_1x_n +$$
$$+ s_{21}x_2x_1 + \ldots + s_{n1}x_nx_1 + \text{(Terme ohne } x_1).$$

Infolgedessen ist

$$\frac{\partial f}{\partial x_1} = 2s_{11}x_1 + s_{12}x_2 + \ldots + s_{1n}x_n + s_{21}x_2 + \ldots + s_{n1}x_n$$

oder wegen $s_{ik} = s_{ki}$: $\dfrac{\partial f}{\partial x_1} = 2\sum_{k=1}^{n} s_{1k}x_k = 2\underline{s}_1^T \underline{x}$,

wo $\underline{s}_1^T$ die erste Zeile von $\underline{S}$ ist. Ganz entsprechend ist allgemein $\dfrac{\partial f}{\partial x_i} = 2\underline{s}_i^T \underline{x}$. Infolgedessen wird gemäß (11.135):

$$\frac{\partial f}{\partial \underline{x}} = \begin{bmatrix} 2\underline{s}_1^T \underline{x} \\ \vdots \\ 2\underline{s}_n^T \underline{x} \end{bmatrix}, \quad \text{also}$$

$$\frac{\partial}{\partial \underline{x}}(\underline{x}^T \underline{S}\underline{x}) = 2\underline{S}\underline{x}. \qquad (11.139)$$

Es sei weiterhin

$$\underline{f}(\underline{x}(t)) = \begin{bmatrix} f_1(x_1(t), \ldots, x_n(t)) \\ \vdots \\ f_m(x_1(t), \ldots, x_n(t)) \end{bmatrix}$$

eine *mittelbare Vektorfunktion* von t. Dann ist

$$\frac{d}{dt}\underline{f}(\underline{x}(t)) = \begin{bmatrix} \dfrac{d}{dt} f_1(x_1(t), \ldots, x_n(t)) \\ \vdots \\ \dfrac{d}{dt} f_m(x_1(t), \ldots, x_n(t)) \end{bmatrix} =$$
$$= \begin{bmatrix} \dfrac{\partial f_1}{\partial x_1}\dot{x}_1 + \ldots + \dfrac{\partial f_1}{\partial x_n}\dot{x}_n \\ \vdots \\ \dfrac{\partial f_m}{\partial x_1}\dot{x}_1 + \ldots + \dfrac{\partial f_m}{\partial x_n}\dot{x}_n \end{bmatrix} =$$

$$= \begin{bmatrix} \frac{\partial f_1}{\partial x_1} & \cdots & \frac{\partial f_1}{\partial x_n} \\ \vdots & & \vdots \\ \frac{\partial f_m}{\partial x_1} & \cdots & \frac{\partial f_m}{\partial x_n} \end{bmatrix} \cdot \begin{bmatrix} \dot{x}_1 \\ \vdots \\ \dot{x}_n \end{bmatrix}.$$

Man definiert nun als Ableitung der Vektorfunktion

$$\underline{f} = \begin{bmatrix} f_1 \\ \vdots \\ f_m \end{bmatrix} \text{ nach dem Vektor } \underline{x} = \begin{bmatrix} x_1 \\ \vdots \\ x_n \end{bmatrix}$$

die Matrix

$$\frac{\partial \underline{f}}{\partial \underline{x}} = \begin{bmatrix} \frac{\partial f_1}{\partial x_1} & \cdots & \frac{\partial f_1}{\partial x_n} \\ \vdots & & \vdots \\ \frac{\partial f_m}{\partial x_1} & \cdots & \frac{\partial f_m}{\partial x_n} \end{bmatrix}, \tag{11.140}$$

also die *Jacobische Funktionalmatrix* des Funktionensystems $f_1(x_1, \ldots, x_n)$, …, $f_m(x_1, \ldots, x_n)$.

Damit wird

$$\frac{d}{dt} \underline{f}\big(\underline{x}(t)\big) = \frac{\partial \underline{f}}{\partial \underline{x}} \dot{\underline{x}}. \tag{11.141}$$

Wie man sieht, entspricht diese Regel genau der mittelbaren Differentiation bei skalaren Funktionen.

Für eine skalare Funktion $f(\underline{x})$ gilt entsprechend:

$$\frac{d}{dt} f\big(\underline{x}(t)\big) = \frac{\partial f}{\partial x_1} \dot{x}_1 + \ldots + \frac{\partial f}{\partial x_n} \dot{x}_n = \\ = \left[\frac{\partial f}{\partial x_1}, \ldots, \frac{\partial f}{\partial x_n}\right] \cdot \begin{bmatrix} \dot{x}_1 \\ \vdots \\ \dot{x}_n \end{bmatrix},$$

also wegen (11.135)

$$\frac{d}{dt} f\big(\underline{x}(t)\big) = \left[\frac{\partial f}{\partial \underline{x}}\right]^T \dot{\underline{x}}. \tag{11.142}$$

Die hier für die mittelbare Differentiation nach t formulierte Regel gilt ebenso für die Differentiation nach irgendeiner anderen Variablen.

Weiterhin definiert man

$$\frac{\partial^2 f}{\partial \underline{x}^2} = \frac{\partial}{\partial \underline{x}} \left[\frac{\partial f}{\partial \underline{x}}\right].$$

Nach (11.135) und (11.140) ist also

$$\frac{\partial^2 f}{\partial \underline{x}^2} = \frac{\partial}{\partial \underline{x}} \begin{bmatrix} \frac{\partial f}{\partial x_1} \\ \vdots \\ \frac{\partial f}{\partial x_n} \end{bmatrix} = \\ = \begin{bmatrix} \frac{\partial^2 f}{\partial x_1 \partial x_1} & \frac{\partial^2 f}{\partial x_1 \partial x_2} & \cdots & \frac{\partial^2 f}{\partial x_1 \partial x_n} \\ \vdots & & & \vdots \\ \frac{\partial^2 f}{\partial x_n \partial x_1} & \frac{\partial^2 f}{\partial x_n \partial x_2} & \cdots & \frac{\partial^2 f}{\partial x_n \partial x_n} \end{bmatrix}. \tag{11.143}$$

Für eine Funktion von mehreren Variablen $x_1, \ldots, x_n$ gilt dann der Satz:

Die Funktion $f(\underline{x})$ hat an der Stelle $\underline{x}_0$ ein Minimum, wenn dort $\frac{\partial f}{\partial \underline{x}} = \underline{0}$ und $\frac{\partial^2 f}{\partial \underline{x}^2}$ positiv definit sind. (11.144)

Die Operation der *Spurbildung* ist mit der Differentiation und der Integration vertauschbar. Hängt die Matrix $\underline{X}$ von irgendeiner Variablen, z. B. der Zeit t, ab, so gilt

$$\frac{d}{dt}\Big[\text{sp}\, \underline{X}(t)\Big] = \text{sp}\Big[\frac{d}{dt} \underline{X}(t)\Big], \tag{11.145}$$

$$\int_{t_0}^{t_1} \text{sp}\, \underline{X}(t)\, dt = \text{sp} \int_{t_0}^{t_1} \underline{X}(t)\, dt. \tag{11.146}$$

Die *Ableitung einer n-reihigen Determinante* nach einer Variablen besteht aus einer Summe von n Determinanten, von denen die i-te aus der gegebenen Determinante dadurch entsteht, dass man die i-te Spalte nach der Variablen differenziert und die übrigen Spalten beibehält, $i = 1, \ldots, n$. Also:

$$\frac{d}{dt} \det \underline{X}(t) = \frac{d}{dt} \det\, [\underline{x}_1(t), \underline{x}_2(t), \ldots, \underline{x}_n(t)] = \\ = \det\big[\dot{\underline{x}}_1(t), \underline{x}_2(t), \ldots, \underline{x}_n(t)\big] + \\ + \det\big[\underline{x}_1(t), \dot{\underline{x}}_2(t), \underline{x}_3(t), \ldots, \underline{x}_n(t)\big] + \\ \vdots \\ + \det\big[\underline{x}_1(t), \ldots, \underline{x}_{n-1}(t), \dot{\underline{x}}_n(t)\big], \tag{11.147}$$

wobei hier der Punkt die Differentiation nach t bezeichnet.

Ganz entsprechend kann man die Ableitung mittels der Zeilen bilden.

Beispiel:

$$\frac{d}{dt}\begin{vmatrix}\sin t & e^{-t}\\ t^3 & 6\end{vmatrix} =$$
$$= \begin{vmatrix}\cos t & e^{-t}\\ 3t^2 & 6\end{vmatrix} + \begin{vmatrix}\sin t & -e^{-t}\\ t^3 & 0\end{vmatrix}.$$

11.4 Gütevektoroptimierung

11.4.1 Problemstellung der Mehrzieloptimierung

Die Aufgabe besteht darin, die Gütemaße $I_1, I_2, \ldots, I_\ell$, die von dem gleichen Variablenvektor $\underline{r}$ abhängen und ≥ 0 sind, simultan klein zu machen. Man spricht dann gewöhnlich von *Mehrzieloptimierung* oder *Polyoptimierung* (siehe z. B. [11.14]). Dabei ist die Situation häufig so, dass einige Gütemaße möglichst klein werden sollen, während es bei den anderen nur darauf ankommt, sie unter einer vorgegebenen Schranke zu halten.

Betrachten wir etwa den Fall zweier Gütemaße I_1 und I_2 und nehmen an, dass die Wertepaare (I_1, I_2) in Abhängigkeit von $\underline{r}$ den in Bild 11-6 skizzierten Bereich B erfüllen, der durch die Kurve C berandet wird. Im konkreten Fall braucht dieser Bereich nicht bekannt zu sein, kann auch eine kompliziertere Gestalt haben.

Geht man von irgendeinem Punkt P dieses Bereichs aus, so kann man durch Fortschreiten in geeigneter Richtung im Allgemeinen I_1 *und* I_2 verkleinern. Dies ist jedoch nicht möglich, wenn man sich in einem Punkt Q des Stücks G_1G_2 von C befindet. Wie man von ihm aus auch weiterschreitet (wobei man natürlich im Bereich B bleiben muss, da andere Punkte der Ebene voraussetzungsgemäß nicht erreichbar sind) – mindestens eines der beiden Gütemaße I_1 und I_2 wird vergrößert. Jeder solche Punkt Q stellt eine Lösung des Mehrzieloptimierungsproblems dar. Man bezeichnet ihn auch als *Pareto-optimal* – nach dem italienischen Ingenieur, Wirtschaftswissenschaftler und Soziologen Vilfredo Pareto (1848-1923), der sich schon früh mit Problemen der Mehrzieloptimierung befasst hat.

Wie man sieht, gibt es hier von Natur aus kein eindeutig bestimmtes Optimum. Alle Lösungspunkte Q des Stücks G_1G_2 von C sind gleichberechtigt. Man kann von keinem ohne weiteres sagen, dass er besser als die anderen sei. Erst wenn man zusätzliche Forderungen stellt oder die Minimierungsforderung modifiziert, kann es möglicherweise eine eindeutige Lösung geben. Verlangt man beispielsweise vom Gütemaß I_2, dass es den vorgegebenen Wert I_{2S} nicht überschreitet, während I_1 möglichst klein gemacht werden soll,

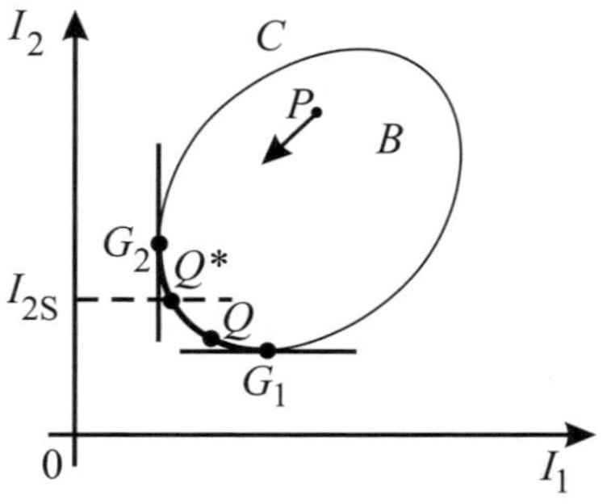

Bild 11-6: Zur Problemstellung der Mehrzieloptimierung

so hat man in Q^* *die* Lösung des Optimierungsproblems.

Konventionellerweise versucht man die Lösung eines Mehrzieloptimierungsproblems auf ein übliches Optimierungsproblem zurückzuführen, indem man aus den Gütemaßen $I_1, \ldots, I_\ell$ ein gewichtetes Mittel bildet:

$$I = \sum_{i=1}^{\ell} \gamma_i I_i ,$$

wobei die $\gamma_i > 0$ Gewichtsfaktoren sind, die man vorgibt. Diese Funktion $I(\underline{r})$ sucht man dann zum Minimum zu machen.

Zur Veranschaulichung betrachten wir wieder den Fall $\ell = 2$:

$$I = \gamma_1 I_1 + \gamma_2 I_2 .$$

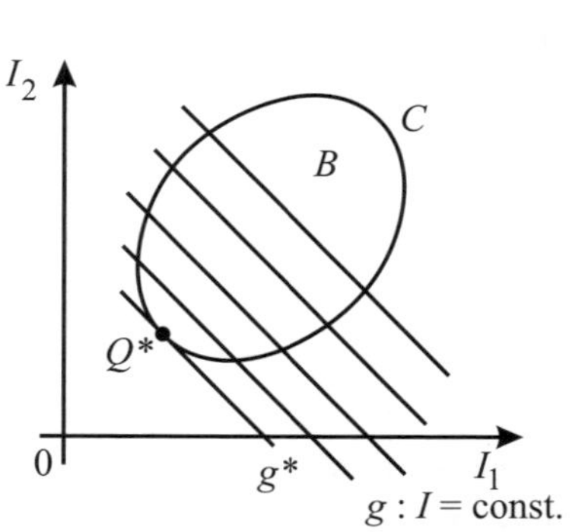

Bild 11-7: Lösung des Mehrzieloptimierungsproblems durch Bildung eines gewichteten Mittels der Gütemaße

Für irgendeinen festen Wert I ist dies die Gleichung einer Geraden g (Bild 11-7). Alle Punkte (I_1, I_2) dieser Geraden, die im Bereich B liegen, liefern den gleichen Wert I. Verändert man I bei festgehaltenen Gewichtungsfaktoren γ_1 und γ_2, so erhält man eine Schar paralleler Geraden. Der kleinste Wert I^* gehört zur Geraden g^* in Bild 11-7, die den Bereich B tangiert. Der Punkt Q^* stellt die optimale Lösung dar. Ändert man die Gewichtungsfaktoren γ_1 und γ_2, so erhält man eine andere Parallelenschar und damit eine andere optimale Lösung Q^* der Mehrzieloptimierung.

Diese sehr naheliegende Vorgehensweise hat zwei erhebliche Nachteile:

I) Es ist nicht möglich, ein Gütemaß unter einer bestimmten Schranke zu halten, wie es in den Anwendungen oft erforderlich ist. Hat man beispielsweise erreicht, dass $I_1 \leq c_1$ ist, so kann man nicht verhindern, dass bei der weiteren Verkleinerung von $I = \gamma_1 I_1 + \gamma_2 I_2$ I_1 diese Schranke möglicherweise wieder übersteigt.

II) Kann das kombinierte Gütemaß

$$I = \sum_{i=1}^{\ell} \gamma_i I_i$$

nicht weiter verkleinert werden, so ist nicht zu sehen, an welchem Gütemaß I_i dies scheitert. Man ist daher außerstande, zu erkennen, ob man durch andere Wahl der γ_i einige I_i noch weiter hätte herunterdrücken können.

Beide Schwächen werden durch das nun zu beschreibende Verfahren der *Gütevektoroptimierung nach **G. Kreißelmeier und R. Steinhauser*** [11.15] vermieden. Es stellt ein sehr effizientes Werkzeug zur Mehrzieloptimierung dar.

11.4.2 Verfahren der Gütevektoroptimierung nach G. Kreißelmeier und R. Steinhauser

Es handelt sich um ein numerisches Verfahren zur simultanen Verkleinerung mehrerer Gütemaße $I_1(\underline{r}),\ldots,I_\ell(\underline{r})$. Die Bezeichnung rührt daher, dass man diese Gütemaße zu einem Vektor zusammenfassen kann, den man dann komponentenweise verkleinert. Die Vektorschreibweise ist hierbei jedoch unwesentlich.

Man geht von den Werten $I_i(\underline{r}_0)$ aus, wobei der Variablenvektor $\underline{r}_0$ im Prinzip beliebig ist. Dazu wählt man positive Zahlen c_i, die $> I_i(\underline{r}_0)$ sind. Sie werden als *Vorgabewerte* bezeichnet. Mit den Vorgabewerten bildet man nun die Funktionen

$$\frac{I_i(\underline{r})}{c_i}, \quad i = 1,\ldots,\ell. \qquad (11.148)$$

Diese sind in einem gewissen $\underline{r}$-Bereich, der auf jeden Fall den Punkt $\underline{r}_0$ enthält, < 1. Von den endlich vielen Funktionen (11.148) bildet man nun an jeder Stelle $\underline{r}$ das Maximum und erhält so die Funktion

$$\alpha(\underline{r}) = \max\left[\frac{I_1(\underline{r})}{c_1},\ldots,\frac{I_\ell(\underline{r})}{c_\ell}\right]. \qquad (11.149)$$

Sie ist im obigen $\underline{r}$-Bereich ebenfalls < 1. Bild 11-8 zeigt diese Funktion für $\ell = 2$ und dim $\underline{r} = 1$.

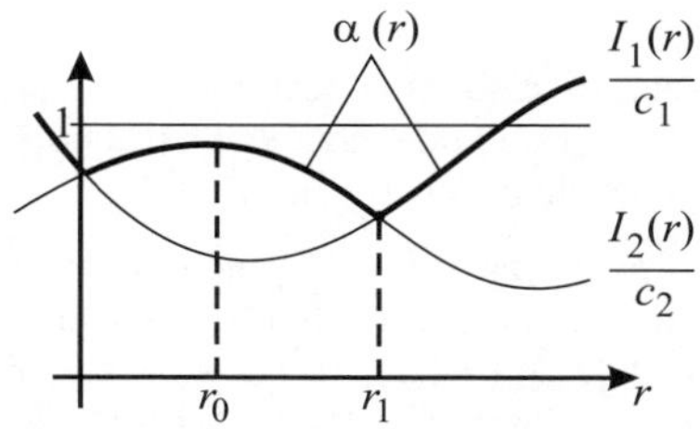

Bild 11-8: Die Funktion $\alpha(r) = \max\left[\frac{I_1(r)}{c_1}, \frac{I_2(r)}{c_2}\right]$

Man sucht nun das Minimum von $\alpha(\underline{r})$. Es liege an der Stelle $\underline{r}_1$. Dann gilt auf jeden Fall

$$\alpha(\underline{r}_1) \leq \alpha(\underline{r}_0) < 1.$$

Weil $\alpha(\underline{r}_1) = \max\left[\frac{I_1(\underline{r}_1)}{c_1},\ldots,\frac{I_\ell(\underline{r}_1)}{c_\ell}\right]$ ist, hat man

$$\frac{I_i(\underline{r}_1)}{c_i} \leq \alpha(\underline{r}_1),$$

also

$$I_i(\underline{r}_1) \leq \alpha(\underline{r}_1)\, c_i, \quad i = 1,\ldots,\ell.$$

Da $\alpha(\underline{r}_1) < 1$ ist, hat man somit durch den Übergang von Punkt $\underline{r}_0$ zu Punkt $\underline{r}_1$ des $\underline{r}$-Raums sämtliche Gütemaße in engere Schranken einschließen können, nämlich in die Schranken $\alpha(\underline{r}_1)\, c_i$ anstelle der Schranken c_i.

Der hiermit beschriebene Prozess wird nun iteriert. Bezeichnet man die bisherigen Vorgabewerte nunmehr mit $c_i^{(0)}$, so wählt man jetzt neue Vorgabewerte

$$I_i(\underline{r}_1) < c_i^{(1)} < c_i^{(0)}.$$

Der weitere Ablauf ist dann wie beim vorhergehenden Schritt. Man bildet

$$\alpha^{(1)}(\underline{r}) = \max\left[\frac{I_1(\underline{r})}{c_1^{(1)}},\ldots,\frac{I_\ell(\underline{r})}{c_\ell^{(1)}}\right]$$

und ermittelt das Minimum dieser Funktion. Liegt es an der Stelle $\underline{r}_2$, so ist

$$I_i(\underline{r}_2) \leq \alpha^{(1)}(\underline{r}_2)\, c_i^{(1)}\,,$$

so dass $I_i(\underline{r}_2)$ nunmehr durch die gegenüber $c_i^{(1)}$ engere Schranke $\alpha^{(1)}(\underline{r}_2)\, c_i^{(1)}$ begrenzt ist.

In dieser Weise fortfahrend, erhält man nach m Schritten die Ungleichung

$$c_i^{(1)} > c_i^{(2)} > \ldots > c_i^{(m-1)} > I_i(\underline{r}_m)\,.$$

Diese Iteration setzt man so lange fort, bis die I_i genügend klein geworden sind oder aber keine Erniedrigung der $c_i^{(k)}$ mehr erreicht werden kann.

Um sich diesen Prozess zu veranschaulichen, kann man wieder von Bild 11-6 ausgehen. Bei jedem Schritt wird das Wertepaar $[I_1(\underline{r}_k), I_2(\underline{r}_k)]$ in ein stets enger werdendes Rechteck R_k eingeschlossen, das durch die Vorgabewerte $c_1^{(k)}, c_2^{(k)}$ bestimmt wird (Bild 11-9). Auf diese Weise wird das Wertepaar (I_1, I_2) in die unmittelbare Umgebung eines Pareto-Optimums gedrängt.

Bisher wurde einfachheitshalber angenommen, dass bei jedem Schritt sämtliche Vorgabewerte verkleinert werden. Das muss aber keineswegs sein. Es ist ohne weiteres möglich, dass gewisse Vorgabewerte über mehrere Schritte festgehalten werden.

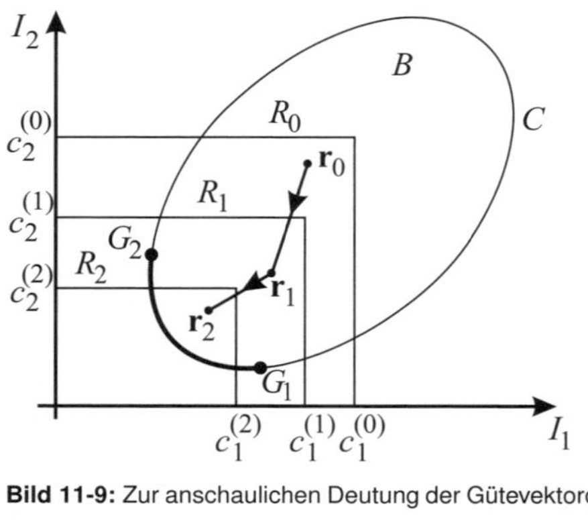

Bild 11-9: Zur anschaulichen Deutung der Gütevektoroptimierung

Entscheidend für die Durchführung des hiermit beschriebenen Verfahrens der Gütevektoroptimierung ist die Bildung der Maximumfunktion (11.149). Zwar könnte man diese grundsätzlich dadurch erhalten, dass man den betrachteten $\underline{r}$-Bereich mit einem Punktegitter überzieht und dann auf jedem Gitterpunkt das Maximum der endlich vielen Werte

$$\frac{I_1(\underline{r})}{c_1}, \ldots, \frac{I_\ell(\underline{r})}{c_\ell}$$

bestimmt. Doch wäre dies sehr aufwendig, und man erhielte überdies nur eine tabellarisch gegebene Funktion. Um das Minimum von $\alpha(\underline{r})$ ohne allzu großen numerischen Aufwand mittels eines Gradientenverfahrens berechnen zu können, sollte man besser die nicht differenzierbare Funktion $\alpha(\underline{r})$ durch eine analytische Funktion approximieren. Das soll abschließend beschrieben werden.

11.4.3 Analytische Approximation der Maximumfunktion

Es sei $z_1, z_2, \ldots, z_\ell$ eine endliche Menge beliebiger reeller Zahlen ≥ 0. z_m sei das Maximum dieser Zahlen. Wir bilden nun die Zahl

$$Z_\rho = \frac{1}{\rho}\, \ln \sum_{i=1}^{\ell} \mathrm{e}^{\rho z_i}\,, \tag{11.150}$$

wobei $\rho > 0$ eine beliebige reelle Zahl ist. Dann gilt weiter

$$\begin{aligned} Z_\rho &= \frac{1}{\rho}\, \ln \left[\mathrm{e}^{\rho z_m} \sum_{i=1}^{\ell} \mathrm{e}^{\rho(z_i - z_m)}\right] \\ &= \frac{1}{\rho} \left[\ln\left[\mathrm{e}^{\rho z_m}\right] + \ln \sum_{i=1}^{\ell} \mathrm{e}^{\rho(z_i - z_m)}\right]. \end{aligned}$$

Da der natürliche Logarithmus und die e-Funktion inverse Funktionen sind, ist

$$\ln[\mathrm{e}^{\rho z_m}] = \rho z_m$$

und somit

$$Z_\rho = z_m + \frac{1}{\rho}\, \ln \sum_{i=1}^{\ell} \mathrm{e}^{\rho(z_i - z_m)}\,. \tag{11.151}$$

Weil z_m das Maximum der z_i darstellt, ist mindestens einer der Summanden gleich 1, während alle anderen ≤ 1 sind. Infolgedessen ist

$$Z_\rho = z_m + \frac{1}{\rho}\, \ln \left[1 + {\sum_{i=1}^{\ell}}' \mathrm{e}^{\rho(z_i - z_m)}\right], \tag{11.152}$$

wobei der Apostroph an der Summe andeuten soll, dass ein Summand fehlt. Da jeder Summand ≤ 1 ist, liegt der Logarithmand zwischen 1 und ℓ, der Logarithmus also zwischen 0 und $\ln \ell$. Somit gilt

$$z_m \leq Z_\rho \leq z_m + \frac{1}{\rho} \ln \ell\,. \tag{11.153}$$

Weiterhin folgt aus (11.152), weil der Logarithmus für beliebige ρ beschränkt ist:

$$\lim_{\rho \to +\infty} Z_\rho = z_m \,.$$

Setzt man hierin die Definition (11.150) von Z_ρ ein, so erhält man die Beziehung

$$z_m = \lim_{\rho \to +\infty} \left[\frac{1}{\rho} \ln \sum_{i=1}^{\ell} \mathrm{e}^{\rho z_i} \right] . \qquad (11.154)$$

Dies ist eine interessante Formel für das Maximum einer endlichen Zahlenmenge.

Setzt man in ihr

$$z_i = \frac{I_i(\underline{r})}{c_i} \,, \; i = 1, \ldots, \ell \,,$$

so erhält man eine Formel für das Maximum der endlich vielen Zahlen

$$\frac{I_1(\underline{r})}{c_1}, \ldots, \frac{I_\ell(\underline{r})}{c_\ell} :$$

$$\alpha(\underline{r}) = \lim_{\rho \to +\infty} \left[\frac{1}{\rho} \ln \sum_{i=1}^{\ell} \mathrm{e}^{\rho \frac{I_i(\underline{r})}{c_i}} \right] . \qquad (11.155)$$

Für endliches ρ gewinnt man daraus einen Näherungsausdruck $\hat{\alpha}(\underline{r})$ für $\alpha(\underline{r})$:

$$\hat{\alpha}(\underline{r}) = \frac{1}{\rho} \ln \sum_{i=1}^{\ell} \mathrm{e}^{\rho \frac{I_i(\underline{r})}{c_i}} . \qquad (11.156)$$

Da nach (11.150) $\hat{\alpha}(\underline{r}) = Z_\rho$ ist und überdies $\alpha(\underline{r}) = z_m$ gilt, folgt aus (11.153) die Ungleichung

$$0 \le \hat{\alpha}(\underline{r}) - \alpha(\underline{r}) \le \frac{1}{\rho} \ln \ell \,. \qquad (11.157)$$

Im praktischen Einsatz hat es sich als zweckmäßig erwiesen, $\rho = 20$ zu wählen. Somit wird bei der Gütevektoroptimierung die Funktion

$$\hat{\alpha}(\underline{r}) = \frac{1}{20} \ln \left[\mathrm{e}^{20 \frac{I_1(\underline{r})}{c_1}} + \ldots + \mathrm{e}^{20 \frac{I_\ell(\underline{r})}{c_\ell}} \right] \qquad (11.158)$$

minimiert.

Literaturverzeichnis

Literatur zu Kapitel 1

[1.1] *Deutsches Institut für Normung* (Hg.): DIN EN 60027-6 Formelzeichen für die Elektrotechnik - Teil 6: Steuerungs- und Regelungstechnik. Berlin: Beuth-Verlag, 2008.

[1.2] *Deutsches Institut für Normung* (Hg.): DIN IEC 60050-351 Internationales Elektrotechnisches Wörterbuch - Teil 351: Leittechnik. Berlin: Beuth-Verlag, 2009.

[1.3] *Föllinger, O.; unter Mitwirkung von G. Roppenecker*: Optimale Regelung und Steuerung. 3. Aufl., München: R. Oldenbourg Verlag, 1994.

[1.4] *Horowitz, I. M.*: Synthesis of Feedback Systems. New York, London: Academic Press, 1963.

[1.5] *Litz, L.*: Grundlagen der Automatisierungstechnik. 2. Aufl., München, Wien: Oldenbourg Verlag, 2012.

[1.6] *Lunze, J.*: Automatisierungstechnik. 3. Aufl., München, Wien: Oldenbourg Verlag, 2012.

[1.7] *Perk, S.; Moor, T.; Schmidt, K.*: Regelungstheorie für ereignisdiskrete Systeme. *atp-Automatisierungstechnische Praxis*, 52 (2010), S. 54–62.

[1.8] *Angermann, A.; Beuschel, M.; Rau, M.; Wohlfarth, U.*: MATLAB - Simulink - Stateflow: Grundlagen, Toolboxen, Beispiele. 7. Aufl., München: Oldenbourg Verlag, 2011.

[1.9] *Aström, K. J.; Wittenmark, B.*: Adaptive Control. 2. Aufl., Mineola, N.Y.: Dover Publications, 2008.

[1.10] *Isermann, R.; Lachmann, K.-H.; Matko, D.*: Adaptive Control Systems. New York, London: Prentice Hall, 1992.

[1.11] *Unbehauen, H.*: Regelungstechnik III: Identifikation, Adaption, Optimierung. 7. Aufl., Wiesbaden: Vieweg + Teubner, 2011.

[1.12] *Hensel, H.*: Temperaturregelung des Organismus. In: *H. Mittelstaedt* (Hg.) Regelungsvorgänge in der Biologie, München: R. Oldenbourg Verlag, 1956, S. 48–59.

[1.13] *Unbehauen, H.*: Regelungstechnik II: Zustandsregelungen, digitale und nichtlineare Regelsysteme. 9. Aufl., Wiesbaden: Vieweg + Teubner, 2007.

[1.14] *Knobloch, H. W.; Kwakernaak, H.*: Lineare Kontrolltheorie. Berlin, Heidelberg, New York: Springer-Verlag, 1985.

Literatur zu Kapitel 2

[2.1] *Deutsches Institut für Normung* (Hg.): DIN EN 60027-6 Formelzeichen für die Elektrotechnik - Teil 6: Steuerungs- und Regelungstechnik. Berlin: Beuth-Verlag, 2008.

[2.2] *Krochmann, E.*: Blockschaltbilder und Strukturbilder von Schaltungssystemen. In: *G. Müller* (Hg.) Bericht über die Tagung 'Regelungstechnik. Moderne Theorien und ihre Verwendbarkeit' in Heidelberg 1956, München: R. Oldenbourg Verlag, 1957, S. 50–56.

[2.3] *Föllinger, O.; bearb. von M. Kluwe*: Laplace-Fourier- und z-Transformation. 10. Aufl., Berlin, Offenbach: VDE Verlag, 2011.

[2.4] *Dobesch, H.; Sulanke, H.*: Zeitfunktionen. 3. Aufl., Berlin: Verlag Technik, 1970.

[2.5] *Thoma, M.*: Theorie linearer Regelungssysteme. Braunschweig: Fr. Vieweg und Sohn, 1973.

[2.6] *Doetsch, G.*: Anleitung zum praktischen Gebrauch der Laplace-Transformation und der Z-Transformation. 6. Aufl., München: R. Oldenbourg Verlag, 1989.

[2.7] *Föllinger, O.*: Über die Anfangsbedingungen bei linearen Übertragungsgliedern. *Regelungstechnik*, 9 (1961), S. 149–153.

[2.8] *Föllinger, O.*: Lineare Abtastsysteme. 5. Aufl., München: R. Oldenbourg Verlag, 1993.

[2.9] *Truxal, J. G.*: Entwurf automatischer Regelsysteme. München: R. Oldenbourg Verlag, 1960.

[2.10] *Isermann, R.*: Identifikation dynamischer Systeme (2 Bände). 2. Aufl., Berlin, Heidelberg, New York: Springer-Verlag, 1992.

[2.11] *Åström, K. J.* (Hg.): On trends in system identification. Oxford: Pergamon Press, 1995.

[2.12] *Ljung, L.*: System Identification: Theory for the User. 2. Aufl., New Jersey: Prentice Hall, 2009.

[2.13] *Reinisch, K.*: Analyse und Synthese kontinuierlicher Steuerungssysteme. Heidelberg: Hüthig Verlag, 1980.

Literatur zu Kapitel 3

[3.1] *Föllinger, O.*: Nichtlineare Regelungen I/II. 7. Aufl., München: R. Oldenbourg Verlag, 1993.

[3.2] *Unbehauen, R.*: Systemtheorie. 6. Aufl., München: R. Oldenbourg Verlag, 1993.

[3.3] *Föllinger, O.*: Zur Stabilität von Totzeitsystemen. *Regelungstechnik*, 15 (1967), S. 145–149.

[3.4] *Trächtler, A.*: On bibo stability of systems with irrational transfer function. Online Book, 2016, URL `arxiv.org, arXiv: 1603.01059[math.DS]`.

[3.5] *Nyquist, H.*: Regeneration Theory, Bd. 11. Bell System Technical Journal, 1932.

[3.6] *Föllinger, O.; bearb. von M. Kluwe*: Laplace-Fourier- und z-Transformation. 10. Aufl., Berlin, Offenbach: VDE Verlag, 2011.

[3.7] *Doetsch, G.*: Einführung in Theorie und Anwendung der Laplace-Transformation. 3. Aufl., Basel: Birkhäuser Verlag, 1976.

[3.8] *Schober, J.*: Anwendung funktionalanalytischer Methoden zur Stabilitätsanalyse von Systemen mit verteilten Parametern. Karlsruhe: Dissertation, 1978.

[3.9] *Föllinger, O.*: Über die Umlaufzahl der Ortskurve. *Regelungstechnik*, 9 (1960), S. 308–311.

[3.10] *Cremer, L.*: Ein neues Verfahren zur Beurteilung der Stabilität linearer Regelsysteme. *Zeitschrift für Angewandte Mathematik und Mechanik*, 25/27 (1947), S. 161.

[3.11] *Leonhard, A.*: Ein neues Verfahren zur Stabilitätsuntersuchung. *Archiv für Elektrotechnik*, 38 (1944), S. 17–29.

[3.12] *Michailow, A. W.*: Die Methode der harmonischen Analyse in der Regelungstheorie. *Automatika i Telemechanika*, 3 (1938), S. 27–81.

[3.13] *Hurwitz, A.*: Über die Bedingungen, unter welchen eine Gleichung nur Wurzeln mit negativen reellen Teilen besitzt. *Math. Annalen*, 46 (1895), S. 273–284.

[3.14] *Routh, E. J.*: Stability of a Given State of Motion. London: Adams Prize Essay, 1877.

Literatur zu Kapitel 4

[4.1] *Bode, H. W.*: Network Analysis and Feedback Amplifier Design. New York: Van Nostrand, 1945.

[4.2] *Fasol, K. H.*: Die Frequenzkennlinien. Wien, New York: Springer-Verlag, 1968.

[4.3] *Unbehauen, R.*: Systemtheorie. 6. Aufl., München: R. Oldenbourg Verlag, 1993.

[4.4] *Papoulis, A.*: The Fourier Integral and its Applications. New York: McGraw-Hill, 1962.

[4.5] The MathWork, Inc., 3 Apple Hill Drive, Natick, MA 01760-2098: MATLAB® Getting Started Guide, 2009, URL `http://www.mathworks.com/academia/student_center/tutorials/`.

[4.6] Control Tutorials for MATLAB® and Simulink®. URL `http://www.engin.umich.edu/class/ctms/`.

[4.7] *Eaton, J. W.; Bateman, D.; Hauberg, S.*: GNU Octave: a high-level interactive language for numerical computations: Edition 3 for Octave version 3.0.2. Bristol, 2008, URL `http://www.network-theory.co.uk/octave/manual/`.

[4.8] Scilab Manual. URL `http://www.scilab.org/`.

Literatur zu Kapitel 5

[5.1] *Evans, R. W.*: Graphical Analysis of Control Systems. *Transactions AIEE*, 67 (1948), S. 547–551.

[5.2] *Pestel, E.; Kollmann, E.*: Grundlagen der Regelungstechnik. 3. Aufl., Wiesbaden: Friedrich Vieweg und Sohn, 1979.

[5.3] *Föllinger, O.*: Über die Bestimmung der Wurzelortskurve. *Regelungstechnik*, 6 (1958), S. 442–446.

[5.4] *Litz, L.*: Reduktion der Ordnung linearer Zustandsraummodelle mittels modaler Verfahren. Stuttgart: Hochschulverlag, 1979.

[5.5] *Litz, L.*: Ordnungsreduktion linearer Zustandsraummodelle durch Beibehaltung der dominanten Eigenbewegungen. *Regelungstechnik*, 27 (1979), S. 80–86.

[5.6] *Benninger, N. F.*: Die Reduktionsdominanz als Ausgangspunkt für neue Maßzahlen bei der Ordnungsreduktion. *Automatisierungstechnik*, 35 (1987), S. 19–26.

[5.7] *Benninger, N. F.*: Analyse und Synthese linearer Systeme mit Hilfe neuer Strukturmaße. Düsseldorf: VDI-Verlag, 1987.

Literatur zu Kapitel 6

[6.1] *Bode, H. W.*: Network Analysis and Feedback Amplifier Design. New York: Van Nostrand, 1945.

[6.2] *Freudenberg, J. S.; Looze, D. P.*: Right Half-Plane Zeros and Poles and Design Tradeoffs in Feedback Systems. *IEEE Transactions on Automatic Control*, 30 (1985), S. 555–565.

[6.3] *Wu, B. F.; Jonckheere, E. A.*: A Simplified Approach to Bode's Theorem for Continuous-Time and Discrete-Time Systems. *IEEE Transactions on Automatic Control*, 37 (1992), S. 1797–1802.

[6.4] *Stein, G.*: Respect the Unstable. *IEEE Control Systems Magazine* (2003), S. 12–25.

[6.5] *Skogestad, S.; Postlethwaite, I.*: Multivariable Feedback Control. 2. Aufl., Southern Gate, Chichester: John Wiley & Sons, 2005.

[6.6] *Newton, G. C.; Gould, L. A.; Kaiser, J. F.*: Analytical design of linear feedback controls. New York: J. Wiley & Sons, 1957.

[6.7] *Drenick, R. F.*: Die Optimierung linearer Regelsysteme. München: R. Oldenbourg Verlag, 1967.

[6.8] *Whiteley, A. L.*: Theory of servo systems, with particular reference to stabilisation. *Journal IEE*, 93 (1946), S. 353–372.

[6.9] *Kessler, C.*: Über die Vorausberechnung optimal abgestimmter Regelkreise. Teil III. *Regelungstechnik*, 3 (1955), S. 40–49.

[6.10] *Strejc, V.*: Dimensionierung stetiger linearer Regelkreise für die Praxis, Reihe Automatisierungstechnik. Berlin: Verlag Technik, 1970.

[6.11] *Papiernik, G.*: Betragsoptimum und Riccati-Regler. *Automatisierungstechnik*, 34 (1986), S. 201–207.

[6.12] *Grünwald, E.*: Entwurf von Reglern und Rückführungen. *Regelungstechnik*, 3 (1955), S. 147–152 und 172–180.

[6.13] *Kessler, C.*: Das symmetrische Optimum. *Regelungstechnik*, 6 (1958), S. 395–400 und 432–436.

[6.14] *Leonhard, W.*: Regelkreise mit symmetrischer Übertragungsfunktion. *Regelungstechnik*, 13 (1965), S. 4–12.

[6.15] *Oppelt, W.*: Kleines Handbuch technischer Regelvorgänge. 5. Aufl., Weinheim: Verlag Chemie, 1972.

[6.16] *Ziegler, J. G.; Nichols, N. B.*: Optimum settings for automatic controllers. *Transactions ASME*, 64 (1942), S. 759.

[6.17] *Weber, W.*: Ein systematisches Verfahren zum Entwurf linearer und adaptiver Regelungssysteme. *ETZ – A*, 88 (1967), S. 138–144.

[6.18] *Weber, W.*: Ein leicht zu berechnender Regler für vorgeschriebenes Zeitverhalten des Regelkreises. *Regelungstechnik*, 16 (1968), S. 260–262.

[6.19] *Bosch, S.*: Algebra. Berlin, Heidelberg, New York: Springer-Verlag, 2009.

[6.20] *Horn, M.; Dourdoumas, N.*: Regelungstechnik. München: Pearson Studium, 2004.

[6.21] *Youla, D. C.; Bongiorno, J. J.; Jabr, H. A.*: Modern Wiener-Hopf Design of Optimal Controllers - Part 1: The Single-Input-Output Case. *IEEE Transactions on Automatic Control*, 21 (1976), S. 3–13.

[6.22] *Youla, D. C.; Bongiorno, J. J.; Jabr, H. A.*: Modern Wiener-Hopf Design of Optimal Controllers - Part 2: The Multivariable Case. *IEEE Transactions on Automatic Control*, 21 (1976), S. 319–338.

[6.23] *Lunze, J.*: Regelungstechnik 1. Berlin [u. a.]: Springer-Verlag, 2008.

[6.24] *Reinschke, K.*: Lineare Regelungs- und Steuerungstheorie. Berlin [u. a.]: Springer-Verlag, 2006.

[6.25] *Reswick, J. B.*: Disturbance response feedback – A new control concept. *Transactions ASME*, 78 (1956), S. 153–162.

[6.26] *Smith, O. J. M.*: A controller to overcome dead time. *ISA-Journal*, 6 (1959), S. 28–33.

[6.27] *Kreißelmeier, G.*: Struktur mit zwei Freiheitsgraden. *at-Automatisierungstechnik*, 47 (1999), S. 266–269.

[6.28] *Zeitz, M.*: Vorsteuerungs-Entwurf im Frequenzbereich: Offline oder Online. *at-Automatisierungstechnik*, 60 (2012), S. 375–383.

[6.29] *Graf, K.; Wurmthaler, Ch.*: Eine neue Kaskadenstruktur. *at-Automatisierungstechnik*, 51 (2003), S. 113–118.

[6.30] *Föllinger, O.*: Nichtlineare Regelungen I/II. 7. Aufl., München: R. Oldenbourg Verlag, 1993.

[6.31] *Isidori, A.*: Nonlinear Control Systems. 3. Aufl., Berlin, Heidelberg, New York: Springer-Verlag, 1995.

[6.32] *Schwarz, H.*: Vorschläge zur Elimination von Kopplungen in Mehrfachregelkreisen. *Regelungstechnik*, 9 (1961), S. 454–459 und 505–510.

[6.33] *Boksenbom, A. S.; Hood, R.*: General Algebraic Method to Control Analysis of Complex Engine Types. NACA Report 980, 1950.

[6.34] *Schwarz, H.*: Mehrfachregelungen. Band 1. Berlin: Springer-Verlag, 1967.

[6.35] *Rosenbrock, H. H.*: Computer-Aided Control System Design. London: Academic Press, 1974.

[6.36] *Kammeyer, K. D.; Kroschel, K.*: Digitale Signalverarbeitung – Filterung und Spektralanalyse. Stuttgart: B. G. Teubner Verlag, 1989.

[6.37] *Bar-Shalom, Y.; Fortmann, Th.*: Tracking and Data Association. Amsterdam: Academic Press, 1988.

[6.38] *Föllinger, O.*: Lineare Abtastsysteme. 5. Aufl., München: R. Oldenbourg Verlag, 1993.

[6.39] *Franklin, G. F.; Powell, J. D.*: Digital Control of Dynamic Systems. Reading, MA: Addison-Wesley, 1980.

[6.40] *Dörrscheidt, F.; Latzel, W.*: Grundlagen der Regelungstechnik. 2. Aufl., Stuttgart: B. G. Teubner Verlag, 1993.

[6.41] *Best, R.*: Einsatz eines Digitalfilters als universeller Regler. *Regelungstechnik*, 31 (1983), S. 11–18.

[6.42] *Hanselmann, H.; Loges, W.*: Realisierung schneller digitaler Regler hoher Ordnung mit Signalprozessoren. *Regelungstechnik*, 31 (1983), S. 330–337.

[6.43] *Quarmby, D. J.*: Signalprozessoren (3 Bände). München: R. Oldenbourg Verlag, 1986 und 1988.

Literatur zu Kapitel 7

[7.1] *Oldenbourg, R.; Sartorius, H.*: Dynamik selbsttätiger Regelungen. München: R. Oldenbourg Verlag, 1944.

[7.2] *Kalman, R. E.*: On the General Theory of Control Systems. In: Automatic and Remote Control - Proceedings 1st International Congress of the International Federation of Automatic Control, Moskau, 1960, Bd. 1, London: Butterworths, 1961, S. 481–492.

[7.3] *Kailath, T.*: Linear Systems. New Jersey: Prentice-Hall, 1980.

[7.4] *Raisch, J.*: Mehrgrößenregelung im Frequenzbereich. München, Wien: R. Oldenbourg Verlag, 1994.

[7.5] *Heuser, H.*: Gewöhnliche Differentialgleichungen. 6. Aufl., Wiesbaden: Vieweg + Teubner, 2009.

[7.6] *Kamke, E.*: Differentialgleichungen I (Gewöhnliche Differentialgleichungen). 5. Aufl., Leipzig: Akademische Verlagsgesellschaft Geest und Portig, 1964.

[7.7] *Bronstein, I. N.; Semendjajew, K. A.; Musiol, G.; Mühlig, H.*: Taschenbuch der Mathematik. 7. Aufl., Frankfurt/Main: Verlag Harri Deutsch, 2008.

[7.8] *Deutsches Institut für Normung* (Hg.): DIN EN 60027-6 Formelzeichen für die Elektrotechnik - Teil 6: Steuerungs- und Regelungstechnik. Berlin: Beuth-Verlag, 2008.

[7.9] *Deutsches Institut für Normung* (Hg.): DIN IEC 60050-351 Internationales Elektrotechnisches Wörterbuch - Teil 351: Leittechnik. Berlin: Beuth-Verlag, 2009.

[7.10] *Mehrmann, V.; Stykel, T.*: Descriptor Systems: A General Mathematical Framework for Modelling, Simulation and Control. *at-Automatisierungstechnik*, 54 (8) (2006), S. 405–415.

[7.11] *Unbehauen, R.*: Systemtheorie 1. 8. Aufl., München: R. Oldenbourg Verlag, 2002.

[7.12] *Chen, C. T.*: Linear System Theory and Design. New York: Holt, Rinehart and Winston, 1984.

[7.13] *Ackermann, J.*: Abtastregelung. 3. Aufl., Berlin, Heidelberg, New York: Springer-Verlag, 1988.

[7.14] *Freund, E.*: Regelungssysteme im Zustandsraum I – Struktur und Analyse. München: R. Oldenbourg Verlag, 1987.

[7.15] *Tolle, H.*: Mehrgrößen-Regelkreissynthese. Bd. I: Grundlagen und Frequenzbereichsverfahren. Bd. II: Entwurf im Zustandsraum. München: R. Oldenbourg Verlag, 1985.

[7.16] *Zurmühl, R.; Falk, S.*: Matrizen und ihre Anwendungen. Berlin, Heidelberg, New York: Springer-Verlag, Teil 1: Grundlagen. 7. Aufl., 1997; Teil 2: Numerische Methoden. 5. Aufl., 1986.

[7.17] *Gantmacher, F. R.*: Matrizentheorie. Berlin, Heidelberg, New York: Springer-Verlag, 1986.

[7.18] *Föllinger, O.*: Nichtlineare Regelungen II. 7. Aufl., München: R. Oldenbourg Verlag, 1993.

[7.19] *Deutscher, J.*: Zustandsregelung verteilt-parametrischer Systeme. Berlin, Heidelberg: Springer-Verlag, 2011.

[7.20] *Dörrscheidt, F.*: Regelungssysteme mit veränderlichen Parametern. *Regelungstechnik*, 23 (1975), S. 70–77.

[7.21] *Föllinger, O.; Franke, D.*: Einführung in die Zustandsbeschreibung dynamischer Systeme. München: R. Oldenbourg Verlag, 1982.

[7.22] *Gilles, E. D.*: Systeme mit verteilten Parametern. München: R. Oldenbourg Verlag, 1973.

[7.23] *Franke, D.*: Systeme mit örtlich verteilten Parametern - Eine Einführung in die Modellbildung, Analyse und Regelung. Berlin, Heidelberg, New York: Springer-Verlag, 1987.

[7.24] *Frank, P.; von Mises, R.*: Die Differential- und Integralgleichungen der Mechanik und Physik. 2. Aufl., Braunschweig: Fr. Vieweg und Sohn, 1961.

[7.25] *von Mangoldt, H.; Knopp, K.*: Höhere Mathematik – Eine Einführung für Studierende und zum Selbststudium, Bd. 1. 17. Aufl., Stuttgart: S. Hirzel Verlag, 1990.

[7.26] *Padé, H. E.*: Sur la représentation approchée d'une fonction par des fractions rationelles. *Annales Scientifiques de l'Ecole Normale Supérieure, Série 3*, 9 (1892), S. 3–93 (supplément).

[7.27] *Giloi, W.; Lauber, R.*: Analogrechnen. Berlin, Heidelberg, New York: Springer-Verlag, 1963.

[7.28] *Cunningham, W. J.*: Time-Delay Networks for an Analog Computer. *IRE Transactions* (1954), S. 16–18.

Literatur zu Kapitel 8

[8.1] *Zurmühl, R.; Falk, S.*: Matrizen und ihre Anwendungen. Berlin, Heidelberg, New York: Springer-Verlag, Teil 1: Grundlagen. 7. Aufl., 1997; Teil 2: Numerische Methoden. 5. Aufl., 1986.

[8.2] *Chen, C. T.*: Introduction to Linear System Theory. Austin, TX: Holt, Rinehart and Winston, 1980.

[8.3] *Ogata, K.*: State Space Analysis of Control Systems. Englewood Cliffs, NJ: Prentice-Hall, 1967.

[8.4] *Ackermann, J.*: Abtastregelung. 3. Aufl., Berlin, Heidelberg, New York: Springer-Verlag, 1988.

[8.5] *Gantmacher, F. R.*: Matrizentheorie. Berlin, Heidelberg, New York: Springer-Verlag, 1986.

[8.6] *Kalman, R. E.*: On the general theory of control systems. In: Proceedings 1st International Congress on Automatic Control, Moskau 1960, Bd. 1, London: Butterworths, 1961, S. 481–492.

[8.7] *Ludyk, G.*: Theorie dynamischer Systeme. Berlin: Elitera Verlag, 1977.

[8.8] *Kwakernaak, H.; Siwan, R.*: Linear Optimal Control Systems. New York: Wiley InterScience, 1972.

[8.9] *Brammer, K.; Siffling, G.*: Kalman-Bucy-Filter. 4. Aufl., München: R. Oldenbourg Verlag, 1994.

[8.10] *Gilbert, E. G.*: Controllability and Observability in Multivariable Control Systems. *SIAM Journal Control, Ser. A,* 1 (1963), S. 128–151.

[8.11] *Porter, B.; Crossley, R.*: Modal Control. London: Taylor & Francis, 1972.

[8.12] *Hautus, M. L. J.*: Controllability and Observability Conditions of Linear Autonomous Systems. *Indagationes Mathematicae,* 31 (1969), S. 443–448.

[8.13] *Ljapunow, M. A.*: Problème général de la stabilité de mouvement, Bd. 9. Ann. Fac. Sci. Toulouse, 1907.

[8.14] *Föllinger, O.*: Nichtlineare Regelungen I/II. 7. Aufl., München: R. Oldenbourg Verlag, 1993.

[8.15] *MacFarlane, A. G. J.; Karcanias, N.*: Poles and zeros of linear multivariable systems: a survey of the algebraic, geometric and complex-variable theory. *Int. J. Control,* 24 (1976), S. 33–74.

[8.16] *Karcanias, N.; Kouvaritakis, B.*: The output zeroing problem and its relationship to the invariant zero structure: a matrix pencil approach. *Int. J. Control,* 30 (1979), S. 395–415.

[8.17] *Smagina, Y. M.*: System zeros. Online Book, 2006, URL `arxiv.org,arXiv:math/0605092v1`.

[8.18] *Schrader, C. B.; Sain, M. K.*: Research on system zeros: a survey. *Int. J. Control,* 50 (1989), S. 1407–1433.

[8.19] *Trächtler, A.; Lohmann, B.*: Berechnung der Nullstellen quadratischer Mehrgrößensysteme. *at-Automatisierungstechnik,* 38 (1990), S. 353–354.

[8.20] *Roppenecker, G.; Preuß, H.-P.*: Nullstellen und Pole linearer Mehrgrößensysteme. *at-Automatisierungstechnik,* 30 (1982), S. 219–225.

[8.21] *Litz, L.*: Ordnungsreduktion linearer Zustandsraummodelle durch Beibehaltung der dominanten Eigenbewegungen. *Regelungstechnik,* 27 (1979), S. 80–86.

[8.22] *Litz, L.*: Reduktion der Ordnung linearer Zustandsraummodelle mittels modaler Verfahren. Stuttgart: Hochschulverlag, 1979.

[8.23] *Benninger, N. F.*: Die Reduktionsdominanz als Ausgangspunkt für neue Maßzahlen bei der Ordnungsreduktion. *Automatisierungstechnik,* 35 (1987), S. 19–26.

[8.24] *Benninger, N. F.*: Analyse und Synthese linearer Systeme mit Hilfe neuer Strukturmaße. Düsseldorf: VDI-Verlag, 1987.

[8.25] *Varga, A.*: Enhanced Modal Approach for Model Reduction. *Math. Mod. Syst.,* 1 (1995), S. 91–105.

[8.26] *Martins, N.; Lima, L.; Pinto, H.*: Computing Dominant Poles of Power System Transfer Functions. *IEEE Transactions on Power Systems,* 11 (1996), S. 162–170.

[8.27] *Rommes, J.*: Modal Approximation and Computation of Dominant Poles. In: *W.H.A. Schilders; H.A. van der Vorst; J. Rommes* (Hg.) Model Order Reduction: Theory, Research Aspects and Applications, 2008, S. 177–193.

[8.28] *Davison, E. J.*: A Method for Simplifying Linear Dynamic Systems. *IEEE Transactions on Automatic Control,* 11 (1966), S. 93–101.

[8.29] *Marshall, S. A.*: An Approximate Method for Reducing the Order of a Linear System. *International Journal of Control,* 10 (1966), S. 642–643.

[8.30] *Chidambra, M. R.*: Further Remarks on Simplifying Linear Dynamic Systems. *IEEE Transactions on Automatic Control,* 12 (1967), S. 213–214.

[8.31] *Chidambra, M. R.*: Two Simple Techniques for the Simplification of Large Dynamic Systems. *Preprints of the Joint Automatic Control Conference* (1969), S. 669–674.

[8.32] *Bonvin, D.; Mellichamps, D. A.*: A Unified Derivation and Critical Review of Modal Approaches to Model Reduction. *International Journal of Control,* 35 (1982), S. 829–848.

[8.33] *Müller, P. C.*: Stabilität und Matrizen. Berlin, Heidelberg, New York: Springer-Verlag, 1977.

[8.34] *Kailath, T.*: Linear Systems. New Jersey: Prentice-Hall, 1980.

[8.35] *Moore, B. C.*: Principal Component Analysis in Linear Systems: Controllability, Observability and Model Reduction. *IEEE Trans. Aut. Control*, AC-26 (1981), S. 17–32.

[8.36] *Hinrichsen, D.; Philippsen, H.-W.*: Modellreduktion mit Hilfe balancierter Realisierungen. *Automatisierungstechnik*, 38 (1990), S. 416–422 und 460–466.

[8.37] *Glover, K.*: All Optimal Hankel-Norm Approximations of Linear Multivariable Systems and their L-infinity-Error Bounds. *International Journal of Control*, 39 (1984), S. 1115–1193.

[8.38] *Benner, P.*: System-Theoretic Methods for Model Reduction of Large-Scale Systems: Simulation, Control, and Inverse Problems. In: Proc. MATHMOD 2009, Bd. 1, Vienna, 2009, S. 126–145.

[8.39] *Gugercin, S.; Antoulas, A. C.*: A survey of model reduction by balanced truncation and some new results. *International Journal of Control*, 77 (2004), S. 748–766.

[8.40] *Varga, A.; Anderson, B. D. O.*: Accuracy-enhancing methods for balancing-related frequency-weighted model and controller reduction. *Automatica*, 39 (2003), S. 919–927.

[8.41] *Antoulas, A. C.*: Approximation of Large-Scale Dynamical Systems. Philadelphia: SIAM, 2005.

[8.42] *Liu, Y.; Anderson, B. D. O.*: Singular perturbation approximation of balanced systems. *International Journal of Control*, 50 (1989), S. 1379–1405.

[8.43] *Laub, A. J.; Heath, M. T.; Paige, C. C.; Ward, R. C.*: Computation of System Balancing Transformations and Other Applications of Simultaneous Diagonalization Algorithms. *IEEE Transactions on Automatic Control*, 32 (1987), S. 115–122.

[8.44] *Li, J. R.; White, J.*: Low rank solution of lyapunov equations. *SIAM Journal on Matrix Analysis and Applications*, 24 (1) (2002), S. 260–280.

[8.45] *Penzl, T.*: A Cyclic Low-Rank Smith Method for Large Sparse Lyapunov Equations. *SIAM J. Sci. Comput.*, 21 (1999), S. 1401–1418.

[8.46] *Jaimoukha, I. M.; Kasenally, E. M.*: Krylov Subspace Methods for Solving Large Lyapunov Equations. *SIAM Journal on Numerical Analysis*, 31 (1) (1994), S. 227–251.

[8.47] *Lunze, J.*: Regelungstechnik 2. Berlin [u. a.]: Springer-Verlag, 2008.

[8.48] *Voigt, C.; Adamy, J.*: Formelsammlung der Matrizenrechnung. München: Oldenbourg-Verlag, 2007.

[8.49] *Grimme, E. J.*: Krylov Projection Methods for Model Reduction. Phd thesis, Dep. of Electrical Eng., Uni. Illinois at Urbana Champaign, 1997.

[8.50] *Gugercin, S.; Antoulas, A. C.; Beattie, C.*: H2 Model reduction for Large-Scale Dynamical Systems. *SIAM Journal on Matrix Analysis and Applications*, 30 (2) (2008), S. 609–638.

[8.51] *Eid, R.*: Time domain model reduction by moment matching. Phd thesis, Institute of Automatic Control, Technische Universität München, 2009.

[8.52] *Salimbahrami, B.*: Structure Preserving Order Reduction of Large Scale Second Order Models. Phd thesis, Institute of Automatic Control, Technische Universität München, 2005.

[8.53] *Lanczos, C.*: An Iteration Method for the Solution of the Eigenvalue Problem of Linear Differential and Integral Operators. *J. Res. Nat. Bureau Stan.*, 45 (1950), S. 255–282.

[8.54] *Feldmann, P.; Freund, R. W.*: Efficient Linear Circuit Analysis by Padé via the Lanczos Process. *IEEE Transactions Computer-Aided Design of Integrated Circuits*, 14 (5) (1995), S. 639–649.

[8.55] *Arnoldi, W. E.*: The Principle of Minimized Iterations in the Solution of the Matrix Eigenvalue Problem. *Quart. Appl. Math.*, 9 (1951), S. 17–29.

[8.56] *Freund, R. W.*: Krylov Subspace Methods for Reduced Order Modeling in Circuit Simulation. *J. Comp. Appl. Math.*, 123 (2000), S. 395–421.

[8.57] *Golub, G. H.*: Matrix Computations. New York: The Johns Hopkins University Press, 1996.

[8.58] *Jaimoukha, I. M.; Kasenally, E. M.*: Implicitly Restarted Krylov Subspace Methods for Stable Partial Realizations. *SIAM Journal on Matrix Analysis and Applications*, 1 (3) (1997), S. 633–652.

[8.59] *Grimme, E.; Sorensen, D.; Van Dooren, P.*: Model Reduction of State Space Systems via an Implicitly Restarted Lanczos Method. *Numerical Algorithms*, 12 (1995), S. 1–31.

[8.60] *Gugercin, S.*: An iterative SVD-Krylov based method for model reduction of large-scale dynamical systems. *Linear Algebra and its Applications*, 428 (2008), S. 1964–1986.

[8.61] *Castane-Selga, R.*: The Matrix Measure Framework for Projection-Based Model Order Reduction. Phd thesis, Institute of Automatic Control, Technische Universität München, 2011.

[8.62] *Villemagne, C. De; Skelton, R. E.*: Model Reduction using a Projection Formulation. *Int. Journal of Control*, 46 (1987), S. 2141–2169.

[8.63] *Yousefi, A.*: Preserving Stability in Model and Controller Reduction with application to embedded systems. Phd thesis, Institute of Automatic Control, Technische Universität München, 2006.

[8.64] *Odabasioglu, A.; Celik, M.; Pileggi, L. T.*: PRIMA: Passive Reduced-Order Interconnect Macromodeling Algorithm. *IEEE Transactions on Computer-Aided Design of Integrated Circuits and Systems*, 17 (8) (1998), S. 645–654.

[8.65] *Freund, R. W.*: Model Reduction Methods Based on Krylov Subspaces. *Acta Numerica*, 12 (2003), S. 267–319.

[8.66] *Sorensen, D. C.*: Passivity preserving model reduction via interpolation of spectral zeros. *Systems and Control Letters*, 54 (2005), S. 347–360.

[8.67] *Salimbahrami, B.; Lohmann, B.*: Order Reduction of Large Scale Second Order Systems using Krylov Subspace Methods. *Linear Algebra and its Application*, 415 (2006), S. 385–405.

[8.68] *Bai, Z.; Slone, R. D.; Smith, W. T.; Ye, Q.*: Error Bound for Reduced System Models by Padé Approximation via the Lanczos Process. *IEEE Trans. Computer-Aided Design of ICs and Systems*, 18 (2) (1999), S. 133–141.

[8.69] *Bai, Z.; Ye, Q.*: Error Estimation of the Padé Approximation of Transfer Function via the Lanczos Process. *Elec. Trans. Numer. Anal.*, 7 (1998), S. 1–17.

[8.70] *Bechtold, T.*: Model Order Reduction of Electro-Thermal MEMS. Phd thesis, University of Freiburg, 2005.

Literatur zu Kapitel 9

[9.1] *Föllinger, O.*: Lineare Abtastsysteme. 5. Aufl., München: R. Oldenbourg Verlag, 1993.

[9.2] *Ackermann, J.*: Der Entwurf linearer Regelungssysteme im Zustandsraum. *Regelungstechnik*, 20 (1972), S. 297–300.

[9.3] *Wonham, W. M.*: On Pole Assignment in Multi-input Controllable Linear Systems. *IEEE Transactions on Automatic Control*, 12 (1967), S. 660–665.

[9.4] *Roppenecker, G.*: Polvorgabe durch Zustandsrückführung. *Regelungstechnik*, 29 (1981), S. 218–223.

[9.5] *Föllinger, O.*: Entwurf zeitvarianter Systeme durch Polvorgabe. *Regelungstechnik*, 26 (1978), S. 189–196.

[9.6] *Sommer, R.*: Entwurf nichtlinearer, zeitvarianter Systeme durch Polvorgabe. *Regelungstechnik*, 27 (1979), S. 393–399.

[9.7] *Roppenecker, G.*: Vollständige modale Synthese linearer Systeme und ihre Anwendung zum Entwurf strukturbeschränkter Zustandsrückführungen. Düsseldorf: VDI-Verlag, 1983.

[9.8] *Moore, B. C.*: On the Flexibility Offered by State Feedback in Multivariable Systems Beyond Closed Loop Eigenvalue Assignment. *IEEE Transactions on Automatic Control*, 21 (1976), S. 689–692.

[9.9] *Roppenecker, G.*: On parametric state feedback design. *International Journal of Control*, 43 (1986), S. 793–804.

[9.10] *Roppenecker, G.; Kocher, P.*: Vollständige modale Synthese optimaler Zustandsregelungen. *Automatisierungstechnik*, 36 (1988), S. 295–300.

[9.11] *Roppenecker, G.; Lohmann, B.*: Vollständige modale Synthese von Entkopplungsregelungen. *Automatisierungstechnik*, 36 (1988), S. 434–441.

[9.12] *Roppenecker, G.*: Entwurf von Ausgangsrückführungen mit Hilfe der invarianten Parametervektoren. *Regelungstechnik*, 31 (1983), S. 125–131.

[9.13] *Roppenecker, G.*: Entwurf robuster Regelungen mittels Vollständiger Modaler Synthese und Anwendung auf den spurgeführten Omnibus. *at-Automatisierungstechnik*, 35 (1987), S. 349–358.

[9.14] *Roppenecker, G.*: Äquivalenz zweier Darstellungsformen des Polvorgabereglers bei Eingrößensystemen. *Regelungstechnik*, 30 (1982), S. 212–213.

[9.15] *Föllinger, O.; unter Mitwirkung von G. Roppenecker*: Optimale Regelung und Steuerung. 3. Aufl., München: R. Oldenbourg Verlag, 1994.

[9.16] *Bartels, R. H.; Stewart, G. W.*: A Solution of the Equation $AX+XB=C$. *Communication ACM*, 15 (1972), S. 820–826.

[9.17] *Smith, R. A.*: Matrix Equation $XA+BX=C$. *SIAM Journal of Applied Mathematics*, 16 (1968), S. 198–201.

[9.18] *Davison, E. J.; Man, F. T.*: The Numerical Solution of $A'Q+QA=-C$. *IEEE Transactions on Automatic Control*, 16 (1968), S. 448–449.

[9.19] *Müller, P. C.*: Stabilität und Matrizen. Berlin, Heidelberg, New York: Springer-Verlag, 1977.

[9.20] *Anderson, B.; Moore, J.*: Linear Optimal Control. Englewood Cliffs, New Jersey: Prentice-Hall, 1971.

[9.21] *Kwakernaak, H.; Siwan, R.*: Linear Optimal Control Systems. New York: Wiley InterScience, 1972.

[9.22] *Eitelberg, E.; Roppenecker, G.*: Comments on 'A Necessary Condition for Optimization in the Frequency Domain' and on 'Optimization and Pole Placement for a Single Input Controllable System'. *International Journal of Control*, 38 (1983), S. 493–494.

[9.23] *Falb, P. L.; Wolovich, W. A.*: Decoupling in the Design and Synthesis of Multivariable Control Systems. *IEEE Transactions on Automatic Control*, 12 (1967), S. 651–659.

[9.24] *Boksenbom, A. S.; Hood, R.*: General Algebraic Method to Control Analysis of Complex Engine Types. NACA Report 980, 1950.

[9.25] *Freund, E.*: Die Entkopplung und die Bestimmung der Inversen bei zeitvariablen Mehrgrößensystemen. *Electronics Letters*, 5 (1969), S. 73–75.

[9.26] *Freund, E.*: Decoupling and Pole Assignment in Nonlinear Systems. *Electronics Letters*, 9 (1973), S. 373–374.

[9.27] *Sommer, R.*: Zusammenhang zwischen dem Entkopplungs- und dem Polvorgabeverfahren für nichtlineare, zeitvariante Mehrgrößensysteme. *Regelungstechnik*, 28 (1980), S. 232–236.

[9.28] *Isidori, A.*: Nonlinear Control Systems. 3. Aufl., Berlin, Heidelberg, New York: Springer-Verlag, 1995.

[9.29] *Lohmann, B.*: Vollständige und teilweise Führungsentkopplung im Zustandsraum. Düsseldorf: VDI-Verlag, 1991.

[9.30] *Luenberger, D. G.*: Observing the State of a Linear System. *IEEE Transactions on Military Electronics*, 8 (1964), S. 74–80.

[9.31] *Luenberger, D. G.*: Observers for Multivariable Systems. *IEEE Transactions on Automatic Control*, 11 (1966), S. 190–197.

[9.32] *Luenberger, D. G.*: An Introduction to Observers. *IEEE Transactions on Automatic Control*, 16 (1971), S. 596–602.

[9.33] *Roppenecker, G.*: Zeitbereichsentwurf linearer Regelungen – Grundlegende Strukturen und eine allgemeine Methodik ihrer Parametrierung. München: R. Oldenbourg Verlag, 1990.

[9.34] *Konigorski, U.*: Ein direktes Verfahren zum Entwurf strukturbeschränkter Zustandsrückführungen durch Polvorgabe. Düsseldorf: VDI-Verlag, 1988.

[9.35] *Schmid, W.; Zeitz, M.*: Grenzübergang Beobachter - Differenzierer. *Regelungstechnik*, 29 (1981), S. 270–274.

[9.36] *Roppenecker, G.*: Modal Approach to Parametric State Observer Design. *Electronics Letters*, 22 (1986), S. 118–120.

[9.37] *O'Reilly, J.*: Observers for Linear Systems. London: Academic Press, 1983.

[9.38] *Brammer, K.; Siffling, G.*: Kalman-Bucy-Filter. 4. Aufl., München: R. Oldenbourg Verlag, 1994.

[9.39] *Schlitt, H.*: Systemtheorie für stochastische Prozesse. Berlin, Heidelberg, New York: Springer-Verlag, 1992.

[9.40] *Hippe, P.*: Parameterization of full-order compensator in the frequency domain. *International Journal of Control*, 48 (1988), S. 1583–1603.

[9.41] *Roppenecker, G.*: Zustandsregelung linearer Systeme - Eine Neubetrachtung. *at-Automatisierungstechnik*, 57 (2009), S. 491–498.

[9.42] *Aström, K. J.; Wittenmark, B.*: Computer-Controlled Systems - Theory and Design. 3. Aufl., Upper Saddle River: Prentice Hall, 1997.

[9.43] *Hippe, P.; Wurmthaler, Ch.*: Systematic closed-loop design in the presence of input saturation. *Automatica*, 35 (1999), S. 689–695.

[9.44] *Hippe, P.*: Windup in Control - Its Effects and Their Prevention. London: Springer, 2006.

[9.45] *Johnson, C. D.*: Accomodation of External Disturbances in Linear Regulator and Servomechanism Problems. *IEEE Transactions on Automatic Control*, 16 (1971), S. 635–644.

[9.46] *Preuß, H.-P.*: Perfect Steady-State Tracking and Disturbance Rejection by Constant State Feedback. *International Journal of Control*, 35 (1982), S. 75–94.

[9.47] *Trächtler, A.*: Analytische Berücksichtigung von Strukturbeschränkungen beim Reglerentwurf im Zustandsraum. Düsseldorf: VDI-Verlag, 1992.

[9.48] *Weihrich, G.*: Mehrgrößen-Zustandsregelung unter Einwirkung von Stör- und Führungssignalen. *Regelungstechnik*, 25 (1977), S. 166–172 und 204–209.

[9.49] *Deutscher, J.; Roppenecker, G.*: Robuste asymptotische Störkompensation mittels beobachterbasierter Störgrößenaufschaltungen. *at-Automatisierungstechnik*, 62 (2014), S. 547–561.

[9.50] *Müller, P. C.; Bremer, H.; Breinl, W.*: Tragregelsysteme mit Störgrößenkompensation für Magnetschwebefahrzeuge. *Regelungstechnik*, 24 (1976), S. 257–265.

[9.51] *Lückel, J.; Müller, P. C.*: Verallgemeinerte Störgrößenaufschaltung bei unvollständiger Zustandskompensation am Beispiel einer aktiven Federung. *Regelungstechnik*, 27 (1979), S. 281–288.

Literatur zu Kapitel 10

[10.1] *Franke, D.*: Ein nichtlinerer dynamischer Regler mit adaptiven Eigenschaften. *Regelungstechnik*, 31 (1983), S. 369–374.

[10.2] *Opitz, H.-P.*: Entwurf robuster, strukturvariabler Regelungssysteme mit der Hyperstabilitätstheorie. VDI, 1984.

[10.3] *Kiendl, H.*: Robustheitsanalyse von Regelungssystemen mit Hilfe der Methode der konvexen Zerlegung. *GMA-Bericht 11 (VDI/VDE-Gesellschaft Mess- und Automatisierungstechnik)* (1986), S. 19–43.

[10.4] *Steinhauser, R.*: Reglerentwurf für einen Tieftemperatur-Windkanal mittels Gütevektoroptimierung. Dissertation Karlsruhe, 1984; DFVLR-Forschungsbericht 85–37, 1985.

[10.5] *Roppenecker, G.*: Entwurf robuster Regelungen mittels Vollständiger Modaler Synthese und Anwendung auf den spurgeführten Omnibus. *at-Automatisierungstechnik*, 35 (1987), S. 349–358.

[10.6] *Roppenecker, G.*: Zeitbereichsentwurf linearer Regelungen – Grundlegende Strukturen und eine allgemeine Methodik ihrer Parametrierung. München: R. Oldenbourg Verlag, 1990.

[10.7] *Ackermann, J.*: Abstastregelung. Band II (Entwurf robuster Systeme). 2. Aufl., Berlin, Heidelberg, New York: Springer-Verlag, 1983.

[10.8] *Ackermann, J.*: Entwurfsverfahren für robuste Regelungen. *Regelungstechnik*, 32 (1984), S. 143–150.

[10.9] *Ackermann, J.*: Robust Control: The Parameter Space Approach, Bd. 2. London [u. a.]: Springer, 2002.

[10.10] *Skogestad, S.; Postlethwaite, I.*: Multivariable Feedback Control. 2. Aufl., Southern Gate, Chichester: John Wiley & Sons, 2005.

[10.11] *Raisch, J.*: Mehrgrößenregelung im Frequenzbereich. München, Wien: R. Oldenbourg Verlag, 1994.

[10.12] *Doyle, J.; Glover, K.; Khargonekar, P.; Francis, B.*: State space solutions to standard H_2 and H_∞ control problems. *IEEE Transactions on Automatic Control*, 34 (1989), S. 831–847.

[10.13] *Green, M.; Glover, K.; Limebeer, D.; Doyle, J.*: A J-spectral factorization approach to H_∞ control. *SIAM Journal on Control and Optimization*, 28 (1990), S. 1350–1371.

[10.14] *Zhou, K.; Doyle, J.; Glover, K.*: Robust and Optimal Control. Upper Saddle River, New Jersey: Prentice Hall, 1996.

[10.15] *Raisch, J.; Gilles, E. D.*: Reglerentwurf mittels H_∞-Minimierung – Eine Einführung (Teil 1). *at-Automatisierungstechnik*, 40 (3) (1992), S. 84–92.

[10.16] *Raisch, J.; Gilles, E. D.*: Reglerentwurf mittels H_∞-Minimierung – Eine Einführung (Teil 2). *at-Automatisierungstechnik*, 40 (4) (1992), S. 123–131.

[10.17] *Glover, K.; McFarlane, D.*: Robust Stabilization of Normalized Coprime Factor Plant Descriptions with H_∞-Bounded Uncertainty. *IEEE Transactions on Automatic Control*, 34 (8) (1989), S. 821–830.

[10.18] *Manderla, M.*: Eine Methodik zum Regler- und Beobachterentwurf für Mehrgrößensysteme in Deskriptorform. Düsseldorf: VDI-Verlag, 2011.

[10.19] *McFarlane, D.; Glover, K.*: A Loop Shaping Design Procedure Using H_∞ Synthesis. *IEEE Transactions on Automatic Control*, 37 (6) (1992), S. 759–769.

[10.20] *Darenberg, W.*: Automatische Spurführung von Kraftfahrzeugen. *Automobil-Industrie*, 2 (1987), S. 155–159.

[10.21] *Litz, L.*: Ordnungsreduktion linearer Zustandsraummodelle durch Beibehaltung der dominanten Eigenbewegungen. *Regelungstechnik*, 27 (1979), S. 80–86.

[10.22] *Litz, L.*: Reduktion der Ordnung linearer Zustandsraummodelle mittels modaler Verfahren. Stuttgart: Hochschulverlag, 1979.

[10.23] *Ahrholdt, U.; Konigorski, U.*: Ein ganzheitlicher systemtheoretischer Ansatz zur Regelung von Werkzeugmaschinenachsen. In: Mechatronik 2007, VDI Berichte Nr. 1971, Mess- und Automatisierungstechnik, Wiesloch, 2007, S. 293–306.

[10.24] *Kopf, S.; Feldt, M.; Eichhorn, M.; Konigorski, U.*: Automated model-based controller design for an electronic throttle. In: Proceedings IFAC Symposium Advances in Automotive Control, AAC 2010, Munich, 2010.

[10.25] *Konigorski, U.*: Entwurf robuster strukturbeschränkter Zustandsregelungen durch Polgebietsvorgabe mittels Straffunktionen. *at-Automatisierungstechnik*, 35 (1987), S. 250–254.

[10.26] *Konigorski, U.*: Entwurf strukturbeschränkter Zustandsregelungen unter besonderer Berücksichtigung des Störverhaltens. *at-Automatisierungstechnik*, 35 (1987), S. 457–464.

Literatur zu Kapitel 11

[11.1] *Doetsch, G.*: Anleitung zum praktischen Gebrauch der Laplace-Transformation und der Z-Transformation. 6. Aufl., München: R. Oldenbourg Verlag, 1989.

[11.2] *Föllinger, O.; bearb. von M. Kluwe*: Laplace-Fourier- und z-Transformation. 10. Aufl., Berlin, Offenbach: VDE Verlag, 2011.

[11.3] *Thoma, M.*: Theorie linearer Regelungssysteme. Braunschweig: Fr. Vieweg und Sohn, 1973.

[11.4] *Zurmühl, R.; Falk, S.*: Matrizen und ihre Anwendungen. Berlin, Heidelberg, New York: Springer-Verlag, Teil 1: Grundlagen. 7. Aufl., 1997; Teil 2: Numerische Methoden. 5. Aufl., 1986.

[11.5] *Gantmacher, F. R.*: Matrizentheorie. Berlin, Heidelberg, New York: Springer-Verlag, 1986.

[11.6] *Gröbner, W.*: Matrizenrechnung. BI-Hochschultaschenbücher, Mannheim: Bibliographisches Institut, 1966.

[11.7] *Preuß, H.-P.*: Entwurf stationär perfekter Zustandsregelungen durch fiktive Ausgangsvektorrückführung. Düsseldorf: VDI-Verlag, 1991.

[11.8] *Bouillon, T. L.; Odell, P. L.*: Generalized Inverse Matrices. New York [u. a.]: Wiley-Interscience, 1971.

[11.9] *Ben-Israel, A.; Greville, T. N. E.*: Generalized Inverses: Theory and Applications. 2. Aufl., CMS Books in Mathematics, New York [u. a.]: Springer, 2003.

[11.10] *Skogestad, S.; Postlethwaite, I.*: Multivariable Feedback Control. 2. Aufl., Southern Gate, Chichester: John Wiley & Sons, 2005.

[11.11] *Heuser, H.*: Funktionalanalysis. 4. Aufl., Stuttgart: B. G. Teubner, 2006.

[11.12] *Antoulas, A. C.*: Approximation of Large-Scale Dynamical Systems. Philadelphia: SIAM, 2005.

[11.13] *Zhou, K.; Doyle, J.; Glover, K.*: Robust and Optimal Control. Upper Saddle River, New Jersey: Prentice Hall, 1996.

[11.14] *Dück, W.*: Optimierung unter mehreren Zielen. Braunschweig: Friedrich Vieweg und Sohn, 1979.

[11.15] *Kreißelmeier, G.; Steinhauser, R.*: Systematische Auslegung von Reglern durch Optimierung eines vektoriellen Gütekriteriums. *Regelungstechnik*, 27 (1979), S. 76–79.

Stichwortverzeichnis